β-Lactamases and Other Mechanisms Mediated Bacterial Resistance

β-内酰胺酶
和其它机制介导的
细菌耐药

吴晓辉　编著

β

化学工业出版社
·北京·

内 容 简 介

本书沿着 β-内酰胺酶介导的细菌耐药这条主线，详尽描述了 β-内酰胺酶各个家族的起源、命名和分类、水解特性、化学结构、产酶细菌流行病学以及所致严重感染的治疗。此外，本书也全面介绍了其它一些在临床上重要的细菌耐药机制，如青霉素结合蛋白改变、外膜通透性改变、主动外排、质粒介导的喹诺酮耐药以及 16S rRNA 甲基化酶介导的广谱氨基糖苷耐药等。本书的另一特点是在很多章节中都深度融入了细菌耐药遗传学相关知识，这有助于读者准确理解细菌耐药的发生、发展和散播，做到知其然，更要知其所以然。

图书在版编目（CIP）数据

β-内酰胺酶和其它机制介导的细菌耐药/吴晓辉编
著. —北京：化学工业出版社，2021.8
ISBN 978-7-122-39350-0

Ⅰ.①β… Ⅱ.①吴… Ⅲ.①细菌-抗药性-研究
Ⅳ.①Q939.1

中国版本图书馆 CIP 数据核字（2021）第 123296 号

责任编辑：杨燕玲　　　　　　　　　　　文字编辑：药欣荣　陈小滔
责任校对：王　静　　　　　　　　　　　装帧设计：张　辉

出版发行：化学工业出版社（北京市东城区青年湖南街 13 号　邮政编码 100011）
印　　装：中煤（北京）印务有限公司
787mm×1092mm　1/16　印张 35　彩插 8　字数 1209 千字　　2021 年 10 月北京第 1 版第 1 次印刷

购书咨询：010-64518888　　　　　　　　售后服务：010-64518899
网　　址：http://www.cip.com.cn

凡购买本书，如有缺损质量问题，本社销售中心负责调换。

前　言

　　磺胺类药和青霉素在 20 世纪 30～40 年代相继被引入临床实践，犹如在暗暗长夜中点亮了一盏明灯，不仅从根本上扭转了感染病肆意蹂躏人类的局面，而且也极大地激发起人们发现更多新抗菌药物的热情和兴趣。在此后 20 多年时间里，各种新类别抗菌药物及其半合成衍生物如雨后春笋般涌现出来，宛若条条溪流汇聚成滚滚江河。与此同时，制药工业技术的快速提升又使得抗菌药物产量迅猛增加，这就为抗菌药物的广泛应用奠定了坚实的物质基础。各种新抗菌药物的相继问世并用于临床实践不仅直接导致人类感染病死亡率的显著下降，而且也为大幅度延长人类寿命做出了巨大贡献。

　　在 20 世纪 60 年代，人们曾坚信，有了抗菌药物这种先进武器，人类已经牢牢地掌握了同细菌性感染病斗争的主动权，消灭细菌这样小小的单细胞微生物只不过是时间问题。1969 年，正是受到大量抗菌药物成功发现的鼓舞，美国军医局局长 William H. Stewart 曾在美国国会极其豪迈地说："现在是我们可以合上有关感染性疾病书本的时候了"。不过，这句话现在却成了人类表现幼稚的一句"名言"，说明人类当时对于微生物适应环境变化之惊人能力的认识是何等肤浅！正是在这种乐观情绪的支配之下，人们开始在医院内外不知节制地使用各种被视为"灵丹妙药"的抗菌药物，甚至将其大量地用于现代养殖业。

　　然而，看似波澜不惊，实则暗流涌动，危险正在酝酿和迫近，而人类却浑然不觉！

　　抗菌药物大量使用或滥用对于细菌而言无疑是一种致命威胁，细菌面临着"To be, or not to be"的考验。一方面，面对种属灭绝的危险，细菌并没有屈服或退缩，而是遵循着达尔文"适者生存"的基本法则，通过进化出各种不可思议的本领发起反击；另一方面，抗菌药物所施加的选择压力越大，细菌进化为耐药的潜力也就越发强力地被激发出来，牛顿"作用力与反作用力相等"的定律在此得到了意想不到和不受欢迎的印证。人类自然科学史上的两位巨人达尔文和牛顿不幸在此相遇。于是，耐甲氧西林金黄色葡萄球菌（MRSA）、耐青霉素肺炎链球菌（PRSP）和耐万古霉素肠球菌（VRE）相继出现。当人们忙于同这些耐药革兰阳性菌战斗的同时，革兰阴性杆菌特别是肠杆菌科细菌和非发酵细菌也在不知不觉中实现了异军突起，并篡夺了革兰阳性菌作为院内病原菌的"领导"地位。多重耐药肺炎克雷伯菌变成了非常现实的威胁，曾经是人类"老朋友"的各种不动杆菌菌种也露出了狰狞的面目，泛耐药铜绿假单胞菌更成了患者和医生的梦魇，凡此种种，不胜枚举。曾经，各种耐药细菌和耐药基因只是医院的"专利"，但不幸的是，它们现在也开始频繁地光顾社区，甚至出现了主要在社区流行且毒力更强的耐药菌株，如社区获得性耐甲氧西林金黄色葡萄球菌（CA-MRSA）和产超广谱 β-内酰胺酶 CTX-M-15 的大肠埃希菌。与耐药菌株的传播相比，耐药基因的散播更令人生畏，因为一旦被各种可移动遗传元件（如质粒和转座子）携带，各种耐药基因就可以轻而易举地在菌种内、菌种间、菌属间，甚至在革兰阳性菌和革兰阴性菌之间进行传播，让人防不胜防。

　　抗菌药物耐药正在一点点地侵蚀着现代抗感染治疗学的基石，并已严重威胁到人类公共健康。人们也曾幻想，对抗各种耐药细菌的全新抗菌药物会源源不断地涌现出来，但残酷的现实却是，人类经过近 40 年的努力才再次研发出一种具有全新化学结构的抗菌药物——噁唑烷酮类的利奈唑胺。原本以为在细菌基因组中寻找抗菌药物全新靶位的尝试和探索会获得丰厚回报，但遗憾的是，各种努力大多以失败而告终。更令人遗憾的是，全世界大多大型制药公司不再对寻找全新抗菌药物感兴趣，转而将人力、物力和财力投向更能长久获取利润的治疗慢性病药物上。近些年来，沮丧和挫败的情绪一直在全世界抗感染领域中弥漫。面对耐药细菌特别是多重耐药革兰阴性菌所致感染，抗菌药物选择的余地越来越小，治疗常常十分棘手，医生有时会被迫使用那些以前已经被废弃且毒性更大的抗菌药物如黏菌素，甚至也会陷入无药可用和束手无策的窘境之中。我们曾在与细菌之间的战争中占有优势，但遗憾的是，我们或许无法取得这场战争的最终胜利。

在耐药细菌特别是革兰阴性病原菌中，多重耐药已不是一种特例，而恰恰是一种"新常态"。很多产超广谱 β-内酰胺酶和碳青霉烯酶的革兰阴性杆菌同时也对多种其他类别抗菌药物耐药，如氨基糖苷类、氟喹诺酮类和磺胺类。毫无疑问，在多重耐药表型的贡献上，β-内酰胺酶介导的耐药机制占据着主导地位。诚然，细菌并不是仅仅通过产生各种 β-内酰胺酶而耐药，当然还包括一些其他的耐药机制，但不可否认的是，细菌产生 β-内酰胺酶是最重要的一种耐药机制，并已严重影响到感染性疾病的化学治疗。按照符合逻辑的推断，比现有 β-内酰胺酶底物谱更广和活性更强的，或者说对公共健康构成更大威胁的 β-内酰胺酶迟早会出现，我们只是很难预测像这样一种"多才多艺"的 β-内酰胺酶会在何时何地出现而已。每念及此都会让人心生畏惧。

然而，与抗菌药物耐药仍在不断发展和广泛散播形成鲜明对照的是，对抗菌药物耐药的担忧以及遏制其发生、发展的呼吁更多体现在专家层面。遏制细菌耐药需要医疗行政管理部门、制药公司、医院管理层、医生、患者，甚至是公众共同努力才有可能奏效。毋庸讳言，掌握着日常抗菌药物处方权的一线临床医生和从事感染控制的医护人员确实肩负着重大责任。只有对细菌耐药机制有着深入透彻的了解，才能在日常遏制细菌耐药出现和散播的工作中做到知其然，也知其所以然。没有认知就不会有行动！

众所周知，β-内酰胺酶介导的细菌耐药涉及极为庞大的知识体系，如微生物学、生物化学和酶学、遗传学特别是细菌遗传学、生物学、种系发生学、检验学、感染病学、流行病学以及抗感染治疗学等。全面系统地掌握这些知识对于每日忙于临床工作的医生和从事感染控制医务人员来说既重要又繁重，其他机制介导的细菌耐药也同样牵涉到复杂的知识体系。笔者正是基于这样一种客观现实编写此书，目的就是在描述各种 β-内酰胺酶介导的细菌耐药的同时，也集中地将其他相关耐药知识介绍给读者，使读者既能在微观层面洞悉 β-内酰胺酶介导的细菌耐药相关知识的细枝末节，也能在宏观层面上掌握细菌耐药的整体发展趋势，既见"树木"也见"森林"。鉴于很多产酶细菌也对其他一些抗菌药物类耐药，本书也在相关章节中对相应的抗菌药物耐药机制给予了简要的描写和探讨，这会帮助读者更容易理解细菌针对其他抗菌药物耐药的机制。此外，细菌耐药的研究已经发展到这样一个节点：离开了细菌耐药遗传学的研究，细菌耐药机制的研究就变得无所依从；缺乏对细菌耐药遗传学相关知识的了解，人们也不可能真正深刻理解细菌耐药的起源、发展和散播。因此，本书单独辟出一篇专门介绍细菌耐药遗传学基础知识。

有关细菌耐药的研究文献和书籍可谓汗牛充栋，尽管作者力求将国内外主要的相关研究结果介绍给读者，但疏漏之处在所难免。此外，本书中一些观点只代表笔者的心得和认知，不妥之处恳请读者给予批评指正，我将不胜感谢。

编著者
2021 年春于北京

目　录

第二篇
细菌耐药遗传学基础 / 93

第九章　耐药基因 / 94

第十章　质粒 / 119

第十一章　转座子 / 137

第十二章　插入序列 / 150

第十三章　整合子 / 163

第十四章　插入序列共同区 / 182

第三篇
β-内酰胺酶 / 193

第十五章　β-内酰胺酶的命名 / 194

第十六章　β-内酰胺酶的分类 / 202

第十七章　青霉素酶 / 216

第十八章　超广谱 β-内酰胺酶概述 / 236

第十九章　TEM 型 ESBL / 240

第四篇
全球细菌耐药的现况、发展趋势和应对措施 / 531

第 一 篇

抗菌药物与细菌耐药机制

第一章

抗菌药物的发展与作用机制

第一节 名词来源

自从抗生素年代开启以来，人们已经采用多种名词来形容那些具有抗菌活性的物质。不知是出于习惯还是为了避免命名上的混乱，有些名词已经从文献和书籍中逐渐淡出，有些名词则使用得越来越频繁。目前，在国内外细菌耐药研究领域中最常用的两个名词非"抗生素（antibiotic）"和"抗菌药物（antimicrobial agent）"莫属。

抗生素一词是由著名的美籍乌克兰裔微生物学家瓦克斯曼（Waksman）于1941年"杜撰"出的。抗生素从字面上理解就是"拮抗生命"的化合物，属于典型的抗菌药物，能够干扰对于细菌生长和存活必不可少的一些结构或细胞过程，但又不损害藏匿这些细菌的真核生物宿主，包括动物和人类。瓦克斯曼本人也因发现链霉素这一杰出贡献而荣获1952年诺贝尔生理学或医学奖，当时被人尊称为"抗生素之父"。抗生素能够杀死细菌（杀菌剂）或有时也只是阻止细菌生长（抑菌剂）。这些天然的抗生素大多来自真菌或丝状细菌链霉菌属，它们常常作为"化学武器"被上述细菌精心制造出来，用以杀死在邻近微环境中的其他细菌，使得产生抗生素的细菌本身保持一种竞争性生长优势。因此，在抗生素年代早期，抗生素的定义明确限定它们是由微生物产生的化学物质，被高度稀释后仍然对其他种属微生物的生长具有拮抗作用。后来，随着越来越多青霉素类、头孢菌素类、四环素类和大环内酯类的衍生物被研发出来，抗生素的概念也得到外延，人们开始

将那些天然产物通过半合成修饰甚至全合成而产生的各种衍生物也统称为抗生素。

抗菌药物的含义显然要比抗生素宽泛得多，并且也是目前在国内外各种抗感染和细菌耐药研究文献中使用频次最高的专业名词。抗菌药物不仅包括了抗生素，也涵盖了完全通过化学合成途径产生的并具有全新化学结构的各种抗菌药物。一般来说，这些全合成抗菌药物特指3个类别：①20世纪30年代开始临床应用的磺胺类；②20世纪60年代投入临床使用的喹诺酮类；③美国FDA于2000年批准上市的噁唑烷酮类（oxazolidinone），如利奈唑胺。严格意义上讲，达托霉素也不是完全合成的抗菌药物，其原型骨架也是来自链霉菌属。

需要特别指出的是，全世界有很多知名抗感染专家或微生物学家都曾一再强调要区别使用抗生素和抗菌药物这两个名词，不应该将那些全合成的抗菌药物如喹诺酮类称为抗生素。然而，实事求是地说，近十几年来，单就细菌耐药这一研究领域而言，这两个名词经常被混用，很多在细菌耐药研究领域非常知名的专家都是在"抗生素耐药"的题目之下探讨细菌针对磺胺类、氟喹诺酮类以及利奈唑胺的耐药问题。反之，很多专家也在文献中将青霉素类、头孢菌素类和红霉素类药物称作抗菌药物，并未特别加以区别，这种混合使用似乎也并未使读者产生歧义。然而，从细菌耐药的角度上讲，天然产生的抗生素和完全化学合成的抗菌药物还是有些区别的。例如，细菌针对抗生素耐药比较容易理解，因为抗生素毕竟产自细菌，而这些细菌本身就可能藏匿着相对应的抗生素耐药基因，这或许是避免被自身产生的抗生素自杀式攻击的缘故。当然，和产生

抗生素细菌处于同一小生境的细菌也可能拥有耐药基因，这是自然界中"相生相克"的最基本逻辑，我国古人常说："距毒草百步之内必有解药"也是这个道理。然而，人们曾坚定地认为，细菌原本不可能存在着编码完全合成的抗菌药物如喹诺酮类的耐药基因，这些基因只能通过突变而获得，而且还需要反复多次的突变才能产生临床意义的耐药。针对抗生素的耐药基因是细菌与生俱来的，而针对抗菌药物的耐药基因是通过突变获得的，两者还是有区别的。不过，自从 20 世纪 90 年代末期以来，一些质粒介导的喹诺酮耐药机制的陆续发现还是从根本上动摇了人们原有的认知。由于本书主要介绍 β-内酰胺类抗生素的耐药问题，所以我们常常会不可避免地使用抗生素这一名词，但在涉及一些完全化学合成的制剂时，我们也会使用抗菌药物这一名词，尽可能兼顾人们的用词习惯和避免造成混乱。

第二节　抗菌药物的发展概况

根据美国临床实验室标准化委员会（Clinical and Laboratory Standard Institute，CLSI）的最新统计，目前在全世界各个医院中使用的主要抗菌药物大概有 100 多种，其中 β-内酰胺类抗生素就不少于 50 种。当然，除了 β-内酰胺类抗生素以外，其他主要的抗菌药物类别还包括氨基糖苷类、大环内酯类、糖肽类、氟喹诺酮类、四环素类和噁唑烷酮类等，它们各自拥有一些成员，但多寡不一（表 1-1）。很多抗菌药物类别的先导药物都是在 20 世纪 40～60 年代被发现，如氨基糖苷类的链霉素、β-内酰胺类的青霉素和头孢菌素 C、糖肽类的万古霉素、大环内酯类的红霉素、四环素类的金霉素以及喹诺酮类的萘啶酸等。21 世纪也有一些新一代抗菌药物陆续投放市场，如一些五代头孢菌素头孢吡普和头孢洛林、碳青霉烯类的多立培南、全新类别的利奈唑胺、甘氨酰环素类的替加环素、脂肽类的达托霉素以及全新的 β-内酰胺酶抑制剂类的阿维巴坦等。然而，必须指出的是，上述绝大多数新近投放市场的抗菌药物都是原有抗菌药物的升级换代衍生物，如替加环素虽属甘氨酰环素类，但在大类别上还是属于四环素类。唯有利奈唑胺是全新类别的抗菌药物。阿维巴坦虽然属于全新类别，但它本身并无抗菌作用，不属于抗菌药物，它只是具有全新化学结构的 β-内酰胺酶抑制剂，不可单独使用，只能与其他 β-内酰胺类抗生素组成复方制剂。

表 1-1　用于临床的主要抗菌药物类别

类别	亚类	类别或亚类中的第一个成员	最初类别鉴定年份	2000 年后处于研发或上市的化合物
氨基糖苷		链霉素	1943	plazomicin
β-内酰胺	青霉素	青霉素	1928	无
	头孢菌素	头孢菌素 C 头孢噻吩	1948 1962	头孢吡普 头孢洛林 头孢洛扎
	碳青霉烯	亚胺培南	1976	多立培南
	单环 β-内酰胺	氨曲南	1981	BAL30072，MC-1
	β-内酰胺酶抑制剂	克拉维酸	1976	非 β-内酰胺类： 阿维巴坦，MK-7655
糖肽		万古霉素	1952	dalbavancin oritavancin telavancin
脂肽		达托霉素	1985	无
大环内酯		红霉素	1949	无
	酮内酯	泰利霉素	1997	cethromycin solithromycin
噁唑烷酮		利奈唑胺	1995	Radezolin，特地唑胺
喹诺酮	氟喹诺酮	萘啶酸	1962	delafloxacin，JNJ-Q2， nemonoxacin
四环素	四环素	金霉素	1945	TP-434
	甘氨酰环素	替加环素	1998	omadacycline

注：引自 Bush K. Curr Opin Pharmacol，2012，12：1-8。

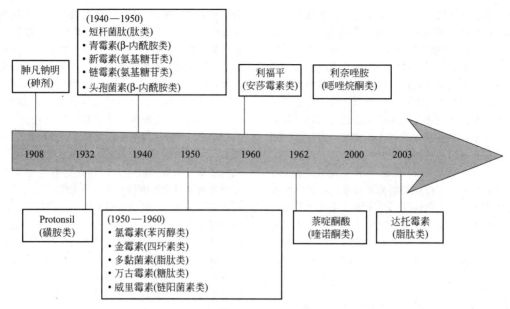

图 1-1　抗菌药物发现和发展的年代顺序

（引自 Wright G D. Nature Rev Microbiol，2007，5：175-186）

从抗菌药物发展的角度看，无论是原有类别的升级换代，抑或是完全新型抗菌药物的发展，一些突破性进展主要出现在抗革兰阳性病原菌的品种上如利奈唑胺和达托霉素，而对于当下最难处置的肠杆菌科细菌以及非发酵细菌所致的感染，几乎没有全新的抗菌药物问世。进入 21 世纪以来，一些颇具临床价值的抗革兰阴性病原菌的品种先后上市，如多立培南、替加环素以及个别五代头孢菌素类产品，但这些产品远未能满足临床抗革兰阴性杆菌感染的需求。无奈之下，人们只能将原已废弃的个别抗菌药物如多黏菌素类产品重新投放到临床应用。众所周知，多黏菌素类肾毒性和神经毒性突出，尽管近些年的一些研究认为黏菌素的肾毒性并不像原来提到的那么严重，可能与制剂纯度提高有关，但就利益/风险考量而言，重新使用多黏菌素类抗菌药物也只是基于"两害相权取其轻"的原则，因为有些多药耐药革兰阴性病原菌感染已经面临无药可用的处境。在可以预见的未来，治疗多药耐药革兰阴性病原菌感染的抗菌药物产品供应线上也不会有全新产品问世。因此，我们只能尽可能合理地使用现有的各种抗菌药物，保护好现有抗菌药物资源，使其尽可能长时间且有效地为人类服务。

抗菌药物是 20 世纪被发展起来的最成功的化学治疗形式，毫不夸张地说，它也是整个医学史上最成功的化学治疗形式。对抗菌药物最早的系统性寻找是在 19 世纪末期开展的，这正是人们开始接受"疾病的微生物理论"之时，这些"理论"出自一些著名的微生物学家如法国的巴斯德和德国的科赫。德国科学家埃尔利希（Ehrlich）的拓荒性小分子筛选方法和第一个抗锥虫和抗梅毒的"魔弹"药物宣告抗菌药物的化学治疗年代到来。第一个化学合成的抗菌药物来自欧洲的染料工业——磺胺类药，德国化学家多马克为此做出了杰出的贡献，他也是在抗菌药物研发领域中第一个获得诺贝尔奖的科学家。然而，抗生素源自环境细菌和真菌，它们具有高效能、化学结构多样性以及相对无毒性的特点，将抗菌药物发现的范例从合成小分子转换到开发天然产物上来是一个创举，是一个重大的转折点。这些发现为人们进入抗菌药物发现的黄金年代（20 世纪 40～60 年代）铺平了道路，在此期间，目前在临床上使用的大多数抗菌药物被首次鉴定了特性。接下来的十年（1970—1980 年）是药物化学家大展身手的时期。对原有抗生素化学骨架的修饰和剪裁使得这些原型抗生素升级换代，它们不仅扩大了抗菌谱，优化了药代动力学（PK）/药效学（PD）特性，而且还克服了早期抗菌药物耐药的问题。噁唑烷酮类的利奈唑胺和脂肽类的达托霉素分别于 2000 年和 2003 年被 FDA 批准（图 1-1）。

第三节　抗菌药物作用机制简介

各种抗菌药物的化学疗法都是建立在选择性毒性基础之上。细菌微小的体积和极其迅速的繁殖速度使它们在结构和代谢上都与哺乳动物有明显区别，有些差异是程度上的，有些差异是本质上的，这就为抗菌药物发挥抗菌作用提供了可行性。

换言之，每种细菌都有与抗菌药物相互作用的靶位或靶点，而这些靶位恰恰是宿主细胞所缺乏的，或者宿主所具有的靶位与细菌的靶位显著不同，或者至少表现出足够的不相容。如此一来，抗菌药物在攻击细菌细胞的同时，不会对宿主细胞造成损伤或明显损伤。充分了解抗菌药物的作用机制，对于深刻理解细菌针对抗菌药物耐药的机理非常重要。细菌对抗菌药物之所以产生耐药，有些是由于抗菌药物直接作用的靶位发生了改变，或者是由于细菌细胞发生了其他改变，如膜通透性发生了改变，从而导致抗菌药物不能进入细菌细胞并与细菌的靶位相互作用。在此，我们简要介绍各种抗菌药物的作用机制（表 1-2）。大体上说，抗菌药物发挥抗菌作用主要是通过以下 6 种方式实现的：

① 抑制细胞壁生物合成——β-内酰胺类，糖肽类，磷霉素。

② 改变细胞膜通透性——多黏菌素类，达托霉素。

③ 抑制核糖体蛋白质合成——氨基糖苷类，四环素类，大环内酯类，噁唑烷酮类。

④ 抑制核酸合成——氟喹诺酮类，利福平。

⑤ 抑制叶酸合成——磺胺类药，甲氧苄啶。

⑥ 其他。

表 1-2　各种抗菌药物的作用机制

抗生素类别	实例	作用靶位
β-内酰胺类	青霉素类（氨苄西林），头孢菌素类（头孢素），碳青烯类（美罗培南），单环 β-内酰胺类（氨曲南）	肽聚糖生物合成

续表

抗生素类别	实例	作用靶位
氨基糖苷类	庆大霉素，链霉素，大观霉素	翻译
糖肽类	万古霉素，替考拉宁	肽聚糖生物合成
四环素类	米诺环素，四环素	翻译
大环内酯类	红霉素，阿奇霉素	翻译
林可酰胺类	克林霉素	翻译
链阳菌素类	奎奴普丁/达福普汀	翻译
噁唑烷酮类	利奈唑胺	翻译
氯霉素类	氯霉素	翻译
氟喹诺酮类	环丙酰胺	DNA 复制
嘧啶类	甲氧苄啶	C_1 代谢
磺胺类	磺胺甲基异噁唑	C_1 代谢
利福霉素类	利福平	转录
酯肽类	达托霉素	细胞膜
阳离子肽类	黏菌素	细胞膜

从大的层面上说，多种抗菌药物也可能针对同一个靶位。例如，β-内酰胺类抗生素作用的靶位是细菌细胞壁肽聚糖的生物合成，而糖肽类中的万古霉素和替考拉宁以及磷霉素也都是通过干扰细菌细胞壁肽聚糖的生物合成而发挥抗菌作用，只是它们作用的具体环节不同而已。同样，核糖体蛋白质合成是细菌细胞生命过程的重要一环，很多种抗菌药物都影响到这一环节，如四环素类、氨基糖苷类、红霉素、奎奴普丁/达福普汀和利奈唑胺等，只是它们会分别作用于不同的核糖体亚单位。图 1-2 形象地展示出各种抗菌药物的作用靶位。

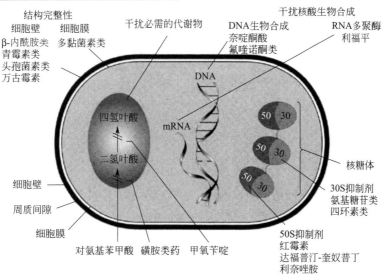

图 1-2　较大类别抗菌药物的主要靶位

[引自 Sheldon JR AT. Clin Lab Sci，2005，18（3）：170-180]

参考文献

[1] Sefton A M. Mechanisms of antimicrobial resistance [J]. Drugs, 2002, 62 (4): 557-566.

[2] Pallasch T J. Antibiotic resistance [J]. Dent Clin N Am, 2003, 47: 623-639.

[3] Sheldon Jr A T. Antibiotic resistance: A survival strategy [J]. Clin Lab Sci, 2005, 18 (3): 170-180.

[4] Nordmann P, Dortet L, Poirel L. Carbapenem resistance in Enterrobacteriaceae: here is the storm [J]! Trends Mol Med, 2012, 18: 263-272.

[5] Bush K. Improving known classes of antibiotics: an optimistic approach for the future [J]. Curr Opin Pharmacol, 2012, 12: 1-8.

[6] Shahid M, Sobia F, Singh A, et al. β-lactams and β-lactamase-inhibitors in current-or potential-clinical practice: a comprehensive update [J]. Crit Rev Microbiol, 2009, 35: 81-108.

[7] Roberts M C. Update on macrolide-lincosamide-streptogrmin, ketolide and oxazolidinone resistance genes [J]. FEMS Microbiol Lett, 2008, 282: 147-159.

[8] Hershberger E, Donabedian S, Konstantinou K, et al. Quinupristin-Dalfopristin resistance in Gram-positive bacteria: Mechanism of resistance and epidemiology [J]. Clin Infect Dis, 2004, 38: 92-98.

[9] Toh S M, Xiong L, Arias C A, et al. Acquisition of a natural resistance gene renders a clinical strain of methicillin-resistant *Staphylococcus aureus* resistant to the synthetic antibiotic linezolid [J]. Mol Microbiol, 2007, 64: 1506-1514.

[10] Walsh C. Molecular mechanisms that confer antibacterial drug resistance [J]. Nature, 2000, 406: 775-781.

[11] Davies J, Davies D. Origin and evolution of antibiotic resistance [J]. Microbiol Mol Bio Rev, 2010, 74: 417-433.

[12] Kresge N, Simoni R D, Hill R L. Selman Waksman: the father of antibiotics [J]. J Biol Chem, 2005, 279: e7-e8.

[13] Wright G D. The antibiotic resistome: the nexus of chemical and genetic diversity [J]. Nature Rev Microbiol, 2007, 5: 175-186.

β-内酰胺类抗生素的发展和作用机制

毫无疑问，无论是在数量上还是在临床抗感染的使用价值上，β-内酰胺类抗生素都是人类治疗细菌感染武器库中最重要的一组武器，没有之一。在全球整体抗菌药物市场上，β-内酰胺类抗生素的消费量也占据着 50% 以上的市场份额。根据 2018 年统计，在我国大型三甲医院中，β-内酰胺类抗生素占据着所有抗菌药物中 60% 以上的消费份额。毫不夸张地说，如果没有细菌耐药的出现和散播，仅仅依靠众多的 β-内酰胺类抗生素品种就完全能够满足临床上绝大多数感染的治疗需要。据 WHO 统计，β-内酰胺类抗生素已经延长人类寿命至少 10 年以上，很难想象任何其他类别的药物会对人类的文明产生如此重大的影响。

第一节　β-内酰胺类抗生素的分类

一般来说，β-内酰胺类抗生素由 4 个主要亚类构成，即青霉素类、头孢菌素类、单环 β-内酰胺类和碳青霉烯类。从广义上说，β-内酰胺酶抑制剂也应算作一个亚类，如克拉维酸、舒巴坦和他唑巴坦，这不仅是因为它们都是 β-内酰胺类的衍生物，而且这三种酶抑制剂都作用于细菌的各种青霉素结合蛋白（PBP）上，并且或多或少也都具有一定的抗菌效力。其中舒巴坦的抗菌效力尤为显著，特别是针对不动杆菌菌种，因此，在有些国家包括我国在内，舒巴坦本身也作为一种单独的注射剂供临床使用。上述三种 β-内酰胺酶抑制剂与其他 β-内酰胺类抗生素的这种结构相似性允许它们作为一种底物结合到 β-内酰胺酶上，这也是人们将其称作自杀式 β-内酰胺酶抑制剂的缘故（图 2-1）。

根据抗菌谱和抗菌作用的特点，青霉素类被进一步细分成 5 个小类别：①主要作用于革兰阳性菌、革兰阴性球菌和个别革兰阴性杆菌的青霉素类，如青霉素和青霉素 V；②所谓的耐青霉素酶的青霉素类，如甲氧西林、苯唑西林和氯唑西林；③广谱青霉素类，如氨苄西林和阿莫西林；④抗铜绿假单胞菌的青霉素类，如羧苄西林、替卡西林和哌拉西林；⑤主要作用于革兰阴性菌的青霉素类，如替莫西林。

头孢菌素类也是成员众多。头孢菌素类的细分通常采用"代"的方式进行，每一代都具有几个甚至十几个成员。目前，总共有 5 "代"头孢菌素类已经被陆续投入临床使用，如一代头孢菌素中的头孢噻吩，二代头孢菌素中的头孢呋辛，三代头孢菌素中的头孢噻肟、头孢他啶和头孢曲松，四代头孢菌素中的头孢吡肟以及五代头孢菌素中的头孢吡普和头孢洛林等。从 β-内酰胺酶介导细菌耐药的角度上讲，我们有必要将头霉素类抗生素从头孢菌素中区分出来，如头孢西丁、头孢美唑和头孢替坦。众所周知，革兰阴性杆菌产生的各种超广谱 β-内酰胺酶是造成产酶细菌对除碳青霉烯类以外的大多数 β-内酰胺类抗生素耐药的最常见机制。然而，这些超广谱 β-内酰胺酶通常并不水解头霉素类抗生素，但这一类抗生素却被一些肠杆菌科细菌中多数菌种产生的头孢菌素酶水解，这些酶也称作分子学

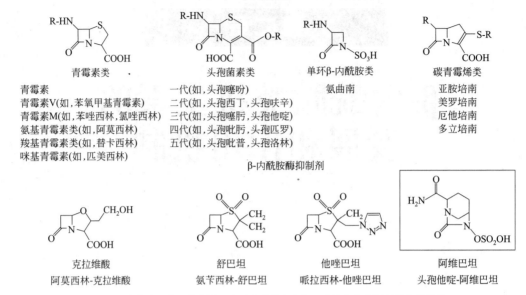

β-内酰胺类

青霉素类

青霉素
青霉素V(如,苯氧甲基青霉素)
青霉素M(如,苯唑西林,氯唑西林)
氨基青霉素类(如,阿莫西林)
羧基青霉素类(如,替卡西林)
咪基青霉素(如,匹美西林)

头孢菌素类

一代(如,头孢噻吩)
二代(如,头孢孟多,头孢呋辛)
三代(如,头孢噻肟,头孢他啶)
四代(如,头孢吡肟,头孢匹罗)
五代(如,头孢吡普,头孢洛林)

单环β-内酰胺类

氨曲南

碳青霉烯类

亚胺培南
美罗培南
厄他培南
多立培南

β-内酰胺酶抑制剂

克拉维酸
阿莫西林-克拉维酸

舒巴坦
氨苄西林-舒巴坦

他唑巴坦
哌拉西林-他唑巴坦

阿维巴坦
头孢他啶-阿维巴坦

图 2-1 在临床上使用的主要 β-内酰胺类抗生素和 β-内酰胺酶抑制剂的化学结构
(引自 Nordmann P, et al. Trends Mol Med, 2012, 18: 263-272)

C 类 β-内酰胺酶或者 AmpC β-内酰胺酶。这样的区别在细菌耐药的表型鉴定中很有意义,同时也直接影响到临床抗感染时抗生素的选择。

在上述组成 β-内酰胺类的各亚类抗生素中,单环 β-内酰胺类数量最少,临床常用的制剂只有氨曲南一种。碳青霉烯类已经有若干种产品用于临床实践,主要有亚胺培南、美罗培南、厄他培南和多立培南等。总的来说,占据品种数量最多还是青霉素类和头孢菌素类。

图 2-1 中的阿维巴坦(avibactam)需要特殊说明。阿维巴坦在结构上并不具 β-内酰胺环,因此不属于 β-内酰胺类,它是一种二氮杂双环辛酮类化合物。此外,它抑制 β-内酰胺酶的机制与克拉维酸、舒巴坦和他唑巴坦也有着本质的不同。尽管如此,很多学者还是将阿维巴坦和传统的 β-内酰胺酶抑制剂并列在一起,主要原因在于,虽然阿维巴坦的结构不同于传统的 β-内酰胺类,但它毕竟还是 β-内酰胺酶抑制剂,离开了 β-内酰胺酶抑制剂这一概念,阿维巴坦的价值也就无从谈起。重要的是,阿维巴坦本身没有任何抗菌活性,无法将它归属于任何抗菌药物范畴之中,它也只能与各种 β-内酰胺类抗生素如头孢他啶、头孢洛林以及氨曲南等组成复方制剂才能体现出其药物价值。

众所周知,所有 β-内酰胺类抗生素的一个结构特征就是共有一个 β-内酰胺环。在青霉素类和头孢菌素类,这个 β-内酰胺环被分别融合到五元和六元环上,在五元环和六元环的 C3 或 C4 位置上含有

一个羧基。对比而言,单环 β-内酰胺类不含有一个被融合的环,只是由单一 β-内酰胺环构成,而该 β-内酰胺环被发现在青霉素类和头孢菌素类上的羧酸盐类似位置上具有一个被连接的磺酸基团。最后,碳青霉烯类由一个被融合到一个青霉素样的五元环上的 β-内酰胺环组成,但在这个五元环上的 C1 位置上是一个碳而不是硫,同时该五元环在 C2 和 C3 之间含有一个双键(图 2-2)。

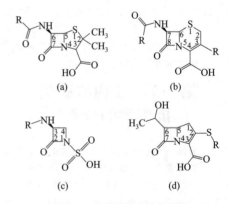

图 2-2 β-内酰胺抗生素的类别
(引自 Palzkill T. Ann N Y Acad Sci, 2013, 1277: 91-104)
(a)青霉素母核结构;(b)头孢菌素母核结构;
(c)单环 β-内酰胺母核结构;(d)碳青霉烯母核结构

已如前述,目前在临床上常用的各种 β-内酰胺类抗生素不少于 50 种,主要包含几个大类别。在各自的类别之内,各个成员主要以小的亚类(如青

霉素类）和所谓的"代"（头孢菌素类）加以区分。不同亚类的青霉素和不同"代"之间的头孢菌素都体现出抗菌谱的拓展和抗菌效力的增加。然而，在同一"代"中各成员之间的相似性却远远大于彼此间的差异，而且有些差异常常基于商业原因而被人为地放大。从 β-内酰胺酶介导细菌耐药的角度上讲更是如此。例如，超广谱 β-内酰胺酶能水解所有氧亚氨基头孢菌素类，如头孢呋辛、头孢噻肟、头孢他啶和头孢曲松，而根本无视它们彼此之间细微的差别。金属碳青霉烯酶也能对亚胺培南、美罗培南、厄他培南以及多立培南实施几乎是无差异化的水解，除此之外，它们还能水解各种青霉素类和头孢菌素类抗生素，只有氨曲南是个例外。

第二节　β-内酰胺类抗生素的发展史

　　抗菌药物发展与细菌耐药的出现、进化和散播在年代顺序上常常是如影相随的，这种交互关联性在 β-内酰胺类抗生素的发展史上更是清晰可见。在近 20 年中，抗菌药物研发的最核心诉求就是寻找能够对抗各种耐药细菌的抗菌药物，这已经成为制药企业和研发机构一个不变的追求。事实上，如果没有细菌耐药的出现和散播，原有的各种抗菌药物在应对各种细菌感染治疗上已经绰绰有余，根本没有必要投入大量的人力、物力和财力去发展全新的抗菌药物。

　　尽管早在 1928 年弗莱明就发现了青霉素，但最早用于临床治疗的抗菌药物却是磺胺类药。在 1932 年，德国科学家多马克（Gerhard Domagk）就在化学染料中发现了第一个真正意义的抗菌药物，即磺胺类药中的百浪多息，并且他在 1935 年就报告了百浪多息的疗效。此后，人们成功地将这种抗菌药物用于治疗各类链球菌感染，使 A 组 β 溶血性链球菌所致产褥热的病死率显著下降，从而实现了对细菌感染化学治疗的历史性突破。正是由于这一杰出贡献，多马克获得了 1939 年诺贝尔生理学或医学奖，他也是第一个因发现抗菌药物而获得诺贝尔奖的科学家。

　　众所周知，青霉素是 β-内酰胺类抗生素大家族中的第一个成员，人们曾采用很多溢美之词来赞美这一伟大的发现。在 1945 年诺贝尔奖颁奖典礼上，主持人将青霉素的发现称为"现代医学最有价值的贡献"。从治病救人的角度上讲，世界上没有一种药物可以和青霉素做出的历史和现实贡献相媲美。尽管享有如此高的赞誉，青霉素的发现却是一个非常偶然的事件。在 1928 年 9 月，英国微生物学家亚历山大·弗莱明（Alexander Fleming）在不经意

间发现了培养葡萄球菌的平皿污染了一种青霉菌（penicillium），而在此青霉菌菌落周围的葡萄球菌被杀死了。在此后的一年时间里，弗莱明先是将这种青霉菌分离出来并将其命名为点青霉（penicillium notatum），随后又通过实验证明了这种青霉菌的无细胞提取物具有显著的抗菌作用，以及最后在实验动物上证实了这种活性物质的安全性，最终，弗莱明将这种活性物质命名为青霉素，并将这些实验成果写成《论青霉菌属培养物的抗菌作用》论文，于 1929 年发表在《英国皇家实验病理季刊》上。遗憾的是，弗莱明的这项具有划时代意义的研究成果当时并未受到科学界的重视，文章发表后一直束之高阁，被尘封了近十年之久。在 20 世纪 30 年代，分离和纯化青霉素的各种尝试基本都以失败而告终，到 20 世纪 30 年代末期，人们对青霉素的兴趣几乎消失殆尽。直到十年后，在牛津大学病理学教授弗洛里（Howard Walter Florey）、英国生物化学家钱恩（Ernst Boris Chain）等一批优秀科学家以及美国查尔斯辉瑞公司的共同努力下，在 20 世纪 40 年代和 50 年代，青霉素生物合成的深度发酵工艺获得重大进展，这标志着青霉素大规模生产和广泛的临床应用成为可能。青霉素在第二次世界大战期间拯救了无数士兵的生命。正是由于弗莱明、弗洛里和钱恩的杰出贡献，他们共同获得了 1945 年诺贝尔生理学或医学奖。尽管青霉素结构简单，但直到 1949 年，Hodgkin 才通过 X 射线的晶型研究揭示出青霉素完整的化学结构，并且在 1959 年被完全的化学合成所证实，这距离弗莱明发现青霉素已经过去了整整 30 年。

　　青霉素之后第二个里程碑式的发现是甲氧西林。从历史意义上讲，甲氧西林的发现根本无法与青霉素相提并论，不过发现甲氧西林的历史功绩在于拯救了一场危机，这场危机是由葡萄球菌对青霉素耐药引发的。此后，整个 20 世纪 60、70 甚至 80 年代都是各类抗菌药物发现和发展的黄金时期，β-内酰胺类抗生素亦不例外，各种新的衍生物如雨后春笋般涌现出来。我们目前在临床上使用的大多数 β-内酰胺类抗生素都是在这个时间段研发成功并推向市场。

　　梅德罗斯（Medeiros）将 β-内酰胺类抗生素发现和发展归结为 3 个年代：①青霉素年代；②广谱青霉素类和早期头孢菌素类年代；③头霉素类、氧亚氨基头孢菌素类、单环 β-内酰胺类、碳青霉烯类和 β-内酰胺酶抑制剂年代。青霉素年代为 1940—1960 年，主要产品就是青霉素。这一时代的最重要成就之一就是青霉素母核 6-氨基青霉烷酸（6-APA）的发现［图 2-3（a）］。6-APA 通过脱酰化的一个制造过程首先是在 Beecham 研究实验室被发

现。6-APA 的大量生产也为后面的各种广谱青霉素类和耐酶青霉素类的合成奠定了最为重要的基础。

广谱青霉素类和早期头孢菌素类年代为 1960—1978 年，主要产品有甲氧西林、苯唑西林、氨苄西林、奈芙西林、羧苄西林、替卡西林、头孢噻吩和头孢唑啉等。头孢菌素类的第一个来源是冠头孢菌（*Cephalosporium acremonium*），其培养滤液（真菌在其中生长）被发现含有三种截然不同的抗菌药物，即头孢菌素 P、N 和 C。7-氨基头孢霉烷酸（7-ACA）这一母核的发现使得引入比亲代物质抗菌活性更强的半合成化合物成为可能［图 2-3（b）］，当然，这也是通过加上侧链而实现的。头孢菌素 C 含有一个源自 D-α-氨基己二酸的侧链，它与一个二氢噻唑 β-内酰胺环系统（7-氨基头孢霉烷酸）缩合。头孢菌素 C 能被酸水解成为 7-头孢霉烷酸。相继的修饰已经通过不同侧链的加上而实现，从而产生出整个家族的头孢菌素类抗生素。头霉素类与头孢菌素类相似，但在这个 7-氨基头孢霉烷酸的 β-内酰胺环的 7 位置上有一个甲氧基。实际上，直到 20 世纪 70 年代中期，β-内酰胺类抗生素所有的显著进展都是通过将不同的侧链加入典型的表霉烯和头孢烯母核上而获得的。

头霉素类、氧亚氨基头孢菌素类、单环 β-内酰胺类、碳青霉烯类和 β-内酰胺酶抑制剂年代为 1978—1995 年，代表性的产品有头孢西丁，氧亚氨基头孢菌素类中的头孢呋辛、头孢曲松、头孢噻肟和头孢他啶，青霉素类中的哌拉西林，单环 β-内酰胺类中的氨曲南，碳青霉烯类中的亚胺培南-西司他丁以及各种 β-内酰胺酶抑制剂组成的复方制剂。头孢西丁是头霉素中的第一个成员，它不是由一种真菌产生，而是由一种丝状革兰阳性土壤细菌带小棒链霉菌（*Streptomyces clavuligerus*）产生。克拉维酸也是于 1976 年在这种链霉菌发酵过程中被分离出的。碳青霉烯类由一种链霉菌（*Streptomyces cattylea*）产生，该菌种不同于产生头霉素类的菌种。体外稳定性的种种困难使其迟迟未被批准临床使用，这一过程一直拖延到了 1985 年的 11 月份，当时在美国，亚胺培南与二氢肽酶的一种抑制剂西司他丁组成复方制剂被批准。头孢呋辛虽然是二代头孢菌素，但它却是第一个氧亚氨基头孢菌素，这种氧亚氨基头孢菌素类也包括此后的头孢他啶、头孢噻肟和头孢曲松，它们都能耐受当时流行的广谱 β-内酰胺酶的水解作用。

头孢吡肟属于四代头孢菌素，它应该不属于上述三个年代。五代头孢菌素类如头孢吡普和头孢洛林以及将头孢他啶和头孢洛林与阿维巴坦这一 β-内酰胺酶抑制剂组成的新复方制剂则属于新的一代，

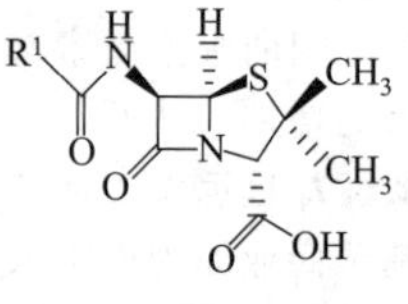

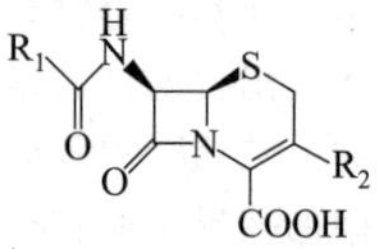

图 2-3　青霉素和头孢菌素的母核

（引自 Shahid M，et al. Crit Rev Microbiol，2009，35：81-108）

（a）6-APA 母核；（b）7-ACA 母核

这些产品都是在 21 世纪被批准上市（表 2-1）。

表 2-1　代表性 β-内酰胺类抗生素在美国上市的年份

抗生素	年份	抗生素	年份
青霉素	1946	甲氧西林	1960
苯唑西林	1962	氨苄西林	1963
萘夫西林	1964	头孢噻吩	1964
羧苄西林	1970	头孢唑啉	1973
替卡西林	1976	头孢孟多	1978
头孢西丁	1978	头孢噻肟	1981
哌拉西林	1981	头孢哌酮	1982
头孢唑肟	1983	头孢呋辛	1983
阿莫西林/克拉维酸	1984	头孢曲松	1984
替卡西林/克拉维酸	1985	头孢他啶	1985
亚胺培南/西司他丁	1985	头孢替坦	1985
氨苄西林/舒巴坦	1986	氨曲南	1986
哌拉西林/他唑巴坦	1993	头孢吡肟	1996
美罗培南	1996	头孢洛林	2010
头孢洛扎/他唑巴坦	2014	头孢他啶/阿维巴坦	2015
美罗培南/法硼巴坦（vaborbactam）	2017	亚胺培南/西司他丁/瑞来巴坦（relebactam）	2019

注：引自 Medeiros A. Clin Infect Dis，1997，24：S19-S45，略加修改。

当然，上表所列出的时间是各种药品在美国上市的时间，但很多药品首先是在美国以外的其他国家率先上市，比如五代头孢菌素头孢吡普就是先在瑞士和加拿大上市。此外，产品发现的时间并非产品上市的时间，很多药品很早就被发现，但由于种种原因，其上市时间却很晚。比如，克拉维酸、舒巴坦和他唑巴坦被发现或报告的时间分别是 1976 年、1978 年和 1987 年，但这三种 β-内酰胺酶抑制剂在美国上市的时间分别是 1984 年、1986 年和 1993 年。

自从细菌耐药的出现和散播开始影响到临床抗感染治疗以后，抗菌药物研发的一个重要目标就是研发出能够有效治疗耐药细菌感染的全新抗菌药物。换言之，细菌耐药是全新抗菌药物研发的原始驱动力。没有细菌耐药，人类根本无需兴师动众

去研发全新的抗菌药物，现有的抗菌药物就足以有效治疗各种病原菌所致的轻度、中度和重度感染。

每当一种新抗菌药物问世，短则数月甚至数日，长则数年，细菌总会进化出各种耐药本领来对抗这些抗菌药物的抗菌作用，相继，人们会付出更大的努力来发现或发展更新型的抗菌药物来应对这些耐药细菌，这似乎已经形成了一种交互循环或是一种平衡，自从青霉素发现以来就是如此。例如，各种广谱β-内酰胺酶的出现严重损害早期青霉素类和头孢菌素类的效力，因此人们研发出更新一代氧亚氨基头孢菌素类，它们能耐受这些广谱酶的水解作用。然而，细菌很快进化出各种超广谱β-内酰胺酶来对抗这些氧亚氨基头孢菌素类，通过水解而使得它们失效。为了有效克服这一难题，人们再次研发出碳青霉烯类抗生素，这些抗生素完全不被超广谱β-内酰胺酶水解，因此可以有效治疗因产超广谱β-内酰胺酶革兰阴性杆菌所致的各种感染。细菌接下来的抗争手段就是进化出能够水解碳青霉烯类的各种A、B和D类碳青霉烯酶。更让人担忧的是，细菌进化出新耐药机制的速度远远快于人们发现全新抗菌药物的速度，因为迄今为止人们并未发展出能够高效治疗产碳青霉烯酶细菌所致感染的全新β-内酰胺类抗生素，而且在可预见的未来也不太可能出现奇迹。更令人吃惊的是，细菌居然能进化出水解β-内酰胺酶抑制剂的β-内酰胺酶。抗菌药物发现和发展已经进入一个贫瘠的年代，研制出一种高效的治疗耐药细菌的抗菌药物比以往任何时候都艰难。因此，人们只能勉强依靠一些现有的抗生素如黏菌素和替加环素来治疗那些产碳青霉烯酶的细菌感染，不过，这两种药物分别在安全性上或PK/PD特性上存在着明显缺陷。毫无疑问，目前人类在与细菌的反复较量中处于下风，并且以后也不可能赢得这场战争的胜利，这就是很多全球知名的微生物学家和抗感染专家感到悲观的原因。

在2010年，Davies等简要地描绘出抗生素发现和发展的时间脉络和轨迹。在青霉素被广泛临床应用之前，细菌肆意蹂躏人类社会，人们将这样的年代称作黑暗年代。匈牙利妇产科专家泽梅尔魏斯发现，洗手和避免直接和产妇接触可大幅度降低产褥热的发生率，实际上这样的处置手段能够及时避免细菌的交叉感染。从抗生素发现和发展的角度上看，此后20多年的时间段可谓是抗生素发展的金色年代，很多类别抗生素的先导产品都出自这个年代，一直到20世纪60年代后期，各种类别的抗菌药物及其衍生物纷纷上市。自从20世纪90年代开始，很多大型制药公司将发现新抗菌药物的热情投向细菌基因组学高通量筛选（HTS），人们希望在这座看似丰饶的矿藏中挖掘出丰富的产品。尽管全球各大公司已经陆续在这一研究领域投入巨额资金，但截至目前，还没有一个全新抗菌药物是通过这一途径获得成功，伴随而来的是全球各大制药公司纷纷终止了全新抗菌药物的研发计划。与抗菌药物研发形成鲜明对比的是，细菌耐药却一直在增长。到了20世纪末，人们才不再幻想全新抗菌药物会源源不断地涌现出来，甚至担心这样的产品供应线会出现断流的可能。在抗生素发现前的黑暗年代，泽梅尔魏斯倡导洗手作为一种避免感染的方法，这种方法拯救了无数孕妇的生命，而时至今日，这种临床实践作为防止耐药细菌传播的方法不得不被再一次强力推荐，钟摆似乎再次回到原点（图2-4）。

第三节　β-内酰胺类抗生素的作用机制

一言以蔽之，β-内酰胺类抗生素就是通过干扰细菌细胞壁的生物合成而发挥杀菌作用。然而，β-内酰胺类抗生素究竟如何影响细菌细胞壁生物合成却牵涉非常复杂的机理。具体来说，β-内酰胺类抗生素干扰细菌细胞壁生物合成的作用点就是阻止肽聚糖（peptidoglycan，PG）的生物合成，后者是细菌细胞壁的重要组成部分。肽聚糖的生物合成非常复杂，涉及很多步骤或环节，有些环节至今尚不完全清楚。肽聚糖生物合成的最后一步就是在青霉素结合蛋白（penicillin-binding protein，PBP）这一类生物酶的参与下，几种基本的"生物建筑材料"在细菌细胞膜外被装配成为肽聚糖。尽管β-内酰胺类抗生素有数十种之多且包括青霉素类、头孢菌素类、单环β-内酰胺类和碳青霉烯类等，但它们都作用于PBP这类靶位，只不过不同的β-内酰胺类抗生素既可能作用于同样的PBP，也可能作用于不同的PBP。由于细菌PBP和β-内酰胺酶在进化上又有着千丝万缕的内在联系，在分类学上都属于一个大的酶家族，所以有学者推测有些β-内酰胺酶很可能就是从PBP进化而来，所以，我们在此将详述β-内酰胺类抗生素的作用机制，以便读者能更容易地理解β-内酰胺酶介导细菌耐药的分子学机制。

一、细菌细胞壁和肽聚糖

说到细菌细胞壁就不得不提到细菌细胞的进化。细菌是极其古老的微生物，据推测，大约在35亿年前，细菌开始从原始细胞中进化出来。最早的细菌是革兰阴性菌，它们拥有一个内膜和外膜以及一层相当薄的肽聚糖。最终，肽聚糖层变厚并且承担各种或许已经属于外膜的功能，如固定各

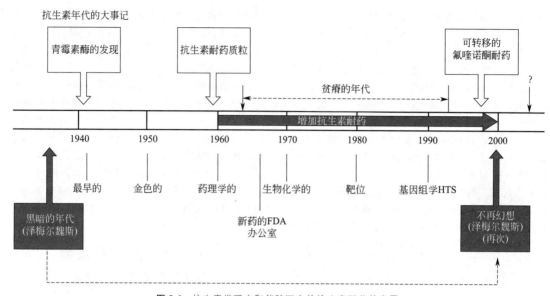

图 2-4 抗生素发现史和伴随而来的抗生素耐药的发展

（引自 Davies J，Davies D. Microbiol Mol Bio Rev，2010，74：417-433）

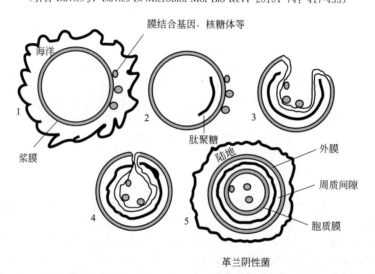

图 2-5 细菌细胞的起源

（引自 Medeiros A A. Clin Infect Dis，1997，24：S19-S45）

种蛋白质。借助外膜的丧失，革兰阳性菌开始进化，据估计，它发生在 1 亿多年前。细菌细胞进化有一个"由外变内"的过程，原来处在细胞内的肽聚糖通过进化而位于革兰阴性菌外膜的内面，并最终位于革兰阳性菌细胞的最外面（图 2-5）。

细菌细胞有别于真核生物和包括人类在内的哺乳动物细胞的一个特殊结构就是细胞壁，这一结构为细菌所独有。细胞壁的功能对于细菌来说不可或缺，因为它为细菌形态学的维持提供支持。如果缺乏一个有效的细胞壁，如采用细胞壁生物合成抑制剂处理的细菌（或那些完全没有细胞壁的细菌，如支原体属），细菌则只能在与其内部渗透压匹配的培养基中存活。细菌细胞壁中的肽聚糖不仅使得细菌能够耐受细胞内压力，而且也为细菌细胞提供一个明确界定的细胞形状。细胞壁是一种膜状结构，组成较复杂，并且革兰阳性菌和革兰阴性菌细胞壁彼此差异很大。革兰阳性菌和革兰阴性菌的细胞壁都是一种多层结构，由覆在胞浆外面的一个胞浆膜（cytoplasmic membrane，CM）、肽聚糖（PG）层和一个外膜（outer membrane，OM）构成，当然，外膜只是存在于革兰阴性菌中，它由脂多糖和蛋白质组成。与革兰阴性菌相比，革兰阳性菌的肽聚糖要厚得多，层数更多。革兰阴性菌含有一个周质间隙，它位于胞浆膜和外膜之间（图 2-6）。

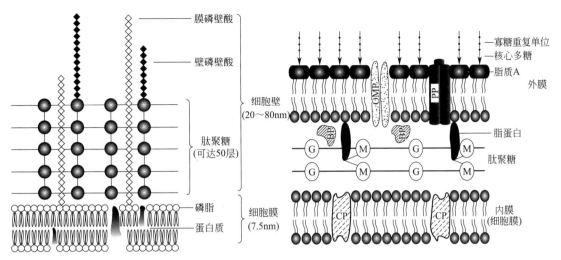

图 2-6 革兰阳性菌（左侧）和革兰阴性菌（右侧）的膜结构示意

（引自贾文祥主编．医学微生物．北京：人民卫生出版社，2005：7）

革兰阳性菌和革兰阴性菌细胞壁的共有组分是肽聚糖，它是一类复杂的多聚体，是细菌细胞壁的主要组分，为原核细胞所特有，又称为黏肽（muropeptide）、糖肽（glycopeptide）或胞壁质（murein）。peptidoglycan 这一名词是由比利时科学家 Ghuysen J-M 等在 1966 年"杜撰"出来，它极为形象地描述这种己糖（六糖）多聚物与氨基酸共同构成的三维网状结构，当然，中文翻译成"肽聚糖"也很传神，既包含肽也包含糖的聚合物。己糖是指 N-乙酰葡糖胺和 N-乙酰胞壁酸，前者简称 NAG、G 或 GlcNAc，后者简称 NAM、M 或 Mur-NAc，二者交替结合形成许多己糖多聚物。革兰阳性菌的肽聚糖由聚糖骨架、四肽侧链和五肽交联桥三部分组成，革兰阴性菌的肽聚糖仅由聚糖骨架和四肽侧链两部分组成。图 2-7 显示的就是金黄色葡萄球菌和大肠埃希菌的肽聚糖结构，两者有着明显区别。大肠埃希菌的肽聚糖缺乏五肽甘氨酸桥连接，只有二维结构，因此远不如革兰阳性菌的细胞壁那样坚硬。革兰阴性菌如大肠埃希菌细胞壁的肽聚糖只有薄薄的 1～2 层，约占细胞壁干重的 5%～10%，革兰阳性菌细胞壁肽聚糖有数十层厚，约占细胞壁干重的 40%～80%（图 2-7）。

二、肽聚糖的生物合成

肽聚糖的生物合成主要在细胞内完成，在细胞外进行的只是装配步骤，PBP 作为参与肽聚糖生物合成的酶也只是在这个装配环节中发挥作用。肽聚糖生物合成可分为三步。

第一步，尿苷二磷酸（UDP）-N-乙酰葡糖胺在 MurA 和 MurB 两种酶的催化下，最终转化成为 UDP-N-乙酰胞壁酸，然后，在系列连接酶的催化下，L-丙氨酸、D-谷氨酸、消旋-二氨基庚二酸以及已经连接而成的 D-丙氨酰-D-丙氨酸二肽被连接到 UDP-N-乙酰胞壁酸上，最终形成 UDP-N-乙酰胞壁酰-五肽。接着又经历一些反应便产生出十一异戊二烯基-P-P-N-乙酰胞壁酰-五肽，或称作 N-乙酰胞壁酰-五肽-二磷脂，或脂质 I 中间产物。

第二步，N-乙酰葡糖胺从其尿苷载体被转移到脂质 I 中间产物的 N-乙酰胞壁酸残基上，这个转糖基反应被 MurG 催化，该反应产物是脂质 II 中间产物，或称为 N-乙酰胞壁酰-N-乙酰葡糖胺-五肽-二磷脂。这个脂质 II 中间产物以一种迄今尚不清楚的方式翻过膜双层，有学者将这个翻越过程戏称为"后手翻"。此后，脂质 II 中间产物经历二糖-五肽释放和去磷酸化。这个二糖-五肽作为基本单位被用于肽聚糖的生物合成。

第三步，二糖-五肽作为基本"生物建筑材料"被用于肽聚糖的装配。PBP 正是在这个装配过程中发挥着转肽酶、羧肽酶和转糖基酶的功能（图 2-8）。

由图 2-8 不难看出，青霉素阻断的只是 PBP 的转肽功能，而并没有损害 PBP 的转糖基功能。易位的脂质 II 中间产物的基本特征是，脂质转运的二糖-五肽单位能够经历聚合成为肽聚糖，聚合的部位是在细胞外，这种聚合不需要任何能量输入。两个酶活性被需要，一个是转糖基酶，一个是转肽酶。转肽酶分两个阶段起作用，首先通过催化 4 位 D-丙氨酸的羧基与酶分子的一个丝氨酸（Ser）残基形成酯键，使五肽末端的 D-丙氨酸残基水解掉；其次通过催化 D-丙氨酸羧基与邻近五肽上的 L-赖

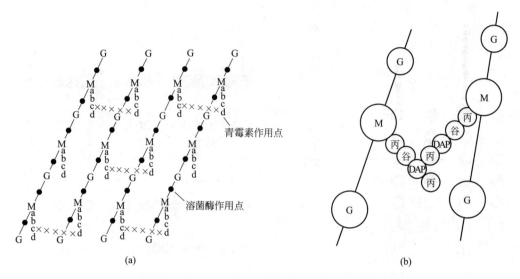

(a)　　　　　　　　　　　　　(b)

图 2-7　细菌细胞的肽聚糖结构

（引自贾文祥主编. 医学微生物学. 北京：人民卫生出版社，2005；7）

（a）金黄色葡萄球菌；（b）大肠埃希菌

M—N-乙酰胞壁酸；G—N-乙酰葡糖胺；DPA—消旋 2-氨基庚二酸；

●—β-1,4-糖苷键；abcd—四肽侧链；×××××—五肽交联桥

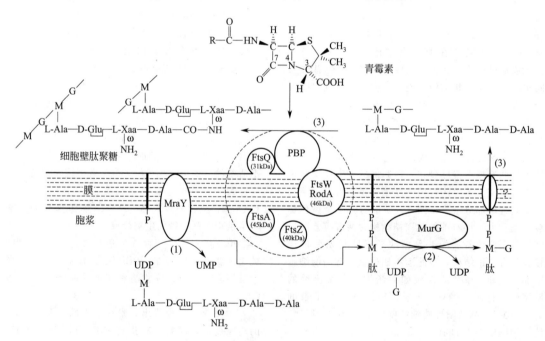

图 2-8　细胞壁肽聚糖生物合成的最后三个阶段

（引自 Ghuysen J-M. Trends Microbiol，1994，2；372-380）

氨酸形成肽键。转糖基酶能够催化一个糖苷键的形成，代价是损害一个预先形成的磷酸酯键。肽聚糖拉长涉及一个脂质Ⅱ中间产物分子磷酸-N-乙酰胞壁酰（五肽）连接的断裂和在 N-乙酰胞壁酸的 C1 和一个 N-乙酰葡糖胺的 C4 之间的一个 β-1,4-糖苷键连接的形成。这两种酶的作用部位见图 2-9。

三、PBP 的生物多样性

虽然不能和 β-内酰胺酶的巨大多样性相提并论，但 PBP 也具有相当多的种类，它们因菌种的不同而在种类、分子大小、表达量和对 β-内酰胺的亲和力上彼此各异。每种细菌可能表达不同的

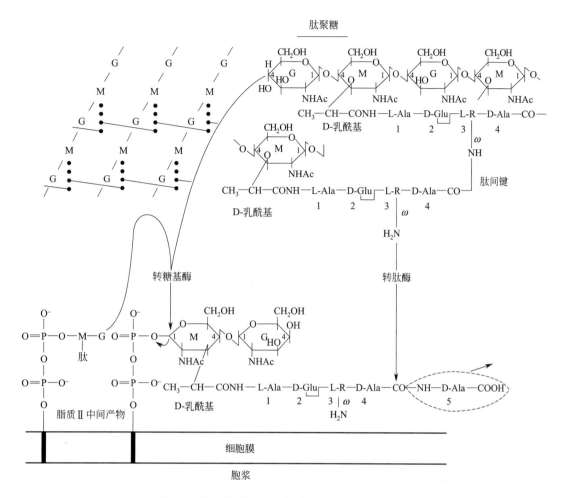

图 2-9　革兰阴性菌细胞壁肽聚糖结构和 PBP 作用部位

（引自 Ghuysen J-M. Int J Antimicrob Agents，1997，8：45-60）

G—N-乙酰葡糖胺；M—N-乙酰胞壁酸；L-R—二氨基酸残基；跨膜棒—P-C$_{55}$ 酯载体的脂质部分

PBP，同一种 PBP 在不同细菌上的表达量也不尽相同。研究表明，某一给定细菌含有 4～8 种 PBP，分子量大小不等。甲氧西林敏感金葡菌（methicillin-susceptible *Staphylococcus aureus*，MSSA）表达 4 种 PBP，而 MRSA 则表达 5 种 PBP，肺炎链球菌表达 6 种 PBP，大肠埃希菌表达 7 种 PBP，流感嗜血杆菌甚至表达 8 种 PBP。重要的是，每种 PBP 的表达量也不同。为方便见，人们将各种 PBP 以分子量降低的顺序标记数字序列号。对于某一个细菌来说，一旦 PBP 的数字序列号被确立，额外的 PBP 就作为被建立起来的 PBP 的衍生物来计数。这样做的目的是避免重复计数 PBP 而与更老的文献引起混乱。例如，当大肠埃希菌的 91kDa PBP1 被解离成两个组成部分，它们变成 PBP1a 和 1b，而在 MRSA 中被发现的一个全新的 78kDa PBP 就变成了 PBP2a 或 PBP2′ 或 PBP2A。PBP 的序列号命名应该是按照每个菌种进行的，肺炎链球菌的 PBP1 和流感嗜血杆菌的 PBP1 并不相同，彼此分子量相差很大，肺炎链球菌的 PBP2a 与 MRSA 中的 PBP2a 也并不一样。根据与 β-内酰胺酶的序列比对和进化关系，Massova 等将 PBP 分成两个主要范畴：高分子量 PBP 和低分子量 PBP。此外，还有学者将 PBP 分为 A、B 和 C 类，但这些分类方法并未广泛流行。就 PBP 和 β-内酰胺酶的关系而言，它们都属于青霉噻唑酰丝氨酸转移酶这个大家族。大多数 PBP 属于丝氨酸酶，而大多数 β-内酰胺酶也是丝氨酸酶（金属 β-内酰胺酶除外）。很多学者认为，至少 A 类和 C 类 β-内酰胺酶可能是从 PBP 进化而来。有些低分子量的 PBP 也具有 β-内酰胺酶活性，只不过这种活性的生理学意义尚不清楚。

PBP 的生物多样性还体现在 PBP 的分子量大小不同。一般来说，PBP 分子量从 30kDa 左右一直到 120kDa 不等，由此可见，大多数 PBP 的分子量要远远大于 β-内酰胺酶的分子量，因为 β-内酰胺酶的分子量一般不超过 30kDa。PBP 分子量有这么大的差别，那就说明它们的功能彼此相差也会很大。已如前述，PBP 是负责肽聚糖生物合成的一种酶，它也是所有 β-内酰胺类抗生素的作用靶位。PBP 的青霉素结合域是参与肽聚糖代谢的转肽酶。PBP 不仅具有转肽酶的作用，而且也具有转糖基酶和羧肽酶的作用，这就意味着 PBP 的功能也是多样性的。很多学者将所有 PBP 都称作双功能酶，即转肽酶/转糖基酶，实际上，这是不准确的，并非所有 PBP 都同时具有这两个酶功能域。有些高分子量 PBP 是双功能酶，但很多低分子量 PBP 只是具有转肽酶功能域，缺乏转糖基酶域或羧肽酶域。PBP 催化糖苷链的聚合（转糖基作用）和在糖苷链之间的交联（转肽作用）。一些 PBP 能够水解主干肽上的最后一个 D-丙氨酸（DD-羧肽作用），或者水解连接两个糖苷链的肽键（内肽作用）。内肽作用和转肽作用都是反转活性（reverse activity）。有些低分子量 PBP 确实显示出羧肽酶活性，它们可能具有单一域结构，不过它们或许在其序列中含有一个或多个插入，这种插入可能起到一个膜接头的作用。人们对 PBP 研究得比较深入的只是 PBP 蛋白的青霉素结合域（模块），而对非青霉素结合域（模块）研究得很少。然而，转糖基酶的活性绝对不可或缺，否则也不可能合成肽聚糖。

四、PBP 的生物学特性

PBP 的 DD-肽酶活性是以一个共同的青霉素结合域为结构基础，该结合域结合各种 β-内酰胺类抗生素。PBP 的青霉素结合域由两个亚域组成，一个是被 3 个 α 螺旋覆盖住的 β 折叠片，另一个是全螺旋域。活性部位位于两个亚域的交界面上。在两个亚域之间可能存在着一定的柔性，并且这能影响到一些 PBP 与各种配基的结合能力。PBP 活性位点包含 9 个残基，它们都是高度保守的。活性部位丝氨酸被定位在 α2 螺旋的起始处，它包含在第 1 个基序 SXXK（S 代表丝氨酸，X 代表任何氨基酸，K 代表赖氨酸）中，第 2 个基序（S/Y）XN（S 代表丝氨酸，Y 代表酪氨酸，X 代表任何氨基酸，N 代表天冬酰胺）位于 α4 螺旋和 α5 螺旋之间的一个环上。由 4 个保守的残基形成了第 3 个基序（K/H）（S/T）G（K 代表赖氨酸，H 代表组氨酸，T 代表苏氨酸，G 代表甘氨酸）。第 9 个残基是一个甘氨酸残基，它靠近活性部位，也是高度保守的。PBP 的青霉素结合域藏匿着上述 3 个特异性的基序，它们限定了识别青霉素的活性部位丝氨酸酶（active site penicillin recognizing enzyme,

ASPRE）家族，也称为青霉噻唑酰丝氨酸转移酶，这个家族也包括分子学分类中的 A 类和 C 类 β-内酰胺酶。

PBP 分享一个共同的 DD-肽酶活性，不管是 DD-转肽酶活性、DD-羧肽酶活性或是 DD-内肽酶活性。羧肽作用是一种术语，它被用于主干肽最后的 D-丙氨酸被一个 PBP 单独移出，内肽作用这个术语被用于在肽聚糖链之间的交联桥的水解。PBP 催化的羧肽反应和转肽反应遵循着一个三步机制：第一步，在酶和一个肽聚糖主干肽（被称作供体链）之间的一个非共价 Henri-Michaelis 复合物的形成，这一反应过程是可逆的；第二步是酰化，SXXK 基序中的丝氨酸对于酰化过程至关重要，它是对在 C 末端 D-丙氨酸-D-丙氨酸肽键羰基碳原子的攻击，这就导致一个酰基-酶中间产物的形成并且同步释放出 C 末端 D-丙氨酸；最后一步脱酰化反应过程有两个结局。在转肽酶，D-丙氨酸的羰基现在与活性部位丝氨酸形成了一个酯连接，它随后经历一次来自伯胺的攻击，后者以各种方式被连接到第二个"受体"主干肽的第三个残基上。然后，一个肽桥在两个主干肽之间被创造出来，从而形成了在聚糖链之间的一个连接（图 2-10）。在 DD-羧肽酶，这个酰基-酶中间产物被水解，这个过程从肽聚糖中消除掉"供体"主干肽。

五、β-内酰胺类抗生素与 PBP 相互作用

已如前述，无论是 PBP 还是多数的 β-内酰胺酶（锌离子金属 β-内酰胺酶除外）都是青霉噻唑酰丝氨酸转移酶家族中的成员。在讨论 β-内酰胺类抗生素作用机制之前，有必要首先描述 PBP、β-内酰胺酶以及 β-内酰胺类抗生素这三者之间的关系，这对于理解 β-内酰胺类抗生素作用机制很有帮助，因为人们对这三者关系的认知有时容易出现混乱。众所周知，β-内酰胺酶可以结合和酰化 β-内酰胺类抗生素，这是 β-内酰胺酶介导细菌耐药的基础。但是，PBP 也是一种生物酶，它也可以结合并酰化 β-内酰胺类抗生素。它们都能通过将青霉素结合到活性部位丝氨酸上而催化青霉素的环酰胺键裂解。那么，这两者对于 β-内酰胺类抗生素的结合和酰化又有哪些不同呢？Palzkill 做了一个简化而又清晰的图，标识出两者之间的区别。无论是 β-内酰胺酶还是 PBP，它们都是以活性部位丝氨酸作为亲核攻击体。β-内酰胺酶通过快速脱酰化过程而释放出 β-内酰胺酶和被水解的 β-内酰胺类抗生素，而 PBP 则长期陷落在脱酰化过程，而不能实现真正意义上的水解。被共价结合的 β-内酰胺就成为该转肽酶的一个长寿命的抑制剂，这就阻断肽聚糖交联并导致细胞死亡（图 2-11）。总之，对于 PBP 而言，其

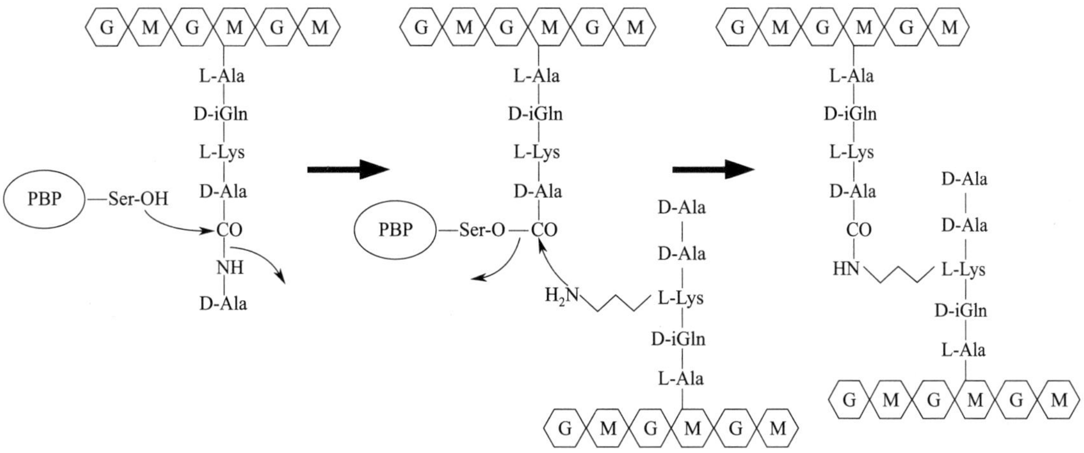

图 2-10 PBP 催化转肽作用的图示

（引自 Zapun A，Contreras-Martel C，Vernet T. FEMS Microbiol Rev，2008，32：361-385）

聚糖链的片段采用由六边形组成的链为代表，这些六边形代表着己糖 N-乙酰葡糖胺（G）和
N-乙酰胞壁酸（M）。"供体"五肽"悬挂"于上面的聚糖链上，而"受体"被吸附在下面的聚糖链上。
此处显示的肽来自肺炎链球菌。在各个菌种中，第二个和第三个氨基酸或许不同

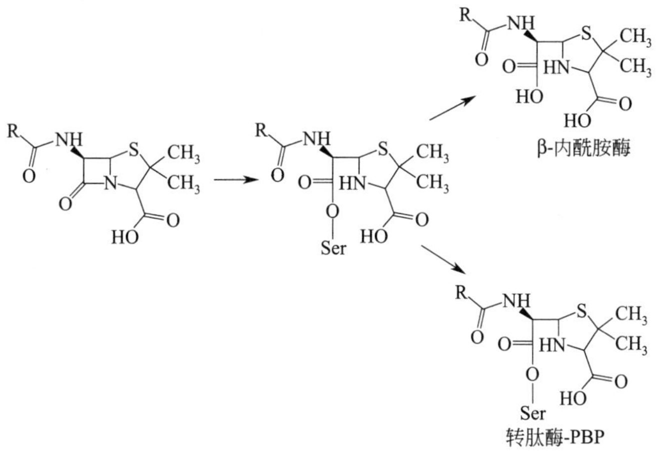

图 2-11 β-内酰胺类抗生素被转肽酶和 β-内酰胺酶酰化后的不同命运

（引自 Palzkill T. Ann N Y Acad Sci，2013，1277：91-104）

Ser—活性部位丝氨酸

催化中心周转非常缓慢，每小时周转一次或更慢；而对于 β-内酰胺酶而言，如果遇到好的 β-内酰胺底物，这些 β-内酰胺酶能每秒周转 1000 次或更多。总之，PBP 和丝氨酸 β-内酰胺酶都能酰基化青霉素，但它们在脱酰基化上却有着极大的不同，丝氨酸 β-内酰胺酶脱酰基化速度极快，而 PBP 脱酰基化速度非常慢，这就使得 PBP 被陷落在这个阶段，以至于不能在肽聚糖的装配上发挥作用。虽然说两者只是在脱酰基化的速度上有区别，属于量上的差异，但这种差异对于非常短暂的细菌周期而言就是致命的，这样的量变已经达到质变的效果。

所有 β-内酰胺类抗生素都采用同样的作用机制，即阻断肽聚糖生物合成的最后一个阶段以干扰细胞壁形成。由于青霉素与拉长状态的 D-丙氨酸-D-丙氨酸二肽在结构上相似，它就强行地与 PBP 结合，类似于"鸠占鹊巢"。换言之，β-内酰胺类抗生素起到假性底物的作用。由于脱酰基化不能顺利发生，DD-转肽酶长时间被固定在丝氨酸酯-连接的青霉噻唑酰酶的发育不全的水平上。如此一来，PBP 的活性部位就被长期占据着，这就阻止了在肽聚糖层的肽链的正常交联，使得肽聚糖在机械上弱化，并且对在渗透压上的改变所致的溶解敏

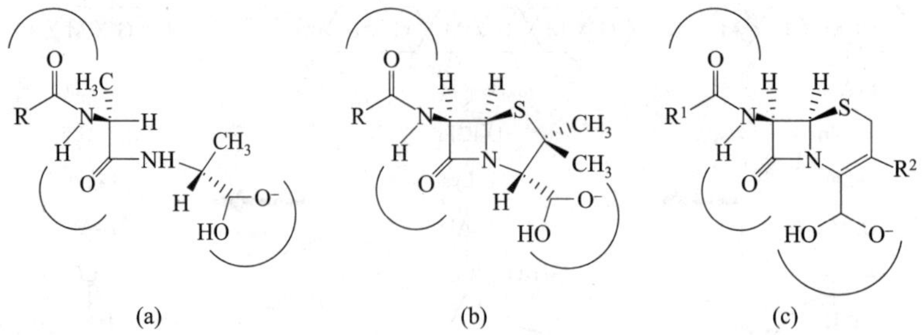

图 2-12　结构相似性

（引自 Zapun A，Contreras-Martel C，Vernet T. FEMS Microbiol Rev，2008，32：361-385）

（a）N-乙酰-D-丙氨酰基-D-丙氨酸二肽；（b）青霉素主链；（c）头孢菌素主链；弧形表示的是负的静电势能区域

感，细胞最终溶解死亡。青霉素类和头孢菌素类与 D-丙氨酸-D-丙氨酸二肽在结构上的相似程度可参见图 2-12。

　　自从 PBP 被发现是 β-内酰胺类抗生素的靶位以来，人们确实曾对 PBP 进行过广泛的研究，但研究重点更多集中在 PBP 改变介导的耐药机制上，特别是革兰阳性病原菌中的金葡菌、肠球菌属和肺炎链球菌，反而忽略了对于 PBP 的抑制与细菌生长抑制或细菌细胞死亡这些生物学结果之间联系上的深入研究。事实上，β-内酰胺类抗生素的杀菌机理非常复杂，致死效应既可表现为细胞裂解，也可表现为细胞不裂解，但造成这种差异的深层次机理尚不完全清楚。

参考文献

[1]　Sefton AM. Mechanisms of antimicrobial resistance [J]. Drugs，2002，62（4）：557-566.

[2]　Pallasch TJ. Antibiotic resistance [J]. Dent Clin N Am，2003，47：623-639.

[3]　Sheldon JR AT. Antibiotic resistance：A survival strategy [J]. Clin Lab Sci，2005，18（3）：170-180.

[4]　Nordmann P，Dortet L，Poirel L. Carbapenem resistance in *Enterrobacteriaceae*：here is the storm [J]! Trends Mol Med，2012，18：263-272.

[5]　Palzkill T. Metallo-β-lactamase structure and function [J]. Ann N Y Acad Sci，2013，1277：91-104.

[6]　Medeiros A A. Evolution and dissemination of β-lactamases accelerated by generations of β-lactam antibiotics [J].

[7]　Roberts M C. Update on macrolide-lincosamide-streptogrmin，ketolide and oxazolidinone resistance genes [J]. FEMS Microbiol Lett，2008，282：147-159.

[8]　贾文祥主编．医学微生物学 [M]．北京：人民卫生出版社，2005：7.

[9]　汪复，张婴元主编．实用抗感染治疗学 [M]．北京：人民卫生出版社，2004：3-4.

[10]　Ghuysen J-M. Molecular structures of penicillin-binding proteins and β-lactamases [J]. Trends Microbiol，1994，2：372-380.

[11]　Ghuysen J-M. Penicillin-binding proteins. Wall peptidoglycan assembly and resistance to penicillin：facts，doubts and hopes [J]. Int J Antimicrob Agents，1997，8：45-60.

[12]　Massova I，Mobashery S. Kinship and diversification of bacterial penicillin-binding proteins and β-lactamases [J]. Antimicrob Agents Chemother，1998，42：1-17.

[13]　Zapun A，Contreras-Martel C，Vernet T. Penicillin-binding proteins and β-lactam resistance [J]. FEMS Microbiol Rev，2008，32：361-385.

[14]　Walsh C. Molecular mechanisms that confer antibacterial drug resistance [J]. Nature，2000，406：775-781.

[15]　Davies J，Davies D. Origins and evolution of antibiotic resistance [J]. Microbiol Mol Bio Rev，2010，74：417-433.

Clin Infect Dis，1997，24：S19-S45.

第三章

细菌耐药机制

第一节 常见病原菌的耐药机制

已如前述，不同类别抗菌药物拥有不同的作用机制，而细菌针对不同类别抗菌药物也具有各自不同的耐药机制。需要强调说明的是，同一类别抗菌药物作用机制相同，即同一类别抗菌药物只有一种作用机制，但是，细菌针对同一类别抗菌药物却常常具有不止一种耐药机制，有时甚至是多种耐药机制共同发挥作用。例如，β-内酰胺类抗生素有几十个家族成员，但这些抗生素只拥有同样一种作用机制，那就是通过结合到 PBP 上干扰细菌细胞壁主要组成成分肽聚糖的生物合成。然而，细菌针对β-内酰胺类抗生素的耐药机制却有 4 种：靶位（PBP）改变、β-内酰胺酶水解、外膜通透性下降和主动外排。有些耐药机制与抗菌药物作用机制密切相关，有些耐药机制与抗菌药物作用机制无任何关联。细菌通过阻断或干扰抗菌药物的作用机制而产生耐药应该是最常见的一种耐药模式。然而，抗菌药物种类繁多，如β-内酰胺类、氨基糖苷类、大环内酯类、四环素类、氟喹诺酮类、磺胺类和噁唑烷酮类等，每个类别抗菌药物具有十几个甚至几十个品种，当然，也有一些较小的抗菌药物类别，如糖肽类和噁唑烷酮类，这些类别的抗菌药物成员较少。既然抗菌药物的作用靶点不同，机制不同，那么，细菌也只能依靠不同的机制介导耐药，绝对"普适"的耐药机制是不存在的。有些耐药机制只适用于一两个品种，有些耐药机制则覆盖众多产品。例如，超广谱β-内酰胺酶（ESBL）可以赋予产酶细菌对大多数β-内酰胺类抗生素耐药，有些金属β-内酰胺酶甚至可以水解几乎所有的β-内酰胺类抗生素，只有氨曲南是个例外。金葡菌的 PBP 改变赋予对所有β-内酰胺类抗生素耐药，只是近些年新近研制出的五代头孢菌素头孢吡普才具有抗 MRSA 的抗菌活性。

一种新抗菌药物一旦用于临床实践，或迟或早，细菌总会进化出一种或多种耐药机制来对抗其抗菌作用，甚至具有全新化学结构的抗菌药物也不能幸免，包括氟喹诺酮类和噁唑烷酮类。正是由于细菌具有这种进化出耐药的超凡本领，我们常常将这些小小的微生物想象成为"智能生物"，它们在"有意识"和"有计划"地对抗人类。然而实际上，所有的耐药进化都是随机发生的，都不是主动设计的结果。当然，耐药可以是固有的，也可以是获得的；那么，耐药机制也涉及固有的耐药机制和获得性耐药机制。从宏观上说，耐药是被来自三个总体范畴上一个或多个机制所介导：①抗菌药物靶位的改变或保护；②药物接近靶位通路的改变；③抗菌药物的灭活。如果再细分的话，常见的抗菌药物耐药机制（表 3-1）主要包括几种。

（1）抗菌药物的酶灭活

● β-内酰胺酶。β-内酰胺类抗生素（青霉素类和头孢菌素类）。

● 乙酰转移酶。氨基糖苷类、氯霉素、链阳菌素。

（2）靶位的修饰和保护

● 改变的青霉素结合蛋白。β-内酰胺类抗生素。

● 改变的 DNA 旋转酶和拓扑酶 IV。氟喹诺酮类。

表 3-1 常用抗菌药物耐药机制

抗生素类别	实例	耐药机制
β-内酰胺类	青霉素类（氨苄西林）、头孢菌素类（头霉素）、表霉烯类（美罗培南）、单环 β-内酰胺类（氨曲南）	水解作用、外排、改变靶位、通透性下降
氨基糖苷类	庆大霉素、链霉素、大观霉素	磷酸化、乙酰化、核苷酸化、外排、改变靶位
糖肽类	万古霉素、替考拉宁	重新安排肽聚糖生物合成
四环素类	米诺环素、四环素	单氧合、外排、改变靶位
大环内酯类	红霉素、阿奇霉素	水解作用、糖基化、磷酸化、外排、改变靶位
林可酰胺类	克林霉素	核苷酸化、外排、改变靶位
链阳菌素类	奎奴普丁/达福普汀	C-O 裂合酶（B 型链阳菌素类）、乙酰化（A 型链阳菌素类）、外排、改变靶位
噁唑烷酮类	利奈唑胺	外排、改变靶位
氯霉素类	氯霉素	外排、改变靶位
喹诺酮类	环丙沙星	乙酰化、外排、改变靶位
嘧啶类	甲氧苄啶	外排、改变靶位
磺胺类	磺胺甲基异噁唑	外排、改变靶位
利福霉素类	利福平	ADP-核糖基化、外排、改变靶位
酯肽类	达托霉素	改变靶位
阳离子肽类	黏菌素	改变靶位、外排

● 改变的 RNA 多聚酶。利福平。

● 23S rRNA 腺嘌呤甲基化。红霉素、克林霉素、链阳菌素。

● 16S rRNA 的改变。四环素类。

● 改变的四氢叶酸和二氢叶酸还原酶。磺胺类、TMP。

● 终末肽糖的丙氨酸被乳酸取代。万古霉素和替考拉宁。

● 16S 核糖体甲基化酶。氨基糖苷类。

（3）限制抗生素进入细菌细胞

● 改变的外膜孔蛋白/减少膜转运。大多数抗生素。

（4）主动外排

● 抗生素外排蛋白。四环素、氟喹诺酮类、β-内酰胺类等。

（5）不能活化抗生素

● 降低黄素氧化还原蛋白的产生。甲硝唑。

（6）发展生长需要的替代途径

● 营养缺陷型的产生。肠球菌。

（7）灭活酶的过度产生

● 过度 β-内酰胺酶产生。肠杆菌。

近些年来，越来越多的病原菌呈现出多药耐药表型，它们对临床上可用的抗菌药物普遍耐药，甚至出现了无药可治的病原菌，特别那些多药耐药的革兰阴性病原菌。"ESKAPE"病原菌之所以令人担忧，一是因为这些多药耐药病原菌已经整合了很多种耐药机制，常常采用多种耐药机制对抗同一种抗菌药物，或者采用同一种机制来对抗多种类别抗

菌药物；二是治疗这些多药耐药病原菌的全新抗菌药物供应线基本处于断流状态，特别是针对多药耐药革兰阴性杆菌的全新抗菌药物。图 3-1 形象地显示出革兰阴性病原菌的 7 种耐药机制，其中有一些机制是由可移动元件质粒所介导。这 7 种耐药机制包括：①孔蛋白缺失，它减少药物通过细胞膜的内移；②位于周质间隙中的 β-内酰胺酶，它们降解 β-内酰胺类抗生素；③增加表达的跨膜外排泵，它们在药物发挥抗菌作用之前将其泵出细胞外；④抗生素修饰酶的存在，这些酶导致抗生素不能与靶位相互作用；⑤靶位突变，这些突变导致抗菌药物不能结合到其作用位点上；⑥核糖体突变或修饰，这种机制造成抗菌药物不能结合到位点上，从而抑制蛋白质合成；⑦代谢旁路机制，这种机制利用另外一种耐药酶来绕过抗菌药物的抑制效应；以及在脂多糖上的一种突变，这种突变导致多黏菌素类抗生素不能结合到其靶位上。

事实上，如图 3-1 所示，在革兰阴性菌中的 7 种耐药机制中，有多种耐药机制都由质粒介导，这些耐药基因或是直接存在于质粒上，或是存在于其他一些可移动元件如转座子和整合子上，而这两种可移动遗传元件也由质粒所携带。多种耐药基因可能汇集在同一个质粒上。一旦某种细菌拥有了这种携带多种耐药基因的质粒，再辅以其自身具备的其他耐药机制，那么，这样的病原菌很可能就属于多药耐药细菌，甚至可能进化为泛耐药细菌。以铜绿假单胞菌为例，各种类型的 β-内酰胺酶是铜绿假单胞菌的"常客"，特别是其染色体固有的头孢菌

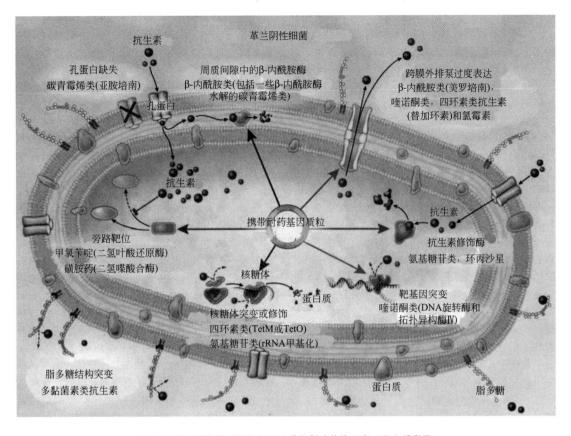

图 3-1 革兰阴性菌耐药机制以及受到影响的抗生素（见文后彩图）
(引自 Peleg AY，Hooper DC. N Engl J Med，2010，362：1804-1813)
红色球形代表抗菌药物

素酶以及质粒编码的各种 ESBL 和碳青霉烯酶，这些酶的水解谱几乎涵盖了所有 β-内酰胺类抗生素；以 MexAB-OprM 为代表的多种 RND 型外排泵的过度表达会造成对美罗培南、各种喹诺酮类和氨基糖苷类耐药，近些年来，这些外排泵的过度表达也可影响到替加环素的敏感性，这可能就是替加环素不能用于治疗铜绿假单胞菌的原因。当然，这些外排泵基因并不被可移动元件携带，而是位于染色体上。氨基糖苷类是治疗铜绿假单胞菌感染的一类重要的抗生素，对于铜绿假单胞菌，不仅仅外排泵的过度表达可影响到氨基糖苷类的敏感性，质粒也常常携带编码氨基糖苷类钝化酶的基因，如乙酰转移酶、磷酸转移酶和核苷酸转移酶，这些酶的高水平表达赋予对氨基糖苷类耐药。DNA 旋转酶和拓扑异构酶Ⅳ突变是铜绿假单胞菌针对喹诺酮类耐药的一个极为常见的耐药机制，这种耐药机制并不是由质粒介导，而是染色体基因突变所致，然而，近些年，人们已经在铜绿假单胞菌临床分离株中鉴定出质粒介导的喹诺酮耐药机制。质粒介导的 16S rRNA 甲基

化酶的出现使得铜绿假单胞菌针对氨基糖苷类的敏感性再次受到损害。孔蛋白 OprD 的缺失直接导致亚胺培南耐药，脂多糖结构的突变可造成多黏菌素类耐药。每种耐药机制都有相对应的耐药基因作为支撑，耐药基因的表达赋予相应的耐药表型。

第二节 特殊的抗菌药物耐药机制

近些年还有一些新的、重要的耐药机制陆续被认识到，这些耐药机制的出现多少有些出人意料，此外，这些耐药机制通常是由质粒介导的，这就意味着这些耐药基因具有非常大的水平转移潜力，易于造成耐药基因的快速散播。之所以单独安排一节来介绍这些特殊耐药机制，主要是很多产生 β-内酰胺酶的革兰阴性病原菌也同时具有这些耐药机制，这是一些多药耐药菌株的重要基础。当然，也有一些新近上市药物的耐药机制有必要加以介绍。

一、质粒介导的喹诺酮耐药

传统上讲，细菌对（氟）喹诺酮类抗菌药物耐药主要由 3 种机制介导，如损伤的药物靶位（DNA 旋转酶和拓扑异构酶Ⅳ）、降低的外膜通透性（孔蛋白缺失）和天然外排系统的过度表达，这些机制都是被染色体编码。然而，在 1998 年，Martinez-Martinez 等无意中在肺炎克雷伯菌中发现了一种全新的喹诺酮耐药机制，这种耐药机制由质粒介导，所以也被称作质粒介导的喹诺酮耐药（plasmid-mediated quinolone resistance, PMQR）。编码这一全新耐药机制的耐药基因 qnr（quinolone resistance, qnr）由来自美国的一个肺炎克雷伯菌分离株的质粒所携带，它编码一种由 218 个氨基酸组成的蛋白（Qnr，后来被称为 QnrA），属于五肽重复蛋白家族。最初，人们将这一发现看作是一个偶然事件，或是一件科学轶事，但我国复旦大学华山医院王明贵教授等于 2003 年通过研究证实，相当比例的大肠埃希菌临床分离株携带着这种耐药基因。正是这一研究成果才使得这一全新耐药机制受到了广泛关注。相继，两个其他 Qnr 类型的决定子在肠杆菌科细菌中被发现，分别称为 QnrB 和 QnrS，它们分别与 QnrA 享有 40% 和 59% 的氨基酸同一性。QnrC 和 QnrD 也被报告。研究表明，所有 Qnr 决定子可能都是通过直接结合到 DNA 旋转酶和拓扑异构酶Ⅳ上，从而阻止喹诺酮类抗菌药物结合并抑制这些靶位。到了 21 世纪中期，各种 Qnr 型决定子在来自 5 个大陆的许多不同的肠道细菌中被鉴定出。据估计，qnr 基因在肠杆菌科细菌中的流行为 10% 左右。相继研究揭示，Qnr 决定子可能起源自水生细菌菌种，海藻希瓦菌和灿烂弧菌可能分别是 qnrA 和 qnrS 样基因的祖先，而 qnrS2 基因也已经在来自法国巴黎塞纳河的气单胞菌菌种中被发现。

在 2006 年，另一种 PMQR 决定子在 qnrA 阳性大肠埃希菌株中被鉴定出。这一耐药决定子是一种氨基糖苷乙酰转移酶，它是由 aac(6')-Ib-cr（ciprofloxacin resistance, cr）基因所编码，它代表着常见的氨基糖苷乙酰转移酶的一种全新的变异。与原有的野生型酶 AAC(6')-Ib 相比，这个变异体酶通过在环丙沙星哌嗪取代基上的氨基氮的 N-乙酰化而减少环丙沙星的活性。根据为数不多的现况调查，在肠杆菌科细菌中，AAC(6')-Ib-cr 比起 Qnr 型决定子分布更广泛，约为 15% ～ 50%，并且在社区获得性肠道细菌分离株中，它常常与 ESBL 中的 CTX-M-15 这一增加的问题有关联。近期，第三种类型的 PMQR 决定子已经在来自日本和比利时的两个大肠埃希菌临床分离株中被鉴定出。这种 qep 基因（quinolones efflux pump, qep）编码一种蛋白质，它属于 MFS 家族的一种外排泵。这个蛋白质赋予对亲水性喹诺酮类耐药，如诺氟沙星、环丙沙星和恩诺沙星。值得注意的是，在 qep 基因和 rmtB（一种氨基糖苷核糖体甲基化酶）基因之间的一个遗传连锁已经被证实，这就意味着通过使用氨基糖苷类可以选择出 QepA 决定子，而通过使用喹诺酮类可以选择出氨基糖苷类耐药。引人注目的是，Hansen 等鉴定了一个质粒介导的基因 oqxAB，它编码一种赋予氯霉素和喹诺酮类耐药的外排泵。相继，我国华山医院学者和韩国以及美国学者也通过联合研究证实，oqxAB 确实位于大肠埃希菌临床分离株的质粒上。

在过去 20 多年中，3 种较主要的 PMQR 机制的发现不同寻常。这些发现或许反映出全新耐药机制的出现，或者只是在全世界的临床分离株中耐药机制的一个更深入调查的结果。已经证实，这些耐药机制并不能单独赋予高水平喹诺酮耐药，但却有助于提供一个背景，在这种背景下，染色体介导的耐药更容易被选择出来。就 PMQR 而言，还有一些突出的问题仍需更深入的研究。例如，由于喹诺酮类在环境中不被充分地生物降解，那么，在环境中的不易被降解的喹诺酮类与这些耐药机制的流行之间有什么关系？在一些环境的真菌中已经发现了喹诺酮羟基化耐药机制，这种新机制是否也会转移到临床相关的病原菌中？所有这些机制在环境中传播的程度又是如何？另外十分重要的是，这些耐药机制在多大程度上会导致喹诺酮和/或含氟喹诺酮的治疗方案的临床治疗失败呢？所有这些都有待于更加深入的研究。

二、16S rRNA 甲基转移酶

氨基糖苷类特异性地结合到在原核细胞内的 30S 核糖体亚单位内的 16S rRNA 的氨酰基位点上（aminoacyl site, A-site）并且干扰蛋白质生物合成。很多放线菌被认为对它们本身产生的氨基糖苷类固有耐药，而耐药的机制就包括产生氨基糖苷修饰酶对氨基糖苷灭活以及产生 16S rRNA 甲基转移酶而对 30S 核糖体亚单位内的 16S rRNA 保护。前一种机制主要包括 3 种钝化酶，即乙酰转移酶、核苷酸转移酶和磷酸转移酶，这些酶已经进化出一些亚类和多种变异体，是最常见的氨基糖苷耐药机制；后一种机制导致对多种氨基糖苷类高水平耐药，它代表着避免它们自己的蛋白质生物合成抑制的一种高级手段，并且这一机制在产氨基糖苷的放线菌中是流行的。已经报告了在放线菌菌种中有多种 16S rRNA 甲基转移酶产生，如产自链霉菌菌种的 KamA、KamB 和 KgmB 以及产自小单孢菌的 GmrA。编码这些甲基转移酶的基因都位于上述细菌的染色体上，从未在临床相关的病原菌中被发现。其他已知的氨基糖苷耐药机制包括细胞通透性的缺陷、主动外排，以及在极少见的情况下也包括靶位分子的核苷酸置换。

自 2003 年以来，质粒介导的针对氨基糖苷类的耐药机制所赋予的对氨基糖苷类的高水平耐药已经被报告，这些机制对应的是 16S rRNA 甲基转移酶（16S RMTase）。最初的报告来自法国和日本。ArmA 最早在法国被报告，它源自肺炎克雷伯菌；RmtA 最早在日本被报告，它来自铜绿假单胞菌临床分离株。NpmA 也是在来自日本一个大肠埃希菌临床菌株中被发现。迄今为止，10 种 16S rRNA 甲基转移酶已经被描述，其中 9 个属于 N7-G1405 甲基转移酶（包括 ArmA、RmtA、RmtB、RmtC、RmtD、RmtE、RmtF、RmtG 和 RmtH），它们展现出针对庆大霉素、妥布霉素和阿米卡星的耐药表型，而对新霉素和阿伯拉霉素敏感。对比而言，只有单一一个获得性 N1-A1408 甲基转移酶（NmpA）被鉴定出。NmpA 与 N7-G1405 甲基转移酶截然不同，它显示催化核苷酸 N1-A1408 的修饰。此外，它赋予更加广谱的氨基糖苷类耐药，除了对庆大霉素、妥布霉素和阿米卡星耐药之外，还对新霉素和阿伯拉霉素耐药。在所有这些 16S rRNA 甲基转移酶中，ArmA 是在肠杆菌科细菌中最常遇到的甲基转移酶，也是最早被发现的甲基转移酶。在编码 16S rRNA 甲基转移酶以及编码 ES-BL 的基因如 bla_{CTX-M} 基因之间的关联性已经被报告。16S rRNA 甲基化近来已经在肠杆菌科细菌以及非发酵细菌中作为一种针对氨基糖苷类的新耐药机制而出现。导致不同的氨基糖苷耐药表型的 16S rRNA 的甲基化的两个位点已经被鉴定出。一组 16S rRNA 甲基转移酶甲基化核苷酸残基 A1408，它们由天神霉素产生细菌天神海链霉菌（*Streptomyces tenjimariensis*）产生；另一组 16S rRNA 甲基转移酶甲基化核苷酸残基 G1405，它们由庆大霉素产生细菌绛红色小单孢菌（*Micromonospora purpurea*）产生。这些甲基转移酶对应的编码基因主要位于转座子上，后者又位于可转移的质粒上，这就赋予它们水平转移的潜力并且可以部分解释这种全新耐药基因已经在全世界分布的主要原因。据为数不多的报告证实，产各种 16S rRNA 甲基转移酶的病原菌在远东和南美比较流行。2007—2008 年 SENTRY 监测结果提示，肠杆菌科细菌的流行率在印度是 10.5%，在中国内地（大陆）是 6.9%，在中国台湾地区是 5%，在中国香港地区是 3.1%，在韩国是 6.1%。这些 16S rRNA 甲基转移酶赋予对氨基糖苷类的高水平耐药并且能够在不同菌种中被动员。例如，*armA*（最流行的甲基转移酶基因）能够与 bla_{ESBL} 有关联。更重要的是，bla_{NDM} 基因通常与编码各种 16S rRNA 甲基转移酶的基因连锁，这种现象已经在印度得到反复证实，这些酶确实与 NDM-1 具有强的关联性。各种 16S rRNA 甲基转移酶的出现促使很多种已经表现出多药耐药的革兰阴性病原菌有转化为泛耐药病原菌的趋势。此外，这些甲基转移酶对一些在研的新氨基糖苷类产品也构成大的威胁。例如，正处于临床试验研究阶段的普拉斯唑米星（plazomicin）专门被发展出来治疗碳青霉烯耐药的肠杆菌科细菌感染。然而，这种新氨基糖苷却对产生获得性 16S rRNA 甲基转移酶的肠杆菌科细菌临床分离株无抗菌活性，而且 KPC 和 16S rRNA 甲基转移酶复合产生的情况也日益增多，所有这些都会严重损害人们治疗多药耐药革兰阴性病原菌感染的能力（表 3-2）。

表 3-2 各种获得性 16S rRNA 甲基转移酶概况

16S RMTase	常见菌种	常见复合耐药	流行	分布
ArmA	肺炎克雷伯菌 鲍曼不动杆菌	CTX-M ESBL NDM 和 OXA-23 碳青霉烯酶	在鲍曼不动杆菌中非常流行；在产 NDM 菌株中高度流行	全世界
RmtA	铜绿假单胞菌	—	低	日本、韩国
RmtB	大肠埃希菌 肺炎克雷伯菌	CTX-M ESBL NDM 碳青霉烯酶	在中国高度流行；在产 NDM 菌株中高度流行	全世界
RmtC	肺炎克雷伯菌 奇异变形杆菌	NDM 碳青霉烯酶	在产 NDM 菌株中高度流行	印度、英国
RmtD	铜绿假单胞菌 肺炎克雷伯菌	CTX-M ESBL KPC 碳青霉烯酶	低	南美
RmtE	大肠埃希菌	CMY-2 AmpC	非常低	美国

续表

16S RMTase	常见菌种	常见复合耐药	流行	分布
RmtF	肺炎克雷伯菌	NDM 碳青霉烯酶	在产 NDM 菌株中高度流行	印度、英国
RmtG	肺炎克雷伯菌	CTX-M ESBL KPC 碳青霉烯酶	低	南美
RmtH	肺炎克雷伯菌	CTX-M ESBL	非常低	伊拉克
NpmA	大肠埃希菌 肺炎克雷伯菌 肠杆菌菌种	—	非常低	日本、沙特阿拉伯

注：引自 Doi Y，Wachino JC，Arakawa Y. Infect Dis Clin North Am，2016，30：523-537。

三、质粒介导的利奈唑胺耐药

利奈唑胺是噁唑烷酮类抗菌药物的第一个产品，于 2000 年被美国 FDA 批准上市，主要用于治疗革兰阳性病原菌感染。利奈唑胺与细菌核糖体 50S 亚单位结合，抑制 mRNA 与核糖体连接，阻止 70S 起始复合物的形成，从而抑制细菌蛋白质的合成。尽管人们曾预测，由于利奈唑胺是一个全合成化合物，具有全新的化学结构，因此，针对利奈唑胺的耐药不会很快出现。然而，在利奈唑胺进行三期临床试验时，就已经发现有 8 个屎肠球菌分离株对其耐药，耐药机制均涉及靶位突变。利奈唑胺比起现有抗菌药物的一个重要优势就是它的全合成性质。从这个意义上说，耐药出现速度如此之快确实令人始料不及。由于利奈唑胺是一种全合成化合物，不具备天然原型，因此人们认为根本不存在利奈唑胺耐药基因的天然储池。

2005 年，来自哥伦比亚医院的 MRSA 菌株被鉴定出对利奈唑胺耐药，但这种耐药并不是靶位突变所致，而是由一个天然的、潜在可转移的耐药基因 cfr 所编码，该基因产物为甲基转移酶（Cfr），它修饰在大的核糖体亚单位 23S rRNA 的 2503 位置上的腺苷，后者位于利奈唑胺作用位点上。cfr 的出现与临床 MRSA 菌株对利奈唑胺耐药之间的因果关系被如下事实确定，即 cfr 被引入一个利奈唑胺敏感的金黄色葡萄球菌菌株中明显地增加这个菌株对利奈唑胺耐药，并且导致在 23S rRNA 的 A2503 而不是 A2058 上的一个不寻常的转录后修饰。在这个临床 MRSA 菌株的染色体中，这个基因显然与可移动遗传元件有关联，这些元件增加该基因传播到其他病原菌菌株中的可能性。相继研究证实，被 Cfr 赋予耐药的表型涵盖 5 类抗菌药物，包括氟苯尼考类、林可酰胺类、噁唑烷酮类（只针对利奈唑胺，不针对特地唑胺）、截短侧耳素类和链阳菌素 A，导致这种甲基转移酶特有的 PhLOP-S_A 耐药表型的出现。目前，携带 cfr 基因的质粒

已经在其他国家人和动物 MRSA 菌株中被鉴定出。如果这些质粒广泛散播的话，利奈唑胺在治疗 MRSA 特别是 CA-MRSA 的有效性会受到相当的损害。就肠球菌而言，cfr 基因首先是在动物来源的粪肠球菌中被报告。值得注意的是，含有 cfr 基因的屎肠球菌分离株正越来越多地被观察到，不仅是动物样本，也包括人样本分离株。藏匿有 cfr 基因的质粒已经在肠球菌菌株中被证实。不过已经有研究显示，在肠球菌，Cfr 和 Cfr（B）变异体未能证实利奈唑胺耐药和完整的 PhLOPS$_A$ 耐药表型。目前，被 Cfr 酶产生的转录后修饰的精确性质尚不清楚。尽管 cfr 基因起源尚不清楚，但这个基因可能已经起源于一种天然产生肽酰转移酶抑制剂的微生物中。例如，Cfr 已经从动物来源的松鼠葡萄球菌中被分离获得。

四、可移动的黏菌素耐药

黏菌素是多黏菌素类抗生素，它是在 20 世纪 40 年代后期被发现，并用于治疗革兰阴性病原菌感染。黏菌素是多聚阳离子，它穿透细胞并且通过结合到带负电荷的 LPS 上而引起外膜的去稳定（destabilisation），这种抗生素的脂肪酸尾引起膜完整性的破坏，从而发挥抗菌作用。在临床应用几年之后，由于严重的肾毒性和神经毒性被报告，它在临床上的使用越来越少，最后几近废弃。

近来，黏菌素作为治疗多药耐药革兰阴性菌感染的最后选择而"重获新生"，如铜绿假单胞菌、鲍曼不动杆菌和肺炎克雷伯菌所致严重感染。2005 年，Landman 等报告，一共有 96 个肺炎克雷伯菌分离株对碳青霉烯类耐药，这些分离株是从 10 所布鲁克林医院中提交上来的，大多数分离株针对碳青霉烯类的 MIC＞32mg/L，所有分离株都产生 KPC 酶。这些分离株中几乎没有对氟喹诺酮类和头孢菌素类敏感，而 90% 分离株对多黏菌素 B 敏感。由此可见，黏菌素在治疗这些产 KPC 酶革兰阴性杆菌上的作用毋庸置疑。目前，在医院 ICU 中，黏菌素已经成为治疗产各种碳青霉烯酶病原菌感染的首选抗菌

药物。重要的是，有学者报告，可能是当今的黏菌素制剂纯度高的缘故，患者的肾毒性和神经毒性似乎并没有想象的那么严重，这也进一步促进黏菌素的广泛使用。然而，不幸的是，随着黏菌素在临床上的使用增多，针对黏菌素的耐药在上述3种革兰阴性致病菌中都已经被记录到。自2000年以来，世界上有很多国家报告了黏菌素耐药病原菌的出现，主要集中在鲍曼不动杆菌、铜绿假单胞菌和肺炎克雷伯菌，耐药率从不足10%到高达90%以上。这些病原菌对黏菌素耐药的出现令人不安，因为黏菌素被认为是针对上述多药耐药病原菌感染的终极治疗选择。如果再没有全新的抗菌药物问世，对黏菌素的耐药或许有着灾难性的影响。

针对黏菌素的耐药能够通过适应性或突变性机制发展出来，而且在黏菌素和其他多黏菌素类制剂之间存在着几乎完全交叉耐药。各种基因突变通过改变革兰阴性菌的外膜而引起对黏菌素耐药，而革兰阴性菌的外膜恰恰是黏菌素的作用位点。尽管精确耐药机制方面的资料稀少并且似乎是依特定细菌的不同而各异，但 PmrA-PmrB 和 PhoP-PhoQ 调节系统在耐药的发展上起着作用。黏菌素耐药的一个机制涉及在细菌的带负电荷的表面脂多糖和脂质 A 结构的改变。这些改变会因 PmrA-PmrB 系统的活化而发生，而 PmrA-PmrB 系统是被 PhoP-PhoQ 系统调节，但也能在微酸环境下或高离子浓度情况下发生。PmrA-PmrB 系统调节两个基因座，$PmrE$ 和 $PmrHFIJKLM$，它们负责脂质 A 的改变并且对于多黏菌素耐药是必不可少的。当 PmrA-PmrB 系统被活化时，它将乙醇胺增加到脂多糖和脂质 A 的磷酸基团上并且也在脂质 A 的 4′磷酸盐插入氨基阿拉伯糖。这些改变降低脂多糖的总电荷，从而减少阳离子多黏菌素类的亲和力。总之，尽管引起黏菌素耐药的精确机制尚未准确定义，但人们假设，PmrA-PmrB 和 PhoP-PhoQ 遗传调节系统可能起作用。

近几年来，一个新的黏菌素耐药机制被认识到。2015年，我国华南农业大学刘健华教授研究组和中国农业大学沈建忠教授研究组联合在《柳叶刀·感染染病》上在线报告，他们首先在中国发现了一个新的可移动黏菌素耐药基因（mobilized colistin resistance 或 mobile colistin resistance，$mcr-1$），它首先在猪大肠埃希菌中被鉴定出并且介导对黏菌素的耐药。这种耐药机制与传统的黏菌素耐药机制的最大区别就是该基因位于可转移的质粒上。截至2017年，在5个大陆上一共有30多个国家中都鉴定出了这个可移动的耐药基因，很多基因并不仅仅来自动物的细菌菌株中，而且也来自临床分离株，主要是肠杆菌科细菌的分离株。$mcr-1$ 编码

MCR-1，它是一种磷酸乙醇胺转移酶，该酶降低黏菌素与脂多糖的亲和力，从而导致细菌对黏菌素耐药。这与 PmrA-PmrB 系统被活化时所造成的结果是一致的。相继的研究显示，各种莫拉菌种或许构成了 MCR 样蛋白的储池。当然，该基因也已经开始出现变异体 MCR-2，它与 MCR-1 分享81%氨基酸同一性。2017年，Poirel 和 Nordmann 等报告，他们在来自西班牙健康猪的一个莫拉菌种（*Moraxella pluranimalium*）菌株中鉴定出 MCR-2。他们推测，mcr 样基因或许首先出现在猪上，因为黏菌素在兽医中被广泛用于处方，特别是在猪的养殖场，它代表着天然出现的 mcr 样耐药基因的选择和从莫拉菌种向肠杆菌科细菌传播的一个驱动力。MCR-1 的发现为采用黏菌素治疗泛耐药铜绿假单胞菌的前景蒙上了一层厚厚的阴影。一旦各种 mcr 基因在革兰阴性杆菌中广泛传播，那么，黏菌素这一针对铜绿假单胞菌仅存的具有抗菌活性的药物也将不再有效，至少疗效大打折扣。这样的场景会在多久以后出现我们不得而知，但可以肯定地说，随着黏菌素在临床应用上越来越多，这样的悲剧应该在不久的将来会上演。

第三节　结语

我们需要牢记的是，耐药基因并非静止不变，它们始终处于"动态学"的流动过程中。耐药基因的组合赋予各种各样的多药耐药表型，甚至有些组合赋予病原菌针对所有抗菌药物耐药。因此，细菌不需要单一一种"大而全"的耐药机制造成泛耐药，它们只需要将几种耐药机制组合在一起就能实现这样的目标。耐药基因的流动可能是随机的，但抗菌药物的使用会将拥有多种耐药基因组合的病原菌选择出来，这才是细菌耐药的可怕之处。当然，随着抗菌药物持续不断的使用，总会有一些新的耐药机制涌现出来，这并不令人吃惊，只是我们不知道什么时候出现而已。

参考文献

[1] Baquero F. Resistance to quinolones in Gram-negative microorganisms: mechanisms and prevention [J]. Eur Urol, 1990, 17 (Suppl 1): 3-12.

[2] Martinez-Martinez L, Pascual A, Jacoby G A. Quinolone resistance from a transferable plasmid [J]. Lacet, 1998, 351: 797-799.

[3] Wang M, Tran J H, Jacoby G A, et al. Plasmid-mediated quinolone resistance in clinical isolates of *Escherichia coli* from Shanghai, China [J]. Antimicrob Agents Chemother, 2003, 47 (7): 2242-2248.

[4] Mammeri H, Loo MVD, Poirel L, et al. Emergence of

plasmid-mediated quinolone resistance in *Escherichia coli* in Europe [J]. Antimicrob Agents Chemother, 2005, 49: 71-76.

[5] Jacoby GA. Mechanisms of resistance to quinolones [J]. Clin Infect Dis, 2005, 41: S120-S126.

[6] Robicsek A, Strahilevitz J, Jacoby G A, et al. Fluoroquinolone-modifying enzyme: a new adaptation of a common aminoglycoside acetyltransferase [J]. Nature Medicine, 2006, 12: 83-88.

[7] Robicsek A, Jacoby G A, Hooper D. The worldwide emergence of plasmid-mediated quinolone resistance [J]. Lancet Infect Dis, 2006, 6: 629-640.

[8] 李显志, 凌保东. 2006 年细菌对抗菌药物耐药机制研究进展回顾 [J]. 中国抗生素杂志, 2007, 32 (4): 193-202.

[9] Cattoir V, Poirel L, Aubert C, et al. Unexpected occurrence of plasmid-mediated quinolone resistance determinants in environmental *Aeromonas* spp [J]. Emerg Infect Dis, 2008, 14: 231-237.

[10] Strahilevitz J, Jacoby G A, Hooper D C, et al. Plasmid-mediated quinolone resistance: a multifaceted threat [J]. Clin Microbol Rev, 2009, 22: 664-689.

[11] Pallecchi L, Riccobono E, Mantella A, et al. High prevalence of *qnr* genes in commensal enterobacteria from healthy children in Peru and Bolvia [J]. Antimicrob Agents Chemother, 2009, 53: 2632-2635.

[12] Li X-Z. Quinolone resistance in bacteria: emphasis on plasmid-mediated mechanisms [J]. Int J Antimicrob Agents, 2005, 25: 453-463.

[13] Magnet S, Blanchard J S. Molecular insights into aminoglycoside action and resistance [J]. Chem Rev, 2005, 105: 477-497.

[14] Antoniadou A, Kontopidou F, Poulakou G, et al. Colistin-resistant isolates of *Klebsiella pneumoniae* emerging in intensive care unit patients: first report of a multiclonal cluster [J]. J Antimicrob Chemother, 2007, 59: 786-790.

[15] Gootz T D. The global problem of antibiotic resistance [J]. Crit Rev Immunol, 2010, 30 (1): 79-93.

[16] Robicsek A, Strahilevitz J, Jacoby G A, et al. Fluoroquinolone-modifying enzyme: a new adaptation of a common aminoglycoside acetyltransferase [J]. Nat Med, 2006, 12 (1): 83-88.

[17] Poirel L, Cattoir V, Nordmann P. Is plasmid-mediated quinolone resistance clinically significant problem? [J] Clin Microbiol Infect, 2008, 14: 295-297.

[18] Doi Y, Arakawa Y. 16S ribosomal RNA methylation: emerging resistance mechanism against aminoglycosides [J]. Clin Infect Dis, 2007, 45: 88-94.

[19] Paterson D L, Doi Y. A step closer to extreme drug resistance (XDR) in Gram-negative bacilli [J]. Clin Infect Dis, 2007, 45: 1179-1181.

[20] Liu Y Y, Wang Y, Walsh T R, et al. Emergence of plasmid-mediated colistin resistance mechanism MCR-1 in animals and human beings in China: a microbiological and molecular biological study [J]. Lancet Infect Dis, 2016; 16 (2): 161-168.

[21] Doi Y, Wachino JC, Arakawa Y. Aminoglycoside resistance: the emergence of acquired 16S ribosomal RNA methytransferases [J]. Infect Dis Clin North Am, 2016, 30: 523-537.

[22] Poirel L, Kieffer N, Fernandez-Garayzabal J F, et al. MCR-2-mediated plasmid-borne polymyxin resistance most likely originates from *Moraxella pluranimalium* [J]. J Antimicrob Chemother, 2017, 72: 2947-2949.

[23] Coque T M, Baquero F, Canton R. Increasing prevalence of ESBL-producing *Enterobacteriaceae* in Europe [J]. Eurdosurveillance, 2008, 13: 1-11.

[24] Cao X, Cavaco L M, Lv Y, et al. Molecular characterization and antimicrobial susceptibility testing of *Escherichia coli* isolates from patients with urinary tract infections in 20 Chinese hospitals [J]. J Clin Microbiol, 2011, 49: 2496-2501.

[25] Canton R, Ruiz-Garbajosa P. Co-resistance: an opportunity for the bacteria and resistance genes [J]. Curr Opin Pharmacol, 2011, 11: 477-485.

[26] Hansen L H, Johannesen E, Burmolle M, et al. Plasmid-encoded multidrug efflux pump conferring resistance to olaquindox in *Escherichia coli* [J]. Antimicrob Agents Chemother, 2004, 48: 3332-3337.

[27] Kim H B, Wang M, Park C H, et al. *oqxAB* encoding a multidrug efflux pump in human clinical isolates of *Enterobacteriaceae* [J]. Antimicrob Agents Chemother, 2009, 53: 3582-3584.

[28] Brötze-Oesterhelt H, Brunner N A. How many modes of action should an antibiotic have? [J] Curr Opin Pharmacol, 2008, 8: 564-573.

[29] Fernandez L, Breidenstein EBM, Hancock REW. Creeping baselines and adaptive resistance to antibiotics [J]. Drug Resist Updat, 2011, 14: 1-21.

[30] Bender J K, Cattoir V, Hegstad K, et al. Update on prevalence and mechanisms of resistance to linezolid, tigecycline and daptomycin in enterococci in Europe: towards a common nomenclature [J]. Drug Resist Update, 2018, 40: 25-39.

第四章

β-内酰胺类抗生素耐药机制概述

众所周知，β-内酰胺类抗生素是最大的一个抗菌药物类别，在全世界，其消费量一直占据抗菌药物市场的半壁江山以上。甚至有人说，如果没有细菌耐药的发生和发展，临床医生仅仅依靠β-内酰胺类抗生素就可以治疗临床上绝大多数细菌感染，由此可见这一大类抗生素在临床抗感染上所具有的举足轻重的地位。当然结核杆菌感染除外。已如前述，β-内酰胺类抗生素包括若干亚类，如青霉素类、头孢菌素类、单环β-内酰胺类、碳青霉烯类以及β-内酰胺酶抑制剂及其复方制剂。所有这些β-内酰胺类抗生素成员都通过一个同样的作用机制发挥抗菌作用，那就是通过结合到细菌 PBP 来干扰细菌细胞壁组成成分肽聚糖的生物合成。靶位的改变是细菌针对抗菌药物耐药最常见机制之一，PBP 的改变也是细菌针对β-内酰胺类抗生素的重要耐药机制，但却不是最先被鉴定出的耐药机制。

早在 1940 年，青霉素发现小组成员钱恩等就在大肠埃希菌的细胞液中发现了一种具有酶活性的物质，它可以水解青霉素，这是最早对β-内酰胺酶的描述。后来证实，这种酶是 Ambler 分子学分类体系中的 C 类β-内酰胺酶，属于头孢菌素酶。然而，最早表现出对青霉素临床耐药的细菌并不是大肠埃希菌，而是金黄色葡萄球菌。在青霉素大规模生产并被投放到临床实践之时，革兰阳性球菌是临床上最主要的致病菌，特别是葡萄球菌属和链球菌属细菌，如金黄色葡萄球菌、肺炎链球菌和化脓性链球菌等。针对这些革兰阳性病原菌感染，青霉素疗效极佳，所到之处这些革兰阳性病原菌纷纷败下阵来。在 20 世纪 40 年代，每日 20 万单位的青霉素就能治愈细菌性心内膜炎和败血症，而在当

下，治疗细菌性心内膜炎需要每日 2000 多万单位青霉素才有可能奏效。不幸的是，随着青霉素越来越多地用于临床，在全世界很多地方都分离出一些葡萄球菌菌株，它们通过产生一种青霉素酶而对青霉素耐药，这种局面到 20 世纪 50 年代末期发展到顶峰。当时在一些发达国家，高达 80% 的葡萄球菌临床分离株对青霉素耐药。甲氧西林的问世拯救了这一危局。几乎就在人们庆祝甲氧西林成功的同时，一种耐甲氧西林金黄色葡萄球菌（MRSA）被分离获得，但这些耐药的金黄色葡萄球菌显然不是通过产生水解谱更宽的β-内酰胺酶介导耐药，而是凭借一种全新的耐药机制介导对甲氧西林耐药，这种全新的机制就是作用靶位 PBP 发生了改变，金黄色葡萄球菌拥有了一种全新的、亲和力极低的 PBP2a。

当我们回顾细菌耐药进化史时不禁发出感叹，在青霉素被大规模投入临床应用后的十几年时间里，针对β-内酰胺类抗生素的两大耐药机制就已经被金黄色葡萄球菌发展出来：一是β-内酰胺酶的产生，二是 PBP 的改变。然而，这两种耐药机制都与突变无关，都属于获得性耐药。在金黄色葡萄球菌中，编码青霉素酶的基因或是位于染色体上，或是位于质粒上，但这些基因都不是金黄色葡萄球菌固有的，是外源获得的；编码 PBP2a 的基因虽然位于染色体上，但它也不是金黄色葡萄球菌与生俱来的，同样是一个全新的基因被招募并整合进入金黄色葡萄球菌染色体中。从甲氧西林上市到 MRSA 被鉴定出仅仅相隔不到一年时间，耐药进化之快令人瞠目结舌。我们甚至无法相信甲氧西林的使用能在如此短的时间里诱导出 PBP 的改变。当然

也存在着另一种可能性，青霉素的使用一直在诱导金黄色葡萄球菌对青霉素的耐药，而且这两种机制同时在诱导，只不过最先选择出的是青霉素酶介导耐药机制，也可能在人们集中关注青霉素酶介导耐药时，PBP 的改变也已经在金黄色葡萄球菌中悄然发生，只是人们当时没有注意到或没有鉴定出来而已。按照时间顺序，在细菌进化出的所有耐药机制中，β-内酰胺酶产生是第一个被描述的耐药机制，PBP 改变是第二个被描述的耐药机制。这两种耐药机制的鉴定都是细菌耐药发展史中具有里程碑意义的事件。

细菌可以借助多种耐药机制而对同一类别的抗菌药物耐药，例如，葡萄球菌可以通过产生 β-内酰胺酶和靶位（PBP）改变而对 β-内酰胺类抗生素耐药；细菌也可以凭借一种机制对多种类别抗菌药物耐药，如细菌可以通过外排机制对多种类别抗菌药物耐药，包括氨基糖苷类、喹诺酮类、四环素类和 β-内酰胺类等。有些耐药机制是抗菌药物类别特异性的，如 β-内酰胺酶产生和 PBP 改变都是只介导对 β-内酰胺类抗生素耐药，氨基糖苷钝化酶也只是介导对氨基糖苷类抗生素耐药；有的耐药机制没有严格的特异性，如外膜通透性下降和外排泵表达可以同时介导对多种抗菌药物耐药，如喹诺酮类、氨基糖苷类和 β-内酰胺类。

对于 β-内酰胺类抗生素而言，细菌也不仅仅依靠上述 2 种机制介导耐药，细菌业已进化出其他 2 种耐药机制，分别是外膜通透性改变机制和主动外排机制。进入 20 世纪 70～80 年代，随着人们对细菌外膜蛋白研究的不断深入，外排泵和孔蛋白改变介导的这两种耐药机制陆续被发现。外排泵是将已经进入细菌细胞内的抗菌药物排出来，孔蛋白改变导致抗菌药物难以进入细菌细胞内，最终结果都是导致细菌细胞内抗菌药物浓度下降，因而产生耐药。具体地说，细菌针对 β-内酰胺类抗生素耐药机制有 4 种：①β-内酰胺酶产生；②PBP 的改变；③外膜通透性改变；④外排泵的（过度）表达。然而，革兰阳性菌和革兰阴性杆菌针对 β-内酰胺类抗生素的耐药机制并不完全相同。严格意义上说，只有革兰阴性病原菌才拥有上述 4 种耐药机制。由于革兰阳性菌本身并不拥有外膜这样的结构，所以革兰阳性菌只能依赖其他 3 种耐药机制，在这 3 种机制中，PBP 改变介导的耐药应该是革兰阳性病原菌针对 β-内酰胺类抗生素耐药的最主要机制。对于革兰阴性病原菌而言，上述提及的 4 种耐药机制都具备，但其重要性也并不一致。PBP 改变对于革兰阳性病原菌而言是占据主导地位的耐药机制，但对于革兰阴性病原菌而言，这种耐药机制最不常见，重要性也只能位居末席，而最重要的耐药机制应当是 β-内酰胺酶的产生。至于革兰阳性菌为什么不主要通过产酶介导对 β-内酰胺类抗生素耐药，以及革兰阴性杆菌为什么不主要通过 PBP 改变介导对 β-内酰胺类抗生素耐药，其原因仍不得而知，不过微生物学家一直对这一现象困惑不解。图 4-1 形象地展示出细菌针对 β-内酰胺类抗生素的 4 种耐药机制。原有孔蛋白通道的"闭锁"可以阻止 β-内酰胺类抗生素进入革兰阴性菌的周质间隙中；进入细菌细胞周质间隙和胞浆内的 β-内酰胺类抗生素也可被泵出细胞外；在革兰阴性菌周质间隙中"埋伏"的 β-内酰胺酶可以水解掉 β-内酰胺类抗生素；以及青霉素结合蛋白的改变降低对 β-内酰胺类抗生素的亲和力。

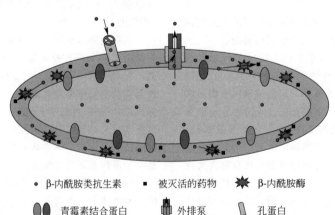

| • β-内酰胺类抗生素 | ■ 被灭活的药物 | ✸ β-内酰胺酶 |
| 青霉素结合蛋白 | 外排泵 | 孔蛋白 |

图 4-1　在革兰阴性菌细胞中针对 β-内酰胺类抗生素耐药机制的相互作用

[引自 Thomson J M，Bonomo R A. Curr Opin Microbiol，2005，8（5）：518-524]

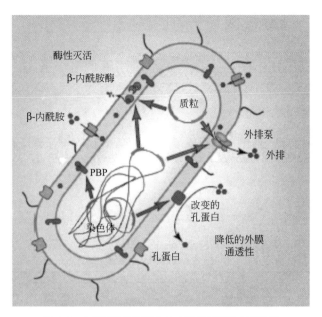

图 4-2　在肠杆菌科细菌中 β-内酰胺耐药的主要机制

（引自 Nordmann P，Dortet L，Doirel L. Trends Mol Med，2012，18：263-272）

在肠杆菌科细菌中，PBP 改变介导的耐药很少见，而主要依赖其他 3 种耐药机制。如果按照重要性排序的话，β-内酰胺酶产生当之无愧是最重要的耐药机制，接着才是外膜通透性下降、主动外排以及 PBP 改变。如图 4-2 所示，孔蛋白形成的亲水通道允许 β-内酰胺类通过细菌外膜进入。在周质间隙中，β-内酰胺分子不可逆地结合到 PBP 上，导致肽聚糖生物合成的抑制。在肠杆菌科细菌中 β-内酰胺耐药的主要机制包括：①由染色体和/或质粒编码的 β-内酰胺酶对抗生素进行酶性灭活，这些酶对 β-内酰胺分子具有水解活性；②通过改变了的孔蛋白的产生，孔蛋白表达的丧失，或在外膜中被发现的孔蛋白类型上的改变而降低外膜的通透性；③通过产生一个外排泵而将抗生素排出到细菌外部。PBP 改变介导的耐药并没有被提及，说明这种耐药机制并不是革兰阳性病原菌针对 β-内酰胺类抗生素耐药的主要机制。

在细菌耐药盛行的当下，很多病原菌都不是仅仅依赖一种耐药机制，常常是集多种耐药决定子于一身，即拥有多种耐药机制，这也是多药耐药的基础。因此，当单一耐药机制本身不足以针对 β-内酰胺类抗生素产生临床耐药时，这些机制常常协同作用来产生临床耐药表型，如细菌细胞外膜降低抗生素通透性常常与另一种机制如药物灭活协同作用来产生临床耐药。然而，尽管革兰阴性病原菌可拥有上述 4 种耐药机制，但同时拥有这 4 种耐药机制的菌种却也不多见。例如，大肠埃希菌是临床上常

见的革兰阴性病原菌，这种细菌最常见的针对 β-内酰胺类抗生素耐药的机制就是 β-内酰胺酶的产生和孔蛋白表达的减少或缺失。尽管 PBP 改变在实验室突变体中被鉴定出，但至今仍未在临床分离株中被发现，这种细菌极少利用外排泵来介导针对 β-内酰胺类抗生素的耐药。目前在全世界，多药耐药肺炎克雷伯菌已经演变成为危害最广的革兰阴性病原菌之一，但如同大肠埃希菌，肺炎克雷伯菌也主要通过产生各种各样 β-内酰胺酶和孔蛋白改变来介导针对 β-内酰胺类抗生素耐药，而其他 2 种耐药机制在这种病原菌中很少出现。然而，铜绿假单胞菌却是个例外，它可以同时整合这 4 种耐药机制于单一细菌细胞中，从而成为泛耐药的一个鲜活事例。尽管青霉素结合蛋白的改变不是革兰阴性病原菌的一种常见或重要的耐药机制，但已有报告证实，铜绿假单胞菌临床分离株针对亚胺培南和头孢磺苄的耐药分别是由 PBP4 和 PBP3 的改变所介导（图 4-3）。

图 4-3（a）显示的是 β-内酰胺类抗生素与"野生型"敏感的铜绿假单胞菌的相互作用。β-内酰胺类抗生素能够顺利通过孔蛋白通道而进入细菌细胞的周质间隙中，在那里，这些抗生素没有遭遇到 β-内酰胺酶的阻击，也没有被外排到细胞外，最终它们和 PBP 结合而发挥抗菌作用。我们可以结合图 4-3（b）形象地描绘 β-内酰胺类抗生素在耐药细菌中的各种遭遇。事实上，在细菌耐药广泛散播的当代，β-内酰胺类抗生素要想发挥抗菌作用并非易

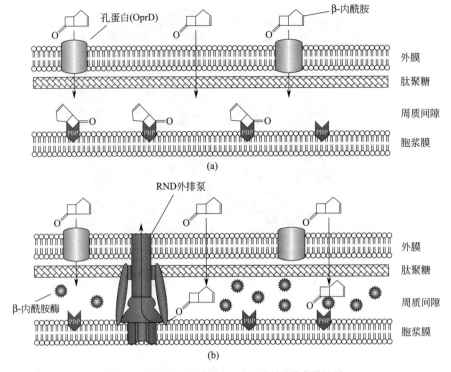

图 4-3 在铜绿假单胞菌中 β-内酰胺耐药的各种机制

［引自 Wolter D J，Lister P D. Curr Pharm Des，2013，19（2）：209-222］

事，有很多大的关隘横亘途中。β-内酰胺类抗生素要通过的第一个关口就是细菌外膜，如果孔蛋白通道由于各种原因而通过不畅或完全关闭，那么 β-内酰胺类抗生素在进入细菌细胞周质间隙中就会出现障碍，或是进入减少，或是完全不能进入，在这种情况下，β-内酰胺类抗生素发挥抗菌作用也就无从谈起了。β-内酰胺类抗生素可能会遭遇到的第二个关隘就是各种外排泵，即便 β-内酰胺类抗生素克服掉第一个障碍，那么各种外排泵同样可以将这些抗生素泵出细胞外，致使在细胞周质间隙中的抗生素处在一种"徒劳无功"的浓度。即便 β-内酰胺类抗生素没有遭遇到上述两种狙击，那么第三道关隘比起前两个更加凶险，那就是"埋伏"在周质间隙中的各种 β-内酰胺酶。β-内酰胺类抗生素需要攻克的最后一道关隘就是 β-内酰胺类抗生素作用靶位——青霉素结合蛋白（PBP）的改变。由此不难看出，比起在抗生素年代初期，现在的 β-内酰胺类抗生素要想发挥抗菌作用要艰难得多。

也有些学者将上述这 4 种耐药机制说成是细菌耐药的 3 大策略：①减少细菌细胞内抗生素浓度；②产生各种灭活酶；③靶位改变。在第一种策略中，无论是通透性下降或缺失阻止药物进入，抑或是外排泵将药物泵出细胞外，其宏观结果都是在一定的时间框架内，细胞内药物浓度不足以达到抑菌

或杀菌的程度。第二种策略就是 β-内酰胺酶的产生。第三种耐药策略既不是聚焦在抗生素的移出或破坏，也不是酶性灭活，而是聚焦在目前耐药细菌上的靶位的一个重新安排或伪装手段。就 β-内酰胺类抗生素而言，PBP 的改变就是这种策略的具体体现。

参考文献

［1］ Sheldon Jr A T. Antibiotic resistance：A survival strategy ［J］. Clin Lab Sci，2005，18（3）：170-180.

［2］ Walsh C. Molecular mechanisms that confer antibacterial drug resistance ［J］. Nature，2000，406：775-781.

［3］ Bush K，Jacoby A，Mdeiros A A. A functional classification scheme for β-lactamases and its correlation with molecular structure ［J］. Antimicrob Agents Chemother，1995，39：1211-1233.

［4］ Martinez-Martinez L，Pascual A，Cenejo Mdel C，et al. Energy-dependent accumulation of norfloxacin and porin expression in clinical isolates of *Klebsiella pneumoniae* and relationship to extended-spectrum β-lactamase production ［J］. Antimicrob Agents Chemother，2002，46：3926-3932.

［5］ Jevons M P，Coe A W，Parker M T. Methicillin resistance in staphylococci [J]. Lancet，1963，1：904-907.

[6] Bellido F，Veuthey C，Blaser J，et al. Novel resistance to imipenem associated with an altered PBP-4 in a *Pseudomonas aeruginosa* clinical isolate [J]. J Antimicrob Chemother，1990，25：57-68.

[7] Gotoh N，Nunomura K，Nishimo T. Resistance of *Pseudomonas aeruginosa* to cefsulodin：modification of penicillin-binding protein 3 and mapping of its chromosomal gene [J]. J Antimicrob Chemother，1990，25：513-523.

[8] Georgopapadakou N H. Penicillin-binding proteins and bacterial resistance to β-lactams [J]. Antimicrob Agents Chemother，1993，37：2045-2053.

[9] Davies T A，Shang W，Bush K. Activities of ceftobiprole and other β-lactams against *Streptococcus pneumoniae* clinical isolates from the United States with defined substitutions in penicillin-binding proteins PBP1a，PBP1b and PBP2x [J]. Antimicrob Agents Chemother，2006，50：2530-2532.

[10] Zapun A，Contreras-Martel C，Vemet T. Penicillin-binding proteins and β-lactam resistance [J]. FEMS Microbiol Rev，2008，32：361-385.

[11] Wolter D J，Lister P D. Mechanisms of β-lactam resistance among *Pseudomonas aeruginosa* [J].

Curr Pharm Des，2013，19（2）：209-222.

[12] Nordmann P，Dortet L，Poirel L. Carbapenem resistance in *Enterobacteriaceae*：here is the storm [J]! Trends Mol Med，2012，18：263-272.

[13] Ambler R P. The structure of β-lactamases [J]. Philos Trans R Soc Lond（Bio.），1980，289：321-331.

[14] Jaurin B，Grundstrom T. *ampC* cephalosporinase of *Escherichia coli* K-12 has a different evolutionary origin from that of β-lactamases of the penicillinase type [J]. Proc Natl Acad Sci USA，1981，78：4897-4901.

[15] Bush K，Jacoby G A. Updated functional classification of β-lactamases [J]. Anitmicrob Agents Chemother，2010，54：969-976.

[16] Poole K. Efflux pumps as antimicrobial resistance mechanisms [J]. Ann Med，2007，39（3）：162-176.

[17] Nikaido H，Takatsuka Y. Mechanisms of RND multidrug efflux pumps [J]. Biochem Biophys Acta，2009，1794（5）：769-781.

[18] Nikaido H. Multidrug resistance in bacteria [J]. Ann Rev Biochem，2009，78：119-146.

[19] Li X Z，Nikaido H. Efflux-mediated drug resistance in bacteria [J]. Drug，2004，64（2）：159-204.

第五章

PBP 改变介导的耐药

已如前述，抗菌药物靶位的任何改变都会在不同程度上影响到抗菌药物对靶位的结合，从而介导细菌针对抗菌药物敏感性的改变。所有β-内酰胺类抗生素只有一类靶位，那就是PBP，而PBP的任何改变也不可避免地导致这些靶位对β-内酰胺类抗生素的结合亲和力下降，由此细菌就会表现出敏感性的降低、中介、耐药或高度耐药。总体来说，PBP改变是细菌针对β-内酰胺类抗生素最重要的耐药机制之一，在重要性上可排在4种耐药机制的第二位，仅次于β-内酰胺酶的产生。一般来说，每种细菌都具有若干种PBP，每种PBP在细胞膜上表达的分子数量也多寡不一，它们在细菌细胞壁重要组成部分肽聚糖生物合成的不同阶段发挥各自不同的作用，主要起到转肽酶/转糖基酶的作用。然而，PBP改变这种耐药机制主要赋予革兰阳性菌针对β-内酰胺类抗生素耐药，特别是与临床感染具有重大关联性的金黄色葡萄球菌、肺炎链球菌和肠球菌菌种。截至目前，至少是与人类健康具有重要关联性的革兰阴性病原菌都不是主要凭借这种耐药机制对β-内酰胺类抗生素耐药，如肠杆菌科细菌、铜绿假单胞菌以及鲍曼不动杆菌。既然所有β-内酰胺类抗生素都是通过作用于PBP这类靶位发挥抗菌作用，那么，无论是革兰阳性还是革兰阴性病原菌，只要它们的PBP发生各种各样的改变，都会导致这些细菌针对β-内酰胺类抗生素的敏感性出现相应的变化。然而，在现实的临床环境中，我们很难发现各种革兰阴性病原菌的PBP发生明显的改变，这些细菌主要是通过产生种类众多的β-内酰胺酶而实现耐药。毋庸讳言，革兰阳性菌和革兰阴性菌细胞壁的组成确实不完全一样，革兰阳性菌的细胞壁厚而致密，而革兰阴性菌的细胞壁薄。此外，革兰阴性菌在细胞壁外面还有一层生物膜，称为外膜（OM）。换言之，在细菌漫长的进化过程中，细胞壁在生命维持和延续过程中的重要性可能也不尽相同。如此推测，参与细胞壁合成的PBP的改变可能更全面地给革兰阳性菌提供保护，不过这也仅仅是一种猜测，更深层次的原因还有待研究证实。

如果我们笼统地说，PBP改变介导细菌特别是革兰阳性菌耐药，但PBP究竟会发生哪些改变呢？经过几十年的研究证实，不同细菌PBP改变的机制也各不相同，有些是外源的、全新PBP的整合，也有些是原有PBP的突变。无论是什么原因导致的PBP改变，其结果就是这些改变了的PBP与β-内酰胺类抗生素的亲和力下降。至于不同种属细菌为什么会采取不同方式来改变PBP的原因并不清楚。

第一节　耐甲氧西林金黄色葡萄球菌

众所周知，PBP改变介导细菌耐药最著名的例子就是耐甲氧西林金黄色葡萄球菌（methicillin resistant *Staphylococcus aureus*，MRSA）。谈及β-内酰胺类抗生素的发展史不得不提及甲氧西林，同样，谈及β-内酰胺类抗生素的耐药史也必须提到MRSA。MRSA的出现是细菌耐药进化史中的一个标志性事件。青霉素问世的最大功绩之一就是人类不再遭受葡萄球菌属和链球菌属感染的蹂躏。青霉素通过作用这些革兰阳性球菌的靶位（PBP）而干扰细菌细胞壁组成部分肽聚糖的生物合成，最终导致这些细菌死亡。青霉素一经问世就大显神威，特别是在第二次世界大战中，它曾拯救了无数人的生命，因此，人们将青霉素、原子弹和雷达并称为第二次世界大战中的"三大发明"。由于在抗生素年代早期很多致命感染都是由革兰阳性菌引起，特别是各种链球菌属和葡萄球菌属，而青霉素对这些革兰阳性菌具有极佳杀菌活性，因此，青霉素在当时治疗这类细菌感染时的表现完全可以用"所向披靡"来形容，这也是当时人们将青霉素奉为"灵丹妙药"的缘故。然而，随着青霉素被广泛和无节制的使用，早在1944年，在旧金山斯坦福医院工作的 Kirby 就从 7个青霉素耐药金黄色葡萄球菌分离株中提取出青霉素酶。此后，在一些发达国家中，由青霉素酶介导的金黄色葡萄球菌对青霉素的耐药普遍出现并不断增加。1946 年，在英格兰的一所医院中，14％金黄色葡萄球菌分离株对青霉素耐药，接下来的一年，耐药率快速攀升到 38％，而在 1948 年，耐药率高达 59％。到 1953 年，有些医院中耐药的院内菌株百分比高达 80％。当然，金黄色葡萄球菌当时针对青霉素的这种耐药并不是因为 PBP 改变，而是由于这些细菌产生了一种能够灭活青霉素的酶，当时人们称其为青霉素酶（PC1）。根据 β-内酰胺酶分类，我们现在将这种酶归为 Amber A 类，2a 功能亚组酶。编码这种酶的基因大多位于染色体上，也有质粒来源的。就在产酶金黄色葡萄球菌开始大流行之际，1960 年，一种所谓"耐酶"的半合成青霉素甲氧西林的及时问世拯救了这次危机。在甲氧西林刚刚上市后不久，诺贝尔奖获得者钱恩爵士在一次讲课中宣称："葡萄球菌正被击败"。令人遗憾的是，胜利的欢呼声掩盖了这样一个事实，那就是在甲氧西林上市的同一年，Jevons 就在英国首次报告在同一所医院中有 3 个金黄色葡萄球菌分离株对甲氧西林耐药。在 1963 年，这组学者在检查收到的 27479个培养物时，再次鉴定出 102 个耐甲氧西林金黄色葡萄球菌菌株。这些就是最早被鉴定出的耐甲氧西林金黄色葡萄球菌。

就在人们普遍享受甲氧西林成功的同时，也确实有一些具有高度责任感的科学家曾提出这样的担忧，即金黄色葡萄球菌可能很快会进化出水解甲氧西林的 β-内酰胺酶，从而使得甲氧西林再次失效。在 1966 年，Citri 和 Pollock 猜测："一种更有效的水解甲氧西林的 β-内酰胺酶能相当快地在葡萄球菌中进化出来"。然而，金黄色葡萄球菌并没有按照人们设想的轨迹进化出耐药，而是不辞辛劳，另辟蹊径，通过获得了一种编码 PBP2a 的新基因而赋予对甲氧西林耐药，从而进化出臭名昭著的 MRSA。从耐药的角度上讲，金黄色葡萄球菌的这一耐药机制是想"一劳永逸"地解决问题，看来 MRSA 也确实做到

了这一点，它不仅对青霉素和甲氧西林耐药，而且也对后来研发出的几乎所有 β-内酰胺类抗生素耐药。让人意想不到的是，经过了 50 多年的不懈努力，人们才于 2008 年发展出主要以治疗 MRSA 感染为适应证的五代头孢菌素头孢吡普（ceftobiprole）。头孢吡普是一种全新的广谱头孢菌素，具有体外的抗革兰阳性菌和革兰阴性菌的活性。与现有的 β-内酰胺类抗生素不同，头孢吡普针对 MRSA 具有抗菌活性，它是通过与 PBP2a 形成一个稳定的异质性复合物而发挥作用。

MRSA 的出现在抗感染治疗学领域以及细菌耐药发展史中无疑是一个里程碑事件。有学者提出，如果将青霉素在 1940 年引入临床使用作为开启"抗生素年代"的标志，那么 MRSA 的出现则是"后抗生素年代"的前夜。细菌针对抗生素的耐药性经过了 20 多年的蓄积，终于以 MRSA 的这种全新的方式向人类吹响反攻的号角。正是由于MRSA 的出现，人们不再幻想能够彻底控制感染性疾病，不再居高临下地貌视小小的细菌，也开始意识到细菌具有超强的适应环境变化的能力，而人类与细菌之间的斗争将是长期和艰巨的。从这个角度上讲，MRSA 的出现对于人类有意识地关注抗生素耐药的发生和发展具有一定的积极意义和现实意义。经过近 70 年的进化，如今 MRSA 已经演化成为令人生畏的"超级细菌"。尽管革兰阴性杆菌已经在临床感染性疾病中占据主导地位，但MRSA 凭借其"凶残"一直在"ESKAPE"病原菌中占有一席之地。MRSA 已经成为很多感染性疾病的病原菌，如皮肤和软组织感染、有并发症的尿道感染（包括肾脏感染）、呼吸道感染（包括医院通气性肺炎）以及菌血症等，这些感染伴有高的死亡率。自 20 世纪 90 年代以来，MRSA 已经进化出一种社区类型，称作社区获得性 MRSA（community-acquired MRSA，CA-MRSA）。CA-MRSA则是不同的"野兽"，它所引起的最常见感染是一种皮肤感染的特殊综合征，特别是毛囊炎和脓肿。当然，像儿童的坏死性肺炎、坏死性筋膜炎和中毒休克综合征（toxic shock syndrome，TSS）也已经被报道。坏死性筋膜炎属于致命感染，需要进行外科和内科的紧急处置。在过去，金黄色葡萄球菌很少引起坏死性筋膜炎，但近来，由 CA-MRSA 引起坏死性筋膜炎的病例数量正在以令人震惊的速度增长。Chambers 等将金黄色葡萄球菌针对抗菌药物耐药的进化形象地比喻成 4 个浪潮，浪潮 4 起始于 20 世纪 90 年代中期并且它标志着 MRSA 菌株在社区的出现。社区获得性 MRSA 菌株含有一个全新的、更小型的、更能移动的 Ⅳ 型 SCCmec（MRSA-Ⅳ）以及各种毒力因子，包括潘-瓦杀白

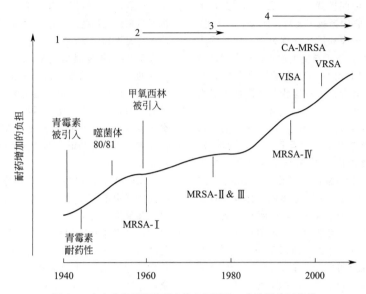

图 5-1　在金黄色葡萄球菌中抗生素耐药 4 个浪潮的时间线
（引自 Chambers H F，DeLeo F R. Nat Rev Microbiol，2009，7：629-641）
MRSA-Ⅰ、Ⅱ、Ⅲ和Ⅳ系指葡萄球菌和染色体 mec（SCC-mec）-Ⅰ、Ⅱ、Ⅲ和Ⅳ型；
VISA—万古霉素中介金黄色葡萄球菌；VRSA—耐万古霉素金黄色葡萄球菌

细胞素（Panton-Valentine leucocidin，PVL）。一些耐万古霉素金黄色葡萄球菌（VRSA）菌株首先是在 2002 年被鉴定出，所有菌株均是在医疗机构中被分离获得（图 5-1）。

一、PBP2a 在 MRSA 的表达

MRSA 是耐甲氧西林金黄色葡萄球菌，但并非所有金黄色葡萄球菌都对甲氧西林耐药，那些不耐药的金黄色葡萄球菌也常常被称作甲氧西林敏感金黄色葡萄球菌（methicillin susceptible *Staphylococcus aureus*，MSSA）。在正常情况下，金黄色葡萄球菌具有 4 种 PBP，即 PBP1、PBP2、PBP3 和 PBP4，它们的分子量分别为 87kDa、80kDa、75kDa 和 41kDa。当然，也有学者认为金黄色葡萄球菌具有 5 种 PBP，除上面提到的 4 种外，还有一种 PBP3′，其分子量为 70kDa。其中 PBP1、PBP2 和 PBP3 是必需的 PBP，是细菌细胞正常生长不可或缺的。所谓必需就是说这些 PBP 一定具有转糖基酶、转肽酶或羧肽酶活性。这三种 PBP 针对 β-内酰胺类抗生素具有高的亲和力。PBP1 可能是主要的肽聚糖转肽酶，PBP2（近来被解离成为两个组成部分）是一种转肽酶，它在非生长的细胞中起作用。PBP3 是一种与细胞分隔相关联的转肽酶，以及 PBP4 是一种 DD-羧肽酶和转肽酶，它参与到肽聚糖的次级交联（secondary cross-linking）。有趣的是，在金黄色葡萄球菌，转糖基酶活性和青霉素敏感的转肽酶的活性是彼此分开

的，这就建议肽聚糖生物合成组件的结构不同于大肠埃希菌的相应结构。金黄色葡萄球菌的 PBP1 不是肽聚糖交联的主要贡献者，它的基本功能一定被整合到细胞分裂的机制中。在 MRSA 鉴定之初，人们并不清楚耐药的具体机制，但人们意识到这个耐药机制不同于青霉素酶介导的耐药，因为根本没有药物被灭活。与青霉素酶介导的耐药不同，甲氧西林耐药机制具有宽的耐药谱，包括对青霉素类、头孢菌素类和碳青霉烯类耐药，而青霉素酶介导的耐药是窄谱的，连甲氧西林都不能水解。在发现 MRSA 的 20 多年后，也就是在 1984 年和 1985 年，美国学者和日本学者分别报告在耐甲氧西林金黄色葡萄球菌菌株中鉴定出一种全新的 PBP，分别被命名为 PBP2a 和 PBP2′，后来也有学者将其称为 PBP2A，这种 PBP2a 分子量大约为 78kDa，而在同基因的敏感菌株 MSSA 中没有鉴定出这个新的 PBP。因此，MRSA 是由于新获得了一种全新的 PBP 而产生耐药。区分 MRSA 和 MSSA 的根本特征就是一个改变了的 PBP2a 的产生。PBP2a 与野生型 PBP 的不同点在于，它对 β-内酰胺类抗生素具有非常低的亲和力。PBP2a 不是 MSSA 的一个改变了的野生型 PBP，而是代表编码 PBP2a 的外源性基因被 MSSA 的一个菌株在过去的某一时间点上的获得，以及相继的克隆传播。现已证实，MRSA 菌株无一例外地表达这种低亲和力的 PBP2a，正是这种全新的 PBP2a 赋予金黄色葡萄球菌对甲氧西林耐药。每一个 MRSA 细胞大约表达

有 800 个 PBP2a 分子，而 PBP2a 的表达并没有改变其他 PBP 的数量，一般来说，单个地算，每个细胞表达 PBP1～4 的数量都在 150～450 个分子之间。β-内酰胺类抗生素结合到 MSRA 的前 4 种 PBP 就抑制了 PBP 的转肽反应，此时，PBP2a 基本不受 β-内酰胺类抗生素的影响，它可全面接管肽聚糖生物合成所必需的转肽酶功能，从而维持 MRSA 细胞的正常生长并表现出特有的耐药表型。

二、编码 PBP2a 的基因——*mecA*

已经证实，PBP2a 是 MRSA 表达的一种全新 PBP，而且它也不是由金黄色葡萄球菌现有的各种 PBP 通过突变进化而来，是一种外源性基因产物。MRSA 分离株含有 *mecA* 基因，恰恰是这个基因通过编码 PBP2a 而赋予对甲氧西林耐药。Hiramatsu 等发现，*mecA* 总是位于一个可移动遗传元件中，该元件被称作葡萄球菌盒染色体 *mec*（staphylococcal cassette chromosome，*SCCmec*），这个发现对于理解甲氧西林耐药的生物学特征是一个大的进展，并且为确定 MRSA 中的进化关系提供了一个额外的工具。迄今为止，有 8 个 *SCCmec* 同种异型（被称之为 I 到 Ⅷ）已经和多个亚型一起被描述，并且可能会有更多同种异型或亚型被鉴定出。*SCCmec* 是一个 21～67kb 的 DNA 片段，它在一个独特的位点（attBscc）上被整合进入 MRSA 的染色体中，这一位点靠近金黄色葡萄球菌复制的起点。attBscc 被发现位于一个未知功能的开放阅读框（ORF）中，称作 *orfx*，它在金黄色葡萄球菌的临床菌株中高度保守。*SCCmec* 根本不含有噬菌体相关基因，不含有特异性转座酶，也不含有各种 *tra* 基因。从大小上看，*SCCmec* 类似于一个致病岛。然而，它不含有毒力基因，从这个意义上说，*SCCmec* 能被看作是一个抗生素耐药岛。*SCCmec* 含有一个 *mec* 复合物以及盒染色体重组酶（cassette chromosome recombinase，*ccr*）复合物，前者含有 *mecA* 基因，再加上调节控制 *mecA* 转录的 *mecI* 和 *mecR*；后者含有 *ccrA* 和 *ccrB* 等基因，这些基因编码转化酶/解离酶家族的重组酶。在 CcrA 和 CcrB 存在的情况下，*SCCmec* 以一种正确的方向整合进入染色体中，并且也被精确地从染色体中剪切。MecI 阻遏 *mecA* 转录。这个 Mec 系统被认为起着如下的作用：MecR1 是一种信号转导蛋白，具有一个细胞外青霉素结合域，它感受 β-内酰胺类的存在并且活化其胞浆域。MecR1 的细胞内域是一种蛋白酶，它经历活化，这就直接或间接导致 MecI 的裂解。在 *mec* 上的一个插入序列 IS431 或许负责 *mecA* 的缺失，并且一旦亚克隆就会反转成为敏感表型。在各个菌株中，在 *mecA* 和 IS431 之间 DNA 区域的长度是不同的，这种变异性是由于一个 40bp 的重复。

在 1990 年之前被分离出的医院获得性 MRSA（HA-MRSA）分离株大多含有 *SCCmec* I-Ⅲ。后来出现的 CA-MRSA 分离株绝大多数都含有 SCC-mecⅣ，或者更不常见的情况下含有 SCCmecⅤ。随着时间的推移，这样的界限也逐渐变得模糊起来，*SCCmec* Ⅳ 也越来越多地在医院获得性 MRSA 中被鉴定出。典型的 *SCCmec* Ⅱ 和 *SCCmec* Ⅳ 亚型见图 5-2。

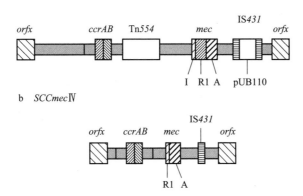

a *SCCmec* Ⅱ

b *SCCmec* Ⅳ

图 5-2 在 HA-MRSA 或 CA-MRSA 中典型的甲氧西林耐药盒的比较
（引自 Chambers H F，DeLeo F R. Nat Rev Microbiol，2009，7：629-641）
转座子 Tn554 编码对大环内酯-林可酰胺-链阳菌素 B 和大观霉素的耐药。
SCCmec Ⅱ 编码对多种抗生素的耐药，而 *SCCmec* Ⅳ 只编码对甲氧西林耐药

三、*mecA* 的起源

既然 PBP2a 是一种全新的 PBP，而且是一种外源性的，那么，人们一定会问：编码 PBP2a 的基因 *mecA* 源自哪里呢？事实上，对于 PBP2a 的起源人们至今仍不确定，但有一点是清楚的，那就是这个 PBP2a 在葡萄球菌属中广泛存在。最初，一些学者认为，PBP2a 可能来自凝固酶阴性葡萄球菌如表皮葡萄球菌，它所具有的一个 PBP 类型以及甲氧西林耐药模式与金黄色葡萄球菌相似。这种细菌常常在假体上被发现，因而是一种重要性逐渐增加的院内病原菌。表达 PBP2a 的分离株能在抑制野生型菌株的 β-内酰胺类制剂的浓度条件下生长。一般来说，被需要抑制 MRSA 菌株的 β-内酰胺类抗生素的浓度要远高于目前使用的大多数制剂的临床可获得的浓度，不过一些处于研发中的抗 MRSA 的 β-内酰胺类抗生素对 PBP2a 具有良好的亲和力并且证实了不错的抗 MRSA 活性。无论是在表皮葡萄球菌还是溶血葡萄球菌（另一种凝固酶阴性葡萄球菌），PBP2a（*mecA* 基因）都与金黄色葡萄球菌的 PBP2a 是同源的。然而，目前绝大多数学者认为，这个 *SCCmec* 基因盒很可能来自非金黄色葡萄球菌的葡萄球菌菌种。Wu 等曾证实，一个 *mecA* 样基因在动物菌种松鼠葡萄球菌（*Staphylococcus sciuri*）的菌株中普遍存在。据认为，松鼠葡萄球菌藏匿有 PBP2a 的祖先，因为在松鼠葡萄球菌发现的一种 PBP 显示出与 PBP2a 有 87.7% 的氨基酸序列一致性。这些菌株对甲氧西林敏感，然而，一旦加入甲氧西林后，生长出的菌株则对甲氧西林耐药，这是因为继发于启动子的点突变而造成 *mecA* 同源物转录速率增加。进而，将这种 *mecA* 同源物导入一个 MSSA 菌株中，也同样会导致这个菌株对甲氧西林耐药。Zapun 等也认为，松鼠葡萄球菌隐藏有 PBP2a 的祖先或是进化上的"亲属"。在敏感的和耐药的松鼠葡萄球菌菌株中、在耐药的小牛葡萄球菌中、在头状葡萄球菌和克氏葡萄球菌中，密切的同源性已经被发现。Mec 系统或许已经从迄今为止尚未被鉴定出的菌种不仅传播到金黄色葡萄球菌中，而且至少已经传播到 14 个病原性和共生性葡萄球菌菌种中。

已经有报道证实，一个流行性 MSSA 和一个同基因 MRSA 是从同一个新生儿中被分离获得，但这个新生儿还从未接触过 MRSA。该 MRSA 的 *mecA* 基因被发现与同一名患者分离出的表皮葡萄球菌的 *mecA* 基因是完全一致的。人们由此得出结论，MRSA 菌株之所以在体内出现，是由于 *mecA* 基因通过在两种葡萄球菌之间水平转移而实现的。*mecA* 基因被认为起源于一些凝固酶阴性葡萄球菌菌种，然后被转移进入金黄色葡萄球菌中，这就创造出 MRSA。可能的情况是，*SCCmec* 作为 *mecA* 基因的携带者而起作用，它在整个葡萄球菌菌属中移动，因为在其他葡萄球菌菌种中的 *mecA* 基因还从未被发现不伴随着 *SCCmec* 样结构而出现。

四、PBP2a 的生化特性

PBP2a 属于一个 B 类 PBP 亚组，这一亚组的 PBP 还包括来自屎肠球菌的 PBP5，后者也是低亲和力 PBP，并且也参与屎肠球菌针对 β-内酰胺类抗生素的耐药。PBP2a 缺乏转糖基酶活性，但转糖基酶活性也是肽聚糖生物合成不可或缺的。在 MRSA 菌株中，这一转糖基酶活性由 A 类的 PBP2 承担，它具有糖基转移酶域。令人十分吃惊的是，原本的 B 类 PBP1 的存在也被需要，即便转肽作用能由 PBP2a 来执行。当 4 种原本的 PBP 的转肽酶活性被 β-内酰胺类抗生素抑制时，PBP2a 支持所有的转肽酶活性，但尽管如此，A 类 PBP2 的转糖基酶域的存在仍被需要。PBP2a 并非与 β-内酰胺类抗生素不发生反应，而是非常缓慢地发生反应。PBP2a 被青霉素酰化的效率是以二级速率常数 $k_2/K_d = 15 L/(mol \cdot s)$ 为特征，比来自金黄色葡萄球菌的 4 个原本的 PBP 的酰化速率常数慢 1~3 个数量级。$10 \mu mol/L$ 青霉素酰化的 $t_{1/2} > 1h$。酰化的低效率似乎既是由于 PBP2a 对 β-内酰胺类抗生素的一个差的"真正的"亲和力 [前酰化复合物的解离常数 (K_d) 在微摩尔范围]，也是由于极其缓慢的酰化速率（k_2 处于 $0.2 \sim 0.001 s^{-1}$ 范围）。例如，PBP2a 被青霉素酰化的速率常数 k_2 比起来自肺炎链球菌的敏感的 PBP2x 的酰化速率常数要慢 3 个数量级。如此低的酰化效率根本无法阻止细菌细胞肽聚糖的生物合成，这就是 MRSA 耐药的重要基础。因此，MRSA 分离株显示对所有 β-内酰胺类抗生素高水平耐药。

除了产生 β-内酰胺酶和获得外源性 PBP2a 以外，金黄色葡萄球菌也可通过氨基酸置换降低内源性 PBP 对 β-内酰胺类抗生素的亲和力，这种耐药机制不多见，对临床的影响也不十分清楚。

第二节　肠球菌

一、肠球菌简介

最初，肠球菌属细菌被认为是无害的胃肠道共生菌，但随着第一个耐万古霉素肠球菌（vancomycin-resistant *Enterococcus*，VRE）在 1988 年首次鉴定以来，人们对肠球菌的关注度逐年提高。目前，VRE 业已被列为最成问题的革兰阳性病原菌之一，特别是耐万古霉素屎肠球菌也在"ES-KAPE"中占有一席之地。尽管有一些新近上市的抗菌药物具有抗 VRE 的活性，如奎奴普丁-达福普汀、利奈唑胺、达托霉素和替加环素，但一些肠球菌菌株特别是屎肠球菌菌株针对这些抗菌药物的耐药已经被报道。当然，也曾有专家推荐采用大剂量青霉素或氨苄西林来治疗 VRE 感染，但相关的耐药率也在不断增高。尽管肠球菌属表现出对 β-内酰胺类抗生素固有的低敏感性，但我们还不能将肠球菌属说成是针对 β-内酰胺类抗生素固有耐药。一般来说，粪肠球菌对青霉素的 MIC 为 2～8mg/L，并且屎肠球菌为 16～32mg/L。这些重要的人病原菌一直是大量分子学研究的课题，再加上小肠肠球菌，后者更多的是一种和动物有关的病原菌。事实上，人们在 20 世纪 80 年代早期就证实肠球菌属也产生 β-内酰胺酶。在 1981 年，Murray 等分离出一个粪肠球菌分离株，它产生一种和葡萄球菌一样的 β-内酰胺酶。第二个产酶分离株是在 1987 年在费城被获得，以后陆续有其他国家的研究人员报告了肠球菌属产生 β-内酰胺酶，包括屎肠球菌。与葡萄球菌属一样，肠球菌属产生的酶既有染色体编码，也有质粒介导。因为所有这些产 β-内酰胺酶肠球菌都是在 1981 年以后被分离出，所以，可能的情况是，β-内酰胺酶产生在肠球菌属的成员中是一个近期获得的性状。至于为什么肠球菌属产生青霉素酶比葡萄球菌属晚了将近 20 年，仍然不得而知，但不管怎么说，它们毕竟在肠球菌属中出现了，只是不清楚它们"姗姗来迟"的原因而已。

在 PBP 改变介导的耐药机制中，肠球菌属完全不同于金黄色葡萄球菌。金黄色葡萄球菌是通过获得全新的外源性 PBP2a 而对 β-内酰胺类抗生素耐药，而肠球菌属则不然，这些细菌并不具有新的外源性 PBP，而是通过一种肠球菌属固有的 PBP5 来介导针对 β-内酰胺类抗生素的天然不敏感或耐药。总之，肠球菌属细菌也是通过两种机制介导对 β-内酰胺类抗生素耐药，一是产生分子学 A 类青霉素酶，属于 2a 功能亚组，二是凭借一些 PBP 改变而介导耐药。这两种机制在肠球菌属细菌中的分布可能并不相同。有些细菌可能倚重产酶机制，有些细菌或许依赖 PBP 改变机制，还有些细菌可能同时具备两种耐药机制。在肠球菌属，PBP5 是这个菌属固有的，在没有发生任何改变的情况下就能介导不敏感或低水平耐药，当然，耐药主要是由于 PBP5 的超高产。

二、肠球菌属的 PBP

无论是屎肠球菌还是粪肠球菌，它们都具有 5 种类型相似的 PBP。早期研究提示，PBP1

（105kDa）和 PBP3（79kDa）与耐药有关联，但后来的各类研究结果证实，具有低亲和力和低酰化速率的还是 PBP5。肠球菌的 5 种 PBP 既有 A 类 PBP，也有 B 类 PBP，它们承担着 DD-肽酶和转糖基酶的功能。早在 1983 年，Fontana 等就在屎肠球菌（*Streptococcus faecium*）ATCC 9790 中鉴定出一种 PBP5，它对青霉素表现出异常低的亲和力。粪肠球菌也携带相似特性的 PBP，但 A、B、C 和 G 组链球菌或肺炎链球菌均不表达这种 PBP。屎肠球菌菌株 D63r 的 PBP5 对青霉素的酰化效率被二级速率常数 $k_2/K_d = 20 \mathrm{L/(mol \cdot s)}$ 所限定，这个酰化效率与金黄色葡萄球菌 PBP2a 的酰化效率相似，比起常规的高亲和力 PBP 的酰化效率慢 2～3 个数量级。对 β-内酰胺类抗生素固有的适度耐药正是由于这种特殊的高分子量 B 类 PBP5 所致，当其他的 PBP 被抗生素抑制时，PBP5 接任转肽酶功能。Fontana 等相继证实，对青霉素高度耐药的屎肠球菌一旦缺失了 PBP5，它就对青霉素超敏，这就进一步证实，这个低亲和力的 PBP5 负责屎肠球菌对青霉素的天然低敏感性和固有的适度耐药。业已证实，PBP5 被 β-内酰胺类饱和就可导致细菌死亡，这也从另一个侧面说明 PBP5 在介导针对 β-内酰胺类抗生素耐药上的重要作用。在对一个小肠肠球菌菌株及其一些衍生物的早期研究的 3 条证据导致人们得出这个结论。首先，高分子量 PBP 之一（PBP5）具有对青霉素低得多的亲和力，并且具有更高耐药水平的自发突变体已经增加了这个 PBP 的数量。其次，一个对青霉素超敏的突变体缺乏 PBP5 表达。最后，PBP5 被 β-内酰胺类饱和导致细菌死亡。作为一种 B 类 PBP，PBP5 不支持对肽聚糖生物合成上必不可少的转糖基酶活性。在屎肠球菌的删除研究已经证实，转糖基酶活性必须被两个 A 类 PBP 中的至少一个所提供，这两个 PBP 被 *ponA* 或 *pbpF* 所编码。

人们注意到，小肠肠球菌的一个特殊的菌株被发现不仅表达 PBP5，同时也表达同样家族的第二个低亲和力 PBP，被称作 PBP3r。与 PBP5 形成对比的是，PBP3r 是质粒编码的。需要注意并容易造成混淆的是，在个别文献中，屎肠球菌的低亲和力 PBP5 有时被称为 PBP4。

三、PBP5 的过度表达和点突变

如果肠球菌属细菌正常表达 PBP5，那么无论是屎肠球菌还是粪肠球菌都还只是表现出针对青霉素的低敏感性，这些细菌所致的感染还是能够采用大剂量青霉素或氨苄西林来进行有效治疗。然而，越来越多的肠球菌临床分离株展现出对青霉素的高水平耐药。相继的研究揭示出另外两种机制介导的这种高水平耐药。第一种机制就是 PBP5 的过度产出。显而易见，PBP5 的过度表达一定会造成肠球菌针对青霉素 MIC 的进一步提高，在这种情况下，采用治疗剂量的青霉素则很难达到 PBP5 的饱和结合。最初的屎肠球菌耐药菌株（D63r，对青霉素的 MIC 为 70mg/L）的耐药被发现似乎是由于在亲代菌株（D63）上 PBP5 同样的过度表达。因此，这种 PBP 结构是一个"野生型"PBP5 的结构，没有进一步降低对 β-内酰胺类亲和力的各种突变发生，只是表达量增多。第二种机制涉及 PBP5 的各种点突变，这就使得 PBP5 针对青霉素的亲和力进一步降低。具有低敏感性（针对氨苄西林的 MIC 为 8mg/L）的菌株似乎主要是依赖于 PBP5 的过度表达，具体原因尚不清楚。高度耐药的菌株（针对氨苄西林的 MIC 高达 512mg/L）似乎将过度表达和降低亲和力这两种机制组合在一起，或仅仅依赖于后一种机制。一些研究已经证实，在 PBP5，一些点突变被发现与针对 β-内酰胺类的一个低亲和力和屎肠球菌的高水平耐药有关联。然而，由于分离株不是同基因的，各种 PBP5 序列影响的评价需要将它们引入一个单一菌株中。当来自分别具有氨苄西林 MIC 为 2mg/L、24mg/L 和 512mg/L 菌株的三个 PBP5 序列被引入一个根本不表达 PBP5 的菌株（针对氨苄西林的 MIC 为 0.03mg/L）时，被引入后的相应菌株的 MIC 分别是 6mg/L、12mg/L 和 20mg/L。这些结果显示，PBP5 的变异体赋予不同的 MIC，但这个影响被一些未知因素强力调控。特殊的突变甲硫氨酸 485→丙氨酸被假设具有非常重要的影响，因为这个突变被发现在两个高度耐药的菌株中存在并且位于靠近第二个催化基序 SXN482。当被单独引入时这个突变只是引起耐药的小幅度增高，这与针对青霉素的亲和力的一个适度下降有关联。更小的影响来自被单独研究的三个其他突变：异亮氨酸 499→苏氨酸、谷氨酸 629→缬氨酸以及一个额外的丝氨酸 466′的引入。然而，当与其他突变组合在一起时，特别是与甲硫氨酸 485→丙氨酸组合在一起时，这个额外的丝氨酸 466′引起一个几乎 3 倍的针对氨苄西林 MIC 的增高。这个研究也揭示出，各种被试验的单个突变对不同的 β-内酰胺类的 MIC 具有不一样的影响。需要注意的是，当其他 PBP 被 β-内酰胺类抑制时，PBP5 转肽酶的唯一使用不会改变肽聚糖交联链的组成。

总之，肠球菌也借助 PBP 改变这种机制介导对 β-内酰胺类抗生素耐药，但其中的具体机制与 MRSA 明显不同。在 MRSA，PBP2a 是一种全新的 PBP，是外源性的，不是金黄色葡萄球菌固有的。在肠球菌，PBP5 是介导耐药的主要 PBP，它是肠球菌固有的。PBP5 的过度表达和一些点突变造成肠球菌针对 β-内酰胺类抗生素的高水平耐药。

第三节　肺炎链球菌

一、青霉素耐药肺炎链球菌进化史

随着青霉素在 20 世纪 40 年代投入临床使用和各类抗菌药物的相继问世，医生在面对各种肺炎链球菌感染时已经不再那么恐惧，因为在当时，所有肺炎链球菌分离株无一例外地对青霉素、红霉素以及 TMP-SMZ 都高度敏感，并且青霉素是治疗各类肺炎链球菌疾病的首选药物。即便同属于革兰阳性球菌的金黄色葡萄球菌通过产生 β-内酰胺酶出现对青霉素耐药和 MRSA 的相继涌现，肺炎链球菌还是一如既往地对青霉素敏感，医生也没有感到处置各种肺炎链球菌感染有多么棘手。从耐药进化的角度上说，绝大多数医生并没有将出现耐药的金黄色葡萄球菌与肺炎链球菌等同看待。尽管当时也确实有一些富有远见的学者已经注意到，一些从临床上分离获得的肺炎链球菌菌株开始对青霉素的敏感性下降，但人们还是普遍认为，肺炎链球菌不会变得像 MRSA 那样难以对付。

然而，早在 1967 年，一个对青霉素相对耐药的肺炎链球菌菌株（23 型）就在澳大利亚悉尼从一名患者体内分离出，该患者患有低 γ-球蛋白血症和支气管扩张，并已经接受了大量的抗生素治疗。同年，在检查从澳大利亚土著居民中分离的肺炎链球菌菌株时，又发现了一个对青霉素相对不敏感的菌株。这些土著居民的儿童常常罹患皮肤感染，青霉素是频繁使用的治疗药物。在 1974 年，在新几内亚的 518 个肺炎链球菌分离株中有 12% 的分离株属于青霉素不敏感肺炎链球菌（penicillin-nonsusceptible *Streptococcus pneumoniae*，PNSP）。

对于肺炎链球菌针对青霉素耐药的进化而言，1977 年是一个转折点。在这一年，一篇关于多重耐药肺炎链球菌的文章在英国《柳叶刀》杂志上发表，这篇具有震撼性的种子性研究引起了全世界抗感染病专家和微生物学家的高度重视和普遍关注。该文介绍了发生在南非德班的 5 例因多重耐药肺炎链球菌所致感染的病例，其中 3 例为脑膜炎，2 例为败血症。患者是年龄从 3 个月到 2 岁不等的婴儿和儿童，其中 3 例脑膜炎患儿虽经抗生素治疗，但均因治疗无效而死亡。敏感试验证实，所有肺炎链球菌分离株都对青霉素、甲氧西林、羧苄西林、氯霉素、链霉素、新霉素、卡那霉素、庆大霉素和妥布霉素耐药，对氨苄西林、头孢噻吩和头孢孟多部分耐药，对红霉素、四环素、克林霉素和利福平、万古霉素和复方新诺明敏感。此外，所有菌株都不产生 β-内酰胺酶，均属于血清型 19A。自从南非报道多重耐药肺炎链球菌出现以来，医学界才将多重耐药肺炎链球菌的出现看作是对人类公众健康的一种现实威胁。与此同时，抗感染病专家和微生物学家日益担心这种多重耐药肺炎链球菌会在全球蔓延。事实证明，他们的担忧并非多余。从那时起，全世界各地陆续报道多重耐药肺炎链球菌的出现，而且其检出率一直在不断地增加。有些学者也将对一种或多种抗生素耐药的肺炎链球菌称为耐药肺炎链球菌（drug-resistant *Streptocuccus pneumoniae*，DRSP）。尽管肺炎链球菌有超过 90 个血清型，但超过 90% 的青霉素耐药肺炎链球菌菌株都分属于 7 个血清型，即 6A、6B、9V、14、19A、19F 和 23F，也正是属于这些血清型的肺炎链球菌菌株引起了绝大多数的儿童侵袭性感染。后来，医学界根据肺炎链球菌针对青霉素的敏感性的不同而将肺炎链球菌分为：青霉素敏感肺炎链球菌（penicillin-susceptible *Streptocuccus pneumoniae*，PSSP，MIC≤0.06μg/mL），青霉素中介肺炎链球菌（penicillin-intermediate *Streptocuccus pneumoniae*，PISP，0.12μg/mL≤MIC≤1.0μg/mL）和青霉素耐药肺炎链球菌（penicillin-resistant *Streptocuccus pneumoniae*，PRSP，MIC≥2.0μg/mL）。CLSI 最新修改后的各种折点为：青霉素非经肠的针对非脑膜炎感染的敏感折点是：MIC≤2μg/mL（敏感），MIC 4μg/mL（中介）和 MIC≥8μg/mL（耐药）。

二、PBP 改变是肺炎链球菌针对青霉素耐药的唯一机制

与葡萄球菌属和肠球菌属不同，链球菌属根本不产生任何 β-内酰胺酶，它只是凭借 PBP 改变介导对青霉素耐药。青霉素问世后不久，金黄色葡萄球菌就通过产生青霉素酶而对青霉素耐药，这在当时已经严重损害了青霉素的治疗效力。肠球菌属细菌尽管"反应"得较慢，但人们还是在 20 世纪 80 年代初期鉴定出了产青霉素酶的粪肠球菌和屎肠球菌。然而，人们很难理解肺炎链球菌为什么非要煞费苦心地以耗费时间的方式进化对青霉素耐药，也就是青霉素上市 30 多年后，才分离获得具有真正临床意义的青霉素耐药肺炎链球菌。对于青霉素耐药的肺炎链球菌而言，到目前为止唯一被证实有意义的耐药机制就是青霉素靶位 PBP 的改变。有些学者认为，肺炎链球菌进化成对青霉素耐药是通过水平基因转移而重建它们的 PBP 靶位而实现的，这就是尽管承受着重负荷的选择压力，肺炎链球菌

对青霉素耐药还是出现得相对较晚的原因。实际上，这样的解释不能完全令人信服，因为它既没有指出肺炎链球菌不产酶的原因，而且也没有清晰地说明，肺炎链球菌 PBP 通过水平基因转移发生的改变又比 MRSA 获得一个抗生素耐药岛复杂多少。需要强调指出的是，时至今日，链球菌属中的化脓性链球菌始终如一地对青霉素敏感，既不产生 β-内酰胺酶，也没有出现 PBP 的改变，这让全世界的微生物学家感到不可思议。这些年来，全世界的微生物学家都一直怀有忐忑不安的心情密切关注化脓性链球菌针对青霉素敏感性方面的任何变化，一旦化脓性链球出现对青霉素不敏感或耐药，那就意味着细菌耐药再次进化到了一个更高的层次。这种局面再一次说明，人类对细菌本身的了解以及对细菌耐药出现和散播的深层次原因的认知还比较粗浅。

三、肺炎链球菌的 PBP

肺炎链球菌菌株具有 6 种 PBP，即 PBP1a、PBP1b、PBP2x、PBP2a、PBP2b 和 PBP3，分子量 43～100kDa 不等。PBP1a/1b（100kDa）和 PBP2a/2x/2b（95～78kDa）都是 β-内酰胺类抗生素潜在的致死靶位，而 PBP3（43kDa）是一个 DD-羧肽酶。这些 PBP 中的一些也具有转糖基酶的活性，这是共价结合二糖单位所需要的。已如前述，β-内酰胺酶的表达或额外的低亲和力 PBP 还从未在肺炎球菌中被报告。取而代之的是，肺炎链球菌的 β-内酰胺类耐药菌株总是藏匿着它们自身的 A 类和 B 类 PBP 的改变结构的版本，这些改变了结构的 PBP 被 β-内酰胺类酰化效率明显降低。在临床分离株的 β-内酰胺类耐药只是与各种各样的 PBP 改变有关联。研究显示，并非所有肺炎链球菌的 6 种 PBP 都发生了改变，在肺炎链球菌临床耐药菌株中，PBP1a、PBP2b、PBP2x 以及有时也包括 PBP2a 这 4 种高分子量 PBP 被改变。已经证实，这些改变了的 PBP 结合更少的放射标记的青霉素类抗生素。只有 PBP1b 和 PBP3 的亲和力没有被改变。测序揭示，在已经发生改变的 PBP 基因中有 3 个 PBP 基因是镶嵌型的，它们是 PBP1a（100kDa）、PBP2x（82kDa）和 PBP2b（78kDa），这些镶嵌型基因被认为是通过同源的种间基因转移而获得的。镶嵌性是在一个菌种内的等位基因之间或在相关菌种的类似基因之间的重组事件的产物。肺炎链球菌对青霉素耐药是借助一系列水平 DNA 转移事件而获得的，这就允许大范围的一个或多个大分子量的 PBP 的重塑（remodeling）。镶嵌基因编码的 PBP 在与青霉素相互作用时具有动力学的改变，不过保持着对天然主干肽链的识别。在 PBP 改变中，最常出现的是 PBP2b 发生改变，并且导致细菌对 β-内酰

胺类抗生素的亲和力下降，从而降低了对这类抗生素的敏感性。PBP 基因的继续改变会导致 PBP 对抗生素的亲和力进一步降低，因而产生更高程度的耐药。然而，在不同青霉素耐药肺炎链球菌菌株之间的水平基因转移最有可能造成青霉素耐药的逐渐增加。减少这些杂乱蔓延的低亲和力 PBP 变异体适应性代价的代偿性突变也可能发生，从而导致改变的 PBP 的动力学特性朝着天然底物进行很好的调整。需要指出的是，这些改变导致对青霉素以及对其他 β-内酰胺类抗生素的亲和力下降。然而，头孢曲松、头孢噻肟和碳青霉烯类所受到的影响更小，并且总的来说它们是最有效力的化合物。

四、介导肺炎链球菌耐药的 PBP 起源

在耐药的肺炎链球菌临床分离株中，既没有全新的 PBP 出现，也没有所谓的超高产，更没有点突变发生，取而代之的是某些 PBP 发生了嵌合型改变，即一个外源性 DNA 区段被整合进入肺炎链球菌原有的一些 PBP 的编码基因中，它们与敏感分离株的序列区段趋异大约 20%。对 PBP 结构基因序列的分析提示，尽管敏感的肺炎链球菌的基因被保存，但耐药菌株具有一种由嵌段构成的镶嵌结构，其中一些结构与敏感菌株相似，一些则与其不同。这些异常的"区段"来自哪里呢？很多学者推测源自人类口腔内其他链球菌属中一些菌种，如温和链球菌和草绿色链球菌。肺炎链球菌先是通过基因物质的同源重组，然后通过水平转移（转化）来实现的。病原性奈瑟球菌也已经进化成青霉素耐药，这是通过水平基因转移而重建它们的 PBP 靶位而实现的。肺炎链球菌和病原性奈瑟球菌都可以

稳步转化，并且在一个含有相关的非病原性共生菌的环境中生存，如此一来就提供了建立嵌段的 *pbp* 基因的来源。

事实上，在镶嵌 *pbp* 基因中被发现的序列嵌段的起源大多仍不完全清楚，只有 *pbp2x* 可能是个例外。敏感的缓症链球菌和口腔链球菌的 *pbp2x* 序列的片段能在来自耐药的肺炎球菌的许多 *pbp2x* 等位基因中被鉴定出，不过其同一性并不完美。这个发现支持肺炎链球菌耐药出现的如下设想。共生链球菌如缓症链球菌和口腔链球菌因各种疾病暴露到 β-内酰胺类治疗中，通过选择出点突变而获得耐药。编码低亲和力 PBP 的基因片段相继在相关的链球菌菌种之间被交换，包括肺炎链球菌，并且再被抗生素治疗选择出来。在链球菌属中的这些基因转移的识别已经导致针对 β-内酰胺类耐药的 *pbp* 序列的全球储池的概念的提出。这些镶嵌结构在肺炎链球菌中的进化可能至少涉及两步：来自共生菌种中耐药菌株的选择，这是通过在共生菌种 *pbp* 基因的点突变所致，接着是一个功能耐药决定子被在遗传学上具有感受态的肺炎链球菌的获得（图 5-3）。当然，草绿色链球菌也越来越对 β-内酰胺类耐药，它们的耐药与改变的 PBP 特别是 PBP2b（78kDa）有关联。这个 PBP 和肺炎链球菌的 PBP2b 完全一样，这就建议改变的 PBP2b 基因从肺炎链球菌的横向转移。此外，转化实验已经显示，β-内酰胺耐药能从肺炎链球菌被转移到草绿色链球菌组中。

需要警惕的是，被改变的 PBP1a 和 PBP2x 也参与到肺炎链球菌针对拓展谱的头孢菌素的耐药并且已经被显示可转移到敏感的菌株，这种转移只需要单一步骤即可。Munoz 等于 1992 年就曾报道了一

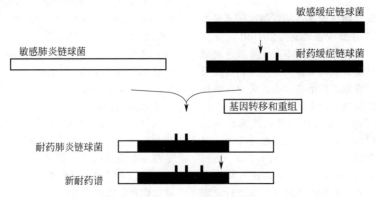

图 5-3 镶嵌型 *pbp* 基因在肺炎链球菌中的进化图示

（引自 Chi F，Nolte O，Bergmann，et al. Int J Med Microbiol，2007，297：503-512）

被暴露到抗生素的青霉素敏感共生肺炎链球菌通过获得在它们 *pbp* 基因（黑色）上的点突变（垂直线）而发展出耐药。青霉素敏感肺炎链球菌（白色 *pbp* 基因）能够通过转化和同源重组事件而整合改变了的 *pbp* 基因的相关区段，这些区段来自共生的肺炎链球菌。种内和种间基因转移的组合再加上继发突变共同导致在肺炎链球菌中广泛的镶嵌结构的出现

个肺炎链球菌临床分离株 7751/89。该菌株对头孢噻肟（MIC 4μg/mL）、头孢曲松（MIC 2μg/mL）和头孢呋辛（MIC 16μg/mL）高度耐药，但对青霉素则仅仅表现出中介水平耐药（MIC 0.25μg/mL）。这种耐药的产生是由于 PBP2x 和 PBP1a 发生了某种改变。研究结果显示，克隆的 PBP2x 基因能够将一个敏感的肺炎链球菌菌株 R6 转化成对头孢噻肟（也包括对头孢曲松和头孢呋辛）的耐药，相应的 MIC 增加 30 多倍。来自肺炎链球菌菌株 7751/89 被克隆的 PBP1a 基因，以及来自该菌株的染色体 DNA，能够将经过第一步转化了的菌株 R6R1 进一步转化成对头孢噻肟耐药 8 倍的增加。经过二次转化的菌株 R6R2 对头孢噻肟、头孢曲松和头孢呋辛的耐药程度，与提供 PBP2x 和 PBP1a 基因的临床分离株 7715/89 是一致的，但对青霉素的 MIC 则降低到 1/4。与最初的耐药菌株相比，R6R2 缺乏低亲和力的 PBP2b，而后者在所有 MIC>0.1μg/mL 的肺炎链球菌菌株都存在一种低亲和力的 PBP。该菌株的出现极不寻常，因为典型的青霉素耐药肺炎链球菌均显示出对头孢菌素交叉耐药。正常情况下，青霉素耐药肺炎链球菌对头孢噻肟和头孢曲松的 MIC 相当于对青霉素 MIC 的一半。有些研究者认为，由于在那些青霉素耐药肺炎链球菌高度流行的国家和地区，如西班牙、韩国、南非、中国台湾地区和匈牙利等，已经存在着含有 PBP2x 和 PBP1a 的肺炎链球菌的大的储池，因此，PBP2x 和 PBP1a 基因能够比较容易地从耐药菌株转移到敏感菌株，这样的水平基因转移可能会造成对三代头孢菌素耐药的肺炎链球菌的快速出现和传播。

总之，在 3 种临床上重要的革兰阳性球菌金黄色葡萄球菌、肠球菌和肺炎链球菌中，PBP 改变都是它们针对 β-内酰胺类抗生素耐药的主要机制，但 PBP 改变的具体机制又彼此不同，这也充分反映出细菌耐药起源和进化的高度错综复杂性。肺炎链球菌不产生任何 β-内酰胺酶，而且 PBP 发生改变的方式完全不同于金黄色葡萄球菌，改变出现的时间也晚了几十年，其中的缘由值得深入研究。

第四节　革兰阴性病原菌

虽说一些临床上重要的革兰阴性病原菌不是以 PBP 改变这种机制为主来介导耐药，但也确有一些革兰阴性病原菌在一定程度上依赖这样的一种耐药机制。例如，奈瑟菌属的青霉素耐药菌株只含有 3 种 PBP，称作 PBP1、PBP2 和 PBP3，PBP2 是大多数 β-内酰胺类的主要靶位，而 PBP1 一般来说不太敏感。研究发现，这两种 PBP 都会发生氨基酸置换和插入，从而导致它们对青霉素的亲和力下降。在流感嗜血杆菌的临床分离株中，非 β-内酰胺酶介导的耐药与减少的对 PBP3、PBP4 和 PBP5 的结合有关联。近些年，β-内酰胺酶阴性氨苄西林耐药（β-lactamase-negative ampicillin-resistant，BLNAR）菌株正在增加，特别是在日本，这些菌株表达低亲和力的 PBP3。多种突变都能导致亲和力下降，特别是靠近第三个催化基序 KTG^{514} 的两个突变，精氨酸 517→组氨酸置换和天冬酰胺 526→赖氨酸置换。一些稳定的阿莫西林耐药的幽门螺杆菌菌株已经被报告。其中的一例，耐药被显示完全是由在 PBP1a 上的单一点突变丝氨酸 414→精氨酸置换所致。当然，还有一些革兰阴性病原菌通过 PBP 改变而对 β-内酰胺类抗生素耐药，具体原因多为 PBP 的各种分子内突变导致的亲和力下降。

第五节　结语

毫无疑问，PBP 的改变是细菌针对 β-内酰胺类抗生素耐药的一种重要机制，特别是一些革兰阳性球菌，如金黄色葡萄球菌、肠球菌和肺炎链球菌。当然，还有一些革兰阴性杆菌也通过 PBP 的改变介导耐药，如奈瑟菌属、流感嗜血杆菌、幽门螺杆菌、大肠埃希菌，铜绿假单胞菌和脆弱拟杆菌等（表 5-1）。

表 5-1　在临床上重要的细菌中与 PBP 相关联的耐药[①]

细菌	耐药制剂	PBP（改变）
金黄色葡萄球菌	甲氧西林，大多数 β-内酰胺类	PBP2a[②]（减少结合）
	头孢氨苄[③]	PBP3（减少结合）
表皮葡萄球菌	甲氧西林，大多数 β-内酰胺类	PBP2a[②]（减少结合）
肺炎链球菌	氨苄西林	PBP1a[④]（减少结合），PBP2x（减少结合），PBP2a[④]（减少结合），PBP2b[④]（减少结合）
粪肠球菌	大多数 β-内酰胺类[⑤]	PBP1，PBP3（减少结合）
	大多数 β-内酰胺类	PBP3（过度产生）
屎肠球菌	大多数 β-内酰胺类[⑤]	PBP1，PBP2（减少结合）

续表

细菌	耐药制剂	PBP（改变）
大肠埃希菌	甲氧西林③	PBP2（过度产生）
	头孢氨苄③	PBP3（减少结合）
铜绿假单胞菌	哌拉西林	PBP3（减少结合）
	头孢磺定③	PBP3（减少结合）
流感嗜血杆菌	氨苄西林③	PBP4（减少结合）
	β-内酰胺类	PBP3，PBP4，PBP5（减少结合）
乙酸钙不动杆菌	β-内酰胺类	PBP1，PBP3（减少结合）
淋病奈瑟菌	β-内酰胺类	PBP1，PBP2（减少结合）
	β-内酰胺类	PBP2④（减少结合）
脑膜炎奈瑟菌	β-内酰胺类	PBP2④（减少结合）
脆弱拟杆菌	头孢西丁③	PBP1（减少结合）
	头孢西丁	PBP1，PBP2（减少结合）

① 除非特殊说明，都是临床分离株；

② 全新的 PBP；

③ 实验室菌株；

④ 杂交 PBP（被输入的片段）；

⑤ 细菌针对这些抗生素天然耐药。

注：引自 Georgopapadakou N H. Antimicrob Agents Chemother，1993，37：2045-2053。

表 5-2　细菌 PBP 改变介导 β-内酰胺类耐药的具体机制

病原菌	A 类（双功能）			B 类（单功能）		
金黄色葡萄球菌	PBP2			PBP1	PBP3	**PBP2a**↗
						mecA
肠球菌属	PBP1a	PBP1b	PBP2a	PBPC(B)	PBP2a	PBP5↗
	ponA	*pbpZ*	*pbpF*	*pbpB*	*pbpA*	
肺炎链球菌	*PBP1a*	PBP1b	PBP2a	*PBP2x PBP2b*		
奈瑟菌属	PBP1			*PBP2*		
	ponA			*penA*		
流感嗜血杆菌	PBP1a	PBP1b		*PBP3*	PBP2	
				Ftsl		
幽门螺杆菌	*PBP1a*			PBP3	PBP2	

注：1. 引自 Zapun A，Contreras-Martel C，Vemet T. FEMS Microbiol Rev，2008，32：361-385。

2. 下划线提示低亲和力 PBP。虚线下划线提示的是固有的低亲和力。斜体字提示镶嵌型。非斜体字提示点突变。箭头提示过度表达。黑体字提示外源性获得。另外一个基因名字在它们相对应的产物的下面给出。

　　尽管 PBP 改变是一种重要的耐药机制，但细菌拥有多种 PBP，不同的细菌表现出不同的 PBP 改变，有些低亲和力的 PBP 是外源获得的，有些 PBP 是"土生土长"的，但却发生了突变或过度表达。总之，即便细菌通过 PBP 改变介导针对 β-内酰胺类抗生素耐药，但具体机制还是多样性的（表 5-2）。从产生 β-内酰胺酶的菌种中分离出具有改变的 PBP 的菌株令人不安。β-内酰胺类抗生素的效力甚至在加上高效的 β-内酰胺酶抑制剂的情况下也或许被损害。

参考文献

[1] Jevons M P, Coe A W, Parker M T. Methicillin resistance in staphylococci [J]. Lancet, 1963, 1: 904-907.

[2] Petit J F, Munoz E, Ghuysen J M. Peptide crosslinks in bacterial cell wall peptidoglycans studied with specific endopeptidases from Streptomyces albus G [J]. Biochemistry, 1966, 5: 2764-2776.

[3] Hansman D, Glasgow H, Sturt J, et al. Increased resistance to penicillin of pneumococci isolated from man [J]. N Engl J Med, 1971, 284: 175-177.

[4] Appelbaum P C, Bhamjee A, Scragg J N, et al. *Streptococcus pneumoniae* resistant to penicillin and chloramphenicol [J]. Lancet, 1977, 2: 995-997.

[5] Bellido F, Veuthey C, Blaser J, et al. Novel resistance to imipenem associated with an altered PBP-4 in a

Pseudomonas aeruginosa clinical isolate [J]. J Antimicrob Chemother, 1990, 25: 57-68.

[6] Gotoh N, Nunomura K, Nishimo T. Resistance of *Pseudomonas aeruginosa* to cefsulodin: modification of penicillin-binding protein 3 and mapping of its chromosomal gene [J]. J Antimicrob Chemother, 1990, 25: 513-523.

[7] Georgopapadakou N H. Penicillin-binding proteins and bacterial resistance to β-lactams [J]. Antimicrob Agents Chemother, 1993, 37: 2045-2053.

[8] Ghuysen J-M. Molecular structures of penicillin-binding proteins and β-lactamases [J]. Trends Microbiol, 1994, 2: 372-380.

[9] Ghuysen J-M. Penicillin-binding proteins. Wall peptidoglycan assembly and resistance to penicillin: facts, doubts and hopes [J]. Int J Antimicrob Agents, 1997, 8: 45-60.

[10] Massova I, Mobashery S. Kinship and diversification of bacterial penicillin-binding proteins and β-lactamases [J]. Antimicrob Agents Chemother, 1998, 42: 1-17.

[11] Diekema D J, Pfaller M A, Schmitz F J, et al. Survey of infections due to *Staphylococcus* species: frequency of occurrence and antimicrobial susceptibility of isolates collected in the United States, Canada, Latin America, Europe, and the Western Pacific region for the SENTRY Antimicrobial Surveillance Program, 1997-1999 [J]. Clin Infect Dis, 2001, 32 (Suppl 2): S114-S132.

[12] Goffin C, Ghuysen J M. Multimodular penicillin-binding proteins: an enigmatic family of orthologs and paralogs [J]. Microbiol Mol Biol Rev, 2002, 62: 1079-1093.

[13] 汪复, 张婴元. 实用抗感染治疗学 [M]. 北京: 人民卫生出版社, 2004: 40-41.

[14] 斯崇文, 贾辅忠, 李家泰. 感染病学 [M]. 北京: 人民卫生出版社, 2004: 14-22.

[15] Thomson J M, Bonomo R A. The threat of antibiotic resistance in Gram-negative pathogenic bacteria: β-lactams in peril [J]! Curr Opin Microbiol, 2005, 8 (5): 518-524.

[16] 贾文祥. 医用微生物学 [M]. 北京: 人民卫生出版社, 2005: 14-16.

[17] Davies T A, Shang W, Bush K. Activities of ceftobiprole and other β-lactams against *Streptococcus pneumoniae* clinical isolates from the United States with defined substitutions in penicillin-binding proteins PBP1a, PBP1b and PBP2x [J]. Antimicrob Agents Chemother, 2006, 50: 2530-2532.

[18] Fuda C, Hesek D, Lee M, et al. Mechanistic basis for the action of new cephalosporin antibiotics effective against methicillin- and wancomycin-resistant *Staphylococcus aureus* [J]. J Biol Chem, 2006, 281: 10035-10041.

[19] Marcinak J F, Frank A L. Epidemiology and treatment of community-associated methicillin-resistant *Staphylococcus aureus* in children [J]. Expert Rev Anti Infect Ther, 2006, 4 (1): 91-100.

[20] Chi F, Nolte O, Bergmann C, et al. Crossing the barrier: evolution and spread of a major class of mosaic pbp2x in *Streptococcus pneumoniae*, *S. mitis* and *S. oralis* [J]. Int J Med Microbiol, 2007, 297: 503-512.

[21] Loffler C A, MacDougall C. Update on prevalence and treatment of methicillin-resistant *Staphylococcus aureus* infections [J]. Expert Rev Anti Infect Ther, 2007, 5 (6): 961-981.

[22] Zapun A, Contreras-Martel C, Vemet T. Penicillin-binding proteins and β-lactam resistance [J]. FEMS Microbiol Rev, 2008, 32: 361-385.

[23] Linares J, Ardanuy C, Pallares R, et al. Changes in antimicrobial resistance, serotypes and genotypes in *Streptococcus pneumoniae* over a 30-year period [J]. Clin Microbiol Infect, 2010, 16: 402-410.

[24] Wolter D J, Lister P D. Mechanisms of β-lactam resistance among *Pseudomonas aeruginosa* [J]. Curr Pharm Des, 2013, 19 (2): 209-222.

[25] Smith A M, Klugman K P. Alteration in MurM, a cell wall muropeptide branching enzyme, increase high-level penicillin and cephalosporin resistance in *Streptococcus pneumoniae* [J]. Antimicrob Agents Chemother, 2001, 45: 2393-2396.

[26] Rodriguez-Martinez J M, Poirel L, Nordmann P. Molecular epidemiology and mechanisms of carbapenem resistance in *Pseudomonas aeruginosa* [J]. Antimicrob Agents Chemother, 2009, 53: 4783-4788.

[27] Bellido F, Vladoianu I R, Auckenthaler R, et al. Permeability and penicillin-binding protein alterations in *Salmonella muenchen*: stepwise resistance acquired during β-lactam therapy [J]. Antimicrob Agents Chemother, 1989, 33: 1113-1115.

[28] Hiramatsu K, Cui L, Kuroda M, et al. The emergence and evolution of methicillin-resistant *Staphylococcus aureus* [J]. Trends Microbiol, 2001, 9: 486-493.

[29] Ito T, Katayama Y, Asada K, et al. Structural comparison of three types of staphylococcal cassette chromosome mec integrated in the chromosome in methicillin-resistant *Staphylococcus aureus* [J]. Antimicrob Agents Chemother, 2001, 45: 1323-1336.

[30] Wu S, de Lencastre H, Tomasz A. Genetic organization of the *mecA* region in methicillin-susceptible

and methicillin-resistant strains of *Staphylococcus sciuri* [J]. J Bacteriol, 1998, 180: 236-242.

[31] Schnellmann C, Gerber V, Rossano A, et al. Presence of new mecA and mph (C) variants conferring antibiotic resistance in *Staphylococcus* spp. isolated from the skin of horses before and after clinic admission [J]. J Clin Microbiol, 2006, 44: 4444-4454.

[32] Pereira S F, Henriques A O, Pinho M G, et al. Role of PBP1 in cell division of *Staphylococcus aureus* [J]. J Bacteriol, 2007, 189: 3525-3531.

[33] Garcia-Castellanos R, Mallorqui-Fernandez G, Marrero A, et al. On the transcriptional regulation of methicillin resistance: MecI repressor in complex with its operator [J]. J Biol Chem, 2004, 279: 17888-17896.

[34] Fontana R, Cerini R, Longoni P, et al. Identification of a streptococcal penicillin-binding protein that reacts very slowly with penicillin [J]. J Bacteriol, 1983, 155: 1343-1350.

[35] Fontana R, Grossato A, Rossi L, et al. Transition from resistance to hypersusceptibility to β-lactam antibiotics associated with loss of a low-affinity penicillin-binding protein in a *Streptococcus faecium* mutant highly resistant to penicillin [J]. Antimicrob Agents Chemother, 1985, 28: 678-683.

[36] Fontana R, Aldegheri M, Ligozzi M, et al. Overproduction of a low-affinity penicillin-binding protein and high-level ampicillin resistance in *Enterococcus faecium* [J]. Antimicrob Agents Chemother, 1996, 38: 1980-1983.

[37] Zorzi W, Zhou X Y, Dardenne O, et al. Structure of the low-affinity penicillin-binding protein 5 PBP5fm in wild-type and highly penicillin-resistant strains of *Enterococcus faecium* [J]. J Bacteriol, 1996, 178: 4948-4957.

[38] Herman R A, Kee V R, Moores K G, et al. Etiology and treatment of community-associated methicillin-resistant *Staphylococcus aureus* [J]. Am J Health Syst Pharm, 2008, 65 (3): 219-225.

[39] Kobayashi S D, DeLeo F R. An update on community-associated MRSA virulence [J]. Curr Opin Pharmacol, 2009, 9 (5): 545-551.

[40] Chambers H F, DeLeo F R. Waves of resistance: *Staphylococcus aureus* in the antibiotic era [J]. Nat Rev Microbiol, 2009, 7: 629-641.

[41] Smith A M, Klugman K P. Amino acid mutations essential to production of an altered PBP2X conferring high-level β-lactam resistance in a clinical isolate of *Streptococcus pneumoniae* [J]. Antimicrob Agents Chemother, 2005, 49: 4622-4627.

[42] Smith A M, Feldman C, Massidda O, et al. Altered PBP 2A and its role in the development of penicillin, cefotaxime, and ceftriaxone resistance in a clinical isolate of *Streptococcus pneumoniae* [J]. Antimicrob Agents Chemother, 2005, 49: 2002-2007.

[43] Fuda C, Hesek D, Lee M, et al. Mechanistic basis for the action of new cephalosporin antibiotics effective against methicillin- and wancomycin-resistant *Staphylococcus aureus* [J]. J Bio Chem, 2006, 281: 10035-10041.

[44] Appelbaum P C, Bhamjee A, Scragg J N, et al. *Streptococcus pneumoniae* resistant to penicillin and chloramphenicol [J]. Lancet, 1977, 2: 995-997.

[45] Arbeloa A, Segal H, Hugonnet J E, et al. Role of class a penicillin-binding protein in PBP5-mediated β-lactam resistance in *Enterococcus faecalis* [J]. J Bacteriol, 2004, 186: 1221-1228.

[46] Sifaoui F, Arther M, Rice L, et al. Role of penicillin-binding protein 5 in expression of ampicillin resistance and peptidoglycan structure in *Enterococcus faecium* [J]. Antimicrob Agents Chemother, 2001, 45: 2594-2597.

[47] Munoz R, Dowson C G, Daniels M, et al. Genetics of resistance to third-generation cephalosporins in clinical isolates of *Streptococcus pneumonia* [J]. Mol Microbiol, 1992, 6: 2461-2465.

第六章

外膜通透性改变介导的细菌耐药

第一节　革兰阴性菌
外膜蛋白概述

革兰阴性菌区别于革兰阳性菌的一个重要结构就是细菌外膜，而革兰阳性菌只有一个胞浆膜。革兰阴性菌外膜是阻止毒性化合物进入细胞内的第一道屏障。革兰阴性菌的细胞被膜由两个不同的膜构成，一个是胞浆膜（plasmatic membrane，PM），也称为内膜（inner membrane，IM），另一个是外膜（outer membrane，OM），这两个膜被周质间隙分隔开，而肽聚糖层则位于周质间隙中。内膜的脂质组成与大多数生物膜相似，包括革兰阳性菌的胞浆膜，但是，外膜却相当不典型，因为它是一个不对称的脂质双层结构，一层是脂多糖（外胞质片），另一层是磷脂（内胞质片）。外膜是革兰阴性菌所特有的结构，它位于细胞壁的最外层，化学成分为脂多糖（lipopolysaccharide，LPS）、磷脂和若干种外膜蛋白（outer membrane protein，OMP）。外膜蛋白是指嵌合在 LPS 和磷脂层外膜上的 20 余种蛋白，但多数外膜蛋白的功能尚不清楚。与其他生物膜一样，对于亲水性溶质如大多数营养物质和一些抗菌药物而言，细菌外膜的脂质双层显示出非常低的通透性。由细菌外膜提供的这种通透性屏障在生理状态下意义重大。众所周知，细菌已经在地球上存在了 30 多亿年，在如此漫长的进化过程中，细菌一定遭受过难以计数的天然毒性物质的侵害，经历过无数次的生死存亡考验，这些毒性物质都是在细菌生存的小生境中出现的，包括宿主动物或植物产生的化合物，或细菌本身产生的化合物。前一类化合物的一个鲜活例子就是胆盐，这是一种生活在更高等动物肠道内大肠埃希菌必须面对的一种强力去污剂；后一类化合物的例子包括在土壤中细菌群落成员所产生的多种抗生素。细菌正是在与这些毒性物质的斗争中逐渐进化出抵抗这些毒性物质侵害的各种结构特征，细菌外膜的通透性屏障和各种主动外排系统无疑都是这类特征的典型代表，这些功能都是由外膜中的各种蛋白所承担。建立如此强大的通透性屏障是细菌进化过程中自我保护策略的重要组成部分。有了这样的外膜结构，细菌就能屏蔽掉很多毒性物质，使其无法进入细菌细胞内部，有助于细菌在充斥着毒性化合物的环境中生存。当然，抗生素也不过是众多毒性物质中的一类而已。

屏蔽掉环境中毒性物质进入细菌细胞并非外膜蛋白的全部功能。细菌细胞本身并不能与外界完全隔绝，细菌细胞生长所需的各种营养物质需要进入细胞内，并且细菌细胞代谢产物和废弃物也需要运出细胞。为满足这些需求，细菌已经进化出了各种具有转运功能的外膜蛋白，它们为各种物质进出细胞提供"非特异性的"进出点，因此，外膜蛋白在转运这些营养物质和代谢产物以及废弃物进出细胞过程中起着至关重要的作用。换言之，细菌细胞一定含有能够形成通道的各种蛋白，这些蛋白的功能就是允许营养物质进入，当然也允许代谢废弃物的排出。然而，这些通透性屏障有时不能绝对地将毒性化合物关在外面，它们只能延缓这些化合物的流入。因此，近来人们意识到，通透性屏障也会与主动外排系统一起发挥作用，最终实现将毒性物质排出到细胞外基质中。由此可见，有些外膜蛋白负责物质进入，有些外膜蛋白负责物质排出，它们可以独立运作，也可以协同发挥作用。

对于抗菌药物而言，外膜控制的通透性功能多由外膜蛋白所承担。有一种外膜蛋白通常由反向平行的β链构成，这些β链具有一种桶样的结构，这一类蛋白中间有孔道，可控制某些物质穿透外膜而进入到周质间隙或细胞内，人们将这类跨膜蛋白称为孔蛋白（porin），由此可见，位于外膜的孔蛋白作为普通的扩散通道而起作用，允许一些小分子的渗透，包括许多抗菌药物（图6-1）。

实际上，典型的孔蛋白是以三聚体的形式聚合在一起，Nestorovich等曾更形象地描绘了一个三聚体OmpF孔蛋白通道，β-内酰胺类抗生素通过这样的通道进入周质间隙中，在那里，它们与各种

PBP结合，进而干扰细菌细胞壁肽聚糖的生物合成（图6-2）。显而易见，如果外膜蛋白缺失或减少表达，β-内酰胺类抗生素在进入细菌时就遇到障碍，没有足够数量的β-内酰胺类抗生素结合到PBP上就难以保证杀菌作用，细菌表现出的表型特征就是对这些β-内酰胺类抗生素不敏感或耐药。不言而喻，这一耐药机制不涉及革兰阳性菌，因为革兰阳性菌没有细胞外膜。受到这种耐药机制影响的不仅仅是β-内酰胺类抗生素，其他类别的抗菌药物包括喹诺酮类、四环素类和氨基糖苷类等。

孔蛋白的研究始于20世纪70年代中期。在1976年，一个非特异性的、能形成通道的蛋白在沙门菌种中被发现，这种能形成非特异性扩散通道的蛋白被特定地称作孔蛋白。如同人们预料的那样，

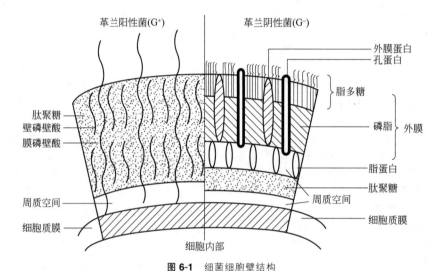

图6-1　细菌细胞壁结构

（引自胡湘云．微生物学基础．北京：化学工业出版社，2015：24）

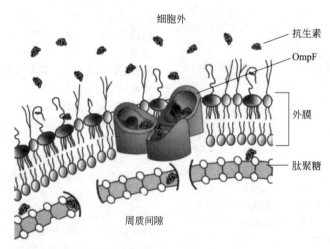

图6-2　在细菌外膜脂质双层中的一个三聚体OmpF通道示意

（引自 Nestorovich E M，Danelon C，Winterhalter M，et al. Proc Natl Acad Sci USA，2002，99：9789-9794）

孔蛋白在很多革兰阴性菌菌种中被陆续发现。值得一提的是，最初，孔蛋白这个词只是用来形容那些能够形成非特异性通道的蛋白（形成孔的蛋白），而且，Nikaido 也一再强调，孔蛋白这个词仅限于描述非特异性通道。然而，在当代文献中，很多学者也将一些形成特异性通道的蛋白称作孔蛋白。例如，在铜绿假单胞菌，OprD 是仅限于碳青霉烯类摄入的外膜蛋白，其他 β-内酰胺类抗生素包括青霉素类和头孢菌素类都不是通过这一通道进入周质间隙中。所以，OprD 应该是一种特异性通道蛋白，但几乎所有提到铜绿假单胞菌的外膜蛋白时，大家都将 OprD 称作孔蛋白。所以，已经有学者提出，这些蛋白都应统称为孔蛋白，只是一些蛋白称作非特异性孔蛋白，如大肠埃希菌的 OmpC 和 OmpF，肺炎克雷伯菌的 OmpK36 和 OmpK35；而其他一些称作特异性孔蛋白，如铜绿假单胞菌的 OprD 和大肠埃希菌的 PhoE。

第二节　孔蛋白的功能特性和种类

转运抗菌药物的大多数孔蛋白都属于经典 OmpF 或 OmpC 亚家族，但也有一些例外，如铜绿假单胞菌的 OprD 和鲍曼不动杆菌以及奈瑟菌种的孔蛋白。目前已经清楚的是，这些孔蛋白会对物质进入细胞提供各种限制，如大小的限制、电荷的限制和疏水性限制等。换言之，只有那些不受到这些限制的物质才能借助孔蛋白通道顺利地进入细菌细胞的周质间隙或细胞内。首先，孔蛋白通道总体上来说非常狭窄，大肠埃希菌较主要的孔蛋白 OmpF 在其最窄点上的横断面只能以埃（Å）为单位计量（$1Å=10^{-10}$m），有时被称为"眼孔"。因此，大多数有机化合物（特别是药物，它们通常比各种典型的营养分子要大）的流入都大幅度地减缓，但这也不是绝对的，有些分子量较大但却具有细长构象的物质也能通过狭窄的孔蛋白通道。其次，孔蛋白属于充水性通道，所以各种亲脂分子通过孔蛋白通道要缓慢得多，这属于疏水性限制。最后，电荷效应也会影响到各种物质通过孔蛋白通道的效率。在头孢菌素类中，含有两个负电荷的头孢菌素类与单阴离子化合物相比，跨过外膜的流入更加缓慢，后者反过来又比两性离子化合物的流入更加缓慢，这属于电荷的限制。然而，孔蛋白的缺失对于突变体细菌而言也产生了一个缺点，因为营养物也会更加缓慢地进入细胞内。早在 1985 年，Yoshimura 和 Nikaido 就报告了他们的相关研究结果，各种 β-内酰胺类抗生素通过大肠埃希菌 OmpF 和 OmpC 孔蛋白的扩散率被计量。这些结果能根据这些抗生素总的理

化性质并沿着如下的思路加以解释：①在传统的单阴离子 β-内酰胺类抗生素中，穿透率总是依赖于这些分子的疏水性；②具有特别庞大侧链的化合物则显示出比依据它们疏水性所预料的穿透率低得多，如美洛西林、哌拉西林和头孢哌酮；③在头孢烯母核的 7 位上取代基的 α 碳上取代的肟基团可降低穿透率一个数量级，这似乎主要由于空间位阻效应；④在头孢菌素类 7 位上的甲氧基的存在也降低穿透率 20%，如头霉素类，推测也是由于空间位阻效应；⑤兼性化合物穿透非常迅速，但在穿透率和疏水性之间的关联性要比单阴离子化合物弱得多。在所有受试化合物中，亚胺培南显示出最高的通透性，据推测，这至少部分是由于其紧凑的分子学结构；⑥拥有两个负电荷的化合物比具有一个负电荷的类似物穿透要缓慢得多。其中，只有拉氧头孢、头孢曲松和氨曲南显示出相当于亚胺培南的穿透率，或高于亚胺培南穿透率的 10%。由此可见，就 β-内酰胺类抗生素这一大类而言，不同品种在通过孔蛋白通道进入细菌细胞时也会受到不同的限制。

从生理学意义上讲，孔蛋白的核心功能是为一些进入细菌细胞周质间隙或细胞内的物质提供通道，也对那些会对细菌细胞产生毒性作用的物质提供屏障。然而迄今为止，人们并没有将这些孔蛋白分类，也没有明确界定这些孔蛋白各自都负责哪些物质进入细胞。抗菌药物大多属于小分子物质，其作用靶位通常位于胞质膜上或细胞内。众所周知，β-内酰胺类抗生素的作用靶位是位于胞质膜上的各种青霉素结合蛋白。β-内酰胺类抗生素要想发挥抗菌作用必须首先穿透细菌细胞外膜进入周质间隙中。研究已经表明，常见的革兰阴性病原菌外膜上均存在着各种各样孔蛋白，每种细菌介导 β-内酰胺类抗生素进入周质间隙的孔蛋白也不止一种，而且各种孔蛋白的表达数量和重要性也不尽一致。理论上讲，所有革兰阴性菌外膜上都应该具有孔蛋白。大肠埃希菌 K-12 有两个主要的孔蛋白，OmpF 和 OmpC。这两个孔蛋白都是三聚体蛋白。OmpF 的功能性孔洞（其直径大约是 12Å 并且对阳离子具有优先性）要比 OmpC 的功能性孔洞稍大一些。OmpF 的一个重要的结构性特征就是环 3（L3），由 33 个残基组成，它折叠进入孔洞，造成这个孔洞缩窄。在肺炎克雷伯菌，两个主要的孔蛋白 OmpK35（OmpF 的一个同源物）和 OmpK36（OmpC 的一个同源物）也已经被描述。OmpK36 晶型结构已经被解析，提示它与来自大肠埃希菌的 OmpF 非常相似。肠道沙门菌有一个额外的孔蛋白 OmpD，其特性与 OmpF 和 OmpC 相似。肠杆菌属也含有与 *ompF* 和 *ompC* 类似的基因，并且初步研究提示，它也表达 OmpD。变形杆菌菌种、普罗威登斯菌

表 6-1　常见革兰阴性病原菌与抗菌药物摄入有关的主要孔蛋白

菌种	孔蛋白
肺炎克雷伯菌	OmpK35、OmpK36、OmpK37、OmpK34
大肠埃希菌	OmpF、OmpC、OmpA、NmpC、OmpN、OmpE
肠杆菌菌种	OmpF 和 OmpC 类似物、Omp35、Omp36、OmpD
沙门菌菌种	OmpD、OmpS2
弗氏柠檬酸杆菌	OmpF、OmpC
铜绿假单胞菌	OprF、OprD(D2、54kDa)、D1
鲍曼不动杆菌	CarO(29kDa)、HMP-AB
其他肠道细菌	LamB 和 PhoE(磷酸特异性)

种和摩氏摩根菌似乎只是产生单一的主要孔蛋白，但相关的研究非常有限。大肠埃希菌也表达 OmpA 蛋白，这是铜绿假单胞菌的主要孔蛋白 OprF 的一个同源物。OmpA 样蛋白也在其他肠道细菌中被发现；在肺炎克雷伯菌，对应的蛋白是 OmpK34。除了主要的孔蛋白之外，具有一个孔蛋白结构的较次要的蛋白已经在一些肠道细菌中被描述，它们包括大肠埃希菌的 NmpC 和 OmpN、肺炎克雷伯菌的 OmpK37 和伤寒沙门菌的 OmpS2。这些蛋白属于沉寂的孔蛋白，并且在标准的实验室条件下生长的菌株的外膜上没有检测到它们的表达，这就提示对应的基因被强力地负性调节。在铜绿假单胞菌，一个主要的孔蛋白是 OprF，Nikaido 将其称为"慢孔蛋白"，这一孔蛋白与传统的三聚体孔蛋白非常不同，最大的特点就是一些小分子溶质如单糖非常缓慢地扩散，一般来说，大肠埃希菌 OmpF 的扩散速率是其 50 倍。OprD 也是铜绿假单胞菌的一个主要孔蛋白（表 6-1）。

第三节　孔蛋白的结构特征

普通的非特异性孔蛋白如大肠埃希菌的 OmpC 和 OmpC 在外膜上形成同型三聚体，其中每一个单聚体都存在着一个保守的 16 链反向平行的 β 桶结构。该结构具有一个重要的特征，那就是 β 桶在深入到大约膜的一半处被一个内部环 L3 所限制，后者在孔内是弯曲的。L3 对于孔蛋白的通透性极为关键，所以，在 L3 上的任何点突变也必然影响到一些抗菌药物的通透性。大肠埃希菌 OmpF 是研究最充分的孔蛋白，无论是从功能上还是结构上都是如此，其晶型结构使得人们能更好地了解孔蛋白通道功能特性，如溶质外排限度和生物学活性。采用 3D 结构，一些 OmpF 突变体已经被构建并用来检查特定残基在装配过程和功能中的作用。在受限的孔区域（"眼孔"区域），各种诱变研究和电生理研究已经集中关注正电荷簇（赖氨酸 16、精氨酸 42、精氨酸 82 和精氨酸 132）以及负电荷表面

（天冬氨酸 113、谷氨酸 117 和天冬氨酸 121），它们对于静电场来说是重要的并且掌控着电荷分子的扩散。在临床革兰阴性菌中被检测到的主要孔蛋白 OpmC 的近来 3D 结构提示，通道的基本结构在 OmpF 和 OpmC 之间是高度保守的，在细胞外入口处被改变的相应的孔内衬除外。已有研究证实，产气肠杆菌野生型菌株和一个耐药菌株都被发现具有 OmpC/OmpF 样孔蛋白，但耐药菌株表达的却是一种改变了的孔蛋白，后者降低外膜的通透性。质谱实验鉴定出在这个孔蛋白的 L3 上有个突变，即甘氨酸 112→天冬氨酸。X 线晶型已经解析一些孔蛋白的固有结构细节。内部的 L3 在大约 β 桶高度一半处形成一个限制，这个"孔眼"掌管通道大小和离子选择性。在这个"孔眼"中，一些带正电荷的氨基酸残基（精氨酸簇）位于腔面的一侧，带负电荷的残基在对面一侧，这就创造出一个强的静电场，后者影响到各种物质通过孔蛋白的易位。因此，保守的内部 L3 构成了肠道细菌孔蛋白通道极其关键的区域，并且对抗菌药物的流入产生一个较大的影响。在这个环的遗传突变能够改变对抗生素的敏感水平（图 6-3）。

图 6-3　OmpC 三聚体从细胞外观看的立体示意
（见文后彩图）

（引自 Basle A，Rummel G，Storici P，et al. J Mol Biol，2006，362：933-942）

限制性环 L3 用红色表示，闭锁回路环用绿色表示，细胞外环用黄色表示，其他用灰色表示，各种 β 链用紫色表示

Basle 等也对大肠埃希菌和肺炎克雷伯菌渗透孔蛋白与大肠埃希菌 OmpF 孔蛋白的序列进行过

比对，包括一些超二级结构、电荷以及保守的氨基酸残基。结果显示，在 OmpC 和 OmpF，一些关键残基计数上是相似的，虽然有些残基在序列上处在不同的位置，但在三维结构中却处在同等位置上。Nestorovich 等也曾解析单一氨苄西林分子移动通过一个普通的细菌孔蛋白 OmpF 通道的情况，这个孔蛋白被认为是 β-内酰胺类抗生素的主要摄入途径。结果发现，氨苄西林和一些其他青霉素类和头孢菌素类分子强力与这个 OmpF 受限区的各种残基相互作用。因此假定，抗生素已经"进化"为通道特异性。分子建模提示，氨苄西林分子的电荷分布与细菌孔蛋白通道最窄部分的电荷分布是互补的。这些电荷的相互作用在通道内创造出一个吸引区域，后者促进通过受限区的易位并且导致更高的通透性（图 6-4）。

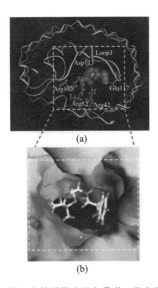

图 6-4　抗生素接驳到孔蛋白通道（见文后彩图）
（引自 Nestorovich E M，Danelon C，Winterhalter M，et al. Proc Natl Acad Sci USA，2002，99：9789-9794）
氨苄西林在 OmpF 单聚体孔最窄部分的接驳（顶部图）。兼性氨苄西林分子同时与受限区的带正电荷和带负电荷的残基相互作用，这个区域是由 β 桶壁和内部环 L3 形成。在一面，羧酸盐氨苄西林基团被吸引到孔中的一簇带正电荷残基上，在对面，铵基被吸引到谷氨酸 117 的羧酸盐上。在图（a）中，OmpF 的骨架以黄色丝带显示。在孔眼内重要的氨基酸残基采用杆状形式突出说明。绿色球形是碳原子，红色球形是氧原子，蓝色球形是氮原子以及黄色球形是硫原子。为清晰起见，氨苄西林氢原子未被显示。在图（b）中，红色区域是负电位，蓝色区域是正电位。氨苄西林分子以杆状形式表示。白色杆是碳原子，红色杆是氧原子，蓝色杆是氮原子，绿色杆是硫原子，紫色杆是氢原子

目前，对于孔蛋白结构方面的研究还处于初级

阶段。随着研究的逐渐深入，一定会有更多的细节被揭示出来。现已证实，一些抗菌药物通过孔蛋白通道的扩散速率并不一样，有时会相差几个数量级。那么，这样差异的结构基础究竟是什么呢？除了孔径的大小、亲水性质以及电荷情况等因素以外是否还有其他的影响因素影响到这一过程？对于每一种抗菌药物来说，这些影响因素的"权重系数"有多大的差异？这些都是将来研究的方向。

第四节　孔蛋白与细菌耐药

细菌凭借通透性下降这一耐药机制影响到很多类别抗菌药物的敏感性，如 β-内酰胺类抗生素、氨基糖苷类和喹诺酮类等。然而，我们在这一章将主要介绍通透性改变介导的针对 β-内酰胺类抗生素的耐药。

减少通过孔蛋白流入的细菌性适应是一个全球性日益增长的问题，它和外排系统一起贡献了抗菌药物耐药的出现和升级。在革兰阴性病原菌中，β-内酰胺酶产生联合孔蛋白表达缺失或减少已经常常导致细菌针对 β-内酰胺类抗生素耐药的升级。然而，并非所有孔蛋白都与细菌耐药有关联。例如，肺炎克雷伯菌表达有多种孔蛋白，但与 β-内酰胺类抗生素耐药最具关联意义的孔蛋白只有 OmpK35 和 OmpK36，它们的缺失或表达量减少都会造成对 β-内酰胺类抗生素的敏感性下降。缺乏 OmpK35 和 OmpK36 这两种孔蛋白的肺炎克雷伯菌菌株显然能够存活，不会缺乏营养，这是因为这些菌株在低水平上表达 OmpK37，后者在正常情况下是隐蔽的，由它产生出的通道比 OmpK36 更窄。OmpK34 似乎也不是肺炎克雷伯菌的一个较主要孔蛋白。肠杆菌菌种最重要的孔蛋白是 OmpF 和 OmpC，可能也包括产气肠杆菌的 Omp35，而其他孔蛋白似乎与抗菌药物耐药关联不大。一般来说，在铜绿假单胞菌，孔蛋白 OprF 似乎与细菌耐药关联不大，与碳青霉烯类抗生素耐药最具关联性的孔蛋白非 OprD（早期称为 D2）莫属，几乎所有借助孔蛋白改变而对碳青霉烯类抗生素耐药的铜绿假单胞菌都伴有 OprD 的改变。其他病原菌也都存在类似情况。

从理论上讲，重要的孔蛋白表达数量减少使得抗菌药物扩散更慢，这似乎可导致相应的抗菌药物耐药，但是，那样减少的扩散本身就细菌倍增时间来说极少是限速的。换言之，仅仅通过扩散减少似乎不足以造成细菌耐药，因为敏感性和药物蓄积的稳态水平似乎极少被减少数量的孔蛋白通道本身所影响。然而，当与额外的耐药机制结合起来时，

表 6-2 革兰阴性菌的孔蛋白改变

细菌	鉴定特征的孔蛋白	在临床分离株的孔蛋白改变
阴沟肠杆菌	Omp36*、Omp35	Omp36、Omp35、Omp36
产气肠杆菌	Omp36*、Omp35	Omp36、Omp36、Omp36
大肠埃希菌	OmpC*、OmpF*、OmpN、PhoE	OmpC、OmpF、OmpC
肺炎克雷伯菌	OmpK36*、OmpK35、OmpK37	OmpK35、OmpK36
摩氏摩根菌	主要孔蛋白(36kDa)	主要孔蛋白
淋病奈瑟菌	主要孔蛋白	主要孔蛋白(PorA、PorB)
铜绿假单胞菌	各种孔蛋白、OprD	各种孔蛋白、OprD
肠炎沙门菌鼠伤寒血清型和肠炎血清型	OpmC、OmpF、OmpD	主要孔蛋白(OpmC、OmpF、OmpD)
黏质沙雷菌	Opm1、Omp2	主要孔蛋白(Opm1、Omp2)
痢疾志贺菌	无	主要孔蛋白(OmpC、OmpF)

注：引自 Pages J M，James C E，Winterdhalter M. Nat Rev Microbiol，2008，6：893-903。

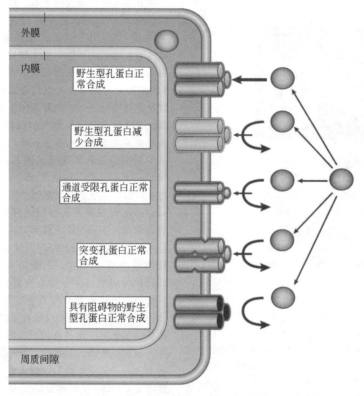

图 6-5 与孔蛋白改变有关联的多药耐药机制

(引自 Pages J M，James C E，Winterdhalter M. Nat Rev Microbiol，2008，6：893-903)

β-内酰胺分子和孔蛋白三聚体分别由圆圈和圆筒表示。直箭头的粗细反应的是 β-内酰胺分子通过孔蛋白通道穿透的水平。弯曲的箭头说明摄入失败，原因为：孔蛋白表达的改变（减少）、通道受限孔蛋白的表达以及损害孔蛋白通道的功能特性的突变或改变（突变孔蛋白）。阻断孔蛋白分子的影响在图的底部被显示（黑色圆）

减少的扩散就变得重要了。例如，产染色体 AmpC β-内酰胺酶的肠杆菌菌种对头孢曲松和头孢噻肟耐药，但却不能赋予对头孢吡肟临床意义的耐药，这是因为头孢吡肟对于染色体编码的 AmpC β-内酰胺酶具有更大的稳定性。然而，对头孢吡肟耐药肠杆菌菌种临床分离株已经被发现，这些菌株既过度表达 AmpC β-内酰胺酶，也具有减少数量的孔蛋白通道。头孢吡肟减少扩散允许 AmpC β-内酰胺酶的弱水解作用就足以减少头孢吡肟的稳态水平，从而引起临床耐药。此外，减少的扩散也能与内源性外排泵协同作用，这些泵主动将抗菌药物排出细胞，如此一来，它们与减少的扩散协同减少抗菌药物的稳态水平而增加耐药，当然，一些外排泵被过度表达也足以独立引起耐药。最后，有些细菌并不产生碳青霉烯酶，而只是产生 ESBL 或 AmpC 酶，但如果产酶细菌同步丧失孔蛋白的话，这些产酶细菌同样可以表现出对碳青霉烯类抗生素耐药。在上述这些情况下，孔蛋白的改变只是为其他耐药机制发挥更大作用提供了一个背景。当然，也有学者认为，有些革兰阴性病原菌的临床分离株并不产生足够高水平的 β-内酰胺酶，这样的产酶水平也不足以造成细菌临床耐药，不过一旦细菌同时具备孔蛋白改变这种机制，细菌则会表现出高水平耐药。不过，这两种机制究竟"谁主谁辅"有时很难界定清楚。

　　β-内酰胺类抗生素在我们目前抗菌药物武器库中占据着举足轻重的地位，在临床分离株中，它们的活性明显受到流入屏障的影响。有些孔蛋白通道是 β-内酰胺类抗生素进入的门径，它们的改变必然影响到这些抗生素进入周质间隙中的数量，低浓度的抗生素并不能完全阻断肽聚糖的生物合成，自然也就产生耐药（表 6-2）。

　　Pages 等曾探讨孔蛋白改变在限制 β-内酰胺类抗生素摄入上的截然不同的细菌策略。只有野生型孔蛋白的正常合成和表达不影响 β-内酰胺类抗生素的正常摄入。孔蛋白表达的其他一些改变都在不同程度上影响到 β-内酰胺类抗生素，这些包括野生型孔蛋白减少合成、通道受限孔蛋白的正常合成、突变孔蛋白的正常合成以及具有阻碍物孔蛋白的正常合成（图 6-5）。

第五节　常见病原菌孔蛋白改变介导的耐药

　　众所周知，细菌耐药机制种类很多，某一种（些）病原菌似乎具有一些"偏爱"的耐药机制或耐药机制的组合。即便采用同一种机制介导的同一类抗菌药物耐药，每种细菌采取的具体模式也不尽相同。例如，革兰阳性病原菌通常采取 PBP 改变的机制针对 β-内酰胺类抗生素耐药，但金黄色葡萄球菌、肠球菌和肺炎链球菌 PBP 改变的机理又各不相同。外膜通透性改变介导耐药也很类似。显而易见，每种革兰阴性菌都具有各种外膜孔蛋白，但在临床上，并非所有革兰阴性病原菌都采取这种模式介导抗菌药物耐药，或者至少不是以这种耐药机制为主。需要明确指出的是，革兰阴性菌的外膜孔蛋白并不是专门为抗菌药物耐药进化出来的，有些病原菌只是凭借孔蛋白的改

变介导耐药。导致对亲水性抗生素增加 MIC 的孔蛋白丧失已经在许多临床病原菌中被观察到，包括大肠埃希菌、肺炎克雷伯菌、黏质沙雷菌、肠杆菌菌种和铜绿假单胞菌。越来越多的证据表明，外膜通透性改变能够介导细菌对一些 β-内酰胺类抗生素耐药，而且这种耐药机制在临床上被鉴定的频次也似乎在逐渐增加，特别是肺炎克雷伯菌、肠杆菌菌种、铜绿假单胞菌针对 β-内酰胺类抗生素的耐药。

　　人们之所以研究孔蛋白改变介导耐药这种机制，主要是由于人们发现了一些非典型的耐药表型，例如，一些对碳青霉烯类耐药或降低敏感性的各种革兰阴性病原菌分离株被分离获得，但奇怪的是，这些分离株只是被证实产生各种 ESBL 或 AmpC 型酶，并不产生任何碳青霉烯酶，也没有其他能够介导针对碳青霉烯类抗生素的耐药机制被鉴定出，如主动外排系统。此外，一些只是产生广谱 β-内酰胺酶和各种超广谱 β-内酰胺酶（ESBL）的肺炎克雷伯菌临床分离株，却表现出对头孢西丁的耐药，但 ESBL 确实不水解头孢西丁，而且也确实没有发现头孢西丁的水解，所以，一定有其他耐药机制参与其中。随着研究的深入，人们发现在有些革兰阴性病原菌，孔蛋白的改变确实参与对一些抗菌药物的耐药，特别是 β-内酰胺类和氟喹诺酮类。此外，在产 ESBL 的肺炎克雷伯菌分离株中，伴随着孔蛋白的缺失，确实出现了针对头孢西丁的耐药，但这样的耐药表型并不一定发生在头霉素类中的其他制剂上，如头孢美唑和头孢替坦，也没有明确证据表明，其他肠杆菌科细菌菌种也存在着这样的耐药表型或耐药机制。由此看来，每种细菌都有其自身"倚重"的一种或多种耐药机制，例如，肺炎克雷伯菌是产酶"高手"，也是依赖孔蛋白改变介导耐药的"行家"，但主动外排似乎并不是这种细菌的"看家本领"；同样，大肠埃希菌也是产酶高手，但这种细菌似乎并不十分"倚重"孔蛋白改变这种耐药机制。很多孔蛋白改变都是发生在治疗期间的突变性灭活。如果肺炎克雷伯菌和铜绿假单胞菌特别擅长采用这种耐药机制的话，那么就说明这些细菌在抗菌药物选择压力作用下容易发生一些插入性突变或点突变，而其他细菌则不会轻而易举地发生这样的改变。

　　自从 20 世纪 70 年代中期以来，革兰阴性菌外膜的屏障功能被逐渐认识到，不过人们当时并未将孔蛋白的各种改变与针对 β-内酰胺类抗生素敏感性的降低联系起来。在 20 世纪 80 年代后期，人们就观察到鼠伤寒沙门菌对头孢噻吩的耐药与 OmpC 缺失有关联；同期，人们也鉴定出产

TEM-3 的肺炎克雷伯菌分离株对头孢西丁耐药，原因是该分离株还表现出孔蛋白缺失。外膜孔蛋白的丧失或许也影响到阴沟肠杆菌对亚胺培南的敏感性，但只有当这种菌株在组成上高产其 C 类 AmpC β-内酰胺酶时才会发生耐药，这是一种双重突变的事件。从 20 世纪 90 年代后期开始，人们在全世界陆续鉴定出一些单个的或若干个细菌分离株，它们一方面产生各种各样的 β-内酰胺酶，另一方面也同步存在着孔蛋白缺失或表达量减少，从而表现出对各种 β-内酰胺类抗生素的高水平耐药。

一、肺炎克雷伯菌

肺炎克雷伯菌是肠杆菌科细菌中最常见的病原菌之一，它以善于蓄积各种耐药基因而"臭名昭著"。已有报告证实，一个单一肺炎克雷伯菌细菌可以同时产生 8 种不同的 β-内酰胺酶，特别是携带 KPC 型碳青霉烯酶的菌株在临床治疗上更是十分棘手。除了产酶之外，肺炎克雷伯菌也常常通过孔蛋白改变这一机制来介导对 β-内酰胺类抗生素耐药。肺炎克雷伯菌主要依赖 OmpK35 和 OmpK36 调节碳青霉烯类和其他 β-内酰胺类抗生素进入周质间隙。较次要的 OmpK37 允许碳青霉烯类的穿透进入细胞，但不允许其他 β-内酰胺类的穿透。人们预测其二级结构在 L3 上有一个庞大残基的一次插入（酪氨酸 118），推测可缩窄这个孔洞。早在 20 世纪 80 年代后期，就陆续有一些单一的肺炎克雷伯菌临床分离株呈现出一种不同寻常的耐药表型，这些分离株只是产生 SHV-2 或 SHV-5 这些超广谱 β-内酰胺酶，但却表现出对头孢西丁和/或亚胺培南耐药，但这些酶并不能水解头孢西丁和亚胺培南。人们在仔细检查这些分离株的耐药机制时发现，它们出现了孔蛋白的各种缺失或减少表达。自此，人们开始关注孔蛋白缺失与抗菌药物耐药的关系，并且陆陆续续鉴定出一些有代表性的例子（表 6-3）。

当然，表中提及的例子只是一些代表性事例，实际病例要比这多得多。在 1996 年，Martinez-Martinez 和 Jacoby 等就报告，从美国马萨诸塞州总医院的一名肺炎患者分离出 4 个肺炎克雷伯菌分离株，LB1～LB4。其中，LB1 产生 TEM-1 和 SHV-1，而其他三个分离株还产生 SHV-5。LB3 和 LB4 针对头孢噻肟的 MIC 分别是 $4\mu g/mL$ 和 $64\mu g/mL$，针对头孢西丁的 MIC 分别是 $4\mu g/mL$ 和 $128\mu g/mL$。LB4 能够将针对头孢噻肟的耐药转移给大肠埃希菌，但针对头孢西丁的耐药则不能被转移，由此说明编码针对头孢西丁的耐药基因不在质粒上。进一步的研究结果证实，LB1、LB2 和 LB3 缺乏一种孔蛋白 OmpK35，但具有 OmpK36，而 LB4 不仅缺乏 OmpK35，还缺乏另一个外膜蛋白，分子量大约为 35kDa，推测应该是 OmpK36。当分离株 LB4 被采用一个编码肺炎克雷伯菌孔蛋白 OmpK36 的基因转化时，针对头孢西丁和头孢噻肟的 MIC 分别被逆转到 $4\mu g/mL$ 和 $2\mu g/mL$。作者由此得出结论，肺炎克雷伯菌分离株 LB4 显示出的增加的针对头孢西丁和头孢噻肟的耐药是由于一个孔蛋白通道的缺失所致。10 多年后，Martinez-Martinez 建议，在肺炎克雷伯菌，两个主要的孔蛋白中只要有一个表达可能就足以保障 β-内酰胺类的穿透，并且对头孢西丁的耐药以及对其他化合物的增加的耐药需要 OmpK35 和 OmpK36 这两个孔蛋白的丧失（表 6-4）。

表 6-3 孔蛋白改变和 β-内酰胺酶产生联合造成肺炎克雷伯菌耐药

报告时间	细菌菌种	孔蛋白种类	β-内酰胺酶种类	耐药药物类别
1989	肺炎克雷伯菌	40kDa 和 41kDa 减少表达	TEM-3	头孢西丁耐药
1997	肺炎克雷伯菌（n=1）	40kDa 缺失	SHV-2 增加产生	亚胺培南耐药
1997	肺炎克雷伯菌（n=3）	42kDa 缺失	质粒介导的 AmpC（ACT-1）	亚胺培南耐药
2000	肺炎克雷伯菌（n=1）	45kDa 表达减少	SHV-1 增加产生	头孢他啶、哌拉西林/他唑巴坦耐药
2000	肺炎克雷伯菌	40kDa 表达减少	质粒介导的 CMY-4	亚胺培南耐药
2006	肺炎克雷伯菌	OmpK36	1 组 CTX-M 型酶	厄他培南耐药
2006	铜绿假单胞菌	OprD+外排	AmpC 酶	碳青霉烯类
2007	铜绿假单胞菌	OprD（灭活性突变）+外排	AmpC 酶	碳青霉烯类
2009	奥克西托克雷伯菌（n=1）	OmpK36 缺失	IMP-4	亚胺培南、美罗培南和厄他培南耐药

表 6-4　产 ESBL 菌株孔蛋白缺失对 β-内酰胺类 MIC（mg/L）的影响

菌株	ESBL	OmpK36	头孢西丁 MIC/(μg/mL)	头孢他啶 MIC/(μg/mL)	头孢噻肟 MIC/(μg/mL)
LB-3	SHV-5+	+	4	>256	4
LB-4	SHV-5+	−	128	>256	64
CSUB10S	SHV-2+	+	2	>256	4
CSUB10R	SHV-2+	−	128	>256	512

注：1. 引自 Martinez-Martinez L. Clin Microbiol Infect，2008，14（Suppl. 1）：82-89。

2. 所有四个肺炎克雷伯菌株都缺乏 OmpK35。

　　Domenech-Sanchez 等也通过研究证实，一般来说，大多数缺乏 ESBL 的肺炎克雷伯菌临床分离株都表达 OmpK35 和 OmpK36，而大多数产生 ESBL 肺炎克雷伯菌临床分离株只是产生 OmpK36。直到现在，为数不多的既缺乏 OmpK35 也缺乏 OmpK36 的临床分离株一直是 ESBL 产生菌株。OmpK35 的缺失可能是在产 ESBL 肺炎克雷伯菌针对抗菌药物耐药的一个贡献因素，并且有助于选择出额外的耐药机制，包括 OmpK36 的缺失和/或主动外排。有一项独立研究记录到对碳青霉烯耐药的 2 个肺炎克雷伯菌分离株，它们缺乏 OmpK35 和 OmpK36 这 2 个主要的孔蛋白并且产生 CTX-M-1，这两个碳青霉烯耐药肺炎克雷伯菌分离株是从采用亚胺培南或美罗培南治疗的患者中被培养出。还有一项研究显示有 2 组肺炎克雷伯菌分离株被收集，一组包含 50 个分离株，它们至少产生一种孔蛋白；另一组包含 15 个分离株，它们缺乏 OmpK35 和 OmpK36 这两种孔蛋白。研究结果再一次显示，孔蛋白的丧失对于头孢西丁耐药至关重要，并且对其他扩展了抗菌谱的 β-内酰胺类抗生素的耐药在孔蛋白缺乏的细菌中被增加。当 OmpK37 在缺乏 OmpK35 和 OmpK36 的分离株中被过度表达时，亚胺培南和美罗培南 MIC 都下降，但是，因为这个蛋白从其天然启动子上被表达时，其在外膜上的数量微不足道，所以人们难以对其在负性调节碳青霉烯耐药的重要性上有个精确的评判。一个肺炎克雷伯菌临床分离株对头孢西丁、头孢噻肟、头孢他啶-克拉维酸、哌拉西林/他唑巴坦耐药（MIC 均＞256μg/mL），对美罗培南耐药（MIC 为 16μg/mL）以及对亚胺培南中介敏感（MIC 为 8μg/mL）。研究证实，OmpK36 降低的表达和 SHV-2 的同步表达共同造成对上述制剂的耐药。

　　在 2009 年，Doumith 和 Livermore 等报告，英国国家参考实验室一共收到 55 个临床分离株，它们由克雷伯菌种（n＝28）和肠杆菌种（n＝27）组成，这些分离株来自英国的多家医院。经鉴定，所有克雷伯菌属分离株都产生 SHV 型和 CTX-M 型 ESBL，而在阴沟肠杆菌分离株中，AmpC 过度表达和 KPC 酶被检测到。针对厄他培南高水平耐药的所有肺炎克雷伯菌和产气肠杆菌分离株均无一例外地缺乏这两种较主要的非特异性孔蛋白，在肺炎克雷伯菌是 OmpK35 和 OmpK36，在产气肠杆菌是 OmpF 和 OmpC，而在那些对厄他培南低水平耐药的阴沟肠杆菌分离株则呈现出变化的 OmpF 和 OmpC 类型。研究认为，厄他培南耐药都是由 β-内酰胺酶产生再加上各种孔蛋白缺失组合所致。外排机制没有参与其中。

　　Bennett 等于 2010 年报告，一共有 14 个分离株在美国德州的医院中被收集，它们被证实对厄他培南 MIC＞2mg/L，其中肺炎克雷伯菌 9 个，阴沟肠杆菌 3 个和大肠埃希菌 2 个。在这些分离株中，只有一个阴沟肠杆菌分离株产生 KPC-2，而其他分离株并不产生碳青霉烯酶，只是产生广谱 β-内酰胺酶（SHV-1 和 TEM-1）、超广谱 β-内酰胺酶（SHV-2A、CTX-M-15 和 SHV-12）以及 AmpC 酶（染色体的、质粒的和脱阻遏的）。ompK36 减少表达在所有的 9 个肺炎克雷伯菌菌株中被发现，对于 ompK35 而言，减少的表达在 9 个菌株中的 5 个被发现。一个标准的 PCR 证实，孔蛋白 OmpK35 和 OmpK36 的基因存在于所有菌株中，只是表达水平不同而已。在阴沟肠杆菌菌株中，这些 OMP 的相对基因表达变化不一，这两个大肠埃希菌也证实了细胞膜孔蛋白基因（ompC 和 ompF）减少的表达。研究认为，在本研究中所有分离株中的厄他培南耐药十分可能被一定程度降低的细胞膜通透性所加强，这种通透性的降低是由细胞外膜孔蛋白的减少的表达所致。

　　王辉等报告，在中国，2004—2008 年，一共有 49 个肠杆菌科细菌分离株在 16 所大学教学医院被收集到，这些分离株都对碳青霉烯类降低了敏感性（亚胺培南、美罗培南或厄他培南的 MIC≥2μg/mL）。其中，有 16 个分离株产碳青霉烯酶，如 KPC-2、IMP-4 和 IMP-8，余下的 33 个分离株不产生任何碳青霉烯酶。在这 49 个分离株中，有 33 个分离株（19 个肺炎克雷伯菌分离株和 14 个其他肠杆菌科细菌分离株）缺失或减少表达 2 个主要的孔蛋白（肺炎克雷伯菌是 OmpK35 和 OmpK36；

其他肠杆菌科细菌如大肠埃希菌、阴沟肠杆菌、产气肠杆菌和弗氏柠檬酸杆菌是 OmpF 和 OmpC），同时还有 12 个分离株缺失或减少表达 1 种孔蛋白，只有 4 个分离株正常表达这两种孔蛋白。在不产生碳青霉烯酶的 33 个分离株中，有 28 个分离株缺失和减少表达 2 个主要的孔蛋白，28 个分离株产生 ESBL、AmpC、或同时产生这两种酶。研究结果提示，大多数分离株针对碳青霉烯的中、高度耐药更可能与两种主要的孔蛋白缺失或减少的表达，再结合 ESBL 和/或 AmpC β-内酰胺酶产生有关联。一项来自韩国的研究显示，有 256 个产 ESBL 肺炎克雷伯菌和 249 个产 ESBL 大肠埃希菌分离株在韩国的 25 所医院被收集到，有 3.9% 的肺炎克雷伯菌分离株显示出对亚胺培南或美罗培南不敏感，并且这种不敏感的机制是 ESBL 和/或质粒介导的 AmpC β-内酰胺酶产生和孔蛋白丧失的组合。$bla_{CTX-M-14}$ 存在和 OmpK36 丧失与更高的碳青霉烯 MIC 有关联。

Martinez-Martinez 等曾报告，缺失 OmpK35 和 OmpK36 的肺炎克雷伯菌突变体在针对氟喹诺酮类、氨基糖苷类、四环素和氯霉素的 MIC 根本没有增高，但针对氨苄西林、头孢噻吩、头孢西丁、头孢噻肟和头孢他啶的 MIC 增加 4～>256 倍，针对 β-内酰胺类的最高的 MIC 是在表达增加的 β-内酰胺酶活性的突变体中被获得。由此不难看出，在肺炎克雷伯菌，孤立的外膜改变在增加针对抗菌药物耐药上并非决定性因素，但孔蛋白缺失与 β-内酰胺酶产生共同造成针对 β-内酰胺类抗生素耐药。当然，外膜通透性的改变也常常与主动外排机制结合起来。研究表明，在肺炎克雷伯菌，在缺乏拓扑异构酶改变的情况下，孔蛋白缺失或主动外排对氟喹诺酮耐药的贡献都可以忽略不计。在临床来源的肺炎克雷伯菌株中，孔蛋白缺失常常在产 β-内酰胺酶的菌株中被观察到，并且相当比例的孔蛋白缺失菌株也表达有诺氟沙星的主动外排。就氟喹诺酮耐药而言，这两种机制也只是在拓扑异构酶发生变化的前提下才有意义。

初步研究提示，OmpK35 对于头孢西丁、头孢噻肟和碳青霉烯类的穿透是高效的。头孢西丁和其他头霉素类不是 ESBL 的良好底物，并且在理论上，它们或许代表着治疗产 ESBL 细菌感染的一个选择。然而，一些研究已经证实，头孢西丁易于选择出缺乏两个主要孔蛋白的肺炎克雷伯菌耐药突变体，无论是在体内还是在体外都是如此。根本没有清楚的证据表明，这个观察对于其他头霉素类如头孢美唑或头孢替坦是合适的。一项研究涉及 12 个肺炎克雷伯菌临床分离株，它们产生 ESBL 并且缺乏 OmpK35 和 OmpK36，对所有的分离株来说，头孢西丁的 MIC≥32mg/L，但对 11 个分离株，头孢替坦的 MIC≤16mg/L。这与 19 个具有质粒介导的 AmpC β-内酰胺酶的肺炎克雷伯菌分离株形成了对比，在这 19 个分离株中，头孢西丁和头孢替坦的 MIC 都是≥32mg/L。研究发现，碳青霉烯敏感的菌株有一个在组成上表达的 PhoE 孔蛋白，而这个孔蛋白在从碳青霉烯耐药的菌株中分离出的膜上是不存在的。PhoE 在正常情况下在大肠埃希菌中被表达，并且只是在最低的磷酸生长条件下被表达。此外，PhoE 孔蛋白表达以前还没有卷入在肺炎克雷伯菌或大肠埃希菌的抗菌药物耐药。对于 PhoE 参与碳青霉烯耐药的一个解释就是，在这个背景下，PhoE 的表达对于细胞来说是理想的，以便来代偿 OmpK35 和 OmpK36 的丧失。这些结果建议，在 bla_{ACT-1} 和 $ompk35/36$ 缺失的背景下，PhoE 的调节能影响到对碳青霉烯类的耐药，从而造成了非常复杂的多重耐药的基因型。

二、铜绿假单胞菌

多重耐药特别是泛耐药铜绿假单胞菌已经进化成一种令人生畏的院内病原菌，常常是患者和临床医生的梦魇。碳青霉烯类仍然是治疗因多重耐药铜绿假单胞菌感染的重要制剂。既然是多药耐药或泛耐药就意味着这些分离株拥有多种耐药机制，毫无疑问，碳青霉烯酶产生就是最重要的耐药机制之一。然而，在缺乏碳青霉烯酶表达的情况下，也还有多种机制造成这些多药耐药细菌针对多种类别的抗菌药物耐药，其中，减少的孔蛋白表达以及增强的抗菌药物外排都已经被认定为是造成耐药的因素。亚胺培南进入铜绿假单胞菌细胞是通过 OprD 孔蛋白通道，后者也能在抗菌药物选择压力作用下缺失。尽管孔蛋白缺失本身不足以完全解释耐药，但却会加重由于 β-内酰胺酶产生造成的耐药，从而产生对亚胺培南完全耐药的铜绿假单胞菌株。美罗培南进入胞浆间隙并不完全依赖于 OprD，所以因暴露于亚胺培南而导致的 OprD 缺失的铜绿假单胞菌株一般仍然对美罗培南敏感。

1992 年，Livermore 曾报告，在铜绿假单胞菌，D2（现统称为 OprD）孔蛋白的突变型缺失引起亚胺培南耐药，但这个机制只有当染色体 β-内酰胺酶被表达时才起作用。既缺乏 β-内酰胺酶也缺失 OprD 孔蛋白的突变体，与缺乏 β-内酰胺酶但却保留 OprD 孔蛋白的突变体比起来，它们针对亚胺培南的敏感性几乎一样。因此，亚胺培南耐药反映出的是 β-内酰胺酶和细菌外膜不通透性的一种相互促进，这两个因素单独存在都不会导致亚胺培南耐药。来自日本京都大学的一项研究也证实，在 44 个铜绿假单胞菌临床菌株中，所有碳青霉烯耐药分离株都显示 OprD 孔蛋白缺失，当然，也有 3 个菌株过度表达 MexAB-OprM 主动外排系统。

1994 年，来自法国的一项研究表明，针对亚胺培南耐药的铜绿假单胞菌菌株在法国占据了 12%~15%，所有这些分离株都缺失孔蛋白，这个比例在当时是相当高的。换言之，这种孔蛋白缺失机制在铜绿假单胞菌中相当普遍存在。铜绿假单胞菌针对碳青霉烯类抗生素的耐药还不限于上述两种机制，主动外排系统也是铜绿假单胞菌针对多种类别抗菌药物耐药的一个较主要的耐药机制，特别是针对氟喹诺酮类和包括碳青霉烯类在内的 β-内酰胺类。研究人员详尽地分析 33 个具有不同程度碳青霉烯敏感性的临床分离株的耐药机制的表达，包括染色体 β-内酰胺酶（$ampC$），对于碳青霉烯重要的孔蛋白（$oprD$）以及参与的 4 个外排系统蛋白（$mexA$，$mexC$，$mexT$ 和 $mexZ$）。结果显示，$oprD$ 的减少表达存在于所有亚胺培南和美罗培南耐药的分离株中，但对于厄他培南的耐药不是必需的。$ampC$ 的增加表达在一些分离株中没有被观察到，这些分离株明显对厄他培南耐药。一些外排系统的增加表达在许多碳青霉烯耐药分离株中被观察到。增加的外排活性与高水平厄他培南耐药和针对美罗培南和氨曲南的减少的敏感性有关联。铜绿假单胞菌临床分离株对 β-内酰胺类耐药是在减少的 OprD 的产生、增加的 $ampC$ 表达和一些外排系统活性之间相互影响的一个结果。在缺乏一种高效的碳青霉烯酶的情况下，铜绿假单胞菌的碳青霉烯耐药已经被感觉是在 AmpC β-内酰胺酶超高产、OprD 丧失以及增加的 $mexAB$-$oprM$ 的表达之间一种相互影响的结果。在碳青霉烯耐药分离株中始终不变的发现一直是 OprD 的丧失。

2007 年，32 个非重复铜绿假单胞菌临床分离株在一所法国的医院被收集，这些分离株呈现出对亚胺培南和美罗培南中介敏感性（MIC=4μg/mL）和耐药（MIC≥8μg/mL）。然而，在所有被研究的分离株中，编码金属 β-内酰胺酶基因和编码水解碳青霉烯苯唑西林酶基因都没有被鉴定出。与亚胺培南耐药有关联的主要机制是外膜孔蛋白 OprD 的缺失。孔蛋白 OprD 缺失或减少表达和超广谱 AmpC β-内酰胺酶的过度表达分别在 100% 和 92% 的美罗培南耐药铜绿假单胞菌分离株中被观察到。铜绿假单胞菌非常善于蓄积各种不同的耐药机制，包括外排系统。在这 32 个铜绿假单胞菌分离株中，有 60% 的分离株表现出 3 种主动外排泵的过度表达，如 MexAB-OprM、MexXY-OprM 或 MexCD-OprJ，这就建议主动外排机制也参与针对美罗培南的耐药。我们常常提到孔蛋白减少的表达，然而，孔蛋白的表达减少到什么程度才能显著地影响对 β-内酰

胺类抗生素的敏感性呢？本研究的一个特别之处就在于对孔蛋白表达的减少进行了量化分析。研究结果表明，所有的分离株都已经减少了 $oprD$ 表达，有 24 个分离株显示出只相当于铜绿假单胞菌 PAO1 的 $oprD$ 表达量的 10%。本研究对所有 32 个分离株的孔蛋白表达情况都进行了详细的研究。如果将铜绿假单胞菌 PAO1 的 $oprD$ 的 mRNA 表达量设定为 1，那么这 32 个分离株最高的 mRNA 表达量也仅为 0.3，绝大多数分离株的 mRNA 表达量均低于 0.1，有 6 个分离株的 mRNA 表达量均低于 0.05。

来自西班牙的一项研究包括 1250 个非重复的铜绿假单胞菌分离株，它们于 2003 年 11 月利用为期一周的时间在西班牙的 127 所医院被收集，其中有 236 个分离株（18.9%）对碳青霉烯耐药（亚胺培南和/或美罗培南 MIC≥8μg/mL）。尽管这些分离株对碳青霉烯类抗生素耐药，但实际上却只有一个单一分离株产生 B 类碳青霉烯酶。碳青霉烯耐药主要是由 OprD 的突变性灭活所介导，可能也伴随或不伴随 AmpC β-内酰胺酶或 MexAB-OprM 的过度表达。尽管 OprD 灭活本身被认为可造成亚胺培南临床耐药（如导致 MIC 超过耐药折点），但导致美罗培南临床耐药机制的突变性机制似乎要更复杂一些，并且被认为依赖于额外突变（不止在 OprD 上的突变）的获得，如那些导致 AmpC β-内酰胺酶的过度产生，或外排泵 MexAB-OprM 过度表达的突变。

在中国，产 MBL 铜绿假单胞菌分离株的流行要低于一些发达国家。俞云松和李兰娟研究团队对铜绿假单胞菌针对碳青霉烯类抗生素耐药的其他机制也曾进行过更全面的研究。一共有 645 个非重复的铜绿假单胞菌分离株从中国 16 个不同省市的 28 所医院中被收集，时间是从 2006 年 7 月到 2007 年 7 月。他们对其中的对亚胺培南和美罗培南耐药（MIC≥16μg/mL）的 258 个分离株（40.0%）进行研究。结果表明，碳青霉烯耐药主要是被 OprD 的突变性灭活所驱动，当然也伴随或不伴随 AmpC β-内酰胺酶或 MexAB-OprM 的过度表达。MBL 基因在 22 个碳青霉烯耐药分离株中被检测到，包括 8 个菌株是 bla_{VIM-2} 阳性、13 个菌株 bla_{IMP-9} 阳性和 1 个菌株 bla_{IMP-1} 阳性。bla_{OXA-50} 基因在几乎所有的碳青霉烯耐药分离株中被检测到，而 bla_{GES-5} 基因只是在一个碳青霉烯耐药分离株中被检测到。本研究证实，减少的 $oprD$ 转录和外排基因增加的转录是在中国的临床铜绿假单胞菌分离株的主要的碳青霉烯耐药机制。然而，在被研究的一些分离株中被观察到的耐药类型没有得到充分的解释。可能有其他耐药机制如 MexCD-OprJ 和 MexXY-

OprM 外排系统和青霉素结合蛋白（PBP）的表达参与在中国的临床铜绿假单胞菌的碳青霉烯耐药。

三、其他革兰阴性病原菌

除了肺炎克雷伯菌和铜绿假单胞菌以外，其他一些常见的革兰阴性病原菌也会借助孔蛋白表达减少或表达缺失这一机制介导耐药，如大肠埃希菌、肠杆菌菌种和鲍曼不动杆菌等。1999 年，2 个对亚胺培南耐药的大肠埃希菌分离株在一名罹患白血病患者的大便样本中被分离获得。研究提示，这两个分离株不仅产生质粒介导的 AmpC β-内酰胺酶 CMY-4，而且也都缺乏一种分子量为 38kDa 的外膜蛋白，它存在于对亚胺培南敏感的分离株上。在 2008 年的一项研究中，有 2 个对亚胺培南耐药的大肠埃希菌临床分离株从两名感染患者被获得。这两个亚胺培南耐药大肠埃希菌分离株不产生任何碳青霉烯酶，其中一个分离株产生 CMY-2 头孢菌素酶，另一个分离株产生 CTX-M-67。但是，这两个分离株都缺乏两个较重要的孔蛋白，OmpF 和 OpmC，并且具有 *ampC* 启动子突变。研究认为，这两个大肠埃希菌分离株对亚胺培南的耐药与 OmpF 和 OmpC 孔蛋白表达的缺乏有直接关联。Nordmann 等报告，一个厄他培南耐药大肠埃希菌分离株从一名住院的女性患者的腹腔液中被收集到，该名患者已经接受了 10 天亚胺培南/西司他丁的治疗。研究证实，该大肠埃希菌分离株的厄他培南耐药归因于外膜孔蛋白 OmpC 的缺乏和 CTX-M-2 的产生。这是大肠埃希菌因 CTX-M 型酶的产生而对厄他培南耐药的首次报告。Mammeri 和 Nordmann 等于 2008 年报告，超广谱 AmpC β-内酰胺酶与孔蛋白缺失也可联合造成大肠埃希菌对厄他培南高水平耐药。肠杆菌菌种也表达 2 种孔蛋白，分别是 Omp35 和 Omp36，它们分别属于 OmpF 样蛋白和 OmpC 样蛋白。在产气肠杆菌，多药耐药也涉及外膜通透性的一个降低。造成这种通透性下降的改变常常是这些孔蛋白 L3 区域内的突变，使其传导抗菌药物的能力下降。在产 AmpC β-内酰胺酶的肠杆菌菌种分离株表现出对头孢吡肟耐药，这些菌株同时减少了孔蛋白的表达，因为头孢吡肟能够耐受 AmpC β-内酰胺酶的水解作用。此外，孔蛋白缺失或减少表达再加上各种 β-内酰胺酶的产生也可联合造成肠杆菌菌种针对碳青霉烯类抗生素的耐药。不动杆菌菌种展现出针对所有抗菌药物类别耐药的机制，以及它们获得新的耐药决定子的神奇能力。在临床上越来越多地检出鲍曼不动杆菌是一个令人惊恐的现实。在鲍曼不动杆菌，一些 OMP 的降低表达已经被显示与抗菌药物耐药有关联。Quale 等报道了在美国的一次鲍曼不动杆菌暴发流行，亚胺培南和美罗培南耐药与 3 个孔蛋白的缺失有关，一个 33～36kDa 蛋白、一个 29kDa 蛋白（CarO）和一个 43kDa 蛋白。

第六节　结语

毫无疑问，孔蛋白缺失或减少表达是革兰阴性病原菌的一种耐药机制。然而，这种机制与其他耐药机制相比还是具有一些明显的区别。

首先，我们不能用常规的耐药决定子或耐药基因来理解这种机制。孔蛋白是革兰阴性菌的一个正常外膜结构，它允许各种营养物质进入细菌，当然也包括各种抗菌药物。孔蛋白的缺失或减少表达多是由一些插入性破坏所致，有些是几个碱基对的插入，有些是小的插入序列的插入，这样的插入造成编码孔蛋白的基因遭到破坏，因此导致孔蛋白缺失。如果我们将这些遭到破坏的编码孔蛋白的基因称作耐药基因的话就显得很牵强。其次，编码孔蛋白的基因位于细菌染色体上，在这一耐药机制中似乎并没有任何可移动遗传元件的参与。最后，孔蛋白改变介导的耐药常常是多因素所致，单独的孔蛋白表达改变很难引起病原菌针对 β-内酰胺类抗生素的临床耐药，其他因素常常包括各种 β-内酰胺酶的产生和外排泵的（过度）表达，这三种因素相互影响，共同决定了相应致病菌的耐药表型。遗憾的是，其他耐药机制的存在已经越来越常见。至于这三种耐药机制各自起到多大作用很难进行量化分析，究竟哪个因素发挥主导作用，哪个因素起到辅助作用也难以确定，可能在不同的菌株也不尽相同。无论如何，孔蛋白缺失或减少表达肯定是一种不可忽视的耐药机制，它肯定是"帮凶"或"共犯"，特别是在肺炎克雷伯菌和铜绿假单胞菌的耐药机制上。

参考文献

[1] MacKenzie F M, Forbes K J, Dorai-John T, et al. Emergence of a carbapenem-resistant *Klebsiella pneumoniae* [J]. Lancet, 1997, 350: 783.

[2] Bradford P A, Urban C, Mariano N, et al. Imipenem resistance in *Klebsiella pneumoniae* is associated with the combination of ACT-1, a plasmid-mediated AmpC β-lactamase, and loss of an outer membrane protein [J]. Antimicrob Agents Chemother, 1997, 41: 563-569.

[3] Stapleton P D, Shannon K P, French G L. Carbapenem resistance in *Escherichia coli* associated with plasmid-determined CMY-4 β-lactamase production and loss of an outer membrane protein [J]. Antimicrob Agents Chemother, 1999, 43: 1206-1210.

［4］ Rice L，Carias L，Hujer A，et al. High-level expression of chromosomally encoded SHV-1 β-lactamase and an outer membrane protein change confer resistance to ceftazidime and piperacillin-tazobactam in a clinical isolate of *Klebsiella pneumoniae* ［J］. Antimicrob Agents Chemother，2000，44：362-367.

［5］ Cao V T，Arlet G，Ericsson B M，et al. Emergence of imipenem resistance in *Klebsiella pneumoniae* owing to combination of plasmid-mediated CMY-4 and permeability alteration ［J］. J Antimicrob Chemother，2000，46：895-900.

［6］ Nikaido H. Preventing drug access to targets：cell surface permeability barriers and active efflux in bacteria ［J］. Semin Cel Dev Bio，2001，12：215-223.

［7］ Hooper D C. Efflux pumps and nosocomial antibiotic resistance：a primer for hospital epidemiologists ［J］. Clin Infect Dis，2005，40：1811-1817.

［8］ Thomson J M，Bonomo R A. The threat of antibiotic resistance in Gram-negative pathogenic bacteria：β-lactams in peril ［J］! Curr Opin Microbiol，2005，8（5）：518-524.

［9］ Elliott E，Brink A J，van Greune J，et al. In vivo development of ertapenem resistance in a patient with pneumonia caused by *Klebsiella pneumoniae* with an extended-spectrum β-lactamase ［J］. Clin Infect Dis，2006，42：e95-e98.

［10］ Quale，Bratu S，Gupta J，et al. Interplay of efflux system，*ampC*，and *oprD* expression in carbapenem resistance of *Pseudomonas aeruginosa* clinical isolates ［J］. Antimicrob Agents Chemother，2006，50：1633-1641.

［11］ Abraham E P，Levy S B. Molecular mechanisms of antibacterial multidrug resistance ［J］. Cell，2007，128：1037-1050.

［12］ Gutierrez O，Juan C，Cercenado E，et al. Molecular epidemiology and mechanisms of carbapenem resistance in *Pseudomonas aeruginosa* isolates from Spanish hospitals ［J］. Antimicrob Agents Chemother，2007，51：4329-4335.

［13］ Oteo J，Delgado-Iribarren A，Vega D，et al. Emergence of imipenem resistance in clinical *Escherichia coli* during therapy ［J］. Int J Antimicrob Agents，2008，32：534-537.

［14］ Martinez-Martinez L. Extended-spectrum β-lactamases and the permeability barrier ［J］. Clin Microbiol Infect，2008，14（Suppl. 1）：82-89.

［15］ Mammeri H，Nordmann P，Berkani A，et al. Contribution of extended-spectrum AmpC（ESAC）β-lactamases to carbapenem resistance in *Escherichia coli* ［J］. FEMS Microbiol Lett，2008，282：238-240.

［16］ Doumith M，Ellington M J，Livermore D M，et al. Molecular mechanisms disrupting porin expression in ertapenem-resistant *Klebsiella* and *Enterobacter* spp. clinical isolates from the UK ［J］. J Antimicrob Chemother，2009，63：659-667.

［17］ Chen L R，Zhou H W，Cai J C，et al. Combination of IMP-4 metallo-β-lactamase production and porin deficiency causes carbapenem resistance in a *Klebsiella oxytoca* clinical isolate ［J］. Diagn Microbiol Infect Dis，2009，65：163-167.

［18］ Bennett J W，Mende K，Herrera M L，et al. Mechanisms of carbapenem resistance among a collection of *Enterobacteriaceae* clinical isolates in a Texas city ［J］. Diagn Microbiol Infect Dis，2010，66：445-448.

［19］ Wang J，Zhou J Y，Qu T T，et al. Molecular epidemiology and mechanisms of carbapenem resistance in *Pseudomonas aeruginosa* isolates from Chinese hospitals ［J］. Int J Antmicrob Agents，2010，35：486-491.

［20］ Yang Q，Wang H，Sun H，et al. Phenotypic and genotypic characterization of *Enterobacteriaceae* with decreased susceptibility to carbapenems：results from large hospital-based surveillance studies in China ［J］. Antimicrob Agents Chemother，2010，54：573-577.

［21］ Gootz T D. The global problem of antibiotic resistance ［J］. Crit Rev Immunol，2010，30（1）：79-93.

［22］ Park Y J，Yu J K，Park K G，et al. Prevalence and contributing factors of nonsusceptibility to imipenem or meropenem in extended-spectrum β-lactamase-producing *Klebsiella pneummoniae* and *Escherichia coli* ［J］. Diagn Microbiol Infect Dis，2011，71：87-89.

［23］ 胡湘云. 微生物学基础 ［M］. 北京：化学工业出版社，2015：24.

［24］ Medeiros A A，O'Brien T F，Rosenberg E Y，et al. Loss of OmpC porin in a strain of *Salmonella typhimurium* causes increased resistance to cephalosporins during therapy ［J］. J Infect Dis，1987，156：751-757.

［25］ Pangon B，Bizet C，Bure A，et al. In vivo selection of a cephamycin-resistant，porin-deficient mutant of *Klebsiella pneumoniae* producing a TEM-3 β-lactamase ［letter］［J］. J Infect Dis，1989，159：1005-1006.

［26］ Nikaido H. Molecular basis of bacterial outer membrane permeability revisited ［J］. Microbiol Mol Biol Rev，2003，67：593-656.

［27］ Trias J，Nikaido H. Outer membrane protein D2 catalyzes facilitated diffusion of carbapenems and penems through the outer membrane of *Pseudo-*

monas aeruginosa [J]. Antimicrob Agents Chemother, 1990, 34: 52-57.

[28] Vila J, Marti S, Sanchez-Cespedes J. Porins, efflux pumps and multidrug resistance in *Acinetobacter baumannii* [J]. J Antimicrob Chemother, 2007, 59: 1210-1215.

[29] Jacoby G A, Mills D M, Chow N. Role of β-lactamases and porins in resistance to ertapenem and other β-lactams in *Klebsiella pneumoniae* [J]. Antimicrob Agents Chemother, 2004, 48: 3203-3206.

[30] Livermore D M. Interplay of impermeability and chromosomal β-lactamase activity in imipenem-resistant *Pseudomonas aeruginosa* [J]. Antimicrob Agents Chemother, 1992, 36: 2046-2048.

[31] Livermore D M. Of *Pseudomonas aeruginosa*, porins, pumps and carbapenems [J]. J Antimicrob Chemother, 2001, 47: 247-250.

[32] Pai H, Kim J W, Kim J, et al. Carbapenem resistance mechanisms in *Pseudomonas aeruginosa* clinical isolates [J]. Antimicrob Agents Chemother, 2001, 45: 480-484.

[33] Domenech-Sanchez A, Martinez-Martinez L, Hernandez-Alles S, et al. Role of *Klebsiella pneumoniae* OmpK35 porin in antimicrobial resistance [J]. Antimicrob Agents Chemother, 2003, 47: 3332-3335.

[34] Bornet C, Saint N, Fetnaci L, et al. Omp35, a new *Enterobacter aerogenes* porin involved in selective susceptibility to cephalosporins [J]. Antimicrob Agents Chemother, 2004, 48: 2153-2158.

[35] Martinez-Martinez L, Hernandez-Alles S, Alberti S, et al. In vivo selection of porin-deficient mutants of *Klebsiella pneumoniae* with increased resistance to cefoxitin and expanded-spectrum cephalosporins [J]. Antimicrob Agents Chemother, 1996, 40: 342-348.

[36] Bellido F, Vladoianu I R, Auckenthaler R, et al. Permeability and penicillin-binding protein alterations in *Salmonella muenchen*: stepwise resistance acquired during β-lactam therapy [J]. Antimicrob Agents Chemother, 1989, 33: 1113-1115.

[37] Rodriguez-Martinez J M, Poirel L, Nordmann P. Molecular epidemiology and mechanisms of carbapenem resistance in *Pseudomonas aeruginosa* [J]. Antimicrob Agents Chemother, 2009, 53: 4783-4788.

[38] Wolter D J, Hanson N D, lister P D. Insertional inactivation of *oprD* in clinical isolates of *Pseudomonas aeruginosa* leading to carbapenem resistance [J]. FEMS Microbiol Lett, 2004, 236: 137-143.

[39] Hernandez-Alles S, Benedi S V J, Martinez-Martinez L, et al. Development of resistance during antimicrobial therapy caused by insertion sequence interruption of porin genes [J]. Antimicrob Agents Chemother, 1999, 43: 937-939.

[40] Strateva T, Ouzounova-Raykova V, Markova B, et al. Problematic clinical isolates of *Pseudomonas aeruginosa* from the university hospitals in Sofia, Bulgaria: current status of antimicrobial resistance and prevailing resistance mechanisms [J]. J Med Microbiol, 2007, 56 (Pt 7): 956-963.

[41] Rodriguez-Martinez J M, Poirel L, Nordmann P. Molecular epidemiology and mechanisms of carbapenem resistance in *Pseudomonas aeruginosa* [J]. Antimicrob Agents Chemother, 2009, 53: 4783-4788.

[42] De E, Basle A, Jaquinod M, et al. A new mechanism of antibiotic resistance in *Enterobacteriaceae* induced by a structural modification of the major porin [J]. Mol Microbiol, 2001, 41: 189-198.

[43] Martinez-Martinez L, Pascual A, Conejo M C, et al. Energy-dependent accumulation of norfloxacin and porin expression in clinical isolates of *Klebsiella pneumoniae* and relationship to extended-spectrum β-lactamase production [J]. Antimicrob Agents Chemother, 2002, 46: 3926-3932.

[44] Hernanndez-Alles S, Conejo M C, Pascual A, et al. Relationship between outer membrane alterations and susceptibility to antimicrobial agents in isogenic strains of *Klebsiella pneumoniae* [J]. J Antimicrob Chemother, 2000, 46: 273-277.

[45] Hernandez-Alles S, Alberti S, Alzarez D, et al. Porin expression in clinical isolates of *Klebsiella pneumoniae* [J]. Microbiology, 1999, 145: 673-679.

[46] Domenech-Sanchez A, Martinez-Martinez L, Hernandez-Alles S, et al. Role of *Klebsiella pneumoniae* OmpK35 porin in antimicrobial resistance [J]. Antimicrob Agents Chemother, 2003, 47: 3332-3335.

[47] Lartigue M F, Poirel L, Poyart C, et al. Ertapenem resistance of *Escherichia coli* [J]. Emerg Infect Dis, 2007, 13: 315-317.

[48] Szabó D, Siveira F, Hujer A M, et al. Outer membrane protein changes and efflux pump expression together may confer resistance to ertapenem in *Enterobacter cloacae* [J]. Antimicrob Agents Chemother, 2006, 50: 2833-2835.

[49] Woodford N, Dallow J W, Hill R L, et al. Ertapenem resistance among *Klebsiella* and *Enterobacter* submittd in the UK to a reference laboratory [J]. Int J Antimicrob Agents, 2007, 29: 456-459.

[50] Crowley B, Benedi V J, Domenech-Sanchez A. Expression of SHV-2 β-lactamase and of reduced amounts of OmpK36 porin in *Klebsiella pneumoniae*

results in increased resistance to cephalosporins and carbapenems [J]. Antimicrob Agents Chemother, 2002, 46: 3679-3682.

[51] Bornet C, Davin-Regli A, Bosi C, et al. Imipenem resistance of *Enterobacter aerogenes* mediated by outer membrane permeability [J]. J Clin Microbiol, 2000, 38: 1048-1052.

[52] Hopkins J M, Towner K J. Enhanced resistance to cefotaxime and imipenem associated with outer membrane protein alterations in *Enterobacter aerogenes* [J]. J Antimicrob Chemother, 1990, 25: 49-55.

[53] Yoshimura F, Nikaido H. Diffusion of β-lactam antibiotics through the porin channels of *Escherichia coli* K-12 [J]. Antimicrob Agents Chemother, 1985, 27: 84-92.

[54] Nestorovich E M, Danelon C, Winterhalter M, et al. Designed to penetrate: time-resolved interaction of single antibiotic molecules with bacterial pores [J]. Proc Natl Acad Sci USA, 2002, 99: 9789-9794.

[55] Basle A, Rummel G, Storici P, et al. Crystal structure of osmoporin OmpC from *E. coli* at 2Å [J]. J Mol Biol, 2006, 362: 933-942.

[56] Pages J M, James C E, Winterdhalter M. The porin and the permeating antibiotic: a selective diffusion barrier in Gram-negative bacteria [J]. Nat Rev Microbiol, 2008, 6: 893-903.

第七章

外排泵介导的细菌耐药

已如前述，多种耐药机制可介导针对一种类别抗菌药物耐药，而一种耐药机制亦可介导针对多种类别抗菌药物耐药。从表型上说，多个耐药基因蓄积在一个质粒上也可造成多药耐药表型，但从本质上说，这些耐药基因代表着截然不同的耐药机制，因此，一种耐药机制造成多类抗菌药物耐药最突出的例子非外排泵莫属，换言之，多药耐药在很大程度上是膜转运蛋白演绎出的故事。一般来说，细菌耐药由 3 个范畴所介导：①抗生素靶位的改变或保护；②药物接近靶位通路的改变；③抗菌药物的灭活。尽管耐药机制有许多种，但耐药无外乎是由于这 3 种范畴中的一种机制或更多种机制联合所致。在所有耐药机制中，最后被鉴定出的耐药机制就是外排系统，这在很大程度上与人类对细菌细胞膜蛋白的认识较晚有关。现已清楚的是，尽管一些药物外排泵转运特异性底物，但许多外排泵则是多种底物的转运蛋白。这些多药外排泵常常能转运各种各样结构无关的疏水性化合物，范围可从各种染料到脂质类。多药转运蛋白对于许多相对亲脂的、平面的分子具有相似的（但不完全一样的）多专一性。这些特征也是许多生物活性药物特征的写照（图7-1）。

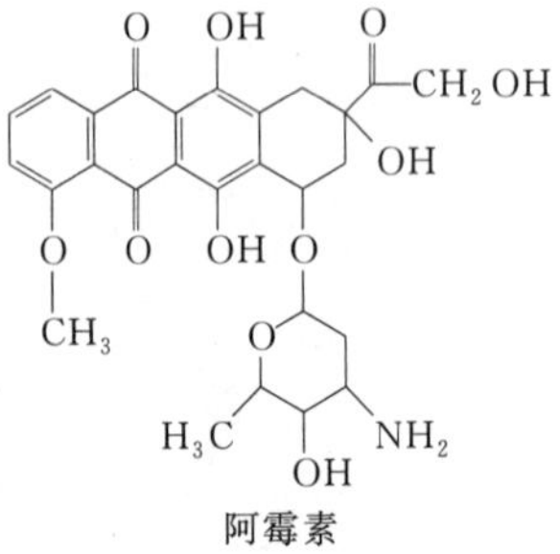

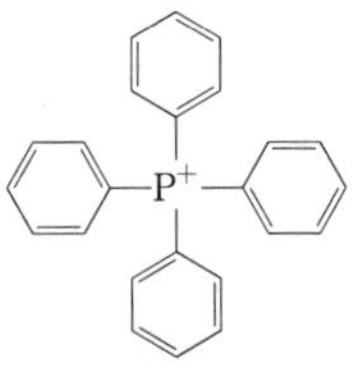

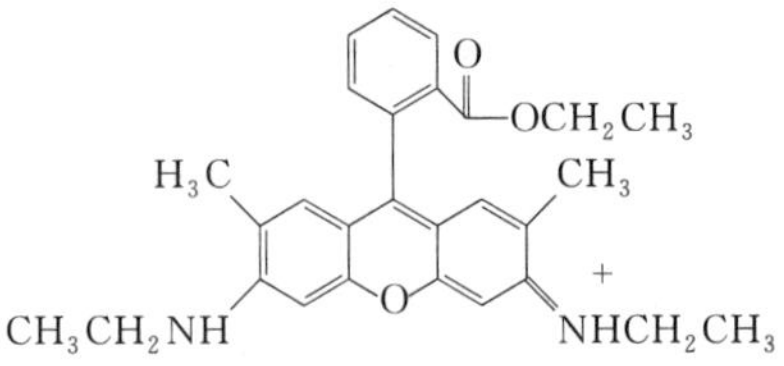

图 7-1 多药转运蛋白的底物
[引自 Higgins C F. Nature, 2007, 446（7137）：749-757]

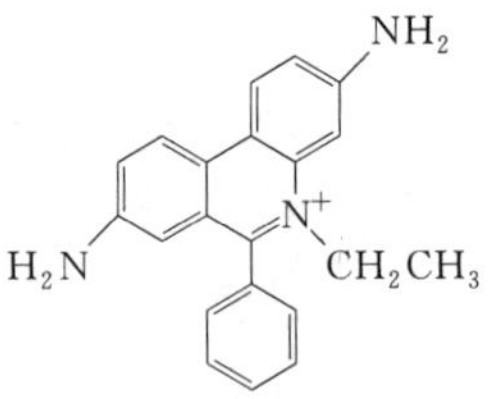

多药转运蛋白具有程度不同的多专一性。它们的底物分享一些共同的特征：平面的、杂环的和亲脂的化合物，分子量不超过 800Da，常常是弱阳离子

众所周知，革兰阴性菌区别于革兰阳性菌最大的特征就是它们具有外膜这一结构，外膜的致密结构大大地限制了各种物质进入周质间隙或胞浆中，这就是所谓的外膜通透性屏障。所以，当观察到很多种革兰阴性菌针对各种抗菌药物的固有耐药现

象时，人们自然而然地就把这种固有耐药或不敏感归因于细菌外膜的不通透，由此造成抗菌药物在周质间隙中或细胞内浓度减少，不足以发挥抗菌作用。孔蛋白的发现以及孔蛋白的各种改变确实会造成耐药的增高，从而使得人们对这样的解释深信不疑，或者说，用这种机制解释某些抗菌药物的固有耐药很方便且不易引起争议。然而，在 20 世纪 70 年代中后期，Levy 和 McMurry 发现，大肠埃希菌针对四环素耐药是位于染色体外的 DNA 元件——质粒所编码。在许多细菌中，特别引人注目的是肠杆菌科细菌、假单胞菌和葡萄球菌，质粒介导的四环素耐药是可诱导的，与可诱导的耐药同步出现的是一种质粒编码的内膜蛋白的可诱导合成，这种蛋白当时被称作 TET 蛋白（tetracycline）。虽然说四环素耐药的机制还不清楚，但显然这种 TET 蛋白不是酶，因为在耐药细菌细胞内抗生素根本没有被降解。实验证实，在敏感细胞和耐药细胞之间，摄入的差异只有大约 10 倍，但敏感性却下降到 $1/200 \sim 1/100$。因此，仅仅依靠摄入减少来解释敏感性如此之多的降低并不能令人信服。耐药细胞或许通过一个能量依赖的机制（但不是 ATP 依赖的机制）来阻断四环素的进入或促进四环素的外排。相继，这组学者在大肠埃希菌质粒上鉴定出编码四环素耐药的 4 种决定子，它们与抗生素在整个细胞内蓄积的降低有关联，是能量依赖性的关联，并且最终证实这种在药物蓄积上的降低是一种主动外排的结果。这就是外排泵介导抗生素耐药最早的实证。不过，由 P-糖蛋白所介导的药物外排最初在哺乳动物癌细胞上被发现，甚至在时间上要早过 TET 在大肠埃希菌上的发现。早年，在细菌中各种物质转运研究集中关注的是各种物质特别是营养物如何进入细胞内，早期很多关于孔蛋白的研究就是如此。通透性的研究只是涉及细菌细胞的外膜，也就是只牵涉到革兰阴性菌，而外排转运蛋白既存在于细菌细胞外膜上，也存在于细菌细胞内膜或胞浆膜上，换言之，关于外排转运蛋白的研究既包括革兰阴性菌，也包括革兰阳性菌。细菌外膜通透性的研究始于 20 世纪的 $60 \sim 70$ 年代，在时间上要稍早于外排转运蛋白研究，但孔蛋白的发现是在 70 年代中期，这也正是 Levy 等发现四环素外排的时期。因此，细菌外排的研究和孔蛋白的研究在时间上是同时起步的。经过几十年的不懈努力，人们对细菌外排泵的种类、结构、分布、底物专一性、外排机制、对抗菌药物耐药的贡献、外排蛋白表达调节和外排抑制剂都有了相当深入研究。

自从 Levy 等发现了四环素外排以来，越来越多的学者开始投身于这个领域的研究，主动外排作为一种解释降低药物蓄积的机制也愈加被人们认同。随着越来越多的外排泵被鉴定出，人们才逐渐意识到外排机制实际上已经参与了很多革兰阴性菌针对抗菌药物的固有耐药，甚至很多新近开发的抗菌药物也未能幸免。事实上，外膜本身的低通透性并不是一个足具说服力的解释，这是因为大多数药物分子甚至在不足一分钟内跨过铜绿假单胞菌的相当不通透的外膜而实现平衡。现已证实，很多革兰阴性菌的固有耐药是外膜屏障与广特异性的多药外排泵之间协作的结果。例如，众所周知，噁唑烷酮类的利奈唑胺以及酮内酯类的达托霉素都是抗革兰阳性菌制剂，它们都可用于治疗 MR-SA 和 VRE 所致感染，这些新抗菌药物却不具有针对革兰阴性菌如铜绿假单胞菌的抗菌活性。最初，人们也将这一现象归因于铜绿假单胞菌外膜的低通透性。然而，当铜绿假单胞菌中编码 RND 型外排泵基因 mexB 被敲除后，铜绿假单胞菌表现出对这两种制剂的敏感性。由此看来，外排也一定参与铜绿假单胞菌针对这两种抗菌药物的固有耐药，更可能的是，外排和低通透性相互作用共同造成了这种固有耐药。此外，大肠埃希菌 AcrAB-TolC 的灭活也赋予细菌对利奈唑胺敏感。大多数革兰阴性菌的野生型菌株对大多数亲脂性抗菌药物耐药（例如大肠埃希菌，这些抗菌药物包括青霉素、苯唑西林、氯唑西林、萘夫西林、大环内酯类、新生霉素、利奈唑胺和夫西地酸），并且这种固有耐药常常被认为是这些药物被外膜屏障排斥所引起。实际上，破坏外膜屏障确实使得大肠埃希菌细胞对上述药物敏感。然而，主要的和在组成上表达的 RND 泵 AcrB 的灭活致使这些细菌对这些药物几乎完全敏感（一种亲脂性青霉素苯唑西林的 MIC 从在野生型 $512\mu g/mL$ 直降至仅有 $2\mu g/mL$），甚至在完整的外膜屏障存在的情况下也是如此。因此，革兰阴性菌的特征性固有耐药也可能是由于 RND 泵和外膜屏障共同造成。

除了参与固有耐药之外，主动外排现在被认为是在许多细菌菌种对抗菌药物耐药中起着主要作用。药物特异性外排（例如，四环素的外排）已经被认为是革兰阴性菌针对这种药物耐药的主要机制。多药外排泵在金黄色葡萄球菌针对防腐剂耐药上，以及金黄色葡萄球菌和肺炎链球菌针对氟喹诺酮的耐药上都起着主要作用。很多外排泵底物范围很宽泛，既包括几乎所有种类的抗菌药物，甚至连原来以为不是多药耐药外排泵底物的氨基糖苷类也被囊括其中，当然也包括其他一些毒性物质，如染料、去污剂、消毒剂和杀虫剂等，而且随着时间推移，这个底物名单越来越长。那样过度产生泵的突变体也可以通过使用防腐剂和杀虫剂而选择出来，这些防腐剂和杀虫剂越来越多地被掺入家庭日用消费品中。杀虫剂的发展和使用与抗菌药物耐药之间的关联性不应该被忽视。多药转运蛋白一直困扰研究人员，这是因为它们所拥有排出多种结构上不相似的毒性化疗药物的能力。然而，那些不太可能被传统机制引起耐药的高级制剂，如氟喹诺酮类和最新一代β-内酰胺类抗生素，它们可能选择出过度产生这些泵的突变体，并且致使细菌只需一步就对实际上所有类别的抗菌药物耐药。基因组学研究结果已经揭示，外排泵在整个自然界的所有类型细胞中无处不在，从原核细胞到真核细胞，从细菌到人类。外排泵基因及其编码的外排蛋白既存在于抗菌药物敏感细菌中，也存在于抗菌药物耐药细菌中。迄今为止，超过100种细菌的基因组序列分析已经揭示，被预测的多药外排转运蛋白在自然界是丰富的，在一个细菌的所有转运蛋白中它们的构成平均超过了10%。一些外排泵系统能够被它们的底物所诱导，以至于一个完全敏感的菌株能够借助过度产生一个泵而变得耐药。外排泵突变介导的抗菌药物耐药依赖于两个机制中的一个：①外排泵蛋白表达增加；②这种蛋白质含有一个（或多个）氨基酸置换，后者使得外排蛋白在泵出时更高效。在每一种情况下，底物抗菌药物的细胞内浓度均被降低，敏感性自然也就随之下降。

编码外排泵的基因能被发现在染色体上，也可在可转移的遗传元件如质粒上（例如，*tet* 和 *qac* 基因）。不过，大多数多药耐药外排泵都是由染色体编码。在许多情况下，这些染色体编码外排泵的表达是由调节基因的突变所致。对比而言，药物特异性的外排机制一般来说被质粒和/或其他可移动遗传元件（转座子、整合子）所编码，这些遗传元件还携带额外的耐药基因，因此它们的易于获得被它们与多药耐药的关联所混合。近十几年来，质粒介导的氟喹诺酮耐药正越来越多地被观察到，让人意想不到的是，人们发现了一种质粒介导的外排基因 *qep*。细菌进化出各种耐药机制的能力再次让人感到震惊。

在原核生物，药物和其他细胞毒性化合物的排出大多是由外排泵执行，在这些泵中，药物外排过程与一个质子（H^+）的流入偶联在一起。这些外排泵常常被称为 H^+ 反向转运体。当然，也有的外排泵利用其他的能量供应。抗菌药物外排体现出3个特征。第一，一些外排蛋白识别不同类别的抗菌药物，RND家族转运蛋白就是如此，并且这也是一些细菌针对显然结构各异药物交叉耐药的基础。第二，某一菌种（典型的是铜绿假单胞菌和大肠埃希菌）或许表达极其不同的药物转运蛋白，这就再一次导致多药耐药表型的出现。第三，某种抗菌药物或许被不同的泵识别，并且一些抗菌药物类别如四环素类、大环内酯类、氟喹诺酮类和氯霉素作为极为普遍的底物而出现。在外排药物的过程中，甚至存在着"接力"的现象。一种泵将药物从胞浆中泵入到周质间隙，另一种泵将药物从周质间隙泵出到细胞外基质中。

各种外排泵的结构彼此差异很大。有些外排泵只是由单一组件构成（如 SMR 泵），而有些外排泵则是由三组件组成（如 RND 泵），这三个组件在运行外排机制时统筹协调，共同完成从底物识别、结合到排出这一复杂的过程。外排泵是在 20 世纪 70 年代中后期被发现，但外排泵究竟在细菌中存在了多长时间仍不得而知。众所周知，细菌已经在地球上存活了 30 多亿年，那么，在如此漫长的进化过程中细菌一定遭受到各种有毒物质的侵害，外排可能就是应对这样的危机而进化出来。活细菌不断地受到来自环境中的有害化学物质的攻击。因为这些"异生素"的多样性，细胞的存活机制必须要处置种类繁多的分子。从这个意义上说，细菌外排泵肯定不仅仅是为了抗菌药物耐药而生，它们一定还有其他一些很重要的生理学作用，因为人类大规模使用抗菌药物不足百年历史。这些多药外排泵最主要的作用就是为细胞提供了一种防御毒性化学物质的机制。

由于药物增加主动外排的机制是一个较大的担忧，特别是因为一个单一种类的多药外排泵就能产生出对很多种药物的同步耐药。此外，外排也与其他耐药机制协同，从而将耐药提高到具有临床意义的水平。因此，如何遏制外排的作用也被提到了议事日程中，人们能将外排泵看作是潜在有效的抗菌药物靶位。通过外排泵抑制剂对外排泵的抑制会恢复一种易于外排的制剂的活性，但尽管已经筛选出了很多种外排泵抑制剂（efflux pump inhibitor，EPI）分子，但迄今为止还没有一个制剂进入临床试验研究阶段。另一个可替代的方法是发展会绕过外排泵作用的抗菌药物。当然，这并非易事，既需要远见卓识，更需要运气。因为外排泵越来越多地被鉴定出，一种新研发的药物可能躲避了一种外排泵的识别和捕获，但却可能又成为其他外排泵的底物。比如，从大范畴上讲，苷氨酰环素类中的替加环素属于四环素类衍生物，它成功地躲过了各种 Tet 型外排泵，但却被 RND 型外排泵 MexXY-OprM 识别和捕获。因此，替加环素不能用于治疗铜绿假单胞菌感染。再如，四代头孢菌素头孢吡肟并不是铜绿假单胞菌常规表达的 MexAB-OprM 的底物，但它也被 MexXY-OprM 泵外排。

细菌药物外排系统牵涉到一个庞大的知识体系。然而，尽管本书的重点是介绍 β-内酰胺酶介导的细菌耐药，但我们在此章节中也较全面地介绍外排泵介导耐药的相关知识，因为外排系统也介导针对很多种 β-内酰胺类抗生素的耐药。总之，这些转运蛋白呈现给人们许多智力性和实验性挑战，通过学习相关知识，我们也会进一步体会出细菌发展耐药的多样性本领。

第一节　细菌外排泵的种类和基本结构特征

截至目前，根据大小以及在一级结构和二级结构上的相似性，人们已经在细菌中鉴定出 5 个转运蛋白的截然不同的（超）家族，每个（超）家族都包含了很多成员：

① ABC 超家族——ATP 结合盒超家族〔the ATP-binding cassette（ABC）superfamily〕。

② MF 超家族——较大的易化蛋白超家族（the major facilitator superfamily）。

③ MATE 家族——多药和毒性化合物排出家族（the multidrug and toxic compound extrusion family）。

④ SMR 超家族——小型多药耐药超家族（the small multidrug resistance superfamily）。

⑤ RND 超家族——耐药-结节-分裂超家族（the resistance-nodulation-division superfamily）。

传统观念认为，革兰阳性菌拥有 4 种类型外排系统，分别是 ABC 超家族、MF 超家族、MATE 家族以及 SMR 超家族，而革兰阴性菌则只拥有 3 种类型外排系统，分别是 RND 超家族、ABC 超家族和 MF 超家族（也称为 MFS 家族），它们共同拥有的是 ABC 超家族和 MF 超家族。然而，最新资料证实，革兰阴性菌并不仅仅具有 3 种类型外排系统，而是具有 5 种类型外排系统，例如大肠埃希菌单一菌种就拥有 37 个外排泵，它们涵盖了上述 5 种类型外排系统。所有这些外排系统都与抗菌药物外排关联，但关联性密切的外排系统有 ABC 超家族、RND 超家族和 MATE 家族。由于 RND 外排系统跨越周质间隙和细菌外膜，而革兰阳性菌缺乏这两个细胞结构，所以，革兰阳性菌不具有 RND 外排系统（图 7-2）。

此外，图 7-2 也显示除了 MATE 家族外，其他 4 种类型外排系统均通过质子流入提供能量，MATE 外排系统除了质子流入之外，还通过 Na^+ 梯度提供能量。在革兰阳性菌，MFS 转运蛋白作为单聚体起作用，而在革兰阴性菌，MFS 外排系统能作为三组件系统的组成部分和额外的膜融合蛋白（MFP）以及外膜通道蛋白组合在一起发挥作用，如大肠埃希菌的 EmrAB-TolC。外排不是简

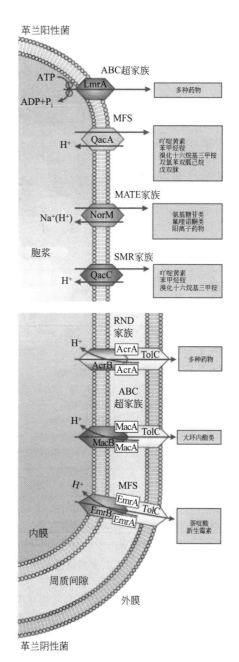

图 7-2 多药耐药外排泵

（引自 Piddock L J. Nat Rev Microbiol，2006，4：629-636）

由革兰阴性菌表达的多药耐药外排泵通常有多个组件并且外膜蛋白典型是 TolC

单的扩散，而是需要能量驱动的转运过程，能量抑制剂能增加药物在细胞内的蓄积，这也是外排被称作主动外排的原因。目前，已经有 3 种提供能量的途径支撑这些药物外排过程。MFS、RND 和 SMR 都是由质子反向流动所介导的一种质子动力（proton motive force，PMF）所驱动，ABC 超家族

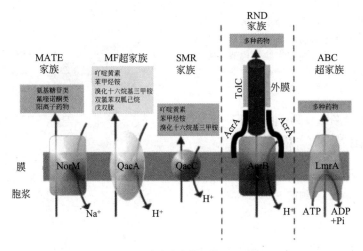

图 7-3　5 个家族外排泵的图示比较

［引自 Piddock L J V. Clin Microbiol Rev, 2006, 19 (2): 382-402］

表 7-1　**MFS 多药转运蛋白**

多药转运蛋白	细菌	多药转运蛋白	细菌
12-TMS 群			
Bcr		Blt	枯草杆菌
Bmr	大肠埃希菌	Cmr	谷氨酸棒状杆菌
EmrD	枯草杆菌		
LmrP	大肠埃希菌	MdfA(Cmr/CmrA)	大肠埃希菌
NorA	明串珠乳球菌	PmrA	肺炎链球菌
	金黄色葡萄球菌		
Tap	偶发分枝杆菌,结核分枝杆菌		
14-TMS 群			
Bmr3	枯草杆菌	EmrB	大肠埃希菌
LfrA	耻垢分枝杆菌	QacA	金黄色葡萄球菌
QacB	金黄色葡萄球菌	VceB	霍乱弧菌

注: 引自 Putman M, Van Veen H W, Konings W N, Mecrobiol Mol Biol Rev, 2000, 64: 972-993。

的药物外排泵通过水解 ATP 来提供能量, 而 MATE 的能量提供有 2 种方式, 一种是质子动力, 另一种是 Na^+ 梯度。根据生物能学和结构标准, 多药转运蛋白被分成 2 个主要的类别。二级多药转运蛋白利用质子和钠离子的跨膜电化学梯度来驱动从细胞内排出药物, 而 ATP 结合盒 (ABC) 型多药转运蛋白利用 ATP 水解的游离能量将药物泵出到细胞外。另外, 转运蛋白被如下两种方式中的一种来加以组织。它们或是作为单一组成元件的转运蛋白而出现, 来催化药物外排跨过胞浆膜, 或者是作为多组成元件系统而出现, 它们不仅含有胞浆膜转运蛋白, 而且也含有外膜通道蛋白和周质膜融合蛋白。后一种的三个组成元件作为一个整体来发挥功能, 以此来催化外排跨过胞浆膜和外膜 (图 7-3)。

一、MF 超家族 (MFS)

MFS 转运蛋白是由多个亚家族构成, 其中糖、代谢产物、磷酸酯、阴离子和药物转运蛋白数量最大。MFS 转运蛋白包括同向转运蛋白和逆向转运蛋白, 它们由电化学梯度所驱动, 主要是质子动力。MFS 转运蛋白通常由大约 400 个氨基酸构成, 这些氨基酸被推定排列成 12 个跨膜 α 螺旋片段 (transmembrane α-helical segmemt, TMS), 在 TMS 6 和 TMS 7 之间有一个大的胞质环。这些转运蛋白中的更少一部分具有一个推定的 14 个 TMS 的拓扑结构, 然而, 拥有 14 个 TMS 的 MFS 转运蛋白倾向于有一个小得多的胞质环。换言之, 从拓扑结构上讲, MFS 转运蛋白已经被分成 2 个亚家族, 它们分别拥有 12 个跨膜 α 螺旋和 14 个跨膜 α 螺旋转运蛋白 (表 7-1)。

由表 7-1 中可以看出, 金黄色葡萄球菌的 QacA

和 QacB 都含有 14 个跨膜 α 螺旋，这两种外排泵转运蛋白介导对防腐剂和消毒剂化合物耐药，并且它们在多药耐药金黄色葡萄球菌菌种中广泛存在。此外，它们也外排染料、季铵化合物和二胺化合物。大肠埃希菌的 EmrB 也具有 14 个 TMS，它可介导对抗菌药物的耐药。

MFS 被认为代表着最大组别的二级主动转运蛋白。迄今为止，已经在临床上重要的革兰阳性菌中被最深入研究的两个外排泵都是 MFS 成员：金黄色葡萄球菌的 NorA 和肺炎链球菌的 PmrA。MFS 转运蛋白拥有被完好鉴定特性的多药泵，包括枯草杆菌的 Bmr 和 Blt、大肠埃希菌的 MdfA、明串珠乳杆菌的 LmrP 以及金黄色葡萄球菌的 NorA 和 QacA。这些转运蛋白均是逆向转运蛋白，它们被认为作为单聚体而起作用。然而，在革兰阴性菌，MFS 外排系统能作为三组件系统的组成部分和额外的膜融合蛋白 MFP 以及外膜通道蛋白组合在一起发挥作用，如大肠埃希菌的 EmrAB-TolC 和 EmrKY-TolC（图 7-2）。这些系统使得转运蛋白能够高效地输出底物跨过革兰阴性菌的双膜，一些单组件 MFS 转运蛋白无此能力，它们只能将药物输出到周质间隙中。然而，后一种类型的转运蛋白甚至也能增加耐药，这是因为被输出到周质间隙的药物进一步被三组件 RND 泵捕获。

二、SMR 家族

SMR 家族转运蛋白是由质子动力驱动的药物/质子逆向转运蛋白。SMR 转运蛋白要比属于 MFS 超家族和 RND 超家族的转运蛋白小得多。在正常情况下，SMR 转运蛋白大约只有 100 个氨基酸，它们被推定排成 4 个 TMS，并且可能会以一种三聚体的形式发挥作用。SMR 家族含有超过 250 个成员，并且现在被分成 3 个亚类：小多药泵、成对的 SMR 蛋白和 groEL 突变体蛋白的抑制剂。SMR 蛋白或许在染色体上或许在质粒上被编码，可能与整合子有关联。SMR 转运蛋白只存在于原核细胞中。文献中报告较多的实例包括金黄色葡萄球菌的

Sme 蛋白以及大肠埃希菌的 EmrE 蛋白。被鉴定最充分的 SMR 泵是大肠埃希菌 EmrE，它是 SMR 转运蛋白的代表，是贡献对溴乙锭和甲基紫精耐药的一个多药转运蛋白。EmrE 似乎作为一个二聚体起作用。Nikaido 认为，就三维结构而言，EmrE 似乎主要作为一个对称的二聚体存在。另一种与 EmrE 几乎一样的来自铜绿假单胞菌的 SMR 多药泵近来已经被鉴定了特性，并且被显示在铜绿假单胞菌中针对溴乙锭、吖啶黄素和氨基糖苷类抗生素的固有耐药上起着一个重要的作用。SMR 的底物特异性没有被限制在去污剂上，并且能够扩展到临床相关的抗生素如氨基糖苷类上。尽管 EmrE 外排其底物只是进入周质间隙中，但它同样能引起有意义的耐药，这是因为这些底物随后被组成上的三组件 RND 泵如 AcrAB-TolC 所识别和捕获。截至 2000 年，已经被鉴定出的一些 SMR 多药外排转运蛋白见表 7-2。

三、MATE 家族

MATE 家族转运蛋白呈现出与 MFS 家族相似的一种膜拓扑结构，大小相似，并且通常由大约 450 个氨基酸构成，这些氨基酸被推定排列成 12 个 TMS，不过它们却与 MFS 超家族成员没有任何序列相似性。MATE 外排泵以副溶血弧菌 NorM 为代表，它含有 12 个推定的 TMS，并且正是根据这一点，它曾被建议是 MFS 的一个成员。然而，副溶血弧菌的 NorM 和大肠埃希菌的 YdhE 都与 MFS 家族成员根本没有同源性。Brown 等发现，NorM 和 YdhE 是一个以前未曾被鉴定家族的成员，该家族含有超过 30 个蛋白，被命名为多药和毒性化合物排出（MATE）家族。迄今为止，这是最后被鉴定出的一类外排泵家族。MATE 多药耐药外排泵已经被描述存在于各种细菌中，包括副溶血弧菌（NorM）、大肠埃希菌（YdhE）、霍乱弧菌（VcrM 和 VcmA）、多形类杆菌（BexA）、流感嗜血杆菌（HarM）、铜绿假单胞菌（PmpM）、难辨梭菌（CdeA）以及金黄色葡萄球菌（MepA），它们介导对阳离子染料、氨基糖苷类和氟喹诺酮类

表 7-2　SMR 多药转运蛋白

多药转运蛋白	细菌	多药转运蛋白	细菌
EbrA	枯草杆菌	EbrB	枯草杆菌
EmrC(MvrC)	大肠埃希菌	Mmr	结核分枝杆菌
QacE	革兰阴性菌	QacEΔ1	革兰阴性-阳性菌
QacG	葡萄球菌菌种	QacH	腐生葡萄球菌
Smr(Ebr/QacC/QacD)	金黄色葡萄球菌	YkkC	枯草杆菌
YkkD	枯草杆菌		

注：引自 Putman M，van Veen H W，Konings W N，Mecrobiol Mol Biol Rev，2000，64：972-993。

耐药。对于 MATE 外排泵，已经鉴定出两个能量来源：质子动力和钠离子梯度。MATE 泵也转运一些由 RND 泵转运的底物。然而，一个关键的区别特征是，RND 泵是三组件的，而 MATE 泵则不是。

这些 MATE 转运蛋白在细菌药物转运蛋白中是一个相对新的家族，因此在目前已知的所有药物外排家族中，MATE 转运蛋白是被鉴定特征最差的。关于它们的结构、调节或转运机制人们知之甚少，目前为止的大多数研究都是表述它们的存在和在有限细菌中被提供的耐药。这种局面可能会迅速改变，特别是因为 MATE 转运蛋白似乎在病原菌中在针对临床相关的抗菌药物耐药方面起着一个重要的作用。显然，MATE 转运蛋白值得进一步的研究。

四、ABC 转运蛋白

(一) 简介

ABC 超家族多药转运蛋白最早是从人细胞中被鉴定出，不过 ABC 转运蛋白从细菌到人都是保守的。和原核生物形成对比的是，在真核生物中外排的主要机制是依赖 ATP 水解来提供能量以驱动转运蛋白运行。许多这样的转运蛋白属于膜转运蛋白的 ABC 超家族。哺乳动物 P-糖蛋白（ABCB1）大概是所有 ABC 转运蛋白中被最充分鉴定特性的，当被过度表达时，它赋予癌细胞针对各种化疗药（如阿霉素、紫杉醇以及依托泊苷）的耐药。多药 ABC 转运蛋白也已经卷入到细菌针对抗菌药物耐药、真菌和寄生虫原虫针对药物的耐药以及植物针对除草剂的耐药之中。让人感兴趣的是明串珠乳球菌 ABC 转运蛋白 LmrA，这是在细菌中最早被发现的细菌 ABC 多药外排。当它在哺乳动物细胞中被过度表达时赋予多药耐药，这样的耐药与 P-糖蛋白赋予的耐药难以区别。尽管大多数 ABC 转运蛋白作为药物转运蛋白被发现，但它们转运的底物常常范围广，包括糖、氨基酸、离子、铁络合物、蛋白质、染料、离子载体肽、脂质和类固醇类等。ABC 转运蛋白超家族成员不仅在细菌中广泛分布，相关的转运蛋白也被发现存在于一些病原性真菌和寄生性原虫，在这些生物中，它们赋予对抗菌药物耐药。

(二) ABC 外排泵的晶型结构

一般来说，ABC 转运蛋白有 4 个截然不同的域：两个高度疏水的跨膜域（transmembrane domain，TMD）以及两个亲水的核苷酸结合域（nucleotide-binding domain，NBD）。每一个跨膜域通常都由 6 个推定存在的 TMS 组成。单个的域能作为独立的蛋白被表达，或者可能以各种方式被融合成多域多肽。所有 ABC 转运蛋白的最小功能单位都是由 4 个域组成。两个胞浆内的核苷酸结合域结合和水解 ATP 并且分享一个共同的蛋白折叠，这与其他 ATP 结合蛋白截然不同。近来，一个同源的细菌多药 ABC 转运蛋白金黄色葡萄球菌 Sav 1866 的高分辨率结构被确定。Sav 1866 结构与 P-糖蛋白的更低分辨率的结构和生化交联资料是一致的。两个 TMD 在膜上形成一个室，至少在 ATP 结合态的等同物上，这个室是朝细胞外打开的。这个室内被衬有疏水的和芳香族氨基酸，它们由一些 TMS 贡献。在完整的蛋白，两个 NBD 形成一个头-尾"三明治"二聚体，被对齐，以至于每一个 NBD 都接触到两个 TMD。两个 ATP 结合袋在 NBD 二聚体交界面被形成，来自每个单聚体的氨基酸贡献给每个 ATP 结合袋（图 7-4）。

五、RND 超家族

(一) 简介

众所周知，RND 外排泵是革兰阴性菌中最重要的外排系统之一，而且这一外排系统也介导细菌针对包括 β-内酰胺类在内的各种类别抗菌药物耐药。几乎所有临床重要的革兰阴性病原菌都具有 RND 外排系统。在 RND 超家族中，研究得最深入的外排系统就是大肠埃希菌的 AcrAB-TolC 以及铜绿假单胞菌的 MexAB-OprM 系列外排系统，尤其是铜绿假单胞菌的各个三组件外排系统与抗菌药物耐药的关联更加密切（表 7-3）。

RND 多药外排泵是最具临床关联意义的一个外排泵家族，特别是大肠埃希菌和铜绿假单胞菌的各种三组件外排系统。这些外排系统的底物谱很广，MexXY-OprM 甚至可以外排头孢吡肟（表 7-4）。

RND 型外排泵最初被认为是一个细菌特异性的转运蛋白超家族，但后来也在真核生物中被发现。RND 家族由至少 7 个性质截然不同的亚家族组成。RND 转运蛋白的一些成员催化药物/质子逆向转运。RND 药物转运蛋白通常由染色体编码，但重金属外排泵常常被质粒编码。RND 超家族转运蛋白比 MFS 超家族转运蛋白大得多，通常大约由 1000 个氨基酸残基构成。RND 型外排蛋白的二级结构被提出含有 12 个 TMS，在 TMS 1 和 TMS 2 以及 TMS 7 和 TMS 8 之间具有 2 个大的环。换言之，它们在 TMS 1 和 TMS 2 之间以及 TMS 7 和 TMS 8 之间具有大的周质和胞质外域。需要特别指出的是，革兰阳性菌不具有 RND 型外排蛋白，因革兰阳性菌不具有细胞外膜；只有革兰阴性菌含有这种类型的外排蛋白。RND 超

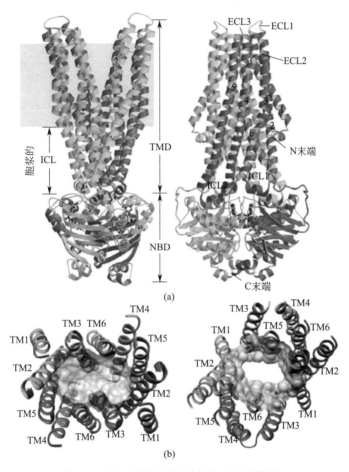

图 7-4 ABC 多药转运蛋白的结构（见文后彩图）

［引自 Higgins C F. Nature，2007，446（7137）：749-757］

本图以丝带形式显示出 Sav 1866 的骨架结构，它是一个同源二聚体并且两个单聚体被显示为黄色和青绿色。（a）垂直于膜的视图（剖面图）在两个方向呈现，彼此有恰当的角度。跨膜域（TMD）跨过脂质双层并且由总数 12 个跨膜 α 螺旋组成。核苷酸结合域（NBD）被暴露到膜的胞浆面，通过细胞内环（ICL）被连接到 TMD。一个亚单位的 6 个跨膜 α 螺旋被标记有数字。灰色方框提示脂质膜双层的可能位置。（b）与膜处于一个平面的视图，它显示出底物转位途径，这种转位从细胞内侧面（左图）到细胞外侧面（右图）。跨膜（TM）螺旋被计数并且中心腔被显示为灰色阴影

表 7-3 革兰阴性菌 RND 家族多药外排泵

细菌	外排系统各成分			调节剂	底物
	MFP	RND	OMP		
鲍曼不动杆菌	AdeA	AdeB	AdeC	AdeT，AdeSR	AG，CM，EB，FQ，NO，TC，TM
肿胀土壤杆菌？	IfeA	IfeB	？	IfeR	Coumestrol
	AmeA	AmeB	AmeC	AmeR	CB，DC，NO，SDS
Bradyrhizobium japonicum	RagD	RagC	？	RagAB	？
洋葱假单胞菌	CeoA	CeoB	CeoM		CM，FQ，TM
假鼻疽假单胞菌	AmrA	AmrB	OprA	AmrA	AG，ML
空肠弯曲杆菌	CmeA	CmeB	CmeC	Cj0368c	AP，CM，CT，EB，EM，NA，FQ，PR RF，TC
阴沟肠杆菌	AcrA	AcrB	TolC	AcrR	AC，CM，FQ，MC，NO，SDS TC
大肠埃希菌	AcrA	AcrB	TolC	AcrR，MarA，SoxS，Rob，SdiA	AC，BL，BS，CM，CV，EB，FA，ML，NO，OS，RF，SDS，TX
				？	AG，DC，FU，NO

续表

细菌	外排系统各成分			调节剂	底物
	MFP	RND	OMP		
	AcrA	AcrD	TolC	AcrS	与 AcrAB-TolC 相似
	AcrE	AcrF	TolC	BaeSR	DC,NO
	MdiA	MdiAB	TolC		
	(YegM)	(YegNO)		EvaAS	DC
	YhiU	YhiV	TolC	?	AC,CV,EB,EM,NO,RF
流感嗜血杆菌	AcrA	AcrB	TolC		SDS
				MtrR,MtrA	EB,FA,TX
淋病奈瑟菌	MtrC	MtrD	MtrE	?	FA,TX
	FarA	FarB	FarE	?	AC,EB,PU,RF,SDS
牙龈卟啉单胞菌	XepA	XepB	XepC	MexR,NalC	AC, AG, BL, CM, CV, EB, ML, NO, OS, SDS, SF, TC, TM, TR
铜绿假单胞菌	MexA	MexB	OprM	(PA3721)	CM,CP,FQ,TC,TR
	MexC	MexD	OprJ	nfxB	CM,FQ
	MexE	MexF	OprN	MexT	AG,ML,TC
	MexX	MexY	OprM	MexZ	
	(AmrA)	(AmrB)			Vanadium
	MexH	MexI	OprD	PA4203?	EM,TC,TR
	MexJ	MexK	OprM	MexL	OS
恶臭假单胞菌	SrpA	SrpB	SrpC	SrpSR	OS
	TtgA/ ArpA/	TtgB/ ArpB/	TtgC/ ArpC/	TtgR/ArpR/MepR	
	MepA	MepB	MepC		OS
	TtgD	TtgE	TtgF	?	OS
	TtgG	TtgH	TtgI	?	AG,BL,FQ
嗜麦芽窄食单胞菌	SmeA	SmeB	SmeC	SmeSR	
黏质沙雷菌	SmeD	SmeE	SmeF	SmeT	EM,FQ,OS ,TC
鼠伤寒沙门菌	?	MexF样?		?	FQ
	AcrA	AcrB	TolC	AcrR(STM0477)	BL,FQ

注：1. 引自 Li X Z，Nikaido H. Drug，2004，64 (2)：159-204。

2. AC—吖啶黄素；AG—氨基糖苷类；AP—氨苄西林；BL—β-内酰胺类；BS—胆盐；CB—羧苄西林；CM—氯霉素；CP—头孢菌素类；CT—头孢噻肟；CV—结晶紫；DC—脱氧胆酸盐；EB—溴乙锭；EM—红霉素；FA—脂肪酸；FQ—氟喹诺酮类；FU—夫西地酸；MC—丝裂霉素；ML—大环内酯类；NA—萘啶酸；NO—新生霉素；OS—有机溶剂；PR—精蛋白；PU—嘌呤霉素；RF—利福平；SDS—硫代硫酸钠；SF—磺胺类药；TC—四环素；TM—甲氧苄啶；TR—三氯生；TX—Triton X-100；? —未知。

表 7-4 一些和临床耐药具有关联意义的 RND 多药外排泵的特性

细菌	RND 泵	关联性		底物	调节子
		MFP	OMF		
大肠埃希菌	AcrB	AcrA	TolC	AC,BS,CM,CP,CV,EB,FA,FQ,ML, NO,OS,PN,SDS,TC,TM,TR,TX	AcrR,MarA,SoxS,Rob,SdiA
大肠埃希菌	AcrD	AcrA	TolC	AG,DC,FU,NO	BaeR
铜绿假单胞菌	MexB	MexA	OprM	AC,AG,CM,CP,CV,EB,ML,NO,OS, PN,SDS,SF,TC,TM,TR	MexR,NalC(PA3721),NalD
铜绿假单胞菌	MexD	MexC	OprJ	CM,CP,FQ,ML,NO,TC,TR	NfxB
铜绿假单胞菌	MexF	MexE	OprN	CM,FQ,TC	MexT
铜绿假单胞菌	MexY	MexX	OprM	AG,FQ,ML,TC,头孢吡肟	MexZ

注：1. 引自 Nikaido H. Annu Rev Biochem，2009，78：119-46。

2. AC—吖啶黄素；AG—氨基糖苷类；BS—胆盐；CM—氯霉素；CP—头孢菌素类；CV—结晶紫；DC—脱氧胆酸盐；EB—溴乙锭；FA—脂肪酸；FQ—氟喹诺酮类；FU—夫西地酸；ML—大环内酯类；NO—新生霉素；OS—有机溶剂；PN—青霉素类；SDS—硫代硫酸钠；SF—磺胺类药；TC—四环素；TR—三氯生；TX—Triton X-100。

家族多药外排泵是作为三组件系统而出现，这个三组件复合物横跨内外两层细胞膜。重要的是，这三个组成蛋白的每一个都是药物外排不可或缺的，甚至每一个组成蛋白的缺乏都会使得整个复合物完全丧失功能。这种三组件复合物的构建提示，这些

药物被直接输出到细胞外部的基质中，而不是进入周质间隙中。对于细菌细胞而言，这是一个巨大的优势，因为一旦被输出到外部空间，药物分子必须要跨越外膜才能再进入细胞中，因此，这些泵与外膜屏障协同发挥作用（图7-5）。

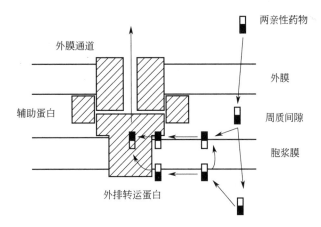

图 7-5 三组件泵复合物的一个示意图

（引自 Nikaido H，Takatsuka Y. Biochim Biophys Acta，2009，1794：769-781）

注意到兼性底物（在长方形中的空心和实心部分代表着底物分子的疏水和亲水部分）假设或是从周质间隙（或周质-胞浆膜交界面），或是从胞浆中（或胞浆-膜交界面）被捕获。就后一个过程而言，两个可能的途径被想象：一是底物首先被翻转到外表面，然后遵循常规的周质捕获途径；二是遵循一个不同的捕获途径，从胞浆中捕获

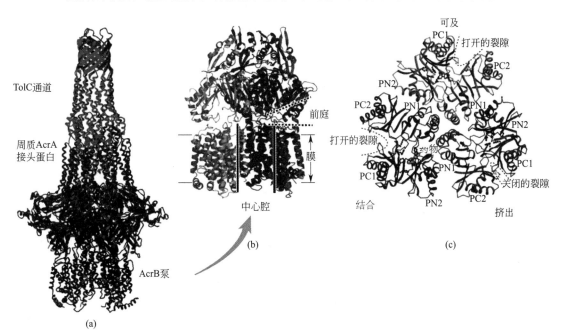

图 7-6 RND 型三组件复合物的模型（见文后彩图）

（引自 Nikaido H. Ann Rev Biochem，2009，78：119-146）

（a）该三组件外排泵 AcrB-AcrB-TolC 将药物直接排出到外部基质中。AcrB 泵三聚体的跨膜域被镶嵌在胞浆膜内，在此，其周质域借助一些周质 AcrA 接头蛋白被连接到 TolC 通道蛋白上。（b）AcrB 三聚体，每个原聚体以不同颜色被显示。大的中央腔（粗的黑线表示）通过原聚体之间的前庭（粗的点状线表示）被连接到周质间隙中。（c）非对称 AcrB 三聚体的周质域的顶部观。每一个原聚体的构象都具有特征性，打开的或关闭的外部裂隙。一个药物分子被观察到被结合到原聚体上

（二）RND 外排泵的晶型结构

RND 超家族外排蛋白（如大肠埃希菌的 AcrB 和铜绿假单胞菌的 MexB）在革兰阴性菌的多药耐药产生上起着一个重要的作用，这是因为这些泵与其他两类蛋白关联起来：外膜通道蛋白和周质"接头"蛋白，前者如大肠埃希菌的 TolC，它属于外膜因子（outer membrane factor，OMF）蛋白家族；后者如大肠埃希菌的 AcrA 和铜绿假单胞菌的 MexA，它们属于膜融合蛋白（membrane fusion protein，MFP）[图 7-6（a）]。RND 外排泵的这三个组件通过协同作用催化跨过质浆膜和外膜的底物外排。例如，大肠埃希菌和铜绿假单胞菌的代表性 RND 泵是 AcrAB-TolC 和 MexAB-OprM，其中 AcrB/MexB 是外排蛋白，AcrA/MexA 是周质膜融合蛋白，而 TolC/OprM 则是外膜通道蛋白。大肠埃希菌的 AcrAB-TolC 凭借质子动力驱动对胆盐、去污剂、有机溶媒和许多在结构上不相关的抗菌药物外排。大肠埃希菌三组件 RND 外排泵中的外排蛋白之所以被称为 AcrB，就是因为 Nakamura 在 1966 年发现，在大肠埃希菌染色体上所谓的 *acr* 突变导致对碱性染料、去污剂和抗菌药物超敏，这些物质具有不同的结构和不同的细胞靶位，后来就将这样的外排蛋白称作 AcrB。

（三）三组件 RND 外排泵的构成和相应功能

RND 外排泵由 3 个蛋白组件构成，它们分别是转运蛋白、膜融合蛋白和外膜通道蛋白。例如，在大肠埃希菌 RND 外排泵 AcrA-AcrB-TolC 三组件中，AcrB 是真正的外排转运蛋白，AcrA 是膜融合蛋白，而 TolC 则是外膜通道蛋白。这三种蛋白组件紧凑地组合起来协同发挥作用。下面我们就以大肠埃希菌 AcrAB-TolC 为例来说明三组件 RND 多药外排泵的结构。

1. 转运蛋白

大肠埃希菌 RND 多药外排泵中的 AcrB 转运蛋白是一个同源 AcrB 三聚体结构，其表面有一种"水母"样外观，由一个周质头盔和一个跨膜域（TMD）组成。这个头盔被一个长约 35Å 的发夹样结构牢牢地连接在一起，该发夹结构从每一个原聚体上面的头盔域凸出来并且插入下一个原聚体中。跨膜域含有 12 个 TMS。既然 AcrB 是三聚体，那么一共就有 36 个 TMS。已经有人提出，AcrB 的头盔部分与外膜通道蛋白 TolC 相互作用，从而形成了一个跨过周质间隙的连续通道。研究显示，在 TMS 1 和 TMS 2 以及 TMS 7 和 TMS 8 之间膨出并形成各种 RND 转运蛋白周质头盔的两个大的环，它们已经被显示在 RND 泵的药物识别上起着一个重要的作用。从特征上来讲，AcrB 含有大的

周质域，该域在大小上等同于跨膜域。以前报告的 AcrB 晶状结构显示它作为一个三聚体而存在，由与膜平行的三层构成：一个跨膜域、一个搬运工域（以前曾称之为微孔域）以及一个 TolC 接驳域。这些结构提示，AcrB 携带着来自周质的底物，通过在每一个原聚体之间的膜-周质边界的开口，并且从顶部漏斗将底物排出进入到 TolC 通道。膜融合蛋白 AcrA 以及其来自铜绿假单胞菌的同系物 MexA 的结构建议，AcrB-TolC 复合物被 AcrA 所包围。晶体学研究已经揭示，AcrB-药物复合物三个原聚体的每一个都具有一个不同的构象，各自对应的是转运周期（cycle）的三个功能状态。这些结构提示，药物被一个三步的、在功能上旋转的机制向外输出。

AcrB 的结构被显示在图 7-6（b）和图 7-6（c）。在这个三聚体的每一个亚单位上，周质域都采取了一个略微不同的构象。每一个都含有一个潜在的底物-识别部位。然而，在任何给定的时间上，只有一个部位被底物占据。第二个结合部位（挤出部位）向周质关闭，但朝向 TolC 接驳域打开，这就建议它已经释放底物进入到 TolC 通道中，由此被排出细胞。这是一种"部位交替"模型，其中，三个周质域中的每一个都依次采取三种构象中的一个构象，通过周质域将底物输送到 TolC 通道中并排出到细胞外基质中。底物通过每一个周质域的运动已经被描述为蠕动形式。在周质域中的三个荷电残基（天冬氨酸 407、天冬氨酸 408 和赖氨酸 940）介导质子运动，这三个残基在所有 RND 蛋白中都是保守的以及对于泵的功能是不可或缺的。

AcrAB-TolC 三组件这种结构显示，底物结合部位位于周质域，这就意味着 AcrB 从膜的外小叶或周质小叶"摄取"药物，将其泵出细胞。然而，这一提法有一个明显的悖论：AcrB 也从胞浆直接转运药物吗？当然，也有可能是另一种转运蛋白促进药物如同鸟儿拍动翅膀一样从内小叶移到外小叶，从那里，AcrB 将药物泵到细胞外基质中。

2. 膜融合蛋白

三组件转运蛋白复合物当然也包含膜融合蛋白（MFP）。AcrAB-TolC 中的 AcrA 就是膜融合蛋白，也有学者将它们称作"接头蛋白"。细菌基因组序列已经显示出这些 MFP 的多样性。AcrA 和 MexA 的早期晶型结构显示出 MFP 是拉长的分子，具有 3 个线性排列的域：β 桶、硫辛酰基和 α 螺旋发夹域。

AcrA 和 MexA 在泵复合物装配上起着一个关键作用。AcrA 调整 TolC 适配转运蛋白复合物。AcrA 功能的嵌合分析揭示出其 *C* 末端域在其与

AcrB 泵的相互作用上的重要性。在 MexA 的 N 末端和 C 末端上的突变都会损害 MexAB-OprM 外排活性。嵌合的、功能性的 AcrA-MexB-TolC 复合物的构建已经建议在底物接纳上存在着某种程度的柔性。尽管 MFP 在三联体复合物中常常仅被看作是起到一种"胶水"的作用，但它们或许拥有更重要的作用，即它们可以直接活化这种泵的功能。人们常说，AcrA 被认为在膜融合上起作用，但在转运事件本身上也具有一个更主动的，但确实了解得不太清楚的作用。目前人们普遍接受这样的提法，与内膜相关联的周质 MFP 构成了一个蛋白家族，这个蛋白家族参与大、小分子跨过革兰阴性菌外膜的转运。在革兰阳性菌、古细菌（archaea）和真核细胞中，根本没有任何功能性的 MFP 家族已经被鉴定出，不过在枯草杆菌中发现过一个同源物。MFS 在大小上相当均匀（大约 380～480 残基）。MFS 在完整细胞中对于药物外排是必不可少的。

3. 外膜通道蛋白

外膜通道蛋白也是三聚体蛋白，它们与外排蛋白和膜融合蛋白有机结合在一起发挥作用。外膜通道蛋白以大肠埃希菌的 TolC 和铜绿假单胞菌的 OprM 为代表，并且在各种家族的多组件转运蛋白中起到通道蛋白的作用。大肠埃希菌的 TolC 与一些异常宽范围的转运蛋白一起工作，这些转运蛋白属于 RND、MFS 和 ABC 家族，并且一个 *tolC* 突变体被发现在内源性卟啉的排出上是有缺陷的。在处于部分打开状态的 TolC 的晶型结构揭示出，α 螺旋桶末端的打开伴随着在 TolC 三聚体上的 3 个浅的内原体沟槽的暴露，并且与 MFP-AcrB 有 1 个接触点。OprM 和霍乱弧菌 VceC 的晶型结构目前可供参考。如同 TolC 一样，OprM 通道也是三聚体结构，并且由一个横跨外膜的 β 桶和一个周质间隙的 α 螺旋桶组成，总长度是 133Å，这个结构与早期的突变性分析是一致的。在一项交联研究中，无论是 OprM 还是 OprN 都形成三聚体，但 OprJ 却出人意料地被报告形成一个四聚体。

外膜通道蛋白与其他外排组件的相互作用已经被遗传学和生物化学证据所支持，如在 AcrA-TolC 之间、在 AcrA-AcrB-TolC 之间、在 AcrB-TolC 之间、在 MexA-OprM 之间以及在嵌合体之间的相互作用均已被证实。TolC 是一个孔样分子，它由一个 100Å α 螺旋孔和一个 40Å β 桶组成，前者横跨周质，后者横跨外膜。AcrB 将药物转位进入 TolC 孔中，借此，药物跨过周质和外膜。由于 TolC 能偶联许多不同的转运蛋白（除了 AcrB 以外），它起到一个通用的通道蛋白的作用，并且在

确定转运的专一性和定向性上几乎没有或根本不起作用。这些外膜通道蛋白呈现出相当均匀的大小（大约 400～500 个残基）。关于 RND 泵复合物的大多数知识都来自晶体学。因此，外膜通道 TolC 的结构在 2000 年被解析，接下来解析的是它的铜绿假单胞菌同源物 OprM 的结构。这些蛋白作为一个紧密编织的三聚体而存在。Murakami 等在 2002 年解析了 AcrB 三聚体的晶体学结构，对于一个质子反向转运蛋白来说这是第一个。Nikaido 等也曾相近地描述 TolC、AcrA 和 AcrB 的晶型结构（图 7-7）。周质部分至少和跨膜部分一样大，周质域的

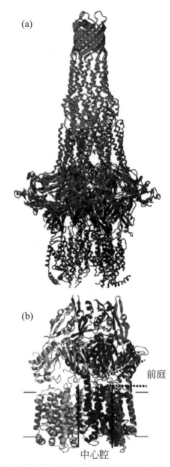

图 7-7　TolC、AcrA 和 AcrB 的晶型结构（见文后彩图）（引自 Nikaido H，Takatsuka Y. Biochim Biophys Acta，2009，1794：769-781）

（a）基于 X 型结晶体的三组件 TolC（红色）-AcrA（蓝色）-AcrB（绿色）结构；（b）AcrB 三聚体：每一个原聚体分别被显示为青绿色、紫红色和蓝色。大的中心腔（粗线表示）通过前庭（粗的点线）被连接到各个原聚体之间的周质间隙。被结合到中心腔顶部的底物分子（环丙沙星）被显示为绿色杆样形状。这一结构靠近中心的部分被切割掉，以便显示出前庭的存在

顶部（TolC 结合域）有一个维度，它与 TolC 的 α 螺旋束的尖端是相似的［图 7-7(a)，(b)］。接下来是对接头蛋白 MexA 和 AcrA 的中心腔（大约占据 2/3）结构的晶体学阐明［图 7-7(a) 中的蓝色］。三组件的所有三个组成部分分别的结构都是已知的，并且人们有可能提出这些蛋白是如何被组装在一起的。在那样的模型中，接头蛋白的卷曲螺旋被假定与外膜通道蛋白相互作用，这是一种假设，生化资料支持这种假设。采用 AcrA 同源物的嵌合结构的研究显示，C 末端域对于和 AcrB 相互作用是必不可少的。突变体研究也建议，邻接 AcrA 的这个末端的域含有 α+β 结构，它是与 RND 泵的周质域的相互作用的主要位点。

第二节 外排泵的外排机制

迄今为止，至少已经有 5 个外排泵家族被发现。由于这些外排泵家族结构各异，所以它们不可能采用同样的外排机制来排出底物，每一个外排泵家族应该拥有属于自己的外排机制。然而，从生物进化的角度上看，细菌不可能为每一个外排泵家族进化出特异性的外排机制，它们之间一定有很多共同之处。从目前研究结果来看情况也确实如此。一方面，与外膜孔蛋白的扩散不同，这些外排泵家族都是主动外排系统，是能量依赖的外排过程。尽管能量来源有细微差别，但主要是依靠质子动力提供能量。另一方面，革兰阳性菌的外排泵只需要跨过胞浆膜进行外排，而革兰阴性菌的外排需要跨越双层膜，它们的外排过程自然不能完全一样，但外排的机理是相通的。

一、底物结合

各种外排泵的外排机制都必须遵循的原则就是：底物可及（松弛）、结合（拉紧）和排出（打开）。膜转运的传统模式假定，一个转运蛋白首先要结合到被转运的底物上，然后经历一个构象的改变而迫使被结合的底物在膜的另一面解离。并不令人吃惊的是，一个多药转运蛋白的一个结合位点能与大量没有明显结构相似性的分子建立相互作用。重要的是，多药转运蛋白不是非特异性的，而是相当多特异性的（polyspecific）。尽管它们与许多不相似的分子相互作用，但结构相似的底物却常以明显不同的效力被转运，并且结构相关的抑制剂在它们的抑制活性上也表现出大的差异。首要的问题是，一个多药转运蛋白如何与那些根本没有辨别清楚相似性的（可能的意思是，这些分子具有某些相似性，但目前我们还没有发现）许多分子形成那样的相互作用呢？理论上讲，多药识别的分子学机制

在不同的转运蛋白家族中是大体相似的，不过根本没有从序列比较中找到对这种功能相似性的解释。对于各类外排泵而言，最让人感到困惑不解的就是许多外排转运蛋白所拥有的广的底物专一性，从表面上看，这种广的底物专一性与已经确立的生物化学的教义相矛盾。众所周知，β-内酰胺酶可以结合并水解各种各样的 β-内酰胺类抗生素，包括青霉素类、头孢菌素类、单环 β-内酰胺类和碳青霉烯类，然而，这些 β-内酰胺类抗生素看似种类繁多，但它们却拥有一个共同的结构——β-内酰胺环，这也正是各种 β-内酰胺酶水解的位点。所以说，这些 β-内酰胺类抗生素还是具有非常突出的结构相似性。这是我们对很多生物学传统教义的基本理解，这种专一性如同钥匙和锁那样适配。然而，很多外排泵似乎明显不同，它们的底物范围很广，重要的是，这些底物之间缺乏明显的结构相似性。因此，有些学者甚至将有些广底物专一性的外排泵称为"吸尘器"，意思是说这些外排泵似乎没有选择性，一股脑地将所有它们遇到的底物都排出细胞外。近来，对这些外排转运蛋白的结构分析显示，对多药外排这种令人困惑的现象未必需要多么高级的生物学原则就能加以解释。晶型研究结果提示，多药识别的基础是大的柔韧疏水腔的存在，这个疏水腔也就是底物结合袋，它能接纳经氢键和/或静电相互作用被结合的不同化合物。总之，多药转运蛋白广的特异性能被一个大的、疏水的、柔韧的中心腔的存在加以解释，这个中心腔能接纳具有不同的结构特征的底物，并且这个结合袋提法目前似乎是最可信的底物结合多专一性理论（图 7-8）。

由图 7-8 不难看出，转运蛋白三聚体可以同时都结合着底物，只是每个单聚体处在结合和转运的不同阶段。此外，还有一种现象发生的原因我们并不清楚，为什么有些泵能将一大类抗菌药物排出细胞外，但却对这一大类中的某一个药物无能为力呢？例如，铜绿假单胞菌 MexAB-OprM 能够外排很多种 β-内酰胺类抗生素，但为什么却不能外排头孢吡肟呢？但 MexXY-OprM 却能排出头孢吡肟。另外，很多种四环素类抗生素都能被各种 TET 蛋白外排，但四环素类衍生物苷氨酰环素中的替加环素却不是这些转运蛋白的底物，但是，铜绿假单胞菌的 RND 泵却能外排替加环素。如果能知晓其中的缘由必然会增加我们对外排系统运行机制的理解。

二、底物排出

底物结合后就进入排出程序，但这样的结合和外排一定是一个连续的过程，能量的提供也是不可或缺的。根据结构资料再加上全面的生化和遗传特

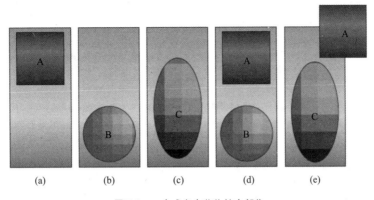

图 7-8 一个或多个药物结合部位

［引自 Higgins C F. Nature，2007，446（7137）：749-757］

一个单一的、大的药物结合部位能够接纳药物 A［面板（a）］，药物 B［面板（b）］或药物 C［面板（c）］。它也能同时结合药物 A 和 B［面板（d）］，等同于两个在药理学上截然不同的部位，但却不能同时结合 A 和 C［面板（e）］，等同于在药理学上单一部位

性鉴定结果，有些学者提出 ABC 外排泵转运的 ATP-开关模型。药物转运的驱动力是在 NBD 二聚体的两个主要构象之间的一个开关：ATP 结合诱导在每一个 NBD 内的刚体转动和一个关闭的二聚体的形成，这个二聚体带有两个分子 ATP，它们被夹括在这个二聚体交界面上。ATP 水解和无机磷酸盐（Pi）/ADP 释放返还这个二聚体到其打开的构象上。由于根本没有已经结合了底物的 ABC 转运蛋白的结构被获得，那么，底物结合部位的性质也只能依靠推论。药物从脂质双层的内小叶上结合在蛋白上的一个高亲和力部位上，它是一个中心腔室。这种说法与一个单一的、大的和柔性的结合袋的提法是平行的，而这个单一结合袋能够同时结合不止一种药物分子。

在所有外排泵外排机制研究中，RND 外排泵的外排机制研究得最多，这一大类外排泵同样遵守着底物可及、结合和排出的过程。在 RND 外排泵的三组件中，转运蛋白识别并结合底物。例如，在大肠埃希菌 RND 多药外排泵 AcrA-AcrB-TolC 三组件中，AcrB 是真正的外排转运蛋白，是三组件中的内膜组件。已如前述，外排转运蛋白如 AcrB 是三聚体，而在 AcrB-药物络合物中，三个原聚体中的每一个都有不同的构象。被结合的底物只是在三个原聚体中的一个被看到（"结合"原聚体）。从空白结合位点的一个出口朝向 TolC 漏斗打开，建议这个原聚体只是在底物排出后存在的形式（"排出"原聚体）。另一个空白结合位点看起来就像是底物结合之前的状态（"可及"原聚体）。药物首先凭借某种机制进入结合袋中。在这里，结合袋的出口被阻断。在排出的状态下，入口关闭，出口打开。借助结合袋的变形，被结合的药物被推出进入

这个漏斗内。这些改变可能和跨膜的质子移动偶联，并且或许被在跨膜域的赖氨酸 940、天冬氨酸 407 和天冬氨酸 408 的质子化作用和去质子化作用所诱导。在 AcrB 三聚体复合物中央，存在着一个贯通内外膜的孔道，是药物外排的最直接途径。通过复合物的构象改变，孔道可以定期开放或闭合。AcrB 的外周胞质环具有结合药物分子的作用。当 AcrB 与药物分子结合时，其构象发生改变，随之通过级联放大效应，进一步引起 AcrA 和 TolC 的构象相继发生改变，AcrA 和 TolC 相互接触，通道开放，药物经此通道排出细胞外。

需要特别强调的是，RND 外排泵可以输出那些不进入胞浆的底物。早期的研究就显示，这个转运蛋白甚至捕获那些不能穿透胞浆膜的底物，如双阴离子 β-内酰胺类抗生素，从而建议捕获能从周质中发生。在铜绿假单胞菌，主要的 RND 泵（后来被鉴定为 MexB）的过度表达产生针对 β-内酰胺类的耐药，这些 β-内酰胺类抗生素被认为仍然在周质间隙中，这是因为它们的靶位青霉素结合蛋白位于这一腔室中。我们实际上计量出了 β-内酰胺类抗生素在铜绿假单胞菌细胞内的分布。我们发现，单阴离子青霉素类和头孢菌素类如青霉素和头孢噻吩缓慢地跨越过胞浆膜并进入胞浆内。然而，双阴离子化合物如羧苄西林或头孢曲松不能跨越过胞浆膜，并且完全存留在周质间隙中。然而，羧苄西林是 RND 泵的好底物，这样一个观察促使我们得出如下结论，即 RND 泵能出人意料地捕获来自周质间隙的底物，来自周质-胞浆膜交界面的底物。最后，支持氨基糖苷类的周质捕获的强有力的证据通过 AcrD 的体外重构实验而获得。因此，周质捕获似乎明确无误地发生着。然而，人们并不清楚的

是，这种模式是否是占据主导地位的底物捕获模式，或者底物从胞浆中如何被捕获，或者在什么程度上底物从胞浆中被捕获。这些结果建议，这个复合物优先装载来自周质，或估计是来自胞浆膜的外小叶的底物，在那里，兼性分子底物被浓缩。这个概念与 AcrB 的晶状结构是一致的。进而，这个机制可以解释一些 RND 泵如 MexY 或 AcrD 能排出氨基糖苷类，后者是多阳离子药物，这些药物不会借助自发扩散方式轻易地到达胞浆。

第三节 临床上一些重要病原菌的代表性外排泵

尽管细菌基因组测序证实，外排泵在细菌中普遍存在，无论是革兰阳性菌还是革兰阴性菌都是如此。然而，截至目前，主要依赖外排机制介导对抗菌药物耐药的细菌似乎并不是很多（或许是人们研究得不够深入），或许，外排在大多数细菌针对抗菌药物耐药上只是起到一个基础性的作用。下面选出几种临床上重要的病原菌加以介绍。

一、革兰阳性病原菌

（一）金黄色葡萄球菌

金黄色葡萄球菌外排泵首先被报告是在一些金黄色葡萄球菌多药耐药的质粒上编码的，这些质粒编码的多药外排转运蛋白包括 QacA（MFS 成员）和 Smr（SMR 成员），它们都属于最早期被研究的多药外排泵。这些外排泵可介导对防腐剂和消毒剂耐药，这对于一种院内病原菌金黄色葡萄球菌而言是一个重要的特征。一项对 98 个 MRSA 的临床分离株的调查揭示，70%的菌株对防腐剂耐药。防腐剂耐药菌株中有三分之一携带 qacA 和/或 smr 基因，这就突出说明了这些外排机制的临床相关性。

1990 年，一个染色体编码的多药外排泵 NorA 在金黄色葡萄球菌中被鉴定出，它是 MFS 家族中的成员。NorA 外排喹诺酮类化合物并导致低水平喹诺酮耐药。norA 的测序和特征鉴定揭示出，NorA 是一个由 388 个氨基酸组成的膜蛋白。底物特异性相关研究证实，NorA 是一个真正的多药转运蛋白，介导针对一系列结构各异的药物的耐药。在许多研究中，NorA 被显示只对更加亲水的氟喹诺酮类耐药，并且对亲脂的化合物如司氟沙星根本无效。现已证实，NorA 的药物转运是由质子动力提供能量。由于 norA 在野生型细胞中表达弱，因此 NorA 介导的耐药依赖于 norA 表达的增加或突变的正向调节。确实，在 norA 启动子的突变赋予金黄色葡萄球菌对氟喹诺酮类耐药。

对大环内酯类和链阳菌素 B 的耐药涉及一个

ABC 转运蛋白系统如 MsrA。MsrA 最初是在一个表皮葡萄球菌的质粒上被鉴定出，并且已经在包括金黄色葡萄球菌在内的其他葡萄球菌种中被发现。这个外排泵显然提供对 14 元环（克拉霉素、地红霉素、红霉素和罗红霉素）和 15 元环（阿奇霉素）大环内酯类和链阳菌素 B 耐药。这种耐药可被这些大环内酯类所诱导，但链阳菌素 B 则不是诱导剂。克林霉素既不是底物也不是诱导剂，因此，MsrA 阳性菌株对这种抗菌药物完全敏感。在欧洲的一项调查结果显示，msrA 相关的耐药发生在 13%的金黄色葡萄球菌分离株中。编码 SMR 家族的一个多药转运蛋白的第一个基因在来自金黄色葡萄球菌和其他葡萄球菌的临床分离株的接合型和非接合型质粒上被检测到。这个基因最初描述为 qacC 以及也被称之为 qacD 和 ebr，现在已经被重新命名为 smr。

（二）肺炎链球菌（或化脓性链球菌）

作为细菌性呼吸道感染的头号病原菌，肺炎链球菌已经显示对 β-内酰胺类、大环内酯类、喹诺酮类和四环素类的增加耐药。尽管在肺炎链球菌的耐药常常与靶位如青霉素结合蛋白改变有关（针对青霉素耐药），或与 DNA 旋转酶/拓扑异构酶Ⅳ的改变有关（针对喹诺酮耐药），但主动外排显然也做出了重要贡献。例如，在 273 个环丙沙星耐药的临床分离株中，有 45%的分离株的耐药被归因于主动外排。在实验室选择出的对溴乙锭耐药的肺炎链球菌突变体呈现出对氟喹诺酮交叉耐药，并且这个耐药能被外排泵抑制剂利血平逆转，这就再一次提示在这种细菌中有一种多药转运蛋白参与耐药。环丙沙星的主动外排在肺炎链球菌野生型菌株和耐药菌株中都被证实。PmrA 最初在 1999 年被鉴定出，它是金黄色葡萄球菌 NorA 的同源物（24%同一性）并且介导对氟喹诺酮类和染料耐药。在野生型菌株中 pmrA 的破坏不会改变药物敏感性，这就建议这个基因在野生型细胞中不太可能被表达。研究也建议在肺炎链球菌中也存在着额外的多药转运蛋白。外排泵在肺炎链球菌对大环内酯的耐药中也起着一个重要的作用。在链球菌属，mef（A）基因编码一种 MFS 外排泵，它能在肺炎链球菌、化脓性链球菌和其他链球菌的临床分离株中被发现。MefA 泵最初是在化脓性链球菌中被鉴定，而它的同源物 MefE 随后是在肺炎链球菌中被报告。这两个外排泵具有底物特异性，它们介导对 14 元环和 15 元环大环内酯类耐药，但对 16 元环大环内酯类、林可酰胺类或链阳菌素 B 的类似物并不耐药。因此，mef 介导的一种特征性的耐药表型，通过敏感性数据可易于将其区分。

（三）肠球菌

在过去 30 多年中，MDR 肠球菌已经出现，并且对公共健康构成了一个严重的威胁。肠球菌耐药似乎常常是靶位改变的结果，如在万古霉素和氟喹诺酮的耐药就是如此。肠球菌对多种抗菌药物的固有耐药水平要远远高于大多数革兰阳性菌，如对氟喹诺酮耐药，这就建议外排机制的存在。事实上，氟喹诺酮类和氯霉素的主动外排在粪肠球菌和屎肠球菌的野生型细胞中均被证实。同样，有 34 个潜在的药物外排基因在粪肠球菌的基因组中被鉴定出，其中 EmeA（一种 NorA 的同源物）近来被显示提供对诺氟沙星和溴乙锭的耐药，并且这种外排能被已知的外排抑制剂如利血平、兰索拉唑和维拉帕米所逆转。

当然，其他一些革兰阳性菌以及分枝杆菌同样也具有各种外排泵，而且它们的底物也不尽相同（表 7-5）。

表 7-5　革兰阳性菌和分枝杆菌药物外排泵

细菌	家族	外排系统	底物
革兰阳性菌			
枯草杆菌	MFS	Blt	AD、EB、DO、FQ、RD、TPP
	MFS	Bmr	AD、EB、DO、FQ、RD、SD、TPP
	SMR	EbrAB	AC、EB、PY、SO
粪肠球菌	ABC	ABC7	DA、DO、EB、OF
	ABC	ABC11	CH、PT
	ABC	ABC16	AZ、CR、EM
	ABC	ABC23	QD、VM
	ABC	Lsa	CL、QD
	MFS	EmeA	AC、CL、EB、EM、FQ、NO
	?	?	CM、NF、TC
明串珠乳球菌	ABC	LmrA	DA、DO、EB、OL、RD、VB、VC
	MFS	LmrP	CL、ML、PG、TC
	MFS	MdtA①	LA、ML、SG、TC
单核细胞增多李斯特菌	MFS	MdrL	CX、EB、ML
金黄色葡萄球菌	ABC	MsrA	ML
	MFS	NorA	FQ
	MFS	QacA①	AC、CH、CV、DD、EB、QAC
无乳链球菌	MFS	MreA	CL、ML
肺炎链球菌	MFS	PmrA	FQ
	MFS	MefE	ML
化脓性链球菌	MFS	MefA	ML
分枝杆菌			
偶发分枝杆菌	MFS	Tap	AG、TC

续表

细菌	家族	外排系统	底物
耻垢分枝杆菌	MFS	LfrA	FQ、EB
	?	?	异烟肼
结核分枝杆菌	ABC	DrrAB	DA、DO、EB
	MFS	EfpA	?
	MFS	P55	AG、TC
	MFS	Tap	TC
	SMR	Mmr	AC、EB、EM、TPP

① 编码这些泵的基因是质粒来源的。

注：1. 引自 Li X Z，Nikaido H. Drug，2004，64（2）：159-204。

2. 底物编码：ABC—ATP 结合盒总科；AC—吖啶黄素；AD—吖啶染料；AG—氨基糖苷类；AZ—阿奇霉素；CH—氯己定；CL—克林霉素；CM—氯霉素；CR—克拉霉素；CV—结晶紫；CX—头孢噻肟；DA—柔红霉素；DD—二脒；DO—多索鲁比宁；EB—溴乙锭；EM—红霉素；FQ—氟喹诺酮类；LA—林可霉素；MFS—较大的易化蛋白超家族；ML—大环内酯类；NF—诺氟沙星；NO—新生霉素；OF—氧氟沙星；OL—秋水仙碱；PG—托伽明斯；PT—五脒；PY—派若宁 Y；QAC—季铵化合物；QD—奎奴普丁-达福普汀；RD—罗丹明；SD—精脒；SG—链阳菌素；SMR—小型多药耐药；SO—番红 O；TC—四环素；TPP—四苯镤；VB—长春碱；VC—长春新碱；VM—威里霉素；?—未知的。

二、革兰阴性病原菌

（一）大肠埃希菌

生活在由高浓度胆盐和其他抗菌药物包围的天然栖息地中，大肠埃希菌细胞被武装有外膜和宽底物的外排泵。大肠埃希菌基因组的一个调查揭示这种细菌至少拥有 37 个外排转运蛋白，或是单一药物的，或是多药的，或是推定的或是被证实的，它们包括 7 种 ABC、19 种 MFS、1 种 MATE、5 种 SMR 和 7 种 RND 转运蛋白，囊括了细菌外排泵的 5 大类别。尽管如此，就常用的抗菌药物外排而言，三组件的 RND 型 AcrAB-TolC 系统则占据着主导地位。AcrAB-TolC 外排系统是目前为止研究得最充分的 RND 型多药外排泵之一。该外排系统呈现出不同寻常的宽底物特异性，包括大多数在临床上重要的抗菌药物和其他毒性物质（如染料、去污剂和有机溶剂）。AcrAB-TolC 系统是以消耗质子动力（PMF）为代价来催化药物外排的。大肠埃希菌也具有其他的 RND 转运蛋白，如 AcrEF、AcrD、YhiUV 和 MdtABC，它们都被证实可外排抗菌药物。所有这些系统（可能 AcrD 除外）都需要 TolC 作为外膜组成元件。acrEF、yhiUV 和 mdtABCD（yegMNOB）基因的灭活不改变在标准实验室生长条件下野生型大肠埃希菌的药物敏感性，这就提示在野生型细胞中，这些外排泵不是以一种显著的程度被表达。最初被报告作为单一的组成元件发挥作用来外排氨基糖苷类，但近来，AcrD 泵如同其同源物 AcrB 一样被发现需要 AcrA 和 TolC 来执行至少对胆盐和新生霉素的外排。acrD 的缺失产生对氨基糖苷超敏的突变体。YhiUV-TolC 过度表达与对多索鲁比辛、红霉素、脱氧胆酸和结晶紫的耐药有关联，以及 MdtABC 介导对胆盐和新生霉素的耐药。有趣的是，MdtABC 系统含有 2 个 RND 转运蛋白 MdtB 和 MdtC，对于外排而言，它们都被需要。许多非 RND 转运蛋白存在于大肠埃希菌。EmrAB 需要 TolC 来保证其活性，它是一个 MFS 外排系统，可使得大肠埃希菌对奈啶酮酸和羰化氰 m-氯苯腙（一种质子导体）耐药。诱导性或是突变性正向调节所致的 EmrAB 的过度表达赋予对奈啶酮酸、乳霉素（thiolactomycin）、质子解偶联剂和乙锭的增加耐药。另一个染色体编码的 MFS 转运蛋白 MdfA（也被称为 CmlA，Cmr）也是一个多药泵，但其底物范围有限。MdfA 介导的氯霉素/H$^+$ 逆向转运已经被实验证实。MdfA 的同源物（或是染色体来源，或是质粒来源的）存在于包括肠杆菌科细菌的成员在内的许多革兰阴性菌，以及铜绿假单胞菌之中，在这些细菌中，CmlA 贡献高水平的氯霉素耐药。还没有被界定的是 CmlA 在对氟苯尼考（florfenicol）耐药上的作用，后者是一种氟化的氯霉素。大肠埃希菌的一种 SMR 转运蛋白 EmrE 是另一个进行过充分研究的外排泵，它对多种亲脂性阳离子提供固有耐药，如乙锭和甲基紫。

质粒编码的 Tet 蛋白是 MFS 转运蛋白，它们转运四环素-共价阳离子复合物，并且是革兰阴性菌中针对这类抗菌药物的主要耐药机制。近来，AarAB 被鉴定为大肠埃希菌的一种大环内酯特异性的泵，它对 14 元和 15 元大环内酯类提供耐药。MarA 是一种膜融合蛋白以及 MarB 是一种具有 4 个 TMS 和 1 个 NBD 的 ABC 转运蛋白。因此，不像在大肠埃希菌中带有特征性的其他药物泵，这个泵属于 ABC 转运蛋白，它代表了在革兰阴性菌中针对药物外排的一种 ABC 转运蛋白的第一个例子。MarAB 需要 TolC 来发挥其功能。

（二）铜绿假单胞菌

铜绿假单胞菌是一种臭名昭著的机会性病原菌，可以在临床上引起各项严重的感染，特别是在那些免疫功能受损的患者更是如此，另外它也感染植物和昆虫。铜绿假单胞菌的一个众所周知的特征是其对各种抗菌药物的高水平固有耐药。这个表型需要其低通透性的外膜，但仅此还不足以解释其高水平固有耐药。现已证实，铜绿假单胞菌也以擅长

汇聚多药外排泵而名声远播。据推测，这些外排泵会赋予细菌最大限度的柔性或适应能力，以便细菌能够利用多种多样的环境，从而增强致病性和调节细胞分化，如生物膜的形成。在铜绿假单胞菌组成上表达的 MexAB-OprM 多药外排泵的发现已经改变了我们关于铜绿假单胞菌固有耐药的观点，并且也起到了强调大体上外排介导的抗菌药物耐药的重要性的作用。目前，人们普遍接受的观点是，铜绿假单胞菌的固有性和获得性耐药既涉及多药外排系统也涉及低的外膜通透性。铜绿假单胞菌比起其他一些革兰阴性杆菌对各类抗菌药物更不敏感。早年的研究证实，一些铜绿假单胞菌临床分离株不仅显示出针对羧苄西林和许多其他 β-内酰胺类抗生素更高水平的耐药，而且针对亲脂类抗菌药物如四环素、氯霉素和氟喹诺酮类抗生素更加耐药。对于这样的耐药表型根本没有令人满意的解释。尽管铜绿假单胞菌低外膜通透性肯定是一个贡献因素，但仅此一个原因尚不足以解释这样的现象，因为与细菌的生长速率相比，抗菌药物通过外膜流入铜绿假单胞菌细胞内的速率还是相当快的。

铜绿假单胞菌是一种临床重要的机会性病原菌，它以针对各种抗菌药物的相对高的固有耐药为特征。这个特性现在被认识到是由于在低外膜通透性和至少多个 RND 外排系统之间的协同所致。mexAB-oprM 操纵子首先被认为在铁载体荧光嗜铁素（pyoverdine）耐药上起作用。然而，对这个操纵子的进一步特征鉴定显示，MexAB-OprM 的过度表达增加铜绿假单胞菌针对各类抗菌药物的耐药。药物蓄积的一个直接分析显示，MexAB-OprM 确实以一种能量依赖的方式泵出各类抗菌药物。MexA 和 MexB 分别是 MFP 和 RND 家族的外排蛋白。这个操纵子的第三个基因最初被鉴定为 oprK，但 Gotoh 等证实，这个外排系统的外膜通道蛋白是 OprM 而不是 OprK。Evans 等的研究结果建议，数量阈值感应相关的高丝氨酸内酯 PAI-1 是 MexAB-OprM 的一个底物，并且 PAI-1 的排出限制毒力因子如蓝绿色素绿脓菌素的产生。对显示出各种各样固有耐药水平的铜绿假单胞菌菌株的检查建议，存在着不止一种内源性的多药外排系统。Poole 及其同僚继继在铜绿假单胞菌中鉴定出了第二个操纵子，被命名为 MexCD-OprJ。铜绿假单胞菌的第三个抗菌药物外排系统是由 MFP 的 MexE，RND 蛋白 MexF 以及外膜蛋白 OprN 组成。与 MexAB-OprM 相似，MexEF-OprN 表达与毒力因子绿脓菌素的产生负相关。与 MexAB-OprM 形成对比的是，MexCD-OprJ 和 MexEF-OprN 不赋予针对 β-内酰胺类抗生素的耐药。亚单位交换实验证实，在铜绿假单胞菌，MexAB-

OprM 转运蛋白的内膜外排组成部分负责多药外排泵的 β-内酰胺特异性。近来，介导针对喹诺酮类、氨基糖苷类和大环内酯抗生素耐药的两个新基因从铜绿假单胞菌的染色体中被克隆（也针对头孢吡肟的耐药）。这些基因被命名为 *mexX* 和 *mexY*，它们显示出与 *mexAB*、*mexCD* 和 *mexEF* 有意义的相似性。根本没有对应一个外膜蛋白的开放阅读框在 *mexXY* 的下游被发现。TolC 或 OprM 在大肠埃希菌中发挥外排活性是被需要的。已经有人报告，在铜绿假单胞菌，OprM 独立于 MexAB 而贡献针对抗菌药物耐药。这种 OprM 依赖的并且独立于 Mex-AB 系统的底物特异性与 MexXY 系统的底物特异性一致，这就建议在铜绿假单胞菌，OprM 起到 MexXY 药物外排泵的外膜蛋白的作用。

迄今为止，在铜绿假单胞菌中，6 个 RND 型多药外排系统已经被鉴定：MexAB-OpM、MexCD-OprJ、MexEF-OprN、MexXY（也被称之为 MexGH-或 AmrAB-)-OprM、MexJK-OprM 和 MexGHI-OpmD。每一个都被一个外排操纵子所编码，并且含有在内膜的一个 RND 转运蛋白（MexB、MexD、MexF、MexX、MexK 或 MexI），一个外膜通道蛋白（OprM、OprJ、OprN 或 OpmD）和一个周质的 MFP（MexA、MexC、MexE、MexY、MexJ、MexH）。此外，铜绿假单胞菌基因组序列揭示出一些额外的 RND 型外排泵的存在（表 7-6）。

当然，还有其他一些革兰阴性病原菌也采用外排机制介导针对抗菌药物耐药。表 7-7 是一些临床重要的病原菌的外排系统。

表 7-6　铜绿假单胞菌 RND 型外排泵的底物轮廓和调节组件

外排泵	调节子	底物[①]
MexAB-OprM	MexR	β-内酰胺类（亚胺培南除外），氟喹诺酮类，四环素，大环内酯类，氯霉素，新生霉素，甲氧苄啶
MexCD-OprJ	NfxB	β-内酰胺类（亚胺培南除外），氟喹诺酮类，四环素，大环内酯类，氯霉素，新生霉素，甲氧苄啶
MexEF-OprN	MexT	氟喹诺酮类，氯霉素，甲氧苄啶
MexJK-OprM	MexL	四环素，红霉素
MexXY-OprM	MexZ	头孢吡肟，氟喹诺酮类，氨基糖苷类，四环素，大环内酯类
MexGHI-OpmD	LasR（?） RhlR（?）	四环素，奈替米星，替卡西林＋克拉维酸

① 底物只限于抗菌药物。

注：引自 Depardieu F，et al. Clin Microbiol Rev，2007，20：79-114。

表 7-7　临床上重要细菌的 MDR 外排系统

细菌	外排系统	代表性抗生素耐药
铜绿假单胞菌	MexAB-OprM	β-内酰胺类和氟喹诺酮类
	MexCD-OprJ	四代头孢菌素类
	MexEF-OprN	氟喹诺酮类、氯霉素、甲氧苄啶和三氯生
	MexHI-OprD	溴乙锭、诺氟沙星和吖啶黄素
	MexJK-OprM	环丙沙星、四环素、红霉素和三氯生
	MexVW-OprM	氟喹诺酮类、氯霉素、红霉素、溴乙锭和吖啶黄素
	MexXY-OprM	氨基糖苷类、替加环素和头孢吡肟
鲍曼不动杆菌	AdeABC	氨基糖苷类、氟喹诺酮类、四环素类、头孢噻肟、氯霉素、红霉素和甲氧苄啶
嗜麦芽窄食单胞菌	SmeABC	氨基糖苷类、β-内酰胺类和氟喹诺酮类
	SmeDEF	大环内酯类、四环素类、氟喹诺酮类、碳青霉烯类、氯霉素和红霉素
洋葱假单胞菌	CeoAB-OpcM	氯霉素、环丙沙星和甲氧苄啶
假鼻疽假单胞菌	AmrAB-AprA	大环内酯类和氨基糖苷类
大肠埃希菌	AcrAB-TolC	氟喹诺酮类、β-内酰胺类、四环素类、氯霉素、吖啶黄素和三氯生
肺炎克雷伯菌	AcrAB-TolC	氟喹诺酮类、β-内酰胺类、四环素类和氯霉素
金黄色葡萄球菌	MepA	替加环素、米诺环素、四环素、环丙沙星、诺氟沙星、溴乙锭和磷酸三甲苯酯
粪肠球菌	EmeA	诺氟沙星、溴乙锭、克林霉素、红霉素和新生霉素
	Lsa	克林霉素和奎奴普丁/达福普汀
肺炎链球菌	PmrA	氟喹诺酮类、吖啶黄素和溴乙锭

注：引自 Abraham E P，Levy S B. Cell，2007，128：1037-1050。

第四节 外排系统与
抗菌药物耐药

与其他耐药机制相比，外排耐药机制最大的特征就是具有极广的耐药谱，并且外排也是在病原菌中最普遍存在的一种抗菌药物耐药机制。尽管有些碳青霉烯酶可以水解几乎所有 β-内酰胺类抗生素，但它们的水解谱也仅限于 β-内酰胺这一大类别，对其他类别抗菌药物并无水解活性。各种氨基糖苷钝化酶和 16S rRNA 甲基转移酶也是如此，这些酶的活性谱也不超出氨基糖苷类这一范畴。外排机制则明显不同，它们可以将结构各异的各种抗菌药物一股脑儿地纳入它们的底物范畴之中，造成细菌针对这些抗菌药物的敏感性下降或耐药。例如，在早年，人们曾认为外排介导的耐药不涉及氨基糖苷类抗生素，然而在 20 世纪 90 年代后期，人们就已经在铜绿假单胞菌中发现了一个与 MexAB 同源的外排系统 MexXY，它不仅增加对红霉素、氟喹诺酮类和有机溶媒的耐药，而且也参与铜绿假单胞菌针对氨基糖苷类的天然耐药，四代头孢菌素头孢吡肟也是这一外排系统的底物。再者，甘氨酰环素类中的替加环素的成功使用也缘于它是革兰阳性菌和革兰阴性菌中 TET 外排决定子差的底物。然而，在革兰阴性菌（例如大肠埃希菌、铜绿假单胞菌、奇异变形杆菌、肺炎克雷伯菌和摩氏摩根菌）中，RND 型外排系统至少在一定程度上能够再一次接纳替加环素，并且能够促进针对这个抗菌药物减少的敏感性。近来描述的金黄色葡萄球菌的 MATE 家族 MepA 泵也能外排替加环素。其他更新一代的抗菌药物（如噁唑烷酮的利奈唑胺）的活性也被 RND 家族外排系统（大肠埃希菌的 AcrAB-TolC 和 AcrEF-TolC）所降低，大概是因为它们是这些特异性广的输出蛋白的底物。正是由于各种外排系统具有如此广的耐药谱，所以人们才将外排系统称作"吸尘器"，意思是说这些外排系统可以不加区别地将所有抗菌药物纳入它们的底物范畴之中。我们可以自信地说，无论 β-内酰胺酶的活性有多强大，但它也绝不可能介导对其他类别抗菌药物的耐药。然而，对于外排介导的抗菌药物耐药而言，我们却不敢说这样的话，即便是研发出全新的抗菌药物也不能保证它不被某种外排泵排出。

另外，由外排泵介导的耐药总让人有种模糊不清的感觉。比如，除了为数不多抗菌药物（四环素、大环内酯类和喹诺酮类）的临床耐药明确是由外排所介导之外，我们很难举出外排机制单独造成某一种抗菌药物或某一类抗菌药物临床耐药的例子；同样，我们也难以找到哪种抗菌药物的敏感性

下降没有外排泵参与的例子，这都是由外排泵无处不在的性质所决定的。由此可见，外排似乎总是和其他机制一起发挥作用，不过，我们又很难界定清楚外排机制究竟在其中做出了多大的贡献，是起主要作用还是起辅助作用。例如，在铜绿假单胞菌野生型菌株中，头孢呋辛的 MIC 为 800μg/mL，在 MexAB-OprM 缺失的情况下，其 MIC 只是下降了一半到 400μg/mL，ampC 基因的灭活没有进一步改变 MIC，仍然是 400μg/mL。但是，这两种耐药基因的共同缺失则导致 MIC 陡然下降到 0.2μg/mL。这种影响肯定不是相加的，并且也远远超过倍增的作用。目前，我们不能解释这些数据，我们也不清楚哪种耐药机制发挥基础性作用，哪种因素起到决定性作用。外排介导的抗菌药物耐药是客观存在的，而且各种耐药机制在耐药的参与度是变化不定的，是进化和发展的，人们也很难预测每一种耐药机制在将来的进化程度是什么。然而，在染色体编码的天然多药耐药外排泵情况下，人们很难将临床分离株中耐药仅仅归因于这些泵单独作用，在这些分离株中，其他机制也贡献耐药。诚然，我们可以将细菌耐药分为固有性耐药和获得性耐药，外排在固有耐药上起着十分广泛和基础性的作用。然而，我们常常将这样的耐药表型看作是与生俱来和天经地义的，因为这是无可改变的现实，只有那些获得性耐药机制才会引起我们充分的关注。外排的重要性在于，它既可以造成基础性耐药或固有耐药，也可因过度表达造成获得性耐药，后者更应该受到我们的关注。

在大多数类别抗菌药物中，有一些抗菌药物的耐药主要被归因于外排系统。毫无疑问，外排可单独介导细菌针对四环素的耐药。在早年，人们也正是通过研究这种四环素耐药机制而发现了外排泵。大环内酯类耐药也可由外排系统单独介导。链球菌属对大环内酯类耐药可经两个机制获得。第一个是通过 mef（macrolide efflux, mef）基因编码的外排泵机制产生低到中度耐药；第二个机制是细菌携带 erm（B）基因。一项监测研究显示，在美国，mef 造成大多数大环内酯耐药，这与在美国主要以消费阿奇霉素有关联；而在欧洲，克拉霉素消费水平更高，这与携带 erm（B）肺炎链球菌占据主导地位有关联。

外排泵介导的氟喹诺酮耐药需要被特殊讨论。尽管氟喹诺酮耐药常常被归因于靶位拓扑异构酶突变性改变，但高水平耐药似乎需要增加外排的这个额外因素。在铜绿假单胞菌中，氟喹诺酮耐药正在稳步增加。在大多数情况下，外排都做出了较大的贡献。铜绿假单胞菌的 3 个多药耐药外排泵过度产生菌株——MexAB-OprM、MexCD-OprJ 和

MexEF-OprN——最初都是在实验室中喹诺酮类药物使用后被分离出，这些药物包括萘啶酸（nalidixic acid）［nal］和诺氟沙星（norfloxacin）［nfx］，如同它们的名字（nalB，nfxB，nfxC）所意味的那样。不同"代"的氟喹诺酮选择不同的RND变异体（表7-8）。

表 7-8　外排介导的针对氟喹诺酮类的耐药[①]

外排系统	泵家族	抗菌药物[②]	细菌
革兰阳性细菌			
NorA	MF	NOR,CIP	金黄色葡萄球菌
NorB	MF	NOR,CIP,MOX,SPR	金黄色葡萄球菌
?[③]	?	NOR,CIP,MOX,GAT,SPR	金黄色葡萄球菌
PmrA	MF	NOR,CIP	肺炎链球菌
?[④]	?	NOR,CIP,MOX	肺炎链球菌
EmeA	MF	NOR CIP	粪肠球菌
Lde	MF	NOR,CIP	单核细胞增多李斯特菌
EfrAB	ABC	NOR,CIP	粪肠球菌
?[⑤]	?	FQ	炭疽杆菌
Bmr	MF	FQ	枯草杆菌
Blt	MF	FQ	枯草杆菌
Bmr3	MF	FQ	枯草杆菌
MD1,MD2[⑥]	ABC	CIP	人型支原体
LfrA	MF	FQ(CIP,NOR?)	耻垢分枝杆菌
EfpA	MF	CIP,NOR	耻垢分枝杆菌
Rv1634	MF	FQ	结核分枝杆菌
Rv1258c	MF	OFL	结核分枝杆菌
Rv2686c-Rv2687c-Rv2688c[⑦]	ABC	FQ	结核分枝杆菌
LmrA	ABC	CIP,OFL	明串珠乳球菌
Mmr	SMR	CIP,NOR	耻垢分枝杆菌
革兰阴性菌			
AcrAB-TolC,AcrEF-TolC	RND	FQ	大肠埃希菌
MexAB-OprM,MexCD-OprJ,MexEF-OprN,MexXY-OprM[⑧]	RND	FQ	铜绿假单胞菌
AcrAB-TolC	RND	FQ	肠杆菌种
AcrAB-TolC	RND	FQ	克雷伯菌种
AcrAB-TolC	RND	FQ	肠道（肠炎，鼠伤寒）沙门菌
AcrEF-TolC	RND	FQ	肠炎沙门菌鼠伤寒血清型
SmeABC,SmeDEF	RND	FQ	嗜麦芽窄食单胞菌 空肠弯曲杆菌
CmeABC,CmeDEF	RND	FQ	黏质沙雷菌
SdeAB	RND	FQ	黏质沙雷菌
SdeXY	RND	NOR	淋病奈瑟菌
MtrCDE	RND	FQ	洋葱假单胞菌
CeoAB-OpcM	RND	FQ	奇异变形杆菌
AcrAB	RND	CIP	鲍曼不动杆菌
AceABC	RND	FQ	霍乱弧菌
VcaM	ABC	CIP,NOR	假单胞菌种
Orf12-Orf11-Orf10（质粒）[⑨]	ABC	NAL,NOR	大肠埃希菌

续表

外排系统	泵家族	抗菌药物[②]	细菌
MdfA	MF	FQ	*A. salmonicida*
?	?	FQ	弗氏柠檬酸杆菌
?	?	FQ	普通变形杆菌
			脆弱拟杆菌
?	?	OFL	
?	?	CIP. NOR	

①　将 MATE 家族外排输出蛋白排除在外。

②　NOR：诺氟沙星；CIP：环丙沙星；MOX：莫西沙星；GAT：加替沙星；SPR：斯氟沙星；OFL：氧氟沙星；NAL：萘啶酸；FQ：氟喹诺酮类。

③　外排介导的耐药被观察到，但特异性决定子尚未被鉴定，不是 NorA。

④　外排介导的耐药被观察到，但特异性决定子尚未被鉴定，不是 PmrA。

⑤　外排介导的耐药被观察到，但特异性决定子尚未被鉴定。

⑥　从 2 个亚单位被装配的胞质膜相关的 ABC 型外排系统。

⑦　从 3 个亚单位被装配的胞质膜相关的 ABC 型外排系统。

⑧　接纳氟喹诺酮类，不过根本没有氟喹诺酮类在体外或体内选择过度表达 MexXY 突变体的报告。

⑨　编码一个可能的 ABC-MFP-OMF 多药输出系统的一个 ABC-MFP 成分。

注：引自 Poole K. J Antimicrob Chemother，2005，56：20-51。

　　主动外排也是针对杀虫剂耐药的一个常见机制。确实如此，在多药耐药突变体出现和非抗菌药物杀虫剂在临床医疗机构的使用之间的关系近来已经引起人们相当的关注。两项早期的研究揭示，氯己定或氯化苄乙氧铵耐药铜绿假单胞菌分离株被分离出，其发生率分别是 81% 和 52%。当前的研究继续支持在杀虫剂使用与抗菌药物耐药之间存在着关联的结论。在氯己定使用的强度和一些院内病原菌的总的敏感性之间，存在着一个具有统计学意义的反向关联，这些病原菌包括金黄色葡萄球菌、凝固酶阴性葡萄球菌、肺炎克雷伯菌、铜绿假单胞菌、鲍曼不动杆菌和白色念珠菌。杀虫剂的滥用显然不应该被忽视。在一些情况下，杀虫剂使用的贡献可能是间接的。外排突变体在临床医疗机构中的高出现率详细阐明了多药外排系统作为临床相关的抗菌药物耐药的重要意义。就多药外排在耐药上起到的重要作用而言，许多科学家担忧如下的趋势，即越来越多地将消毒剂加入家庭日用产品如肥皂中，因为那样的化合物或许选择出泵过度表达突变体。

　　尽管革兰阴性菌的许多三组件 RND 家族多药输出蛋白能够接纳 β-内酰胺类，但有非常少的事例显示这些 RND 泵参与了体外或体内（例如，由 β-内酰胺所选择出的）的 β-内酰胺耐药。在 20 世纪 80 年代早期的报告揭示，来自英国医院的铜绿假单胞菌的高达 15% 的菌株对羧苄西林耐药，后者是在 60 年代和 70 年代广泛用于治疗铜绿假单胞菌感染的抗假单胞菌药物。况且，在这些羧苄西林耐药的菌株中，有超过 80% 的菌株表现出对多种抗菌药物耐药，并且它们现在被认为是由于 Mex-AB-OprM 的过度产生所致。在来自法国的另一项研究显示，大约三分之一的替卡西林耐药铜绿假单胞菌的临床分离株表现出一种耐药谱，它是以 *nalB* 型为特征的 MexAB-OprM 过度表达的突变体。在 21 对针对抗假单胞菌的 β-内酰胺类敏感的（治疗前）和耐药的（治疗后）铜绿假单胞菌分离株中，有 10 个分离株针对 β-内酰胺耐药的治疗后的分离株过度表达 β-内酰胺酶和其他 11 个分离株因 MexAB-OprM 过度表达而对 β-内酰胺类和非 β-内酰胺类均耐药。在铜绿假单胞菌，MexAB-OprM 的过度产生已经与碳青霉烯（美罗培南）耐药的临床"发作"有关联，并且有过度产生这个外排系统的替卡西林耐药的临床铜绿假单胞菌的报告。淋病奈瑟菌的 MtrCDE 多药外排系统的过度表达也已经作为一个重要的贡献因素（指对这种细菌的某些分离株的高水平青霉素耐药的贡献）被强调。在一个所谓的 β-内酰胺酶阴性的氨苄西林耐药（β-lactamase negative ampicillin-resistant，BLNAR）的流感嗜血杆菌的高水平氨苄西林耐药的一个近来的报告，也涉及这个内源性的 RND 家族输出蛋白 AcrAB-TolC 作为这种耐药的一个复合决定子，并且外排已经参与了大肠埃希菌临床分离株的头孢呋辛耐药。研究表明，OprM 本身对于 β-内酰胺类耐药来说依旧是不足够的，并且尽管在 MexCD-OprJ 和 MexAB-OprM 系统之间交换外膜蛋白产生了有功能的嵌合外排系统，但 β-内酰胺耐药是依赖 MexAB 而不是依赖 OprM。MexAB-OprM 对 β-内酰胺耐药的贡献因被检查的 β-内酰胺而变化。况且，MexAB-OprM 的丧失被显示在一定程度上损害 β-内酰胺酶脱阻遏的和青霉素结合蛋白突变体的 β-内酰胺耐药，这就清晰地反映出它在这些突变体的净耐药上的意义。在 β-内酰胺类之中，只有碳青霉烯类似乎是 MexAB-OprM 差的底物。尽管如此，这个外排系统的表达与针对一种碳青霉烯类的美罗培南的耐药相关联。在铜绿假单胞菌中鉴定出的一些 RND 外排泵并不外排四代头孢菌素头孢吡肟，但后来鉴定出的外排蛋白 MexXY 不仅能将氨基糖苷类纳入底物范畴，也能有效地外排头孢吡肟。

就外排介导的耐药而言，有以下几点需要加以注意。第一，许多细菌针对抗菌药物的固有（天然）耐药取决于主动外排系统在组成上的或诱导性的表达。例如，编码 MexB 泵的基因的简单破裂就明显地增加铜绿假单胞菌针对 β-内酰胺类、四环素类、氟喹诺酮类和氯霉素的敏感性。第二，当考虑到被分享的底物时，多种泵在某一菌种中的同时表达或许导致明显"高水平"耐药表型，这种状况已经在革兰阴性菌中被观察到。多个外排泵可以针对一种抗菌药物的外排形成中继作用。第三，外排也与其他耐药机制协同作用，从而赋予不仅高水平的耐药，而且还是广谱的耐药。第四，抗菌药物能起到诱导剂的作用并且通过与调节剂系统的相互作用，在基因转录水平上或在 mRNA 翻译水平上调节一些外排泵的表达。第五，因外排所致的耐药易于散播。在一些情况下，编码外排泵的遗传元件和它们的调节剂位于质粒（如在革兰阳性菌中的 Tet 转运蛋白），或位于接合型或转化的转座子上，后者或是位于质粒上（同样是 Tet 转运蛋白，但却是在革兰阴性菌中）或是位于染色体上（例如，在肺炎链球菌的 mef 基因）。获得性多药耐药能通过以下 3 种机制出现：①编码多药转运蛋白基因的扩增和突变，这些都改变表达水平或活性；②在特异性的或总括的调节基因的突变，这导致多药转运蛋白的增加的表达，在铜绿假单胞菌的 OCR1 菌株中的 mexR 突变就是一个鲜明的例子；③在转座子或质粒上的耐药基因的细胞间转移，如 qacE。

第五节　外排机制与其他耐药机制复合存在

为应对广泛使用抗菌药物造成的选择压力，细菌已经发展出各种各样的耐药机制。各种机制通常是正性地彼此相互作用（效果或是增加，或是倍增，甚至更高）。已如前述，外排机制介导的耐药普遍存在，这也可能是我们观察到外排很少单独出现的原因，人们只是在四环素耐药或大环内酯类耐药上观察到外排机制在单独发挥作用。在绝大多数情况下，外排都是和其他耐药机制一起发挥作用。

一、外排泵之间的相互作用

很多细菌不止有一种类别的外排蛋白，大肠埃希菌甚至同时拥有五种外排泵系统，而这些外排系统常常拥有共同的底物。多种外排泵在单一一个细菌细胞内的存在显然会增加外排能力，从而产生更高的耐药水平。确实如此，大肠埃希菌和铜绿假单胞菌的多种外排基因的遗传学灭活与单一泵灭活相比，使得这些菌株对抗菌药物更加敏感。如果一种转运蛋白泵出一种药物进入周质，而第二个三组件泵从周质中捕获这种药物并且将药物排出细胞外基质，这两类泵连贯地工作，这样就产生出一种增效的作用。例如，像 Tet 泵那样简单的泵能在革兰阴性菌中产生强的耐药，我们曾认为，它们排出亲脂药物只是进入周质里并且这些药物很容易地就能扩散回到细胞液质中。为了抵消药物跨过胞质膜相当快速地自发性流入，第二个泵开始发挥"中继"作用，如同"接力赛"那样将底物最终泵出胞外。耐药的水平取决于药物两种流向的平衡，两种流动都要跨越细胞膜。若没有 RND 泵的参与，这些已经被泵入周质中的药物最终还是会流入胞浆中。两种或多种外排系统"协同作战"的例子应不仅限于四环素的外排。我们已经一而再再而三地领教了细菌超强的进化本领，大概只有我们想不到的，没有细菌做不到的。

二、外排泵和外膜通透性屏障协同作用

革兰阴性菌外膜是含有脂多糖（LPS）的一个不对称的双层结构，它大大地阻碍兼性分子和疏水化合物的进入。LPS 屏障的破裂（例如，由于在沙门菌属和大肠埃希菌上的 waaP 基因的灭活，或者通过加入外膜扰乱的多黏菌素 B 九肽）使得细菌对多种抗菌药物超敏感。在 LPS 和 TolC 的突变一起增强在大肠埃希菌的药物超敏感性。MtrCDE 介导的多药耐药也依赖于在奈瑟淋球菌上的脂寡糖结构。

由于外膜屏障和通过 RND 外排泵是按照顺序作用于药物分子上的，这两个因会以一种倍增的形式互相扩增效应。小的亲水药物通过含水的孔蛋白通道易于穿透细菌外膜。因此，孔蛋白的减少或丧失减少抗菌药物的摄入并且贡献抗菌药物耐药。尽管如此，外膜的这个贡献没有被清晰地观察到，除非其效果被一种额外的（固有的）耐药机制以倍增式放大，如药物外排或在它们外排后的药物灭活。另外，在外膜通透性屏障和 MexAB-OprM 泵之间的协同性相互作用在铜绿假单胞菌中被非常

清晰地观察到，因为这种细菌无论是对亲水还是疏水化合物都具有低的外膜通透性。MexAB-OprM系统的灭活，或者采用多黏菌素九肽造成外膜通透性增强都具有非常相似和强力的影响，使得细菌超敏感，这就显示出外膜屏障在外排介导的耐药上的重要性。例如，在野生型铜绿假单胞菌（PAO1）的四环素 MIC 为 $16\mu g/mL$，通过对 RND 外排泵的灭活可使得 MIC 下降到 $0.5\mu g/mL$，并且外膜通透性增强可以使得 MIC 下降到 $1\mu g/mL$。也许人们期望，荧光染料细胞内蓄积的分析或许允许我们观察清楚是否这两个机制真正以倍增的形式相互作用，但这些资料不能被定量地加以解释，这是因为我们不知道外膜通透性增强的程度或外排泵精确的活性。然而，这些通透性屏障不能绝对地将毒性化合物关在外面，它们只能延缓这些化合物的流入。因此，近来人们意识到，通透性屏障必须与主动外排系统一起发挥作用。进而，一些这样的外排系统似乎被设计来与通透性屏障一起发挥协同作用。孔蛋白的丧失或在外膜通透性的任何下降都会减少抗菌药物摄入并且导致抗菌药物耐药。尽管如此，外膜屏障的这个贡献通常是当额外的耐药机制如药物外排或抗生素灭活存在时才变得有意义。由于药物的稳态细胞内浓度是被流入和外排之间的平衡所决定，减少的流入和增加的外排都会非常有效地降低药物浓度并且显著地提高耐药水平。在多药耐药铜绿假单胞菌中，实验证实了在外膜不通透性屏障和 MexAB-OprM 泵之间的协同性相互作用。膜结构破坏剂如 EDTA 使得抗菌药物更加有效力，特别是在 MexAB-OprM 缺乏的情况下更是如此。总之，这些研究证实，外排的抑制和外膜的通透化构成了逆转抗菌药物耐药的一个有效的方法。

三、外排泵和抗生素灭活酶

铜绿假单胞菌和大多数肠杆菌科细菌菌种都产生染色体编码的，可诱导的和构成上的，能够水解各种 β-内酰胺类抗生素的 β-内酰胺酶。这些酶的突变性脱阻遏产生耐药。这种耐药应该被 RND 外排泵的加入以增加的方式而扩增，因为这两种机制平行地作用，以便降低周质的药物浓度。一些研究结果提示，对于大肠埃希菌针对亲脂性青霉素类的耐药，外排是占据主导地位的贡献者，而对于亲水性的更早一代的头孢菌素类（如头孢噻吩、头孢拉定和头孢孟多）而言，酶性水解是主要的因素。对于许多 β-内酰胺类而言，在铜绿假单胞菌 PAO1，在 MexAB-OprM 所催化的外排与 AmpC β-内酰胺酶所催化的水解之间的相互影响是相似的。例如，酶性水解在针对阿莫西林的耐药上起到了主导作

用，而外排在针对羧苄西林、哌拉西林、氨曲南和头孢磺啶的耐药上发挥主要作用。铜绿假单胞菌产生染色体编码的 AmpC β-内酰胺酶。酶表达的突变脱阻遏产生耐药，并且这种耐药至少部分地依赖外排，这样的观点已经被如下的事实所证实，即 *mexAB-oprM* 操纵子的灭活能显著地损害铜绿假单胞菌的 β-内酰胺酶脱阻遏的突变体针对 β-内酰胺类的耐药。

四、外排泵与抗菌药物靶位改变

在金黄色葡萄球菌的 NorA 和在肺炎链球菌的 PmrA 的增加表达或许和 *gyrA/parC* 靶位突变一起发生，从而提供高水平喹诺酮耐药。在显示高水平环丙沙星耐药的大肠埃希菌（MIC$\geqslant 3\mu g/mL$）的 10 个临床分离株中的 9 个分离株，除了在靶位的突变之外，也存在 AcrAB 过度表达。既过度表达一种外排泵（MexAB-OprM 或 MexCD-OprJ），也过度表达 DNA 旋转酶突变的铜绿假单胞菌菌株，比那些仅仅携带其中之一的耐药机制的菌株更加对喹诺酮耐药。在一种 PBP 突变体的 MexAB-OprM 的缺失也适度地损害一个铜绿假单胞菌突变体的 β-内酰胺耐药，这就说明在 PBP 改变介导的 β-内酰胺耐药中外排机制的一些参与。在奈瑟淋球菌中，被称为 *penA*、*penB* 和 *mtr* 的基因座相加性地贡献青霉素耐药，并且靶位改变的青霉素耐药也需要 MtrCDE 泵的过度表达。

第六节　结语

多药转运蛋白在罹患医院或社区获得性感染患者的治疗上是一个严重的问题，因为它们影响到各种抗菌药物的敏感性。在内源性多药转运蛋白的过度表达以及质粒编码的多药转运蛋白传播上的一个主要驱动力，就是抗菌药物在人类治疗、畜牧业和现代农业中的巨大数量的消费。

人们对外排泵的了解正在不断深化，至少在临床上主要的病原菌是如此。近些年，人们在外排系统研究上的一个重要进展就是各种外排转运蛋白晶型结构的揭示，从而使得我们对于外排的多专一性的结构基础有了深入的了解。越来越多的证据建议多个药物结合位点的存在，但精确的数量和它们的三维结构仍不清楚。对多药转运的分子学机制的理解最终需要高分辨率结构。由于镶嵌的膜蛋白一般来说难以结晶，所以多药耐药调节蛋白的结构或许提供有用的关于构效关系的信息，因为这些调节蛋白也结合种类范围相似的药物。

尽管外排介导细菌针对许多种抗菌药物的耐药，但很少有抗菌药物的耐药是独立依靠外排系统

而实现的，外排多与其他耐药机制共同发挥作用。遗憾的是，我们对外排在这些耐药表型的形成上究竟起到多大的作用仍知之甚少。很有可能的是，这些耐药机制的作用不是简单的相加，但哪个机制占据主导作用，哪个机制发挥辅助作用，我们并不清楚。这是一个需要研究的重要领域。外排泵抑制剂的研究值得探讨，因为这是目前为止提出的可以阻断耐药的为数不多的方法之一。多药转运蛋白 No-rA 和 PmrA 的一些抑制剂已经被显示分别增加氟喹诺酮针对金黄色葡萄球菌和肺炎链球菌的活性。进而，这些抑制剂极大地抑制耐药菌株的体外的出现。然而，由于已知的抑制剂如利血平都对人有毒性，所以非毒性抑制剂的发展就被需要。我们也应该注意到，RND 泵是古代起源的，并且在三个界中都存在着，这与如下的概念是一脉相承的，即细菌不得不持续不断地移出有毒的化学物质。总之，多药外排泵的这个古代起源对将来发展新的抗菌药物投下了一个阴影。通过外排泵抑制剂来恢复或增加抗菌活性以及发展不被泵出的化合物，目前似乎对于制药工业来说是一个充满吸引力的方法。多药耐药外排泵在细菌中的存在肯定不仅仅是为了细菌耐药。然而，理解多药耐药外排泵的生理学意义或许相当困难，因为这些泵的功能常常涉及在细菌细胞上的一个复杂的和重叠的反应网络。恐怕最令人担忧的是多药转运蛋白能够出现的相对容易性，以此来挫败我们在治疗上的努力。目前，绝大多数外排泵都是由染色体编码，一旦这些基因转移到可移动遗传元件上，那对于已经陷入困境的抗菌药物治疗而言更是雪上加霜。无论如何，我们需要投入更大的人力、物力和财力来研究这些无处不在的外排系统，这是我们应对不可知未来的基础，除此之外别无他法。

参考文献

[1] Levy S B, McMurry L. Plasmid-determined tetracycline resistance involves new transport systems for tetracycline [J]. Nature, 1978, 276 (5683): 90-92.

[2] Sheldon Jr A T. Antibiotic resistance: A survival strategy [J]. Clin Lab Sci, 2005, 18 (3): 170-180.

[3] Li X Z, Nikaido H. Efflux-mediated drug resistance in bacteria [J]. Drugs, 2004, 64 (2): 159-204.

[4] Piddock L J V. Clinically relevant chromosomally encoded multidrug resistance efflux pumps in bacteria [J]. Clin Microbiol Rev, 2006, 19 (2): 382-402.

[5] Levy S B. Active efflux mechanisms for antimicrobial resistance [J]. Anitmicrob Agents Chemother, 1992, 36: 695-703.

[6] Paulsen I T, Brown M H, Skurray R A. Proton-dependent multidrug efflux systems [J]. Microbiol Rev, 1996, 60: 575-608.

[7] Van Bambeke F, Balzi E, Tulkens P M. Antibiotic efflux pumps [J]. J Biochem Pharmacol, 2000, 60 (4): 457-470.

[8] Nikaido H. Multidrug efflux pumps of Gram-negative bacteria [J]. J Bacteriol, 1996, 178: 5853-5859.

[9] Ryan B M, Dougherty T J, Beaulieu D, et al. Efflux in bacteria: what do we really know about it? [J] Expert Opin Investig Drugs, 2001, 10: 1409-1422.

[10] Van Bambeke F, Glupczynski Y, Plesiat P, et al. Antibiotic efflux pumps in prokaryotic cells: occurrence, impact on resistance and strategies for the future of antimicrobial therapy [J]. J Antimicrob Chemother, 2003, 51: 1055-1065.

[11] Nikaido H. Preventing drug access to targets: cell surface permeability barriers and active efflux in bacteria [J]. Semin Cel Dev Bio, 2001, 12: 215-223.

[12] Hancock R E, Speert D P. Antibiotic resistance in *Pseudomonas aeruginosa*: mechanisms and impact on treatment [J]. Drug Resist Updat, 2000, 3: 247-255.

[13] Zgursjaya H I, Nikaido H. Multidrug resistance mechanisms: drug efflux across two membranes [J]. Mol Microbiol, 2000, 37: 219-225.

[14] Poole K. Multidrug efflux pumps and antimicrobial resistance in *Pseudomonas aeruginosa* and related organisms [J]. J Mol Microbiol Biotechnol, 2001, 3: 255-264.

[15] Seeger M A, Schiefner A, Eicher T, et al. Structural asymmetry of AcrB trimer suggests a peristaltic pump mechanism [J]. Science, 2006, 313: 1295-1298.

[16] Murakami S, Nakashima R, Yamashita E, et al. Crystal structures of a multidrug transporter reveal a functionally rotating mechanism [J]. Nature, 2006, 443: 173-179.

[17] Dawson R J P, Locher K P. Structure of a bacterial multidrug ABC transporter [J]. Nature, 2006, 443: 180-185.

[18] Hooper D C. Efflux pumps and nosocomial antibiotic resistance: a primer for hospital epidemiologists [J]. Clin Infect Dis, 2005, 40: 1811-1817.

[19] Paulsen I T. Multidrug efflux pumps and resistance: regulation and evolution [J]. Curr Opin Microbiol, 2003, 6: 446-451.

[20] Poole K. Efflux mediated antimicrobial resistance [J]. J Antimicrob Chemother, 2005, 56: 20-51.

[21] Borges-Walmsley M I, McKeegan K S, Walmsley

A R. Structure and function of efflux pumps that confer resistance to drugs [J]. Biochem J, 2003, 376: 313-338.

[22] Schuldiner S. The ins and outs of drug transport [J]. Nature, 2006, 443: 156-157.

[23] McMurry L M, Petrucci R E, Jr, Levy S B. Active efflux of tetracycline encoded by four genetically different tetracycline resistance determinants in *Escherichia coli* [J]. Proc Nanl Acad Sci USA, 1980, 77: 3974-3977.

[24] Putman M, van Veen H W, Konings W N. Molecular properties of bacterial multidrug transporters [J]. Mecrobiol Mol Biol Rev, 2000, 64: 972-993.

[25] Butaye P, Cleckaert A, Schwarz S. Mobile genes coding for efflux-mediated antimicrobial resistance in Gram-positive and Gram-negative bacteria [J]. Int J Antimicrob Agents, 2000, 22: 205-210.

[26] Neyfakh A A. Mystery of multidrug transporters: the answer can be simple [J]. Mol Microbiol, 2002, 44: 1123-1130.

[27] Ross J I, Eady E A, Cove J H, et al. Inducible erythromycin resistance in staphylococci is encoded by a member of the ATP-binding transport supergene family [J]. Mol Microbiol, 1990, 4: 1207-1214.

[28] Yoshida H, Bogaki M, Nakamura S, et al. Nucleotide sequence and characterization of the *Staphylococcus aureus norA* gene, which confers resistance to quinolones [J]. J Bacteriol, 1990, 172: 6942-6949.

[29] Aires J R, Kohler T, Nikaido H, et al. Involvement of an active efflux system in the natural resistance of *Pseudononas aeruginosa* to aminoglycosides [J]. Anitmicrob Agents Chemother, 1999, 43: 2624-2628.

[30] Li X Z. Efflux-mediated multiple antibiotic resistance in *pseudomonas aeruginosa* [J]. 中国抗生素杂志, 2003, 28 (10): 577-596.

[31] 李显志, 凌保东. 2006 年细菌对抗菌药物耐药机制研究进展回顾 [J]. 中国抗生素杂志, 2007, 332 (4): 193-202.

[32] Li X Z, Nikaido H. Efflux-mediated drug resistance in bacteria [J]. Drugs, 2009, 69: 1555-1623.

[33] Piddock L J. Multidrug-resistant efflux pumps-not just for resistance [J]. Nat Rev Microbiol, 2006, 4: 629-636.

[34] Strateva T, Ouzounova-Raykova V, Markova B, et al. Problematic clinical isolates of *Pseudomonas aeruginosa* from the university hospitals in Sofia, Bulgaria: current status of antimicrobial resistance and prevailing resistance mechanisms [J]. J Med Microbiol, 2007, 56 (Pt 7): 956-963.

[35] Hocquet D, Nordmann P, El Garch F, et al. Involvement of the MexXY-OprM efflux system in emergence of cefepime resistance in clinical strains of *Pseudomonas aeruginosa* [J]. Antimicrob Agents Chemother, 2006, 50 (4): 1347-1351.

[36] Lister P D, Wolter D J, Wickman P A, et al. Levofloxacin/imipenem prevents the emergence of high-level resistance among *Pseudomonas aeruginosa* strains already lacking susceptibility to one or both drugs [J]. J Antimicrob Chemother, 2006, 57 (5): 999-1003.

[37] Baum E Z, Crespo-Carbone S M, Morrow B, et al. Effect of MexXY overexpression on ceftobiprole susceptibility in *Pseudomonas aeruginosa* [J]. Antimicrob Agents Chemother, 2009 e-published May11.

[38] Nagano K, Nikaido H. Kinetic behavior of the major multidrug efflux pump AcrB of *Escherichia coli* [J]. Proc Natl Acad Sci USA, 2009, 106 (14): 5854-5858.

[39] Poole K. Efflux mediated antimicrobial resistance [J]. J Antimicrob Chemother, 2005, 56 (1): 20-51.

[40] Higgins C F. Multiple molecular mechanisms of antibacterial multidrug resistance transporters [J]. Nature, 2007, 446 (7137): 749-757.

[41] Poole K. Efflux pumps as antimicrobial resistance mechanisms [J]. Ann Med, 2007, 39 (3): 162-176.

[42] Nikaido H, Takatsuka Y. Mechanisms of RND multidrug efflux pumps [J]. Biochim Biophys Acta, 2009, 1794 (5): 769-781.

[43] Nikaido H. Multidrug resistance in bacteria [J]. Ann Rev Biochem, 2009, 78: 119-146.

[44] Livermore D M, Woodford N. The â-lactamase threat in *Enterobacteriaceae*, *Pseudomonas* and *Acinetobacter* [J]. Trends Microbiol, 2006, 14 (9): 413-420.

[45] Li X Z. Quinolone resistance in bacteria: emphasis on plasmid-mediated mechanisms [J]. Int J Antimicrob Chemother, 2005, 25 (6): 453-463.

[46] Robicsek A, Strahilevitz J, Jacoby G A, et al. Fluoroquinolone-modifying enzyme: a new adaptation of a common aminoglycoside acetyltransferase [J]. Nat Med, 2006, 12 (1): 83-88.

[47] Li X Z, Mehrotra M, Ghimire S, et al. β-lactam resistance and β-lactamases in bacteria of animal origin [J]. Vet Microbiol, 2007, 121 (3-4): 197-214.

[48] Li X Z, Poole K, Nikaido H. Contributions of MexAB-OprM and an EmrE homolog to intrinsic resistance of *Pseudomonas aeruginosa* to aminogly-

cosides and dyes [J]. Antimicrob Agents Che-
mother，2003，47（1）：27-33.

[49] Goossens H. Antibiotic consumption and link to re-
sistance [J]. Clin Microbiol Infect，2009，15
（Suppl. 3）：12-15.

[50] Srikumar R，Paul C J，Poole K. Influence of muta-
tions in the *mexR* repressor gene on expression of
the MexA-MexB-OprM multidrug efflux system of
Pseudomonas aeruginosa [J]. J Bacteriol，2000，
182：1410-1414.

[51] Mussi M A，Limansky A S，Viale A M. Acquisi-
tion of resistance to carbapenems in multidrug-re-
sistant clinical strains of *Acinetobacter baumannii*：
natural insertional inactivation of a gene encoding a
member of a novel family of β-barrel outer mem-
brane proteins [J]. Antimicrob Agents Chemoth-
er，2005，49：1432-1440.

[52] Jellen-Ritter A S，Kern W V. Enhanced expression
of the multidrug efflux pumps AcrAB and AcrEF
associated with insertion element transposition in

Escherichia coli mutants selected with a fluoroquin-
olone [J]. Antimicrob Agents Chemother，2001，
45：1467-1472.

[53] Li X Z，Ma D，Livermore D M，et al. Role of ef-
flux pump（s）in intrinsic resistance of *Pseudo-
monas aeruginosa*：active efflux as a contributing
factor to β-lactam resistance. Antimicrob Agents
Chemother，1994，38：1742-1752.

[54] Li X Z，Nikaido H，Poole K. Role of MexA-MexB-
OprM in antibiotic efflux in *Pseudomonas aerugino-
sa* [J]. Antimicrob Agents Chemother，1995，
39：1948-1953.

[55] Nakamura H. Acrof；avome-binding capacity of
Escherichia coli in relation to acriflavine sensitivity
and metabolic activity [J]. J Bacteriol，1966，92：
1447-1452.

[56] Murakami S，Nakashima R，Yamashita E，et al. A
crystal structure of bacterial multidrug efflux transport-
er AcrB [J]. Nature，2002，419：587-593.

第八章

β-内酰胺酶介导细菌耐药的进化轨迹

毫无疑问，在 β-内酰胺类抗生素的 4 种耐药机制中，β-内酰胺酶的产生是最重要的耐药机制，特别是对革兰阴性病原菌的耐药而言。重要的是，β-内酰胺酶介导的这一耐药机制牵涉到细菌耐药知识体系的方方面面，包括微生物学、细菌遗传学、生物化学/酶学、种系发生学、流行病学以及抗感染治疗学等。一旦真正洞悉这一耐药机制，对于了解其他各类抗菌药物耐药机制就要容易得多。然而，按照本书的章节安排，第三篇将详述各个类别以及各个组别的 β-内酰胺酶，包括起源、发现的年代顺序、结构特征、底物谱、抑制剂反应、水解机制、流行病学以及感染治疗等。因此，在这一章中，我们不对各种 β-内酰胺酶的相关细节进行描述，主要简述 β-内酰胺酶进化史的轨迹以及浅析 β-内酰胺酶的进化趋势。

第一节　青霉素酶引发了全球第一次耐药危机

早在 1940 年，青霉素研究小组的钱恩等就曾通过实验研究证实，由大肠杆菌（现称为大肠埃希菌）悬液所制备的提取物中含有一种物质，它能破坏青霉素抑制细菌生长的特性，他们将这种活性物质称为"青霉素酶"。当时，研究人员正受困于不能制备出足够数量的青霉素供临床应用，青霉素的临床应用前景尚处在不明朗阶段，所以这项具有"种子"水平的开创性研究并未引起人们应有的关注，最多将其看作是一个科学趣闻。事实上，在青

霉素开始投入临床应用的那个年代，造成大量人死亡的细菌感染多是由革兰阳性菌所致，如葡萄球菌属和链球菌属细菌，青霉素正是治疗这些革兰阳性球菌感染的最有力武器，疗效极佳，所到之处几乎是无往不利。

人们在欢庆胜利的同时，大概没人还会关注革兰阴性的大肠杆菌是否产生青霉素酶。然而好景不长。早在 1942 年，Ramelkamp 和 Maxon 就描述了来自 4 名接受过青霉素治疗患者的金黄色葡萄球菌分离株对青霉素增加的耐药。1944 年，在旧金山斯坦福医院工作期间，Kirby 从 7 个青霉素耐药金黄色葡萄球菌分离株中提取出青霉素酶，不过这些分离株却是来自当时还没有接受过青霉素治疗的患者，这是首次将葡萄球菌属对青霉素的耐药与青霉素酶明确无误地关联起来，后来人们将金黄色葡萄球菌产生的这种青霉素酶称作 PC1（根据产酶菌株命名）。此后，在诸如美国和英国这样的发达国家，金黄色葡萄球菌医院分离株对青霉素耐药迅速增加。到了 1953 年，也就是青霉素正式投入临床使用 10 年左右的时间，有些医院中耐药的院内金黄色葡萄球菌菌株百分比甚至高达 80%。医院职员常常是携带者，他们将金黄色葡萄球菌传递给新入院患者，后者携带这些耐药菌株回家。耐药在社区的流行很快就达到了医院的程度。1960 年，一种所谓"耐酶"青霉素类抗生素甲氧西林的及时问世拯救了这一次全球性感染危机。然而，就在人们普遍欢庆甲氧西林研发成功的同时，也确实有一些具有忧患意识的科学家如 Citri 和 Pollock 曾猜测：

"一种更有效的水解甲氧西林的 β-内酰胺酶能相当快地在葡萄球菌中进化出来，从而使得甲氧西林再次失效"。从耐药进化的角度上看，这样的担忧不无道理，即便是在人们已经对 β-内酰胺酶具有相当程度认识的今天，这样的猜测也完全符合逻辑。然而，细菌耐药的进化并未按照人们为其设想的轨迹发展，而是另辟蹊径。金黄色葡萄球菌通过获得了一种对甲氧西林具有低亲和力的 PBP2a 而赋予对甲氧西林耐药，从而进化出臭名昭著的耐甲氧西林金黄色葡萄球菌（MRSA）。从严格意义上讲，这次青霉素酶所造成的危机并非全球性的。在 20 世纪的 40～50 年代，也只有在发达国家中青霉素才能在临床上普遍应用，而在发展中国家，青霉素的供应仍旧非常匮乏，这种情况还不足以在葡萄球菌中引起青霉素酶的广泛产生。此外，毕竟在金黄色葡萄球菌中没有进化出活性更强和水解谱更广的 β-内酰胺酶，而链球菌属细菌根本就没有发现产生 β-内酰胺酶。因此，人们再次失去了对 β-内酰胺酶介导细菌耐药这一耐药机制的兴趣。

第二节　广谱酶的出现奏响了 β-内酰胺酶广泛进化的序曲

从细菌产生 β-内酰胺酶而介导对 β-内酰胺类抗生素耐药的角度上讲，细菌耐药经历了一个从革兰阳性菌到革兰阴性菌的演变过程。从 20 世纪的 60 年代中期到整个 70 年代，革兰阴性菌产生的各种所谓的广谱 β-内酰胺酶开始崭露头角。在革兰阴性菌中，第一个质粒介导的 β-内酰胺酶 TEM-1 是在 1965 年被报告，它就是一种典型的广谱 β-内酰胺酶。TEM-1 酶最初被发现存在于大肠埃希菌的一个单一菌株中，该菌株来自一名叫 Temoniera 的希腊患者血液培养物，因此称为 TEM。另一个被发现在肺炎克雷伯菌和大肠埃希菌中常见的质粒介导的广谱 β-内酰胺酶是 SHV-1（巯基变量）。TEM-1、TEM-2 和 SHV-1 是在 20 世纪 70 年代所鉴定出的最常见的质粒介导的 β-内酰胺酶，它们都被称为广谱 β-内酰胺酶（broad-spectrum β-lactamase，BSBL）。质粒和转座子介导的特性已经促使这些酶很快散播到其他菌种，如大肠埃希菌、肺炎克雷伯菌、奇异变形杆菌、流感嗜血杆菌、淋病奈瑟菌和铜绿假单胞菌等。这些酶不仅能够水解青霉素，而且也能破坏多种半合成的青霉素类如氨苄西林和早期的头孢菌素类抗生素如头孢噻吩和头孢拉定，使得很多非常基础或一线抗生素的疗效大打折扣。在这段时期，革兰阴性杆菌引起的院内感染也变得更加流行，革兰阴性杆菌已经作为占主导地位的院内病原菌而出现。

当然，除了 TEM 型和 SHV 型广谱 β-内酰胺酶之外，OXA 型广谱 β-内酰胺酶也广泛地参与到细菌耐药，特别是 OXA-1，很多大肠埃希菌、志贺菌属细菌和沙雷菌属细菌也都产生 OXA 型广谱 β-内酰胺酶。然而，尽管这些广谱 β-内酰胺酶的相继出现给感染性疾病的化学治疗带来了一定的困扰，但随着更多所谓耐酶青霉素类以及氧亚氨基头孢菌类如头孢呋辛、头孢噻肟、头孢他啶和头孢曲松等抗生素相继引入临床实践，人们在应对这些广谱 β-内酰胺酶的挑战时就有了更多的选择。客观地讲，当时对抗菌药物耐药的担忧更多地来自专家和学者，或者说这种担心是潜在的，而在抗感染的临床领域里，将抗菌药物耐药看作是现实或即将出现的严重威胁的观点并不盛行。

第三节　超广谱酶的出现是 细菌耐药进化的一个重要分水岭

β-内酰胺酶的进化已历经近 80 年的时间，在此期间，有很多重要的时间节点应该被载入史册。1985 年就是一个具有分水岭意义的时间节点。在这一年，第一个 SHV-1 突变体酶 SHV-2 在来自德国的一个臭鼻克雷伯菌分离株中被报告，它是一种超广谱 β-内酰胺酶（extended-spectrum β-lactamase，ESBL）。这种 ESBL 的突出特征是能水解各种氧亚氨基头孢菌素类。人们也是第一次认识到，广谱 β-内酰胺酶 SHV-1 只需要一个氨基酸置换就能进化成为超广谱 β-内酰胺酶 SHV-2。细菌这样轻而易举的点突变就能让人类多年发展和升级抗生素的努力黯然失色。毫无疑问，这不仅标志着细菌针对 β-内酰胺类抗生素耐药的一次重大升级，而且也是 β-内酰胺酶进化史中的一个里程碑事件。两年以后在法国，第一个 TEM 型 ESBL 在一个肺炎克雷伯菌分离株中被发现。这些 ESBL 既保留广谱 β-内酰胺酶针对青霉素类和早期头孢菌素类的水解活性，而且还能将一种或多种氧亚氨基头孢菌素类纳入其水解谱中，如头孢呋辛、头孢噻肟、头孢他啶、头孢曲松和氨曲南。ESBL 的发现既让人们感觉吃惊，也让人感到惊悚，这是因为这些氧亚氨基头孢菌素类毕竟投入临床使用不久，细菌这么快就能进化出全新的超广谱 β-内酰胺酶，它们竟然能够水解具有庞大取代基的头孢菌素类抗生素！ESBL 的出现促使人们真正意识到，通过应答抗生素大量使用所施加的选择压力，细菌可以进化出各种出人意料的耐药机制，这一点给人留下了深刻的印象。从此以后，人们才真正对细菌展示出的耐药进化本领刮目相看，也真正意识到细菌耐药的危机已经到来。

除了 TEM 型和 SHV 型两大 ESBL 家族之外，CTX-M 家族 ESBL 算是后起之秀。与 TEM 或

SHV 家族不同，CTX-M 型 ESBL 来源清楚，来自克吕沃尔菌属。CTX-M 型 ESBL 也是首先从欧洲被发现，很快就散播到全世界，实现异军突起，其中的 CTX-M-15 和 CTX-M-14 已经演化成当今世界最流行的 ESBL。bla_{CTX-M} 基因的传播特别令人不安，这是因为它们不仅在院内病原菌而且也在社区获得性病原菌中屡屡被鉴定出。在一些地区如在印度，它们在高达 60%～80% 的大肠埃希菌分离株中被鉴定出。在最近 10～15 年中，它们在全世界的传播是在抗生素耐药领域里已经被观察到的最迅速和最重要的现象之一。当然，还有一些成员较少的 ESBL 家族也已经在全球或在地方涌现出来，比如，PER、VEB、GES，甚至也包括 OXA 家族的超广谱 β-内酰胺酶。所有这些 ESBL 都是由质粒编码，这就意味着它们可以轻而易举地散播到其他肠杆菌科细菌，甚至散播到非发酵细菌如铜绿假单胞菌中，这就使得 β-内酰胺酶介导细菌耐药的局面更加严峻和错综复杂。众所周知，各种氧亚氨基头孢菌素类抗生素是医院中治疗各种革兰阴性病原菌感染的最主要武器，针对这些抗生素的耐药必然会使得临床医生在抗菌药物选择上进退维谷。当时，唯一让人感到庆幸的是我们的武器库中还有 β-内酰胺类/β-内酰胺酶抑制剂复方制剂以及终极武器——碳青霉烯类抗生素。

第四节　抑制剂耐药 β-内酰胺酶展现细菌耐药进化的无所不能

在 20 世纪 70 年代，一些位于细菌质粒上的广谱 β-内酰胺酶就开始在革兰阴性病原菌中广泛传播，很快这些产酶的革兰阴性病原菌就在医院悄悄地篡夺革兰阳性病原菌的主导地位。为了克服这些酶的出现、进化和散播带来的挑战，人们想出了两大策略：一是研制出能够耐受各种 β-内酰胺酶的全新一代抗生素，二是试图发现能够抑制这些酶活性的各种抑制剂或灭活剂。正是在这样指导思想的指引下，一些能够耐受广谱 β-内酰胺酶的头孢菌素类陆续上市，如头孢呋辛、头孢噻肟、头孢他啶和头孢曲松等；另外，3 种 β-内酰胺酶抑制剂也相继研发成功，它们是克拉维酸、舒巴坦和他唑巴坦。这些抑制剂最大的功效就是能够自杀式灭活 A 类广谱 β-内酰胺酶和超广谱 β-内酰胺酶。它们的最大价值也正是在复方制剂中保护"伙伴"抗生素免受这些 A 类广谱 β-内酰胺酶和超广谱 β-内酰胺酶的水解，使得这些"伙伴"抗生素继续保持高效力的抗菌活性。因此，它们和一些 β-内酰胺类抗生素组成的复方制剂获得了很大的成功，阿莫西林-克拉维酸钾就是最成功的复方制剂范例。然而，超出大多数微生物学家想象

的是，在 1993 年，也就是哌拉西林-他唑巴坦被美国 FDA 批准上市的同一年，一些能够耐受 β-内酰胺酶抑制剂的新型 β-内酰胺酶即抑制剂耐药的 β-内酰胺酶（inhibitor-resistant TEM β-lactamase, IRT）陆续被发现。更有甚者，一种既能水解氧亚氨基头孢菌素类，同时也能水解抑制剂的更新型复合突变体 β-内酰胺酶（complex mutant TEM β-lactamase, CMT）在 1997 年首先被鉴定出来。人们普遍以为，这两种活性"集于一身"似乎不太可能，它们在分子内进化是彼此冲突的，所以 CMT 的出现让人觉得细菌真的具有无所不能的进化本领。人类研发出什么样的矛，细菌就产出什么样的盾，亦步亦趋，如影相随，无一例外。

正是由于发现了对 β-内酰胺类 β-内酰胺酶抑制剂耐药的 β-内酰胺酶，人们对研制后续的 β-内酰胺类的 β-内酰胺酶抑制剂的热情骤减。不过近些年来，人们高度关注非 β-内酰胺类的 β-内酰胺酶抑制剂，已经被批准上市的代表性产品是阿维巴坦，后者已经与很多头孢菌素类和碳青霉烯类组成复方制剂。在全新抗生素如此匮乏的今天，阿维巴坦的出现无疑带给人很大希望，很多大型制药公司也纷纷加入研发这类复方制剂的队伍中来。然而，既然阿维巴坦属于 β-内酰胺酶抑制剂，那么欲想发挥抑制作用，它就必须结合到 β-内酰胺酶分子上。根据细菌进化各种耐药机制的超凡能力看，β-内酰胺酶也可能通过突变降低对阿维巴坦结合的亲和力。若果真如此，那无疑是对人类研发全新抗菌药物的再一次重大打击。

第五节　"沉默的"AmpC β-内酰胺酶基因已被唤醒

AmpC β-内酰胺酶也可称为 C 类 β-内酰胺酶或 C 类头孢菌素酶。在 1981 年，Jaurin 和 Grundstrom 首次全面报告了这种 β-内酰胺酶，它是在大肠埃希菌 K-12 的染色体上被编码，并且很多种肠杆菌科细菌也拥有编码这种 β-内酰胺酶的基因。换句话说，这些酶大概是一些革兰阴性杆菌中固有的酶。事实上，这种酶也就是在 1940 年由阿伯拉汗和钱恩在大肠杆菌中发现的所谓"青霉素酶"。AmpC β-内酰胺酶的发现突然让人们意识到，仅仅拥有编码 β-内酰胺酶的基因也许还不足以赋予细菌针对 β-内酰胺类抗生素的耐药，耐药基因必须要高水平表达，或者说细菌必须产生足够数量的 β-内酰胺酶才能造成临床耐药。因为像大肠埃希菌这样的肠杆菌科细菌早已拥有编码 AmpC β-内酰胺酶的基因，但在抗生素年代之初，这些细菌根本没有表现出对头孢菌素类抗生素的耐药。这也让人们第一次

认识到β-内酰胺酶介导的细菌耐药也存在着耐药基因表达的调节，这对于人们后来深刻理解β-内酰胺酶介导的细菌耐药机制有很大帮助。

AmpC β-内酰胺酶与ESBL的最大区别在于，前者除了水解氧亚氨基头孢菌素类以外，还能水解头霉素类如头孢西丁。此外，AmpC β-内酰胺酶也对各种传统的β-内酰胺酶抑制剂不敏感。位于细菌染色体上编码AmpC β-内酰胺酶的基因似乎并没有出现明显的分子内进化，但这些编码基因却几乎都已经转移到各种质粒上，形成了各种质粒编码的AmpC β-内酰胺酶家族，如CMY、DHA、FOX等。众所周知，一旦耐药基因位于可移动遗传元件如质粒上，它们就易于广泛散播。AmpC β-内酰胺酶的进化还不止于此，近些年来，一些所谓超广谱AmpC β-内酰胺酶被陆续发现，它们水解谱更广，甚至也已经在一定程度上水解亚胺培南。当然，目前这些酶分布地域有限，主要集中在法国和日本。AmpC β-内酰胺酶特别是质粒编码的AmpC β-内酰胺酶的广泛出现，使得对各种革兰阴性病原菌感染的治疗更加棘手，一是它们也同时水解头霉素类抗生素，二是它们对各种β-内酰胺酶抑制剂不敏感。

第六节　碳青霉烯酶是细菌对抗β-内酰胺类抗生素的杀手锏

碳青霉烯类在β-内酰胺类抗生素中是抗菌谱最广、抗菌活性最强的一个亚类，属于抗细菌感染药物中的终极武器，特别是针对产ESBL和AmpC β-内酰胺酶的各种肠杆菌科细菌以及非发酵细菌如铜绿假单胞菌和鲍曼不动杆菌所致感染。然而，不幸的是，经过30多年的临床应用，各种能够水解碳青霉烯类抗生素的碳青霉烯酶也已经被陆续鉴定出，包括染色体或质粒编码的A类碳青霉烯酶、典型的质粒介导的B类金属碳青霉烯酶以及D类碳青霉烯酶。在这些碳青霉烯酶中，有些酶只是轻度地水解碳青霉烯类，造成产酶细菌对这类抗生素的敏感性降低，而有些酶不仅高效地水解碳青霉烯类，而且也高效水解其他β-内酰胺类抗生素，致使产酶细菌对整体β-内酰胺类抗生素耐药（金属碳青霉烯酶对氨曲南仍然敏感），从而严重地威胁到这一大类抗生素的有效性或有用性。碳青霉烯酶种类繁多，水解活性强弱不一。目前在全球给临床抗感染治疗带来最大损害的碳青霉烯酶家族包括：质粒介导的A类碳青霉烯酶KPC家族，B类金属碳青霉烯酶中的IMP家族、VIM家族和NDM家族以及D类碳青霉烯酶中的OXA-48、OXA-23、OXA-51和OXA-58等。各种碳青霉烯酶在全世界的广泛出现已经严重地打击了人类战胜感染性疾病的

信心，特别是产碳青霉烯酶的革兰阴性病原菌感染，因为碳青霉烯类是人类同这些耐药细菌斗争的终极武器。尽管由阿维巴坦组成的复方制剂能够抑制KPC型碳青霉烯酶的活性，但它们却对各种金属碳青霉烯酶无任何抑制作用。一些革兰阴性杆菌之所以有幸成为"超级细菌"，各种碳青霉烯酶的产生是它们获此"殊荣"的重要基础。更让人担忧的是，这些"超级细菌"常常拥有多种耐药机制，同时对很多其他类别抗菌药物复合耐药，如氨基糖苷类和氟喹诺酮类，从而导致很多无药可治的感染出现，造成高的感染死亡率。

第七节　β-内酰胺酶进化的总体趋势

每一次β-内酰胺类抗生素的升级换代都一定伴随着β-内酰胺酶的进化升级。只要新的β-内酰胺类抗生素一经上市，能够水解它们的更新型β-内酰胺酶就会陆续出现，只是或迟或早而已。如此清晰而明确的轨迹不由得让人以为细菌是一种智能生物，甚至比人类聪明，习惯于后发制人。然而，我们仔细分析不难发现，细菌确实只是一种原核生物体，并非是智能生物，各种β-内酰胺酶的出现或进化并不是"智能制造"出来的，而是"随机选择"出来的。我们反复强调，自从第一个葡萄球菌青霉素酶PC1问世以来，已经有1400多种β-内酰胺酶在全世界被发现。然而，即便我们纵览几十年来的文献信息，又有多少个β-内酰胺酶能留在人们的记忆深处呢？人们不过能记住那些具有特色的β-内酰胺酶，或是具有"历史印记"的β-内酰胺酶。已如前述，绝大多数β-内酰胺酶都是20多个β-内酰胺酶家族中的成员，它们都是各个β-内酰胺酶家族中亲代酶或称为"原型酶"的突变体衍生物。比如，大家之所以能够记住TEM-1，不仅是因为它是TEM家族的原型酶，而且它还在20世纪60～70年代猖獗一时，当时的一些革兰阴性杆菌主要是依靠TEM-1介导对β-内酰胺类抗生素耐药。TEM-3也易于被人记住，它是TEM家族中第一个超广谱β-内酰胺酶，TEM-30和TEM-50之所以被人记住也是因为它们分别是第一个抑制剂耐药β-内酰胺酶和第一个复合突变体酶，当然，还有一些TEM家族成员也曾不时地出现在文献中，但总体来说没有那么"popular"。然而，根据Bush和Jacoby在2010年更新的β-内酰胺酶分类体系，TEM家族就有170多个成员，看来，能给人们留下深刻印象的成员真是寥寥无几。SHV-2之所以广为人知是因为它是第一个超广谱β-内酰胺酶，它的出现是β-内酰胺酶进化史上的一个重要节点。目前，CTX-M家

族已经演化成为最流行的 ESBL，这个酶家族也是成员众多。然而，人们经常提及的无外乎是 CTX-M-15、CTX-M-14、CTX-M-3、CTX-M-9 和 CTX-M-1，其他绝大部分成员只是偶尔见诸文献中。实际上，很多 β-内酰胺酶都只是在基因银行中有序列记载，根本没有任何其他生化和水解参数可供参考。OXA 是另一个超大型 β-内酰胺酶家族，拥有 250 个成员。在这个家族中常常被人们提起的主要有广谱酶中的 OXA-1 和 OXA-10，超广谱酶中的 OXA-11 以及碳青霉烯酶中的 OXA-23、OXA-51、OXA-58 和 OXA-48，当然，OXA-18 也常常被人提起，主要是这个酶虽然在分子学分类中隶属于 D 类 OXA 型酶，但在生化特征上与 A 类的 ESBL 特别相似，酶活性受到克拉维酸抑制，不受氯化钠抑制，而后一种特性在 OXA 型酶中普遍存在。SME 型酶之所以经常被人提起，主要是因为这类酶属于 A 型碳青霉烯酶，但它们不同于 KPC 型 A 类碳青霉烯酶，前者是由染色体编码，后者为质粒介导。就目前看来，在 B 类金属 β-内酰胺酶家族中，IMP 家族和 VIM 家族成员最多，有近 30 个成员。NDM 家族成员较少，但临床影响力却非常大。在这几个金属 β-内酰胺酶家族中，人们常常提及它们各自的亲代酶，其他成员似乎没有特别受到重视，VIM-2 除外，它是所有 B 类金属酶中最流行的成员。由此可见，在临床文献中频繁提及的 β-内酰胺酶不外乎几十个，虽有一些 β-内酰胺酶也偶尔被提及，但绝大多数 β-内酰胺酶则默默无闻。

众所周知，在每一个 β-内酰胺酶家族中，成员之间无论在水解效力、水解谱还是抑制剂抑制方面都彼此差异很大，但能够受到人们关注的一定是具有显著临床意义的酶。所以，人们不禁会问道：细菌有必要产生那么多 β-内酰胺酶吗？细菌产生那么多水解活性并不突出的酶是不是在做大量的"无用功"呢？答案似乎是肯定的，细菌确实是在做无用功，这就从另一个角度上说明细菌并没有主动设计，这些酶都是随机选择出来的。另一方面，细菌一旦普遍产生了各种超广谱 β-内酰胺酶的话，那它们继续产生广谱 β-内酰胺酶又有何意义呢？但是人们经常会鉴定出一些革兰阴性杆菌临床分离株，它们同时产生广谱 β-内酰胺酶、超广谱 β-内酰胺酶和碳青霉烯酶，它们的水解谱有很多重叠之处。在通过产生这些 β-内酰胺酶介导细菌耐药表型时，我们很难分清楚这些 β-内酰胺酶各自施加的作用比例和各自的权重系数，也许只是在 MIC 数值的高低上有所体现。实际上，对于绝大多数耐药细菌而言，它针对某种 β-内酰胺类抗生素的 MIC 值达到 32 mg/L 就足以导致这种抗生素的临床耐药，即使 MIC 数值再高也同样呈现出临床耐药表型而已。

总体来说，每当一个 β-内酰胺酶家族的亲代酶被发现以后，在酶家族内的进化大多围绕着酶活性部位上的氨基酸残基的突变而实现，或者在三级结构上与酶水解活性相关联的氨基酸，这些突变是在承受着抗生素选择压力下进行的，不同的选择压力引发不同位置上的氨基酸突变或突变组合。然而，并非所有突变都能导致水解活性的增加，比如，TEM-1 是这个家族的原型酶，属于广谱 β-内酰胺酶，它的突变体衍生物 TEM-13 并不是 ESBL，还是广谱 β-内酰胺酶，但同样是 TEM-1 突变体衍生物的 TEM-3 就属于 ESBL。什么样的选择压力诱导出 TEM-3 呢？又是什么样的选择压力诱导出 TEM-13 呢？深层次的原因并不清楚。无论是处于医院的细菌还是处在环境中的细菌，它们都会承受着抗生素的选择压力，而且这种压力并不固定，无论是性质、强度和持续时间都是变化不定的，因此，细菌在面对变化莫测的选择压力时也必定随机地发生着千差万别的突变或突变组合，从而诱导出各种各样的 β-内酰胺酶。这可能就是如此众多的酶在不同时间和不同地点出现的原因。

还有一个 β-内酰胺酶进化的问题需要探讨。众所周知，已经有很多个 β-内酰胺酶家族被鉴定出来，但每个酶家族成员数量却相差甚大，像 TEM 家族、SHV 家族、CTX-M 家族以及 OXA 家族，其成员都在 100 多个，OXA 家族成员甚至超过 250 个，像 IMP 家族和 VIM 家族都有 20～30 个成员，更小的酶家族只有寥寥数个成员，如 PER 家族、VEB 家族和 NDM 家族，最小的酶家族则只有一个成员，如 SPM、SIM 和 GIM 等。然而，在承载着抗生素选择压力方面，这些小家族和大家族并无实质性区别。目前，在全世界，抗菌药物使用的方案日益趋同化，在一个国家内更是如此，临床医生基本按照抗感染临床用药指导原则处方抗菌药物。那么，造成这种差异的根本原因又是什么呢？上面提到的酶家族都属于质粒介导的，不同的酶家族可能"偏爱"不同相容性类型的质粒，再有就是有些编码基因位于整合子上，有些由转座子带动，还有的酶基因是由 ISCR 带动转移。但是，这些区别是否就是造成突变体衍生物数量多寡的直接原因，抑或有些酶蛋白本身就不容易选择性突变，或突变的阈值高，还是编码基因本身存在"先天不足"，当然，原因可能是多方面的，需要进一步研究。

我们在回顾 β-内酰胺酶进化史时不难发现，各种全新类型 β-内酰胺酶的出现确实与各种全新 β-内酰胺类抗生素的临床应用有着直接的关联。一类新 β-内酰胺类抗生素投入临床使用之后，总会有一些新的 β-内酰胺酶对应出现，几乎没有例外。按照符合逻辑的推测，如果 β-内酰胺类抗生素在全球的使用还是如此广泛和大量的话，迟早还会进化出水解谱更广、水解活性更强的全新 β-内酰胺酶，这应该是大概率事件。最令人恐惧的是，如果产这些强力 β-内酰胺酶的"超级细菌"再整合编码针对替加环素和黏菌素耐药的基因的话，无药可治的感染就会在医院中成为一种新常态。

参考文献

［1］ Livermore D M，Woodford N. The β-lactamase threat in *Enterobacteriaceae*，*Pseudomonas* and *Acinetobacter* ［J］. Trends Microbiol，2006，14（9）：413-420.

［2］ Bonomo R A. New Delhi metallo-β-lactamase and multidrug resistance：a global SOS ［J］? Clin Infect Dis，2011，52：485-487.

［3］ Garau G，Garcia-Saez I，Bebrone C，et al. Standard numbering scheme for class B β-lactamases ［J］. Antimicrob Agents Chemother，2004，48：2347-2349.

［4］ Galleni M，Lamotte-Brasseur J，Rossolini G M，et al. Standard numbering scheme for class B β-lactamases ［J］. Antimicrob Agents Chemother，2001，45：660-663.

［5］ Hall B G，Barlow M. Evolution of the serine β-lactamases：past，present and future ［J］. Drug Resist Updat，2004，7：111-123.

［6］ Livermore D M，Jones C S. Characterization of NPS-1，a novel plasmid-mediated β-lactamase，from two *Pseudomonas aeruginosa* isolates ［J］. Antimicrob Agents Chemother，1986，29：99-103.

［7］ Medeiros A. Evolution and dissemination of β-lactamases accelerated by generations of β-lactam antibiotics ［J］. Clin Infect Dis，1997，24：S19-S45.

［8］ Bush K. Alarming β-lactamase-mediated resistance in multidrug-resistant *Enterobacteriaceae* ［J］. Curr Opin Microbiol，2010，13：558-564.

［9］ Bush K，Fisher J F. Epidemiological expansion，structural studies，and clinical challenges of new β-lactamases from Gram-negative bacteria ［J］. Annu Rev Microbiol，2011，65：455-478.

［10］ Gutkind G O，Di Conza J，Power P，et al. β-lactamase-mediated resistance：a biochemical，epidemiological and genetic overview ［J］. Curr Pharm Des，2013，19（2）：164-208.

［11］ Bush K. Proliferation and significance of clinically relevant β-lactamases ［J］. Ann N Y Acad Sci，2013，1277：84-90.

［12］ Bush K. Carbapenemases：partners in crime ［J］. J Global Antimicrob Resist，2013，1：7-16.

［13］ Paterson D L，Bonomo R A. Extended-Spectrum β-lactamases：a Clinical Update ［J］. Clin Microbiol Rev，2005，18：657-686.

［14］ Turner P. Extended-Spectrum β-lactamases ［J］. Clin Infect Dis，2005，41：S273-S275.

［15］ Bradford P A. Extended-spectrum β-lactamases in the 21st century：characterization，epidemiology，and detection of their important resistance threat ［J］. Clin Microbiol Rev，2001，14：933-951.

［16］ Walther-Rasmussen J，Hoiby N. Cefotaximases (CTX-M-ases)，an expanding family of extended-spectrum β-lactamases ［J］. Can J Microbiol，2004，50：137-165.

［17］ Bonnet R. Growing group of extended-spectrum β-lactamases：the CTX-M enzymes ［J］. Antimicrob Agents Chemother，2004，48：1-14.

［18］ Jacoby G A. AmpC β-lactamases ［J］. Clin Microbiol Rev，2009，22：161-182.

［19］ Zhao W H，Hu Z Q. Epidemiology and genetics of CTX-M extended-spectrum β-lactamases in Gram-negative bacteria ［J］. Crit Rev Microbiol，2013，39：79-101.

［20］ Walsh T R，Toleman M A，Poirel L，et al. Metallo-β-lactamases：the quiet before the storm ［J］? Clin Microbiol Rev，2005，18：306-325.

［21］ Nordmann P，Dortet L，Poirel L. Carbapenem resistance in *Enterobacteriaceae*：here is the storm ［J］! Trends Mol Med，2012，18：263-272.

［22］ Queenan A M，Bush K. Carbapenemases：the versatile β-lactamases ［J］. Clin Microbiol Rev，2007，20：440-458.

［23］ Yigit H，Queenan A M，Anderson G J，et al. Novel carbapenem-hydrolyzing β-lactamase，KPC-1，from a carbapenem-resistant strain of *Klebsiella pneumoniae* ［J］. Antimicrob Agents Chemother，2001，45：1151-1161.

［24］ Shlaes D M. New β-lactam-β-lactamase inhibitor combinations in clinical development ［J］. Ann N Y Acad Sci，2013，1277：105-114.

［25］ Drawz S M，Ronomo R A. Three decades of β-lactamase inhibitors ［J］. Clin Microbiol Rev，2010，23：160-201.

［26］ Patel G，Bonomo R A. Status report on carbapenemases：challenges and prospects ［J］. Exp Rev AntiinfectTher，2011，9：555-570.

［27］ Abraham E P，Chain E. An enzyme from bacteria able to destroy penicillin ［J］. Nature，1940，146：837.

［28］ Rammelkamp C H，Maxon T. Resistance of *Staphylococcus aureus* to the action of penicillin ［J］. Proc Soc Exp Biol Med，1942，51：386-389.

［29］ Kirby W M M. Extraction of a highly potent penicillin inactivator from penicillin resistant staphylococci ［J］. Science，1944，99：452-453.

第 二 篇

细菌耐药遗传学基础

第九章

耐药基因

准确地说，真正意义的细菌耐药遗传学研究始于日本。在 20 世纪 40 年代中后期，痢疾志贺菌感染在日本非常流行，临床医生普遍采用链霉素、氯霉素、四环素和磺胺类药进行治疗。1953 年，对链霉素或四环素单独耐药的痢疾志贺菌株就被分离获得，到了 1955 年，第一个多药耐药痢疾志贺菌株被发现，它同时对链霉素、氯霉素和四环素耐药。几年后人们发现，大约 10％ 被分离出的痢疾志贺菌分离株对上述 4 种药物耐药。对上述 1～2 种药物耐药的菌株反而要比对 3～4 种药物耐药的菌株少见得多。显然，这样的多药耐药无论如何也不太可能是突变所致。Watanabe 曾提到，1959 年，日本学者 Ochiai 等和 Akiba 等分别成功地发现，在体外混合培养中，这种多药耐药特性能够轻而易举地在志贺菌和大肠埃希菌之间转移，之后，再采用耐药菌株培养物的无细胞滤液来转移耐药却未能成功。当时，很多日本学者都是通过日文来发表他们的研究成果，再加上一些偏见的缘故，很多西方学者根本不相信这些具有划时代意义的发现，反而怀疑这些研究的真实性，甚至认为是异端邪说。然而，在 1960 年，日本学者度边（T. Watanabe）以英文发表了题为《Infective heredity of multiple drug resistance in bacteria》的长篇综述，报告了这些多药耐药因子（即耐药基因）是被一个附加体（episome）所携带和转移。当时，他们将这种附加体命名为耐药转移因子（resistance transfer factor，RTF）。此后，这些研究成果才被广为认同并被纷纷效仿，很快，这种可转移耐药也在英国和德国被报道。实际上，附加体是 Jacob 和 Wollman 于 1958 年提出的一个术语，用来形容细

菌的噬菌体和性因子，并且认为它与质粒有所不同，但在 60 年代后期，人们觉得质粒和附加体的区别在很大程度上是人为划分的，所以最终放弃了这一说法。所以说，尽管早在 1952 年 Lederberg 就提出质粒（plasmid）这一术语来描述可自我复制的核外遗传物质，但当时这些日本学者还是没能准确地认识到这种附加体的本质就是质粒。相继，很多日本学者报告，这些多药耐药基因的转移既不是转化，也不是转导，而是接合，由此拉开了细菌耐药遗传学研究的大幕，度边教授也因而奠定了在这一研究领域的领导地位。

日本学者的这些早期研究只是初步解释了细菌耐药的传播或耐药基因的转移。经过了 80 余年的不懈努力，目前对细菌耐药遗传学的研究无论在广度上还是在深度上都得到了前所未有的发展，人们将最前沿的遗传学研究成果和技术及时地应用于细菌耐药遗传学研究之中，这为我们洞悉细菌耐药发展和散播的来龙去脉打下坚实的基础；另外，细菌遗传学的研究也为生物遗传学的整体研究做出了重要补充和特殊的贡献，比如，整合子就是研究细菌耐药遗传学时被发现的，转座子的概念也是在研究细菌遗传学时得到证实。所有这些成果都推动了生物遗传学的整体发展和进步。

尽管发现磺胺类药百浪多息的德国学者多马克和发现青霉素的英国学者弗莱明当时就预见到细菌可以快速进化出抗生素耐药，但人们还是一直不断地低估细菌所拥有的这种进化能力。事实上，我们倾向于忘记细菌已经在这个星球上生存了大约 35 亿年，在如此漫长的时间里，细菌已经有无数次机会不得不适应突然被引入其小生境中的毒

性物质，对于细菌而言，每一次这样的遭遇都可能是一次生存与毁灭的考验。实际上，我们今天使用的大多数抗生素都产自一些微生物如放线菌属和链霉菌属。人们普遍认为，细菌可能利用产出的这些武器来保护其疆界，从而使得自身在与其他细菌的生存竞争中处于优势地位。然而，不产生抗生素的细菌并未被彻底杀死，它们不仅已经存活，而且已经发展出强大的 DNA 修饰战略来抵抗掉抗生素的杀死效应，产生抗生素的细菌也需要免受抗生素的自杀式攻击。换言之，当面对被抗生素杀死的境况时，细菌显示出了超凡的环境适应能力，在这场适者生存的竞争中，它们已经演化成为应对各种各样威胁的行家里手。对于细菌而言，抗生素只不过是另一组有毒的化合物而已，抗生素的致死效应不得不以某种方式被中和掉。细菌采纳的各种策略的有效性令人印象深刻，具体体现就是耐药的快速出现。以这样的速度，人病原菌针对每一种抗菌药物的各种耐药版本均已出现。显而易见，在赋予抗菌药物耐药的改变中根本没有一个改变是通过主动设计而获得的，取而代之的是，所有细菌的遗传行动计划都是随机做出的。实际上，也许绝大多数遗传学改变没有做出任何改善，并且随着时间的推移那些改变在菌群中丢失掉；然而，赋予细菌生存优势的那些遗传学改变被保存了下来，并最终造成细菌克隆的扩张，这就是达尔文"适者生存"的一个非常鲜明的例子。实际上，整个所谓的抗生素年代能被认为是连续不断的一个大型实验，这个实验被设计来验证达尔文这个假设的正确性。迄今为止，达尔文的远见卓识已经在细菌耐药领域被惊人地证实。

亚历山大·弗莱明于 1946 年就曾极具前瞻性地预言到："在合适情况下，细菌可能会以某种方式通过获得'抗药性'［耐药］而与所有化疗药物发生反应"。然而不过经历了短短的 70 多年，细菌耐药就已经从一个简单的科学概念进化成为威胁到全人类健康福祉的残酷现实。全球的细菌耐药局面非常严峻，多重耐药细菌比比皆是，甚至有些细菌将各种耐药机制集于一身，进化出几乎无药可治的所谓"超级细菌"。微生物学家和抗感染专家无不对细菌进化出耐药和传播耐药的超强能力感到震惊，他们在惊叹之余也不禁要问：细菌耐药究竟是如何发生和发展的呢？显而易见，耐药只是一种表型特征，是细菌采纳的一种或多种分子学耐药机制的外在表现。不同细菌针对不同类别抗菌药物表现出的耐药表型又千差万别，这些差异背后一定有各种各样的分子学耐药机制作为支撑。不同的分子学耐药机制介导不同的耐药表型，重要的是，各种分子学耐药机制还能以各种形式进行组合，这就造成耐药表型的多重变化。当然，耐药基因在所有变幻莫测的耐药表型中处于核心地位，它们的各种动态变化也正是细菌耐药遗传学研究的焦点。有些耐药基因是从无到有，有些耐药基因是由沉默变得活跃，有些耐药基因产物由弱到强，还有一些耐药基因则是在不同的复制子中转移。当然，人们逐渐认识到，绝大多数人或动物病原菌携带的耐药基因并不是"土生土长"的，也不是突变而来的，而是来自环境细菌。这些耐药基因如何转移到病原菌中就成为另一个研究热点，不过耐药基因的转移涉及水平基因转移。然而，各种耐药基因显然不会自身水平转移，它们需要依赖各种水平转移的媒介。伴随着耐药基因水平转移研究的不断深入，起到媒介作用的各种遗传元件自然而然也就渐渐引起人们的关注。由此可见，与细菌耐药机制的研究关联最紧密的学科非细菌遗传学莫属。细菌耐药机制研究似乎已经发展到这样的一个节点上，离开了细菌耐药遗传学研究，耐药机制研究就变得无所依从。换言之，若不具备相当的细菌遗传学基础知识，人们根本无法准确地理解细菌耐药的发生、进化和散播。

第一节　耐药基因在细菌耐药中的核心地位

生物遗传学研究的核心就是围绕各种基因的相关研究，包括人类基因组和细菌基因组研究的突破也代表着生物遗传学研究的巨大进步。人们最初对细菌耐药概念的认知是以围绕着 MIC 的各种耐药表型为起始点的。耐药似乎意味着原本有效的抗菌药物不再有效，分离出的细菌菌株针对相应抗菌药物的 MIC 也同步增高，这也是抗生素敏感性试验（AST）的基础。当然，在应用抗生素年代之初，人们对于细菌耐药的认识还很肤浅，看到的多是表象，对细菌耐药的本质知之甚少。事实上，人们对细菌耐药认知的逐渐深入与细菌耐药遗传学研究的逐步发展是平行的。第一次在临床上观察到细菌针对抗生素敏感性变化的现象是 20 世纪的 40 年代，当时葡萄球菌变得对青霉素耐药，原因是金黄色葡萄球菌产生了一种青霉素酶（PC1）。到了 60 年代，金黄色葡萄球菌又对甲氧西林耐药，原因却与以前不同，至少不是因为产生青霉素酶。当时，人们只是观察到金黄色葡萄球菌耐药表型的变化，但导致这种表型改变的深层次原因并不清楚，只是知晓 β-内酰胺类抗生素作用的靶位即 PBP 发生了某些改变。但是，整整经历了 20 多年的时间人们才真正了解到这一靶位变化的本质，那就是 MRSA 菌株获得了一个全新的耐药基因 *mecA*，它编码一种全新的且亲和力非常低的 PBP2a。换言之，我们在 20 世纪 60 年代之初就发现了 MRSA，这是表型特征，但直到 80 年代中期，人们才搞清楚介导甲氧西林耐药的本质是这种全新的 PBP2a，这才是基因型特征。没有遗传学的相关研究，人们对 MRSA 的认知可能还停留在 20 世纪 60 年代。借助水平基因转移方面的研究，人们又做出如下的推断，即 MRSA 所拥有的这种耐药基因 mecA 可能是通过水平基因转移方式源自其他葡萄球菌菌种如小牛葡萄球菌。由此可见，任何耐药表型都必然有相应的分子学耐药机制作为支撑，而支撑这种分子学耐药机制的恰恰就是耐药基因。因此，耐药基因在细菌耐药的发生、发展和散播上居于绝对核心地位。

细菌耐药有很多表型，比如单药耐药、多药耐药、复合耐药、交叉耐药和泛耐药等。毫无疑问，所有这些耐药表型都具有明确的分子学耐药机制作为基础，其核心就是耐药基因。耐药基因流动的动力学是我们理解细菌耐药发生和发展的重要基础。因此，毫不夸张地说，耐药基因在细菌耐药中处于绝对核心地位，从本质上讲，所有关于细菌耐药机制和机理的研究都是围绕着耐药基因展开的。形象地说，所有的相关研究都在试图回答如下的问题：耐药基因从哪里来？如何来？到哪里去？如何去？当然，从发生和发展的角度上讲，我们也应该了解耐药基因的"过去、现在和未来"。从本质上说，这些研究必然涉及耐药基因的起源、动员和散播等细菌遗传学内容；另一方面，耐药基因表达的调控使得本已错综复杂的局面变得更加扑朔迷离。在细菌耐药的初期，很多人倾向于认为，耐药基因的出现和转移仅仅是当代抗生素应用的结果。诚然，这样的想法是诱人的，因为若果真如此，耐药问题也就简单得多，应对起来也容易得多。遗憾的是，事实并非如此。首先，很多耐药基因的出现并不是当代应用抗生素的结果，有些耐药基因如编码 β-内酰胺酶的基因已经在地球上存在了 20 亿年之久，甚至被动员到可移动遗传元件如质粒上就已经有几百万年。因此，耐药基因的起源相当复杂，极具多样性，出现在临床相关病原菌中的绝大多数耐药基因的起源仍不清楚就充分说明了这一点。此外，人们对病原菌与大的微生态系统中各种细菌的互动或基因的水平转移也知之甚少，这无疑限制了我们对耐药发生、发展和进化趋势的理解和预测。看来，细菌耐药遗传学的研究仍然任重而道远。当然，从抗菌药物耐药的角度上讲，我们无疑会主要关注与人和动物相关的病原菌或机会性病原菌。但是，如果不能将视野扩大到整个微生态系统的各种环境细菌中，我们对细菌耐药的了解也必定会受到大的限制，我们看到的也必定不是完整的画卷。

围绕着耐药基因的另一个研究热点就是基因突变。突变是生物进化的遗传学基础。就细菌耐药而言，突变体现在 2 个层面。第一个层面是正常基因突变为耐药基因，很多细菌是通过染色体突变而由原来的敏感进化成为耐药。例如，所有临床上重要的氟喹诺酮耐药都能被归因于在这类药物靶位的突变，即 DNA 旋转酶和拓扑异构酶 Ⅳ，它们均是由 2 个亚单位构成：DNA 旋转酶的 GyrA 和 GyrB 以及拓扑异构酶 Ⅳ 的 ParC/GrlA 和 ParE/GrlB。当高效力的氟喹诺酮类产品环丙沙星于 1987 在美国上市时，一些专家轻率地预测，针对这种新类别旋转酶抑制剂的耐药不可能出现，因为这至少需要 2 次突变才能产生有临床意义的耐药表型，但更经常需要的是细菌靶位的多次突变，这样的概率极低。然而，科学家再次低估了细菌应对环境变化的超强能力。在革兰阴性菌，在 DNA 旋转酶上的突变首先发生，而在革兰阳性菌，在拓扑异构酶 Ⅳ 上的突变最初是以逐步升级的方式发生，一直发展到临床相关的氟喹诺酮耐药。多次突变事件能以一种逐步的方式被选择出，以便"训练"出细菌的耐药，而且连续的突变具有相加效应。高度氟喹诺酮耐药的分离株携带有多次在喹诺酮耐药决定区（quinolone resistance determining region, QRDR）突变。这个故事的教训是：我们不应该一而再、再而三地低估微生物！如果耐药在生物化学上可能，那它就一定会发生。第二个层面是耐药基因的分子内突变。例如，尽管已经发现的 β-内酰胺酶高达 1400 多种，但真正的 β-内酰胺酶家族大概也就 20 多种，编码绝大多数 β-内酰胺酶都是酶家族的分子内突变的结果。截至 2010 年，已经鉴定出的 TEM 型 β-内酰胺酶接近 200 种，它们都是分子内突变的产物，这样的突变可使得广谱 β-内酰胺酶突变成为超广谱 β-内酰胺酶，也可突变成为抑制剂耐药的 β-内酰胺酶，甚至可以突变成为既对拓展谱头孢菌素类耐药，同时也对抑制剂耐药的复合突变体酶。这种分子内突变可谓变幻莫测。突变介导的耐药并非"一劳永逸"事件，突变是一个随机和连续的过程。一旦一次突变影响到一个基因产物的结构或基因表达，它就会或是引起功能的丧失，或是引起功能的增强，或者是中性的。一个功能丧失的突变可能导致一个基因产物活性的完全或部分减少，而一个功能增强的突变也许是赋予一种新活性，或是增强现有的一种活性。况且，一次单一的突变既可能引起功能的丧失也可能引起功能的增强，这是由于在两种功能之间的，或者是在这个基因产物的稳定性和活性之间的一种以结构为基础的平衡（trade-off）。现已证实，DNA 序列的进化率是高度可变的，负责抗生素耐药的各种细菌耐药基因属于那些十分快速进化的 DNA 序列。耐药常常在一个新抗菌药物进入临床实践后快速进化，这个速度反映出微生物的一些特征，如大的菌群规模，短的周期时间（generation time）以及借助可移动基因的转移而造成的耐药散播。其他至关重要的因素包括抗菌药物在人、动物和农业中使用所造成的强大选择压力，在耐药基因上各个突变热点（hot-spot）的存在，以及许多耐药效应物的高度结构柔性（flexibility）。在革兰阴性菌中编码β-内酰胺酶的基因正是这种多源性和多方向进化的一个迷人的例子，ESBL 就是其最惊人的"成就"之一。很多介导细菌耐药的所谓钝化酶都存在着分子内突变，如氨基糖苷类修饰酶，16S 核糖体甲基化酶等。还有一种突变更令人称奇，那就是一种常见的氨基糖苷乙酰转移酶经过突变而变得可以修饰某些氟喹诺酮类抗菌药物。毫无疑问，这是细菌的一种新的适应性改变。

第二节　耐药基因的起源

在论述耐药基因起源之前，我们有必要明确一下本书中耐药基因概念的含义。我们所说的抗菌药物耐药基因是指主要位于人病原菌中的耐药基因，它们编码的产物能够影响到细菌针对抗菌药物的敏感性。如果细分起来，耐药基因还是有区别的。例如，有些耐药基因产物专门介导细菌耐药，如编码各种β-内酰胺酶的基因，它们的产物似乎就是为了水解性灭活各种β-内酰胺类抗生素，除此之外没有其他生物学功能，各种氨基糖苷钝化酶也是如此，或者说至少我们目前还没有认识到这些酶具有其他生物学功能。然而，确有一些耐药基因产物并不仅仅是为了介导细菌耐药，如编码各种外排泵的基因。这些外排泵肯定不是为了介导耐药而生，或者说，这些外排泵的主要生理学功能不是抗菌药物外排，抗菌药物只是恰巧被列入到它们的底物范畴之中而已。因此，在细菌耐药的背景下，我们虽可称这些编码基因为耐药基因，但还是有些牵强，因为这些外排泵的最主要功能就是外排各种各样的毒性物质。还有一种抗菌药物耐药机制涉及革兰阴性菌外膜通透性。有些耐药的临床病原菌分离株被发现外膜通透性下降，这是因为孔蛋白缺失或表达减少。然而，外膜中的孔蛋白既不是抗菌药物作用靶位，也不灭活抗菌药物。表达缺失可能是由于编码基因被插入性破坏，那么，这个被破坏的基因也应该称为耐药基因吗？答案似乎变得模糊起来。笼统地说，孔蛋白通道中某些氨基酸置换导致通道变窄或改变了电荷分布也可降低通透性，经过了这样突变的编码孔蛋白基因或可以称作耐药基因，但显然和传统耐药基因的概念并不完全一致。

每当人们在病原菌中新鉴定出一个耐药基因之时，自然而然就想知道这个耐药基因源自哪里，因为大多数耐药基因都是在质粒上被鉴定出，显然，质粒不可能是它的起源之处。所以，涉及细菌耐药基因的第一个问题就是耐药基因从哪里来。但是，就是这个看似简单的第一个问题就难住了微生物学家。众所周知，β-内酰胺酶介导的细菌耐药是所有耐药机制中最重要的一种。β-内酰胺酶有 1400 多种，但粗略算起来，数量如此众多的β-内酰胺酶大体上可以分成为 20 多个酶家族，但是，绝大多数酶家族的编码基因起源都是未知的（表 9-1）。

表 9-1　编码β-内酰胺酶基因的起源

酶家族	首次鉴定细菌	耐药基因位置	耐药基因可能起源
C 类 AmpC	大肠埃希菌	染色体	肠道细菌
TEM	大肠埃希菌	质粒	未知
SHV	肺炎克雷伯菌	质粒	肺炎克雷伯菌
CTX-M		质粒	克吕沃尔菌属
PER	铜绿假单胞菌	质粒	未知
VEB		质粒	未知
GES		质粒	未知
SME	黏质沙雷菌	染色体	部分黏质沙雷菌亚种
OXA		质粒	未知
KPC	肺炎克雷伯菌	质粒	未知
IMP	铜绿假单胞菌黏质沙雷菌	质粒或染色体	未知
VIM	铜绿假单胞菌	质粒	未知
SPM	铜绿假单胞菌	质粒	未知
NDM	肺炎克雷伯菌	质粒	未知

表 9-1 描述的是β-内酰胺酶的起源情况，针对其他抗菌药物耐药基因的起源也大多不清楚。尽管大多数耐药基因起源不详，但根据近几十年的研究发现，耐药基因的起源无外乎有 3 种方式：一是环境起源，二是突变产生的新耐药基因，三是在病原菌中的一些固有耐药基因，如编码外排泵的基因。

一、耐药基因的环境起源

（一）环境细菌拥有大量耐药基因

微生物在自然界中无处不在，而且人类每时每刻都在与微生物发生相互作用。这些微生物中绝大多数是无害的，或者甚至是有益的，病原菌只占据极少一部分。根据专家估计，大约 26×10^{28} 个原核生物生活在地球土壤的 8m 厚的顶部，另有 12×10^{28} 个原核生物生活在水环境中，这是什么样的天文数字啊！已经证实，在自然环境中，那些编码抗菌药物耐药基因的菌种具有高度多样性。绝大多数微生物还没有被培养过，并且其基因组已经被测序的细菌算起来不过几百种。照此来说，预测在一种假定的环境中究竟有多少抗菌药物耐药基因是一件几乎不可能完成的工作。与突变驱动的抗菌药物耐药情景形成对比的是，目前人们还不可能精确预测耐药基因在它们天然环境中的存在及其最终的命运，以及精确预测它们被病原菌获得的可能性。我们深知，所谓的环境细菌是一个非常宽泛的概念，细菌种类繁多，而且大约只有 1% 的细菌可以培养，这无疑增加了探索的难度，在环境细菌中寻找目前在临床病原菌中出现的耐药基因真的犹如大海捞针。

D'Costa 和 Wright 等提出，在过去，医学界和研究学界关注的焦点一直在病原菌的耐药机制上。然而，在许多情况下，这些研究提供了非常有限的关于抗菌药物耐药起源和来源的信息。抗菌药物耐药的一个更加宽泛的观点会包括病原菌和非病原菌的耐药基因，并且甚至包括那些起到耐药基因作用的基因。有学者将全细菌基因组中所有耐药基因合起来统称为抗菌药物耐药基因汇（resistome），其中，来自病原菌的抗菌药物耐药基因只是构成了耐药基因汇中的极少一部分（图 9-1）。在抗菌药物耐药基因汇中也包括多种基因，它们编码具有低水平耐药或具有抗菌药物结合功能的蛋白，如果在合适的选择压力下，它们或许进化成为真正的耐药决定子。这些耐药前体基因是抗菌药物耐药最终的外部来源。

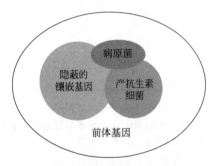

图 9-1　抗菌药物耐药基因汇
（引自 Wright G D. Nat Rev Microbiol, 2007, 5：175-186）

显而易见，环境细菌常常比起引起感染的病原菌或共生细菌更加固有耐药。进而，在临床分离株中，对许多抗菌药物的耐药机制可能在环境耐药基因汇中有它们的起源。在过去 60 多年中，抗菌药物的广泛使用已经提供了必不可少的条件，后者有助于动员高效的耐药基因，它们在环境耐药基因汇中循环并最终进入病原菌中。因此，至关重要的是，抗菌药物使用后的影响要在一个耐药基因汇的前因后果中被看待，因为这个耐药基因汇能够快速和不可避免地应答抗菌药物的使用。

寄居土壤中的细菌产生和遭遇到极其大量的

抗菌药物，从而进化出相应的感知和逃避策略。它们是耐药基因的一个巨大储池，这些耐药基因能被动员进入微生物群落中。人们从土壤样本中分离出形态学上各种各样的细菌，这些土壤样本来自各种地点，如城市的、农业的和森林的土壤。相关研究揭示，大多数细菌基因组都包含耐药基因及其前体（甚至那些在正常情况下对抗菌药物不敏感的细菌都是如此），这样的发现没有被限制在具有基因组序列资料的那些细菌中。有学者一次筛选了大约 500 个形成芽孢的土壤细菌（从各种环境中被收集），并且针对 21 种抗菌药物的敏感性进行过试验。引人瞩目的是，所有作为样本的细菌都是多重耐药的。平均计算，每个细菌都对 7～8 种抗菌药物耐药。根本没有细菌不耐药的抗菌药物被发现：无论是老抗菌药物还是新抗菌药物，也无论是天然产物及其半合成衍生物，还是与已知天然产物根本没有关系的全合成分子。这项研究工作得出两个结论。第一，联合耐药在这些环境细菌中属于默认表型，这与在机会性病原菌如鲍曼不动杆菌和铜绿假单胞菌中耐药的状态是平行的，而这两种细菌在临床上越来越成问题。因此，多重耐药或许是大多数细菌的天然状态。第二，针对在本研究中被采用药物的完整化学系列耐药的范围之宽令人吃惊。被鉴定细菌对任何类别抗菌药物耐药都是轻而易举的，包括这些细菌以前还没有被暴露到的那些全新的抗菌药物。因此，抗菌药物耐药基因汇是全面的、适应性强的和广泛存在的。考虑到基因通过泛细菌基因组被动员的潜在能力，在病原菌中耐药出现的影响是显著的（图 9-2）。

一个近来的数据库列出将近 400 种不同类型的超过 20000 个潜在的耐药基因（r 基因）的存在，这主要是从现有的细菌基因组序列中所预测的。幸运的是，在病原菌中，现有作为功能性耐药决定子的数目还是极其小的。然而，这些耐药基因转移到病原菌中的潜力不可小觑。

自从抗生素年代开启以来，随着抗生素使用量和范围的不断扩大，细菌耐药也一直在逐渐升级，最终演化成现在这样的严重局面。这种现象很容易给人一种错觉，那就是细菌耐药是当代使用抗生素的产物。然而事实却并非如此。细菌耐药是一个古老的事件，这一结论确证无疑。2011 年，D'Costa 等报告一些细菌 DNA 收集的鉴定结果，基因呈现出多样性，这些细菌来自 3 万年前白令海的永久冻土沉积物。令人惊奇的是，这些多样性基因编码针对 β-内酰胺类（产生一种灭活青霉素的 β-内酰胺酶，是 TEM 家族中的一员）、四环素类和糖肽类抗生素的耐药。对完整的万古霉素耐药元件 VanA 的结构和功能研究证实了它与当代变异体的相似

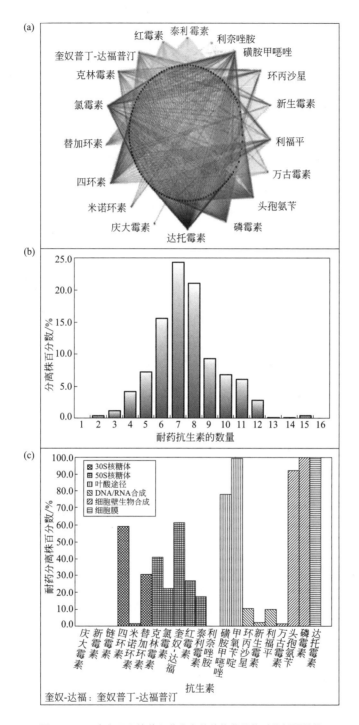

图 9-2　480 个寄居土壤的细菌分离株的抗菌药物耐药剖面描绘

（引自 D′Costa V M，McGrann K M，Hughes D W，et al. Science，2006，311：374-377）

（a）说明耐药轮廓的表型密度和耐药剖面多样性示意图。191 个黑点绘成的中心环代表着不同的耐药剖面。（b）土壤分离株的耐药谱。耐药被定义为在抗生素存在条件下可再生长（20μg/mL）。（c）针对每一种抗生素的耐药水平

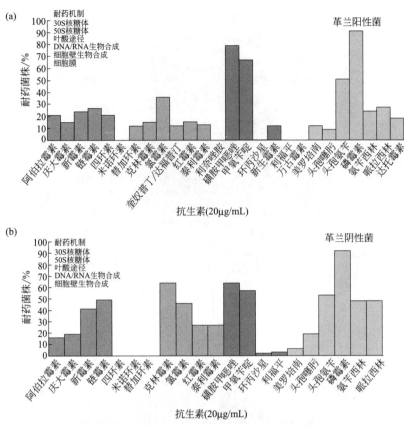

图 9-3 雷修古拉洞窟细菌针对各种抗菌药物的耐药水平
(引自 Bhullar K，et al. PloS ONE，2012，7（4）：e34953)

性。这些结果确凿无疑地显示，抗菌药物耐药是一种自然现象，它在临床抗菌药物使用的当代选择压力之前已存在久矣。有学者报告美国新墨西哥州雷修古拉洞窟可培养的微生物组（microbiome）样本的一个筛选，这个洞窟区已与世隔绝了 400 多万年。如同表面微生物那样，这些细菌对抗菌药物高度耐药。该研究清晰地证实了环境耐药的古老性质。活的多重耐药细菌从新墨西哥州雷修古拉洞穴中被培养出来，它们至少对 1 种抗菌药物耐药并且常常是对 7～8 种抗菌药物耐药，包括 β-内酰胺类、氨基糖苷类和大环内酯类，以及更新型的抗菌药物如达托霉素、利奈唑胺、泰利霉素以及替加环素（图 9-3）。

Baltz 已经预测，红霉素、链霉素和万古霉素生物合成途径分别在 8.8 亿、6.1 亿和 2.4 亿年前就已经出现。即便是相对新的抗生素达托霉素也被预测至少有 3000 万年。进而，采用一个以结构为基础的种系进行分析，Hall 和 Barlow 估计，β-内酰胺酶是于 20 多亿年前出现的，这要远远早于革兰阳性菌和革兰阴性菌的趋异时间。考虑到细菌快速复制的能力、水平基因转移的容易性、抗菌药物使用的选择压力以及如下的事实，即抗菌药物出现

在时间上要早于恐龙（甚至要早于寒武纪大爆炸），那么耐药的不可避免性就变得显而易见了。

（二）一些病原菌的耐药基因源自环境细菌

尽管我们在环境细菌中发现了大量的耐药基因，但它们与在现实临床环境中病原菌的耐药基因不能对应起来，至少在临床病原菌中的绝大多数耐药基因不是源自上述的环境细菌。例如，TEM 家族 β-内酰胺酶是迄今为止最大的酶家族，但编码其"祖先"TEM-1 的基因源自何处仍不得而知。尽管这个基因最初是在大肠埃希菌被发现，但这个编码基因肯定不是源自肠杆菌科细菌的其他菌种，人们在病原菌中也根本没有追踪到这个编码基因的起源。目前在临床上给抗感染治疗带来很大困扰的两种 β-内酰胺酶 KPC 家族和 NDM 家族也都是首先在质粒上被发现，前者是首先在肺炎克雷伯菌中鉴定出的 A 类碳青霉烯酶，后者也是首先在肺炎克雷伯菌中鉴定出的 B 类金属 β-内酰胺酶，但这些酶的起源之处仍然是个谜。当然，不仅很多编码 β-内酰胺酶家族酶"祖先"的基因出处不详，绝大多数针对其他抗生素类别的细菌耐药基因也都不

是病原菌"土生土长"的。既然这些耐药基因不会凭空产生，也不是从天上掉下来，也不是源自人的其他病原菌，那就一定有着外部起源。因此，符合逻辑的推测就是在人病原菌中发现的大多数耐药基因源自外部的环境细菌，只是究竟源自哪种（些）细菌目前还不得而知，因为环境细菌菌群极其庞大，而人类对它们的认知又极为有限。然而，也确实有一些病原菌中的耐药基因明确来自环境细菌，有些是源自产生抗生素的细菌，有些则不是，还有些细菌是机会性病原菌。

1. 源自产生抗生素细菌的耐药基因

已如前述，β-内酰胺酶已经存在了 20 亿年。现在，让我们回答编码 β-内酰胺酶的基因为什么会存在如此久远这样的问题实属为难。生物进化也遵循着如下的逻辑：存在就是合理的。既然细菌中存在着各种耐药基因，那就一定有其存在的道理。众所周知，很多类别抗生素都是由链霉菌属和放线菌属细菌产生。这些细菌为什么会产生这些抗生素呢？人们普遍接受的一个观点是，生存在同一个小生境中的细菌可以通过产生抗生素获得优势地位，这些抗生素可以杀死其他细菌，从而能够获得足够的营养。如此一来，那些不产生抗生素的细菌就会处于非常不利的地位，面临着被消灭的危险。按照达尔文"适者生存"的法则，经历过极其漫长的生存竞争，其他不生产抗生素的细菌就有可能进化出一些对抗机制（耐药基因），从而避开抗生素的杀菌作用。同样，产生抗生素的细菌也可能会同步进化出耐药机制（耐药基因），以防止被自身产生的抗生素自杀式杀灭。按照符合逻辑的推测，应该是先有抗生素产生，才会有抗生素耐药基因的进化，否则耐药基因的出现又有什么用处呢？β-内酰胺酶已经存在了 20 亿年，按照进化原则推测，β-内酰胺类抗生素的产生一定比这还要久远。

现已证实，确实有一些耐药基因源自产生抗生素的细菌。例如，链霉菌属拥有多种针对氨基糖苷类耐药的氨基糖苷修饰酶以及 16S rRNA 甲基转移酶。16S rRNA 甲基化作用是最近被描述的影响氨基糖苷类的一种耐药机制。该机制首先是在弗氏柠檬酸杆菌分离株中被鉴定出，该分离株在 2002 年从波兰被恢复，然后在 2003 年，在日本的铜绿假单胞菌分离株和法国的肺炎克雷伯菌分离株中被鉴定出。氨基糖苷甲基转移酶的产生已经与不同的基因家族相关联，包括 *armA*、*rmtA*、*rmtB*、*rmtC* 和 *rmtD* 基因等。氨基酸和核苷酸排列证实，这些基因极有可能已经源自放线菌目，包括链霉菌属和小单孢菌种。

产生糖肽类如万古霉素的复杂机制是一个非常有启发性的临床耐药例子，即针对糖肽类抗生素的耐药源自产生这些抗生素的细菌。糖肽类抗生素如万古霉素和替考拉宁通过干扰肽聚糖生物合成而发挥抗菌作用，它们作用的细菌靶位是以 D-Ala-D-Ala（丙氨酸）二肽为末端的中间产物，通过结合到这个二肽，万古霉素和替考拉宁抑制在肽聚糖装配过程中的转糖基反应和转肽反应。肠球菌针对糖肽类耐药就是因为 D-Ala-D-Ala 突变成为 D-Ala-D-Lac（乳酸）或 D-Ala-D-Ser（丝氨酸），从而大大地降低和糖肽类抗生素的亲和力，造成肠球菌针对这类抗生素的临床耐药。在耐万古霉素肠球菌（VRE）和耐万古霉素金黄色葡萄球菌（VRSA）的耐药机制是一流的，并且需要一个两组件调节系统 VanR 和 VanS 和 3 个酶如 VanH、VanA 以及 VanX 的协同运行。这个两组件系统感受到万古霉素的存在并且活化 *vanH*，*vanA* 和 *vanX* 基因的表达。大量的遗传学和生物化学研究已经鉴定出这 3 种蛋白中每一种蛋白在耐药中的基本作用。VanH 是一种 α-酮酸还原酶，它将丙酮酸盐转化成乳酸盐。VanA 是必需的 D-丙氨酸-D-丙氨酸激酶的一个同源物，而这些激酶产生这个必需的细胞壁成分，VanX 是一种高度特异性 Zn^{2+}-依赖的二肽酶，它排空 D-丙氨酸-D-丙氨酸的细胞池，而后者则被正常的细胞壁代谢继续产生，而且是在组成上产生的。如此一来，万古霉素耐药细胞的肽聚糖掺入了 D-丙氨酸-D-乳酸盐，而不是 D-丙氨酸-D-丙氨酸二肽。这个表面上的较小的一个氧对一个氮的置换导致了一个氢键供体以及在酰化 D-丙氨酸-D-乳酸盐与万古霉素之间的电子冲突的丧失。这两种因素造成了这个抗生素及其配基之间亲和下降 99.9%，最终导致高水平耐药。当这种耐药机制在 20 世纪 80 年代中期被发现时，人们不禁要问，这种复杂精细的耐药机制源自哪里呢？相继对糖肽类抗生素生物合成基因簇的测序揭示出相似的 *vanHAX* 簇，并且这些基因产物的生化特性鉴定证实了这一说法。所有产生糖肽类抗生素的细菌似乎都采用同样的耐药机制。基因的排列在 VRE 和产万古霉素细菌之间是保守的，在 *vanH* 和 *vanA* 基因之间的一个短重叠也是保守的，这就提示抗生素产生细菌是糖肽耐药的起源。

甚至有报告证实，一个高效的 A 类 β-内酰胺酶 OIH-1 来自伊平屋屋桥大洋芽孢杆菌（*Oceanobacillus iheyensis*），这种细菌的栖息地是太平洋中 1050m 深度的海床。OIH-1 代表着一个证据，即抗生素耐药酶在自然界中在来自海洋深处的细菌菌群中的一个储池的存在。已知的产生 β-内酰胺类抗生素的放线菌属已经被发现栖息在太平洋同样的小生境中。

表 9-2 影响到不同抗菌药物的耐药决定子的天然储池

抗菌药物	耐药机制	相关天然蛋白	天然储池
与产抗生素细菌相关联的新耐药基因			
氨基糖苷类	乙酰化	组蛋白乙酰基转移酶	链霉菌属
	磷酸化	蛋白激酶	链霉菌属
	16S rRNA 甲基化	甲基转移酶	链霉菌属，小单孢菌属
四环素类	外排（mar）	MFS EF-Tu, EF-G	链霉菌属
氯霉素	乙酰化	乙酰基转移酶	链霉菌属
	外排（mar）	MFS EF-Tu, EF-G	链霉菌属
大环内酯类	靶位突变	50S 核糖体亚单位	链霉菌属
与非产抗生素细菌相关联的新耐药基因			
氟喹诺酮类	拓扑异构酶保护	QnrA 样蛋白	海藻希瓦菌
		QnrS 样蛋白	发亮弧菌
β-内酰胺类	水解酶	PBP（转肽酶）	克吕沃尔菌种

注：引自 Canton R. Clin Microbiol Infect，2009，15（Suppl. 1）：20-25。

2. 源自非产生抗生素细菌的耐药基因

目前在临床病原菌中鉴定出的一些耐药基因确实不是源自产生抗生素的细菌。CTX-M 型 β-内酰胺酶已经被确认源自环境细菌克吕沃尔菌属的各个菌种。严格意义上讲，克吕沃尔菌属并不完全属于环境菌属，它是肠杆菌科细菌的一个组成部分，也从未证实这个菌属产生抗生素。在临床分离株中发现的 CTX-M 型 β-内酰胺酶可以追踪到各个克吕沃尔菌种中，编码基因位于染色体上。临床分离株产生的 CTX-M 型酶可以分成若干组。来自抗坏血酸克吕沃尔菌（KLUA）、抗坏血酸克吕沃尔菌 69（$bla_{CTX-M-3}$）、佐治亚克吕沃尔菌 DSM 9408（KLUG-1）以及栖冷克吕沃尔菌（KLUC-1）的染色体 β-内酰胺酶已经被鉴定出。KLUA 和 KLUG-1 分别与 CTX-M-2 和 CTX-M-8 组分享大于 99％的氨基酸同一性，并且被认为是这些组的祖先。此外，KLUY-1 呈现出与 CTX-M-14 具有 100％的氨基酸同一性。然而十分可能的是，克吕沃尔菌属也是各种 bla_{CTX-M} 基因的一个中间宿主，它遗传自一个共同的祖先，这个祖先在以前的某个时间通过水平基因转移被整合进入克吕沃尔菌菌种的祖先染色体中。

人们原以为，细菌针对（氟）喹诺酮类抗生素耐药的机制只能是通过染色体靶位的突变而实现，但在 1998 年，Martinez-Martinez 却首先在肺炎克雷伯菌临床分离株中无意间发现了一个质粒介导的喹诺酮耐药机制，它是由 qnr 基因所介导。显而易见，这个基因并不是肺炎克雷伯菌所固有的，而是从外源性转移而来。后来，上海华山医院抗生素研究所王明贵教授也在大肠埃希菌临床分离株中高比例地鉴定出这种基因，从而确立了这种耐药基因的临床现实意义。现已证实，编码 QnrA 样蛋白和 QnrS 样蛋白的基因分别源自海藻希瓦菌和发亮弧菌。同样，这两种细菌也并

未被证实可产生抗生素。QepA 外排泵是另一种质粒介导的喹诺酮耐药机制，属于 MFS 家族，它是由 qepA 基因编码。这种机制首先是在一个多重耐药的大肠埃希菌分离株中被鉴定了特征，这个分离株在 2002 年在日本被恢复，qepA 基因的序列分析以及与其他基因的队列组合已经揭示出环境分离株的一个潜在的起源，如放线菌目中的鼻疽诺卡菌、球孢链霉菌和带小棒链霉菌。Canton 等将这些耐药储池中的部分耐药决定子做出了描述（表 9-2）。

除了上述耐药基因之外，还有一些在病原菌中的耐药基因也是从外源性转移而来。众所周知，MRSA 是由于金黄色葡萄球菌获得了一种全新的 PBP2a，编码基因是 mecA。很多研究建议，mecA 十分可能源自其他葡萄球菌种。对新的抗革兰阳性菌的抗菌药物利奈唑胺的耐药总的来说还并不多见。然而，针对利奈唑胺的一个可转移耐药机制近来已经出现在金黄色葡萄球菌中，目前这种可转移的耐药机制正在引起人们越来越多的担忧。然而，就利奈唑胺而言，一种可转移的耐药机制也已经被描述，这种机制是由靶位修饰所介导（由 Cfr 蛋白进行的在 A2503 残基的核糖体甲基化），并且第一个由利奈唑胺耐药的金黄色葡萄球菌菌株引起的院内暴发已经在近来被报告，这些菌株携带有 cfr 基因。被 Cfr 蛋白进行的核糖体修饰引起对一些针对核糖体制剂的耐药，包括氟苯尼考、林可酰胺类、噁唑烷酮类、截短侧耳素和链阳菌素 A（PhLOPS$_A$ 表型），由此就提出了一种可能性，即这个机制能被用于临床上和兽医实践上的不同抗菌药物的复合选择。事实上，cfr 基因最初是在动物来源中被分离出的葡萄球菌菌种的一个多重耐药质粒上被发现的。Livermore 在 2018 年提出，一些耐药基因从环境细菌中脱逸到可移动遗传元件上都属于细菌耐药进化中的"黑天鹅"事件（表 9-3）。

表 9-3　"黑天鹅"耐药基因脱逸到可移动 DNA 上

基因/基因家族	脱逸至	起源	受影响的抗生素
mecA	金黄色葡萄球菌	福氏葡萄球菌	β-内酰胺类
erm	葡萄球菌属和链球菌属	链霉菌菌种	大环内酯类,林可酰胺类,链阳菌素 B
aac、aph、ant、armA	所有细菌组别	链霉菌菌种	氨基糖苷类
vanA/vanB	肠球菌属(和一些葡萄球菌属)	类芽孢杆菌菌种	糖肽类
bla CTX-M	肠杆菌科细菌	克吕沃尔菌菌种	包括氧亚氨基头孢菌素在内的 β-内酰胺类
bla OXA-23	鲍曼不动杆菌	抗辐射不动杆菌	包括碳青霉烯类在内的 β-内酰胺类
bla OXA-48	肠杆菌科细菌和其他革兰阴性菌	希瓦菌菌种	包括碳青霉烯类在内的 β-内酰胺类
mcr-1	肠杆菌科细菌	莫拉菌菌种	多黏菌素类
qnr	肠杆菌科细菌	希瓦菌菌种	氟喹诺酮类

注：引自 Livermore. J Antimicrob Chemother, 2018, 73: 2907-2915.

随着时间的推移，人们应该会在环境细菌中发现越来越多的耐药基因，而这些耐药基因编码的机制正在临床上损害抗感染治疗。这些细菌既可能是产生抗生素细菌，也可能是非产生抗生素细菌。抗生素及其耐药基因的一个重要且常被遗忘的方面就是，它们已经在非临床的环境中进化，这是在抗生素被人类使用之前很久就已经发生的事情。考虑到生物界主要由微生物所构成，那么知晓抗生素及其耐药元件在自然界中的功能性作用对于人类健康则具有相关的影响，并且从一个生态学的观点看也是如此。人们检测了很多土壤中产生抗生素细菌周围的抗生素浓度，远远低于杀菌浓度，因此，这些细菌产生的抗生素或许真的还有其他一些生物学功能，比如作为信号传递小分子发挥作用。近来的工作已经建议，一些抗生素在低浓度情况下可能起到信号传输的作用，这种状况可能在自然生态系统中会被发现，而一些抗生素耐药基因最初在它们的宿主中被选择出来是为了代谢的需要或是为了信号传输。然而，作为人类活动的结果在特定的生境（如医疗机构）被释放出的高浓度抗生素能够改变那些功能性作用。自然环境被抗生素及其耐药基因的污染或许会造成微生物界的进化。总之，这些研究提示，一些抗生素的原始功能或许是在天然生态系统中在细胞间传输信号，只是在被用于治疗的高浓度情况下才是细菌生长的抑制剂。然而，规避抗生素活性并非总是一些著名抗生素耐药决定子在天然生态系统中的原始作用。例如，已经有人建议，由病原菌借助水平基因转移而获得的质粒编码的 β-内酰胺酶是非常合格的抗生素耐药决定子，这些酶或许最初一直是参与肽聚糖合成的青霉素结合蛋白，并且它们针对 β-内酰胺类的活性不过是它们最初功能的副作用而已。

二、突变产生的新耐药基因

（一）正常基因突变成为耐药基因

毫无疑问，在病原菌中发现的大多数耐药基因都是从外部转移而来，但也确实有一些耐药基因是通过各种突变创造出来。既然是新创造出来就意味着这些基因原本是细菌正常的基因，只是通过突变而发展成为耐药基因。非质粒介导的喹诺酮耐药就是这样的例子。任何抗菌药物都必须结合到细菌靶位而发挥抗菌作用，所以，细菌靶位改变介导的抗菌药物耐药是细菌常常采纳的一种重要手段。在抗生素年代之初，几乎所有病原菌对抗菌药物敏感，细菌对抗菌药物靶位的结合也没有任何障碍。随着抗菌药物应用所施加的选择压力继续增加，细菌开始变得对抗菌药物不敏感或耐药，其中牵涉到很多分子学机制，不过靶位改变肯定是一个非常常见的方式。在整个抗生素年代中，就引起人各种感染的病原菌耐药基因的获得而言，各种突变性改变不能说不重要，而且在针对一些类别抗菌药物上是主要的机制。

磺胺类药和甲氧苄啶所针对的靶位分别是二氢蝶酸合成酶和二氢叶酸还原酶。编码二氢蝶酸合成酶基因的突变降低这些酶对磺胺类药的亲和力。编码二氢叶酸还原酶的染色体基因上的突变能导致一种具有减少对甲氧苄啶亲和力酶的过度表达，并因此在大肠埃希菌和流感嗜血杆菌上提供非常高水平的甲氧苄啶耐药。利奈唑胺（另一种蛋白合成抑制剂）近来被批准用于治疗 MRSA 和 VRE 感染。现有口服和静脉 2 种剂型，这对于治疗院内感染和社区感染都是非常有价值的。在实验室研究中，对利奈唑胺的耐药已经与在金黄色葡萄球菌和粪肠球菌的 rrl 上（23S rRNA）的点突变联系起来。现在，对利奈唑胺耐药的表皮葡萄球菌和粪肠球菌的分离株已经被证实存在，并且有许多这样的菌株携带有 *rrl* 突变。就像氟喹诺酮类那样，在金黄色葡萄球菌中耐药的水平随着在多个 *rrl* 等位基因的突变而增加，从而导致临床上相关的耐药。达托霉素属于脂肽类抗生素，它是一种作用于细菌细胞膜的制剂，在 2003 年被 FDA 批准上市。尽管这个制剂已经成功地被用于治疗由 MRSA 和其他革兰阳性菌所致的感染，但治疗失败也已经被注意到。实验室研究已经确立在多个染色体基因座（例如，*mprF*、*yycG*、*rpoB* 和 *rpoC*）上的突变影响到达托霉素敏感性。就 *mprF* 而言，它特指一个赖氨酰基磷脂酰基甘油合成酶，相似的突变也在不敏感的临床分离株中被鉴定出。

更多突变介导耐药的例子在此不一一列出。这类突变的重要特征就是原来编码这些靶位的基因是正常基因，恰恰是突变使得它们进化成为耐药基因。

（二）耐药基因分子内进一步突变

一次性突变常常不足以造成氟喹诺酮类抗菌药物的临床水平耐药，往往是多次连续的突变导致耐药的升级，从分子学意义上讲，这样的连续突变就是导致氟喹诺酮类抗菌药物针对细菌靶位的亲和力越来越低的原因。连续的突变导致耐药的升级，但却不会改变耐药谱。然而，*bla*TEM 型酶的突变则又有所不同。*bla*TEM-1 基因编码一种 β-内酰胺酶，人们常常将其称为广谱 β-内酰胺酶，它能高效地水解早期的青霉素类和头孢菌素类抗生素，但对氧亚氨基头孢菌素类抗生素几乎无水解作用。但随着氧亚氨基头孢菌素类抗生素在临床使用的增多，选择压力加大了，这种 *bla*TEM-1 基因也随之出现了令人眼花缭乱的分子内突变，突变后的 *bla*TEM 型基因编码各种各样的 β-内酰胺酶，这些酶的水解谱发生了很大的改变，它们不仅能够水解氧亚氨基头孢菌素类如头孢噻肟、头孢他啶和头孢曲松，而且还能水解各种 β-内酰胺酶抑制剂如克拉维酸、舒巴坦和他唑巴坦，后者属于抑制剂耐药的 β-内酰胺酶。*bla*SHV-1 基因的分子内突变与 *bla*TEM-1 基因非常相像，这些突变也拓宽了酶的水解谱。类似这样的情况在 β-内酰胺酶中也很常见，如突变后的 CTX-M 酶不仅能水解头孢噻肟，而且能水解头孢他啶，而早期发现的 CTX-M 型酶均不会有效地水解头孢他啶，这也是这种酶命名的基础。在分子水平的进化涉及在环境的选择性强制力下在 DNA 序列突变（和其他改变）的逐渐累积。事实上，β-内酰胺酶家族不超过 20 多个，但 β-内酰胺酶的总体数量却高得惊人，达到 1400 多种，毫无疑问，这都是分子内突变的结果。看来，突变

在细菌耐药的发生和进化中是无处不在的。

此外，长期以来，对于细菌而言，耐药的获得已经被假定要遭受到严重的能量消耗，或者说耐药细菌要承担一种适应性代价，并且确实许多耐药突变体在实验室条件下的生长可能会受到限制。如此一来，人们会认为，多重耐药菌株在缺乏选择压力条件下会是不稳定的和寿命短的。然而，如同常常被证明的那样，实验室条件（特别是培养基）不会复制真实的条件。现有证据表明，具有多次突变和耐药基因组合的病原菌成功地在体内进化和存活。2 项近来的关于多重突变体，多重耐药的金黄色葡萄球菌和结合分枝杆菌的研究提供了颠覆更早期观念的实例。在第一项研究中，来自一名采用万古霉素治疗的住院患者的分离株在住院后频繁地被收集并且被采用基因组测序进行分析。在发展成为最终分离株的过程中，在一共 3 个月的间期内能被鉴定出 35 次突变！与此相似，已经被报告，抗菌药物耐药结核分枝杆菌菌株基因组测序分析证实，在一个多重耐药菌种中出现了 29 次独立的突变，在一个极端耐药（extremely drug-resistant，XDR）菌株中揭示出 35 次突变。这些突变的作用尚不清楚，它们可能是代偿性的改变。代偿性突变的例子很多，它们对于耐药细菌降低或减少适应性代价具有一定的作用。例如，有一些抗菌药物已经从临床用药中撤出几十年，但针对这些抗菌药物的耐药基因却还"顽固地"存在着，这很有可能就是代偿性突变做出的贡献，当然，其他抗菌药物的复合选择也起着一定的作用。

第三节 水平基因转移

任何活的生物体特性都是被它们所拥有的基因界定。这一系列基因表达的控制，无论是暂存的还是应答环境的，都决定一个生物体是否能够在改变的生存条件下生存，并且是否能够争夺到其繁殖所需的资源，细菌亦不例外。多重耐药细菌能在充斥着各个"类"和"代"的抗菌药物环境中生存就是细菌这种适应外部环境变化能力的真实写照。抗菌药物已经在临床上使用了 80 多年。抗菌药物耐药演变成为目前全世界一个重大临床问题这件事本身就证明了细菌适应作用的成功和快速。然而，细菌适应外部环境变化的这种能力最初肯定不仅仅是为了细菌耐药。对于细菌而言，抗菌药物不过是一组有毒的物质而已，细菌在其 30 多亿年的进化过程中，一定遭遇过难以计数的生存危机，但细菌并没有灭亡，反而是进化出各种各样的超级本领，在此过程中，水平基因转移（horizontal gene transfer，HGT）必定为细菌的这种适应性改变贡

献良多。水平基因转移犹如一辆交通车，一辆运载工具，任何基因都可以乘坐，不仅是单程，也可以往返。换言之，什么样的基因都可以借此转移，耐药基因不过是这辆交通车运载的众多基因中的一类基因而已。比较性全基因组分析已经证实，水平基因转移为原核细胞基因组的创新做出了重大贡献。因此，特异性原核生物的进化被紧紧地与它们生活的环境以及在那个环境内可利用的公用基因储池联系起来。近来基因组革命的最令人激动的成果之一，就是对水平基因转移在帮助原核生物在地球上塑形的程度进行评价。现已证实，原核生物基因组极具动态性，并且大量的遗传物质通过"滥交式"的遗传交换手段已经被连续加入（或丢失）。来自8个非共生菌的原核生物基因组的大约20000个基因的分析提示，通过避开菌种的屏障，水平基因转移已经使得新基因引入原核生物中的速度至少增加10000倍。因此，应该是显而易见的，水平基因转移在原核生物基因组创新上的作用明显超过了克隆进化本身。近些年来，水平基因转移一直是一个热烈讨论的课题。如果其在进化和物种形成上的作用的一个共识需要达成的话，那么，人们的共识就是水平基因转移为细菌提供了无限制的能力来适应不断改变的环境。现已证实，细菌基因组（细菌细胞总的 DNA 组成）在大小和组成结构上具有极度多样性。

在自然界，原核生物占据各种微环境的小生境，形成了复杂的群落，在这些群落中，它们能轻易地相互影响和通过水平基因转移来交换基因。水平基因转移已经被显示在占据着同样环境的细菌之间频繁地发生着，这并不令人吃惊。原核生物水平基因储池（horizontal gene pool，HGP）犹如一条色彩斑斓的织锦，不同色彩代表着不同的适应性表型，这些表型在（古）细菌内和（古）细菌之间通过可移动遗传元件（mobile genetic element，MGE）的一个越来越多样性的汇聚进行传播。不管微生物在大多数环境中随机分布或是在被构建的生物膜群落中生活，潜在的受体和供体的接近决定着遗传信息的流动和水平基因转移的程度。在微生物群落中被持续不断的选择压力和对有限资源的竞争所驱动的无节制的水平基因转移，可能会导致一个截然不同的公用基因储池的形成，它模糊了单个原核生物的边界。事实上，考虑到在进化史过程中准是已经存在天文数字的微生物染色体，大多数原核生物基因可能都曾被可移动遗传元件转移过。决定这些转移物接下来成功的因素一直是基因在受体的现有遗传框架内（或是私属或是公用基因储池内）被容纳以及在目前环境下增加适应性的能力。

一般来说，基因组的各种改变威胁着微生物存活的能力，但新基因获得或许通过允许在一种以前有害环境中生长而增强其存活机会。例如，一个细菌病原菌通过获得一个抗菌药物耐药基因就能够允许其在抗菌药物存在的条件下繁殖，不然的话，这种抗菌药物能够杀死这个病原菌。因此，水平基因转移在细菌耐药的产生和散播上做出了至关重要的贡献。细菌拥有 3 种方法将 DNA 从一个细胞转移到另一个细胞：转化、转导和接合（图9-4）。抗菌药物耐药基因在细菌之间的转移也是如此。

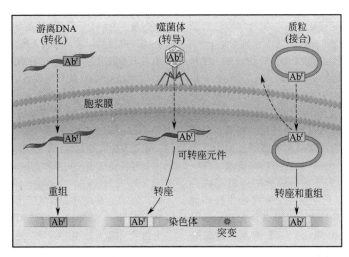

图9-4　抗生素耐药的获得

（引自 Alekshun M N, Levy S B. Cell, 2007, 128：1037-1050）

细菌能够通过在染色体上的靶位基因的突变而变成耐药。它们能够借助将游离的 DNA 片段整合到它们的染色体而获得外来的遗传物质（转化）。基因也在感染后通过噬菌体以及在接合过程中的质粒和接合型转座子而被转移。可转座元件这个普通术语已经被用来称呼①一个插入序列；②复合的、复杂的和接合型转座子；③可转座的噬菌体；④整合子。

转化是第一个被发现的原核细胞水平基因转移机制。转化过程涉及细胞 DNA 在密切相关的细菌之间的转移，由染色体编码的蛋白介导，这些蛋白在一些天然可转化的细菌中被发现。对比而言，接合需要可独立复制的遗传元件，称作接合型质粒，或染色体整合性接合型元件（integrated conjugative element，ICE），它们包括接合型转座子（conjugative transposon，CTn）。这些遗传元件编码各种蛋白，后者促进它们自身的转移以及偶尔也促进其他相关 DNA 从携带质粒的细胞（供体细胞）向缺乏质粒或 ICE 的一个细胞（受体细胞）的转移。转导也是 DNA 转移的一种形式，它被独立复制的细菌病毒称作细菌噬菌体（或噬菌体）介导。在低频次上，细菌噬菌体能偶然地包装宿主 DNA 片段到它们的衣壳中并且能够将这个 DNA 注入一个新的宿主中，在新宿主中，它能与细胞染色体重组并且遗传下去。

一、转化

转化是通过摄入游离 DNA 而介导的基因转移方式，并且这种 DNA 会被稳定地整合进入细菌基因组中。转化是不依赖于自身遗传元件的唯一原核细胞水平基因转移方式，因为参与其中的辅助基因位于染色体上。大约 90 个可转化的细菌菌种已经被鉴定出来，但并非所有的菌种都被认为是在自然环境中具有 DNA 摄取能力。谈到转化，人们首先要知晓一个概念即感受态（competence），它是指细菌摄取细胞外 DNA 的能力，这种能力已经被发现涉及大约 20～50 种蛋白。在一个处于生长过程的细菌培养物中，只有处在某一阶段的细菌才能作为转化的受体，能接受转化的这一生理状态称为感受态。转化涉及感受态的诱导、DNA 结合、DNA 片段化、DNA 摄取和获得的 DNA 稳定的维持，这种稳定的维持或是通过重组，或是通过质粒 DNA 的重新环化而实现。在液体培养基中，感受态在大多数被研究的生物中是生长相依赖的。除了淋病奈瑟菌以外，大多数可自然转化的细菌在应答特异性环境条件时都发展出限时的感受态，如改变的生长条件、营养可及性、细胞密度或饥饿。在一个细菌菌群中发展出感受态的细菌的比例或许从接近零到几乎 100%。由于感受态发展的生长环境和因素在细菌菌种和菌株之间彼此并不相同，所以根本没有普适的方法来确定某一个细菌分离株是否能够作为其生命周期的一部分发展出感受态。对比而言，以流动细胞生长的不动杆菌菌种的生物膜是连续处于感受态的，并且一些细菌总是能够摄取 DNA，如嗜热栖热菌和幽门螺杆菌。在革兰阳性菌和革兰阴性菌中，摄取器件是相似的，并且包括

Ⅳ型菌毛和Ⅱ型蛋白外排系统的组成部分。只有一些细菌包括枯草杆菌，肺炎链球菌和不动杆菌菌种从不相关的菌种中摄取 DNA。其他一些细菌通过特异性的核苷酸序列标志物来识别相关的 DNA，在它们自身的基因组 DNA 中，这些标志物有过多的代表。对于质粒 DNA 的稳定的重新环化而言，具有部分互补序列的两个单一链必须进入同样的细胞内，以便允许被宿主酶高效修复。

转化是从环境中将 DNA 摄入细胞内，并且它依赖于质粒或染色体 DNA 片段的存在，它们常常由于细胞死亡或主动排泄而被释放。因此，这个机制至少在理论上只是需要一个活的受体，即具有感受态的细菌细胞。经过转化被转运进入受体细胞的 DNA 的整合依赖于宿主 DNA 修复酶（重组酶），并且能够经过或是同源重组，或是通过所谓的非正常重组而发生整合，所谓的同源重组就如同这个名称本身所描述的那样，需要在供体和受体 DNA 之间具有高程度的同源性。对比而言，转化描述的是一个细菌细胞基因型改变，这是通过摄取环境中 DNA 而实现的。外源序列的掺入再一次需要整合进入一个现有的复制子中，这是借助一些形式的重组完成的。因此，转化是由游离的 DNA 所导致的基因重组。

在水平基因转移的 3 种方式中，转化是最早被描述和被试验证实的一种方式。在 1928 年，英国医生兼细菌学家格里菲斯（Friderick Griffith）发表了一篇文章，描述了肺炎链球菌的"转化"现象，并构成了细菌遗传学的发端。格里菲斯的实验是分别用产生荚膜并具有毒力的 SⅢ型以及失去产生荚膜和毒力的 RⅡ型（由 SⅡ型突变来的）肺炎链球菌，对敏感实验动物小白鼠做接种感染，结果发现：①接种 RⅡ型活菌，小白鼠不发病；②接种 SⅢ型活菌，小白鼠发病死亡，并能分离出感染菌；③接种经加热杀死的 SⅢ型活菌，小白鼠不发病；④同时接种 RⅡ型活菌和经加热杀死的 SⅢ型菌，小白鼠发病死亡，并能分离出 SⅢ型菌。显然，加热杀死的 SⅢ型菌在小白鼠体内能使 RⅡ型菌转变为 SⅢ型菌，格里菲斯将这种现象称为"转化"（transformation）。3 年后，科学家发现转化现象不是一定要发生在小鼠体内，在离体条件下也可发生，并将引起转化的遗传物质称为转化因子。美国生物化学家艾弗里（Oswald Theodore Avery）花费了近 10 年时间，终于在 1944 年弄清楚所谓的转化因子就是 DNA，然而在当时，谁也弄不清楚 DNA 究竟具有什么样的生物学功能。艾弗里实验的伟大之处在于他首次证明了所谓的遗传物质就是 DNA。

自然转化需要前提条件，这一过程牵涉到细胞外 DNA 释放和持续存留，具有感受态细菌细胞存在以及被转位的 DNA 通过整合进入细菌基因组而被稳定下来的能力，或者被转位的质粒 DNA 整合

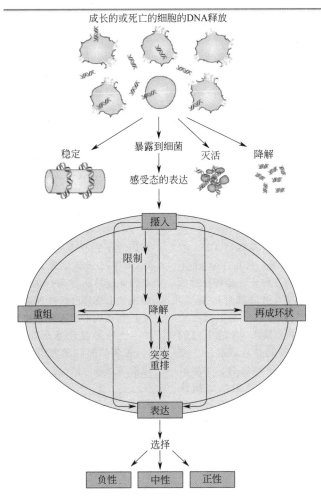

图 9-5 受体细菌的自然转化和转化体的选择

(引自 Thomas CM，Nielsen K M. Nature，2005，3：711-721)

参与这个过程的各个步骤包括细胞外 DNA 释放进入环境中以及 DNA 被摄入受体细菌细胞的细胞质中，而这些细胞已经发展出了一个被调节过的生理性状态——感受态。在摄入后，被转移的 DNA 要想存留的话，它必须通过同源重组或借助不依赖序列的、不正规的重组而被整合进入细菌基因组

或再循环进入可自身复制的质粒中的能力（图9-5）。自然转化的第一步是细胞外 DNA 环境中的释放。一旦从分解的细胞，破坏的细胞或病毒颗粒，或通过从活细胞的排泄而释放的话，DNA 会持续地进入环境中。自然转化的第二步涉及细胞外 DNA 在环境中的稳定性。换言之，细胞外 DNA 的存留会决定细菌暴露时间和自然转化率。细胞外 DNA 的降解动力学变化相当大，取决于环境条件。在那些被估计有几百万年的保存样本中，古老的 DNA 被检测到就说明了环境条件对于 DNA 保存和降解的重要性。自然转化的第三步就是 DNA 被摄入细菌细胞质中。一旦 DNA 暴露到处于感受态的细菌，这种细胞外 DNA 就非共价地结合到存在于细胞表面的位点上。结合位点的数量已经对几个

细菌菌种估计过，并且在肺炎链球菌和贝氏不动杆菌（*Acinetobacter baylyi*）有 30～80 个位点。相继的 DNA 易位过程在细菌中不尽相同，并且很多细节仍需进一步研究证实。自然转化的过程牵涉到被摄入的 DNA 与宿主基因组的重组。对于同源重组（依赖于两个 DNA 分子之间高度序列相似性的大量片段）而言，新来的 DNA 必须含有长度在25～200bp 之间的各种区域，它们与受体基因组高度相似。这些区域会启动 DNA 配对链交换。在正常的体外条件下，人们已经估计，0.1% 的内在化的 DNA 片段在贝氏不动杆菌中被成功地重组，而在枯草杆菌和肺炎链球菌，高达 25%～50% 内在化的 DNA 片段被重组。

理论上讲，转化只是水平基因转移的一种方

式，各种基因都可以通过这种方式转移，包括细菌针对抗菌药物的耐药基因。然而，究竟哪些耐药基因是通过转化的方式从环境细菌或共生菌被转移到人/动物病原菌中，人们所知甚少，这肯定是将来需要重点研究的一个方向。唯如此，人们才能对耐药基因转移的来龙去脉有一个更深刻的了解，从而有针对性地制定出防止耐药基因转移的各种方案。

二、转导

转导是一种被某些类型细菌噬菌体介导的水平基因转移方式。细菌噬菌体属于生物体，它们首先在分子生物学和基因组学中被开发利用。噬菌体是地球上最丰富（大约有 10^{30} 个有尾噬菌体）和最快速复制（每秒钟 10^{25} 次感染）的生命形式。噬菌体的基因组学由或是单链或是双链 DNA 或 RNA 组成，并且其大小从几个 kb 到几百个 kb 不等。它们特征性的必需基因有 3 种：一是特异性的复制酶基因；二是编码噬菌体组成部分的基因，它们"绑架"宿主细胞复制器件；三是编码在一种蛋白包衣（病毒壳体）中包装 DNA 的蛋白的基因。毒性细菌噬菌体强力复制并且溶解宿主细菌。温和细菌噬菌体具有另一种静息的、非溶解性的生长模式，称作溶源性。环境刺激如损伤 DNA 的制剂可激发从静息到毒力的一个转换，从而导致细胞溶解。在细胞溶解期间，宿主细胞 DNA 能被偶然地包装并随后被注入一个新宿主中，这样的过程称作转导（图9-4）。转导宿主 DNA 的能力似乎被限定在相对大的双链 DNA 噬菌体（50～100kb）。被转导的染色体 DNA 必须能够与受体宿主的基因组重组才能存活。因此，与转化相似，被转导介导的水平基因转移被限制到相同的细菌菌种的成员之中。

转导涉及复制过程中细胞 DNA 被偶然地包装进入细菌噬菌体颗粒中，当被转导的噬菌体感染另一个细菌细胞时，这种外源性 DNA 就会变成宿主基因组的一部分，也就是说，噬菌体被释放进入环境中后，它们能将其 DNA 注入一个新宿主。转导是一种特异性水平基因转移过程，因为细菌噬菌体宿主范围有限。然而，细菌噬菌体是重要的基因转移媒介物，这是由于它们非常丰富以及温和细菌噬菌体作为一种前噬菌体而将它们自己插入到染色体的能力，同时不引起细胞溶解，从而改变它们宿主的遗传组成部分。细菌含有一些前噬菌体，它们也能编码毒力基因，并且转导对水平基因转移的完美贡献，包括噬菌体来源的基因转移，只有在足够数量的噬菌体基因已经被测序之时才会被认识到。

不过多少有些让人不解的是，携带抗生素耐药基因的噬菌体在环境分离株或耐药细菌的医院分离株中极少被鉴定出来。然而，噬菌体与可移动耐药元件的形成中所需要的插入性机制的关联，以及噬菌体与染色体相关耐药基因之间的关联都是毫无疑问的。它们常常被作为噬菌体"指纹"侧翼基因被观察到，这些基因在不同媒介中编码耐药和毒力。那样的事件在金黄色葡萄球菌中似乎是常见的。除了 IS$Ecp1$ 或 ISCR1 相关的元件之外，噬菌体相关的元件已经在一些来自西班牙的肠道细菌分离株中 $bla_{CTX-M-10}$ 基因的上游被鉴定出。一些开放阅读框（ORF）与保守的噬菌体尾部蛋白（包括一个 DNA 转化酶）展示出结构相似性。这些 ORF 已经在 $bla_{CTX-M-10}$ 基因的上游被鉴定出。一个 Tn1000 样转座酶在这些 ORF 之前。$bla_{CTX-M-10}$ 基因的下游序列已经被鉴定与栖冷克吕沃尔的 DNA 序列分享显著的同一性。因此，$bla_{CTX-M-10}$ 基因从克吕沃尔菌种的染色体转移到一个可转移的质粒上或许已经被细菌噬菌体所介导，然而，这个过程还从未在实验上被证实。

无论是在转导还是转化，DNA 序列通常被 RecA 依赖的同源重组所拯救，这既能重塑基因，也能增加基因储池。

三、接合

早在 20 世纪 50 年代，日本学者就发现了痢疾志贺菌通过接合将多药耐药性状进行了水平转移。到目前为止，接合也是在细菌耐药研究领域中研究得最充分的一种水平基因转移方式。毫无疑问，质粒介导的转移肯定是最常见的水平基因转移机制，抗菌药物耐药基因的转移亦是如此。接合是由质粒和接合型转座子所介导，它是一个半保留复制过程，并且在正常情况下只是涉及元件本身的转移。一个质粒的持续保留通常反映出在新宿主中自主复制的能力，而一个接合型转座子的持续存留会反映出这个元件整合进入新宿主细胞内一个 DNA 分子上的能力。尽管质粒获得能扩大一个细胞的基因套装，但它本身不涉及被序列分析所检测到的这个类型基因再分布，尽管如此，接合能够潜在地介导任何 DNA 序列的转移。许多趋向分散的元件能借助接合转移。接合转移是一个多步骤的过程。需要细菌-细菌直接的接触，距离遥远的细菌之间不可能发生接合转移。尽管质粒或许通过天然转化而被摄入，但更加特定地被连接到质粒获得的一个过程是接合型转移。接合型转移被细胞-细胞连接和一个孔所介导，DNA 能够通过这个孔，不过这些结构的性质仍然是难以捉摸的（图9-6）。

关于接合，我们在下面质粒以及接合型转座子等相关章节中将会详述。

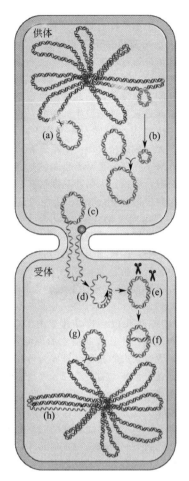

图9-6　质粒和接合型转移在基因的水平传播上的概况
（引自 Thomas C M, Nielsen K M. Nature, 2005, 3: 711-721）
在供体（donor）中，被描述的事件是：（a）通过在插入序列元件之间的重组，质粒被整合进入染色体；（b）一个可转座元件通过一个来自染色体的环形中间产物运动到这些质粒上；（c）在配对装置中滚环复制的启动。在受体（receptor）中，被描述的时间是：（d）再成环形；（e）被限制内切酶攻击（剪刀）；（f）复制；（g）通过一个"私生的"Campbell重组而整合进入染色体中；（h）在被转移的染色体 DNA 和固有的染色体之间的重组

　　总之，这 3 种转移机制的每一个的特异性要求建议，在各种生境内，它们以不同的概率发生着。在自然环境中，裸露的 DNA 变成特别容易受到来自核酸酶（DNA 酶）或重金属的降解，不过在沙土和黏土中，它们被建议吸附到胶粒颗粒中，这大大地增加了稳定性。DNA 被包装成蛋白荚膜并且在转化过程中提供了明显更好的保护，使其免受周围环境的破坏，并且也确保更有效地进入宿主细胞的方式。然而，大多数已知的噬菌体具有非常特异

性的宿主范围，并因此转导如同转化一样被认为主要是提供菌种内的基因转移，这与真核生物的性重组相似。如同转导一样，接合也保持着 DNA 与细胞外环境的破坏力分隔开，这是通过细胞壁而实现的。鉴于原核生物巨大的多样性，相适合的细胞接触的要求对于依靠接合而实现的水平基因转移似乎是一个大的限制步骤。然而，这些年已经累积了相当多的证据证明，在分类学上远相关的原核生物之间存在着接合。一些研究甚至已经证实，质粒从原核生物到真核生物的跨界接合。因此，接合似乎像一个安全的方式，可转运具有高度流动性的大的 DNA 片段，不过只是在物理学上最近的供体和受体之间转运。从这一点上讲，接合被认为是使得公共基因储池变成公共性质的驱动力。一些环境被认为对于接合比对其他方式更具传导性。拥有高度活细菌细胞的细菌生物膜就是水平基因转移"热点"的众所周知的例子。因此，无论是公用基因储池的动力学还是规模都被环境因素所限制。原核生物的进化取决于这个环境，不仅对于像真核生物那样的驱动选择是如此，而且对于遗传创新的一个来源也是如此。因此，一个原核生物的超级基因组的大小将取决于相关的微生物群落的构成。

　　当每一个新的原核生物基因组序列被完成时，科学界既被那些根本没有功能或进化史信息的基因数量所震惊，同时产生出深深的挫败感。导致这种局面更加复杂的是，相当多的基因组测序的努力已经聚焦在实验室菌株中，而这些菌株在很多情况下不会反映出同样菌种的天然分离株的多样性。

四、可移动遗传元件

　　可移动遗传元件（mobile genetic element, MGE）是 DNA 片段，它们编码一些酶和蛋白，从而介导 DNA 片段在细菌基因组内或在细胞之间的 DNA 中运动，前者是 DNA 在细胞内移动，后者是 DNA 在细胞间移动，这种 DNA 移动都属于水平基因转移的范畴。然而，所有的基因转移不可能凭空发生，耐药基因不可能自己从一个位置跳到另一个位置上，总要依靠一些媒介，如接合型转移中的质粒和接合型转座子，转导中的噬菌体。细胞内基因转移也需要一些遗传元件的参与，如转座子、整合子、插入序列等。在所有这些可移动元件中，最重要的就是质粒，因为只有质粒才是可以独立于染色体而存在的一个遗传实体。任何一个基因，无论是位于转座子上、整合子上，抑或是与插入序列以及 ISCR 有关联，它们要想在细胞间进行转移，都要会聚在能够在细胞间转移的媒介上，如质粒，一些学者已经将接合型质粒称为传输公共基因储池内遗传信息的船舶。在质粒这个平台上，基因阵

列被聚集和被再分类。各种元件在更高等级的可移动遗传元件如接合型质粒这个平台上合生（图9-7）。

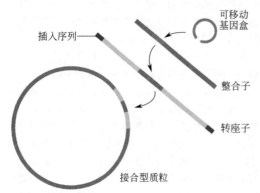

图 9-7 可移动遗传元件（MGE）的模块和分级制度组成

（引自 Norman A，Hansen L H，Sorensen S J. Phil Trans R Soc B，2009，364：2275-2289）

基因盒通过整合酶介导的位点特异性重组而被插入整合子内。整合子或许被插入复合转座子（可移动的基因岛，侧翼是整合酶编码的插入序列）内，而这些复合转座子可能被插入一个分散的元件内，如一个接合型质粒。因此，这个质粒变成一个在这个公共基因储池内的遗传信息转运的一条船舶

近来的宏基因组现况调查也已经揭示出，除了染色体序列之外，一个占有大比例的环境样本含有可移动遗传元件序列，它们是以噬菌体和原噬菌体序列以及质粒形式存在的。因此，特异性的原核生物的进化或许被紧紧地与它们生活的环境以及在那个环境内的可和谐共处的可移动遗传元件的储池联系起来。细菌质粒起到"脚手架"的作用，在此之上的正是抗菌药物耐药基因被聚集的各个阵列，这种聚集是通过转座（可转座元件和 ISCR 介导的转座）和位点特异性重组机制（整合子基因盒）来实现的。证据建议，人细菌性病原菌的抗菌药物耐药基因是从各种细菌中起源的，这就提示所有细菌的各个基因组能被看作是一个单一的全球基因储池，大多数细菌（即便不是所有）都从这个储池中掘取对于存活来说必不可少的基因。就抗菌药物耐药而言，质粒作为耐药基因捕获和相继散播的媒介而起到中心作用。MGE 活性的痕迹在所有原核细胞中都是明显的。Norman 等于 2009 年提出超级基因组的概念。所谓的超级基因组就是在一个特定的环境中，原核细胞可利用的各种基因的总储池，其中包括在染色体上编码基因的私有储池，以及在各种可移动遗传元件上编码基因的公共储池（图9-8）。

MGE 转座酶和位点特异性重组酶催化 MGE 在细胞内的移动，并且借助宿主的同源重组系统，它们使得染色体缺失和其他重排成为可能。可移动遗传元件分成 2 个基本的类型：一种是能够从一个细菌细胞移动到另一个细菌细胞的元件，从抗菌药物耐药的角度上说，这些元件包括耐药质粒和接合型耐药转座子；另一种是能够在同一细胞内从一个遗传位置移动到另一个遗传位置的元件，它们包括耐药转座子、基因盒、插入序列和 ISCR 促进的基因带动转移。质粒和接合型转座子通过一些机制从

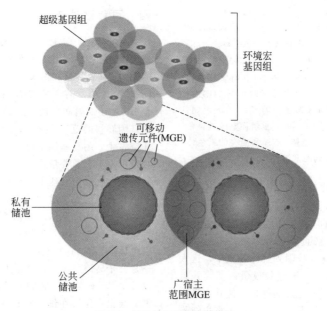

图 9-8 超级基因组概念的描绘

（引自 Norman A，Hansen L H，Sorensen S J. Phil Trans R Soc B，2009，364：2275-2289）

一个细胞转移到另一个细胞，这些机制涉及复制的问题。转座子、基因盒、插入序列和 ISCR 介导的在同一个 DNA 分子的位点之间或在不同的 DNA 分子的位点之间的基因转移，需要某种形式的重组，这可能包括或可能不包括某种形式的复制。由于至少这三种重组系统活动，质粒汇聚抗菌药物耐药基因。可移动遗传元件在细菌菌群中传播抗菌药物耐药基因上具有一个至关重要的作用。大多数被研究的原核生物都能容纳一些染色体外的元件（有时超过 20 个质粒，从而构成了在那个细胞中基因信息总量的四分之一）。因此，在原核生物的胞质内，常常存在着一些独立的复制子，但是只有染色体被限制在那个细胞中。遗传移动性不应该仅仅被解释为横跨原核生物细胞屏障的基因转运，而应该被解释为在不相关的生殖单位之间的一个永恒的流动。因此，在质粒之间或在同源重组或相似的机制所致的质粒融合之间观察到遗传重排并非不寻常之事。

在可移动遗传元件中，接合型质粒是目前最具特征性的并且被研究得最充分。然而，在基因文库中可获得的 MGE 序列的逐渐增加的数量已经显示，一些元件是嵌合的并且这些组别中不止一个彼此相像，这是嵌合的特征。因此，像整合性接合型元件，可转座的原噬菌体，整合的质粒和可移动的整合子都对在相当程度上搅乱这个画面做出了贡献。一个新近出现的观点是，MGE 应该被认为是基因的功能性区块的嵌合体或模块。实际上，这种观点是 ACLAME 数据库的基础。遗传元件的模块化至少有两层意思，一是有些遗传元件组成的模块化，如复合转座子就是由两个完全一样或者几乎完全一样的插入序列（IS）夹括一个表型基因组成；二是有些模块分别被不同的遗传元件所采纳，如丝氨酸转座酶和滚环复制等。同样是转座子，有些利用丝氨酸重组酶，有些利用 DD-E 转座酶（整合酶）。有学者将在遗传元件中被发现的最常见"建筑模块"分成 3 个较大的综合性功能范畴：负责细胞内移动性模块，负责细胞间移动性模块和负责稳定性的模块。

随着时间的推移，越来越多的耐药基因被鉴定出，而且这些耐药基因分别与不同的可移动遗传元件有关联。人们现在深知，细菌拥有非常多的遗传工具，这就为不同耐药基因的转移提供了各种各样的选择，"总有一款适合你"，这也从另一个侧面反映出细菌拥有非常强大的遗传可塑性，常常大到超出我们的想象。总的说来，借助这些遗传工具，细菌就可以改变单个细胞的遗传蓝图。但有一点是可以肯定的，那就是所有这些可移动遗传元件都不是专门为细菌耐药准备的，这些元件都是古老的元

件，它们只是被细菌利用来产生和传播耐药基因而已。细菌以其适应环境变化的杰出能力而闻名，甚至这种环境变化具有潜在地致死效应时也能如此。

第四节　耐药基因向病原菌的转移和进一步散播

一、耐药基因从环境细菌向病原菌的动员和转移

严格意义上讲，耐药基因散播还包括在细胞内的散播，这就涉及其他一些可移动遗传元件的参与，如转座子、插入序列和整合子等。由于在后面章节中还会专门介绍这些可移动遗传元件，所以相关内容不在此介绍。我们在这一节中还是集中介绍环境中的耐药基因如何转移到病原菌中，不过，有关这方面的研究不多，结论多为推测，还缺少一些关键性证据，耐药基因传播链也无法人为构建。

如果耐药基因仅仅驻留在环境细菌之中，那么对于人类各种感染病的治疗并无妨碍。然而，自从抗生素年代开启以来，这些原本存在于环境细菌中的各种耐药基因就以各种各样的遗传学方式转移并整合到各种病原菌和机会性病原菌中，从而造成这些病原菌耐药并严重地威胁到人类的福祉和健康。尽管我们在环境细菌中发现了大量的耐药基因，它们编码的产品也对现在临床上使用的各种抗菌药物耐药并且常常是多重耐药，但这些环境细菌在非常久远以前就拥有这些耐药基因，从而也证实了耐药基因存在的古老性质。然而，在临床病原菌中鉴定出的各种耐药基因却极少在环境细菌中找到完全对应的类似物。例如，尽管我们已经在环境中鉴定出一些编码 β-内酰胺酶的基因，有的属于 TEM 家族，但却缺少完全一样的编码基因。当然，在克吕沃尔菌属中鉴定出的有些 CTX-M 酶家族成员是个例外。当然，我们不能以耐药基因所处的位置来判断耐药基因的起源。即便我们在克吕沃尔菌种的染色体上鉴定出 bla_{CTX-M}，但克吕沃尔菌种也可能不是这些编码基因的最初起源，它们或许也只是这些耐药基因的中间宿主而已。尽管突变驱动的耐药能在抗菌药物治疗期间发生，但通过水平基因转移获得的耐药则需要耐药基因的一个供体，以至于这一个转移事件需要在一个环境微生物（如果是转化，那就是其 DNA）与一种与人类相关的病原菌之间的接触。已如前述，既然在病原菌中发现的耐药基因不是与生俱来的，也不是由其他病原菌转移而来，那么它们一定是来自外部的环境细菌或共生菌，只是我们开展的研究非常有限，测序的细菌菌种也非常有限。随着时间的推移，人们可能逐渐

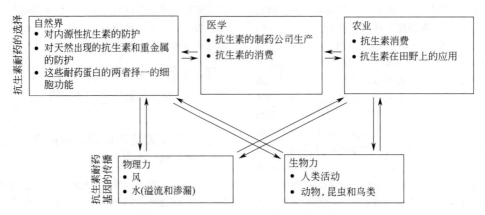

图 9-9 抗生素耐药基因在环境中的起源和运动

(引自 Allen H K，Donato J，Wang H H．Nat Rev Microbiol，2010，8：251-259)

由于在自然界中的各种选择性压力，耐药基因天然存在于环境中。人类已经对抗生素耐药基因施加了额外的选择压力，这是因为人类生产在医学以及农业上应用了大量的抗生素。物理力和生物力也引起耐药基因贯穿许多环境的广泛散播

发现位于临床病原菌中耐药基因的起源。如果我们认定大多数耐药基因起源自环境细菌，但它们肯定不是深埋在冻土层和深海中的环境细菌。耐药基因的水平转移要求细菌之间直接接触，即便是转化也要求细菌尽可能处在同样的生境中，因为转化和转导都有特异性的要求，常常是一种同源重组行为。因此，即便环境细菌真的具有目前在临床上流行的耐药基因，那么，这些环境细菌也不太可能直接将这些耐药基因转移至临床病原菌上，一定有一个或多个中间宿主在起"中继"作用。除了中间宿主之外，耐药基因转移也必须具有合适的场所。水产养殖场所、废水处理厂的淤泥、动物养殖场、堆肥和土壤以及社区都可能是耐药性状交换的混合点。

抗菌药物在人类治疗和现代农业如养殖业的广泛使用不是驱动人病原菌朝向抗菌药物耐药的独一无二力量，表现出对抗菌药物固有耐药的一些细菌菌种在栖息地中有一个环境起源，而在这些栖息地中没有一个高抗菌药物负荷。在临床上和农业领域里应用抗菌药物所造成的选择压力已经促进了赋予耐药的基因的进化和传播，无论这些基因源自何处（图 9-9）。

在耐药基因从环境细菌向人病原菌转移的过程中，不管中间宿主有多少个，最后的中间宿主很可能是共生菌，因为它们常常与人病原菌处在一个相同的环境场所中。由于宿主的生理状态与定义哪些微生物是共生菌以及哪些微生物是病原菌的关联如此大，所以这种跨越现象就出现了。例如，在20 世纪 70~80 年代，不动杆菌常常是在土壤和水中被发现的一种革兰阴性菌，相对无害并且常常是

对抗菌药物敏感的。今天，不动杆菌是最难控制和治疗的耐药革兰性细菌之一。即便如此，定义一个阶层系统来排列共生菌和病原菌有助于减少这种混淆并且集中研究的努力（图 9-10）。

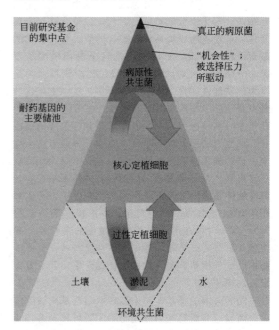

图 9-10 共生菌的阶层系统（不按比例）

（引自 Mashall B M，Ochieng D J，

Levy S B．Microbe，2009，4：231-238)

二、耐药基因在各种病原菌中的进一步散播

耐药基因从环境细菌转移到病原菌中之后是

停止下来还是继续它们的转移行程，这就是耐药基因到哪里去的问题。现已证实，绝大多数编码β-内酰胺酶家族的 *bla* 基因都是首先在质粒上被发现，但起源不清。实际上，这些基因到哪里去的问题涉及各种 *bla* 基因的散播。众所周知，在产酶细菌中，革兰阴性病原菌占据主导地位。无论编码β-内酰胺酶家族的 *bla* 基因首先在哪种革兰阴性菌中被发现，这些基因经常就是在肠杆菌科细菌中和非发酵细菌中传播。然而，同样是肠杆菌科细菌，蓄积各种 *bla* 基因的能力似乎并不相同。肺炎克雷伯菌是最善于蓄积各种 *bla* 基因的"高手"。已经有报告证实，单一肺炎克雷伯菌细胞可蓄积多达 8 种不同的β-内酰胺酶。位居第二的细菌应该是大肠埃希菌，当然其他肠杆菌科细菌也不同程度地蓄积β-内酰胺酶。铜绿假单胞菌和鲍曼不动杆菌也同样是蓄积β-内酰胺酶的"行家里手"，而且它们各自都拥有一些种属特异性的β-内酰胺酶，如铜绿假单胞菌的 PDC 和鲍曼不动杆菌的 OXA 型碳青霉烯酶。有些酶家族散播得既快又广，如 TEM 型酶，几乎临床常见的革兰阴性病原菌都已经被鉴定出产生这种酶，有些酶家族的散播似乎受到一些未知因素的限制，只是在为数不多的几个菌种散播，也可能这些酶出现时间不长的缘故。当然，染色体编码的β-内酰胺酶很少散播。既然谈到耐药基因的散播，我们自然而然就该提到促进这些耐药基因传播的媒介。大多数编码β-内酰胺酶的基因之所以传播迅速而广泛，根本原因是这些耐药基因位于质粒上。

已如前述，我们在病原菌中发现的大部分耐药基因都起源不清，也就是说我们不知道它们从哪里来，也不大清楚它们是如何来的。然而，一旦这些耐药基因出现在病原菌中，我们可以清楚地观察到这些耐药基因去了哪里，它们的去处就是在病原菌之间广泛散播，特别是肠杆菌科细菌和非发酵糖菌。当然，一旦耐药基因位于可移动遗传元件如质粒上，那么，耐药基因的传播就是轻而易举的事情。当然，有些耐药基因散播得更快些和更广些，有些耐药基因散播得更慢些和更窄些。编码质粒介导的氟喹诺酮耐药基因 *qnr* A 也是如此。它最初是在肺炎克雷伯菌中被发现存于质粒上，很快，人们在其他肠杆菌科细菌中鉴定出这样的基因。这样的例子很多，我们不在此一一列举。耐药基因在病原菌之间的转移或散播也需要各种场所，这需要细菌与细菌之间彼此相邻。很多学者认为，动物和人类肠道细菌对宿主的健康具有多重作用，其中大部分作用都是有益或中性的，但也有其更加危险的一面：抗菌药物耐药基因的"二道贩子"或"捐客（trafficker）"。越来越多的证据支持这样的假设，

即肠道细菌不仅在它们自身中间交换耐药基因，而且也与通过结肠的细菌相互作用，并导致这些细菌获得或传播抗菌药物耐药基因。正常情况下，人类结肠的菌丛被认为是无害或有益的，它们能够作为一种抗菌药物耐药基因储池对人类起到更大的危害吗？这种储池假设如图 9-11 所描绘。根据这种的观点，人类肠道细菌不仅分享它们自身的耐药基因，而且也能从通过肠道的细菌中获得耐药基因，同时也能将耐药基因传播给通过肠道的细菌。近来，对耐药基因在人类结肠传播的担忧已经被扩展到农业领域。

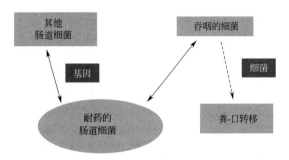

图 9-11　耐药基因储池假设

[引自 Salyers AA，Gupta A，Wang Y. Trends Microbiol，2004，12（9）：412-416]

在正常情况下，存在于人结肠的细菌在它们自身中转移耐药基因。许多共生菌恰恰是机会性病原菌。仅仅通过人结肠的细菌会在结肠内过境，这段时间足够长到可以通过接合而转移或获得耐药基因。这些细菌或许会通过被排泄细菌的污染而返回到它们通常被发现的部位（如口腔和皮肤）

Mashal 等于 2009 年发表了他们重要的研究发现。如图 9-12 所示，几乎同样的耐药基因（椭圆形）存在于不同的菌株中（方块体），这些菌种是从哺乳动物结肠和其他环境地点中被分离获得的。研究证实，耐药基因在革兰阳性和革兰阴性共生细菌之间以及在需氧菌和厌氧菌之间发生转移。当然，在此之前，Salyers 等也曾做出过类似的研究。在哺乳动物结肠菌丛中，在不同的菌种中被发现的一些耐药基因序列同一性通常是 99% 或更高。*ermB* 基因已经被发现存在于各种病原菌性革兰阳性菌中，包括肺炎链球菌和产气荚膜梭状芽孢杆菌。*ermB* 和 *ermG* 被发现存在于不止一个菌种中，因此，这些基因似乎在过去已经不止一地发生转移。

一旦抗菌药物耐药基因被转移到某种病原菌中，它们就会在病原菌之间散播，各种可移动遗传元件助长这样的散播，并且 3 种水平基因转移方式也必定参与其中。

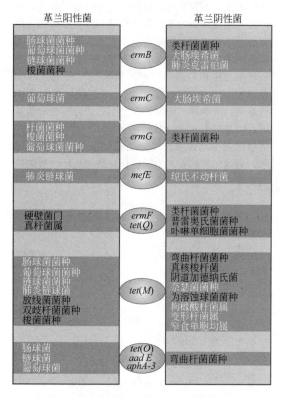

图 9-12　耐药基因在革兰阳性和革兰阴性细共生
细菌之间以及在需氧菌（白色字）和厌氧菌
（黑色字）之间转移的证据
（引自 Mashall B M, Ochieng D J, Levy S B.
Microbe, 2009，4: 231-238)

抗菌药物耐药的存在与抗菌药物耐药基因突变以及耐药基因的水平转移之间存在着什么关系呢？值得注意的是，早年的研究证实，细菌耐药的突变以一定频率发生着，与抗菌药物存在与否无关，换言之，抗菌药物并不是能够促进突变发生的诱变剂。然而，抗菌药物特别是亚抑制浓度的抗菌药物可能会有助于抗菌药物耐药的发展。例如，它们已经被显示促进基因转移和重组，部分是通过活化 SOS 系统而实现的。那么，哪些场所适合于细菌-细菌之间的水平基因转移呢？理论上讲，只要条件合适，水平基因转移可以发生在任何场所或地方，但我们并不完全清楚水平基因转移究竟发生在哪些场所。目前在临床上非常"活跃"的抗菌药物耐药基因多是从环境细菌中转移而来，比如，$qnrA$ 来自海藻希瓦菌，$qnrS$ 源自发亮弧菌以及各种 bla_{CTX-M} 基因来自克吕沃尔菌属，但这些耐药基因究竟是在什么场所以及在什么条件下被带动转移的，我们现在几乎一无所知。实际上，这种情况也不仅仅限于耐药基因的转移，近些年禽流感病毒已经越来越多地感染人，已经证实，在禽流感病毒上

被嵌入了一段人流感病毒的基因，因此变得易感人类，这显然也是水平基因转移的鲜活例子。然而，这样的基因转移究竟发生在哪里，发生的条件又是什么，所有这些我们都不得而知，起因众说纷纭。在污水处理厂的淤泥可能是一个场所，在那里，细菌通过遗传工程的一个自然的过程"学习"如何对付抗菌药物，这就可以解释多重耐药菌株的快速进化。医院的污水井更可能是一个基因交换的场所。人体肠道也是一个主要的场所，共生菌也可能是一个"掮客"，环境细菌可以将耐药基因转移给共生菌，后者再将耐药基因转移给病原菌。抗菌药物广泛使用所致的选择压力就会将携带这些耐药基因的细菌选择出来。

长期以来人们一直争论说，抗菌药物耐药的关键驱动力是抗菌药物的消费，并且抗菌药物的使用已经孕育出了"超级细菌"——这是达尔文选择学说的一个精美例子！然而，那样的结论被人们争论说是吝啬小气的，并且这样的结论不总是反映出遗传学实体的获得，人们应该描绘出这些遗传学实体的维持以及对此产生影响的各种驱动力的更加宽广的画卷。例如，没有抗菌药物压力的一些单个的沙门菌属环境分离株已经被显示出携带 $sul1$、$sul2$ 和 $sul3$ 基因的完整拷贝，它们与不同的遗传实体相关联。另一项近来的研究已经显示，营养应激也能改变转座率（如 $IS903$），可高达几千倍，这再一次突出强调了捕获宿主-实体相互影响的更宽广画卷的需求。

水平基因转移在整个进化史中都在发生着，并且我们能考虑到两类独立的事件，主要靠它们的时间覆盖和选择压力的强度来加以区别。在细菌、其他微生物和生物的超过几十亿年的进化期间所发生的事件不能与过去一个世纪的抗菌药物耐药发展和转移的现象进行比较。抗菌药物使用和处置的当代选择压力要更强得多，选择基本上是为了在有害的环境中生存，而不是为了在缓慢进化的群体中提供适应性的特性。总之，在我们的生命进程中正在发生的是一种被人类学影响所强化的进化过程，而不是更加缓慢的、随机的进化过程。基因获得、转移、修饰和表达都处在应该的位置上，这些现有的过程正在现代生命层中扩张和加速。

第五节　结语

毫无疑问，细菌耐药遗传学研究的核心必须紧紧围绕耐药基因来开展。耐药基因在病原菌中的鉴定以及相继在病原菌中的传播已经有了大量的研究，不过散播的具体机制、路径以及场所尚有很多不明之处。遗传学信息的爆炸在扩展我们知识的同

时，并不会必然增加我们对细菌遗传学错综复杂性的理性认识。然而，到目前为止我们所拥有的信息发现，临床分离株已经"绑架"了质粒。此外，其他耐药元件如转座子、整合子、插入序列元件以及"新"的 ISCR（IS 共有区域）元件的组合存在也已经贡献抗菌药物耐药的增加和散播。由 4～5 个耐药基因构成的一个簇已经变成了老生常谈。

遗传学研究本身的任何进步都会促进细菌耐药遗传学的发展，而从某种意义上讲，细菌耐药遗传学研究的任何进步也都会大大地回馈遗传学研究本身。细菌耐药进化的不可预测性在一定程度上恰恰反映出细菌耐药遗传学的错综复杂性。耐药基因研究最薄弱的环节就是耐药基因的溯源，特别是在环境细菌中的起源。首先，细菌耐药基因起源充满了巨大的多样性。在细菌耐药遗传学研究的各个分支中，耐药基因的起源这方面的研究进展最慢。到目前为止，我们仅仅知晓为数不多的耐药基因的起源，还有一些耐药基因的起源只是有一些线索痕迹，而绝大多数耐药基因的起源根本就是一无所知，就连人们最熟知的 TEM 型 β-内酰胺酶也是如此。此外，即便我们在环境细菌中发现了与病原菌极其对应的耐药基因，我们也很难知晓它们是如何转移到病原菌中的，更不可能重新构建耐药基因转移链条。这样的现实真的让人们对细菌发展耐药的潜力感到畏惧，Livermore 将更强大的耐药基因从环境细菌中的逸出称作"黑天鹅"事件，说明这些事件发生的不可预测性。需要强调指出的是，在地球上存在着天文数字的细菌数量，但却只有 1% 的细菌能够培养。如果从整个大的微生态环境上寻找细菌耐药基因，那真的犹如大海捞针一样困难。就细菌耐药基因而言，我们应该从两个水平考虑问题。第一个水平是整个微生物界。环境细菌含有大量的基因，一旦这些基因通过水平转移的话，它们就能够将抗生素耐药传给人类病原菌。第二个水平由那些生物构成，在此生境中，与人相关联的细菌与环境微生物从有着频繁的接触，如废水（wastewater）等。即便从人类活动的角度上讲，细菌耐药基因散播牵涉到的各种环境因素就极其错综复杂（图 9-13）。

一些耐药基因源自突变，更多耐药基因来自产生抗生素的细菌或完全意义上的环境细菌。然而，已经在环境细菌中鉴定出的耐药基因非常多，但绝大多数耐药基因并未转移到临床相关的病原菌中，哪些耐药基因可以转移，哪些耐药基因不可以转移，耐药基因转移的条件，耐药基因的中间宿主细菌以及各种可移动遗传元件如何参与，这些问题我们都不甚清楚。涉及细菌耐药中的规则和趋势根本不像物理学定律那样严谨和放之四海而皆准，例外比比皆是。比如说，细菌针对氟喹诺酮类的耐药一直是作用靶位的染色体突变所致，所以人们一直认为，针对这种全合成抗菌药物的耐药不可能由质粒所介导。然而不幸的是，在 1998 年，在美国的伯明翰就发现了质粒介导的喹诺酮耐药基因 *qnrA*。

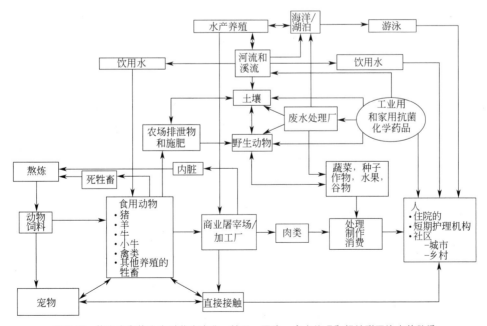

图 9-13　抗生素和抗生素耐药在农业、社区、医院、废水处理和相关联环境内的散播
（引自 Davies J，Davies D. Microbiol Mol Bio Revs，2010，74：417-433）

因此，涉及细菌耐药，我们千万不要过早地妄下定论，也万万不要低估细菌通过遗传改造或重塑基因组的潜力。耐药的遗传进化方向不可预测，进化的潜力深不可测，我们真的不知道细菌还能发展出什么本事来对抗抗菌药物。比如，细菌通过青霉素结合蛋白（PBP）这一靶位的改变而对 β-内酰胺类抗生素耐药，但在 3 个重要革兰阳性病原菌如金黄色葡萄球菌、肺炎链球菌和肠球菌，这种青霉素的改变机制又彼此不同。重要的是，我们根本不清楚这种差异的深层次原因。

其次，说到细菌耐药的分子学机制不能不提到基因突变，特别是细菌产生 β-内酰胺酶的分子内微观进化。众所周知，自从人们发现第一个青霉素酶以来，已经有 1400 多种 β-内酰胺酶被鉴定出，很多这样的酶都是通过分子内微观进化而出现的。这样的突变可谓千变万化，让最有想象力的微生物学家都目瞪口呆，关键是这样的突变和微观进化根本没有停下来的迹象。此外，人们对细菌耐药机制的认知还是处于非常肤浅的阶段。比如，同样是在强大的抗生素使用所造成的选择压力下，葡萄球菌通过产生青霉素酶而对青霉素耐药，这一过程不过短短几年，肺炎链球菌则通过改变靶位青霉素结合蛋白而对青霉素耐药，这一进程却耗费了 20 多年，但化脓性链球菌至今仍对青霉素高度敏感，这种细菌既不产酶，也未发生靶位改变。这一现象让很多微生物学家迷惑不解。在这个研究领域中，人们观察到有趣的但却是不能解释的趋势，即为什么某些基因型如 $bla_{CTX-M-15}$ 和 bla_{CMY-2} 那样成功呢？或者，为什么 bla_{VIM-2} 在铜绿假单胞菌中被发现，而 bla_{VIM-1} 则主要在肠杆菌科细菌中被发现呢？由此可见，我们对细菌本身的认识还很肤浅。细菌通过变化莫测的机制针对抗菌药物耐药，这总是让人觉得这些单细胞生物如同智能生物，但事实并非如此。所有细菌耐药的进化都是随机的，都不是主动设计的结果。我们一定要记住，细菌在生命层中的天文数字的数量和非常短的周期时间，即便是突变频次非常低，考虑到天文数字的细菌数量，那也会有不可忽略的绝对数量的细菌存活下来，在抗生素的选择作用下，这些突变的菌株就会异军突起，成为优势菌株。再者，谈到细菌耐药遗传学研究就不能不提到耐药基因表达的调节。事实上，细菌耐药调节系统非常复杂，我们至今对细菌耐药调节的机制知之甚少，特别是在抗菌药物选择压力下细菌耐药的调节状况。

最后，近些年来，遗传学研究的一个热点就是原核生物的水平基因转移，细菌耐药遗传学研究亦不例外。毫无疑问，耐药基因的水平转移为细菌耐药的传播和增长贡献良多，而且各种可移动遗传元件在耐药基因传播上也非常重要。一个单一的遗传实体或"件"（基因或系列基因）的显性似乎更被其周围的 DNA 而不是这个基因本身所影响，这种影响或是通过促进快速带动转移，和/或编码其他功能，如增强的存活或适应性。为了彻底弄清楚抗生素耐药，我们必须加强我们关于基因流动和影响基因流动动力学各种因素方面的认知。例如，在克吕沃尔菌种中被天然发现的 bla_{CTX-M} 基因可能已经从社区或执业医生网点传播到医院，而不是相反。一旦被确立，这个基因储池或许在医院中浓缩并最终通过医院废水而返回到社区从而实现再循环，并且这样的循环会继续，经过某一给定的事件周期，这样的循环会强化。这种同样的局面似乎也是 bla_{NDM-1} 基因的情况，这些基因在印度次大陆流行。

细菌耐药基因的进化是古老和漫长的，有些细菌耐药基因已经存在了 20 亿年。那么，在如此漫长的时间里，抗菌药物耐药基因又是如何在细菌中维持的呢？它们的功能作用又是什么呢？在抗生素年代初期即 20 世纪的 50~60 年代，几乎所有临床相关的病原菌都对抗菌药物敏感，然而，随着时间推移和抗菌药物应用的迅猛增加，各种耐药细菌相继在临床环境中出现，所以，所有耐药基因是在抗菌药物应用条件下产生出来这样的误导给人们打下了很深的烙印。随着研究的深入人们相继发现，有些病原菌的基因组中早已存在着某种耐药基因，这些耐药基因并不是从其他外源环境中转移过来，而是细菌基因组中固有的。现已证实，很多肠杆菌科细菌和非发酵细菌在其染色体上都携带着编码 AmpC β-内酰胺酶的 $ampC$ 基因，这种酶可以水解多种广谱和超广谱的 β-内酰胺类抗生素。然而在抗生素年代初期，携带这一类型 β-内酰胺酶的肠杆菌科细菌和非发酵细菌却大多对 β-内酰胺类抗生素敏感。后来的研究证实，这些 $ampC$ 基因在正常情况下处在阻遏基因的调控之下，只能低水平表达，因此构不成临床耐药。既然如此，我们不禁要问：这些耐药基因存在的目的是什么呢？细菌细胞也同样具有摆脱冗余基因的特性，既然这些耐药基因持续存在于细菌染色体上，那么也一定有其存在的理由，只是我们不清楚而已。此外，这些环境耐药基因储池在临床耐药的发展上的作用仍然是一种假设，并且在细菌菌群中原始的/准耐药基因的主要代谢功能仍不清楚。我们几乎没有或根本没有证据说明，在这些环境研究中被鉴定出的任何推定的耐药基因已经被带动转移进入病原菌中并且作为耐药表型被表达。如果在自然环境中抗生素的浓度基本上是检测不到的，那么维持各种耐药基因持续存留的选择压力又是什么呢？

综上所述，关于细菌耐药基因的研究只是处在起步阶段，还有很多相关研究领域几乎处于空白状态。要想真正了解围绕着细菌耐药基因的来龙去脉，摆在我们前面的路还很长，还将有海量的工作需要去做。

耐药基因赋

抗生素使用与耐药的发生和发展究竟是一种什么关系呢？事实上，很多耐药基因已经在一些环境细菌中存在了 20 亿年，只是一直没有横向转移到病原菌中。抗生素的发现和使用可能唤醒了这些沉默的基因，关键是选择，而且随着抗生素的大量使用甚至是滥用，耐药基因越来越广泛地散播到各种致病菌中。因此，慎用以及合理使用抗生素就成了我们唯一的选择。如何使用抗生素也与耐药基因的"动力学"密切相关。

你用，你不用，
它就在那里，
沧海桑田，久远沉寂。

你用，你多用，
它不在那里，
随机选择，横向转移。

你用，你滥用，
它横行无忌，
感染肆虐，久治不愈。

你用，你慎用，
它亦步亦趋，
长期相持，一线生机。

你用，你善用，
它中规中矩，
和谐相处，莫言胜利。

参考文献

[1] Watanabe T. Infective heredity of multiple drug resistance in bacteria [J]. Bacteriol Rev, 1963, 27: 87-115.

[2] 盛祖嘉, 编著. 微生物遗传学, 第三版 [M]. 北京: 科学出版社, 2007.

[3] [加] 芬内尔 (Funnell B E), [美] 菲利普斯 (Phillips G J), 编. 质粒生物学 [M]. 陈惠鹏, 张惟材, 等, 译. 北京: 化学工业出版社, 2009: 1.

[4] Toussaint A, Merlin C. Mobile elements as a combination of functional modules [J]. Plasmid, 2002, 47: 26-35.

[5] Osborn A M, Boltner D. When phage, plasmids, and transposons collide: genomic islands and conjugative- and mobilizable-transposons as a mosaic contimuum [J]. Plasmid, 2002, 48: 202-212.

[6] Bennett P M. Genome plasticity: Insertion sequence elements, transposons and integrons, and DNA rearrangement [J]. Methods Mol Biol, 2004, 266: 71-113.

[7] Thomas C M, Nielsen K M. Mechanisms of, and barriers to, horizontal gene transfer between bacteria [J]. Nature, 2005, 3: 711-721.

[8] Sheldon Jr A T. Antibiotic resistance: A survival strategy [J]. Clin Lab Sci, 2005, 18 (3): 170-180.

[9] Frost L S, Leplae R, Summers A O, et al. Mobile genetic elements: the agents of open source evolution [J]. Nat Rev Microbiol, 2005, 3: 722-732.

[10] Walsh T R. Combinatorial genetic evolution of multiresistance [J]. CurrOpin Microbiol, 2006, 9: 476-482.

[11] Alekshun M N, Levy S B. Molecular mechanisms of antibacterial multidrug resistance [J]. Cell, 2007, 128: 1037-1050.

[12] Matinez J L, Baquero F, Andersson D. Predicting antibiotic resistance [J]. Nat Rev Microbiol, 2007, 5: 958-965.

[13] Bennett P M. Plasmid encoded antibiotic resistance: acquisition and transfer of antibiotic resistance genes in bacteria [J]. Bri J Pharmacol, 2008, 153: S347-S357.

[14] Davies J, Davies D. Origins and evolution of antibiotic resistance [J]. Microbiol Mol Bio Revs, 2010, 74: 417-433.

[15] Rossolini G M, Mantengoli E, Montagnani F, et al. Epidemiology and clinical relevance of microbial resistance determinants versus anti-Gram-positive agents [J]. CurrO pin Microbiol, 2010, 13 (5): 582-588.

[16] Beaber J W, Hochhut B, Waldor M K. SOS response promotes horizontal dissemination of antibiotic resistance genes [J]. Nature, 2004, 427: 72-74.

[17] Moland E S, Hong S G, Thomson K S, et al. *Klebsiella pneumoniae* isolate producing at least eight different β-lactamases, including AmpC and KPC β-lactamases [J]. Antimicrob Agents Chemother, 2007, 51: 800-801.

[18] Chong Y, Ito Y, Kamimura T. Genetic evolution and clinical impact in extended-spectrum β-lactamase-producing *Escherichia coli* and *Klebsiella pneumoniae* [J]. Infect Genet Evol, 2011, 11 (7): 1499-1504.

[19] Poirel L, Bonnin R A, Nordmann P. Genetic support and diversity of acquired extended-spectrum β-lactamases in Gram-negative rods [J]. Infect Genet Evol, 2012, 12 (5): 883-893.

[20] El Salabi A, Walsh T R, Chouchani C. Extended spectrum β-lactamases, carbapenemases and mobile genetic elements responsible for antibiotic resistance in Gram-negative bacteria [J]. Crit Rev Microbiol, 2013, 39 (2): 113-122.

[21] Roberts A P, Chandler M, Courvalin P, et al. Revised nomenclature for transposable genetic elements [J]. Plasmid, 2008, 60: 167-173.

[22] Toleman M A, Walsh T R. Combinatorial events of insertion sequences and ICE in Gram-negative bacteria [J]. FEMS Microbiol Rev, 2011, 35: 912-935.

[23] Salyers A A, Gupta A, Wang Y. Human intestinal bacteria as reservoirs for antibiotic resistance genes [J]. Trends Microbiol, 2004, 12 (9): 412-416.

[24] D'Costa V M, McGrann K M, Hughes D W, et al. Sampling the antibiotic resistome [J]. Science, 2006, 311: 374-377.

[25] Aminov R I, Mackie R I. Evolution and ecology of antibiotic resistance genes [J]. FEMS Microbiol Lett, 2007, 271: 147-161.

[26] Wright G D. The antibiotic resistome: the nexus of chemical and genetic diversity [J]. Nat Rev Microbiol, 2007, 5: 175-186.

[27] Pallecchi L, Bartoloni A, Paradisi F, et al. Antibiotic resistance in the absence of antimicrobial use: mechanisms and implications [J]. Expert Rev Anti Infect Ther, 2008, 6: 725-732.

[28] Dantas G, Somm MOA, Oluwasegun R D, et al. Bacteria subsisting on antibiotcs [J]. Science, 2008, 320: 100-103.

[29] Canton R. Antibiotc resistance genes from the environment: a perspective through newly identified antibiotic resistance mechanisms in the clinical setting [J]. Clin Microbiol Infect, 2009, 15 (Suppl. 1): 20-25.

[30] Yeh P J, Hegreness M J, Aiden A P, et al. Drug interactions and the evolution of antibiotic resistance [J]. Nat Rev Microbiol, 2009, 7: 460-466.

[31] Martinez J L. The role of natural environments in the evolution of resistance traits in pathogenic bacteria [J]. Proc Biol Sci, 2009, 276: 2521-2530.

[32] Sommer M O A, Dantas G, Church G M. Functional characterization of the antibiotic resistance reservoir in the human microflora [J]. Science, 2009, 325: 1128-1131.

[33] Aminov R L. The role of antibiotic and antibiotic resistance in nature [J]. Environ Microbiol, 2009, 11: 2970-2988.

[34] Mashall B M, Ochieng D J, Levy S B. Commensals: underappreciated Reservoir of antibiotic resistance [J]. Microbe, 2009, 4: 231-238.

[35] Allen H K, Donato J, Wang H H, et al. Call of the wild: antibiotic resistance genes in natural environments [J]. Nat Rev Microbiol, 2010, 8: 251-259.

[36] Thaller M C, Migliore L, Marquez C, et al. Tracking acquired antibiotic resistance in commensal bacteria of Galapagos land iguanas: no man, no resistance [J]. PloS ONE, 2010, 5: e8989.

[37] Bhullar K, Waglechner N, Pawlowski A, et al. Antibiotic resistance is prevalent in an isolated cave microbiome[J]. PloS ONE, 2012, 7(4): e34953.

[38] Finley R L, Collignon P, Larsson D G, et al. The scourge of antibiotic resistance: the important role of the environment [J]. Clin Infect Dis, 2013, 57 (5): 704-710.

[39] Olson A B, Silverman M, Boyd D A, et al. Idenfication of a progenitor of the CTX-M-9 group of extended-spectrum β-lactamases from *Kluyvera georgiana* isolated in Guyana [J]. Antimicrob Agents Chemother, 2005, 49: 2112-2115.

[40] Oth M, Smith C, Frase H, et al. An antibiotic-resistant enzyme from a deep-sea bacterium [J]. J Am Chem Soc, 2010, 132: 816-823.

[41] D'Costa V M, king C E, Kalan L, et al. Antibiotic resistance is ancient. Nature, 2011, 477: 457-461.

[42] Nicholls H. Bacteria learn antibiotic resistance in the sludge [J]. DDT, 2003, 8: 1011.

[43] Livermore. The 2018 Garrod Lecture: Preparing for the Black Swans of resistance [J]. J Antimicrob Chemother, 2018, 73: 2907-2915.

[44] Baltz R H. Renaissance in antibacterial discovery from actinomycetes [J]. Curr Opin Pharmacol, 2008, 8: 557-563.

第十章

质　粒

人们是在观察到接合（conjugation）现象之后才发现了质粒（plasmid）。早在 1947 年，美国生物化学家塔特姆（E. L. Tatum）和美国遗传学家莱德伯格（J. Lederberg）就发现，大肠埃希菌 K-12 的两个营养缺陷型亲本菌株一起在完全液体培养基培养后，会长出能在不完全培养基上生长的细菌细胞，而这两种亲本菌株都不能在这种培养基中生长。他们又进一步证明，这些新生长的细菌细胞所具有的特性一定是通过两个亲本菌株之间的遗传重组而形成的。相继又有学者证明，细菌细胞间的接触对于这种遗传重组是不可或缺的条件，这就是最早被观察到的接合现象。1952 年，美国科学家海斯（W. Hayes）在《自然》杂志上发表文章指出，接合与重组是供体细菌细胞遗传物质单向转移的结果，与此同时，莱德伯格等人创造出正致育性（F$^+$）和负致育性（F$^-$）这样的术语来描述供体细菌和受体细菌，也弄清楚了接合是性结合的某种原始形式。同一年，莱德伯格和塔特姆发现这些核外遗传物质可自我复制，而且莱德伯格据此提出了质粒这一术语。正是由于在质粒这一领域的奠基性研究，莱德伯格和塔特姆荣获了 1958 年诺贝尔生理学医学奖。

毫无疑问，进入抗生素年代之后抗生素耐药的爆炸性发展刺激了接合型质粒的研究，因为这些接合型质粒对于细菌耐药的增长和传播起到了至关重要的作用，绝大多数耐药基因都是在质粒上被首先发现，20 世纪 50 年代在日本发现的多药耐药传播就是由质粒所介导。许多年来，接合型质粒主要与抗菌药物的过度使用有关联，并且后来，与增加的人类活动所造成的重金属或石油污染有关联。因此，多数接合型质粒之所以被研究是因为它们直接影响到人类的福祉。然而到目前为止，超过 1000 个质粒已经被描述，它们来自所有 3 个生命域（真细菌、古细菌和真核生物）和几乎每一个想得到的环境小生境，甚至是那些几乎没有或根本没有暴露到人类干预的环境小生境。进而，持续不断的微生物基因组测序工程以及宏基因组调研几乎每一天都揭示出新的质粒序列。海量的相关资料已经提示，接合型质粒的作用对于细菌在原始环境中的进化也同等重要（图 10-1）。

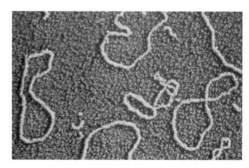

图 10-1　小细菌质粒的电镜图片

（引自 Bennett P M. Bri J Pharmacol，2008，153：S347-S357）

实际上，质粒的生物学定义多为描述性的。人们常说，原核生物中染色体外 DNA 称为细菌质粒。细菌质粒与真核生物中自我复制的细胞器的相同之处在于：①它们都可自我复制；②一旦消失后，后代细胞中不再出现；③它们的 DNA 只占染色体 DNA 的一部分。细菌质粒与真核生物中自我复制的细胞器的不同之处在于：①细菌质粒成分和结构较细胞器简单，一般都是环状 DNA 分子，而且不和其他物质一起构成一些复杂的结构；②它们的功能比自我复制的细胞器更为多样化，但一般并不是必需的，例如研究最多的细菌质粒如育育因子（F）质粒、抗药性因子（R）质粒和大肠杆菌素因子（Col）质粒等，它们分别决定细菌的致育性、耐药性和产生大肠杆菌素的能力等，它们的存在赋予宿主细菌这些遗传特性，但它们的消失并不影响宿主细菌的生存；③细菌质粒能通过细胞的接合而自动地将一个拷贝转移到另一个细菌中，从而使两个细菌都成为带有质粒的细菌。

质粒肯定不是为细菌耐药而生，但却深度参与细菌耐药的起源和传播。本书主要是阐述 β-内酰胺酶介导的细菌耐药，所以细菌质粒与耐药性状的转移自然是本章描述的重点，当然，质粒的一些重要的基本属性也一并加以介绍。

第一节　质粒的基本属性

质粒是什么？尽管这个问题有着多种多样的答案，但却似乎一直没有一个标准的答案，更缺乏一个严谨的定义。早在 1960 年，比利时科学家弗雷德里克（Fredercq）就总结了质粒的性质：具有自我复制能力、迁移性、不相容性和特定的宿主范围。即便在当代人们对质粒的认知肯定比以前要更加深刻和全面，但是在谈及质粒的定义时也常常离不开对质粒所拥有的几个基本属性的描述。质粒的有些特征实际上不是所有质粒都具备的，如接合转移能力。归纳起来，质粒最本质的特征体现在三个方面。

首先，质粒是一种染色体外遗传元件，在细菌细胞内，质粒和染色体是分隔开的。质粒最好被想象成小的、辅助的和非必需的染色体。质粒与其所在的宿主细菌中染色体的 G + C 含量有明显的差异，利用这一特性可分离并提纯质粒。质粒有多大呢？一般来说，质粒大小并不均一，其大小和质粒的功能有关，会随着功能复杂性的增加而增大。最简单的质粒在大小上大约只有 1～2kb，并且在大多数情况下它甚至不编码任何蛋白。这些质粒或许只是满足持续存在这样一个要求：复制的能力。接合型质粒大小一般在 30kb，但 100kb 的质粒也并不罕见。个别一些所谓的"大质粒"可与小型染色体的大小相当。然而，所谓巨质粒（大于 1Mb）的发现已经使得在"染色体"和"质粒"之间进行区别或多或少要更难一些。有一种情况是，马耳他布鲁菌 16M 的 1.18Mb 染色体外元件甚至被定义为第二染色体。其次，质粒在非应激条件下不携带宿主细胞生长所必需的基因，通俗地说，宿主细胞

的好坏和生死与质粒无关，它只负责自身的存留，这也是人们常说质粒是"自私性"遗传元件的原因。质粒不容纳任何细菌细胞最基本的生长和繁殖所需要的核心基因，但它们携带一些或许有用的基因，这些基因间接使得细胞能够利用特殊的环境局面而生存，例如，抗菌药物耐药基因可赋予携带质粒的宿主在一个潜在致死的抗菌药物存在条件下存活和繁殖。质粒携带的基因具有多样性，包括那些赋予抗菌药物耐药和耐受多种毒性重金属的基因，如汞、镉和银；也包括那些提供拓展细胞营养能力的酶的基因，允许在动物系统中侵袭和存活的毒力决定子以及加强修复 DNA 损伤能力的功能。最后，质粒最本质的特性就是可自我复制，这是质粒稳定遗传给下一代的基础。质粒具有保障它们独立复制的系统，但也含有控制其拷贝数量和在细胞分裂过程中确保它们稳定遗传的各种机制，通常，质粒的复制均受到严谨控制。质粒是功能性遗传模块的一个汇聚，这些模块被组织在一个稳定的、可自我复制的实体或"复制子"中。一个质粒的基本构成包括编码复制功能的基因，它们是质粒的必需"骨架"。此外，质粒也包含变化不一的辅助基因，它们编码的那些过程与细菌染色体编码的那些过程截然不同。那样的辅助性状能在细胞中蓄积，但不改变细菌染色体的基因成分。一般来说，它们和主要的细菌染色体是分开存在的，并且独立于这些染色体而复制，不过多数复制功能被宿主细胞所提供。质粒必须复制、控制它们的拷贝数量和确保在每一次细胞分裂中的遗传，这是通过一个称作分配法（partitioning）的过程实现的。

人们曾认为，接合型转移也是质粒必备的特性，但后来发现，并非所有质粒都能接合转移。天然细菌分离株常常含有小的、隐蔽的质粒，它们只是由复制基因和一些未知功能的基因组成。那样的小质粒常常能够被转移到另一个细胞中，这是通过一个更大的接合型质粒或整合性接合型元件（ICE）介导，这个过程称作动员或带动转移（mobilization）。一般来说，可被带动转移的质粒缺乏编码使得细胞能够在 DNA 转移之前偶联能力的功能，但却是编码它们自身 DNA 特定转移所需要的功能。据此，可被带动转移的耐药质粒倾向于相对小一些，常常在大小上不到 10kb，只是编码包括耐药基因在内的少数基因。大多数细菌耐药质粒都是接合型质粒，如编码各种 β-内酰胺酶的质粒，人们正是借助质粒接合这一特性来判断新鉴定耐药基因的位置，在染色体上还是在质粒上。已如前述，人们最初将质粒与细菌耐药关联起来是因为耐药质粒的接合型转移。既然质粒不是为细菌耐药而生，那么质粒接合转移的本领肯定也不是专门为了

细菌耐药而进化出来。那么人们不禁要问：质粒的接合型转移的原始功能又是什么呢？难道是为了与其他细菌细胞在一些遗传性状上的互通有无？接合型质粒的"本质"究竟是什么？这是一个开放的问题，但这个问题在一个大的程度上取决于原核生物群落的构成和塑造质粒骨架的其他环境因素。不管如何，接合型质粒作为公共基因储池中船舶的类比仍然听上去像真的，这些船舶在单个原核生物之间转运适应性性状。

近些年来，人们对质粒属性的认知更加多样性。质粒已经以不同的方式被看成以下角色：①质粒类似于寄生虫实体，它们攫取其宿主的资源（它们本身被更少的可移动遗传元件如转座子、整合子或插入序列所攫取资源）；②质粒属于兼性的共生生物，它们为其原核生物宿主提供增加的适应性方式，其交易的代价是质粒自身存在所需要的资源；③质粒是利己功能性遗传模块的一个汇集，它们作为DNA，由无关联部分组成半自主片段而在细胞生命的一个巨大的连续体内复合存在。然而，目前只有一个有限数量的质粒序列资料可供利用。现有资料的比较性分析已经揭示出质粒遗传学的错综复杂性。在水平基因池中遗传多样性的程度以及与细菌染色体中"必需的"核心成分的明显区别已经促使人们做出如下推测，即质粒代表着一个截然不同的遗传来源，然而，在质粒和它们宿主之间的关系对于宿主生态学是至关重要的。尽管人们认识到质粒在很大程度上是由于它们参与到细菌耐药基因的汇聚和散播，但质粒的存在肯定不仅仅是为了细菌耐药，它只是被细菌耐药基因"绑架"而已。在抗生素年代之前和抗生素年代期间，细菌可能含有同样的质粒，唯一的区别就是抗生素年代期间的细菌质粒含有耐药基因。质粒是古老的遗传元件，它存在于细菌生命树的所有分枝上，并且已经被发现存在于迄今为止被研究的所有细菌群落中，包括土壤、海洋以及临床环境。质粒不仅存在于原核生物，而且在真核生物中也有发现。它的存在影响到作为宿主的生物体，而且这种影响往往非常显著。质粒赋予宿主细胞各种各样的表型。质粒对于分子生物学的发展和对基本生命现象的认识一直发挥着不可替代的作用。质粒作为分子克隆的载体是一个大胆的创新，为分子生物学研究提供了重要的研究工具，贡献巨大。

将很多细菌基因从一个细菌细胞移动到另一个细菌细胞（所谓的水平基因转移）的遗传元件就是细菌质粒，更特定地说就是接合型质粒，也就是那些能够促进它们自身转移和带动其他质粒从一个细菌细胞到另一个细菌细胞转移的质粒。一个耐药质粒可以是任何质粒，它可以携带一个或多个抗菌药物耐药基因。

第二节 质粒的分类

质粒的鉴定和分类应该以质粒所具有的和恒定不变的遗传性状为基础。这些标准最好是被那些与质粒保持特别是复制控制有关的性状所满足。在1971年，Datta和Hedges提出了一个以不相容性为基础的正规分类系统，所谓不相容系指具有同样复制机制的质粒不可能在同样的细胞内复合存在，这种现象称作"不相容性"（incompatibility, Inc）。或者说，这种不相容意味着具有相同复制系统、拷贝数控制或分离机制的质粒在同一细胞内经多次传代后不能共存，最终会将其中之一从细胞中排除出去。不相容性也被定义为：两个相关的质粒根本没有能力在同一细胞系内稳定繁殖。因此，只有相容的质粒能够在转移接合子中被拯救（rescued）。Inc性状为一些质粒的最初分类打下基础，这种分类方法至今仍在使用。目前，至少有29个不相容组已经在肠道细菌质粒中被识别出来，包括IncFI、IncFⅡ、IncFⅢ、IncFⅣ、IncFⅤ、IncFⅥ、IncI1、IncI2、IncIγ、IncHI1、IncHI2、IncHI3、IncA/C、IncB、IncD、IncJ、IncK、IncL/M、IncN、IncO、IncP、IncS、IncT、IncU、IncV、IncW、IncX、IncY和com9。其中，IncFⅡ、IncA/C、IncL/M和IncI1质粒在上述耐药质粒中拥有最高的出现率。不相容组已经在肠道细菌的质粒上（26个组）、假单胞菌属的质粒上（14个组）和革兰阳性葡萄球菌上（大约18个组）被限定。在这些细菌中，大的质粒的不相容组数目似乎正在达到一个平台期，所以，在每一给定的细菌组中，或许存在有限数量成功的复制机制，并且因此在这些细菌中，复制子基因或许在这些质粒分类上是继续有用的。不亲和群与质粒所赋予的宿主细胞的表型无关，表型效应不同的细菌质粒可以属于同一不亲和群，表型效应相同的质粒不一定属于同一不亲和群。事实上，质粒的不相容性确实和质粒DNA的同源性有很大关系。例如，曾发现属于IncW群的质粒不论是从什么地区分离得来，也不论是针对什么抗菌药物耐药，它们DNA的75%都是同源的。

还有一种提法就是，可根据质粒宿主范围的宽窄将它们分成宽宿主质粒和窄宿主质粒，前者可以在多种不同菌属的细菌中生存，而后者只能在有限的相关宿主中生存。例如，像IncF、IncI、IncX或IncN组那样的质粒在肠杆菌科细菌以外极少被发现，并且因而被称为窄宿主范围质粒，而其他质粒如被深入研究的IncP质粒能够在令人吃惊的广细菌宿主范围散播，称为宽宿主范围质粒。宿主范围首要地被质粒复制机制确定，因为质粒散播的一个前提条件是在每一个它要传代的宿主内复制的能力。质粒宿主的宽窄对于细菌耐药基因的传播具有很大的影响。例如，如果某种耐药基因位于 IncF、IncI、IncX 或 IncN 质粒上，那我们就能够想象这样的耐药基因可能主要在肠杆菌科细菌中传播，而很少传播到像铜绿假单胞菌和鲍曼不动杆菌那样的非发酵细菌之中。

第三节　质粒的模块化结构

长期以来质粒就一直被认为在性质上是模块化的。接合型质粒被认为是在公用基因储池内特别成功的实体，它们已经使得在大的分类学距离上的水平基因转移成为可能。这些质粒是由互不关联部分构成的基因区域的聚集，这些基因区域作为"骨架"模块来承担全部与质粒保持和繁殖有关的不同功能。因此，质粒被说成是由质粒自私（plasmid-selfish）模块组成的一个"骨架"构成（图 10-2）。接合型质粒常常携带多套"辅助元件"，它们带给宿主适应性性状，并且潜在地赋予在特异环境小生境内的其他原核细胞适应性性状。一个质粒的基本解剖学包括基因的必需"骨架"和各种各样的辅助基因，前者编码各种复制功能，后者编码一些过程，但这些过程却与细菌染色体所编码的那些过程截然不同。那样的辅助性状能在细菌细胞内蓄积，但却不改变细菌染色体的基因成分。

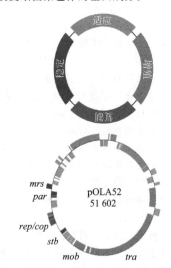

图 10-2 由 4 个基因模块组成的一个
原型的接合型质粒之概观（见文后彩图）
（引自 Norman A，Hansen L H，Sorensen S J.
Phil Trans R Soc B，2009，364：2275-2289）
编码未知功能或与这 4 个模块没有
直接关联的基因以灰色表示

大多数质粒特别是接合型质粒普遍具有上述 4 个基本模块，即复制、保持/稳定、增殖和适应。

一、质粒的复制

独立于染色体的复制是质粒的第一功能，即质粒的自我复制。绝大多数质粒均为环状质粒，它们都遵循两个复制机制的一个：第一个复制机制是 θ 机制，在该机制中，复制通过在 oriV 上熔解双链 DNA 而启动，因此，允许复制体的装配。复制随后可以在单一方向或两个方向继续进行（导致类似于希腊字母 θ 的一个结构的形成）。第二个复制机制是滚环复制（rolling circle replication，RCR），它是从一个 3′—OH 引物上被启动，该引物是通过切开这个质粒的一个链而产生的，并且随后通过链置换而继续进行（图 10-3）。20 世纪 80 年代中期，人们首次从革兰阳性菌金黄色葡萄球菌中发现了滚环复制质粒，最初以为是 θ 复制质粒的一个特例，可在相继不长的时间内，人们又从不同的革兰阳性菌中鉴定出许多质粒，它们或被证实或被推测是采用滚环复制机制的，此外，人们也从革兰阴性菌和古细菌中分离出滚环复制质粒。然而，目前这

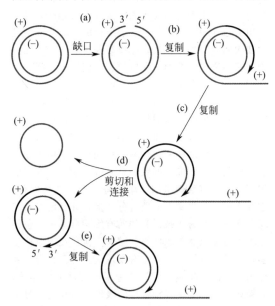

图 10-3 滚环复制简图，产生单链环状子代 DNA
（引自罗伯特·维弗，编．分子生物学，
第二版．北京：清华大学出版社）

（a）内切酶从双链复制型的正链上产生一个缺口；（b）缺口产生的 3′游离端为正链延伸提供引物，同时正链另一端脱离开，负链作为模板；（c）进一步复制，正链接近双倍长度。环可被认为是逆时针滚动的；（d）被替换的单位长度的正链被内切酶切下；（e）复制继续进行，利用负链作为模板，产生另一条新的正链。这个过程不断重复产生许多环状正链的拷贝

两种机制都已经在来自革兰阴性菌和革兰阳性菌的质粒和噬菌体中被观察到，而在古细菌中只有RCR质粒已经被发现，这是否是由于取样偏倚所致还需要进一步证实。实际上，文献中提到的绝大部分滚环复制质粒都是隐蔽性的。许多滚环复制质粒上还携带附加基因，如编码抗菌药物耐药的基因。大多数滚环复制质粒相对较小，一半都小于10kb。这种质粒大小有限的原因尚不清楚，可能与滚环复制效率较低有关。

复制子（replicon）是一个复制单位，染色体是一个复制子，每个质粒也都是一个复制子。每一个复制子的复制都具有一定的特性，受各种因素控制，其拷贝数量几乎普遍被控制在复制起始的水平上，这是借助采用质粒编码的反式活化剂或抑制剂来实现的，它们通常是以各种Rep复制酶的形式存在。有些质粒称作严紧型质粒，如F因子这一类质粒，它们的复制受到严格控制；有些质粒称作松弛型质粒，如大肠杆菌素因子ColE1这一类质粒，它们的复制未受到严格控制。严紧型质粒的复制似乎和染色体的复制一样受相同因素的控制，而松弛型质粒的复制则似乎受到与控制染色体复制不同因素的控制。例如，在含有氯霉素培养液中的大肠埃希菌停止了分裂，同时也停止了染色体DNA的复制，然而ColE1质粒却可持续复制，直到每一个细胞中含有1000～3000个质粒。虽然严紧型和松弛型是质粒的一个特性，但同一质粒在不同宿主中可能会表现出不同的复制特性，这也说明质粒复制对于宿主细胞的依赖性（表10-1）。

表 10-1 质粒的复制特性和宿主的关系

质粒	在不同宿主中的复制	
	大肠埃希菌	奇异变形杆菌
F	严紧	严紧
F-lac	严紧	严紧
ColE1-K30	松弛	严紧
R1	严紧	松弛

注：引自参考文献［1］。

质粒复制的特性既取决于质粒本身又取决于宿主，从这一点来看，质粒的复制受到双重控制。两个复制特性不同的质粒结合在一起复制时一般为其中的一个复制子所控制，复制特性表现两者中一个的特性。ColE1和pSC101能够并存在同一细胞中，作为属于不同的不亲和群的两个质粒，每一细胞的质粒数是两者之和。不过只有pSC101带有四环素耐药基因，所以带有这两种质粒的细菌的耐药性并不因为质粒总数的增加而提高。

二、质粒的保持/稳定

如果一个质粒不能在一个子细胞内存留住，那这个细胞谱系变得无质粒或是被消除了质粒。被一个质粒施加在宿主上的代谢负担意味着，被消除了质粒的谱系在没有一种被这个质粒所满足的遗传需求的情况下会是有利的，对于宿主细菌而言，质粒也是一种公共负荷。如果一个菌株被消除了质粒，实际上就意味着丢失了质粒的公共负荷会随着时间的推移而变灭绝，除非选择压力被恢复，或者这个公共负荷被成功地转移到宿主染色体上或另一个质粒上。因此，分离忠诚度对质粒在细菌菌群中的持续存留和公用基因的继续存在都具有高度影响。

涉及质粒保持/稳定机制包括无质粒细胞分离后细胞杀死、质粒被稳定地分配进入子细胞中以及多聚体解离系统。首先，质粒成瘾系统也称作分离后杀死（post-segregational killing，PSK）系统，这是保持质粒稳定性的一个有效策略，目的是摆脱潜在的细胞内竞争（例如，被去除了质粒的谱系）。分离后杀死是一种毒素-抗毒素（TA）机制，它在分离后杀死无质粒细菌。在质粒存在的情况下，无论是稳定的毒素还是不稳定的抗毒素都在细胞中被产生。如果一个细胞丧失了这个质粒，不稳定的抗毒素被降解，从而不能拮抗毒素的致死作用，导致细胞死亡。通常，这些系统的一个基因产物执行一个可导致宿主细胞的生长抑制或杀死的功能，而其他一个基因编码一个更不稳定的产物，后者抵消这些影响。TA系统展示出真正自私的遗传元件的特性，它们对宿主施加一个代谢的负担，并且通过杀死已经消除了这些质粒的细胞而确保它们自身的存在。然而，它们在质粒和可移动遗传元件上的普遍存在对于它们提供给任何携带它们的复制元件的垂直稳定性是一个实证。其次，在正常情况下，被保持在高拷贝数量的质粒只是碰巧能够依赖合适的分配，这是因为随机的扩散。然而，低拷贝数量的接合型质粒不得不依赖主动的机制，该主动分配机制确保质粒在细胞分裂前被主动地移动进入位置，这类似于真核细胞的有丝分裂方式。最后，质粒多聚体的形成潜在地阻止适当地分离成子细胞。因而，许多更小的质粒已经获得位点特异性的重组酶系统，也被称作多聚体解离系统，它阻止那些因质粒多聚体形成而造成的去稳定的影响。当质粒被复制时，多聚体或连环体被形成。如果未被解离，一些子细胞会得到超过它们质粒份额的质粒，因而无质粒子细胞出现的机会就会增加。因此，几乎所有的质粒和染色体都具有这样的基因，即它们编码具有解离酶活性的酶，以此来解离质粒多聚体，这就确保质粒彼此被分隔开，以便成为各自分开的实体。

三、质粒的增殖

通过接合而实现的质粒增殖能被看作是两个功能的成功偶联，这两种功能彼此并无关联：一是配对形成（mating pair formation，Mpf），二是滚环复制（RCR）（松弛小体形成）。接合的起始需要是配对形成，也就是一个复合物的形成，指供体和受体以物理方式连起来。在大多数被报告的例子中，配对形成是通过一个Ⅳ型分泌系统（type Ⅳ secretion system，T4SS）的合成而进行的，该系统产生丝（接合菌毛），它们从供体细胞伸展出，以到达在其附近合适的受体细胞，并且相继缩回以拉近受体细胞，进而促进细胞的接触。T4SS在革兰阴性菌的所有已知接合型质粒中均被发现，除了拟杆菌菌种，并且也在许多整合性接合型元件（ICE）和基因组岛中被发现。

接合已经进化到可以高效转移质粒本身进入其他细胞中的程度。接合型和转移基因（tra）建立一个稳定的配对并且激发DNA通过一个特定的转移孔从供体转移到受体细胞。其他基因确保DNA在新宿主中可能有害的环境中存活。接合的主要步骤包括：第一，配对形成（Mpf）；第二，转移能够发生的一个信号事件（a signaling event）；第三，DNA的转移（Dtr）。在转移前DNA的准备在各个接合系统中是相似的，但配对形成的机制却彼此相差很大。

标志性转移基因编码"偶联蛋白"，它使得配对形成与DNA转移同步发生，并且被认为将DNA"泵入"受体细胞中。在不同的系统中，偶联蛋白具有不同的名字，但都属于ATP酶的TraG样家族，并且它们与胞浆膜有关联。大多数接合系统包括一个松弛酶，它切割开DNA，给出一个适合转移的单链底物。这一切割是以一种链和位点特异性的方式，在一个nic位点上进行的。允许可自身转移和带动转移系统被它们的松弛酶和nic序列分类。早期研究提示某些接合系统与特异性的Inc组连锁，但情况是否确实如此尚无定论。有一些类型的接合机制，更大的区别在于革兰阳性和革兰阴性接合机制的区别。鉴于它们的相似性，可能存在着有限数量的明显不同的接合系统，不过序列资料的缺乏使得这种推测也无法被确证。

决定宿主范围的因素还没有被全面研究，但一个可能性是，它反映出在潜在的受体细胞上的表面受体的性质，这是质粒的特殊接合器件所需要的。如果潜在的供体细胞缺乏这个结构，那么质粒转移到这个细胞将不会发生。如果这个受体分布是有限的话，那么这个质粒将展现出一个窄的宿主范围特性。另一个可能性是，尽管质粒的转移是成功的，但受体细胞不能支持它的复制。无论是宽宿主范围还是窄宿主范围质粒都是常见的。实际上，质粒在迄今被研究的大多数细菌菌种中都是常见的，由此鉴定出一个大的可移动遗传信息的储池。再有，多个质粒携带根本不是罕见的。

四、质粒的适应

大多数被分析的质粒都携带一些操纵元件，它们使得宿主原核细胞能够在特异性的环境小生境内获得成功。事实上，这些操纵元件代表着这个公用基因储池的最重要的部分，包括毒力因子、对抗菌药物或重金属物质造成损害的保护、或代谢某些碳来源的能力。大多数情况下，外来的辅助元件能在一个质粒上被识别出，这种识别是通过来自质粒骨架上的GC含量的明显差别而做出的。一个质粒的适应区域通常不干扰骨架模块的正常顺序。在正常情况下，适应模块在结构上是高度嵌合的，并且含有不同来源的IS序列、转座子或整合子的多次插入。

除了抗菌药物耐药质粒以外，还有针对许多金属离子产生抗性以及对紫外线或X射线呈现抗性的质粒。另一类较少见的质粒称为分解性质粒。一般来说，细菌都不能分解并利用芳香族化合物作为碳源和能源。假单胞菌属细菌能利用许多不易为一般细菌所分解的物质作为碳源，而分解这些化合物的酶系常常和质粒有关联。根瘤菌大部分与固氮有关的基因也都在质粒上。当然，还有一些表型是与质粒有关。此外，还有不显示任何表型效应的质粒，这些质粒被称为隐蔽质粒（cryptic plasmid）。从以上的简短叙述中可以看到：①与质粒有关的性状是多方面的，而且以后可能会发现更多的性状与质粒有关；②温和噬菌体和细菌质粒一样，往往能为宿主细胞带来某种遗传性状。③一种质粒可以具有不止一种表型效应，所以从表型效应来区分质粒并不是很好的分类方法。对某一种质粒进行称呼，往往只不过是指发现这些质粒时所注意到的表型。例如，许多R因子具有致育因子的作用，大肠杆菌素因子和樟脑分解质粒也都有致育因子的作用，致育因子SCP1则和抗生素的合成有关。所谓隐蔽质粒则无非是没有发现它的表型效应，但并不能肯定它没有任何表型效应。同样地，发现某一种质粒具有某种表型效应，并不排斥以后可能会发现其另外的表型效应。

质粒携带各种性状，这些性状有助于宿主适应在栖息条件下的各种变化，或对于栖息条件中的各种变化的适应是必不可少的，但质粒编码基因的更加详细的功能性研究被需要。我们认为，水平基因储池的详细分析将会鉴定出全新的和潜在的关键功能，这些功能仅仅依赖研究细菌分离株是不会被发现的。质粒及其基因的移动性提供了一个强有力论据，即高度特化的基因只是存在于可移动遗传元件上。这个机制意味着，这些基因的媒介物——质粒——可确保一种适应性的优势，并且这些质粒本身既被选择出来也被保持下来。此外，它们能转移到新的宿主，在这些新宿主中，无论是质粒还是宿主都会发现在这种伙伴关系中的优势。对质粒的生态学的了解非常有限，并且我们对它们的多样性和分布知之甚少。它们事实上是无处不在的吗？在天然环境中的转移与一些实验中呈现出的一样常见吗？实际上，在自然环境中这种转移率还没有被确定。

第四节 质粒与细菌耐药

仅仅在链霉素、四环素以及氯霉素引入后不久，同时对上述 3 种抗菌药物以及磺胺类药耐药的痢疾志贺菌分离株就在日本被鉴定出来。日本学者报告，耐药转移的机制既不是转导，也不是转化，而是接合。相继的研究证实，介导这样耐药转移的就是大名鼎鼎的 R 质粒 NR1，它是一个 95kb、可自身转移的多药耐药接合型质粒，并且是已经在全世界被发现的相似 R 质粒的一个大的收集中的原型。NR1 属于 R 质粒的 FⅡ 不相容组。它最初被认为有两个组成部分：一个耐药转移因子（resist-ance transfer factor，RTF）和一个耐药决定子（R-det），前者携带可自身转移（*tra*）和自我复制（*rep*）的基因，后者含有一个 Tn*9* 样复合转座子和 Tn*21* 复杂转座子（图 10-4）。

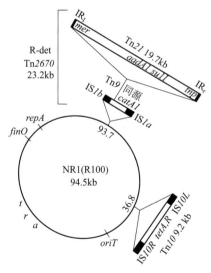

图 10-4 NR1，一种 IncFⅡ 型，可自身转移和多重抗生素耐药的 R 质粒

（引自 Liebert C A，Hall R M，Summers A O. Microbiol Mol Biol Rev，1999，63：507-522）

插入物提示可移动遗传元件

细菌菌群中耐药的快速发展在很大程度上归因于

细菌种属之间的耐药基因（通常在质粒上）的转移。现已证实，一个耐药质粒可以是任何质粒，它可以携带一个或多个抗菌药物耐药基因。例如，它或许也是一个代谢质粒，因为它编码一个代谢功能，或一个毒力质粒，因为它具有一个或多个毒力基因。一种类型基因的携带不妨碍其他类型基因的携带，而后面这些基因并不对该质粒的维持和传播做出贡献。

接合型质粒的研究也被抗菌药物耐药的爆炸性出现所刺激，这种抗菌药物耐药是在我们进入对细菌性感染的抗菌药物治疗的年代之后很快就出现的。毫无疑问，抗菌药物耐药在医学上的重要性是推动 R 质粒基础遗传学研究的主要驱动力。因此，多数接合型质粒之所以被研究是因为它们直接影响到人类的福祉。细菌耐药可以在肠杆菌科细菌中从一个细菌转移给另一个细菌，这种转移是通过直接的细胞-细胞接触（接合）而实现的。Datta 和 Hushes 的研究证实，在抗生素医学使用之前分离出的肠道细菌中，接合型质粒是常见的，如大肠埃希菌 K-12 的 F 质粒就是这样的一个例子，并且在 24% 的默里收集（Murry collection，在 1917—1954 年期间收集的菌株）的菌株中也曾鉴定出其他接合型质粒，但由于质粒丢失或采用不恰当的筛查方法，这个比例可能是一个被低估的数字。自抗生素年代以来，编码抗生素耐药的接合型质粒已经在像默里收集那样菌属的细菌中变得常见（沙门菌属、志贺菌属、克雷伯菌属、变形杆菌属和埃希菌属）。目前，在临床上的重要病原菌已经获得抗菌药物耐药的突出方式似乎是新基因插入现有质粒中，而不是以前稀有质粒的传播所致。质粒是古老的遗传元件，它究竟在什么时候在细菌中开始出现尚不得而知，但人们现已清楚的是，质粒肯定不是为了耐药而出现的，而是耐药基因已经"绑架"了质粒。已经有学者通过研究提出，在很多肠杆菌科细菌中，苯唑西林酶（OXA）基因已经在几百万年前就已经从染色体上被带动转移到质粒上。实际上，我们常常说到的"耐药质粒"并不是一种分类上的称谓，而只是意味着有一种或多种耐药基因位于质粒上而已。大多数细菌转座子都已经在质粒上被发现，而不是在其他 DNA 分子上，但这可能反映出如下的事实，即一旦一个基因位于一个质粒上，其传播到其他细菌的能力会大大增加。

质粒和细菌耐药的关系是明确的。Wiener 等曾报告，许多患者在入院时已经被耐药肺炎克雷伯菌和大肠埃希菌感染，并且几乎所有这些患者都来自老年公寓。并不令人吃惊的是，由于这些患者来自一些不同的老年公寓，他们或许被一些不同的细菌克隆感染。然而，几乎所有细菌都携带着同样的质粒并且这个质粒编码一个 ESBL TEM-10，它负责头孢他啶耐药。研究人员将这次暴发归结于一个耐药质粒的传播，而不是一个单一细菌克隆的传播。人们将这样的传播称作"质粒的瘟疫"。非常常见的情况是，一个耐药质粒可携带赋予对不同类别抗菌药物耐药的多个在物理上有联系的决定子，包括β-内酰胺类、氨基糖苷类、四环素类、氯霉素、磺胺类、甲氧苄啶、大环内酯类和喹诺酮类。如此一来，当一些抗菌药物被同时使用时，就赋予了细菌受体的选择性优势。抗菌药物耐药在革兰阴性菌中的散播一直不被主要归因于种间和种内DNA交换，位于质粒上耐药基因的水平转移是耐药在细菌性病原菌中获得的流行机制，这些细菌可引起社区或医院获得性感染。质粒获得可移动遗传元件（如插入序列和转座子），这些元件带动转移抗菌药物耐药基因。质粒促进耐药决定子在不同种、属和界的细菌中的水平转移，这取决于它们窄的或宽的宿主范围、接合特性和接合效率。

就β-内酰胺酶介导的耐药而言，第一个广谱β-内酰胺酶 TEM-1 就是由 R 质粒所介导。此后，许许多多的 β-内酰胺酶都是在质粒上被鉴定出。例如，bla_{CTX-M} 基因常常与 bla_{TEM-1}、bla_{OXA-1} 以及 $aac(6')$-Ib-cr 基因一起主要位于 IncF 组的质粒上。CTX-M-15 的出现和广泛散播是与 ESBL 目前在全世界流行最相关的发现之一。近来的研究已经证实，高毒力大肠埃希菌 O25：H4-ST131 可造成 CTX-M-15 酶的全球性散播。携带 $bla_{CTX-M-15}$ 基因的 IncF 质粒并非 ST131 克隆所独有，因为它们也存在于其他大肠埃希菌序列类型（ST405、ST354、ST28 和 ST695）。$bla_{CTX-M-15}$ 基因在欧洲和中国在 pCTX-M-3 质粒上散播，这个质粒是 IncL/M 家族中的一个接合型质粒，它携带 16S rRNA 甲基转移酶 ArmA。pCTX-M-3 与 IncL/M 质粒高度相关，后者目前被鉴定与 NDM-1 和 ArmA 有关联。因此，从细菌耐药的角度上讲，IncF 质粒是一个让人感兴趣的质粒家族，与许多耐药和毒力决定子的传播有关联。IncF 是在肠杆菌科细菌中最常被检测到的质粒家族之一。当然，还有一些家族的质粒也与各种耐药决定子高度相关联。耐药质粒研究的知名专家 Carattoli 将这些关联总结在表 10-2。

表 10-2　在肠杆菌科细菌中与各种耐药决定子有关联的质粒家族概况

酶[1]	复制子[2]	菌种[3]	质粒数量	国家或地区	来源
CMY-2	A/C	大肠埃希菌,肠道沙门菌[Agona, Anatum, Bredeney, Heidelberg, Newport, Typhimurium]	155	加拿大,法国,洪都拉斯,伊拉克,爱尔兰,英国,美国	人,牛,猪,家禽
	I1	大肠埃希菌,肠道沙门菌[4,5,12：I：—, Ajiobo, Heidelberg, Thompson, Typhimurium]	30	加拿大,法国,冈比亚,意大利,英国,美国	人,牛,马,狗,猪,家禽
	FIA-FIB	大肠埃希菌	1	英国	人
	NT	大肠埃希菌,肠道沙门菌[Heidelberg]	6	加拿大,英国	牛,家禽,猪
CMY-4	A/C	肠道沙门菌[Senftenberg]	1	英国	人
DMY-7	I1	大肠埃希菌	11	巴基斯坦,英国	人
CMY-8(CTX-M3)	HI2	肺炎克雷伯菌	1	中国台湾地区	人
CMY-21	I1	大肠埃希菌	1	英国	人
CMY-31	CoiE	肠道沙门菌新港血清型	1	美国	人
CMY-36	CoiE	肺炎克雷伯菌	1	希腊	人
CTX-M-1	N	大肠埃希菌,肺炎克雷伯菌	29	丹麦,法国,西班牙	人,猪
	I1	大肠埃希菌	16	法国,意大利	人,家禽,狗
	FII	肺炎克雷伯菌	2	西班牙	人
	L/M	大肠埃希菌	2	西班牙	人
	NT	大肠埃希菌	1	法国	家禽
CTX-M-2	A/C	大肠埃希菌	14	玻利维亚,法国,秘鲁,英国	人
	HI2	大肠埃希菌	5	法国,比利时	人,家禽
	P	大肠埃希菌	2	法国,爱尔兰	人
	I1	大肠埃希菌	1	法国	人
	FVII	大肠埃希菌	1	玻利维亚,秘鲁	人
	NT	大肠埃希菌	3	玻利维亚,秘鲁	人

续表

酶[①]	复制子[②]	菌种[③]	质粒数量	国家或地区	来源
CTX-M-3(ArmA)	L/M	大肠埃希菌,阴沟肠杆菌,弗氏柠檬酸杆菌,肺炎克雷伯菌,奥克西托克雷伯菌,奇异变形杆菌,肠道沙门菌,弗氏志贺菌,黏质沙雷菌	73	保加利亚,克罗地亚,法国,韩国,波兰,俄罗斯	人
	N	大肠埃希菌,肠道沙门菌[Virchow]	5	澳大利亚,西班牙,英国	人
	A/C	大肠埃希菌	2	西班牙	人
	I1	肠道沙门菌[Anatum, Potsdam]	2	中国台湾地区	人
	FII	大肠埃希菌	3	澳大利亚,克罗地亚	人
	NT	大肠埃希菌	3	克罗地亚,法国	人
CTX-M-9	HI2	大肠埃希菌,阴沟肠杆菌,肺炎克雷伯菌,肠道沙门菌[Virchow]	68	法国,洪都拉斯,巴基斯坦,西班牙,英国	人,家禽
	P	大肠埃希菌,肺炎克雷伯菌	10	西班牙	人
	FII, FIB	大肠埃希菌	12	澳大利亚,法国,西班牙	人
	I1	大肠埃希菌,肺炎克雷伯菌	8	西班牙	人
	Y	大肠埃希菌	2	西班牙	人
	B/O	大肠埃希菌	1	西班牙	人
	K	大肠埃希菌	1	西班牙	人
	NT	大肠埃希菌	2	法国,西班牙	人
CTX-M-10	K	大肠埃希菌	1	西班牙	人
	NT	大肠埃希菌	1	西班牙	人
CTX-M-14	K	大肠埃希菌	28	澳大利亚,法国,西班牙,英国	牛,人
	FII, FIB	大肠埃希菌,肺炎克雷伯菌	13	澳大利亚,法国	人
	I1	大肠埃希菌	8	澳大利亚,玻利维亚,法国,秘鲁,西班牙,英国	人
	HI2	大肠埃希菌	2	西班牙	人
	B	大肠埃希菌	2	澳大利亚	人
	A/C	大肠埃希菌	1	法国	人
	NT	大肠埃希菌,肠道沙门菌[Stanley]	9	澳大利亚,法国,西班牙,泰国,英国	人,牛
CTX-M-15[TEM-1,AAC(6′)-IB-CR]	FII, FIA, FIB	大肠埃希菌,肺炎克雷伯菌,宋氏志贺菌,肠道沙门菌[Enteritidis]	152	澳大利亚,玻利维亚,加拿大,中非共和国,克罗地亚,捷克,法国,科威特,印度,意大利,葡萄牙,西班牙,瑞士,突尼斯,土耳其,秘鲁,英国	人
	I1	大肠埃希菌,肠道沙门菌[Anatum, Ohio, Infantis, Typhimurium]	14	澳大利亚,法国,英国	人
	A/C	大肠埃希菌	1	法国	人
	L/M	大肠埃希菌	1	法国	人
	N	大肠埃希菌	1	法国	人
	NT	大肠埃希菌,肺炎克雷伯菌	22	澳大利亚,玻利维亚,加拿大,法国,秘鲁,土耳其	人
CTX-M-17	ColE	肺炎克雷伯菌	1	越南	人
CTX-M-24	FII	大肠埃希菌	2	澳大利亚	人
	I1	大肠埃希菌	2	玻利维亚,秘鲁	人
CTX-M-27	FII	大肠埃希菌	1	澳大利亚	人

酶[①]	复制子[②]	菌种[③]	质粒数量	国家或地区	来源
CTX-M-32	N	大肠埃希菌	8	西班牙	人
CTX-M-40	N	大肠埃希菌	1	英国	人
CTX-M-42	L/M	大肠埃希菌	2	俄罗斯	人
CTX-M-53	Q	肠道沙门菌[Westhampton]	1	法国	人
CTX-M-56	A/C	大肠埃希菌	2	玻利维亚,秘鲁	人
CTX-M-62	NT	肺炎克雷伯菌	1	澳大利亚	人
DHA-1	FII,FIA	肠道沙门菌[Senftenberg]	2	英国	人
SHV-2	A/C	大肠埃希菌	1	法国	人
	FII,FIB	大肠埃希菌	2	法国	人
	NT	大肠埃希菌	3	法国	人
SHV-4	NT	大肠埃希菌	2	法国	人
SHV-5	L/M	奥克西托克雷伯菌,肺炎克雷伯菌,大肠埃希菌,阴沟肠杆菌	118	阿尔巴尼亚,美国	人
SHV-12	FII,FIB	大肠埃希菌,肺炎克雷伯菌	2	西班牙,波兰	人
	A/C	大肠埃希菌	1	法国	人
	NT	大肠埃希菌	1	法国	人
	I1	大肠埃希菌,肺炎克雷伯菌	12	意大利,西班牙	人,家禽
	K	大肠埃希菌,肺炎克雷伯菌	5	西班牙	人
	FII,FIB	大肠埃希菌,肺炎克雷伯菌,产气肠杆菌,黏质沙雷菌	9	澳大利亚,法国,意大利,西班牙	人
	A/C	大肠埃希菌,奥克西托克雷伯菌	3	澳大利亚,法国,意大利	人
	HI2	大肠埃希菌	1	西班牙	人
	FIIK[④]	肺炎克雷伯菌	1	美国	人
	NT	大肠埃希菌	4	法国,西班牙	人
TEM-1	FII,FIA,FIB	大肠埃希菌	31	法国	人
	I1	大肠埃希菌,肠道沙门菌	7	捷克,法国	人
	HI1	肠道沙门菌	2	捷克	人
	K	大肠埃希菌	1	法国	人
	ColE	肺炎克雷伯菌,肠道沙门菌[Typhimurium]	2	意大利,美国	人,兔子
	NT	大肠埃希菌	10	法国	人
抑制剂耐药 TEM	FII,FIA,FIB	大肠埃希菌	35	法国	人
	I1	大肠埃希菌	3	法国	人
	NT	大肠埃希菌	4	法国	人
TEM-3	A/C	大肠埃希菌	2	法国	人
	A/M	大肠埃希菌	1	法国	人
	NT	大肠埃希菌	1	法国	人
TEM-10	L/M	大肠埃希菌	1	法国	人
TEM-21	A/C	大肠埃希菌	7	法国	人
	NT	大肠埃希菌	1	法国	人
TEM-24	A/C	大肠埃希菌	27	法国	人
	Y	大肠埃希菌	1	法国	人
	NT	大肠埃希菌	3	法国	人
TEM-52	I1	大肠埃希菌,肠道沙门菌[Agona, Derby, Infantis, Paratyphi B, Typhimurium]	20	法国,比利时	人,家禽
	NT	大肠埃希菌	3	法国	人

续表

酶[①]	复制子[②]	菌种[③]	质粒数量	国家或地区	来源
VEB-1(QnrA1)	A/C	大肠埃希菌,阴沟肠杆菌,弗氏柠檬酸杆菌,斯氏普罗威登斯菌,奇异变形杆菌	13	阿尔及利亚,加拿大,法国,泰国,土耳其	人
GES-5	Q	阴沟肠杆菌	1	法国	人
KPC-2	N	肺炎克雷伯菌	1	美国	人
	ColE	肺炎克雷伯菌	1	哥伦比亚	人
IMP-4(QnrB2, QnrB4,ArmA)	L/M	大肠埃希菌,肺炎克雷伯菌,奥克西托克雷伯菌,弗氏柠檬酸杆菌,阴沟肠杆菌,无丙二酸柠檬酸杆菌,黏质沙雷菌,摩氏摩根菌	23	澳大利亚	人
	A/C	大肠埃希菌,肺炎克雷伯菌,黏质沙雷菌,合适柠檬酸杆菌,阴沟肠杆菌,奥克西托克雷伯菌	15	澳大利亚	人
	HI2	杨氏柠檬酸杆菌	1	澳大利亚	人
	NT	肺炎克雷伯菌	1	澳大利亚	人
IMP-8（QnrB2, SHV-12）	HI2	阴沟肠杆菌	2	中国台湾地区	人
IMP-13	A/C,P	肠道沙门菌[Anatum, Typhimurium]	2	哥伦比亚	鸡,奶酪
VIM-1	N	大肠埃希菌,肺炎克雷伯菌	17	希腊	人
	HI2	阴沟肠杆菌	4	西班牙	人
	I1	大肠埃希菌,肺炎克雷伯菌	15	西班牙	人
	W	变形斑沙雷菌,奥克西托克雷伯菌	2	希腊	人
	NT	肺炎克雷伯菌	1	希腊	人
VIM-4(CMY-4)	A/C	阴沟肠杆菌,肺炎克雷伯菌	2	意大利	人
ArmA	L/m	无丙二酸柠檬酸杆菌,弗氏柠檬酸杆菌,大肠埃希菌,肺炎克雷伯菌,摩氏摩根菌,黏质沙雷菌	38	法国,韩国	人
	FII, FIIAs[④]	大肠埃希菌,肺炎克雷伯菌,阴沟肠杆菌,黏质沙雷菌	28	韩国	人
	A/C	大肠埃希菌,肺炎克雷伯菌,弗氏柠檬酸杆菌	9	韩国	人
	HI2	阴沟肠杆菌	4	韩国	人
	N	大肠埃希菌	1	西班牙	猪
	NT	大肠埃希菌,肺炎克雷伯菌,肠杆菌	79	比利时,韩国	人
RmtB(CTX-M-14)	A/C	大肠埃希菌,肺炎克雷伯菌,弗氏柠檬酸杆菌	53	韩国	人
	FII	大肠埃希菌,肺炎克雷伯菌	9	比利时,法国,韩国	人
	I1	大肠埃希菌	1	韩国	人
MphA	I1	大肠埃希菌	1	法国	人
QepA(QnrS1, RmtB, LAP-1)	FII-FIA-FIB	产气肠杆菌,大肠埃希菌	3	法国,韩国	人
QepA-2	FII-FIA	大肠埃希菌	1	法国	人
QnrA1［SHV-12, CTX-M-3, CTX-M-9, AAC(6′)-IB-CR］	L/M	阴沟肠杆菌,黏质沙雷菌	6	韩国	人
	HI2	肺炎克雷伯菌,阴沟肠杆菌	2	澳大利亚,法国	人
	FII	产气肠杆菌	1	法国	人
	I1	肺炎克雷伯菌	1	法国	人

续表

酶[①]	复制子[②]	菌种[③]	质粒数量	国家或地区	来源
QnrA3	N	肺炎克雷伯菌,抗坏血酸克吕沃尔菌	2	法国	人
QnrB1［AAC(6')-IB-CR］	L/M	弗氏柠檬酸杆菌,黏质沙雷菌	2	韩国	人
QnrB2 ［CTX-M-3,AAC(6')-IB-CR］	FII, FIA	大肠埃希菌	1	葡萄牙	狗
	L/M	阴沟肠杆菌	1	韩国	人
	N	肠道沙门菌［Bredeney］	1	荷兰	家禽
QnrB4 ［ArmA,CTX-M-14, DHA-1,SHV-12, AAC(6')-IB-CR］	FIAs[④], FIA	大肠埃希菌,肺炎克雷伯菌,阴沟肠杆菌	34	韩国	人
	L/M	弗氏柠檬酸杆菌	1	韩国	人
QnrB6［ArmA,DHA-1］	FIIAs[④]	肺炎克雷伯菌	1	韩国	人
QnrB19 （SHV-12）	N	肠道沙门菌［Typhimurium］	1	荷兰	家禽
QnrS1［LAP-2,AAC(6')-IB-CR］	L/M	肠道沙门菌［Typhimurium］	1	意大利	人
	ColE	肠道沙门菌［Typhimurium, Virginia, Corvallis, Anatum］	29	荷兰,中国台湾地区,英国	人
	N	肠道沙门菌［Virchow, Kentucky, Saintpaul］	5	荷兰,英国	人
	L/M	阴沟肠杆菌,肺炎克雷伯菌	2	韩国	人
	R	肺炎克雷伯菌,肠道沙门菌［Montevideo］	2	中国台湾地区,荷兰	人
	HI2	肠道沙门菌［Stanley］	1	荷兰	人
	NT	肠道沙门菌［Stanley, Virginia, Virchow］	6	土耳其,英国	人,家禽
QnrS2	U	斑点气单胞菌,异常嗜糖气单胞菌,中间气单胞菌	3	法国,瑞士	环境
	Q	未鉴定	ND[⑥]	德国	环境

① 首先被列出的耐药基因是质粒所编码的最具关联性的耐药基因,而其他复合存在于同样质粒上的耐药基因列于括号内;
② NT 表示没有分型的质粒;
③ 括号中列出的是肠道沙门菌的各个血清型;
④ FIIA 和 FIIK 提示这样的复制子分别与沙门菌属的毒力质粒以及肺炎克雷伯菌的 pKPN4 质粒同源。
注：引自 Carattoli A. Antimicrob Agents Chemohter, 2009, 53: 2227-2238。

质粒代表了应对抗菌药物耐药散播上最艰难的挑战之一。质粒为相关耐药决定子的传播做出贡献,促进在不相关细菌中的水平基因转移。难区分的质粒在不相关的细菌菌株中被鉴定出,这些菌株在相距遥远的地区被分离获得,不过彼此之间根本没有明显的流行病学联系。质粒不仅存在于人临床病原菌分离株中,而且也同样出现在动物的耐药肠杆菌科细菌分离株中(表10-3)。

质粒正在碳青霉烯酶成功散播上起着一个重要作用,特别是 VIM 型、IMP 型和 NDM 型金属β-内酰胺酶、丝氨酸碳青霉烯酶 KPC 和水解碳青霉烯的 D 类 OXA 型β-内酰胺酶(CHDL)。表 10-4 报告来自肠杆菌科细菌和不动杆菌菌种的被完全测序的质粒的名单,它们藏匿有编码 VIM、IMP、NDM、KPC 和 OXA 碳青霉烯酶的基因。

NDM-1 介导的针对碳青霉烯类耐药越来越多地在全球被报告。bla_{NDM-1} 基因大多位于不同类型的质粒上。包括 IncL/M、IncA/C、IncF、IncI1、IncN 以及 IncHI1 在内的全新质粒变异体是 bla_{NDM-1} 基因在非克隆相关肠道细菌分离株中散播的起因。然而,两个质粒类型 IncA/C 和 IncHI1 更经常被报告与 NDM-1 有关联。在来自印度的弗氏柠檬酸杆菌中被鉴定出的 pNDM-CIT IncHI1 质粒已经被完全测序,它藏匿有 16S rRNA 甲基转移酶 ArmA、大环内酯、碲和砷耐药基因簇以及也具有全新的特征如隐蔽的 CP4 样前噬菌体,后者携带一个全新的与尚未被鉴定特征的 RND/MDR 外排泵,它能明显地贡献于这个质粒的宿主细菌拓展的抗菌药物耐药特性。IncA/C 质粒特别重要,因为它们显示出一个非常宽的宿主范围,能够在肠杆菌科细菌中复制,而且也能在假单胞菌属和其

表 10-3　人和动物耐药肠杆菌科细菌中主要质粒家族和相关耐药基因

复制子	质粒数量	耐药基因	细菌菌种	HFEC/%[①]	AFEC/%[①]
F	331	$aac(6')$-Ib-cr, bla_{CMY-2}, $bla_{CTX-M-1-2-3-9-14-15-24-27}$, bla_{DHA-1}, $bla_{SHV-2-5-12}$, bla_{TEM-1}, $armA$, $rmtB$, $qepA$, $qepA2$, $qnrA1$, $qnrB2$, $qnrB6$, $qnrB19$, $qnrS1$	产气肠杆菌, 阴沟肠杆菌, 大肠埃希菌, 肺炎克雷伯菌, 肠道沙门菌, 黏质沙雷菌, 宋氏志贺菌	53.5	67.0
A/C	317	$bla_{CMY-2-4}$, $bla_{CTX-M-2-3-14-15-56}$, $bla_{SHV-2-5-12}$, $bla_{TEM-3-21-24}$, $bla_{IMP-4-8-13}$, bla_{vim-4}, bla_{VEB-1}, $armA$, $rmtB$, $qnrA1$	弗氏柠檬酸杆菌, 合适柠檬酸杆菌, 阴沟肠杆菌, 大肠埃希菌, 奥克西托克雷伯菌, 肺炎克雷伯菌, 奇异变形杆菌, 斯氏普罗威登斯菌, 肠道沙门菌, 黏质沙雷菌	1.0	0.0
L/M	270	$aac(6')$-Ib-cr, $bla_{CTX-M-1-3-15-42}$, $bla_{TEM-3-10}$, bla_{SHV-5}, $bla_{IMP-4-8}$, $armA$, $qnrA1$, $qnrB2$, $qnrB4$, $qnrS1$	无丙二酸柠檬酸杆菌, 弗氏柠檬酸杆菌, 产气肠杆菌, 阴沟肠杆菌, 大肠埃希菌, 奥克西托克雷伯菌, 肺炎克雷伯菌, 摩氏摩根菌, 奇异变形杆菌, 肠道沙门菌, 弗氏志贺菌, 黏质沙雷菌	0.0	0.0
I1	146	$bla_{CMY-2-7-21}$, $bla_{CTX-M-1-2-3-9-14-15-24}$, bla_{SHV-12}, $bla_{TEM-1-3-52}$, bla_{VIM-1}, $armA$, $rmtB$, $mphA$, $qnrA1$	大肠埃希菌, 肺炎克雷伯菌, 肠道沙门菌, 宋氏志贺菌	6.9	17.4
HI2	90	$bla_{CTX-M-2-3-9-14}$, bla_{SHV-12}, bla_{VIM-4}, bla_{VIM-1}, $armA$, $qnrA1$, $qnrS1$	杨氏柠檬酸杆菌, 阴沟肠杆菌, 大肠埃希菌, 肺炎克雷伯菌, 肠道沙门菌	0.0	3.3
N	70	bla_{KPC-2}, $bla_{CTX-M-1-3-15-32-40}$, bla_{VIM-1}, $qnrA3$, $qnrB2$, $qnrB19$, $qnrS1$, $armA$	大肠埃希菌, 抗坏血酸克吕沃尔氏, 肺炎克雷伯菌, 宋氏志贺菌	0.0	10.9

①　HFEC, 在健康的、无抗生素的人粪便的101个大肠埃希菌菌株中复制子的出现率; AFEC, 在92个鸟粪便大肠埃希菌菌株中复制子的出现率。这些肠杆菌科细菌均是从全世界的人和动物中被分离获得。

注: 引自 Carattoli A. Antimicrob Agents Chemohter, 2009, 53: 2227-2238。

表 10-4　携带碳青霉烯酶基因的肠杆菌科细菌和不动杆菌菌种的质粒

质粒	菌种	来源	国家/地区	耐药基因	质粒家族
PSLMT	肺炎克雷伯菌	人	英国	bla_{KPC-2}	IncF
pKP048	肺炎克雷伯菌	人	中国	bla_{KPC-2}	IncF-IncR
pKPHS2	肺炎克雷伯菌	NR	中国	bla_{KPC-2}	IncF-IncR
plasmid 9	肺炎克雷伯菌	人	美国	bla_{KPC-2}	IncN
pKPC-NY79	肺炎克雷伯菌	人	中国	bla_{KPC-2}	IncX3
plasmid 15S	肺炎克雷伯菌	人	美国	bla_{KPC-2}	RCR
pKpQIL-IT	肺炎克雷伯菌	人	意大利	bla_{KPC-3}	IncF
pKpQIL	肺炎克雷伯菌	人	以色列	bla_{KPC-3}	IncF
plasmid 12	肺炎克雷伯菌	人	美国	bla_{KPC-3}	IncN
pRYCKPC3.1	肺炎克雷伯菌	人	西班牙	bla_{KPC-3}	RCR
pNE1280	阴沟肠杆菌	人	美国	bla_{KPC-4}	IncL/M
pNDM-1_Dok01	大肠埃希菌	人	日本	bla_{NDM-1}	IncA/C
pNDM102337	大肠埃希菌	人	加拿大	bla_{NDM-1}	IncA/C
pNDM10505	大肠埃希菌	人	加拿大	bla_{NDM-1}	IncA/C
pNDM10469	肺炎克雷伯菌	人	加拿大	bla_{NDM-1}	IncA/C
pNDM-KN	肺炎克雷伯菌	人	肯尼亚	bla_{NDM-1}	IncA/C
pNDM-CIT	弗氏柠檬酸杆菌	人	印度	bla_{NDM-1}	IncHI1
pNDM-HK	大肠埃希菌	人	中国香港地区	bla_{NDM-1}	IncL/M
p271A	大肠埃希菌	人	澳大利亚	bla_{NDM-1}	IncN2
pTR3	肺炎克雷伯菌	人	中国台湾地区	bla_{NDM-1}	IncN2
pNDM-HN380	肺炎克雷伯菌	人	中国	bla_{NDM-1}	IncX3
pNDM-MAR	肺炎克雷伯菌	人	摩洛哥	bla_{NDM-1}, $bla_{CTX-M-15}$, $qnrB1$	IncHI3
pMR021	斯氏普罗威登斯菌	人	阿富汗	bla_{NDM-1}, $qnrA1$	IncA/C
pNDM-BJ02	鲁氏不动杆菌	人	中国	bla_{NDM-1}	ND
pNDM-BJ01	鲁氏不动杆菌	人	中国	bla_{NDM-1}	ND

续表

质粒	菌种	来源	国家/地区	耐药基因	质粒家族
pNL194	肺炎克雷伯菌	人	希腊	bla_{VIM-1}	IncN
pKOX105	奥克西托克雷伯菌	人	意大利	bla_{VIM-1}, $qnrS1$	IncN
pTC2	斯氏普罗威登斯菌	人	法国	bla_{VIM-1}	IncA/C, IncR
pEl1573	阴沟肠杆菌	人	澳大利亚	bla_{IMP-4}, $qnrB2$	IncL/M
pKPI-6	肺炎克雷伯菌	人	日本	bla_{IMP-6}, $bla_{CTX-M-2}$	IncN
pEC-IMP	阴沟肠杆菌	人	中国台湾地区	bla_{IMP-8}	IncHI2
pEC-IMPQ	阴沟肠杆菌	人	中国台湾地区	bla_{IMP-8}, $qnrB2$	IncHI2
pTOXA181	弗氏柠檬酸杆菌	人	印度	$bla_{OXA-181}$	IncT
pKP3-A	肺炎克雷伯菌	人	阿曼	$bla_{OXA-181}$	RCR
pOXA-48	肺炎克雷伯菌	人	土耳其	bla_{OXA-48}	IncL/M
pABVA01	鲍曼不动杆菌	人	意大利	bla_{OXA-24}	AbGR2
pMMCU1	鲍曼不动杆菌	人	西班牙	bla_{OXA-24}	AbGR12
pMMCU2	鲍曼不动杆菌	人	西班牙	bla_{OXA-24}	AbGR12
pMMA2	鲍曼不动杆菌	人	西班牙	bla_{OXA-24}	AbGR2
pMMCU3	鲍曼不动杆菌	人	西班牙	bla_{OXA-24}	AbGR2
pABIR	鲍曼不动杆菌	人	黎巴嫩	bla_{OXA-58}	AbGR12
pACICU1	鲍曼不动杆菌	人	意大利	bla_{OXA-58}	AbGR2 AbGR2 AbGR10
pAB120	鲍曼不动杆菌	人	立陶宛	bla_{OXA-72}	AbGR2

注：1. 引自 Carattoli A. Int J Med Microbiol，2013，303：298-304。

2. NR—未报告；ND—未确定；RCR—滚环复制质粒；AbGR—不动杆菌质粒同源组别。这些质粒已经被完全测序。

他细菌菌种如美人鱼发光杆菌中复制。这组质粒携带多个耐药决定子，赋予对氨基糖苷、氯霉素、甲氧苄啶和磺胺类耐药，并且编码限制酶、反限制DNA甲基化酶和分配系统，这些促进它们的维持和长久留存。在过去几十年中，IncA/C质粒一直与AmpC β-内酰胺酶CMY-2有关联。NDM-1-IncA/C质粒源自那些携带bla_{CMY-2}基因的质粒，因为bla_{CMY-2}基因的一个保守的遗传环境以及在该质粒内同样的整合位点在完全测序的NDM-1-IncA/C质粒中被观察到。看似有理的是，IncA/C质粒通过连续地获得bla_{CMY-2}基因而进化，接着是bla_{NDM-1}基因的获得并且也获得更多额外的决定子，如16S rRNA甲基转移酶ArmA或RmtB，后者赋予对所有的氨基糖苷类耐药。

与NDM-1不同，质粒的一个被限制的范围是金属β-内酰胺酶VIM-1散播的起因。特别要指出的是，在意大利和希腊，bla_{VIM-1}基因主要在IncN质粒家族的不同变异体中流行。VIM-1-IncN质粒在不相关的克雷伯菌菌种中传播，在不同的医院中持续存在很长时间，并且也获得了质粒介导的喹诺酮耐药基因和其他额外的耐药决定子。这些质粒编码 EcoRII内切酶/甲基化酶限制系统并且显示出一个可变区的整合，后者是由在 fipA 靶点内的多个整合子和转座子构成，这个靶点是一个非必需的质粒基因，它可能会创造出一个区域，后者倾向于获得转座子和插入序列。

丝氨酸碳青霉烯酶 bla_{KPC} 基因已经在 IncF 和 IncL/M 质粒类型中被鉴定出，同时也在小的滚环复制（RCR）质粒中被鉴定出，后者不可自身传播，但可借助于复合存在的接合型质粒被反式（in trans）带动转移。携带 KPC-3 的最著名的质粒是 pKpQIL，这是一个 $IncFII_K$ 质粒，在以色列，它在成功的肺炎克雷伯菌 ST258 克隆中被鉴定出。与 pKpQIL 高度相关的质粒也在来自意大利的 ST258 中被鉴定出。在这个克隆中，另一个被称为 pKPN 的 $IncFII_K$-FIB_{KPN} 质粒被鉴定出，它赋予对甲氧苄啶、链霉素、氯霉素、大环内酯类、砷剂、铜和银耐药。pKpQIL 和 pKPN 质粒赋予 ST258 克隆一组令人生畏的耐药和毒力因子，从而可能会致使这个国际传播克隆获得成功。

水解碳青霉烯的 D 类 β-内酰胺酶（CHDL）中的 OXA-48 及其变异体 OXA-181（与 OXA-48 相差 4 个氨基酸置换）越来越多地在肠杆菌科细菌中被报告。bla_{OXA-48} 基因在 IncL/M 型质粒中被鉴定出，后者根本不携带额外的耐药基因，而 $bla_{OXA-181}$ 基因已经在两个不同的质粒上被发现，一个是小的、非自我转移的，但却是可带动转移的 RCR 型质粒，其特征在来自阿曼的一个肺炎克雷伯菌分离株中被鉴定出，并且另一个是 IncT 衍生物 pT-OXA-181 质粒，它来自印度的弗氏柠檬酸杆菌。OXA-48 及其变异体是独特的 CHDL，它们在肠杆菌科细菌中循环，而多数 CHDL 基因是在不动杆菌菌种中被鉴定出。序列分析证实，不动杆菌菌属具有独特的质粒类型，它们与以前在原核生物中描述的那些质粒不同。不动杆菌属质粒不属于已知的 Inc 组别，并且根据它们的复制酶基因的核苷酸同一性，它们在 DNA 同源组别中被分类。bla_{OXA-58} 基因是在鲍曼不动杆菌中最常遇到的 CHDL，它常常与非自我接合的质粒有联系，这些质粒携带 AbGR2 型的复制酶 *repAci* 基因。已经有人假设，bla_{OXA-58} 基因的两翼是 IS*Aba3* 和 IS*Aba3*，携带该基因的这个耐药决定子能够通过同源重组事件被质粒获得。与此不同的是，XerD-XerC 位点特异性重组结合位点已经参与到 bla_{OXA-24} 基因在那些被分派到 AbGR12 组别的质粒获得上，这是又一个在鲍曼不动杆菌中高度流行的 CHDL。Xer 重组

系统是将质粒由多聚体转换成单聚体的机制，这就为这个天然出现的小质粒的稳定性增加做出贡献。看似有理的是，这些位点可能在 bla_{OXA-24} 基因通过位点特异性重组事件的获得上已经起作用。

总之，许多不同的质粒类型与碳青霉烯酶有关联：一些质粒属于罕见的家族（IncT），其他属于最常见的质粒家族（IncA/C、IncL/M、IncF、IncI1 和 IncN）。在每一种情况下，质粒分析对于携带碳青霉烯酶基因的耐药决定子的获得和进化吸引人深入了解。

产 ESBL 特别是产 CTX-M 型的肠杆菌科细菌是全球的一个较大的问题，它可以引起感染暴发和偶发感染。目前 CTX-M 型 ESBL 已经是全世界最流行的 ESBL 家族，其临床相关性不言而喻（表 10-5）。

表 10-5 源自携带 CTX-M 基因的肠杆菌科细菌的完全被测序的质粒

质粒	菌种	来源	国家/地区	耐药基因	质粒家族
pHHA45	大肠埃希菌	动物	丹麦	$bla_{CTX-M-1}$	IncN
pKC394	大肠埃希菌	人	德国	$bla_{CTX-M-1}$,$bla_{CTX-M-65}$	IncN
pKPHS3	肺炎克雷伯菌	NR	中国	$bla_{CTX-M-14}$	IncA/C
pETN48	大肠埃希菌	NR	法国	$bla_{CTX-M-14}$	IncF
pHK01	大肠埃希菌	人	中国	$bla_{CTX-M-14}$	IncF
pHK08	大肠埃希菌	人	中国	$bla_{CTX-M-14}$	IncF
pHK09	大肠埃希菌	人	中国	$bla_{CTX-M-14}$	IncF
pHK17a	大肠埃希菌	动物	中国	$bla_{CTX-M-14}$	IncF
pKF3-70	肺炎克雷伯菌	人	中国	$bla_{CTX-M-14}$	IncF
pKPHS1	肺炎克雷伯菌	NR	中国	$bla_{CTX-M-14}$	IncF
pCT	大肠埃希菌	人	英国	$bla_{CTX-M-14}$	IncK
pC15-1a	大肠埃希菌	人	加拿大	$bla_{CTX-M-15}$	IncF
pEC_B24	大肠埃希菌	人	比利时	$bla_{CTX-M-15}$	IncF
pEC_L8	大肠埃希菌	人	比利时	$bla_{CTX-M-15}$	IncF
pEK499	大肠埃希菌	人	英国	$bla_{CTX-M-15}$	IncF
pEK516	大肠埃希菌	人	英国	$bla_{CTX-M-15}$	IncF
pc15-k	肺炎克雷伯菌	人	中国	$bla_{CTX-M-15}$	IncF
pKF3-94	肺炎克雷伯菌	人	中国	$bla_{CTX-M-15}$	IncF
pUUH239.2	肺炎克雷伯菌	人	瑞典	$bla_{CTX-M-15}$	IncF
pEC_L46	大肠埃希菌	人	比利时	$bla_{CTX-M-15}$	IncF，IncN
pEC_bactec	大肠埃希菌	动物	比利时	$bla_{CTX-M-15}$	IncI1
pJIE143	大肠埃希菌	人	澳大利亚	$bla_{CTX-M-15}$	IncX4
pIP843	肺炎克雷伯菌	人	越南	$bla_{CTX-M-17}$	RCR
pXZ	大肠埃希菌	NR	中国	$bla_{CTX-M-24}$	IncF
pEG356	宋氏志贺菌	人	越南	$bla_{CTX-M-24}$	IncF
pKC369	大肠埃希菌	人	德国	$bla_{CTX-M-24}$	IncN
KP96	肺炎克雷伯菌	人	中国	$bla_{CTX-M-24}$,*qnrA1*	IncN
pK29	肺炎克雷伯菌	人	中国台湾地区	$bla_{CTX-M-3}$	IncHI2
pEK204	大肠埃希菌	人	英国	$bla_{CTX-M-3}$	IncI1
pCTX-M3	弗氏柠檬酸杆菌	人	波兰	$bla_{CTX-M-3}$	IncL/M
pCTXM360	肺炎克雷伯菌	人	中国	$bla_{CTX-M-3}$	IncL/M
pKOX_R1	奥克西托克雷伯菌	人	中国台湾地区	$bla_{CTX-M-3}$,*qnrS1*	IncU
pWES-1	肠道沙门菌［Westhampton］	人	法国	$bla_{CTX-M-53}$	RCR
pJIE137	肺炎克雷伯菌	人	澳大利亚	$bla_{CTX-M-62}$,*qnrB2*	IncN2
pHN7A8	大肠埃希菌	动物	中国	$bla_{CTX-M-65}$	IncF

注：1. 引自 Carattoli A. Int J Med Microbiol，2013，303：298-304。

2. NR—未报告；RCR—滚环复制质粒。

表 10-6　来自肠杆菌科细菌的携带 PMQR 基因的完全被测序的质粒

质粒	菌种	来源	国家/地区	耐药基因	质粒家族
pOLA52	大肠埃希菌	动物	丹麦	$oqxAB$	IncX1
pIP1206	大肠埃希菌	人	法国	$qepA$	IncF
pZS50	大肠埃希菌	人	墨西哥	$qnrA1$	IncN
pQNR2078	大肠埃希菌	动物	德国	$qnrB19$	IncN
pEC14-9	大肠埃希菌	人	玻利维亚	$qnrB19$	RCR
pECY6-7	大肠埃希菌	人	秘鲁	$qnrB19$	RCR
pPBA19-2	大肠埃希菌	人	阿根廷	$qnrB19$	RCR
pPBA19-3	大肠埃希菌	人	阿根廷	$qnrB19$	RCR
pSGI15	肠道沙门菌	人	德国	$qnrB19$	RCR
pMK101	肠道沙门菌 6,7:d:-	动物	哥伦比亚	$qnrB19$	RCR
pPBA19	肠道沙门菌 Infantis	人	阿根廷	$qnrB19$	RCR
pPBA19-4	沙门菌种	人	阿根廷	$qnrB19$	RCR
pCGF41	弗氏柠檬酸杆菌	动物	中国	$qnrD$	RCR
pCGP169	大肠埃希菌	动动	中国	$qnrD$	RCR
pCGB40	大肠埃希菌	动物	中国	$qnrD$	RCR
p831	摩氏摩根菌	人	意大利	$qnrD$	RCR
pCGP248	奇异变形杆菌	动物	中国	$qnrD$	RCR
pCGS49	奇异变形杆菌	动物	中国	$qnrD$	RCR
pCGH15	奇异变形杆菌	人	中国	$qnrD$	RCR
p3M-2B	变形杆菌菌种 3M	动物	中国	$qnrD$	RCR
pGHS09-09a	普通变形杆菌	人	法国	$qnrD$	RCR
pDIJ09-518	普通变形杆菌	人	法国	$qnrD$	RCR
p2007057	肠道沙门菌 Bovismorbificans 肺炎克雷伯菌	人	丹麦	$qnrD$	RCR
pK245	大肠埃希菌	人	中国台湾地区	$qnrS1$	IncF, IncR
pKT58A	肠道沙门菌 Virchow	动物	斯洛伐克	$qnrS1$	IncN
pVQS1	大肠埃希菌	人	爱尔兰	$qnrS1$	IncN
pNGX2-QnrS1	肠道沙门菌 Typhimurium	动物	尼日利亚	$qnrS1$	IncX2
pHLR25	肠道沙门菌 Typhimurium	人	西班牙	$qnrS1$	RCR
pQnrS1-cp17s	肠道沙门菌 Typhimurium	动物	美国	$qnrS1$	RCR
pST728/06-2	肠道沙门菌 Typhimurium	人	中国台湾地区	$qnrS1$	RCR
pTPqnrS-1a	肠道沙门菌 Typhimurium	人	德国	$qnrS1$	RCR

注：1. 引自 Carattoli A. Int J Med Microbiol，2013，303：298-304。

　　2. RCR—滚环复制质粒。

自从 1998 年以来，PMQR 基因的出现已经被报告，它们赋予对氟喹诺酮类的低水平耐药，但却有助于额外的染色体编码的耐药机制的选择。PMQR 基因如 qnr-、$qepA$-、aac（$6'$）-Ib-cr 或 $oqxAB$ 已经被鉴定出。表 10-6 报告的藏匿 qnr、$qepA$ 和 $oqxAB$ 基因的完全被测序的质粒的名单。在出现在肠杆菌科细菌中的最常见的 qnr 基因中，$qnrB19$ 和 $qnrS1$ 常常位于 IncN、IncX 和小的 RCR 质粒上。在一些这样的小质粒中，XerC-XerD 重组系统已经被建议是耐药基因在质粒上获得的起因。从历史上看，Xer 介导的位点特异性重组在 ColE1 质粒上被鉴定出和被研究。大多数携带 qnr 的质粒是 ColE1 的衍生物。质粒解析的天然 Xer 机制或许在耐药基因在这个位点上的获得起作用。与此不同

的是，$qnrA1$ 基因作为一个复杂的 $sul1$ 型 1 类整合子的一部分而被鉴定出，该整合子与 IncA/C 和 IncN 型更大的质粒有关联。IncA/C 型 $qnrA1$ 阳性的质粒在一些来自 4 个大陆的细菌菌种中被描述，常常与 bla_{VEB-1} 基因有关联。$oqxA$ 和 $oqxB$ 基因在来自丹麦的猪的大肠埃希菌的 IncX1 pOLA52 质粒上被鉴定出，并且也在来自中国和东欧的大肠埃希菌的 IncF 质粒上被鉴定出，这就提示，在肠杆菌科细菌的 PMQR 基因正在不同质粒的大储池中传播（表 10-6）。

第五节　结语

从细菌耐药的角度上讲，人们如此关注质粒是

因为它在耐药基因的散播上起到至关重要的作用。众所周知，大多数编码β-内酰胺酶的基因都是首先从质粒上被鉴定出，并且一旦新β-内酰胺酶在肠杆菌科细菌某种细菌中被发现，它很快就散播到其他一些肠杆菌科细菌的菌种中，常常也散播到非发酵糖菌如铜绿假单胞菌中。当然，有些质粒属于窄宿主范围质粒，它们传播到的细菌菌种不多，例如 $bla_{CTX-M-15}$ 似乎没有移动到非发酵细菌如不动杆菌属和假单胞菌属的能力，并且仅限于肠杆菌科细菌中；有些质粒属于宽宿主范围质粒，它们传播到的细菌菌种很广。耐药基因与质粒之间关联性的本质尚不清楚。并非所有的质粒家族都以同样的频次出现在天然发生的细菌中，一些家族显然比其他一些家族更流行和更具扩散性，或者说在病原菌和共生菌中显示出不同的分布。丰富的和常见的质粒能够被可移动耐药决定子随机针对。在不相关的细菌菌株中不可区分的质粒的鉴定突出说明了流行性质粒的存在。与一些耐药决定子如 CTX-M-1、CTX-M-15、VIM-1、OXA-48 和 NDM-1 的传播有关联的流行性质粒已经在遗传学上不同的菌株中被报告，这些菌株是在相距遥远的地方被分离出，它们之间根本没有任何流行病学联系。无论如何，质粒都代表着抗菌药物耐药散播上的最艰难的挑战，因为它们高效地造成新近涌现出的和相关的耐药决定子的传播，这种情况被抗菌药物的使用正性选择，完好地适应于宿主并且难以被现有的疗法所治愈或对抗。

既然质粒是一种"自私性"元件，那么它最初在细菌中存在的意义或价值又是什么呢？从理论上讲，任何生物都倾向于将各种代谢负担降至最低，如果没有益处的话，细菌就没有任何必要为质粒的生存提供各种营养。现在人们常说，在没有应激的情况下，质粒不会给宿主带来益处，抗生素的大范围使用和重金属的污染显然是近现代的事情，质粒肯定不是因此而出现。况且，质粒是古老的遗传元件。已经有学者通过实验分析提出，$ampC$ 基因已经在几百万年前就已经从肠杆菌科细菌的染色体被带动转移到质粒上，但这个时间肯定不是起点。显而易见，质粒只是一个平台，一个媒介，耐药基因借助这个媒介来介导对抗菌药物耐药。细菌已经在地球上生存了 30 多亿年，大约在 1 亿年前，革兰阳性菌和革兰阴性杆菌彼此分开，开始趋异进化，不过质粒起源的年份还缺乏"化石"证据的佐证。

质粒的生态学仍然被了解得非常有限，并且我们对它们的多样性和分布知之甚少。它们在天然环境中的转移与一些实验中呈现出的一样常见吗？在自然环境中这种转移率还没有被确定。更多的水平基因储池的组成部分的遗传序列信息被需要。定向收集更多关于天然质粒多样性的国际行动有助于定义质粒是什么，同时也可确定质粒是否具有相当于它们宿主的谱系，或是与它们的宿主截然不同的谱系。那样的质粒会揭示出细菌如何交换基因和适应它们的环境。质粒是通过稳定的维持机制而存活吗？或者，质粒是通过提供给宿主一些优势性状而存活吗？恐怕，只要机会出现质粒就会转移，也就是说，当相对密度允许在配对形成之前的直接的细胞-细胞接触时，质粒就会转移。另一种情况是，质粒也可以采用转移来逃逸不太适合的宿主，或在目前的宿主克隆扩张后，机会性地转移到允许受体中，从而从选择性的优势中受益。质粒能调节它们的宿主在不利条件下诱导出一种存活机制吗？目前，我们只是不知道足够多它们的基础生物学，只有让分子生物学和遗传学来回答这些问题，并且为质粒在细菌生态学和进化中的作用提供一个更加全面的描述。

参考文献

[1] 盛祖嘉，编著. 微生物遗传学，第三版 [M]. 北京：科学出版社，2007.

[2] 罗伯特·维弗，编. 分子生物学，第二版 [M]. 北京：清华大学出版社.

[3] Watanabe T, Fukasawa T. Episome-mediated transfer of drug resistance in enterobacteriaceae [J]. J Bacteriol, 1961, 81：669-678.

[4] Watanabe T. Infective heredity of multiple drug resistance in bacteria [J]. Bacteriol Rev, 1963, 27：87-115.

[5] Datta N, Kontomichalou P. Penicillinase synthesis controlled by infectious R factors in Enterobacteriaceae [J]. Nature, 1965, 208：239-244.

[6] Datta N, Hughes V M. Plasmids of the same Inc groups in Enterobacteria before and after the medical use of antibiotics [J]. Nature, 1983, 306：616-617.

[7] Hughes V M, Datta N. Conjugative plasmids in bacteria of the 'pre-antibiotic' era [J]. Nature, 1983, 302：725-726.

[8] Fierer J, Guiney D. Extended-spectrumβ-lactamases: a plague of plasmids [J]. JAMA, 1999, 281：563-564.

[9] Barlow M, Hall B G. Phylogenetic analysis shows that the OXA β-lactamase gene have been on plasmids for millions of years [J]. J Mol Evol, 2002, 55：314-321.

[10] Sorensen S J, Bailey M, Hansen L H, et al. Studying plamid horizontal transfer *in situ*: a critical review [J]. Nat Rev Microbiol. 2005, 3：700-710.

[11] Frost L S, Leplae R, Summers A O, et al. Mobile genetic elements: the agents of open source evolution [J]. Nat Rev Microbiol, 2005, 3: 722-732.

[12] Bennett P M. Plasmid encoded antibiotic resistance: acquisition and transfer of antibiotic resistance genes in bacteria [J]. Bri J Pharmacol, 2008, 153: S347-S357.

[13] Norman A, Hansen L H, Sorensen S J. Conjugative plasmids: vessels of the communal gene pool [J]. Phil Trans R Soc B, 2009, 364: 2275-2289.

[14] Carattoli A. Resistance plasmid families in *Enterobacteriaceae* [J]. Antimicrob Agents Chemohter, 2009, 53: 2227-2238.

[15] Carattoli A. Plasmids and the spread of resistance [J]. Int J Med Microbiol, 2013, 303: 298-304.

[16] El Salabi A, Walsh T R, Chouchani C. Extended spectrum β-lactamases, carbapenemases and mobile genetic elements responsible for antibiotic resistance in Gram-negative bacteria [J]. Crit Rev Microbiol, 2013, 39 (2): 113-122.

[17] Matthew M, Hedges R W, Smith J T. Types of β-lactamases determined by plasmids in Gram-negative bacteria [J]. J Bacteriol, 1979, 138: 657-662.

[18] Carattoli A. Plasmids in Gram negatives: molecular typing of resistance plasmids [J]. Int J Med Microbiol, 2011, 301: 654-658.

[19] Villa L, Pezzella C, Tosini F, et al. Multiple-antibiotic resistance mediated by structurally related IncL/M plasmids carrying an extended-spectrum β-lactamase gene and a class 1 integron [J]. Antimicrob Agents Chemother, 2000, 44: 291-294.

[20] Burrus V, Waldor M K. Shaping bacterial genomes with integrative and conjugative elements [J]. Res Microbiol, 2004, 155: 376-386.

[21] Lawrence J B, Hendrickson H. Lateral gene transfer: when will adolescence end [J]? Mol Microbiol, 2003, 50: 739-749.

[22] Toussaint A, Merlin C. Mobile elements as a combination of functional modules [J]. Plasmid, 2002, 47: 26-35.

[23] Dahlberg C, Chao L. Amelioration of the cost of conjugative plasmid carriage in *Eschericha coli* K12 [J]. Genetics, 2003, 165: 1641-1649.

[24] Lawley T D, Klimke W A, Gubbins M J, et al. F factor conjugation is a true type IV secretion system [J]. FEMS Microbiol Lett, 2003, 224: 1-15.

[25] Wiener J, Quinn J P, Bradford P A, et al. Multiple antibiotic-resistant *Klebsiella* and *Escherichia coli* in nursing homes [J]. JAMA, 1999, 281: 517-523.

第十一章

转座子

在描述转座子之前，我们首先介绍一下转座的概念。转座概念的提出已经有 80 余年的历史，它意味着一个 DNA 片段从一个位点移动（或跳跃）到另一个位点，后来人们将这种跳跃的 DNA 片段称作转座因子。转座的概念首先由美国科学家 B. McClintock 在 20 世纪 40 年代后期进行玉米着色的遗传学分析时提出。她曾经正确地建议，在玉米粒着色上的差异是基因活化/灭活的结果，这种结果是一个或多个遗传元件从一个染色体位点到另一个染色体位点的易位所致，这些遗传元件就是最早发现的转座因子。然而在当时，每一个遗传因子在染色体上都占有一个固定位置这一概念已经深入人心，几乎无人相信 DNA 片段的可移动性，如此一来，她的这个划时代发现也只不过是一个遗传学概念而已。试想一下，她提出这个概念的时间甚至早于人们对 DNA 结构的认知！直到 1967 年人们才在细菌中发现了转座因子的真实存在，它们就是一些小的、不连续的和可移动的 DNA 元件，如插入序列（insertion sequence，IS）IS1、IS2 和 IS3。这些 IS 是在研究大肠埃希菌半乳糖和乳糖操纵子的强极性突变时被发现的。那样的突变代表着一种形式的基因沉默。尽管这些突变表现得如同点突变一样，即这些突变能被遗传制图到一个单一位点上，并且能在低频次自发地回复突变，但真实的回复突变的频次并没有被化学处理增加，而这些处理被认为可增加碱基置换和移码突变的产生。为了解释这种反常现象，学者建议，这些突变是小的 DNA 片段在突变点上插入所致，也就是 DNA 片段从一个位点跳跃到另一个位点。随后，越来越多基于转座因子介导的转座现象被证实，并且在 20 世纪 60 年代晚期，Shapiro 等在异常突变的噬菌体 Mu 的研究过程中发现了细菌的转座子。因此，插入序列是最早被发现的转座因子，而真正转座子的发现还是来自细菌噬菌体。正是基于转座现象的普遍证实，B. McClintock 获得了 1983 年度诺贝尔生理学医学奖，当时，B. McClintock 女士已经是 81 岁高龄。

事实上，人们现在很少再采用转座因子这一术语，而改用可转座元件这一称谓。转座因子或可转座元件与转座子不是一个概念，可转座元件根据其生物学特性可分为 3 类：①除了与转座行为有关的基因以外不带有任何其他基因的最简单的转座因子，即插入序列；②除了与转座行为有关的基因以外还携带有其他基因的转座因子，即转座子（transposon，Tn）；③某些具有转座功能的温和噬菌体如大肠埃希菌的 Mu 噬菌体。当然，我们在这一章节中主要论述转座子，而在接下来的章节中再重点讨论插入序列。在英文文献中，转座子常常采用缩写 Tn 来表示，不同的转座子附带不同的斜体阿拉伯数字，Tn5、Tn10 等。

毫无疑问，转座是一个遗传学事件，在此过程中，一个 DNA 序列从一个位点被转位到通常是不相关的另一个位点上，而这个位点或是在一个同样的 DNA 分子中，或是在一个不同的 DNA 分子中。从某种意义上说，转座必定是一个重组事件，因为在此过程中，DNA 磷脂键裂解和重新形成。大多数转座事件涉及一些称作可转座元件的遗传结构。这些可转座元件由互不关联的序列构成，这些序列能确定其界限的末端，一般来说，这些序列介导它们各自的转座。尽管这个术语——可转座元件意指一个被定义的遗传实体，但转座这个术语只是提示已经有一个通过 DNA 易位的遗传重排，这种情况能够通过若干机制中的一种而出现。可转座元件实际上在细菌中无处不在，并且转座可造成在细菌复制子中被看到的大量 DNA 重排。

转座子基本上是跳跃的基因系统。它们以许多形式出现，以结构、遗传相关性和转座机制被区分开。转座子具有既在分子内也在分子间移动的能力，也就是说，它们能够在一个 DNA 分子内从一个位点跳跃到另一个位点，或者从一个 DNA 分子跳跃到另一个 DNA 分子，例如从一个质粒跳跃到另一个质粒上，或者从一个质粒跳跃到一个细菌染色体上，反之亦然。一般来说，这些机制不需要在这个元件和插入的位点之间具有 DNA 同源性，并且尽管有事例表明，一个特殊的转座子对于在一个插入位点上的一个特殊的核苷酸序列具有一个强的偏嗜性，但许多其他转座子则显示出根本没有明显的偏爱，并且或多或少是随机插入新的位点上。一个转座子至少在如下方面不同于一个插入元件，转座子编码至少一个功能，后者以一种可预测的形式改变这个细胞的表型，例如，一个耐药转座子赋予对一种特殊的抗菌药物耐药。

在高等动物中存在着可转座元件，例如果蝇的 P 因子。在高等植物中也存在着可转座元件，例如，玉米的 Ds-Ac（解离-激活）因子。不过对此发现最多、研究最为深入的还是细菌，几乎在人和细菌中都发现了可转座元件的存在。在真细菌和古细菌中都广泛存在着可转座元件。借助对完整的原核细胞基因组序列方面日益丰富的信息进行透彻了解，重要的是回忆起，在许多真细菌属的天然分离株中，相当比例的 DNA 是以质粒形式存在。质粒可跨越菌种和菌属界线而广泛转移。除了编码其自身维持和转移的基因以外，质粒还常常携带一些镶嵌的可移动遗传元件——转座子，后者能够从一个载体复制子移动到另一个载体复制子。也就是说，转座子不会独立存在，它们或是在染色体上，或是在质粒上被携带。

转座子已经在许多不同的细菌菌种中被发现，这些细菌常常是临床或兽医来源的。我们的兴趣肯定是在那些直接影响到人类健康的事情上，这种现象可能解释已知的携带着抗菌药物耐药基因的转座子的优势地位，无论是复合转座子还是复杂转座子以及携带其他标志物的转座子的相对缺乏。大多数细菌转座子都已经在质粒上被发现，而不是在其他 DNA 分子上，但这可能反映出如下的事实，即一旦一个基因位于一个质粒上，其传播到其他细菌的能力会大大增加。同样，对于一些如同 Tn3 那样的转座子，转座到质粒上比转座进入细菌染色体上更频繁得多。尽管总的来说转座不是位点特异性的，并且染色体至少要比大多数质粒大两个数量级。对于这种明显悖论的原因尚不清楚。

本章节中，我们主要介绍与细菌耐药相关的转座子。

第一节 转座子的分类

随着越来越多的转座子被发现和测序，人们也将这些转座子进行了分类。一般来说，这种分类通常按照转座行为分成若干类别，如保守型转座子（conservative tansposon）和复制型转座子（replicative transposon）。保守型转座子系指在转座过程中将转座子转移到别的位置以后，原来位置上的转座子便不复存在。复制型转座子系指转座到另一个位置后原来位置上的转座子并不消失，所以实际上在这一过程中是由原来位置上的转座子又复制了一份到另一个位置上。这一过程由两步组成，即共联体（cointegrate）的形成和共联体的解离。当然，还有一些转座子被称作切离型转座子和反转录型转座子。在切离型转座子中有一个分支被称作接合型转座子（conjugative tansposon）。它们从染色体或质粒上切离而成为一环状的中介物，然后通过细菌接合将它的一个单链转移到受体细胞中，经复制成为一个双链环状 DNA，最后以这一形式整合到受体细胞的染色体或质粒上。接合型转座子中有以 Tn 命名的，如 Tn916；有以 CTn 命名的；也有给以独特名称的，如霍乱弧菌的接合型转座子"Constin"。

从细菌耐药的角度上讲，大多数与细菌耐药有关联的转座子主要被分成两大类：复合转座子（也称为Ⅰ类转座子）和复杂转座子（也称为Ⅱ类转座子）。不过，它们的分类依据并不是转座行为，而主要还是按照转座子的结构来划分（表 11-1 和表 11-2）。此外，接合型转座子与细菌耐药的关联不那么密切，但它们也是耐药转座子的一种。接合型转座子有下列特征：①转座过程中都有中介物；②中介物切离后供体 DNA 随即闭合；③它的特殊结构和酶，例如它们具有接合转移起始位点（conjugation transfer origin, oriT）和整合酶（integrase）。

如表 11-1 所示，复合转座子两端是成对的插入序列。在大多数情况下，该 IS 元件的两个拷贝形成末端反向重复（inverted repeat, IR），不过在一些复合转座子中，它们形成末端的顺向重复（direct repeat, DR）。一些 IS 元件能够成对地发挥作用以介导被夹括在其间的 DNA 片段转座。大多数已知的复合转座子都编码对一种或多种抗菌药物耐药。

表 11-1　来自革兰阴性菌和革兰阳性菌的一些复合耐药转座子

转座子	大小/kb	末端元件	标志物
革兰阴性元件			
Tn5	5.7	IS50（IR）	KmBlSm
Tn9	2.5	IS1（DR）	Cm
Tn10	9.3	IS10（IR）	Tc
Tn903	3.1	IS903（IR）	Km
Tn1525	4.4	IS15（DR）	Km
Tn2350	10.4	IS1（DR）	Km
革兰阳性元件			
Tn4001	4.7	IS256（IR）	GmTbKm
Tn4003	3.6	IS257（DR）	Tm

注：1. 引自 Bennett P M. Bri J Pharmacol，2008，153：S347-S357。

2. 耐药表型：Bl—博来霉素；Cm—氯霉素；Gm—庆大霉素；Km—卡那霉素；Sm—链霉素；Tb—妥布霉素；Tc—四环素；Tm—甲氧苄啶；缩写：DR—顺向重复；IR—反向重复；kb—千碱基。

表 11-2　来自革兰阴性菌和革兰阳性菌的一些复杂耐药转座子

转座子	大小/kb	末端 IR/bp	标志物
革兰阴性元件			
Tn1	5	38/38	Ap
Tn3	5	38/38	Ap
Tn21	20	35/38	SmSuHg
Tn501	8.2	35/38	Hg
Tn1721	11.4	35/38	Tc
Tn3926	7.8	36/38	Hg
革兰阳性元件			
Tn551	5.3	35	Ery
Tn917	5.3	38	Ery
Tn4451	6.2	12	Cm

注：1. 引自 Bennett P M. Bri J Pharmacol，2008，153：S347-S357。

2. 耐药表型：Ap—氨苄西林；Cm—氯霉素；Ery—红霉素；Hg—汞离子；Sm—链霉素；Su—磺胺；Tc—四环素；缩写：bp—碱基对；IR—反向重复；kb—千碱基。

如表 11-2 所示，复杂转座子有许多种，它们在抗菌药物耐药的革兰阴性菌中构成了最普遍存在的转座子类型，包含最大的和在所有的转座子家族中认识得最清楚的 Tn3，以及它的主要亚群 Tn21。经典的复杂转座子是 Tn3，它源自耐药质粒 R1。Tn3 基本上与 Tn1 一样，后者源自另一个耐药质粒 RP4，并且是被发现的第一个转座子。这两个元件最初都被称作 TnA，其转座功能完全可以互换。Tn1 和 Tn3 分别编码 TEM-2 和 TEM-1 β-内酰胺酶，这两种酶彼此只是相差一个单一的氨基酸（在 TEM-1 中是谷氨酸 37，在 TEM-2 中是赖氨酸 37），并且实际上具有完全一样的底物专一性。Tn1 和 Tn3 在临床和兽医来源的革兰阴性菌中广泛分布，知名的是肠杆菌科细菌和铜绿假单胞菌，并且通常被发现在质粒上。Tn3 比 Tn1 更常见。

第二节　转座子的结构特征

各种转座因子不但在转座行为上各不相同，在大小、复杂程度和转座位点专一性上也彼此不同。最小的转座子只有 1.5kb，最大的转座子可高达 500kb。虽然大小不一，但是它们具有共同的结构特征，那便是两端的反向重复序列。不同的转座子具有不同的重复序列。由于两端反向重复序列的存在，一个带有某一转座子的质粒经热变性并复性后，在电子显微镜下可以看到一个茎-环（stem-loop）结构（图 11-1 和图 11-2）。此外，在接受了转座子插入的受体 DNA 上出现邻接在反向重复序列两侧的两个顺向重复序列。

大多数可转座元件符合一个简单的模型，编码一种称作转座酶的蛋白或蛋白复合物，这个转座酶介导转座，并且单个可转座元件或许编码或许不编码其他功能。这个元件的末端序列通常是短的反向重复（IR），它们必定完全一样或几乎完全一样，因为它们是这种转座酶的结合位点。这个反向构象确保转座酶被相似地定位在该元件的两端，例如，面朝外，所以它能裂解那些能够将这个元件锚定在其目前载体上的磷脂键，即将这个元件游离出来而进行转座，又保证这个元件从这一次转座到下一次的转座是保守的。这些末端 IR 是转座元件特异性的并且通常只有 15～40bp 长。对于一些可转座元件，IR 要长得多（80～150bp）并且含有多个转座酶结合位点。如果这个可转座元件只是编码转座所需的功能并且在大小上是 1～2kb，那么它称为插入序列（IS）元件。如果这个可转座元件编码不只是转座所需的功能，例如编码一个抗菌药物耐药基因，那么它叫作转座子。元件大小从 3～4kb（例如，只有 1～2 个额外基因的转座子）到超过这个大小 10 倍的元件，在一些情况下甚至包括几十个基因。此外，某些噬菌体称作转座噬菌体，它们采用一种形式的转座来复制。最著名的就数大肠埃希菌突变体噬菌体 Mu。相关的可转座元件编码相关的转座酶并且具有相关的末端 IR。然而，并非所有的可转座元件都与上述的基本描述相一致，其中著名的是 IS91 家族元件，它们缺乏 IR，这就提示这些元件采用一种与大多数可转座元件不同的转座机制进行转座。

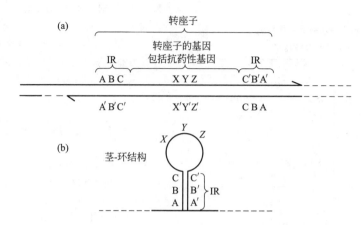

图 11-1　具有一个转座因子的质粒 DNA 经变性并复性后出现的茎-环结构
（引自盛祖嘉，编著. 微生物遗传学，第三版. 北京：科学出版社，2007）
茎-环结构的成因：（a）变性前的 DNA，实际上应呈闭合状态；（b）变性并复性后由一个单链所形成的茎-环结构

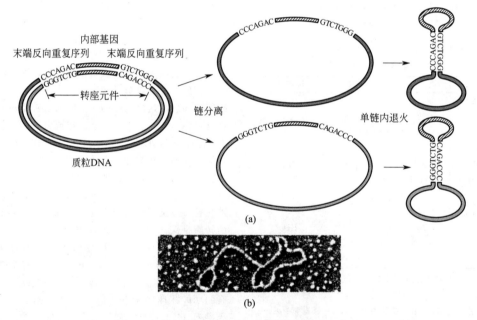

图 11-2　转座子末端反向重复序列和茎-环结构示意图
（引自罗伯特·维弗，编. 分子生物学，第二版. 北京：清华大学出版社）
（a）含有转座子的重组质粒 DNA 双链会被分开，并让它们各自退火，这样形成茎-环结构，反向重复
序列会形成茎部，而被茎部分开的两个环分别是转座子的内部基因（小环）和原来的质粒序列（大环）；
（b）显示出茎-环结构的电镜照片

一、复合转座子

　　典型的复合转座子也是一种模块化结构。复合转座子具有一个"三明治"夹心样复合结构。位于转座子两端是完全一样的或密切相关的插入序列的两个拷贝，其间夹括着外源 DNA 的一个片段，该序列片段编码在表型上认定这个元件的（各种）功能，如抗菌药物耐药，但该中心序列缺乏转座功能。复合转座子两端的 IS 元件的一个或是两个提供用于转座的转座酶，而在 IS 元件上的短的 IR 序列提供末端识别所需的序列。当一个 IS 元件变成一个复合型转座子中的一个组成部分时，它不会马上丢失掉，起到一个独立元件的能力。因此，一个复合型转座子或许由三个截然不同的可转座序列组成——两个长的末端重复和这个完整的复合结构。然而，该复合元件的进一步遗传改变和发展导致组成部分的融合以及独立发挥作用的一个或两个末端 IS 元件能力的丢失，这一发展过程已经被称作黏结（coherence）。所有需要被保留的就是转座酶基因的一个拷贝和末端的短 IR 序列。每一个复合型结构的被转座机制仅仅看作是该 IS 元件的"拉长"版本。这个 IS 元件被其转座酶经过短的末端 IR 所识别，这些 IR 限定这个元件的界限。这个复合型结构必定被同样的末端 IR 所限定界限，它基本上与这个元件本身是不可区分的，只是更大而已。复合转座子的一个有趣的"怪癖"（quirk）是，由于转座只需要一对 IR，当它们是一个环状分子的一部分时，被称作"里面朝外"（inside-out）的一个转座事件能够发生。在这种情况下，转座酶不是识别该转座子的每一个末端 IS 元件，而是识别邻接中心域内侧的一对 IR。采用这些 IR 的转座从中心部分断开这些 IS 元件。尽管复合转座子由于它们共同的结构而很容易地被看作是一个组别，但它们可能不是在种系发生上相关的。重要的是我们要记住，正如同单个 IS 元件可以借助不同的机制来转座，复合转座子的转座机制也可以是不同的。Tn5 和 Tn10 是典型的复合转座子（图 11-3 和图 11-4）。

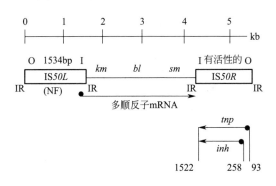

图 11-3　赋予对卡那霉素、新霉素和链霉素耐药的复合转座子 Tn5 的图示

（引自 Bennett P M. Bri J Pharmacol, 2008, 153：S347-S357）
O，I—末端的反向 IS50 元件的外边界和内边界，这些元件容纳短的末端反向重复（IR），它们限定 IS50L（IS50 的左手拷贝）和 IS50R（IS50 的右手拷贝），并且它们对于 IS50 和 Tn5 的转座是必不可少的。km—卡那霉素耐药基因；bl—新霉素耐药基因；sm—链霉素耐药基因；tnp—编码 IS50 转座酶的基因；inh—编码 IS50 转座酶的一个抑制剂的基因；bp—碱基对；NF—无功能的；●—启动子

如图 11-3 和图 11-4 所示，Tn5 编码对氨基糖苷类耐药以及 Tn10 编码对四环素耐药，这两个转座子都是在很多革兰阴性菌中被发现的复合元件，

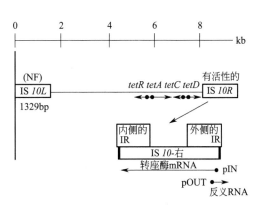

图 11-4　赋予对链霉素耐药的复合耐药转座子 Tn10 的图示

（引自 Bennett P M. Bri J Pharmacol, 2008, 153：S347-S357）
Tn10 显示出 IS10 的末端反向重复。IS10L—IS10 的左手拷贝，这是 IS10 的一个无功能的拷贝，原因是转座酶基因的多次突变；IS10R—IS10 的右手拷贝，它编码一个有功能的转座酶和一个反义 RNA 分子，后者被用作这个转座酶基因的负性调节的表达上；IR—在 IS10 两端被发现的短的反向重复序列，它们对于 IS50 和 IS10 的转座来说是必不可少的；tetA—编码四环素耐药外排泵的基因；tetC，tetD—与 tetA 一起被复合调节的基因；tetR—编码一个转录阻遏剂的基因，它对于四环素外排泵 TetA 被四环素可诱导的表达来说是必不可少的；bp—碱基对；NF—无功能的；●—启动子

特别是在肠杆菌科细菌的成员中。那样的复合结构被偶然创造出来，并且被施加在细菌菌丛上的选择压力使之在一个细胞群中被逐渐建立起来，如分别暴露到卡那霉素/新霉素或四环素带来的选择压力，此时，这个特殊的元件赋予一个截然不同的存活优势。随着时间的推移，这个结构倾向于经历使之稳定的改变。许多那样的元件或许有一个相对近期的发生。

二、复杂转座子

复杂转座子名称本身就提示，这个元件并不是一个复合结构。复杂转座子既缺乏一个模块结构，一般来说也缺乏长的末端 IR。一个复杂转座子具有一个比一个 IS 元件或一个复合转座子更加复杂的基因结构，因为那些非转座功能的基因（如抗生素耐药基因）已经被招募进入这个元件实体之中，而不是以"区段装配"那样被捕获。然而，应当记住的是，就如同复合转座子这个术语仅仅意指，这个元件具有一个末端 IS 重复的模块结构，那么，复杂转座子也只是意味着，这个转座子既不是一个复合型转座子，也不是一个可转座噬菌体。Tn3 样转座子是个大的转座子家族，包含两个 38bp 的反向重复序列。如图 11-5 所示，Tn3 转座子两个功能序列，一个为转座酶（tnpA），另一个为解离酶（tnpR）。

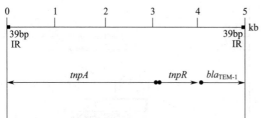

箭头提示基因转录的方向和程度

图 11-5 赋予对氨苄西林和一些其他 β-内酰胺类抗生素耐药的复杂耐药转座子 Tn3 的图示

（引自 Bennett P M. Bri J Pharmacol, 2008, 153: S347-S357）IR—在这个转座子的两端被发现的短的反向重复序列，它们对于 Tn3 转座来说是必不可少的；tnpA—编码该元件的转座酶基因；tnpR—编码该元件一个位点特异性重组酶的基因，该酶解离被转座产生的转座共联体结构；bla~TEM-1~—编码 TEM-1 β-内酰胺酶基因；bp—碱基对；kb—千碱基；●—启动子

表 11-3 列出的是一些常见的复杂转座子，其中有些源自革兰阳性菌，有些来自革兰阴性菌。

表 11-3 一些 Tn3 样转座子

转座子	大小/kb	末端 IR/bp	靶位/bp	标志物[①]	亚组
来自革兰阳性菌的元件					
Tn1	4.957	38/38	5	Ap	Tn3
Tn3	4.957	38/38	5	Ap	Tn3
Tn21	19.6	35/38	5	HgSmSu	Tn501
Tn501	8.2	35/38	5	Hg	Tn501
Tn1000	5.8	36/37	5	无	Tn3
Tn1721[②]	11.4	35/38	5	Tc	Tn501
Tn1722[②]	5.6	35/38	5	无	Tn501
Tn2501	6.3	45/48	5	无	Tn3
Tn3926	7.8	36/38	5	Hg	Tn501
来自革兰阴性菌的元件					
Tn551	5.3	35	5	Ery	Tn501
Tn4430	4.2	38	5	无	Tn4430
Tn4556	6.8	38	5	无	Tn4652

① Ap—氨苄西林；Cm—氯霉素；Ery—红霉素；Hg—汞离子；Sm—链霉素；Su—磺胺；Tc—四环素。

② Tn1721 是利用 Tn1722 作为其转座基础的一个复合型结构。

注：引自 Bennett P M. Methods Mol Biol, 2004, 266: 71-113。

对比而言，编码对很多种 β-内酰胺类抗生素耐药的（包括对氨苄西林耐药）Tn3 和编码对链霉素、大观霉素和磺胺类以及汞离子耐药的

Tn21 都是复杂转座子的例子，并且也常常在肠杆菌科细菌成员的质粒上被发现（图 11-6）。这个类型元件的构建更不容易被解释，并且没有一般性的询证模型已经被提出，不过一些复杂转座子如 Tn21 的构建的方式能被推断出。Tn3、Tn21 和相似的元件可能或多或少要比大多数复合转座子更古老一些，并且可能是多次重组事件的结果，包括插入和删除，这些重组事件首先将非转座功能插入一个隐蔽的元件内，然后再通过删除来精细化这个序列，以此来消除"非必需"的功能。这个精细化过程会使得这个元件更紧凑并因此更易于转座。

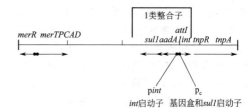

图 11-6 赋予对链霉素、大观霉素、磺胺类和汞离子耐药的复杂耐药转座子 Tn21 的图示

（引自 Bennett P M. Bri J Pharmacol, 2008, 153: S347-S357）

merTPCAD—编码对汞离子和一些有机汞的化合物耐药的基因；merR—编码可诱导的 mer 操纵子的转录阻遏剂的基因；sul1—编码对磺胺类耐药的基因；aadA1—编码对链霉素和大观霉素耐药的基因；int—整合酶基因；attI—整合子基因盒插入位点；tnpA—编码 Tn21 转座酶基因；tnpR—编码一个位点特异性重组酶的基因，该酶解离被转座产生的转座共联体结构；●—启动子；⊢—38 末端反向重复

如图 11-6 所示，转座子 Tn21 亚群以具有在同一方向被转录的 tnpA 和 tnpR 基因为特征。Tn21 是 Tn3 的一个亚组，Tn21 本身被质粒 NR1 携带，后者最初是在 20 世纪 50 年代后期在日本从弗氏志贺菌中被分离出。NR1 是一个 95kb、可自身转移的多重抗菌药物耐药质粒。NR1 质粒含有一个耐药决定子（R-det），它含有一个 Tn9 样复合转座子和 Tn21 转座子，这个 Tn9 样复合转座子携带 catA1（catI）基因。R-det 组成部分被顺向重复（IS1a 和 IS1b）所包夹。Tn21 是 R-det 内的一个独立转座子并且被反向重复 IR~l~ 和 IR~r~ 限定边界。近来，Tn21 转座子的最后一部分被测序，从而揭示出 Tn21 本身包括了 4 个相互无关联的可移动元件，即由 4 个不同成分组成：一个 1 类整合子，在该整合子内含有的 aadA1 基因盒，以及两个插入序列，IS1326 和 IS1353（表 11-4 和图 11-7）。

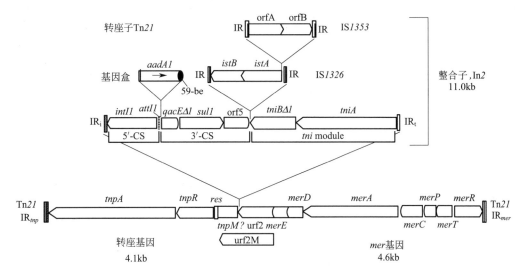

图 11-7　转座子 Tn21 的转座（tnp）区域、整合子以及 mer 操纵子的各个符号
（引自 Liebert CA，Hall R M，Summers A O. Microbiol Mol Biol Rev，1999，63：507-522）

垂直棒提示转座子和 IS 的反向重复（IR）。Tnp 区由 Tn21 的编码转座酶（tnpA）、解离酶（tnpR）、推定的转座调节子（tnpM）和解离位点（res）的基因组成。整合子的 5′-CS 包括整合酶基因（intI1）和 attI1 插入位点。aadA1 基因盒含有氨基糖苷腺苷酰基转移酶基因和 59-be。箭头所指是转录方向。3′-CS 包括编码对季铵化合物消毒剂耐药（qacE△1）和磺胺耐药（sul1）的基因，一个未知功能的 ORF 和两个插入序列（IS1353 被插入 IS1326 中）。在 Tn21，tni（整合子的转座）基因区已经遭受删除并且只有 tniA 和 tniB 的一部分保留着。汞耐药（mer）操纵子由调节基因 merR 和 merD 以及结构基因 merT、merP、merC 和 merA 组成

表 11-4　转座子 Tn21 和它包含的可移动元件

元件	坐标	大小/bp
Tn21	1-19671	19671
In2	4040[①]-15038	10999
aadA1 盒[②]	5395-6250	856
IS1326	8276-10719,12333-12360[③]	2470
IS1353	10720-12332	1612

① 因 In2 插入造成的 5bp 重复；坐标分别是 4035 到 4039 和 15039 到 15543；

② 该基因盒位于 In2 内，但可独立移动；

③ IS1326 被 IS1353 的插入打断，这创造出一个 2bp 靶位位点重复。

注：引自 Liebert C A，Hall R M，Summers A O. Microbiol Mol Biol Rev，1999，63：507-522。

三、接合型转座子

接合型转座子具有一种能力，它不仅能从一个 DNA 位点移动到另一个 DNA 位点，而且也能从一个细菌细胞移动到另一个细菌细胞。20 世纪 80 年代后期，Clewell 实验室对粪肠球菌进行了深入的研究，发现了一种新的接合元件，这些元件被命名为接合型转座子类型元件 Tn916，它赋予对四环素耐药。接合型转座子的发现突出表明了在细菌中通过接合转移 DNA 的普遍性。Tn916 大小是 18.5kb。这种类型的元件转座和促进它们自身从

一个细胞到另一个细胞的接合性转移。它们并不是质粒，因为它们缺乏复制功能并且作为载体复制子的一部分而被复制。然而，它们又类似于质粒，因为它们能够作为环状染色体外元件而存在，这些元件能够通过接合从一个细胞转移到另一个细胞。我们在此引入一个概念，那就是整合性接合型元件（integrative and conjugative element，ICE）。必须整合进入复制子中才能确保复制，又可自身转移的遗传元件如接合型转座子、整合型质粒（R391 和 R997）和基因组岛已经被称作整合性接合型元件。一个著名的 ICE 就是 SXT，它是来自霍乱弧菌的一个可移动遗传元件，可赋予对氯霉素、链霉素、SMZ 和 TMP 耐药。

Tn916 是一个典型的接合型转座子，其 50% 以上结构被一个具有接合功能的区段占去，位于该元件的一端。转座基因位于该元件的另一端。对比而言，接合功能并非转座所需要的，并且具有损伤了转移功能的元件仍然能够从染色体转座到一个质粒上，不过在一些接合基因上的突变确实减少这种转座事件的频次。既在革兰阳性菌也在革兰阴性菌中发现 Tn916 并不是令人吃惊的事，因为 Tn916 能在革兰阳性菌和革兰阴性菌之间转移。一种截然不同的接合型转座子已经在革兰阴性厌氧菌特别是类杆菌中被发现，它们的大小远远大于

Tn*916*，类杆菌接合型转座子大小从 65kbp 到超过 150kbp。大多数这样的转座子都携带一个核糖体保护类型的四环素耐药基因 *tetQ*。

古代神话中充满了嵌合人物，如斯芬克斯、希腊半人半马的人物和格里芬犬，这些神话人物结合了不止一种动物的特征。接合型转座子也能被看作是这些嵌合人物的一个分子学等同物，因为接合型转座子结合了转座子、质粒和细菌噬菌体的特征。然而，与神话中的嵌合体不同的是，接合型转座子不是人类虚构的人物，它们绝对都是真实存在的基因转移元件，这些元件正在为抗菌药物耐药基因在一些临床上重要细菌中的传播做着贡献，包括革兰阳性菌和类杆菌菌种。接合型转座子是转座子样元件，因为它们从 DNA 上剪切下来并且整合进入 DNA 中，但是，在剪切和整合的机制中，它们似乎具有与那些研究得很充分的转座子如 Tn*5* 和 Tn*10* 不同的剪切和整合的方法。例如，接合型转座子具有一个共价的、闭合的环状转座中间产物，并且当整合进入 DNA 时，不会复制靶位点。接合型转座子又是质粒样的元件，因为它们具有一个共价的、闭合的环状转移中间产物，并且通过接合被转移，但与质粒不同的是，接合型转座子的这个环状中间产物不复制，至少在迄今为止所研究过的宿主中是这样。接合型转座子还是噬菌体样的元件，因为它们的剪切和整合类似于温和细菌噬菌体的剪切和整合，这些噬菌体也有一个环状中间产物。

目前，对接合型转座子还根本没有特殊的命名。目前的命名有一些缺点，没有提示这个元件究竟是接合型转座子还是非接合型转座子。已如前述，接合型转座子在很多方面与大多数非接合型转座子是不同的，因此，区别是非常重要的，否则会出现更多的混乱，因为对于接合型转座子和非接合型转座子来说，Tn 附带的数字是非常相似的。例如，Tn*1545* 是一个接合型转座子，而 Tn*1546* 则不是。有学者提出接合型转座子可以命名为 CTn。

第三节　转座子的转座机制

一、非接合型转座子的转座机制

已如前述，复合转座子由一对 IS 元件和一个中心的 DNA 序列所构成，该 DNA 序列原本不能转座，它的表达改变细胞的表型。在复杂转座子，转座和非转座功能并非以一种模块方式被明显地聚集在一起。在复合转座子的重组过程中，这个复合型结构的部分首先从其现有的位点上被切除下来，这是通过在 IS 元件的拷贝之间的一个单一的

交换来实现的。如此一来，一个环状的、双链的 DNA 被释放出来，它由这个复合耐药转座子的中心部分和 IS 元件的一个拷贝构成，另一个拷贝仍然保留在最初的遗传位置上。被释放的 DNA 相继能够被涉及一个单一交换的同源重组所拯救，采用在游离的中间产物上的 IS 序列的拷贝和在新位置上的另一个拷贝，如此就在新位置上再创造出复合转座子。由于 IS 元件总的来说能够在许多不同的位点上被发现，特别是在不同的质粒上，那么，通过这个方法移动耐药基因的潜力是相当可观的。

复杂转座子在转座中各个组成部分是不可分割的。Tn*3* 样元件的转座机制涉及半保留复制和重组（图 11-8 和图 11-9），并且通过"Shapiro 中介物"产生出共联体。"Shapiro 中介物"是由 Shapiro 提出的一个结构。在此中介物中，转座子被连接到靶位上，但仍然附着在供体上。当供体和靶位点处在分离开的复制子上，转座导致复制子融合，从而产生出一个环状转座共联体，它含有供体和受体复制子，它们被转座子以顺向重复的两个拷贝连接在一起，在每一个连接上都有一个拷贝。在正常情况下，这个共联体被处理以便释放出两个复制子，一个是携带着该转座子一个拷贝的受体 DNA 分子的一个衍生物，另一个与转座子供体难以区分。这个过程称作共联体解离，它是由位点特异性重组酶 TnpA（或 TnpI）所介导。共联体解离也能受到宿主 RecA 依赖的重组影响，但影响效率要差一些。

转座的这种复制机制需要转座子的两个末端

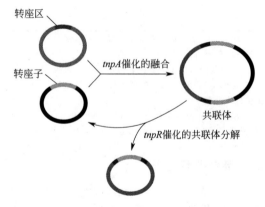

图 11-8　Tn*3* 转座子转座两步反应的简单示意图
（引自罗伯特·维弗，编 . 分子生物学，
第二版 . 北京：清华大学出版社）

第一步，由基因 *tnpA* 表达的产物催化，含有转座子的质粒（下面）和目标质粒（上面）融合形成共联体。在共联体的形成过程中，转座子发生复制。第二步，由基因 *tnpR* 的表达产物催化，共联体分解成两个质粒：已经整合了转座子的目标质粒和原先就含有转座子的供体质粒

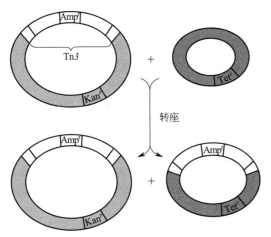

图 11-9　Tn3 转座过程示意图
（引自罗伯特·维弗，编. 分子生物学，
第二版. 北京：清华大学出版社）
大的质粒含有卡那霉素耐药基因（Kan^r）和一个转座子
（Tn3），转座子含有氨苄西林耐药基因（Amp^r），小质粒
含有四环素耐药基因（Tet^r）。转座后，小的质粒同时含
有四环素和氨苄西林耐药基因

在同样的方式上被处理，这就解释了为什么转座子末端是完全一样的 IR 或几乎完全一样的 IR。这些序列的作用就是结合转座酶并且精确地指导该元件末端的裂解反应。因此，令人吃惊的发现是，当转座子的一端缺失时，转座仍然能够发生，不过是在低得多的频次上。终于一端（One-ended）转座被一些 Tn3 样转座子所介导，但不是所有 Tn3 样转座子都采取这种转座方式。终于一端转座需要一个 IR 序列和适当的转座酶，以便产生出复制子融合。

转座创造出靶位位点复制，总的来说是 5bp，这些靶位位点复制源自横跨双链 DNA 的交错切口所打开的靶位位点。Tn21 的转座由转座酶 TnpA 来实施。插入位点被靶 DNA 的一个 5bp 重复所限定，这些位点通常富含 AT（腺嘌呤核苷胸腺嘧啶核苷），但根本没有其他明显的共有序列（图 11-10）。

二、接合型转座子的转座机制

第一个能够在细胞之间转移的转座子例子就是 Tn916，最初的研究证实它存在于粪肠球菌 DS16 的染色体上。虽然它可以从染色体上转移到

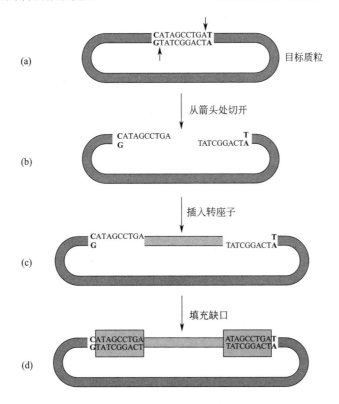

图 11-10　寄主 DNA 中紧挨转座子的顺向重复序列的产生
（引自罗伯特·维弗，编. 分子生物学，第二版. 北京：清华大学出版社）
（a）箭头表示交错式剪切中 DNA 双链分别被切断的位点，它们之间相隔 9 个碱基对；（b）剪切之后；
（c）转座子两端分别与寄主 DNA 上的一条链连接，留下 9 个碱基长度的缺口；（d）缺口被填充以后，
来自寄主 DNA 的 9 个碱基对的顺向重复序列（方框内）紧挨在转座子两端

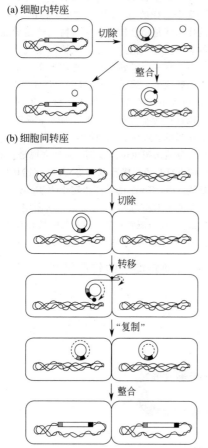

(a) 细胞内转座

切除

整合

(b) 细胞间转座

切除

转移

"复制"

整合

图 11-11 接合型转座子在细胞内和细胞间转座示意图
（引自 Salyers A A，Shoemaker N B，Stefens
A M，et al. Microbiol Rev，1995，59：579-590)
（a）被认为在接合型转座子的细胞内整合过程中出现
的各个步骤。被整合形式的接合型转座子剪切，以形
成一个共价的、闭合的双链 DNA 环，它是一个转座
中间产物。实心的方框提示整合形式的接合型转座子
的两个末端。被剪切的环状形式不会复制。它或是能
整合回到染色体中，或是能整合进入到一个质粒中。
（b）被认为在接合型转座子的细胞间整合过程中出现
的各个步骤

细菌固有的质粒上，但它最独特之处是在质粒
DNA 不在场时，可以通过细胞之间转移，插入受
体细胞的染色体中为数众多的位点上。在 Tn916
元件的移动过程中，首先发生切除事件，导致一个
环状的、非复制型中间产物的形成，随后利用特异
性 oriT 位点，采用类似于质粒转移过程进行转移。
人们认为，DNA 一旦被受体菌获得就会环化，并
插入受体菌的染色体中。对几乎所有的细胞间接合
转移系统的现代模型描述都是这样的：单链 DNA
通过类似于滚环复制的方式从供体菌中转移到受
体菌中。唯一的例外是在链霉菌中存在着双链

DNA 的转移。质粒转移的起始通常包含松弛酶
（切口酶）附带的 DNA 结合蛋白在内的蛋白质复
合物在 oriT 位点的聚集。松弛酶催化特异性的
oriT 位点内部 nic 位点的磷酸二酯键断裂。单链
DNA 转移到受体细胞中，随后，其末端在松弛酶
的断裂-结合活性的作用下重新连接。被认为参与
它们的转座和转移的各个步骤在图 11-11 被说明。
第一步是剪切和一个共价闭合环状中间产物的形
成，这个中间产物或是能在同样的细胞中整合到别
处（细胞内转座），或是通过接合将其自身转移到
一个受体中，在那里，它整合进入受体的基因组中
（细胞间转座）。

第四节   转座子与细菌耐药

转座子与细菌耐药存在关联的证据确凿无疑，
转座不仅本身携带着各种抗菌药物耐药基因，更重
要的是携带各种耐药基因的转座子可以在细菌内
和细菌间广泛转移。转座子属于非常重要的可移动
遗传元件。复合转座子和复杂转座子或是位于质粒
上，或是位于染色体上。迄今为止，我们不清楚耐
药基因究竟在什么样的机缘巧合下被整合和组装
到转座子中，同样，我们也不清楚这种事件发生的
准确时间和微生态背景。但是，在整个抗生素年代
中，我们却不断见证携带着抗菌药物耐药基因转座
子的转移。与质粒一样，转座子是古老的遗传元
件，它们不可能是为了细菌耐药而生，显然也是耐
药基因利用了这样一种水平转移的机制。此外，转
座子本身还携带着一种遗传元件，那就是整合子，
后者与抗菌药物耐药同样有着千丝万缕的联系。

就转座子与细菌耐药的关系而言，类杆菌接合
型转座子提供了一个生动的例子，即接合型转座子
如何能够驱动抗菌药物耐药基因的传播。类杆菌菌
种是机会性病原菌，它们能够引起人的致命感染。
曾经有段时间，类杆菌感染能被采用四环素加以治
疗。今天，实际上所有的类杆菌临床分离株都对四
环素耐药，并且迄今为止被试验的所有四环素耐药
类杆菌分离株都已经证明携带着一个接合型转座
子。对于其他可作为治疗类杆菌感染的可选药物的
耐药目前正在传播，这种传播或是通过接合型转座
子本身，或是借助它们带动转移的元件。除了上述
的环境分离株外，在革兰阴性病原菌中也存在着一
个重要转座子 Tn21，它与整合子和被整合的基因
盒的关联性也被完好地记录到，这些基因盒携带着
抗菌药物耐药基因。Tn21 家族编码针对更老的和
更新的抗生素耐药。

一些 IS 元件如著名的 IS10、IS50 和 IS903 被
发现是因为它们形成了编码抗菌药物耐药复合转

座子的末端重复。IS*10* 为 Tn*10* 提供长的末端 IR，Tn*10* 是一个转座子，它编码对四环素耐药，而 IS*50* 的反向拷贝构成 Tn*5* 的末端重复，后者具有一个操纵子，它编码对卡那霉素/新霉素、博来霉素和链霉素的耐药，不过最后一种耐药在一些宿主如大肠埃希菌中不被表达。对卡那霉素/新霉素耐药也被 Tn*903* 编码，在这个转座子中，单一耐药基因被 IS*903* 的反向拷贝位于两翼。IS*10* 和 IS*50* 都属于 IS*4* 家族，而 IS*903* 是一个 IS*5* 样元件。此外，在一些耐药质粒上发现的编码 SHV 型 β-内酰胺酶基因有可能已经在不止一次机会上从肺炎克雷伯菌的染色体被招募到复合转座子上，这些转座子被 IS*6* 样元件 IS*26* 所产生。

β-内酰胺酶 bla_{KPC-2} 基因位于一个全新的、以 Tn*3* 为基础的转座子上，即 Tn*4401*。Tn*4401* 大小 10kb，被两个不完全一样的反向重复序列限定边界，并且除了这个 β-内酰胺酶 bla_{KPC-2} 基因以外，一个转座酶基因、一个解离酶基因和两个全新的插入序列 IS*Kpn6* 和 IS*Kpn7* 被藏匿。Tn*4401* 已经在所有产 KPC 肺炎克雷伯菌分离株中被鉴定出。然而，这个转座子的多个同源物（isoform）被发现。在所有受试的肺炎克雷伯菌分离株中，Tn*4401* 的侧翼都有一个 5bp 靶位位点重复，这是近来转座事件的标志。Tn*4401* 被插入在质粒上的不同开放阅读框中，这些质粒在大小和性质上是不同的。Tn*4401* 可能是水解碳青霉烯的 β-内酰胺酶 KPC 动员到质粒上的起因，并且它也是进一步插入各种大小不同质粒上的起因，这些质粒在非克隆的肺炎克雷伯菌和铜绿假单胞菌分离株中被鉴定出。

bla_{TEM} 样基因被 3 个鉴定出的最早的细菌转座子所携带。作为 bla_{TEM} 基因的携带者被鉴定出的密切相关的转座子最初被称作 TnpA，但后来被区分为 Tn*1*、Tn*2*、Tn*3*、Tn*801* 等，这取决于它们藏匿的 bla_{TEM} 变异体以及它们起源的质粒支持。例如，序列分析揭示出，转座子 Tn*1* 携带 bla_{TEM-2} 基因，转座子 Tn*2* 携带 bla_{TEM-1b} 基因以及转座子 Tn*3* 携带 bla_{TEM-1a} 基因。转座子 Tn*1*、Tn*2* 和 Tn*3* 含有编码转座酶和解离酶的基因，分别被称为 *tnpA* 和 *tnpR* 以及一个 *res* 解离位点［图 11-12 (b)］。Tn*3* 转座子具有 38bp 反向重复并且能够高效地转座 bla_{TEM} 氨苄西林耐药基因标志物，并且当 TEM 决定子编码一种 ESBL 变异体时，它能够高效地转座对超广谱 β-内酰胺类抗生素耐药。Tn*1* （bla_{TEM-2}）、Tn*2* （bla_{TEM-1b}）和 Tn*3* （bla_{TEM-1a}）

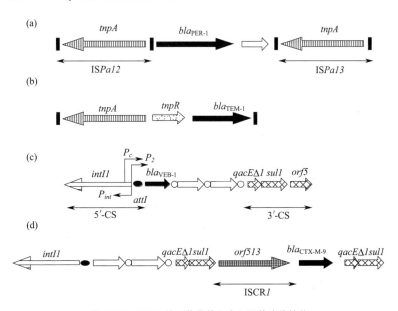

图 11-12　ESBL 基因获得的 3 个主要的遗传结构

（引自 Poirel L，Bonnin R A，Nordmann P. Infect Genet Evol，2012，12（5）：883-893）

（a）藏匿有 ESBL PER-1 的一个复合转座子，插入序列的反向重复由黑体长方形表示；（b）藏匿有 bla_{TEM-1} 基因的一个 Tn*3* 转座子（其反向重复由黑体长方形表示）；（c）藏匿有 bla_{VEB-1} 基因盒的一个 1 类整合子，图中也显示出 5′-CS 和 3′-CS 保守区。*intI1* 是整合酶基因，*attI* 是重组位点，它以一个黑体环表示，白色箭头表示的是基因盒，其相对应的 59-be 由白色环表示以及被 5′-CS 所提供的启动子序列被一个细箭头表示；（d）携带 bla_{CTX-M-9} 基因的一个 *sul* 型整合子，它由 1 类整合子及其与 IS*CR1* 元件有关联的基因盒以及 qacEΔ1/sul1 串联的一个重复组成，该 IS*CR1* 元件含有 *orf513* 转座酶基因

序列的详细分析提示，大多数的差异被局限在 *res* 位点的侧翼的短的区域内，这就建议它们已经被位点特异性和在祖先的转座子之间的同源重组的一个组合所产生。围绕着 *bla*_{TEM} ESBL 基因的大多数结构都源自一个共同的 Tn*3* 样结构，而不是由于一些截然不同的带动转移事件。这些结构或许已经显著地进化，这如同在一个铜绿假单胞菌分离株中观察到的那样，这个分离株来自法国，它具有 *bla*_{TEM-21} ESBL 基因，该基因位于一个 Tn*801* 转座子（Tn*3* 衍生物）上，该转座子被一个 IS*6100* 元件所破坏。然而，有人假设，这个 β-内酰胺酶基因已经几乎全部进化成一个被限定的遗传结构。除了通常的转座过程之外，Tn*3*-和 Tn*21*-亚家族转座子或许也会通过 TnpA 依赖的，TnpR-和 *recA* 不依赖的终于一端的（one-ended）的转座事件而移动，尽管极少见。

对位于染色体上 *bla*_{PER-1} 基因序列的分析揭示出，这个 β-内酰胺酶基因是一个被命名为 Tn*1213* 的复合转座子的一部分。这个复合转座子被两个结构相关的，但却是明显不同的插入序列 IS*Pa12* 和 IS*Pa13* 所形成。这个插入位点的一个 8 bp 长的重复在 IS*Pa12* 的左手末端以及在 IS*Pa13* 的右手末端被注意到，这就清晰地证实这个结构已经转座了。在铜绿假单胞菌、鲍曼不动杆菌和斯氏普罗威登菌分离株的 Tn*1213* 周围序列的分析揭示出，这个转座已经在一个被称为 IS*Pa14* 的 IS 元件内发生了。转座子 Tn*4176* 非常类似于 Tn*1213*，但它被插入一个 Tn*5393* 衍生物内，另外，Tn*4176* 在一个意大利粪产碱杆菌中被鉴定出。在两个鼠伤寒沙门菌分离株和一个单一的鲍曼不动杆菌分离株中，*bla*_{PER-1} 基因是质粒介导的，该基因不是 Tn*1213* 的一部分。IS*Pa12* 总是位于这个 *bla*_{PER-1} 基因的上游，为 *bla*_{PER-1} 基因表达提供强力的启动子［图 11-12(a)］。与 *bla*_{PER-2} 基因有关联的有限的侧翼 DNA 序列分析揭示出，在一个来自阿根廷的鼠伤寒沙门菌分离株中，这个基因编码 PER-2（与 PER-1 具有 86% 的氨基酸同一性），并且它也与一个 IS*Pa12* 元件有关联，从而建议，在遥远的其他大陆上，有一个与 *bla*_{PER-1} 基因具有相似的带动转移机制的出现。

2003 年，一个碳青霉烯耐药的鲍曼不动杆菌临床菌株在法国图卢兹一家医院被分离获得。克隆以及在大肠埃希菌的表达鉴定出水解碳青霉烯的 D 类 β-内酰胺酶 OXA-58。*bla*_{OXA-58} 基因位于一个 30 kb 非自身转移质粒上，并且它被两个全新的 IS*Aba3* 样插入序列包夹，形成一个复合转座子结构。

第五节　结语

转座不是一个新的遗传学概念，转座子也是如此。然而，近些年来对于细菌耐药研究领域而言，转座子介导的细菌耐药则是耐药机制研究领域中的一个热点。转座子是典型的可移动遗传元件，它们促进细菌耐药的散播和转移。大名鼎鼎的 A 类质粒编码的 KPC 碳青霉烯酶就是由转座子介导的转移和散播的鲜活例子。与质粒中存在着流行质粒一样，也有流行转座子的存在，如 Tn*3* 家族中的 Tn*21*，它已经扬帆远航，广泛散播到全世界的各个角落。显然，转座子也应该是古老的元件，它们也不是为了细菌耐药而生（大概抗菌药物耐药的复合转座子除外）。它们的原始功能也是天然的遗传工程师，不断地改造细胞各种复制子中的遗传结构，耐药基因的插入或被 IS 的包夹使得它们全面参与到细菌耐药的传播上来。接合型转座子有些"另类"，它们属于整合性接合型元件，是典型的多功能嵌合物。接合型转座子更多的出现使得细菌又多了一个散播的工具。

参考文献

[1] 盛祖嘉，编著. 微生物遗传学，第三版［M］. 北京：科学出版社，2007.

[2] ［加］芬内尔（Funnell B E），［美］菲利普斯（Phillips G J），编. 质粒生物学［M］. 陈惠鹏，张惟材等，译. 北京：化学工业出版社，2009：1.

[3] Salyers A A, Shoemaker N B, Stefens A M, et al. Conjugative transposons：an unusual and diverse set of integrated gene transfer elements［J］. Microbiol Rev，1995，59：579-590.

[4] Liebert C A, Hall R M, Summers A O. Transposon Tn*21*, Flagship of the floating genome［J］. Microbiol Mol Biol Rev，1999，63：507-522.

[5] Burrus V, Pavlovic G, Decaris B, et al. Conjugative transposons：the tip of the iceberg［J］. Mol Microbiol，2002，46：601-610.

[6] Bennett P M. Genome plasticity：Insertion sequence elements, transposons and integrons, and DNA rearrangement［J］. Methods Mol Biol，2004，266：71-113.

[7] Naas T, Cuzon G, Villegas M V, et al. Genetic structures at the origin of acquisition of the β-lactamase *bla* KPC gene［J］. Antimicrob Agents Chemother，2008，52：1257-1263.

[8] Frost L S, Leplae R, Summers A O, et al. Mobile genetic elements：the agents of open source evolution［J］. Nat Rev Microbiol，2005，3：722-732.

[9] Bennett P M. Plasmid encoded antibiotic resistance：

acquisition and transfer of antibiotic resistance genes in bacteria [J]. Bri J Pharmacol, 2008, 153: S347-S357.

[10] Poirel L, Bonnin R A, Nordmann P. Genetic support and diversity of acquired extended-spectrum β-lactamases in Gram-negative rods [J]. Infect Genet Evol, 2012, 12 (5): 883-893.

[11] El Salabi A, Walsh T R, Chouchani C. Extended spectrum beta-lactamases, carbapenemases and mobile genetic elements responsible for antibiotic resistance in Gram-negative bacteria [J]. Crit Rev Microbiol, 2013, 39 (2): 113-122.

[12] Shapiro J A. Mutations caused by the insertion of genetgic material into the galactose operon of *E. coli* [J]. J Mol Biol, 1969, 40: 93-105.

[13] Clewell D B, Flannagan S E, Ike Y, et al. Sequence analysis of the termini of conjugative transposon Tn*916* [J]. J Bacteriol, 1988, 170: 3046-3052.

第十二章

插入序列

插入序列（insertion sequence，IS）是一种可移动遗传元件。在所有的遗传元件中，插入序列不仅最小或最简单，而且也是细菌中最丰富的可转座元件。插入序列在结构上非常紧凑，大小为 0.5～2.5kb。原核细胞插入序列大小差异很大，IS1 仅为 770bp，而 IS66 高达 2500bp 以上。许多插入序列只是具有 1 个单一的 ORF，它被推测编码转座酶，当然也有个别插入序列含有 2～3 个 ORF。插入序列能够在微生物基因组中独立转座，并且被认为是在原核细胞基因组可塑性上的主要"玩家"之一。这个异质性类别可移动遗传元件的成员都能促进各种类型的遗传重排，包括缺失、倒位和复制子融合。这些活性能够导致具有特定功能的基因簇的装配，如多种抗菌药物耐药活性、毒力或共生功能、或新的分解代谢途径。根据插入序列无处不在的性质以及其他各种特性，人们已经理所当然地假定，插入序列在微生物世界的遗传工程建设中起着一个重要的作用。插入序列具有通过插入性灭活而产生突变体的能力，最初，人们正是基于这种能力才检测到 IS 的存在。插入序列的发现应该是 20 世纪 60 年代，要早于转座子发现的时间。目前，已经有上千种插入序列被鉴定了序列特征。结果显示，大多数插入序列具有短的反向重复（IR），它们限定了这个元件的两个末端，这些基本特征已经通过遗传学和生化分析在实验上被确立。

插入序列编码一种被称为转座酶的酶，负责带有反向重复序列（在其终末端）识别的带动转移和整合过程。现已证实，许多插入序列已经参与到抗菌药物耐药基因的带动转移。3 种类型转座已经被观察到：第一种转座机制涉及同样插入序列的两个

拷贝，它们将被带动转移的片段夹括在其中，从而形成一个复合转座子。第二种转座机制相当于邻接序列的 IS 单一拷贝的带动转移，称为滚环转座，通常是由一个特殊家族的插入序列介导，包括 IS91 和 ISCR 样元件。第三个转座机制类似于邻接序列的一个 IS 的单一拷贝的带动转移，这是通过一种所谓的"终于一端转座"（one-ended transposition）实现的，那个单一 IS 识别其自身的反向重复左（IRL），一个次级序列被用作反向重复右（IRR），这一次级序列并不是其自身的，它限定被带动转移的 DNA 片段的右末端边界。这种带动转移机制已经在 Tn21 和 ISEcp1 上被观察到。人们之所以关注插入序列，更多的是因为它们在抗菌药物耐药起因和传播上的重要参与，从耐药基因的插入性活化或破坏到带动各种耐药基因的转移并继而调节耐药基因的表达。但我们应该清楚的是，细菌耐药是近 100 年的事，插入序列则是非常古老的元件。显而易见，插入性突变造成的影响不仅仅体现在抗菌药物耐药上，因为插入性突变也是细菌基因组进化的重要工具之一，所以它的影响是多方面的。

插入序列的一些命名系统一直在使用。第一个命名系统从 1978 年就开始启用，并且被斯坦福大学的 E. Lederberg 所掌管。该系统只是分派给每个 IS 一个数字，如 IS1、IS5 等。尽管这样的命名系统在只有少量 IS 被发现和鉴定时是合适的，但对于像今天有非常多的 IS 被鉴定出的情况，这样的命名系统不太合适，况且其赋予的信息也不够多。第二个命名系统提供了 IS 起源的一些信息，它将作为 IS 宿主细菌菌种的首字母包括在内，如

来自苜蓿中华根瘤菌 ISRm1，来自大肠埃希菌的 ISEcp1 和来自鲍曼不动杆菌的 ISAba1。目前，这两种命名系统都在使用。

第一节　插入序列的分类和分布

目前，有 1000 多个 IS 元件已经在大约 200 个革兰阴性菌、革兰阳性菌菌种和古细菌中被鉴定出，其中几百种 IS 是独一无二的，并且根据它们的结构和功能的特征被归类为 19 个家族或 20 个组别。这个数目只是代表了被鉴定出的 IS 的一部分，因为迄今为止的收集只是包括了许多 IS 的一小部分，这些 IS 是从持续不断的细菌基因组测序项目中被预测出的。最大的组别由 IS3 样和 IS5 样元件构成，其中它们各自都具有超过 70 个 IS 是已知晓的，它们既在真细菌也在古细菌中被发现，恐怕这就提示一种不同寻常的水平转移和/或相当古老的祖先元件。

IS 已经被分成一些家族，这种分类是根据它们转座酶（transposase）的初级序列以及它们遗传结构的相似性和同一性而做出的。这包括它们 ORF 的布置、末端反向重复（IR，一般来说，它们界定 IS 的边界）的长度和相似性以及在靶位 DNA 的碱基对的特征性数目。随着更多的元件被鉴定和被比较，这些分界线可能会进化或变得模糊起来。在一项收集的 385 个独特的 IS 例子中，有 50 个 IS 没有被分类到被清晰界定的组别中。图 12-1 显示独立的细菌菌种的数量，这些细菌携带着一个给定的 IS 家族的一个成员的至少一个拷贝，并且该图说明了每一个家族的相对分布和重要性。

IS91 家族在插入序列中是一个比较特殊的家族，它由 8 个成员组成，包括 IS801 和 IS1294，后者是在质粒 pUB2380 中被发现。IS1294 与 IS91 家族中的其他成员的比较建议，其转座酶被扩展到 389 个氨基酸，而不是 312 个氨基酸。一些成员的一个引人注目的特征是，尽管它们的 3′末端相对恒定，但在 5′末端的长度上却有明显的变异，排除了一个高度保守的末端 20～25bp。这或许与它们特殊的转座机制有关。IS91 携带短的（7～8bp）不完全一样的 IR，插入一个相当特异的 4 核苷酸序列（GAAC 和 CAAG）中，并且一旦插入后不产生顺向靶位重复。

迄今为止，几乎没有基因组已经被详细地分析它们插入序列组成情况，因此，得出关于不同插入序列家族在菌属和菌种之间分布，它们与特殊微生物组别的关联性，它们在染色体和质粒的分配或它们在染色体上的排列方面的普遍性结论是困难的。尽管广泛存在，插入序列还没有在所有细菌基因组中被鉴定。目前，22 个细菌菌种的基因组序列已经被确定，它们代表着一个广泛的多样性，在这些完成的基因组中有 10 个基因组根本没有检测到插入序列。那样的"无 IS"基因组中的第一个细菌是枯草杆菌。插入序列不能在细菌细胞中独立存在，它们一定要位于细菌的质粒上或染色体上，它们是许多天然出现的细菌质粒的一个整合部分，并且插入序列在染色体中被检测到之前就在质粒中被鉴定出。插入序列可以以一个或几个拷贝存在，并且被局限在染色体上、质粒上，或者同时在染色体和质粒上，并且一定是存在于各种接合型元件上以方便在细胞间转移。许多插入序列易于转座，其他一些插入序列如 IS200 则极少转座。不同家族的插入序列元件在各种细菌菌种的分布上存在着大

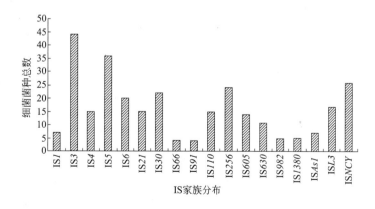

图 12-1　IS 家族在细菌菌种的分布

（引自 Mahillon J，Leonard C. Chandler M. Res Microbiol，1999，150：675-687）

有 17 个截然不同的 IS 家族以及一组未被分类的组（ISNCY）。该直方图显示藏匿着至少一个 IS 家族成员的细菌菌种（古细菌和真细菌）的总数。注意，属于 Tn3 家族的那些元件和被提出的 IS1535 家族还没有被包括在此图中

的变异性，其中一些插入序列被限制在极少的宿主中，如 IS6110，它只是已经在结核复合征（the tuberculosis complex）的分枝杆菌属中被发现。

第二节　插入序列的结构特征

除了小以外，插入序列在遗传学上是紧凑的。一般来说，它们根本不编码除了其自身移动功能以外的任何功能。大多数插入序列都只是具有一个开放阅读框（ORF），而有些 IS 具有 2 个 ORF，个别插入序列则具有 3 个以上的 ORF，如 IS66。这些 ORF 编码转座酶，后者几乎占据了插入序列的全长（图 12-2）。

图 12-2　一个典型插入序列结构
（引自 Mahillon J，Chandler M. Microbiol
Mol Bio Rev，1998，62：725-774）

插入序列被显示为一个开放盒，其中有末端反向重复，以灰色盒表示，分别被标记着 IRL（左侧反向重复）和 IRR（右侧反向重复）。编码转座酶的一个单一开放阅读框被表示为划有阴影线的盒，它占据着 IS 的整个长度并且延伸到 IRR 序列之内。被包含在一个尖型盒内的 XYZ 位于 IS 的两翼，它代表着短的顺向重复（DR）序列，它们是因插入而在靶位 DNA 上产生的。转座酶启动子 P 由水平箭头显示，它部分被定位在 IRL 中。IR 的一个典型的域结构（灰色盒）在下面被提示。域 I 代表着在该元件的每一个尖端的末端碱基对，对其的识别是转座酶介导的裂解所需要的。域 II 代表着一些碱基对，它们对于转座酶的序列特异性识别和结合是必不可少的

除了一些有名的例外（如 IS91、IS110 和 IS200/605 家族），大多数 IS 都展示出短的末端反向重复（IR）。也有一些插入序列具有末端顺向重复（DR），不过这些顺向重复则大小不一，小则仅有 2～3bp，如 ISL2 和 IS30；多则具有 9～12bp，如 IS4。在那些已经被实验室检查的例子中，IR 能被分成 2 个功能域（图 12-2）。一个域（域 II）被定位在 IR 内，牵涉到转座酶结合。另一个域（域 I）包括末端的 2bp 或 3bp，它参与裂解和链转移反应，这些反应导致插入序列的转座。转座酶功能结构的一个基本类型似乎来自有限数量的转座酶结构分析。一般来说，该蛋白的序列特异性 DNA 结合活性被定位在 N 末端区域，而催化域被定位朝向 C 末端。对于原核细胞 IS 元件而言，这种排列的一个功能性解释是，它或许允许一个初生

的蛋白分子与其位于 IS 上的靶位序列的相互作用。

插入序列的另一个基本特征是，一旦插入，大多数插入序列都产生靶位 DNA 的短的顺向重复序列（DR），它们位于插入序列的两翼，长度是元件特异性的。某些插入序列已经被显示出以低频次产生非典型长度的 DR。尽管有一些引人注目的例外，在这些例外中，有一个系统性的 DR 的缺乏（这种情况或是存在于某一给定家族内，或是在某一给定元件的独立转座事件中），但在这些孤立的情况下，对这些 DR 的缺乏的任何解释都应该谨慎处理。在目前背景下让人特别感兴趣的是，插入序列或许含有部分或完整的启动子，它们常常位于这些插入序列的末端和以一个向外的方向存在，并且能够活化邻接基因的表达（图 12-3）。

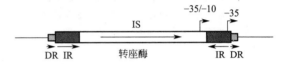

图 12-3　插入序列的特征
（引自 Depardieu F，Podglajen I，Leclevcq R，et al.
Clin Microbiol Rev，2007，20：79-114）
DR—顺向重复；IR—反向重复；−35/−10 和
−35 表示启动子共有序列的大致位置

第三节　插入序列的转座机制

一、常见 IS 元件的转座机制

关于不同类型 IS 元件所采用的转座机制的信息都来自对 IS1、IS10、IS50、IS91、IS903 和 IS911 的相关研究。一个重要的早期发现是，一旦一个 IS 元件已经转座到一个新位点，这个元件就被短的顺向重复所夹。尽管同样 IS 元件在不同插入位点被同样大小的重复序列夹，但这些重复序列在各个插入之间并不相同。这些重复序列依 IS 元件的不同而异，大小 2～12bp 不等，并且它们源自一个序列，该序列在 IS 元件插入之前在靶位位点上被发现的，因此，这些序列涉及 DNA 复制。人们很快意识到，如果需要转座而处理这个位点时，双链 DNA 在每一个链的位点上被剪切开，这两个位点彼此并不直接相对，而是错开了几个碱基对，所以上面提到的这种排列就会出现。然后，如果从供体位点游离出的 IS 元件被连接到单链扩展上，后者是由位于靶位位点上的交错切口所创造，那么，短的和单链的缺口就会在元件的两端产生出来。DNA 缺口修复生物合成会在元件的每一端产生出同样的短序列（例如，短的顺向重复）。

实际上，这就是多种可转座元件会发生的事情，包括插入序列、复合转座子、复杂转座子以及可转座的噬菌体。因此，许多不同的可转座元件在转座过程中会产生出同样类型的序列排列，即被位于短的顺向重复之间的末端反向重复所限定边界的一个序列。因此，当分析新的细菌 DNA 序列时发现了那样一种排列，人们就有理由推断一个可转座元件的存在，特别是如果具有一个编码一种转座酶样蛋白的潜在基因并且被末端反向重复包夹，那就更说明一个可转座元件的存在。接下来就要做更多的工作来确定这个推定的元件是否在转座上是有活性的。然而，在一些 IS 元件中，如 IS91 及其相关的 IS801 和 IS1294，转座到一个新位点不产生靶位位点重复，这就提示两种情况：一是这种机制采用在靶位位点的一个平切口；二是这些元件采用了一种与大多数可转座元件根本不同的机制进行转座。

许多 IS 元件的转座机制都是保守的，如 IS10 和 IS50，在这种转座机制中，IS 元件的双链形式从供体 DNA 分子中断开，然后完整地被插入受体 DNA 分子中。最简单的保守机制就是"切除-和-粘贴"，将要被转座序列的两个末端在一个转座酶-DNA 复合物中被突触样连在一起（图 12-4）。转座酶在这个元件的两末端切开这两个链，从供体

DNA 中释放出这个元件，正式产生一个游离形式的元件。真正游离形式的可转座元件在正常情况下不被检测到，并且通常可能作为一个转座复合物（转座体）的一个组成部分存在，后者攻击这个靶位位点。一旦从供体分子中释放，在元件两端产生出来的 3'-羟基就会起到亲核体的作用，它们被用来攻击在靶位位点上互补 DNA 链上的非正对着的 5'-磷酸基团，以此来启动两个转酯反应（transesterification reaction）。这些反应根本不需要额外的能量输入并且通过单链 DNA 将该元件连接到靶位分子上。短的单链缺口被认为由缺口-修复 DNA 生物合成所充填，从而产生出短的顺向靶位序列重复，这些重复夹括该元件。供体 DNA 分子残余部分的命运并不清楚，也几乎没有任何证据建议它可能会被降解成什么物质。

一些 IS 元件保守地转座，它们采用一种涉及一个真正的环状中间产物的机制（图 12-4）。元件从供体分子中被断开，该元件的两个末端被连接起来，从而产生出一个环状形式。IS3 和 IS911 都是 IS3 组元件，它们都采用那样一种机制来转座。环状形式元件的产生取决于两个元件编码的蛋白，OrfA 和 OrfAB，后者是一个融合蛋白，这是两个开放阅读框 orfA 和 orfAB 的产物。

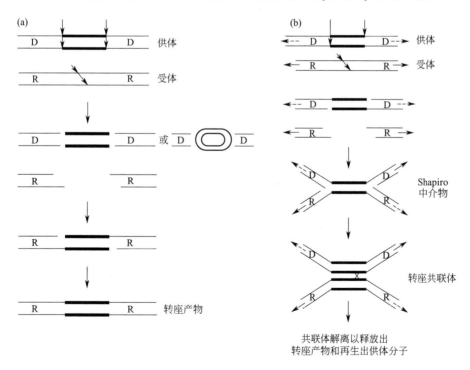

图 12-4 细菌转座的机制

（引自 Bennett P M. Methods Mol Biol，2004，266：71-113）

（a）通过"切除-和-粘贴"的保守型转座；（b）经"Shapiro 中介物"的复制型转座

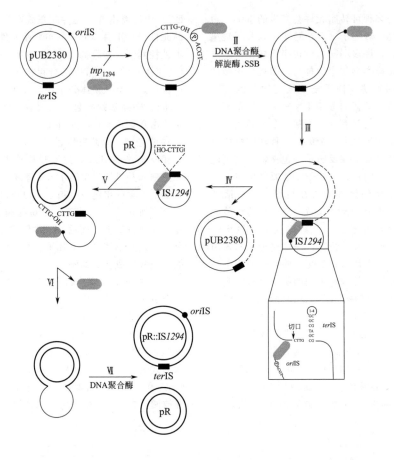

图 12-5　IS*1294* 的转座模型

（引自 Tavakoli N，Comanducci A，Dodd H M，et al. Plasmid，2000，44：66-84）

pR—靶位质粒；pR∷IS*1294*—靶位质粒的 IS*1294* 转座重组子

二、IS*91* 样元件的转座机制

IS*91* 样元件（IS*91*、IS*801* 和 IS*1294*）在革兰阴性菌中的转座需要这些元件的复制，但不涉及 Shapiro 复合物的形成。这些元件与其他 IS 元件截然不同，它们缺乏末端反向重复，这就建议这些末端以不同的方式加工而成。这些元件展示出靶位位点专一性，并且转座不会产生靶位位点重复，不过插入物或许被短的顺向重复包夹。

IS*1294* 是在 ColD 样耐药质粒 pUB2380 上被发现。IS*1294* 是一个有活性的 1.7kb 的插入序列，它缺乏末端反向重复，展示出插入位点专一性并且不产生靶位位点的顺向重复。这个元件拥有一个大的 ORF，tnp$_{1294}$，它编码一个 351 个氨基酸组成的转座酶，后者与革兰阳性菌的 RC-质粒所采用的复制蛋白的 REP 家族成员相关。IS*1294* 通过滚环复制进行转座，起始于元件的一端 *ori*IS，终止于元件的另一端 *ter*IS。*ori*IS 和 *ter*IS 在这类元件中

均高度保守。*ori*IS 类似于 RC-质粒的引导链复制起始位点；*ter*IS 类似于一个 rho-不依赖的转录终止子。IS*1294* 不仅介导其自身的转座，而且也带动邻接 *ter*IS 的序列转座（图 12-5）。

第四节　插入序列的功能作用

插入序列是最小的可转座元件。顾名思义，插入序列最核心的生物功能就是插入。换言之，插入序列通过编码转座酶能够在一个细菌细胞中独立转座，因此能够引起各种插入性突变和基因组重排。它能插入细菌基因组中的任何一个位置上。插入本身是随机的，插入位点也可能是随机的。然而，很多插入序列都是活跃的，易于转座，但有些插入序列并不活跃，极少发生转座，这种差异的原因并不清楚。插入序列所有功能作用的前提都是先有插入序列在 DNA 位点上的插入，这些功能都是由插入衍生出来的。一般来说，细菌中插入序列起

着 3 种作用：①编码一个转座酶，使得这个遗传元件变得可移动，实际上，这种移动就是插入；②提供启动子以便活化沉默的基因或促进下游决定子的表达；③ 带动插入序列下游的基因转移，这些基因可以位于整合子、转座子、质粒和染色体上。由此可见，插入序列是细菌天然生物工程中的重要工具之一。与接合型质粒和接合型转座子不同，插入序列的所有功能作用都只能局限在细胞内，插入序列不可能跨越细胞本身界限去实施插入功能。然而，插入序列一旦位于质粒那样的可移动遗传元件之中，它们就可以随着质粒的接合转移而进入其他细菌细胞中发挥作用。

插入是随机发生的，只要发生了插入，插入部位的基因功能就会发生改变，这种情况我们称为插入性突变。对于任何宿主细胞而言，也如同任何其他类型基因突变一样，插入性突变所带来的变化或是有害的，或是有益的，或是"中性"的，但大多数插入性突变都是有害的。插入序列的插入可导致原有基因功能的增强、减弱或灭活，对于宿主细胞来说，其宏观的效果取决于细菌所处的环境。例如，孔蛋白基因插入性灭活可影响各种物质通过细菌外膜，这可能会影响细菌细胞的代谢功能。然而，孔蛋白表达缺失也同样阻止了各种抗菌药物进入周质间隙内或细胞内发挥作用，使得细菌细胞能够在充斥着各种类别抗菌药物的环境中生存，这就是孔蛋白介导的细菌耐药。与细菌生存相比，代谢受到些影响并非主要矛盾，生死才是大事。再比如，铜绿假单胞菌拥有很多 RND 型外排泵如 MexAB-OprM，但这些泵在天然状态下是处于调节基因的阻遏调控之下，一旦阻遏基因被插入序列插入而造成灭活，那么，这些外排泵蛋白就会过度表达，从而导致铜绿假单胞菌针对一些种类的抗菌药物不敏感或耐药。显而易见，插入性突变造成的影响不仅仅体现在抗菌药物耐药上，因为插入性突变也是细菌基因组进化的重要工具之一，所以它的影响应该是非常广泛的。正如其他可移动遗传元件的研究一样，人们之所以关注插入序列更多的是因为这种可移动遗传元件在抗菌药物耐药起因上以及耐药传播上的重要作用。

第五节　插入序列与细菌耐药

已如前述，插入序列已经深度参与了细菌耐药的起因和散播。大体上说，插入序列主要在以下 4 个方面和细菌耐药关联起来。第一，启动子改变介导的耐药增加；第二，插入性基因破坏介导的耐药；第三，插入序列可以和耐药基因组成复合转座子；第四，插入序列可以带动下游的耐药基因的转移。

一、启动子改变介导的耐药增加

插入序列造成启动子的改变体现在两个层面，一是杂交启动子的插入性产生，二是位于耐药基因上游的插入序列本身就带有强力的完全启动子，它们会促进下游耐药基因的表达。

（一）杂交启动子形成导致耐药基因活化

无论是临床分离株还是实验室菌株，插入序列介导的 DNA 重排都并非罕见的事情。在一些情况下，插入序列可以插入一些启动子区域中，通过改善启动子 -10 区域和 -35 区域的间隔距离而改善启动子的活性强度。人们发现，IS2（大肠埃希菌携带其 5 个染色体拷贝）被插入人工质粒来源的 $ampC$ 基因的 -10 区域内可导致 $ampC$ 转录，在 β-内酰胺酶产生和氨苄西林耐药水平上展现出大约 20 倍的同步增加。IS2 也可以插入编码外排泵 $acrEF$ 基因的上游，有助于创造出一个推定的杂交启动子以及增加这个外排基因在一个大肠埃希菌实验室突变株的表达。在临床分离株中，IS 介导的一个杂交启动子形成的第一个观察大概是由 Brau 等在沙门菌属中做出的。在 IS140（IS26）下游的一个操纵子样的排列中，他们发现了质粒来源的 $aac(3)\text{-}IV$ 和 $aph(4)$ 基因，它们分别编码对庆大霉素和潮霉素 B 的耐药，这样的排列提供了这个 -35 区域。驱动编码 ESBL 基因转录启动子的 IS 介导的重排已经被观察到，这些 ESBL 属于 A 类或 D 类酶一些家族。很多种插入序列都参与了杂交启动子的形成。松鼠葡萄球菌是一种共生菌，大多数分离株对包括甲氧西林在内的 β-内酰胺类抗生素敏感，不过这些分离株携带一个与 $mecA$ 基因关系密切的同源物，而 $mecA$ 则是 MRSA 中的主要药物耐药决定子。对于一个异质性的松鼠葡萄球菌的甲氧西林耐药的人临床分离株（甲氧西林的 MIC 在 $25\mu g/mL$ 和 $800\mu g/mL$ 之间，而相反的是，一个 $mecA$ 阳性的、IS256 阴性的对照菌株 MIC 则在 $3\mu g/mL$ 和 $6\mu g/mL$ 之间）的分析揭示出，IS256 拷贝插入 $mecA$ 的上游区域创造出一个强力杂交启动子。总之，很多这样的插入使 -35 区域都处在最佳的距离上，即距离相应耐药基因特异性 -10 区域 17bp，这无疑会增强启动子的活性，促进下游各种耐药基因的高效表达，从而赋予细菌针对抗菌药物的临床耐药。

（二）完全启动子形成导致耐药基因活化

已经证实，很多插入序列都为耐药基因提供完全启动子，在临床上的耐药分离株中有很多这样的例子。例如，ISEcp1 为下游一些 CTX-M 型 ESBL 的表达提供完全启动子，从而促进这些 ESBL 表达。在 IS1999 左侧末端有一个完全启动子，它被建议可驱动 bla$_{OXA-48}$ 在一个肺炎克雷伯菌分离株中的转录。在铜绿假单胞菌中，IS1999 也存在于 bla$_{VEB-1}$ 转录起始位点的上游。在鲍曼不动杆菌中，ampC 基因的表达与 ISAba1 的关联大，该 IS 就位于 ampC 基因的上游。ISAba1 的存在显然与该菌株针对头孢他啶的高水平耐药密切关联。ISAba1 在源自英国鲍曼不动杆菌所有广泛流行的克隆中都被发现。所有被研究的分离株都具有一个 bla$_{OXA-51}$ 样碳青霉烯酶基因；一些分离株也具有 bla$_{OXA-23}$ 样和/或 bla$_{OXA-58}$ 样基因。在具有 bla$_{OXA-51}$ 样作为唯一的碳青霉烯酶基因的分离株中，只有那些具有邻接 bla$_{OXA-51}$ 样的 ISAba1 的分离株才对碳青霉烯耐药。此外，具有 bla$_{OXA-23}$ 样的分离株总是对碳青霉烯类耐药；在所有这些分离株中，ISAba1 都位于 bla$_{OXA-23}$ 样的上游，但与 bla$_{OXA-51}$ 样没有关联。这些结果建议，ISAba1 正为 bla$_{OXA-51}$ 样并且可能也为 bla$_{OXA-23}$ 样提供启动子。上面提到的不过是在临床分离株中几个典型例子，不过这样的情况应该是常见的，并且很多插入序列参与了这一耐药增高过程。

二、插入性基因破坏介导的耐药

众所周知，很多抗菌药物是通过孔蛋白进入革兰阴性病原菌的细胞之中的。孔蛋白缺失或表达减少意味着细菌外膜通透性的下降，从而造成抗菌药物扩散流入细菌细胞内的数量锐减，抗菌效力自然大打折扣。这已经成为临床上革兰阴性病原菌的一种重要的耐药机制。在很多情况下，孔蛋白编码基因的破坏都是由插入序列的插入造成的。这种情况在一些肠杆菌科细菌菌种以及铜绿假单胞菌中频繁发生（详见"外膜通透性改变介导的细菌耐药"一章）。此外，针对参与耐药水平调控的各种基因而言，插入性灭活是插入序列参与细菌耐药的一个非常重要的方式。众所周知，耐药基因的存在是细菌耐药的必要条件，但仅仅携带耐药基因并不直接意味着会出现临床意义的耐药，关键原因是这些耐药基因常常处于一些调节基因特别是阻遏基因的调控之下。例如，在革兰阴性菌中，编码 AmpC 的基因平时处于低水平表达状态，但这种 β-内酰胺酶的产生却是可诱导的。尽管诱导的环节很复杂，但其中有一个关键的阻遏物就是 AmpD，后者是影响胞壁肽的细胞内水平的一种酰胺酶，而胞壁肽制约着 AmpR 的调节状态。以前就已经被显示，受损伤的 AmpD 功能导致 ampC 表达的脱阻遏。IS1 自发性插入大肠埃希菌的 ampD 中就可造成半组成的 ampC 基因的过度表达。一个类似的插入事件在铜绿假单胞菌的头孢他啶耐药的临床分离株中出现，这个分离株具有稳定的脱阻遏的 AmpC 产生，同时在这些分离株中，IS1669 已经破坏编码 AmpD 基因。一些外排泵表达的调节是另一个鲜活的例子。在铜绿假单胞菌中，RND 家族的三组件外排泵的表达被负性控制。已经证实，控制各种 RND 外排泵的阻遏基因被插入序列的插入性破坏导致耐药程度的明显提高。大肠埃希菌多药外排泵 AcrAB 的表达也被 acrR 负调节，已经证实，acrR 被 IS186 的插入性破坏也会导致大肠埃希菌针对氟喹诺酮类耐药的增加（表 12-1）。

表 12-1 影响赋予或调控针对抗菌药物耐药的基因的插入序列

机制	元件	受影响基因	相关耐药表型[①]（增加倍数）[②]	出现[③]		菌种
				天然	实验	
耐药基因活化（杂交启动子）	IS1	bla$_{TEM-1}$	Amp		+	大肠埃希菌
	IS1 样	bla$_{TEM-6}$	Caz, Azt(10P)	+		肠杆菌科细菌
	IS2	ampC	Amp(20P)	+	+	大肠埃希菌
		acrEF	FQ(约 10)		+	大肠埃希菌
	IS18	aac(6')-Ij	Ami	+		不动杆菌属
	IS26	aphA7, bla$_{S2A}$	Kan, Ctx	+		肺炎克雷伯菌
		bla$_{SHV-2a}$	Caz, Ctx, Azt	+		铜绿假单胞菌
	IS140(IS26)	aac(3)-IV-aph(4)[④]	Gen, Hyg	+		沙门菌种
	IS256	mecA	Met(8~100)	+	+	松鼠葡萄球菌
		llm	Met(4~16)		+	金黄色葡萄球菌
	IS257	dfrA	Tmp	+		金黄色葡萄球菌
		tetA(K)	Tet	+		金黄色葡萄球菌
	IS1224	cepA	Amp	+		脆弱拟杆菌

续表

机制	元件	受影响基因	相关耐药表型①（增加倍数）②	出现③ 天然	出现③ 实验	菌种
耐药基因活化（完整启动子）	IS257	tetA(K)	Tet	+		金黄色葡萄球菌
	IS612,IS613,IS614,IS615,IS942,IS943,IS1186,IS1187,IS1188,IS4351	cfiA	Imi,Mer	+	+	脆弱拟杆菌
	IS642,IS1186,IS1169,IS1170	nimA,nimB,nimC,nimD,nimE	Mtz	+		脆弱拟杆菌
	IS1999	bla_VEB-1	Caz,Ctx,Azt(1.6SA)	+		铜绿假单胞菌
		oxa-48	Imi(约30)	+		肺炎克雷伯菌
	IS4351	ermF/S	Ery	+		脆弱拟杆菌
	ISAba1	ampC	Caz,Tic	+		鲍曼不动杆菌
	ISEcp1	bla_CTX-M-15	Ctx,Atz	+		肠杆菌科细菌
		bla_CTXC-M-17	Ctx,Atz	+		肺炎克雷伯菌
	ISEcp1B	bla_CTX-M-19	Ctx,Atz	+		肺炎克雷伯菌
	ISPa12	bla_PER-1	Caz,Ctx,Azt	+		肠炎沙门菌鼠伤寒血清型
基因破坏	IS1	ampD	Pen		+	大肠埃希菌
	IS1,IS5,IS26,IS903	ompK36	Cfx		+	肺炎克雷伯菌
	IS5样,IS102	ompK36	Cfx	+		肺炎克雷伯菌
	IS26	ompK36	Imi,Mer	+		肺炎克雷伯菌
	IS17	aac(6')-Ig	AG S⑥	+		不动杆菌属
	IS21	mexR	Tic,Azt	+		铜绿假单胞菌
	IS186	acrR	FQ(约30)		+	大肠埃希菌
	IS256	tacA	Tei(5～8) Van(2)	+		金黄色葡萄球菌
	IS431	mecI,mecRI	Met(8～32)		+	溶血葡萄球菌
	IS1669	ampD	Caz(64～400)	+		铜绿假单胞菌
	IS6110	pncA	Pyr	+		结核分枝杆菌
	ISAba825,ISAba125	carO	Imi,Mer(16)	+		鲍曼不动杆菌
	ISEfa4	vanS_D	Van组成型	+		屎肠球菌
	ISEfm1/IS19	ddl	Van组成型	+		屎肠球菌
	ISPa1328,ISPa1635	oprD	Imi,Mer	+		铜绿假单胞菌
	IS NN⑤	nfxB	Tet,Tig		+	铜绿假单胞菌
	IS NN	cmlA,oxa-10	Cmp,Tic	+		肺炎克雷伯菌

① Ami—阿米卡星；Amp—氨苄西林；Azt—氨曲南；Caz—头孢他啶；Cfx—头孢西丁；Cmp—氯霉素；Ctx—头孢噻肟；Ery—红霉素；FQ—氟喹诺酮类；Gen—庆大霉素；Hyg—潮霉素；Imi—亚胺培南；Kan—卡那霉素；Mer—美罗培南；Met—甲氧西林；Mtz—甲硝唑；Pen—青霉素；Pyr—吡嗪酰胺；Tei—替考拉宁；Tet—四环素；Tic—替卡西林；Tig—替加环素；Tmp—甲氧苄啶；Van—万古霉素。
② 括号中的数字是在MIC上增加的倍数；后面带"P"的数字提示在启动子强度的改变；后面带"SA"的数值提示在特异性β-内酰胺酶活性上的改变。
③ "天然"是指在临床分离株中被观察到插入，"实验"是指在实验条件下被观察到的自发的插入。
④ 这两个基因被组织在一个转录单位中。
⑤ NN—未被命名的IS元件。
⑥ AGS—对氨基糖苷类的敏感性。
注：引自Depardieu F, Podglajen I, Leclercq R, et al. Clin Microbiol Rev, 2007, 20：79-114。

三、组成耐药复合转座子

许多IS元件能够以一种复合转座子的形式存在。在这些复合转座子中，两个侧翼的IS元件在移位一个间插（intervening）DNA片段上协同运作。人们了解最多的是与抗菌药物耐药有关的复合转座子，其中的间插基因是各种抗菌药物耐药基因。有些情况下，这些间插的DNA片段不只是一个抗菌药物耐药基因，而是一个几乎完整的1类整合子，如复合转座子Tn2000，其中的间插DNA

片段就是整合子 In53。一旦一种抗菌药物耐药基因构成了复合转座子的一部分，它就具备了高度移动性的能力。此外，IS 已经被广泛地证实参与基因表达的活化和废止。它们通过促进基因的新组合的进化而在它们宿主的适应能力上起着一个重要的作用，并且它们常常作为染色体的组成部分和染色体外的遗传元件如质粒的组成部分而被遇到。IS26 是很多早期被认识到参与了耐药基因获得上插入序列中的一个范例。IS26 通过第一次转座到一个耐药基因两侧的位置而获得这个耐药基因。当这个元件被直接重复时，整个结构在单一一步进行移动就成为可能，从而动员在这个基因的两个拷贝之间的任何片段。IS26 在动员耐药基因上是一个主要的"玩家"，并且通过从肺炎克雷伯菌染色体上捕获 bla_{SHV} 基因并且被动员到质粒上而造成在革兰阴性病原菌早期的青霉素和头孢菌素耐药。迄今为止，人们并不清楚这些复合转座子是在哪里构建，也不清楚是在什么机缘下构建。有学者提出，两个插入序列是一先一后分别插入间插 DNA 的两侧，当然，这段间插 DNA 可以是耐药基因，也可以是其他基因或 DNA 片段，还有学者推测两个插入序列是同时插入间插 DNA 的两侧。如果后一种情况属实的话，那么就意味着插入序列在细菌基因组中是非常丰富的。无论如何，一旦复合转座子形成，转座就有可能发生，耐药基因也就可以随之转移和散播。

四、带动耐药基因转移

插入序列带动下游基因转移的情况并非不常见，即便在细菌耐药基因的转移上也是如此。然而，并非所有插入序列都具备单独带动下游基因转移的能力。已如上述，插入序列可以成对出现，夹括间插基因形成复合转座子，进而以转座的形式带动基因转移。单一插入序列带动下游耐药基因转移的最突出例子就是 ISEcp1。在 20 世纪 90 年代后期，Stapleton 在大肠埃希菌菌株 79 的质粒 pST01 中鉴定出这一插入序列。当时作者就发现 ISEcp1 可以动员质粒介导的 C 类 β-内酰胺酶编码基因 bla_{CMY-4}。ISEcp1 由一个开放阅读框和两个不完全一样的反向重复构成，该开放阅读框编码一种由 420 个氨基酸组成的转座酶。ISEcp1 还能动员位于下游的 bla_{CTX-M} 基因并为其表达提供一个启动子。CTX-M 型 β-内酰胺酶是目前全球最流行的 ESBL。ISEcp1 与其他 IS 元件弱相关，并且属于 IS1380 家族。该家族的成员不多，大小从 1665bp 到 2071bp 不等。每个 IS 成员都仅仅具有一个 ORF。ISEcp1 样插入序列元件已经被鉴定出与编码一些 CTX-M 家族成员的基因有关联，它已经被证实可通过一种特殊的转座过程动员各种 bla_{CTX-M} 基因。ISEcp1 样插入序列元件通过转座动员邻接的序列，这种动员是通过将各种 DNA 序列识别成为右侧反向重复（IRR）。因此，位于一个 bla_{CTX-M} 基因上游的一个单一拷贝就足以从一个克吕沃尔菌株中动员这个基因。此外，通过提供启动子序列，ISEcp1 促进这一 bla_{CTX-M} 基因的表达，在其天然起源菌种中，这种表达水平很低，然而，一旦被肠杆菌科细菌获得，其表达是高水平的。赵维华和胡志清总结了 CTX-M 型酶的遗传平台情况，我们可以看出 ISEcp1 深度参与各种 CTX-M 型酶的转移（表 12-2）。

表 12-2 CTX-M 型酶的遗传平台

CTX-M	遗传平台	细菌宿主
CTX-M-1	ISEcp1-$bal_{CTX-M-1}$-orf477	大肠埃希菌
	ISEcp1△-IS26- ISEcp1△-$bal_{CTX-M-1}$	肺炎克雷伯菌
	IS26- ISEcp1△-$bal_{CTX-M-1}$-orf477△	大肠埃希菌
	intI1-dfrA17-aadA5-qacE △1-sul1-ISCR1- $bal_{CTX-M-1}$orf3-IS3000-qacE △1-sul1 样-orf5	大肠埃希菌
CTX-M-2	intI1-aacA4-bla_{OXA-2}orfA-qacE △1-sul1-ISCR1-$bla_{CTX-M-2}$-orf3△-qacE △1-sul1	奇异变形杆菌
	intI1-aacA4-bla_{OXA-2}orfA-qacE △1-sul1-ISCR1-$bla_{CTX-M-2}$-orf3△-qacE △1-sul1-orf5	霍乱弧菌
	intI1-aacA4-bla_{OXA-2}orfA-qacE △1-sul1-ISCR1-dfr10-$bla_{CTX-M-2}$-orf3 △-qacE △1-sul1-orf5-tniB △-IS1326	肠道沙门菌
	intI1-dfrA12-aadA2-qacE △1-sul1-ISCR1-$bla_{CTX-M-2}$-orf3△-qacE △1-sul1-orf5-IS1326	肺炎克雷伯菌
	intI1-estX-aadA1-qacE △1-sul1-ISCR1- $bla_{CTX-M-2}$-orf3△-qacE △1-sul1-orf5-IS1326	大肠埃希菌
	intI1-aac（6'）-Iq-aadA1-qacE △1-sul1-ISCR1- $bla_{CTX-M-2}$-orf3△-qacE △1	肺炎克雷伯菌

续表

CTX-M	遗传平台	细菌宿主
	intI1-aadA1-qacE△*1-sul1*-ISCR1-*bla*_{CTX-M-2}-*orf3*△-*qacE*△*1*	肺炎克雷伯菌
	intI1-aadA2-qacE△*1-sul1*-ISCR1-*bla*_{CTX-M-2}-*orf3*△-*qacE*△*1*	肺炎克雷伯菌
	intI1-dhfrh1-aadA2-qacE△*1-sul1*-ISCR1-*bla*_{CTX-M-2}-*orf3*△-*qacE*△*1-sul1*	大肠埃希菌
	intI1-dfrA1-aadA1-qacE△*1-sul1*-ISCR1-*bla*_{CTX-M-2}-*orf3*△-*qacE*△*1-sul1*	肠道沙门菌
	intI1-dfrA12orfF—aadA2-qacE△*1-sul1*-ISCR1-*bla*_{CTX-M-2}-*orf3*△-*qacE*△*1-sul1*	肠道沙门菌
	intI1-dfrA21-qacE△*1-sul1*-ISCR1-*bla*_{CTX-M-2}-*orf3*△*qacE*△*1*	肺炎克雷伯菌
	intI1-dfrA22-qacE△*1-sul1*-ISCR1-*bla*_{CTX-M-2}-*orf3*△-*qacE*△*1*	肺炎克雷伯菌
	intI1-orf1-cat-orf2-aadA1-qacE△*1-sul1*-ISCR1-*bla*_{CTX-M-2}-*orf3*△-*qacE*△*1-sul1*	奇异变形杆菌
	IS*Ecp1*-*bla*_{CTX-M-2}	奇异变形杆菌
CTX-M-3	IS*Ecp1*-*bla*_{CTX-M-3}-*orf477*	肺炎克雷伯菌
	IS*Ecp1*-*bla*_{CTX-M-3}-*orf477-mucA*	肺炎克雷伯菌
	IS*Ecp1* 样-*bla*_{CTX-M-3}-*orf477* 样	奇异变形杆菌
	IS*Ecp1*-*bla*_{CTX-M-3}	大肠埃希菌
	IS*Ecp1*-IS*1*-*bla*_{CTX-M-3}-*orf477-mucA*	肺炎克雷伯菌
	IS*Ecp1*-*bla*_{CTX-M-3}-*orf-mucA*	弗氏柠檬酸杆菌
	IS*26*- IS*Ecp1*△-*bla*_{CTX-M–3}	大肠埃希菌
	IS*26*-IS*Ecp1*-*bla*_{CTX-M-3}-*orf477-mucA*	奇异变形杆菌
CTX-M-9	*intI1-aadB-qacE*△*1-sul1*-ISCR1-*bla*_{CTX-M-9}-*orf3* 样-IS*3000*	阴沟肠杆菌
	intI1-dhfr12-orfX-aadA8-qacE△*1-sul1*-ISCR1-*bla*_{CTX-M-9}-*orf3-orf339*△	大肠埃希菌
	intI1-dfrA16-aadA2-qacE△*1-sul1*-ISCR1-*bla*_{CTX-M-9}-*orf3* 样-IS*3000-qacE*△*1-sul1*	大肠埃希菌
	ISCR1-*bla*_{CTX-M-9}	大肠埃希菌
	IS*Ecp1*-*bla*_{CTX-M-9}	弗氏柠檬酸杆菌
CTX-M-10	In*1000* 样-*orf2-orf3-orf4*-DNA 转化酶基因-*bla*_{CTX-M-10}-*orf7-orf8*-IS*4321-orf10-orf11*-IS*5*	肺炎克雷伯菌
	IS*Ecp1*-*bla*_{CTX-M-10}-*orf*-Tn*5396*	大肠埃希菌
CTX-M-12	IS*Ecp1*-*bla*_{CTX-M-12}	奇异变形杆菌
CTX-M-*13*	IS*Ecp1B*-*bla*_{CTX-M-13}	大肠埃希菌
CTX-M-14	IS*Ecp1*-*bla*_{CTX-M-14}-IS*903*	大肠埃希菌
	IS*Ecp1* 样-*bla*_{CTX-M-14}-IS*903* 样	奇异变形杆菌
	IS*Ecp1*-IS*10*-*bla*_{CTX-M-14}-IS*903*	大肠埃希菌
	IS*Ecp1*-IS*10*-*bla*_{CTX-M-14}-IS*903D*	大肠埃希菌
	IS*26*- IS*Ecp1*-*bla*_{CTX-M-14}	肺炎克雷伯菌
	IS*26*- IS*Ecp1*-*bla*_{CTX-M-14}-IS*903*	肺炎克雷伯菌
	IS*26*-*bla*_{CTX-M-14}-IS*903D*	肠道沙门菌
	IS*Ecp1B*-*bla*_{CTX-M-14}	大肠埃希菌
	intI1-dfrA12-orfF-aadA2-qacE△*1-sul1*-ISCR1-*bla*_{CTX-M-14}-IS*903* 样	大肠埃希菌
	intI1-dfrA12-orfF-aadA2-qacE△*1-sul1-orf5*-IS*6100*-ISCR1-IS*Ecp1*△-*bla*_{ctx-m-14}-IS*903D*	大肠埃希菌
CTX-M-15	IS*Ecp1*-*bla*_{CTX-M-15}	嗜水气单胞菌
	IS*Ecp1*-*bla*_{CTX-M-15}-*orf477*	大肠埃希菌
	IS*Ecp1*-*bla*_{CTX-M-15}-*orf477*-Tn*3*	鲍曼不动杆菌
	Tn*3*△- IS*Ecp1*-*bla*_{CTX-M-15}-*orf*-Tn*3*△	大肠埃希菌
	IS*26*- IS*Ecp1*-*bla*_{CTX-M-15}-*orf477*	大肠埃希菌
	IS*26*- IS*Ecp1*-*bla*_{CTX-M-15}-*orf477*△	肠道沙门菌
	*bla*_{TEM-1}-*tnpR-tnpA*- IS*Ecp1*-*bla*_{CTX-M-15}-*orf477*	大肠埃希菌
CTX-M-16	IS*Ecp1*-*bla*_{CTX-M-16}-IS*903*	大肠埃希菌
	IS*Ecp1*-*bla*_{CTX-M-16}-*orf3-orf339-orf477*	大肠埃希菌
CTX-M-17	IS*Ecp1* 样-*bla*_{CTX-M-17}-IS*903C*	肺炎克雷伯菌
CTX-M-19	*intI1* 样-*aacA4-cmlA1-qacE*△*sul1*-Tn*1721*-IS*Ecp1B*-*bla*_{CTX-M-19}-IS*903D*	肺炎克雷伯菌
CTX-M-20	IS*Ecp1*-*bla*_{CTX-M-20}	奇异变形杆菌
CTX-M-21	IS*Ecp1*-*bla*_{CTX-M-21}	大肠埃希菌

续表

CTX-M	遗传平台	细菌宿主
CTX-M-22	IS$Ecp1\triangle$-IS26-bla$_{CTX-M-22}$-orf477-IS$Ecp1\triangle$	液化沙雷菌
CTX-M-24	IS$Ecp1$-bla$_{CTX-M-24}$-IS903	大肠埃希菌
	IS$Ecp1$ 样-bla$_{CTX-M-24}$-IS903 样	奇异变形杆菌
CTX-M-25	intI1-dhfr7- IS$Ecp1$-bla$_{CTX-M-25}$-qacE$\triangle$1-sul1	奇异变形杆菌
	IS$Ecp1\triangle$-IS50-A-IS$Ecp1\triangle$-bla$_{CTX-M-25}$-orfX	大肠埃希菌
CTX-M-26	intI1-dhfr7- IS$Ecp1$-bla$_{CTX-M-26}$-qacE$\triangle$1-sul1	肺炎克雷伯菌
	IS$Ecp1$-bla$_{CTX-M-26}$-orfX	肺炎克雷伯菌
CTX-M-27	IS$Ecp1$-bla$_{CTX-M-27}$	肠道沙门菌
	IS$Ecp1$-bla$_{CTX-M-27}$-IS903	大肠埃希菌
CTX-M-32	IS$Ecp1\triangle$-IS5-IS1A- IS$Ecp1\triangle$-bla$_{CTX-M-32}$-orfX	大肠埃希菌
	IS$Ecp1\triangle$-IS5-IS$Ecp1\triangle$-bla$_{CTX-M-32}$	大肠埃希菌
CTX-M-39	intI1-dhfr7- IS$Ecp1$-bla$_{CTX-M-39}$-qacE$\triangle$1-sul1	大肠埃希菌
	intI1-aadA1- IS$Ecp1$-bla$_{CTX-M-39}$-qacE$\triangle$1-sul1	大肠埃希菌
CTX-M-40	IS$Ecp1$ 样-bla$_{CTX-M-40}$	大肠埃希菌
CTX-M-42	IS$Ecp1$-bla$_{CTX-M-42}$	大肠埃希菌
CTX-M-53	IS$Sen2$- bla$_{CTX-M-53}$-orf477$\triangle$-IS26	肠道沙门菌
CTX-M-54	IS$Ecp1$-bla$_{CTX-M-54}$-IS903 样	肺炎克雷伯菌
CTX-M-55	IS$Ecp1$-bla$_{CTX-M-55}$-orf477	大肠埃希菌
	IS$Ecp1\triangle$-IS1294-bla$_{CTX-M-55}$-orf477	大肠埃希菌
CTX-M-59	intI1-dfr15b-cmlA4-样-aadA2-qacE$\triangle$1-sul1-ISCR1-bla$_{CTX-M-59}$-orf3$\triangle$-qacE$\triangle$1	肺炎克雷伯菌
CTX-M-62	IS$Ecp1$-bla$_{CTX-M-62}$-qacEcp1$\triangle$1/$\triangle$2	肺炎克雷伯菌
CTX-M-64	IS$Ecp1$-bla$_{CTX-M-64}$-orf477	宋氏志贺菌
CTX-M-65	IS$Ecp1$-bla$_{CTX-M-65}$-IS903	大肠埃希菌
CTX-M-66	IS$Ecp1$ 样-bla$_{CTX-M-66}$-orf477 样	奇异变形杆菌
CTX-M-74	ISCR1-bla$_{CTX-M-74}$-orf3$\triangle$-qacE$\triangle$1-sul1	阴沟肠杆菌
CTX-M-75	ISCR1-bla$_{CTX-M-75}$-orf3$\triangle$-qacE$\triangle$1-sul1	斯氏普罗威登斯菌
CTX-M-79	IS$Ecp1$-bla$_{CTX-M-79}$	大肠埃希菌
CTX-M-83	IS$Ecp1$-bla$_{CTX-M-82}$	大肠埃希菌
CTX-M-89	IS$Ecp1$ 样-bla$_{CTX-M-89}$-orf477 样	阴沟肠杆菌
CTX-M-90	IS$Ecp1$-bla$_{CTX-M-90}$-IS903 样	奇异变形杆菌
	IS$Ecp1$-bla$_{CTX-M-90}$	奇异变形杆菌
CTX-M-93	IS$Ecp1$-bla$_{CTX-M-93}$-IS903	大肠埃希菌
CTX-M-98	IS$Ecp1$-bla$_{CTX-M-98}$-IS903	大肠埃希菌
CTX-M-101	IS$Ecp1$-bla$_{CTX-M-101}$	大肠埃希菌
CTX-M-102	IS$Ecp1$-bla$_{CTX-M-102}$-IS903	大肠埃希菌
CTX-M-104	IS$Ecp1$-bla$_{CTX-M-104}$-IS903	大肠埃希菌
CTX-M-105	IS$Ecp1$-bla$_{CTX-M-105}$-IS903	大肠埃希菌
CTX-M-116	IS$Ecp1$-bla$_{CTX-M-116}$	奇异变形杆菌
CTX-M-121	IS$Ecp1$-bla$_{CTX-M-121}$-IS903	大肠埃希菌
CTX-M-122	IS$Ecp1$-bla$_{CTX-M-122}$-IS903	大肠埃希菌
CTX-M-123	IS$Ecp1$-bla$_{CTX-M-123}$-IS903	大肠埃希菌

注：引自 Zhao W H，Hu Z Q. Crit Rev Microbiol, 2013，39：79-101。

第六节　结语

插入序列元件也属于可转座的遗传元件，它是在细菌中最早被鉴定出的可转座元件，转座子的发现比插入序列稍晚一些。与质粒和转座子一样，插入序列元件也不是为耐药而生。虽说插入序列在细菌基因组中存在很广泛，但也并非无处不在，一些已经进行基因组测序的细菌确实没有发现插入序列存在的痕迹。我们之所以关注插入序列也是因为它们与细菌耐药有着千丝万缕的联系。插入序列不仅可以带动转移耐药基因，而且也可以为这些耐药基因的高水平表达提供强力启动子。此外，插入序列也可以通过插入性灭活一些耐药基因调节中的阻遏物而高水平活化耐药基因的表达。再者，插入序列也可以直接插入一些表达孔蛋白的基因中，从而造成孔蛋白表达的缺失，进而引起细菌耐药。然而，我们必须记住的是，插入序列的这些表现都不是主动设计的行为，都是随机产生的。如果我们采取逆向思维的方式考虑问题的话，插入序列的插入行为既然是随机的，那么，是否也存在插入序列随机插入正在高水平表达的耐药基因中，造成耐药基因的插入性灭活，从而使得耐药菌株转变成敏感菌株呢？答案应该是肯定的，只是根本没人关注敏感菌株，人们自然也就忽略了这个敏感菌株是原本就敏感的还是从耐药逆转为敏感。无论怎么说，细菌突变也好，耐药基因获得也罢，这些都是随机发生的，关键就是选择。只要抗菌药物大量使用施加的选择压力还继续存在，各种各样的耐药菌株就会不断地被选择出来。

参考文献

[1] Mahillon J，Leonard C，Chandler M. IS elements as constituents of bacterial genomes [J]. Res Microbiol，1999，150：675-687.

[2] Bennett P M. Genome plasticity：Insertion sequence elements，transposons and integrons，and DNA rearrangement [J]. Methods Mol Biol，2004，266：71-113.

[3] Wagner A，Lewis C，Bichsel M. A survey of bacterial insertion sequences using IScan [J]. Nucleic Acids Res，2007，35：5284-5293.

[4] Turton J F，Ward M E，Woodford N，et al. The role of ISAba1 in expression of OXA carbapenemase genes in Acinetobacter baumannii [J]. FEMS Microbiol Lett，2006，258：72-77.

[5] Depardieu F，Podglajen I，Leclercq R，et al. Modes and modulations of antibiotic resistance gene expression [J]. Clin Microbiol Rev，2007，20：79-114.

[6] Goussard S，Sougakoff W，Mabilat C，et al. An IS1-like element is responsible for high-level synthesis of extended-spectrum β-lactamase TEM-6 in Enterobacteriaceae [J]. J Gen Microbiol，1991，137：2681-2687.

[7] Aubert D，Naas T，Nordmann P. IS1999 increases expression of the extended-spectrum β-lactamase VEB-1 in Pseudomonas aeruginosa [J]. J Bacteriol，2003，185：5314-5319.

[8] Beuzon C R，Chessa D，Casadesus J. IS200，an old and still bacterial transposon [J]. Int Microbiol，2004，7：3-12.

[9] Boutoille D，Corvec S，Caroff N，et al. Detection of an IS21 insertion sequence in the mexR gene of Pseudomonas aeruginosa increasing β-lactam resistance [J]. FEMS Microbiol，2004，230：143-146.

[10] Covec S，Caroff N，Espaze E，et al. AmpC cephalosporinase hyperproduction in Acinetobacter baumannii clinical strains [J]. J Antimicrob Chemother，2003，52：629-635.

[11] Hertier C，Poirel L，Nordmann P. Cephalosporinase over-expression resulting from insertion of ISAba1 in Acinetobacter baumannii [J]. Clin Microbiol Infect，2006，12：123-130.

[12] Hernandez-Alles S，Benedi S V J，Martinez-Martinez L，et al. Development of resistance during antimicrobial therapy caused by insertion sequence interruption of porin genes [J]. Antimicrob Agents Chemother，1999，43：937-939.

[13] Jellen-Ritter A S，Kern W V. Enhanced expression of the multidrug efflux pumps AcrAB and AcrEF associated with insertion element transposition in Escherichia coli mutants selected with a fluoroquinolone [J]. Antimicrob Agents Chemother，2001，45：1467-1472.

[14] Katayama Y，Ito T，Hiramutsu K. Genetic organization of the chromosome region surrounding mecA in clinical staphylococcal strains：role of IS431-mediated mecI deletion in expression of resistance in mecA-carrying，low-level methicillin-resistant Staphylococcus haemolyticus [J]. Antimicrob Agents Chemother，2001，45：1955-1963.

[15] Lee K Y，Hopkins J D，Syvanen M. Direct involvement of IS26 in an antibiotic resistance operon [J]. J Bacteriol，1990，172：3229-3236.

[16] Leelaporn A，Firth N，Byrne M E，et al. Possible role of insertion sequence IS257 in dissemination and expression of high- and low-level trimethoprim resistance in staphylococci [J]. Antimicrob Agents Chemother，1994，38：2238-2244.

[17] Mahillon J，Chandler M. Insertion sequence [J].

Microbiol Mol Bio Rev，1998，62：725-774.

[18] Mussi M A，Limansky A S，Viale A M. Acquisition of resistance to carbapenems in multidrug-resistant clinical strains of *Acinetobacter baumannii*：natural insertional inactivation of a gene encoding a member of a novel family of β-barrel outer membrane proteins [J]. Antimicrob Agents Chemother，2005，49：1432-1440.

[19] Poirel L，Cabanne L，Vahaboglu H，et al. Genetic environment and expression of the extended-spectrum β-lactamase *bla*PER-1 gene in Gram-negative bacteria [J]. Antimicrob Agents Chemother，2005，49：1708-1713.

[20] Poirel L，Decousser J W，Nordmann P. Insertion sequence IS*Ecp1B* is involved in the expression and mobilization of a *bla*CTX-M β-lactamase gene [J]. Antimicrob Agents Chemother，2003，47：2938-2945.

[21] Poirel L，Heritier C，Tolun V，et al. Emergence of oxacillinase-mediated resistance to imipenem in *Klebsiella pneumoniae* [J]. Antimicrob Agents Chemother，2004，48：15-22.

[22] Poirel L，Lartigue M F，Decousser J W，et al. IS*Ecp1B*-mediated transposition of *bla*CTX-M in *Escherichia coli* [J]. Antimicrob Agents Chemother，2005，49：447-450.

[23] Rogers M B，Bennett T K，Payne C M，et al. Insertional activation of *cepA* leads to high-level β-lactamase expression in *Bacteroides fragilis* clinical isolates [J]. J Bacteriol，1994，176：4376-4384.

[24] Srikumar R，Paul C J，Poole K. Influence of mutations in the *mexR* repressor gene on expression of the MexA-MexB-OprM multidrug efflux system of *Pseudomonas aeruginosa* [J]. J Bacteriol，2000，182：1410-1414.

[25] Wolter D J，Hanson N D，lister P D. Insertional inactivation of *oprD* in clinical isolates of *Pseudomonas aeruginosa* leading to carbapenem resistance [J]. FEMS Microbiol Lett，2004，236：137-143.

[26] Tavakoli N，Comanducci A，Dodd H M，et al. IS*1294*，a DNA element that transposes by RC transposition [J]. Plasmid，2000，44：66-84.

[27] Brau B，Pilz U，Peepersberg W. Genes for gentamicin-(3)-*N*-acetytransferases Ⅲ and Ⅳ：I. Nucleotide sequence of the AAC (3)-Ⅳ gene and possible involvement of an IS*140* element in its expression [J]. Mol Gen Genet，1984，193：179-187.

第十三章

整合子

在细菌性病原菌中，抗菌药物耐药的出现和传播是在过去 70 多年中被观察到的最引人瞩目的进化实例。自从开启抗菌药物化学治疗以来，针对这些救命药的耐药就已经被观察到，多马克和弗莱明在其各自的诺贝尔颁奖演讲中都强调了这一点。弗莱明以神明样的精准预言："那样的一天总会来临，届时任何人都能够在商店中购买到青霉素，不过危险也会伴随着出现，即粗心大意的人或许轻而易举地让自己服用剂量过低的抗生素，这样就会将细菌暴露到非致死量的药物之下，从而训导细菌对青霉素耐药"。尽管多马克和弗莱明都明确预测到了耐药会出现，并且也观察到了耐药现象在人病原菌中最早的出现，但他们根本没有预测到多药耐药（multiple drug resistance，MDR）的出现。这是因为在当时，耐药被认为完全由突变所致，而这些突变则是异常罕见的。在正常细菌中，适应性突变发生的频次大约为 10^{-8}，并且致死性和有害突变发生的频次要高得多，分别为 10^{-5} 和 10^{-4}。因此，同时对不止一种抗菌药物耐药极为罕见，以至于人们甚至认为这种情况几乎不可能发生。实际上，自从抗菌药物问世以来，细菌耐药就一直是感染性疾病成功治疗的一个障碍。我们深知，细菌耐药之所以在全球范围内进化成为现今这种严重的局面，耐药基因的散播也在细菌耐药全球性升级中起到至关重要的作用。第一个被记录到的多重耐药分离株是志贺菌属菌株，它们在 20 世纪 50 年代在日本被观察到。这些细菌相继被显示含有质粒，当时称作 R 因子，它能够将耐药性状转移到抗菌药物敏感的细菌细胞中。携带一个或多个抗菌药物耐药基因的质粒很快就在很多国家中被分离出，并且抗菌药物

耐药与质粒常见的关联性目前已经被广泛接受。在理解抗菌药物耐药基因如何被获得的下一件事情就是转座子的发现。这些可移动遗传元件为如下的发现提供解释，即质粒存在于抗生素年代前的临床分离株中，但它们不携带抗生素耐药基因。如果耐药基因是可移动元件如转座子的一部分，那么这些耐药基因被质粒所摄取就是可能的，因为转座子能够将一个 DNA 分子（位于染色体或质粒上）易位到另一个 DNA 分子。进而，如果质粒是接合型的或是可带动转移型的，那么，耐药基因就能够被这些媒介移动进入其他细菌中。

然而，就算是已经有大量耐药基因是已知的，转座子的发现也不过是将新抗菌药物耐药基因如何被获得这样的问题，从这些基因如何被质粒获得转向这些基因如何被转座子获得。在复合转座子如 Tn5（neo、ble、sir）、Tn9（catA1）和 Tn10（tetB），位于耐药基因两个侧翼的是一个插入序列（IS）的两个拷贝，这可能让人们想象，这些插入序列碰巧移动到耐药基因两侧这样的位置上，从而形成这种转座子。随着越来越多各种抗菌药物耐药基因被陆续发现和鉴定，人们认识到，很多位于质粒上的各种耐药基因并非完全和转座子有关，况且，涉及耐药基因被转座子获得的机制也还没有被彻底了解。然而，在 20 世纪 80 年代的前期和中期，逐渐积累起来的很多证据提示，耐药基因被整合进入质粒的其他途径是完全可能存在的。换言之，耐药基因能够在质粒和转座子的特异性位点上被插入，不过这与插入序列无关，也不是一种转座事件，而是涉及一个位点特异性重组事件的过程。1989 年，澳大利亚学者 Stokes 和 Hall 发表了他们

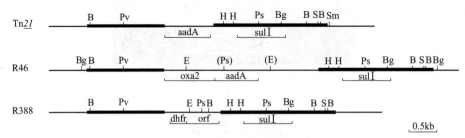

图 13-1 R46、Tn*21* 和 R388 共同区的物理图谱（限制图）

（引自 Stokes H W, Hall M A. Mol Microbiol, 1989, 3: 1669-1683）

保守片段采用粗线表示。显示出的限制位点：B—*Bam* HI；Bg—*Bgl* Ⅱ；E—*Eco* RI；

H—*Hind* Ⅲ；Pv—*Pvu* Ⅱ；Ps—*Pst* Ⅰ；S—*Sal* Ⅰ；Sm—*Sma* Ⅰ

开创性的研究成果，它们描述一个全新家族的"可移动"遗传元件，并将这一全新的遗传元件命名为整合子（Integron, In）。来自质粒 R46 和转座子 Tn*21* 的整合子分别称作 In*1* 和 In*2*，存在于质粒 R388 和转座子 Tn*1696* 的整合子分别称作 In*3* 和 In*4*。

最初，人们在 IncW 质粒 R388、IncN 质粒 R46 和转座子 Tn*21* 上都发现了整合子。尽管这些整合子所处的遗传位置完全不同，但其组成却非常相似，都由两个保守片段以及夹在其中的一个可变区组成。这两个保守片段分别被称作 5′-保守片段（5′-conserved segment，5′-CS）和 3′-保守片段（3′-conserved segment，3′-CS），而这个可变区不论是长度还是序列虽各不相同，但都是由抗菌药物耐药基因组成（图 13-1）。2 个保守片段在 3 个彼此不同的质粒上的存在让人们想到了如下的可能性，即它们共同构成一种可移动 DNA 元件。研究人员强调指出，这种全新的元件肯定不是转座子类元件，因为在这个元件外边界上没有被发现反向或顺向末端重复或短的靶位位点复制，而这两者都是复合转座子和复杂转座子的特征。

尽管 Stokes 和 Hall 只是简单地描述了这个全新的遗传元件，但还是总结出一些决定性的特征：①它们包括位点特异性整合功能（整合酶和插入位点）；②它们能够获得各种基因单位并且通过为插入的基因提供启动子而起到表达盒的作用。由于获得不同的插入基因，这个元件会以各种形式存在，这些形式在插入基因的数量和性质上都不同。然而，它们最初虽然提出了 59-be 的存在，但尚未真正提出基因盒的概念。此外，作者反复强调整合子元件是可移动元件，但后来证实，整合子本身并不是可移动遗传元件，能够移动的是它所包含的基因盒。基因盒既可以被整合进入整合子中，也可以从整合子中被切除，变成游离的环状形式基因盒。

整合子最初是因为它们在抗菌药物耐药基因传播上的重要性而被鉴定出来。然而，随着更大型整合子结构即超级整合子的发现，人们对整合子在细菌基因组进化重要性上的认识也随之深化。显而易见，整合子并不是为抗菌药物耐药基因传播而生，在弧菌属中被发现的很多超级整合子含有非常多的基因盒，有些超级整合子甚至含有 200 多个基因盒，而那些基因盒均与抗菌药物耐药基因无关。换言之，整合子的存在一定有很多其他重要的作用，抗菌药物耐药基因只是"绑架"了整合子而已，而且人们之所以发现那么多抗菌药物耐药基因盒，或者鉴定出那么多种与抗菌药物耐药基因传播有关的整合子，也与人们对抗菌药物耐药的高度关注有关。在此，我们对整合子的定义、结构和功能、分类、基因盒种类、整合机制以及与抗菌药物耐药的关联性等逐一介绍。

第一节　整合子的定义

整合子已经被发现 30 多年，但至今尚无一个完全统一和严谨的定义，很多定义都是对整合子功能性或结构性的描述。任何生物体都处在不断的变异之中，各种遗传元件亦不例外，因此，我们无法用一个统一的定义涵盖一个遗传元件类别，这是由于变异会导致"例外"层出不穷。所以，整合子的概念和定义也必然随着人们对其认识的逐渐深入而不断充实和完善。

毫无疑问，整合子是遗传元件，但它不能在细菌中独立存在，它或是位于像质粒和转座子那样的可移动元件上，或是位于细菌染色体上。Hall 和 Collis 在 1995 年比较正式地给出整合子的定义：整合子是一种遗传元件，它含有一个位点特异性重组系统，该系统识别和捕获可移动的基因盒。一个整合子包括编码整合酶的基因（*int*）和一个邻接的重组位点（*attI*）。基因盒不是整合子必不可少的组成部分，然而，基因盒一旦被整合，它就是整合子的一部分。该定义将整合子描述为一个遗传系统，它的作用就是识别和捕获可移动的基因盒。它的基本组成部分包含一个整合酶基因（*int*）和一个邻接的重组位点（*attI*）。实事求是地说，这个定义应该算是比较全面的，但它还是没有将启动子包括在内。整合子也为基因盒基因的表达提供一个启动子，因此，整合子既起到天然克隆系统的作用，也起到表达媒介的作用。Mazel 后来也给了整合子一个定义：整合子属于集合平台——DNA 元件，它们获得被镶嵌在外源性基因盒中的开放阅读框（ORF）并且通过确保它们正确表达而将它们转化成为功能性基因。该定义简单扼要，它只是描绘出整合子的功能属性，并没有更多地提及整合子的结构组成部分。由于最初被发现和鉴定出的整合子都在可变区携带抗菌药物耐药基因，这些基因是以基因盒的形式存在，所以人们最初倾向认为，整合子是与抗菌药物耐药相关联的遗传元件。因此，很多学者甚至将这些最初发现的整合子称作耐药整合子。然而，Mazel 等在 1998 年发表于《科学》的一篇文章彻底颠覆了人们对整合子只是与细菌耐药有关联这一固化的认知，他们在霍乱弧菌基因组中发现一个截然不同类别的整合子，作者将其称作"超级整合子"。这些整合子中的一个基因 *intI4* 编码一种未知的整合酶，该酶与一个独特的结构——基因-VCR（vibro cholerae repeated sequence，VCR）有关联。VCR 盒在很多弧菌菌种中被发现，包括在 1888 年被分离获得的梅氏弧菌的一个菌株，这就建议异源基因获得的这个机制在时间上要远远早于抗生素年代。

如果现在定义整合子，那么它的定义至少应该包括以下内容：首先，整合子是遗传集合平台，它能捕获基因盒并通过确保表达而将其盒内基因转化为功能性基因，整合子既是天然克隆系统，也是一种表达媒介；其次，整合子是一个古老的遗传元件，它在细菌基因组进化中具有重要作用。

第二节　整合子的结构

Stokes 和 Hall 在第一次提出整合子概念时就描绘了整合子的结构。如图 13-2 所示，除了磺胺耐药基因 *sul1* 以外，该元件的 5′-CS 和 3′-CS 还分别编码 5 个 ORF，其中 ORF1、ORF2 和 ORF3 位于 5′-CS，ORF4 和 ORF5 位于 3′-CS。在上述 5 个 ORF 中，只有 ORF3 能被指派一个功能，它编码一个功能性整合酶，但它和 ORF1 以及 ORF2 并不在同一个链上。在 ORF1 和 ORF2 位置前既没有核糖体结合位点也没有

启动子序列。

实际上，上面描述的整合子结构只是作者对最初鉴定出的几个整合子结构的总结。随着更多整合子被鉴定出，整合子结构的描述也在不断变化。有些学者认为，整合子的基本组成部分是一个 *intI*，它编码一个属于整合酶家族的位点特异性重组酶；一个 *attI* 邻接位点，它被整合酶识别并且起到基因盒的一个受体位点的作用；以及一个负责基因盒表达的启动子。换言之，迄今为止所有被鉴定出的整合子都由上述 3 个部分组成，它们是对外源性基因捕获和表达不可或缺的关键组成部分。应该注意到的是，上述整合子结构的阐释并不包括基因盒和 3′-CS。没有基因盒的整合子也确实在自然界中被鉴定出，同时也可在实验室中被构建出来，如 In0 就是没有基因盒的整合子。然而，尽管不携带基因盒的整合子确实存在，但整合子最初是作为一种基因捕获机制而被鉴定出来，而整合子捕获的基因应该是以基因盒形式存在的，换言之，整合子的各种表型是通过基因盒体现的，不携带基因盒的整合子根本没有表型意义。整合子携带的基因盒无论在数量上还是在串联排列顺序上都是高度可变的，基因盒可以被整合进入整合子，也可以从整合子中被切除掉。另外，基因盒阵列中各个基因盒彼此之间的相对位置关系也不是一成不变的。因此，缺乏基因盒的整合子可能是基因盒动态变化中的一个短暂出现的"中间产物"，其存在的价值就是正在准备接纳新基因盒。因此，更准确地说，整合子的结构应该包括基因盒，因为我们在临床环境中或自然环境中发现和鉴定出的绝大多数整合子都包含各种基因盒或基因盒阵列。

这样一个简单的核心结构使得整合子成为全新的遗传物质和潜在适应性性状的位点特异性整合的一个高效平台，同时不会对受体基因组造成破坏。如图 13-3 所示，整合子是一个两组件系统的一个部分，这个系统捕获根本不同的单个基因并且在物理上将它们连接成阵列。这个系统的第一个组件是"核心"整合子，它包括一个编码位点特异性重组酶（*intI*）基因以及一个重组位点（*attI*）。该系统的第二个组件由一组可移动的元件构成，它们被称作基因盒。单个的基因盒通常由一个单一的基因和一个次级重组位点组成，它由多种多样的序列家族构成，这些家族都分享一个共同的结构。最初被给予到这些位点的名称是 59-be，不过在近些年来，*attC* 这个术语已经常常被用来描述它们。基因盒是通过一个 *intI* 介导的位点特异性重组反应而被整合子捕获，这个重组反应发生在 *attC* 与 *attI* 位点之间。尽管人们普遍假定，在 *intI*

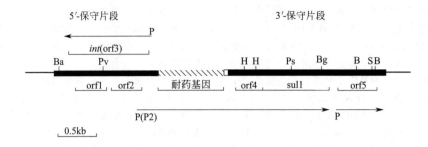

图 13-2 整合子的特征

（引自 Stoke H W, Hall M A. Mol Microbiol, 1989, 3: 1669-1683）

保守区域以粗线所显示，包括抗生素耐药基因在内的插入 DNA 片段以影线表示。该片段的长度变化不一。空白盒提示 59bp 元件。在保守区域内被鉴定的基因盒开放阅读框被显示。转录子用箭头显示并且从可鉴定出的启动子元件延展到包括已知的复合转录的区域。这些转录子的长度还没有经实验确定。抗生素耐药基因转录子和只是存在于一些元件中的第二个启动子（P2）也被显示

基因或 *attI* 位点内被发现的一个基因盒启动子（P_c）可能是整合子的一个普遍特征，不过其存在也只是在 1 类和 3 类以及在来自施氏假单胞菌（*Pseudomonas stutzeri*）的一个整合子中被证实。这些整合子中，与基因盒相关联的基因缺乏它们自身的启动子，并且依赖 P_c 来表达它们包含的基因。在一个 *attI* 位点上多次插入事件是常见的，并且与基因盒相关联的基因通常以同样的方向（orientation）被插入，产生复合转录基因的串联排列，它们从 P_c 开始被表达。整合子是外源性基因的捕获和表达系统，基因盒的捕获需要整合酶及其插入位点，但由于绝大多数基因盒本身并不含有一个启动子，所以，这些基因盒基因的表达还是依赖于整合子的启动子，所以说，没有启动子的整合子并不是整合子的标准结构，如果整合子不能表达基因，那它也就没有存在的意义了（图 13-3）。

已经证实，*sul1* 的末端也拥有基因盒 *attC* 位点的部分序列，这就提示，*sul1* 可能也曾经是一个基因盒，只是其 *attC* 被截短了。因此，很多学者在提到整合子基本结构定义时，常常并不包括 3′-CS，但在鉴定一个整合子时又常常同时描述 3′-CS。因此，在临床环境中被鉴定出的绝大多数整合子即 1 类整合子的特征性阵列应该是：*int-attI*-一个或多个基因盒-*qacE*△-*sul1*。

整合子首先是在临床环境中被发现的，所以我们谈及整合子结构也主要描述与细菌耐药相关的那些整合子的结构。然而，在细菌中数量占据主导地位的整合子并不是那些与细菌耐药有关的整合子，而是所谓的染色体整合子或超级整合子。这些整合子包含的基因盒数量非常大，有些整合子可含有高达 200 个基因盒，而且这些基因盒的功能都不清楚，但至少绝大多数基因盒中的基因都不是抗菌

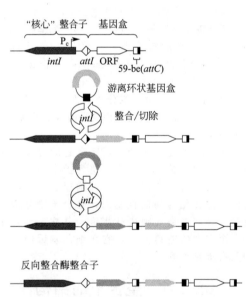

图 13-3 整合子和基因盒位点特异性重组系统（见文后彩图）

（引自 Boucher Y, Labbate M, Koenig J, et al. TRENDS Microbiol, 2007, 15: 301-309）

药物耐药基因。还有一个特征性特点就是 *attC*（在霍乱弧菌称作 VCR）位点的高度同一性（＞80%），而在 1 类整合子中，*attC* 是高度可变的。这些 *attC* 在大小上不尽相同，从 60～141bp 不等，它们的核苷酸序列相似性主要被限制在反向核心位点和核心位点上（图 13-4）。

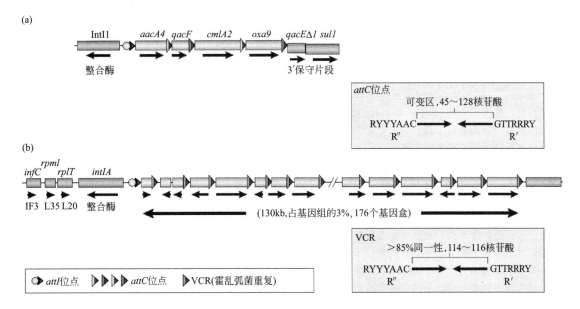

图 13-4　可移动整合子和超级整合子（见文后彩图）

（引自 Mazel D. Nature，2006，4：608-620）

一个"典型的"1 类整合子与来自霍乱弧菌菌株 N16961 超级整合子的结构比较。(a) 1 类整合子 In40 图示。各种耐药基因盒携带不同 attC 位点。如下的抗生素耐药基因盒赋予对如下的化合物耐药：aacA4—氨基糖苷类；cmlA2—氯霉素；oxa9—β-内酰胺类；qacF 和 qacE—季铵类化合物。赋予对磺胺类药耐药的 sul 基因不是一个基因盒。(b) 霍乱弧菌染色体超级整合子的图示。开放阅读框被高度同源序列——霍乱弧菌重复（vibrio cholerae repeat，VCR）分隔开。infC 编码翻译起始因子 IF3；rpml 和 rplT 分别编码核糖体蛋白 L35 和 L20

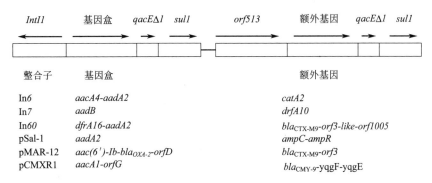

整合子	基因盒	额外基因
In6	aacA4-aadA2	catA2
In7	aadB	drfA10
In60	dfrA16-aadA2	bla_{CTX-M9}-orf3-like-orf1005
pSal-1	aadA2	ampC-ampR
pMAR-12	aac(6')-Ib-bla_{OXA-2}-orfD	bla_{CTX-M9}-orf3
pCMXR1	aacA1-orfG	bla_{CMY-9}-yqgF-yqgE

图 13-5　In6 样 1 类整合子的基因盒和额外基因的图示

（引自 Fluit AC，Schmitz F J. Clin Microbiol Infect，2004，10：272-288）

　　并非所有 1 类整合子结构都符合标准模型，有时会有额外的（耐药）基因被插入。Verdet 等曾描述，一个 β-内酰胺酶基因 bla_{DHA-1}（一种 ampC 基因）及其调节基因 ampR 被插入一个整合子中。该整合子出现在质粒 pSal-1 上，后者是从肠炎沙门菌菌株中被分离获得的。这些基因被插入一个整合子之后，该整合子还携带 aadA2 和 orf4 基因盒，并且它的 3'-CS 由 sul1 和 orf431 基因组成，此后是编码 β-内酰胺酶及其调节子的基因。在这些基因之后至少是部分 3'-CS 序列。此后，有很多这样的不典型整合子被鉴定出来，而位于那些额外耐药基因前的是一种称为插入序列共同区的遗传元件（图13-5）。目前，这类不典型的 1 类整合子在文献中常常被称作复杂的 1 类整合子。

　　综上所述，整合子的结构可以有多种表述。任何遗传元件的结构都是为其功能性服务的，整合子的核心功能就是一个集合平台，它可捕获外源性可移动的基因盒并且使之有效表达。当然，整合子最初是在抗菌药物耐药的背景下被发现和鉴定的，但现有证据表明，整合子的原始功能肯定不是抗菌药物耐药，而是细菌基因组改造的一个重要手段、一个媒介或一个工具。在抗菌药物大量应用的大背景下，细菌面对的最主要挑战就是如何躲避抗菌药物的"围剿"，细菌无疑会动用所有能动用的手段来与之抗衡，整合子就是这些众多手段中的一种而已，但却是一种高效的手段。目前已经发现了100多种抗菌药物耐药基因盒就说明了这一点。

第三节 整合子的分类和细菌分布

毫无疑问，整合子首先是在临床环境中被发现和鉴定出。更具体地说，整合子是在抗菌药物耐药基因传播的背景下被鉴定出。有关整合子的早期研究主要集中在整合子和耐药基因的关联上，换言之，这些研究聚焦在整合子如何整合耐药基因盒以及这些整合子如何被带动转移等。随着越来越多的整合子被鉴定出，人们发现这些整合子虽然结构高度相似，捕获基因和表达基因的机制也并无大的差异，但这些整合子还是有一些不同之处。如同任何其他遗传元件一样，随着鉴定数量的增多，将整合子进行分类也就成为一项必不可少的工作。最初，整合子是在不同的可移动遗传元件上被发现，所以人们认定整合子本身也是可移动遗传元件。相继研究证明，整合子本身并不是可移动的，但当时发现的那些整合子都在物理层面上被连接到可移动遗传元件上，如插入序列、转座子和接合型质粒，由此人们将这些整合子笼统地称作可移动整合子。与这种称呼对应的就是位于染色体上的所谓超级整合子，后者是在20世纪90年代后期在霍乱弧菌中鉴定出的一种大型整合子。这种整合子编码一种特异性的整合酶 VchIntIA，它与可移动整合子编码的整合酶有关，但有两个特征可将其与已知的可移动整合子区分开来。首先，有大量的基因盒与这种整合子有关联，并且在这些基因盒的 attC 位点（VCR）之间被观察到具有一个高度的同一性（>80%）。其次，这个结构似乎是不可移动的——这个整合子位于染色体上并且与可移动的 DNA 元件没有关联。这些关键的特征界定了超级整合子这一子集，也有人将其称为染色体整合子。在2004年，Fluit 和 Schmitz 提出，整合子能够被分成为两个主要的组别：耐药整合子（Resistant integron，RI）和超级整合子（Superintegron，SI）。耐药整合子携带着编码针对抗菌药物和消毒剂耐药的大多数基因盒，并且能位于染色体上，抑或是质粒上，这与前述的可移动整合子范畴相同。位于染色体上大的整合子含有编码各种各样功能的基因盒，这些整合

子属于超级整合子组别。从数量上讲，超级整合子占据主导地位，因为在已经被部分或完全测序的细菌基因组中，有大约10%的细菌基因组藏匿着这种遗传元件，它们主要是超级整合子。重要的是，这些整合子常常携带数量众多的基因盒，而这些基因盒却极少编码抗菌药物耐药。

超级整合子目前被认为是许多变形菌纲特别是 γ-变形菌纲细菌基因组中构成整体所不可或缺的组成部分，并且它们已经在弧菌科及其近亲黄单胞菌（Xanthomonads）以及在假单胞菌的一个分枝上被鉴定出（表13-1）。它们享有同样的基本特征：大的并且携带20个以上的基因盒，同时，在它们内源性基因盒的 attC 位点之间具有广泛的同源性。

表 13-1 藏匿有染色体整合子和超级整合子的细菌菌种

细菌组别	细菌菌株
γ-变形菌纲——弧菌科及其近亲	霍乱弧菌、拟态弧菌、梅氏弧菌、副溶血弧菌、灿烂弧菌、哈氏弧菌、需钠弧菌、豪氏弧菌、杀鲑弧菌、费氏弧菌、创伤弧菌、鳗利斯顿菌、海利斯顿菌、麦识交替单胞菌、明亮发光杆菌 SS9、海洋摩替亚菌、奥奈达希瓦菌、腐败希瓦菌、亚马孙希瓦菌 SB2B、希瓦菌种 MR-7、野油菜黄单胞菌野油菜致病变种、野油菜黄单胞菌巴氏致病变种、黄单胞菌种 102397、黄单胞菌种 102336、黄单胞菌种 1023338、黄单胞菌种 1051155、水稻黄单胞菌、类产碱假单胞菌、产碱假单胞菌、门多萨假单胞菌、施氏假单胞菌、假单胞菌种 NEB 376、*Saccharophagus degradans*（海洋细菌，可降解不溶性的复合多糖）、活动硝化球菌、*Reinekea* sp. MED297
β-变形菌纲	欧洲亚硝化单胞菌、脱氮硫杆菌、固氮弧菌种 EbN1、鞭毛甲基杆菌 KT、*Dechloromonas aromatica* RCB（一种脱氯单胞菌，能在无氧情况下苯氧化）、胶状红长命菌
δ-变形菌纲	金属还原土杆菌 GS-15、硫还原土杆菌
浮霉菌门	*Rhodopirellula baltica* SH1（一种海洋细菌）
螺旋体目	齿垢密螺旋体

注：引自 Mazel D. Nature, 2006, 4：608-620。

尽管各种分类方法都见诸文献中，但只有一个分类方法已经在文献中被公开讨论。这个分类方法将整合子称为可移动整合子（有时也被称作多重耐药整合子）或超级整合子（也被称为染色体整合子）。然而，1类整合子和 pRSV1 整合子都具有极其密切的近亲属，而这些近亲却不能满足"可移

动"整合子的定义,这就使得这个定义出现了问题,那么依此进行的分类也就出现了各种例外。例如,偶氮菌种(*Azocrcus sp.*)MUL1G9 的整合子被发现在染色体上,并且与抗菌药物耐药基因或 Tn*402* 转座基因没有关联,但仍旧与 Tn*402* 相关的 1 类可移动整合子分享 99%~100% 的序列同一性(横跨 *intI* 和 *attI*)。如下的特征常常被用来描述超级整合子:①在一个染色体位置上;②许多相关的基因盒;③在这些基因盒的 *attC* 位点之间的一个高度序列同一性;④在某一给定组内的一个主要的线性遗传(例如,几乎或根本没有整合子核心的横向基因转移证据)。这些特征应该在这个范畴的原型例子上被描述:黄单胞菌属、假单胞菌属和弧菌属整合子。第一,尽管所有这些例子都有它们的整合子位于染色体上,但它不是特殊的特征,因为多数整合子(不论它们与转座子可能的关联如何)都是位于染色体上的。这使得那样的一个特征当试图定义这个整合子的范畴时几乎没有用处。第二,与一个整合子相关的基因盒数量不能被用来划分这些元件的范畴,因为它是一个变化的特征,并不必然与种系发生有关联。基因盒数量甚至在同样菌种的两个菌株之间都会明显不同。例如,某一黄单胞菌菌株整合子藏匿 3 个基因盒,而另一个菌株整合子则藏匿着 22 个基因盒。如果采用 20 个基因盒作为"超级"整合子最低标准的话,那么黄单胞菌菌种的其中一个菌株藏匿一个超级整合子,而其他菌株则不符合这个标准。第三,在一个整合子的 *attC* 位点之间的同一性程度确实对于具有大的基因盒阵列的整合子来说是更高的,但这个差异不总是具有统计学意义并且存在着一些特别突出的例外。例如,水肠杆菌(*M. aquaeolei*)整合子之一藏匿着 28 个基因盒,它们的 *attC* 位点分享 44%± 13% 核苷酸同一性,这对于任何整合子来说都是最低的数值之一。第四,尽管一些"超级整合子"可能主要是通过在某一时间的垂直遗传进化,但所有的整合子似乎都已经在其进化史上的某一时间点上涉及横向转移。整合子最初被描述为"可移动"或"超级"是根据有限数量被测序的整合子,这样非常可能描绘出整合子多样性的一个不完整画卷。当我们在一个进化的来龙去脉中去看待所有现在已知的整合子时,大多数被用来定义那两个范畴的特征都变得有些模糊起来,因为许多整合子具有将它们置于"可移动"和"超级"之间某些方面的特征。进而,考虑到携带抗菌药物耐药决定子的"可移动整合子"的多次独立起源,它们不太可能分享独一无二的生化特征。

然而,研究得最充分的还是可移动整合子或耐药整合子,这显然与它们参与抗菌药物耐

药基因的传播有关。当然,这些分类还是很笼统的。目前,采用比较多的分类方法是对可移动整合子的分类。根据整合酶的序列同一性,人们将可移动整合子或耐药整合子分成 1~5 类(1 类、2 类、3 类、SXT ICE 和 pRSV1),这些序列显示出 40%~58% 的同一性。这些整合子平台是在各种各样的遗传背景下被发现。1 类整合子可能源自 Tn*402*/Tn*5090* 的功能性和非功能性转座子,后者能被镶嵌在更大的转座子如 Tn*21* 上。

1 类整合子被发现广泛存在于临床分离株中,特别是革兰阴性病原菌分离株中,并且被发现与转座子 Tn*21* 家族有关联。大多数已知的抗菌药物耐药基因盒都被包含在这类整合子中。1 类整合子固有地具有各种启动子序列,负责基因盒的表达,Pc(迄今为止被描述的有 8 个变异体)是导致基因盒表达的一个强启动子,并且 P_2 是一个弱启动子,它在一个更低的程度上为基因盒表达做出贡献。所谓的多药耐药整合子(MDRI)就是 1 类整合子,它们携带不止一种抗菌药物耐药基因,比如有的多药耐药整合子包含 8 个耐药基因盒。迄今为止,来自 1 类整合子的 100 多个不同的耐药基因盒已经被描述,它们在核苷酸序列上彼此的差异至少在 5% 以上。这些元件赋予对所有已知的 β-内酰胺类、所有的氨基糖苷类、氯霉素、TMP、链丝菌素、利福平、红霉素、磷霉素、林可霉素和季铵类化合物家族的防腐剂耐药。当然,1 类整合子也已经在革兰阳性菌中被发现和鉴定出。

2 类整合子无一例外地与转座子 Tn*7* 衍生物有关联。对比而言,只有 6 个不同的耐药基因盒已经被发现与 2 类整合子有关联,包括赋予对甲氧苄啶和链霉素耐药的基因。这种整合酶显示出与 1 类整合酶不足 50% 的同一性。这种在多样性上的减少可能是基于如下的事实,即在 2 类整合子中编码整合酶的基因在密码子 179(赭石 179)上含有一个无义突变,从而产生了一个被截短的非功能性蛋白。

在 3 类整合子平台中只有一个例子是已知的,它被认为位于一个转座子上,是在黏质沙雷菌的一个大的可转移质粒上被鉴定出。其他两类可移动整合子,4 类和 5 类,已经通过它们参与弧菌菌种的 TMP 耐药的发展而被鉴定出。4 类整合子是在霍乱弧菌中被发现的一个子集的 SXT ICE 的一个组成部分,该元件是一种接合型转座子,也被称为 constin 元件(conjugativeself-transmissible integrating element),该原件是在霍乱弧菌中被鉴定出。

序列分析建议，这个特殊的整合子可能已经在整合酶介导的重组事件中被获得，这种重组是在最后的基因盒的 *attC* 位点与位于 constin 中的一个非规范（次级）位点之间发生的。5 类整合子被发现位于一个复合转座子上，后者在杀鲑弧菌的一个质粒（pRSV1）上被携带。有一些多药耐药整合子已经被鉴定出，它们在其携带的所有耐药基因盒中有一个未知功能的单一基因盒，有趣的是，4 类和 5 类整合子展示出正相反的结构，例如，它们每一个都只是携带一个单一抗菌药物耐药基因盒，而接着的是一些其他基因盒，这些基因盒的功能似乎与抗菌药物耐药无关。

尽管在 1~3 类整合子的基因盒中被发现的大多数基因都是抗菌药物耐药基因，但这些基因仅仅代表所有可能的盒基因的一小部分，这只是反映出微生物学家在细菌耐药方面的强烈兴趣而已。已如前述，人们在已经进行基因组测序的 10% 细菌中发现了整合子序列，这种丰富的序列信息已经揭示出，整合子的多样性不仅仅在种系发生上比以前想象的多，而且也更具可带动转移性，许多整合子在它们整个进化史中已经遭遇到频繁的横向基因转移。这就提示，对于抗菌药物耐药基因的传播而言，使得整合子成为那么高效媒介的遗传学特性自从它们最早的起源以来就一直与这些元件关联起来。

超级整合子位于染色体上，但位于染色体上的整合子并非都是超级整合子。随着更多的整合子被鉴定出来，人们逐渐认识到整合子的各种定义和分类越来越不清晰。一些携带金属 β-内酰胺酶基因盒的整合子属于耐药整合子，但它们并不是位于各种可移动遗传元件中，而是位于染色体上。显然，这样的整合子难以被称为可移动整合子，但也不属于传统的超级整合子范畴。例如，整合子 In56 的遗传结构是 *inti1-bla*$_{VIM-2}$*-qacE△1-sul1*，而整合子 In58 的遗传结构是 *inti1-aacCA7-bla*$_{VIM-2}$*-aacA4-qacE△1-sul1*。毫无疑问，这两个整合子都是典型的 1 类整合子，但前者位于质粒上，所以它也可以称作可移动整合子，而后者却位于染色体上，这无论如何也无法称作可移动整合子。

1 类整合子已经被报告存在于很多革兰阴性菌菌属中，包括不动杆菌属、气单胞菌属、产碱杆菌属、伯克霍尔德菌属、弯曲杆菌属、柠檬杆菌属、肠杆菌属、埃希菌属、克雷伯菌属、假单胞菌属、沙门菌属、沙雷菌属、志贺菌属以及弧菌属等。2 类整合子已经在不动杆菌属、志贺菌属和沙门菌属中被发现。人们对 2 类整合子的流行病学知之甚少。2 类整合子常常携带有 *aadA1*、*dfrA1* 和 *sat* 基因盒。人们已经在一些不动杆菌和宋氏志贺菌分

离株中鉴定出两个组别的整合子，它们既含有 1 类整合子，也同时含有 2 类整合子。大多数情况下，1 类整合子和 2 类整合子不在同一种细菌分离株中被发现。3 类整合子已经在铜绿假单胞菌、黏质沙雷菌、木糖氧化产碱菌、臭鼻假单胞菌和肺炎克雷伯菌分离株中被描述。与一些霍乱弧菌的 SXT ICE 有关联的整合子类别以及被联系到杀鲑弧菌的 pRSV1 质粒的一个整合子已经只是被发现与一个单一的耐药基因盒（*dfrA1*）有关联。

超级整合子已经在如下细菌中被描述：硫还原土杆菌、海利斯顿菌、欧洲亚硝化单胞菌、产碱假单胞菌、门多萨假单胞菌、假单胞菌种、施氏假单胞菌、奥奈德希瓦菌、腐败希瓦菌、齿垢密螺旋体、鳗利斯顿菌、霍乱弧菌、费氏弧菌、梅氏弧菌、拟态弧菌、副溶血弧菌和野油菜黄单胞菌等。

第四节　基因盒及其结构

尽管从整合子遗传结构定义上说，最初的整合子并不包含基因盒，其核心的遗传结构是 *int-attI*，但从整合子功能意义上讲，离开基因盒而谈论整合子的功能没有任何现实意义，因为整合子的表型特征完全是通过基因盒来体现。整合子是一个捕获外源性基因的平台，而这种外源性基因就是以不连续的遗传单位出现的，它们就是基因盒。整合子捕获基因是有选择性的，它捕获以基因盒形式存在的外源性基因，一般来说，它不会捕获非基因盒的外源性基因。当然，也有一类非典型的整合子如 In6 和 In7 确实含有非基因盒的抗菌药物耐药基因，但这种耐药基因的获得是由 ISCR 所介导的转移。从这个意义上说，基因盒也可以被看作是整合子的整体组成中不可或缺的一部分。

Hall 等于 1995 年首次系统地描述了基因盒。基因盒是可移动元件，大小在 1kb 左右。它既可以一种环状形式游离存在，这时的基因盒是环状形式的；也可以被整合酶整合进入整合子中，这时的基因盒是以线性形式存在的。只有被整合后，基因盒才正式成为整合子的一部分。基因盒从游离的环状形式到被整合后的线性形式是一个动态的过程，它从一个整合子移动到另一个整合子，或从在一个整合子上的一个位点移动到在同样整合子的另一个位点的过程中，这个基因盒就是作为一个小的、自身不可复制的双链环状 DNA 分子而存在。也许可以说，游离状态的基因盒是一个过渡状态。基因盒能作为一个游离的环状 DNA 分子存在，但在正常情况下被发现是以一种线性形式被整合在一个整合子中。每一个基因盒都是一个互不关联的可移动

元件，它由一个特异性基因和一个特异性 59-be 组成。同样的基因盒在所有 3 类整合子中被发现，这就提示基因盒能够在不同的整合子之间自由地移动（图 13-6）。

(a) 基因盒

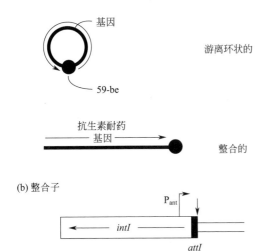

(b) 整合子

图 13-6 基因盒和整合子
（引自 Hall R M，Collis C M. Drug Resist Updates，1998，1：109-119)

（a）一个基因盒的典型结构。该基因盒以一种游离环状形式被显示（顶部）以及当被整合进入一个整合子时，它被发现是一种线性形式。基因由一个箭头所提示，59-be 重组位点由一个实心环代表。(b) 一个整合子的典型结构。该整合子被显示根本不含有基因盒。*intI* 整合酶基因的编码区由一个水平箭头标示，重组位点 *attI* 由一个实心框代表，一个垂直箭头提示基因盒被插入的位置。被用在抗生素耐药基因转录的启动子（P_{ant}）被标示

既然整合子只能依靠基因盒而表达其表型功能，那么，基因盒就一定具备适合于被整合酶整合进入整合子的各种结构特征。基因盒是可移动遗传元件。通常，每一个基因盒只含有一个单一基因。在已经鉴定出的可移动整合子或多药耐药整合子中，这个基因主要编码抗菌药物耐药功能。在超级整合子中，这个基因编码的功能不尽一致，有些基因编码毒力因子，有些基因编码代谢功能，当然，也有极少的基因编码抗菌药物耐药，但绝大多数基因编码的功能是不清楚的。一般来说，基因盒除了包含一个基因之外，很少有多余的侧翼序列存在。基因盒之所以能被整合酶整合牵涉两个整合酶特异性重组位点，一个是整合子相关的 *attI* 位点，它不属于基因盒，是位于整合子 5′-CS 中的一个整合位点；另一个整合酶特异性的整合位点位于基因

盒编码基因的下游。最初鉴定的这个位点由 59 个碱基组成，因此称作 59-be，后来这个位点更多地被称作 *attC* 位点。例如，*aadA1* 基因盒最初是在整合子 In*2* 中被鉴定出，而 In*2* 被转座子 Tn*21* 携带。该基因盒在 1 类整合子中非常多见，它编码一个氨基糖苷腺苷转移酶 AAD（3″），赋予对链霉素和大观霉素耐药。实际上，在 *aadA1* 基因盒的 59-be 长 60bp，并且具有一些对于这个家族的重组位点来说共同的特征。

每个基因盒都编码彼此不同的功能，这是因为基因本身是不同的。此外，*attC* 位点也是基因盒特异性的，各个 *attC* 也都彼此完全一样。事实上，迄今为止，所有已经鉴定出的基因盒的 *attC* 也确实是高度可变的，它是一个多样性家族序列。一般来说，抗菌药物耐药基因下游的 *attC* 是一个短序列，由 57～141bp 组成。在迄今为止被测序的 *attC* 重组位点中，根本没有两个序列是完全一样的。重组交叉点位于紧邻着 59-be 的下游段，在一个 7bp 核心位点之内，该核心位点由 3 个保守碱基 GTT 和 4 个共有碱基 RR-RY 组成。交叉的精确位置已经被显示位于 GTT 的 G 和第一个 T 之间。因此，一个线性的、被整合的基因盒的前面的碱基是 TT，最后的碱基是一个 G 碱基，并且一个基因盒的 59-be 的核心位点的最后 6bp 位于该基因的上游（图 13-7）。

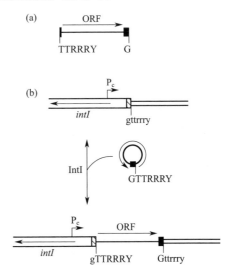

图 13-7 线性和被整合形式的一个基因盒
（引自 Hall R M，Collis C M，Kim M J，et al. Ann N Y Acad Sci，1999，870：68-80)

（a）线性形式的基因盒。59-be 重组位点被显示为一个分裂开的黑色盒，水平箭头描绘的是开放阅读框，正常情况下是一个抗生素耐药基因。在 59-be 的 RH 末端的 7bp 核心位点 GTTRRRY 的构象被提示，其一部分位于 ORF 的上游。（b）一个环状基因盒插入一个整合子中

第五节　基因盒的插入和切除

　　基因盒是整合子展现表型功能的基本组成单位，它只有插入整合子中才能发挥其功能作用。基因盒插入整合子的位点就是 *attI*，这是位于 5′-CS 中的一个整合酶识别重组位点。任何一个基因盒不仅能够插入整合子中，这时的基因盒是以一种线性形式存在；而且也能从整合子中被切除下来，变成环状形式的游离基因盒。伴随着整合子中基因盒的有无和多寡，新的整合子也就被创造出来。尽管基因盒插入出现在 *attI* 上，但是单个的基因盒能从这个阵列中的任何部位被移出，后者是通过整合酶介导的切除，采用在基因盒下游的 *attC* 位点来实现的。一个被切除的基因盒能被再次插入残余的整合子，或者在相关的 *attI* 位点上被插入另一个整合子，或者可以仅仅丢失，这是因为它未能再次插入并且不能自主复制。此外，有些整合子只含有一个基因盒，如 In*2*，它含有 *aadA1* 基因盒；然而，很多整合子不只含有一个基因盒，而是有多个基因盒插入，从而形成一个基因盒阵列。在基因盒阵列中，任何一个基因前后顺序发生了变化都改变了这一阵列，这也意味着新整合子被创造出来。这个阵列起到操纵子的作用，从盒的启动子被表达。基因盒能被一个接一个插入整合子插入位点 *attI*，以便产生令人印象深刻的耐药基因盒阵列。每一次插入都再次产生出 *attI*。从 5′-CS 的基因盒的顺序提示出加入的顺序，最近的一个基因盒就是最后加入的一个，按照顺序就是基因盒阵列中的第一个基因盒，因为每一个都是在同样的位点被插入。据此，每一个新基因盒的插入都取代现有的来自 *attI* 的阵列。然而，基因盒的切除却可出现在任何一个位置上（图 13-8）。

　　每个整合子究竟能包含多少基因盒呢？在可移动整合子或耐药整合子中，这种差异非常大。大体上讲，能被整合子捕获的基因盒的数量根本没有限制，但功能性限制因素或许限制实际的数量，诸如基因的减少表达，这是因为这些基因进行性地远离启动子。在可移动整合子中，人们已经鉴定出含有 8 个基因盒的整合子 In*53*，这也是人们常常将可移动整合子称作多药耐药整合子的缘故。如图 13-9 所示，Tn*2000* 是一个复合转座子，其两翼是同样的插入序列 IS*26*，中间包夹的不是一个单一基因，而是一个特殊的 1 类整合子 In*53*。该整合子之所以特殊是因为其整合酶被 IS*26* 打断，是一个无功能的整合酶。尽管 In*53* 是一个被截短的整合子，它含有 8 个基因盒，有 2 个基因盒是重复的，共 9 个耐药基因。从 5′末端到 3′末端依次为：*qacI*、

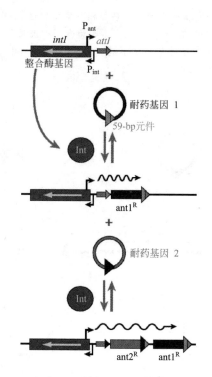

图 13-8　整合子捕获耐药基因的机制（见文后彩图）
（引自 Nikaido H，Takatsuka Y. Biochim Biophy
Acta，2009，1794：769-781）

整合子含有位点特异性整合酶基因（蓝色）和特异性整合位点 *attI*（绿色）。当耐药基因 1（红色）以环状盒形式存在时，该基因盒含有 3′-末端 59bp 元件（粉红色），这个基因在 *attI* 位点上被整合，重新产生出一个略微改变的 *attI* 序列（现在以绿色和粉红色表示）。此时的整合子能够接收第二个耐药基因盒，并且这一过程可以这种方式持续进行下去。所有耐药基因以同样方向排列，它们被整合子提供的强力启动子（P_{ant}）所转录

aadB、*aacA1*、*bla*_{VEB-1}、*aadB*、*arr-2*、*cmlA5*、*bla*_{OXA-10} 和 *aadA1*。其中 *qacI* 编码一种 SMR 家族外排蛋白，针对防腐剂和消毒剂耐药，*aadB*、*aacA1* 和 *aadA1* 编码针对氨基糖苷类耐药，*arr-2* 编码针对利福平耐药，*cmlA5* 编码针对氯霉素耐药，而 *bla*_{VEB-1} 和 *bla*_{OXA-10} 编码针对 β-内酰胺类抗生素耐药。值得提及的是，*qacI*、*cmlA5* 以及 *bla*_{OXA-10}/*aadA1* 融合基因盒分别拥有自身的启动子，而其他基因盒则需要整合子提供的启动子来指导转录。

　　基因盒插入和切除的动态关系是什么呢？每个整合子基因盒阵列是相对固定的，还是随时随地在不断变化的呢？整合子整合酶不仅负责基因盒的插入，而且也介导基因盒的切除，那么，有功能的整合酶是否随时都在发挥作用呢？整合酶的整合是有优先位点的，那么，整合酶切除基因盒有优先位点吗？

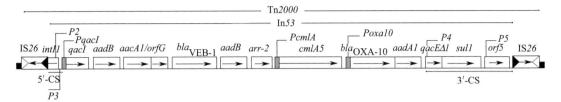

图 13-9　来自大肠埃希菌 MG-1 的含有整合子 In53 的 Tn2000 的图示

（引自 Naas T，Mikami Y，Imai T，et al. J Bacteriol，2001，183：235-249）

任何一个抗菌药物耐药基因盒被插入整合子中都会造成整合子的表型发生改变，携带该整合子的细菌就会从原来的针对某种抗菌药物敏感转化为针对这种抗菌药物不敏感或耐药；如果这个基因盒随时都会被切除的话，那么，该整合子的耐药表型就会消失。现在看来，整合子基因盒阵列的变化似乎并没有这么迅速，而是相对固化的。是什么原因造成这样的固化呢？是抗菌药物使用施加的选择压力吗？基因盒移出和移入整合子应该是一个随机的过程，并且一个特殊的排列是否继续存在或丢失主要取决于自然选择。当基因盒组合对于宿主具有选择优势时，它将在微生物菌群中通过克隆扩张而被确立。在超级整合子中，基因盒可高达 200 多个。难道如此多的基因盒仅仅依靠整合子的启动子来表达吗？如果不能有效表达，那么整合子汇集这么多基因盒的目的是什么呢？是作为一个基因盒储池吗？超级整合子的基因盒阵列研究得较少，人们重点关注所谓的耐药整合子中的耐药基因盒。那么，究竟有多少耐药基因盒？截至目前，一共有 100 多种耐药基因盒被鉴定出，这些基因盒是一个庞大储池中的一部分。毫无疑问，随着时间的推移，更多的耐药基因盒会被鉴定出来。一些耐药基因盒被发现可在不止一类整合子中出现，这就提示基因盒可在各类整合子中自由移动，基因盒的这种移动性是随机的，不过人们对其移动的动力学特性知之甚少。

基因盒如何被创造出来和在什么环境中被创造出来一直是让人们迷惑不解的问题。按照逻辑关系推测，很多耐药基因盒应该是在抗生素年代中被创造出来的。有学者提出，基因盒是通过将一个基因和一个 attC 位点以一个正确的结构连在一起创造出来的。然而，我们已经知晓，每一个基因盒都是由两部分组成，一部分是编码功能性表型的基因，一部分是基因下游的 attC 位点。迄今为止，在已经检查的基因盒中，不仅各个基因不同，而且更重要的是，每一个 attC 都不尽相同。例如，VIM-1 基因盒由编码 bla_{VIM-1} 基因（称作 A 基因）和下游的 attC（称作 A 位点）位点构成；IMP-1 基因盒是由 bla_{IMP-1} 基因（称作 B 基因）和下游的

attC 位点（称作 B 位点）构成。那么，问题就来了：①A 基因为什么必须和 A 位点连接在一起呢？它们之间的必然联系是什么？②A 基因能和 B 位点连接在一起吗？③A 基因是在什么"机缘"下巧遇到 A 位点的？④为什么有的抗菌药物耐药基因能成为基因盒，而有的抗菌药物耐药基因却不是以基因盒的形式存在？是"时机"没到吗？例如，各种 TEM 型和 SHV 型 β-内酰胺酶基因非常多，但这些基因没有一个是以基因盒的形式存在。⑤attC 位点并不是与其上游的基因有关联，而是整合子整合酶的识别位点，换言之，attC 是为整合酶准备的，但却是先将自身和基因盒中的基因连接在一起。从这个意义上说，attC 与抗菌药物耐药基因偶联在一起并不是偶然的事件，而是一个有准备的事件。如果 attC "不知道"下一步整合子整合酶介导的重组事件发生，那么它和抗生素耐药基因连接在一起又有什么意义呢？这一个个的谜团只能让我们再次感叹细菌天然遗传工程能力的强大！

第六节　基因盒基因的表达

众所周知，绝大多数基因盒不含有其自身的启动子，因此，基因盒的表达依赖于整合子提供启动子。这也就是人们常常说的，整合子既是一个天然的克隆系统也是一个表达系统。基因盒总是被插入一个整合子内，以至于这些基因在同样的方向上，并且这个方向对于基因的表达至关重要。在可移动整合子或耐药整合子的 5'-CS 中不止含有 1 种启动子，至少有 2 种启动子 P_{int} 和 P_c（以前也称作 P_{ant} 或 P1），前者指导整合酶基因的转录，后者指导盒基因的转录。早期的研究证实，在 1 类整合子中的启动子 P_{ant} 的 4 个变异体已经在天然整合子分离株中被发现（图 13-10）。每一个启动子序列都具有一个不同的强度，这就导致被同样的基因所赋予的耐药水平相差可高达 20 倍。

1 类整合子固有地具有各种启动子序列，它们负责基因盒的表达，P_c（迄今为止被描述的有 8 个

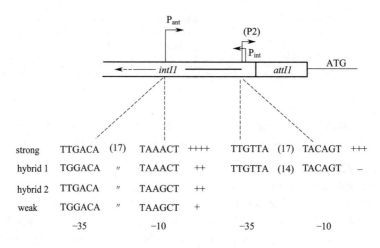

图 13-10　1 类整合子的启动子区域

（引自 Hall R M，Collis C M. Drug Resist Updates，1998，1：109-119）

用于抗生素耐药基因转录的启动子 P_{ant} 和 P2 以及 *intI1* 基因（P_{int}）的位置被箭头所代表，它们提示转录的方向。启动子—35 和—10 区域的序列以及在它们之间的间距被提示。相对于 P_{ant} 的强版本启动子的强度被标示如下：＋＋＋＋—100％活性；＋＋＋—20～50％；＋＋—大约 10％；＋—不足 10％；——无活性。基因盒相关基因（抗生素耐药基因）的翻译起始密码子被显示为 ATG

变异体）是导致基因盒表达的一个强启动子。在 1 类整合子的一个小子集中，第二个启动子 P2 已经被创造出来，这是通过 3 个 G 残基在原有的—10 和—35 基序之间的插入将空格延长到 17bp 而实现的，这是一个有活性的启动子所需要的。P2 是一个弱启动子，它在一个更低的程度上为基因盒表达做出贡献。当 P2 存在时，它是有活性的，并且其强度要大于 P_{ant} 的所有版本，P_{ant}（强）除外。P2 常常和 P_{ant}（弱）一起存在，在这种情况下，P2 居主导地位地负责耐药基因的表达。

在一些不同位置上被发现的 1 类整合子的 5′-CS 序列的同一性＞99％。在来自不同整合子的 5′-CS 序列之间的最常见区别出现在 P_c 启动子的—10 和—35 区域内，从而产生出具有不同强度的变异体。在 In*2*，P_c 的变异体是最弱的。然而，In*2* 的 5′-CS 含有 3 个 G 残基的独特插入，这就将一套截然不同的潜在的—10 和—35 六聚体之间的间距从 14bp 增加到 17bp，由此创造出第二个启动子 P2，它比 P1 更有效。P2 只是在 In*2* 及其近亲中被发现的次级启动子。

现已证实，并不是基因盒阵列中的所有基因都以同样的水平被表达，最上游的基因盒都是最新被插入的，这个基因盒基因表达水平最高。例如，绝大多数的 *bla*VIM 基因盒和 *bla*IMP 基因盒都被发现紧邻指导它们转录的启动子，也就是在基因盒阵列中处在第一位置上。显然，这些基因盒基因的表达也是最强的。实际上，对于一个在下游基因盒中的一个基因而言，选择出增加的耐药是可能的，这种情况出现在 IntI 介导的上游基因盒删除的情况下。

基因盒相关的耐药基因的转录受到各种影响。

一、整合子启动子区域

P_c 的 3 个变异体在它们的—35/—10 区域（被一个 17bp 间隔区分开）分别具有如下的序列：TTGACA/TAAACT，TGGACA/TAAGCT，或 TGGACA/TAAACT，这 3 个变异体分别被归类于"强""弱"以及"杂交"启动子，并且它们在强度上彼此相差 30 倍。当 *aadA*2（或 *aadA*1）被 P_c 的强或弱变异体，或者被 P_c（弱）和 P2 组合驱动时，在相对的启动子强度和耐药水平上有良好的一致性（表 13-2）。

表 13-2　源自整合子的启动子变异体的相对强度

启动子变异体	相对强度[①]	*aadA* 介导的链霉素耐药[②]
P_c 强	6.5	1000
P_c 弱	0.2	65
P_c 杂交	0.7	—
P_c 弱+P2	3.2	360

① 由 tac 启动子的相对强度来确定。

② 链霉素浓度（μg/mL），在此浓度下，50％被接种的细胞形成菌落。

注：引自 Depardieu F，Podglajen I，Leclercq R，et al. Clin Microbiol Rev，2007，20：79-114。

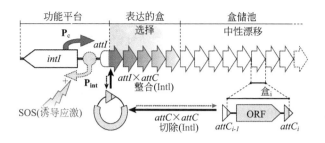

图 13-11　整合子的图示结构（见文后彩图）

（引自 Cambray G，Guerout A M，Mazel D. Annu Rev Genet，2010，44：141-166）

只有 5 个盒能被 P$_c$ 表达，而且这些盒的颜色越来越浅，意味着表达强度越来越低。基因盒阵列中的其他部分能被看作是常备的遗传变异的一个储池。一般来说，一个基因盒由一个无启动子的 ORF 构成，其两翼是称作 attC 的两个重组位点。基因盒从基因盒阵列中的任何位置以 attC×attC 模式被切除。被切除后的环状中间产物随后优先在 attI 位点上被整合酶整合，这样就可使得基因盒处在 P$_c$ 的控制之下。整合酶启动子 Pint 被显示是处在 SOS 系统的控制之下

二、基因盒在阵列中的位置

基因盒相关联的无启动子的耐药基因表达明显地被它们在一个盒阵列中处的位置所影响。Collis 和 Hall 曾显示，当某一给定基因最邻近启动子时，其赋予的耐药水平最高，并且当一个基因盒出现在其上游时，这个耐药水平基本上被降低 20%～50% 之间。例如，从表 13-3 可以看出，盒基因被同样的启动子（P$_c$）驱动的情况下，同样的基因盒处在不同的基因盒阵列位置时，它们赋予的耐药水平并不一样。aadA2 编码对链霉素（Sm）耐药的氨基糖苷修饰酶，aacC1 编码针对庆大霉素（Gm）耐药的氨基糖苷修饰酶，aacA4 编码针对卡那霉素（Km）耐药的氨基糖苷修饰酶。当 aadA2 处在基因盒阵列的第一个位置时，它赋予最高水平耐药（1120），当其处在第二位置时，其赋予耐药的水平明显下降（580），当其处在第三的位置时，其赋予耐药的水平进一步大幅度下降（60）。aacC1 和 aacA4 的情况也是如此。当它们处在第一位置时，它们赋予耐药的水平最高，当它们处在第二和第三位置时，它们赋予耐药的水平均呈现出进一步大幅度下降（表 13-3）。

一般来说，基因盒是无启动子的，因此只有位于整合子内前几个基因盒被 P$_c$ 所表达。尽管随机切除发生在整个基因盒阵列中，但整合却优先发生在 attI 位点上。这样的观察支持如下的模型，即新近被整合的基因盒立刻被表达，同时驱使以前被整合的基因盒远离表达。因此，整合事件易于遭受到选择（图 13-11）。

表 13-3　基因盒顺序对耐药水平的影响

基因盒顺序[1]	IC$_{50}$[2] /(μg/mL)		
	Sm	Gm	Km
aadA2-aacC1-orfE	**1120**	11.3	—
aacC1-**aadA2**	**580**	55	—
aacC1-orfE-**aadA2**	**60**	45	—
aacA4-aadA2	310	—	**170**
aadA2-**aacA4**	1220	—	**115**
aadA2-orfE-**aacA4**	1250	—	**50**

[1] aadA2 赋予链霉素（Sm）耐药，aacC1 赋予庆大霉素（Gm）耐药，aacA4 赋予卡那霉素（Km）耐药。

[2] 在对应的抗生素浓度（μg/mL）下，50% 被接种的细胞形成菌落。

注：引自 Depardieu F，Podglajen I，Leclercq R，et al. Clin Microbiol Rev，2007，20：79-114。

第七节　整合子的整合机制

整合子编码的整合酶属于酪氨酸重组酶的整合酶家族，它介导涉及在特异性 attI 位点和基因盒相关联的 attC 位点之间的重组，并且能够重组远相关的 DNA 序列，来自不同基因盒 attC 位点之间的序列多样性就能印证这一点。换言之，基因盒是通过一个 IntI 介导的位点特异性重组反应而被整合子捕获，这是一种 RecA 不依赖的方式进行的基因盒重组。这个重组反应发生在基因盒的 attC 与整合子的 attI 位点之间，恰恰是这样一个位点特异性重组事件导致基因

盒的整合以及各种基因盒阵列的产生。最后被整合的基因盒也正是最靠近启动子的基因盒，表达的最充分。

事实上，1 类 IntI1 整合酶识别 3 种类型重组位点：*attI1*、*attC* 和各种次级位点（secondary site）。毫无疑问，整合子重组范例是 1 类整合酶 IntI1。IntI1 重组远相关的 *attC* 位点的能力已经在一些研究中被证实，并且 5 个重组反应已经被建立。3 个重组反应对应的是可能在正常重组位点之间不同的重组事件（*attI×attC*，*attC×attC* 和 *attI×attI*），以及其他 2 个重组反应对应的是在或是一个 *attI* 或是 *attC* 位点与非特异性的含有 GTT 序列之间的漫不经心（inadvertent）的重组，这也是整合子以外的基因盒重组。研究已经显示，涉及两个 *attI* 位点的重组事件比涉及两个 *attC* 位点的反应是明显效率更低的，并且在 *attI* 和 *attC* 之间的重组是最有效率的反应。尽管整合子编码的整合酶能重组在结构上不同的 *attC* 位点，但在 *attI* 位点上的重组则是特异性的。各种 *attI* 位点的结构并不一样。*attI* 的核心重组位点由 2 个整合酶结合位点组成，它们分别称为 L 和 R。重组点位于一个

保守的 5′-GTT-3′ 三联体的 G 和 TT 之间。L 结合位点相对于 R 位点总是简并的，因此是几乎不可识别的。所有被鉴定出并且被插入整合子内的基因盒都分享特异性结构特征，并且一般来说都含有一个单一基因和在该基因 3′ 末端上一个 *attC* 位点。这些 *attC* 位点是一个多样性家族的核苷酸序列，它们起到位点特异性整合酶识别位点的作用，长度为 57～141bp。*attC* 位点核苷酸序列相似性主要被限制在各个边界上，后者含有各种保守序列，这些保守的序列被称为 R″ 序列（RYYYAAC，此处的 R 是一种嘌呤，Y 是一种嘧啶）和 R′ 序列（GTTRRRY）。重组交叉点紧邻 *attC* 的下游段，在一个 7bp 核心位点之内，该核心位点由 3 个保守碱基 GTT 和 4 个共有碱基 RRRY 组成。交叉的精确位置已经被显示位于 GTT 的 G 和第一个 T 之间。*attI1* 位点是一个简单位点，它由两个反向序列和两个额外的整合酶结合位点组成，前者结合到整合酶上，后者被分别称作强结合位点和弱结合位点，也被称为 DR1 和 DR2（图 13-12）。

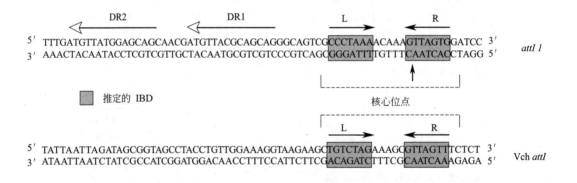

图 13-12 *attI* 重组位点

（引自 Cambray G，Guerout A M，Mazel D. Annu Rev Genet，2010，44：141-166）

顶部—双链 *attI1* 位点的序列；底部—霍乱弧菌超级整合子双链 *attI* 位点（Vch *attI*）的序列。反向重复 L 和 R 采用黑色箭头表示。被 Int1 结合的 *attI1* 顺向重复（DR）采用带有空白箭头的水平线表示。推定的 IBD（IntI 结合位点）采用灰色盒标出。垂直箭头提示交叉位置

在 1 类整合子整合酶介导的重组反应过程中，IntI 单聚体优先结合到一个基因盒 *attC* 位点的一个单一 DNA 链上。这个单一链的 *attC* 位点采取了一个折叠结构，以便产生一个双链的重组位点，它与一个双链的 *attI* 位点进行重组，该 *attI* 位点也被 IntI 单聚体结合。近来，

这个假设性的模型已经得到体内证明的支持，即只有 *attC* 位点的一个 DNA 链被 IntI1 重组。总之，这些结果支持整合子基因盒在双链的 *attI* 位点插入的一种重组模型，该模型涉及的只是 *attC* 底链以及被产生出的霍利迪连接体中间体通过复制的解离（图 13-13）。

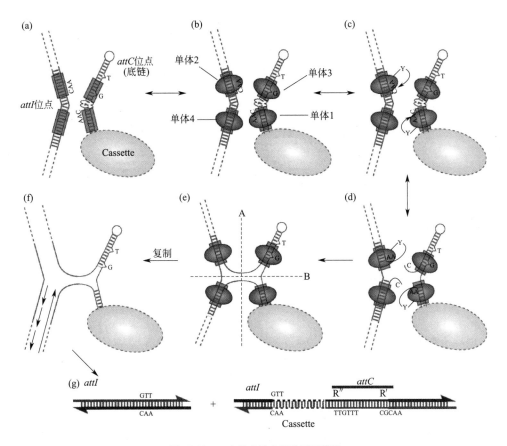

图 13-13　一个整合子介导的重组模型

（引自 Mazel D. Nature，2006，4：608-620）

该模型采用一个单一链（ss）*attC* 底物，它通过不完全一样的回文序列配对被折叠。这些步骤与传统的被其他酪氨酸重组酶催化的位点特异性重组步骤完全一样，直到霍利迪连接阶段。（a）*attI* 双链和 *attC* 底链（bs）核心位点的 R 和 L IntI 结合域被框住。简言之，只有盒的 bs 被描绘。（b）4 个 IntI 单体结合到核心位点上，单体 1 和 2 对应的是攻击亚单位，单体 3 和 4 对应的是非攻击亚单位。（c）攻击亚单位裂解具有催化酪氨酸 302 的 DNA 链，从而形成 3′-磷酸酪氨酸连接和（d）释放出游离的 5′-羟基。（e）5′-羟基经历配偶体磷酸酪氨酸的分子间攻击，从而完成在两个底物之间的一对 DNA 链的交换并且形成一个霍利迪连接中间体。通过 A 轴的传统解离会反转这个重组到最初的底物，而通过 B 轴的解离产生出的共价闭合线性分子是发育不全的。非发育不全的产生解离需要一个复制步骤（f）（g）。在最后的条形图形中垂直箭头所标示的线是新合成的链

第八节　整合子的起源和进化

染色体超级整合子从什么时候起源并不清楚，但肯定要远远早于临床上常见的 1 类整合子。临床上 1 类整合子原则上应该包括 3′ 保守片段（3′-CS），因此，临床上 1 类整合子的起源或形成时间大概不会超过 100 年，应该是在磺胺类药应用之后。临床上 1 类整合子的形成需要 2 个关键步骤。在革兰阴性菌的耐药史上，1 类整合酶基因和附着位点通过一个转座子（该转座子相继导致转座子 Tn*5090*/Tn*402* 的形成）的获得是一个关键事件，也是 1 类整合子起源的关键一步。1 类整合酶基因

和附着位点的捕获是非常罕见的一次性事件，并且在临床病原菌中的所有 1 类整合子都遗传自这次事件。然而，这次事件发生的大体时间很难确定，也许很久远，也许是近代的事情。第二步涉及 3′ 保守片段（3′-CS）的形成，这是通过将消毒剂耐药基因盒融合到赋予磺胺耐药的一个基因 *sul1* 上实现的，由此也形成融合后的基因 *qacE*△-*sul1*，前者编码一个 SMR 家族外排泵，后者赋予对磺胺类药耐药。实际上，由于 *qacE*△-*sul1* 基因融合在数据库中所有 1 类整合子结构中都被发现，据此我们能够推测出 2～3 件事情。第一，这个融合准是已经在抗生素年代开始之时发生的，那时，磺胺类药使用广泛存在，这就创造出一个强的选择性压力，

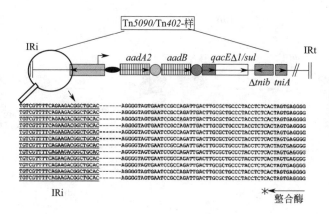

图 13-14　1 类整合子和 *att*I1 位点最初被一个 Tn*5090* 样转座子的捕获（一次性事件），
被发现在 1 类整合酶基因下游的 DNA 序列的分析

（引自 Toleman M A，Walsh T R. FEMS Microbiol Rev，2011，35：912-935）

该图展示了捕获 1 类整合子的转座子的常见形式，该转座子是 Tn*5090* 的一个衍生物。在转座子左手反向重复 IRi 和整合酶基因终止密码子（星号提示）之间区域的扩增显示，从遗传数据库中随机选出的任何 12 个序列都完全一样。破折号提示一个连续序列。箭头提示整合酶转录的方向。ORF 以盒表示，其中的箭头提示它们转录的方向。该整合酶基因由一个红色盒表示，与其相关的 *att*I1 位点被显示为实心椭圆形，启动子区域被一个弯曲箭头表示。基因盒被盒表示，其中有垂直线，它们的重组位点 *att*C 用实心圆环表示。转座子的末端被平行的垂直线表示，标记有 IRi 和 IRt。3′-CS 以融合在一起的盒表示，标记有 *qac*E △ 1/*sul*1

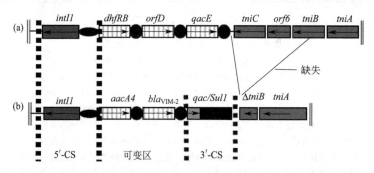

图 13-15　携带 1 类整合子的 2 种形式转座子的比较（见文后彩图）

（引自 Toleman MA，Walsh T R. FEMS Microbiol Rev，2011，35：912-935）

（a）转座子 Tn*5090*，它含有一套完整的转座基因，但没有 3′-CS（保守片段由被融合的基因 *qac*E △ 1/*sul*1 组成）；（b）常见形式的 1 类整合子，它含有 3′-CS，但在转座基因上有一个缺失。转座基因用绿色盒表示，箭头提示它们转录的方向。虚线将每个整合子的片段分隔开。5′-CS 由 1 类整合酶基因盒相关联的 *att*I1 位点组成，后者采用一个实心椭圆形表示。可变区由基因盒组成，并且这些含有垂直线的盒表示，它们相关的 *att*C 位点采用实心圆环表示。IRi 和 IRt 是左右侧末端反向重复，它们采用平行的垂直线表示。注意到整合酶基因在一个完全一样的位置上被发现，这就意味着常见形式整合子遗传一个 Tn*5090* 样转座子

从而驱动这个序列接近固化。第二，20 世纪 30 年代后期的某一个时间是可能的，并且这个结构或许负责多马克记录到的耐药，这种耐药是从 1935 年在大量使用磺胺类药之后出现的。这就建议整合酶基因在这个事件之前被捕获。进而，由于基因盒在 *att*I1 位点被加入，*qac*E 基因的位置也争论说，*qac*E 基因盒在 *sul*1 之前被加入（图 13-14）。

上述假设也被如下的事实强化，即一个完整的 *qac*E 基因盒存于 Tn*5090* 上，并且这个基因赋予对季铵类化合物耐药，而这些化合物在 20 世纪 30 年代之前被广泛使用。进而，含有这个基因但又没有 *sul*1 基因的 1 类整合子在季铵类化合物污染地区是流行的。同样清楚的是，在大约与 3′-CS 形成的同时，一个删除事件在 Tn*5090*/Tn*402* 的

转座功能中发生（图 13-15），因为迄今为止一个 3′-CS 和一套完整的转座基因的组合还没有被发现。令人吃惊的是，这意味着当今在全世界被发现的 1 类整合子的流行形式事实上是一个退化形式，它不能自身动员，因为转座功能被删除，但能够被顺式动员转移。

显而易见，携带耐药基因盒的这五类可带动转移的整合子的起源是远相关的，无论是在种系发生上还是在环境分布上都是如此。这就提示，在自然环境中被发现的许多整合子具有携带抗菌药物耐药基因盒的能力。如果一个整合子变得与一个具有宽范围宿主的可移动元件（如大多数转座子）相关联，它就大大地加强其散播潜力。这种情况似乎并不是一个罕见事件，因为在整合子的进化过程中，它已经独立地发生过许多次。2008 年，Gillings 等显示，1 类整合子能在非病原性和淡水 β-变形菌纲的染色体中被发现。在此，这些整合子展示出结构和序列多样性与横向转移的一个种系发生特征，不过缺乏抗菌药物耐药基因。一些整合子与目前在病原菌中被发现的 1 类整合子核心结构几乎完全一样，由此他们得出如下结论：环境 β-变形菌纲是这些遗传元件的起源。

第九节　整合子与细菌耐药

整合子与抗菌药物耐药关联密切。事实上，早在 20 世纪 50 年代在日本发现的多药耐药性状的传播就和整合子有关联。最早认识到的耐药质粒是 R100，它携带着转座子 Tn21，后者又携带有整合子 In2，编码针对链霉素和大观霉素耐药的基因 aadA1 位于其中。人们现在认识到，整合子为 20 世纪 50 年代多药耐药最初的暴发做出了贡献。赋予几乎对每一个较大类别抗菌药物耐药的基因盒都已经被鉴定出，喹诺酮类则是令人瞩目的例外。有人说现在这个例外已经被打破，qnr 基因盒已经出现在不典型的整合子中，不过不是以严格意义上的基因盒形式存在，它是被 ISCR1 带入这些不典型整合子中。尽管 1 类整合子与各种抗菌药物耐药基因盒有关联，但大多数整合子都含有一个 aadA 耐药决定子，它编码链霉素-大观霉素耐药。此外，甲氧苄啶耐药决定子也常常被检测到。因此，在有些国家如澳大利亚，整合子介导耐药的影响似乎集中针对更老的抗生素，如链霉素、磺胺异噁唑、甲氧苄啶以及早期的氨基糖苷类抗生素。然而，赋予对新近引入的抗菌药物耐药的基因已经是基因盒的一部分，实例包括赋予对亚胺培南和拓展谱 β-内酰胺类耐药的 bla_{IMP}、bla_{VIM} 和 bla_{VEB}，以及赋予对新一代氨基苷类抗生素如阿米卡星和奈替米星

耐药的 aacA7。推测起来，这些基因盒还没有受到足够的选择压力，或者还没经历足够的进化时间来鼓励它们广泛的散播。然而，由于整合子具有捕获和收集基因盒的潜力，它们可能将会变得更加流行。如此一来，整合子将继续威胁抗菌药物的治疗效力。一些研究小组已经报告，含有整合子的分离株比起不含有整合子的分离株更耐药。欧洲的一项研究表明，在对来自 8 个菌种的 867 个分离株的分析证实，多药耐药和一个整合子的存在高度相关。究竟有多少个耐药基因很难统计清楚，仅 β-内酰胺酶一项就有 1400 种之多，但现有与抗菌药物耐药有关的基因盒也不过 100 多种，由此可见，耐药基因的多样性和它们附着在可移动元件上的多样性并不为人深知。另外，为什么有些耐药基因以基因盒的形式存在，有些基因以复合转座子的方式存在，还有些基因仅仅是在质粒上，究其原因，不得而知。

整合子介导的耐药究竟和哪些类别抗菌药物有关联呢？截至目前，除了编码 β-内酰胺酶的耐药基因以外，在可移动或耐药整合子中鉴定出最多的抗菌药物耐药基因就是针对氨基糖苷类、氯霉素、甲氧苄啶和消毒剂和防腐剂耐药的基因（表 13-4）。

表 13-4　耐药整合子经常携带的一些耐药基因盒

针对氨基糖苷类的耐药

氨基糖苷腺苷酸转移酶：aadA1a,aadA1b,aadA2,aadB

氨基糖苷乙酰转移酶：aacA1,aacA4,aacA7,aacC1,aacC

针对氯霉素的耐药

氯霉素乙酰转移酶：catB2,catB3,catB5

氯霉素外排蛋白：cmlA

针对甲氧苄啶的耐药

A 类二氢叶酸还原酶：dfrA1,dfrA5,dfrA7,dfrA12,dfrA14

B 类二氢叶酸还原酶：dfrB1,dfrB2,dfrB3

针对防腐剂/消毒剂的耐药

季铵类化合物外排蛋白：qacE,qacG,qacI

注：1. 引自 Bennett PM. Bri J Pharmacol, 2008, 153：S347-S357。

2. 不含 β-内酰胺酶编码基因。

针对质粒介导的喹诺酮耐药基因如 qnrA 也在一些不典型的整合子上被发现，这些不典型整合子如同 In6 和 In7 那样，但这类耐药基因是被各种 ISCR 带动转移到 1 类整合子中。编码各种 β-内酰胺酶的耐药基因盒是耐药整合子中十分重要的一组基因盒。据不完全统计，截至目前被鉴定出的 β-内酰胺酶已经超过 1400 种。然而，迄今也只有几

十种编码 β-内酰胺酶的基因盒在各种整合子中被发现，所以说，绝大多数编码 β-内酰胺酶的基因并不是以基因盒的形式存在的。比如，占据数量最多的编码 TEM 型酶和 SHV 型酶的基因都不位于整合子上（表 13-5）。

表 13-5　各种主要类别编码 β-内酰胺酶基因与整合子的关联性

β-内酰胺酶	与整合子的关联性
TEM 型	无关联
SHV 型	无关联
OXA 型	个别变异体以基因盒形式存在
CTX-M 型	相当一部分变异体位于不典型整合子上
VEB 型	位于整合子上
GES 型	主要位于 1 类整合子上
KPC 型	无关联
AmpC 型	一些质粒编码的 *ampC* 基因位于不典型的整合子上
IMP 型	主要以基因盒形式存在
VIM 型	主要以基因盒形式存在
NDM 型	？

当耐药基因一旦形成可移动的基因盒，它们的散播就被大大加强了，因为基因盒是可移动遗传元件，可以凭借一些机制进行水平转移。这些机制包括：①单个的基因盒借助整合子编码的整合酶的动员；②当含有基因盒的整合子重新安置时的运动——可能是借助定点转座（targeted transposition）；③携带有整合子的更大的转座子如 Tn21 的散播；④含有整合子的接合型质粒在不同细菌菌种之间运动。因此，并不令人吃惊的是，被发现存在于革兰阴性病原菌临床分离株上的许多抗菌药物耐药基因是被插入一个整合子内的一个基因盒的一部分。然而，从表 13-5 不难看出，绝大多数编码 β-内酰胺酶的基因并不是以基因盒的形式存在，在有些类别 β-内酰胺酶家族如 TEM 型和 SHV 型中，没有一个变异体位于整合子上，而在有些酶家族中，几乎所有成员都位于整合子中，如 IMP 型和 VIM 型金属碳青霉烯酶，还有些酶家族中只有个别成员位于整合子上，大多数其他成员并非如此。已如前述，耐药基因必须首先与 *attC* 位点连接在一起后才能被整合酶介导重组，也许有些耐药基因根本就没有能力与各种 *attC* 位点结合，所以这些基因根本不能形成基因盒，整合进入整合子也就无从谈起了，或者是时间未到，说不定再经过一段时间，那些耐药基因也可能形成基因盒。由此可见，我们对基因盒的插入和切除动力学的认识还很肤浅。

第十节　结语

整合子是 20 世纪 80 年代末期发现的一种遗传元件，最初鉴定出的整合子都和细菌耐药相关联，

通过利用整合子，细菌能够积聚不同的外源性耐药基因盒，以便建立一个足够大的抗菌药物耐药"武器库"，对抗菌药物临床治疗造成显著损害。毫无疑问，染色体整合子应该并不是为耐药而生，它是古老的实体并且在细菌中分布很广，它们数亿年来一直影响着细菌基因组的进化。但是，像 1 类整合子这样在临床耐药菌株中常见的整合子也许是当代的产物。显而易见，耐药基因"绑架"了整合子，它是导致大量多样性的一个简单结构。截至目前，藏匿多达 8 个不同耐药基因盒的可移动整合子已经被鉴定出。1 类整合子是全球范围内抗菌药物耐药问题的主要"玩家"，它们常常被镶嵌到"滥交"的质粒和转座子中，从而帮助它们横向转移到各种病原菌。1 类整合子的快速出现和增加是实时发生的，是被自然选择的力量驱动的进化中最漂亮的例子之一。然而，关于整合子仍有一些悬而未决的问题。例如，很多染色体整合子都拥有众多基因盒，很多基因盒都缺乏自身的启动子，那么，远离启动子的基因盒还能够有效表达吗？如不能表达，这样的阵列又有什么意义呢？这些染色体整合子也许就是各种各样基因盒的储池，是它们暂时的"家园"，一旦被征召它们就被整合进入各种整合子中。此外，基因盒被整合和切除的频次如何？我们在临床上观察到这些基因盒似乎比较稳定，这样的稳定与抗菌药物应用所施加的选择压力有关吗？最后，在临床环境中存在抗菌药物耐药基因盒的储池吗？所有这些问题也都还悬而未决，需要继续开展更多的研究。

参考文献

[1] Stokes H W, Hall M A. A novel family of potentially mobile DNA elements encoding site-specific gene-integration functions: integrons [J]. Mol Microbiol, 1989, 3: 1669-1683.

[2] Hall R M, Collis C M. Mobile gene cassettes and integrons: capture and spread of genes by site-specific recombination [J]. Mol Microbiol, 1995, 15: 593-600.

[3] Recchia G D, Hall R M. Gene cassettes: a new class of mobile element [J]. Microbiology, 1995, 141: 3015-3027.

[4] Mazel D, Dychinco B, Webb V A, et al. A distinctive class of integron in the *Vibrio cholerae* genome [J]. Science, 1998, 80: 605-608.

[5] Hall R M, Collis C M. Antibiotic resistance in Gram-negative bacteria: the role of gene cassettes and integrons [J]. Drug Resist Updates, 1998, 1: 109-119.

[6] Liebert C A, Hall R M, Summers A O. Transposon Tn21, Flagship of the floating genome [J]. Micro-

biol Mol Biol Rev, 1999, 63: 507-522.

[7] White P A, McIver C, Rawlinson W D. Integrons and gene cassettes in the *Enterobacteriaceae* [J] . Antimicrob Agents Chemother, 2001, 45: 2658-2661.

[8] Bennett P M. Genome plasticity: Insertion sequence elements, transposons and integrons, and DNA rearrangement [J] . Methods Mol Biol, 2004, 266: 71-113.

[9] Mazel D. Integrons: agents of bacterial evolution [J] . Nature, 2006, 4: 608-620.

[10] Collis C M, Hall R M. Expression of antibiotic resistance gene in the integrated cassettes of integrons [J] . Antimicrob Agents Chemother, 1995, 39: 155-162.

[11] Boucher Y, Labbate M, Koenig J, et al. Integrons: mobilizable platforms that promote genetic diversity in bacteria [J] . TRENDS Microbiol, 2007, 15: 301-309.

[12] Gillings M, Boucher Y, Labbate M, et al. The revolution of class 1 integrons and the rise of antibiotic resistance [J]. J Bacteriol, 2008, 190: 5095-5100.

[13] Bennett P M. Plasmid encoded antibiotic resistance: acquisition and transfer of antibiotic resistance genes in bacteria [J] . Bri J Pharmacol, 2008, 153: S347-S357.

[14] Naas T, Aubert D, Lambert T, et al. Complex genetic structures with repeated elements, a *sul*-type class 1 integron, and the *bla*VEB extended-spectrum β-lactamase gene [J] . Antimicrob Agents Chemother, 2006, 50: 1745-1752.

[15] Cambray G, Guerout A M, Mazel D. Integrons [J] . Annu Rev Genet, 2010, 44: 141-166.

[16] Poirel L, Bonnin R A, Nordmann P. Genetic support and diversity of acquired extended-spectrum β-lactamases in Gram-negative rods [J] . Infect Genet Evol, 2012, 12 (5): 883-893.

[17] El Salabi A, Walsh T R, Chouchani C. Extended spectrum beta-lactamases, carbapenemases and mobile genetic elements responsible for antibiotic resistance in Gram-negative bacteria [J] . Crit Rev Microbiol, 2013, 39 (2): 113-122.

[18] Toleman M A, Walsh T R. Combinatorial events of insertion sequences and ICE in Gram-negative bacteria [J] . FEMS Microbiol Rev, 2011, 35: 912-935.

[19] Radstrom P, et al. Transposon Tn*5090* of plasmid R571, which carries an integron, is related to Tn*7*, Mu, and the retroelements [J] . J Bacteriol, 1994, 176: 3257-3268.

[20] Sundstrom L, Roy P H, Skold O. Site-specific insertion of three structural gene cassettes in transpo-

son Tn*7* [J] . J Bacteriol, 1991, 173: 4025-3028.

[21] Bowe-Magnus D A, Mazel D. The role of integrons in antibiotic resistance gene capture [J] . Int J Med Microbiol, 2002, 292: 115-125.

[22] Fluit A C, Schmitz F J. Resistance integrons and super-integrons [J] . Clin Microbiol Infect, 2004, 10: 272-288.

[23] Naas T, Mikami Y, Imai T, et al. Characterization of In*53*, a class 1 plasmid- and composite transposon-located integron of *Escherichia coli* which carries an unusual array of gene cassettes [J] . J Bacteriol, 2001, 183: 235-249.

[24] Stokes H W, O'Gorman D B, Recchia G D, et al. Structure and function of 59-base element recombination sites associated with mobile gene cassettes [J] . Mol Microbiol, 1997, 26: 731-745.

[25] MacDonald D, Demarre G, Bouvier M, et al. Structural basis for broad DNA specificity in integron recombination [J] . Nature, 2006, 440: 1157-1162.

[26] Verdet C, Arlet G, Barnaud G, et al. A novel integron in *Salmonella enterica* serovar Enteritidis, carrying the *bla*(DHA-1) gene and its regulator gene ampR, originated from *Morganella morganii* [J]. Antimicrob Agents Chemother, 2000, 44: 222-225.

[27] Hall R M, Collis C M, Kim M J, et al. Mobile gene cassettes and integron in evolution [J] . Ann N Y Acad Sci, 1999, 870: 68-80.

[28] Francia M V, Zabala J C, de la Cruz F, et al. The IntI1 integron integrase preferentially binds single-stranded DNA of the *attC* site [J] . J Bacteriol, 1999, 181: 6844-6849.

[29] Segal H, Francia M V, Lobo J M, et al. Reconstruction of an active integron recombination site after integration of a gene cassette at a secondary site [J] . Antimicrob Agents Chemother, 1999, 43: 2538-2541.

[30] Rowe-Magnus D A, Mazel D. Integrons: natural tools for bacterial genome evolution [J] . Curr Opin Microbiol, 2001, 4: 565-569.

[31] Beaber J W, Hochhut B, Waldor M K. Genomic and functional analyses of SXT, an integrating antibiotic resistance gene transfer element derived from *Vibro cholerae* [J] . J Bacteriol, 2002, 184: 4259-4269.

[32] Villa L, Pezzella C, Tosini F, et al. Multiple-antibiotic resistance mediated by structurally related IncL/M plasmids carrying an extended-spectrum β-lactamase gene and a class 1 integron [J] . Antimicrob Agents Chemother, 2000, 44: 2911-2914.

第十四章

插入序列共同区

插入序列共同区（ISCR）也是在 20 世纪 90 年代在抗菌药物耐药背景下被鉴定出的可移动遗传元件，它们最初被发现存在于不典型的整合子 In6 和 In7 上，而这两个整合子被证实分别位于质粒 pSa 和 pDGO101 上。事实上，质粒 pSa 和 pDGO101 的抗菌药物耐药区域的限制性资料发表在 20 世纪 80 年代早期，但这些限制图并没有揭示出整合子的 3′-保守片段的全长，这是因为在 3′-保守片段的一个部分重复内含有 sul1 基因的一个重复。当时，研究者只是发现这两个整合子与其他典型整合子不一样，因为典型整合子是不含有 sul1 基因的一个重复，不过当时人们以为这段重复只是一些个例，还构不成一类独立的遗传元件。为了进一步研究这些整合子的结构，1993 年，Stokes 和 Hall 第一次系统地鉴定了来自 pSa 的整合子 In6 和来自 pDGO00 的整合子 In7 的这个部分 3′-保守片段重复。在 In7，这一片段长度为 2822 个碱基，并且在这个片段的一端包括了一个甲氧苄啶耐药基因 dhfrX；在 In6，对应的区域长度为 4.5kb，并且前 2105 个碱基与 In7 片段几乎完全一样。在对于 In6 来说独特的区域中，赋予对氯霉素耐药的一个 cat 基因已经取代了在 In7 中的 dhfrX 基因。因此，他们将这个位置看作是第二个可变区，之所以这样称呼还是将其看作是另一类比较特殊的整合子。在整合子的第一个可变区内是以基因盒形式存在的各种耐药基因。而在这个所谓第二可变区内，也有不同的耐药基因被发现不是以基因盒形式存在。

1998 年，Hall 等更形象地描绘了 In6 和 In7 的结构，并且将 dfrA10 或 catA2 之前的由 2105

个碱基组成的同样 DNA 片段称作共同区或共同子（common region，CR），这应该是第一次将这一 DNA 片段称作共同区。然而，尽管这样称呼，但他们还没有将这一 DNA 片段看作是一个独立的可移动遗传元件，而仍然将其看成 1 类整合子的特例，即复杂的 1 类整合子（图 14-1）。

最初人们认为，这些不典型的整合子是整合子进化的一种形式，它们不仅通过基因盒的获得和切除而进化，而且它们也正在合生非基因盒的耐药基因以及整合子片段复制。相继的研究越来越清晰地揭示出，这是一种全新的耐药基因传播方式，这些耐药基因被连接到称之为共同区（CR）的各种序列上，之所以称为共同区就是将这一 DNA 片段与 1 类整合子的 5′ 和 3′ 保守序列区别开来。各种 CR 常常被发现超过但却紧邻着 1 类整合子的 3′ 保守序列。这些 CR 的一个比较性研究已经显示，CR 彼此相关并且还与一类非典型的插入序列相类似，后者被称为 IS91 样插入序列。IS91 及其相似的元件与插入序列的典型范例不同，差异体现在它们缺乏末端反向重复（inverted repeat，IR），并且被认为可通过一种称作滚环转座（rolling-circle transposition）的机制来转座（因为该机制涉及滚环复制）。如此一来，这些 IS91 样元件就能带动邻近的 DNA 序列转移，这是被该元件的一个单一拷贝所介导，而不需要成对的 IS 元件，ISEcp1 对 blaCTX-M 基因的动员就是采用这样一种模式。然而，这种机制与大多数 IS 元件的转座机制不同，在后一种情况下，两个拷贝（其中一个必须是完整的）需要位于被动员基因的两侧。人们可能会争论说，CR 是一个扩展了的 IS91 样元件家族中的成员，这个家族是通

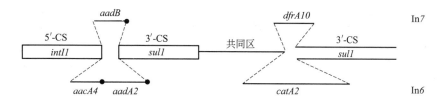

图 14-1 1 类整合子 In*6* 和 In*7* 的结构

（引自 Hall RM，Collis C M. Drug Resist Updates，1998，1：109-119）

基序Ⅰ				基序Ⅱ		
38	IMACGTTLMGYTQWCCSSPDCCHTKKVCFRCKSR-SCPHCGVK	80	96	PWQHIVFTLPCQYWSL	112	IS*91*
40	MLACGTRILGVKEFGCDNPDCQHVKYLTNSCGSR-ACPSCGKK	82	98	DWVHLVFTLPDTLWPV	114	IS*1294*
62	LLQCGRLEYGFMRVRCED--CHHERLVAFSCKRRGFCPSCGAR	102	119	PIRQWVLSFPFQLRFL	135	ISCR*1*
61	FLQCGRLEHGFLRVRCES--CHAEHLVAFSCKRRGFCPSCGAR	101	118	PIRQWVLSFPFQLRFL	134	ISCR*2*
53	YLRCGVLEHGFLRVVCEH--CRAERLVAFSCKRRGFCPSCGAR	93	110	PIRQWVLSFPYPLRFL	126	ISCR*3*
58	FLRCGVLEHGFLRVACEH--CHAERLVAFSCKRRGFCPSCGAR	98	115	PIRQWVLSFPYPLRFL	131	ISCR*4*

基序Ⅲ				基序Ⅳ	基序Ⅴ		
139	VEPGIFTVIHTWGRDQQWHPHIHLSTTAGGVT	171	249	YFGSYLKK 257 310	RMVRYYGFLS 320		IS*91*
141	LEPGIFCAIHTYGRRLNWHPHVHVSVTCGGLN	173	251	YLGRYLKK 259 311	KMVRYFGFLA 321		IS*1294*
168	AQTGSVTLIORFGSALNLNVHYHMLFLDGVYA	200	323	YLCRYISR 331 382	NLTRFHGVFA 392		ISCR*1*
167	AKTGSVTLIORFGSALNLNVHYHMLFLDGVYV	199	320	RLCRYISR 328 379	NLTRFHGVFA 389		ISCR*2*
159	AQCGSVTLIORFGSALNLNIHYHMLWLDGVYV	191	315	KLCRYITR 323 374	HLTRFHGVFA 384		ISCR*3*
164	AQCGSVTLIORFGSALNLNVHYHMLWLDGVYA	196	317	RLCRYITR 325 376	HLTRFHGVFA 386		ISCR*4*

图 14-2 IS*91* 组蛋白序列的基序区域与 ISCR*1*～*4* 元件的转座酶序列的比对

（引自 Toleman MA，Bennett P M，Walsh T R. Microbiol Mol Biol Rev，2006，70：296-316）

所有的 ISCR 元件都具有在 IS*91* 组元件内被发现的 5 个基序，并且在整个的各种 IS*91*
元件中保守的所有残基都在 ISCR*1*～*4* 元件内被发现

过滚环转座机制而转座并且负责实质上每一类抗菌药物耐药基因的动员，包括编码各种 β-内酰胺酶的基因，如编码 ESBL、碳青霉烯酶和赋予广谱氨基糖苷类耐药、氟苯尼考/氯霉素耐药以及对甲氧苄啶和喹诺酮类耐药的基因。但是，人们最终还是认定 CR 是一种全新的遗传元件，其重要原因在于：In*6* 和 In*7* 的这两个抗菌药物耐药基因都不与 59-be 相连接，也就是说，这两个耐药基因都不是以基因盒的形式存在，而连接到 59-be 是被镶嵌在 1 类整合子内压倒多数的耐药基因的典型情况。一般来说，整合子通过整合和裁剪各种基因盒而进化。让人意想不到的是，非基因盒耐药基因也与整合子结构密切相关联，人们也只能将这些整合子称作复杂的 1 类整合子。Toleman 等于 2006 年提出，既然这是一段共有序列（CR），而且它们也被发现无论是序列特征还是转座机制都与 IS*91* 样插入序列非常相似，其功能行为又具有 IS*91* 样元件的特征，所以这种全新的遗传元件被命名为插入序列共同区（ISCR），这样的命名能恰当地反映出这一遗传元件的结构-功能特征。在 In*6* 和 In*7* 上被发现的 ISCR 被命名为 ISCR*1*，后面陆续发现的 ISCR 被依次按照数字顺序命名，如 ISCR*2*、ISCR*3* 等。

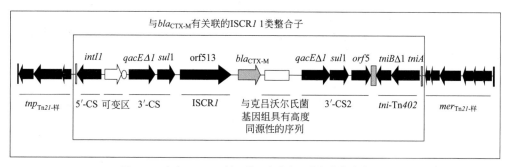

图 14-3 含有 *bla*~CTX-M~ 基因的 1 类整合子骨架的模块结构图

（引自 Canton R，Coque T M. Curr Opin Microbiol，2006，9：466-475）

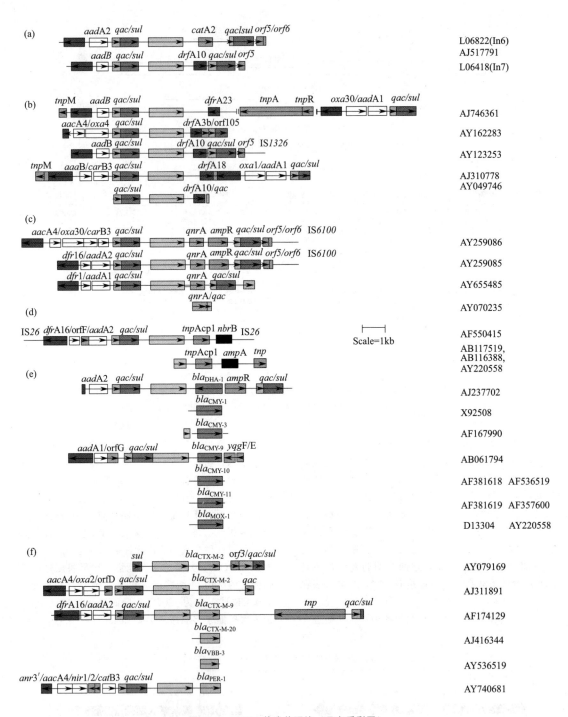

图 14-4　ISCR*1* 的遗传环境（见文后彩图）

（引自 Toleman M A，Bennett P M，Walsh T R. Microbiol Mol Biol Rev，2006，70：296-316）

黄色方框代表着 ISCR。（a）复杂的 1 类整合子 In*6* 和 In*7*，在这两个整合子中，

ISCR*1* 元件首先被观察到；（b）～（f）ISCR*1* 的遗传环境

CR 后缀的保留体现着命名的连续性，通过使用 IS 前缀，也同时昭示它们基本的性质。此前，这种全新的遗传元件也曾被命名为 ORF513，意指这段共同区拥有一个 ORF，它编码一种由 513 个氨基酸组成的转座酶。当 CR ORF 的推定产物氨基酸序列被与 IS*91* 及其亲属 IS*801* 和 IS*1294* 的氨基酸序

列比对时，尽管总体的氨基酸同一性在 CR 编码的蛋白和 IS91、IS801 和 IS1294 的转座蛋白之间是非常低的，但转座蛋白的关键氨基酸基序能看到是存在于 CR 基因产物中的（图 14-2），这就提示它们或许确实是转座蛋白，这与 CR 是可转座元件的想法是一致的。

相继的研究表明，除了 In6 和 In7 以外，ISCR1 也常常是作为复杂的 1 类整合子的一部分与抗菌药物耐药基因相关联，这些耐药基因包括甲氧苄啶耐药基因、质粒介导的喹诺酮耐药基因、氨基糖苷类耐药基因以及编码 A 类和 C 类 β-内酰胺酶的基因。其他 ISCR 也与抗菌药物耐药决定子密切相关联，但需要强调的是，这样的关联不一定是在一个整合子之中。进而，那样的结构常常与在问题性病原菌中新近出现的耐药有关联，如大肠埃希菌、肺炎克雷伯菌、鲍曼不动杆菌和铜绿假单胞菌，在这些细菌中，它们被连接到强力的广谱耐药基因上，如 16S 核糖体甲基转移酶基因 armA、rmtC 和 rmtB，这些基因赋予对所有氨基糖苷类耐药，这些强力的广谱耐药基因也包括编码对大多数 β-内酰胺类抗生素耐药的基因，如 bla_{SPM-1} 和 bla_{NDM-1} 等。

在 ISCR 家族中 ISCR1 最常见，它被镶嵌在复杂的 1 类整合子内，这种整合子则具有复杂的模块结构。图 14-3 是根据来自 In117、InV117（$bla_{CTX-M-2}$）和 In60（$bla_{CTX-M-9}$）变异体序列的各种信息而制作。每一个整合子都包括保守区 5′CS 和 3′CS，侧翼是数量不等的基因盒，紧跟着的是 ISCR1、bla_{CTX-M} 基因，与克吕沃尔菌基因组具有高度同源性的各种序列以及 3′-CS 的第二个拷贝（被称为 3′-CS2），再接下来是 Tn402-tni 模块的一个截短形式（图 14-3）。

2006 年，Toleman 等也揭示出 ISCR1 在复杂的 1 类整合子中的遗传环境。图 14-4 也显示出 ISCR1 与各种抗菌药物耐药基因的关联性。

第一节　ISCR 的起源

ISCR 源自哪里？这个问题应该涉及两个层面。第一个层面的问题是 ISCR1 如何参与 In6 和 In7 这两种不典型 1 类整合子的构建，因为 ISCR1 首先是在这两个不典型 1 类整合子中被发现；第二个层面的问题是 ISCR 本身的起源。复杂的 1 类整合子 In6 和 In7 的构建涉及一次关键性融合事件，那就是 ISCR1 元件对 3′-CS 的融合。从直观上看，这个事件不太可能在 3′-CS 形成之前发生，并且复杂的 1 类整合子第一个例子是在 1985 年被发现，如此就给了我们一个时间框架，即这个事件发生在 1935—1985 年之间。1993 年，在数据库中仍然只有 2 个那样遗传结构的实例。然而，到 2006 年，数量增加到 17 个，并且现在这样的例子已经超过 250 个。2006 年，采用 ISCR1 的 DNA 序列在遗传数据库的多次寻找揭示出关于这个特殊元件的非常有趣的信息。实际上，在所有情况下，ISCR1 ORF 起始密码子被发现距离 sul1 基因的终止密码子有一个完全一样的 404bp。对此合乎逻辑的解释是，ISCR1 元件被融合到 3′-CS $qacE\triangle sul1$ 基因上，就如同 $qacE\triangle sul1$ 基因融合到 ISCR1 上一样，并且涉及 ISCR1 的每一个结构都源自一个最初的一次性关键事件。在 ISCR1 元件和 $qacE\triangle sul1$ 基因之间连接区的进一步调研揭示出，ISCR1 没有一个 terIS 序列。进而，常常在 $qacE\triangle sul1$ 下游被发现的 orf5 和 orf6 丢失了。这就建议如下的事件已经发生：①ISCR1 元件转座到 $qacE\triangle sul1$ 下游的一个位置上；②一个删除事件发生，它移出 orf5 和 orf6 以及 ISCR1 元件的 terIS（图 14-5）。ISCR1 融合到 1 类整合子并且其 terIS 被删除这样事件的最终结果能被想象对于抗菌药物耐药而言具有 2 个重要的影响：①1 类整合子本来是不可自身移动的遗传元件，现在通过 ISCR1 而变成可移动遗传元件；②一个同源 terIS 序列的缺乏将会意味着滚环复制现在常规地通过 1 类整合子结构继续进行，因此以一个增加的频次动员这个结构或这个结构的部分片段。

通过与 1 类整合子结构的 3′-CS 融合所形成的 ISCR1 元件的变异体现在能够通过一系列继发的转座事件而运行，从而动员邻接新的非基因盒的耐药基因的 1 类整合子，这些新耐药基因包括 cat2、dfrA10、qnr 和近来的各种 bla_{CMY}、armA、bla_{CTX-M} 耐药基因。一旦处在这个位置上，这些元件被预想可产生各种游离的环状形式，包括 3′-CS、1 类整合子和新收集的耐药基因。这些环状实体能相继被发生在同一细胞中另一个现有整合子结构中的同源重组拯救。滚环复制和同源重组那样的组合总是会产生出复杂 1 类整合子结构，它含有一个直接重复的 3′-CS 和一个非基因盒的耐药基因，被包夹在两个重复之间（图 14-6）。进而，如果没有先前的 3′-CS 以及 ISCR1 对其融合这样的组合事件，这些耐药岛是不能被构建的。因此，ISCR1 元件对 1 类整合子的融合克服了耐药基因获得上的障碍，这是因为这个整合子最初只有收集以基因盒形式存在的耐药基因。然而，在 ISCR1 融合后，它具有了扩展的能力，可以获得那些不是以基因盒形式存在的耐药基因，并且还获得新水平的移动性。

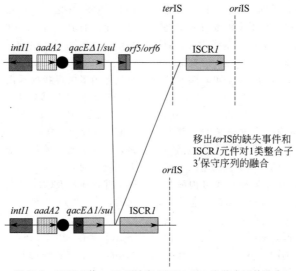

图 14-5 ISCR*1* 的 *ter*IS 删除和 ISCR*1* 对 1 类整合子的融合

（引自 Toleman M A，Walsh T R. FEMS Microbiol Rev，2011，35：912-935）

一个缺失事件将 ISCR*1* 元件融合到 1 类整合子的 3′-CS 上。在 *sul1* 基因的终止密码子和 ISCR*1* 转座酶 ORF 的起始密码子之间的距离是一个完全一样的 404bp，实际上在遗传数据库中所有复杂 1 类整合子的例子都是如此。这就建议一个一次性删除事件已经发生，它移出了常常在 3′-CS 下游被发现的 *orf5* 和 *orf6* 以及 ISCR*1* 的 *ter*IS。所有当下的例子都是这个最初删除事件的"后裔"。开放的盒代表各种 ORF，箭头提示转录的方向。*aadA1* 基因盒采用垂直线标示

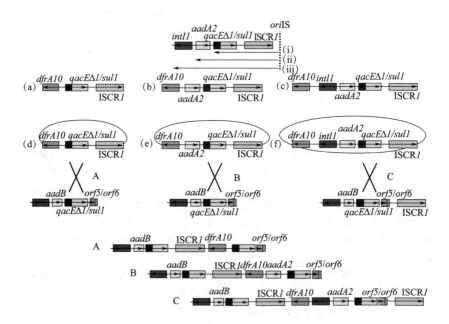

图 14-6 ISCR*1* 介导的复杂 1 类整合子构建的模型（见文后彩图）

（引自 Toleman M A，Walsh T R. FEMS Microbiol Rev，2011，35：912-935）

复杂 1 类整合子的构建能被一个三步模型加以解释。复制型转座事件起始于 *ori*IS 并且继续进行到三个任意定义的终止点，采用图顶部 3 个箭头表示（ⅰ-ⅲ）。这三个事件中的每一个都动员 1 类整合子的各个部分并且将它们插入一个耐药基因的上游（在此模型中是 *dfrA10*，淡蓝色盒），从而形成 3 个结构ⅰ、ⅱ、ⅲ。第二次转座事件通过环状中间体动员这个新基因，采用（d）（e）（f）来表示。每一个环状中间体然后被与其在同一细胞中的另一个 1 类整合子的 3′-CS 的同源重组来拯救。这就形成被 A 和 B 所描绘的结构。当环状中间体被拯救进入已经包含了 ISCR*1* 元件的 1 类整合子中时，最后的结构既含有 3′-CS 的拷贝，也含有 ISCR*1* 的拷贝，如 C 所示

很多观察建议，ISCR1 元件或许已经起源于一种水生细菌。SXT 和 SGI1 元件都被发现存在于霍乱弧菌和肠炎沙门菌鼠伤寒血清型，这些细菌常常栖息于水环境中。ISCR1 被发现在与水源细菌杀鲑气单胞菌（*A. salmonicida*）密切相关的质粒上。况且，环丙沙星耐药基因 *qnrA* 起源于一种水生细菌海藻希瓦菌，并且 ISCR1 已经被发现邻接着 *bla*~CMY-1~ 组基因的一些成员，它们被建议源自肠道细菌如弗氏柠檬酸杆菌。*bla*~PER-3~ 与 ISCR1 密切相关并且是在法国从小斑气单胞菌中被分离出的。其他筛选性调查也已经提示，嗜水气单胞菌或是另一个 ISCR 家族成员的起源。同样引人瞩目的是，第一个氟苯尼考耐药基因 *floR* 在一个质粒上被检测到，该质粒来自鱼的病原菌，这可能也建议 ISCR2 的一个海洋环境来源。

各种 ISCR 元件的 G＋C 含量上不同，从 ISCR1 的 54％ 到 ISCR5 的 69％，这就建议不同的 ISCR 家族成员已经起源于不同的细菌。ISCR1 和 ISCR2 在迄今为止被分离出的所有 ISCR 成员中具有最低的 G＋C 含量，分别是 54％ 和 59.5％。其余 ISCR 家族成员的 G＋C 含量都超过 60％。各种 ISCR 元件的 G＋C 含量的不同可能提示，它们的序列一直趋异进化了相当长一段时间了。

第二节　ISCR 的转座机制

ISCR 元件与密切相关的 IS 元件的一个三件套 IS91、IS801 和 IS1294 远相关。已有证据明确显示，这些元件与大多数其他的 IS 元件明显不同，无论是结构和转座模式都是如此。大多数 IS 元件以短的、反向核苷酸重复为特征，这些反向重复在功能上可相互交换并且起到了限定这些元件末端的作用，以及对于同源重组来说作为结合和裂解位点而起作用。即便不是所有的，但大多数复合转座子也展示出这些特征。与之形成对比的是，ISCR 元件缺乏末端的反向重复，它们反而具有截然不同的末端序列，后者被分别称为 *ori*IS 和 *ter*IS，它们分别提示滚环转座的滚环复制阶段的起始和终止的独特位点。与抗菌药物耐药基因传播相关的这些系统的一个特征就是，*ter*IS 的识别显示出一定程度的不精确性，这种不精确性可高达 10％，这就允许复制跨越了 *ter*IS 并且进入邻接的序列而继续进行。

滚环转座提供了一种机制，借此，一个单一的 IS 元件能够动员它所连接的序列。Tavakoli 等显示，涉及 IS91 样元件 IS1294 的一定比例转座事件也移动到被连接到这个元件的 *ter*IS 末端的各种序列。这是因为 *ter*IS 的低水平误读。同样，IS91 样元件已经被显示可形成游离的环状实体，它们或许是在这个转座过程中的中间物。有学者推测，这些中间物参与了 DNA 重排，由此产生出复合 1 类整合子。有学者提出，ISCR 元件通过转座移动来靠近这些元件的耐药基因，然后通过第二次的、延伸的转座事件来复制带动转移这些耐药基因。如果这个假设正确，ISCR 元件就是强力的遗传工具，它们能够动员来自任何位置上的任何基因，而不需要元件复制，后者对于大多数 IS 元件来说是需要的。

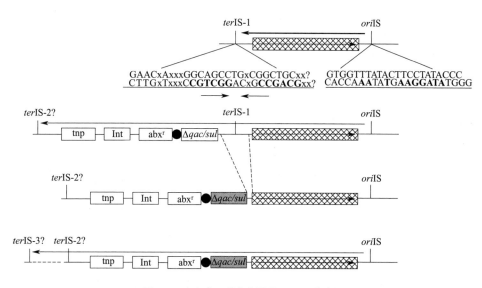

图 14-7　复杂的 1 类整合子被 ISCR1 的动员

（引自 Toleman M A，Bennett P M，Walsh T R. J Antimicrob Chemother，2006，58：1-6）

在这种情况下，ISCR 元件可能在来自人和动物的抗菌药物耐药病原菌的进化上，至少与转座子和整合子同等重要。如图 14-7 所示，（a）oriIS 和 terIS-1 分别被表示为 ISCR1 转座的插入和终止位点。更大的黑体水平箭头提示复制的起始点和方向（从右到左）。（b）第一个事件涉及邻接和靠近一个 1 类整合子的 3′ 末端（被表示为 qac/sul）的 ISCR1 的转座。在正常情况下，这个转座酶会识别推定的终止序列 terIS-1，但是却读错这个终止序列，并且取而代之的是在一个相似的序列 terIS-2 处终止。涉及这个 1 类整合子的 3′ 末端和完整的 ISCR1 的 5′ 末端 DNA 的这个小片段被删除，这是通过截短 sul 基因（以一个暗色方块表示）和删除正常的终止位点 terIS-1 而实现的，从而创造出一个整合子-ISCR1 融合。从这一点开始，ISCR1 能够动员整合子（Int-qac/sul）、任何在此含有的抗菌药物耐药基因盒（abx^r）和任何相关的 5′ 转座子（Tnp），这种动员是通过一个 IS91 样的滚环机制而实现的。可能的情况是，ISCR1 或许识别推定的终止序列 terIS-2 或 terIS-3，它们也许与 terIS-1 相似，也许不相似。

ISCR1 元件的一端被称作 oriIS，它起到一个复制起始点的作用，而另一端被称作 terIS，它是一个复制终止子。如同其他的 IS91 样元件，当滚环复制机制识别错 terIS 并开始复制邻接它的 DNA 时，ISCR1 或许带动转移邻接的序列。因此，ISCR1 或许带动转移染色体基因（如来自克吕沃尔菌种的 bla_{CTX-M} 基因），这种带动转移是通过首先转座进入一个邻接它们的位置，然后再次转座，但却是"错误的"转座，由此带动转移邻接的序列到一个接合型质粒上。引人瞩目的是，ISCR1 在实验上被显示可通过提供启动子序列而额外促进 bla_{CTX-M} 基因的表达。

第三节　ISCR 与细菌耐药

与插入序列一样，ISCR 也是一组相关序列，是一个家族。迄今为止，每一个被鉴定出的 ISCR 家族成员都容纳着一个单一的开放阅读框（ORF）。这些推定基因的预测产物彼此密切相关，都大约含有 500 个氨基酸，在氨基酸同一性上彼此相差 4%～88%。目前 ISCR 家族已经包含有近 20 个成员，但出现最多的还是 ISCR1。

ISCR 与许多抗菌药物耐药决定子密切关联，并且这种关联性不一定就是在一个整合子背景中。ISCR1 与编码对氯霉素（$catAII$）、甲氧苄啶（$dfrA10$、$dfrA23$、$dfrA3b$ 和 $dfrA19$）和氨基糖苷类（$armA$）的耐药基因有关联，并且也与 A 类 β-内酰胺酶（$bla_{CTX-M-2}$、$bla_{CTX-M-9}$、$bla_{CTX-M-20}$、bla_{PER-3} 和 bla_{VEB-3}）和 C 类 β-内酰胺酶（bla_{DHA-1}、bla_{CMY-1}、bla_{CMY-8}、bla_{CMY-9}、bla_{CMY-10} 和 bla_{MOX-1}）的编码基因有关联。近来发现的质粒编码的喹诺酮耐药基因 qnr 赋予对喹诺酮类耐药和赋予对氟喹诺酮类降低的敏感性，它也与 ISCR1 密切关联。ISCR2 被连接到编码对甲氧苄啶（$dfrA18$、$dfr IX$、$dfrA20$）、四环素（$tetR$）、氯霉素（$floR$）和磺胺类（$sul II$）耐药的基因上。ISCR3 被连接到 qac、$dfrA10$、$ereB$、$yieE$ 和 $yieF$。ISCR4 被连接到 bla_{SPM-1} 上以及 ISCR5 被连接到 bla_{OXA-45} 和 $ant4'IIb$ 上。ISCR 元件与编码 ESBL、可移动的 AmpC β-内酰胺酶以及金属 β-内酰胺酶（SPM-1）的基因的关联特别让人担忧，这涉及这些耐药基因的进一步传播。

表 14-1 只是描述了 ISCR1-5 与抗菌药物耐药基因的关联性，但 ISCR 家族中其他成员也与抗菌药物耐药基因有着不同程度的关联。各种研究已经显示，ISCR 既存在于质粒也存在于染色体中，并且它们已经在全世界范围内的细菌中被发现。ISCR 现在被认为与抗菌药物耐药基因密切相关，但已有明确证据表明，ISCR 不是为抗菌药物耐药基因而生，它们只是一组可移动遗传元件，只是被耐药基因利用而已。其中，与抗菌药物耐药基因关联最多的还是 ISCR1。下面我们着重介绍 ISCR1 与各种耐药基因的关联性。

一、ISCR1

ISCR1 与很多类别抗菌药物耐药基因有关联，如多种甲氧苄啶耐药基因，这一类抗菌药物耐药基因也是在 In7 上最早发现与 ISCR1 有关联的耐药基因之一，它是 $dfrA10$。除此之外，ISCR1 已经被发现与多个突变体的甲氧苄啶耐药基因相关联。这些基因均是由肠杆菌科细菌携带，后来是从多个国家中被分离获得，如意大利、阿尔巴尼亚、比利时、阿根廷和澳大利亚等。ISCR1 与质粒介导的喹诺酮耐药基因 $qnrA$ 的关联值得描述。$qnrA$ 首先是在 1994 年在一个肺炎克雷伯菌分离株中被检测到，该分离株是收集自亚拉巴马州的伯明翰。后来，这个基因已经在很多国家的革兰阴性杆菌分离株中被鉴定出，并且已经成为介导氟喹诺酮耐药的重要机制之一。Toleman 等在 2006 年报告，在所有受试的分离株中，$qnrA$ 基因被发现都是作为复杂的 1 类整合子的一部分邻接在 ISCR1 的下游，该整合子包括了 3′ 保守序列的重复。$qnrA$ 基因被发现在不同大小的质粒上，一些 β-内酰胺酶基因也已经被发现位于携带 $qnrA$ 的质粒上，如 bla_{VEB-1}、bla_{FOX-5}、bla_{SHV-7}、$bla_{CTX-M-9}$ 和 bla_{PSE-1}。人们感兴趣地注意到，后面这些基因也

表 14-1　ISCR 亚组的特征及其与抗菌药物耐药基因的关联

ISCR 亚组	细菌	位置	邻接基因	长度/bp
ISCR1-A	大肠埃希菌	质粒(pSa)	$cat\text{A}\,\text{II}$	10953
	杀鲑气单胞菌	质粒(pAR-32)	$cat\text{A}\,\text{II}$	9340
	大肠埃希菌	质粒(pDG0100)	$dfr\text{A}10$	7634
ISCR1-B	肠炎沙门菌鼠伤寒血清型	?	$dfr\text{A}23$	16409
	弗氏柠檬酸杆菌	转座子	$dfr\text{A}3b$	7180
	肺炎克雷伯菌	质粒(pRMH760)	$dfr\text{A}10$	45325
	肠炎沙门菌鼠伤寒血清型	质粒(incF1)	$dfr\text{A}19$	12085
	肠炎沙门菌鼠伤寒血清型	染色体	$dfr\text{A}10$	4260
ISCR1-C	大肠埃希菌	?	$qnr\text{A}$	14872
	大肠埃希菌	?	$qnr\text{A}$	13231
	大肠埃希菌	?	$qnr\text{A}$	3149
	肺炎克雷伯菌	质粒(pMG252)	$qnr\text{A}$	1100
ISCR1-D	弗氏柠檬酸杆菌	质粒(pCTX-M3)	$tnp\text{Acp1}/arm\text{A}$	89468
	大肠埃希菌	?	$tnp\text{Acp1}/arm\text{A}$	4042
	肺炎克雷伯菌	质粒(pIP1204)	$tnp\text{Acp1}/arm\text{A}$	4042
	黏质沙雷菌	?	$tnp\text{Acp1}/arm\text{A}$	4042
ISCR1-E	肠炎沙门菌	质粒(未特指)	$bla_{\text{DHA-1}}$	8558
	肺炎克雷伯菌	质粒(pMUP-1)	$bla_{\text{CMY-1}}$	1560
	肺炎克雷伯菌	?	$bla_{\text{CMY-8}}$	1973
	大肠埃希菌	?	$bla_{\text{CMY-9}}$	8049
	克雷伯菌菌种	?	$bla_{\text{CMY-10}}$	1478
	产气肠杆菌	?	$bla_{\text{CMY-10}}$	1475
	大肠埃希菌	?	$bla_{\text{CMY-11}}$	1478
	大肠埃希菌	?	$bla_{\text{CMY-11}}$	1478
	肺炎克雷伯菌	质粒(pRMOX-1)	$bla_{\text{MOX-1}}$	1407
ISCR1-F	奇异变形杆菌	质粒(pMAR12)	$bla_{\text{CTX-M-2}}$	5674
	肠炎沙门菌婴儿血清型	质粒(未特指)	$bla_{\text{CTX-M-2}}$	8861
	大肠埃希菌	质粒(未特指)	$bla_{\text{CTX-M-9}}$	13029
	奇异变形杆菌	?	$bla_{\text{CTX-M-20}}$	1179
	阴沟肠杆菌	?	$bla_{\text{VEB-3}}$	1066
	小斑气单胞菌	?	$bla_{\text{PER-3}}$	8346
ISCR2	霍乱弧菌	染色体	$dfr18$	99483
	弗氏志贺菌	染色体?	$glmm$	292088
	霍乱弧菌	染色体	S013 Hyp 蛋白	23402
	霍乱弧菌	染色体	$dfr18$	19997
	大肠埃希菌	质粒(pMBSF-1)	$orf4$ Hyp 蛋白	10910
	大肠埃希菌	质粒(10507-1)	$flo\text{R}$	7035
	杀鲑弧菌	质粒(pRVS1)	$glmm$	6962
	肠炎沙门菌	质粒(cryptic)	$orf1$	6066
	杀鲑气单胞菌	质粒(pRAS2)	$tet\text{R}$	3480
	杀鱼巴斯德菌	质粒(RSF1010)	$sul\,\text{II}$	2986
	大肠埃希菌	染色体?	$dfr\,\text{IX}$	1509
	多杀巴斯德菌	染色体?	$dfr\text{A}20$	3891
	杀鱼巴斯德菌	质粒	$flo\text{R}$	3745
	肺炎克雷伯菌	质粒(R55)	?	6179

续表

ISCR 亚组	细菌	位置	邻接基因	长度/bp
ISCR*3* （和 ISCR*1*[①]）	肠炎沙门菌 DT104 96-5227， 肠炎沙门菌 Agona 959SA97	染色体（SGI1）	*qac*	—
	肠炎沙门菌 Agona1169Sa97	*染色体（SGI1-A）	*drf*A10 和 *qac*	—
	肠炎沙门菌 Agona 953SA98	*染色体（SGI1-D）	*drf*A10	—
	肠炎沙门菌 DT104S/960081	染色体（SGI1-E）	*qac*	—
	肠炎沙门菌—Albany	染色体（SGI1-F）	*qac*	—
	肠炎沙门菌—Derby	染色体（SGI1-I）	*qac*	—
	肠炎沙门菌—Emek	染色体（SGI1-J）	*qac*	—
	肠炎沙门菌 1690Sa00	*染色体	*yie*F	3298
	肠炎沙门菌 1254Sa02	*染色体	*yie*E	2790
	肠炎沙门菌 507Sa01	*染色体	*yie*E	3298
	大肠埃希菌	质粒（pIP1527）	*yie*B	1906
ISCR*4*	铜绿假单胞菌	质粒（未特指）	*bla*SMP-1	2004
	铜绿假单胞菌	质粒（未特指）	*bla*SMP-1	3312
ISCR*5*	铜绿假单胞菌	质粒/染色体	*bla*OXA-45	—
	铜绿假单胞菌	质粒	*ant*4′Ⅱb	—

① 推测是染色体的，但未被实验证实。

注：1. 引自 Toleman M A，Bennett P M，Walsh T R. J Antimicrob Chemother，2006，58：1-6。

2. 与 ISCR*1* 关联的细菌菌株和抗菌药物耐药等位基因。A—ISCR*1* 首先被鉴定出的复合 1 类整合子 In6 和 In7。B~F—与耐药等位基因密切关联的各种复合 1 类整合子，这些等位基因赋予对甲氧苄啶（B）、环丙沙星（C）、氨基糖苷类（D）、头孢噻肟（F）和头孢他啶（E 和 F）耐药。

已经被显示与 ISCR*1* 相关联。

已经证实，ISCR*1* 不仅与传统的氨基糖苷钝化酶基因有关联，而且也与 16S rRNA 甲基转移酶基因 *armA* 密切相关联，后者是一种非常强大的耐药机制，因为通过改变核糖体，它能赋予对大多数临床上重要的氨基糖苷类抗生素的高水平耐药。

ISCR*1* 与编码 β-内酰胺酶基因的关联性相当普遍，4 个分子学类别的 β-内酰胺酶基因都与 ISCR 有关联，与 ISCR*1* 的关联最为常见。在 CTX-M 家族中，一些重要的成员都与 ISCR*1* 具有关联性，如 *bla*CTX-M-2 和 *bla*CTX-M-9。当然，还有一些 A 类 ESBL 与 ISCR*1* 有关，如 *bla*VEB-3 和 *bla*PER-3。近来，编码 PER-7（与 PER-1 相比相差 4 个氨基酸置换）的 *bla*PER-7 基因在一个来自法国的鲍曼不动杆菌临床分离株中被鉴定出，它被鉴定与在一个 *sul*1 型整合子结构内的 ISCR*1* 有关联。*bla*PER-7 基因的表达被 ISCR*1* 的 *ori*IS 内的启动子序列所驱动，它由 −35 框和 −10 框组成。这个发现或许提示 *bla*PER 基因传播的另外一种方式，从而加强它们散播的潜力并且强调 ISCR*1* 元件传播抗菌药物耐药基因广的能力。ISCR*1* 已经被发现邻接着很多头孢菌素酶基因，包括 *bla*DHA-1（源自摩根菌的染色体）、*bla*CMY-1 和 *bla*CMY-8 到 *bla*CMY-11（被认为源自一个气单胞菌菌种）以及 *bla*CMY 型的一个变异体 *bla*MOX-1（图 14-8）。

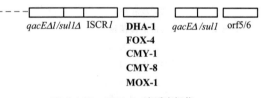

| *qacEΔ1/sul1Δ* ISCR*1* | DHA-1
FOX-4
CMY-1
CMY-8
MOX-1 | *qacEΔ/sul1* orf5/6 |

可能的起源：DHA-1，摩氏摩根菌
FOX-4，气单胞菌菌种
CMY-1，气单胞菌菌种
CMY-8，气单胞菌菌种
MOX-1，气单胞菌菌种

图 14-8 展示出 ISCR*1* 拷贝和 3′-CS 的重复的复合 1 类细菌耐药整合子的例子

（引自 Bennett P M. Bri J Pharmacol，2008，153：S347-S357）

虚线提示 5′-CS 和复杂整合子中的 1 类整合组件的可变区；DHA-1、FOX-1、CMY-1 和 CMY-8 以及 MOX-1 都是编码 β-内酰胺酶的基因，这些酶赋予对三代头孢菌素类和头霉素类耐药。它们可能从被提示的细菌菌种的染色体招募来

令人感兴趣的是，所有被鉴定出的与 ISCR*1* 相关联的 *bla*CMY 基因都属于 CMY-1 亚组，并且根本没有 CMY-2 亚组基因已经被发现。取而代之的是，CMY-2 亚组基因一律都与插入元件 IS*Ecp*1 有关联。迄今为止 ISCR*1* 都是作为复杂 1 类整合子的一个组成部分被发现。

二、其他 ISCR

其他 ISCR 家族成员也不同程度地与各种细菌

耐药基因有关联。ISCR2 是 ISCR 家族中第二组的主要代表，它还从未在 1 类整合子上被发现，但却常常与 sul2 基因有关联。重要的是，ISCR2 参与了在所有霍乱弧菌血清型中整合性接合型元件 SXT 的构建，很多耐药基因位于 SXT 中，如磺胺异噁唑、甲氧苄啶、氯霉素、氟苯尼考和链霉素耐药基因，并且 SXT 能通过接合转移到一些其他的革兰阴性菌中，包括大肠埃希菌。

迄今为止，ISCR3 已经被发现与沙门菌基因组岛 SGI1 元件（及其变异体）有关联，并且也被连接到一个编码红霉素耐药的 erm 基因和氨基糖苷耐药基因 rmtB 上。此外，人们也已经在复方新诺明耐药的嗜麦芽窄食单胞菌菌株上鉴定出 ISCR3。SGI1 是一个遗传元件，大小约 43kb。它一直主要与肠炎沙门菌鼠伤寒血清型噬菌体型 DT104 的多重耐药分离株有关联，这些分离株对氨苄西林、氯霉素、链霉素、磺胺和四环素耐药。当然，SGI1 也已经在其他沙门菌血清型中被发现。此外，ISCR3 也已经被发现在一个黏质沙雷菌的临床分离株中邻接着 16S rRNA 甲基转移酶基因 rmtB，这个 rmtB 基因可能已经借助 ISCR3 而从一个环境微生物被动员到黏质沙雷菌中。提及 ISCR4 首先让人联想到的就是与 MBL 基因 bla_{SPM-1} 的关联性。迄今为止，ISCR5 只是与 D 类苯唑西林酶耐药基因 bla_{OXA-45} 有关联。人们也已经分离出一个铜绿假单胞菌菌株，它产生 MBL SPM-1，该菌株也携带两个 ISCR 元件，一个是 ISCR4，另一个是新的元件 ISCR12。bla_{OXA-18} 基因被含有 ISCR19 的两个重复序列包夹，后者是可移动元件的 ISCR 家族中的一个新成员。当然，其他 ISCR 家族成员也都各自参与了细菌耐药基因的动员。

第四节 结语

对于 ISCR 元件而言，最令人担忧的方面就是，ISCR 元件越来越多地与能够造成临床治疗困难的耐药基因有关联。1999 年，Bennett 假设，细菌会通过扩大它们的"遗传构建工具"来获得额外的抗菌药物耐药基因，目前的局面证实了他的假设真实不虚。各种 ISCR 元件越来越多地参与细菌耐药基因的动员和散播，这样的事实正在震惊我们并警告我们密切注视这个空间。现在看来，ISCR 元件已经作为这个空间的一部分而牢固地确立了它们的位置。ISCR 元件似乎在 IncA/C 质粒组别的近期进化中是主要的"玩家"。进而，像 ISCR 元件那样的基因捕获系统与 IncA/C 质粒的"滥交"性质"联手"为抗菌药物耐药基因的快速散播提供一个新的强力的组合。

不到 10 年前，有很多 IS91 的例子，它们被发现邻接毒力基因而没有被发现邻接抗菌药物耐药基因。这个现象已经促使 Garcillan-Barcia 等推测，IS91 样的元件最适合毒力基因的移动，并且转座子和整合子更适合抗菌药物耐药基因的散播。然而，根本没有理由支持为什么这些有趣的元件不能动员任何邻接的 DNA。因此，令人并不吃惊的是，这个强有力的基因动员机制已经连接到像抗菌药物耐药基因那样易于选择出的标志上。从临床上看，ISCR 元件最令人心焦的方面就是，它们越来越多地被连接到更强有力的耐药的实例中。进而，如果 ISCR 元件确实通过滚环转座来移动的话，它们就作为高度可移动的遗传媒介来武装抗菌药物耐药基因，这个媒介能使以前报告的可移动的遗传机制黯然失色。事实证明，ISCR 已经使得细菌耐药的局面进一步恶化。

参考文献

[1] Stokes H W, Hall M A. A novel family of potentially mobile DNA elements encoding site-specific gene-integration functions: integrons [J]. Mol Microbiol, 1989, 3: 1669-1683.

[2] Stokes H W, Tomaras C, Parsons Y, et al. The partial 3'-conserved segments duplications in the integrons In6 from pSa and In7 from pDGO100 have a common origin [J]. Plasmid, 1993, 30: 39-50.

[3] Toleman M A, Bennett P M, Walsh T R. Common regions e. g. orf513 and antibiotic resistance: IS91-like elements evolving complex class 1 integrons [J]. J Antimicrob Chemother, 2006, 58: 1-6.

[4] Toleman M A, Bennett P M, Walsh T R. ISCR elements: novel gene-capturing systems of the 21st century [J]? Microbiol Mol Biol Rev, 2006, 70: 296-316.

[5] Bennett P M. Plasmid encoded antibiotic resistance: acquisition and transfer of antibiotic resistance genes in bacteria [J]. Bri J Pharmacol, 2008, 153: S347-S357.

[6] Toleman M A, Walsh T R. ISCR elements are key players in IncA/C plasmid evolution [J]. Antimicrob Agents Chemother, 2010, 54: 3534.

[7] Poirel L, Bonnin R A, Nordmann P. Genetic support and diversity of acquired extended-spectrum β-lactamases in Gram-negative rods [J]. Infect Genet Evol, 2012, 12 (5): 883-893.

[8] El Salabi A, Walsh T R, Chouchani C. Extended spectrum beta-lactamases, carbapenemases and mobile genetic elements responsible for antibiotic resistance in Gram-negative bacteria [J]. Crit Rev Microbiol, 2013, 39 (2): 113-122.

[9] Canton R, Coque T M. The CTX-M beta-lactamase pandemic [J]. Curr Opin Microbiol, 2006, 9: 466-475.

[10] Garcillan-Barcia M P, Bernales I, Mendiola M V, et al. IS91 rolling-circle transposition [J]. Mobile NDA II, 2002: 891-904.

β-内酰胺酶

第十五章

β-内酰胺酶的命名

经过近 80 年的进化，β-内酰胺酶已经变成一个极具多样性并且拥有众多成员的超大型酶家族。截至 2013 年底，具有独特分子结构的各种 β-内酰胺酶总数已经达到 1400 种。显而易见，若想将这些酶准确无误地区别开来，我们起码要赋予每种酶一个名字，最低限度也要赋予它们一个序贯编号，否则就会出现极大的混乱，从而使得人们根本无法对如此众多的酶进行比较和研究。我国读者在阅读 β-内酰胺酶相关英文文献时，首先遇到的一种困惑就是各种 β-内酰胺酶名字的缩写，如 PSE、OXA、TEM、SHV、AmpC、ESBL、CTX-M、PER、CMY、KPC、IMP、VIM 和 NDM 等。除非是多年从事 β-内酰胺酶相关研究的人员，否则普通读者很难在第一时间弄清楚每个缩写的含义和来龙去脉。由于这些名称缩写在文献中常常不是第一次出现，所以文章的作者一般都不会给出这个名称的英文原文，这也就必然影响到初学者对于这些 β-内酰胺酶的快速了解。因此，我们有必要专用一章来介绍 β-内酰胺酶的命名，让读者清楚地知晓每种酶名称的命名依据或由来，做到知其然，也知其所以然。需要强调的是，我们在此谈到的 β-内酰胺酶命名，不同于 β-内酰胺酶功能性分类系统中各个组别或亚组的命名，比如，源自金黄色葡萄球菌的 β-内酰胺酶 PC1，这是它的名字，但它却属于功能性分类系统中的 2a 亚组酶，TEM-1 是最初源自大肠埃希菌的 β-内酰胺酶的名字，但在功能性分类系统中，它被称作 2b 亚组酶。与 β-内酰胺酶的分类密切相关的 β-内酰胺酶的命名不在此描述。

第一节　β-内酰胺酶命名的历史和现状

截至目前，β-内酰胺酶的命名并无统一规则。总体来说，β-内酰胺酶命名行为比较随意，基本上是根据酶的发现者或首次鉴定者的意愿来决定起什么名字。究其原因，人们最初无论如何也不曾想到 β-内酰胺酶的进化如此迅速，也决然预料不到将来会有如此众多的新酶涌现出来，所以起初人们就没有设计出一个恰当的命名规则。如果现在重新对 β-内酰胺酶进行统一命名的话，又恐造成更大的混乱，因为很多 β-内酰胺酶的名字已经约定俗成，并且已经在人们的认知中固化。众所周知，早在 20 世纪 50～60 年代，金黄色葡萄球菌通过产生的一种 β-内酰胺酶而造成了一次耐药危机，当时人们将这种酶称作 PC1；后来人们发现了阴沟肠杆菌产生的一种酶称作 P99，事实上，这两种酶的命名都是研究者依据产酶菌株的名字来命名的，因为产生这两种 β-内酰胺酶的金黄色葡萄球菌株和阴沟肠杆菌菌株分别被称作 PC1 和 P99，而 β-内酰胺酶名称本身并无任何特殊含义。再后来，研究者从一名希腊患者血液中分离出的大肠埃希菌中鉴定出一种质粒介导的 β-内酰胺酶，该患者的名字是 Temoneira，研究者就采用该患者名字的前三个字母来命名这种 β-内酰胺酶，这就是大名鼎鼎的 TEM 型 β-内酰胺酶名称的由来，当然，这个名称本身同样也没有任何其他含义。在早期的文献中，人们有时也将这种酶称作 RTEM 或 R-TEM，以强调这种酶是由耐药质粒产生。随着各种新 β-内酰胺酶如雨后春笋般涌现出来，β-内酰胺酶的命名依据也变得五花八门，不过有些命名也很有创意，例如：

① 依据水解底物来命名，如 OXA（苯唑西林酶）、IMP（亚胺培南酶）、CARB（羧苄西林酶）、CMY（头霉素酶）等；

② 依据酶的生化性质命名，如 SHV（sulf hydryl variable，巯基变量）、MBL（金属 β-内酰胺酶）等；

③ 依据酶的序列独特性，如 RTG 意指在保守盒Ⅶ内具有 RTG（精氨酸-苏氨酸-甘氨酸）三联体的酶等；

④ 依据酶的发现地点，如 BEL（比利时）、O-HIO（美国俄亥俄州）、SPM（巴西圣保罗）、GES（法属圭亚那）、NDM（印度新德里）、VIM（意大利维罗纳）等；

⑤ 依据酶的产生细菌，如 KPC（肺炎克雷伯菌）、BCⅡ（蜡样芽孢杆菌）、ADC（不动杆菌）等；

⑥ 依据提供样本的患者，如 TEM（Temoneira）等；

⑦ 根据研究者的名字，如 HMS（根据三位发现者姓氏首字母 Hedges，Matthew，Smith）、PER（假单胞菌的超广谱酶，同时也是根据其发现者名字首字母命名的酶：Patrice，Esthel，Roger）、PIT（根据作者名字 Pitton 命名的酶）等。

有一种酶甚至是以它"不是什么"的意思来命名，如非金属碳青霉烯酶 NMC（not metalloe-enzyme carbapenemase）。CTX-M 将水解底物和发现地点结合起来命名，CTX 代表着头孢噻肟，M 代表着德国的慕尼黑，意指在德国慕尼黑发现的水解头孢噻肟的酶。随着时间的推移，蛋白质测序变得广泛可利用，借此，人们对各种 β-内酰胺酶的氨基酸同一性和相似性以及关键基序进行了更加深入的研究，从而认定很多种酶应该同属于一个家族，如 TEM 家族、SHV 家族、OXA 家族、CTX-M 家族、IMP 家族、VIM 家族、KPC 家族以及 NDM 家族等。同属于一个家族中的 β-内酰胺酶拥有一个共同的名字，只是彼此间序列号不同而已，如 TEM-1、TEM-2、TEM-3……。

研究 β-内酰胺酶的资深专家 Jacoby 于 2006 年专门就 β-内酰胺酶的命名发表了一篇综述，对 β-内酰胺酶命名的历史和现况进行了非常详细的介绍。此文中，Jacoby 专门编辑一个"β-内酰胺酶名称的由来"的表。在此表的基础上，我们新增和丰富了一些内容，一并呈现给读者（表 15-1）。

表 15-1 临床相关的 β-内酰胺酶或酶家族名称

名称	命名依据（名称由来）	分子类别	功能分组	备注
ACT	AmpC type：AmpC 型酶	C	1a	最初产自肺炎克雷伯菌，质粒介导，如同时伴有外膜通透性丧失，这种酶可赋予宿主细菌对亚胺培南耐药
ADC	*Acinetobacter* derived cephalosporinase：不动杆菌头孢菌素酶			
AIM	澳大利亚亚胺培南酶	B		
ARI	*Acinetobacter* resistant to imipenem：对亚胺培南耐药的不动杆菌属的酶	D		
BCⅡ	From *Bacillus cereus* type Ⅱ：源自蜡样芽孢杆菌Ⅱ型酶	B		BCⅡ是在 1980 年被 Ambler 认定的第一个 B 类金属酶
BEL	Belgium extended β-lactamase：比利时超广谱 β-内酰胺酶	A	2be	
BES	Brazil extended spectrum：巴西超广谱 β-内酰胺酶	A	2be	
BSBL	broad-spectrum β-lactamase：广谱 β-内酰胺酶	A 或 D		相对于 ESBL 而言，一些 A 类酶和 D 类酶都可以被称作 BSBL
CARB	carbenicillin：羧苄西林酶	A		
CAU	From *Caulobacter crescentus*：源自新月丙杆菌的酶			

名称	命名依据（名称由来）	分子类别	功能分组	备注
CAZ	Active on ceftazidime：水解头孢他啶的酶	A	2be	最初是采用头孢他啶作为底物鉴定出的 β-内酰胺酶，从 CAZ-1 到 CAZ-7，后来，这些酶都按照 TEM 系列被重新命名，比如 CAZ-1 即 TEM-5
CcrA	Cefoxitin and carbapenem resistant：赋予对头孢西丁和碳青霉烯耐药的 A 类酶			该酶曾被称为 CfiA
CHDL	水解碳青霉烯的 D 类 β-内酰胺酶	D		
CME	From *Chryseobacterium meningosepticum*：源自脑膜脓毒性金黄杆菌的酶			
CMT	Complex mutant derived from TEM-1：源自 TEM-1 的复合突变体酶			
CMY	Active on cephamycins：水解头霉素类的酶	C	1a	
CphA	Carbapenem hydrolyzing and first (A) from *Aeromonas hydrophila*：源自嗜水气单胞菌的水解碳青霉烯的 A 类酶			
CTX	Active on cefotaxime：水解头孢噻肟的酶	A	2be	
CTX-M	Active on cefotaxime, first isolated at Munich：首先在慕尼黑分离出的水解头孢噻肟的酶	A	2be	产酶菌株是大肠埃希菌临床分离株 GRI。已经证实编码该酶家族的基因通过水平基因转移源自克吕沃尔菌种的染色体，从该酶家族的第一个成员开始就是超广谱 β-内酰胺酶
DHA	Discovered at Dhahran, Saudi Arabia：在沙特阿拉伯宰赫兰发现的酶	C	1a	
DIM		B		
ESBL	Extended-spectrum β-lactamase：超广谱 β-内酰胺酶			
FEC	Fecal *E. coli*：粪便大肠埃希菌酶	A	2be	
FEZ	*Legionella* (*Fluoribacter*) *gomanii* endogenous zinc β-lactamase：源自戈尔曼尼军团菌的内源性锌 β-内酰胺酶	B		
FOX GC1	Active on cefoxitin：水解头孢西丁的酶	C C	1a 1b	
GES	Guiana-extended spectrum：圭亚那超广谱酶	A	2be	
GIM	German imipenemase：德国亚胺培南酶	B		
GOB	From *Chryseobacterium meningosepticum* class B：源自脑膜脓毒性金黄杆菌的 B 类酶			

续表

名称	命名依据(名称由来)	分子类别	功能分组	备注
HMS	Derived from the last names of its discoverers：Hedges，Matthew and Smith:根据三位发现者姓氏首字母命名的酶	A		
IBC	Integron-borne cephalosporinase:整合子来源的头孢菌素酶	A		
IMI	Imipenem-hydrolyzing β-lactamase:水解亚胺培南的 β-内酰胺酶	A		
IMP	Active on imipenem:水解亚胺培南的酶	B		
IND	From *Chryseobacterium* (*Flavobacterium*) *indologenes*:源自产吲哚金黄杆菌的酶			
IRT	Inhibitor resistant TEM β-lactamase:对抑制剂耐药的 TEM 型 β-内酰胺酶	A	2br	
KLUA	From *Kluyvera ascorbata*:源自抗坏血栓克吕沃尔菌的酶	A		
KLUC	From *Kluyvera cryocrescens*:源自栖冷克吕沃尔菌的酶	A		
KLUG	From *Kluyvera georgiana*:源自佐治亚克吕沃尔菌的酶	A		
KOXY	From *Klebsiella oxytoca*:源自奥克西托克雷伯菌的酶	A		
KPC	*K. pneumonia* carbapenemase:肺炎克雷伯菌碳青霉烯酶	A		
L1 或 L-1	Labile enzyme from *Stenotrophomonas* (*Pseudomonas*,*Xanthomonas*) *maltophilia*:源自嗜麦芽窄食单胞菌的不稳定酶			
LAT	Named after patient:以患者名字命名的酶	C		
LEN	From *K. pneumoniae* strain LEN-1:源自肺炎克雷伯菌株 LEN-1 的酶			
MBL	Metallo-β-lactamase:金属 β-内酰胺酶			
MET	Metallo-β-lactamase:金属 β-内酰胺酶			
MEN	Named after patient:以患者名字命名的酶			MEN-1 即 CTX-M-1
MIR	Discovered at Miriam Hospital:在 Miriam 医院发现的酶	C		
MOX	Active on moxalactam:水解拉氧头孢的酶	C		

续表

名称	命名依据(名称由来)	分子类别	功能分组	备注
NDM	New Delhi metallo-β-lactamase:新德里金属 β-内酰胺酶	B		
NMC	Not metalloenzyme carbapenemase:非金属酶型碳青霉烯酶			
OHIO	Discovered in the state of Ohio:在俄亥俄州被发现的酶			
OXA	Active on oxacillin:水解苯唑西林的酶	D		该酶家族成员众多,虽同属 AmblerD 类酶,但彼此之间氨基酸序列同一性可低至 20%
OXY	Found in *Klebsiella oxytoca*:在奥克西托克雷伯菌被发现的酶			曾被称为 KOXY
P99	From *Enterobacter cloacae* strain P99:源自阴沟肠杆菌菌株 P99 的酶			由阴沟肠杆菌菌株 P99 染色体编码的 AmpC β-内酰胺酶
PC1	From *Staphylococcus aureus* strain PC1:源自金黄色葡萄球菌菌株 PC1 的酶	A	2a	PC1 是最早被命名的 β-内酰胺酶之一,在甲氧西林问世之前,葡萄球菌针对青霉素的耐药就是由 PC1 介导
PCM	*Pseudomonas cepacia* metalloenzyme I:洋葱假单胞菌的金属酶I			
PER	*Pseudomonas* extended resistant and also the initials of its discoverers:Patrice,Esthel and Roger:假单胞菌的超广谱酶,同时也是根据其发现者名字首字母命名的酶	A	2be	虽然 PER-1 从铜绿假单胞菌中被分离出,而且从命名中也隐含着该酶是假单胞菌特异性酶,但 1996 年在阿根廷,PER-2 就从鼠伤寒沙门菌临床分离株 JMC 中被鉴定出
PIT	From the author's name(Pitton):根据作者名字命名的酶	A		SHV-1 曾经被命名为 PIT-2
PME	*Pseudomonas aeruginosa* ESBL:铜绿假单胞菌超广谱 β-内酰胺酶	A	2be	2011 年被报告,它来自铜绿假单胞菌临床分离株 GB771
PSE	Pseudomonas-specific enzyme:假单胞菌特异性酶			最初以为是假单胞菌特异性酶,后来发现其他菌种也产生这种 β-内酰胺酶。PSE-2 被鉴定为 OXA 型 β-内酰胺酶
RTG	Enzyme with RTG(arginine,threonine,glycine) triad in conserved box Ⅶ:在保守盒 Ⅶ 内具有 RTG(精氨酸,苏氨酸,甘氨酸)三联体的酶			
SFC	*Serratia fonticola* resistant to carbapenem:对碳青霉烯耐药的居泉沙雷菌酶			
Sfh	*Serratia fonticola* carbapenem hydrolase:居泉沙雷菌碳青霉烯水解酶			
SFO	Also from *Serratia fonticola*:同样源自居泉沙雷菌的酶			
SHV	Sulfhydryl reagent variable:巯基变量	A		最早从肺炎克雷伯菌中鉴定出的一种 β-内酰胺酶,该酶家族成员众多,推测其祖先是肺炎克雷伯菌染色体 β-内酰胺酶

续表

名称	命名依据（名称由来）	分子类别	功能分组	备注
SIM	Seoul imipenemase：首尔亚胺培南酶	B		
SME	*Serratia marcescens* enzyme：黏质沙雷菌酶	A		
SPM	Sao Paulo metallo-β-lactamase：圣保罗金属 β-内酰胺酶	B		
TEM	Name after the patient（Temoneira）providing the first sample；in the early literature also termed RTEM or R-TEM to emphasize its R plasmid origin：以提供第一个样本患者的名字命名的酶	A		早期的文献中也常常被称为 RTEM 或者 R-TEM，以强调这个酶的质粒来源性质
TLA	Name after the Tlahuicas Indians：以 the Tlahuicas Indians 命名的酶	A		
Toho	From Toho University School of Medicine：源自 Toho 大学医学院的酶	A		
TRI	TEM resistant to β-lactamase inhibitors：对 β-内酰胺酶抑制剂耐药的 TEM 酶	A		
VEB	Vietnam extended-spectrum β-lactamase：越南超广谱 β-内酰胺酶	A	2be	
VIM	Verona integron-encoded metallo-β-lactamase：源自维罗纳整合子编码的金属 β-内酰胺酶	B		
YOU	Discovered at Youville Hospital：在 Youville 医院被发现的酶			

注：引自 Jacoby G A. Antimicrob Agents Chemother，2006，50：1123-1129，略有添加。

第二节　历史性的一酶多名现象

在 β-内酰胺酶命名上，一酶多名的现象也比较多见，特别是 β-内酰胺酶发现的早期阶段。当然，有些是由于在同一时间段上不同的研究人员在鉴定出同一种新酶时分别给予了不同的"称号"，但后来证实这些酶是同一种酶，例如 CTX-1 和 TEM-3，MEN-1 和 CTX-M-1。当然，现在人们基本已经不再采用 CTX-1 和 MEN-1 这种称呼，而只采用 TEM-3 和 CTX-M-1 这两个名称。还有一些情况是早期的氨基酸测序工作不是很准确，所以按照分子学鉴定并不是一种酶，后来经过重新鉴定发现它们的氨基酸序列完全一样，如 KPC-2 与 KPC-1，人们现在很少采用 KPC-1 的称呼，大多数情况下都称其为 KPC-2。有时，一种酶有几个名字，但最终只有一个名字已经变得流行起来，例如，采用 CTX-M，而不是 MEN 或 TLB（Toho 样的酶）最终命名这个酶家族，并且 Toho 酶近来也被分派给

CTX-M 序数。不言而喻，酶独特性的证实依赖核苷酸测序，但这种技术有时却并不完美。Barlow 和 Hall 近来对一些质粒介导的 AmpC 基因进行了再分析，他们得出的结论是，CMY-2、BIL-1 以及 LAT-2 的氨基酸序列是完全一样的，而 LAT-1 和 LAT-4，以及 LAT-3 和 CMY-6 两者彼此之间的氨基酸序列也是完全相同的（表 15-2）。

表 15-2　不止拥有一个名字的酶

β-内酰胺酶	另外的名字	β-内酰胺酶	另外的名字
ARI-1	OXA-23	AsbB1	OXA-12
BIL-1	CMY-2	CAZ-1	TEM-5
CAZ-2	TEM-8	CAZ-3	TEM-12
CAZ-4	SHV-5	CAZ-5	SHV-4
CAZ-6	TEM-24	CAZ-7	TEM-16
CfiA	CcrA	CTX-1	TEM-3
CTX-2	TEM-25	IBC-1	GES-7
IBC-2	GES-8	KOXY	K1
LAT-2	CMY-2	LAT-3	CMY-6
LAT-4	LAT-1	MGH-1	TEM-10

续表

β-内酰胺酶	另外的名字	β-内酰胺酶	另外的名字
MEN-1	CTX-M-1	PIT-2	SHV-1
CARB-1	PSE-4	CARB-2	PSE-1
PSE-2	OXA-10	RHH-1	TEM-9
RTG-2	CARB-5	Toho-1	CTX-M-44
Toho-2	CTX-M-45	YOU-1	TEM-26
YOU-2	TEM-12		

注：引自 Jacoby G A. Antimicrob Agents Chemother, 2006,50:1123-1129。

上表列举的一酶多名的现象并不完全，比如，UOE-1 和 CTX-M-14 是同一种酶，现在人们更倾向于使用 CTX-M-14 这个名称；同时，CTX-M-14 和 CTX-M-18、CTX-M-57 和 CTX-M-55 的氨基酸序列完全一样，CTX-M-18 以及 CTX-M-55 的名称已经取消。不过，随着酶鉴定手段越来越先进和可靠，这种一酶多名的现象一定会逐渐减少或消失，因此说一酶多名的现象是历史性的。

第三节　β-内酰胺酶命名中的争议

事实上，β-内酰胺酶在命名上的混淆不仅是历史遗存问题，即便是在如今也还是会出现的。一般来说，β-内酰胺酶命名应该依据优先性原则，不过，在 GES 家族各个成员的命名上还是存在着争议和混乱。例如，在 Wachino 等于 2004 年发表的文章中，将一个全新的水解头孢他啶的 A 类 ESBL（GES-a）命名为 GES-3，并且将一个新的水解头霉素并且抑制剂耐药的 A 类 ESBL（GES-b）命名为 GES-4。然而，有些学者对此提出异议，认为在 Wachino 等提交他们 GES-a 和 GES-b 基因序列到基因银行核苷酸数据库之前，GES-3 和 GES-4 基因序列已经被 Vourli 等发布，并且 GES-a 和 GES-b 基因与 GES-3 和 GES-4 基因是完全不同的。根据命名优先性的原则，GES-a 和 GES-b 应该分别被重新命名为 GES-5 和 GES-6。对此，Wachino 等后来也做出了如下修改：将 Vourli 等曾命名的 GES-3 和 GES-4 重新命名为 GES-3G 和 GES-4G，而将他们自己命名的 GES-3 和 GES-4 重新命名为 GES-3J 和 GES-4J。对此，在 β-内酰胺酶研究领域久负盛名的两位大家 Poirel 和 Nordmann 也给出了相应的建议。他们认为，在希腊发现的 IBC-1 和 IBC-2 酶也是 GES 的点突变衍生物。所以他们提出，保留目前由 Wachino 等提出的命名，将 Vourli 等的命名改为 GES-5 和 GES-6，而在希腊被鉴定出的 IBC-1 和 IBC-2 应该重新命名为 GES-7 和 GES-8。

第四节　现有 β-内酰胺酶命名法的不足

已如前述，由于最初人们根本意识不到会有如此众多的 β-内酰胺酶涌现出来，所以当时人们对 β-内酰胺酶的命名很随意，缺乏严谨的命名规则和顶层设计，因此造成了命名的杂乱无章，甚至引起纠纷。据统计，拥有独特名字的 β-内酰胺酶不过 70~80 种。绝大多数 β-内酰胺酶分属于一些酶家族，同一酶家族的各个成员拥有一个共同的名字，区别只是序号不同而已。例如，众所周知，TEM-1 和 TEM-2 是这个家族系列中的"祖先"，它们本身是广谱 β-内酰胺酶，也就是不能水解氧亚氨基头孢菌素类，如头孢噻肟、头孢他啶和头孢曲松。然而，这些广谱酶的点突变却能衍生出 TEM-3，后者则是超广谱 β-内酰胺酶，它的底物谱得到了拓展，变得能够水解上述的氧亚氨基头孢菌素类。需要明确指出的是，并不是所有通过突变源自 TEM-1 和 TEM-2 的酶都是 ESBL，比如，TEM-13、TEM-55 和 TEM-57 等酶也并不是超广谱 β-内酰胺酶，而是广谱 β-内酰胺酶；TEM-36 既不是广谱 β-内酰胺酶，也不是超广谱 β-内酰胺酶，而是抑制剂耐药 β-内酰胺酶；TEM-151 更是复合体酶，它既表现出抑制剂耐药特性，又呈现出超广谱酶的活性。SHV 家族也是如此，SHV-1 是广谱 β-内酰胺酶，也称青霉素酶，但由此衍生出的 SHV-2 则是第一个被鉴定出的超广谱 β-内酰胺酶。值得一提的是，SHV-10 也是抑制剂耐药的 β-内酰胺酶，然而我们却不能将其称为 IRT，而应称作 IRS。再者，SHV-38 是 SHV 家族中第一个具有水解碳青霉烯的 β-内酰胺酶。在 OXA 家族中，既有青霉素酶如 OXA-1，也有超广谱酶，如 OXA-13 和 OXA-18。重要的是，很多产自不动杆菌菌种的 OXA 型酶属于水解碳青霉烯 D 类 β-内酰胺酶，如 OXA-51 和 OXA-58，它们属于水解碳青霉烯的 D 类 β-内酰胺酶（CHDL）。众所周知，CTX-M 型酶是以高效水解头孢噻肟和低效水解头孢他啶为特征，但其家族成员中却有一些酶如 CTX-M-14 和 CTX-M-15 也能高效水解头孢他啶。同样是 CTX-M 家族成员，有些酶特别是 CTX-M-15 为什么会那么成功呢？其深层次原因肯定不会从序号中找到答案的。因此，仅仅通过酶的名称，特别是酶家族中的序号，我们不可能判断出 β-内酰胺酶的底物谱和生化特性。然而，由于酶的数量过于庞大，我们又不可能赋予每一个酶特殊意义的名号。因此，无论是专门从事 β-内酰胺酶研究的科研人员，抑或是临床医生，要想熟悉 β-内酰胺酶的相关知识，有些具有特殊功能特性的β-内酰胺酶还是要单独记住的。

有些酶名字有一定含义，比如假单胞菌属特异性酶（Pseudomonas-specific enzyme，PSE）。人们首先是在假单胞菌属中发现了这种酶，所以当时给这种酶起了这样一个名字，可后来发现很多细菌菌种都产生这样的酶，如此一来，PSE的名字就不准确了，有时甚至引起误导。OXA（active on oxacillin 或 oxacillinase）是这个家族酶的通用名字，这个家族中有200多个成员。然而，并非这个家族中的所有成员都能有效地水解苯唑西林。KPC（*K. pneumoniae* carbapenemase）最初是在肺炎克雷伯菌中被鉴定出，但后来相继在大肠埃希菌和铜绿假单胞菌中被鉴定出。尽管后面的一些酶已经与原来家族酶的名字不相符，但人们还是继续沿用这样的名字。名称已经固化下来，要想改也并非易事。

然而，如何规范β-内酰胺酶命名也并非一件简单的事。难在哪里呢？一是已经鉴定出的β-内酰胺酶的数量太大，而且新β-内酰胺酶还在不断地涌现出来；二是β-内酰胺酶的特性千差万别；三是β-内酰胺酶的定义不像物理学定律那样普适或"放之四海而皆准"，例外层出不穷。毋庸讳言，β-内酰胺酶研究的最终目的还是要为临床服务，这至少体现在3个层面上：一是指导临床微生物学实验室检测β-内酰胺酶；二是为感染控制团队制定积极有效的干预措施提供理论基础；三是指导临床抗菌药物的合理应用。从这个角度上讲，无论是β-内酰胺酶的命名，还是β-内酰胺酶的分类都可能会搞得临床医生或感染控制团队晕头转向。因此，人们有必要熟悉和掌握β-内酰胺酶的命名和分类体系。然而，β-内酰胺酶的命名和分类看似两件事情，但实际上这两件事情却是彼此交织在一起，有时难以完全分割开来。例如，当提到任何一个β-内酰胺酶时，我们都必然会联想到这个酶的分子学类别和功能分组。比如，当我们提到CTX-M型酶时，我们首先就会想到这些酶是分子学A类，功能分组为2be亚组，即超广谱β-内酰胺酶，这似乎已经形成了一种条件反射式的关联印记。

参考文献

[1] Jacoby G A. β-Lactamase Nomenclature [J]. Antimicrob Agents Chemother，2006，50：1123-1129.

[2] Lee S H，Jeong S H.. Nomenclature of GES-type extended-spectrum β-lactamases [J]. Antimicrob Agents Chemother，2005，49：2148-2150.

[3] Barlow M，Hall B G. Origin and evolution of the AmpC β-lactamases of *Citrobacter freundii* [J]. Antimicrob Agents Chemother，2002，46：1190-1198.

[4] Walsh T R，Toleman M A. The new medical challenge：why NDM-1? Why Indian? [J] Expert Rev Anti Infect Ther，2011，9：137-141.

[5] Bush K，Fisher J F. Epidemiological expansion，structural studies，and clinical challenges of new β-lactamases from Gram-negative bacteria [J]. Annu Rev Microbiol，2011，65：455-478.

[6] Bush K. The ABCD′s of β-lactamase nomenclature [J]. J Infect Chemother，2013，19：549-559.

[7] Zhao W H，Hu Z Q. Epidemiology and genetics of CTX-M extended-spectrum β-lactamases in Gram-negative bacteria [J]. Crit Rev Microbiol，2013，39（1）：79-101.

[8] Bush K，Jacoby G A，Medeiros A A. A functional classification scheme for β-lactamases and its correlation with molecular structure [J]. Antimicrob Agents Chemother，1995，39：1211-1233.

[9] Bush K，Jacoby G A. Updated functional classification of β-lactamases [J]. Anitmicrob Agents Chemother，2010，54：969-976.

[10] Kumarasamy K K，Toleman M A，Walsh T R，et al. Emergence of a new antibiotic resistance mechanism in India，Pakistan，and the UK：a molecular，biological，and epidemiological study [J]. Lancet Infect Dis，2010，10：597-602.

第十六章

β-内酰胺酶的分类

β-内酰胺酶是细菌独有的酶，真核生物和其他原核生物均不产生这种酶。已如前述，第一个β-内酰胺酶是在1940年被鉴定出，当时被称作青霉素酶。在此后短短的80多年时间里，细菌向人类展示出它们无与伦比的进化本领，各种β-内酰胺酶如雨后春笋般涌现出来，其数量已经多到了令人眼花缭乱的程度，截至2013年底，已经有多达1400种具有独特氨基酸序列且天然的β-内酰胺酶被鉴定出来。重要的是，β-内酰胺酶进化的脚步并未停止，因此将来会有更多的β-内酰胺酶被陆续发现和鉴定出来。

β-内酰胺酶最初是在像葡萄球菌那样的革兰阳性菌中产生，造成了早期针对青霉素的广泛耐药。这种β-内酰胺酶系细胞外酶，细菌细胞将产生的β-内酰胺酶分泌到细胞外的基质中，在那里，它们对遭遇到的青霉素进行水解。然而，随着甲氧西林等所谓的耐酶青霉素类制剂的陆续研发成功，人们不再关注在革兰阳性病原菌中β-内酰胺酶介导的耐药，转而担忧细菌因青霉素结合蛋白改变介导的耐药。人们曾一度将β-内酰胺酶介导的耐药看成是感染性疾病化学治疗过程中的一个"小插曲"。随着来自革兰阴性病原菌的β-内酰胺酶越来越多地在临床上被发现，人们不得不做出更大的努力，以便弄清楚这些酶的相关特性并通过比较和区分对这些酶进行系统的研究。让人始料不及的是，从20世纪60年代开始，革兰阴性杆菌产生的β-内酰胺酶就被陆续鉴定出，而且从80年代开始，细菌产生β-内酰胺酶的数量开始以几何级数增长，重要的是，这些β-内酰胺酶的底物谱不断扩大，甚至将刚

上市不久的碳青霉烯类也囊括在内。更让人感到惊悚的是，只要一种新β-内酰胺类抗生素一经投入到临床使用，几年之内，能够水解这种新β-内酰胺类抗生素的一种或多种全新的β-内酰胺酶就会如影随形般地出现。进入90年代，因β-内酰胺酶介导的细菌耐药已经在临床上演化成为非常现实的威胁。目前，各种超广谱β-内酰胺酶以及各种水解碳青霉烯类的碳青霉烯酶已经在全世界迅速而广泛地传播，这对感染病的临床治疗造成了非常大的损害和冲击。显而易见，既然β-内酰胺酶数量如此众多，其水解活性又千差万别，那么若想对其分析、比较、追踪和深入探究的话，不首先对它们进行"分门别类"是不可想象的。因此，β-内酰胺酶的分类也是这一领域最基础性的工作。

第一节　β-内酰胺酶分类的"历史"

如果追溯起来，β-内酰胺酶出现的时间并不长，采用分类的"历史"这个概念似乎太宏大了些，若说成是"早期"分类体系也许更贴切些。实际上，人们将β-内酰胺酶进行分类的最初目的并不是为了临床治疗需要，更主要的还是为了方便对β-内酰胺酶进行研究和分析，试图从中发现β-内酰胺酶起源和进化的内在规律。

只要被鉴定出的β-内酰胺酶达到一定数量并且β-内酰胺酶的底物谱有所区别时，人们自然而然地就会想方设法对其进行分类。例如，早期人们就曾注意到，一些β-内酰胺酶对青霉素类的水解活性要强于水解头孢菌素类，而其他一些β-内酰胺酶正相

反，它们水解头孢菌素类的作用要强于水解青霉素类的作用，因此，人们就将这两种β-内酰胺酶分类称为青霉素酶和头孢菌素酶。当然，这只是从酶底物特性上进行划分。随着更多的新β-内酰胺酶逐渐被发现和鉴定特性，人们自然而然就会将新发现酶的各种特性与以前被发现的各种β-内酰胺酶的特性进行比较，如分子量、等电点、生化特性、氨基酸序列、底物谱、抑制剂轮廓、编码基因所处的位置和突变热点等，毫无疑问，人们对β-内酰胺酶分类的需求以及分类实践也正是在β-内酰胺酶进化过程中逐步建立起来的。

早在 1968 年，Sawai 等首先对β-内酰胺酶进行分类，他们采用对抗血清的应答来鉴别青霉素酶和头孢菌素酶。1973 年，Richmond 和 Sykes 提出了一种分类体系，它包括了当时被描述的所有来自革兰阴性菌的β-内酰胺酶，并根据底物谱将这些酶分成了 5 个主要的组别。1976 年，Sykes 和 Matthew 对 Richmond 和 Sykes 的分类体系进行了扩展，扩展后的体系强调了那些能通过等电聚焦来加以区分的质粒介导的β-内酰胺酶。β-内酰胺酶在其酶学和分子学特性上差异大。在已知的酶之间进行系统性比较是困难的，这是因为不同的研究者将其注意力放在了特殊的特性上，并且确定像分子量那样简单的理化特性都在其可靠性上存在着大的差异。例如，就产自大肠埃希菌的 TEM-1 酶而言，第一个报告的分子量是 16700（1966 年），这是通过超速离心研究获得的数据。凝胶过滤计量提示一个分子量是 21000 或 25000（1971—1973 年），而 SDS 凝胶电泳建议其分子量是 27000（1972 年）。通过序列分析获得的分子量则是 28500（1978 年）。由此可见，早期分类体系只是人们在不同时期对于β-内酰胺酶分类方法的初步探索。已经被用来区分和分类β-内酰胺酶的特性包括：①等电点；②分子量；③对不同β-内酰胺类抗生素的相对活性（"底物谱"）；④与抑制剂和灭活剂的相互作用（"抑制剂轮廓"）；⑤活性部位的性质；⑥氨基酸序列；⑦三维结构。

目前有 2 种β-内酰胺酶分类体系正在使用。第一种分类体系是分子学分类体系，即 Ambler 分类体系，它是根据氨基酸序列将β-内酰胺酶分成 A、C 和 D 类丝氨酸酶以及 B 类金属酶，前 3 种β-内酰胺酶利用活性位点丝氨酸来对β-内酰胺类抗生素进行水解，后 1 种β-内酰胺酶需要二价锌离子来对底物进行水解。另一个分类体系首先是由 Bush 于 1989 年提出，在此雏形基础上，Bush、Jacoby 及 Medeiros 于 1995 年共同提出的一个功能性分类系统，这就是众所周知的 Bush-Jacoby-Medeiros 分类体系，这一功能性分类系统将 Ambler 分子学分类系统融入其中，形成相互对应的体系。2010 年，Bush 和 Jacoby 将这一分类系统进行更新和完善。应该说，这是目前最流行的β-内酰胺酶功能性分类体系。

第二节　Ambler 分子学分类体系

分子学分类体系首先是由 Ambler 于 1980 年提出。然而，Ambler 提出这个分类体系之时只包含了 5 种β-内酰胺酶，即金黄色葡萄球菌 PC1 酶、地衣芽孢杆菌 749/C 酶、蜡样芽孢杆菌 569/H β-内酰胺酶Ⅰ、大肠埃希菌 pBR322（和 R_{TEM} 酶）以及蜡样芽孢杆菌β-内酰胺酶Ⅱ（BCⅡ）。大肠埃希菌 pBR322 和 R_{TEM} 酶可被看成是一样的酶，因为它们在序列之间唯一可能的差别就是氨基酸残基 39，前者为赖氨酸，后者为谷氨酰胺。前 4 种β-内酰胺酶的序列基本清楚，在它们的整个序列上都比对得很好，并且几乎没有缺口需要被推测以便获得最佳的比对。这 4 种β-内酰胺酶相似性的数量如此之大，因此从一个单一祖先基因的趋异进化应该是最合理的解释，并且据此完全可推断出相似的三维结构。Ambler 建议将这种序列类型的酶称之为 A 类β-内酰胺酶（图 16-1）。

除了以上 4 种 A 类β-内酰胺酶以外，当时研究最多的是蜡样芽孢杆菌β-内酰胺酶Ⅱ（BCⅡ）。尽管当时这种酶的氨基酸序列并不完全清楚，但业已将它的一些序列片段与 A 类β-内酰胺酶进行了比较，并且发现它们彼此之间缺乏明显的相似性。BCⅡ分子量明显比 A 类β-内酰胺酶小，SDS 凝胶电泳证实这种酶的分子量大约是 23000Da。BCⅡ是当时唯一已知的需要一个金属复合因子参与水解的β-内酰胺酶，通常是 Zn^{2+}，不过一些其他阳离子也能替代。鉴于 BCⅡ与 A 类酶相比有那么多特征上的差异，以至于它不可能被包括在 A 类酶中，于是按照分派顺序，Ambler 当时就将 BCⅡ称之为 B 类β-内酰胺酶。尽管 Ambler 也曾预测到，除了上述的 A 类和 B 类酶以外，应该还存在其他类别的酶，不过在当时毕竟还没有提出具体的 C 类和 D 类β-内酰胺酶实例。

C 类头孢菌素酶是由 Jaurin 和 Grundstrom 在 1981 年首先提出并描述。他们在大肠埃希菌 K-12 中确定了一个 DNA 序列，由 1536 个核苷酸组成，它携带有染色体 *ampC* 基因。该基因编码一种由 377 个氨基酸组成的蛋白质，这是一种新类别的β-内酰胺酶，其中前 19 个氨基酸构成一个信号肽。这个成熟β-内酰胺酶的分子量被确定是 39600Da，高于 A 类酶和 B 类酶。这种 AmpC β-内酰胺酶对于各种头孢菌素具有底物专一性，它显示出与青霉素酶类β-内酰胺酶根本没有明显的同源性。有趣的

```
           10              20              30              40
(a)                                 |kelndlEkky
(b)        sqpaekne|k|temkddfaklEeqf
(c)                    |k|h|knqathkefsqlEkkf
(d)  msiqhfrvalipffaafclpvfa|hpetlvkvkdaEdkl
                                                         q

           50              60              70              80
(a)  nAhiGvyalDtksgke-vkfnsdkRFayaSTsKainsail
(b)  dAklGifalDtgtnrt-vayrpdeRFafaSTiKaltvgvl
(c)  dArlGvyaiDtgtnet-isyrpdqRFafaSTyKalaagvl
(d)  gArvGyielDlnsgkilesfrpeeRFpmmSTfKvllcgav

           90              100             110             120
(a)  Leqvpynklnkkvhi--nkdDiVaYSPilEKyvgkditlk
(b)  Lqqksiedlnqrity--trdDlVnYnPitEKhvdtgmtlk
(c)  Lqqns/idslnevlg/l--tkeDlVdYSPvtEKhvdtgmklg
(d)  LsrvdagqeqlgrrihysqnDlVeYSPvtEKhltdgmtvr

           130             140             150             160
(a)  alieAsmtySDNtAnNkiikeIGGikkvkqrLkelGDkvT
(b)  eladAslrySDNaAqNlilkqIGGpeslkkeLrkiGDevT
(c)  eiaeAavrsSDNtAgNlifnkIGGpkgyekaLrhmGDriT
(d)  elcsAaitmSDNtAaNlllttIGGpkeltaFLhnmGDhvT

           170             180             190             200
(a)  npvRyEiELNyysPkskkDTstpaAfgktLnkliangkLs
(b)  npeRfEpELNevnPgetqDTstarAlvtsLrafaledkLp
(c)  msnRfEtELNeaiPgdirDTstakAiatnLkaftvgnaLp
(d)  rldRwEpELNeaiPnderDTtmpaAmattLrklltgelLt

           210             220             230             240
(a)  kenkkfLldlMlnnksgdtLikdgvPkdykvaDKsGgait
(b)  sekrelLidwMkrnttgdaLiragvPdgwevaDKtGaa-s
(c)  aekrkiLtewMkgnatgdkLiragiPdtwvvgDKsGag-s
(d)  lasrqqLidwMeadkvagpLlrsalPagwfiaDKsGag-e

           250             260             270             280
(a)  yasRndvafvyPkgqsepivlviftnkdnksdkpndklIs
(b)  ygtRndiaiiwP-pkgdpvvlavlssrdkkdydklIa
(c)  ygtRnd/ /igyP-pdse/        /isskdekeaiyndqlIa
(d)  rgsRgiiaalgP-dgkpsrivviyttgsqatmdernrqIa

           290
(a)  EtaksvmKef
(b)  EatkvvmKalnmngk
(c)  Eatk/vivK/
(d)  EigasliKhw
```

图 16-1　A 类 β-内酰胺酶的氨基酸序列比对

（引自 Ambler R P. Philos Trans R Soc Lond（Bio），1980，289：321-331）

（a）金黄色葡萄球菌 PC1；（b）地衣芽孢杆菌 749/C；

（c）蜡样芽孢杆菌 569/H β-内酰胺酶 I；（d）大肠埃希菌 pBR322 和 R_{TEM}

是，来自大肠埃希菌 K-12 的 *ampC* DNA 探针能够杂交到许多革兰阴性肠道细菌染色体同样大小的片段上，这就显示出肠杆菌科细菌中有许多菌种的染色体编码的 β-内酰胺酶具有广泛的序列同源性。因此，这些酶构成了 β-内酰胺酶分子学分类中的第三类别——C 类，它们是丝氨酸酶，但可能具有与丝氨酸青霉素酶不同的进化起源。

D 类水解苯唑西林的酶在 20 世纪 80 年代后期从其他丝氨酸 β-内酰胺酶中被区分开来。在 80 年代后期，Huovinens 和 Jacoby 确定了 PSE-2 β-内酰胺酶的核苷酸序列，这种酶可以轻而易举地水解羧苄西林。推断的成熟蛋白由 266 个氨基酸组成，其中 93 个残基与 OXA-2 的相对应残基完全一样。PSE-2 与 OXA-2 结构同源性的存在以及与 TEM-1 和一些 AmpC β-内酰胺酶结构相似性的缺乏，都意味着这种酶和其他 OXA 酶一样共同拥有一个截然不同的进化起源，并且应该属于一个新的分子学类

别——D 类 β-内酰胺酶。

这些年来，分子学分类方法也在不断地完善。最初，人们只是根据 β-内酰胺酶的氨基酸序列也就是蛋白质的一级结构进行分类，然而，随着时间的推移，人们逐步认识到能够归类为同一类的酶不仅仅在氨基酸序列层面具有同一性或相似性，重要的是在二级结构，更准确地说，它们具有共同的超二级结构——基序。这些基序可能比起氨基酸序列更重要（表 16-1）。例如，OXA 家族的大多数成员目前是根据它们保守的氨基酸基序而不是根据它们的功能被鉴定出。

表 16-1　三个主要分子学类别的丝氨酸 β-内酰胺酶的可区别的特征

分子学类别	分子大小/kDa		特征性的氨基酸基序		
A	≤31	S^{70}TSK (SXXK)	—①	S^{130}DN (SXN)	E^{166} XXLN	K^{234}TG

续表

分子学类别	分子大小/kDa	特征性的氨基酸基序				
C	>35	S^{64} TSK (SXXK)	—	Y^{150} AN (YSN)		K^{315} TG (KSG)
D[2]	≤31	S^{70} TFK	S^{118} XV	Y^{144} GN (FGN)		K^{216} TG (KSG)

① 根本没有对应的基序。

② 根据文献［Poirel L, et al. Antimicrob Agents Chemother,2010,54:24-38］的计数方法。

注：1. 引自 Bush K. J Infect Chemother,2013,19:549-559。

2. 黑体字显示的是最常见的基序；其他基序被显示在括号内。

3. X 代表着能够容纳多种置换的序列。A—丙氨酸；D—天冬氨酸；E—谷氨酸；F—苯丙氨酸；G—甘氨酸；K—赖氨酸；N—天冬酰胺；S—丝氨酸；T—苏氨酸；V—缬氨酸；Y—酪氨酸。

事实上，分子学分类所依据的并非仅仅是氨基酸序列或核苷酸序列，而且还涉及这些β-内酰胺酶起源的多元化。因为每一类别β-内酰胺酶与其他类别β-内酰胺酶的区别也只是氨基酸序列或核苷酸序列之间缺乏相似性，而簇集在一起的某一类别β-内酰胺酶也不过是彼此之间拥有相似性而已。也就是说，人们并没有严格地界定出彼此之间的相似性到底要相似到什么程度才可以归为一个类别，彼此之间的差别又大到什么程度才可将其归为另一类别，所谓区别的标准也是人为规定的。我们以 D 类β-内酰胺酶为例说明这个问题。D 类β-内酰胺酶也称作 OXA 型酶。在 D 类β-内酰胺酶中，底物谱差异非常大，但绝大多数 D 类酶都能高效水解苯唑西林。已如前述，分子学分类是以氨基酸序列为基础，然而，在 D 类β-内酰胺酶中，氨基酸序列的相似性可以低至 19%。因此，如果我们仅仅按照氨基酸序列这一个标准来分类的话，这些酶无论如何也不可能被归为一类，如果按照能否水解苯唑西林作为标准的话，个别的 D 类酶（OXA 型酶）则确实检测不到水解苯唑西林的活性。实际上，这些酶之所以还能被归为一类，主要还是依据它们拥有一些关键的共同基序。除了 B 类酶以外，A 类、C 类和 D 类酶都属于活性位点丝氨酸酶，虽然后 3 类酶彼此之间的氨基酸序列差异较大，但将它们认定彼此不属于一个类别的另一个重要原因就是它们具有不同的起源。从β-内酰胺酶进化的角度上看，以后是否会出现"E"类和"F"类酶也未可知，但考虑到细菌产生β-内酰胺酶的多元化起源，断然否定这种可能性并不明智。

毫无疑问，如果仅仅是要区分两种不同的蛋白，那么核苷酸序列或对应的氨基酸序列的确定应该最客观准确。即便两种β-内酰胺酶只相差一个氨基酸，那么它们也是两个独特的蛋白。如果仅仅是为了区分出两种蛋白的话，那分子学分类就足够了。然而，如果

从临床抗感染实践和微生物学实验室检测的角度上看，仅仅知晓β-内酰胺酶的氨基酸序列是远远不够的。换言之，我们还必须要知晓各种β-内酰胺酶的理化特性和酶活性，特别是底物谱、水解速率和抑制剂轮廓等。尽管前面已经提到一些早期的分类方法，但这些原始分类方法过于简单和粗线条，不能满足人们对β-内酰胺酶功能分类的更高要求，Bush 教授就是在这种历史背景下向人们展现出她卓越的智慧并提出了当代的β-内酰胺酶功能性分类体系。

第三节　Bush-Jacoby-Medeiros 功能性分类体系

1989 年，Bush 报告了一个更全面的功能性分类体系，它包括了当时认识到的所有细菌来源的β-内酰胺酶。这个分类体系将β-内酰胺酶分成 4 个组，即 1、2、3 和 4 组，其中 2 组被进一步分成 2a、2b、2b′、2c、2d 和 2e 亚组，并且该分类体系也是试图将底物和抑制剂特性与分子结构关联起来的第一个分类体系。诚然，鉴于当时有关β-内酰胺酶各种信息的局限性，这个功能性分类体系只是一个雏形，但 Bush 教授的这项研究工作为后面 Bush-Jacoby-Medeiros 功能性分类体系的建立奠定了十分坚实的基础。

一、95 版 Bush-Jocoby-Medeiros 功能性分类体系

1995 年，Bush、Jacoby 和 Medeiros 三位知名学者对上述β-内酰胺酶功能性分类体系进行了扩展，从而建立了一个迄今为止最权威且最广为应用的β-内酰胺酶功能性分类体系，这就是著名的 Bush-Jacoby-Medeiros 功能性分类体系。由于这一分类体系在β-内酰胺酶研究领域影响广泛而深远，有必要在此对这一分类体系予以详细介绍。

该分类体系与 1989 年 Bush 分类体系相比有 3 种改变：①由于从 TEM 和 SHV 衍生的β-内酰胺酶数量继续迅猛增多，所以决定将这些酶的衍生物分类在保留 2b 前缀那些组别中，替代以前 2b′的名称。各种超广谱β-内酰胺酶已经被归入 2be 组中，目的是显示这些酶源于 2b 组并且具有超广谱（"e"，extended）的活性；②在结构上源于 2b 组并且对β-内酰胺酶抑制剂降低了敏感性的β-内酰胺酶被归入一个新组别，即 2br 组；③新加入这个体系中的是 2f 亚组β-内酰胺酶，这个亚组β-内酰胺酶水解碳青霉烯类，被克拉维酸轻微抑制，并且现在被认为含有一个活性位点丝氨酸。Bush-Jacoby-Medeiros 分类体系当时将已经鉴定出的各种β-内酰胺酶进行了如下分类（表 16-2）。

表 16-2　Bush-Jacoby-Medeiros 功能性分类体系

Bush-Jacoby Medeiros 分组	分子学分类	优先水解底物	抑制剂作用 CA	抑制剂作用 EDTA	代表性酶类
1	C	头孢菌素类	−	−	革兰阴性菌产生的 AmpC 酶;MIR-1
2a	A	青霉素类	+	−	革兰阳性菌产生的青霉素酶
2b	A	青霉素类,头孢菌素类	+	−	TEM-1,TEM-2,SHV-1
2be	A	青霉素类,窄谱和广谱头孢菌素类,单环 β-内酰胺类	+	−	TEM-3～TEM-36,SHV-2～SHV-6,奥克西托克雷伯菌产生的 K1
2br	A	青霉素类	±	−	TEM-30～TEM-36,TRC-1
2c	A	青霉素类,羧苄西林	+	−	PSE-1,PSE-3,PSE-4
2d	D	青霉素类,氯唑西林	±	−	OXA-1～OXA-11,PSE-2(OXA-10)
2e	A	头孢菌素类	+	−	普通变形杆菌产生的可诱导的头孢菌素酶
2f	A	青霉素类,头孢菌素类,碳青霉烯类	+	−	阴沟肠杆菌产生的 NMC-A;黏质沙雷菌产生的 Sme-1
3	B	包括碳青霉烯类在内的大多数 β-内酰胺类	−	+	嗜麦芽窄食单胞菌产生的 L1;脆弱拟杆菌产生的 CcrA
4	ND	青霉素类	−	?	洋葱假单胞菌产生的青霉素酶

注:1. 引自 Bush K,Jacoby G A,Medeiros A A. Antimicrob Agents Chemother,1995,39:1211-1233.

2. CA—克拉维酸;ND—未确定.

事实上,理解上述分类体系的关键是要洞悉作者们提出分类的策略。毋庸讳言,作者在当时纳采的依据或标准在很大程度上都是人为设定的,它们在当时看来是非常客观和准确的。然而,在今天看来,有些标准的设定还是有欠缺的,或者说主观成分更重一些。不管怎么说,这一功能性分类方法是迄今最合理和全面的,它对于后来 β-内酰胺酶的相关研究做出了重要贡献。

采用金属螯合剂 EDTA 将 β-内酰胺酶分成两大类,被 EDTA 抑制的金属 β-内酰胺酶分配到 3 组(金属酶),未被 EDTA 抑制的 β-内酰胺酶分配到 1 组、2 组和 4 组(丝氨酸酶)。在将金属 β-内酰胺酶同其他 β-内酰胺酶分开之后,再根据底物轮廓对各种 β-内酰胺酶进行分组。优先分派原则是根据如下的考虑:针对青霉素和头孢噻啶的相对水解速率评价,以便确定一种酶是被分类成一种青霉素酶还是一种头孢菌素酶。如果一种酶水解这些底物中的一个,并且其相对水解速率大约小于水解其他底物水解速率的 30% 时,那么这个酶就被归入相应青霉素酶或头孢菌素酶范畴。应该注意的是,偶尔一些头孢菌素酶却根本不水解其他青霉素类;根据这种活性和产酶细菌对青霉素类和头孢菌素类的差异性微生物应答,这种 β-内酰胺酶会被分派到 1 组。广谱 β-内酰胺酶属于那些以大约同样速率水解这两种底物的 β-内酰胺酶。

通过检查青霉素酶水解羧苄西林或氯唑西林(苯唑西林)的速率进一步界定 β-内酰胺酶的各个亚组。如果水解氯唑西林或苯唑西林的速率大于水解青霉素速率的 50%,那么这个酶就被分派到 2d 组,这个组也包括水解羧苄西林的酶。一般来说,克拉维酸并不能有效地抑制这些 β-内酰胺酶,这一点不同于大多数 2 组 β-内酰胺酶。如果这个酶水解羧苄西林的速率大于水解青霉素速率的 60%,并且水解氯唑西林或苯唑西林的速率小于水解青霉素速率的 50%,那么这个 β-内酰胺酶被分派到 2c 组。

如果水解广谱 β-内酰胺类抗生素如头孢他啶、头孢噻肟或氨曲南的速率大于水解青霉素的 10%,这些 β-内酰胺就酶被分派到 2be 组,即超广谱 β-内酰胺酶(ESBL)。这个组最初被称为"超广谱 β-内酰胺酶",目的是反映这个组别内的酶也显示出广谱青霉素和头孢菌素酶活性。能够有效地水解头孢噻肟但却缺乏良好的水解青霉素活性,并且能被克拉维酸抑制的头孢菌素酶被分派到 2e 组。在分派到 2be 组中的酶也有一些例外情况。做出这个决定是为了包括像 TEM-7 和 TEM-12 那样的 β-内酰胺酶,它们分别是源自 TEM-2 和 TEM-1 基因的点突变酶。即使水解标准没有被充分满足,但与它们的亲代酶相比,对头孢他啶的水解速率有大的增加，这就导致产生 TEM 酶细菌在针对头孢他啶的 MIC 增加。

接下来要检查抑制特性。被 EDTA 抑制自动地将一种酶定义为一种 3 组的金属 β-内酰胺酶。被自杀式灭活剂（suicide inactivator）克拉维酸抑制对于大多数 β-内酰胺酶的分派和头孢菌素酶来说是一个必需的特性，并且能常常与氯唑西林和单环 β-内酰胺类氨曲南的抑制反相关。例如，头孢菌素酶或是被分派到 1 组或是 2e 组。1 组 β-内酰胺酶不被克拉维酸有效地抑制，但常常被低浓度的氨曲南或氯唑西林所抑制。被克拉维酸抑制的 2e 头孢菌素酶对单环 β-内酰胺类却不具备高亲和力。

不能被克拉维酸有效抑制的青霉素酶被分派到 4 组。除了 2 个 β-内酰胺酶以外，所有 4 组酶所具备的水解氯唑西林的速率都符合被分派到 2d 组的酶，但对克拉维酸抑制的耐药性要高于在大多数 2d 组酶中所观察到的耐药性。因此，这些 β-内酰胺酶将仍然被保留在 4 组，直到有额外的信息如序列分析资料会提示一个更加合适的分派。

二、升级版 Bush-Jacoby-Medeiros 功能性分类体系

随着各种新酶的不断涌现，各个组别的成员也在逐渐增多，同时，一些组别的新成员的各种理化性质和酶活性也呈现出某些新特点，这就有必要建立一些新的亚组来分类这些新 β-内酰胺酶。2010 年，Bush 和 Jacoby 再一次将 95 版 Bush-Jacoby-Medeiros 功能性分类体系进行了更新。在 1 组中新增加了 1e 亚组，在 2 组中新增加了 2ber、2ce、2de 和 2df 亚组，并对 3 组酶进行了细分。需要注意的是，2010 年版新功能分类体系删除了 4 组酶。

- 1组头孢菌素酶

新的 1e 亚组酶是 1 组的变异体，由于氨基酸置换、插入或缺失，这些变异体具有了更大的针对头孢他啶以及其他氧亚氨基 β-内酰胺类的水解活性。它们已经被命名为超广谱 AmpC（ESAC）β-内酰胺酶，并且包括阴沟肠杆菌的 GC1 和质粒介导的 CMY-10、CMY-19、CMY-37 以及其他酶。来自铜绿假单胞菌的一个 AmpC 变异体已经在近来被描述，它具有增加的针对亚胺培南的水解活性。当产酶细菌也具有一个孔蛋白突变时，就极有可能出现具有临床意义的耐药。

- 2组丝氨酸 β-内酰胺酶

功能性 2 组 β-内酰胺酶包括分子学 A 类和 D 类。2 组酶之所以能代表最大一组 β-内酰胺酶，主要是在过去 20 年中越来越多的 ESBL 获得鉴定之故。2a 亚组青霉素酶代表了一个小的 β-内酰胺酶组别，1995 年这个亚组酶是 20 个，而在 2009 年只是增加到 25 个，这或许是因为一种真正的青霉

素酶不会引起对那些目前在临床使用上占据主导地位的各种 β-内酰胺类抗生素的有意义的临床耐药。2ber 是新增加的亚组，它包括一些将超广谱活性与针对克拉维酸抑制相对耐药的特性结合起来的 TEM 型酶。对于一些 2ber 亚组酶来说，在克拉维酸耐药的增加是轻度的。它们也被称为复合突变体 CMT（complex mutant TEM）β-内酰胺酶，如 TEM-50（CMT-1）等。2ce 亚组含有近来被描述过的超广谱羧苄西林酶 RTG-4（CARA-10），它针对头孢吡肟和头孢匹罗具有扩展的水解活性。新的 2de 亚组酶包括那些水解氯唑西林和苯唑西林的酶，它们具有超广谱活性，包括能水解氧亚氨基 β-内酰胺类，但不能水解碳青霉烯类。多数 2de 亚组酶来源于 OXA-10，区别在于 1 到 9 个氨基酸置换，并且包括如 OXA-11 和 OXA-15 那样的酶。新的 2df 亚组 β-内酰胺酶是具有水解碳青霉烯类活性的 OXA 酶。它们十分频繁地出现在鲍曼不动杆菌中，并且通常被位于染色体上的基因所产生，不过，质粒来源的 OXA-23 和 OXA-48 酶已经在肠杆菌科细菌中被鉴定出。根据氨基酸的同源性，2df 酶已经被分成 9 个簇。尽管 2d 亚组酶是根据它们水解氯唑西林和苯唑西林的能力而在功能上被界定，但只有一些 2df 亚组酶已经采用这些底物来试验。在被试验的酶中，只有 OXA-50 根本没有可检测到的苯唑西林水解活性。这些鉴定了特性的 OXA 碳青霉烯酶对碳青霉烯类具有弱的水解活性，对亚胺培南的水解比对美罗培南的水解更快、更有效力。尽管产这些酶的细菌一般来说是对碳青霉烯类高度耐药，但产生这些酶的大肠埃希菌的转化体或转移接合子通常对碳青霉烯类敏感。这些酶以及产生它们的细菌通常对克拉维酸的抑制作用不应答。

分子学 A 类丝氨酸碳青霉烯酶居于 2f 亚组之中。碳青霉烯类是这些酶的特殊底物，他唑巴坦对它们的抑制要强于克拉维酸的抑制。广谱头孢菌素类如头孢他啶不被 SME 和 IMI-1 非常有效地水解，但氨曲南能被大多数这样的酶降解，不过 GES-3 和 GES-4 除外。SME 家族以及 IMI-1 和 NMC-1 β-内酰胺酶是染色体的 2f 亚组酶的代表。然而，更让人焦虑的是质粒编码的 2f 亚组 β-内酰胺酶，包括 KPC 和一些 GES 酶。特别需要提出的是，KPC 碳青霉烯酶近来已经与在医院中的多重耐药革兰阴性菌感染的较大暴发关联起来，包括在纽约大都市地区的暴发和以色列的暴发，它们的传播现在已经变成全球性的。

- 3组 MBL

无论是在结构上还是在功能上，金属 β-内酰胺酶（MBL）都是一组独特的 β-内酰胺酶。在临

床分离株中，它们通常是与第二种或第三种 β-内酰胺酶一起被联合产生。根据或是结构（B1 亚类、B2 亚类和 B3 亚类）或是功能（3a 亚组、3b 亚组和 3c 亚组），这些金属酶已经被进一步的细分。然而，根据对越来越多的金属 β-内酰胺酶的更广泛的生化特征鉴定，现在有人提出只有 2 个功能性亚组被描述。3a 亚组包括较大的质粒编码的 MBL 家族，如已经在全球出现的 IMP 和 VIM 酶，它们已经十分频繁地在非发酵糖菌中出现，也在肠杆菌科细菌中出现。根据它们的共有氨基酸，这些酶属于分子学 B1 亚类，这些共有氨基酸就是指作为在这些 MBL 中所观察到的广谱水解活性所需要的两个锌原子的配基氨基酸。此外，来自嗜麦芽窄食单胞菌中常见的 L1 MBL 以及 B3 亚类的 MBL 如 CAU-1、GOB-1 和 FEZ-1 都正被加入 3a 亚组中。这些酶之所以与其他 3a 亚组酶不同是由于参与锌结合的氨基酸的不同所致，不过，这两个结构亚类都需要两个被结合的锌离子来达到最大的酶活性，并且具有相似的广谱的底物轮廓。3b 亚组包含一个更小组别的 MBL，相对于水解青霉素类和头孢菌素类来说，它们优先水解碳青霉烯类。当产色的头孢菌素类如硝基酚被用来监视 β-内酰胺酶活性的存在时，这些酶一直难以被检测到。因此，在气单胞菌菌种中的染色体 MBL 常在碳青霉烯耐药的分离株中被忽略，这是因为这些酶不会与硝基酚发生反应。从机械上说，只有一个锌结合位点被占据的话，这些酶在水解碳青霉烯类上就十分有效。与其他亚组 MBL 形成对比的是，第二个锌离子的存在对于酶活性是抑制性的。

在目前的体系中，包括在 1995 年功能分类中的 4 组 β-内酰胺酶被删除掉。如果关于它们更多的信息可获得的话，这些酶十分可能会被包括在现有的某一个酶组别中。因为这些酶还没有被完全鉴定特征，因此还没有尝试进一步划分范畴（表 16-3）。

表 16-3　细菌 β-内酰胺酶的分类体系

Bush-Jacoby 组（2009）	Bush-Jacoby-Medeiros 组（1995）	分子类别（亚类）	特殊的底物	被抑制 CA 或 TZB	被抑制 EDTA	起决定作用特性	代表性酶
1	1	C	头孢菌素类	N	N	对头孢菌素类比对青霉素更大的水解；水解头霉素类	大肠埃希菌 AmpC，P99，ACT-1，CMY-2，FOX-1，MIR-1
1e	NI	C	头孢菌素类	N	N	对头孢他啶并常常也包括其他氧亚氨基 β-内酰胺类的增加水解	GC1，CMY-37
2a	2a	A	青霉素类	Y	N	水解青霉素的活性要大于水解头孢菌素类的活性	PCL
2b	2b	A	青霉素类，早期头孢菌素类	Y	N	相似的水解青霉素和头孢菌素类的活性	TEM-1，TEM-2，SHV-1
2be	2be	A	广谱头孢菌素类，单环 β-内酰胺类	Y	N	对氧亚氨基 β-内酰胺类（头孢噻肟、头孢他啶、头孢曲松、头孢吡肟、氨曲南）增加的水解活性	TEM-3，SHV-2，CTX-M-15，PER-1，VEB-1
2br	2br	A	青霉素类	N	N	对克拉维酸、舒巴坦和他唑巴坦耐药	TEM-30，SHV-10

续表

Bush-Jacoby组（2009）	Bush-Jacoby-Medeiros组（1995）	分子类别（亚类）	特殊的底物	被抑制		起决定作用特性	代表性酶
				CA 或 TZB	EDTA		
2ber	NI	A	广谱头孢菌素类，单环 β-内酰胺类	N	N	增加的对氧亚氨基β-内酰胺类的耐药，并结合对克拉维酸、舒巴坦和他唑巴坦耐药	TEM-50
2c	2c	A	羧苄西林	Y	N	增加的对羧苄西林的水解活性	PSE-1，CARB-3
2ce	NI	A	羧苄西林，头孢吡肟	Y	N	增加的对羧苄西林、头孢吡肟和头孢匹罗的水解活性	RTG-4
2d	2d	D	氯唑西林	不定	N	增加的对氯唑西林或苯唑西林的水解活性	OXA-1，OXA-10
2de	NI	D	广谱头孢菌素类	不定	N	水解氯唑西林或苯唑西林以及氧亚氨基β-内酰胺类	OXA-11，OXA-15
2df	NI	D	碳青霉烯类	不定	N	水解氯唑西林或苯唑西林以及碳青霉烯类	OXA-23，OXA-48
2e	2e	A	广谱头孢菌素类	Y	N	水解头孢菌素类，被克拉维酸抑制但不被氨曲南所抑制	CepA
2f	2f	A	碳青霉烯类	不定	Y	对碳青霉烯类、氧亚氨基β-内酰胺类、头霉素类增加的水解活性	KPC-2，IMI-1，SME-1
3a	3	B(B1)	碳青霉烯类	N	Y	包括碳青霉烯类在内的广谱水解活性，但不包括单环β-内酰胺类	IMP-1，VIM-1，CcrA，IND-1
3b	3	B(B3)	碳青霉烯类	N	Y	优先水解碳青霉烯类	L1，CAU-1，GOB-1，FEZ-1
NI	4	B(B2) 未知					CphA，Sfh-1

注：1. 引自 Bush K，Jacoby G A. Anitmicrob Agents Chemother，2010，54：：969-976。
2. CA—克拉维酸；TZB—他唑巴坦；NI—未包括。

毋庸讳言，一种结构性方法是分类那样一大批多样性酶最容易的方法，并且采用这样的分类方式也最少引起争议，因为每一个β-内酰胺酶成熟蛋白都是独一无二的，都可以通过编码该β-内酰胺酶的核苷酸序列或是成熟蛋白氨基酸序列的比对加以区别。比如，TEM-1 和 TEM-2 两者之间的差异只有一个氨基酸置换，如果从分子学分类的角度上讲，它们就是两种不同的β-内酰胺酶。然而，从功能性分类的角度上讲，这个氨基酸置换并没有造成酶活性和底物谱等方面大的变化，所以按照功能性分类方法，这两种酶都被归在 2b 亚组。换言之，一种功能性分类体系提供了一个机会，人们借此可以将各种各样的酶与它们的临床意义关联起来，例如，对不同类别的 β-内酰胺类抗生素提供选择性的耐药。必须承认的是，功能性组别比起结构性类别可能更带有主观色彩，但它们有助于临床医生和实验室的微生物学家将一种特异性酶的特性与被观察到的一个临床分离株的微生物学耐药轮廓关联起来。从历史上看，在界定一个特殊的 β-内酰胺酶在一所医疗机构中的作用方面，功能性一直是压倒一切的考量。然而，无论 β-内酰胺酶的功能性分类体系设计者们考虑得多么周全，一些条件或标准也必须人为地设计出来，以此来分类各种 β-内酰胺酶。尽管 Bush 等于 2010 年提出的最新 β-内酰胺酶功能分类可能是目前最全面的分类方法，但绝没有

任何一个分类体系是完全令人满意的。这是因为 β-内酰胺酶被认为包含着在各种氨基酸置换的数量上极大的多样性，而借助水解 β-内酰胺活性的保持，这种多样性能被容忍。毫无疑问，只要环境细菌和病原菌所面临的各种压力在变化，那么细菌产生的 β-内酰胺酶也必然会继续进化。考虑到许多这样的因素，一种安全的预测就是 β-内酰胺酶会继续进化，用来描述它们的分类体系也会继续完善。有的 β-内酰胺酶自从被鉴定出来以后就一直默默无闻，甚至销声匿迹，而有些 β-内酰胺酶自从被鉴定出来之后就表现得与众不同，渐渐引人注目，如 CTX-M-15。有些 β-内酰胺酶家族中的成员增长不快，有些 β-内酰胺酶家族成员的增长似乎进入平台期，而有些酶家族一直处于快速增长期，比如 OXA 酶家族（表 16-4）。

表 16-4 在临床上重要的 β-内酰胺酶的主要家族（2009 年 12 月）

酶家族	功能组或亚组	酶的数量	代表性酶
CMY	1,1e	50	CMY-1～CMY-50
TEM	2b,2be,2ber,2ber	172	
	2b	12	TEM-1,TEM-2,TEM-13
	2be	79	TEM-3,TEM-10,TEM-26
	2br	36	TEM-30(IRT-2),TEM-31(IRT-1),TEM-163
	2ber	9	TEM-50(CMT-1),TEM-158(CMT-9)
SHV	2b,2be,2br	127	
	2b	30	SHV-1,SHV-11,SHV-89
	2be	37	SHV-2,SHV-3,SHV-115
	2br	5	SHV-10,SHV-72
CTX-M	2be	90	CTX-M-1,CTX-M-44(Toho-1)～CTX-M-92
PER	2be	5	PER-1～PER-5
VEB	2be	7	VEB-1～VEB-7
GES	2f	15	GES-2～GES-7(IBC-1)～GES-15
KPC	2f	9	KPC-2～KPC-10
SME	2f	3	SME-1,SME-2,SME-3
OXA	2d,2de,2df	158	
	2d	5	OXA-1,OXA-2,OXA-10
	2de	9	OXA-11,OXA-14,OXA-15
	2df	48	OXA-23(ARI-1),OXA-51,OXA-58
IMP	3a	26	IMP-1～IMP-26
VIM	3a	23	VIM-1～VIM-23
IND	3a	8	IND-1,IND-2,IND-2a,IND-3～IND-7

注：1. 引自 Bush K,Jacoby G A. Anitmicrob Agents Chemother,2010,54:969-976。

2. 酶的数量是截至 2009 年年底的数据。

第四节 ESBL 术语学中的一些争鸣

进入 20 世纪 90 年代以来，β-内酰胺酶的数量开始以几何级数增加，这主要是由于 ESBL 的数量在迅猛增长。与此同时，人们对 ESBL 的术语学也渐渐开始有了一些争议，即 ESBL 究竟应该包含哪些类别和组别的 β-内酰胺酶（图 16-2）。

从传统上讲，ESBL 只是包含着 Ambler 分类中的 A 类 β-内酰胺酶，也就是 Bush-Jacoby-Medeiros 功能性分类体系中的 2be 亚组酶，如 TEM 家族、SHV 家族、CTX-M 家族、PER 家族以及 VEB 家族等。然而，随着时间的推移，有越来越多的其他分子学类别的 β-内酰胺酶也展示出与 A 类 ESBL 相似的底物谱和/或抑制剂谱，如一些 D 类 β-内酰胺酶。所以，很多学者在专门介绍 ESBL 时都将这样的 D 类 β-内酰胺酶一并加以介绍，称作 OXA 型 ESBL。因此，将一些 D 类 β-内酰胺酶也包括在 ESBL 范畴之内在全球主要学者中是有共识的。

1995 年，Nukaga 及其同僚就报告一个染色体 C 类 β-内酰胺酶，它来自阴沟肠杆菌的一个临床菌株 GC1，该菌株展现出对氧亚氨基头孢菌素类耐药。GC1 酶的动力学资料和晶型结构显示，它是一种天然的 C 类 ESBL，这样的功能进化是由于 Ω 环的柔性改变所致。另一个天然的 C 类 ESBL CHE 也已经被报告，CHE 拓宽的水解活性包括氧亚氨基头孢菌素类并且延展了底物专一性。原有的 ESBL 只是包括 A 类和 D 类 β-内酰胺酶，而根本不包括 C 类 β-内酰胺酶。由于将传统的 A 类和 D 类 ESBL 及 C 类 ESBL 的差异区分开来的表型敏感性试验是非常困难的，因此，从临床治疗和感染控制的角度上讲，Livermore 提出将传统的 ESBL 概念进一步拓展，以便将 C 类 ESBL 包括在内。2009 年，来自一些欧洲国家和澳大利亚的多名从事细菌耐药研究的学者发表文章提出，ESBL 定义的含义应该拓展，以便将更多的 β-内酰胺酶包含其中。在这些专家中不乏一些在 β-内酰胺酶研究领域的资深专家，如来自英国的 Woodford 和 Walsh，来自法国的 Nordmann，来自澳大利亚的 Paterson 以及来自西班牙的 Canton 等。需要说明的是，他们并不是提出一个全新的分类体系，而只是将 ESBL 内涵加以扩大。这些专家认为，目前的各种 β-内酰胺酶分类体系如 Bush-Jacoby-Medeiros 功能性分类体系和 Ambler 分子学分类体系已经达到了高度错综复杂的水平，这些分类体系只是适用于研究人员的需要，不太容易被临床医生、感染控制职业人员、医院管理者和政治家所采纳。他们建议，传统的和功能性的 2be β-内酰胺酶能被命名为 "A 类 ESBL" （$ESBL_A$），而质粒介导的 AmpC 和 OXA-ESBL 能被赋予 "混杂的 ESBL" （miscellaneous ESBL，$ESBL_M$）。通过采用这个分类体系，ESBL 检测的指导原则将仍旧被应用于 $ESBL_A$ 范畴，而除了表型方法之外的基因型方法在某种程度上被需要来检测和定义 $ESBL_M$ 酶。$ESBL_M$ 范畴能被分成 2 个亚范畴：$ESBL_{M-C}$（质粒介导的 AmpC，C 类）和 $ESBL_{M-D}$（OXA-ESBL，D 类），以便在这个全新的分类中增加语义学的精确性。

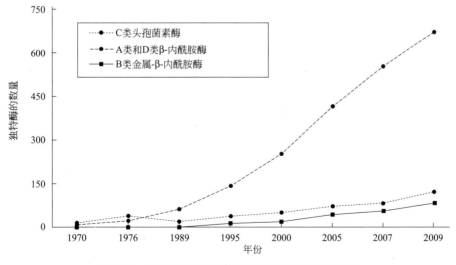

图 16-2 从 1970—2009 年各种 β-内酰胺酶数量增加状况

（引自 Bush K，Jacoby G A. Anitmicrob Agents Chemother，2010，54：969-976）

关于碳青霉烯酶，需要引入一个全新的概念来描述所有目前已知的，具有针对碳青霉烯类水解活性的获得性 β-内酰胺酶。这些作者相信，"针对碳青霉烯类具有水解活性的 ESBL"（$ESBL_{CARBA}$）是一个能潜在地描述这些碳青霉烯酶的有用的术语。这个组进一步被细分成 A 类、B 类和 D 类 β-内酰胺酶代表了这个分类方法的一个吸引人的细化。与其他 ESBL 类的局面形成对比的是，碳青霉烯类不能被认为是治疗被藏匿着 $ESBL_{CARBA}$ 的细菌所致感染的可选药物，不过一些菌株或许似乎在体外对碳青霉烯类是敏感的。由于许多 $ESBL_{CARBA}$ 酶具有相对低的碳青霉烯类水解能力，作者们建议，只有那些证实了亚胺培南酶活性（k_{cat}/V_{max}）>1 [（$\mu mol/L$）/s] 的酶被命名为 $ESBL_{CARBA}$。这就将 GES、KPC 和 OXA 型碳青霉烯酶与那些非碳青霉烯酶同源物区分开来。ESBL 术语学扩展后的分类被总结在表 16-5。

作者们强调，在一个简化了的分类体系中，β-

内酰胺酶的分组可能会消除在各个组内各种酶范畴之间的重要差别。然而，此处提出的"注重实效"的方法不是为了取代目前精确的分类方法，而是对这些方法的补充，这对于那些不参与 β-内酰胺酶研究的医疗卫生职业人员是有益处的。这个方法对于感染控制职业人员以及对于那些目标是确定 β-内酰胺酶传播的临床和经济学影响的公共卫生科学家来说都是一个强有力的工具。对于感染病临床医生，这个分类方法可能提供一个框架，以此来改善对在临床重要的 β-内酰胺酶之间的相互关联的理解。后来，一些来自北美的科学家对此作出了一些回应，后者认为，ESBL 的概念已经深入人心，形成了固化，如果重新界定 ESBL 的含义可能会引起更大的混乱。实际上，β-内酰胺酶拥有众多的数量和巨大的多样性是不争的事实，无论如何对这些酶进行分类都是一件极其困难的事情，并且尝试着简化命名和分类体系以便更好地服务于临床实践都绝非易事。作为参与到遏制细菌耐药的各个方面人员

表 16-5　A 类 ESBL（$ESBL_A$），混杂的 ESBL（$ESBL_M$）和针对碳青霉烯类具有水解活性的 ESBL（$ESBL_{CARBA}$）的新分类方法

	针对广谱头孢菌素类和/或碳青霉烯类具有水解活性的获得性 β-内酰胺酶		
	$ESBL_A$	$ESBL_M$	$ESBL_{CARBA}$
β-内酰胺酶类别	高度流行的 $ESBL_A$ CTX-M TEM-ESBL SHV-ESBL VEB PER	$ESBL_{M-C}$（质粒介导的 AmpC 酶） CMY FOX MIR MOX DHA LAT BIL ACT ACC	$ESBL_{CARBA-A}$ KPC GES-2，GES-4，GES-6，GES-8 NMC SME IMI-1，IMI-2
	低度流行的 $ESBL_A$ GES-1，GES-3，GES-7，GES-9 SFO-1 BES-1 BEL-1 TLA IBC CMT	$ESBL_{M-D}$（OXA-ESBL） OXA-10 组 OXA-13 组 OXA-2 组 OXA-18 OXA-25	$ESBL_{CARBA-B}$（MBL） IMP VIM SPM-1 GIM-1 SIM-1 AIM-1 $ESBL_{CARBA-D}$（OXA-碳青霉烯酶） OXA-23 组 OXA-24 组 OXA-48 OXA58 组
可操作的定义	对超广谱头孢菌素类不敏感和克拉维酸协同	对超广谱头孢菌素类不敏感和表型检测（$ESBL_{M-C}$）或基因型检测（$ESBL_{M-D}$）	对超广谱头孢菌素类和至少一种碳青霉烯不敏感和采用表型和/或基因方法检测 $ESBL_{CARBA}$

注：引自 Giske C G，Sundsfiord A S，Kahlmeter G，et al. J Antimicrob Chemother，2009，63：1-4。

来说，重要的是要加强相关知识的培训，无论如何，β-内酰胺酶分类体系的基本概念是要掌握的。事实上，解决这样的复杂问题可能没有一个简单且有实效的途径。

Ambler 最初认识到 β-内酰胺酶具有不同的起源，所以他想象这些酶的分子结构一定有很大区别。在其 1980 年发表的重要文章中，当时被分类为 A 类 β-内酰胺酶和 B 类 β-内酰胺酶的这两大类酶确实具有明显的区别，因为一类是活性部位丝氨酸酶，另一类是活性位点金属酶（Zn^{2+}）。然而，后来将一些肠杆菌科细菌和非发酵细菌中的染色体编码的 β-内酰胺酶定义为 C 类 β-内酰胺酶，虽然说有区别，比如说分子量和 pI，但这种区别也并不是本质上的。到后来定义 D 类 β-内酰胺酶时就出现了非常大的偏离，因为被分类成 D 类 β-内酰胺酶的各个酶成员之间的氨基酸同一性可低于 20% 以下，按照 Ambler 最初的分类标准，这些酶绝对不应该被归为一类。在后来被归入 D 类 β-内酰胺酶的，更多的是根据水解轮廓（功能性）而不是根据分子学特征，即便是根据分子学特征，也是更多地依靠氨基酸基序或超二级结构（基序）而不是简单的氨基酸序列。粗略地根据底物专一性，有 4 个较大的 β-内酰胺酶组别能被鉴定出：青霉素酶，AmpC 型头孢菌素酶，超广谱 β-内酰胺酶（ESBL）和碳青霉烯酶。如图 16-3 所示，ESBL 和头孢菌素酶构成了最大的两个组别，它们能水解拓展谱的头孢菌素类如头孢噻肟或头孢他啶。这些酶是肠杆菌科细菌苦难的源泉，而这些肠杆菌科细菌产生的酶能水解实际上所有的青霉素类和头孢菌素类，从而导致更经常地使用碳青霉烯类。然而，

碳青霉烯酶也正在获得高度流行。这些酶对碳青霉烯类和广谱 β-内酰胺类具有高的灭活率，而这些广谱 β-内酰胺类则具有针对许多产 β-内酰胺酶的革兰阴性菌强的活性。碳青霉烯酶包括：①在活性部位具有丝氨酸的酶，与所有已经被识别出的 β-内酰胺酶的相似性 > 90%；②金属 β-内酰胺酶（MBL），它们利用至少一个锌离子来实现水解作用。最让人担忧的就是那些能在菌种中被转移并且难以在临床分离株中检测到的"获得性碳青霉烯酶"。

表 16-6　根据底物专一性的大体分类

类别	包含的组和亚组
青霉素酶	2a 亚组酶，2b 亚组酶，2c 亚组酶和 2d 亚组酶
ESBL	2be 亚组酶，2ber 亚组酶和 2de 亚组酶
头孢菌素酶	1 组酶，1e 亚组酶和 2e 亚组酶
碳青霉烯酶	2df 亚组酶，2f 亚组酶和 3 组酶

注：引自 Bush K. Curr Opin Microbiol，2010，13：558-564。

Bush 也将每一大类酶包含的功能性组别和亚组进行了界定，但并非所有亚组酶都被涵盖在这 4 大类别之中，如 2br 亚组酶和 2ce 亚组酶（表 16-6）。我们认为，这样的分类方法简单明了，可能更适用于临床医生和从事感染控制的人员了解 β-内酰胺酶的总体构成。

第五节　新酶的鉴定程序

显而易见，只是根据生化特性或动力学特性进行的功能性组别分派不总是有助于确定这些酶对临床耐药的实际贡献。被分离出的酶或许不是稳定的，以至于 K_m 值或许被低估，或者在一个具有一个孔蛋白缺陷的细菌中被产生的大量在催化上无效力的酶或许就足以赋予对一个差的底物的临床耐药。在文献中被描述的大多数这样的酶已经被鉴定，因为它们与一些临床信号有关联，或是通过敏感性试验或通过治疗失败。因此，功能性分析需要在最初的临床分离株中整合一些微生物效应的测量。这个方面还没有被以前的分类标准充分地强调。

图 16-4 描述了一个方法，可用来在功能和结构特征上定义一个全新的 β-内酰胺酶。在一个野生型菌株中，一个减少的对一种 β-内酰胺类抗生素的微生物学的或临床的应答是最可能的怀疑原因，即一种 β-内酰胺酶参与了降低的敏感性，而这个菌种本应该是敏感的。β-内酰胺酶常常能在全细胞被确定，这是采用一种快速的平板分析。如果 β-内酰胺

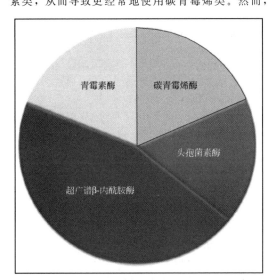

图 16-3　根据功能性的 β-内酰胺酶的分布
（引自 Bush K. Curr Opin Microbiol，2010，13：558-564）

酶活性被检测到，接下来应该尝试着转移这个 *bla* 基因到一个 β-内酰胺酶阴性菌株中，以便确定是否这个基因是位于一个可移动的元件上。采用合适的抗生素和抑制剂组合进行的最初菌株和任何转化体的敏感性试验会提供强的线索，以便确定哪种酶被产生出来。随后，PCR 能被开展，采用最可能的酶家族的引物，这是根据敏感性试验的结果。*bla* 基因的完整测序然后会导致这个新酶被分派到一个分子学类别。同时，从转化体或临床分离株纯化这个蛋白并且确定生化特性应该是有可能的，这些特性将允许做最后的功能分派。通过采用微生物学、遗传学和生物化学的一个组合，一个新酶的所有特征鉴定能被完成。如果关于生化分派的模糊不清仍然存在，功能性名称应该反映出这种酶在最初的分离株的临床效应，并且应该根据被赋予的耐药轮廓而被分派。做出这样一个命名周期的努力是值得的，因为这样的命名会给临床医生提供有用的信息。

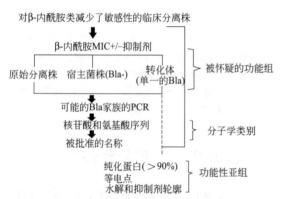

图 16-4　β-内酰胺酶分类分派活动的流程图
（引自 Bush K. J Infect Chemother，2013，19：549-559）
注意到酶纯化和特征鉴定活动能发生在或是采用最初的临床分离株，或是采用一个转化体。Bla—β-内酰胺酶

尽管 β-内酰胺酶鉴定不是一个快速的过程，而快速的过程可指导即刻的治疗，但许多 β-内酰胺类耐药的病原菌携带可移动遗传元件，这些元件易于在整个医院的科室中传播。因此，一个可转移的 β-内酰胺酶在一名先证病例的早期鉴定或许允许干预策略的采纳，以便防止一个重要耐药决定子的进一步散播。

第六节　结语

事实上在本书中，包括本章之前的各个章节都是一些相关的基础性知识，从下一章节开始系统地介绍各种 β-内酰胺酶介导的细菌耐药。然而，按照什么样的顺序来描述 β-内酰胺酶还真是件颇费思量的事情。众所周知，β-内酰胺酶种类繁多，数量庞大，但这些酶在临床上的关联意义并不完全一样。有些酶自从鉴定出以后就基本上销声匿迹了，有些酶则逐渐显现出临床重要性。因此在描述各种 β-内酰胺酶时我们不能平均用力，一定要有所侧重，该繁则繁，该简则简，否则就显得杂乱无章，没有重点，会易于陷入"只见树木，不见森林"的窘境之中。既往文献中也有一些描写 β-内酰胺酶的大型综述，它们基本上按照 95 版 Bush-Jacoby-Medeiros 分类体系的顺序对 β-内酰胺酶进行介绍，总体感觉是重点不够突出。经考虑再三，本书还是按照 Bush 的上述粗略分类的顺序对 β-内酰胺酶进行描述，即青霉素酶、ESBL、头孢菌素酶（AmpC β-内酰胺酶）和碳青霉烯酶。然而，此分类体系并没有将 2br 亚组酶和 2ce 亚组酶包括在内，也没有给予 D 类 β-内酰胺酶足够的阐述，而 D 类 β-内酰胺酶则是增长最快的一大类酶。因此，我们在介绍涉及这些酶的相关章节中会有意识地增加介绍这部分内容，作为 2br 亚组酶，我们会单独列出一章予以介绍。

参考文献

[1] Richmond M H, Sykes R B. The β-lactamases of Gram-negative bacteria and their possible physiological roles [J]. Adv Microb Physiol. 1973, 9: 31-38.

[2] Ambler R P. The structure of β-lactamases [J]. Philos Trans R Soc Lond (Bio.), 1980, 289: 321-331.

[3] Jaurin B, Grundström T. *ampC* cephalosporinase of *Escherichia coli* K-12 has a different evolutionary origin from that of β-lactamases of the penicillinase type [J]. Proc Natl Acad Sci USA, 1981, 78: 4897-4901.

[4] Bush K. Classification of β-lactamases: groups 1, 2a, 2b, and 2b′ [J]. Antimicrob Agents Chemother, 1989, 33: 264-270.

[5] Huovinen P, Huovinen S, Jacoby G A. Sequence of the PSE-2 β-lactamase [J]. Antimicrob Agents Chemother, 1988, 32: 134-136.

[6] Bush K. Classification of β-lactamases: groups 2c, 2d, 2e, 3, and 4 [J]. Antimicrob Agents Chemother, 1989, 33: 271-276.

[7] Bush K, Jacoby G A, Medeiros A A. A functional classification scheme for β-lactamases and its correlation with molecular structure [J]. Antimicrob Agents Chemother, 1995, 39: 1211-1233.

[8] Livermore D M. Minimising antibiotic resistance [J]. Lancet Infect, 2005, 5: 450-459.

[9] Lee S H, Jeong S H, Cha S S. Minimising antibiotic

resistance [J] . Lancet Infect，2005，5：668-669.

[10] Giske C G，Sundsfjord A S，Kahlmeter G，et al. Redefining extended-spectrum β-lactamases：balancing science and clinical need [J]. J Antimicrob Chemother，2009，63：1-4.

[11] Bush K，Jacoby G A. Updated functional classification of β-lactamases [J] . Anitmicrob Agents Chemother，2010，54：969-976.

[12] Bush K. Alarming β-lactamase-mediated resistance in multidrug-resistant *Enterobacteriaceae* [J] . Curr Opin Microbiol，2010，13：558-564.

[13] Bush K. The ABCD's of β-lactamase nomenclature [J] . J Infect Chemother，2013，19：549-559.

[14] Sawai T，Mitruhashi S，Yamagishi S. Drug resistance of enteric bacteria：XIV. Comparison of β-lactamases in Gram-negative rod bacteria resistant to α-aminobenzylpenicillin [J] . Jpn J Microbiol，1968，12：423-434.

[15] Richmond M H，Sykes R B. The β-lactamase of Gram-negative bacteria and their possible physiological roles [J] . Adv Microb Physiol，1973，9：31-88.

[16] Sykes R B，Matthew M. The β-lactamase of Gram-negative bacteria and their role in resistance to β-lactam antibiotics [J] . J Antimicrob Chemother，1976，2：115-157.

第十七章

青霉素酶

1940 年，钱恩（Chain）等提取了一种能破坏青霉素的物质，将其称为青霉素酶。在当时，钱恩等能意识到这种破坏青霉素的物质是一种酶就足见他们的睿智，不过现在看来，这种活性物质不该称为青霉素酶，而是一种头孢菌素酶。严格意义上说，这种酶就是 AmpC β-内酰胺酶。1944 年，在旧金山医院工作的美国学者 Kirby 成功地从金黄色葡萄球菌中提取出无细胞的"青霉素灭活剂"，它和上述在大肠埃希菌中发现的酶并不一样，是一种真正的青霉素酶，正是这种青霉素酶造成了金黄色葡萄球菌耐药的第一次全球危机。1995 年，在 Bush-Jacoby-Medeiros 分类体系中，Bush 等将那些产自革兰阳性球菌的 2a 亚组酶以及 4 组青霉素酶均称作青霉素酶。在 2010 年的 Bush-Jacoby-Medeiros 分类体系升级版本中，作者又将 4 组青霉素酶删除。本章中所说的青霉素酶并非具体指上述的哪一种酶，而是一个范畴，或是一大类别。2013 年，Bush 建议，根据底物专一性，β-内酰胺酶可大体上分成四大类别，即青霉素酶、超广谱 β-内酰胺酶、头孢菌素酶（AmpC β-内酰胺酶）和碳青霉烯酶，其中青霉素酶包括 2a 亚组酶、2b 亚组酶、2c 亚组酶和 2d 亚组酶。本章中描述的就是这一大类青霉素酶。从分子学分类体系上说，这部分青霉素酶则由部分 A 类 β-内酰胺酶和部分 D 类 β-内酰胺酶构成，均属于丝氨酸酶，因此，这两大类 β-内酰胺酶的基本生化特性和通用催化机制也在本章中一并加以介绍。

第一节　青霉素酶的组成

一、2a 亚组酶

已如上述，早在 1995 年，Bush 等就在 Bush-Jacoby-Medeiros 分类体系中将产自革兰阳性菌如葡萄球菌属的 β-内酰胺酶分派到 2a 亚组，称作青霉素酶。来自革兰阳性球菌的这种青霉素酶是胞外酶，它们在细胞质中产生，然后被分泌到细胞外，造成一种菌群耐药。目前，只要人们提及 β-内酰胺酶介导的细菌耐药机制时，首先想到的是革兰阴性菌如肠杆菌科细菌以及非发酵细菌如鲍曼不动杆菌和铜绿假单胞菌所产生的各种 β-内酰胺酶，特别是各种超广谱 β-内酰胺酶和碳青霉烯酶，人们很少将革兰阳性菌耐药与 β-内酰胺酶产生联系起来。究其原因，随着越来越多新型 β-内酰胺类抗生素上市，这些制剂均能够耐受这种青霉素酶的水解作用，这种青霉素酶已经不足以对临床抗感染治疗构成大的威胁。实际上，绝大多数葡萄球菌属菌株都产酶，这已经是一种通则，不产酶才是一种例外。革兰阳性菌产生的青霉素酶大多在染色体上编码，也有一些酶是质粒介导的，如金黄色葡萄球菌产生的 PC1。时至今日，我们深知 β-内酰胺酶是极具进化潜力的一个超大型酶家族，然而，最初产自葡萄球菌属的这些酶既没有进化出效力更强大和底物谱更广的 β-内酰胺酶，也没有在革兰阳性菌中广泛散播，这一现象至今令人迷惑不解。

正当人们普遍认为，在葡萄球菌属、链球菌属以及肠球菌属中，只有葡萄球菌能够产生 β-内酰胺酶之时，1981 年，Murray 等分离出一个类肠球菌分离株。与葡萄球菌属一样，肠球菌属产生的酶既有染色体编码的，也有质粒介导的。因为所有这些产 β-内酰胺酶的肠球菌菌株都是在 1981 年以后被分离出，所以可能的情况是，肠球菌属细菌应该是在近期获得了产生 β-内酰胺酶的能力。照此，肠球菌属细菌产生青霉素酶比葡萄球菌属晚了将近 20 年。在肠球菌属细菌中编码青霉素酶的基因是从葡萄球菌属转移而来，还是具有独立的进化起源仍然不得而知。还有一点让人不解的是，链球菌属至今没有被证实产生 β-内酰胺酶。从理论上推测，这种青霉素酶耐药基因水平转移的机会足够多，特别是那些质粒介导的耐药基因。此外，链球菌属细菌也同样承受着 β-内酰胺类抗生素大量使用带来的巨大选择压力，所以，链球菌属细菌不产生 β-内酰胺酶的深层次原因仍然是个谜，值得探究。若有朝一日人们真正弄清楚其中的缘由，那人们对 β-内酰胺酶的产生和散播机制会有一个更加透彻的了解。

体外水解研究已经显示，肠球菌的 β-内酰胺酶如同在葡萄球菌的 β-内酰胺酶一样，针对青霉素、氨苄西林和酰脲类青霉素具有最大的水解活性，很少或根本没有针对大多数头孢菌素类、耐酶的半合成青霉素类和亚胺培南的水解活性，针对替卡西林有中介的活性。当然，这种酶的一个突出特性就是被克拉维酸抑制，因此，Bush 将 2a 亚组酶简单地定义为"水解青霉素并被克拉维酸抑制的 β-内酰胺酶"。当然，人们比较熟知的这类酶还包括来自蜡样芽孢杆菌 596 以及地衣芽孢杆菌 749/C 产生的青霉素酶 596 和 749/C 酶。此外，2a 亚组酶也包括一些来自革兰阴性菌产生的酶，如肺炎克雷伯菌产生的 LEN-1 以及铜绿假单胞菌 M302 产生的 NPS-1，后者也是质粒编码的。1995 年，2a 亚组酶有 20 种左右，到了 2010 年也几乎没有大的增加。从水解谱和数量增加的角度上讲，这个亚组酶的临床意义不大。

2a 亚组青霉素酶属于 Ambler 分子学分类中的 A 类，分子量大约为 $22\sim32$ kDa，等电点（pI）很宽泛，为 $4.5\sim10$。青霉素酶 596 的 pI 为 6.8，而金黄色葡萄球菌酶 PC1 的 pI 则为 10.1。

二、2b 亚组酶

从 β-内酰胺酶介导细菌针对 β-内酰胺类抗生素耐药的角度上讲，细菌耐药经历了一次从革兰阳性菌到革兰阴性菌的演变过程。从 20 世纪的 60 年代中期开始，革兰阴性菌产生的各种所谓的"广谱 β-内酰胺酶"开始崭露头角并引起人们越来越多的关注。革兰阴性菌产生的 β-内酰胺酶是被分泌到周质间隙中，在那里，它们迎接穿透细菌外膜进入周质间隙中，并准备与各种青霉素结合蛋白结合的 β-内酰胺类抗生素。从这个意义上讲，革兰阴性菌产生的 β-内酰胺酶只负责对产酶的这个单一细菌细胞耐药，而不像革兰阳性菌产生的 β-内酰胺酶是被分泌到细菌细胞外，负责对细菌菌群的整体耐药，不过，这只是耐药的"微观"机制不同而已，由这些 β-内酰胺酶的产生所造成耐药的"宏观"效应则应该是一致的。2b 亚组酶也属于 Ambler 分子学分类中的 A 类，它们主要由 TEM 家族和 SHV 家族组成，当然像 OHIO-1 那样的酶也被包含在 2b 亚组内。Bush 等给予 2b 亚组酶的定义是"被克拉维酸抑制的广谱 β-内酰胺酶"（broad-spectrum β-lactamase，BSBL）。

（一）TEM 家族

在革兰阴性菌中，第一个质粒介导的 β-内酰胺酶 TEM-1 是在 1965 年被报告。TEM-1 最初被发现存在于大肠埃希菌的一个单一菌株中，该菌株来自一名叫 Temoniera 的希腊患者血液培养物，因此命名为 TEM-1。TEM-2 与 TEM-1 只是相差一个氨基酸置换，它们都是 TEM 家族的原型酶，也属于广谱 β-内酰胺酶。让所有人意想不到的是，此后 TEM 型酶经历了波澜壮阔的分子内进化，截至 2009 年底，TEM 家族成员已经达到 170 多个，它们都是由 TEM-1 和 TEM-2 这两个原型酶进化而来，而且这样的进化还在持续不断地进行着。在 20 世纪 $60\sim70$ 年代，TEM-1 是全世界散播最广，并且最具临床意义的 β-内酰胺酶，很多革兰阴性杆菌都产生这种酶。编码 TEM-1 所对应的基因位于 Tn3 上，后者是在不同的接合型质粒上被描述的一个复杂转座子，TEM-1 在流行上的快速增加与这个基因位置有直接关联。TEM 型酶是活性部位丝氨酸酶。未成熟酶蛋白由 286 个氨基酸组成（前 23 个氨基酸对应的是信号肽），成熟酶蛋白的分子量大约为 29 kDa。TEM-1 和 TEM-2 的 pI 分别是 5.4 和 5.6。图 17-1 显示了结合有青霉素的 TEM-1 的结构示意图。

在所有 β-内酰胺酶家族中，TEM 家族成员的底物谱差异最大，除了具有广谱 β-内酰胺酶之外，还有超广谱 β-内酰胺酶以及抑制剂耐药 β-内酰胺酶 IRT（Inhibitor resistant TEM，IRT）。TEM 型广谱 β-内酰胺酶主要以 TEM-1、TEM-2 和 TEM-13 为代表，其中 TEM-1 最流行，它们具有同样的水解轮廓并且能够以大于水解羧苄西林、苯唑西林或头孢噻吩的速率来水解氨苄西林，针对超广谱头孢菌素类的水解活性可忽略不计，同时它们被克拉维酸抑制。TEM 型广谱 β-内酰胺酶的一些额外成员包括 TEM-55、TEM-57、TEM-90、TEM-95、TEM-110、

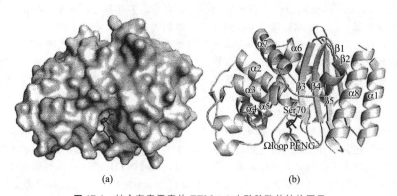

图 17-1 结合有青霉素的 TEM-1 β-内酰胺酶的结构图示

[引自 Gutkind G O，Di Conza J，Power P，et al. Curr Pharm Des，2013，19（2）：164-208]

（a）显示出活性腔的三维结构和位置；

（b）展示出活性部位丝氨酸 70 的特异性位置，二级结构也被标出：α 螺旋，β 折叠片和 Ω 环

TEM-127、TEM-128、TEM-135 和 TEM-141 等。一般来说，它们都具有单一的氨基酸改变，而这些改变在其他的变异体中不多见，最关键的就是这些突变没有影响到酶的活性部位，因此也就没有改变这些酶的底物谱。当然，也有一些 TEM 家族中的β-内酰胺酶并没有动力学和生化数据资料可供参考，而只有氨基酸序列资料，所以这些酶也可能有一部分属于广谱β-内酰胺酶。

（二）SHV 家族

1979 年，Matthew 等三位学者描述了在大肠埃希菌 K-12 中由质粒决定的两种β-内酰胺酶，它们显示出与 TEM 型β-内酰胺酶具有一定的相似性，但在水解一些底物的能力、等电点、免疫学特异性以及在对抑制作用的敏感性上均与 TEM 型β-内酰胺酶不同。这两种酶中的一种由质粒 p453 编码。这种β-内酰胺酶在应答巯基基团制剂对氯（高）汞苯甲酸（para-chloromercuribenzoate，PCMB）的抑制方面是独特的，因为 PCMB 抑制所影响的是该酶对头孢拉定的水解作用，而对青霉素的水解作用则完全不受影响，这就是所谓的 SHV 这个称谓的起因——巯基变量（sulfhydryl variable，SHV）。事实上，如果回溯的话，这种酶首先在1972 年在肺炎克雷伯菌中被 Pitton 检测到，它是由一个转座子编码，在 1978 年，这种酶被 O′Callaghan 等命名为 PIT-2。此次，Matthew 等将这种β-内酰胺酶命名为 SHV-1。在 20 世纪 80 年代后期，这种酶常常在肺炎克雷伯菌中被鉴定出，它是由位于转座子上的一个β-内酰胺酶基因所编码。1988 年，由质粒 p453 介导的 PIT-2（SHV-1）的完整氨基酸序列被报告。通过将此完整序列与其他相关的β-内酰胺酶如 TEM-1 和 LEN-1 进行比较，Labia 等强力地支持 Nugent 和 Hedges 提出的假

设，即编码 PIT-2 β-内酰胺酶基因最初在克雷伯菌属的染色体上被携带，可能后来已经被整合进入一个质粒上。

SHV-1 不同于 TEM-1 酶，SHV-1 的祖先应该就是在肺炎克雷伯菌中染色体编码的酶，它在肺炎克雷伯菌中普遍存在，而 TEM-1 的起源至今仍不清楚。为了试验 SHV 型酶是否在肺炎克雷伯菌中无处不在，Livermore 等在 8 个欧洲国家的 16 所医院的 ICU 中筛选了 20 个肺炎克雷伯菌分离株。研究证实，bla_{SHV} 相关基因存在于 19 个被证实的肺炎克雷伯菌分离株中，并且至少在其中 16 个菌株中被表达。这些资料支持如下的观点，即 SHV 相关的β-内酰胺酶普遍存在于肺炎克雷伯菌中，至少在欧洲是如此。其他学者也发现，SHV-1 在更高的频次在肺炎克雷伯菌中被发现（高达80%～90%）。据此推定，SHV-1 β-内酰胺酶的前体源自肺炎克雷伯菌，是由染色体编码。肺炎克雷伯菌基因组序列的分析证实了 bla_{SHV-1} 基因的染色体起源，它的动员至少已经发生了两次，在每一个主要的进化分枝出现过一次。这两个动员事件已经被插入序列 IS26 所催化。IS26 的存在已经与最常见的 SHV 型 ESBL 基因 bla_{SHV-2}、bla_{SHV-2a}、bla_{SHV-5} 和 bla_{SHV-12} 相关联。bla_{SHV-1}基因进化成为常见的超广谱变异体十分可能已经在动员事件后发生。采用 PCR 和杂交研究，再加上已经被收集的这些证据建议，bla_{SHV} 基因作为一种染色体基因存在于所有肺炎克雷伯菌分离株中。自从 SHV-1 在 1979 年在质粒上被鉴定以来，bla_{SHV} 基因已经被广泛地鉴定出，无论是地理上还是它已经达到的宿主细菌菌种上都是如此。同样重要的是，这个基因已经突变，从而产生超广谱变异体，它们对更加新型的β-内酰胺类抗生素产生耐药。尽管所有这样的溢出，bla_{SHV-1} 基因还

是经常在肺炎克雷伯菌中被发现，并且常常是以一种不能被转移至其他细菌的形式存在。

SHV-1 也是一种典型的广谱 β-内酰胺酶（BSBL），它最初在肺炎克雷伯菌中被发现，后来在肠杆菌科细菌其他成员中被描述。如同 TEM-1 β-内酰胺酶，各种质粒来源的 SHV-1 变异体已经出现，具有在针对不同底物的活性谱上的改变，从而形成 2be 和 2br 组（不多见）的一部分。尽管 128 个 SHV 变异体在 the Lahey′s Institute webpage 上被描述，但并非所有的变异体都具有一个被确定的表型。其中有 37 个被认为是 2be 酶（ESBL），30 个是 2b 酶（BSBL）并且只有 6 个被描述为 2br（抑制剂耐药的 β-内酰胺酶）。SHV-1 和 TEM-1 都是 A 类 β-内酰胺酶，属于活性部位丝氨酸酶。SHV-1 被认为是 SHV 型 ESBL 的祖先。然而，在它们染色体位置内的微进化已经发生，这种可能性不能被完全排除，如 SHV-11，或甚至是水解碳青霉烯的 SHV（SHV-38），它们已经在染色体基因座上被发现。完全被测序的肺炎克雷伯菌的计算机分析揭示出 bla_{SHV-11} 的存在。总体上讲，SHV-1 的分子内突变体数量要少于 TEM 家族，除了 ESBL 突变体外，也有对抑制剂耐药的突变体酶如 SHV-10，也称为 IRS（Inhibitor resistant SHV，IRS）。

毫无疑问，2b 亚组酶也不仅仅是 TEM 家族酶和 SHV 家族酶，还有一些不足以构成家族的酶也属于这个亚组，比如，来自流感嗜血杆菌的 ROB-1、来自阴沟肠杆菌和黏质沙雷菌的 OHIO-1 以及来自奇异变形杆菌的 HMS-1 等。当然，这些 β-内酰胺酶只是在局限的地理区域内被鉴定出，临床意义有限，但编码这些酶的基因都位于可移动遗传元件如质粒上，所以，尽管目前分布有限，但还是具有广泛传播的潜力。

三、2c 亚组酶

1989 年，在 Bush 第一次提出功能性分类体系时，就将 2c 亚组酶在 2 组中单独列出。当时，这个亚组酶包括了一些酶，它们至少以水解青霉素 75％ 的速率水解羧苄西林，并且其水解活性被克拉维酸抑制。当时被包括在内的 β-内酰胺酶有 PSE-1、PSE-3 和 PSE-4，这些酶水解头孢菌素类比水解青霉素类缓慢得多，并且它们以缓慢的速率水解氯唑西林。1995 年，在 Bush-Jacoby-Medeiros 功能性分类体系中，他们将 2c 亚组和 2d 亚组进行了界定和区分。如果氯唑西林或苯唑西林以＞50％ 青霉素水解速率被水解的话，这些酶归属于 2d 亚组，这个亚组酶也包括一些能水解羧苄西林的酶；如果羧苄西林以＞60％ 青霉素水解速率被水解，并且氯

唑西林或苯唑西林以＜50％ 青霉素水解速率被水解，这些就被归属为 2c 亚组。实际上，其水解羧苄西林的速率远远大于 60％ 青霉素水解速率，一般来说都要高出几倍。2010 年，Bush 和 Jacoby 再次描述了 2c 亚组酶的功能特性。从功能上将，这些酶的特征就是具备水解羧苄西林或替卡西林的能力。一般来说，这些青霉素酶易于被克拉维酸或他唑巴坦抑制，大多数酶的 $IC_{50} < 1\mu mol/L$。由于是一种目前不常用的抗生素，所以大多数研究者不试验各种新近发现 β-内酰胺酶的水解羧苄西林的能力，在过去的 10 多年时间里，只有若干新的 2c 亚组酶被描述。2c 亚组酶的名称比较混乱，读者很容易被这些名字弄晕。这组酶最初被命名为假单胞菌特异性酶（PSE 系列），后来又根据这些酶具备有限水解羧苄西林的能力而被命名为羧苄西林酶（CARB 系列），再后来，由于发现了一些 CARB 酶具有一个新的三联体（精氨酸-苏氨酸-甘氨酸，RTG）基序，所以其中一些酶又被命名为 RTG 酶。

CARB 型 β-内酰胺酶是一个较大的酶家族，它以在位置 234 到 236 上具有一个精氨酸-丝氨酸-甘氨酸（RSG）基序为特征，这有别于其他 A 类 β-内酰胺酶的赖氨酸-苏氨酸/丝氨酸-甘氨酸（K-T/S-G）基序。羧苄西林酶属于 A 类青霉素酶，它们显示出与 TEM 家族和 SHV 家族酶不足 50％ 的氨基酸同一性。这个家族的酶共有十几个成员，它们具有相似的水解特性，但根据氨基酸序列它们却被分成 2 个亚组，即 CARB 酶和 RTG 酶。CARB 亚组包括 CARB-1（以前称作 PSE-4）、CARB-2（以前称作 PSE-1）、CARB-3、CARB-4、奇异变形杆菌 N29 β-内酰胺酶、CARB-6、CARB-7 和 CARB-9。

1991 年，Sakurai 等描述了来自奇异变形杆菌 GN79 的一种 β-内酰胺酶。该菌株是一个临床分离株，于 1965 年在日本被分离获得，在时间上要早于 PSE 系列酶在铜绿假单胞菌中的发现。奇异变形杆菌 GN79 产生一种在组成上的 β-内酰胺酶，该酶具有羧苄西林酶的特征。他们采用许多质粒消除的方法都不能影响到 GN79 产生这种 β-内酰胺酶，由此建议这种酶或许被染色体基因所编码。通过与已知的 β-内酰胺酶进行氨基酸序列比对揭示，这种酶是一种全新的 A 类酶，它拥有一个独特的三联体 R^{234}-T-G，而其他水解羧苄西林酶都具有一个三联体 R^{234}-S-G。采用结构基因的一个片段，在该探针和来自奇异变形杆菌的天然分离株的总 DNA 的交叉杂交的缺乏被证实，这就提示这种羧苄西林酶或许不是奇异变形杆菌的一个菌种特异性 β-内酰胺酶，换言之，这种 β-内酰胺

酶并非是这个菌株起源的。在大多数羧苄西林酶中，在氨基酸序列位置 234 上都是精氨酸，只有来自荚膜红细菌的 PSE-3 和来自嗜水气单胞菌的 AER-1 是例外。在其他 A 类 β-内酰胺酶中，在这个位置上都是赖氨酸。在位置 234 上残基在靠近活性部位丝氨酸的结合袋内，分子学模型研究已经建议，在 PSE-4 中的精氨酸 234 或许参与底物识别。PSE-4 的一个精氨酸 234→赖氨酸突变体的动力学特征鉴定揭示出在 k_{cat}/K_m 值的一个 98% 下降，从而证实了精氨酸 234 对于羧苄西林酶活性的重要性。

RTG 亚组包括 RTG-1（奇异变形杆菌 GN79 酶）RTG-2、RTG-3 和 RTG-4。RTG-2，又称为 CARB-5，在醋酸钙不动杆菌无硝亚种中被描述。RTG-3，又称 CARB-8，是从一个解尿寡源杆菌临床分离株中被鉴定出。超广谱变异体 RTG-4，也称为 CARB-10，它是从鲍曼不动杆菌分离株 KAR 中被鉴定出，比起水解头孢他啶和头孢噻肟，该酶优先水解头孢吡肟和头孢匹罗。RTG-4 不属于 2c 亚组酶，而是独成一家，Bush 和 Jacoby 将其归属于 2ce 亚组。Choury 等提出，尽管 RTG 型 β-内酰胺酶具有与 CARB 成员低水平的氨基酸同一性（44%），但它们或许被认为是 CARB 型 β-内酰胺酶的祖先。CARB 酶构成了整合子编码 β-内酰胺酶的一个家族，当然有些整合子属于 1 类整合子，而有些整合子是位于染色体上的超级整合子，而各种 bla_{RTG} 基因则主要是在染色体上被编码。尽管 bla_{RTG-4} 基因位于一个转座子 Tn2104 上，但该转座子也是位于染色体上（表 17-1）。

鉴于羧苄西林目前在临床上应用得不多，所以人们对这组酶的重视程度也不高。总体来说，2c 亚组酶在数量上要远逊于 2b 亚组酶，且临床相关性也小得多。

四、2d 亚组酶

在 1995 年版 Bush-Jacoby-Medeiros 功能性分类体系中，作者将 2d 亚组酶定义为：①对氯唑西林和苯唑西林的水解速率＞50% 对青霉素的水解速率；②一般来说，这些酶不太受到克拉维酸的抑制。很多 OXA 变异体只是在 the Lahey website 上被分派了序号，但没有任何其他信息可供参考，包括早期的 OXA-8、OXA-38、OXA-39 和 OXA-41，以及近些年的 OXA-120～OXA-127，这些酶可能属于窄谱 OXA 型酶、超广谱 OXA 型酶（ES-OXA）或水解碳青霉烯的 D 类 β-内酰胺酶（CHDL）。尽管如此，已经被确定属于窄谱 OXA 型酶的变异体也有几十种之多，这些窄谱 OXA 型 β-内酰胺酶就是 2d 亚组酶。这些年来，获得性窄谱 OXA 型 β-内酰胺酶在各个细菌菌种中不断地散播，其分布也越来越广，它们常常出现在临床重要的致病菌中，如大肠埃希菌、肺炎克雷伯菌、沙门菌种、弗氏柠檬酸杆菌、铜绿假单胞菌、空肠弯曲杆菌以及鲍曼不动杆菌。根据较早期的研究结果，最常见的 2d 亚组酶 OXA-1 存在于 1%～10% 的大肠埃希菌分离株中。多个 D 类 β-内酰胺酶基因已经作为在革兰阴性菌的获得性耐药的一个来源被鉴定出。总体来说，这些窄谱 OXA 型 β-内酰胺酶的底物专一性和抑制剂轮廓彼此差异不大，但有些 2d 亚组 β-内酰胺酶也确实表现出一些与众不同之处，值得进一步描述。

表 17-1 bla_{CARB} 基因和 bla_{RTG} 基因的遗传背景

bla 基因	最初的菌株	遗传背景
bla_{CARB}		
bla_{CARB-1}（曾被称作 bla_{PSE-4}）	铜绿假单胞菌	CHR[①]，Tn2521，In33
bla_{CARB-2}（曾被称作 bla_{PSE-1}）	铜绿假单胞菌	pRPL11，Tn1403，In28
（bla_{CARB-2}）	鼠伤寒沙门菌	pMG217
（bla_{CARB-2}）	鼠伤寒沙门菌	CHR，1 类整合子
（bla_{CARB-2}）	霍乱弧菌	质粒，1 类整合子
bla_{CARB-3}	铜绿假单胞菌	CHR，Tn1408
bla_{CARB-4}	铜绿假单胞菌	pUD12，Tn1408，1 类整合子
bla_{N29}	奇异变形杆菌	位置不清
bla_{CARB-6}	霍乱弧菌 non-O1，non-O139	CHR
bla_{CARB-7}	霍乱弧菌 non-O1，non-O139	SI[②]
blaP2（被称作 bla_{CARB-8}）	鼠伤寒沙门菌	pST2301，1 类整合子
bla_{CARB-9}	霍乱弧菌 non-O1，non-O139	SI

续表

bla 基因	最初的菌株	遗传背景
bla$_{RTG}$		
bla$_{RTG-1}$（曾被称为奇异变形杆菌 GN79 β-内酰胺酶）	奇异变形杆菌	CHR
bla$_{RTG-2}$（被称作 *bla*$_{CARB-5}$）	乙酸钙不动杆菌	位置不清
bla$_{RTG-3}$	尿道寡源杆菌	CHR
bla$_{RTG-4}$（2ce 亚组，ESBL）	鲍曼不动杆菌 KAR	CHR，Tn*2014*

①染色体；②超级整合子。

注：引自 Petroni A，Melano R G，Saka H A，et al. Antimicrob Agents Chemother，2004，48：4042-4046。

OXA-1 也被称作 OXA-30。2000 年，当 OXA-30 被首次鉴定出时，作者们注意到在该酶与 OXA-1 之间存在着一个单一的氨基酸改变，该酶含有一个甘氨酸 128，而 OXA-1 含有一个精氨酸 128。因此，作者们将其命名为 OXA-30。然而，后来 OXA-1 晶型研究资料证实，在 OXA-1 酶的氨基酸序列 128 位置上并不是精氨酸，也是甘氨酸 128。所谓的精氨酸 128 不过是早年的一个测序错误，换言之，OXA-1 就是 OXA-30。OXA-1 和 OXA-31 彼此相差 2 个氨基酸置换，这两种所谓的窄谱 OXA 型酶之所以让人感兴趣，是因为它们能水解四代头孢菌素类如头孢吡肟和头孢匹罗，但对头孢他啶却具有有限的水解活性，这不完全符合窄谱 OXA 型酶的定义。因此，OXA-1 和 OXA-31 或许被看作是以拓展水解谱轮廓为特征的 D 类 β-内酰胺酶。如果细菌菌株（如铜绿假单胞菌）具有高度不通透性外膜，那么这两种 D 类酶对这些病原菌株的 MIC 具有显著影响；如果病原菌菌株（如大肠埃希菌）具有低水平固有不通透性外膜，那么这两种 D 类酶则对这些病原菌菌株的 MIC 不具有明显的影响。值得一提的是，*bla*$_{OXA-1}$ 基因已经常常被发现与编码 ESBL 的基因有关联。近来的研究已经报告，*bla*$_{OXA-1}$ 与来自人大肠埃希菌分离株中的 CTX-M-15 ESBL 决定子有着频繁的关联性，这些分离株来自各种各样的地理区域。*bla*$_{OXA-2}$ 基因已经常常在产生 ESBL PER-1 的铜绿假单胞菌和鼠伤寒沙门菌分离株中被鉴定出，变异体 OXA-3 也是如此。近来，*bla*$_{OXA-2}$ 基因已经在来自塞尔维亚和匈牙利的铜绿假单胞菌分离株中被鉴定出，这些分离株也产生 ESBL PER-1。*bla*$_{OXA-1}$ 与 ESBL 基因的这种关联性使得分离株对 β-内酰胺/β-内酰胺酶抑制剂复方制剂耐药。OXA-10 酶（以前被称作 PSE-2）也具有水解头孢菌素类的能力，它可低水平水解头孢噻肟、头孢曲松和氨曲南，并且如果这个酶高水平产生的话，就能赋予针对这些制剂的低水平耐药。但是，OXA-10 却不伤害头孢他啶、头霉素类和碳青霉烯类。还有一些窄谱 OXA 型酶与

OXA-1、OXA-2 以及 OXA-10 亚组不相关或弱相关，但它们也都具有一些特点。OXA-9 就具有一种对于 OXA 来说不常见的特性，即它被克拉维酸和氯唑西林所抑制，而不被氯化钠抑制。*bla*$_{OXA-9}$ 基因已经在很多细菌菌种中被鉴定出，并且它们和其他一些重要的 β-内酰胺酶基因复合表达。例如，*bla*$_{OXA-9}$ 基因已经在来自法国的一个臭鼻假单胞菌分离株中被鉴定出，该分离株复合表达金属 β-内酰胺酶 VIM-2，近来，它也已经在一个碳青霉烯耐药的阴沟肠杆菌菌株中被鉴定出，该菌株源自美国并且复合产生 A 类碳青霉烯酶 KPC-3，同时，该基因也已经在来自土耳其的一个碳青霉烯耐药的肺炎克雷伯菌分离株中被鉴定出，该分离株也复合产生质粒编码的 D 类碳青霉烯酶 OXA-48。

bla$_{OXA-5}$ 基因产物代表着另一个窄谱 D 类 β-内酰胺酶的亚组。*bla*$_{OXA-5}$ 基因是作为被插入到一个 1 类整合子的基因盒被发现，并且后来被发现与在碳青霉烯耐药的铜绿假单胞菌分离株上的 *bla*$_{GES-2}$ 基因有关联，后者编码一种具有碳青霉烯酶活性的特殊的 ESBL，该分离株来自南非，在一次感染暴发期间获得。另一个窄谱的 D 类 β-内酰胺酶是 LCR-1。在 1983 年，Simpson 等描述了这种酶，它能够很好地水解青霉素和氨苄西林，但不能高效地水解氯唑西林和羧苄西林。因此，在 1989 年，Bush 将这种窄谱 OXA 型酶分派到功能性 4 组青霉素酶。后来，将苯唑西林加入底物谱中进行检测时发现，LCR-1 能够高效地水解苯唑西林。近来确定的氨基酸序列显示，它属于在 D 类酶中的一个独立的簇。OXA-20 是另一个窄谱 D 类 β-内酰胺酶，它被克拉维酸所抑制。*bla*$_{OXA-20}$ 基因在来自意大利西西里岛的一个铜绿假单胞菌分离株中被鉴定出，该分离株复合表达 OXA-18，后一种酶在所有 D 类酶中最相似于 A 类酶中的 ESBL。OXA-46 也是窄谱 OXA 型酶，它主要水解青霉素类、苯唑西林和窄谱的头孢菌素类。有趣的是，它被他唑巴坦和碳青霉烯类灭活，但对氯化钠表现出低的敏感性。

近来的研究已经显示，许多细菌菌种具有编码 D 类 β-内酰胺酶的基因，而这些基因都位于染色体上，属于天然出现的酶。这些细菌包括一些病原菌或环境细菌，如嗜水气单胞菌、简氏气单胞菌、戈尔曼军团菌、类鼻疽伯克霍尔德菌、皮氏罗尔斯通菌、多毛短螺旋菌、具核梭杆菌、木糖氧化产碱菌和洋葱伯克霍尔德菌。在这些细菌中，这些窄谱 OXA 型酶是固有的酶，在组成上天然产生，并且其表达是可诱导的，如来自简氏气单胞菌的 OXA-12。来自嗜水气单胞菌的 AmpS 也是一个窄谱 OXA 型酶，这两种酶都被克拉维酸抑制。FUS-1（另一个名字是 OXA-85）也值得一提，它产自一种革兰阴性的厌氧杆菌具核梭杆菌多形亚种（*Fusobacterium nucleatun* subsp. *polymorphum*）。

OXA-85 也具有一个窄谱的 β-内酰胺类水解活性，并且不被氯化钠或克拉维酸所抑制。

大多数窄谱 OXA 型酶都是获得性 β-内酰胺酶，编码它们的基因都位于各种可移动遗传元件上。几乎所有的获得性窄谱 OXA 型酶基因都位于整合子上，这些整合子或是位于转座子上，或是位于质粒上。尽管 LCR-1 也是一种获得性窄谱 OXA 型酶，但目前并未证实它和一种整合子有关联，其编码基因位于转座子 Tn*1412* 上。当然，还有一些窄谱 OXA 型酶并不是获得性酶，编码它们的基因位于一些细菌菌种的染色体上，如编码 OXA-12 和 OXA-22 的基因分别位于简氏气单胞菌和皮氏罗尔斯通菌（*Ralstonia pickettii*）的染色体上（表 17-2）。

表 17-2   窄谱苯唑西林酶的特征

名字[①]	类型	最初宿主	A 或 N[②]	相关联的可移动元件	
				Tn 或 IS	In[③]
OXA-1	窄谱酶	大肠埃希菌	A	Tn*2603*	+
OXA-2	窄谱酶	鼠伤寒沙门菌	A		+
OXA-3	窄谱酶	肺炎克雷伯菌	A	Tn*1411*	+
OXA-4	窄谱酶	大肠埃希菌	A	Tn*1409*	+
OXA-5	窄谱酶	铜绿假单胞菌	A	Tn*1406*	+
OXA-6	窄谱酶	铜绿假单胞菌	A		
OXA-7	窄谱酶	大肠埃希菌	A		
OXA-9	窄谱酶	肺炎克雷伯菌	A	Tn*1331*	+
LCR-1	窄谱酶	铜绿假单胞菌	A	Tn*1412*	−
OXA-10	窄谱酶	铜绿假单胞菌	A	Tn*1404*	+
OXA-12	窄谱酶	简氏气单胞菌	N		−
AmpS	窄谱酶	嗜水气单胞菌	N		−
OXA-13	窄谱酶	铜绿假单胞菌	A		+
OXA-20	窄谱酶	铜绿假单胞菌	A		+
OXA-21	窄谱酶	鲍曼不动杆菌	A		+
OXA-22	窄谱酶	皮氏罗尔斯通菌	N		−
OXA-29	窄谱酶	戈尔曼军团菌	N		−
OXA-30	窄谱酶	大肠埃希菌	A		+
OXA-37	窄谱酶	鲍曼不动杆菌	A		+
OXA-42	窄谱酶	类鼻疽伯克霍尔德菌	N		−
OXA-43	窄谱酶	类鼻疽伯克霍尔德菌	N		−
OXA-46	窄谱酶	铜绿假单胞菌	A		+
OXA-47	窄谱酶	肺炎克雷伯菌	A		+
OXA-50	窄谱酶	铜绿假单胞菌	N		−
OXA-56	窄谱酶	铜绿假单胞菌	A		+
OXA-57	窄谱酶	类鼻疽伯克霍尔德菌	N		−
OXA-59	窄谱酶	类鼻疽伯克霍尔德菌	N		−
OXA-60	窄谱酶	皮氏罗尔斯通菌	N		−
OXA-61	窄谱酶	空肠弯曲杆菌	N		−
OXA-63	窄谱酶	多毛短螺旋菌	N		−
OXA-85	窄谱酶	具核梭杆菌	N		−
OXA-101	窄谱酶	弗氏柠檬酸杆菌	A		+
OXA-114	窄谱酶	木糖氧化产碱菌	N		−
OXA-118	窄谱酶	洋葱伯克霍尔德菌	A		+

续表

名字[①]	类型	最初宿主	A 或 N[②]	相关联的可移动元件	
				Tn 或 IS	In[③]
OXA-119	窄谱酶	未培养出细菌	A		+
OXA-136	窄谱酶	多毛短螺旋菌	N		−
OXA-137	窄谱酶	多毛短螺旋菌	N		−

① 这个命名与 G. Jacoby 在 the Lahey website 上提供的命名是一致的。黑体字的变异体只是被分派了序号,但没有任何其他信息可供参考;

② A—获得性,N—天然的;

③ "+"表示苯唑西林酶基因被发现与一个整合子来源的基因盒有关联,"−"表示这个基因与一个整合子来源的基因盒无关联。

注:引自 Poirel L,Naas T,Nordmann P. Antimicrob Agents Chemother,2010,54:24-38。

第二节 A 类 β-内酰胺酶的生化特性

Ambler 分子学分类体系依据氨基酸序列差异将 β-内酰胺酶分成四大类别,这些差异不仅体现在分子大小(氨基酸数量的多寡),更重要的是它们体现在一些超二级结构(关键基序),活性部位以及水解机制上。A 类、C 类和 D 类 β-内酰胺酶属于活性部位丝氨酸酶,也就是说,这三大类酶是通过活性部位丝氨酸来水解各种 β-内酰胺类抗生素。B 类酶则不然,它属于金属 β-内酰胺酶,并且借助活性部位的金属离子来水解各种 β-内酰胺类,当然包括碳青霉烯类抗生素。因此,尽管这四大类别 β-内酰胺酶都是水解酶,但它们的生化特性和水解机制却不尽相同。我们将在描述这些酶的相关章节中专门介绍一下各大类 β-内酰胺酶的生化特性和水解机制。

β-内酰胺酶属于水解酶,催化水解反应,它们是一类特殊的转移酶,水是作为转移基团的受体。β-内酰胺酶的催化特性与其他酶类的催化特性类似,其特殊催化能力只局限在大分子的一定区域,也就是说,只有少数特异性的氨基酸残基参与底物结合与催化作用。这些特异性的氨基酸残基比较集中的区域,即与

酶活力直接相关的区域称为酶的活性部位(active site)或活性中心(active center)。酶的活性部位是一个三维实体。它不是一个点,不是一条线,甚至也不是一个面。活性部位三维结构是由酶的一级结构所决定,并且也是在一定外部条件下形成的。活性部位的氨基酸残基在一级结构上可能相距甚远,通过肽链的盘绕和折叠而在空间结构上相互靠近。可以说没有酶的空间结构,也就没有酶的活性部位。对活性部位没有直接贡献的其他部位是形成和稳定酶天然结构所需的。酶活性部位通常位于酶蛋白的两个结构域或亚基之间的裂隙(cleft 或 crevice)中,或蛋白质表面的凹槽内,其中含有与底物结合、催化、并将底物转化为产物有关的氨基酸残基。A 类 β-内酰胺酶的活性部位也是位于一个全 α 域和一个 α/β 域的交界面上。酶的活性部位相对于整个酶分子来说更具柔性(flexibility),这种柔性和可移动性很可能正是表现其催化活性的一些必要因素。

已如前述,最初 β-内酰胺酶分子学分类所依据的是蛋白质的一级结构,后来,随着人们对 β-内酰胺酶蛋白结构的更深的认知,β-内酰胺酶的一些二级结构甚至超二级结构(基序)也被发现是 β-内酰胺酶分子学分类的一些重要特征。图 17-2 就是 A 类 β-内酰胺酶的一级结构,图中也显示出 α 螺旋和 β 折叠片。

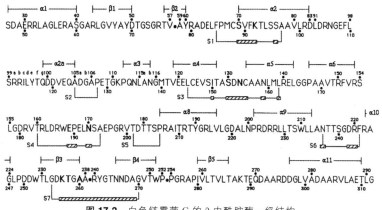

图 17-2 白色链霉菌 G 的 β-内酰胺酶一级结构

(引自 Lamotte-Brasseur J,Dideberg D G,Charlier O,et al. Biochem J,1991,279:213-221)

由于 A 类 β-内酰胺酶多肽链的折叠，有 4 个基序彼此靠近。以标准的 ABL 计数方法看，第一个基序是一个氨基酸的四联体 $S^{70}XXK^{73}$ 基序，其中的 S^{70} 是必需的丝氨酸残基，是亲核攻击体。这个基序处在全 α 域的 α2 螺旋的 N 末端，并且在酶活性腔中占据着一个中心位置。所有识别青霉素的酶也都具有一个共同的三联体——K^{234}S（或 T）G^{237} 基序（在 A 类酶是赖氨酸 234；在 C 类酶是赖氨酸 315），它位于该 β 折叠片的最里面的 β-3 链上，并且形成该酶活性腔的另一侧壁。另一个三联体是 $S^{130}DN^{132}$ 基序（在 A 类酶是丝氨酸 130；在 C 类酶是酪氨酸 150），它通过与 β 折叠链赖氨酸 234 上的氢结合而稳定活性位点腔，这个 β 折叠链形成了活性位点腔的对面。这些结构通常被分别称为 SXXK、KTG 和 SDN 基序。α2 螺旋将活性位点丝氨酸置于这个腔的最深隐窝处。丝氨酸 70 的 OH 和 NH 和丙氨酸 237 主链的 NH 构成了 β-内酰

胺类抗生素应当与之适配的一个袋，也称为氧负离子袋（oxyanion pocket）。$S^{130}DN^{132}$ 基序将该全 α 域的 α4 螺旋和 α5 螺旋连接起来，并且形成这个酶腔的一个侧壁。还有一个基序那就是 $E^{166}XELN^{170}$ 基序，它位于这一酶腔的入口处。最后一个结构是含有精氨酸-X-谷氨酸-X-X-亮氨酸-天冬酰胺（丝氨酸）的肽的一个 Ω 环（在 TEM-1 是精氨酸^{161}-天冬酰胺^{179}），它在所有 A 类 β-内酰胺酶中都是高度保守的，但在其他识别青霉素的酶上是可被改变的。这个结构界定了活性位点腔的另一个壁，从而形成了一个紧密的结构，后者精确地将一个水分子置于合适的位置上，以便对酰基-酶复合物的亲核攻击（图 17-3）。图 17-3（a）显示的是 A 类 β-内酰胺酶的氢结合网以及结合位点基序氨基酸残基，图 17-3（b）是在一个头孢菌素分子功能基团与活性位点氨基酸残基侧链之间的氢键相互作用示意图。

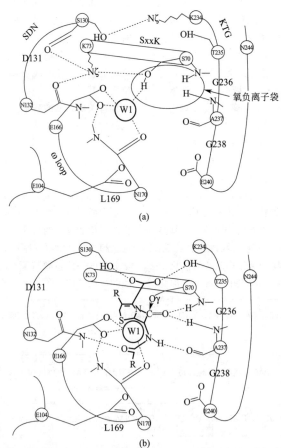

图 17-3　A 类 β-内酰胺酶的氢结合网、结合位点基序以及底物与活性部位氨基酸氢键结合示意
（引自 Medeiros A. Clin Infect Dis，1997，24：S19-S45）

W1 表示的是一个水分子。注意 Ω 环的谷氨酸 166 和天冬酰胺 170 残基在定位一个靠近丝氨酸 70（S70）的水分子的重要性。注意到丝氨酸 70 和丙氨酸 237 的 NH "抓住" 在氧负离子袋中的 β-内酰胺环的羰基。丝氨酸 130 和苏氨酸 235 的侧链固定住这个分子的一端，并且天冬酰胺 132 和丙氨酸 237 的侧链固定住另一端

由以上的描述不难看出，在 A 类 β-内酰胺酶中，并非所有的氨基酸都参与到配基结合和水解，至少有 5 个残基如丝氨酸 70、丝氨酸 130、天冬酰胺 132、苏氨酸 235 和丙氨酸 237 参与到配基结合，4 个残基如丝氨酸 70、赖氨酸 73、丝氨酸 130 和谷氨酸 166 以及 2 个水分子 W1 和 W2 执行被结合的 β-内酰胺化合物的水解，这些氨基酸残基特别重要。当然，还有一些氨基酸也影响到 β-内酰胺酶的水解活性，如精氨酸 244。各种 A 类 β-内酰胺酶在位置 244 上是否具有一个精氨酸有所不同，该精氨酸保持住另一个水分子在恰当的位置上，以便攻击克拉维酸和砜抑制剂的非 β-内酰胺环。在 C 类 β-内酰胺酶中，一个对应物的缺乏使得它们相对耐受各种抑制剂的抑制作用。丝氨酸和赖氨酸侧链是由氢键连接的，它们的接近建议赖氨酸侧链氨基团可能参与到催化过程之中（图 17-4）。

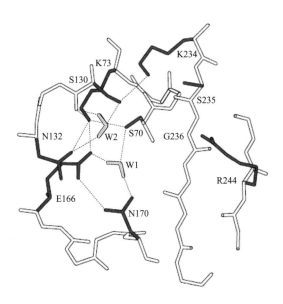

图 17-4 在 TEM 型 β-内酰胺酶活性部位的残基和氢键网（点状线）

（引自 Matagne A，Lamotte-Brasseur J，Frere J M. Biochem J，1998，330：581-598）

被认为参与到催化过程的残基的侧链用深色表示，被推测参与到催化过程的两个保守的水分子被显示为 W1 和 W2

第三节　A 类 β-内酰胺酶的催化机制

早在 1992 年，加拿大学者 Strynadka 等就描述过 TEM-1 对青霉素的两步催化过程：酰化步骤和脱酰化步骤。酰化步骤是丝氨酸 70 Oγ 对 β-内酰胺环上的羰基碳原子（C7）亲核攻击的结果。脱酰化步骤广泛地被认为是水分子借助一个总碱对青霉素酯键羰基碳原子的亲核攻击，谷氨酸 166 作为总碱发挥作用（图 17-5）。

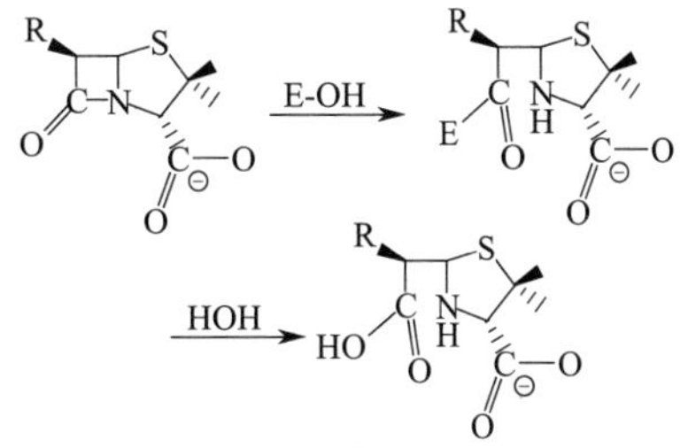

图 17-5 β-内酰胺酶催化青霉素水解的两个步骤

（引自 Strynadka N C，Adachi H，Jensen S E，et al. Nature，1992，359：700-705）

丝氨酸 β-内酰胺酶酰化 β-内酰胺类抗生素的机制与 PBP 酰化 β-内酰胺类抗生素机制很相似，并且在第一步酰化之后，β-内酰胺酶在策略上采用定位的水分子来水解 β-内酰胺类抗生素。这种酶促反应可用如下的方程式来代表：

$$E+S \underset{k_{-1}}{\overset{k_1}{\rightleftharpoons}} E:S \overset{k_2}{\longrightarrow} E-S \overset{k_3, H_2O}{\longrightarrow} E+P$$

$$(17-1)$$

在此反应系统中，E 是一种 β-内酰胺酶，S 是一个 β-内酰胺类底物，E：S 是 Michaelis 复合物，E-S 是酰基-酶复合物，P 是无活性的水解后产物。每一步的速率常数以 k_1、k_{-1}、k_2 和 k_3 为代表。k_1 和 k_{-1} 分别是酰化前复合物的缔合常数和解离常数；k_2 是酰化速率常数以及 k_3 是脱酰化速率常数。在一些 β-内酰胺酶中可观察到更加复杂的反应机制。为了前后统一，我们现在定义那些常被用来描述 β-内酰胺酶动力学表现的基本术语。

Michaelis 常数 K_m 被定义为：

$$K_m = k_3 K_s / (k_2 + k_3) \qquad (17-2)$$

其中，动力学常数 K_s 是 $(k_{-1} + k_2)/k_1$。周转率 k_{cat} 是一个复合的速率常数，它代表着多个化学步骤并且被定义为：

$$k_{cat} = k_2 \text{ 和 } k_3 (k_2 + k_3) \qquad (17-3)$$

或

$$V_{max} = k_{cat}[E] \qquad (17-4)$$

以浓度术语表达的 K_m 代表着 E：S 接近的相对亲和力以及 E：S 被转换成为 P 的速率；K_m 值大表示亲和力差（大的 K_s）。常数 k_{cat}/K_m 对应的是酰化速率（酰基-酶加合物的形成），而周转率 k_{cat} 反应的是脱酰化速率。但是，k_{cat} 值和 k_{cat}/K_m

值反映出一种 β-内酰胺酶针对一种 β-内酰胺类抗生素真正的催化效力。

丝氨酸 β-内酰胺酶水解 β-内酰胺类抗生素的整个过程显示在图 17-6。

在底物最初结合后，催化丝氨酸攻击 β-内酰胺羰基碳，从而形成一个四面体酰基化高能量中间产物。这个中间产物坍塌，打开了四元 β-内酰胺环，从而形成一个共价酰基-酶复合物。这个共价中间产物随后被一个活化的水分子攻击，产生出四面体脱酰化高能量中间产物。在丝氨酸 Oγ 原子和 β-内酰胺羰基碳之间的共价键相继破裂，最后释放出被水解的，被灭活的产物（图 17-7）。

当 β-内酰胺类化合物与它们的生理性靶位（DD-肽酶）以及与活性部位丝氨酸 β-内酰胺酶发生反应时，它们似乎形成一个相似的加合物。在这两种类型酶之间的差别纯粹是数量上的。实际上，就前者而言，k_3 值非常低（几乎不超过 $0.001s^{-1}$）并且酰基-酶非常稳定（$t_{1/2} > 10min$）；而对于后者，非常高的 k_3 值被观察到。例如，在 30℃ 条件下，对于地衣芽孢杆菌和白色链霉菌 G β-内酰胺酶与青霉素之间的相互作用，这 k_3 值可高达约 $10000s^{-1}$。这些纯粹是数量上的区别导致

了明显的质量上的差别，由量变到质变。β-内酰胺酶灭活青霉素类，而青霉素类灭活 PBP。然而，一个丝氨酸 β-内酰胺酶的催化途径与一个 PBP 的催化途径之间的根本性差异是，被 β-内酰胺酶所形成的酯类快速水解，从而再生出一个有活性的酶，而被 PBP 所形成的酯类则是稳定的。支撑这种区别的结构性差异仍不清楚，并且一些序列基序无论是在丝氨酸 β-内酰胺酶还是在 PBP 上也都是保守的。

图 17-8 描绘的是一个典型的 A 类 β-内酰胺酶的反应系统。简言之，①在 Henri-Michaelis 复合物形成后，活性部位丝氨酸开始对 β-内酰胺类抗生素羰基进行亲核攻击，从而产生一个高能量四面体酰化中间产物（‡1）；②在 β-内酰胺氮的质子化以及 C—N 键的裂解后，这个中间产物转换成为一个低能量的共价酰基-酶复合物；③接下来，一个活化的水分子攻击这个共价的复合物并且导致了一个高能量的四面体脱酰化中间产物的形成（‡2）；④在 β-内酰胺的羰基和亲核丝氨酸的氧之间键合的水解重新生成具有活性的酶并且释放出无活性的 β-内酰胺类水解产物。酰化和脱酰化分别需要亲核丝氨酸和水解的水分子活化。

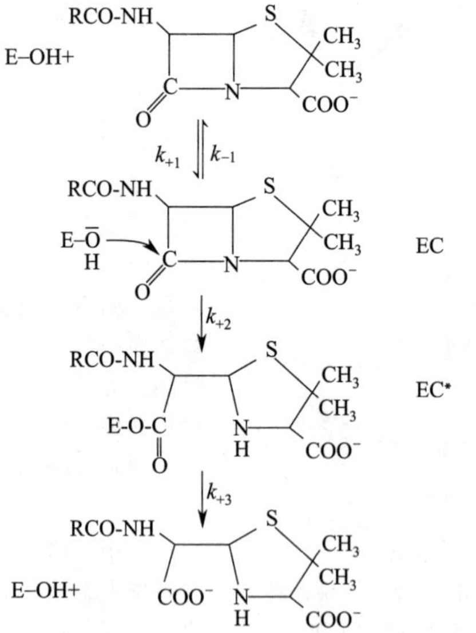

图 17-6   活性部位丝氨酸 β-内酰胺酶的基本催化途径

（引自 Matagne A，et al. Biochem J，1998，330：581-598）

一般来说，酰化（k_2）和酰基-酶的水解（k_3）都是快速的，这就造成高的周转率 $[k_{cat} = k_2 \times k_3 / (k_2 + k_3)]$ 和专一性常数（$k_{cat}/K_m = k_2/K'$，其中 $K' = k_{-1} + k_2/k_{+1}$）。要注意 k_{cat}/K_m 这个参数（有时也被不正确地称作"催化效能"）与酰基-酶形成的表观二级速率常数（k_2/K'）是一致的。在此，酶的真正的催化效能依赖于高的 k_{cat}/K_m 和 k_{cat} 值

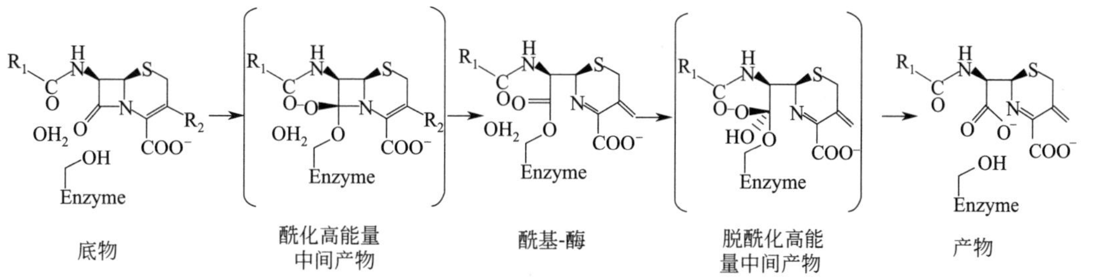

图 17-7　丝氨酸 β-内酰胺酶的反应坐标

（引自 Chen Y，Minasou G，Roth T A，et al. J Am Chem Soc，2006，128：2970-2976）

该反应沿着特定路线进行，先是出现一个前共价的复合物（左），接着是一个四面体高能量酰基化中间产物，一个低能量酰基-酶复合物，在催化水的攻击下产生出一个四面体高能量脱酰化中间产物，并且最后是被水解产物的产生，相继从酶复合物中被释放

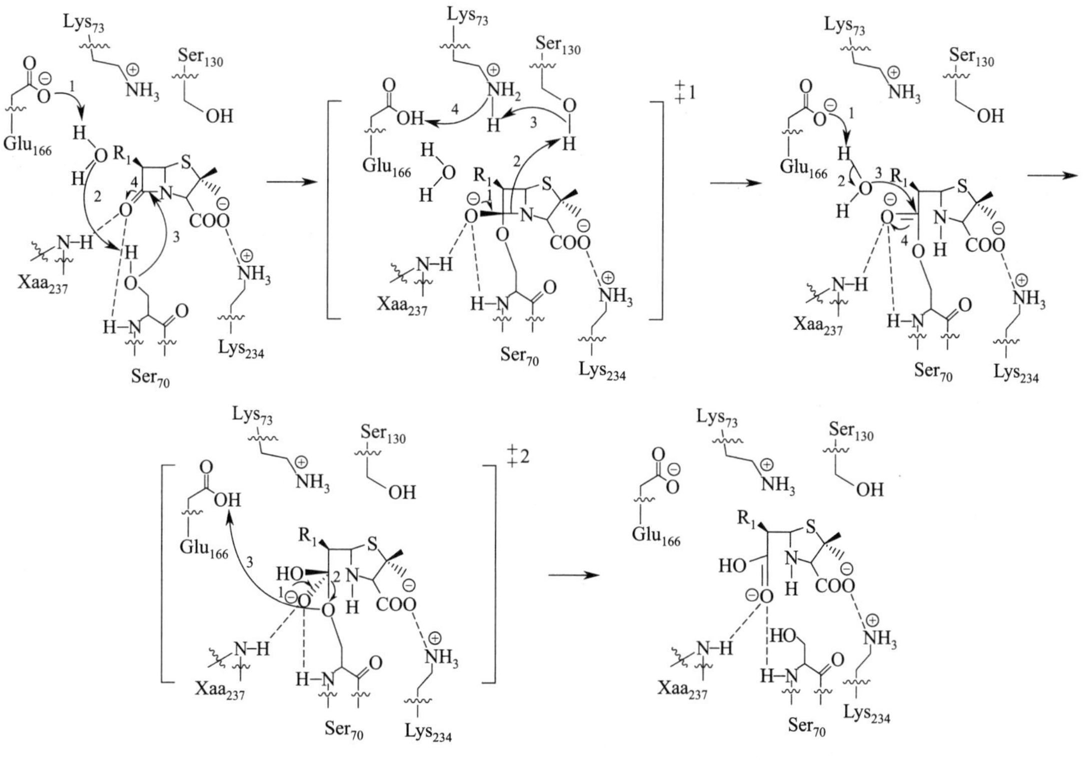

图 17-8　一个青霉素底物和一个 A 类丝氨酸 β-内酰胺酶的反应机制

（引自 Drawz S M，Ronomo R A. Clin Microbiol Rev，2010，23：160-201）

在这个机制中，谷氨酸 166 参与为酰化和脱酰化活化一个水分子。另有证据建议，这个酰化体系或许存在着一种竞争机制，赖氨酸 73 作为这个广义碱来活化丝氨酸 70，虚线代表着氢键

早年，人们推断出的催化机制是：在酰化过程中，丝氨酸 70 Oγ 被采用作为攻击亲核体。赖氨酸 73 Nξ 在从丝氨酸 70 上提取一个质子和通过丝氨酸 130 Oγ 而转移这个质子到四氢噻唑环氮原子上起到一个广义碱的作用。脱酰化通过一个水分子在青霉噻唑羰基碳的亲核攻击而完成，这是借助广义

碱谷氨酸 166 的帮助完成的。对于分子学 A 类 β-内酰胺酶而言，酰化和脱酰化是酶促反应的两个重要过程，在这两个过程中，两个截然不同的残基已经被提出作为广义碱而发挥作用，一个是谷氨酸 166，另一个是赖氨酸 73。大多数研究者认为，无论是酰化还是脱酰化都涉及谷氨酸 166，它通过一

个保守的水分子而作为一个广义碱发挥作用。这个谷氨酸 166 广义碱理论被量子力学/分子力学（QM/MM）计算以及在 TEM-1 的超高分辨率（0.85 Å）结构中的谷氨酸 166 的质子化状态所支持。不过，令人吃惊的是，有些研究证实，在残基 166 的置换没有阻止酰化。也有人认为，谷氨酸 166 似乎距离丝氨酸 70 的羟基太远，以至于不能直接起作用。采用各种 A 类酶已经制备出一些谷氨酸 166 的突变体酶，采用这些突变体酶进行动力学研究的结果均显示，酰化和脱酰化速率都被这种突变降低，有时，脱酰化受到的影响要大于酰化受到的影响。如同在蜡样芽孢杆菌 569/H β-内酰胺酶 I 所报告的那样，赖氨酸 73→精氨酸突变使青霉素水解的 k_2 值下降为原来的 $\dfrac{1}{100}$，而谷氨酸 166→天冬氨酸突变使其 k_2 和 k_3 值下降为原来的 $\dfrac{1}{2000}$，这样的一个观察似乎提示，在酰化步骤中，谷氨酸 166 具有比赖氨酸 73 更重要的一个作用。谷氨酸 166 会活化水分子 W1 来攻击这个酰基-酶的羰基碳，并且确保被提取的质子反过来贡献给丝氨酸 70 的 γ-O 原子，从而最终导致酶的重新生成。

酰化机制的第二个观点主张，赖氨酸 73 能够作为丝氨酸 70 脱去质子的这个广义碱而起作用，一些研究似乎也提出了一些支持性证据。更有学者争论说，谷氨酸 166 在酰化过程中是可消耗的，并因此提出一个非对称机制，有两个不同的广义碱分别参与到酰化和脱酰化中，即赖氨酸 73 和谷氨酸 166。因此，一个赖氨酸侧链的 ε-氨基会起到质子提取残基的作用，以此来增加活性部位丝氨酸的亲和性。其他一些研究也证实，在酰化机制中，赖氨酸 73 侧链会有效地取代谷氨酸 166 而作为广义碱。

目前，大多数学者都认同谷氨酸 166 是名副其实的广义碱。

第四节　D 类 β-内酰胺酶概述

按照本书对 β-内酰胺酶的描述顺序，我们没有专门辟出一章来描述 D 类 β-内酰胺酶，而是将 D 类 β-内酰胺酶的相关内容整合到其他相关章节中介绍。在此，我们对 D 类 β-内酰胺酶的一些通用性生化特性以及水解机制进行简要介绍。

分子学 D 类 β-内酰胺酶是一大类非常特殊的酶，成员众多，但在分子序列上又极具多样性，成员之间的氨基酸序列相似性可低至 20% 以下。截至 2013 年，D 类 β-内酰胺酶家族成员已经高达 250 个，是名副其实的大型 β-内酰胺酶家族。从数量上讲，D 类 β-内酰胺酶也是最近十几年中增长最快的一类 β-内酰胺酶。2005—2010 年，OXA 型酶的增幅为 130%，而同期 TEM 型酶的增幅为 16% 以及 CTX-M 型酶的增幅为 100%（图 17-9）。D 类酶不仅数量众多，而且活性也呈现出大的多样性，有广谱 β-内酰胺酶、超广谱 β-内酰胺酶以及水解碳青霉烯的 β-内酰胺酶，而且大多数 D 类 β-内酰胺酶都对传统的 β-内酰胺酶抑制剂的抑制作用耐受。

D 类 β-内酰胺酶是一大组酶。即便在 OXA β-内酰胺酶之间有限的氨基酸同一性，但大多数新酶能被簇集在 OXA β-内酰胺酶家族的一个或多个先前就存在的成员中。根据种系发生，这些酶也可被分成 9 个种系发生组别：OXA-1 组、OXA-2 组、OXA-10 组、OXA-20 组、OXA-23 组、OXA-40 组、OXA-51 组、OXA-58 组和 OXA-63 组。一般来说，每个组别内成员的氨基酸同一性高于 80%（图 17-10）。

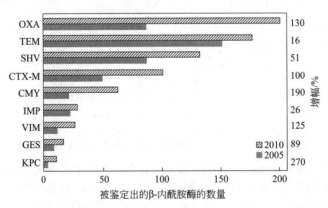

图 17-9　2005—2010 年在主要 β-内酰胺酶家族中天然变异体的增加

（引自 Bush K，Fisher J F. Annu Rev Microbiol，2011，65：455-478）

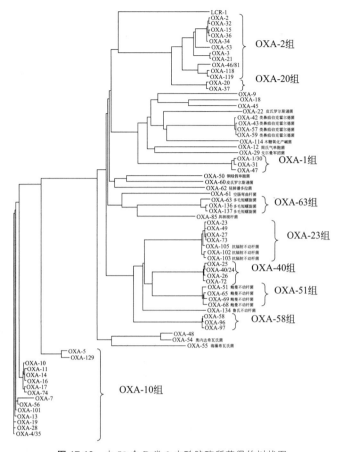

图 17-10 由 73 个 D 类 β-内酰胺酶所获得的树状图

（引自 Poirel L，Nass T，Nordmann P. Antimicrob Agents Chemother，2010，54：24-38）

分枝长度按比例尺画出且与氨基酸改变的数量是成比例的。沿着垂直轴的距离无意义。

被鉴定出的不同簇允许 9 个主要的组别的确定

早在 1985 年，Dale 等就确定了 OXA-2 β-内酰胺酶的序列，并与其他一些水解青霉素的 β-内酰胺酶进行了比较。结果显示，OXA-2 与其他一些 β-内酰胺酶在氨基酸序列上存在着很大的差异。1988年，Jacoby 等对 PSE-2 β-内酰胺酶的核苷酸序列进行了确定，据此推断出由 266 个氨基酸组成的一级序列，其中有 93 个氨基酸残基与 OXA-2 β-内酰胺酶的氨基酸残基完全一样。在 PSE-2 和 OXA-2 之间的同源性的存在以及它们与 TEM-1 或 AmpC β-内酰胺酶在结构上相似性的缺乏意味着，PSE-2 和 OXA-2 酶都具有一个截然不同的进化起源，它们属于一组新的 β-内酰胺酶。根据 Ambler 分子学分类体系，并且当时已经有 A 类、B 类和 C 类酶被明确鉴定出，按照分派的顺序，这些新酶应该归属于 D 类 β-内酰胺酶。与 A 类和 C 类 β-内酰胺酶一样，D 类 β-内酰胺酶也是活性部位丝氨酸酶。严格意义上说，1987 年，Roy 等就确定了 OXA-1 β-内酰胺酶基因的核苷酸序列，但后来证实，这次测序存在着一些错误，后来人们发现 OXA-30 实际上和 OXA-1 是完全一样的。

D 类 β-内酰胺酶和 OXA 型 β-内酰胺酶两者之间是什么关系呢？实际上，所有 D 类酶都是 OXA 型酶，所有的 OXA 型酶也都属于 D 类酶，两者可以等同看待，我们完全可以看作是这些 β-内酰胺酶同时拥有两个名称。然而，从时间上看，OXA 的名字比起 D 类酶这个称呼要早大约 20 年。早在 20世纪 60 年代，人们就陆续鉴定出一些 β 内酰胺酶，这些酶优先或高效水解氯唑西林或苯唑西林，由此人们将这些酶统称为苯唑西林酶（OXA 型酶）。3种英文表述都可以简写成 OXA（active on oxacillin，oxacillinase 和 oxacillin-hydrolyzing β-lactamase，OXA）。因此，在 Ambler 于 1980 年提出分子学分类体系时，OXA 型酶就已经存在，只是当时没有 OXA 型酶的核苷酸或氨基酸序列资料而已。从功能上讲，OXA 型酶可以被分成三大类别，窄谱 OXA 型酶（2d 亚组），超广谱 OXA 型酶

(2de) 以及水解碳青霉烯类的 D 类酶（CHDL）。早在 20 世纪 90 年代末期，Naat 等就显示，很多革兰阴性病原菌都产生 OXA 型酶（表 17-3）。

大多数广谱 bla_{OXA} 基因都位于基因盒内。$oxa11$ 和 $oxa18$ 属于特殊的基因盒，因为 $oxa11$ 缺乏一个完整的 59-be，从而产生一个可能没有功能的基因盒。$oxa18$ 一端被插入 $aac6'Ib$（赋予妥布霉素耐药的一个基因）中，另一端被插入一个未知的开放阅读框中。这个未知的 orf 以及 $aac6'Ib$ 都展示出基因盒特征并且是 1 类整合子的一部分。因

此，$oxa18$ 不是一个典型基因盒。不过 OXA-18 不是广谱酶，而是一种特殊的超广谱酶。尽管许多 OXA 编码基因被镶嵌在 1 类整合子中，近来的报告提示，其他特异性的遗传结构或许也与 OXA 基因相关联，如插入序列和转座子。尽管最初被鉴定了特性的所有的 OXA 都对应是获得性基因，但后来已经被证实，许多革兰阴性菌菌种在它们的基因组中天然地具有编码 OXA 的基因，因此，OXA 也被认为是固有的酶。

表 17-3　部分 OXA 型 β-内酰胺酶的起源和编码基因位置

β-内酰胺酶	最初的宿主	基因位置	转座子	整合子
OXA-1	大肠埃希菌 K10-35	P	+	+
OXA-2	鼠伤寒沙门菌 1a	P	ND	+
OXA-3	肺炎克雷伯菌	P	+	+
OXA-4	大肠埃希菌 7529	P	+	+
OXA-5	铜绿假单胞菌 7607	P	+	+
OXA-6	铜绿假单胞菌 Ming	P	ND	ND
OXA-7	大肠埃希菌 7181	P	ND	+
OXA-9	肺炎克雷伯菌 JHCK1	P	+	+
LCR-1	铜绿假单胞菌 2293E	P	+	ND
OXA-10	铜绿假单胞菌 POW151	P	+	+
OXA-11	铜绿假单胞菌 ABD	P	ND	+
OXA-12	简氏气单胞菌 ARE14M	C	ND	ND
AmpS	简氏气单胞菌 163a	C	ND	ND
OXA-13	铜绿假单胞菌 Pae391	C	ND	+
OXA-14	铜绿假单胞菌 455	P	ND	+
OXA-15	铜绿假单胞菌 AH	P	ND	+
OXA-16	铜绿假单胞菌 906	P	+	+
OXA-17	铜绿假单胞菌 871	C	ND	+
OXA-18	铜绿假单胞菌 Mus	C	ND	+
OXA-19	铜绿假单胞菌 Pae191	C	ND	+
OXA-20	铜绿假单胞菌 Mus	C	ND	+
OXA-21	鲍曼不动杆菌 Ab41	P	ND	+
OXA-22	皮氏罗尔斯顿菌 PIC-1	C	ND	ND
ORF-Sy	集胞藻属菌种 Pcc6803	C	ND	ND
ORF-Bs	枯草杆菌 168	C	ND	ND

注：1. 引自 Naat T，Nordmann P. Curr Pharm Des，1999，5：865-879。

2. P—质粒；C—染色体；ND—未确定。

第五节　D 类 β-内酰胺酶的生化特性

在所有 β-内酰胺酶的分子学类别中，D 类 β-内酰胺酶是在氨基酸序列上最具多样性的一组酶。晶型结构揭示出，在 D 类 β-内酰胺酶，拓扑折叠是高度保守的。这种折叠由 2 个域构成：一个是相当扁平的中心 β 折叠片，它被 α 螺旋所围绕；另一个是全螺旋域。图 17-11 显示的是 OXA-10 和 OXA-24/40，在它们的活性部位上都结合有一个 β-内酰胺类抗生素分子。在两个域的分界面上被发现的深部活性部位主要由一个短的 3_{10} 螺旋和 β 链 β5 所形成，这个短的 3_{10} 螺旋是在 α 螺旋的 α4 和 α5 之间的一个环（115～117；所有的残基顺序数字与 OXA-10 是一致的，除非另有提示）。这些活性部位的一个壁在 A 类和 C 类 β-内酰胺酶中也被观察到，它由长度不等的一个环构成，常被称之为"Ω 环"。

既然 D 类 β-内酰胺酶氨基酸序列的同一性如此之低，那么为什么还能归属一类呢？实际上，大多数 D 类酶之所以被归属于一类并不完全是根据这些酶蛋白的一级结构即氨基酸序列，而是更多地依据酶蛋白保守的氨基酸基序——超二级结构。与 A 类和 C 类 β-内酰胺酶相似，D 类 β-内酰胺酶也具有一个活性位点丝氨酸，它位于 D 类 β-内酰胺酶计数系统的 70 位置上（DBL 计数系统）。31 个 A 类和 D 类酶氨基酸序列的比对允许 Couture 等提出针对 D 类酶的一个计数方法 DBL（D class β-lactamase）。DBL 计数系统已经被建立起来是为了分析 D 类 β-内酰胺酶的分子学结构。在 D 类 β-内酰胺酶

蛋白内，一个丝氨酸-苏氨酸-苯丙氨酸-赖氨酸（S-T-F-K）在位置 70～73 上被发现，这个丝氨酸 70 就是活性位点丝氨酸。需要特别指出的是，由于计数方法不一样，在文献中也会出现活性部位丝氨酸 67 的表述。此外，具有 D 类 β-内酰胺酶特征性的 4 个结构元件被发现：在位置 144～146 的 Y-G-N；在位置 164～172 的 W-X-E-X-X-L-X-I-S；在位置 176～180 的 Q-X-X-X-L 以及在位置 216～218 的 K-T-G。除此之外，另一个氨基酸带似乎在 D 类酶 DBL 231～236 是高度保守的。Sanchagrin 等提出，在位置 118～120 的 S-X-V 三联体比起所谓的 Y-G-N 来说更好地等同于在 A 类酶中的 S-D-N 基序。此外，A 类和 C 类酶均是单聚体 β-内酰胺酶。与此形成对比的是，D 类酶既能是单聚体的，也能是二聚体的。图 17-12 比较了 13 种代表性的 D 类 β-内酰胺酶，其中包括窄谱 D 类 β-内酰胺酶、超广谱 D 类 β-内酰胺酶以及 D 类碳青霉烯酶。

D 类 β-内酰胺酶与 A 类和 C 类 β-内酰胺酶相比更疏水性得多。十分引人注目的是，在后两种酶中无处不在的天冬酰胺（在 TEM-1 中的天冬酰胺 132 和 AmpC 中的天冬酰胺 152）在 D 类酶中被缬氨酸（缬氨酸 117）、异亮氨酸或亮氨酸（极少）所取代。高度保守的无极性残基的其他例子是色氨酸 102、酪氨酸/苯丙氨酸 141、色氨酸 154 和亮氨酸/异亮氨酸 155。常常是疏水的两个其他位置（在 OXA-24/40 中的酪氨酸 112 和甲硫氨酸 223）已经被显示位于活性部位的对面的各个边缘上，或者被显示跨过活性部位，从而形成一个疏水桥（图 17-13）。

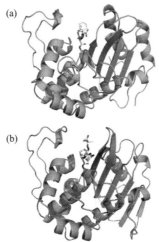

图 17-11　D 类 β-内酰胺酶的总体拓扑结构比较

（引自 Leonard DA，et al. Acc Chem Res，2013，46：2407-2415）

（a）是一个窄谱 D 类 β-内酰胺酶（OXA-10）与氨苄西林形成一个酰基-酶复合物；（b）是一种 D 类碳青霉烯酶（OXA-24/40）采用碳青霉烯多立培南酰化。每种情况下，药物都是在靠近一个全螺旋域（左）和一个混合的 α/β 域（右）的分界面上被发现

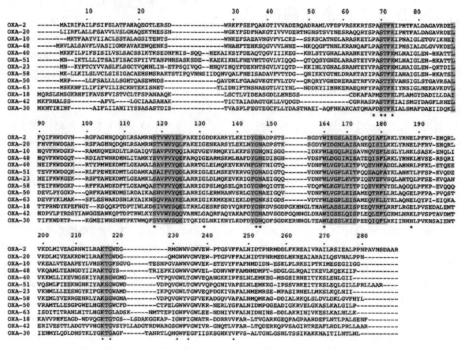

图 17-12 13 个来自不同组别的代表性 D 类 β-内酰胺酶的氨基酸比对

（引自 Poirel L，Naas T，Nordmann P. Antimicrob Agents Chemother，2010，54：24-38）

星号提示在所有的氨基酸序列中都一样的残基；在 D 类 β-内酰胺酶中高度保守
（即便可能变化的）氨基酸基序被阴影所提示。计数是根据 DBL 计数方法

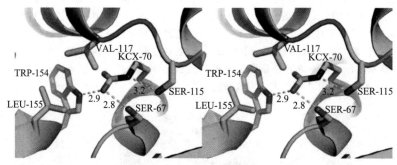

图 17-13 OXA-10 的活性部位的扩大观

（引自 Leonard D A，Bonomo R A，Powers R A. Acc Chem Res，2013，46：2407-2415）

图中标示的活性部位丝氨酸是丝氨酸 64，而按照标准的 DBL 计数应该是丝氨酸 70

从功能上讲，OXA 型 β-内酰胺酶在所有的酶家族中具有最大的多样性。例如，早期的 OXA 型酶通常赋予对氨基青霉素类和酰脲青霉素类耐药，并且对苯唑西林、氯唑西林和甲氧西林具有高水平水解活性，同时也弱水解早期头孢菌素类（如头孢噻吩），这些酶被称为窄谱 OXA 型 β-内酰胺酶，根据 Bush 等的功能性分类体系，这些酶归属于 2d 亚组。稍后，能够水解氧亚氨基头孢菌素类的 OXA 型 β-内酰胺酶被鉴定出来，如 OXA-10 的突变体 OXA-11，这些酶能够水解头孢噻肟、头孢他啶和头孢曲松，人们将这类拓展了底物谱的 OXA 型 β-内酰胺酶称作超广谱 OXA 型酶 ES-OXA（extended-spectrum class D β-lactamase 或 expanded-spectrum class D β-lactamase）或 OXA 型 ESBL，这些 β-内酰胺酶被归属于功能性分类的 2de 亚组。再后来，人们相继在一些革兰阴性菌特别是鲍曼不动杆菌中鉴定出能够水解碳青霉烯的 D 类酶，称为 CHDL（carbapenem-hydrolyzing class D β-lactamase，CHDL），这些酶被归属于功能性分类体系的 2df 亚组。换言之，OXA 型 β-内酰胺酶的底物

谱能够涵盖所有 β-内酰胺类抗生素，这一家族酶本身就能形成针对 β-内酰胺类抗生素的全谱系耐药（青霉素类、头孢菌素类和碳青霉烯类）。一般来说，D 类 β-内酰胺酶通常不被克拉维酸、他唑巴坦和舒巴坦所抑制，如一般来说，OXA 型酶对克拉维酸的 $IC_{50} \geq 1\mu mol/L$，并且许多产 OXA 型酶细菌对加入了克拉维酸的 β-内酰胺类复方制剂耐药。此外，OXA 型酶是以一种强的氯化钠抑制为特征。实际上，100mmol/L 浓度的氯离子就足以完全抑制几乎所有的 OXA 型酶。这后一特性甚至能被用作对新成员初步检测的一个指标。但是，造成这一特性的原因尚不完全清楚，推测至少一直与在位置 144 上的一个酪氨酸残基有关。体外诱变显示，在那个位置上由一个苯丙氨酸置换一个酪氨酸残疾产生出一个突变体，它对氯化钠的抑制作用耐受。

很多文献已经描述过 D 类 β-内酰胺酶的动力学特性，但对于同一个酶来说，各个研究小组的研究结果也不尽相同，这部分地反映出如下的事实，即这些苯唑西林酶常常显示出突发性动力学（burst kinetics），即最初的水解速率比底物排空所能解释的下降更加快速。突发性动力学有如下的假设解释，即脱酰化（图 17-14 中的 k_{+3}）在水解作用中是限速步骤并且酰化-酶在两个形式之间发生异构，其中的一个（E-β）比另一个（E*-β）水解得更快。当平衡 k_{-4}/k_{+4} 正被获得时，酶被滴定成一个没有结果的形式，并且水解的速率下降。一旦这个平衡被获得，一个稳态的水解速率被维持。

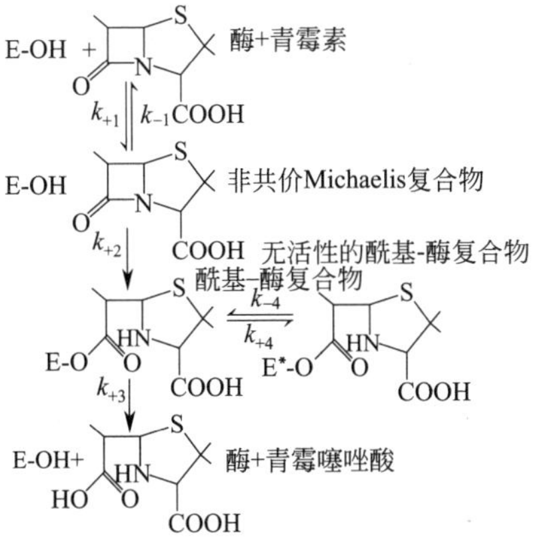

图 17-14 具有一种双相动力学的一种 β-内酰胺酶的作用

（引自 Naat T，Nordmann P. Curr Pharm Des，999，5：865-879）

k_{+1}、k_{-1}、k_{+2} 和 k_{+3} 均是在正常 β-内酰胺酶的动力学中遇到的速率常数，而 k_{+4} 和 k_{-4} 也是速率常数，它们被假定参与到双相动力学中。E—酶；E^*—酶的无活性形式

第六节　D 类 β-内酰胺酶催化机制

Leonard 等提出，赖氨酸 70 的 ε-胺被在第一个保守的基序（丝氨酸-X-X-苯丙氨酸）中溶解的 CO_2 羧基化对于在 D 类 β-内酰胺酶的酰化和脱酰化步骤是必不可少的，而缬氨酸 117 促进这个羧基化。D 类 β-内酰胺酶采用一种共价的催化机制，这让人想起在传统的丝氨酸蛋白酶如糜蛋白酶中所看到的那种机制。第一步，一个丝氨酸亲核体攻击这个 β-内酰胺羰基，由此产生了一个共价的酰基-酶中间产物[图 17-15(a)]。对于这个酰化反应来说，这个四面体的氧阴离子转换肽[图 17-15(b)]被两个主链酰胺（丝氨酸 67 和苯丙氨酸/丙氨酸 208）所稳定，并且在静电上被第二个活性部位赖氨酸（赖氨酸 205）所稳定。酯连接随后被一个活性部位水所水解[图 17-15(c)]，从而允许被灭活的 β-内酰胺的释放[图 17-15(d)]。采用羟烷基青霉烷酸（hydroxyalkyl penicillinate）抑制剂的研究揭示出，这个脱酰化水攻击这个酰化中间产物的酯羰基的 α 面（如图 17-15 面向读者的面），这与在 A 类 β-内酰胺酶的水攻击的方向是相配的，并且与在 C 类酶的 β 面攻击形成对比。我们应该特别注意，在这个催化机制的描述中，Leonard 等将亲核攻击的丝氨酸位置确定在位置 67，而不是位置 70。

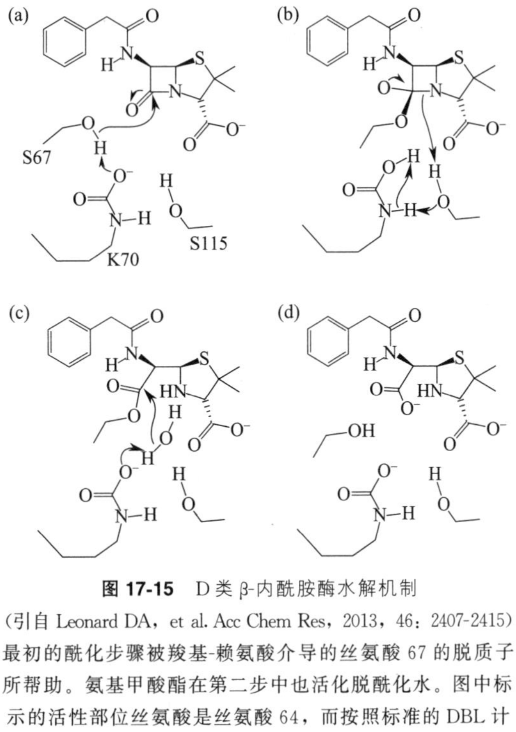

图 17-15 D 类 β-内酰胺酶水解机制

（引自 Leonard DA, et al. Acc Chem Res, 2013, 46：2407-2415）最初的酰化步骤被羧基-赖氨酸介导的丝氨酸 67 的脱质子所帮助。氨基甲酸酯在第二步中也活化脱酰化水。图中标示的活性部位丝氨酸是丝氨酸 64，而按照标准的 DBL 计数应该是丝氨酸 70

D 类 β-内酰胺酶的活性部位含有一个不同寻常的 N-羧基化的赖氨酸翻译后修饰（N-carboxylated lysine post-translational modification）。一个强疏水活性部位有助于创造出各种条件，从而允许赖氨酸与 CO_2 结合，并且由此产生的氨基甲酸酯被一些氢键所稳定。羧基-赖氨酸（carboxy-lysine）在这个反应中起到了一个对称的作用。活性部位羧基-赖氨酸的发现建议，它作为一个广义碱参与到催化过程中，从而既活化了这个丝氨酸酰化亲核体又活化了这个脱酰化水。D 类 β-内酰胺酶的疏水性质对于促进一个不同寻常的翻译后修饰的形成必不可少。一个活性部位赖氨酸的羧基化形成了一个氨基甲酸酯功能性基团。氨基甲酸酯被认为可结合和定向金属离子，但在极少数情况下，它们参与到底物结合上（丙氨酸消旋酶），或者直接参与到催化上（核酮糖-5-磷酸羧化酶）。赖氨酸羧基化首先是在 OXA-10 的晶型结构中被观察到，并且此后已经在 OXA-1、OXA-24/40、OXA-46 和 OXA-48 中被观察到。

第七节　结语

按照 Bush 的一种新分类方法，青霉素酶是四大类别中的第一类，它是由 A 类和 D 类 β-内酰胺酶组成，主要包括 A 类和 D 类中的广谱 β-内酰胺酶。总的来说，目前这一类青霉素酶的临床重要性不大，很多酶都是在 20 世纪的 60～70 年代被鉴定出。不过，由于 OXA 型 β-内酰胺酶不被 β-内酰胺酶抑制剂所抑制，所以，这些 OXA 型 β-内酰胺酶与其他各种超广谱 β-内酰胺酶同时存在时，也能赋予产酶细菌对这些酶抑制剂耐药。

熟悉 A 类和 D 类广谱 β-内酰胺酶的生化特性是理解后续超广谱 β-内酰胺酶、AmpC β-内酰胺酶以及各类碳青霉烯酶的重要基础。D 类 β-内酰胺酶最具多样性，不论是蛋白的氨基酸序列，还是生物学功能均是如此。当然，无论是 A 类酶还是 D 类酶，我们在后面相应的章节中还会加以介绍。

参考文献

[1] Abraham E P, Chain E. An enzyme from bacteria able to destroy penicillin [letter] [J]. Nature, 1940, 146: 837.

[2] Dale J W, Smith J T. R-factor-mediated β-lactamase that hydrolyze oxacillin: evidence for two distinct groups [J]. J Bacteriol, 1974, 119: 351-356.

[3] Dale J W, Godwin D, Mossakowska D, et al. Sequence of the OXA2 beta-lactamase: comparison with other penicillin-reactive enzymes [J]. FEBS Lett, 1985, 191: 39-44.

[4] Livermore D M, Jones C S. Characterization of NPS-1, a novel plasmid-mediated β-lactamase, from two *Pseudomonas aeruginosa* isolates [J]. Antimicrob Agents Chemother, 1986, 29: 99-103.

[5] Yang Y, Bush K. Oxacillin hydrolysis by the LCR-1 β-lactamase [J]. Antimicrob Agents Chemother, 1995, 39: 1209.

[6] Quellette M, Bissonnette M L, Roy P H. Precise insertion of antibiotic resistance determinants into Tn21-like transposons: nucleotide sequence of the OXA-1 β-lactamase gene [J]. Proc Natl Acad Sci USA, 1987, 84: 7378-7382.

[7] Huovinen P, Huovinen S, Jacoby G A. Sequence of the PSE-2 β-lactamase [J]. Antimicrob Agents Chemother, 1988, 32: 134-136.

[8] Naat T, Nordmann P. OXA-type β-lactamases [J]. Curr Pharm Des, 1999, 5: 865-879.

[9] Barlow M, Hall B G. Phylogenetic analysis shows that the OXA β-lactamase genes have been on plasmids for millons of years [J]. J Mol Evol, 2002, 55: 314-321.

[10] Poirel L, Naas T, Nordmann P. Deversity, Epidemiology, and Genetics of Class D β-lactamases [J]. Antimicrob Agents Chemother, 2010, 54: 24-38.

[11] Leonard D A, Bonomo R A, Powers R A. Class D β-lactamases: a reappraisal after five decades [J]. Acc Chem Res, 2013, 46: 2407-2415.

[12] Boyd D A, Mulvey M R. OXA-1 is OXA-30 is OXA-1 [J]. J Antimicrob Chemother, 2006, 58: 224-225.

[13] Couture F, Lachapelle J, Levesque R C. Phylogeny of LCR-1 and OXA-5 with class A and class D β-lactamases [J]. Mol Microbiol, 1992, 6: 1693-1705.

[14] Ambler R P, Coulson A F, Frere J M, et al. A standard numbering scheme for the class A β-lactamases [J]. Biochem J, 1991, 276: 269-272.

[15] Vercheval L, Bauvois C, di Paolo A, et al. Three factors that modulate the activity of class D β-lactamases and interfere with the post-translational carboxylation of Lys70 [J]. Biochem J, 2010, 432: 495-504.

[16] Choury D, Szajnert M F, Joly-Guillou M L, et al. Nucleotide sequence of the bla_{RTG-2} (CARB-5) gene and phylogeny of a new group of carbenicillinases [J]. Antimicrob Agents Chemother, 2000, 44: 1070-1074.

[17] Melano R, Petroni A, Garutti A, et al. New carbenicillin-hydrolyzing β-lactamase (CARB-7) from *Vibro cholerae* non-O1, non-O139 strains encoded by the VCR region of the *V. cholerae* genome [J]. Antimicrob Agents Chemother, 2002, 46:

2162-2168.

[18] Petroni A，Melano R G，Saka H A，et al. CARB-9，a carbenicillinase encoded in the VCR region of *Vibro cholerae* non-O1，non-O139 belongs to a family of cassette-encoded β-lactamase [J]．Antimicrob Agents Chemother，2004，48：4042-4046.

[19] Paul G C，Gerbaud G，Bure A，et al. Novel carbenicillin-hydrolyzingβ-lactamase (CARB-5) from *acinetobacter* var. *anitratrus* [J]．FEMS Microbiol. Lett，1989，59：45-50.

[20] Lim D，Sanschagrin F，Passmore L，et al. Insight into the molecular basis for the carbenicillinase activity of PSE-4 β-lactamase from crystallographic and kinetic studies [J]．Biochemistry，2001，40：395-402.

[21] Sakurai Y，Tsukamato K，Sawai T. Nucleotide sequence and characterization of a carbenicillin-hydrolyzing penicillinase gene from *Proteus mirabilis* [J]．J Bacteriol，1991，173：7038-7041.

[22] Huovinen P，Jacoby G A. Sequence of the PSE-1 β-lactamase [J]．Antimicrob Agents Chemother，1991，35：2428-2430.

[23] Datta N，Kontomichalou P. Penicillinase synthesis controlled by infectious R factors in *Enterobacteriaceae* [J]．Nature，1965，208：239-244.

[24] Matthew M，Hedges R W，Smith J T. Types of β-lactamases determined by plasmids in Gram-negative bacteria [J]．J Bacteriol，1979，138：657-662.

[25] Shlaes D M，Medeiros A A，Kron M A，et al. Novel plasmid-mediated β-lactamase in members of the family *Enterobacteriaceae* from Ohio [J]．Antimicrob Agents Chemother，1986，30：220-224.

[26] Barthelemy M，Peduzzi J，Labia R. Complete amino acid sequence of p453-plasmid-mediated PIT-2 β-lactamase (SHV-1) [J]．Biochem J，1988，251：73-79.

[27] Babini G S，Livermore D M. Are SHV β-lactamase universal in *Klebsiella pneumoniae*? [J] Antimicrob Agents Chemother，2000，44：2230.

[28] Chaves J，Ladona M G，Segura C，et al. SHV-1 β-lactamase is mainly a chromosomally encoded species-specific enzyme in *Klebsiella pneumoniae* [J]．Antimicrob Agents Chemother，2001，45：2856-2861.

[29] Ford P J，Avison M B. Evolutionary mapping of the SHV β-lactamase and evidence for two separate IS26-dependent *bla* $_{SHV}$ mobilization events from the *Klebsiella pneumoniae* chaomosome [J]．J Antimicrob Chemother，2004，54：69-75.

[30] Coudron P E，Markowitz S M，Wong E S. Isolation of a β-lactamas-producing，aminoglycoside-resistant strain of *Enterococcus faecium* [J]．Antimicrob Agents Chemother，1992，36：1125-1126.

[31] Murray B E. β-lactamase-producing enterococci [J]．Antimicrob Agents Chemother，1992，36：2355-2359.

[32] Medeiros A. Evolution and dissemination of β-lactamases accelerated by generations of β-lactam antibiotics [J]．Clin Infect Dis，1997，24：S19-S45.

[33] Drawz S M，Ronomo R A. Three decades of β-lactamase inhibitors [J]．Clin Microbiol Rev，2010，23：160-201.

[34] Hall L M C，Livermore D M，Gur D，et al. OXA-11，an extended-spectrum variant of OXA-10 (PSE-2) β-lactamase from *Pseudomonas aeruginosa* [J]．Antimicrob Agents Chemother，1993，37：1637-1644.

[35] Brown S，Amyes S. OXA (β) -lactamases in *Acinetobacter*：the story so far [J]．J Antimicrob Chemother，2006，57：1-3.

[36] Walther-Rasmussen J，Hoiby N. OXA-type carbapenemases [J]．J Antimicrob Chemother，2006，57：373-383.

[37] Strynadka N C，Adachi H，Jensen S E，et al. Molecular structure of the acyl-enzyme intermediate in β-lactam hydrolysis at 1.7 Å resolution [J]．Nature，1992，359：700-705.

[38] Simpson I N，Plested S J，Budin-Jones M J，et al. Characterization of a novel plasmid-mediated β-lactamase and its contribution to β-lactam resistance in Pseudomonas aeruginosa [J]．FEMS Microbiol Lett，1983，19：23-27.

[39] Lamotte-Brasseur J，Dideberg D G，Charlier O，et al. Mechanism of acyltransfer by the class A serine β-lactamase of *Streptomyces albus* G [J]．Biochem J，1991，279：213-221.

[40] Matagne A，Lamotte-Brasseur J，Frere J M. Catalytic properties of class A β-lactamases：efficiency and diversity [J]．Biochem J，1998，330：581-598.

[41] Bush K，Fisher J F. Epidemiological expansion，structural studies，and clinical challenges of new β-lactamases from Gram-negative bacteria [J]．Ann Rev Microbiol，2011，65：455-478.

[42] Sanchagrin F，Couture F，Levesque C. Primary structure of OXA-3 and phylogeny of oxacillin-hydrolyzing class D β-lactamases [J]．Antimicrob Agents Chemother，1995，39：887-893.

第十八章

超广谱 β-内酰胺酶概述

第一节 ESBL 出现在抗生素年代

超广谱 β-内酰胺酶（extended-spectrum β-lactamase，ESBL）这一称谓中的"超广谱"对应的是"广谱"β-内酰胺酶（broad-spectrum β-lactamase，BSBL）。从 20 世纪 60 年代中期直到 80 年代中期，在革兰阴性病原菌中介导 β-内酰胺类抗生素耐药的主要是一些广谱 β-内酰胺酶，包括 TEM-1、SHV-1 和 OXA-1 等。这些 β-内酰胺酶能够水解一些早期的青霉素类和头孢菌素类，如氨苄西林、阿莫西林、头孢噻吩、头孢拉定和头孢唑啉等。与最早的青霉素相比，这些 β-内酰胺类抗生素的抗菌谱有了明显的扩大，不仅包括了临床常见的革兰阳性病原菌如葡萄球菌和链球菌，也涵盖了一些常见的革兰阴性病原菌如大肠埃希菌和肺炎克雷伯菌，因此，人们也常常将这些 β-内酰胺类抗生素统称为广谱 β-内酰胺类抗生素，并且将能够水解这些 β-内酰胺类抗生素的酶称作广谱 β-内酰胺酶，当然，这样广谱 β-内酰胺酶的称谓也是对应最早在金黄色葡萄球菌发现的青霉素酶，这种酶也被称为窄谱 β-内酰胺酶。各种广谱 β-内酰胺酶一经出现就很快在全球散播，造成很多携带这些广谱 β-内酰胺酶的病原菌对上述广谱 β-内酰胺类抗生素耐药。到了 20 世纪 80 年代初期，在全世界，针对氨苄西林耐药的大肠埃希菌都携带有各种各样的广谱 β-内酰胺酶。为了应对细菌耐药的广泛出现和进化升级，一些拥有拓展谱的 β-内酰胺类抗生素相继上市，它们主要是人们通常称呼的"三代"头孢菌素类，如

头孢噻肟（1981 年）、头孢哌酮（1982 年）、头孢呋辛（1983 年）、头孢曲松（1984 年）、头孢他啶（1985 年）和氨曲南（1986 年）。这些三代头孢菌素类不仅抗菌谱广、抗菌效力出众，而且普遍拥有良好的安全性轮廓。更为重要的是，已经在临床上广泛传播的那些广谱 β-内酰胺酶并不能水解这些拓展谱的 β-内酰胺类抗生素。因此，这些拓展谱的 β-内酰胺类抗生素一经上市就很快风靡全球，是当时全世界最强有力和最流行的抗菌武器。然而，仅仅几年之后，第一个能够水解这些拓展谱抗生素的 ESBL 就从 SHV-1 进化出来，它就是著名的 SHV-2。紧接着第一个 TEM 型 ESBL TEM-3 也被发现，相继通过点突变源自 TEM-1/TEM-2 和 SHV-1 的各种 ESBL 陆续问世。这些 ESBL 都是质粒介导的酶，传播速度非常快。毫不夸张地说，整个 90 年代，在全世界，革兰阴性病原菌针对 β-内酰胺类抗生素耐药的焦点就是这些 ESBL。好像还嫌局面不够复杂，一种全新的 CTX-M 型 ESBL 在 90 年代初悄然问世，最初在欧洲和南美流行，但逐渐扩散至全球。到了 21 世纪中期，CTX-M 型 ESBL 经历了一次快速扩张期，很快就进化成为全球最流行的 ESBL 家族，并且在 ESBL 向社区拓展过程中起到了先遣队的作用。正是由于这些 ESBL 的广泛散播，临床医生不再对采用各种拓展谱的头孢菌素类的治疗方案拥有足够的信心。各种产 ESBL 革兰阴性病原菌所致感染暴发经常发生，经验治疗不再轻而易举，治疗失败已经变成老生常谈的事情。由于同时携带着很多针对其他类别抗菌药物的耐药决定子，很多产 ESBL 的革兰阴性病原菌都呈现出多药耐药表型，包括针对氨基糖苷类和氟喹诺酮类，

甚至也对 β-内酰胺酶抑制剂复方制剂耐药，这就迫使临床医生不得不更多地处方碳青霉烯类抗生素，这也是碳青霉烯酶产生的一个重要的驱动因素。

当然，除了上述 3 个主要的 ESBL 家族以外，还有一些其他的 ESBL 家族也在全世界被鉴定出。有的 ESBL 家族虽谈不上全球散播，但也确实在一些国家和地区造成较大的临床影响，如 OXA 型 ESBL、PER 型 ESBL 和 VEB 型 ESBL；还有一些 ESBL 家族只是局限在某一个国家，造成的临床冲击也非常有限，如 BES 型、BEL 型和 TLA 型等（图 18-1）。ESBL 的多样性十分突出，它们彼此的生化特性和水解活性很相近，这就充分说明这些 ESBL 的出现是一个随机选择的过程，根本不是一种智能设计的结果。各种 ESBL 基本都是由质粒携带，当然携带质粒的不相容组别并不一致。此外，有些 ESBL 的编码基因以基因盒的形式位于整合子中，但绝大部分编码基因并非如此，遗传学支持差异较大，原因不清。

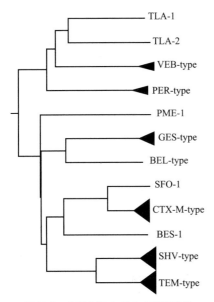

图 18-1 由超广谱 A 类 β-内酰胺酶所获得的树状图

［引自 Poirel L，Bormin R A，Nordmann P. Infect Genet Evol，2012，12（5）：883-893］

分枝长度是成比例的并且与氨基酸改变的数量成正比。沿着纵轴的距离无意义。被鉴定出的不同的簇允许 12 个主要组别的鉴定，考虑到来自同样组别的蛋白具有高于 80% 的氨基酸同一性。黑三角大小与主要组别的多样性成正比

第二节 ESBL 家族的起源之谜

已如前述，ESBL 家族众多，但绝大多数 ES-BL 家族的起源至今不得而知，只有 CTX-M 家族是个例外。现已证实，CTX-M 型 ESBL 的各个亚组成员的原型酶均源自克吕沃尔菌属的几个菌种，但人们仍不能断定克吕沃尔菌属就是这些编码基因的"第一宿主"。除了 CTX-M 家族之外，这些编码 ESBL 的基因究竟源自哪里呢？有一点是清楚的，这些编码基因不可能凭空产生，一定是从外部转移过来，环境细菌应该是它们的起源之处。现已证实，一些革兰阴性菌种在其染色体上携带固有的 ESBL 基因。代表性的例子包括普通变形杆菌（CumA）、彭氏变形杆菌（HUGA）、桃色欧文菌（PER-1）、塞氏柠檬酸杆菌（SED-1）、克吕沃尔菌种（KLUA、KLUC、KLUG），局泉沙雷菌（FONA）、水生拉恩菌（RAHN-1）或奥克西托克雷伯菌（K1 或 Koxy）。此外，非发酵革兰阴性杆菌如嗜麦芽窄食单胞菌（L2 酶）、脑膜脓毒性金黄杆菌（CME-1/-2）、粘金黄杆菌（CGA-1）、假鼻疽伯克霍尔德菌（PENA）、严格厌氧菌如脱硫弧菌（DES-1）、种间普雷沃菌（CFXA2）和脆弱拟杆菌（CEPA）也已经被显示具有 ESBL 基因。这些染色体编码的 β-内酰胺酶或许是质粒编码 β-内酰胺酶的起源。CTX-M 组的 β-内酰胺酶在结构上与抗坏血酸克吕沃尔菌（CTX-M-2）、佐治亚克吕沃尔菌（CTX-M-8）、栖冷克吕沃尔菌（CTX-M-1）以及在圭亚那被分离出的克吕沃尔菌种（CTX-M-9）有关联。与此相似，质粒编码的 SFO-1 酶与来自局泉沙雷菌的染色体编码的 FONA-1 酶高度相关。然而，除了 CTX-M 家族和 SFO-1 之外，所有其他 ESBL 家族都不是来自上述提到的这些染色体编码的 ESBL，而是源自与人类生产生活更远相关的环境细菌，而且我们根本不清楚这些环境细菌分布在哪里。上述大多数染色体编码的酶为什么还没有被动到质粒上，是它们存在着先天不足还是其他什么原因一直是个谜。

第三节 ESBL 家族及其成员全球分布不均一

自从第一个 ESBL SHV-2 被发现以来，各种 SHV/TEM 型 ESBL 就如同雨后春笋般涌现出来。后来，CTX-M 型 ESBL 的加入更是让人觉得这些 β-内酰胺酶的分子内突变是如此变幻莫测和多姿多彩，而且这样的进化还处在不断演绎之中，各种 ESBL 家族的突变体数量多得惊人，目前在全世界，至少已经有几百种 ESBL 突变体已经被鉴定出。然而，我们不得不承认，在如此众多的 ESBL 突变体中，真正给人们留下深刻印象的个体却少之又少。当然，确实有些 ESBL 只是有个序列编号，

并没有任何其他的生化资料和/或流行病学数据可供参考。在每个 ESBL 家族中，总有一些酶成员表现得与众不同，但大部分酶成员都显得比较"平庸"。例如，人们能够记住 SHV-2 和 TEM-3，这不仅因为它们是各自 ESBL 家族中的第一个成员，属于"原型酶"，而且也确实在全球广泛流行，引起过很多感染暴发。当然，在这两个 ESBL 家族中也还有若干酶成员也有不俗的表现，如 SHV-5、SHV-12、TEM-4、TEM-21、TEM-24、TEM-47、TEM-52 等。这些 ESBL 成员都曾分别在全球各地引起过感染暴发，包括产 TEM-21 的铜绿假单胞菌在法国老年公寓造成感染暴发的持续。CTX-M 家族同样如此。在近百种 CTX-M 型 ESBL 中，真正引人注目的成员也并不多见。从流行程度上讲，CTX-M-1、CTX-M-3、CTX-M-8、CTX-M-9、CTX-M-14 和 CTX-M-15 是占据主导地位的成员，但它们的流行性也存在着某种地域性差异，在我国，CTX-M-14 是最流行的成员。CTX-M-15 的流行才是全球性的，名气最高，而且重要的是，产 CTX-M-15 大肠埃希菌已经开始威胁到全球的社区公共卫生安全。至于这些成员能够"脱颖而出"的原因并不清楚，有学者认为与携带编码基因的质粒有关，但这种说法缺乏有说服力的证据支持。需要强调指出的是，以上描述的只是这些 ESBL 成员在流行病学上的差异，从感染治疗的角度上讲，临床医生遭遇到哪种 ESBL 成员都是可能的，并且在治疗方案上彼此之间并无太大区别。无论是默默无闻的 ESBL 成员，还是大名鼎鼎的 ESBL 成员，只要它们具有足够高的水解活性，它们都会赋予产酶细菌相似的耐药表型。临床医生也只能根据耐药表型而不是基因型去制定治疗方案。可能正是基于这样的考量，美国临床实验室标准化委员会（CLSI）和欧洲药敏试验委员会（EUCAST）于 2010 年和 2011 年分别发出通告，宣称采用低的敏感折点，对于头孢菌素类和碳青霉烯类敏感性试验结果能被报告为"被发现"，甚至对那些具有 ESBL 和碳青霉烯酶的菌株也可以这样报告。毫无疑问，CLSI 和 EUCAST 的这次修订使得临床医生抗菌药物选择更宽泛些和方便些。当然，在全球也有很多知名专家对此提出异议，首先，即便是低 MIC 的 ESBL 产生菌株也存在治疗失败的可能；其次，常规敏感性试验不够精确；最后，一些实验室十分有可能不再会去做 ESBL 的检测。这些学者建议，除了常规抗菌药物敏感性试验以外，临床微生物学实验室还应该直接寻找 ESBL 和碳青霉烯酶。但是，我们不得不承认，出于研究和流行病学调查以及感染控制的目的与出于指导临床医生用药的目的确实不一样，临床实验室能够充分兼顾各方要求也并

非易事。

第四节　产 ESBL 细菌的复合耐药

细菌的复合耐药一直是临床医生在抗感染治疗中常常遭遇到的一个难题。复合耐药也意味着复合选择。从传统上说，产 TEM/SHV 型 ESBL 分离株呈现出对氨基糖苷类、四环素类和磺胺类的复合耐药。除了这些化合物之外，大多数 CTX-M 产生菌株也对氟喹诺酮类耐药。这种耐药不仅仅与拓扑异构酶突变相关联，而且也与不同 qnr 基因的存在以及和/或氨基糖苷修饰酶 AAC（6′）-Ib 的新变异异体［AAC（6′）-Ib-cr］的产生有关联，后者也修饰某些氟喹诺酮类抗菌药物。$qnrA$ 基因已经与 $bla_{CTX-M-9}$、$bla_{CTX-M-14}$ 和其他非 bla_{CTX-M} 基因如 bla_{VEB} 有关联，而 $qnrB$ 与 $bla_{CTX-M-15}$ 或 bla_{SHV-12} 有关联。有趣的是，携带有 $qnrA$ 分离株或许也携带有 aac（6′）-Ib-cr 基因，其产物促进带有哌嗪取代基的氟喹诺酮类（环丙沙星和诺氟沙星，但不包括左氧氟沙星）的氨基氮的乙酰化。采用多变量分析，这些发现可部分地解释以前氟喹诺酮类的使用与一种产 CTX-M 分离株所致感染之间的关联性。值得注意的是，CTX-M-15 是在社区和老年公寓内传播最广的一种 CTX-M 型酶，它不仅与 aac（6′）-Ib-cr 有关联，而且也与 16S rRNA 甲基转移酶有关联，后者可以赋予对很多氨基糖苷类抗生素耐药。ESBL 进化的很重要的一个方面就是与其他耐药决定子的连锁。众所周知，产生 ESBL 的很多革兰阴性病原菌都表现出多药耐药或复合耐药。很多耐药基因可能同时位于一个质粒上，或者多种耐药基因在整合子的基因盒阵列中同时存在。虽然这样的复合耐药不是 100％ 发生，但存在的比例也在逐年增高，应该是一种新常态，而不是特例，这给产 ESBL 细菌所致感染的治疗带来很大影响，使得抗菌药物的选择越来越受限。众所周知，β-内酰胺酶抑制剂如克拉维酸、舒巴坦和他唑巴坦是非常重要的 β-内酰胺类制剂，它们与各种 β-内酰胺类抗生素组成的复方制剂在对抗 ESBL 的威胁时发挥了重要的作用。然而，多种 β-内酰胺酶被同一细菌菌株同时携带的现象越来越多见，而有些 β-内酰胺酶可以耐受上述 β-内酰胺酶抑制剂的抑制作用，如 OXA-1 和质粒介导的 AmpC 型酶。这些酶的存在使得采用 β-内酰胺酶抑制剂复方制剂的治疗方案也不再可靠，这就迫使临床医生更多地考虑采用碳青霉烯类抗生素的治疗方案。但是，随着碳青霉烯类抗生素使用的增加，各种碳青霉烯酶也越来越多地出现在革兰阴性病原菌中。

第五节　ESBL 的发展和进化趋势

　　目前，各种 ESBL 的多样性已经令人眼花缭乱，大的 ESBL 家族成员已经达到数十个甚至上百个。这些成员几乎都是各个 ESBL 家族分子内进化的产物。已经有体外实验研究证实，在抗生素的选择压力下，一些 ESBL 家族可容忍几十个氨基酸的置换，但在现实临床环境中，我们常常观察到一个到多个氨基酸置换，远未达到几十个氨基酸置换的程度。换言之，随着时间的推移，一定会有更多的 ESBL 的新成员陆续问世，这些成员或是活性下降，或是活性增加，但持续存在的抗生素选择压力总会选择出那些活性更强的新突变体。对于β-内酰胺酶介导的临床耐药而言，酶活性是一个重要因素，但表达同样是不可或缺的因素。很多插入性突变也能改变启动子的强度，进而改变 ESBL 的表达水平。因此，ESBL 的进化不仅体现在酶本身活性的增加，而且也与启动子改变密切相关。此外，现有的一些较次要的 ESBL 家族也并非静止不变，它们也会发生进化。人们当初也根本没有意识到 CTX-M 家族会如此出类拔萃，可在这种 ESBL 被发现的十几年后，它们突然进入到快速增长和扩张期，深层次的原因至今不清楚。因此，我们无法断言现有的这些较次要的 ESBL 家族会不会演化成为第二个 CTX-M 家族。对于β-内酰胺酶的进化而言，似乎任何可能性都存在。最后，由于 ESBL 的进化是随机发生的，关键取决于抗生素大量应用施加的选择压力存在。在强大的选择压力之下，总会有一些新的 ESBL 家族从环境细菌水平转移到临床常见的病原菌中，这种事件不是能不能发生的问题，而是什么时候发生的问题。

参考文献

[1] Philippon A，Labia R，Jacoby G. Extended-spectrum β-lactamases [J]. Antimicrob Agents Chemother，1989，33：1131-1136.

[2] Paterson D L，Bonomo R A. Extended-Spectrum β-lactamases：a Clinical Update [J]. Clin Microbiol Rev，2005，18：657-686.

[3] Canton R，Coque T M. The CTX-M beta-lactamase pandemic [J]. Curr Opin Microbiol，2006，9：466-475.

[4] Gniadkowski M. Evolution of extended-spectrum beta-lactamases by mutation [J]. Clin Microbiol Infect，2008，14 (Suppl. 1)：11-32.

[5] Naas T，Poirel L，Nordmann P. Minor extended-spectrum β-lactamases [J]. Clin Microbiol Infect，2008，14 (Suppl 1)：42-52.

[6] Poirel L，Bonnin R A，Nordmann P. Genetic support and diversity of acquired extended-spectrum β-lactamases in Gram-negative rods [J]. Infect Genet Evol，2012，12 (5)：883-893.

[7] Livermore D M，Andrews J M，Hawkey P M，et al. Are susceptibility tests enough，or should laboratories still seek ESBL and carbapenemases directly? [J] J Antimicrob Chemother，2012，67 (7)：1569-1577.

第十九章

TEM 型 ESBL

第一节　TEM 型 ESBL 的出现

　　第一个被发现的 ESBL 不是源自 TEM 系列的 β-内酰胺酶，而是 SHV-2，它是通过分子内突变由 SHV-1 进化而来，最早的产酶细菌是克雷伯菌属细菌，它们是从德国法兰克福的一所大学医院中分离获得。不过，按照约定俗成的习惯，人们在介绍 ESBL 时常常首先谈及 TEM 型 ESBL，我们也延续这样的习惯。产生 TEM 型 ESBL 最早的细菌分离株来自法国。1985 年，在法国克莱蒙-费朗医院的 ICU 患者中，有 89 个肺炎克雷伯菌临床分离株被分离获得。Sirot 等在两年后报告，这些分离株对氨基青霉素类、羧基青霉素类和酰脲青霉素类、氨基糖苷类（庆大霉素除外）、氯霉素、磺胺类以及四环素类耐药，并且十分重要的是，它们对头孢菌素类（头孢西丁和拉氧头孢除外）和氨曲南耐药。其中的 7 个肺炎克雷伯菌分离株被选出做进一步研究。结果显示，所有的耐药特征都能通过接合转移到大肠埃希菌 K-12 受体细胞，并且采用溴乙锭处理后这些特征整体丢失，这就表明是质粒介导的耐药。大肠埃希菌转移接合子获得了一种耐药表型，它与对应的肺炎克雷伯菌分离株的耐药表型一致，它们都在组成上产生一种质粒介导的 β-内酰胺酶，后者针对头孢噻肟具有高的水解活性，pI 为 6.3，呈酸性。当时，第一个 ESBL SHV-2 已经被鉴定出，但 SHV-2 的等电点为 7.6，呈碱性，并且只是赋予对头孢噻肟的低水平耐药（MIC＝4mg/L）。正是由于这种全新的 β-内酰胺酶具有高效水解头孢噻肟的特性，它最初被研究者们命名为头孢噻肟酶

CTX-1（Cefotaximase-1）。几乎在同一时期（1986 年），Philippon 等也在入住法国亨利蒙多医院内科 ICU 的患者中分离获得了 62 个肺炎克雷伯菌临床分离株，它们呈现出对三代头孢菌素类低水平耐药（针对头孢噻肟的 MIC 为 2mg/L），但对头霉素类敏感。头孢噻肟在治疗无并发症尿道感染时有效，但在其他部位感染的多数病例中，头孢噻肟治疗失败。1～5mg/L 的 β-内酰胺酶抑制剂克拉维酸或舒巴坦使得这些多重耐药菌株恢复对头孢噻肟的敏感性。对这些三代头孢菌素类的耐药是由一种新的 β-内酰胺酶来介导，该酶 pI 也为 6.3，呈酸性。显然，这种酶与 Sirot 等报告的头孢噻肟酶 CTX-1 极为相似。两年以后，Sougakoff 和 Courvalin 最终将这种酶归属到 TEM 系列，被命名为 TEM-3，系由 TEM-2 在两个位置上的氨基酸置换突变进化而来：谷氨酸 102→赖氨酸和甘氨酸 238→丝氨酸。这两个位置都位于该酶的底物结合部位中。体外重组分析提示，与 TEM 型青霉素酶比起来，每一个突变都造成这个 β-内酰胺酶拓展了底物范围。

　　当然，在 20 世纪 80 年代后期，在欧洲还有一些全新的 ESBL 在肠杆菌科细菌株被鉴定出，这些酶最初也没有被统一纳入 TEM 系列中，而是被采用其他名字命名，如头孢他啶酶 CAZ（Ceftazidimase），最终这些酶也被分派到 TEM 系列中并分派给了序号。例如，CAZ-1 为 TEM-5，CAZ-2 为 TEM-8，CAZ-3 为 TEM-12 以及 RHH-1 为 TEM-9，这些酶都属于超广谱 β-内酰胺酶（表 19-1）。如果追溯的话，TEM-3 或许还不算是第一个 TEM 型 ESBL。在 1982 年从英格兰利物浦首先分离出的奥克西托克雷伯菌藏匿一个质粒，该质粒携带

表 19-1　超广谱 β-内酰胺酶

首先发现酶的菌种(国家/地区)	β-内酰胺酶	pI	首先分离(I)或报告(R)的年份
臭鼻克雷伯菌(德国)	SHV-2	7.6	1983(I)
肺炎克雷伯菌(法国)	CTX-1(TEM-3)	6.3	1984(I)
肺炎克雷伯菌(法国)	SHV-3	7.0	1986(I)
大肠埃希菌(法国)	TEM-4	5.9	1986(I)
大肠埃希菌(德国)	TEM-6[①]	5.9	1987(R)
肺炎克雷伯菌(英格兰)	RHH-1(TEM-9)	5.5	1987(R)
肺炎克雷伯菌(法国)	CAZ-1(TEM-5)	5.55	1987(I)
肺炎克雷伯菌(法国)	CAZ-2	5.9	1987(I)
肺炎克雷伯菌(法国)	CAZ-3	5.2	1987(I)
肺炎克雷伯菌(法国)	SHV-4	7.75	1987(I)
肺炎克雷伯菌(智利)	SHV-5	8.2	1987(I)
弗氏柠檬酸杆菌(法国)	TEM-7	5.41	1988(R)

① 最初发表时没有被命名,这个酶后来被命名为 TEM-6。

注:引自 Philippon A,Labia R,Jacoby G. Antimicrob Agents Chemother,1989,33:1131-1136。

有编码头孢他啶耐药的基因。造成对头孢他啶耐药的 β-内酰胺酶 CAZ-3 就是现在的 TEM-12。有趣的是,该菌株来自一个新生儿病房,这个病房已经被产 TEM-1 的奥克西托克雷伯菌的暴发流行所侵袭。头孢他啶被用来治疗感染的患者,但相继从同一个病房分离出的奥克西托克雷伯菌分离株就藏匿有 TEM 型的 ESBL。这个例子充分说明,由广谱头孢菌素所施加的选择压力可选择出 ESBL 产生的菌株。

进入 20 世纪 90 年代以来,TEM-1 和 TEM-2 的进化进入了快速发展的时期。从水解谱上看,这种进化可以说是多方向的。一些 TEM-1 和 TEM-2 虽然发生了分子内突变,但它们的水解谱并未发生根本性变化,换言之,这些突变体酶还是属于广谱 β-内酰胺酶(BSBL)。更多的分子内突变衍生出大量的超广谱 β-内酰胺酶(ESBL),当然,还有一些分子内突变更为特殊,这样的突变创造出抑制剂耐药的突变体酶(IRT)。截至 2013 年,一共有 196 个 TEM 变异体已经被鉴定出,其中有 78 个展示出 ESBL 表型,pI 值 5.2~5.6。所有的变异体都是 TEM-1 或 TEM-2 的衍生物,两者只是相差一个氨基酸残基。在 TEM-1,残基 39 上是谷氨酰胺,而在 TEM-2,谷氨酰胺被赖氨酸取代。不过,这样的置换并未引起催化效能上的差别。与 TEM-1 相比,TEM-2 具有一个更具活性的天然启动子。此外,两者的等电点彼此不同(5.6 和 5.4)。

第二节　TEM 型酶的分子内突变产生多样化 ESBL

在所有 β-内酰胺酶中,最大的结构性/进化性组别就是 A 类 β-内酰胺酶,它们主要是 Bush-Jacoby-Medeiros 功能分类体系中的 2 组酶,一般来说,

这些酶都被针对活性部位的 β-内酰胺酶抑制剂所抑制,当然 2d 组酶除外。各种广谱 β-内酰胺酶通过分子内突变引发的进化在 β-内酰胺酶进化过程中显得极其丰富多彩,而 ESBL 的问世正是其中最浓墨重彩的一笔。在临床环境中,TEM 型 β-内酰胺酶的微观进化一直是高强度的,因为自从 20 世纪 80 年代中期以来被鉴定的酶数量几乎呈指数增长的态势就足以说明这一点。在对这些突变体酶进行序列研究时发现,突变体酶的各个氨基酸置换的位置不尽相同,在一些位置上的置换明显高于其他位置上的置换。单一氨基酸置换的突变体如 TEM-12 和 TEM-19 都已经在临床分离株中被鉴定出,但绝大多数突变体酶都包含着不止一个氨基酸置换,而是包含着多个氨基酸置换的组合。有些置换如谷氨酸 39→赖氨酸置换不会造成 ESBL 表型,还有些位置上的置换可产生抑制剂耐药突变体。在 TEM 型酶家族中,在氨基酸序列上被识别的多形性位点的数量也已经快速增加,这些酶在大约几十个位置上彼此不同,并且这个数量可能会增加,因为在一项饱和诱发突变研究中,成熟 TEM-1 蛋白的 263 个氨基酸位置中有 220 个氨基酸位置容忍突变,并且突变后的酶仍保留有良好的针对氨苄西林的水解活性。然而在天然突变体中,大约有 50 个氨基酸被报告发生了突变。有趣的是,含有其他位置上突变的 TEM-1 实验室突变体已经被构建,这些位置上的突变都不是以前所描述的。已经有人建议,天然发生的 TEM 型 ESBL 是在某一个医疗机构中若干种 β-内酰胺类抗生素的波动性选择压力的结果,而不是采用一种单一制剂选择的结果(图 19-1)。

顾名思义,广谱 β-内酰胺酶 TEM-1 和 TEM-2 进化成为超广谱 β-内酰胺酶就意味着这些突变体酶的底物谱被拓展,后者能将氧亚氨基头孢菌素类和

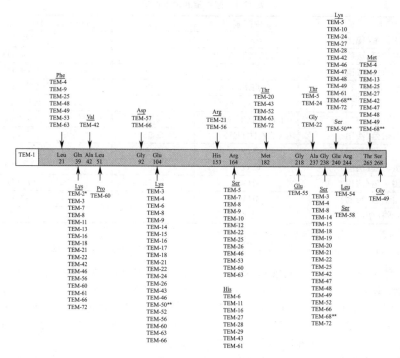

图 19-1 在 TEM 型 ESBL 衍生物上的氨基酸置换

（引自 Bradford P A. Clin Microbiol Rev，2001，14：933-951)

氨曲南纳入其底物谱中。由于亲代的广谱 β-内酰胺酶 TEM-1 和 TEM-2 仍然具有轻微的针对氧亚氨基化合物的活性，因此，ESBL 活性应该被看作是活性的改善，活性的增加，而不是完全新增加的活性，是从弱到强，而不是从无到有。在被描述的 TEM 型 β-内酰胺酶的天然突变体中，一些氨基酸残基对于产生 ESBL 表型是特别重要的。被观察到的氨基酸置换主要包括谷氨酰胺 39→赖氨酸，谷氨酸 104→赖氨酸，精氨酸 164→丝氨酸/组氨酸/半胱氨酸，甘氨酸 238→丝氨酸和谷氨酸 240→赖氨酸。大多数这样的位置都位于氧负离子袋中，或邻接氧负离子袋，并且这个氧负离子袋本身就位于 A 类 β-内酰胺酶分子的两个较大域之间的分界面上，酶的活性部位也位于这个交界面上（图 19-2)。

尤其要提及的是，大多数置换都影响到 B3 β 链或 Ω 环内的氨基酸残基。在位置 238、164 和 179 的置换对于 ESBL 活性来说似乎特别关键，并且在绝大多数的 TEM 型 ESBL 中都已出现。在 ESBL 中，在位置 238 上的甘氨酸通常被丝氨酸取代（32 个 TEM)。在位置 164（Ω 环）上的精氨酸或是被丝氨酸或是被组氨酸或是被半胱氨酸取代，相应变异体的数量分别是 23 个、16 个和 3 个。每一个这样的突变一定是已经在多个独立的机会中被选择出来的。突变的逐渐获得导致在被观察到的 β-内酰胺酶变异体的数量上有一个让人意想不到的增加（表 19-2)。

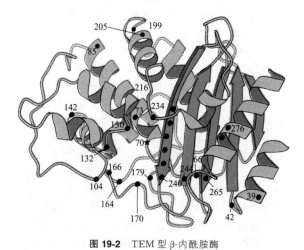

图 19-2 TEM 型 β-内酰胺酶

（引自 Matagne A，et al. Biochem J，1998，330：581-598)

星号代表着活性位点丝氨酸

如表 19-2 所示，TEM 型 ESBL 一共有 78 个。突变发生最频繁的位置是 164，接下来分别是 104、238、240 和 39 等。当然，在成熟的酶中，一些位置显然比其他一些位置更容易产生突变，这些位置可以称作突变热点。这些位置的氨基酸改变也确实引起 β-内酰胺酶结构和催化活性的明显变化。Knox 曾对这些关键位置给予特别的强调。当然，有些残基的改变与超广谱活性关系不大，主要是造成抑制剂耐药，还有些改变主要体现在 SHV 型 ESBL 上。通过图 19-3～图 19-5，我们能对一些重要残基的相对位置有个直观的认识，这有助于我们理解 ESBL 表型的结构基础。例如，残基 39 位于 N 末端 α 螺旋的末端，距 β-内酰胺结合位点非常远（2.0nm）并且被完全暴露到酶的右前表面（图 19-3）。在 TEM-1，这个位置上的氨基酸残基是谷氨酸。残基 104 所处的位置非常重要，其亲水侧链被暴露到结合位点入口的左侧（图 19-3 和图 19-4）。在 TEM-1，这个位置上的氨基酸残基是谷氨酸。在 TEM 型 ESBL 中，残基 104 出现突变的频次非常高，仅次于残基 164。很多情况下，谷氨酸 104 被赖氨酸置换。赖氨酸具有长的侧链，它能向外伸出与头孢他啶和氨曲南的取代基上羧酸基团发生相互作用。这样的静电吸引应该增加最初的结合，因而可能降低 K_m 值。在位置 238 上残基的

侧链位于 B3 β 链的内侧，非常靠近残基 69 的侧链。在很多 TEM 型变异体和所有 SHV 型变异体中，这个位置上的甘氨酸都是被丝氨酸置换。TEM-1 的随机诱发突变显示，在头孢他啶耐药的突变体中，只有丝氨酸出现在这个位置上。如果残基 69 和 238 的侧链都是大的，它们的拥挤或许向外移动 B3 链，以至于结合位点的更低部分变得轻度扩大。B3 链的任何移动或许也位移精氨酸 244，这是因为其侧链就位于 B3 链的上面。在残基 238 上的突变伴随着在残基 240 上的突变，后者常常是谷氨酸 240→赖氨酸置换。赖氨酸侧链能与在氧亚氨基取代基上的羧酸基团形成一个静电键。因此，赖氨酸 240 在能够水解头孢他啶和氨曲南的变异体上被发现。TEM-24 在位置 104 和 240 上都是赖氨酸，它具有针对头孢他啶最高的 V_{max}（图 19-4 和图 19-5）。

表 19-2　在 TEM 型 ESBL 中被观察到的氨基酸改变

位置[①]	6	21	39	104	153	164	182	237	238	240	265	268
TEM-1	Q	L	Q	E	H	R	M	A	G	E	T	S
2be (ESBL)	K	F	K	K	R	S,H,C	T	TG	S,D,N	K,R,V	M	G
改变/%	2,6	22	31	46	3,8	55	22	10	41	32	19	2,6
N (nt=78)	2	17	24	36	3	43 (24,15,4)	17	8 (7,1)	32 (30,1,1)	25 (23,1,1)	15	2

① 相对于 TEM-1 氨基酸序列；N，携带有特定位点突变的 ESBL-TEM 的总数，括号中的数字提示每一种氨基酸改变的分布；nt，根据 Lahey's Institute website 统计出的 TEM 型 ESBL 的总数。

注：引自 Gutkind G O,Di Conza J,Power P,et al. Curr Pharm Des,2013,19(2):164-208。

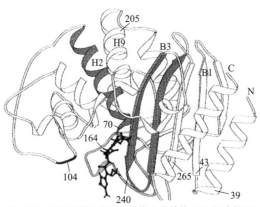

图 19-3　TEM 型 β-内酰胺酶的三维结构（见文后彩图）

（引自 Knox J R. Antimicrob Agents Chemother，1995，39：2593-2601）

图中显示出头孢噻肟被结合到靠近丝氨酸 70 的 β-内酰胺结合位点上。H2 α 螺旋（蓝色），在位置 104 上的环（紫色），Ω 环（位置 162～179；绿色）以及 β 链 B3 和 B4（位置 233～249；橘黄色）被特别显示

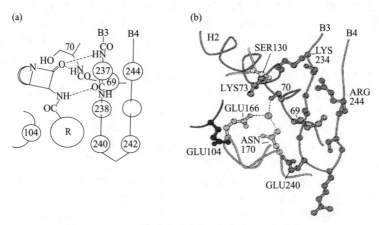

图 19-4 TEM 型 β-内酰胺酶的三维结构（见文后彩图）

（引自 Knox J R. Antimicrob Agents Chemother，1995，39：2593-2601）

（a）图 19-3 中 β-内酰胺结合位点近观。在 β-内酰胺和残基 237 骨架基团之间的氢键合被虚线提示。
氧负离子袋的两个 NH 基团结合到 β-内酰胺的 CO 羰基基团上（残基 240 邻接残基 238）。

（b）在 TEM-1 β-内酰胺酶的 β-内酰胺结合位点上的各个侧链的晶型结构。采用的颜色如同图 19-3。
推测的水解水分子被三个氢键活化。图中标示出一些重要的残基

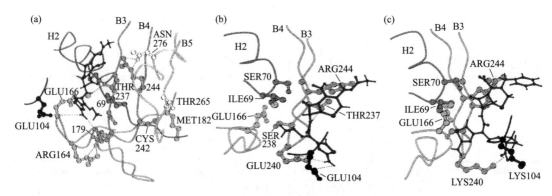

图 19-5 TEM 型 β-内酰胺酶的三维结构（见文后彩图）

（引自 Knox J R. Antimicrob Agents Chemother，1995，39：2593-2601）

（a）显示出关键的氨基酸残基的相对位置。在 Ω 环的颈部的精氨酸 164 和天冬氨酸 179 之间的连接被显示。在精氨酸
244 和天冬氨酸 176 之间存在着一个相似的多个连接。（b）头孢噻肟在结合位点的左侧观，即图 19-3（a）围绕着垂直
轴转动 90°后。（c）与图 19-3（b）相似，但头孢他啶位于结合位点上，注意到酰基酰胺取代基相对于在头孢噻肟的酰基
酰胺取代基的转动。赖氨酸 104 和赖氨酸 240 的羧酸基团可能的相互作用被提示

人们已经付出大量的努力来了解常见的 ESBL 型突变对 β-内酰胺酶结构、生化特性和一个产酶细菌表型的影响。在各种人工的单一突变体上所开展的这些分析中，无论是新残基的性质（例如，氢-结合潜力）还是新残基的侧链体积（side chain volume）都被考虑到。一般来说，人们提出如下几种原因来解释 ESBL 型突变：①氧亚氨基 β-内酰胺类额外的氢键形成和其他的静电吸引；②借助构象改变而导致活性位点腔的扩张；③全新的分子内氢键形成而位移 B3 β 链或 Ω 环；④这种构象改变大大地扩大了氧负离子腔；⑤残基精氨酸 164 和天冬氨酸 179 彼此强力相互作用，从而形成了一个横跨 Ω

环"颈"的离子键，这对于构象和稳定性都是至关重要的。在此，我们选出一些重要氨基酸位置上的突变体加以分析。

一、精氨酸 164 相关突变体

在大多数 TEM 型酶家族成员中，精氨酸 164 都与高度保守的天冬氨酸 179 形成一个强的、深埋的离子键，这对于 Ω 环的构象和稳定性很重要，并且对谷氨酸 166 在活性部位内的正确定位也很重要。此外，精氨酸 164 长侧链的移出允许头孢他啶的肟羧酸盐更大的自由度，这就不再会干扰水分子（W1），从而解释了具有精氨酸 164→丝氨酸/组氨

酸置换的突变体酶针对头孢他啶特殊高的水解活性（增高的 k_{cat} 值）。精氨酸 164 位于 Ω 环上。精氨酸 164→丝氨酸置换导致环内更具柔性（涉及该酶底物专一性），从而拓宽了活性腔，以便容纳超广谱头孢菌素类庞大的侧链。因此，精氨酸 164→丝氨酸 TEM 突变体酶增加针对头孢他啶的水解活性，并且一个额外的突变谷氨酸 240→赖氨酸进一步强化这个效应。尽管这些置换扩展底物活性谱到针对三代头孢菌素类，它们对于氨苄西林的水解活性是有害的（相对而言）。最后，藏匿着在位置 164 上的一个置换的 TEM 型变异体，在与氧亚氨基 β-内酰胺类抗生素相互作用的重要特征不是一个潜在的氢键供体的出现，而恰恰是在两个高度保守的残基精氨酸 164 和天冬氨酸 179 之间盐桥的消失。近来，Maveyraud 等提出，在精氨酸 164→丝氨酸突变体，Ω 环的一个明显移动会位移这个突变体酶大的 85～142 区，从而导致具有大的氧亚氨基侧链的头孢菌素类更好地进入活性部位腔，这就解释了这类突变体酶对这些分子催化效能的特异性促进。

二、甘氨酸 238→丝氨酸突变体

Raquet 等建议，甘氨酸 238→丝氨酸突变体的丝氨酸侧链（TEM-19 和双突变体 TEM-3 被研究）指向活性部位腔并且被恰当地定位，这样就与头孢噻肟的肟氧形成一个新的氢键。然而，对于头孢他啶的更庞大的取代基而言，这种情况不大可能发生，因为这个取代基会创造出与丝氨酸 238 羟甲基的一个短接触。为了避免这一短接触的出现，头孢他啶的侧链必须远离活性部位，这就允许 W1 返回到其高效的位置上，从而产生出更好的催化效力。因此，就这些丝氨酸 238 突变体而言，在 β-内酰胺酶活性部位的结构改变被发现对于头孢噻肟和头孢他啶的 k_{cat} 和 k_{cat}/K_m 具有一个相似的效应，但这样改善的催化效能被提出是缘于非常不一样的因素。例如，一方面，酶的丝氨酸 238 侧链和头孢噻肟的一个直接相互作用；另一方面，头孢他啶在活性部位裂隙中能够处在一个不同的，但却是更合适的位置上。

甘氨酸 238→丝氨酸置换出现在 TEM 和 SHV 型酶的天然突变体上，并且提供细菌对超广谱头孢菌素类耐药。这一置换本身或与其他置换的组合提供了临床相关的耐药水平。2 种类型的模型已经被提出来解释甘氨酸 238→丝氨酸置换在水解超广谱头孢菌素类上的有效性。第一个模型涉及在丝氨酸残基与超广谱头孢菌素类的肟基之间的氢键形成［图 19-6(a)］。这个氢键会改善酶与 β-内酰胺类抗生素的亲和力，并且相继改善催化效力。第二个模型建议，丝氨酸残基或是与残基 69 或是残基 170 存在着空间冲突，这一空间冲突会借助扩大活性部位腔而改善亲和力，这种改善或是通过位移 B3 β-链的位置［图 19-6(b)］。或是借助位移活性部位 Ω 环的位置［图 19-6(c)］而实现。这两个部位的位移都会为超广谱头孢菌素类提供更大的结合空间。为了评价这两种模型的有效性，Cantu 和 Palzkill 进行了深入研究，结果显示，对于甘氨酸 238→丝氨酸置换而言，一个最佳侧链容积和氢键合潜力的组合导致最全面和最有利的抗生素水解谱。

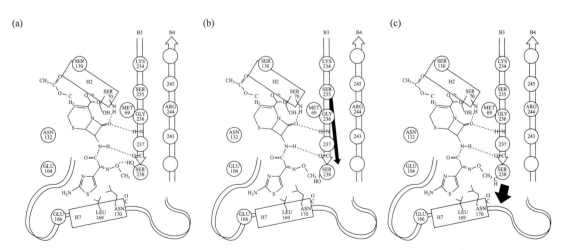

图 19-6　TEM 型酶中甘氨酸 238→丝氨酸置换造成超广谱头孢菌素类耐药机制的模型图示
（引自 Cantu C，Palzkill T. J Biol Chem，1998，273：26603-26609）
黑色箭头分别提示 B3 β-链和 Ω 环位移

三、谷氨酸104→赖氨酸突变体

谷氨酸104→赖氨酸和谷氨酸240→赖氨酸突变在TEM型突变体酶中很常见。这两种情况下，长的赖氨酸侧链的氨基已经被建议与头孢他啶和氨曲南的氧亚氨基取代基的羧酸基团相互作用。Petit等近来建议，在位置104上一个赖氨酸或许改变残基130～132（SDN环）的精确定位，后者参与底物结合和催化。尽管位置104是一个保守环的一部分，但改变成一些其他氨基酸如丝氨酸、苏氨酸、赖氨酸、精氨酸、酪氨酸或脯氨酸（具有保守活性）已经被观察到。谷氨酸104→赖氨酸置换已经常常与一个ESBL轮廓关联起来，再加上在活性部位腔的一些伴随的突变，因为谷氨酸104→赖氨酸置换这个突变本身不能赋予完全耐药。

总之，突变更多是在一些"热点"位置上发生，每一个位置上的突变都会对酶的活性产生不同程度的影响，有些是活性增加，有些是活性降低，有些突变对活性几乎没有任何影响，并且还有一些突变虽然没影响到酶的活性，但却有助于稳定酶的结构。如果一次突变不足以造成高度耐药就会出现叠加突变，三联突变甚至更多的突变。实际上，在已经出现的TEM型ESBL中，只有一个氨基酸置换的ESBL还是少数，多数为双突变体或三联突变体。当然，所有这些突变都是随机发生的，产ESBL细菌的鉴定出是选择的结果。不过，并不是拥有多个氨基酸置换的ESBL都展示出针对氧亚氨基头孢菌素类的高水平活性。TEM-187就是在一个奇异变形杆菌临床菌株中发现一种新ESBL，它与TME-1彼此相差4个氨基酸置换（亮氨酸21→苯丙氨酸、精氨酸164→组氨酸、丙氨酸184→缬氨酸和苏氨酸265→甲硫氨酸）。TEM-187作为一个ESBL是相当难以检测到的，这是因为非常低的针对氧亚氨基头孢菌素类的MIC，特别是采用自动设备检测时。这个困难以前在其他TEM型ESBL中也被观察到，如TEM-24或CMT型，特别是TEM-125。众所周知，氧亚氨基头孢菌素类的侧链比较大，特别是头孢他啶，所以，很多产ESBL的突变都是扩大了活性部位腔或Ω环。不管怎么说，只要这些突变能有利于这些氧亚氨基头孢菌素类的结合和酰化以及脱酰化和水解，它们都能够将广谱酶进化成超广谱β-内酰胺酶。

第三节　TEM型ESBL的水解特性

波兰学者Gniadkowski于2008年撰写了一篇非常精彩的综述，题目是《突变所致的ESBL进化》，其中详述了突变导致各种ESBL的进化以及对水解参数的影响。众所周知，TEM-1和TEM-2的分子内突变创造了各种TEM型ESBL，所有这些ESBL突变体都具有明显增加的针对氧亚氨基β-内酰胺类的水解活性。例如，TEM-12是一种ESBL，它只涉及一个氨基酸突变并源自TEM-1，即精氨酸164→丝氨酸，这个ESBL表型体现在针对头孢他啶水解活性的增加（k_{cat}/K_m增加130倍）。TEM-19也是一个ESBL，它也只涉及一个氨基酸置换，即甘氨酸238→丝氨酸置换。TEM-19比起TEM-1在针对头孢他啶和头孢噻肟的水解活性也明显增加（k_{cat}/K_m分别增加51倍和52倍）。一般来说，这些增加是相当小的，并且在TEM-12酶的情况下，头孢他啶和头孢噻肟水解的速率比青霉素水解的速率低10%，这被认为是鉴定一种ESBL的一个分界点。与此同时，这两个突变体针对青霉素类的水解活性发生明显的下降，TEM-12针对氨苄西林的k_{cat}/K_m下降至1/93，TEM-19针对青霉素的k_{cat}/K_m下降至1/50以及针对氨苄西林的k_{cat}/K_m下降至2/51（表19-3）。

表19-3　TEM-1及其单一突变体ESBL衍生物的催化效率

底物	催化效率,k_{cat}/K_m/[L/(mmol·s)]			
	TEM-1	TEM-19	TEM-1	TEM-12
PEN	17100	341	13000	910
AMP	28600	1120	39000	420
LOR	1360	1310	1200	92
CTX	2.77	144	0.78	1.1
CAZ	0.055	3.04	0.04	5.2

注：1. 引自Gniadkowski M. Clin Microbiol Infect，2008，14(Suppl. 1)：11-32。

2. PEN—青霉素；AMP—氨苄西林；LOR—头孢拉定；CTX—头孢噻肟；CAZ—头孢他啶。

伴随着较显著的ESBL型突变而出现的针对青霉素类活性的下降，是在不同的蛋白功能之间平衡的一个好例子。因这些突变所致的构象改变导致结构的缺陷，后者影响到蛋白折叠和稳定性。TEM甘氨酸238→丝氨酸突变体（TEM-19）具有更低的热稳定性，更易于被胰蛋白酶水解和被盐酸胍的平衡变性，以及与TEM-1相比显示出增加的凝集。TEM-19与TEM-1相比，针对氧亚氨基β-内酰胺类的MIC有所增加，但与此同时，它针对一些青霉素类（如氨苄西林/阿莫西林）的MIC也大幅度降低。需要特别指出的是，这样的降低并不意味着TEM-19对这些青霉素类变得敏感，其针对氨苄西林/阿莫西林的MIC只是从4096mg/L下降到1024mg/L而已，仍处于高度耐药范畴。TEM-19针对早期的头孢菌素类如头孢噻吩和头孢噻啶的 MIC 也呈现出下降趋势，但针对头孢噻肟和头孢他啶的 MIC 确实增高（表 19-4）。

表 19-4　产生 TEM-1 和选出的单一突变体 ESBL 衍生物的大肠埃希菌实验室菌株的敏感性

β-内酰胺类	MIC/（mg/L）			
	TEM-1	TEM-19	TEM-1	TEM-12
氨苄西林/阿莫西林	4096	1024	>2048	>2048
头孢噻吩	128	64	—	—
头孢噻啶	128	64	32	16
头孢噻肟	0.06	0.5	0.03	0.12
头孢他啶	0.25	0.5	0.12	4

注：引自 Gniadkowski M. Clin Microbiol Infect，2008，14（Suppl. 1）：11-32。

众所周知，TEM 型酶家族成员中最多的一组就是 ESBL，而绝大多数 ESBL 都不止包含一个氨基酸突变，增加与 ESBL 相关的耐药的一种主要方式就是 β-内酰胺酶本身的进一步突变，常常发生在谷氨酸 240 和谷氨酸 104 上。谷氨酸 240 在天然 TEM 酶中被取代非常常见，并且几乎总是被突变成为一个碱性氨基酸——赖氨酸，或者在极少见的情况下突变为精氨酸（TEM-137 和 SHV-86）。TEM-149 是在这个位置上缬氨酸的唯一突变体酶。已如前述，位置 240 位于 B3 β 链末端，并且谷氨酸被一个碱性残基的取代导致与头孢他啶和氨曲南的氧亚氨基取代基羧基基团的一个静电键形成。十分可能的是，突变没有对酶结构产生大的影响。由于若干配对的天然 ESBL 显示出一种只在谷氨酸 240→赖氨酸存在情况下的区别，例如，TEM-12 和 TEM-10、TEM-25 和 TEM-48，因此，可能的情况应该是，在 TEM 型 ESBL 的进化中，这一位置上的突变已经独立地出现过若干次。迄今为止，在位置 104 上的突变只是在 TEM 家族中已经被发现，多达 41 个变异体，其中有 36 个是与甘氨酸 238 或精氨酸 164 的突变复合存在。在所有情况下，谷氨酸残基都是以被碱性残基赖氨酸所取代。由于蛋白折叠，位置 104 紧邻着活性部位的入口处，因此如同位置 240 一样，赖氨酸 104 十分可能与头孢他啶和氨曲南的羧基基团相互作用。人们也推测，谷氨酸 104→赖氨酸置换能够稳定住被甘氨酸 238→丝氨酸突变所影响到的腔结构，并且这已经被 TEM-52 酶的晶形研究所证实。在一些配对中，TEM 酶只是在谷氨酸 104→赖氨酸的存在上有所不同，例如，TEM-1 和 TEM-17、TEM-2 和 TEM-18 或者 TEM-25 和 TEM-4，这就建议在自然界中的一些独立的选择。有几项研究都证实 3 个双突变体在针对头孢他啶的催化效率的显著增加，例如，谷氨酸 104→赖氨酸/精氨酸 164→丝氨

酸，精氨酸 164→丝氨酸/谷氨酸 240→赖氨酸以及甘氨酸 238→丝氨酸/谷氨酸 240→赖氨酸。这个增加是与 TEM-1 进行比较时，分别增加 19000 倍、4450 倍和 2855 倍。这些双突变体分别对应的是 TEM-10、TEM-26 和 TEM-71，它们比起单一突变体 ESBL 来说具有高得多的活性。突变谷氨酸 240→赖氨酸和谷氨酸 104→赖氨酸不会明显地影响到青霉素类和窄谱头孢菌素类的水解（表 19-5）。

除了那些直接增加针对氧亚氨基头孢菌素类水解活性的突变以外，其他一些有意义的突变也发生在其他位置上如位置 237，并且迄今为止只是在 TEM 家族中被观察到，共有 9 个变异体。除了一个之外，在所有这些变异体中，丙氨酸 237 都是被苏氨酸取代，这个例外是 TEM-22，丙氨酸 237 是被甘氨酸取代。这些丙氨酸 237 突变已经只是在 ESBL 中被观察到，并且几乎总是出现在那些具有精氨酸 164→丝氨酸 ESBL 型突变的变异体上。位置 237 位于 B3 β 链上，并且丙氨酸 237→苏氨酸取代已经被推测导致与一些底物（如头孢噻肟）之间新的氢键形成。Healey 等采用的配对研究显示，丙氨酸 237→苏氨酸突变刺激头孢烯类的水解，并且降低表霉烯的水解。然而，其他一些配对研究中又显示出更加复杂多样的一面（表 19-6）。因此，突变被描述为针对特殊底物的调节活性方式。它在临床环境中赋予一个选择性的优势，在这个环境中，各种 β-内酰胺类抗生素处在波动使用中。

如同在 237 位置上那样，到目前为止，在位置 182 上的突变也已经只是在 TEM 突变体中被鉴定出。这一位置上的突变在 20 个变异体中被发现，甲硫氨酸 182 总是被苏氨酸取代。除了 TEM-135 之外，甲硫氨酸 182→苏氨酸突变已经总是在 ESBL（18 个变异体）或抑制剂耐药的 β-内酰胺酶（1 个变异体）中被观察到。有趣的是，位置 182 距活性位点相当远，然而，它位于两个较大的 A 类 β-内酰胺域之间的重要铰链区。TEM-52 的晶形研究显示，苏氨酸 182 与其中一个域的两个残基谷氨酸 63 和谷氨酸 64 形成了新的分子内氢键，这可以稳定被其他突变重组的活性部位拓扑结构。Huang 和 Palzkill 显示，甲硫氨酸 182→苏氨酸突变增加那些被其他突变引起的严重的结构和/或稳定性缺陷的实验室 TEM 变异体的活性。这个突变起到了在 β-内酰胺酶结构和/或稳定性的缺陷上的一个全局性抑制剂的作用，这种缺陷是被改变活性部位区域的 ESBL 或抑制剂耐药的突变所引起。在同一小组进行的另一项研究中，甲硫氨酸 182→苏氨酸显示出减少 TEM 甘氨酸 238→丝氨酸突变体酶的聚集。

表 19-5 TEM-1 及其选出的突变体衍生物的水解作用的催化效率

底物	催化效率,k_{cat}/K_m/[L/(mmol·s)]									
	TEM-1	TEM-12	TEM①	TEM-10	TEM-17	TEM-26	TEM-1	TEM-19	TEM①	TEM-71
PEN	20000	3400	13000	3000	19000	5500	NA	—	—	1290
AMP	—	—	—	—	—	—	20400	1100	14500	1290
LOR	1100	460	1300	210	1900	330	1370	804	1010	410
CTX	0.56	10	4.7	12	5.3	24	3.9	178	8.5	468
CAZ	0.02	13	0.61	89	0.45	380	0.02	1.6	1.66	57.1

① TEM 谷氨酸 240→赖氨酸单一突变体在自然界中还从未被观察到。

注:1. 引自 Gniadkowski M. Clin Microbiol Infect,2008,14 (Suppl. 1):11-32。

2. PEN—青霉素;AMP—阿莫西林;LOR—头孢噻啶;CTX—头孢噻肟;CAZ—头孢他啶。

表 19-6 产生人工突变体 TEM 型 β-内酰胺酶 (具有丙氨酸 237→苏氨酸或甲硫氨酸 182→苏氨酸突变)
的大肠埃希菌重组子的敏感性

β-内酰胺	MIC/(mg/L)							
	TEEM-1	TEMᵃ	TEM-10	TEM-5	TEM-1	TEM-135	TEMᵇ	TEMᶜ
AMP	>2048	2048	>2048	1024	3000	22000	100	2000
LOT	32	32	16	128	NA	—	—	—
CTX	0.03	0.03	0.5	4	—	—	—	—
CAZ	0.12	0.12	128	16	—	—	—	—

注:1. 引自 Gniadkowski M. Clin Microbiol Infect,2008,14 (Suppl. 1):11-32。

2. NA—未分析;TEMᵃ(丙氨酸 237→苏氨酸,实验室突变体);TEM-10(精氨酸 164→丝氨酸/丙氨酸 237→苏氨酸);TEM-5(精氨酸 164→丝氨酸/丙氨酸 237→苏氨酸/谷氨酸 240→赖氨酸);TEM-135(甲硫氨酸 182→苏氨酸);TEMᵇ(亮氨酸 76→天冬酰胺,实验室突变体);TEMᶜ(亮氨酸 76→天冬酰胺/甲硫氨酸 182→苏氨酸,实验室突变体)。

ESBL 的体内进化极少被观察到。如图 19-7 所示,这个研究考虑了 10 个在波兰被鉴定出的 TEM 型 ESBL 变异体,其中有 6 个变异体可能彼此相关并且或许是从法国被报告的 TEM-25 进化而来。TEM-25 以亮氨酸 21→苯丙氨酸、甘氨酸 238→丝氨酸和苏氨酸 265→甲硫氨酸置换为特征,"波兰"的变异体获得了更多的一步步突变,后面这些突变大多具有一个清晰的功能作用,例如谷氨酸 104→赖氨酸、谷氨酸 240→赖氨酸、甲硫氨酸 182→苏氨酸或精氨酸 275→亮氨酸。

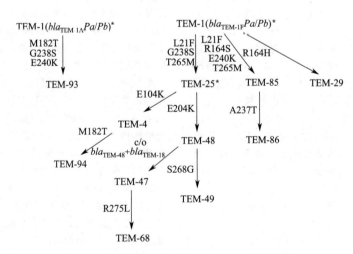

图 19-7 迄今在波兰观察到的 TEM ESBL 进化的简析

(引自 Baraniak A,Fiett J,Mrowka A,et al. Antimicrob
Agents Chemother,2005,49:1872-1880)

第四节　TEM/SHV 型 ESBL 的全球流行

一、β-内酰胺酶流行病学的一些共有特征

在系统地描述 TEM 型 ESBL 流行病学之前，我们有必要首先阐明整体 β-内酰胺酶流行病学的一些共有特征，这些特征不限于 TEM 型/SHV 型酶，也同样适用于所有其他的 β-内酰胺酶家族。

● 迄今为止，已经有 20 多个 β-内酰胺酶家族被鉴定出，它们的家族成员或多或少，但并非所有的成员都同样具备流行的潜力，从流行程度上讲，各个成员之间差异巨大，有些成员一经出现就到处散播，有些成员被发现之后就默默无闻，甚至很快销声匿迹。

● 从地域上讲，β-内酰胺酶的流行可谓千差万别，这种差别不仅体现在 β-内酰胺酶种类和产酶细菌菌种的不同，而且流行程度也极具多样性。例如，产 ESBL 表型的细菌检出率在有些国家和地区不足 5％，如一些北欧国家；但在有些国家和地区可高达 50％以上，如东欧、南欧、南美和西太平洋地区。这样的差异同样出现在同一个国家的各个省份/城市之间，在同一城市的各个医院之间，甚至在同一医院的各个科室之间。一般来说，ICU 常常表现出最高的流行率。

● β-内酰胺酶在患者中的检出和流行与一些因素具有高的关联性，如反复尿路感染（UTI）和基础性疾病、住院史或长期住院、抗菌药物使用史（不仅仅是 β-内酰胺类抗生素的使用史，也包括氟喹诺酮类等抗菌药物的使用史）、老年公寓居住者、在 ICU 更长的留住时间及插管治疗及机械通气等。

● β-内酰胺酶的实际流行状况一定比文献报告的更加严重。从事 β-内酰胺酶相关研究的学者和机构在全球的分布极不均匀，有些国家集中了很多知名的专家和学者，如美国、法国、英国以及意大利等，而有些发展中国家几乎没有从事这方面研究的专业学者，特别是非洲国家。我们经常在文献中了解到在一些发达国家 β-内酰胺酶的流行，但这并不意味着 β-内酰胺酶在这些国家的流行状况要比其他一些鲜有报告的国家更严重，只是这些国家有更多的报告而已。β-内酰胺酶在那些缺乏报告的国家的流行状况也许更加严重。所以，很多报告 β-内酰胺酶全球流行状况的文献所描述的基本上是一幅残缺不全的画卷，包括一些全球性的细菌耐药监测报告。

● β-内酰胺酶的流行既包括产酶细菌的克隆散播，也包括携带 β-内酰胺酶的质粒传播，因为很多临床上重要的 β-内酰胺酶都是质粒介导的酶。此外，β-内酰胺酶在各种医疗机构的流行要远远高于它们在社区的流行。

二、TEM/SHV 型 ESBL 的流行病学

已如前述，最早出现的 ESBL 并不是 TEM 型 ESBL 的 TEM-3，而是 SHV 型 ESBL 的 SHV-2，不过两者出现的时间相差无几，都是 20 世纪 80 年代中后期，而且也都是首先在西欧被发现（西德和法国）。鉴于 TEM 型和 SHV 型 ESBL 的流行在时间、地域以及程度上有很多相近之处，很多暴发感染的流行病学调查也并没有严格区分这两种 ESBL，因此，我们在此将两大类 ESBL 的流行病学一并加以介绍。

在临床实践中，TEM-3 是在肠道细菌分离株中最常遇到的 TEM 型 ESBL 变异体，但这两种类型的 ESBL 都处于全球广泛流行状态，几乎在所有国家都出现过不同程度的感染暴发，但很多暴发感染的流行病学调查并没有严格区分这两种 ESBL。尽管 ESBL 最初的报告来自德国和法国（或英格兰），但在 ESBL 发现后的前十年，绝大多数报告来自法国，而这种局面可能与法国的研究人员比较集中有关，文献报告较多。据报道，ESBL 的第一次大规模暴发就是于 1986 年出现在法国，主要被感染的是入住 ICU 的几十名患者，产 ESBL 细菌主要是肺炎克雷伯菌。在 20 世纪 90 年代早期，25％～35％院内获得的肺炎克雷伯菌分离株产生 ESBL。到了 2000 年，30.2％的产气肠杆菌分离株产生 ESBL。随着感染控制措施的加强，产 ESBL 肺炎克雷伯菌分离株比例或许在西欧一些国家下降，与此同时，东欧却经历了一个显著的增加。事实上，在欧洲的几乎每一个国家都报告过产 ESBL 病原菌的感染暴发。在欧洲国家，ESBL 的发生存在着相当大的地理差异。在国家内部，各个医院之间也可能存在发生率的明显不同。在肠杆菌科细菌分离株中，ESBL 的流行因国家的不同而差异很大。在荷兰，一项对 11 所医院实验室的调查显示，＜1％的大肠埃希菌和肺炎克雷伯菌株具有一种 ESBL。然而，在法国，多达 40％的肺炎克雷伯菌分离株被发现对头孢他啶耐药。尽管 TEM 型 β-内酰胺酶经常在大肠埃希菌和肺炎克雷伯菌中被发现，但 TEM 型 ESBL 也在肠杆菌科细菌的其他菌种和非发酵革兰阴性杆菌中被发现。TEM 型 ESBL 一直频繁地与医院暴发有关联。产 TEM-3、TEM-4 或 TEM-47 肺炎克雷伯菌已经在不同的欧盟国家引起克隆暴发；TEM-24 与产气肠杆菌的暴发有关联，并且 TEM-24、TEM-52 和 TEM-92 与奇异变形杆菌的克隆散播有关，以及与产 TEM-21 的铜绿假单胞菌在法国老年公寓的

延长的暴发有关。

在美国，产 ESBL 细菌的第一个报告是在 1988 年。1989 年，Quinn 及其同僚就注意到，产 TEM-10 的肺炎克雷伯菌所致的感染在芝加哥明显增多。感染暴发的其他早期报道主要描述 TEM 型 ESBL 的感染（特别是 TEM-10、TEM-12 和 TEM-26）。然而，具有 SHV 型 ESBL 的暴发也已经被描述。当时在美国，对产 ESBL 细菌流行的评价已经因检查细菌对三代头孢菌素耐药的统计学方法而受到阻碍，在美国，耐药被定义为 MIC≥32μg/mL（头孢他啶）或 MIC≥64μg/mL（头孢噻肟和头孢曲松）。因为许多产 ESBL 细菌针对三代头孢菌素的 MIC 在 2～16μg/mL，因此，美国产 ESBL 细菌的流行程度可能已经被低估（表 19-7）。美国国家院内感染监测网（National Nosocomial Infection Surveillance，NNIS）从 1998 年到 2002 年这段时间的数字揭示，来自 110 家 ICU 的 6101 个肺炎克雷伯菌分离株的 6.1%对三代头孢菌素耐药。在至少 10%的 ICU，耐药率超过 25%。在非 ICU 的住院区，10733 个肺炎克雷伯菌分离株的 5.7%对头孢他啶耐药。在门诊区，12059 个肺炎克雷伯菌分离株中仅有 1.8%和 71448 个大肠埃希菌分离株中仅有 0.4%对头孢他啶耐药。

表 19-7 不同国家肠杆菌科细菌 MIC 敏感折点的比较

| 国家 | MIC 敏感折点/(μg/mL) | | | |
| | 头孢噻肟 | | 头孢他啶 | |
	S(≤)	R(≥)	S(≤)	R(≥)
美国(CLSI)	8	64	8	32
英国	1	2	2	4
法国	4	32	4	32
荷兰	4	16	4	16
德国	2	8	4	32
西班牙	1	8	1	8
挪威	2	16	2	16
瑞典	4	32	4	16

注：1. 引自 Paterson D L，Bonomo R A. Clin Microbiol Rev，2005，18：657-686。

2. S—敏感；R—耐药。

1988 年，来自中国的肺炎克雷伯菌分离株被报道含有 SHV-2。在中国，产 SHV-2 的细菌进一步的报道是在 1994 年。据报告，从 1998 年到 1999 年所收集的数量有限的分离株中，有 30.7%的肺炎克雷伯菌分离株和 24.5%的大肠埃希菌分离株产生 ESBL。从 1997 年到 1999 年年底，在北京的一所大型教学医院，27%的大肠埃希菌和肺炎克雷伯菌血液培养分离株产 ESBL。从浙江省收集的分离株中，34%的大肠埃希菌分离株和 38.3%的肺炎克雷伯菌分离株产 ESBL。在日本，因大肠埃希

菌和肺炎克雷伯菌的 ESBL 产生而导致的 β-内酰胺类抗生素耐药的百分比仍然非常低。在覆盖日本的一项涉及 196 家医疗机构的调查中，<0.1%的大肠埃希菌和 0.3%的肺炎克雷伯菌菌株具有一种 ESBL。在亚洲的其他地方，产大肠埃希菌和肺炎克雷伯菌 ESBL 的百分比差异大：韩国为 4.8%；中国台湾为 8.5%；中国香港则高达 12%。在来自 ICU 的分离株中，这些酶的流行比医院的其他科室更高。

在一组于 1997 年一直到 1998 年年底这段时间获得的超过 4700 个肺炎克雷伯菌分离株的样本中，表达一种 ESBL 表型的百分比状况如下：来自拉丁美洲的分离株最高（45.4%），接下来依次为西太平洋地区（24.6%），欧洲（22.6%），最低的是来自美国（7.6%）和加拿大的菌株（4.9%）。在一组超过 13000 个大肠埃希菌分离株的样本中，表达 ESBL 表型的百分比如下：拉丁美洲为 8.5%，西太平洋地区为 7.9%，欧洲为 5.3%，美国为 3.3%，加拿大为 4.2%。

在 2004 年，MYSTIC 监测计划报告了 1997 年到 2003 年的 ESBL 检出状况，一共有 30637 肠杆菌科细菌菌种被收集并进行了鉴定（表 19-8）。

表 19-8 表达 ESBL 表型细菌的百分比
（MYSTIC 研究，1997—2003 年）

细菌分布地区 细菌、地域	分离株数量	ESBL 表型分离株/%
大肠埃希菌		
北美	2186	7.5
南美	580	18.1
北欧	2869	6.2
南欧	1838	16.0
东欧	1592	28.9
亚太	366	14.2
肺炎克雷伯菌		
北美	1402	12.3
南美	549	51.9
北欧	1203	16.7
南欧	881	24.4
东欧	1310	58.7
亚太	308	28.2
奇异变形杆菌		
北美	848	3.9
南美	97	6.2
北欧	745	5.9
南欧	662	20.5
东欧	235	21.3
亚太	80	23.7

注：引自 Turner P. Clin Infect Dis，2005，41：S273-S275。

有趣的是，特异性的 ESBL 对某一国家或地区而言似乎是独特的。例如，很多年来，在美国，

TEM-10 一直与一些产 ESBL 细菌的不相关的暴发流行有关。然而，TEM-10 只是在近来才在欧洲被报告具有同样的发生率。与此相似，TEM-3 在法国是常见的，但尚未在美国被检测到。近些年，已经有一些产 TEM-47 细菌在波兰暴发流行的报告，并且 TEM-52 在韩国的流行对于这个国家而言是独特的。另一项近来对于韩国的调查揭示，SHV-12 和 SHV2a β-内酰胺酶是在韩国常常被发现的 ESBL。对比而言，SHV-5 β-内酰胺酶在全世界常常被遇到，并且已经被报告在如下国家出现：克罗地亚、法国、希腊、匈牙利、波兰、南非、英国和美国。进入 21 世纪中期以后，ESBL 流行病学报告更多地集中在 CTX-M 型 ESBL，很少有研究单独报告 TEM/SHV 型 ESBL 的流行状况。不过必须指出的是，产 TEM/SHV 型 ESBL 的细菌分布一直非常广泛，因为在很多肠杆菌科细菌以及非发酵细菌都不只是产生一种 β-内酰胺酶。在很多新酶的鉴定过程中也都同时鉴定出 TEM/SHV 型 ES-BL。在 2008 年，Pitout 等分别报告了产 ESBL 所致感染的特征以及产 ESBL 大肠埃希菌和肺炎克雷伯菌的特征性区别（表 19-9）。

就产 ESBL 细菌所致感染的治疗，目前还没有全球普适的标准化方案，因为在各个大陆、各个国家、各个城市甚至各个医院之间，ESBL 的流行病学特征千变万化，无论是流行的 ESBL 种类、检出率和药物可及性都是如此。各个国家的抗感染指导原则也都是粗线条的，最主要是要根据各个医院的具体情况制定合理的治疗方案。各种产 ESBL 病原菌的广泛流行以及多药耐药迫使很多医生倾向于采用碳青霉烯类抗生素进行治疗，这无疑增加了碳青霉烯类抗生素的选择压力，伴随而来的已经是产各种碳青霉烯酶病原菌的增加流行。另一种观点认为，接种效应对于产 ESBL 细菌来说是重要的，有时 MIC 数值本身或许给出不正确的信息。在体外，头孢菌素的 MIC 随着产 ESBL 细菌接种量的增加而增高。例如，对于产 TEM-26 的肺炎克雷伯菌菌株，在接种量为 10^5 CFU/mL 情况下，头孢噻肟的 MIC 是 $0.25\mu g/mL$，而当接种量增加到 10^7 CFU/mL 时，头孢噻肟的 MIC 是 $64\mu g/mL$。一些动物研究（并非所有的）已经证实了接种效应或许具有临床相关性。在感染的动物模型中，头孢菌素治疗的失败已经被证实，尽管血清中抗生素的水平远远超过在常规的 10^5 CFU/mL 的接种量所试验的抗生素的 MIC。

表 19-9　由产 ESBL 细菌所致感染的特征

所致感染特征	社区发作感染	医院发作感染
细菌	大肠埃希菌	克雷伯菌（和其他细菌）
ESBL 类型	CTX-M（特别是 CTX-M-15）	SHV（特别是 SHV-2、SHV-5 和 SHV-12）以及 TEM（特别是 TEM-3、TEM-26 和 TEM-51）
感染	十分常见的是 UTI，但有菌血症和胃肠炎	呼吸道、腹腔内和血行感染
敏感性	对所有青霉素类和头孢菌素类耐药，对其他类别抗生素的高水平耐药，特别是针对氟喹诺酮类和 TMP-SMZ	对所有青霉素类和头孢菌素类耐药，对其他类别抗生素的高水平耐药，特别是针对氟喹诺酮类和 TMP-SMZ
分子流行病学	大多数分离株常常不是克隆相关的，不过在加拿大、英国、意大利和西班牙，成簇已经被描述	十分经常的是克隆相关的
危险因素	反复发作尿道感染和基础性肾脏疾病、包括头孢菌素类和氟喹诺酮类的以前抗菌药物使用、住院史、老年公寓居住者、年龄更大的人、糖尿病和基础性肝脏疾病等	更长的住院期、疾病的严重程度（越严重，危险性越高）、在 ICU 更长的留住时间、插管治疗和机械通气、尿道插管和动脉插管以及以前暴露到抗菌药物（特别头孢菌素类）

注：引自 Pitout J D，et al. Lancet Infect Dis，2008，8：159-166。

第五节 TEM 型 ESBL 的遗传支持

bla$_{TEM}$ 样基因被 3 个最早被鉴定出的细菌转座子所携带。作为 *bla*$_{TEM}$ 基因的携带者被鉴定出的密切相关的转座子最初被称作 TnpA，但后来被区分为 Tn*1*、Tn*2*、Tn*3* 和 Tn*801* 等，这取决于它们藏匿的 *bla*$_{TEM}$ 变异体以及它们起源的质粒支持。例如，序列分析揭示出，转座子 Tn*1* 携带 *bla*$_{TEM-2}$ 基因，转座子 Tn*2* 携带 *bla*$_{TEM-1b}$ 基因以及转座子 Tn*3* 携带 *bla*$_{TEM-1a}$ 基因。围绕着 *bla*$_{TEM}$ ESBL 基因的大多数结构都是源自一个共同的 Tn*3* 样结构，而不是由于一些截然不同的动员事件。尽管 *bla*$_{TEM}$ 基因数量众多，但它们还从未在整合子结构内被鉴定出，这可能是由于它们缺乏与编码基因相关联的 59-be 重组位点，而这个位点对于基因盒整合来说是必不可少的。不同的 *bla*$_{TEM}$ 基因可由不同的质粒携带，如 IncI1 型质粒、IncA/C 型质粒、IncA/C 型质粒、IncN 型质粒和 IncX 型质粒等。编码各种 ESBL 的基因都是位于各种质粒之上，这些质粒很容易通过接合在细菌之间转移。关于 ESBL 在全世界的传播有一些重要的知识"盲区"。例如，TEM-3 首先是于法国在肺炎克雷伯菌临床分离株中被鉴定出，但 TEM-3 可能在全球的任何一个国家被鉴定出。在那些远隔千山万水的国家中，我们不清楚哪些 TEM-3 是本土产生，哪些 TEM-3 是通过水平基因转移传播过来，或者它们是同一个起源还是多点起源。其他家族的 ESBL 也同样存在着这样的问题。仅仅鉴定编码基因是远远不够的，人们还必须对质粒特性进行比较才能进一步弄清楚它们的传播链。

第六节 结语

TEM 型 ESBL 的出现和广泛散播标志着细菌耐药已经进入一个新的阶段，开始严重困扰着临床医生对感染性疾病的处置，感染性疾病的治疗不再是件轻松的工作，反而是一件让医生颇费思量的事情。各种 ESBL 的质粒携带使得这些 ESBL 的传播轻而易举，由此人类也真正意识到细菌耐药已经演化成一场全球的危机，需要国际社会共同应对。此外，这些 ESBL 的广泛出现也是催生各种 β-内酰胺酶抑制剂复方制剂研发的重要驱动力。尽管各种碳青霉烯酶的涌现强烈地吸引人的更多关注，ESBL 的受关注程度似乎有所下降，但我们必须清醒地看到，各种 ESBL 介导的细菌耐药是最重要和最基础的耐药机制之一。

参考文献

[1] Sirot D，Sirot J，Labia R，et al. Transferable resistance to third-generation cephalosporins in clinical isolates of *Klebsiella pneumoniae*：identification of CTX-1, a novel β-lactamase［J］. J Antimicrob Chemother, 1987，20：323-334.

[2] Brun-Buisson C，Legrand P，Philippon A，et al. Transferable enzymatic resistance to third-generation cephalosporins during nosocomial outbreak of multiresistant *Klebsiella pneumoniae*［J］. Lancet, 1987：302-306.

[3] Sougakoff W，Goussard S，Courvalin P. The TEM-3 β-lactamase，which hydrolyzes broad-spectrum cephalosporins，is derived from the TEM-2 penicillinase by two amino substitutions［J］. FEMS Microbiol Lett, 1988，56：343-348.

[4] Philippon A，Labia R，Jacoby G. Extended-spectrum β-lactamases［J］. Antimicrob Agents Chemother, 1989，33：1131-1136.

[5] Orencia M C，Yoon J S，Ness J F，et al. Predicting the emergence of antibiotic resistance by directed evolution and structural analysis［J］. Nat Struct Biol, 2001，8：238-242.

[6] Delmas J，Robin F，Bittar F，et al. Unexpected enzyme TEM-26：role of mutation Asp179Glu［J］. Antimicrob Agents Chemother, 2005，49：4280-4287.

[7] Blazquez J，Morosini M I，Negri M C，et al. Selection of naturally occurring extended-spectrum TEM â-lactamase variants by fluctuating â-lactam pressure［J］. Antimicrob Agents Chemother, 2000，44：2182-2184.

[8] Blazquez J，Morosini M I，Negri M C，et al. Single amino-acid replacements at positions altered in naturally occurring extended-spectrum TEM â-lactamases［J］. Antimicrob Agents Chemother, 1995，39：145-149.

[9] Huang W，Palzkill T. A natural polymorphism in â-lactamase is a global suppressor［J］. Proc Natl Acad Sci USA, 1997，94：8801-8806.

[10] Sideraki V，Huang W，Palzkill T，et al. A secondary drug resistance mutation of TEM-1 â-lactamase that suppresses misfolding and aggregation［J］. Proc Natl Acad Sci USA, 2001，98：283-288.

[11] Palzkill T，Botstein D. Identification of amino-acid substitutions that alter the substrate specificity of TEM-1 â-lactamase［J］. J Bacteriol, 1992，174：5237-5243.

[12] Palzkill T，Le Q，Venkatachalam KV，et al. Evolution of antibiotic resistance：several differ-

ent amino-acid substitutions in an active site loop alter the substrate profile of â-lactamase [J]. Mol Microbiol, 1994, 12: 217-229.

[13] Chen S T, Clowes R. Two improved promoter sequences for the β-lactamase expression arising from a single base-pair substitution [J]. Nucleic Acids Res, 1984, 12: 3219-3234.

[14] Goussard S, Sougakoff W, Mabilat C, et al. An IS1-like element is responsible for high-level synthesis of extended-spectrum â-lactamase TEM-6 in *Enterobacteriaceae* [J]. J Gen Microbiol, 1991, 137: 2681-2687.

[15] Sowek J A, Singer S B, Ohringer S, et al. Substitution of lysine at position 104 or 240 of TEM-1$_{pTZ18R}$ â-lactamase enhances the effect of serine-164 substitution on hydrolysis or affinity for cephalosporins and the monobactam aztreonam [J]. Biochemistry, 1991, 30: 3179-3188.

[16] Venkatachalam K V, Huang W, LaRocco M, et al. Characterization of TEM-1 â-lactamase mutants from positions 238 to 241 with increased catalytic efficiency for ceftazidime [J]. J Biol Chem, 1994, 269: 23444-23450.

[17] Blazquez J, Negri M C, Morosini M I, et al. A237T as a modulating mutation in naturally occurring extended-spectrum TEM-type â-lactamases [J]. Antimicrob Agents Chemother, 1998, 42: 1042-1044.

[18] Healey W J, Labgold M R, Richards J H. Substrate specificities in class A β-lactamases: preference for penams vs. cephems. The role of residue 237 [J]. Protein, 1989, 6: 275-283.

[19] Weinreich D M, Delaney N F, Depristo M A, et al. Darwinian evolution can follow only very few mutational paths to fitter proteins [J]. Science, 2006, 312: 111-114.

[20] Mroczkowska J E, Barlow M. Fitness trade-off in *bla*$_{TEM}$ evolution [J]. Antimicrob Agents Chemother, 2008, 52: 2340-2345.

[21] De Wals Y P, Doucet N, Pelletier J N. High tolerance to simultaneous active-site mutation in TEM-1 β-lactamase: distinct mutational paths provide more generalized β-lactam recognition [J]. Protein Science, 2009, 18: 147-160.

[22] Gniadkowski M. Evolution of extended-spectrum β-lactamases by mutation [J]. Clin Microbiol Infect, 2008, 14 (Suppl. 1): 11-32.

[23] Corvec S, Beyrouthy R, Cremet L, et al. TEM-187, a new extended-spectrum β-lactamase with weak activity in a *Proteus mirabilis* clinical strain [J]. Antimicrob Agents Chemother, 2013, 57: 2410-2412.

[24] Paterson D L, Bonomo R A. Extended-Spectrum β-lactamases: a Clinical Update [J]. Clin Microbiol Rev, 2005, 18: 657-686.

[25] Poirel L, Bonnin R A, Nordmann P. Genetic support and diversity of acquired extended-spectrum β-lactamases in Gram-negative rods [J]. Infect Gen et Evol, 2012, 12 (5): 883-893.

[26] El Salabi A, Walsh T R, Chouchani C. Extended spectrum β-lactamases, carbapenemases and mobile genetic elements responsible for antibiotic resistance in Gram-negative bacteria [J]. Crit Rev Microbiol, 2013, 39 (2): 113-122.

[27] Philippon A M, Paul G C, Jacoby G A. New plasmid-mediated oxacillin-hydrolyzing β-lactamase in *Pseudomonas aeruginosa* [J]. J Antimicrob Chemother, 1986, 17: 415-422.

[28] Maveyraud L, Golemi D, Kotra L P, et al. Insights into class D β-lactamases are revealed by the crystal structure of the OXA-10 enzyme from *Pseudomonas aeruginosa* [J]. Structure, 2000, 8: 1289-1298.

[29] Raquet X, Lamotte-Brasseur J, Fonze E, et al. TEM β-lactamase mutants hydrolysing third-generation cephalosporins. A kinetic and molecular modelling analysis [J]. J Mol Biol, 1994, 2434: 625-639.

[30] Cantu C, Palzkill T. The role of residue 238 of TEM-1 β-lactamase in the hydrolysis of extended-spectrum antibiotics [J]. J Biol Chem, 1998, 273: 26603-26609.

[31] Quinn J P, Miyashiro D, Sahm D, et al. Novel plasmid-mediated beta-lactamase (TEM-10) conferring selective resistance to ceftazidime and aztreonam in clinical isolates of *Klebsiella pneumoniae* [J]. Antimicrob Agents Chemother, 1989, 33: 1451-1456.

第二十章

SHV 型 ESBL

第一节　SHV 型 ESBL 的出现

SHV 型 ESBL 在各个方面都与 TEM 型 ESBL 相似,包括产生年代、分子内突变、水解特性、菌种分布、流行病学特征以及感染治疗等。因此,在本章中,我们着重介绍 SHV 型 ESBL 的一些相关特点。

第一个 SHV 型 ESBL SHV-2 是 SHV-1 的点突变衍生物,它也是所有 ESBL 中被最早鉴定出的一种 ESBL。早在 1983 年,Knothe 等就报告了一种质粒介导的针对广谱头孢菌素耐药机制。他们曾经从德国法兰克福大学医院中分离出 3 个肺炎克雷伯菌菌株和 1 个黏质沙雷菌菌株,这些菌株针对头孢噻肟、头孢孟多和头孢呋辛耐药并且这种耐药能被接合转移给大肠埃希菌 K-12 受体细胞。当时,这项研究并没有提及耐药是由 SHV-2 介导,只是提出了一种肺炎克雷伯菌针对多种拓展谱头孢菌素类的耐药机制。在 1985 年,Kliebe 等报告,一个臭鼻克雷伯菌临床分离株 2180 产生一种全新的 β-内酰胺酶,该分离株也是从德国法兰克福大学医院中分离获得,其耐药性状可通过接合方式转移给大肠埃希菌 W3110,由此证明了质粒介导的性质。这种 β-内酰胺酶具有和 SHV-1 同样的等电点(7.6)。在这两种 bla 基因之间的一种广泛同源性能从异源双链体分析结果中被推断出来,因此,这种新 β-内酰胺酶被命名为 SHV-2,是 SHV-1 的一个突变体衍生物。第一个 TEM 型 ESBL TEM-3 和第一个 SHV 型 ESBL SHV-2 都是首先在欧洲被发现,这也许与那些氧亚氨基头孢菌素类抗生素常常首先在欧洲使用有关,当然,也可能是欧洲国家相关研究开展得比较早的缘故。酶活性研究揭示,SHV-2 能够水解广谱头孢菌素,这是这些化合物对其增加的亲和力之故。SHV-2 是 SHV-1 自然突变体的这种假设强烈地被如下实验结果支持,即在实验室分离出一个 SHV-1 的突变体,后者显示出与 SHV-2 相似的酶活性(表 20-1)。

表 20-1　针对产 SHV-1,SHV-2 或 SHV-1$_{mut}$ 菌株的各种药物的 MIC

药物	MIC/(μg/mL)				
	大肠埃希菌 W3110	SHV-1[1]	SHV-2[1]	SHV-2[2]	SHV-1$_{mut}$
头孢拉定	4	16	64	64	64
头孢噻吩	8	32	128	128	256
头孢呋辛	2	8	8	8	32
头孢噻肟	0.03	0.03	4	4	4
头孢他啶	0.125	0.125	4	2	2
头孢曲松	0.03	0.03	1	1	1
头孢替坦	0.06	0.06	0.25	0.125	0.125
青霉素	8	512	>2048	>2048	>1024
氨苄西林	2	1024	>2048	>2048	2048
亚胺培南	0.5	0.5	1	1	1
氨曲南	0.06	0.03	1	1	1

①宿主菌株为大肠埃希菌 W3110;②宿主菌株为臭鼻克雷伯菌 2180。

注:引自 Kliebe C,Nies B A,Meyer J F,et al. Antimicrob Agents Chemother,1985,28:302-307。

后来经过测序证实,SHV-1 通过单一的氨基酸置换突变成为 SHV-2,即甘氨酸 238→丝氨酸置换。此后,SHV 型 β-内酰胺酶家族也同样经历了丰富多彩的分子内突变,进化出拥有各种水解活性的 SHV 型 β-内酰胺酶,也包括针对 β-内酰胺酶抑制剂耐药的突变体 SHV-10,当然,突变体成员最多的还是 ESBL。截至 2013 年，在 the Lahey's In-stitute 网页上一共有 128 个 SHV 变异体被描述，但很多成员都没有任何生化参数和活性参数可供参考，其中有 37 个变异体被确认是 ESBL。当然，这样的进化并没有停下脚步，随着时间的推移，一定会有更多的 SHV 型 ESBL 涌现出来。

第二节 SHV 型酶分子内突变产生多样化的 ESBL

SHV 型酶的分子内突变与 TEM 型酶的分子内突变非常相似，只是突变体衍生物的数量要比 TEM 型酶少一些，但大多数突变体衍生物也都是 ESBL。进而，那些已经被观察到的能够产生 SHV 变异体的 bla_{SHV} 基因改变发生在结构性基因更少的位置上（图 20-1）。

如图 20-1 所示，中间一条灰色杠中列出的氨基酸是在 SHV-1 β-内酰胺酶的结构基因上发现的氨基酸。这种氨基酸计数是根据 Ambler 等的方法。SHV 型 ESBL 衍生物中被发现的置换在 SHV-1 的各个氨基酸位置上被显示。SHV 型变异体可

能含有不止一个氨基酸置换。SHV-11 不是一种 ESBL，但却作为 SHV-1 的一个衍生物被包括在此图中。此外，在位置 238 上出现氨基酸置换的 ES-BL 数量最多，其次是在位置 240 和 35。Gutkind 等于 2013 年报告，在已经被确认的 37 个 ESBL 突变体中，在位置 238 上的氨基酸置换有 22 个（19个是甘氨酸→238 丝氨酸置换，3 个是甘氨酸 238→丙氨酸置换），在位置 240 上的置换有 18 个（17 个是谷氨酸→240 赖氨酸置换，1 个是谷氨酸 240→精氨酸置换）以及在位置 35 上的置换有 10 个（均为亮氨酸 35→谷氨酰胺置换）。当然，也有一些置换出现在位置 8、43 和 129 上（表 20-2）。因此，具有一种 ESBL 表型的大多数 SHV 变异体是以甘氨酸 238→丝氨酸置换为特征。很多与 SHV-5 相关的变异体也以谷氨酸 240→赖氨酸置换为特征。有趣的是，甘氨酸 238→丝氨酸以及谷氨酸 240→赖氨酸这两种氨基酸置换在 TEM 型 ESBL 上也同样能被观察到。位置 238 上的丝氨酸残基对于头孢他啶的有效水解至关重要，并且赖氨酸残基对于头孢噻肟的有效水解至关重要。

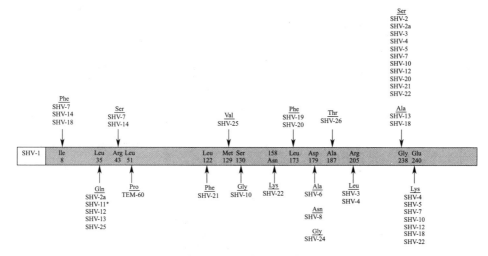

图 20-1 在 SHV ESBL 衍生物上的氨基酸置换

（引自 Bradford P A. Clin Microbiol Rev，2001，14：933-951）

表 20-2 出现在广谱、超广谱和抑制剂耐药 SHV β-内酰胺酶的十分常见的氨基酸置换

位置	8	35	43	129	234	238	240
SHV-1	I	L	R	M	K	G	E
2be	F	Q	S	V	—	S,A	K,R
(n=37)	(5)	(10)	(5)	(2)		(19,3)	(17,1)
2b	F[1]	Q	S[1]	V	R	S[2]	K[2]
(n=30)	(1)	(14)	(1)	(2)	(1)	(3)	(1)
2br	F	Q	—	—	R	S[3]	K[3]
(n=6)	(1)	(1)			(3)	(1)	(1)

注：1. 引自 Gutkind GO，et al. Curr Pharm Des，2013，19(2)：164-208。

[1]在 SHV-14，[2]SHV-22 和[3]SHV-10 上的同步改变。

2. E—谷氨酸；F—苯丙氨酸；G—甘氨酸；I—异亮氨酸；K—赖氨酸；L—亮氨酸；Q—谷氨酰胺；S—丝氨酸；R—精氨酸；V—缬氨酸。

与 TEM 型 ESBL 的突变情况相似，如果一个氨基酸置换不足以产生高效的水解活性，那么，第二个氨基酸置换可以叠加出现。这些叠加突变或三联体突变常常进一步增加这些 ESBL 的催化效率。已经证实，甘氨酸 238→丝氨酸和谷氨酸 240→赖氨酸产生了比单独甘氨酸 238→丝氨酸更高水平的耐药。然而，额外的谷氨酸 240→赖氨酸改变的影响对于头孢他啶和氨曲南比对头孢噻肟和头孢曲松更明显。位置 240 位于 B3 β 链的末端，并且谷氨酸被一个碱性残基的取代导致与在头孢他啶和氨曲南的氧亚氨基取代基的羧基基团的一个静电键的形成。相继，很多含有额外氨基酸改变的 ESBL 变异体已经被报告。造成一个活性增强的 ESBL 表型的额外的氨基酸改变大多发生在位置 179、205 和 240 上。在大多数情况下，这些氨基酸改变协同发挥作用并且展现出正性的影响。天冬氨酸 179→天冬酰胺置换比较特殊，这种单一突变产生的是 SHV-8，它是迄今被鉴定出的最弱的 SHV 型 ESBL，与 SHV-1 相比，SHV-8 针对头孢他啶的耐药只是轻度增加。当然，也有一些氨基酸置换并未直接与水解活性改善相关联，但这些氨基酸置换或可以起到稳定酶蛋白的作用。如同 TEM 型 ESBL 一样，SHV 型 ESBL 的大多数置换都影响到在 B3 β 链或 Ω 环内的氨基酸残基。在 SHV 型 ESBL 中被观察到的许多置换中，一些位置的置换或多或少直接与 ESBL 活性相关，这些位置中的大多数都位于氧负离子袋中，或邻接氧负离子袋，并且这个氧负离子袋本身就位于 A 类 β-内酰胺酶分子的两个较大域之间的分界面上。众所周知，无论 β-内酰胺酶属于哪个分子学类别，它们都有一些保守的基序。在 Ambler 分子学 A 类 β-内酰胺酶，至少有 4 个保守的基序被发现，包括 Ω 环在内。在天然酶的三级结构中，一些基序都邻接酶的活性部位，并且能够赋予 ESBL 表型的各种氨基酸置换都被认为扩大了活性位点或增加了接触，从而允许全新的酶-底物相互作用，特别是允许那些具有氧亚氨基头孢菌素类与酶的相互作用（图 20-2）。

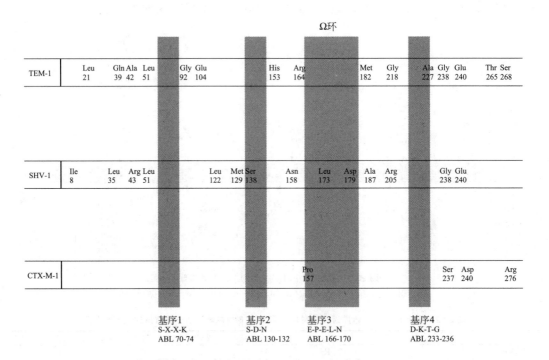

图 20-2　在分子学 A 类 β-内酰胺酶 TEM、SHV 和 CTX-M 的关键氨基酸位置（根据 Ambler 等的体系进行的计数）
（引自 Sturenburg E，Mack D. J Infection，2003，47：273-295）
代表着 TEM 和 SHV 家族的条形格内所列出的氨基酸位置是那些已经与朝向氧亚氨基头孢菌素类的活性拓展有关联的位置。对比而言，CTX-M 酶水解广谱头孢菌素类的能力是"固有的"并且不是在一个祖先酶上的一个氨基酸置换的结果。然而，在超广谱活性上的一个关键作用已经被归结于丝氨酸 237、天冬氨酸 240 和精氨酸 276。进而，在位置 167 上的 Ω 环上的一个氨基酸置换被认为明显增强对头孢他啶的水解。灰色的阴影区代表着限定活性位点的进化保守结构元件。由 Bradford 修改而来

第三节 SHV 型 ESBL 的水解特性

SHV-2 是由 SHV-1 通过单一氨基酸置换甘氨酸 238→丝氨酸突变而来。此外，人们也在实验室构建了甘氨酸 238→丙氨酸人工突变体，这些单一的氨基酸置换都会明显造成底物亲和力的改善。这种改善或是借助构象改变而导致活性位点腔的扩张，由于形成了全新的分子内氢键而位移 B3 β 链或 Ω 环，和/或被一个更大容积的侧链所引起的立体化学的冲突造成。与 SHV-1 相比，这两个单一的氨基酸置换明显增加针对头孢噻肟的催化效率，但同时也降低针对早期青霉素类如青霉素和氨苄西林的水解活性（表 20-3）。

天冬氨酸 179→天冬酰胺置换产生了 SHV-8，位置 179 也是位于 Ω 环内，因此，位置 179 的突变也必然会影响到酶的活性，不过这样的活性增加远不如在位置 238 上突变造成的活性增加明显。SHV-2 针对头孢他啶的 k_{cat}/K_m 是 8mg/L，而 SHV-8 针对头孢他啶的 k_{cat}/K_m 则只有 2mg/L（表 20-4）。

伴随着较多的 ESBL 型突变而出现的针对青霉素类的活性下降，是在不同的蛋白功能之间平衡的一个好例子。因这些突变所致的构象改变导致结构的缺陷，后者影响到蛋白折叠和稳定性。此外，ESBL 突变的负影响所涉及的不仅是结构和稳定性，而且也包括表达。Hujer 等已经发现，SHV 甘氨酸→238 突变体在比 SHV-1 更低的水平被表达，这是由于减少的翻译。这个现象还没有在 TEM 型 ESBL 中被观察到，这是在 TEM 和 SHV 之间另一个明显的差别。

还有两个因素也参与 ESBL 针对广谱头孢菌素的耐药，一是孔蛋白表达的有无，二是启动子的强弱。Blazquez 等分析了外膜通透性对单一突变的 ESBL 所赋予的耐药水平的影响，它们是借助比较具有或不具有孔蛋白 OmpF 的大肠埃希菌菌株，并且通过产生或是 TEM-12 或是 TEM-19 来进行的分析。研究结果证实了孔蛋白的改变对氧亚氨基 β-内酰胺类的耐药具有明显的影响。Randegger 等研究了位于各种 bla_{SHV} 基因前面的弱启动子 vs 强启动子对同基因的产生菌株大肠埃希菌菌株的耐药水平的影响。一个强启动子能够更好地增加在表达有单一突变体 SHV-2 甘氨酸 238→丝氨酸和 SHV-8 天冬氨酸 179→天冬酰胺的菌株针对氧亚氨基 β-内酰胺类的耐药（表 20-5）。

表 20-3 SHV-1 及其单一突变体 ESBL 衍生物的催化效率

底物	催化效率，k_{cat}/K_m[L/(mmol·s)]		
	SHV-1	SHV-2	SHVGly238Ala[1]
PEN	35000	2500	11000
AMP	20000	3000	5800
LOR	3000	10000	2300
CTX	ND	600	400

[1] 实验室突变体酶。

注：1. 引自 Gniadkowski M. Clin Microbiol Infect，2008，14（Suppl. 1）：11-32。

2. PEN—青霉素；AMP—氨苄西林；LOR—头孢拉定；CTX—头孢噻肟；ND—未确定。

表 20-4 产生 SHV-1 和选出的单一突变体 ESBL 衍生物的大肠埃希菌实验室菌株的敏感性

β-内酰胺类	k_{cat}/K_m[L/(mmol·s)]				
	SHV-1	SHV-2	SHV[1]	SHV-1	SHV-8
氨苄西林/阿莫西林	16000	8200	8200	NA	—
头孢噻吩	32	64	512	8	3
头孢噻啶	128	16	256	—	—
头孢噻肟	0.06	8	8	0.016	0.032
头孢他啶	1	8	8	0.094	2

[1] 甘氨酸 238→丙氨酸（在自然界中尚未鉴定出这种突变体酶）。

注：1. 引自 Gniadkowski M. Clin Microbiol Infect，2008，14（Suppl. 1）：11-32。

2. NA—未分析。

表 20-5　产生选出的 TEM-1 和 SHV-1 的单一突变体 ESBL 的大肠埃希菌实验室衍生体的敏感性

β-内酰胺类	MIC/(mg/L)							
	TEM 甘氨酸 238→丝氨酸 TEM-19 OmpF$^+$	TEM 甘氨酸 238→丝氨酸 TEM-19 OmpF$^-$	TEM 精氨酸 164→丝氨酸 TEM-12 OmpF$^+$	TEM 精氨酸 164→丝氨酸 TEM-12 OmpF$^-$	SHV 甘氨酸 238→丝氨酸 SHV-2 弱启动子	SHV 甘氨酸 238→丝氨酸 SHV-2 强启动子	SHV 天冬氨酸 179→天冬酰胺 SHV-8 弱启动子	SHV 天冬氨酸 179→天冬酰胺 SHV-8 强启动子
AMX	2048	2048	>2048	>2048	NA	—	—	—
LOT	—	—	—	—	>256	>256	3	6
LOR	32	64	16	64	—	—	—	—
CTX	0.06	1	0.12	0.25	4	12	0.032	1
CAZ	0.25	1	4	32	0.5	1	2	16

注：1. 引自 Gniadkowski M. Clin Microbiol Infect，2008，14（Suppl. 1）：11-32。

2. AMX—阿莫西林；LOT—头孢噻吩；LOR—头孢噻啶；CTX—头孢噻肟；CAZ—头孢他啶。

第四节　SHV 型 ESBL 的底物轮廓和流行病学特征

SHV 型 ESBL 的水解轮廓包括青霉素类和广谱头孢菌素类，最高的活性是针对头孢噻肟，比针对头孢他啶的活性高，并且不损害头霉素类和碳青霉烯类。克拉维酸明确无误地抑制 SHV 型 ESBL 的活性。与 TEM 型 ESBL 一样，SHV 型 ESBL 也起源于欧洲，所以，早期的 SHV 型 ESBL 几乎都是从欧洲国家被鉴定出，SHV-5 除外，它首先是在智利被发现。SHV 型 ESBL 的 pI 值普遍高于 TEM 型 ESBL，普遍处于碱性范围内。bla_{SHV} 样基因主要在肠道细菌分离株中被发现，产 SHV 型 ESBL 最多的细菌还是肺炎克雷伯菌。尽管如此，已经有一些报告提到，bla_{SHV} 样基因也存在于鲍曼不动杆菌和铜绿假单胞菌中。值得注意的是，bla_{SHV-5} ESBL 基因已经在美国纽约市的鲍曼不动杆菌中被鉴定出，并且 bla_{SHV-5}、bla_{SHV-12} 基因在来自荷兰的鲍曼不动杆菌分离株中被鉴定出来。此外，产 SHV-5 铜绿假单胞菌已经在希腊的一次暴发中被描述过，并且产 SHV-2/SHV-12 铜绿假单胞菌已经在荷兰被描述过。SHV-5 和 SHV-12 属于这个家族中最常见的成员。1998 年，在 7 所波兰医院所进行的为期 4 个月的调查揭示，占据主导地位的是一种 SHV 型 ESBL（60.4%）并且 TEM 和 CTX-M 型 ESBL 的发生率相似，分别为 20.8% 和 18.8%。在 SHV-2 发现后的 15 年内，藏匿有 SHV-2 的细菌在所有有人居住的大陆上都被发现，意味着三代头孢菌素在上市后 10 年的广泛使用所施加的选择压力对此负责。

SHV 型 ESBL 的流行病学特征与 TEM 型 ESBL 高度相似，SHV 型 ESBL 在不同大陆、不同国家、不同城市甚至不同医院的检出率明显不一致，而且这些 ESBL 成员的出现率也极不均匀。总的来说，大多数成员都默默无闻，但有一些 SHV 型 ESBL 在这个世界中广泛分布，这些声名远播的 SHV 型 ESBL 包括 SHV-2、SHV-2a、SHV-5 和 SHV-12 等。在欧洲，SHV-12 和 SHV-5 已经在波兰、匈牙利、法国、意大利和西班牙的临床分离株中被鉴定出。SHV-5/SHV-12 也已经在北美被恢复。SHV-12 可能是在全球最流行的 SHV 型 ESBL。在我国，第一个鉴定出的 ESBL 是 SHV-2。产 SHV 型 ESBL 细菌分离株多为院内临床分离株。在任何一家医院，ICU 的检出率都明显高于普通病房的检出率。2007 年 SMART 监测计划的数据显示，在亚洲某些国家或地区中，产 ESBL 大肠埃希菌和克雷伯菌菌种检出率高得令人警醒。高达 55% 的出现率在我国被报告，并且在印度被收集的大肠埃希菌的 79% 是 ESBL 阳性，高得令人震惊。来自印度的资料显示出一些有趣的结果，无论是从医院收集的大肠埃希菌还是在社区收集的大肠埃希菌，它们的 ESBL 流行程度同样高。此外，在许多医院，则表现出一个更加复杂的分子流行病学特征的画卷。近来的报道已经描述，在同一时间和同一科室内，至少 5 个不同的产 ESBL 克雷伯菌属克隆的散播。此外，单一的流行菌株的成员可能携带不同的质粒（携带不同的 ESBL 基因）。进而，遗传上不相关的菌株可以产生同样的 ESBL，这是质粒在细菌菌种之间转移的缘故。最后，尽管同样的 ESBL 在某一科室内流行，但它们可能是由不同的质粒携带。这可能意味着在抗生素压力的诱导下存在着独立的进化，或质粒在细菌之间的转移。人们已经观察到，遗传上相关的 ESBL 从单一城市的一个医院到另一个医院，甚至从一个城市到另一个城市，以及从一个国家到另一个国家的转移。一直以来都有一个著名的克隆，即产 SHV-4，血清型为 K-25 的肺炎克雷伯菌分离株，这个克隆已经传播到法国和比利时的很多医院。当然，进入 2000 年以后，CTX-M 型 ESBL 实现了异军突起，而产 TEM 型和 SHV 型 ESBL 的各种肠杆菌科细菌退居次位。在 2004 年，在英国的 16 家实验室一共收集了 955 个肠杆菌科细菌临床分离株。在 β-内酰胺酶介导的耐药机制中，在大肠埃希菌和肺炎克雷伯菌中，排在第一位的是 CTX-M 型 ESBL 的产生，而非 CTX-M 型 ESBL 的产生排在第二位，不过，在肠杆菌菌种中，AmpC 酶产生排在第一位，非 CTX-M 型 ESBL 排在第二位，而 CTX-M 型 ESBL 排在第三位（表 20-6）。

表 20-6　头孢菌素耐药肠杆菌科细菌的耐药机制

耐药机制	大肠埃希菌 ($n=574$)	克雷伯菌菌种 ($n=224$)	肠杆菌菌种 ($n=157$)
CTX-M 型 ESBL	292	190	6
非 CTX-M 型 ESBL	88	25	20
AmpC—染色体或质粒介导	41	1	72
K1 染色体 β-内酰胺酶的超高产	0	8	0
没有实质性的机制被界定；低水平耐药，主要是针对头孢泊肟	153	0	59

注：1. 引自 Livermore DM，et al. J Antimicrob Chemother，2007，59：165-174.

2. 这些分离株是在 2004 年 8～10 月从伦敦和英格兰东南部的 16 家实验室所收集。

与 TEM 型 ESBL 一样，已经被鉴定出的获得这些产 ESBL 细菌的特定危险因素包括长期住院、病情严重、长期入住 ICU、插管疗法和机械通气以及以前对抗菌药物的暴露。一些研究已经发现，三代头孢菌素使用和获得产 ESBL 菌株之间存在着相关性。其他一些研究虽然没有显示出足够的统计学意义上的差异，进而，在医院内单个病房使用头孢他啶和这些病房中头孢他啶耐药菌株的流行之间存在着密切的相关性。在对 15 个不同医院的调查中，每个医院头孢菌素和氨曲南的使用与每个医院产 ESBL 菌株分离率之间存在着相关性。各种其他类别抗菌药物的使用已经被发现与相继的产 ESBL 细菌所致的感染之间存在的关联，这些抗生素包括喹诺酮、TMP-SMZ、氨基糖苷类和甲硝唑。相反，以前使用过 β-内酰胺/β-内酰胺酶抑制剂的复方制剂、青霉素或碳青霉烯类抗生素，似乎与常常

由产 ESBL 细菌所致感染发生之间没有关联。

产 ESBL 的细菌是如何在医院内传播的呢？产 ESBL 的一个常见的环境源已经偶尔被发现。这些环境源的例子包括超声波偶合胶、支气管镜、血压计套和玻璃温度计（通常在腋窝测量体温）的污染。在一项近来的研究中，蟑螂已经被怀疑可能是感染的媒介，因为来自蟑螂的产 ESBL 肺炎克雷伯菌被发现和来自患者的这种细菌不可区分。产 ESBL 已经从患者的肥皂、洗手盆和婴儿的浴盆中被分离出，但这种环境污染对感染的贡献究竟有多大尚不可能确定。目前的证据建议，医护人员手上的一过性携带可能是促进患者-患者之间转移的更重要途径。

第五节　SHV 型 ESBL 的遗传学支持

bla_{SHV} 基因与 IS26 关联密切。在 bla_{SHV-5} 基因的上游被鉴定出的 IS26 元件可能一直是通过一个同源重组事件造成这个 bla_{SHV-5} 基因获得，如同靶位位点重复的缺乏所建议的那样。一个相似的结构也在质粒 pACM1 中被鉴定出，但在那种情况下，两个直接重复的 IS26 元件都被截短，从而形成一个有缺陷的复合转座子。在一些肠道细菌和铜绿假单胞菌分离株中，只有一个单一的 IS26 元件在 bla_{SHV} 样基因的上游被鉴定出。因此，如同 Ford 和 Avison 建议的那样，IS26 非常有可能是在 bla_{SHV} 基因获得上的一个关键的特征，其动员通过至少两个独立的事件已经发生。如同 bla_{TEM} 基因那样，这些 bla_{SHV} 基因还从未在整合子结构内作为基因盒被鉴定出。编码 ESBL SHV-5 的基因的传播主要与 IncL/M 型质粒有关联，这些质粒主要在肠杆菌科细菌中分布，而 bla_{SHV-12} ESBL 基因的传播被联系到 IncI1 型质粒上，但也被联系到来自西班牙的 IncK 型质粒上，以及在大肠埃希菌、肺炎克雷伯菌、产气肠杆菌和黏质沙雷菌中广泛分布的 IncFⅡ/FⅠ型质粒上，这些细菌分离株来自澳大利亚、法国、意大利和西班牙。在后面提及的这些质粒上，bla_{SHV-12} 基因与 IS26 有关联，这就强调了 IS26 在这个基因的动员和表达上的较大的作用。bla_{SHV} 基因表达被一个杂交启动子所驱动，该启动子由一个 -35 框和一个 -10 框组成，前者位置是进入 IS26 的 IR 中，后者位置是进入这些 bla_{SHV} 基因的附近。

第六节　结语

SHV 型 ESBL 家族是最早出现的 ESBL 家族。

自从 SHV-2 被发现以后，这个 ESBL 家族就快速扩张成全球性的大流行局面。SHV 型 ESBL 家族和 TEM 型 ESBL 家族有很多相似之处，包括它们的流行病学和感染治疗。在 21 世纪中期之前，SHV/TEM 型 ESBL 在很多国家和地区都是最流行的 ESBL 家族，只是 CTX-M 型 ESBL 家族后来居上，实现了反超。产 SHV 型 ESBL 的病原菌也常常是多药耐药病原菌，这就为这些病原菌所致感染的成功治疗带来了威胁。针对产 SHV 型 ESBL 病原菌所致感染的治疗与 TEM 型 ESBL 大体相同，碳青霉烯类抗生素越来越多地用于治疗这类感染，但随之而来的就是革兰阴性杆菌对碳青霉烯耐药率的持续增加。目前，SHV 型抑制剂耐药的突变体也已经出现，如 SHV-10，但既表现出对广谱头孢菌素类耐药表型，又表现出对抑制剂耐药表型的复合突变体酶还没有在 SHV 型酶中出现，但这样的复合突变体酶的出现应该是大概率事件，可能只是出现时间早晚而已。

参考文献

[1] Knothe H, Shah P, Krcmery V, et al. Transferable resistance to cefotaxime, cefoxitin, cefamandole, and cefuroxime in clinical isolates of Klebsiella pneumoniae and Serratia marcescens [J]. Infection, 1983, 6: 315-317.

[2] Kliebe C, Nies B A, Meyer J F, et al. Evolution of plasmid-coded resistance to broad-spectrum cephalosporins [J]. Antimicrob Agents Chemother, 1985, 28: 302-307.

[3] Philippon A, Labia R, Jacoby G. Extended-spectrum β-lactamases [J]. Antimicrob Agents Chemother, 1989, 33: 1131-1136.

[4] Randegger C C, Keller A, Irla M, et al. Contribution of natural amino-acid substitutions in SHV extended-spectrum β-lactamases to resistance against various β-lactams [J]. Antimicrob Agents Chemother, 2000, 44: 2759-2763.

[5] Bradford P A. Extended-spectrum β-lactamases in the 21st century: characterization, epidemiology, and detection of their important resistance threat [J]. Clin Microbiol Rev, 2001, 14: 933-951.

[6] Sturenburg E, Mack D. Extended-spectrum β-lactamases: implications for the clinical microbiology laboratory, therapy, and infection control [J]. J Infection, 2003, 47: 273-295.

[7] Jacoby A, Munoz-Price L S. The new β-lactamases [J]. N Engl J Med, 2005, 352: 380-391.

[8] Turner P. Extended-Spectrum β-lactamases [J]. Clin Infect Dis, 2005, 41: S273-S275.

[9] Paterson D L, Bonomo R A. Extended-Spectrum β-lactamases: a Clinical Update [J]. Clin Microbiol Rev, 2005, 18: 657-686.

[10] Pitout J D, Nordmann P, Larpland K B, et al. Emergence of Enterobacteriaceae producing extended-spectrum β-lactamases (ESBL) in the community [J]. J Antimicrob Chemother, 2005, 56: 52-59.

[11] Gniadkowski M. Evolution of extended-spectrum β-lactamases by mutation [J]. Clin Microbiol Infect, 2008, 14 (Suppl. 1): 11-32.

[12] Pitout J D, Laupland K B. Extended-spectrum β-lactamase-produing Enterobacteriaceae: an emerging public-health concern [J]. Lancet Infect Dis, 2008, 8: 159-166.

[13] Martinez-Martinez, L. Extended-spectrum β-lactamases and the permeability barrier [J]. Clin Microbiol Infect, 2008, 14 (Suppl. 1): 82-89.

[14] Bush K. Alarming β-lactamase-mediated resistance in multidrug-resistant Enterobacteriaceae [J]. Curr Opin Microbiol, 2010, 13: 558-564.

[15] Pitout J D. Infections with extended-spectrum β-lactamase-producing Enterobacteriaceae [J]. Drugs, 2010, 70 (3): 313-333.

[16] Goddard S, Muller M P. The efficacy of infection control interventions in reducing the incidence of extended-spectrum β-lactamase-producing Enterobacteriaceae in the nonoutbreak setting: A systematic review [J]. Am J Infect Control, 2011, 39 (7): 599-601.

[17] Chong Y, Ito Y, Kamimura T. Genetic evolution and clinical impact in extended-spectrum β-lactamase-producing Escherichia coli and Klebsiella pneumoniae [J]. Infect Genet Evol, 2011, 11 (7): 1499-1504.

[18] Poirel L, Bonnin R A, Nordmann P. Genetic support and diversity of acquired extended-spectrum β-lactamases in Gram-negative rods [J]. Infect Genet Evol, 2012, 12 (5): 883-893.

[19] El Salabi A, Walsh T R, Chouchani C. Extended spectrum beta-lactamases, carbapenemases and mobile genetic elements responsible for antibiotic resistance in Gram-negative bacteria [J]. Crit Rev Microbiol, 2013, 39 (2): 113-122.

[20] Pitout J D. Enterobacteriaceae that produce extended-spectrum β-lactamases and AmpC β-lactamases in the community: the tip of the iceberg [J]? Curr Pharm Des. 2013, 19 (2): 257-263.

第二十一章

CTX-M 型 ESBL

第一节 CTX-M 型 ESBL 的出现

在 1990 年，德国学者 Bauernfeind 等报告了一种全新的 β-内酰胺酶，它是从一个大肠埃希菌分离株 GRI 中被鉴定出，该分离株是在 1989 年从德国慕尼黑一名患有中耳炎的 4 个月大新生儿耳渗出液中被分离获得。这种 β-内酰胺酶的 pI 为 8.9，其最主要表型特征就是：针对多种 β-内酰胺类抗生素具有更高的 MIC 和针对头孢他啶具有更低的 MIC，如针对头孢噻肟的 MIC 为 $128\mu g/mL$，并且这一特征能借助接合而被轻易地转移到一个大肠埃希菌受体菌株，由此说明大肠埃希菌 GRI 产生的这种 β-内酰胺酶代表了一种新的质粒（pMVP-3）编码的超广谱 β-内酰胺酶，它与 TEM/SHV 型 ESBL 远相关。正因为这种 β-内酰胺酶以高效水解头孢噻肟为特性并且又在德国慕尼黑被首先鉴定出，人们将这种酶称为 CTX-M-1（Active on cefotaxime, first isolated at Munich，意为首先在慕尼黑被分离出的头孢噻肟酶）。在 20 世纪 90 年代初，人们的关注焦点都集中在 TEM 型和 SHV 型 ESBL 上，所以，这样的一个报告根本没有引起更多人的关注。几乎所有人意想不到的是，经过十几年的进化，CTX-M 型 ESBL 已经在众多 ESBL 家族中脱颖而出，目前已经演化成为最具临床影响力的 ESBL 家族。

在 1992 年，同样类型的 ESBL 在另一个大肠埃希菌临床分离株 MEN 中被报告，该分离株是于 1989 年初从入住巴黎的法国抗癌中心的一名意大利籍的患者分离获得。接合实验证实，编码该 ES-

BL 的基因也位于质粒上，携带该质粒菌株的耐药特性通过接合能被转移到大肠埃希菌 K-12，被转移的是一个较大的质粒，85kb。该分离株之所以被选出就是因为其对广谱头孢菌素类耐药（头孢噻肟 MIC 28 mg/L；头孢他啶 MIC 2 mg/L），但对头孢西丁、拉氧头孢和亚胺培南敏感。克拉维酸明显地抑制这种 β-内酰胺酶对广谱头孢菌素类的水解活性。该酶 pI 为 8.4，也是一种碱性蛋白。同年，Barthelemy 等对这个酶进行序列分析，并将其命名为 MEN-1，这是一种质粒介导的 A 类非 TEM 型非 SHV 型 ESBL 的第一个序列。在 1996 年，通过蛋白质测序和 DNA 测序推断出的氨基酸序列证实，CTX-M-1 和 MEN-1 氨基酸序列完全一样，是同一种酶。此后，MEN-1 的名字渐渐淡出人们的视野，最后不再使用。

1991 年，CTX-M-2 在一些鼠伤寒沙门菌多药耐药菌株中被鉴定出，这些菌株来自阿根廷布宜诺斯艾利斯的 2 所儿童医院，并且是在 1990 年 8 月从罹患肠炎的儿童粪便中被收集到。事实上，回归性分析显示，早在 20 世纪 80 年代后期，CTX-M-2 就已经存在于一些临床分离株中。接合实验研究证实，该酶是由质粒（pMVP-4）介导，它针对头孢噻肟比针对头孢他啶的水解活性更强，针对头孢噻肟的 V_{max} 要比针对头孢他啶的 V_{max} 高 350 倍。编码 CTX-M-2 的基因与编码 CTX-M-1 的基因具有 84％的同一性，两者的底物轮廓彼此相似，但 pI 不同，前者为 7.9，后者为 8.9。此外，与 CTX-M-1 相比，CTX-M-2 针对 β-内酰胺酶抑制剂具有更低的敏感性。CTX-M-2 被认为是在南美最流行的 ESBL 之一，特别是在乌拉圭、秘鲁、玻利维亚、巴拉圭和阿根廷。

1996年7月间，在波兰华沙的Praski医院，Gniadklwski等收集了一组头孢噻肟耐药的肠杆菌科细菌临床分离株，包括3个弗氏柠檬酸杆菌分离株和1个大肠埃希菌分离株。分析显示，所有这些分离株都产生一种β-内酰胺酶，碱性蛋白，pI为8.4。测序分析揭示，弗氏柠檬酸杆菌分离株产生的这种新β-内酰胺酶与CTX-M-1/MEN-1 β-内酰胺酶密切相关，是CTX-M-1的一个全新变异体，按照当时的编号顺序，它被命名为CTX-M-3。这两种β-内酰胺酶的氨基酸序列在如下4个位置上不同：缬氨酸77→丙氨酸，天冬氨酸114→天冬酰胺，丝氨酸140→丙氨酸以及天冬酰胺288→天冬氨酸。每一配对中前一个氨基酸是CTX-M-1/MEN-1，后一个氨基酸属于CTX-M-3。CTX-M-3似乎要比CTX-M-1"活跃"，自从第一次被鉴定出以来，它就在波兰境内散播并且相继在很多国家被检测到。多个肠杆菌科细菌菌种都携带这种β-内酰胺酶，包括大肠埃希菌、肺炎克雷伯菌、阴沟肠杆菌、弗氏柠檬酸杆菌、摩氏摩根菌、黏质沙雷菌和鼠伤寒沙门菌等。

如果追溯起来，CTX-M-1并不是这个家族中第一个被鉴定出的成员。早在1988年，日本学者Matsumoto等就鉴定出一种全新的质粒介导的β-内酰胺酶，它来自大肠埃希菌分离株，后者是于1986年从一条曾给予过β-内酰胺类抗生素的试验用犬粪便中分离获得。该菌株产生一种β-内酰胺酶FEC-1 (fecal *Escherichia coli*，FEC-1)，分子量48 kDa，pI为8.2。FEC-1水解头孢呋辛、头孢噻肟、头孢甲肟、头孢曲松以及头孢拉定。FEC-1活性被克拉维酸、舒巴坦和亚胺培南高度抑制。接合研究揭示出FEC-1被一个质粒编码。然而在几年以后对编码FEC-1的基因测序分析显示，成熟的FEC-1酶与CTX-M-3完全一样，两者的差别仅仅是在信号肽上具有2个氨基酸置换。由此可见，最早的CTX-M型β-内酰胺酶也许是在日本被鉴定出，当然，最早从临床分离株中发现CTX-M型ESBL的还是欧洲。

日本学者于1995年也曾报告一种全新的CTX-

M型酶，这种酶是由大肠埃希菌TUH12191所产生。由于该分离株是从日本东京Toho大学医学院附属医院的一名患有膀胱炎的女婴尿液中被分离出，所以作者们将这种酶命名为Toho-1。纯化后酶的pI为7.8，分子量为29 kDa，这种酶水解多种β-内酰胺类抗生素，如青霉素、氨苄西林、苯唑西林、羧苄西林、哌拉西林、头孢噻吩、头孢拉定、头孢西丁、头孢噻肟、头孢他啶和氨曲南。Toho-1明显地被β-内酰胺酶抑制剂如克拉维酸和他唑巴坦抑制。对β-内酰胺类、链霉素、大观霉素、SMZ和TMP的耐药通过接合从大肠埃希菌TUH12191被转移到大肠埃希菌ML4903，被转移的质粒大约58 kb，属于不相容M组。根据由DNA序列所推断出的氨基酸序列，这个前体由290或291个氨基酸残基构成，它含有A类β-内酰胺酶共有的氨基酸基序 (^{70}S-X-X-L, ^{130}S-D-N和^{234}K-T-G)。测序证实，Toho-1也是一种CTX-M型ESBL，后来被统一命名为CTX-M-44。

自从第一个CTX-M型β-内酰胺酶被鉴定出以来，CTX-M酶家族一直稳步扩张，不过无论在数量上还是临床相关性上都还远不如TEM/SHV型ESBL。截至2000年底，大约有十几种CTX-M型β-内酰胺酶被鉴定出来，CTX-M-4、CTX-M-5、CTX-M-6、CTX-M-7、CTX-M-8、CTX-M-10也主要是在欧洲国家被发现，如俄罗斯、拉脱维亚、希腊和西班牙，CTX-M-9在巴西被鉴定出，而Toho-1和Toho-2在日本被发现，而且最初的宿主细菌都是肠杆菌科细菌 (表21-1)。动力学研究已经显示，CTX-M型β-内酰胺酶水解头孢噻肟和头孢拉啶比水解青霉素更有效，并且和水解头孢他啶相比，它们优先水解头孢噻肟。尽管这些酶对头孢他啶具有一些水解活性，但这种水解作用通常不足以提供产生它们细菌的临床耐药。除了快速水解头孢噻肟之外，这些酶的另一个独有的特征是，与舒巴坦和克拉维酸的抑制作用相比，它们被β-内酰胺酶抑制剂他唑巴坦更好地抑制。

在2012年，Canton等将CTX-M型ESBL各个组别中代表性的成员进行了描述，介绍了各个代表性成员的一些特征和来龙去脉 (表21-2)。

表21-1 早期发现的CTX-M型ESBL的简要特征

β-内酰胺酶	pI	起源的国家	细菌菌种
CTX-M-1	8.9	德国，意大利	大肠埃希菌
CTX-M-2	7.9	阿根廷	肠炎沙门菌鼠伤寒血清型
CTX-M-3	8.4	波兰	弗氏柠檬酸杆菌，大肠埃希菌，肠炎沙门菌鼠伤寒血清型
CTX-M-4	8.4	俄罗斯	肠炎沙门菌鼠伤寒血清型
CTX-M-5	8.8	拉脱维亚	肠炎沙门菌鼠伤寒血清型

续表

β-内酰胺酶	pI	起源的国家	细菌菌种
CTX-M-6	8.4	希腊	肠炎沙门菌鼠伤寒血清型
CTX-M-7	8.4	希腊	奇异变形杆菌
CTX-M-8	7.6	巴西	阴沟肠杆菌,产气肠杆菌,无丙二酸柠檬酸杆菌
CTX-M-9	8.0	西班牙	大肠埃希菌
CTX-M-10	8.1	西班牙	大肠埃希菌
Toho-1	7.8	日本	大肠埃希菌
Toho-2	7.7	日本	大肠埃希菌

注:引自 Bradford P A. Clin Microbiol Rev,2001,14:933-951。

表 21-2 隶属于不同 CTX-M 组的 CTX-M 型酶的最初描述

年份	国家/地区	CTX-M	CTX-M 组	说明
1986	日本	FEC-1	CTX-M-1	产酶细菌是来自实验室用犬粪便菌丛中的大肠埃希菌,这些犬被用于药动学研究并且以前被给予头孢烯类抗生素
1989	德国	CTX-M-1	CTX-M-1	产酶细菌是大肠埃希菌,它是从在慕尼黑的罹患中耳炎的 4 个月大的婴儿耳部渗液中分离出,涉及的这些 β-内酰胺酶最初被命名为头孢噻肟酶
1989	阿根廷	CTX-M-2	CTX-M-2	产酶细菌是鼠伤寒沙门菌分离株,它们是从罹患脑膜炎、败血症或肠炎的住院患者中分离获得
1989	法国	MEN-1	CTX-M-1	产酶细菌是大肠埃希菌,它来自在法国住院的一名意大利患者。后来的测序揭示出它与 CTX-M-1 完全一样
1993	日本	Toho-1	CTX-M-2	产酶细菌是大肠埃希菌分离株,它是从罹患膀胱炎的 1 岁女婴分离获得,她入住在东京 Toho 大学医学院 Omori 医院。Toho-1 后来被再命名为 CTX-M-44
1996	波兰	CTX-M-3	CTX-M-1	产酶细菌是弗氏柠檬酸杆菌和大肠埃希菌分离株,它们从华沙罹患尿道感染的患者中分离获得
1999	中国台湾	CTX-M-3	CTX-M-1	产酶细菌是不同的大肠埃希菌分离株,它们是从住院和非住院患者中被分离获得
1994	法国	CTX-M-9	CTX-M-9	一项回归性研究显示,产生这种酶的大肠埃希菌在其最初于西班牙被识别出之前就在法国存在
1996	西班牙	CTX-M-9	CTX-M-9	CTX-M-9 的第一次描述,它产自一个大肠埃希菌分离株,后者是从一名尿道感染患者中被分离获得
1996	巴西	CTX-M-9	CTX-M-9	产酶细菌是大肠埃希菌分离株,它是从在里约热内卢的一名住院患者中被分离获得
1997	中国	CTX-M-9	CTX-M-9	产酶细菌是大肠埃希菌和肺炎克雷伯菌,它们是作为一项抗菌药物耐药监测研究中被分离获得
1996	韩国	CTX-M-14	CTX-M-9	在宋氏志贺菌以及在大肠埃希菌和肺炎克雷伯菌的血行分离株中被检测到
1997—1998	中国	CTX-M-14	CTX-M-9	产酶细菌是大肠埃希菌,肺炎克雷伯菌和阴沟肠杆菌,它们是作为一项抗菌药物耐药监测研究中被分离获得
1998	中国台湾	CTX-M-14	CTX-M-9	产酶的大肠埃希菌是从一项多中心抗菌药物耐药监测研究中被分离获得
1998	波兰	CTX-M-15	CTX-M-1	一项回归性研究显示,在 CTX-M-15 第一次在印度被描述前就存在于黏质沙雷菌和大肠埃希菌。序列和质粒分析揭示出它可能进化自 CTX-M-3
1999	印度	CTX-M-15	CTX-M-1	这个酶的第一次描述
2001	英国	CTX-M-15	CTX-M-1	产生 CTX-M-15 的大肠埃希菌在社区的传播,一个主要的克隆后来被鉴定为属于国际 25:H4-ST131 克隆
1996—1997	巴西	CTX-M-8	CTX-M-8	产酶细菌是来自不同住院患者的阴沟肠杆菌,无丙二酸柠檬酸杆菌和产气肠杆菌
2000	加拿大	CTX-M-25	CTX-M-25	产酶细菌是从一名住院患者中分离出的大肠埃希菌分离株

注:引自 Cantón R,et al. Microbiol,2012,3:1-19。

第二节 CTX-M 型 ESBL 的分类

直到 2000 年,CTX-M 型 β-内酰胺酶还是各类 ESBL 中的一个小家族,无论是在数量上还是在地理分布的广度上都远不能和 TEM/SHV ESBL 相提并论。尽管产生 CTX-M 型 ESBL 的早期分离株在 20 世纪 80 年代后期被报告,但直到 CLSI 改变了其检测 ESBL 方法的推荐以后，大部分产 CTX-M 型酶的分离株才被检测到。最初，ESBL 确证试验不推荐使用两种三代头孢菌素（头孢噻肟和头孢他啶），而是仅仅使用头孢他啶。由于大多数 CTX-M 型酶水解头孢噻肟比水解头孢他啶更有效，因此，很多 CTX-M 型 ESBL 会被漏检。新的 CLSI 指导原则导致一些类型 CTX-M 型 ESBL 被鉴定出。

随着越来越多全新的 CTX-M 型 ESBL 在全世界被陆续鉴定出，并且这些 β-内酰胺酶也呈现出显而易见的多样性。依照惯例，人们自然会对这些 ESBL 进行分类，当然分类的最初目的主要是为了更方便对这些酶的分子学结构和种系发生进行深入研究。尽管传统的分类方法也将 bla 基因是在质粒上还是染色体上用作区分这些酶的方法，但这样的分类方法目前已不再使用，原因是染色体基因能被动员并整合进入质粒或转座子上，反之，质粒介导的 β-内酰胺酶基因被整合进入染色体上的现象也越来越多地被发现。在 2004 年，根据 CTX-M 型 β-内酰胺酶氨基酸同一性，Walther-Rasmussen 和 Hoiby 将它们分成 4 个簇（或亚家族），分别以 CTX-M-1、CTX-M-2、CTX-M-8 和 CTX-M-9 为代表，并且在每一个簇内各个成员之间的同一性非常高，大约为 97%～99.7%。当时，CTX-M-8 家族只有 3 个成员，即 CTX-M-8 β-内酰胺酶以及当时被鉴定了特性的 CTX-M-25 和 CTX-M-26。后两种 β-内酰胺酶彼此密切相关，而与 CTX-M-8 则更远相关。这或许意味着 CTX-M-8 家族的酶由 2 个亚组构成，它们分别以 CTX-M-8 和 CTX-M-25/CTX-M-26 为代表。在同一年，根据 CTX-M 型 β-内酰胺酶的氨基酸序列相似性，Bennett 将当时已被鉴定出的 CTX-M 型 β-内酰胺酶分成 5 个主要的组别和 1 个 KLUC-1 组，分别是 CTX-M-1 组、CTX-M-2 组、CTX-M-8 组、CTX-M-9 组和 CTX-M-25 组，每个组内各个成员之间分享＞94% 同一性；而据观察，不同组别的成员则分享 ≤ 90% 同一性（图 21-1）。作者将 CTX-M-25 和 CTX-M-26 从第 8 组分出来，因为它们和 CTX-M-8 的氨基酸同一性低于 90%，并且已经证实，从佐治亚克吕沃尔菌中新鉴定出的染色体 β-内酰胺酶 KLUG-1 更可能是 CTX-M-8 的祖先，因为它们的同一性为 99.0%。在 KLUG-1 和 CTX-M-25 以及在 KLUG-1 和 CTX-M-26 之间的同一性分别是 89.4% 和 89.7%，这就提示 CTX-M-25 和 CTX-M-26 可能起源自存在于克吕沃尔菌属的同样菌种或相关菌种的变异体基因，显然它们不属于第 8 组。

进入 2010 年以来，随着更多 KLUC 组酶被鉴定出，D'Andrea 等将 CTX-M 型 β-内酰胺酶又正式分成 6 个组别，即 CTX-M-1 组、CTX-M-2 组、CTX-M-8 组、CTX-M-9 组、CTX-M-25 组和 KLUC 组，并且每个组的成员也都有不同程度的增加。在 CTX-M 家族成员中还有一个现象，就是在其他酶家族中未见到的杂合蛋白现象。2009 年，在日本，一个全新的嵌合型 β-内酰胺酶 CTX-M-64 在一个宋氏志贺菌菌株 UIH-1 中被鉴定出来。该菌株来自一名刚从中国归来的日本旅行者。CTX-M-64 呈现出对头孢噻肟和头孢他啶耐药（MIC 分别为 1024μg/mL 和 32μg/mL）。CTX-M-64 最与众不同之处就是它是由 CTX-M-15 样 β-内酰胺酶和 CTX-M-14 组成的一个杂合蛋白。氨基酸序列显示出一种 CTX-M-15 样 β-内酰胺酶（N 末端和 C 末端部分）和 CTX-M-14 样 β-内酰胺酶（中间部分，氨基酸 63～226）的一个嵌合体结构，这就建议 CTX-M-64 是通过在相应基因之间的同源重组而产生出来。在 2010 年，Sun 等报告，在我国广东省 12 家动物医院中被收集的大肠埃希菌中，CTX-M-64 也被鉴定出，而这些分离株被收集的时间是 2007—2008 年。因此，CTX-M-64 也可能最早起源自我国。CTX-M-64 的出现表明，CTX-M 型 β-内酰胺酶的多样性又增添了一种新机制。果不其然，CTX-M-123 和 CTX-M-132 又相继被鉴定出，它们都是 CTX-M-15 与 CTX-M-14 的不同片段杂合而成。大多数这样的变异体出现在 CTX-M-1 组和 CTX-M-9 组之间说明了这些组的成员具有更高的可塑性，当然，这也可能反映出这两个组的成员更高的流行程度。这些由 CTX-15 和 CTX-M-14 不同片段杂合而形成的 CTX-M 型酶如 CTX-64、CTX-123 和 CTX-132 都不能独立成组（图 21-2）。事实上，多个 CTX-M 变异体在同一宿主内的复合存在已经被报告，这种情况可能会有助于这些杂合酶的出现。

在 2013 年，根据氨基酸序列和种系发生，赵维华和胡志清两位学者将 CTX-M 型 β-内酰胺酶分成 7 个簇。每个簇的代表性成员分别是 CTX-M-3、CTX-M-14、CTX-M-2、CTX-M-25、CTX-M-8、CTX-M-64 和 CTX-M-45。CTX-M-3 簇（其他学者称为 CTX-M-1 组）包括 42 个成员，在氨基酸序列上它们分享 97.6%～99.7% 同一性。其他簇情况如下：CTX-M-14 簇（其他学者称为 CTX-M-9 组）有 38 个成员，成员之间具有 97.3%～99.7% 同一性；CTX-M-2 簇有 16 个成员，成员之间具有 95.2%～99.7% 同一性；CTX-M-25 簇有 7 个成员，成员之间具有 98.6%～99.7% 同一性；CTX-M-8 簇有 3 个成员，成员之间具有 97.9%～99.7% 同一性；CTX-M-64 簇有 2 个成员，同一性为 95.9%。在 CTX-M-45 簇只有一个成员。在 CTX-M 变异体中，CTX-M-4 和 CTX-M-45 是最趋异的，有 91 个氨基酸置换（图 21-3）。

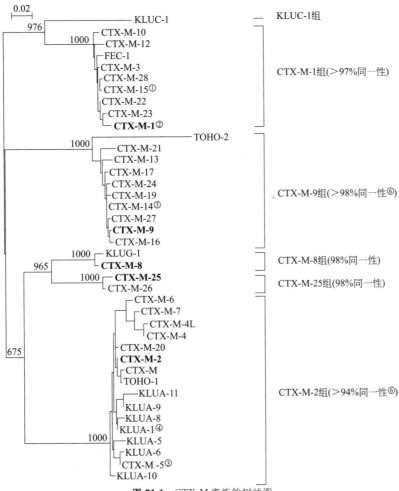

图 21-1　CTX-M 家族的树状图

（引自 Bonnet R. Antimicrob Agents Chemother，2004，48：1-14）

①在基因文库中被命名为 UOE-1 和 CTX-M-11；②被称为 MEN-1；③分别被称为 CTX-M-18，UOE-2 和 Toho-3；④被 bla_{KLUA-1}、bla_{KLUA-3}、bla_{KLUA-4} 和 $bla_{KLUA-12}$ 基因编码；⑤被称为 KLUA-2；⑥Toho-2 序列被包括在 CTX-M-9 组别中

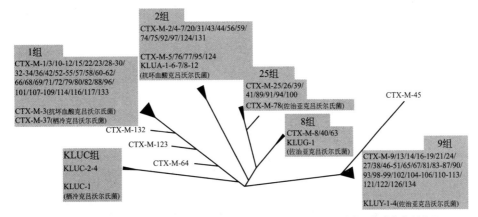

图 21-2　显示在 CTX-M 谱系的酶中的相似性和不同的 CTX-M 组别成员的成簇的树状图

（引自 D′Andrea MM，Arena F，Pallecchi L，et al. Int J Med Microbiol，2013，303：305-317）

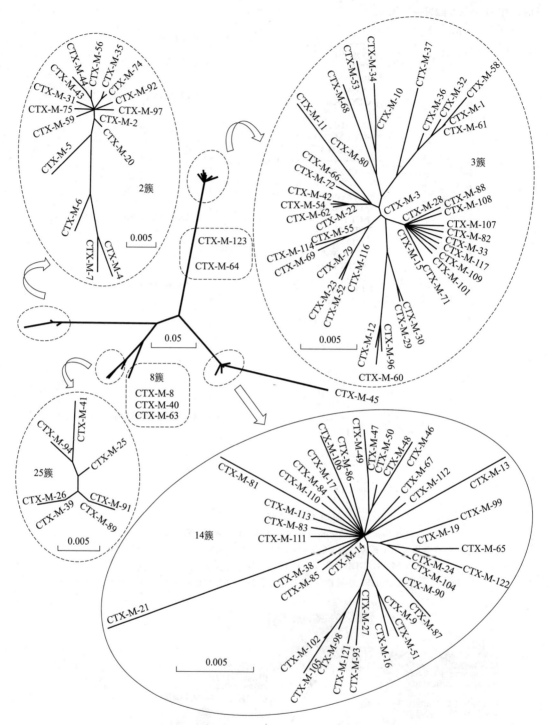

图 21-3 根据氨基酸序列的 CTX-M 家族的种系发生树

（引自 Zhao W H，Hu Z Q. Crit Rev Microbiol，2013，39：79-101）

分枝长度按比例画出并且与不同的氨基酸残基的数量是成比例的

事实上，无论是哪一种分类方法，每个组（或簇）的成员都是多寡不一的。赵维华和胡志清的 CTX-M 型 β-内酰胺酶分类体系与其他所有的分类体系略有不同。他们是将传统分类体系中的 CTX-M-1 组称作第 3 簇，CTX-M-9 组称作第 14 簇，并且从种系发生看，CTX-M-3 和 CTX-M-14 才更有

表 21-3　各组 CTX-M 酶的基本特性

酶	CTX-M 组别						
	CTX-M-1	CTX-M-2	CTX-M-8	CTX-M-9	CTX-M-25	CTX-M-64	CTX-M-45
代表性酶	CTX-M-1/MEN-1	CTX-M-2	CTX-M-8	CTX-M-9	CTX-M-25 CTX-M-26	CTX-M-64	CTX-M-45
分离/鉴定年份	1989	1990	1996—1997	1996	2000 和 2002	2009	1998/1995
国家	德国/法国	阿根廷	巴西	西班牙	加拿大和英国	日本	日本
细菌菌种	大肠埃希菌	鼠伤寒沙门菌	阴沟肠杆菌，产气肠杆菌和无丙二酸柠檬酸杆菌	大肠埃希菌	大肠埃希菌/肺炎克雷伯菌	宋氏志贺菌	大肠埃希菌
成员数量	42	16	3	38	7	2	
十分流行的酶	CTX-M-1，CTX-M-3，CTX-M-15	CTX-M-2	CTX-M-8	CTX-M-9，CTX-M-14			

注：引自 Gutkind G O,et al. Curr Pharm Des,2013,19(2)：164-208,略有修改。

资格作为这两个簇的原型代表。CTX-M-1 组（3 簇），CTX-M-9 组（14 簇）以及 CTX-M-2 组（2 簇）的成员数量最多。从全球范围来讲，最流行的 CTX-M β-内酰胺酶也主要位于这三个组中，如 CTX-M-15、CTX-M-14、CTX-M-2、CTX-M-3 和 CTX-M-1，这几个变异体最初是从不同的国家中被发现，而且有些国家彼此相隔甚远，如 CTX-M-1 在德国和法国，CTX-M-2 在阿根廷，CTX-M-3 在波兰，CTX-M-15 在印度以及 CTX-M-14 在中国。这几种变异体特别流行以及各组成员数量存在较大差异的根本原因尚不清楚。

一些 CTX-M 型 β-内酰胺酶难以根据蛋白比对被归类于现有的亚家族中。其中最具特殊性的就属 CTX-M-45，以前称作 Toho-2。这个酶展示出一个移码突变以及连续的微小缺失，在第六个碱基缺失后就恢复天然的读框。这样一套氨基酸改变和缺失就会产生出一种蛋白，它具有一个内短肽，与其他 CTX-M 家族成员根本没有氨基酸同一性。然而，核苷酸比对将其置于靠近 CTX-M-14（CTX-M-9 簇）。编码 Toho-2 β-内酰胺酶的基因与 CTX-M-9 家族的 bla 基因具有 98.1%～98.5% 的同一性，但由于在 bla_{Toho-2} 基因上的 6 个核苷酸缺失，所以 Toho-2 与 CTX-M-9 家族的酶的同一性只有 86.3%～88.0%（表 21-3）。

第三节　CTX-M 型 ESBL 的结构-功能关系

CTX-M 型 β-内酰胺酶属于 A 类丝氨酸 β-内酰胺酶，它也同样拥有 A 类 β-内酰胺酶的各个基序。

除了催化必需的残基丝氨酸 70 以外，赖氨酸 73、丝氨酸 130、谷氨酸 166 和赖氨酸（精氨酸）234 在所有的 A 类 β-内酰胺酶中都是严格保守的，并且这些残基是涉及参与活性位点形成的 4 种公认基序的部分。图 21-4 显示的是 4 个 CTX-M 型酶家族成员的氨基酸比对。

早在 2001 年就有人建议，位置 237 上的丝氨酸残基（存在于所有的 CTX-M 酶中）在 CTX-M 型 β-内酰胺酶的超广谱水解活性上起着重要的作用。此外，尽管已经显示不是必需的，但精氨酸 276 残基所处的一个位置却是相当于 TEM/SHV 型 ESBL 的精氨酸 244 位置，并且或许在氧亚氨基头孢菌素类的水解上也发挥着作用。然而，精氨酸 276 的取向及其周围环境在 CTX-M 型酶和 TEM/SHV 型 ESBL 是不同的。此外，在 CTX-M-4 的精氨酸 276→天冬酰胺突变没有导致对抑制剂敏感性的明显下降，对比而言，在 TEM-1 酶中，精氨酸 244 上被丝氨酸、半胱氨酸、苏氨酸或组氨酸置换都会导致对抑制剂敏感性的显著下降；另一方面，针对氧亚氨基 β-内酰胺类抗生素的相对水解速率因精氨酸 276 的置换而降低，从而支持如下的假设，即精氨酸 276 对于酶活性的扩展是重要的。然而，精氨酸 276 残基根本没有与在酰胺中间体结构的底物发生相互作用。早在 1998 年，Tzouvelekis 等报告他们的研究成果。他们研究了精氨酸 276→天冬酰胺置换对 ESBL CTX-M-4 特性的影响。与 CTX-M-4 相比，通过定点诱变而获得的这个突变体 β-内酰胺酶（精氨酸 276→天冬酰胺）赋予对头孢噻肟、头孢曲松和氨曲南更低水平的耐药，而对青霉素类和青霉素抑制剂复方制剂的耐药水平基本没

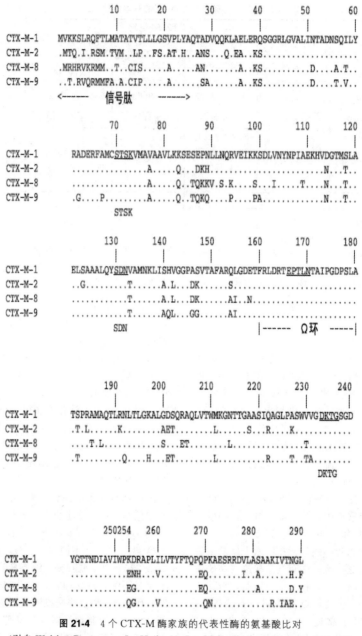

图 21-4　4 个 CTX-M 酶家族的代表性酶的氨基酸比对

(引自 Walther-Rasmussen J，Hoiby N. Can J Microbiol，2004，50：137-165)

数字是根据 ABL 计数；圆点表示与 CTX-M-1 的氨基酸残基完全一样。下划线的残基形成
限定催化腔的 4 个结构元件。在四联体 STSK 中的丝氨酸 70 残基是活性部位丝氨酸。
三联体 SDN、四联体 DKTG 和 Ω 环的肽 EPTLN 与四联体 STSK 一起限定住结合部位

有被改变。精氨酸 276→天冬酰胺置换造成 CTX-M-4 针对克拉维酸和他唑巴坦的抑制作用的敏感性轻度下降。这一置换也引起针对头孢噻肟的相对水解速率下降了 2/3。这些结果提示，在 CTX-M 型 β-内酰胺酶中，精氨酸 276 或许参与了氧亚氨基 β-内酰胺类抗生素的水解，然而，他们不支持如下的假设，即精氨酸 276 是在其他的 A 类 β-内酰胺酶中

被发现的精氨酸 244 的功能性等同物。

一个引人瞩目的特征涉及丝氨酸 237 残基，它被认为参与了 TEM/SHV ESBL 针对头孢噻肟底物专一性的扩展。Tzouvelekis 等报告，在 CTX-M-4 酶的丝氨酸 237→丙氨酸置换诱导在两个方面的活性下降，一是针对头孢噻肟的相对水解活性，二是对克拉维酸施加的抑制作用的敏感性。Ibuka 等

人提出，Toho-1 在与头孢噻肟形成的络合物中的酰基中间体结构显示出丝氨酸 237 侧链的一个旋转，它防止与头孢噻肟的甲氧亚氨基基团的立体化学冲突，以及允许与头孢噻肟羧基形成一个氢键，这种相互作用有助于将头孢菌素类的 β-内酰胺环的羰基带到含氧负离子洞的最佳位置以便酰化。CTX-M 型酶相对低的青霉素酶活性可能被在丝氨酸 237 残基和四氢噻唑环的甲基基团之间的范德华瓦尔斯接触所致。天冬酰胺 104、天冬酰胺 132、丝氨酸 237 和天冬氨酸 240 残基与酰基-酰胺-头孢噻肟链的酰胺基和氨基噻唑基团建立氢键。因此，在与头孢噻肟形成的络合物中的 CTX-M 酶的这种不寻常的酰基中间体，或许通过紧紧地将头孢噻肟固定到结合位点上而参与到氧亚氨基头孢菌素类的活性之中。

近来，Toho-1 酶的结晶学资料建议，在和其他 A 类 β-内酰胺酶比较时，该酶的 B3β 折叠链和 Ω 环的柔性（flexibility）有所增加。进而，在 Ω 环附近的氢键缺乏应该是超广谱表型的原因。B3β 折叠链也具有一种增加的可塑性，这是由于在这个折叠链中有许多甘氨酸残基存在。无论是 Ω 环还是 B3β 折叠链更高的结构柔性都会导致一个轻度扩大的活性部位，从而为超广谱头孢菌素类的庞大取代基腾出空间。由于在 Ω 环附近的疏水核的一种复杂结构重排（涉及重排的氨基酸残基是半胱氨酸 69、丝氨酸 72、甲硫氨酸 135、苯丙氨酸 160 和苏氨酸 165），Toho-1 酶的酰基中间体的结构显示出 Ω 环向 H5 螺旋的位移。这样的位移缩窄了结合位点，但脯氨酸 167 和天冬酰胺 170 残基与头孢噻肟的氨基噻唑环的立体化学的接触被避免。头孢他啶具有一个羧基-异丙肟基团作为在头孢烯母核的 7 位的 β-酰基侧链上的一部分，而在头孢噻肟的同样部分是一个甲氧基胺基团。由于 Ω 环和 β3 折叠链的侧链转动，这后一种基团更适配活性位点，从而导致这种酶对该底物的更高亲和力。更庞大的羧基-异丙肟基团可以保护头孢他啶免受 CTX-M 型酶的攻击，这或许是由于立体结构上的阻碍。另一方面，头孢他啶的更大的侧链能够位移一些必需的元件，从而导致这种酶针对这种药物的更差的活性。

第四节　CTX-M 型 ESBL 的生化特征

一、基本生化特性

成熟的 CTX-M 型 β-内酰胺酶由 291 个氨基酸残基构成，分子量大约为 28 kDa，等电点（pI）从 7.4～9.0 不等。然而也有一些例外，如 CTX-M-11

是 282 个残基，CTX-M-107 和 CTX-M-108 是 288 个残基，CTX-M-45 和 CTX-M-109 是 289 个残基，CTX-M-40、CTX-M-63 和 CTX-M-106 是 290 个残基以及 CTX-M-110 是 292 个残基。当然，这些不典型 CTX-M 型 β-内酰胺酶的水解特性并未受到明显影响。根据在种系发生树上的中心位置，CTX-M-2、CTX-M-3、CTX-M-8、CTX-M-14、CTX-M-25、CTX-M-45 和 CTX-M-64 作为在每一个簇中的代表性酶被选出。如图 21-5 所示，这 7 个酶的氨基酸序列根据 A 类丝氨酸 β-内酰胺酶标准的计数方法进行比对和数字编号，给出的活性部位丝氨酸残基的 Ambler 数为 70。圆点表示与 CTX-M-2 完全一样的氨基酸。缺失突变采用短线表示。带下划线的氨基酸如丝氨酸 70-X-X-赖氨酸 73（STSK 基序）、脯氨酸 107、丝氨酸 130-天冬氨酸-天冬酰胺 132（SDN 基序）、甘氨酸 143-甘氨酸 144、谷氨酸 166 和赖氨酸 234-X-甘氨酸 236（KTG 基序）代表着在典型的 A 类丝氨酸 β-内酰胺酶中保守的残基。

CTX-M 型 ESBL 也属于 A 类 β-内酰胺酶，它们也被折叠成为 2 个域：一个完整的 α 螺旋域，另一个域具有 5 个 β 折叠链，它们被 α 螺旋所包围。催化位点位于两个域之间的沟槽内，在这里，B3 β-折叠链（残基 230～238）形成了活性位点腔的一个壁，并且其底部是由残基 160～180 构成的所谓 Ω 环（以上都是根据 Ambler 等的共同的计数方法）。

根据 Bush-Jacoby-Medeiros 分类体系，CTX-M 型 ESBL 属于 2be 功能亚组。这组酶赋予对青霉素类、广谱头孢菌素类和单环 β-内酰胺类抗生素耐药。在典型的情况下，CTX-M 型酶水解头孢噻肟比水解头孢他啶更有效，针对头孢噻肟的 MIC 比针对头孢他啶的 MIC 高得多就是这种酶的特征性表现，一般来说，前者的 MIC $\geqslant 64 \mu g/mL$，后者的 MIC 为 $2～8 \mu g/mL$，影响只是临界性的。产 CTX-M 型酶细菌具有针对头孢噻肟比针对头孢他啶高得多的 MIC 并不是在 CTX-M 型酶上各种置换的结果，而只是反映出祖先酶 KLUA-1 和 KLUG-1 的一个固有特性。这些 ESBL 也水解单环 β-内酰胺类，而头霉素类如头孢西丁和头孢替坦以及包括亚胺培南和美罗培南在内的碳青霉烯类则不受影响。

如同在大多数 A 类 ESBL 观察到的那样，CTX-M 型酶呈现出对 β-内酰胺酶抑制剂更大的敏感性。达到 50% 抑制一些代表性 CTX-M 型酶所需要的抑制剂浓度（IC_{50} 数值）被编辑在表 21-4，其中他唑巴坦是最强有力的抑制剂，克拉维酸居中，而舒巴坦的抑制效果要差一些。这也是区别于其他类型 ESBL 的一个典型特征。

```
                        20        30        40        50
                         *         *         *         *
CTX-M-2   MMTQSIRRSMLTVMATLPLLFSSATLHAQANSVQQQLEALEKSGGGRLGVALIN
CTX-M-3   .VKK.L.QFT.MAT..VT..LG.VP.Y..TAD...K.AE..RQ..........
CTX-M-8   ..RHRVK.M..MTT.CIS..LG..P.Y....D...K.A.............D
CTX-M-14  .V.KRVQ.M.FAAA.CI...LG..P.Y..TSA...K.A.............D
CTX-M-25  ..RK.V..A..MTT.CVS..LA.VP.C....D...K.A..............
CTX-M-45  .V.KRVQ.M.SAAA.CI...LG..P.Y..TSA...K.A.............D
CTX-M-64  .VKK.L.QFT.MAT..VT..LG.VP.Y..TAD...K.AE..RQ..........

                  60        70        80        90        100       110
                   *         *         *         *         *         *
CTX-M-2   TADNSQILYRADERFAMCSTSKVMAAAAVLKQSESDKHLLNQRVEIKKSDLVNYNPIAE
CTX-M-3   ..................K...EPN...............................
CTX-M-8   ....A.T.......................TQ.KV.S.K....S...I....T.
CTX-M-14  ...T.V...G....P...............TQ.Q...P...PA........
CTX-M-25  ...T.T......................V....TQ.G..S.....P...I...
CTX-M-45  ...T.V...G....................TQ.Q...P...PA........
CTX-M-64  ..............P...............TQ.Q...P...PA........

                  120       130       140       150       160       170
                   *         *         *         *         *         *
CTX-M-2   KHVNGTMTLAELGAAALQYSDNTAMNKLIAHLGGPDKVTAFARSLGDETFRLDRTEPTLN
CTX-M-3   .......S....S.....V.....V...AS......Q..............
CTX-M-8   ...............................AI..N...........
CTX-M-14  ...............Q......GG......AI...........
CTX-M-25  ...FG..S......................TI..D.........
CTX-M-45  .......S.............Q......GG......AI...........
CTX-M-64  .......S.............Q......GG......AI...........

                  180       190       200       210       220       230
                   *         *         *         *         *         *
CTX-M-2   TAIPGDPRDTTTPLAMAQTLKNLTLGKALAETQRAQLVTWLKGNTTGSASIRAGLPKSWV
CTX-M-3   ......S.R.....R......GDS.......M......A...Q.....A..
CTX-M-8   .............R.....S..G..........A..Q....T...
CTX-M-14  .............R.....RQ...H..G............A......T..T
CTX-M-25  ...........A.R....N..GD.........A......T...
CTX-M-45  ...........AR.G.DVASLRWVMRWAKPSGAVGD.AQRQYDR--A.G......T..T
CTX-M-64  .............R....RQ...H..G.............A...

                  240       250       260       270       280       290
                   *         *         *         *         *         *
CTX-M-2   VGDKTGSGDYGTTNDIAVIWPENHAPLVLVTYFTQPEQKAESRRDILAAAAKIVTHGF
CTX-M-3   .........KDR...I......QP......V..S.......D.L
CTX-M-8   ...........GR...I......V.........D.Y
CTX-M-14  ..........QGR......Q.N....V..S..R.IAE.L
CTX-M-25  .......G.....GR......S.P......V....R..D.Y
CTX-M-45  ..........QGR......Q.N....V..S..R.IAE.L
CTX-M-64  .........KDR...I......QP......V..S.......D.L
```

图 21-5　在 CTX-M 家族中 7 个代表性酶的氨基酸序列比较
（引自 Zhao W H，Hu Z Q. Crit Rev Microbiol，2013，39：79-101）

表 21-4　代表性 CTX-M β-内酰胺酶针对 β-内酰胺酶抑制剂的 IC_{50}

酶	β-内酰胺酶抑制剂/（μmol/L）		
	CLA	TZB	SUL
CTX-M-1	0.08	0.016	0.55
CTX-M-2	0.2	0.021	2.1
CTX-M-3	0.012	0.002	—
CTX-M-6	16	1	16
CTX-M-8	0.036	0.01	4.0
CTX-M-9	0.036	0.001	0.7
CTX-M-14	0.06	0.005	0.5
CTX-M-15	0.009	0.006	—
CTX-M-16	0.03	0.008	4.5
CTX-M-27	0.02	0.007	3.4

注：1. 引自 Walther-Rasmussen J，Hoiby N. Can J Microbiol，2004，50：137-165。

2. CLA—克拉维酸；TZB—他唑巴坦；SUL—舒巴坦；— —未确定。

表 21-5 各种 β-内酰胺类抗生素被 CTX-M 酶水解的动力学参数 k_{cat} 和 k_{cat}/K_m

CTX-M 酶	β-内酰胺类抗生素				
	青霉素	阿莫西林	头孢噻吩	头孢噻肟	头孢他啶
CTX-M-1					
k_{cat}/s^{-1}	190	87[①]	2450	317	1
$k_{cat}/K_m/[L/(\mu mol \cdot s)]$	17.3	8.7[①]	21.3	2.5	0.02[②]
CTX-M-3					
k_{cat}/s^{-1}	270	160	2800	380	<0.01
$k_{cat}/K_m/[L/(\mu mol \cdot s)]$	110	1.0	30	3.5	NC
CTX-M-14					
k_{cat}/s^{-1}	290	90	2700	415	3
$k_{cat}/K_m/[L/(\mu mol \cdot s)]$	14.5	4.5	15.4	3.2	0.004
CTX-M-15					
k_{cat}/s^{-1}	40	20	35	150	2
$k_{cat}/K_m/[L/(\mu mol \cdot s)]$	4.0	0.5	0.5	3.0	0.001
TOHO-1					
k_{cat}/s^{-1}	170	63[①]	820	2700	28
$k_{cat}/K_m/[L/(\mu mol \cdot s)]$	11.3	5.7[①]	0.63	1.0	0.43

①阿莫西林被用作底物;②K_m 被作为 K_i 而确定。

注:引自 Walther-Rasmussen J,Hoiby N. Can J Microbiol,2004,50:137-165。

NC,因太低的一个水解初速率而未被计算。

二、水解参数

CTX-M 型 β-内酰胺酶也借助一种单一的三部模型发生反应,这个模型涉及酰化或脱酰化。

$$E+S \underset{k_{-1}}{\overset{k_{+1}}{\rightleftharpoons}} ES \xrightarrow{k_{+2}} E-S^* \xrightarrow{k_{+3}} E+P$$

在上述方程式中,E 是酶,S 是 β-内酰胺类抗生素,ES 是非共价的 Henri-Michaelis 复合物,E-S* 是一个共价的酰基-酶加合物,以及 P 是 β-内酰胺化合物的无活性的降解产物。

第一步,β-内酰胺酶和底物相互作用成为 Henri-Michaelis 复合物,这个复合物可以解离或者形成一个一过性的酰基-酶加合物。该加合物形成是位于 β-内酰胺环上羰基碳原子被丝氨酸 70Oγ 的一个亲核攻击的结果。第二步是酰基-酶复合物的脱酰化,这一过程释放出一个打开了环的产物,同时伴随着 β-内酰胺酶的再生。在上述方程式中,常数 k_{cat}/K_m 对应的是酰化速率(酰基-酶加合物的形成),而周转率 k_{cat} 反应的是脱酰化速率。k_{cat} 和 K_m 值都非常低能够导致一个高的 k_{cat}/K_m 值(表观高催化效力),但是,k_{cat} 值和 k_{cat}/K_m 值反映出一种 β-内酰胺酶针对一种 β-内酰胺类抗生素的真正的催化效力(表 21-5)。

第五节 产 CTX-M 型 ESBL 的细菌分布

已如前述,CTX-M 型 β-内酰胺酶已经被分成 7 个簇,绝大部分成员归属于 5 个亚组,其代表性酶以及最初的产生细菌菌种分别是 CTX-M-1(大肠埃希菌),CTX-M-2(肠炎沙门菌鼠伤寒血清型),CTX-M-8(阴沟肠杆菌、产气肠杆菌和无丙二酸柠檬酸杆菌),CTX-M-9(大肠埃希菌),CTX-M-25(大肠埃希菌)。与此同时,CTX-M 型酶也不再局限于上述有限的几个菌种,现已证实,至少有 26 个细菌菌种产生 CTX-M 型酶,它们包括鲍曼不动杆菌、嗜水气单胞菌、豚鼠气单胞菌、弗氏柠檬酸杆菌、无丙二酸柠檬酸杆菌、科泽氏柠檬酸杆菌、大肠埃希菌、阴沟肠杆菌、产气肠杆菌、格高肠杆菌、霍氏肠杆菌、肺炎克雷伯菌、奥克西托克雷伯菌、摩氏摩根菌、奇异变形杆菌、成团泛菌、雷氏普罗威登菌、斯氏普罗威登菌、铜绿假单胞菌、肠炎沙门菌、弗氏志贺菌、宋氏志贺菌、黏质沙雷菌、液化沙雷菌、嗜麦芽窄食单胞菌和霍乱弧菌。当然,CTX-M 型酶在这些菌种的出现频次差异很大,出现频次排在前三位的依次为大肠埃希菌、肺炎克雷伯菌和奇异变形杆菌,幸运的是,在两种非发酵细菌铜绿假单胞菌和鲍曼不动杆菌中则出现的频次很低。在铜绿假单胞菌中鉴定出的变异体有 CTX-M-1 和 CTX-M-2,而在鲍曼不动杆菌中被鉴定出的变异体是 CTX-M-2、CTX-M-5 和 CTX-M-43。除了在细菌菌种中分布广以外,产 CTX-M 型酶细菌已经在全球广泛散播。

尽管 CTX-M 占据主导地位的变异体因地理位置的不同而各异,但 CTX-M-15 和 CTX-M-14 是在全世界临床重要的病原菌中被检测到的最占据主导地位的变异体,接下来是 CTX-M-2、CTX-M-3 和 CTX-M-1,从这些变异体在细菌中的分布也能

表 21-6　最常见的一些 CTX-M 型酶变异体在不同菌种中的分布

酶	其他名字	CTX-M 组别	细菌菌种
CTX-M-1	MEN-1	CTX-M-1 组	大肠埃希菌、阴沟肠杆菌、肺炎克雷伯菌、奇异变形杆菌、铜绿假单胞菌、肠炎沙门菌、黏质沙雷菌和嗜麦芽窄食单胞菌等
CTX-M-2		CTX-M-2 组	肠炎沙门菌、鲍曼不动杆菌、科泽氏柠檬酸杆菌、大肠埃希菌、阴沟肠杆菌、肺炎克雷伯菌、摩氏摩根菌、奇异变形杆菌、斯氏普罗维登菌、铜绿假单胞菌、黏质沙雷菌和霍乱弧菌等
CTX-M-3	CTX-M-133	CTX-M-1 组	弗氏柠檬酸杆菌、豚鼠气单胞菌、大肠埃希菌、阴沟肠杆菌、产气肠杆菌、肺炎克雷伯菌、奥克西托克雷伯菌、摩氏摩根菌、奇异变形杆菌、肠炎沙门菌、黏质沙雷菌、弗氏志贺菌和宋氏志贺菌等
CTX-M-14	CTX-M-18	CTX-M-9 组	大肠埃希菌、弗氏柠檬酸杆菌、科泽氏柠檬酸杆菌、阴沟肠杆菌、霍氏肠杆菌、肺炎克雷伯菌、奇异变形杆菌、斯氏普罗威登菌、肠炎沙门菌、液化沙雷菌、弗氏志贺菌和宋氏志贺菌等
CTX-M-15	UOE-1	CTX-M-1 组	大肠埃希菌、鲍曼不动杆菌、嗜水气单胞菌、弗氏柠檬酸杆菌、科泽氏柠檬酸杆菌、产气肠杆菌、阴沟肠杆菌、格高肠杆菌、肺炎克雷伯菌、奥克西托克雷伯菌、摩氏摩根菌、成团泛菌、奇异变形杆菌、肠炎沙门菌、黏质沙雷菌、弗氏志贺菌和宋氏志贺菌等

窥见这些变异体分布的广泛性。很多变异体只是在一种细菌中被鉴定出，而上述几种变异体则在很多种细菌中都被发现（表 21-6）。

第六节　突变所致 CTX-M 型 ESBL 的进化

ESBL 通过突变的进化并没有局限在 TEM/SHV 家族中。在过去 20 年中，众多具有 ESBL 活性的其他 A 类 β-内酰胺酶已经被鉴定出来，它们分别是 CTX-M、PER、VEB、GES、BES、TLA、SFO 以及 BEL 家族，其中，最多样化的就是 TEM、SHV、CTX-M 和 GES 家族，它们都证明了由于氨基酸置换所致的活性改变的有趣例子。

与 TEM 和 SHV 酶形成对比的是，CTX-M 酶家族的成员具有固有 ESBL 活性，换言之，在克吕沃尔菌属中，CTX-M 型酶的天然同源物也同样具有 ESBL 活性。从这个菌属中，bla_{CTX-M} 基因可能通过一些动员事件而出现。这些基因储池经历了进化，无论是在克吕沃尔菌属染色体中还是它们被动员到质粒上之后均是如此。这个进化过程的第一时相创造出它们的多样化并且被称为 5 个亚家族：CTX-M-1、CTX-M-2、CTX-M-8、CTX-M-9 和 CTX-M-25，亚家族之间氨基酸同一性≤90%。第二时相一直是在亚家族内的分子学微观进化。截至 2013 年，这种微观进化已经产生出了 100 多个变异体。

已如前述，很多 CTX-M 型 ESBL 只能高效水解头孢噻肟，而并不能有效地水解头孢他啶，因此，CTX-M 型酶分子内进化的一个主要关注点就是底物谱是否能拓展至高效水解头孢他啶。从 CTX-M 型 β-内酰胺酶鉴定出的年代顺序而言，在印度被鉴定出的 CTX-M-15 应该第一个能够有效水解头孢他啶的 CTX-M 型酶。Karim 和 Nordmann 于 2001 年报告，他们从来自印度新德里一所医院的大肠埃希菌、肺炎克雷伯菌和产气肠杆菌临床分离株中鉴定出一种全新的 CTX-M 型 β-内酰胺酶 CTX-M-15，它是 CTX-M-3 的点突变衍生物，两者之间只是相差一个氨基酸置换，即天冬氨酸 240→甘氨酸。然而在当时，这些作者在氨基酸序列计数上可能出现了一点偏差，他们认定这一置换出现的位置为 238（ABL 计数）。后来所有研究者都将这一置换出现的位置认定为天冬氨酸 240。不久之后，Poirel、Gniadkowski 和 Nordmann 报告，在 CTX-M-3 的点突变天冬氨酸 240→甘氨酸可以进化出能有效水解头孢他啶的 CTX-M-15 β-内酰胺酶（表 21-7）。产 CTX-M-15 大肠埃希菌转移接合子 DH10B 针对头孢他啶的 MIC 为 256μg/mL，而产 CTX-M-3 的大肠埃希菌转移接合子 DH10B 针对头孢他啶的 MIC 则为 32μg/mL，加入克拉维酸和他唑巴坦后 MIC 均降至 2μg/mL。采用纯化酶进行的动力学研究证实，CTX-M-15 针对头孢他啶具有更高的亲和力（更低的 K_m 值）。只有 CTX-M-15 显示出能测到的催化效能（k_{cat}/K_m）。

表 21-7　CTX-M-3 和 CTX-M-15 的稳态动力学参数

底物	CTX-M-15			CTX-M-3		
	k_{cat}	K_m	k_{cat}/K_m	k_{cat}	K_m	k_{cat}/K_m
	$/s^{-1}$	$/(\mu mol/L)$	$/[L/(\mu mmol \cdot s)]$	$/s^{-1}$	$/(\mu mol/L)$	$/[L/(\mu mmol \cdot s)]$
青霉素	40	10	4	270	2.5	110
阿莫西林	20	38	0.5	160	185	1
替卡西林	2	5	0.5	40	29	1
哌拉西林	35	13	3	180	66	3
头孢噻吩	35	43	0.5	2800	96	30
头孢呋辛	70	13	5	3	49	0.07
头孢他啶	2	1760	0.001	<0.01	>3000	ND
头孢曲松	135	37	3.5	30	58	0.5
头孢噻肟	150	54	3	380	113	3.5
头孢吡肟	10	1075	0.01	0.2	170	0.001
头孢匹罗	120	195	0.6	30	316	0.1
氨曲南	1.5	11	0.1	190	188	1

注：引自 Poirel L，Gniadkowski M，Nordmann P. J Antimicrob Chemother，2002，50：1031-1034。

实际上，第一个具有头孢他啶水解能力并进行了生化和动力学分析的 CTX-M 型 ESBL 应该是 CTX-M-16，它属于 CTX-M-9 组或 CTX-M-14 簇。Bonnet 等于 2001 年报告，他们在来自巴西圣保罗的医院中分离获得的大肠埃希菌菌株中鉴定出一种全新的 CTX-M 型 β-内酰胺酶 CTX-M-16。CTX-M-16 和 CTX-M-9 的氨基酸序列彼此之间只存在一个氨基酸置换，即天冬氨酸 240→甘氨酸。同样是在 2001 年，Poirel 和 Nordmann 报告，他们从肺炎克雷伯菌临床分离株 ILT-3 中鉴定出一种全新的 CTX-M 型 β-内酰胺酶 CTX-M-19。这一分离株来自一名在法国巴黎住院的 5 个月大女婴的直肠拭子，在同一名患儿的直肠拭子中还分离出另一个肺炎克雷伯菌菌株 ILT-2 和大肠埃希菌 ILT-1，后两个分离株均产生 CTX-M-18（后来被命名为 CTX-M-14）。序列分析提示，CTX-M-19 是从 CTX-M-14 进化而来，两者彼此相差一个氨基酸置换，即脯氨酸 167→丝氨酸，该位置恰恰位于 Ω 环中，这是首次证实位于 Ω 环中的氨基酸置换能有效改变 CTX-M 型酶针对头孢他啶的水解活性。生化分析证实，CTX-M-19 具有高效水解头孢他啶的能力。两种 CTX-M 型酶的抑制剂轮廓相似（表 21-8）。

表 21-8　临床分离株 ILT1、ILT-2 和 ILT3 针对 β-内酰胺类的 MIC

底物	MIC/$(\mu g/mL)$		
	ILT-1(CTX-M-14，TEM-1)	ILT-2(CTX-M-14，TEM-1，SHV-1 样)	ILT-3(CTX-M-19，TEM-1，SHV-1 样)
阿莫西林	>512	>512	>512
替卡西林	>512	>512	>512
哌拉西林	512	512	512
头孢噻吩	>512	>512	>512
头孢呋辛	512	256	128
头孢曲松	128	32	32
头孢噻肟	256	32	8
头孢噻肟＋克拉维酸	4	2	<0.06
头孢噻肟＋他唑巴坦	1	0.5	0.25
头孢他啶	4	1	512
头孢他啶＋克拉维酸	1	0.5	16
头孢他啶＋他唑巴坦	0.5	0.06	32
头孢吡肟	32	4	4
氨曲南	32	8	8
氨曲南＋克拉维酸	2	0.5	0.25

注：引自 Poirel L，Naas T，Le Thomas I，et al. Antimicrob Agents chemother，2001，45：3355-3361。

纯化的 CTX-M-14 ESBL 的动力学参数显示，它针对大多数 β-内酰胺类抗生素都具有强的水解活性，如头孢噻啶、头孢曲松、头孢吡肟和头孢匹罗。CTX-M-14 针对头孢他啶的水解活性检测不到。CTX-M-19 的催化活性普遍低于 CTX-M-14，只有针对哌拉西林和头孢他啶除外。对比而言，CTX-M-19 针对头孢他啶水解的动力学参数能被计算出，不过其活性仍然不高（表 21-9）。

2008 年，Gniadkowski 将 CTX-M-15 和 CTX-M-19 这两种突变体的催化效能与其各自的前体 CTX-M-3 和 CTX-M-14 进行了比较（表 21-10）。

Bonnet 等于 2003 年又报告了一个全新的 CTX-M 型 β-内酰胺酶 CTX-M-27，它和 CTX-M-14 只是相差一个氨基酸置换即天冬氨酸 240→甘氨酸，并且该酶也可有效水解头孢他啶。CTX-M-14 和 CTX-M-27 的比较显示，甘氨酸 240 残基降低了 CTX-M-27 针对头孢他啶的 K_m 值，即增加了其针对头孢他啶的亲和力，与此同时，甘氨酸 240 残基也降低了针对良好底物如头孢噻肟的水解活性，表现为 k_{cat} 值从 CTX-M-14 的 $415s^{-1}$ 降至 CTX-M-27 的 $113s^{-1}$。研究者提出，这一系列变化可能是由于在催化过程中 β3 折叠片定位发生了改变，进一步增加了 β3 折叠片的柔性。如图 21-6 所示，在 CTX-M-14 模型中，在天冬酰胺 270 残基和天冬氨酸 240 残基之间建立起一个氢键[图 21-6(a)]。即便 CTX-M-1 组酶中缺乏天冬酰胺 270 残基，但也都具有赖氨酸 271 残基，后者也可和天冬氨酸 240 形成氢键合。天冬氨酸 240→甘氨酸置换如 CTX-M-27，在残基 240 与残基 270 或 271 之间的氢键不存在了[图 21-6(b)]。这种相互作用的缺乏可能会改变 β3 折叠片的柔性。在催化过程中，这种柔性的改善能有助于容纳具有更大侧链的头孢他啶。

同样是在 CTX-M-14 基础上，两种突变都能赋予对头孢他啶的水解，天冬氨酸 240→甘氨酸和脯氨酸 167→丝氨酸分别会进化成为能高效水解头孢他啶的变异体 CTX-M-27 和 CTX-M-19（表 21-11）。然而，人们不清楚的是，CTX-M-14 是在什么样的挑战下会进化成为 CTX-M-27，又在什么样的外部条件下会突变成为 CTX-M-19。

表 21-9　CTX-M-14 和 CTX-M-19 的稳态动力学参数

底物	CTX-M-14			CTX-M-19		
	k_{cat} /s^{-1}	K_m /(μmol/L)	k_{cat}/K_m /[L/(μmol $\cdot$ s)]	k_{cat} /s^{-1}	K_m /(μmol/L)	k_{cat}/K_m /[L/(μmol $\cdot$ s)]
青霉素	30	20	1000	5	15	300
阿莫西林	10	105	100	1	100	10
替卡西林	3	17	160	1	30	40
哌拉西林	15	23	600	8	10	750
头孢噻啶	7	216	30	30	123	250
头孢呋辛	40	70	600	8	40	170
头孢他啶	ND	ND	ND	0.02	25	0.1
头孢曲松	20	20	850	0.1	80	1
头孢噻肟	20	54	370	3	60	55
头孢吡肟	20	525	40	ND	ND	ND
头孢匹罗	65	650	100	ND	ND	ND
氨曲南	2	286	10	ND	ND	ND

注：引自 Poirel L，Naas T，Le Thomas I，et al. Antimicrob Agents chemother，2001，45：3355-3361。

表 21-10　选出的 CTX-M 型 β-内酰胺酶水解的催化效能比较

底物	催化效能，k_{cat}/K_m/[L/(mmol $\cdot$ s)]			
	CTX-M-3	CTX-M-15	CTX-M-14	CTX-M-19
PEN	110000	4000	1000	300
AMX	1000	500	100	10
LOR	500	1500	30	250
CTX	3500	3000	370	55
CAZ	ND	1	ND	0.1
REP	1	10	40	ND

注：1. 引自 Gniadkowski M. Clin Microbiol Infect，2008，14（Suppl. 1）：11-32。

2. REP—头孢吡肟；ND—未确定。

在CTX-M-27的D240G置换

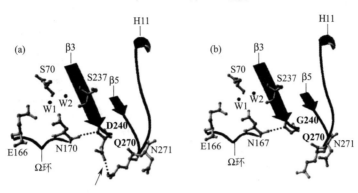

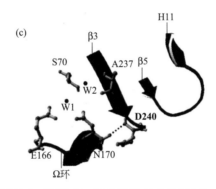

图 21-6　CTX-M-14 和 CTX-M-27 的结构图示

（引自 Bonnet R，Recule C，Baraduc R，et al. J Antimicrob Chemother，2003，52：29-35）

（a）CTX-M-14；（b）CTX-M-27；（c）TEM-1

两个黑点提示水分子的位置：W1，由残基 166、170 和 172 的侧链所维持的催化水分子；
W2，由残基 70 和 273 的主链所形成的氧负离子洞的水分子。位于 170、240 和 270 之间的氢键被点状线提示

表 21-11　产相关 CTX-M 型 ESBL 大肠埃希菌重组菌株敏感性

β-内酰胺	MIC/(mg/L)			
	CTX-M-14[①]	CTX-M-27[①]	CTX-M-14[②]	CTX-M-19[②]
AMX	>2048	>2048	>512	>512
LOT	512	1024	>512	>512
CTX	16	16	64	4
CAZ	1	8	2	128
REP	0.5	1	16	4

①通过天冬氨酸 240→甘氨酸置换由 CTX-M-14 进化为 CTX-M-27；②通过脯氨酸 167→丝氨酸置换由 CTX-M-14 进化为 CTX-M-19。

注：引自 Gniadkowski M. Clin Microbiol Infect,2008,14（Suppl. 1）：11-32。

在过去的 20 多年中，CTX-M 酶微观进化非常迅速的深层次原因并不清楚，它们流行病学的巨大成功也难以解释。自从 CTX-M 型 β-内酰胺酶最初被描述后人们就认识到的，它们最截然不同的特征之一就是它们对头孢噻肟和头孢曲松的底物优先性，并且可以忽略不计的针对头孢他啶的活性。因此，CTX-M 酶微观进化的最引人注目的方面就涉及它们水解头孢他啶活性的明显增加。天冬氨酸

240→甘氨酸和脯氨酸 167→苏氨酸/丝氨酸这两个氨基酸置换已经被发现主要对这些影响负责，无论是在自然界中还是定点诱变研究中都是如此。这两个氨基酸位置都位于活性部位区域。天冬氨酸 240 在 B3 β 链上。天冬氨酸 240→甘氨酸的影响在晶形结构水平上（CTX-M-27）被研究并且显示出不影响负氧离子洞的构型，而是增加 B3 β 链的移动性，并因此可能影响到蛋白质的柔性。天冬氨酸 240 置

于连接 B3 β-折叠链和 B4 β-折叠链的一个环内，并且在 CTX-M-15 上更小的和中性的（neutral）甘氨酸残基或许导致对头孢他啶庞大的 C7′ 取代基的更容易的容纳。CTX-M-16 也在位置 240 上藏匿有甘氨酸，并且这个酶展示出对头孢他啶和氨曲南的一个在亲和力和 k_{cat} 值的增加。另一种 ESBL 酶 BES-1 也在这个位置上具有一个甘氨酸残基，并且 BES-1 展示出像 CTX-M-16 那样的一个针对头孢噻肟、头孢他啶和氨曲南相似的水解特性。在 PER-1 上的一个甘氨酸 240→谷氨酸突变导致针对头孢他啶和氨曲南下降的催化效力。因此，在位置 240 上的一个带负电荷的残基似乎降低针对头孢他啶和氨曲南的水解活性。一个带正电荷的残基不会改变这种活性，因为在 CTX-M-9 上被诱导出的天冬氨酸 240→赖氨酸突变没有明显地改变针对头孢他啶和头孢噻肟的酶水解效力。近来新鉴定出特性的 CTX-M-27 与 CTX-M-14 只是彼此相差了一个天冬氨酸 240→甘氨酸突变，并且这个突变导致了针对所有底物的更低的 k_{cat} 和 k_{cat}/K_m 值。与 CTX-M-15 和 CTX-M-16 相似，在 CTX-M-27 上的天冬氨酸 240→甘氨酸突变增加针对头孢他啶的亲和力，但与 CTX-M-15 和 CTX-M-16 不同的是，针对头孢他啶的 k_{cat} 值没有被改变。减少的针对头孢他啶的 K_m 值可以解释产生 CTX-M-27 的分离株的更高的 MIC。同样的研究显示，在 CTX-M 酶上的突变天冬氨酸 240→甘氨酸引起一个结构缺陷，这个缺陷对热稳定性有一个负影响，如同在 ESBL 型或抑制剂耐药型 TEM 突变体上那样。这个观察再一次说明了在活性和稳定性之间的平衡。2004 年，Bou 等报告了一个大肠埃希菌临床菌株，它是从患者的胸水中分离获得，并且表现出对头孢噻肟、头孢他啶和氨曲南高水平耐药。这个大肠埃希菌临床菌株藏匿着一个全新的 CTX-M 基因（$bla_{CTX-M-32}$），其氨基酸序列与 CTX-M-1 相比只是相差一个氨基酸置换，即天冬氨酸 240→甘氨酸。况且，通过定点诱变，这些作者还证实这个置换在头孢他啶水解上至关重要。

如上所述，一些具有增强头孢他啶水解活性的 CTX-M 突变体已经被描述，它们可能是由于在临床上大量应用头孢他啶被选择出来的。在这些变异体中的突变发生在两个结构元件上，即 B3 β-折叠片的末端部分以及 Ω 环（图 21-7）。

涉及在位置 167 上的置换甚至可能会使得 Ω 环更加具有柔性，这种情况或许使得活性部位适配于头孢他啶更庞大的侧链基团，从而导致这个化合物的一个增强的水解。然而，在 Ω 环上，脯氨酸残基置换成一种对这个环的形成施加更少严紧限制的残基并不是头孢他啶水解唯一的前提条件。

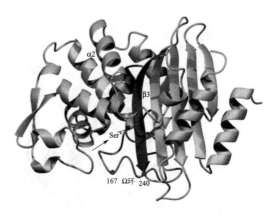

图 21-7 CTX-M 型酶通过点突变对底物谱的调节

[引自 Rossolini GM，D′Andrea MM，Mugnaioli C. Clin Microbiol Infect，2008，14（Suppl. 1）：33-41]

如同其他丝氨酸 β-内酰胺酶一样，总体结构由一个 α 螺旋域（位于左侧）和一个混合的 α/β 域（位于右侧）构成。箭头提示的是 β-内酰胺结合部位，它位于两个域之间的裂隙内。出现在位置 167 和 240 的氨基酸置换促进头孢他啶酶活性，这两个位置位于或是 Ω 环或是 B3 β 折叠片的末端部分。图中也显示出活性部位丝氨酸残基，它位于 H2α-螺旋的末端。天冬氨酸 240→甘氨酸置换应该增加 B3 β 折叠片的柔性，使得活性部位更接近庞大的头孢他啶分子。位于 Ω 环上的脯氨酸 167→丝氨酸置换被认为可修改 β-内酰胺类抗生素域活性部位相互作用的模式，允许头孢他啶更好地识别，但同时也损害一些其他底物的识别

CTX-M-15 和 CTX-M-3 这两种 CTX-M 型酶在位置 167 上都具有一个脯氨酸，但 CTX-M-15 比起 CTX-M-3 具有一个针对头孢他啶低得多的 K_m 值和高得多的 k_{cat} 值。在 CTX-M-15 和 CTX-M-3 之间的唯一差别是天冬酰胺 240→甘氨酸置换。因此，除了在位置 167 上的脯氨酸→丝氨酸置换以外的置换或许也影响头孢他啶的亲和力。

天冬氨酸 240→甘氨酸和脯氨酸 167→苏氨酸/丝氨酸这两个氨基酸置换与增强对头孢他啶的水解有关联，但并非所有具有这样突变的变异体都具有增强水解头孢他啶的能力，如 CTX-M-43、CTX-M-71、CTX-M-79 和 CTX-M-101 等变异体都含有天冬氨酸 240→甘氨酸置换，但这些酶并没有增强水解头孢他啶的能力；CTX-M-74 也含有脯氨酸 167→苏氨酸氨基酸置换，但这个变异体也没有增强水解头孢他啶的能力。此外，上述两个突变也增加针对头孢拉定的活性和降低针对青霉素类的活性，这类似于 TEM 和 SHV 家族中的 ESBL 型的突变。然而，尽管针对青霉素类的水解活性有所降低，但这样的活性降低只是体现在酶结构和活性的平衡关系上，产酶细菌还是对这些抗生素高度

耐药，这一点需要牢记。另外，天冬氨酸 240→甘氨酸和脯氨酸 167→丝氨酸置换针对头孢噻肟和头孢吡肟水解活性的影响彼此相差很大，并且针对青霉素类活性减少的影响上也彼此相差很大。一般来说，动力学资料与在敏感性的结果上有很好的关联性。在头孢他啶的 MIC 上的明显增加被观察到，特别是那些具有脯氨酸 167 置换突变体酶的产生菌株，它们对于头孢他啶比对于头孢噻肟来说更加耐药。

随着时间的推移，越来越多能有效水解头孢他啶的 CTX-M 型酶被鉴定出来。截至 2013 年，在所有已经被研究的 CTX-M 型 β-内酰胺酶中，至少有 19 个变异体展现出针对头孢他啶增强的催化效力（表 21-12）。

既然 CTX-M 型 β-内酰胺酶也属于 A 类丝氨酸 ESBL，并且其多样性也是通过分子内进化实现的，那么，人们自然而然就会想到，CTX-M 型 β-内酰胺酶是否也会进化出抑制剂耐药的变异体（如 IR-CTX-M 变异体）。不过截至 2013 年人们尚未发现这样的天然变异体。然而，采用各个 CTX-M 组别的代表进行的体外进化实验已经显示，这些酶进化出针对常规 β-内酰胺酶抑制剂的变异体是可能的，至少已经发现有 3 种类型的氨基酸置换可造成 β-内酰胺酶抑制剂耐药，如丝氨酸 130→甘氨酸、赖氨酸 234→精氨酸和丝氨酸 237→甘氨酸，其中丝氨酸 130→甘氨酸的置换最常被恢复并且提供最高水平的耐药。不过，这些氨基酸置换（特别是丝氨酸 130→甘氨酸）与针对头孢菌素类水解活性的最显著减少有关联，这种拮抗多态性能够解释在临床环境中这种抑制剂耐药的突变体延迟的出现。采用 CTX-M-1 的随机诱发突变实验揭示出额外的一些氨基酸置换（如缬氨酸 103→天冬氨酸和缬氨酸 260→亮氨酸），它们与抑制剂耐药表型有关联，但这些氨基酸置换也会造成针对头孢菌素类水解活性的下降。因此，随着各种 β-内酰胺/β-内酰胺酶抑制剂复方制剂的广泛使用，可能总会有天然的 IR-CTX-M 变异体被发现，若果真如此，那么对于产 CTX-M 型 β-内酰胺酶细菌所致感染的治疗而言可谓雪上加霜。

截至目前，人们还没有发现任何 CTX-M 突变体酶能赋予针对碳青霉烯类的耐药。然而，如果产酶细菌同时伴有其他一些耐药机制如孔蛋白缺失，那么这些细菌就可能呈现出对碳青霉烯类的耐药表型。研究证实，4 个连续的产 ESBL 肺炎克雷伯菌分离株从一名老年男性患者中被获得。这名患者在住院期间先后接受厄他培南和亚胺培南治疗。第一个和第四个分离株对厄他培南敏感，而第二个和第三个分离株对厄他培南耐药。PFGE 证实，所有 4 个分离株属于同样的菌株，并且它们都产生 1 组 CTX-M 酶。重要的是，耐药的分离株已经丧失了一种孔蛋白 OmpK36，而这种孔蛋白在大多数产 ESBL 肺炎克雷伯菌中是一个主要的孔蛋白。研究者由此得出结论，第二个和第三个分离株针对厄他培南的耐药就是由于 1 组 CTX-M 酶和孔蛋白 OmpK36 在治疗期间丧失联合所致（表 21-13）。

表 21-12　水解头孢他啶的 CTX-M 型酶

CTX-M 簇原型酶(酶)	氨基酸置换(与原型酶相比，ABL 计数)
CTX-M-2 簇	
（CTX-M-35）	脯氨酸 167→苏氨酸
CTX-M-3 簇	
（CTX-M-15）	天冬氨酸 240→甘氨酸
（CTX-M-23）	丙氨酸 77→缬氨酸，脯氨酸 167→苏氨酸，天冬氨酸 288→天冬酰胺
（CTX-M-32）	丙氨酸 77→缬氨酸，天冬酰胺 114→天冬氨酸，丙氨酸 140→丝氨酸，天冬氨酸 288→天冬酰胺
（CTX-M-37）	酪氨酸 23→组氨酸，精氨酸 38→谷氨酰胺，天冬酰胺 114→天冬氨酸
（CTX-M-42）	脯氨酸 167→苏氨酸
（CTX-M-53）	丙氨酸 27→缬氨酸，精氨酸 28→谷氨酰胺，丙氨酸 77→缬氨酸，天冬氨酸 240→甘氨酸，苏氨酸 263→异亮氨酸
（CTX-M-54）	脯氨酸 167→谷氨酰胺
（CTX-M-55）	丙氨酸 77→缬氨酸，天冬氨酸 240→甘氨酸
（CTX-M-58）	丙氨酸 77→缬氨酸，天冬酰胺 114→天冬氨酸，丙氨酸 140→丝氨酸，脯氨酸 167→苏氨酸，天冬氨酸 288→天冬酰胺
（CTX-M-62）	脯氨酸 167→丝氨酸
（CTX-M-82）	丙氨酸 67→脯氨酸，天冬氨酸 240→甘氨酸

续表

CTX-M 簇原型酶（酶）	氨基酸置换（与原型酶相比，ABL 计数）
CTX-M-8 簇 （CTX-M-40）	赖氨酸 89→天冬酰胺，苏氨酸 109→丙氨酸，天冬酰胺 158→天冬氨酸，天冬酰胺 192→组氨酸
CTX-M-14 簇	
（CTX-M-16）	缬氨酸 231→丙氨酸，天冬酰胺 240→甘氨酸
（CTX-M-19）	脯氨酸 167→丝氨酸
（CTX-M-27）	天冬酰胺 240→甘氨酸
（CTX-M-93）	亮氨酸 169→谷氨酰胺，天冬酰胺 240→甘氨酸
CTX-M-25 簇	
（CTX-M-25）	甘氨酸 240
CTX-M-64 簇	
（CTX-M-64）	甘氨酸 240

表 21-13　产 ESBL 肺炎克雷伯菌分离株的 MIC

变量	分离株			
	1	2	3	4
培养日期	2015-01-20	2015-01-25	2015-02-01	2015-02-04
分离株来源痰气管分泌物 腹部拭子、中心静脉导管末端 MIC/(μg/mL)				
厄他培南	0.5	>16	>16	0.5
亚胺培南	0.125	1	0.5	0.125
美罗培南	≤0.06	8	4	0.06
头孢噻肟	>256	>256	>256	>256
头孢噻肟＋克拉维酸[①]	1	16	16	1
替加环素	1	1	1	1

① 克拉维酸在固定浓度 4μg/mL。

注：引自 Elliott E，Brink A J，van Greune，et al. Clin Infect Dis，2006，42：e95-e98。

第七节　bla_{CTX-M} 基因的起源

早期研究的所有结果几乎都强调 CTX-M 型 β-内酰胺酶属于 A 类 ESBL。然而，当时人们普遍接受的概念是，ESBL 常常是从广谱酶（BSBL）如 TEM-1、TEM-2、SHV-1 或 OXA-10 进化而来。这些广谱酶进化成为 ESBL 的关键是广谱头孢菌素类大量和广泛使用造成的选择压力。因此，最初人们不理解这些 CTX-M 型 ESBL 从哪里进化出来。它们有广谱酶那样的前体吗？早期开展相关研究的一些学者一致认为，这些 CTX-M 型酶与 TEM 或 SHV 型 β-内酰胺酶并不密切相关，它们只是显示出与这两组通常分离出的 β-内酰胺酶具有大约 40％的同一性。以前，在 CTX-M 酶家族以外与其最密切相关的酶被认为是染色体编码的 A 类头孢菌素酶，后者被发现存在于奥克西托克雷伯菌、差异柠檬酸杆菌、普通变形杆菌和居泉沙雷菌中，不过 CTX-M 型酶与上述染色体 A 类头孢菌素酶的同源性也只是从 73％到 77％不等。因此，虽然有个别学者提出 CTX-M 型 ESBL 起源自奥克西托克雷伯菌，但大多数学者认为这种可能性并不大，当时也只是一种猜测。当然，也有个别学者提出，CTX-M 型酶是克吕沃尔菌属中的 AmpC 型酶，显然，CTX-M 型酶不是 C 类酶，而是典型的 Ambler A 类 β-内酰胺酶，因为它们不仅拥有 Ambler A 类 β-内酰胺酶的各种基序，也被各种传统的 β-内酰胺酶抑制剂有效地抑制，况且，这些酶大多是质粒来源的，显然，所有这些特征都不符合染色体 C 类 AmpC β-内酰胺酶标准。

事实上，尽管 β-内酰胺酶种类众多，数量庞大，但真正知晓其起源的 β-内酰胺酶的种类少之又少，不过，CTX-M 型 β-内酰胺酶恰恰就是其中一种。现已证实，CTX-M 型 β-内酰胺酶起源自克吕沃尔菌属。根据采用所有 CTX-M 型 β-内酰胺酶所构建的种系发生树，CTX-M 谱系至少能被分成 5 个主要的亚组或簇。传统上说，每个 CTX-M 簇都已经与存在于不同克吕沃尔菌种上的染色体 *bla* 基因相关联。克吕沃尔菌种是人正常肠道微生物组（microbiome）的一部分，并且被认为是一种腐生的和机会性病原菌。它们只是偶尔在人类不同的感染中被分离出，主要影响尿道、皮肤和软组织，并且作为自由生活的有机体存在于环境之中，如水、土壤、污水和动物源性食物。因此，人们更多地将其看作是环境细菌。克吕沃尔菌属主要由 4 个肠道菌种构成：抗坏血酸克吕沃尔菌、栖冷克吕沃尔菌、佐治亚克吕沃尔菌和蜗牛克吕沃尔菌。抗坏血酸克吕沃尔菌是从临床样本中最常分离出的菌种，而栖冷克吕沃尔菌则是最常从环境中分离出的菌种（如水、土壤、污水和医院环境）。已经有栖冷克吕沃尔菌感染人的病例报告，这些患者中有一些（并非所有患者）是免疫功能低下的患者。

在 2001 年，Decousser、Poirel 和 Nordmann 发表了他们的相关研究，他们在来自栖冷克吕沃尔菌一个参照菌株 79.54 的染色体上鉴定出一种 β-内酰胺酶基因，该基因编码一种克拉维酸抑制的

Ambler A 类酶，pI 为 7.4，因其源自栖冷克吕沃尔菌（*Kluyvera cryocresccens*）而被称作 KLUC-1。该菌株来自法国巴黎的巴斯德研究所的细菌收集，它不含有任何质粒。KLUC-1 与质粒介导的 CTX-M-1 亚组酶（CTX-M-1、CTX-M-3、CTX-M-10、CTX-M-11 和 CTX-M-12）分享 85%～86% 的氨基酸同一性，这一亚组酶是与 KLUC-1 最相关的酶，与 CTX-M-2 亚组酶（CTX-M-2、CTX-M-5、CTX-M-6 和 CTX-M-7 以及 Toho-1）分享 77% 同一性，以及与 CTX-M-8 和 CTX-M-9 分别分享 76% 和 78% 同一性。在本研究发表之前，已经有来自抗坏血酸克吕沃尔菌染色体编码的 KLUA-1 被测序（GenBank accession no. CAR59824），KLUC-1 与 KLUA-1 也只分享 77% 氨基酸同一性（图 21-8）。KLUC-1 的底物轮廓与质粒编码的 CTX-M 型酶非常相似，而且也是一个克拉维酸抑制的 Ambler A 类 ESBL。显而易见，KLUC-1 并非已知的那些 CTX-M 型酶的直接前体，但比起奥克西托克雷伯菌，它更可能是某些 CTX-M 型酶的祖先。因此，有些学者在 CTX-M 型 β-内酰胺酶的分类中将 KLUC-1 单列成一个亚组，只是这个亚组中质粒编码的 β-内酰胺酶尚未在临床分离株中被发现。KLUC-1 的底物轮廓包括拓展谱的头孢菌素类，但不包括头孢他啶，这与绝大多数 CTX-M 型酶的底物轮廓相一致。然而，在栖冷克吕沃尔菌，KLUC-1 并不赋予针对拓展谱的头孢菌素耐药，这很可能是表达量不足之故。

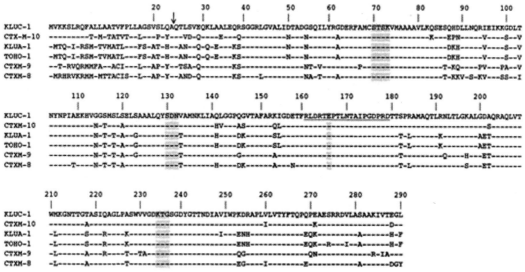

图 21-8　KLUC-1 与 CTX-M-10（大肠埃希菌），KLUA-1（抗坏血酸克吕沃尔菌），Toho-1（大肠埃希菌），CTX-M-9（大肠埃希菌）和 CTX-M-8（阴沟肠杆菌）的氨基酸序列比对

（引自 Decousser J W，Poirel L，Nordmann P. Antimicrob Agents Chemother，2001，45：3595-3598）

本图采用 Ambler 计数。破折线提示完全一样的氨基酸残基。垂直箭头提示成熟 KLUC-1 β-内酰胺酶前导肽的推定的裂解位点。4 个 A 类 β-内酰胺酶特征性结构元件被涂暗。Ω 环的氨基酸（161～179）带下划线

第一个证明 CTX-M 型酶来自克吕沃尔菌属的直接证据是在 2002 年由 Humeniuk 和 Philippon 等提出。他们在 10 个非重复性抗坏血酸克吕沃尔菌株中（*Kluevera ascorbata*）鉴定出一种 β-内酰胺酶，称作 KLUA，编码这种酶的基因 bla_{KLUA} 位于这些抗坏血酸克吕沃尔菌株的染色体上。在这 10 个菌株中，编码 β-内酰胺酶的基因 bla_{KLUA} 的核苷酸序列略微不同，它们编码的酶分别被称为 KLUA-1、KLUA-2、KLUA-3、KLUA-4、KLUA-5、KLUA-8、KLUA-9、KLUA-10、KLUA-11 和 KLUA-12。编码这 10 种酶的基因与 CTX-M-2 组的成员如 CTX-M-2、CTX-M-4、CTX-M-5、CTX-M-6、CTX-M-7 和 Toho-1 展现出高度的同源性（＞95％）。况且，这些基因也被发现与产生 CTX-M-2、CTX-M-4、CTX-M-5、CTX-M-6、CTX-M-7 和 Toho-1 的基因具有广泛的相似性（95％～100％），然而，它们与其他编码 CTX-M 型酶的基因展示出更低水平的同一性（68％～84％）。值得提出的是，其中抗坏血酸克吕沃尔菌株 IP15.79 产生的 KLUA-2 与产自一个肠炎沙门菌鼠伤寒血清型菌株的 CTX-M-5 完全一样。研究者因而提出，这些 KLUA 极有可能是 CTX-M-2 组酶的祖先。KLUA-1 呈现出一种非典型的敏感类型，包括对青霉素类、头孢噻吩和头孢呋辛的低水平耐药，但这种耐药可被克拉维酸逆转。动力学分析显示，KLUA-1 针对头孢噻吩活性最高，头孢呋辛和头孢噻肟都是良好的底物，但它呈现出针对头孢他啶、氨曲南和头霉素低的水解活性。在抑制剂方面，他唑巴坦抑制活性最强，IC_{50} 为 10nmol/L，其次是克拉维酸，舒巴坦最差。

2002 年，Poirel 等从佐治亚克吕沃尔菌（*Kluyvera georgiana*）参照菌株 CUETM 4246-74 中鉴定出一种染色体编码的 β-内酰胺酶基因，它编码一种 ESBL——KLUG-1。KLUG-1 与无丙二酸柠檬酸杆菌、阴沟肠杆菌和产气肠杆菌巴西分离株的质粒编码的 CTX-M-8 分享 99％氨基酸同一性，两者之间的单一一个氨基酸改变位于氨基酸序列的 C 末端——位置 290。此外，两个氨基酸改变在引导肽中被鉴定（图 21-9）。Ambler A 类 β-内酰胺酶的 3 个关键基序也都同时存在（图 21-9）。KLUG-1 与其他质粒编码的 CTX-M 型酶分享 83％～88％的氨基酸同一性。KLUG-1 与来自抗坏血酸克吕沃尔菌染色体编码的 KLUA-1 以及来自栖冷克吕沃尔菌的染色体编码的 KLUC-1 分别分享 83％和 77％的氨基酸同一性。

Rodriguez 和 Gutkind 等于 2004 年报告，来自环境中的抗坏血酸克吕沃尔菌株 69 的染色体上携带一个与质粒来源的 $bla_{CTX-M-3}$ 完全一样的基因。

研究者同时还对其他两个抗坏血酸克吕沃尔菌临床分离株 68 和 276 进行了相关研究，前者来自痰样本，后者来自胆汁样本。这两个菌株都携带有以前描述过的 bla_{KLUA-9} 基因。根据 CTX-M 型酶的分组，CTX-M-3 属于 CTX-M-1 组，因为 CTX-M-1 是这亚组最先被鉴定出的成员。然而，根据上述研究，在抗坏血酸克吕沃尔菌的染色体上也存在着与源于质粒的 $bla_{CTX-M-3}$ 完全一样的基因，这就提示 CTX-M-3 作为这个亚组的代表或许更合适，这也是有些学者将 CTX-M-1 亚组称作 CTX-M-3 簇的原因。此外，随着更多的彼此有差异的 bla_{CTX-M} 基因在克吕沃尔菌属各个菌种的染色体上被发现，人们也逐渐意识到，这些 bla_{CTX-M} 基因的多样性早在这些基因被招募到质粒上之前就已经存在，这与编码 TEM 型和 SHV 型 ESBL 的基因明显不同，因为后面提到的这些编码基因只是从 TEM-1 和 TEM-2 以及 SHV-1 这三个原型酶突变而来，编码这三个原型酶的基因几乎不存在多样性。因此，这些早已存在的染色体 β-内酰胺酶应该被称作"天生的头孢噻肟酶"，以此来将这些酶与那些遵循着祖先-突变-衍生物模式的 ESBL 区别开来。

在 2004 年，Bonnet 提出，在当时已知的 β-内酰胺酶中根本没有一种酶可能是一个直接的 CTX-M-9 家族的祖先。最近的亲属是来自抗坏血酸克吕沃尔菌、栖冷克吕沃尔菌和佐治亚克吕沃尔菌的染色体 β-内酰胺酶。CTX-M-9 家族酶与 KLUC-1 以及 KLUA 酶的同一性变化很大，从 77.7％到 80.8％不等。CTX-M-9 家族与 KLUG-1 的同一性从 83.5％到 84.5％。然而，在 2005 年，加拿大学者 Olson 等从 6 个佐治亚克吕沃尔菌株中鉴定出染色体 β-内酰胺酶基因（bla_{KLUY}），实际上，这些菌株是在 2002 或 2003 年在南美的法属圭亚那群岛上被分离获得。这些基因产物中的 KLUY-1 展示出与 CTX-M-14 完全一样的氨基酸序列，同一性为 100％（图 21-10）。众所周知，CTX-M-14 是 CTX-M-9 亚组中的酶。然而，本研究结果看，CTX-M-14 而不是 CTX-M-9 应该是这个亚组的原型酶。克吕沃尔菌属染色体 CTX-M 型酶本身就具有的多样性再一次得到证实。人们普遍认为，克吕沃尔菌属的 CTX-M 型酶均属于天生的头孢噻肟酶，这些酶被动员到质粒上以后，在头孢他啶的选择压力之下才进化成为能有效水解头孢他啶的变异体酶。然而，根据克吕沃尔菌属 CTX-M 型酶的多样性，我们是否可以预测，有朝一日我们会在克吕沃尔菌属染色体上鉴定出那些能够高效水解头孢他啶的 CTX-M 型酶，如 CTX-M-15、CTX-M-16、CTX-M-27 和 CTX-M-32 等。

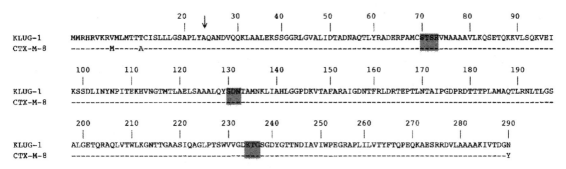

图 21-9　KLUG-1 与来自无丙二酸柠檬酸杆菌 CTX-M-8 的氨基酸序列的比对
（引自 Poirel L，Kampfer P，Nordmann P. Antimicrob Agents Chemother，2002，46：4038-4040）
本图采用 Ambler 计数。破折线代表完全一样的氨基酸。垂直箭头提示成熟 β-内酰胺酶 KLUG-1 前导肽的裂解位点。
3 个 A 类 β-内酰胺酶的特征性结构元件采用灰色框

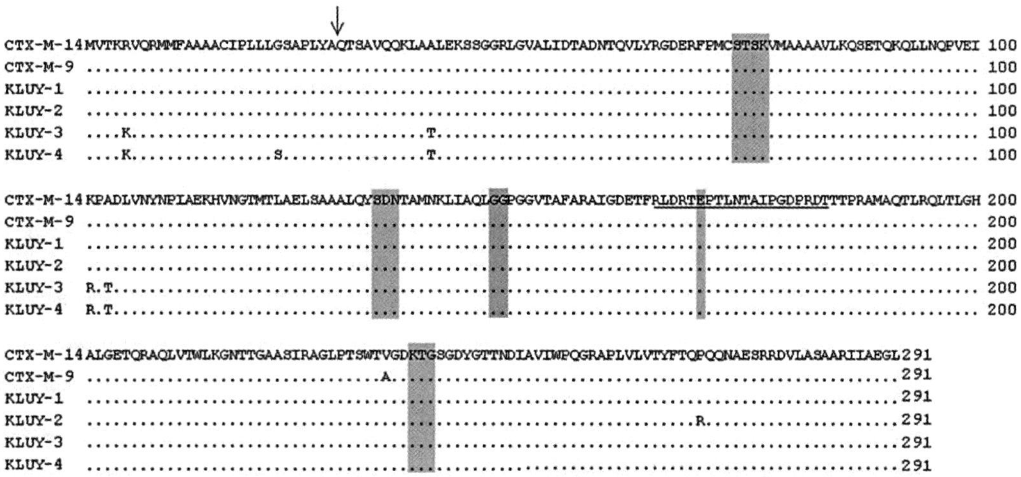

图 21-10　KLUY-1、KLUY-2、KLUY-3、KLUY-4、CTX-M-9 和 CTX-M-14 氨基酸序列的比对
（引自 Olson A B，Silverman M，Goyd D A，et al. Antimicrob Agents chemother，2005，49：2112-2115）
圆点代表完全一样的氨基酸。垂直箭头提示前导肽的一个推定的裂解位点。
5 个 Ambler A 类 β-内酰胺酶的特征性元件采用灰色方框表示。Ω 环区域带下划线

　　2000 年，在加拿大，一个大肠埃希菌分离株从一名住院患者中恢复，后来，Munday 等在这个分离株中鉴定出一种全新的 CTX-M 型酶 CTX-M-25，它是由质粒介导的。CTX-M-25 与当时已知的各种 CTX-M 型酶都难以成簇，所以将其列为一个单独的亚组，即 CTX-M-25 亚组。该亚组也属于比较小的亚组，包括 CTX-M-26、CTX-M-39、CTX-M-41 和 CTX-M-89 等酶。在 2010 年之前，人们只是知晓质粒编码的 CTX-M-25 亚组酶，但一直未能在克吕沃尔菌属中找到染色体编码的 β-内酰胺酶对等物。然而在 2010 年，Rodriguez 和 Gutkind 等发现在一个佐治亚克吕沃尔菌株 14751 中藏匿着一个 β-内酰胺酶基因，它编码一个全新的酶 CTX-M-78，后者与 CTX-M-25 亚组中的成员 CTX-M-39 具有 96.2％的氨基酸同一性，由此推定

它可能是 CTX-M-25 亚组的祖先。需要特别说明的是，这个菌株是一个临床分离株，它是从在美国肯塔基州的罗伊斯维尔住院的一名 62 岁血源感染患者分离出的，但是这个菌株分离出的时间是 2002 年 12 月。如同 CTX-M-78 一样，CTX-M-76、CTX-M-79 和 CTX-M-95 也都是在克吕沃尔菌种中被鉴定出的染色体固有头孢噻肟酶。有些学者在文献中将这些酶写成为 c-CTX-M 以示区别，其中的 c 代表染色体编码。

　　如此一来，各个主要的 CTX-M 亚组就似乎都有了起源之处。在各个亚组或簇中获得性 CTX-M 的起源能被回溯到各种克吕沃尔菌菌种，在它们的染色体上藏匿着编码固有头孢噻肟酶基因，其中，CTX-M-2 簇似乎源自抗坏血酸克吕沃尔菌，CTX-M-14、CTX-M-8 和 CTX-M-25 簇源自佐治亚克吕

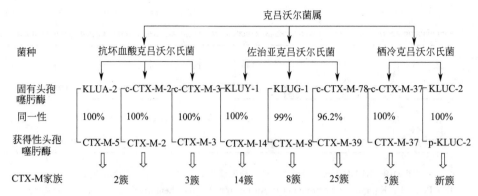

图 21-11　在克吕沃尔菌菌种中的固有头孢噻肟酶基因作为获得性 CTX-M 的最初起源的鉴定

（引自 Zhao WH, Hu Z Q. Crit Rev Microbiol, 2013, 39：79-101）

这是根据它们的氨基酸同一性和有关联基因的邻近序列的同源性而做出的鉴定。

c-CTX-M，在克吕沃尔菌菌种的染色体被鉴定出的 CTX-M

沃尔菌，而 CTX-M-3 簇源自抗坏血酸克吕沃尔菌和栖冷克吕沃尔菌这两个菌种。最初，人们在栖冷克吕沃尔菌染色体上鉴定出编码各种 KLUC 的基因，但这些基因与编码五大 CTX-M 亚组酶基因的同一性都超过 90%，所以，学者们将这些基因看作是另一亚组酶的祖先，只是这些酶还没有在临床分离株中被鉴定出。然而，质粒来源的 KLUC-2（p-KLUC-2）已经在一个阴沟肠杆菌临床分离株中被鉴定出（图 21-11）。

尽管科学界明确无误地认同，CTX-M 型酶起源自克吕沃尔菌种，但仍有一些问题需要被恰当地回答，以便保证这种说法的准确性。第一，在克吕沃尔菌种的 bla_{CTX-M} 与可利用的 16S rDNA 序列之间种系发生树拓扑学的比较揭示出，在各个 CTX-M 簇中的进化关系与在克吕沃尔菌属中的各个菌种的种系发生距离并未完全关联起来。尽管所有克吕沃尔菌种在同一时间从同样的祖先细菌多样化，但这个拓扑学并没有在各个 bla_{CTX-M} 簇中被观察到，这就建议存在着不同的进化轨迹。第二，如果来自克吕沃尔菌属的每一个染色体基因是一个被确定的 CTX-M 簇的起源的话，那么为什么至少有 3 个来自佐治亚克吕沃尔菌的染色体基因（bla_{KLUG}、bla_{KLUY} 和 $bla_{CTX-M-78}$）已经被提出是 3 个不同的 CTX-M 簇的前体呢。与此正相反的是，CTX-M-1 簇已经与不同的克吕沃尔菌种关联起来（抗坏血酸克吕沃尔菌和栖冷克吕沃尔菌）。这些资料也可能建议，这些 bla_{CTX-M} 基因也一直在不同的克吕沃尔菌种中循环着。第三，像 bla_{KLU} 基因的上游那样完全一样的基因组结构在产气肠杆菌中被发现，这就建议克吕沃尔菌属可能已经在这些菌种趋异后获得了 bla_{KLU} 基因。因此，大多数分离株必须携带有

bla_{KLU} 基因，包括中间克吕沃尔菌，不过，在后一种细菌中，根本没有 bla_{KLU} 基因已经被鉴定出。尽管 bla_{KLU} 基因存在于大多数克吕沃尔菌属分离株中，但 90% 分离株对头孢噻肟敏感。显而易见，bla_{KLU} 基因可能确实存在，但却被弱表达。不幸的是，bla_{KLU} 基因在克吕沃尔菌属的敏感分离株或它们的遗传环境中的存在还没有被寻找。每一个 CTX-M 亚组都可能源自一个或多个不同的克吕沃尔菌种，并且一些亚组的可转移 bla_{CTX-M} 基因的存在与多个基因捕获事件的历史是一致的。在每一个亚组内，微小的等位基因变异体能反映出或是不同的基因捕获事件，或是发生在继发宿主内的捕获后蛋白微进化，并且可能被临床和兽医环境中抗生素选择压力所影响。

第八节　CTX-M 型 ESBL 的动员（带动转移）

一、CTX-M 型 ESBL 的质粒携带

已如前述，在临床分离株中最流行的质粒介导的 CTX-M 型 β-内酰胺酶的祖先是克吕沃尔菌属中各种先天的头孢噻肟酶。然而一方面，尽管克吕沃尔菌属也是肠杆菌科细菌的成员，但这些细菌极少引起人的感染，一般来说还算作是环境细菌；另一方面，在克吕沃尔菌种染色体上编码这些酶的基因表达水平低，因此，携带这些编码基因的菌株仍然对广谱头孢菌素如头孢噻肟、头孢曲松和氨曲南敏感。但是，一旦这些 CTX-M 基因被动员到各种病原菌的质粒上，它们不仅会高水平表达，而且也会广泛散播，从而对临床感染病治疗造成很大的困扰。

一旦 CTX-M 基因被动员，这些基因就被许多元件携带，但十分常见的是被大的多重耐药质粒携带。分子流行病学研究已经揭示出 bla_{CTX-M} 基因与质粒具有密切和有意义的关系，主要与属于 IncF、IncI、IncHI2、IncL/M 和 IncK 组的质粒有关。如表 21-14，这些质粒大小差异大，从 7kb 的非接合型质粒到 160kb 的接合型质粒不等，有些质粒甚至达到 200kb。编码 CTX-M 型酶的大多数质粒都可以在体外通过接合而转移。现已证实，完全一样的 bla_{CTX-M} 基因已经被观察处在不同的遗传支持上，而这些基因是在不同地理位置和不同时间被鉴定出来。在波兰华沙，一个 $bla_{CTX-M-3}$ 基因已经出现在两种根本不同的 Pst I 限制型的质粒上。在中国，$bla_{CTX-M-14}$ 基因已经在位于不同质粒（大小为 60~150kb）的 Bam HI 和 Eco RI 限制的片段上，以及在大肠埃希菌和阴沟肠杆菌菌株的染色体上被观察到。在日本，bla_{CTX-M} 基因的继发性染色体插入也已经在临床大肠埃希菌菌株 HK56 上被观察到，这个菌株藏匿着这个基因的 3 个拷贝。如上所述，在肠杆菌科细菌临床分离株中被发现的获

得性 bla_{CTX-M} 基因通常被接合型质粒携带，不过，在一些奇异变形杆菌菌株，这些 bla_{CTX-M} 基因也被发现被整合进入染色体上，这也反映出这些 bla_{CTX-M} 基因的高度流动性。在体外，编码 CTX-M 型酶的质粒常常凭借接合而转移，其转移频率按照每个供体细胞从 10^{-7} 到 10^{-2} 不等。这个特性解释了藏匿 bla_{CTX-M} 的质粒的易于散播性。事实上，bla_{CTX-M} 基因的动员一直非常成功，这就导致这些基因实际上在肠杆菌科细菌中所有主要的质粒不相容组中快速散播。其中，有一些质粒在通过质粒流行病学的 CTX-M 散播上已经起到了主要的作用，典型的例子包括：由 IncFII 质粒介导的 CTX-M-15 的大流行，由 IncN 质粒促进的 CTX-M-3 在波兰和其他东欧国家的散播，CTX-M-65 通过 F33：A-：B 型质粒的散播以及 CTX-M-14 借助 IncK 质粒在西班牙和英国的散播。需要提及的是，编码 CTX-M 型 ESBL 的质粒也常常携带其他 β-内酰胺酶，并且也表现出对其他抗菌药物的复合耐药。

表 21-14　编码 CTX-M 型 ESBL 的质粒和其他 β-内酰胺酶的复合表达以及非 β-内酰胺类耐药决定子的描述

国家/地区和酶	细菌	质粒大小/kb	转移	复合表达的 β-内酰胺酶和复合转移的非 β-内酰胺类抗生素耐药标志物
南美、北美				
阿根廷				
CTX-M-2	鼠伤寒沙门菌	142	接合型	GEN,TOB,SXT
CTX-M-2	霍乱弧菌	150	接合型	TEM-1,AMK,GEN,KAN,SFI
CTX-M-2	霍乱弧菌	150	接合型	TEM-1, AMK, GEN, KAN, SFI, STR,TRI,TET,CHL
CTX-M-2	奇异变形杆菌	＞150	接合型	OXA-2
CTX-M-2	肺炎克雷伯菌	140	接合型	TEM-1 样,GEN
CTX-M-2	婴儿沙门菌	73	接合型	TEM-1 样, GEN, KAN, NET, TOB,SUL
CTX-M-2	沙门菌种		接合型	OXA-2/OXA-9,GEN,AMK
巴西				
CTX-M-8	阴沟肠杆菌		非接合型	AmpC
CTX-M-8	无丙二酸柠檬酸杆菌	≥75	接合型	TEM-1, AMK, GEN, KAN, NET,TOB
CTX-M-8	产气肠杆菌	≥75	接合型	TEM-1, AmpC, AMK, GEN, KAN,NET,TOB
CTX-M-9	大肠埃希菌	98	不可转移	BL
CTX-M-9	阴沟肠杆菌	180	接合型	TEM-1,AmpC
CTX-M-16	大肠埃希菌	70	接合型	TEM-1
美国				
CTX-M-5	鼠伤寒沙门菌	9	接合型	
欧洲				
法国				
CTX-M-1	大肠埃希菌	85	接合型	BL

国家/地区和酶	细菌	质粒大小/kb	转移	复合表达的 β-内酰胺酶和复合转移的非 β-内酰胺类抗生素耐药标志物
CTX-M-1	大肠埃希菌	160	接合型	BL,SXT,TET
CTX-M-1	大肠埃希菌	100~130	非接合型	TEM-1
CTX-M-1	大肠埃希菌	100~130	接合型	TEM-1
CTX-M-1	奇异变形杆菌	70~85	不可转移	
CTX-M-1	阴沟肠杆菌	55	接合型	TEM-1
CTX-M-2	奇异变形杆菌	70~85	不可转移	TEM-2
CTX-M-3	阴沟肠杆菌	80	接合型	TEM-1
CTX-M-3	肺炎克雷伯菌	约80	接合型	TEM-1,AMK,GEN,KAN,GET,TOB,SPE,STR
CTX-M-9	大肠埃希菌	100~130	不可转移	TEM-1
CTX-M-14	大肠埃希菌	150	接合型	TEM-1
CTX-M-14	大肠埃希菌	120	接合型	TEM-1
CTX-M-14	大肠埃希菌	110	接合型	TEM-1
CTX-M-14	肺炎克雷伯菌	110	不可转移	
CTX-M-14	大肠埃希菌	约60	接合型	TEM-1, GEN, KAN, NET,TOB,CHL
CTX-M-14	肺炎克雷伯菌	约60	接合型	TEM-1, SHV 型, GEN, KAN,NET,TOB,CHL
CTX-M-14	大肠埃希菌	100~130	接合型	TEM-1
CTX-M-15	大肠埃希菌		接合型	
CTX-M-15	肺炎克雷伯菌		不可转移	GEN,KAN,TOB,SXT,TET
CTX-M-19	肺炎克雷伯菌	约50	接合型	TEM-1, SHV 型, GEN, KAN,BET,TOB,CHL
CTX-M-20	奇异变形杆菌	70~85	不可转移	TEM-2
CTX-M-21	大肠埃希菌	100~130	接合型	TEM-1
德国				
CTX-M-1	大肠埃希菌	160	接合型	TET,SXT
希腊				
CTX-M-3	大肠埃希菌	约120	接合型	TEM-1,LAT-2
CTX-M-6	鼠伤寒沙门菌	10	可转移	GEN,TOB,TET,SXT,CHL
CTX-M-7	鼠伤寒沙门菌	10	可转移	GEN,TOB,TET,SXT,CHL
匈牙利				
CTX-M-4b	鼠伤寒沙门菌	12	不可转移	
意大利				
CTX-M-1	大肠埃希菌	50	接合型	
CTX-M-2	普通变形杆菌	55	接合型	TEM-1
拉脱维亚				
CTX-M-5	鼠伤寒沙门菌	10	非接合型	SHV-1,SXT,CHL
波兰				
CTX-M-3	弗氏柠檬酸杆菌	89.5	接合型	AmpC, TEM-1, GEN, TOB,STR,SUL
CTX-M-3	鼠伤寒沙门菌	90~110	接合型	SHV-2a,TEM-1,GEN,TOB,SXT
CTX-M-3	婴儿沙门菌	90~110	接合型	TEM-1,GEN,TOB,SXT
西班牙				
CTX-M-9	大肠埃希菌		接合型	TEM-1
CTX-M-9	魏尔啸沙门菌		接合型	TEM-1,STR,TET,SXT
CTX-M-9	肺炎克雷伯菌	70	接合型	KAN, STR, NEO, SPE, SFI,TET,TRI

续表

国家/地区和酶	细菌	质粒大小/kb	转移	复合表达的 β-内酰胺酶和复合转移的非 β-内酰胺类抗生素耐药标志物
CTX-M-10	大肠埃希菌		接合型	TEM-1
CTX-M-10	阴沟肠杆菌	61	接合型	AmpC
CTX-M-10	肺炎克雷伯菌		接合型	
CTX-M-14	大肠埃希菌	40	接合型	
土耳其				
CTX-M-15	肺炎克雷伯菌	60		
英国				
CTX-M-9	奥克西托克雷伯菌	130	不可转移	
CTX-M-26	肺炎克雷伯菌	约 50		
俄罗斯				
CTX-M-4a	鼠伤寒沙门菌	12	不可自身转移	GEN,SXT,TET,CHL
亚洲				
中国				
CTX-M-3	大肠埃希菌	42;2	接合型	TEM-1
CTX-M-3	肺炎克雷伯菌	39	接合型	TEM-1,TEM 样,SHV-1
CTX-M-3	阴沟肠杆菌	37;1	接合型	TEM-1,AmpC
CTX-M-3	弗氏柠檬酸杆菌	33	接合型	TEM-1
CTX-M-3	肺炎克雷伯菌	90	接合型	TEM-1
CTX-M-9	大肠埃希菌	150	接合型	TEM-1B
CTX-M-9	阴沟肠杆菌	85;2.4	接合型	AmpC
CTX-M-12	肺炎克雷伯菌	90	接合型	TEM-1
CTX-M-13	肺炎克雷伯菌	35	接合型	TEM-1B,SHV-11
CTX-M-14	大肠埃希菌	130;3.5	非接合型	TEM-1B,SHV-12
CTX-M-14	大肠埃希菌	130	接合型	TEM-1B
CTX-M-14	肺炎克雷伯菌	60	接合型	SHV-11
CTX-M-14	阴沟肠杆菌	150;2.4	非接合型	SHV-12
印度				
CTX-M-15	大肠埃希菌	150	非接合型	TEM-1, OXA-1, GEN, KAN,TOB,TET
CTX-M-15	产气肠杆菌	145	接合型	TEM-1, OXA-1, SHV-1, GEN,KAN,TOB,SXT,CHL
CTX-M-15	肺炎克雷伯菌	155	非接合型	TEM-1,OXA-1,SHV-1,CHL
日本				
CTX-M-1 型	肺炎克雷伯菌	>160	非接合型	TEM-1,SHV 型,MIN,SXT,CHL
CTX-M-2	大肠埃希菌		接合型	
CTX-M-2	大肠埃希菌		不可转移	BL
CTX-M-2	肺炎克雷伯菌	350	接合型	
Toho-1	大肠埃希菌	58	接合型	SPE,STR,SXT
Toho-2	大肠埃希菌	54	接合型	STR,TET
韩国				
CTX-M-14	肺炎克雷伯菌	约 160	接合型	AMK, GEN, STR, TET, SUL,TRI,CHL
CTX-M-14	肺炎克雷伯菌	约 160	接合型	STR,SUL
CTX-M-14	宋氏志贺菌	77	接合型	无
中国台湾地区				
CTX-M-3	大肠埃希菌	95	接合型	TEM-1
CTX-M-3	大肠埃希菌	65	接合型	TEM-1,CMY-2
CTX-M-3	肺炎克雷伯菌		接合型	TEM-1
CTX-M-14	肺炎克雷伯菌		接合型	TEM-1

续表

国家/地区和酶	细菌	质粒大小/kb	转移	复合表达的β-内酰胺酶和复合转移的非β-内酰胺类抗生素耐药标志物
CTX-M-14	大肠埃希菌	＞90	接合型	
越南				
CTX-M-14	肺炎克雷伯菌			VEB-1，SHV-2/TEM-1
CTX-M-17	肺炎克雷伯菌	7	非接合型	GEN，SXT，CHL
CTX-M-17	肺炎克雷伯菌	11	非接合型	GEN，SXT，CHL
非洲				
肯尼亚				
CTX-M-12	肺炎克雷伯菌	约160	接合型	TET
突尼斯				
CTX-M-3	维也纳沙门菌		非接合型	TEM-1b，SHV-2a，CMY-4，GEN，KAN，TOB，NET，AMI，SUL，TRI

注:1. 引自 Walther-Rasmussen J,Hoiby N. Can J Microbiol,2004,50:137-165。

2. BL—β-内酰胺酶;AMK—阿米卡星;CHL—氯霉素;GEN—庆大霉素;KAN—卡那霉素;NEO—新霉素;NET—奈替米星;SFI—磺胺(二甲基)异噁唑;SPE—大观霉素;STR—链霉素;SUL—磺胺类药;SXT—磺胺甲噁唑-甲氧苄啶;TET—四环素;TOB—妥布霉素;TRI—甲氧苄啶。

二、各种遗传元件参与 CTX-M 型酶的动员

如果说质粒介导的 CTX-M 型酶来自克吕沃尔菌属的各个菌种的这种说法准确无误的话,那么,位于克吕沃尔菌属种的 bla_{CTX-M} 基因是如何被转移到细菌临床分离株的质粒上的呢? 在 2006 年,Canton 和 Coque 提出,不同的遗传元件可能参与了 bla_{CTX-M} 基因的动员。这些元件包括:①ISEcp1 样的插入序列,它们与 CTX-M-1,CTX-M-2 和 CTX-M-9 簇内的大多数基因有关联;②CR1(共同区域1,以前称之为 orf513)元件,这是一种推定的转座酶,它被发现与 $bla_{CTX-M-2}$ 和 $bla_{CTX-M-9}$ 基因连接;③噬菌体相关序列,它们只是在西班牙 $bla_{CTX-M-10}$ 基因的周围被鉴定出。

(一) ISEcp1 样元件

ISEcp1 源自大肠埃希菌,它属于 IS1380 家族。ISEcp1 也有变异体如 ISEcp1B,后者也称作 ISEcp1 样元件,这两者之间的差异是 3 个核苷酸置换,致使转座酶存在着单一的氨基酸改变,但它们的反向重复(IR)序列完全一样。由于 ISEcp1 样元件位于一些 β-内酰胺酶基因的上游,将这些 IS 元件与起始密码子分隔开的各种可变序列的分析允许我们去界定其边界。这个插入序列由 2 个不完全一样的反向重复和 1 个 ORF 构成,后者编码一种 420 个氨基酸的推定重组酶。其氨基酸序列呈现出与来自脆弱拟杆菌的 IS492 转座酶仅仅 24% 的同一性,而这是与其关系最密切的转座酶。在 2001 年,CTX-M-15 就在源自印度的肠杆菌科细菌(4 个大肠埃希菌、1 个肺炎克雷伯菌和 1 个产气肠杆菌)中鉴定出。尽管携带 $bla_{CTX-M-15}$ 基因的质粒大小不一,但一个同样的插入序列 ISEcp1 都在 $bla_{CTX-M-15}$ 基因 5′末端的上游被鉴定出。ISEcp1 在这个位置上的出现至少说明它贡献了这种质粒介导的 bla_{CTX-M} 基因的散播和表达。此后,ISEcp1 或 ISEcp1 样插入序列已经在编码各种 CTX-M 型酶的 ORF 上游 42~266bp 之间陆陆续续地被观察到。质粒传导实验(plasmid conduction experiment)已经证实了 ISEcp1 在 bla_{CTX-M} 移动性上的潜在参与。此外,通过引物延伸对 $bla_{CTX-M-17}$ 启动子区域作图,已经揭示出在一个 ISEcp1 样序列的 3′末端的 -35(TTGAAA)和 -10(TACAAT)启动子序列,它能为与 ISEcp1 元件相关联的 bla_{CTX-M} 基因的表达提供启动子。肺炎克雷伯菌 BM4493 是在越南胡志明市被分离获得,它对头孢噻肟和氨曲南的耐药是由于产生一个全新的 β-内酰胺酶 CTX-M-17。这个 $bla_{CTX-M-17}$ 基因位于质粒 pIP843 上,该质粒被发现属于 ColE1 家族。这个 876bp 长 $bla_{CTX-M-17}$ 基因与 $bla_{CTX-M-14}$ 基因只是相差 2 个核苷酸,这就导致一个单一的氨基酸置换,谷氨酸 289→赖氨酸。$bla_{CTX-M-17}$ 基因被两个插入序列夹括,上游是一个 ISEcp1 样元件,下游是一个插入序列 IS903 变异体,被称作 IS903-C。质粒 pIP843 不可自身转移,也不可动员。引物延伸实验的结果提示,ISEcp1 为 $bla_{CTX-M-17}$ 基因的表达提供启动子,并且它或许贡献了这个基因的散播。该项研究建议,位于 ISEcp1 样元件的 -35 和 -10 序列不仅能指导 $bla_{CTX-M-17}$ 基因的转录,而且也指导一个转座事件

后其他 *bla* 基因的转录。同样的 IS903-C 拷贝被发现存在于 2 个不同质粒的 *bla*$_{CTX-M-17}$ 基因的下游，并且一个完整的或被截短的 IS*Ecp1* 样元件存在于上游，这样的事实建议，IS903-C 在 *bla*$_{CTX-M-17}$ 基因的散播上起着作用。

IS*Ecp1B* 具有两个不完全一样的反向重复（IR），可能是由 14bp 和编码一个 420 氨基酸转座酶的基因构成，在这 14bp 中有 12 个是互补的。IS*Ecp1B* 为 *bla*$_{CTX-M-14/CTX-M-18}$ 和 *bla*$_{CTX-M-19}$ β-内酰胺酶基因的高水平表达提供启动子序列。IS*Ecp1B* 从 *bla*$_{CTX-M-2}$ 基因的祖先抗坏血酸克吕沃尔菌动员这个基因的能力被试验。在抗坏血酸克吕沃尔菌标准菌株 CIP7953 中，IS*Ecp1B* 在 *bla*$_{CTX-M-2}$ 基因上游的一些插入首先采用头孢噻肟（0.5mg/L 和 2mg/L）被选出。在那些情况下，IS*Ecp1B* 带来了启动子序列，这就增强了 *bla*$_{CTX-M-2}$ 基因在抗坏血酸克吕沃尔菌中的表达。然后，IS*Ecp1B* 介导的 *bla*$_{CTX-M-2}$ 基因从抗坏血酸克吕沃尔菌向大肠埃希菌 J53 的动员被尝试。IS*Ecp1B*-*bla*$_{CTX-M-2}$ 的转座频率在大肠埃希菌中为 $(6.4 \pm 0.5) \times 10^{-7}$。头孢噻肟、头孢他啶和哌拉西林促进转座，而阿莫西林、头孢呋辛和奈啶酮酸则无促进作用。当研究在 40℃ 进行时，转座也被促进。近来，我们已经发现，IS*Ecp1B* 通过将各种各样 NDA 序列看作是右端反向重复（IRR），从而能够动员邻接的 *bla*$_{CTX-M-19}$ 基因，这是在大肠埃希菌中通过一种称作终于一端转座（one-ended transposion）的机制来实现动员的。序列比较揭示出，IS*Ecp1B* 可能识别范围广的 DNA 序列，它可能被用来动员包括 *bla*$_{CTX-M}$ 在内并在结构上不相关的基因。与其他 IS 相似，IS*Ecp1* 样家族已经被显示可作为不同 CTX-M 酶的高水平表达的一个启动子区域而起作用，包括 CTX-M-14、CTX-M-18、CTX-M-17 和 CTX-M-19。其他质粒介导的 β-内酰胺酶基因如 *bla*$_{CMY}$ 基因，或编码 16S rRNA 甲基转移酶基因（*rtmC*），或许在它们的表达和动员上也可能与 IS*Ecp1* 相关联。

（二）ISCR1

CR1 元件近来已经再次被命名为 ISCR1，这是因为它具有 IS91 样元件的关键基序。已经有人建议，这个 ISCR1 或许通过一种滚环复制机制而参与到这种基因动员中。不同的 *bla* 基因包括 *bla*$_{CTX-M}$、*bla*$_{CMY}$、*bla*$_{DHA-1}$ 和 *bla*$_{VEB}$ 以及其他耐药基因如 *qnrA* 都已经被与 ISCR1 关联起来。这个 ISCR1 被镶嵌在携带有 ISCR1 的所谓复杂 1 类整合子内，这种整合子则具有复杂的模块结构（图 21-12）。此图是根据来自 In117、InV117

（*bla*$_{CTX-M-2}$）和 In60（*bla*$_{CTX-M-9}$）变异体的序列的各种信息而制作。每一个整合子都包括保守区 5′-CS 和 3′-CS，中间夹括的是数量不等的基因盒，紧跟着的是 ISCR1、*bla*$_{CTX-M}$ 基因、与克吕沃尔菌基因组具有高度同源性的各种序列以及 3′-CS 的第二个拷贝（被称为 3′-CS2），再接下来是 Tn402-*tni* 模块的一个截短形式。近来人们已经认识到，ISCR1 元件为不相关的抗菌药物耐药基因提供一个推定的启动子区域，如 *bla*$_{CTX-M}$、*qnrA* 和 *dfrA10*。赋予针对非 β-内酰胺类抗生素耐药的基因常常都被包含在基因盒中，但根本没有一个 *bla*$_{CTX-M}$ 基因作为典型的基因盒被插入整合子内，因为它们都缺乏 59-be 这一典型的特征。

值得注意的是，不同 IS 元件已经被连接到一个特定 CTX-M 簇内的不同 *bla*$_{CTX-M}$ 基因上。例如，*bla*$_{CTX-M-9}$ 与含有 ISCR1 的复杂 1 类整合子有关联，而 *bla*$_{CTX-M-14}$ 则主要与 IS*Ecp1* 有关联。同样，一些特定的 *bla*$_{CTX-M}$ 基因如 *bla*$_{CTX-M-10}$ 则既和 IS*Ecp1* 也和噬菌体相关的序列有关联。这些事实证实了这些序列在自然界中的可利用性，也说明了引发不同重组性适应性的可能性。

（三）噬菌体相关元件

bla$_{CTX-M-10}$ 最初是在 2001 年被描述，而产生 CTX-M-10 的大肠埃希菌菌株是在 1997 年在西班牙马德里的一所大学医院中被分离获得。在 2005 年，Canton 等描述了在上述同一所医院中 CTX-M-10 已经在肠杆菌科细菌的一些菌株的多个克隆中广泛散播。来自肺炎克雷伯菌株（在 1997 年，从一个尿液样本中恢复）KP4Ac 的质粒 pRYCE21 的一个 12.2kb DNA 片段的克隆和测序揭示出一个全新的噬菌体相关元件，它就位于 *bla*$_{CTX-M-10}$ 的上游，在不同的产 CTX-M-10 菌株中都是保守的。该报告第一次描述与一个噬菌体相关元件联系的一个 ESBL 基因。这项研究结果建议，*bla*$_{CTX-M-10}$ 从克吕沃尔菌染色体向一个可传播质粒上的转移或许被一个噬菌体的转导所介导，这就突出说明了噬菌体在耐药决定子散播上的潜在作用。一个 β-内酰胺酶基因转移被一个噬菌体所介导的第一个描述最早在 1972 年。更近来的工作显示，在污水中被发现的噬菌体常常藏匿着 OXA 和 PSE 型 β-内酰胺酶基因。我们对编码 CTX-M-10 β-内酰胺酶基因的遗传环境的研究说明了遗传元件环境储池的重要性，包括噬菌体在内的这些遗传元件或许作为工具在天然遗传工程过程中起作用，这最终导致抗菌药物耐药的传播和进化（图 21-13）。

我们只是较详细地介绍了 IS*Ecp1* 和 ISCR1 这两个插入序列以及噬菌体相关原件，但 CTX-M 型酶从克吕沃尔菌种中的动员要复杂得多。赵维华和 和总结（表 21-15）。
胡志清将 CTX-M 型 ESBL 的遗传平台进行了归纳

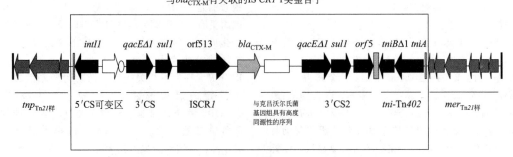

图 21-12 含有 bla_{CTX-M} 基因的复杂 1 类整合子骨架的模块结构图

（引自 Canton R，Coque T M. Curr Opin Microbiol，2006，9：466-475）

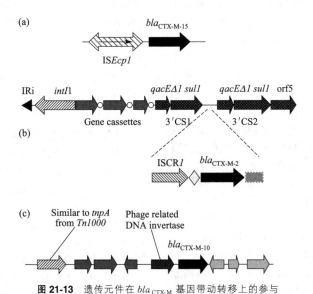

图 21-13 遗传元件在 bla_{CTX-M} 基因带动转移上的参与

［引自 Rossolini GM，et al. Clin Microbiol Infect，2008，14（Suppl. 1）：33-41］

（a）$bla_{CTX-M-15}$ 位于 ISEcp1 下游；（b）$bla_{CTX-M-2}$ 位于 ISCR1 下游，与一个 1 类复杂整合子结构相关联；

（c）$bla_{CTX-M-10}$ 处在一个不寻常的遗传来龙去脉中，与噬菌体相关的基因和插入序列有关联

表 21-15　CTX-M 型酶的遗传平台

CTX-M	遗传平台	细菌宿主
CTX-M-1	ISEcp1-$bal_{CTX-M-1}$-orf477	大肠埃希菌
	ISEcp1Δ-IS26-ISEcp1Δ-$bal_{CTX-M-1}$	肺炎克雷伯菌
	IS26- ISEcp1Δ-$bal_{CTX-M-1}$-orf477Δ	大肠埃希菌
	$intI$1-dfrA17-aadA5-$qacE$Δ1-sul1-ISCR1- $bal_{CTX-M-1}$ orf3-IS3000-$qacE$Δ1-sul1 样-orf5	大肠埃希菌
CTX-M-2	$intI$1-aacA4-bla_{OXA-2} orfA-$qacE$Δ1-sul1-ISCR1-$bla_{CTX-M-2}$-orf3Δ-$qacE$Δ1-sul1	奇异变形杆菌
	$intI$1-aacA4-bla_{OXA-2} orfA-$qacE$Δ1-sul1-ISCR1-$bla_{CTX-M-2}$-orf3Δ-$qacE$Δ1-sul1-orf5	霍乱弧菌
	$intI$1-aacA4-bla_{OXA-2} orfA-$qacE$Δ1-sul1-ISCR1-dfr10-$bla_{CTX-M-2}$-orf3Δ-$qacE$Δ1-sul1-orf5-tniBΔ-IS1326	肠道沙门菌

续表

CTX-M	遗传平台	细菌宿主
CTX-M-2	*intI1-dfrA12-aadA2-qacEΔ1-sul1*-ISCR1-*bla*_{CTX-M-2}-*orf3Δ-qacEΔ1-sul1-orf5*-IS1326	肺炎克雷伯菌
	intI1-estX-aadA1-qacEΔ1-sul1-ISCR1- *bla*_{CTX-M-2}-*orf3Δ-qacEΔ1-sul1-orf5*-IS1326	大肠埃希菌
	intI1-aac（6'）*-Iq-aadA1-qacEΔ1-sul1*-ISCR1- *bla*_{CTX-M-2}-*orf3Δ-qacEΔ1*	肺炎克雷伯菌
CTX-M-3	*intI1-aadA1-qacEΔ1-sul1*-ISCR1- *bla*_{CTX-M-2}-*orf3Δ-qacEΔ1*	肺炎克雷伯菌
	intI1-aadA2-qacEΔ1-sul1-ISCR1- *bla*_{CTX-M-2}-*orf3Δ-qacEΔ1*	肺炎克雷伯菌
	intI1-dhfrh1-aadA2-qacEΔ1-sul1-ISCR1-*bla*_{CTX-M-2}-*orf3Δ-qacEΔ1-sul1*	大肠埃希菌
	intI1-dfrA1-aadA1-qacEΔ1-sul1-ISCR1- *bla*_{CTX-M-2}-*orf3Δ-qacEΔ1-sul1*	肠道沙门菌
	intI1-dfrA12orfF-aadA2-qacEΔ1-sul1-ISCR1-*bla*_{CTX-M-2}-*orf3Δ-qacEΔ1-sul1*	肠道沙门菌
	intI1-dfrA21-qacEΔ1-sul1-ISCR1- *bla*_{CTX-M-2}-*orf3Δ qacEΔ1*	肺炎克雷伯菌
	intI1-dfrA22-qacEΔ1-sul1-ISCR1- *bla*_{CTX-M-2}-*orf3Δ -qacEΔ1*	肺炎克雷伯菌
	intI1-orf1-cat-orf2-aadA1-qacEΔ1-sul1-ISCR1-*bla*_{CTX-M-2}-*orf3Δ-qacEΔ1-sul1*	奇异变形杆菌
	IS*Ecp1-bla*_{CTX-M-2}	奇异变形杆菌
CTX-M-3	IS*Ecp1-bla*_{CTX-M-3}-*orf477*	肺炎克雷伯菌
	IS*Ecp1-bla*_{CTX-M-3}-*orf477-mucA*	肺炎克雷伯菌
	IS*Ecp1* 样-*bla*_{CTX-M-3}-*orf477* 样	奇异变形杆菌
	IS*Ecp1-bla*_{CTX-M-3}	大肠埃希菌
	IS*Ecp1*-IS1-*bla*_{CTX-M-3}-*orf477-mucA*	肺炎克雷伯菌
	IS*Ecp1-bla*_{CTX-M-3}-*orf-mucA*	弗氏柠檬酸杆菌
	IS26- IS*Ecp1Δ-bla*_{CTX-M-3}	大肠埃希菌
	IS26-IS*Ecp1-bla*_{CTX-M-3}-*orf477-mucA*	奇异变形杆菌
CTX-M-9	*intI1-aadB-qacEΔ1-sul1*-ISCR1-*bla*_{CTX-M-9}-*orf3* 样 -IS3000	阴沟肠杆菌
	intI1-dhfr12-orfX-aadA8- qacEΔ1-sul1-ISCR1-*bla*_{CTX-M-9}-*orf3-orf339Δ*	大肠埃希菌
	intI1-dfrA16-aadA2- qacEΔ1-sul1-ISCR1-*bla*_{CTX-M-9}-*orf3* 样-IS3000-*qacEΔ1-sul1*	大肠埃希菌
	ISCR1-*bla*_{CTX-M-9}	大肠埃希菌
	IS*Ecp1-bla*_{CTX-M-9}	弗氏柠檬酸杆菌
CTX-M-10	In1000 样-*orf2-orf3-orf4*-DNA 转化酶基因-*bla*_{CTX-M-10}-*orf7-orf8*-IS4321-*orf10-orf11*-IS5	肺炎克雷伯菌
	IS*Ecp1-bla*_{CTX-M-10}-*orf*-Tn5396	大肠埃希菌
CTX-M-12	IS*Ecp1-bla*_{CTX-M-12}	奇异变形杆菌
CTX-M-13	IS*Ecp1B-bla*_{CTX-M-13}	大肠埃希菌

续表

CTX-M	遗传平台	细菌宿主
CTX-M-14	IS$Ecp1$-$bla_{\text{CTX-M-14}}$-IS903	大肠埃希菌
	IS$Ecp1$ 样-$bla_{\text{CTX-M-14}}$-IS903 样	奇异变形杆菌
	IS$Ecp1$-IS10-$bla_{\text{CTX-M-14}}$-IS903	大肠埃希菌
	IS$Ecp1$-IS10-$bla_{\text{CTX-M-14}}$-IS$903D$	大肠埃希菌
	IS26- IS$Ecp1$-$bla_{\text{CTX-M-14}}$	肺炎克雷伯菌
	IS26- IS$Ecp1$-$bla_{\text{CTX-M-14}}$-IS903	肺炎克雷伯菌
	IS26-$bla_{\text{CTX-M-14}}$-IS$903D$	肠道沙门菌
	IS$Ecp1B$-$bla_{\text{CTX-M-14}}$	大肠埃希菌
	intI1-$dfrA12$-$orfF$-$aadA2$-$qacE\Delta1$-$sul1$-ISCR1-$bla_{\text{CTX-M-14}}$-IS903 样	大肠埃希菌
	intI1-$dfrA12$-$orfF$-$aadA2$-$qacE\Delta1$-$sul1$-$orf5$-IS6100-ISCR1-IS$Ecp1\Delta$-$bla_{\text{ctx-m-14}}$-IS$903D$	大肠埃希菌
CTX-M-15	IS$Ecp1$-$bla_{\text{CTX-M-15}}$	嗜水气单胞菌
	IS$Ecp1$-$bla_{\text{CTX-M-15}}$-$orf477$	大肠埃希菌
	IS$Ecp1$-$bla_{\text{CTX-M-15}}$-$orf477$-Tn3	鲍曼不动杆菌
	Tn3Δ- IS$Ecp1$-$bla_{\text{CTX-M-15}}$-orf-Tn3Δ	大肠埃希菌
	IS26- IS$Ecp1$-$bla_{\text{CTX-M-15}}$-$orf477$	大肠埃希菌
	IS26- IS$Ecp1$-$bla_{\text{CTX-M-15}}$-$orf477\Delta$	肠道沙门菌
	$bla_{\text{TEM-1}}$-$tnpR$-$tnpA$- IS$Ecp1$-$bla_{\text{CTX-M-15}}$-$orf477$	大肠埃希菌
CTX-M-16	IS$Ecp1$-$bla_{\text{CTX-M-16}}$-IS903	大肠埃希菌
	IS$Ecp1$-$bla_{\text{CTX-M-16}}$-$orf3$-$orf339$-$orf477$	大肠埃希菌
CTX-M-17	IS$Ecp1$ 样-$bla_{\text{CTX-M-17}}$-IS$903C$	肺炎克雷伯菌
CTX-M-19	intI1 样-$aacA4$-$cmlA1$-$qacE\Delta1$-$sul1$-Tn1721-IS$Ecp1B$-$bla_{\text{CTX-M-19}}$-IS$903D$	肺炎克雷伯菌
CTX-M-20	IS$Ecp1$-$bla_{\text{CTX-M-20}}$	奇异变形杆菌
CTX-M-21	IS$Ecp1$-$bla_{\text{CTX-M-21}}$	大肠埃希菌
CTX-M-22	IS$Ecp1\Delta$-IS26-$bla_{\text{CTX-M-22}}$-$orf477$-IS$Ecp1\Delta$	液化沙雷菌
CTX-M-24	IS$Ecp1$-$bla_{\text{CTX-M-24}}$-IS903	大肠埃希菌
	IS$Ecp1$ 样-$bla_{\text{CTX-M-24}}$-IS903 样	奇异变形杆菌
CTX-M-25	intI1-$dhfr7$- IS$Ecp1$-$bla_{\text{CTX-M-25}}$-$qacE\Delta1$-$sul1$	奇异变形杆菌
	IS$Ecp1\Delta$-IS50-A-IS$Ecp1\Delta$-$bla_{\text{CTX-M-25}}$-$orfX$	大肠埃希菌
CTX-M-26	intI1-$dhfr7$- IS$Ecp1$-$bla_{\text{CTX-M-26}}$-$qacE\Delta1$-$sul1$	肺炎克雷伯菌
	IS$Ecp1$-$bla_{\text{CTX-M-26}}$-$orfX$	肺炎克雷伯菌
CTX-M-27	IS$Ecp1$-$bla_{\text{CTX-M-27}}$	肠道沙门菌
	IS$Ecp1$-$bla_{\text{CTX-M-27}}$-IS903	大肠埃希菌
CTX-M-32	IS$Ecp1\Delta$-IS5-IS$1A$- IS$Ecp1\Delta$-$bla_{\text{CTX-M-32}}$-$orfX$	大肠埃希菌
	IS$Ecp1\Delta$-IS5-IS$Ecp1\Delta$-$bla_{\text{CTX-M-32}}$	大肠埃希菌
CTX-M-39	intI1-$dhfr7$- IS$Ecp1$-$bla_{\text{CTX-M-39}}$-$qacE\Delta1$-$sul1$	大肠埃希菌
	intI1-$aadA1$- IS$Ecp1$-$bla_{\text{CTX-M-39}}$-$qacE\Delta1$-$sul1$	大肠埃希菌
CTX-M-40	IS$Ecp1$ 样-$bla_{\text{CTX-M-40}}$	大肠埃希菌
CTX-M-42	IS$Ecp1$-$bla_{\text{CTX-M-42}}$	大肠埃希菌
CTX-M-53	IS$Sen2$- $bla_{\text{CTX-M-53}}$-$orf477\Delta$-IS26	肠道沙门菌
CTX-M-54	IS$Ecp1$-$bla_{\text{CTX-M-54}}$-IS903 样	肺炎克雷伯菌
CTX-M-55	IS$Ecp1$-$bla_{\text{CTX-M-55}}$-$orf477$	大肠埃希菌
	IS$Ecp1\Delta$-IS1294-$bla_{\text{CTX-M-55}}$-$orf477$	大肠埃希菌
CTX-M-59	intI1-$dfr15b$-$cmlA4$-样-$aadA2$-$qacE\Delta1$-$sul1$-ISCR1-$bla_{\text{CTX-M-59}}$-$orf3\Delta$-$qacE\Delta1$	肺炎克雷伯菌
CTX-M-62	IS$Ecp1$-$bla_{\text{CTX-M-62}}$-$qacEcp1\Delta1/\Delta2$	肺炎克雷伯菌
CTX-M-64	IS$Ecp1$-$bla_{\text{CTX-M-64}}$-$orf477$	宋氏志贺菌

续表

CTX-M	遗传平台	细菌宿主
CTX-M-65	$ISEcp1\text{-}bla_{CTX\text{-}M\text{-}65}\text{-}IS903$	大肠埃希菌
CTX-M-66	$ISEcp1$ 样$\text{-}bla_{CTX\text{-}M\text{-}66}\text{-}orf477$ 样	奇异变形杆菌
CTX-M-74	$ISCR1\text{-}bla_{CTX\text{-}M\text{-}74}\text{-}orf3\Delta\text{-}qacE\Delta1\text{-}sul1$	阴沟肠杆菌
CTX-M-75	$ISCR1\text{-}bla_{CTX\text{-}M\text{-}75}\text{-}orf3\Delta\text{-}qacE\Delta1\text{-}sul1$	斯氏普罗威登斯菌
CTX-M-79	$ISEcp1\text{-}bla_{CTX\text{-}M\text{-}79}$	大肠埃希菌
CTX-M-83	$ISEcp1\text{-}bla_{CTX\text{-}M\text{-}82}$	大肠埃希菌
CTX-M-89	$ISEcp1$ 样$\text{-}bla_{CTX\text{-}M\text{-}89}\text{-}orf477$ 样	阴沟肠杆菌
CTX-M-90	$ISEcp1\text{-}bla_{CTX\text{-}M\text{-}90}\text{-}IS903$ 样	奇异变形杆菌
	$ISEcp1\text{-}bla_{CTX\text{-}M\text{-}90}$	奇异变形杆菌
CTX-M-93	$ISEcp1\text{-}bla_{CTX\text{-}M\text{-}93}\text{-}IS903$	大肠埃希菌
CTX-M-98	$ISEcp1\text{-}bla_{CTX\text{-}M\text{-}98}\text{-}IS903$	大肠埃希菌
CTX-M-101	$ISEcp1\text{-}bla_{CTX\text{-}M\text{-}101}$	大肠埃希菌
CTX-M-102	$ISEcp1\text{-}bla_{CTX\text{-}M\text{-}102}\text{-}IS903$	大肠埃希菌
CTX-M-104	$ISEcp1\text{-}bla_{CTX\text{-}M\text{-}104}\text{-}IS903$	大肠埃希菌
CTX-M-105	$ISEcp1\text{-}bla_{CTX\text{-}M\text{-}105}\text{-}IS903$	大肠埃希菌
CTX-M-116	$ISEcp1\text{-}bla_{CTX\text{-}M\text{-}116}$	奇异变形杆菌
CTX-M-121	$ISEcp1\text{-}bla_{CTX\text{-}M\text{-}121}\text{-}IS903$	大肠埃希菌
CTX-M-122	$ISEcp1\text{-}bla_{CTX\text{-}M\text{-}122}\text{-}IS903$	大肠埃希菌
CTX-M-123	$ISEcp1\text{-}bla_{CTX\text{-}M\text{-}123}\text{-}IS903$	大肠埃希菌

注：引自 Zhao WH，Hu Z Q. Crit Rev Microbiol，2013，39：79-101。

第九节 CTX-M 型 ESBL 的流行病学

根据全球各地已有的现况调查报告，CTX-M 型 β-内酰胺酶几乎在全世界所有大的地区都是最流行的 ESBL，而且，彼此相邻的一些国家的流行病学特征非常相似。TEM 型和 SHV 型 ESBL 虽然也是全球流行的 β-内酰胺酶，但其总体流行程度和临床影响力还是不可与 CTX-M 型 ESBL 相提并论。其他各种类型 ESBL 酶家族均称不上全球流行，如 OXA 型 ESBL、PER 型 ESBL 和 VEB 型 ESBL，这些类型的 ESBL 的流行多局限在某一国家或地区，至多也就是在其他一些国家零星出现。尽管 VEB 型 ESBL 和 GES 型 ESBL 在全球的分布稍广些，但从整体上讲还是构不成大流行的程度。因此，从流行病学追踪的角度上看，CTX-M 型酶的进化发展历程相当具有特殊性。弄清楚 CTX-M 型 ESBL 在流行病学上的来龙去脉有助于我们深刻理解各种 β-内酰胺酶的流行病学特点，同时也有助于制定相关策略来遏制它们的发展和散播。此外，关于 CTX-M 型 ESBL 在全球流行病学方面的研究文献非常多，有些国家的研究报告详尽记录到 CTX-M 型 ESBL 的发展过程，这些研究结果清晰地记录下 CTX-M 型 ESBL 从默默无闻一直到在当地居主导地位的发展轨迹，很有代表性和启发性。欧洲国家是最早鉴定出 CTX-M 型 β-内酰胺酶的大陆，研究报告也最多，西太平洋地区、东亚和印度也是 CTX-M 型 β-内酰胺酶广泛散播的国家和地区，南美也是重灾区，北美是研究深入的大陆。在此，我们不可能将全球每个国家的流行情况介绍得面面俱到，只能采纳一些国家中有代表性的数据资料加以介绍，当然也包括我们国家的一些研究结果。

在介绍 CTX-M 型 β-内酰胺酶流行病学内容前，我们有必要做出两点提示：第一，CTX-M 型 β-内酰胺酶也是一个大家族，其中成员众多。根据 Bush 在 2010 年的统计，CTX-M 型 ESBL 已经有 90 多个成员。显而易见，并非这个酶家族的所有成员都同样流行，有些非常流行，有些非常少见。第二，β-内酰胺酶家族中各个成员流行的地域特异性现象比较普遍，CTX-M 型 ESBL 亦不例外。大体上说，CTX-M-1、CTX-M-2、CTX-M-3、CTX-M-9、CTX-M-14 和 CTX-M-15 最常见（表 21-16）。

表 21-16 CTX-M 型 β-内酰胺酶的最常见类型的全球分布

酶类型	国家/地区
CTX-M-1	意大利
CTX-M-2	以色列，阿根廷
CTX-M-3	波兰
CTX-M-9	西班牙
CTX-M-14	西班牙,加拿大,中国
CTX-M-15	全球

注：引自 Pitout J D，Laupland K B. Lancet Infect Dis，2008，8：159-166。

实际上，CTX-M 型 ESBL 的广泛扩散应该始于 1995 年左右，到了 21 世纪初期，它们的散播变得十分突出。然而，与其他类型的 ESBL 稍有不同的是，CTX-M 型 ESBL 的散播没有被限制在医疗机构，而是逐渐向社区渗透，从而给社区医疗保健带来重大负担。我们会在这一章的最后部分专门介绍 CTX-M 型 ESBL 在社区的散播。

一、CTX-M 型 ESBL 在一些欧洲国家的传播

CTX-M 型 β-内酰胺酶最早是从德国的慕尼黑和法国的巴黎相继被正式鉴定出，不过，有关 CTX-M 型酶在德国的流行病学资料并不多见，反而是在法国这样的研究文献很多，很主要的原因就是在这一领域中法国的科研人员实力雄厚，很多在国际上知名的大家都从事这方面的研究，成果较多。自从 2000 年或更早些时候以来，在波兰和西班牙以及后来在法国和英国，ESBL 在欧洲的流行和类型已经发生了显著的变化。在这个分水岭之前，大多数产 ESBL 细菌是院内分离株，常常是来自特殊监护病房的克雷伯菌菌种或肠杆菌菌种，并且这些细菌主要产生的是 TEM/SHV 型 ESBL。直到 20 世纪 90 年代晚期，ESBL 的欧洲调查发现的几乎都是 TEM/SHV 型突变体酶，常常是 SHV-2、SHV-4、SHV-5 以及 TEM-24，并且这些 β-内酰胺酶大多数情况是在肺炎克雷伯菌中被发现的。在 1994 年、1997～1998 年的欧洲调查发现，在来自 ICU 的所有克雷伯菌菌种中有 23%～25% 产 ES-BL。那时，CTX-M 型 ESBL 只是零星地被记录。不过在 20 世纪 90 年代中期，在拉脱维亚，俄罗斯和白俄罗斯，有产 CTX M 4 和 CTX M 5 的伤寒沙门菌曾引起过大的感染暴发。一直到 2000 年，CTX-M 型 β-内酰胺酶还是 ESBL 中的一个小家族。然而，在此后的 10 多年时间里，CTX-M 型 ESBL 突然进入一个快速增长期。从 2005 年到 2010 年，CTX-M 型酶就增长了 100%。让所有专家意想不到的是，仅仅经过了 10 多年的时间，这种 CTX-M 型 β-内酰胺酶会进化成为当今最流行的 ESBL，而且重要的是，CTX-M 型 ESBL 不仅在医院环境中不断地引起感染暴发，而且也将其触角伸向社区，使得一些携带 CTX-M 型酶的大肠埃希菌引起的尿道感染的抗菌药物治疗变得复杂起来。

1. 英国

Livermore 等报告，在 2000 年之前，根本没有产 CTX-M 型酶的分离株在英国被报告。在 2000 年，第一个 CTX-M 型 β-内酰胺酶 CTX-M-9 在英国被首次鉴定出，产酶细菌是一个克雷伯菌菌种。

紧接着在 2001 年，在伯明翰的一所医院出现了一次累及 30 名患者的克隆暴发，这是由产 CTX-M-26 肺炎克雷伯菌菌株引起的。同样是在 2001 年，一项调查检查了来自 28 所英国和爱尔兰医院的 900 多个大肠埃希菌分离株，只是记录到有 4 个产 CTX-M-15 的分离株。通过回归性检测发现，在 20 世纪 90 年代，就存在产 CTX-M-9 的沙门菌种分离株，其中的一些分离株来自具有国外旅行史的患者。其间，有两项研究专门调查来自英国的产 CTX-M 型 ESBL 的社区获得性细菌的传播。在其中的一项研究中，在 565 个粪便样本中鉴定出 8 个产 ESBL 大肠埃希菌和 1 个产 ESBL 沙门菌种，产生的 ESBL 是 CTX-M-9、CTX-M-14 和 CTX-M-15 以及 SHV-12。第二个研究由 Woodford 等开展，他们从 42 个医疗中心调研了 291 个产 CTX-M 大肠埃希菌。大肠埃希菌社区分离株（占 291 个分离株的 24%）主要来自尿液，并且产 CTX-M-15 或 CTX-M-9。研究者提示，产 CTX-M 型酶的大肠埃希菌分离株已经变得在整个英国处于散播状态，并且产 CTX-M-15 的一个流行克隆特别让人担忧，这是因为那个菌株在来自 6 个不同医疗中心的 11 个样本中被鉴定出。在 2003 年中期，英国健康保健局（Health Protection Agency，HPA）开始调查来自社区以及住院患者的产 ESBL 大肠埃希菌的"暴发"情况，结果证实，超过 90% 的分离株产生 CTX-M-15，或者，在更加少见的情况下，它们具有 CTX-M-3 或 CTX-M-9。在 2004 年晚些时候，一项前瞻性研究被开展，它覆盖了在英格兰东南部分的 16 个实验室，并且每个地点寻找到 100 个连续的头孢菌素耐药的肠杆菌科细菌。这项工作一共收集到 1127 个被证实了头孢菌素耐药的分离株。在那些具有实际耐药机制（ESBL、AmpC 或超高产的 K1 酶）的分离株中，有 51% 是大肠埃希菌，并且最大的一个组由 292 个大肠埃希菌分离株构成，它们产生 CTX-M 型 ESBL。在克雷伯菌菌种中，CTX-M 型酶也是占据主导地位的 ESBL（表 21-17）。仅仅在 4 年前，占据主导地位的头孢菌素耐药类型还一直是 AmpC 脱阻遏的肠杆菌菌种以及产 TEM 和 SHV 型 ESBL 的克雷伯菌菌种，4 年后 CTX-M 型 ESBL 就实现了异军突起，并且一直牢牢地占据了主导地位。

表 21-17 头孢菌素耐药的大肠埃希菌，克雷伯菌菌种以及肠杆菌菌种的耐药机制

分离株	大肠埃希菌 ($n = 574$)	克雷伯菌菌种 ($n = 224$)	肠杆菌菌种 ($n = 157$)
CTX-M 型 ESBL	292	190	6

续表

分离株	大肠埃希菌 (n = 574)	克雷伯菌菌种 (n = 224)	肠杆菌菌种 (n = 157)
非 CTX-M 型 ESBL	88	25	20
AmpC-染色体或质粒介导	41	1	72
K1 染色体 β-内酰胺酶的超高产	0	8	0
没有实质性的机制被界定；低水平耐药，主要是针对头孢泊肟	153	0	59

注：1. 引自 Livermore D M，Canton R，Gniadkowski M，et al. J Antimicrob Chemother，2007，59：165-174。

2. 这些分离株是在 2004 年 8～10 月从伦敦和英格兰东南部的 16 家实验室所收集。

2. 法国

1989 年，在法国，被描述过最初的 CTX-M 型 ESBL 之一的 CTX-M-1 被发现。10 年后也就是 1999 年，CTX-M-3 在一个阴沟肠杆菌分离株中被发现，该分离株是在巴黎郊区被恢复，它来自一名并无海外旅行经历的患者。不久之后，Dutour 等报告了在一些巴黎的医院有产 CTX-M-1、CTX-M-3 和 CTX-M-14 的肠杆菌科细菌，并且证实了编码的质粒与 10 年前被鉴定出的元件相关。Saladin 等回归性地检查了在 1989 年和 2000 年之间恢复的肠道细菌，他们鉴定出 9 个大肠埃希菌和奇异变形杆菌，这些细菌产生 CTX-M-1、CTX-M-2、CTX-M-9、CTX-M-14、CTX-M-20 或 CTX-M-21。尽管有这些早期的发现，但在 20 世纪 90 年代期间，产 CTX-M 型酶的菌株仍然少见。1999 年，在法国西南部的阿基坦大区的一项调查发现，ESBL 只是存在于 1.5% 的肠杆菌科细菌中，这些细菌来自服务社区的私人实验室和健康中心的患者，产气肠杆菌的 TEM-24$^+$ 克隆被广泛地提出，但仅有一个产 CTX-M 型酶的菌株被鉴定出，它是产 CTX-M-1 的大肠埃希菌分离株。

如同在欧洲其他地方一样，在进入 21 世纪后，CTX-M 型酶开始蓄积并溢出，特别是在法国北部地区。产 CTX-M-15 的一个大肠埃希菌菌株在巴黎郊区的一所 35 张床位的老年公寓引起了一次感染暴发，这次暴发从 2001 年 10 月持续到 2003 年 3 月，47 名居住者中有 26 名受累。在 2002—2003 年，在巴黎市内及其周围的多所医院，大肠埃希菌对于 ESBL 来说是主要的宿主菌种，许多产酶菌株是克隆相关的，CTX-M-15 是占据主导地位的类型。其他 CTX-M 类型（CTX-M-3、CTX-M-10 和

CTX-M-14）也陆续被观察到。与在法国北部地区的这些研究形成对比的是，在 2002—2003 年，在法国东南部和南部地区的调查发现，产气肠杆菌仍然是最常见的产 ESBL 细菌，TEM-3 和 TEM-24 占所有 ESBL 的 90%。目前，这个北-南分界线已经被打破，并且一项 2004 年的研究在法国南部鉴定出 CTX-M 型 ESBL，而进一步的工作显示，CTX-M-15 正在法国东部广泛扩张。从第一次发现 CTX-M-1 以来，大约有 10 多个 CTX-M 型突变体成员在法国被鉴定出。

3. 西班牙

从 CTX-M 型 β-内酰胺酶介导细菌耐药的角度上说，西班牙是另一个必须要描述的国家。在西班牙，早期发表文献所涉及的主要是 bla_{SHV} 或 bla_{TEM} 的变异体。在西班牙马德里的 Ramony Cajal 医院，从 1989 年到 2000 年对产 ESBL 的肠杆菌属菌株的调查显示，CTX-M-10 在不相关的分离株中持续存在超过了 12 年，它是 CTX-M-3 的变异体。在西班牙巴塞罗那的一家大型医院，大多数在 1994 年到 1996 年期间分离出的产 ESBL 的肠杆菌科细菌都产生 CTX-M-9 酶，包括肠炎沙门菌魏尔啸血清型（*S. enterica* seovar Virchow）菌株在内。在西班牙的西北部地区，在 2001 年分离出的产 ESBL 的肠杆菌科细菌分离株的 50% 产 CTX-M-14 酶。在 20 世纪 90 年代期间，尽管存在这些早期的一些零星报告，但 CTX-M β-内酰胺酶还没有在西班牙流行起来。在塞维利亚所进行的一项长期（1995—2003 年）肺炎克雷伯菌和大肠埃希菌监测计划结果显示，首次记录到 CTX-M 酶产生细菌是在 1998 年之后。如同在其他欧洲国家一样，进入 2000 年之后，局面开始出现了变化。在从 2000 年 3 月到 6 月开展的一项多中心研究中，来自西班牙 40 家医院的所有大肠埃希菌和肺炎克雷伯菌分离株都具有一种 ESBL 表型，即 ESBL 分别在 0.5% 和 2.7% 的大肠埃希菌和肺炎克雷伯菌中被发现。在大肠埃希菌中最流行的 ESBL 是 CTX-M-9（27.3%）、SHV-12（23.9%）和 CTX-M-14（16.7%）。尽管 CTX-M-10 酶被确立的时间更长久，但它只是在 4.5% 的产酶分离株中出现。就肺炎克雷伯菌而言，CTX-M-10（12.5%）是被发现的唯一一种 CTX-M 酶类型，而 TEM-4（25%）和 TEM-3（16.7%）则是最常见的 ESBL。产生 CTX-M-9 和 CTX-M-14 酶的大肠埃希菌分离株广泛地被遭遇到，而 CTX-M-10 则被集中在中心区域，只有一些产酶细菌在北部被发现。在塞维利亚的一项长期研究中，CTX-M-14 是最常见的 ESBL。近来，包括 CTX-M-1、CTX-M-3、CTX-M-15、

CTX-M-28 和 CTX-M-32 酶在内的 1 组酶已经被鉴定出。如同在英国、意大利和法国那样，在这段时间里，CTX-M-15 也开始崭露头角。属于 CTX-M-8 和 CTX-M-25 组的酶尚未在西班牙发现。

Canton 和 Coque 曾专门介绍西班牙马德里一家拥有 1200 张床位的三级甲等医院 CTX-M 型酶的变迁（图 21-14 和图 21-15）。通过对医院中产 ESBL 细菌的连续监视，在 1991 年，她们能够观察到产生 CTX-M 酶的大肠埃希菌分离株的首次出现，从此开启了不同 ESBL 类型的一种流行病学的转换。在 20 世纪 90 年代末期，CTX-M-9 占据主导地位，并且自从 2000 年以后，CTX-M-14 和 CTX-M-1 组中的酶如 CTX-M-1、CTX-M-3、CTX-M-15 和 CTX-M-32 开始陆续出现。值得注意的是，在 2005 年，这家医院一共有 320 名患者（其中有 63% 是门诊患者）被鉴定是由产 ESBL 细菌感染，主要是尿道感染，并且大肠埃希菌是最常见的致病菌。

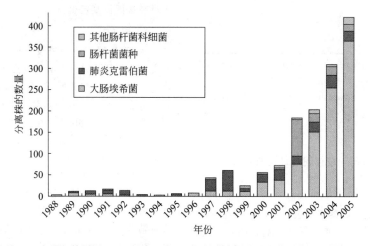

图 21-14 自从 1989 年最初检测到 ESBL 以来，产 ESBL 细菌在西班牙马德里的 Ramony Cajal 大学医院中分离情况图解（见文后彩图）

（引自 Canton R，Coque T M. Curr Opin Microbiol，2006，9：466-475）

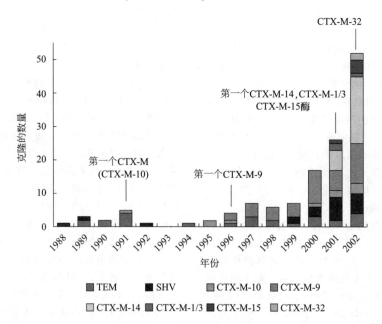

图 21-15 在马德里 Ramony Cajal 大学医院中从 1988 到 2002 年不同的产 ESBL 大肠埃希菌分离株的变化（shifting）流行病学（见文后彩图）

（引自 Canton R，Coque T M. Curr Opin Microbiol，2006，9：466-475）

4. 波兰

波兰是中东欧国家中少数对 CTX-M 型酶研究比较透彻的国家，而且 CTX-M 这个大家族中的一个重要成员就是在波兰被发现，那就是 CTX-M-3，它也是大名鼎鼎的 CTX-M-15 的前体。在 20 世纪 90 年代中期之前，确定产 CTX-M β-内酰胺酶首次在波兰出现是什么时候是不可能的，并且确定 CTX-M 型酶第一次是出现在院内病原菌或社区病原菌也是不可能的，这是因为那时的波兰实验室还没有开始筛选 ESBL，并且也根本没有开展 ESBL 的流行病学调查。在波兰，ESBL 的流行病学调查起始于 1996 年。在最初被检测和被分析的产 ESBL 细菌中，有 4 个克隆性的弗氏柠檬酸杆菌分离株和 1 个大肠埃希菌分离株来自华沙的 Praski 医院。当时，一个全新的 CTX-M 变异体 CTX-M-3 在这些分离株中被鉴定出，并且证实与 CTX-M-1 相似。在 1996 年 7 月，头孢噻肟耐药的弗氏柠檬酸杆菌和大肠埃希菌的一次小型暴发在波兰华沙的单一一所医院被报告，并且这些分离株产生 CTX-M-3。这些弗氏柠檬酸杆菌菌株是克隆相关的，并且这些质粒是一样的，但不同于大肠埃希菌分离株的质粒。在同一所华沙的医院中，另一次暴发在同一年的后期出现，这次暴发是被肠杆菌科细菌的不同菌种所引起，它们产生 CTX-M-3 型 β-内酰胺酶。$bla_{CTX-M-3}$ 位于一个易于接合的质粒上。该质粒先被称为 A1，后被命名为 pCTX-M3。pCTX-M3 是一种 IncL/M 组接合型广宿主范围质粒。在波兰医院的肠杆菌科细菌中的第一个多中心 ESBL 调查是在 1998 年春天开展的，并且共有 7 个医疗中心参与此项调查。具有 CTX-M 型酶的分离株在 6 个中心被发现，并且在所有被收集的 ESBL 产生菌株中占了 19%。这个频率低于 SHV 型 ESBL 的频率（60.4%，主要是 SHV-5），但相当于 TEM 型 ESBL 的频率（20.8%）。所有产生 CTX-M 型酶的受调查分离株，再加上到 2000 年年底的来自 11 所其他医院的分离株（一共有 89 个分离株）一起接受更加详细的分析。86 个分离株具有 CTX-M-3 型酶，而 3 个分离株具有 CTX-M-3 的变异体酶——CTX-M-15。在绝大多数情况下，这些酶被 pCTX-M3 家族的接合型质粒所编码。一项调查（2003 年）覆盖了 13 所地区性波兰医院，这项调查进一步强调了 CTX-M 型酶的增加，在所有的 264 个产 ESBL 分离株中，有 82% 的分离株产生 CTX-M 型酶。与上次的调查结果一样，这次被发现的也主要是 CTX-M-3，或更不常见的是 CTX-M-15 型酶。研究发现，更多的细菌菌种产生 CTX-M 型酶，包括产气肠杆菌、奇异变形杆菌和雷氏普罗威登菌。

总之，在波兰的 ESBL 流行中，CTX-M 型酶占据主导地位，这种情况已经有至少 10 年的时间，并且目前在医院中和细菌菌种中广泛传播。bla_{CTX-M} 变异体的储池非常同源，$bla_{CTX-M-3}$ 占据主导地位，不过一些分离株具有 $bla_{CTX-M-15}$，它们可能是具有 $bla_{CTX-M-3}$ 分离株的直接后裔。几乎所有的 $bla_{CTX-M-3}$ 基因似乎都是从一次单一的动员事件中产生，接下来是质粒 pCTX-M3 及其衍生物的强力散播。

二、CTX-M 型 ESBL 在一些美洲国家的传播

1. 北美国家

多少有些让人不解的是，CTX-M 型 ESBL 在北美出现的比较晚，原因不清。在 2000 年 7 月，产 CTX-M-15 的多重耐药大肠埃希菌被认定已经在加拿大的一所单一医院中引起了一次感染暴发。被感染的患者被同样的大肠埃希菌克隆定植。这次暴发持续很长时间，最后传播到 17 个老年公寓，并且编码 CTX-M-15 的质粒已经被转移到肺炎克雷伯菌、奥克西托克雷伯菌、弗氏柠檬酸杆菌和阴沟肠杆菌。在 2004 年，CTX-M 型 β-内酰胺酶已经传播到美国的 5 个州。一项在 2007 开展的调查显示出，在全球占据主导地位的 CTX-M-15 和 CTX-M-14 正在美国出现。这要比欧洲国家和亚洲国家晚了将近 10 年。

2. 阿根廷

在南美最值得描述的国家非阿根廷莫属。在 1989 年初，人们观察到了对头孢噻肟耐药的非伤寒沙门菌株的暴发性散播。这次暴发性散播始发于阿根廷拉普拉塔（La plata）的一所医院，这些菌株传播到阿根廷布宜诺斯艾利斯儿童医院的新生儿病房，并从那里传播到邻近的国家。$bla_{CTX-M-2}$ 基因从一个肠炎沙门菌鼠伤寒血清型 CAS-5 的一个接合型质粒上被鉴定出，这个菌株是在 1990 年的这次暴发流行期间被分离出。该基因的散播已经在肠杆菌科细菌不同成员中被怀疑或被证实，如大肠埃希菌、宋氏志贺菌、奇异变形杆菌、摩氏摩根菌、弗氏柠檬酸杆菌和黏质沙雷菌，同时，这个基因也在产气肠杆菌、霍乱弧菌和嗜水气单胞菌中被怀疑或被证实。

在 1990 年，在阿根廷，一个全国性的用头孢曲松替换头孢噻肟的运动恰好和严重的感染重叠，这些感染被诊断为脑膜炎、菌血症或肠炎。这些感染在 1990 年 8 月出现，并且是被鼠伤寒沙门菌的多重耐药菌株所引起，这些菌株对头孢噻肟耐药，但对头孢他啶敏感，这是由于产生了 CTX-M-2。

这种 CTX-M 型酶也在绝大多数非伤寒沙门菌分离株中被鉴定出，后者在 1990 到 1991 年期间在布宜诺斯艾利斯引起了一次感染暴发。在阿根廷的一项全国性的监测研究显示，在产 ESBL 的大肠埃希菌和克雷伯菌菌种中分别有 64% 和 69% 表达有 CTX-M-2。在布宜诺斯艾利斯的一个单一实验室中，CTX-M-2 在所有的产 ESBL 的肠道细菌分离株中占据了 ESBL 中的 75%。其他调研者已经发现，在其他肠道细菌中，CTX-M-2 产生细菌的出现要低得多，包括摩氏摩根菌。然而，在布宜诺斯艾利斯的一所单一医院中，被分离的摩氏摩根菌中的 21% 产生 CTX-M-2。来自布宜诺斯艾利斯公立医院的数据显示，在产 ESBL 的肠杆菌科细菌中 CTX-M-2 产生菌株可在阴沟肠杆菌中占据 43% 到在奇异变形杆菌和黏质沙雷菌中占据 100%。考虑到在阿根廷产 ESBL 肠道细菌分离株中 CTX-M-2 具有非常高的发生率，两个问题已经被提出。为什么 CTX-M-2 在阿根廷最流行？为什么源自 TEM 的 ESBL 几乎不存在？迄今为止，这些问题仍然没有答案。

阿根廷学者 Gutkind 等在 2003 年报告，为了评价 ESBL 在肠道细菌中在布宜诺斯艾利斯的流行和多样性，他们曾做过一次为期 1 个月的现况调查，从 2000 年 4 月到 5 月。超广谱头孢菌素耐药菌株是从其他住院患者粪便以外的临床样本中被收集，总共有 17 所医院参与其中。在 427 个收集到的肠道菌株中，有 39 个菌株对超广谱头孢菌素类耐药。3 种不同的 ESBL 被检测到：4 个分离株产生 SHV 型酶，9 个分离株产生 PER-2 型酶，26 个分离株产生 CTX-M-2 组酶。CTX-M-2（或者其变异体）在所有的大肠埃希菌、产气肠杆菌、黏质沙雷菌、奇异变形杆菌和斯氏普罗维登斯菌中被检测到，PER-2 在阴沟肠杆菌、产气肠杆菌和肺炎克雷伯菌中被检测到，SHV 型酶只是在肺炎克雷伯菌中被检测到。这些结果清晰地显示，CTX-M-2 是在布宜诺斯艾利斯的公立医院分离出的肠道细菌菌种中最流行的 ESBL。

三、CTX-M 型 ESBL 在一些亚洲国家的传播

1. 日本和印度

在远东地区，第一个产 CTX-M 的临床菌株于 1993 年在日本被观察到，具有来自一个大肠埃希菌菌株的 Toho-1 酶的特征。从那以后，1995 年至 2000 年之间，在日本，5 个其他的 CTX-M β-内酰胺酶已经从大肠埃希菌菌株中被分离出：CTX-M-2、CTX-M-3、CTX-M-15（在基因银行被称为 UOE-1）、Toho-2 和 CTX-M-14（曾被 Muratani 等命名为 UOE-2）。在日本开展的产 ESBL 肠杆菌科细菌的调查结果显示，CTX-M-2 和 CTX-M-3 酶占据着主导地位。至少有 3 次涉及产 CTX-M 酶大肠埃希菌的暴发流行已经在日本发生，这就意味着克隆性的大肠埃希菌散播。

虽然印度发表的相关文献不多见，但值得一提的是，在 CTX-M 这一大家族中最重要的成员之一 CTX-M-15 就是在印度被首先鉴定出。

2. 中国

1999 年，在中国上海的华山医院，在肺炎克雷伯菌和大肠埃希菌中，CTX-M 酶的出现率是排在第二位的，仅次于 SHV 型酶的出现率，并且在 1997 年和 1998 年，CTX-M 酶是华南地区和北京的协和医院在肠杆菌科细菌中最流行的 ESBL。在 1999 年，在我国台湾地区的一所大学附属医院中，产 ESBL 的肺炎克雷伯菌菌株的一项研究揭示，不相关的产 CTX-M-3 菌株占据主导地位（57.9%）。在 1998 年和 2000 年期间在 24 所医院中开展的另一项调查显示，产 CTX-M-3 和 CTX-M-14 的肺炎克雷伯菌菌株在医院间和医院内的克隆性散播。

Chanawong 和 Hawkey 等在 2002 年报告，在 1997 年到 1998 年之间，有 15 个非重复性的产 ESBL 肠杆菌科细菌分离株在中国广州市第一人民医院被分离获得，包括 8 个大肠埃希菌分离株、3 个肺炎克雷伯菌分离株、3 个阴沟肠杆菌分离株和 1 个弗氏柠檬酸杆菌分离株。在这 15 个肠杆菌科细菌分离株中，有 9 个分离株产生 CTX-M 型 ESBL，3 个产生 SHV-12，还有 3 个既产生 CTX-M 又产生 SHV-12。携带有 bla_{CTX-M} 基因的 12 个分离株的核苷酸序列分析揭示出，它们藏匿着 3 种不同的 bla_{CTX-M} 基因，其中 5 个分离株携带有 $bla_{CTX-M-9}$ 基因，1 个分离株携带有 $bla_{CTX-M-13}$ 基因以及 6 个分离株携带有 $bla_{CTX-M-14}$ 基因。这些基因在质粒上被携带，而这些质粒大小不一，从 35～150kb 不等。质粒指纹技术和脉冲场凝胶电泳显示，bla_{CTX-M} 基因通过不同的抗菌药物耐药质粒散播到不同的细菌中，这就建议这些耐药决定子是高度可移动的。在这些基因上游区域发现的插入序列 ISEcp1 或许参与这些 bla_{CTX-M} 基因的易位。

2007 年，俞云松和李兰娟等报告，从 1998 年到 2002 年，他们从全国的 6 个省和直辖市（北京、浙江、新疆、河南、江苏和湖北）一共收集到 509 个临床分离株，其中大肠埃希菌分离株 325 个和肺炎克雷伯菌分离株 184 个。在这 509 个临床分离株中，有 447 个已经被证实产生 ESBL，416 个分离株只是产生一种类型的 ESBL，包括 CTX-M-14（271 个菌株）、CTX-M-3（70 个菌株）、CTX-M-

24（35 个菌株）、CTX-M-22（8 个菌株）、CTX-M-15（4 个菌株）、CTX-M-9（4 个菌株）、CTX-M-28（3 个菌株）、CTX-M-12（1 个菌株）、CTX-M-13（1 个菌株）、CTX-M-27（1 个菌株）、CTX-M-29（1 个菌株）、SHV-12（10 个菌株）、SHV-5（4 个菌株）、SHV-2（2 个菌株）和 SHV-9（1 个菌株）。30 个分离株携带 2 或 3 种类型的 ESBL，产 CTX-M-14 和 CTX-M-3 是最常见的类型。研究者由此得出结论，在中国，产 ESBL 大肠埃希菌和肺炎克雷伯菌的耐药是个严重的问题，并且 CTX-M 型酶是最常见的 ESBL，CTX-M-14 是最流行的基因型。2009 年，Liu 和 Hawkey 等报告了在中国的中南部地区湖南省长沙市一些医院中不同 CTX-M 型酶在不同的肠杆菌科细菌中的分布。一共有 425 个临床分离株从 2004 年 10 月到 2005 年 7 月在湖南省长沙市的 3 所医院中被收集。在这些分离株中，总的 ESBL 阳性率是 33.4%（142/425）。占据主导地位的 ESBL 是 CTX-M 型酶，占 76.8%（109/142），共有 7 个不同的菌种产生 CTX-M 型酶，包括大肠埃希菌、肺炎克雷伯菌、阴沟肠杆菌、产气肠杆菌、弗氏柠檬酸杆菌、普通变形杆菌和斯氏普罗威登斯菌。最常见的 bla_{CTX-M} 基因型是 $bla_{CTX-M-14}$（47.7%）、$bla_{CTX-M-3}$（29.4%）和 $bla_{CTX-M-15}$（17.4%）。研究结果提示，在湖南省，占据主导地位的 ESBL 是 CTX-M 型 ESBL。$bla_{CTX-M-15}$ 在中国的高度流行（17.4%）还是第一次被报告。这些研究结果确认，bla_{CTX-M} 基因的流行一直伴随着 $bla_{CTX-M-15}$ 的出现和传播一起进化。$bla_{CTX-M-15}$ 在全世界都是居主导地位的 ESBL，现在也已经开始在中国广泛散播，并且也许最终会取代目前流行的 CTX-M-14。2010 年，Sun 等报告，从 2007 年到 2008 年，他们在中国广东省的 12 家动物医院的健康和患病的宠物中一共收集了 240 个大肠埃希菌分离株，其中有 96 个分离株（40%）藏匿有 CTX-M 型 β-内酰胺酶，最常见的 CTX-M 型 β-内酰胺酶是 CTX-M-14（$n = 45$）和 CTX-M-55（$n = 24$）。在 2009 年报告的 CTX-M-64 也在 3 个分离株中被鉴定出。产 CTX-M-15 分离株也被

鉴定出。

2011 年，来自上海华山医院的一个报告指出，从 2005 年 1 月到 2010 年 3 月，该医院一共收集到 109 个非重复性肺炎克雷伯菌临床分离株，它们对厄他培南耐药。在这 109 个分离株中，KPC-2 占据主导地位，占有 70.6%（77/109），而在所有 109 个分离株中，KPC-2 和 CTX-M-14 或 CTX-M-15 复合产生的分离株占 59.6%（65/109），这就从另一个侧面反映出 CTX-M 型 ESBL 在中国的高度流行。王明贵等也对在上海华山医院收集到的大肠埃希菌、肺炎克雷伯菌和奇异变形杆菌中的 ESBL 进行了检测。其中，大肠埃希菌（158 个菌株）和肺炎克雷伯菌（164 个菌株）是在 2008 年被收集，而奇异变形杆菌（60 个菌株）是在 2007 年到 2008 年收集获得，总共有 382 个连续的和非重复性 ESBL 产生菌株。经检测证实，这些分离株具有非常高的 CTX-M 型酶检出率（表 21-18）。当然，在肺炎克雷伯菌中也能检出部分 SHV 型酶，而在大肠埃希菌和奇异变形杆菌中则根本没有检测到 SHV 型酶。

2011 年，吕媛等报告，一共有 220 个尿道分离株被获得，这些分离株来自中国 16 个省份和 4 个大城市的三级甲等医院，这些省份和城市遍布在中国大陆。其中，有 95 个分离株源自社区获得性感染，58 个分离株源自院内感染，其他 88 个分离株并未明确界定。在所有这些分离株中，有 138 个分离株被筛查是否具有超广谱头孢菌素酶基因，其中有 110 个（80%）藏匿有 bla_{CTX-M} 基因，$bla_{CTX-M-14}$ 和 $bla_{CTX-M-15}$ 最流行，分别为 71% 和 24%。本研究还显示出在社区和医院获得性尿道感染大肠埃希菌分离株中同样分布针对头孢菌素和氟喹诺酮耐药的高流行率，而且这些分离株与种系发生 D 组和 B2 组密切相关。与此同时，藏匿有 $bla_{CTX-M-14}$ 和 $bla_{CTX-M-15}$ 的质粒多样性也被观察到。总之，在中国，头孢菌素耐药已经进化了相当一段时间，并且对于这样的耐药而言，一个巨大的储池在社区中被保持。在中国，产 ESBL 肠杆菌科细菌的分离株的发生率已经被监视。在上海一所医

表 21-18　CTX-M-1 组和 CTX-M-9 组 ESBL 基因流行情况的比较

菌株	检出率/%				
	CTX-M-1 组（单独）	CTX-M-9 组（单独）	CTX-M-1＋CTX-M-9 组	CTX-M-9＋CTX-M-25 组	总检出率
大肠埃希菌	25.3(40/158)	62.7(99/158)	8.2(13/158)	1.9(3/158)	98.1(55/158)
肺炎克雷伯菌	40.9(67/164)	18.3(30/164)	7.3(12/164)	0	66.5(109/164)
奇异变形杆菌	5.3(3/60)	85.0(51/60)	6.7(4/60)	0	96.7(58/60)

注：引自 Wang P，Hu F P，Xiong Z Z，et al. J Clin Microbiol，2011，49：3127-3131。

院被收集的大肠埃希菌和肺炎克雷伯菌的 ESBL 产生菌株中，分别有 22％和 51％的分离株表达 CTX-M-1 型的一种 β-内酰胺酶，而在北京的一所医院，王辉及其同僚发现分别有 60％和几乎 65％的大肠埃希菌和肺炎克雷伯菌分离株表达 CTX-M-1 型的一种 β-内酰胺酶。在弗氏柠檬酸杆菌和阴沟肠杆菌中，ESBL 产生菌株中 CTX-M-3 的发生率是100％，但在北京的另一所医院中，只有 72％的产 ESBL 阴沟肠杆菌表达 CTX-M-3。

肺炎克雷伯菌的临床分离株从我国台湾地区的 24 所医院中被收集，并且在具有一种 CTX-M 表型的分离株中，50 个被选出做更深入的调研。其中，有 28 个分离株产生 CTX-M-3，以及有 22个分离株产生 CTX-M-14。40 个产 CTX-M 型酶的肺炎克雷伯菌分离株是克隆性的，并且这些菌株被散播在不同的病房和医院中。从单——所医院恢复的大肠埃希菌的一项调研显示，这些分离株中有0.8％携带有一种 CTX-M-3 型 β-内酰胺酶。这些分离株都是非克隆性质的。

总之，从全球来看，进入 2000 年以来，CTX-M 型 ESBL 的数量迅猛扩张，目前在每一个有人居住的大陆都已经检测到。有学者认为，既然 CTX-M 型 ESBL 在中国和印度被广泛发现，那就有理由认定 CTX-M 型 ESBL 目前是全世界最流行的 ESBL 类型。值得注意的是，到了 2005 年前后，在大多数欧洲国家和亚洲以及南美国家，一种地方流行局面已经占据着统治地位，而且在不同国家和地区间 CTX-M 型酶流行亚组或簇不尽相同，但CTX-M-15 已经在全世界广泛流行。CTX-M 型 ESBL 的流行不仅体现在医院环境，而且在社区环境中也是如此。况且，CTX-M 酶已经在宠物、农场动物、来自食物链的产品以及污水中被检测到。

CTX-M 酶赖以传播的方式反映的是 CTX-M 酶的增加并不是由于特殊克隆的散播，而是由于多个特异性克隆和/或可移动遗传元件两者的传播。人们在一些特定的研究中就曾提出过怀疑，即 CTX-M 在医院的增加可能是由于这些酶从社区进入医院环境中，而不是在医院环境内的出现和外向扩张。况且，在社区中，产 CTX-M 酶细菌的粪便携带流行程度的急剧增加也已经被认识到。在过去几年中，产 CTX-M 酶分离株已经增加到突出的程度，特别是社区更是如此。这种现象不能简单地采用广谱头孢菌素使用所施加的选择压力这一原因来解释，各种可移动遗传元件深度参与了这一散播过程。

从传统上说，产 ESBL 分离株，主要是产TEM 和 SHV 菌株，呈现出对氨基糖苷类、四环素类和磺胺类的复合耐药。除了这些化合物之外，

大多数 CTX-M 产生菌株也对氟喹诺酮类耐药。这种耐药不仅仅与拓扑异构酶突变相关联，而且也与不同 qnr 基因的存在，和/或氨基糖苷修饰酶 AAC（6′）-Ib 的新变异体的产生有关联，后者也修饰某些氟喹诺酮类。$qnrA$ 基因已经与 $bla_{CTX-M-9}$、$bla_{CTX-M-14}$ 和其他非 bla_{CTX-M} 基因如 bla_{VEB} 有关联，而 $qnrB$ 与 $bla_{CTX-M-15}$ 或 bla_{SHV-12} 有关联。有趣的是，携带 $qnrA$ 分离株或许也携带 aac（6′）-Ib-cr 基因。这个基因能够促进带有哌嗪取代基的氟喹诺酮类（环丙沙星和诺氟沙星，但不包括左氧氟沙星）的氨基氮的乙酰化。采用多变量分析，这些发现可部分地解释以前氟喹诺酮类的使用与一种产 CTX-M 分离株所致感染之间存在的关联性。值得注意的是，CTX-M-15 是在社区和老年公寓内传播最广的一种 CTX-M 型酶，它也与 aac（6′）-Ib-cr 基因有关联。

第十节　产 CTX-M 型 ESBL 病原菌的社区散播

一、ESBL 在社区散播的急剧增加

进入 2000 年以来，人们陆续观察到各种 ESBL 在社区的逐渐传播。在社区，产 ESBL 肠道细菌（ESBL-E）的粪便携带首先是在 2001 年和 2002 年分别在西班牙和波兰被报告。2008 年之前，在所有国家和地区，报告的 ESBL-E 社区携带率几乎总是在 10％之下，但此后逐年增高。2008 年，在泰国，携带率第一次火箭般地蹿升到超过 60％。来自西太平洋地区、东地中海地区和东南亚地区的报告显示出最高的携带率以及最突出的近期上升趋势。对比而言，在欧洲被报告的携带率从未超过 10％，只有一个来自比利时的报告是 11.6％，这是入住到老年病房的患者的检测结果（图 21-16）。

由于这些资料获取的国家在人口方面具有相当大的差别，所以这些资料不会恰当地反映出问题的程度，如全世界携带者的数量。

实际上，ESBL-E 已经从在尼加拉瓜的井水中以及瑞士、英国、中国、韩国、葡萄牙和突尼斯的各种各样的水环境中被分离出，甚至来自阿尔及利亚沙滩上的海水和来自南极的水都已经被发现是 ESBL-E 阳性，这就建议这些细菌的目前储池实际上是巨大的（图 21-17）。人类活动如与农场和食物链生产有关的人类活动或许是 ESBL-E 散播的根源。令人吃惊的是，2012 年，在瑞士，定植率在猪和鸡分别高达 15％和 63％，尽管在这个国家实施着严格的抗生素监管政策。大肠埃希菌是主要的

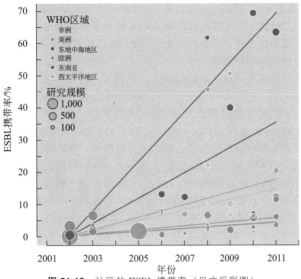

图 21-16　社区的 ESBL 携带率（见文后彩图）

[引自 Woerther P L，Burdet C，Chachaty E，et al. Clin Microbiol Rev，2013，26（4）：744-758]

各个直线代表着全球不同区域从 2002 到 2011 年 ESBL-E 携带率的进化。

在这段时间，所有区域的携带率都明显增加，但增加的程度不尽相同，东南亚、东地中海地区和西太平洋地区增幅最大

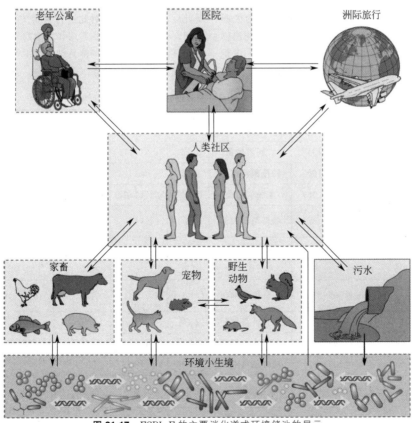

图 21-17　ESBL-E 的主要消化道或环境储池的显示

[引自 Woerther P L，Burdet C，Chachaty E，et al. Clin Microbiol Rev，2013，26（4）：744-758]

人类社区属于这些储池，也被暴露到这些储池。每一个独立的储池都被包括在一个点状线的轮廓内。

箭头显示 ESBL-E 从一个储池向另一个储池的流动。环境小生境主要由水、土壤和植物构成，在这些小生境中，

消化道和/或环境起源的细菌之间会发生遗传物质的交换

定植菌种，CTX-M 酶是最常见的 ESBL。ESBL 菌株经食品工业从动物向人的传播现在被来自这两方面的菌株的遗传学比较强力地建议。最后，宠物也牵涉其中，来自葡萄牙的健康动物携带者的报告和来自美国、中国和瑞士的被感染动物的报告都如此建议。

ESBL 酶大流行在 21 世纪早期出现在社区，并且此后这种大流行已经在所有地区都以一种明显的方式均匀地增加，有时这样增加是急剧的，在东南亚的部分地区，在 2008 年之后，ESBL 携带率已经超过 50%。携带率增加上的差异在欧洲和不太发达的地区之间是显著的，在欧洲，携带率目前处于 10% 左右，而在其他欠发达地区，携带率更高，这就解释了欧洲的旅行者在访问其他国家时为什么会处于被定植的危险之中。

二、CTX-M 型 ESBL 在社区的传播

CTX-M 型 ESBL 之所以与众不同，不仅在于其在全世界的快速传播，几乎已经在全球的每一个角落都占据着主导地位，而且更重要的是，这些产 CTX-M 型 ESBL 细菌特别是产 CTX-M-15 的大肠埃希菌已经频繁地卷入到社区感染之中，如尿道感染和血行感染，这已给社区的卫生保健带来沉重的负担和影响。自从 2000 年以来，产 CTX-M 型 ESBL 大肠埃希菌已经作为社区发作尿道感染的重要致病菌而在全世界出现。尽管产 CTX-M 型 ESBL 的肠杆菌科细菌已经广泛地造成医院获得性感染，但产这些酶的大肠埃希菌更可能负责社区发作的感染。这非常不同于产 TEM 和 SHV 型 ESBL 细菌所引起的感染，这些感染常常被限制在医院的感染暴发。

产 CTX-M 型 ESBL 在社区出现的早期研究主要来自欧洲，如英国、西班牙、意大利、波兰以及加拿大。这些早期研究结果提示，产 CTX-M 型酶的大肠埃希菌分离株已经开始散播，自从 2000 年以来，相关调查已经提示，从社区分离获得的产 ESBL 细菌中，针对其他类别抗菌药物的相关联耐药有一个令人警醒的增加趋势。这些调查显示对 TMP-SMZ、四环素、庆大霉素和环丙沙星（在加拿大，高达 66% 的分离株对环丙沙星耐药）复合耐药。这些研究也显示，产 CTX-M 型酶的菌株比起那些不产生 CTX-M 型酶的菌株对环丙沙星耐药得多。到 2005 年左右，产 CTX-M 型 β-内酰胺酶在社区的流行已经被学者们冠以大流行（pandemic）的名称。此后，很多国家都对此进行了相关研究，无论是欧洲、南美、东南亚、远东和非洲都显示出产 CTX-M 型 β-内酰胺酶的肠杆菌科细菌（主要是大肠埃希菌）呈现出地方流行状态（表 21-19）。

表 21-19 社区中产 CTX-M 肠杆菌科细菌健康携带者流行性研究

国家/地区	年份	志愿者人数	菌种	流行率	CTX-M 组别,相对流行率(变异体)			
					1	2	8	9
法国	2011	体检(n=345)	大肠埃希菌	5.2%	74%(1,15)	5%(2)		21%(14)
西班牙	2003	志愿者(n=108)	肠杆菌科细菌	1.9%		50%(2 样)		50%(14)
西班牙	2007	志愿者(n=105)	大肠埃希菌	5.7%	50%(1,32)		17%(8)	33%(14)
瑞士	2010	肉联厂员工(n=586)	肠杆菌科细菌	5.6%	73%(1,15)	6%(2)		21%(14)
玻利维亚	2011	儿童(n=482)	大肠埃希菌	12%	42%(3,15)	4%(2)	12%(8)	42%(14,65)
法属圭亚那	2006	志愿者(n=163)	大肠埃希菌	7%		92%(2)	8%(8)	
日本	2009—2010	志愿者(n=218)	肠杆菌科细菌	6%	15%(3,15)	31%(2)	15%(8)	39%(14)
泰国	2010	志愿者(n=417)	肠杆菌科细菌	66%	39%		1%	60%
泰国	2008	志愿者(n=160)	肠杆菌科细菌	51%	11%	ND	ND	81%
黎巴嫩	2003	大学生(n=382)	肠杆菌科细菌	1.8%	100%(15)			
突尼斯	2009—2010	志愿者(n=150)	大肠埃希菌	6.6%	100%(1)			
塞内加尔	NR	儿童(n=20)	大肠埃希菌	10%	100%(15)			
喀麦隆	2009	大学生(n=150)	肠杆菌科细菌	6.7%	100%(15)			

注：1. 引自 D'Andrea M M, Arena F, Pallecchi L, et al. Int J Med Microbiol, 2013, 303：305-317.

2. ND—未检测；NR—未报告。

由表 21-19 不难看出，在社区中流行的 CTX-M 型酶的变异体主要是 CTX-M-15、CTX-M-14、CTX-M-3、CTX-M-2、CTX-M-1 和 CTX-M-8，在欧洲和非洲最流行的是 CTX-M-15，9 组酶（特别是 CTX-M-14）在亚洲最流行。CTX-M-14 也是我国最流行的 CTX-M 型 ESBL。

CTX-M 型酶超过医院环境传播的潜力恶化了公共健康担忧。大肠埃希菌常常是产 CTX-M 型 β-内酰胺酶的细菌，并且似乎是真正的社区产 ESBL 病原菌。来自以色列和西班牙的 2 个近期的报告已经显示，产 CTX-M 型酶的大肠埃希菌是社区发作的血行感染的一个重要原因。来自以色列特拉维夫的本阿米及其同僚研究了入住到他们医院的那些社区发作的、革兰阴性菌菌血症患者，他们发现 14％ 的感染是由产 ESBL 细菌引起（大多数是产 CTX-M 型酶的大肠埃希菌）。这个研究也发现，老年公寓的居住者和男性处于被产 ESBL 的大肠埃希菌所致血行感染增加的危险之中。Rodriguez-Bano 及其同僚报告了 43 例前瞻性观察到的产 ESBL 大肠埃希菌血行感染的病例，这项研究是在西班牙的塞维利亚开展的，为期 4 年。其中 51％ 已经发生在社区内，并且十分常见的是被产 CTX-M 型酶的分离株所致。获得因产 CTX-M 型 ESBL 大肠埃希菌所致社区发作感染的危险因素包括反复发作的 UTI、基础性肾病、以前的抗生素暴露（包括头孢菌素类和氟喹诺酮类）、住院史、老年公寓居住者、糖尿病、基础性肝病和国际旅行。在全球，ESBL 的流行从 TEM/SHV 型为主导转向 CTX-M 型是近些年来 ESBL 大流行的一个鲜明特征（图 21-18）。

当今，CTX-M-15 在全球大多数地区都排在流行性的首位并且正在东南亚挑战 CTX-M-14 和在南美正挑战 CTX-M-2。质粒已经参与到 CTX-M-15 在大陆间的传播，并且社区暴发或许也由于质粒的菌株-菌株传播。这个场景的貌似有理也被一些关联性报告所支持，即在 CTX-M 酶和大肠埃希菌 IncF 质粒之间的关联性，这些质粒具有在大肠埃希菌菌株之间交换的能力，它们特别适应于这些质粒。在不远的将来，质粒的完整测序应该更多地揭示出这种方式。总之，各类研究结果不仅显示出 CTX-M 型 ESBL 已经传播到社区，而且也显示出携带率处于增加状态，这显然是一个公共健康担忧，特别是在这种携带率处于非常高的那些地区。这种灾难性的流行病学的驱动因素还没有完全被了解。它们或许包括：①编码这些酶的基因物质，它们似乎极其完好地适应它们的细菌宿主；②大肠埃希菌占据主导地位，这是一种肠道的共生菌，作为一个细菌宿主，它广泛地分布在人和动物；③CTX-M 型 ESBL 菌株在所有种类环境中的巨大量散播；④选择性压力的增加，这是由于超广谱头孢菌素类的多次应用，它们现在作为非专利药是廉价的和方便购买的。

三、产 CTX-M-15 大肠埃希菌在社区的广泛散播

目前，全世界最广泛分布的 CTX-M 型 ESBL 是

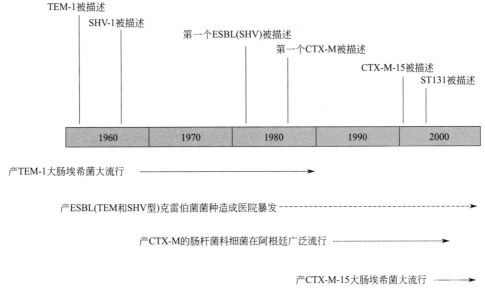

图 21-18　产 β-内酰胺酶特别是产 ESBL 细菌大流行的近期进化
（引自 Pitout J D. Drugs，2010，70（3）：313-333）

CTX-M-15。2001 年，Poirel 等首先是在源自印度的大肠埃希菌中发现了 CTX-M-15。CTX-M-15 属于 CTX-M-1 簇，并且通过在位置 240 上的一个氨基酸置换（天冬氨酸→甘氨酸）而源自 CTX-M-3。这样的置换赋予对头孢他啶增加的水解活性，并且在药敏试验时，产这些酶的细菌常常对头孢他啶耐药。$bla_{CTX-M-15}$ 的动员和相继的表达也与插入序列元件 IS$Ecp1$ 有关联，后者位于 $bla_{CTX-M-15}$ 上游的 49 bp 处。CTX-M-15 一直常常与其他 β-内酰胺酶以及氨基糖苷修饰酶的复合产生有关联，前者如 TEM-1 和 OXA-1，后者如 aac（6′）-Ib-cr。aac（6′）-Ib-cr 具有额外的乙酰化氟喹诺酮类如诺氟沙星和环丙沙星的能力，它们在哌嗪环上具有无保护的氨基氮。CTX-M-15、TEM-1、OXA-1 和 aac（6′）-Ib-cr 的产生已经被联系到流行的窄宿主范围 IncFII 质粒上，并且部分地负责常常在产 CTX-M-15 大肠埃希菌中被注意到的耐药轮廓。目前，产 CTX-M-15 大肠埃希菌在欧洲是最常见的产 ESBL 的社区细菌分离株，特别是与医疗保健相关患者的感染有关联。来自印度的报告提示，产 CTX-M-15 大肠埃希菌在社区以及在医疗机构非常常见。因此，印度可能代表着产 CTX-M-15 大肠埃希菌的一个有意义的储池和起源。CTX-M-15 也已经从中东的社区和医院分离株中被报告。在非洲，产 CTX-M-15 大肠埃希菌已经在撒哈拉（阿尔及利亚和突尼斯）和次撒哈拉国家包括喀麦隆、坦桑尼亚和中非共和国被鉴定出。在南美，CTX-M-15 首先是于 2004 年在来自秘鲁和玻利维亚的粪便大肠埃希菌分离株中被报告，后来在哥伦比亚被报告，不过在南美特别是由产 CTX-M-2 和 CTX-M-9 大肠埃希菌占据主导地位。近期来自悉尼的报告已经将 CTX-M-15 描述为在人肠埃希菌和肺炎克雷伯菌的临床分离株中占据主导地位的 ESBL，并且 CTX-M 型酶存在于各种各样的社区分离株中。在我国，CTX-M-14 是最常见的 CTX-M 型变异体，但自从 2007 年以后，CTX-M-15 的检出率也已经逐年增加。

四、产 CTX-M-15 大肠埃希菌 ST131 克隆的出现

采用 MLST 方法，一个完全一样的克隆称作 ST131 已经在产 CTX-M-15 大肠埃希菌中被鉴定出，这些分离株在 2000 年至 2006 年期间来自一些国家，包括西班牙、法国、加拿大、葡萄牙、瑞士、黎巴嫩、印度、科威特和韩国。血清型 O25 与克隆 ST131 有关联，并且属于高度毒性的种系发生 B2 组，同时藏匿着多重耐药 IncFII 质粒。这两项最早的研究显示，克隆 ST131 已经在全世界

的不同地区独立地出现，在同一时间内遍及 3 个大陆。它们的发现建议，克隆 ST131 的出现可能是由于污染的食物/水源和/或通过返回国的旅行者输入到各个国家。近来，产 CTX-M-15 克隆 ST131 也已经在英国、意大利、土耳其、克罗地亚、日本、美国和挪威被描述。属于克隆 ST131 并且不产生 CTX-M 型 β-内酰胺酶的大肠埃希菌已经从法国巴黎的健康志愿者的粪便中被分离出，也已经从加拿大引起 UTI 的分离株中被分离出。属于克隆 ST131 的产 CTX-M-15 大肠埃希菌已经在一些分离株中被鉴定出，这些分离株来自社区、医院和护理机构，有趣的是，这些分离株也来自宠物。来自加拿大卡尔加里的一项为期 8 年（2000—2007 年）的研究显示，产 CTX-M-15 大肠埃希菌克隆 ST131 在本项研究期的后半段已经作为一种重要的社区发作菌血症的重要病原菌而出现。例如，在 2000 年到 2003 年期间从血液中分离出产 ESBL 大肠埃希菌中只有 1 个分离株是 ST131（5%），对比而言，在 2004 年到 2007 年，在 49 个产 ESBL 分离株中有 29 个分离株是 ST131（41%）。在本研究中，ST131 与其他的产 ESBL 大肠埃希菌相比更可能对一些抗菌药物耐药，而且也更可能产氨基糖苷修饰酶 aac（6′）-Ib-cr 以及更可能引起社区获得性感染和败血症。这些研究建议，产 CTX-M-15 大肠埃希菌在全世界的突然增加至少部分是由于克隆 ST131 所致。产 CTX-M-15 大肠埃希菌的高传播能力包括 2 个可能的方面：一是具有选择性优势的流行克隆（如 ST131）在不同的医院、老年公寓和社区之间的传播；二是携带着 $bla_{CTX-M-15}$ 等位基因的质粒或基因的水平转移。相关研究建议，产 CTX-M-15 大肠埃希菌的传播主要是由于克隆 ST131，但质粒转移也似乎在某些情况是重要的。

$bla_{CTX-M-15}$ 基因主要通过 IncF 质粒被转移，这些质粒非常好地适应大肠埃希菌并且已经汇聚了许多抗菌药物耐药基因。近来，Mnif 等报告，携带 $bla_{CTX-M-15}$ 基因的 IncF 质粒含有许多成瘾系统，这些能为它们在大肠埃希菌宿主菌株的维持做出贡献。自从 2000 年以来，具有多重耐药并产 CTX-M-15 大肠埃希菌菌株的检出率一直在全世界急剧增加。这个产 CTX-M-15 大肠埃希菌菌株常常被认为与 ST131 克隆有关联。从 3 个大陆中被分离出的大多数这些产 CTX-M-15 大肠埃希菌菌株是 O25：H4-ST131 克隆，这些克隆显示出高度相似的 PFGE 轮廓，这就建议这些克隆的一个近来的出现。

第十一节　结语

如同 TEM/SHV 型 ESBL 一样，CTX-M 型 β-

内酰胺酶出现在 20 世纪 80 年代后期，也正是头孢
噻肟作为治疗细菌感染引入临床使用后的几年。尽
管产 CTX-M 型 β-内酰胺酶菌株在全球范围内的扩
张直到 1995 年才被观察到，但目前它在某些地域
则是一个大的担忧，如南美、远东和东欧。这些 β-
内酰胺酶编码基因的祖先是一些细菌菌种的染色
体 *bla* 基因，如抗坏血酸克吕沃尔菌、佐治亚克吕
沃尔菌和栖冷克吕沃尔菌和其他未知的肠杆菌科
细菌家族的相关菌株。不同的遗传元件包括
IS*Ecp*1 和 ISCR1 或许都参与了这些基因的转移。
CTX-M 型 β-内酰胺酶的头孢噻肟酶活性不能仅仅
通过像在 TEM 和 SHV 型 ESBL 那样在活性位点
的局部调整来加以解释，也通过 Ω 环和可能的 β3
链的球形排列来加以解释。然而，藏匿有改善的针
对头孢他啶的催化活性的 CTX-M 型 β-内酰胺酶的
突变体近来已经被观察到，这就建议这些酶正在因
头孢他啶的选择压力而进化。参与了这种进化的残
基在天然的 TEM/SHV 型 ESBL 还从未被观察到，
这就建议 CTX-M 型酶可能具有独一无二的进化潜
力。近些年来，CTX-M 型 ESBL 特别是产 CTX-
M-15 大肠埃希菌在社区的传播已经给社区保健带
来严峻的挑战，临床医生也越来越多地采用碳青霉
烯类抗生素治疗尿道感染和血行感染，这就造成碳
青霉烯选择压力增加，诱导各种产碳青霉烯酶病原
菌的出现。

参考文献

［1］ Philippon A，Labia R，Jacoby G. Extended-spec-
trum β-lactamases ［J］. Antimicrob Agents Che-
mother，1989，33：1131-1136.

［2］ Bauernfeind A，Grimm H，Schweighart S. A new
plasmidic cefotaximase in a clinical isolate of *Esche-
richia coli* ［J］. Infection，1990，18：294-298.

［3］ Matsumoto Y，Ikeda F，Kamimura T，et al. Novel
plasmid-mediated β-lactamase from *Escherichia coli*
that inactivates oxyimino-cephalasporins ［J］. An-
timicrob Agents Chemother，1988，32：1243-1246.

［4］ Bauernfeind A，Stemplinger I，Jungwirth R，et al.
Sequences of beta-lactamase genes encoding CTX-
M-1（MEN-1）and CTX-M-2 and relationship of
their amino acid sequences with those of other β-lac-
tamases ［J］. Antimicrob Agents Chemother，
1996，40：509-513.

［5］ Gniadklwski M，Schneider I，Palucha A，et al. Ce-
fotaxime-resistant Enterobacteriaceae isolates from
a hospital in Warsaw，Poland：identification of a
new CTX-M-3 cefotaxime-hydrolyzing β-lactamase
that is closely related to the CTX-M-1/MEN-1 en-
zyme ［J］. Antimicrob Agents Chemother，1998，
42：827-832.

［6］ Ishii Y，Ohno A，Taguchi H，et al. Cloning and se-
quence of the gene encoding a cefotaxime-hydroly-
zing class A β-lactamases isolated form *Escherichia
coli* ［J］. Antimicrob Agents Chemother，1995，
39：2269-2275.

［7］ Bradford P A. Extended-spectrum β-lactamases in
the 21st century：characterization，epidemiology，
and detection of their important resistance threat
［J］. Clin Microbiol Rev，2001，14：933-951.

［8］ Decousser J W，Poirel L，Nordmann P. Character-
ization of a chromosomally encoded extended-spec-
trum class A β-lactamase from *Kluyvera cryocres-
cens* ［J］. Antimicrob Agents Chemother，2001，
45：3595-3598.

［9］ Humeniuk C，Arlet G，Gautier V，et al. β-lactamas-
es of *Kluyvera ascorbata*，probable progenitors of
some plasmid-encoded CTX-M types ［J］. Antimi-
crob Agents Chemother，2002，46：3045-3049.

［10］ Karim A，Poirel L，Nagarajan S，et al. Plasmid-
mediated extended-spectrum β-lactamase（CTX-M-
3 like）from India and gene association with inser-
tion sequence IS*Ecp*1 ［J］. FEMS Microbiol Lett，
2001，201：237-241.

［11］ Sturenburg E，Mack D. Extended-spectrum β-lacta-
mases：implications for the clinical microbiology la-
boratory，therapy，and infection control ［J］. J
Infection，2003，47：273-295.

［12］ Walther-Rasmussen J，Hoiby N. Cefotaximases
（CTX-M-ases），an expanding family of extended-
spectrum β-lactamases ［J］. Can J Microbiol，
2004，50：137-165.

［13］ Gniadkowski M. Evolution of extended-spectrum β-
lactamases by mutation ［J］. Clin Microbiol In-
fect，2008，14（Suppl. 1）：11-32.

［14］ Bonnet R，Dutour C，Sampaio J L，et al. Novel ce-
fotaximase（CTX-M-16）with increased catalytic
efficiency due to substitution Asp-240→Gly ［J］.
Antimicrob Agents Chemother，2001，45：
2269-2275.

［15］ Bonnet R，Recule C，Baraduc R，et al. Effect of
D240G substitution in a novel ESBL CTX-M-27
［J］. J Antimicrob Chemother，2003，52：29-35.

［16］ Williamson D A，Roberts S A，Smith M，et al.
High rates of susceptibility to ceftazidime among
globally prevalent CTX-M-producing *Escherichia
coli*：potential clinical implications of the revised
CLSI interpretibe criteria ［J］. Eur J Clin Microbi-
ol Infect Dis，2012，31：821-824.

［17］ Chen S，Hu F，Xu X，et al. High prevalence of
KPC-2-type carbapenemase coupled with CTX-M-
type extended-spectrum β-lactamases in carbapen-
em-resistant *Klebsiella pneumoniae* in a teaching

hospital in China [J]. Antimicrob Agents Chemother, 2011, 55: 2493-2494.

[18] Carattoli A. Plasmids in Gram negative: molecular typing of resistance plasmids [J]. Int J Med Microbiol, 2011, 301: 654-658.

[19] Chanawong A, M'Zali F H, Heritage J, et al. Three cefotaximases, CTX-M-9, CTX-M-13 and CTX-M-14, among *Enterobacteriaceae* in the People' Republic of China [J]. Antimicrob Agents Chemother, 2002, 46: 630-637.

[20] Poirel L, Gniadkowski M, Nordmann P. Biochemical analysis of the ceftazidime-hydrolyzing extended-spectrum β-lactamase CTX-M-15 and of its structurally related β-lactamase CTX-M-3 [J]. J Antimicrob Chemother, 2002, 50: 1031-1034.

[21] Poirel L, Naas T, Le Thomas I, et al. CTX-M-type extended-spectrum β-lactamase that hydrolyzes ceftazidime through a single amino acid substitution in the omega loop [J]. Antimicrob Agents chemother, 2001, 45: 3355-3361.

[22] Livermore D M, Jones C S. Characterization of NPS-1, a novel plasmid-mediated β-lactamase, from two *Pseudomonas aeruginosa* isolates [J]. Antimicrob Agents Chemother, 1986, 29: 99-103.

[23] Sabate M, Tarrago R, Navarro F, et al. Cloning and sequence of the gene encoding a novel cefotaxime-hydrolyzing beta-lactamase (CTX-M-9) from *Escherichia coli* in Spain [J]. Antimicrob Agents Chemother, 2000, 44: 1970-1973.

[24] Rodriguez M M, Power P, Sader H, et al. Novel chromosome-encoded CTX-M-78 β-lactamase from a *Kluyvera geogiana* clinical isolates as a putative origin of CTX-M-25 subgroup [J]. Antimicrob Agents Chemother, 2010, 54: 3070-3071.

[25] Olson A B, Silverman M, Goyd D A, et al. Identification of a progenitor of the CTX-M-9 group of extended-spectrum β-lactamase from *Kluyvera geogiana* isolated in Guyana [J]. Antimicrob Agents Chemother, 2005, 49: 2112-2115.

[26] Rodriguez M M, Power P, Radice M, et al. Chromosome-encoded CTX-M-3 from *Kluyvera ascorbata*: a possible origin of plasmid-borne CTX-M-1-derived cefotaximases [J]. Antimicrob Agents Chemother, 2004, 48: 4895-4897.

[27] Coque T M, Novais A, Carattoli A, et al. Dissemination of clonally related *Escherichia coli* strains expressing extended-spectrum β-lactamase CTX-M-15 [J]. Emerging Infect Dis, 2008, 14: 195-200.

[28] Poirel L, Kampfer P, Nordmann P. Chromosome-encoded Ambler class A β-lactamase of *Kluyvera georgina*, a probable progenitor of a subgroup of CTX-M extended-spectrum β-lactamases [J]. An-

timicrob Agents Chemother, 2002, 46: 4038-4040.

[29] Bonnet R. Growing group of extended-spectrum β-lactamases: the CTX-M enzymes [J]. Antimicrob Agents Chemother, 2004, 48: 1-14.

[30] Paterson D L, Bonomo R A. Extended-Spectrum β-lactamases: a Clinical Update [J]. Clin Microbiol Rev, 2005, 18: 657-686.

[31] Pitout J D, Nordmann P, Larpland K B, et al. Emergence of *Enterobacteriaceae* producing extended-spectrum β-lactamases (ESBL) in the community [J]. J Antimicrob Chemother, 2005, 56: 52-59.

[32] Lartigue M F, Poirel L, Aubert D, et al. In vitro analysis of ISEcp1B-mediated mobilization of naturally occurring β-lactamase gene bla_{CTX-M} of *Kluyvera ascorbata* [J]. Antimicrob Agents Chemother, 2006, 50: 1282-1286.

[33] Canton R, Coque T M. The CTX-M β-lactamase pandemic [J]. Curr Opin Microbiol, 2006, 9: 466-475.

[34] Livermore D M, Canton R, Gniadkowski M, et al. CTX-M: changing the face of ESBL in Europe [J]. J Antimicrob Chemother, 2007, 59: 165-174.

[35] Pitout J D, Laupland K B. Extended-spectrum β-lactamase-produing *Enterobacteriaceae*: an emerging public-health concern [J]. Lancet Infect Dis, 2008, 8: 159-166.

[36] Hawkey P M, Jones A M. The changing epidemiology of resistance [J]. J Antimicrob Chemother, 2009, 64 (Suppl. 1): i3-i10.

[37] Tangden T, Cars O, Melhus A, et al. Foreign travel is a major risk factor for colonization with *Escherichia coli* producing CTX-M-type extended-spectrum β-lactamases: a prospective study with Swedish volunteers [J]. Antimicrob Agents Chemother, 2010, 54: 3564-3568.

[38] Pitout J D. Infections with extended-spectrum β-lactamase-producing *Enterobacteriaceae* [J]. Drugs, 2010, 70 (3): 313-333.

[39] Cao X, Cavaco L M, Lv Y, et al. Molecular characterization and antimicrobial susceptibility testing of *Escherichia coli* isolates from patients with urinary tract infections in 20 Chinese hospitals [J]. J Clin Microbiol, 2011, 49: 2496-2501.

[40] Chong Y, Ito Y, Kamimura T. Genetic evolution and clinical impact in extended-spectrum β-lactamase-producing *Escherichia coli* and *Klebsiella pneumoniae* [J]. Infect Genet Evol, 2011, 11 (7): 1499-1504.

[41] Zhao W H, Hu Z Q. Epidemiology and genetics of CTX-M extended-spectrum β-lactamases in Gram-negative bacteria [J]. Crit Rev Microbiol, 2013,

39：79-101.

[42] D'Andrea M M，Arena F，Pallecchi L，et al. CTX-M-type β-lactamases：a successful story of antibiotic resistance [J] . Int J Med Microbiol，2013，303：305-317.

[43] Woerther P L，Burdet C，Chachaty E，et al. Trends in human fecal carriage of extended-spectrum β-lactamases in the community：toward the globalization of CTX-M [J] . Clin Microbiol Rev，2013，26（4）：744-758.

[44] Toleman M A，Walsh T R. Combinatorial events of insertion sequences and ICE in Gram-negative bacteria [J] . FEMS Microbiol Rev 2011，35：912-935.

[45] Gartelle M，del Mar Tomas M，Molina F，et al. High-level resistance to ceftazidime conferred by a novel enzyme，CTX-M-32，derived from CTX-M-1 through a single Asp-240-Gly substitution [J] . Antimicrob Agents Chemother，2004，48：2308-2313.

[46] Baraniak A，Fiett J，Hryniewicz W，et al. Ceftazidime-hydrelyzing CTX-M-15 extended-spectrum β-lactamase（ESBL）in Poland [J] . Antimicrob Agents Chemother，2002，50：393-396.

[47] Gazouli M，Tzelepi E，Sidorenko S V，et al. Sequence of the gene encoding a plasmid-mediated cefotaxime-hydrolyzing class Aβ-lactamase（CTX-M-4）：involvement of serine 237 in cephalosporin hydrolysis [J] . Antimicrob Agents Chemother，1998，42：1259-1262.

[48] Rossolini G M，D'Andrea M M，Mugnaioli C. The spread of CTX-M-type extended-spectrum β-lactamases [J] . Clin Microbiol Infect，2008，14（Suppl）1：33-41.

[49] Oliver A，Coque T M，Alonso D，et al. CTX-M-10 linked to a phage-related element is widely disseminated among Enterobacteriaceae in a Spanish hospital [J] . Antimicrob Agents Chemother，2005，49：1567-1571.

[50] Cao V，Lambert T，Courvalin P. ColE1-like plasmid pIP843 of Klebsiella pneumoniae encoding extended-spectrum β-lactamase CTX-M-17 [J] . Antimicrob Agents Chemother，2002，46：1212-1217.

[51] Di Conza J A，Gutkind G O，Mollerach M E，et al. Transcriptional analysis of the $bla_{CTX-M-2}$ gene in Salmonella enterica serovar Infantis [J] . Antimicrob Agents Chemother，2005，49：3014-3017.

[52] Chen Y，Delmas J，Sirot J，et al. Atomic resolution structures of CTX-Mβ-lactamases：extended spectrum activities from increased mobility and decreased stability [J] . J Mol Biol，2005，348：349-362.

[53] Gazouli M，Legakis N J，Tzouvelekis L S. Effect of substitution of Asn for Arg-276 in the cefotaxime-hydrolyzing class A β-lactamase CTX-M-4 [J] . FEMS Microbiol Lett，1998，169：289-293.

[54] Poirel L，Lartigue M F，Decousser J W，et al. ISEcp1B-mediated transposition of bla_{CTX-M} in Escherichia coli [J] . Antimicrob Agents Chemother，2005，49：447-450.

[55] Hanson N D，Moland E S，Hong S G，et al. Surveillance of community-based reservoirs reveals the presence of CTX-M，imported AmpC，and OXA-30 β-lactamases in urine isolates of Klebsiella pneumoniae and Escherichia coli in a U. S. community [J] . Antimicrob Agents Chemother，2008，52：3814-3816.

[56] Cartelle M，Tomas M M，Molina F，et al. High-level resistance to ceftazidime conferred by a novel enzyme，CTX-M-32，derived from CTX-M-1 through a single Asp240-Gly substitution [J] . Antimicrob Agents Chemother，2004，48：2308-2313.

[57] Quinteros M，Radice M，Gardella N，et al. Extended-spectrum β-lactamases in Enterobacteriaceae in Buenos Aires，Argentina，public hospitals [J] . Antimicrob Agents Chemother，2003，47：2864-2867.

[58] Nagano Y，Nagano N，Wachino J，et al. Novel chimeric β-lactamase CTX-M-64，a hybrid of CTX-M-15-like and CTX-M-14 β-lactamases，found in a Shigella sonnei strain resistant to various oxyimino-cephalosporins，including ceftazidime [J] . Antimicrob Agents Chemother，2009，53：69-74.

[59] Sun Y，Zeng Z，Ma J，et al. High prevalence of bla_{CTX-M} extended-spectrum β-lactamase genes in Escherichia coli isolates from pets and emergence of CTX-M-64 in China [J] . Clin Microbiol Infect，2010，16：1475-1481.

[60] Yu Y S，Ji S J，Chen Y G，et al. Resistance of strains producing extended-spectrum β-lactamases and genotype distribution in China [J] . J Infect，2007，54：53-57.

[61] Cantón R，González-Alba J M，Galán J C. CTX-M enzymes：origin and diffusion [J] . Front Microbiol，2012，3：1-19.

[62] Chen S D，Hu F P，Xu X G，et al. High prevalence of KPC-2-type carbapenemase coupled with CTX-M-type extended-spectrum β-lactamases in carbapenem-resistant Klebsiella pneumoniae in a teaching hospital in China [J] . Antimicrob Agents Chemother，2011，55：2493-2494.

[63] Wang P，Hu F P，Xiong Z Z，et al. Susceptibility of extended-spectrum-β-lactamase-producing Enter-

obacteriaceae according to the new CLSI break-points ［J］. J Clin Microbiol, 2011, 49: 3127-3131.

[64] Liu W E, Chen L M, Li H L, et al. Novel CTX-M β-lactamase genotype distribution and spread into multiple species of *Enterobacteriaceae* in Changsha, southern China ［J］. J Antimicrob Chemotheer, 2009, 63: 895-900.

[65] Ripoll A, Baquero F, Novais A, et al. In vitro selection of variants resistant to β-lactams plus beta-lactamase inhibitors in CTX-M β-lactamases: predicting the in vivo scenario? ［J］ Antimicrob Agents Chemother, 2011, 55: 4530-4536.

[66] Perez-Llarena F J, Kerff F, Abian O, et al. Distant and new mutations in CTX-M-1 β-lactamase affect cefotaxime hydrolysis ［J］. Antimicrob Agents Chemother, 2011, 55: 4361-4368.

[67] Ibuka A S, Ishii Y, Galleni M, et al. Crystal structure of extended-spectrum β-lactamase Toho-1: insights into the molecular mechanism for catalytic reaction and substrate specificity expansion ［J］. Biochemistry, 2003, 42: 10634-10643.

[68] Delmas J, Chen Y, Prati F, et al. Structure and dynamics of CTX-M enzymes reveal insights into substrate accommodation by extended-spectrum β-lactamases ［J］. J Mol Biol, 2008, 375: 192-201.

[69] Rogers B A, Sidjabat H E, Paterson D L. *Escherichia coli* O25b-ST131: a pandemic, multiresistant, community-associated strain ［J］. J Antimicrob Chemother, 2011, 66: 1-14.

[70] Lartigue M-F, Poirel L, Normann P. Diversity of genetic environment of *bla*$_{CTX-M}$ genes ［J］. FEMS Microbiol Lett, 2004, 234: 201-207.

[71] Munday C J, Whitehead G M, Todd N J, et al. Predominance and genetic diversity of community-and hospital-acquired CT extended-spectrum β-lactamases in York, UK ［J］. J Antimicrob Chemother, 2004, 54: 628-633.

[72] Saladin M, Cao V T, Lambert T, et al. Diversity of CTX-M β-lactamases and their promoter regions from Eneterobacteriaceae isolated in three Parsian Hospitals ［J］. FEMS Microbiol Lett, 2002, 209: 161-168.

[73] Rodriguez-Bano J, Navarro M D, Romero L, et al. Bacteremia due to extended-spectrum β-lactamase-producing *Escherichia coli* in the CTX-M era: a new clinical challenge ［J］. Clin Infect Dis, 2006, 43: 1407-1414.

第二十二章

较次要的 ESBL 家族

毫无疑问，无论从酶成员的数量、菌种分布、地域覆盖还是从和临床感染的关联性上看，TEM型、SHV型和CTX-M型ESBL都是最主要的ESBL家族。在这3种主要类型ESBL中，TEM/SHV型ESBL都是从广谱酶通过点突变进化而来，后续的所有ESBL都是这些广谱酶的突变体衍生物。然而，CTX-M型β-内酰胺酶则不然，它们是"与生俱来"的ESBL。人们第一次在大肠埃希菌临床分离株中鉴定出的这种酶就是ESBL，后来，我们追踪到这些酶的祖先栖息地克吕沃尔菌种时，它们已经是多样性的ESBL，只是通过各种可移动遗传元件被动员到肠杆菌科细菌的临床分离株中。

除了上述三大ESBL家族以外，从20世纪80年代后期开始，也有一些质粒介导的ESBL家族在全球被陆续鉴定出来，但这些ESBL的临床意义都不足以和上述三大ESBL家族相提并论，所以，很多专家将这些ESBL家族称作较次要的或较小的ESBL家族（minor extended-spectrum β-lactamase）（表22-1）。

表 22-1　质粒编码的各种 ESBL 家族

β-内酰胺酶名称	年份[①]	名字的由来
"老的 ESBL"		
SHV 型	1983	Sulphhydryl variable
TEM 型	1985	Patient'name：Temoneira
"新的 ESBL"		
CTX-M 型	1989	Cefotaximase—Munich
"较次要的 ESBL"		
SFO-1	1988	Serratia fonticola
TLA-1	1991	Tlahuicas(Indian tribe)
PER	1991	Pseudomonasextended resistance, and also the initials of its discoverers：Patrice, Esthel, and Roger
VEB	1996	Vietnam extended-spectrum β-lactamase
BES-1	1996	Brazilian ESBL
GES	1998	Guyana ESBL
BEL-1	2005	Belgium ESBL
"OXA ESBL"		
OXA	1991	Hydrolysis of oxacillin＞penicillin

①首次被记录的年份。

注：引自 Naas T，Poirel L，Nordmann P. Clin Microbiol Infect，2008，14（Suppl 1）：42-52。

需要说明的是，主要的 ESBL 家族和较次要 ESBL 家族之间的区别也没有那么泾渭分明和一成不变。例如，CTX-M 型 ESBL 在发现之初也非常少见，让人意想不到的是，经历了短短的 20 年，CTX-M 型 β-内酰胺酶就完全实现了异军突起，进化成为全球最流行的 ESBL，产 CTX-M-15 大肠埃希菌已经广泛地侵袭到社区，有些学者甚至将其称为革兰阴性菌中的"CA-MRSA"。因此，随着时间的推移，有些较次要的 ESBL 也许会骤然加速进化步伐，携带它们的菌种和地域分布也会随之变得多样化，临床重要性也会随之增加，对抗感染治疗的损害自然也就愈发严重。除了 OXA 型 ESBL 以外，其他较次要的 ESBL 家族也完全符合 ESBL 的生物学定义标准，它们的水解谱包括了广谱头孢菌素类，如头孢他啶、头孢噻肟、头孢曲松和氨曲南，但对头霉素类如头孢西丁敏感。此外，这些酶也都被基于机制的 β-内酰胺酶抑制剂所抑制，这些都是 ESBL 拥有的重要特征。

尽管绝大多数 ESBL 都是由质粒编码，但人们已经在一些环境细菌中鉴定出一些染色体编码的 ESBL，有朝一日这些染色体编码的 ESBL 能否再次被广泛动员到肠杆菌科细菌的质粒上也未可知。例如，嗜麦芽窄食单胞菌（L2 酶）、脑膜脓毒性金黄杆菌（CME-1/CME-2）、粘金黄杆菌（CGA-1）、假鼻疽伯克霍尔德菌（PENA）以及严格厌氧菌如脱硫弧菌（DES-1）、种间普雷沃菌（CFXA2）和脆弱拟杆菌（CEPA）也都显示具有 ESBL 基因。这些染色体编码的酶或许是质粒编码酶的起源。CTX-M 型 ESBL 的起源和散播就是鲜活的实例。与此相似，质粒编码的 SFO-1 酶与来自局泉沙雷菌的染色体编码的 FONA-1 酶高度相关。除了大多数 OXA 型 ESBL 成员是从窄谱的 OXA 型酶通过点突变进化而来，其他较次要的 ESBL 家族都起源不明。一些 ESBL 的种系发生树状图见图 22-1。

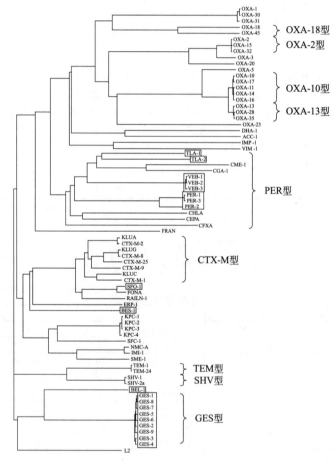

图 22-1 一些染色体编码的和质粒编码的 ESBL 的种系发生树状图

[引自 Naas T，Poirel L，Nordmann P. Clin Microbiol Infect，2008，14（Suppl 1）：42-52]

质粒编码的较次要的 A 类 ESBL 被用方框框住并且 OXA ESBL 被标出

最后，我们也应该辩证地看待临床重要性，所谓的重要性也是相对的，例如，PER 型 ESBL 对于全球抗感染的冲击可能并不严重，但这些 ESBL 在土耳其和其他个别流行地区的临床重要性不言而喻。VEB 型 ESBL 对全球的临床影响力十分有限，但这一类型 ESBL 在东南亚的一些国家特别是越南和泰国却广泛流行。

第一节　OXA 型 ESBL

一、OXA 型 ESBL 的概述

超广谱 β-内酰胺酶（ESBL）这一术语是由 Philippon 于 1989 年首次提出。一直以来，人们对于 ESBL 的精确定义缺乏共识。一个常用的工作定义是：ESBL 是 β-内酰胺酶，通过水解作用，这些酶能够赋予细菌对青霉素类及一代、二代和三代头孢菌素以及氨曲南（但不包括头霉素类和碳青霉烯类）耐药，并且这些酶能被 β-内酰胺酶抑制剂如克拉维酸所抑制。最初，人们将 ESBL 限定在分子学 A 类 β-内酰胺酶中，Bush 等依照功能分类体系将 ESBL 定义为 2be 亚组。按照上面的定义和归类，OXA 型酶显然不能被归属于 ESBL 系列，因为它们既不能被克拉维酸抑制，也不属于分子学 A 类。因此，早期文献在谈及 ESBL 之时常常将 OXA β-内酰胺酶排除在外。后来，越来越多的全球知名学者倾向于将具有超广谱水解活性的苯唑西林酶也包括在 ESBL 范畴之内，并且被称作 OXA 型 ES-BL 或拓展谱的 D 类 β-内酰胺酶（expanded-spectrum class D β-lactamase，ES-OXA）。

众所周知，OXA 型酶也被称作 D 类酶，不过这两个名字分别具有不同的含义，但指的却是同一个 β-内酰胺酶家族。人们之所以将这些酶称作 OXA 型酶只是因为在发现这类酶时，它们展现出非常高效地水解异噁唑类青霉素类如苯唑西林和氯唑西林的能力，当然这是一种表型特征，不是分子学特征。Bush 等将这一家族酶纳入 2d 功能组，其基本的定义是：它们水解氯唑西林和苯唑西林的能力高出水解青霉素能力的 50%。然而，随着越来越多 OXA 型酶被逐渐鉴定出，人们已经逐渐认识到，有些 OXA 型酶根本不具备高效水解苯唑西林的特性，所以，根据这一水解特性来界定或分类哪些酶属于 OXA 型，哪些酶不属于 OXA 型显然有不妥之处。在所有已知的 β-内酰胺酶家族中，OXA 酶家族的水解谱最广，能水解几乎所有 β-内酰胺类抗生素。这个酶家族包括能水解早期青霉素类和头孢菌素类的窄谱 OXA 型酶，水解拓展谱头孢菌素类的 ESBL 以及水解碳青霉烯类的碳青霉烯

酶。至于 OXA 型酶为什么被称为 D 类酶，依据的是 Ambler 分子学分类方法，按照排序，前面已经有 A 类、B 类和 C 类 β-内酰胺酶，所以只能将这些后来鉴定出的酶称作 D 类酶。虽然隶属于不同的分子学类别，但 OXA 型酶也与 A 类和 C 类酶一样，都属于活性部位丝氨酸酶，它们在这一点上与 B 类金属酶截然不同。有一点要说清楚，D 类酶中的"D"与 2d 亚组中的"d"没任何关联。

在描写青霉素酶的章节中，我们已经描述了窄谱 OXA 型酶，同时也对 D 类酶的一些特性进行了较为详细的介绍。作为一些具有一种特异性水解轮廓的 β-内酰胺酶，OXA 型 β-内酰胺酶家族最初是作为一种表型组而不是一种基因型组而被界定。因此，在这个家族的一些成员中，它们的序列同源性甚至低于 20%。这些酶主要出现在铜绿假单胞菌，但在许多其他革兰阴性菌中也被检测到。事实上，最常见的 OXA 型 β-内酰胺酶如 OXA-1 已经在 1%～10% 的大肠埃希菌分离株上被发现。大多数 OXA 型 β-内酰胺酶不在一个有意义的程度上水解广谱头孢菌素，也不被看作是 ESBL。OXA 型酶是另一个在数量上快速增长的 β-内酰胺酶家族。截至 2013 年，已经有超过 250 个 OXA 型变异体在全球被鉴定出，已经成为最大的酶家族。不过，已经鉴定出的 OXA 型 ESBL 不过 20 几个，相对于庞大的酶家族而言，ES-OXA 数量还是非常少的。众所周知，ESBL 家族很多，有些是大家族，成员高达七八十个，有些是小家族，成员可少至 1～2 个。OXA 型 ESBL 家族介于中间，比起 TEM 型、SHV 型和 CTX-M 型 ESBL 家族要小得多，但比起其他一些 ESBL 家族要大一些，如 VEB 家族、GES 家族和 PER 家族等。我们也是将 OXA 型 ES-BL 家族列入"较次要或较小的"ESBL 家族加以介绍。

二、OXA 型 ESBL 的发现和细菌分布

总体来说，OXA 型 ESBL 主要有 2 个起源，一是通过氨基酸置换源自 OXA-10（PSE-2）、OXA-2 和 OXA-13，而 OXA-13 也是 OXA-10 的点突变衍生物；二是少数 OXA 型 ESBL 至今起源不清，但肯定不是现有 OXA 型酶的突变体衍生物。OXA 型 ESBL 从具有窄谱亲代酶的进化与 SHV 和 TEM 型 ESBL 的进化具有很多相似之处，都是窄谱 OXA 型酶通过点突变而衍生出超广谱 OXA 型酶。由于 OXA 型酶本身起源尚不清楚，所以，人们也不能确切地知晓 OXA 型 ESBL 通过突变而进化的准确时间。换言之，第一个 OXA 型 ESBL OXA-11 是在 1993 年被报告，产这种 ESBL 的铜绿假单胞菌临床分离株 ABD 是于 1991 年被分离获

得，然而，这一质粒介导的酶是如何转移到该分离株中，以及转移的确切时间均不清楚。20 世纪 90 年代的 10 年期间，一些 OXA 型 ESBL 被陆续鉴定出来。早在 2001 年，Bradford 就将当时已经被鉴定出的 OXA 型 ESBL 的相关特征进行了分类总结（表 22-2）。

在 1993 年，Hall 和 Livermore 等报告了第一个 OXA 型 ESBL，OXA-11，它产自铜绿假单胞菌临床分离株 ABD。该分离株是在 1991 年 10 月从一名入住在土耳其安卡拉哈西德佩大学医院烧伤科患者中分离获得。铜绿假单胞菌 ABD 对头孢菌素类特别是头孢他啶（MIC 为 512μg/mL）、青霉素类、氨曲南和美罗培南耐药，但对亚胺培南敏感。OXA-11 的 pH 为 6.4，并且对头孢菌素类的耐药可通过接合被转移到铜绿假单胞菌 PU21 中，由此明确了质粒介导的性质。研究发现，这种酶是通过点突变从 OXA-10（PSE-2）进化而来，两者只是相差 2 个氨基酸置换，即天冬酰胺 134→丝氨酸和甘氨酸 157→天冬氨酸。按照当时既有的命名方式和命名顺序，这一新酶应该被命名为 PSE-5，但这个名号并不令人满意。首先，这个名号掩盖了它与 PSE-2 的关系；第二，由于 PSE-2 实际上是一种 OXA 型酶，属于分子学 D 类，而其他的 PSE 酶均属于分子学 A 类；第三，因为自从 PSE-2 从肠道细菌中被发现以来，"PSE" 的命名就显得不合适了，因为这个名称意味着假胞菌特异性酶。因此，Livermore 等提出，PSE-2 应该被归属到 OXA 型酶系列，称作 OXA-10。照此，源自 OXA-10 的这个变异体就被命名为 OXA-11。最初，研究者并未进行 β-内酰胺酶抑制剂协同试验，但后来的研究证实，克拉维酸并不能逆转 OXA-11 介导的针对头孢他啶的耐药。

此后，由 Livermore 带领的研究小组又陆续报告几个全新的 OXA 型 ESBL，包括 OXA-14、OXA-15、OXA-16 和 OXA-17。产生 OXA-14 的铜绿假单胞菌临床分离株 455 也是于 1991 年 12 月从入住到土耳其安卡拉哈西德佩大学医院的一名患者中分离获得。该菌株之所以保留下来是因为它与

表 22-2　部分 OXA 型 ESBL 的特征

β-内内酰胺酶	源自	pI	在 OXA-10 基础上的氨基酸置换	起源国家	细菌菌种
OXA-11	OXA-10	6.4	天冬酰胺 143→丝氨酸，甘氨酸 157→天冬氨酸	土耳其	铜绿假单胞菌
OXA-13	OXA-10	8.0	异亮氨酸 10→苏氨酸、甘氨酸 20→色氨酸、天冬氨酸 55→天冬酰胺、天冬酰胺 73→丝氨酸、苏氨酸 107→丝氨酸、酪氨酸 174→苯丙氨酸、谷氨酸 229→甘氨酸、丝氨酸 245→天冬酰胺、谷氨酸 259→丙氨酸	法国	铜绿假单胞菌
OXA-14	OXA-10	6.2	甘氨酸 157→天冬氨酸	土耳其	铜绿假单胞菌
OXA-15	OXA-2	8.7, 8.9	天冬酰胺 150→甘氨酸	土耳其	铜绿假单胞菌
OXA-16	OXA-10	6.2	丙氨酸 124→苏氨酸，甘氨酸 157→天冬氨酸	土耳其	铜绿假单胞菌
OXA-17	OXA-10	6.1	天冬酰胺 73→丝氨酸	土耳其	铜绿假单胞菌
OXA-18	OXA-9，OXA-12	5.5	NA	法国	铜绿假单胞菌
OXA-19	OXA-10	7.6	异亮氨酸 10→苏氨酸、甘氨酸 20→色氨酸、天冬氨酸 55→天冬酰胺、苏氨酸 107→丝氨酸、甘氨酸 157→天冬氨酸、酪氨酸 174→苯丙氨酸、谷氨酸 229→甘氨酸、丝氨酸 245→天冬酰胺、谷氨酸 259→丙氨酸	法国	铜绿假单胞菌
OXA-28	OXA-10	7.6	异亮氨酸 10→苏氨酸、甘氨酸 20→色氨酸、苏氨酸 107→丝氨酸、色氨酸 154→甘氨酸、甘氨酸 157→天冬氨酸、酪氨酸 174→苯丙氨酸、谷氨酸 229→甘氨酸、丝氨酸 245→天冬酰胺、谷氨酸 259→丙氨酸	法国	铜绿假单胞菌

注：引自 Bradford P A. Clin Microbiol Rev, 2001, 14：933-951。

产生 OXA-11 的铜绿假单胞菌 ABD 非常相似，也对头孢他啶高水平耐药（MIC 为 512 $\mu g/mL$），而且克拉维酸并无协同作用。介导这种高水平耐药的 β-内酰胺酶也是 OXA-10 的点突变衍生物。OXA-14 是介于 OXA-10 和 OXA-11 中间的变异体或过度衍生物，因为与 OXA-10 相比，OXA-14 只是具有一个氨基酸残基置换，即甘氨酸 157→天冬氨酸，而 OXA-11 除了上面这个置换以外，还有一个额外的氨基酸置换，即天冬酰胺 143→丝氨酸。由此看来，OXA-14 也许才是第一个 OXA 型 ESBL。与已经鉴定出的 OXA 型 ESBL 一样，OXA-16 和 OXA-17 也都是产自土耳其安卡拉哈西德佩大学医院，产酶细菌也都是铜绿假单胞菌临床分离株。这两种 OXA 型 ESBL 都是通过点突变源自 OXA-10，OXA-16 和 OXA-10 彼此相差 2 个氨基酸残基置换，即丙氨酸 124→苏氨酸和甘氨酸 157→天冬氨酸，后一种氨基酸置换也存在于 OXA-11 和 OXA-14 上，并且似乎对于头孢他啶耐药至关重要。OXA-17 和 OXA-10 彼此只是相差 1 个氨基酸置换，即天冬酰胺 73→丝氨酸。OXA-16 介导对头孢他啶的高水平耐药（MIC 为 128$\mu g/mL$）。克拉维酸和他唑巴坦（4$\mu g/mL$）均没有明显的协同作用。与 OXA-10 相比，OXA-17 赋予对头孢噻肟、拉氧头孢和头孢吡肟更高水平的耐药，但对头孢他啶的 MIC 却仅仅具有临界的影响（增高 2～4 倍），这与 OXA-10 的其他突变体形成对比，特别是 OXA-11、OXA-14 和 OXA-16，因为它们主要损害的是头孢他啶的抗菌活性。在 OXA-17 上的突变靠近 D 类酶的第一个保守元件，它含有活性位点丝氨酸，这一点可能与活性增强有关。OXA-17 赋予对头孢噻肟比对其他氧亚氨基头孢菌素类更高水平的耐药似乎令人吃惊，因为头孢噻肟并不用于治疗铜绿假单胞菌感染。有学者认为，这些能高效水解头孢他啶的突变体都具有甘氨酸 157→天冬氨酸置换，恰恰提示这一置换对于头孢他啶耐药可能具有关键影响。OXA-13、OXA-19 和 OXA-28 也均是 OXA-10 的突变体衍生物，也属于 OXA 型 ESBL。然而与上述 OXA 型 ESBL 有所不同，这些 OXA 型 ESBL 不是在土耳其被鉴定出，而是在法国被发现。此外，这几个 OXA-10 突变体衍生物都拥有 9 个氨基酸置换。

OXA-15 也是诞生在土耳其安卡拉哈西德佩大学医院，只是科室不同而已。产生 OXA-15 的铜绿假单胞菌临床分离株 AH 于 1992 年 4 月被分离获得，它对头孢他啶高度耐药（MIC 为 128$\mu g/mL$），并且耐药不被克拉维酸和他唑巴坦逆转。OXA-15 也是由质粒介导。测序揭示出，OXA-15 并不是源自 OXA-10，而是通过点突变源自 OXA-2，两者只

是相差一个氨基酸置换，即天冬氨酸 150→甘氨酸。在此之前，几个 OXA 型 ESBL 都是 OXA-10 的突变体衍生物，而 OXA-15 是第一个源自 OXA-2 的 ESBL 突变体。铜绿假单胞菌 CY-1 临床分离株于 1996 年从法国克拉马尔的一名住院患者的皮肤培养物中被分离获得，它产生一个全新的 OXA 型 ESBL OXA-32。该分离株对头孢他啶耐药（MIC 为 128$\mu g/mL$），但对头孢噻肟却是敏感的或低水平耐药。加入克拉维酸后对头孢他啶的 MIC 几乎没有影响。OXA-32 是一个 OXA-2 型 β-内酰胺酶，它和 OXA-2 彼此只是相差一个氨基酸置换，即亮氨酸 169→异亮氨酸置换（DBL 计数）。定点诱变实验证实，异亮氨酸 169 负责针对头孢他啶的耐药，但不负责针对头孢噻肟的耐药。

诚然，尽管绝大多数 OXA 型 ESBL 都是源自 OXA-10 和 OXA-2，但也确有个别的 OXA 型 ESBL 是其他窄谱 OXA 成员的点突变衍生物。Fournier 等于 2010 年报告了一个全新的 OXA 型 ESBL——OXA-147，它是通过点突变源自 OXA-35。产 OXA-147 的铜绿假单胞菌临床分离株是在 2009 年 1 月从一名在法国住院的糖尿病患者感染足中被分离获得，它们对头孢他啶展示出不同的敏感性。在 OXA-147 上的色氨酸 164→亮氨酸突变增强对氨曲南和头孢菌素类的水解活性，如头孢他啶。

当然，以上描述的 OXA 型 ESBL 均是源自铜绿假单胞菌临床分离株。在 20 世纪 90 年代末期，Livermore 曾尝试着在体外从产生 OXA-10 的铜绿假单胞菌转移接合子中选出相似的突变体。与 bla_{OXA-10} 相关的基因从 5 个突变体中被测序。一个突变体酶具有甘氨酸 157→天冬氨酸置换，完全对应了天然的 OXA-14 β-内酰胺酶。另一个突变体菌株似乎既具有 OXA-14 也具有一个全新的 pI 为 6.2 的酶，命名为 OXA-102，它具有 2 个氨基酸置换，即丙氨酸 124→丝氨酸和甘氨酸 157→天冬氨酸。后一个变异体酶类似于天然的 OXA-16 酶，在 124 位置上是苏氨酸，在 157 位置上是天冬氨酸。剩余的 3 个突变体酶与已知的任何野生型分离株中发现的酶都不同，其中的 2 个突变体具有色氨酸 154→亮氨酸置换（该酶被命名为 OXA-102），而第三个（OXA-103）的 pI 为 7.6，具有天冬酰胺 143→赖氨酸置换。在位置 143 上的一个不同的突变以前在 OXA-11 上被发现，它是 OXA-10 的野生型突变体。因此，在体外被选出的一些 ESBL 突变体完全或几乎完全对应野生型的 ESBL（OXA-14 和 OXA-102），而其他一些 ESBL 突变体则是全新的。这项研究提示，除了我们在铜绿假单胞菌临床分离株中鉴定出的 OXA 型 ESBL 以外，随着时间的推

移和头孢他啶等超广谱头孢菌素类临床应用的选择压力持续存在，很有可能会有更多的突变体涌现出来。

需要特别描述的 2 个 OXA 型 ESBL 是 OXA-18 和 OXA-45。这两种 OXA 型 ESBL 与其他 OXA 型 ESBL 的最大区别在于以下 2 点：一是克拉维酸完全抑制它们的超广谱活性，二是这些酶并不是某种窄谱酶的点突变衍生物。OXA-18 也是产自铜绿假单胞菌临床分离株（Mus），该菌株是于 1995 年在法国巴黎一名住院患者的胆汁引流物中被分离获得，但这名患者来自意大利的西西里岛。该铜绿假单胞菌分离株 Mus 显示出既对广谱头孢菌素类耐药，也对氨曲南耐药。与前述所有的 OXA 型 ESBL 形成鲜明对照的是，OXA-18 的水解活性被 2 μg/mL 的克拉维酸完全抑制。OXA-18 并不是在质粒上编码，可能是在染色体上被编码，因为在整个菌株中根本没有质粒被发现，同样，试图转移整个耐药标志也失败了。OXA-18 不是任何已经被描述的苯唑西林酶的点突变衍生物。从一个生物化学的观点看，OXA-18 的水解特性对于 D 类酶而言并不典型。OXA-18 水解氯唑西林比水解青霉素更快。尽管如此，与所有 2d 功能亚组的酶不同的是，OXA-18 水解苯唑西林比水解青霉素更慢。bla_{OXA-18} 基因插入铜绿假单胞菌染色体中的机制是不清楚的。在铜绿假单胞菌，根本没有质粒被发现携带这一基因，并且转座现象是广泛存在的，这也体现出遗传可塑性。OXA-18 是被报告的第一个完全被克拉维酸抑制的 D 类 ESBL。

作为北美 CANCER 抗菌药物监测计划的一部分，铜绿假单胞菌的一个临床菌株 07-406 在得克萨斯州被分离获得，它被发现对除了多黏菌素 B 以外的所有抗菌药物耐药。这个菌株的遗传学分析鉴定出两种独特的 β-内酰胺酶基因，一种是编码金属 β-内酰胺酶的 bla_{VIM-7}，另一种是本文中新描述的全新的 OXA 酶基因 bla_{OXA-45}，它编码一种 ES-OXA（OXA 型 ESBL）。OXA-45 与 OXA-18 具有最高的氨基酸同一性（65.9%），接下来是 OXA-9（42.8%）、OXA-22（40.2%）、OXA-12（38.6%）和 OXA-29（35.2%），但与其他 D 类酶具有弱的氨基酸同一性。生化分析显示，OXA-45 无论是在底物轮廓还是克拉维酸抑制方面都更相似于 OXA-18。

让人特别感兴趣的是，产生 OXA 型 ESBL 的这些铜绿假单胞菌临床分离株几乎都源自土耳其和法国，只有 OXA-45 来自美国得克萨斯州和 OXA-53 来自巴西。重要的是，土耳其安卡拉哈西德佩大学医院的铜绿假单胞菌临床分离株还同步产生 PER-1，这也是散播越来越广的一种 ESBL。坦率地说，我们并不清楚这所医院为什么拥有如此丰富的 ESBL 起源。D 类 β-内酰胺酶大多被发现在革兰阴性菌中，如铜绿假单胞菌、大肠埃希菌、奇异变形杆菌和鲍曼不动杆菌，然而，几乎所有 OXA 型 ESBL 都是产自铜绿假单胞菌临床分离株，产生于其他菌种的 OXA 型 ESBL 只有极个别的报告，如沙雷菌属细菌，OXA 型 ESBL 似乎特别偏爱铜绿假单胞菌（表 22-3）。造成这种现象的深层次原因目前尚不清楚。研究显示，将编码 OXA 型 ESBL 基因克隆进入大肠埃希菌中，后者只是呈现出头孢菌素类的低水平耐药，然而，一旦这些编码基因转移到铜绿假单胞菌转移接合子中，它们就能赋予这些宿主细菌对头孢菌素类的高水平耐药。

表 22-3 ES-OXA 的一些特征

名字[①]	类型	最初宿主	A 或 N[②]	相关联的可移动元件	
				Tn 或 IS	In[③]
OXA-11	ES-OXA	铜绿假单胞菌	A		+
OXA-14	ES-OXA	铜绿假单胞菌	A		+
OXA-15	ES-OXA	铜绿假单胞菌	A		+
OXA-16	ES-OXA	铜绿假单胞菌	A		+
OXA-17	ES-OXA	铜绿假单胞菌	A		+
OXA-18	ES-OXA	铜绿假单胞菌	A	ISCR19	−
OXA-19	ES-OXA	铜绿假单胞菌	A		+
OXA-28	ES-OXA	铜绿假单胞菌	A		+
OXA-31	ES-OXA	铜绿假单胞菌	A		+
OXA-32	ES-OXA	铜绿假单胞菌	A		+
OXA-34	ES-OXA	铜绿假单胞菌	A		+
OXA-35	ES-OXA	铜绿假单胞菌	A		+
OXA-36	ES-OXA	铜绿假单胞菌	A		+
OXA-45	ES-OXA	铜绿假单胞菌	A	ISCR5	−

续表

名字[①]	类型	最初宿主	A 或 N[②]	相关联的可移动元件	
				Tn 或 IS	In[③]
OXA-53	ES-OXA	阿哥拉沙门菌	A		+
OXA-141	ES-OXA	铜绿假单胞菌	A		+
OXA-142	ES-OXA	铜绿假单胞菌	A		+
OXA-145	ES-OXA	铜绿假单胞菌	A		+
OXA-147	ES-OXA	铜绿假单胞菌	A		

①这个命名与 G. Jacoby 在 the Lahey website 上提供的命名是一致的；②A—获得性，N—天然的；③＋表示苯唑西林酶基因被发现与一个整合子来源的基因盒有关联，—表示这个基因与一个整合子来源的基因盒无关联。

注：引自 Poirel L，Naas T，Nordmann P. Antimicrob Agents Chemother，2010，54：24-38。

三、OXA 型 ESBL 的遗传学支持和流行病学

绝大多数 OXA 型 ESBL 都是获得性酶，都是在质粒上被编码，能通过接合而转移。编码 OXA-11 的基因位于质粒 pMLH52 上，质粒大小约 100MDa，OXA-14 是由质粒 pMLH53 所编码，OXA-15 由质粒 pMLH54 编码，质粒大小约 450 kb。与大多数 OXA 型酶一样，很多编码 OXA 型 ESBL 的基因也是位于整合子上，如编码 OXA-32 的基因位于一个接合型的 250kb 质粒上，该质粒含有一个 1 类整合子，后者携带 2 个基因盒，分别编码 OXA-32 和氨基糖苷乙酰转移酶 AAC（6′）-Ib。研究证实，编码 OXA-15 的质粒携带有一个整合子，后者具有 3 个推定的基因盒：bla_{OXA-15}、aaB[编码氨基糖苷核苷转移酶（2″）-1a]和 1 个尚未被鉴定特征的基因盒。bla_{OXA-28} 基因盒被插入一个 1 类整合子 In57 的可变区，就位于一个氨基 6′-N-乙酰转移酶基因盒 aac（2′）-Ib 的下游。携带 bla_{OXA-28}、bla_{OXA-23} 和 bla_{OXA-19} 的各个基因盒的结构几乎完全一样，这就建议它们或许源自一个共同的祖先。In57 位于一个可自身转移的质粒上，质粒大小约 150kb，它可以从铜绿假单胞菌接合转移到铜绿假单胞菌。

OXA-18 与其他 OXA 型 ESBL 截然不同。OXA-18 并非由质粒编码，编码基因可能位于染色体上，因为产酶菌株根本没有检测到质粒的存在。Naat 等将含有 bla_{OXA-18} 基因的一个 8.2kb 基因组 DAN 片段从铜绿假单胞菌 MUS 克隆。尽管大多数苯唑西林酶位于整合子内，但 bla_{OXA-18} 缺乏基因盒特异性特征。bla_{OXA-18} 基因被含有 ISCR19 的两个重复序列包夹，后者是可移动元件的 ISCR 家族中的一个新成员。这两个包夹序列还含有一边被截短的整合酶基因 △intI1 和一边被截短的 △aac6′-Ib 基因盒。可能的情况是，ISCR19 参与到 bla_{OXA-18} 基因的动员，采用的是滚环转座方式，接着就是同源重组。bla_{OXA-18} 基因最初是在法国从铜绿假单胞菌 MUS 分离株中被报告，该菌株也同时携带着 bla_{OXA-20} 基因，后者却是以整合子的形式存在。bla_{OXA-18} 基因最近已经在来自突尼斯的铜绿假单胞菌的一个临床流行克隆上被检测到。与原型产 OXA-18 的铜绿假单胞菌 MUS 菌株不同，这些突尼斯分离株是 bla_{OXA-20} 基因阴性，取而代之的或是 TEM-1 或者大多情况下是 SHV-1 β-内酰胺酶阳性。在这两项研究中，bla_{OXA-18} 基因都是由染色体编码并且突尼斯分离株是克隆相关的，但与原型产 OXA-18 的铜绿假单胞菌 MUS 菌株不同。

关于 OXA ESBL 的地理上传播有非常少的流行病学资料。这些 OXA 型 ESBL 主要是 OXA-10 衍生物，并且一项近来的现况调查揭示出，它们出现在 55% 来自土耳其的伊斯坦布尔 ICU 的头孢他啶耐药铜绿假单胞菌分离株中。在我国台湾地区和韩国，OXA 型 ESBL 也已经分别在 2.9% 和 0.4% 的头孢他啶耐药的铜绿假单胞菌分离株中被鉴定特性。在法国，OXA-13 的全新单一衍生物（OXA-19 和 OXA-28）和 OXA-18 在一些铜绿假单胞菌分离株中被发现，并且 OXA-45 在来自美国得克萨斯州的一个铜绿假单胞菌分离株中被发现。

已如前述，OXA 型 ESBL 主要是在土耳其和法国被鉴定出，而且这些酶也似乎很少跨越"原产地"向外散播，OXA-45 也是为极少在土耳其和法国以外国家被鉴定出的 ES-OXA 酶。Paterson 和 Bonomo 于 2005 年报告，关于 OXA 型 ESBL 的地域传播，几乎没有什么流行病学数据。在 2005 年，韩国学者报告，D 类 β-内酰胺酶在铜绿假单胞菌临床分离株高度流行，包括 OXA-10、OXA-4、OXA-30、OXA-2 以及 OXA 型 ESBL OXA-17，后者是 OXA-10 的突变体衍生物。总之，几乎没有 OXA 型 ESBL 引起感染暴发的报告出现，不过在比利时似乎出现过 OXA 型 ESBL 引发的感染暴发。尽管与 OXA 大家族的数量相比，OXA 型 ESBL 占有非常低的比例，但完全依赖数量不多来解释感染暴发的缺乏似乎也不一定准确。同样是

OXA 型酶的衍生物如水解碳青霉烯的 D 类 β-内酰胺酶（CHDL），它们的数量也不多，但因 CHDL 引起感染暴发的报告越来越多。同样，OXA 型 ESBL 也多位于质粒和整合子上，按道理讲，这些遗传学支持能够促进编码这些超广谱酶基因的散播，但我们看到，这些 OXA 型 ESBL 极少在铜绿假单胞菌以外的菌种中被检测到，原因不得而知。

与总量 250 多个 OXA 型 β-内酰胺酶相比，OXA 型 ESBL 占有很小的比例。此外，产 OXA 型 ESBL 的国家非常有限，最流行的国家也只有土耳其和法国，其他国家都是零星报告。从这两方面说，OXA 型 ESBL 的临床危害并不大，是否能形成全球流行还有待观察。然而，绝大多数 OXA 型 ESBL 毕竟在质粒上编码，这就为耐药基因的水平转移奠定了基础。此外，绝大多数 OXA 型 ESBL 宿主细菌是铜绿假单胞菌，这种病原菌本身就是一种"超级细菌"，以泛耐药特征而臭名昭著。如果更多的铜绿假单胞菌携带有 OXA 型 ESBL 的话，再加上这些 OXA 型 ESBL 本身对酶抑制剂不敏感，那治疗起来可能就更加令人棘手。由此可见，尽管当下 OXA 型 ESBL 的成员不多，流行程度也不高，但我们还是要密切关注这一 ESBL 家族的各种发展动向，包括是否会向肠杆菌科细菌广泛散播。

第二节 PER 型 ESBL

一、PER 型 ESBL 的起源和进化

PER-1 是一个全新 PER 型 β-内酰胺酶家族中的第一个成员，它最初是在铜绿假单胞菌临床分离株 RNL-1 中被鉴定出，携带这一分离株的患者从土耳其安卡拉哈西德佩大学医院被转院到法国。Nordmann 等于 1993 年报告，铜绿假单胞菌 RNL-1 显示出广谱底物水解轮廓，包括青霉素、阿莫西林、替卡西林、头孢噻吩、头孢哌酮、头孢呋辛、头孢曲松、头孢他啶以及氨曲南（适度水解），但不水解头霉素类，这种耐药被克拉维酸抑制。这些表型特征意味着 RNL-1 产生了一种 ESBL。尽管这个菌株含有 3 个质粒，它们大小分别约为 80kb、20kb 和 4kb，但耐药不能被采用铜绿假单胞菌和大肠埃希菌所进行的交配试验所转移。因此，最初认为编码基因位于染色体上，后来对来自安卡拉更多分离株的研究显示，bla_{PER-1} 基因在接合型质粒上被编码。转移接合子的耐药轮廓是非常典型的 A 类 ESBL 表型，表现为对氧亚氨基头孢菌素类的高 MIC 并且可被克拉维酸逆转。有趣的是，他唑巴坦不是那么成功的一个抑制剂，但舒巴坦、亚胺培

南和头霉素类是它的抑制剂。来自铜绿假单胞菌 RNL-1 的一个 2.1kb Sau3A 片段被克隆进入质粒 pACYC184 中，从而产生了一个重组质粒 pPZ1，后者编码了一种 β-内酰胺酶，研究者们将这种 β-内酰胺酶命名为 PER-1（Pseudomonas extended resistant and also the initials of its discoverers：Patrice，Esthel，and Roger：源自假单胞菌的超广谱酶，同时也是根据其发现者名字的首字母命名的酶）。PER-1 分子量为 29 kDa，pI 为 5.4。该酶与传统的 TEM 和 SHV 型酶远相关（具有 27% 的同一性）。研究者认为，PER-1 可能不是这个菌种中已知酶的点突变衍生物。PER-1 显然不是铜绿假单胞菌固有的染色体酶，而是质粒介导的酶。对于铜绿假单胞菌而言，PER-1 是获得性酶，是从其他菌种中被动员到铜绿假单胞菌中，不过其祖先是哪种细菌至今不得而知。

1990 年 4 月，在南美的阿根廷，一个鼠伤寒沙门菌临床分离株 JMC 从一名罹患胃肠炎患者的粪便中分离出。该菌株藏匿着一个 bla 基因，它编码一种 β-内酰胺酶，赋予对氧亚氨基孢菌素类、氨曲南和头孢布坦的可转移耐药，对头孢西丁敏感，并且对克拉维酸的抑制高度敏感。氨基酸序列比较提示，这一 Ambler A 类 β-内酰胺酶与 TEM 或 SHV 酶并不密切相关，同源性仅为 25% ～ 26%，但与 PER-1 密切相关，同源性达到 86.4%。最初这个酶曾被称作头孢布坦酶（ceftibutenase-1，CTI-1），后来被再次命名为 PER-2。如果追溯的话，第一个产 PER-2 分离株是一个奇异变形杆菌菌株，它在 1989 年在阿根廷被分离获得，当时，这个奇异变形杆菌产生的这种酶被称作 ARG-1。然而，作为 bla_{PER-2} 的基因序列是在一个头孢布坦耐药的鼠伤寒沙门菌分离株中被描述，它的基因被一个可转移的质粒携带。

自从 PER-1 和 PER-2 被发现以来，PER-3、PER-4 和 PER-5 也相继分别在斑点气单胞菌、普通变形杆菌和鲍曼不动杆菌中被鉴定出。上述 3 种 PER 型 ESBL 都是 PER-1 的点突变衍生物，它们与 PER-1 一起共同组成一个亚组。一个鲍曼不动杆菌临床分离株 AP2 于 2010 年在法国巴黎的一所大学医院中被分离获得，它对包括碳青霉烯类在内的所有 β-内酰胺类抗生素耐药，并且表达一种 ESBL PER-7，它与 PER-1 彼此相差 4 个氨基酸置换，也被归类于 PER-1 亚组。与 PER-1 相比，PER-7 具有更高水平的针对头孢菌素类和氨曲南的水解活性。与 PER-1 不同的是，bla_{PER-7} 基因位于染色体上并且与一个镶嵌的 1 类整合子结构相关联。此外，这一鲍曼不动杆菌分离株 AP2 表达水解碳青霉烯的苯唑西林酶 OXA-23 和 16S rRNA 甲基转移

酶 ArmA，后者赋予高水平的氨基糖苷类耐药。

在 2009 年，一个异常嗜糖气单胞菌环境分离株在位于巴黎的塞纳河水样本中被分离获得。这个分离株产生一种全新的 ESBL，PER-6，它与关系最密切的 PER-2 分享 92% 氨基酸同一性，所以与 PER-2 构成 PER 系列的另一个亚组。PER-2 和 PER-6 彼此相差 22 个氨基酸，并且它们与 PER-1 享有 85% 的氨基酸同一性。尽管 PER-6 和 PER-2 同属于一个亚组，但 bla~PER-6~ 基因却位于染色体上并且被非转座子相关的结构包夹，而 PER-2 则是由质粒介导。有趣的是，PER-1 几乎全部是在土耳其被发现，而 PER-2 则几乎全部是在南美被发现。

2013 年，Gutkind 等描述了一些 PER β-内酰胺酶家族成员的种系发生关系，并与其他类型 β-内酰胺酶进行了比较，其中 PER-1 和 PER-2 是最流行的家族成员（图 22-2）。

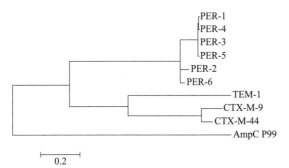

图 22-2　PER 家族成员的种系发生关系并与其他类型 β-内酰胺酶比较
（引自 Gutkind G O，Di Conza J，Power P，et al. Current Pharmaceutical Design，2013，19：164-208）

二、PER 型 ESBL 的结构和生化特性

尽管 PER 型 ESBL 同属于 Ambler A 类 β-内酰胺酶，但与其他的 A 类 β-内酰胺酶相比，在超二级结构和三级结构上还是有一些独特之处，应该算作是 A 类超家族酶中的一个亚组。PER-1 蛋白已经在 1.9 Å 分辨率上被解析，X 射线结构揭示出，在 A 类 β-内酰胺酶中的 2 个最保守的特征在 PER-1 中并不存在：Ω 环折叠和在残基 166 和 167 之间肽键的顺反异构。Ω 环的新折叠以及 4 个残基在 S3 链边缘的插入产生出一个宽广的腔，它或许更易于容纳氧亚氨基头孢菌素类底物的庞大取代基。Ω 环区域在 A 类 β-内酰胺酶中被公认为是一个特征性基序，而 PER-1 在这里有一个新的折叠。166-167 键的反式构象与 136 位置上具有一个天冬氨酸残基有关。此外，无论是 PER-1 还是 PER-2，位置 242 相当于在 TEM 或 SHV 型 β-内酰胺酶上

的谷氨酸 240 残基，它的一个修饰似乎没有导致在其动力学特性上的改变，这与 TEM/SHV 型 β-内酰胺酶是不同的。在 PER-1，残基 104 侧链的再定位（迁移）、Ω 环的折叠以及 238-242 区域的构象似乎与头孢菌素酶活性有关。实际上，这些折叠特征产生一个腔，它被精确地定位在一个区域内，在此，酶分子结合在三代和四代头孢菌素类庞大侧链上（图 22-3）。根据叠置的 TEM 和 PER-1 结构，我们也可清楚地观察到 PER-1 的底物结合腔的明显扩大（图 22-4）。

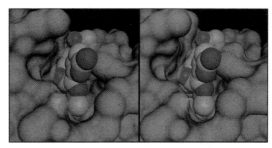

图 22-3　PER-1-头孢噻肟酰基-酶复合物可及表面区的立体观
（引自 Tranier S，Bouthors A T，Maveyraud L，et al. J Biol Chem，2000，275：28075-28082）
该图 PER-1 酶大的结合腔，在此，三代头孢菌素的取代基结合到 PER-1 酶蛋白上

生化和遗传学分析显示，编码 PER-1 的基因是 927 bp，对应的是一个 308 个氨基酸组成的蛋白，它与 TEM/SHV 型 ESBL 的氨基酸同一性低于 30%。PER-1 的 pI 为 5.4，它针对青霉素类和三代头孢菌素类（特别是头孢他啶）具有高的 k_{cat} 值，这就解释了产 PER-1 分离株针对 β-内酰胺类抗生素特别是头孢他啶的高水平耐药。

成熟的 PER-2 β-内酰胺酶分子量为 30780 Da，pI 也为 5.4，具有一个 26 个氨基酸组成的信号肽。如同 PER-1，PER-2 针对大多数受试的抗生素具有高的催化效力（k_{cat}/K_m），基本上是以低 K_m 和高 k_{cat} 数值为特征。PER-2 针对头孢他啶和头孢噻肟具有相似的催化效力，不过这种高效力的机制并不相同。PER-2 对头孢噻肟具有 7 倍高的亲和力，这时与头孢他啶相比，但头孢他啶的周转常数（k_{cat}）却高出 4 倍。Bouthors 等报告，PER-1 针对这两种头孢菌素类的 k_{cat}/K_m 值比起 PER-2 要低一个数量级，当然，这是由于 10 倍高的 K_m 值所致。水解最差的抗生素是头孢西丁、头孢吡肟和亚胺培南。PER-2 被克拉维酸和他唑巴坦强力抑制，IC~50~ 值分别仅为 0.068 μmol/L 和 0.096 μmol/L。比起 PER-2，PER-6 展示出对大多数 β-内酰胺类抗生素总体上更

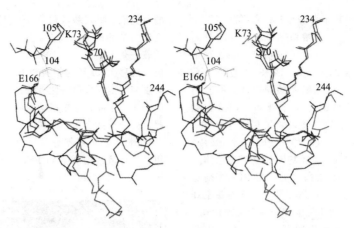

图 22-4 在 PER-1（黑色）和 TEM（红色）的活性部位的叠置显示出在 PER-1 的底物结合腔明显扩大（见文后彩图）

（引自 Tranier S，Bouthors A T，Maveyraud L，et al. J Biol Chem，2000，275：28075-28082）

低的催化效力，这是由于在 K_m 值上的明显差异所致，此外，PER-6 也对抑制剂不太敏感。

三、PER 型 ESBL 的遗传学支持

人们对一些宿主细菌编码 PER-1 基因的遗传学位置的研究显示，bla_{PER-1} 基因或是在染色体上，或是位于质粒上，这些细菌包括铜绿假单胞菌、鲍曼不动杆菌、肠炎沙门菌鼠伤寒血清型和斯氏普罗威登斯菌。其他一些研究提示，bla_{PER-1} 或许已经从一个非假单胞菌细菌被插入铜绿假单胞菌基因组 DNA 中。像铜绿假单胞菌那样的非肠杆菌科细菌菌种也可能具有 A 类 ESBL 基因，它可能来自菌属间 DNA 转移。尽管 PER 型 ESBL 家族中成员不多，但围绕着 bla_{PER-1} 基因的各个序列还是呈现出一定的多样性和复杂性。现有研究结果表明，bla_{PER-1} 基因不是作为基因盒被鉴定出。bla_{PER-1} 基因是作为一个复合转座子的一部分被鉴定出，这个转座子被 2 个全新的插入序列 IS$Pa12$ 和 IS$Pa13$ 所包夹，它们属于 IS4 家族。不过，与其他一些复合转座子不同的是，组成这个复合转座子的 2 个插入序列 IS$Pa12$ 和 IS$Pa13$ 明显不同。插入位点的一个 8bp 长的重复在 IS$Pa12$ 的左手末端和 IS$Pa13$ 的右手末端被注意到，这清楚地说明这个结构在当时已经转座。含有 bla_{PER-1} 基因转座子 Tn1213 从来自截然不同的地理位置上的一些菌种中被检测到。有趣的是，围绕着 bla_{PER-1} 基因的各个序列或许在某一给定国家中因菌种的不同而不同。此外，在各种各样分离株中，围绕着 bla_{PER-1} 基因的序列结构的比较或许提示一连串的事件：①IS$Pa12$ 插入 bla_{PER-1} 基因的上游［图 22-5（c）］；②接着是 IS$Pa13$ 插入 bla_{PER-1} 基因的下游，如此就形成了复合转座子 Tn1213、［图 22-5（a）］；③IS$Prst1$ 插入 Tn1213 内［图 22-5（b）］。

由于复合转座子 Tn1213 的位置总是位于 IS$Pa14$ 元件之内，结果建议 Tn1213 在所研究的这些菌株中不是分开获得的，而可能与一个更大的结构有关联，如一个转座子。与 IS$Pa14$ 的这个关联性或许建议，这个完整的结构可能首先在鲍曼不动杆菌中被获得，然后再在铜绿假单胞菌中被获得。在一个意大利的粪产碱菌分离株中被额外地鉴定出转座子 Tn4176，它与 Tn1213 非常相似。在这个粪产碱菌菌株中，bla_{PER-1} 基因被发现与一个 Tn3 家族转座子样结构有关联，这个结构称作 Tn$5393d$，它含有 $strAB$ 基因，这是其他 Tn5393 衍生物典型的特征。人们推测出现了两个复合转座子的连续插入，其中的一个复合转座子（Tn4176）包括了两个不完全一样并且被打断的 IS1387 元件的两个拷贝（IS$1387a$ 和 IS$1387b$）。还有研究显示，在两个鼠伤寒沙门菌分离株和一个单一鲍曼不动杆菌分离株中，bla_{PER-1} 基因是质粒编码的，但它不是 Tn1213 的一部分。IS$Pa12$ 总是位于 bla_{PER-1} 基因的上游，它为 bla_{PER} 基因表达提供高效启动子序列。

对与 bla_{PER-2} 基因有关联的，有限的侧翼 DNA 序列的分析揭示出，在来自阿根廷的一个鼠伤寒沙门菌分离株中，编码 PER-2 的这个基因与一个 IS$Pa12$ 元件有关联，这就建议在相隔遥远的大陆（南美 vs. 欧洲和亚洲）存在着一个与 bla_{PER-1} 基因相似的动员机制。

近来，编码 PER-7 的 bla_{PER-7} 基因在来自法国的一个鲍曼不动杆菌临床分离株中被鉴定出，它与一个 $sul1$ 型整合子结构内的 ISCR1 有关联。PER-7 与 PER-1 彼此相差 4 个氨基酸。PER-7 的表达被 ISCR1 的 $oriIS$ 内提供的启动子驱动。这个发现可能提示 bla_{PER} 基因传播的另一种方式（图 22-6）。

近来，编码 PER-6 的基因在来自法国的异常

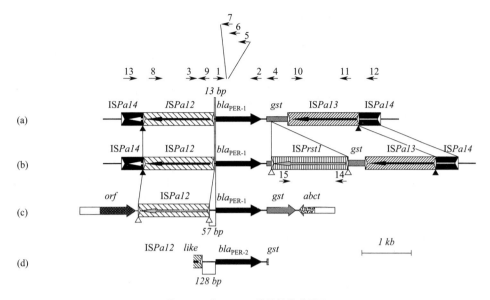

图 22-5 含 bla_{PER-1} 遗传结构的图示

（引自 Poirel L，Cabanne L，Vahaboglu H，et al. Antimicrob Agents Chemother，2005，49：1708-1713）

（a）铜绿假单胞菌和鲍曼不动杆菌 AMA-1 分离株；（b）斯氏普罗威登斯菌 BEN；

（c）两个肠炎沙门菌鼠伤寒血清型分离株和鲍曼不动杆菌 C. A.；

（d）在一个产 bla_{PER-2} 肠炎沙门菌鼠伤寒血清型的结构，用于比较

水平箭头提示的是这些基因及其转录方向。转座事件产生出的各个 DR 序列由三角形表示，

白色三角形是 ISPa12，灰色三角形是 ISPrst1，黑色三角形是复合转座子 Tn1213

图 22-6 bla_{PER-7} 基因周围结构的图示

（引自 Bonnin R A，Potron A，Poirel L，et al. Antimicrob Agents Chemother，2011，55：2424-2427）

各个基因及其转录方向由水平箭头提示。59-be 元件由一个黑色圆点提示。

ISCR1 的复制起始 oriIS 和终止 terIS 被一个灰色圆圈提示。AbAYE，鲍曼不动杆菌 AYE

嗜糖气单胞菌环境分离株的染色体上被检测到，它与 PER-2 具有 92％的氨基酸同一性。PER-6 的鉴定和评价或许为 PER 酶的家族起源和进化提供一些线索。关于 PER 家族的其他成员人们知之甚少。PER-3 和 PER-4 与 PER-1 密切相关，分享 99％氨基酸同一性，而 PER-5 与其他变异体值分享 76.9％～88.3％的氨基酸同一性。在序列同一性上的这个 12％～13％的差异可能代表了 PER 家族内的一个新的亚簇。bla_{PER-3} 基因已经被发现与一个 ISCR1 元件有关联，后者位于一个复杂的 1 类整合子中（In39），它来自豚鼠气单胞菌菌株。bla_{PER-3} 基因的位置与其他 ISCR 相关的耐药基因（包括 bla_{PER-4} 和 bla_{PER-5} 基因）的位置是等同的，后两者分别在普通变形杆菌和鲍曼不动杆菌菌株中被检测到。

四、PER 型 ESBL 的流行病学

与 OXA 型 ESBL 一样，PER 型 ESBL 也是首先在土耳其被发现。因此，PER 型 ESBL 最流行的国家也是土耳其，当然，一些南欧国家如意大利和希腊以及法国也有一定的流行。在亚洲国家中，韩国和日本都有一些报告，但韩国的流行程度似乎在亚洲是最高的，特别是产 PER-1 的鲍曼不动杆菌。PER-2 的散播没有超出南美，而且主要集中在阿根廷。

1. 土耳其

PER-1 最初是在铜绿假单胞菌中被发现，但在 20 世纪 90 年代中期，它就已经在肠杆菌科细菌的各个成员和鲍曼不动杆菌中被发现，包括肠炎沙门菌鼠伤寒血清型和普通变形杆菌，这些细菌分离

株均来自土耳其。早在 1996 年，在土耳其的一项调查结果显示，46％的不动杆菌菌种医院分离株具有 PER-1 型 β-内酰胺酶。从 1999 年 2 月到 2000 年 2 月，一共有 49 个铜绿假单胞菌临床分离株从入住在土耳其伊斯坦布尔医院 ICU 的患者中被分离获得，它们都显示多药耐药，包括针对头孢他啶的耐药。PCR 分析结果显示，在这些头孢他啶耐药铜绿假单胞菌分离株中，PER-1 基因在 86％（42/49）的菌株中被鉴定出，其中，48％（20/42）分离株也携带有 OXA-10 样基因。这些结果提示，在土耳其，在头孢他啶耐药铜绿假单胞菌分离株中，PER-1 和 OXA-10 样 β-内酰胺酶的流行仍然是高的。在 2003 年 4 月到 6 月，在土耳其的 7 所大学教学医院被要求收集连续的和非重复的铜绿假单胞菌和不动杆菌菌种临床分离株，这项研究一共收集到 176 个临床分离株，其中铜绿假单胞菌 92 个，不动杆菌菌种 84 个。所有这些菌株表现出对头孢他啶耐药。PCR 筛选证实，分别有 31％和 55.4％的不动杆菌菌种和铜绿假单胞菌产生 PER-1。由此可见，至少在土耳其，PER-1 仍然是抗感染治疗的一个严重威胁。在 1994 年，产 PER-1 沙门菌属在土耳其的伊斯坦布尔从 4 名新生儿脑膜炎的脑脊液中被分离出，其中 3 个孩子最后死亡。所有 4 名新生儿在为期 4 个月的时间里都出生在同一所医院中，这就指出一个产一种 ESBL 的鼠伤寒沙门菌分离株在医院的医务工作者中的胃肠道携带的一个可能性。有趣的是，这些作者通过在伊斯坦布尔的一些大学医院的一个电话调研发现了另一个产 ESBL 沙门菌属分离株，它相继被显示也是一个 PER-1 产生菌株。这第二所医院在土耳其博斯布鲁斯海峡的另一面，并且在这些病例之间的联系还没有被证实。编码 PER-1 的一个共同质粒在众多肠炎沙门菌鼠伤寒血清型的院内分离株中被发现，这就建议这些菌株在医院内获得了耐药质粒。

2. 意大利

在 1998 年 11 月 3 日，一个多药耐药的粪产碱菌临床分离株（FL-424/98）从一名因交通事故而入住在意大利北部一所医院的患者尿液中被分离获得。研究证实，该分离株对广谱头孢菌素类和氨曲南耐药并且克拉维酸恢复广谱头孢菌素类的活性，这就建议该分离株产生了一种 ESBL。测序结果证实这种 ESBL 是 PER-1。以前，PER-1 已经在铜绿假单胞菌、鲍曼不动杆菌和沙门菌种中被鉴定出，这是第一次在粪产碱菌中被鉴定出，后者属于常驻的人微生物菌丛的一部分，这就意味着编码 PER-1 的基因能在常驻微生物菌丛的成员中传播。奇异变形杆菌是尿道感染第二常见的病原菌，也是

引起院内感染的一种重要致病菌。在 21 世纪初，在意大利北部的一所医院中开展了一项调研。一共有 282 个连续的和非重复的奇异变形杆菌分离株在为期一年的时间被收集。147 个分离株（52％）产生 β-内酰胺酶，其中有 70 个分离株（占 48％）被发现产生 ESBL PER-1（52 个分离株）和 TEM-52（18 个分离株）。这也是第一次报告在奇异变形杆菌中鉴定出 PER-1。从 1995—2000 年，一共有 44 个非重复的铜绿假单胞菌临床分离株从 6 所意大利医院中被分离获得，这些分离株都对超广谱头孢菌素类（如头孢他啶和头孢吡肟）以及氨曲南耐药。其中有 20 个分离株是在位于米兰及其周边地区的 5 所医院中被分离出，这些分离株与 9 次独立的感染暴发有关联，并且被发现携带一种获得性 bla_{PER-1} 基因。这些 bla_{PER-1} 基因是不可转移的，它们似乎位于染色体上。目前的发现提示，产生 PER-1 的多药耐药铜绿假单胞菌克隆在意大利北部处于地方流行状态，这些克隆自从 1995 年以来一直在这一地区循环并且已经造成了一些院内感染暴发。此外，一个产生 PER-1 和碳青霉烯酶 VIM-2 的铜绿假单胞菌菌株已经在意大利被检测到。这个产酶组合赋予细菌对实际上所有的 β-内酰胺类抗生素耐药。

3. 法国

Poirel 等于 1999 年报告，一个鲍曼不动杆菌菌株（Ama-1）从一名入住在法国一所医院 ICU 的 90 岁女性患者直肠拭子中被分离获得。PCR 分析证实了该菌株产生 PER-1。据我们所知，这名女性患者还从未去过土耳其，也从未与土耳其患者或到土耳其旅行过的人接触过。同病房的其他 16 名患者的直肠拭子中也未检测到 PER-1。这是在土耳其之外在不动杆菌菌种中检测到 PER-1 的第一个报告。2002 年在一所法国大学医院中开展的一项产 ESBL 肠杆菌科细菌的普查和 2005 年在西班牙的普查揭示出在肠道细菌中的 PER-1 存在，如斯氏普罗威登斯菌和奇异变形杆菌。从 2003 年 12 月到 2005 年 3 月，靠近法国边界的 3 所医院和位于布鲁塞尔地区的 1 家医院一共收集到 8 个鲍曼不动杆菌分离株，它们与法国的流行克隆相似。PCR 结果证实，6 个分离株是 VEB-1 阳性，2 个分离株 PER-1 阳性。这项研究工作说明，产 VEB-1 鲍曼不动杆菌分离株的国家间传播，以及产 PER-1 鲍曼不动杆菌在比利时的首次出现。

后来，产 PER-1 细菌已经陆续在俄罗斯和罗马尼亚被鉴定出。在西班牙，在 2005 年第一次报告 PER-1 出现在一个奇异变形杆菌粪便菌株中。

4. 韩国和日本

2001 年和 2002 年，在韩国，一共有 97 个不

动杆菌菌种分离株主要在 ICU 患者中被分离获得，其中有 53 个分离株产生 PER-1。脉冲场凝胶电泳（PFGE）分析建议已经发生了克隆传播。然而，bla_{PER-1} 在 101 个连续的或在 181 个头孢他啶不敏感的铜绿假单胞菌分离株中未被检测到。韩国与欧洲或土耳其相距遥远，而且只是在不动杆菌菌种中被检测到，这多少让人觉得有些不可思议。但有一点可以确定，那就是在东亚国家中，韩国是 PER-1 流行的一个中心。

2002 年，在日本，有 4 个铜绿假单胞菌临床分离株被分离获得，它们对头孢他啶、头孢吡肟和氨曲南耐药（MIC 64μg/mL 或更高），这种耐药可被克拉维酸逆转。研究证实，这种耐药是由 PER-1 介导，这是 PER-1 在日本的第一次报告。

5. 阿根廷

1996 年，在阿根廷，PER-2 在肠炎沙门菌鼠伤寒血清型菌株中被发现，并且相继在其他革兰阴性菌中被发现，包括肠炎沙门菌塞弗藤伯格血清型、肺炎克雷伯菌、产气肠杆菌、阴沟肠杆菌、霍乱弧菌和鲍曼不动杆菌。PER-2 已经在阿根廷、乌拉圭和玻利维亚被报告。迄今为止，PER-2 还只是在南美被报告。有研究证实，在来自阿根廷的肺炎克雷伯菌和大肠埃希菌分离株中，分别有 10% 和 5% 的氧亚氨基头孢菌素类耐药是由 PER-2 介导。

第三节　VEB 型 ESBL

一、VEB 型 ESBL 的发现、细菌分布和生化特性

在 1996 年，一个大肠埃希菌临床分离株 MG-1 从一名 4 个月大的越南籍男婴分离获得，该男婴是在法国住院。Poirel 等于 1999 年报告了该分离株的相关研究结果。大肠埃希菌临床分离株 MG-1 针对广谱头孢菌素类和氨曲南耐药，这种耐药被克拉维酸逆转，耐药系由一种全新的 β-内酰胺酶介导。研究者将这种 β-内酰胺酶命名为越南超广谱 β-内酰胺酶（Vietnamese extended-spectrum β-lactamase，VEB-1）。显而易见，在大肠埃希菌 MG-1 中，VEB-1 是一种获得性 ESBL，它一定是在某一时间点上，从某一不明细菌起源处被动员到质粒上来。后来，VEB-1 也在肠杆菌科细菌菌种以及非发酵细菌中被发现，如铜绿假单胞菌、肺炎克雷伯菌、鲍曼不动杆菌、奇异变形杆菌、阴沟肠杆菌、弗氏柠檬酸杆菌、斯氏普罗维登斯菌、阪崎肠杆菌和木糖氧化产碱菌等。基因分型分析显示，产 VEB-1 鲍曼不动杆菌属于鲍曼不动杆菌的两个较

大的克隆复合物之一，被称作国际克隆 1（world-wide clone 1）。这一克隆表达 VEB-1，它造成过一次在法国医院的大型感染暴发。

蛋白序列分析显示，VEB-1 与其他 β-内酰胺酶具有非常低水平的同源性。它与大多数已知的 A 类酶具有小于 20% 的氨基酸同一性。氨基酸同一性的最高的百分比是与 PER-1 和 PER-2 的 38%。此外，VEB-1 与在类杆菌菌中被发现的 cblA 和 cepA 分享有意义的氨基酸序列同一性。目前，一些 VEB-1 样的 β-内酰胺酶已经被鉴定出。它们是 VEB-1a 和 VEB-1b 以及 VEB-2～VEB-7。所有这些都是 VEB-1 较次要的变异体，它们分享相似的氨基酸同一性。因此，VEB-1 样 ESBL 的水解活性（文献中缺乏 VEB-7 的动力学资料）被预测与 VEB-1 β-内酰胺酶的水解活性完全一样。VEB-1 赋予对氨基-、羧基-和酰脲类青霉素以及头孢他啶、头孢噻肟和氨曲南的高水平耐药，但几乎不损害碳青霉烯类和头霉素类。VEB-1 的水解活性被克拉维酸、舒巴坦和他唑巴坦抑制，并且也被拉氧头孢、亚胺培南和头孢西丁抑制。

二、VEB 型 ESBL 的遗传学支持

在首次发现 VEB 之时，Poirel 等就对 bla_{VEB-1} 的遗传环境进行了深入分析，证实了 bla_{VEB-1} 基因带有基因盒的一些特征：①与 bla_{VEB-1} 有关联的一个 59-be 的存在；②就在 bla_{VEB-1} 上游存在着第二个 59-be，表明存在基因盒阵列，可能属于 aacA1-orfG 基因盒；③在 bla_{VEB-1} 基因的两侧存在着两个核心位点（GTTRRRY）；④bla_{VEB-1} 的 3′ 末端有第二个抗生素耐药基因 aadB。因此，bla_{VEB-1} 是以基因盒的形式存在，而这个基因盒本身可能位于一个 1 类整合子上，如同磺胺耐药可能提示的那样。进一步的研究提示，携带有 bla_{VEB-1} 的整合子位于一个大的可转移质粒（＞100kb）上，而这个质粒被发现存在于一个肺炎克雷伯菌分离株 MG-2 中，后者是同时在同一名患者中被分离获得，从而提示了一种水平基因转移。bla_{VEB-1} 基因定位在一个可转移质粒上决定了在其他菌种中传播的威胁。在 ESBL 中，编码基因以基因盒形式存在的并不多，bla_{VEB-1} 和 bla_{GES-1} 基因盒是那些作为一个 1 类整合子的一部分的唯一的两个 A 类 ESBL 基因盒。bla_{VEB-1} 基因是真正的第一个作为基因盒在 1 类整合子中被鉴定出的 ESBL 基因。VEB-1 基因盒具有完全的核位点和反向核位点，也具有一个 133bp 长的 59-be 重组位点。携带有 bla_{VEB-1} 基因盒的整合子 In53 一共携带有 8 个基因盒的一个不同寻常的阵列，它们分别编码针对其他抗菌药物的耐药决定子，包括编码 OXA-10 β-内酰胺酶、一些

氨基糖苷耐药标志物、利福平 ADP 核糖基转移酶、氯霉素耐药标志物和一个特指的针对季铵类化合物耐药的基因。In53 在质粒上被携带，并且作为复合转座子结构 Tn2000 的一部分被鉴定出。Tn2000 作为复合转座子不同寻常，该转座子两个末端的侧翼各有一个 IS26 元件，而这两个 IS26 夹括的不单单是一个耐药基因，而是一个完整的整合子 In53。在 Tn2000 的两个末端，靶位位点的一个 8bp 重复是转座过程的标志。因此，In53 被一个由 IS26 构成的复合转座子动员，而不是位于一个基于 Tn402 的有缺陷的转座子上。然而，在铜绿假单胞菌中，bla_{VEB-1} 基因大多与 IS1999 有关联，并且极少与额外的 IS2000 元件有关联，而在肠杆菌科细菌中，IS1999 只是非常罕见地与 bla_{VEB-1} 基因有关联。在铜绿假单胞菌中，在 IS1999 和 P_{ant} 启动子之间的关联性增加 bla_{VEB-1a} 的表达高达 60%，但在大肠埃希菌则并非如此。在 β-内酰胺酶表达上的一个增加或许将细菌从敏感被改变成中介或耐药。通过分析来自全球各个菌种的 bla_{VEB-1} 基因得知，编码这个 ESBL 的基因存在于各种各样的 1 类整合子结构上。然而，支撑这些整合子的遗传移动性的特征尚未被研究，除了一个鲍曼不动杆菌菌株。在这个鲍曼不动杆菌菌株，含有 bla_{VEB-1} 基因的整合子结构在其 3′末端是与一个 sul1 型整合子结构有关联，后者含有一个 ISCR1 元件，它是一个 dfrX 甲氧苄啶耐药基因获得的起源。值得注意的是，那个总体结构不是一个 Tn402 样或 Tn2000 样转座子的一部分，而是当时就已经与其他转座子和操纵子一起整合到鲍曼不动杆菌菌株的染色体中。

Naas 等于 2004 年报告，在一名入住在一家印度新德里医院的患者中分离出的一个铜绿假单胞菌临床菌株对超广谱头孢菌素类、亚胺培南和氨曲南耐药。一个 bla_{VEB-1} 样基因被鉴定出，该基因被命名为 bla_{VEB-1a}，它编码 ESBL VEB-1a。该基因的遗传环境具有如下特征：①根本没有 5′保守序列（5′-CS）存在于这个 β-内酰胺酶基因的上游，而 bla_{VEB-1} 样基因通常与 1 类整合子有关联；②bla_{VEB-1a} 以一种直接重复的形式被插入两个被截短的 3′-CS 区域之间；③4 个 135bp 重复的 DNA 序列位于 bla_{VEB-1a} 基因的每一侧。bla_{VEB-1a} 基因的表达被一个位于这些重复序列之内的强启动子驱动。在上述情况下，bla_{VEB-1a} 基因不是一个典型的 1 类整合子结构的一部分，取而代之的是，bla_{VEB-1a} 基因的两翼是完全一样的 135bp 序列，被称作重复元件（repeated element，Re），它们被 1 类整合子的两个被截短的 3′保守序列以直接重复的方式夹括起来。这些 Re 结构携带着一个强启动子，它驱动位于下游的 bla_{VEB-1a} 基因的表达。这是一个全新的发现，因为大多数 ESBL 基因已经被报告与或是转座子或是整合子有关联，但总是具有一个单一类型的遗传媒介。近来，一个相似的结构在来自阿尔及利亚的斯氏普罗威登斯菌种中被发现。一个相似的结构在不同大陆上的发现建议，这些 Re 元件或许是广泛存在的，并且 bla_{VEB-1a} 基因或许经过不同的遗传元件散播。

综上所述，bla_{VEB-1} 基因的周围环境很复杂，富于多样性，这就意味着 bla_{VEB-1} 基因动员和散播的复杂性。在涉及耐药基因转移上，细菌拥有多重手段、多种遗传学工具，这一点已经一而再再而三地证实。此外，质粒介导的喹诺酮耐药决定子 qnrA 与 bla_{VEB-1} 基因的一个常见的关联已经在来自法国、土耳其、泰国和加拿大的肠道细菌分离株中鉴定出。这个关联性或许部分地解释在产 VEB-1 β-内酰胺酶的分离株中对喹诺酮类和拓展谱头孢菌素类常见的复合耐药。

三、VEB 型 ESBL 的流行病学

流行病学分析提示，bla_{VEB-1} 基因已经在各种肠道细菌菌种中传播，其散播并非由于一个单一菌株或一个单一质粒类型所介导。大多数 bla_{VEB-1} 基因阳性的分离株都具有一个可自身接合的质粒。已经提示，bla_{VEB-1} 基因的传播是由于不同的质粒和 1 类整合子的转移，并且极少是由于克隆相关的菌株的转移。总体来说，VEB-1 的流行还不是全球性的，主要在一些亚洲国家和欧洲国家散播。

VEB-1 β-内酰胺酶在东南亚一些国家广泛存在。在 VEB-1 最初被发现之后，bla_{VEB-1} 基因在来自泰国的 2 个铜绿假单胞菌分离株中被检测到，bla_{VEB-1} 基因是位于染色体和整合了上的。在泰国和越南的一些流行病学调查已经强调了 VEB-1 的广泛分布。在这些国家，分别有高达 40% 和 80% 的头孢他啶耐药的肠杆菌科细菌和铜绿假单胞菌分离株是 bla_{VEB-1} 基因阳性的。Girlich 等于 2002 年报告了他们的回归性研究，研究结果显示，1993 年在泰国的一所大学教学医院内，头孢他啶耐药的铜绿假单胞菌（占铜绿假单胞菌分离株总数的 24%）的 β-内酰胺酶基因内容物和流行病学被研究。在 33 个非重复的临床分离株中，有 31 个分离株产生一种 VEB-1 样 ESBL，并且其活性被克拉维酸抑制。这些分离株属于不同的脉冲场凝胶电泳（PFGE）类型和亚型。在 1 个分离株中，bla_{VEB-1} 样基因位于质粒上。这些 bla_{VEB-1} 样基因作为一个基因盒出现在 1 类整合子上，这些整合子在大小和结构上彼此不同。在大多数情况下，veb-1 基因盒与一个 arr-2 基因盒（利福平耐药）、氨基糖苷耐

表 22-4　编码各种 ESBL 结构基因的检测

菌株（分离株的数量）	含有如下 β-内酰胺酶菌株的数量（%）			
	bla_{CTX-M} 样	bla_{VEB-1} 样	bla_{TEM} 样	bla_{SHV} 样
大肠埃希菌（32）	6	6	27	14
奇异变形杆菌（10）	0	6	10	0
肺炎克雷伯菌（13）	8	2	5	7
总数（55）	14（25.5）	14（25.5）	42（76.3）	21（38.1）

注：引自 Cao V，Lambert T，Nhu D Q，et al. Antimicrob Agents Chemother，2002，46：3739-3743。

药基因盒以及一个编码一种窄谱苯唑西林型 β-内酰胺酶的 oxa-10 样基因盒都有关联。本研究提示，VEB 型 ESBL 或许在铜绿假单胞菌中处于流行状态，并且说明整合子是这些酶传播的高效媒介。

在 2000 年 9 月到 2001 年 9 月，在越南胡志明市的 7 所医院，一共收集到 730 个大肠埃希菌，438 个肺炎克雷伯菌和 141 个奇异变形杆菌。PCR 证实，55 个菌株产生 ESBL（32 个大肠埃希菌，13 个肺炎克雷伯菌和 10 个奇异变形杆菌分离株）。编码 VEB-1、CTX-M 型、SHV 型和 TEM 型酶的结构基因被检测到（表 22-4）。

从 2002 年 11 月到 2003 年 2 月为期 4 个月的时间，27 个头孢他啶耐药或头孢噻肟耐药的非重复阴沟肠杆菌分离株从入住在中国上海华山医院的 27 名患者中被收集。PCR 在 27 个分离株中的 23 个分离株中检测到 ESBL。CTX-M-3 是最流行的 ESBL。12 个克隆相关的阴沟肠杆菌分离株具有一个全新的 bla_{VEB} 型 β-内酰胺酶 VEB-3。bla_{VEB-3} 被染色体编码并且位于一个整合子上。12 个分离株中没有 1 个分离株既藏匿着 bla_{VEB-3} 也藏匿着 $bla_{CTX-M-3}$ 样 ESBL。

从 2002 年 10 月到 2003 年 8 月，12 个非重复的多药耐药奇异变形杆菌临床分离株在韩国首尔被收集。所有分离株都产生 1 种 ESBL，并且显示出广谱头孢菌素类和克拉维酸之间的明显的协同作用。PCR 和测序结果证实，这些分离株都含有编码 bla_{VEB-1} 基因。由 bla_{VEB-1} 基因介导的耐药不能通过接合被转移。这是产 VEB-1 肠杆菌科细菌在韩国的第一个报告。

VEB-1 β-内酰胺酶也已经从世界的其他地方被报告，包括法国、比利时、英国、保加利亚、印度、伊朗、科威特、加拿大、阿根廷和阿尔及利亚等。

Poirel 等于 2003 年报告，12 个克隆相关和多药耐药鲍曼不动杆菌分离株在法国住院的 12 名患者中被收集，它们产生一种克拉维酸抑制的 ESBL，PCR 和测序确定这种 ESBL 是 VEB-1。这是 VEB-1 在不动杆菌菌种中第一次被鉴定出。编码基因位于鲍曼不动杆菌的染色体上，并且是一个 1 类整合子的一部分，与以前来自泰国的铜绿假单胞菌中被鉴定出的 1 类整合子完全一样。这也是第

一次描述产 VEB-1 鲍曼不动杆菌菌株造成感染暴发的第一次描述。在法国，2003—2004 年，一个全国性的暴发出现，这次暴发是由产 VEB-1 β-内酰胺酶的克隆相关的鲍曼不动杆菌分离株所引起，被影响的是 ICU 和内科病房。医院之间的传播与患者转院有关联。产 VEB-1 鲍曼不动杆菌分离株在国家之间的传播业已经被说明。在比利时，从 2003 年 12 月到 2005 年 3 月，靠近法国边界的 3 所医院和在布鲁塞尔地区的 1 所医院报告了 6 个 VEB-1 阳性鲍曼不动杆菌分离株，与一个法国流行的克隆是一致的。限制使用广谱抗生素和严格的卫生措施对于防止产 ESBL 分离株传播是非常重要的手段。从 2003 年到 2007 年，一共有 1338 个假单胞菌菌种被提交到英国抗生素耐药检测及参考实验室（ARMRL），经检测，其中有 49 个分离株（3.7%）被认为是潜在的 ESBL 产生菌株。bla_{VEB} 等位基因在 32 个铜绿假单胞菌分离株中被检测到，这些分离株来自 12 所英国的医院和 1 所印度医院。

2009 年，在法国巴黎进行过一次环境调查，调查的水样本来自塞纳河。在这次调查中，对头孢他啶耐药的环境气单胞菌菌种分离株被收集。PCR 和克隆实验被用来鉴定编码 ESBL 基因。克拉维酸抑制的 ESBL 基因在 71% 的气单胞菌菌种分离株中被鉴定出。各种 ESBL 基因被检测到，包括 bla_{VEB-1a}、bla_{SHV-12}、bla_{PER-1}、bla_{PER-6}、bla_{TLA-2} 和 bla_{GES-7}，这就建议这些 ESBL 基因的一个水生储池。况且，重复元件（Re）和不同的插入序列被鉴定出分别与 bla_{PER-6} 和 bla_{VEB-1a} 有关联，这就提示动员事件的一个广的多样性，气单胞菌菌种成为 ESBL 散播的一个媒介。在气单胞菌菌种中，一次性鉴定出如此多样性的 ESBL 基因还是让人有些始料不及的，这些菌种被认为具有固有的 Ambler A 类、C 类和 D 类 β-内酰胺酶基因。由此人们不禁要问：为什么气单胞菌菌种会经常是那些抗生素耐药决定子的宿主呢？水生的地点可能是解释的一部分，因为水环境非常易于受到人类活动的影响。除了 bla_{SHV-12} 基因以外，其他 ESBL 基因都属于少见的 ESBL 基因。bla_{TLA-2} 基因已经在质粒 pRSB101 上被鉴定出，后者已经从德国的废水处理厂中被恢复。

2006 年，Pasteran 等报告了 VEB-1 在南美阿根廷的首次出现，产生细菌是鲍曼不动杆菌。在此之前，人们已经在阿根廷的 4 个省鉴定出 11 个产 PER-2 的分离株，但在全国范围内均未发现 VEB-1 的产生。

第四节 GES 型 ESBL

GES 型 ESBL 与其他 ESBL 家族至少有 2 点不同：第一，这一 β-内酰胺酶家族不仅含有 ESBL 成员，还包含一些 A 类碳青霉烯酶成员，如 GES-2 等。在后面章节中，GES 型碳青霉烯酶会被专门讨论，因此在这一节中，我们主要介绍 GES 型 ESBL。第二，在 1999 年 1 月，人们在希腊北部城市塞萨洛尼基的一个阴沟肠杆菌临床分离株 HT9 中鉴定出一种全新的 β-内酰胺酶，被命名为源于整合子的头孢菌素酶（Integron-borne cephalosporinase，IBC-1）。在 1998 年，IBC-1 的一个突变体衍生物 IBC-2 在来自希腊的铜绿假单胞菌中被发现，两者彼此相差 1 个氨基酸置换，赖氨酸 104→谷氨酸。后来，在 β-内酰胺酶研究领域久负盛名的两位大家 Poirel 和 Nordmann 通过研究提出，在希腊发现的 IBC-1 和 IBC-2 酶也是 GES 的点突变衍生物，IBC-1 和 IBC-2 应该被重新命名为 GES-7 和 GES-8。至此，原来的两种 ESBL 家族被归属于同一类。

一、GES 型 ESBL 的发现和进化

肺炎克雷伯菌 ORI-1 在 1998 年在法国从一个 1 个月大的女婴的直肠拭子中被分离出，她以前曾在法属圭亚那卡宴市医院住院。该菌株藏匿有一个大约 140kb 的非转移质粒 pTK1，它赋予一种超广谱头孢菌素耐药轮廓，加入克拉维酸、他唑巴坦和亚胺培南可拮抗这种作用。研究证实，这一耐药表型是由一种全新的 β-内酰胺酶介导。在 2000 年，Poirel 等将这种 β-内酰胺酶命名为圭亚那超广谱 β-内酰胺酶（Guiana extended-spectrum β-lactamase，GES-1）。GES-1 是另一种不常见的 ESBL 酶，它与任何其他质粒介导的 β-内酰胺酶的关系并不密切，但却显示与来自奇异变形杆菌的一种羧苄西林酶具有 36% 的同源性。

铜绿假单胞菌 GW-1 在 2000 年在南非从一名 38 岁女性肺炎患者的血液培养物中被分离获得。它产生一种 GES-1 突变体衍生物 GES-2。值得提及的是，GES-2 的底物谱拓展到将亚胺培南包括在内。GES-2 是一个典型的质粒编码的 A 类碳青霉烯酶，我们将在后面的章节中介绍。

2002 年，在日本的一所医院的新生儿 ICU 中，一个肺炎克雷伯菌临床分离株 KG525 被分离获得，

它显示出对广谱头孢菌素类高水平耐药。克隆和测序分析揭示出一个全新的 ESBL，称作 GES-3，它与 GES-1 彼此相差 2 个氨基酸置换，即甲硫氨酸 62→苏氨酸和谷氨酸 104→赖氨酸。GES-3 负责 KG525 及其转移接合子的耐药。bla_{GES-3} 作为基因盒位于一个 1 类整合子中，后者也含有一个 $aacA1-orfG$ 融合基因盒和一个独特的基因盒。GES-4 也是在日本首先被鉴定出，但与 GES-2 一样，GES-4 也是一种 A 类碳青霉烯酶。GES-5、GES-6、GES-7 和 GES-8 都是在希腊被首先发现。GES-5 和 GES-6 也都是 A 类碳青霉烯酶。已如前述，GES-7 和 GES-8 也就是 IBC-1 和 IBC-2，它们都是在 20 世纪 90 年代末期在希腊被鉴定出，产酶细菌分别是阴沟肠杆菌和铜绿假单胞菌。GES-7 是一个全新的 A 类酶，水解头孢他啶和头孢噻肟并且被他唑巴坦抑制。GES-7 也从气单胞菌属菌种的环境分离株中被发现，这些分离株来自法国塞纳河，它是和 PER-1 样以及 VEB-1 样一起被鉴定出。GES-8 也是 A 类 GES 型碳青霉烯酶。

2004 年 3 月，一个铜绿假单胞菌菌株 DEJ 从一名在法国住院患者的直肠拭子中被分离出，该名患者没有国外旅行史。该菌株对几乎所有 β-内酰胺类抗生素耐药，包括氨曲南，只有亚胺培南、哌拉西林、黏菌素和磷霉素除外。在氨曲南和克拉维酸之间的一个协同试验证实一种 ESBL 的产生。测序分析揭示出一种全新的 GES 型 ESBL——GES-9。GES-9 与 GES-1 彼此只是相差一个氨基酸置换甘氨酸 243→丝氨酸。GES-9 的水解活性被克拉维酸和亚胺培南抑制。bla_{GES-9} 基因位于一个 1 类整合子结构内，后者含有一个全新插入序列（属于 IS1111 家族）的两个拷贝。2008 年，在法国，一个鲍曼不动杆菌 BM4674 从一名住院患者中被分离获得，它对所有的 β-内酰胺类抗生素耐药，同时也降低了针对亚胺培南（MIC 为 4μg/mL）和美罗培南（MIC 为 8μg/mL）的敏感性。在头孢噻肟和克拉维酸之间的协同性被观察到，这就意味着该菌株产生了一种 ESBL。测序证实，这种 ESBL 是一种全新的 GES 型 ESBL，称作 GES-11，它和 GES-1 β-内酰胺酶彼此只是相差一个氨基酸置换即甘氨酸 234→丙氨酸。在 GES-1，在这一位置上甘氨酸的置换与增加针对氨曲南的水解活性有关联，这种现象在 GES-9 上也被观察到。bla_{GES-11} 基因也在一个 1 类整合子上被携带。除了报告 GES-11 这个全新的 GES 变异体以外，这也是鲍曼不动杆菌产生 GES 型 β-内酰胺酶的第一个报告。

在 2008 年 1 月到 2009 年 12 月期间，125 个多药耐药鲍曼不动杆菌分离株从比利时的 18 所医院被分离获得。9 个 GES 阳性鲍曼不动杆菌分离株

在 6 所医院中被检测到。*bla*_{GES} 基因的 DNA 测序鉴定出 GES-11、GES-12 和一个全新的 GES-14，后者与 GES-11 彼此只是相差一个单一氨基酸置换即甘氨酸 170→丝氨酸。Bonnin 等于 2011 年报告，鲍曼不动杆菌分离株 AP 从一名在法国巴黎住院患者的支气管灌洗液中被分离出，它对包括碳青霉烯在内的所有 β-内酰胺类抗生素耐药，并且产生了 GES-14。纯化的 GES-14 的碳青霉烯酶活性被动力学研究证实，提示 GES-14 也是一种 A 类 GES 型碳青霉烯酶。

二、GES 型 ESBL 的生化特性

GES-1 具有针对青霉素类和广谱头孢菌素类的水解活性，最高的活性体现在针对头孢他啶和头孢噻肟，但不具备针对头霉素类和碳青霉烯类水解活性，然而，不像大多数 ESBL，GES-1 不水解单环 β-内酰胺类，并且被克拉维酸、他唑巴坦和亚胺培南抑制。GES-2 与 GES-1 彼此相差一个氨基酸置换，即甘氨酸 170→丝氨酸，位置 170 位于催化部

位的 Ω 环区域内，它可以额外弱水解碳青霉烯类。随后，一个甘氨酸 170→丝氨酸改变在 GES-4、GES-5 和 GES-6 中被鉴定出，这些改变导致碳青霉烯类和头霉素类水解。GES-9 与 GES-1 彼此相差一个氨基酸置换甘氨酸 243→丝氨酸。GES-9 不水解碳青霉烯类，但被显示出具有针对单环 β-内酰胺类的活性。GES-11 与 GES-1 相差两个氨基酸置换，其中一个氨基酸置换是甘氨酸 243→丝氨酸，具有针对氨曲南的活性并且已经在鲍曼不动杆菌中被鉴定出。另一个 GES 型变异体近来在鲍曼不动杆菌中被描述，它被称作 GES-14，它和 GES-1 彼此相差两个氨基酸置换，分别是甘氨酸 170→丝氨酸突变和甘氨酸 243→丙氨酸突变，前一个突变拓展了 GES-14 的底物谱，将碳青霉烯类和头霉素类包括在内，后一个突变将单环 β-内酰胺类包括在内。因此，这种两个突变的组合将所有 β-内酰胺类抗生素包含在 GES-14 的底物谱中，这样的突变组合是第一次被鉴定出。一些 GES 型酶的生化特性和水解活性见表 22-5～表 22-7。

表 22-5 与 GES 变异体水解谱相关的关键氨基酸置换

GES 变异体	位置（Amber 计数）					水解轮廓				抑制
	62	104	126	170	243	CAZ	FOX	ATM	IPM	Ac clav
GES-1	Met	Glu	Ala	Gly	Gly	+	−	−	−	S
GES-2			Asn			+	−	−	+	P
GES-3	Thr	Lys				+	−	−	−	S
GES-4	Thr	Lys		Ser		+	+	−	+	P
GES-5				Ser		+	+	−	+	P
GES-6		Lys		Ser		+	+	−	+	P
GES-7（IBC-1）		Lys				+	−	−	−	S
GES-8（IBC-2）			Leu			+	−	−	−	S
GES-9					Ser	+	−	+	−	S

注：1. 引自 Naas T，Poirel L，Nordmann P. Clin Microbiol Infect，2008，14（Suppl 1）：42-52。

2. ＋和－分别表示有水解和没有水解；P—抑制效果差；S—与 GES-1 相比较相似地抑制；Met—甲硫氨酸；Glu—谷氨酸；Ala—丙氨酸；Gly—甘氨酸；Asn—天冬酰胺；Thr—苏氨酸；Lys—赖氨酸；Ser—丝氨酸；Leu—亮氨酸；CAZ—头孢他啶；FOX—头孢西丁；ATM—氨曲南；IPM—亚胺培南；Ac clav—阿莫西林-克拉维酸。

表 22-6 GES β-内酰胺酶针对 β-内酰胺类化合物水解的催化效率

底物	催化效率，$k_{cat}/K_m/[L/(mmol \cdot s)]$			
	GES-1	GES-2	GES-3	GES-4
PEN	70	96	450	780
AMP/AMX	65	26	190	310
LOR	16	65	120	230
CTX	15	2.5	110	24
CAZ	188	ND	23	1.7
FOX	33	NH	NH	110
IMP	0.07	9	NH	81

注：1. 引自 Gniadkowski M. Clin Microbiol Infect，2008，14（Suppl. 1）：11-32。

2. ND—未确定；NH—未被水解；FOX—头孢西丁；IMP—亚胺培南。通过甘氨酸 170→谷氨酰胺置换由 GES-1 进化为 GES-2；通过甘氨酸 170→谷氨酰胺置换由 GES-3 进化为 GES-4。

表 22-7 产 GES β-内酰胺酶的细菌针对 β-内酰胺类的敏感性

β-内酰胺类	MIC/(mg/L)					
	GES-1①	GES-2②	GES-2③	GES-3④	GES-4⑤	GES-4⑥
AMX	>512	>512	>512	>128	>128	>128
AMX-CLA	>128	16	>512	32	>128	>128
PIP	64	8	8	16	64	128
PIP-TAZ	8	8	16	0.5	16	64
CTX	4	1	128	2	1	16
CAZ	128	8	16	128	64	1024
FOX	8	4	>512	8	>128	>128
IMP	0.06	0.25	16	0.13	0.25	8

①和②均由大肠埃希菌 DH10B 转化体产生;③由铜绿假单胞菌 PU21 转移接合子产生;④和⑤均由大肠埃希菌 XL1-Blue 转化体产生;⑥由肺炎克雷伯菌临床分离株产生。

注:1. 引自 Gniadkowski M. Clin Microbiol Infect,2008,14(Suppl. 1):11-32.

2. PIP-TAZ—哌拉西林-他唑巴坦。

关于头孢西丁,已经报告了矛盾的观察。GES 酶与其他 A 类 β-内酰胺酶比起来大多都具有相对高的针对头孢西丁的亲和力,一些酶能缓慢地水解头孢西丁。尽管 GES-2 与 GES-1 相比时显示出针对头孢西丁水解效力的下降,但 GES-4 比起 GES-3 来说则表现出更高的活性。在众多 β-内酰胺酶家族中,GES 家族的进化伴随着各个成员的水解轮廓发生很大的变化。虽然 GES 家族的酶成员不多,但酶的水解活性却变化不一,比如,GES-1 典型是一种 A 类超广谱 β-内酰胺酶,对广谱头孢菌素类耐药,受到各种 β-内酰胺酶抑制剂的抑制,但 GES-1 却不明显水解氨曲南。GES-2、GES-4、GES-5、GES-6、GES-8 和 GES-14 都是 GES 型碳青霉烯酶,不过是一两个氨基酸置换就能从 ESBL 突变成为碳青霉烯酶,这种现象在其他酶家族的进化中极为少见。另外,有些 GES 型变异体也显著增加对氨曲南的耐药。GES-2 是一种 A 类碳青霉烯酶,但它却被克拉维酸抑制,这与另一种 A 类碳青霉烯酶 KPC 明显不同。总之,目前 GES 型酶的成员不多,分布也有限,但这个家族酶的进化潜力不可小觑,应该受到特别的重视。

三、GES 型 ESBL 的遗传学支持

编码 GES-1 的基因被克隆并且在大肠埃希菌 DH10B 中被表达,所产生酶的 pI 为 5.8,分子量大约为 31 kDa,它赋予对氧亚氨基头孢菌素类(主要是头孢他啶)耐药。来自质粒 pT1 的一个 7098bp DNA 片段的测序揭示,GES-1 基因位于一个全新的 1 类整合子 In52 中,这是第二个被发现存在于整合子中的编码 ESBL 的基因,第一个是 VEB-1。In52 具有如下特征:①拥有一个 5′的保守片段,该片段含有一个 intI1 基因,该基因具有两个推定的启动子,P₁ 和 P₂,负责下游抗菌药物耐药基因的协同

表达,同时该片段还含有一个 attI1 重组位点;②该整合子含有 5 个抗菌药物耐药基因盒,它们分别是 bla_GES-1、aac(6′)-Ib(庆大霉素耐药和阿米卡星敏感)、dfrXVb(TMP 耐药)、一个全新的氯霉素耐药基因(cmlA4)和 aadA2(链霉素-大观霉素耐药);③拥有一个 3′片段,它由 qacEΔ1 和 sul1 组成。bla_GES-1 和 aadA2 基因盒特殊,因为它们缺乏一个典型的 59-be。编码 GES-4 整合子的结构与以前描述的 IBC-1(GES-7)整合子的结构相似。编码 GES-3 整合子十分可能在 3′保守片段被截短。编码 IBC-1 的基因被一个大的(>80kb)的可转移质粒所携带。克隆片段的核苷酸序列分析揭示出该基因是基因盒的一部分,被一个 1 类整合子携带,同时该整合子也含有其他耐药基因如 aac(6′)-Ib。bla_IBC-2(bla_GES-8)是作为一个基因盒被发现,它是一个 1 类整合子的可变区内的唯一一个基因,该整合子可能位于染色体上。

在 2007 年,巴西学者报告了 3 个铜绿假单胞菌临床分离株(PS1、PS26 和 PS37),它们都对头孢吡肟、氨曲南和头孢他啶耐药。PS26 显示出对亚胺培南降低的敏感性(MIC 为 8μg/mL),而 PS1 和 PS37 则表现出对亚胺培南耐药(MIC 分别为 24μg/mL 和 >128μg/mL)。3 个菌株都不产生金属 β-内酰胺酶,不过它们都含有整合子结构。测序结果显示 PS1 和 PS26 的整合子携带有基因盒 bla_GES-1-aacA4,PS37 含有 bla_GES-5-aacA4。奇怪的是,出现在 PS37 上的 bla_GES-5 有不同寻常的被截短的 attC,这在来自 PS1、PS26 和 In52 的 bla_GES-1 上也被发现,In52 是来自肺炎克雷伯菌(图 22-7)。

上述发现提示,bla_GES-5 在来自巴西亚马孙地区的铜绿假单胞菌上的出现可能是已经在此地区循环的 bla_GES-1 的点突变的结果,因为 bla_GES-1 基因最早就是出现在法属圭亚那,它和巴西亚马孙地

(a)　PS1 and PS26

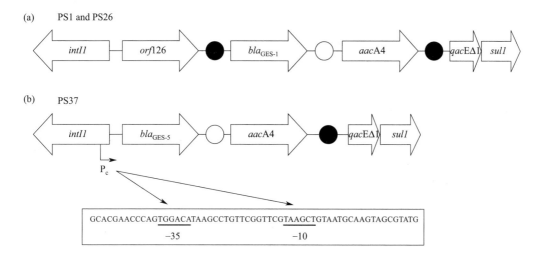

(b)　PS37

(c)　*K.pneumoniae* ORI-1 integron

GCACGAACCCAGTGGACATAAGCCTGTTCGGTTCGTAAGCTGTAATGCAAGTAGCGTATG

−35　　　　　　　　　　　　　−10

图 22-7　携带 *bla*~GES~ 基因盒的 1 类整合子的图示

(引自 da Fonseca E L, Vieira V V, Cipriano R, et al. J Antimicrob Chemother, 2007, 59: 576-577)

转录方向由箭头方向提示, 在 (a) 和 (b) 这两个 1 类整合子的 5′-CS 上被发现的弱启动子 Pc。常规的 *attC* 由黑色圆圈代表, 被截短的 *attC* 由白色圆圈代表, 这种情况是在来自 In*52* 的 *bla*~GES-1~ 上第一次被描述, 它来自肺炎克雷伯菌

区比邻。也就是说, 这个 GES-5 属于本地进化, 不是从其他大陆转移过来。近来, *bla*~GES-5~ 基因被发现与在阴沟肠杆菌临床分离株中的一个不同寻常的遗传媒介有关联, 它被称作整合子动员单位 (Integron Mobilization Unit, IMU)。这个遗传结构位于一个 288 bp 序列之内, 在两末端具有反向重复, 这些反向重复由 38bp 构成, 与以前在澳内达希瓦菌中被鉴定出的插入序列 IS*Sod9* 完全一样。*bla*~GES-5~ 基因被这个插入序列顺式动员。值得注意的是, *bla*~GES-5~ 基因被发现是作为一个基因盒被鉴定出, *int*I1 和 *qacE* 基因被 IMU 元件截短, 总体的 IMU *bla*~GES-5~-IMU 结构位于一个小型 IncQ 型质粒上。有趣的是, GES-11 和 GES-14 已经在近期在鲍曼不动杆菌中被鉴定出, 这两个基因都是在一个特殊的 1 类整合子中被鉴定出, 因为这个整合酶在 5′ 末端被截短。由于这一删除事件, *bla*~GES-14~ 基因的启动密码子就非常靠近启动子 (只有 31bp), 因而导致这一 ESBL 基因的高水平表达。*bla*~GES-14~ 基因也位于一个可接合的质粒上, 后者大小约 95kb。

四、GES 型 ESBL 的流行病学

如前所述, GES-1 首先在法国从一个肺炎克雷伯菌分离株中被鉴定出, 但"原产地"似乎是比邻南美的法属圭亚群岛。GES-1 后来也在阿根廷、巴西、葡萄牙和荷兰从肺炎克雷伯菌、铜绿假单胞菌和黏质沙雷菌中被鉴定出。GES-2 在南非从一个铜绿假单胞菌临床分离株中被发现, GES-5、GES-6、GES-7 和 GES-8 从希腊被鉴定出, GES-3 和 GES-4 在日本被发现。碳青霉烯酶 GES-5 已经在韩国、中国和巴西被报告。产 GES 变异体的革兰阴性菌的一些暴发已经被描述, 包括在韩国、葡萄牙和希腊的肺炎克雷伯菌, 在荷兰的黏质沙雷菌以及在南非的铜绿假单胞菌。

1998 年 8 月到 2000 年 6 月, 有 27 个非重复性阴沟肠杆菌临床分离株在希腊北部城市塞萨洛尼基一所医院的新生儿 ICU 患者中被分离获得。还有一些头孢他啶耐药的非重复性阴沟肠杆菌分离株在这所医院的其他各个科室中被收集。来自新生儿 ICU 的 27 个头孢他啶耐药阴沟肠杆菌分离株中的 19 个分离株具有编码 IBC-1 (GES-7) 的基因, 它们引起感染暴发。在产生 IBC-1 的 19 个阴沟肠杆菌分离株中, 有 18 个分离株藏匿有相似的接合型质粒并且属于两个截然不同的遗传学谱系。在从其他科室中获得的阴沟肠杆菌分离株中鉴定出 5 个彼此不相关的携带有 *bla*~IBC-1~ 的分离株。人们由此推测, 这个整合子相关的基因既能通过克隆传播, 也可通过基因散播而传播。

8 个铜绿假单胞菌临床菌株从 2000 年 3 月到 7 月从南非的住院患者中被分离获得。这些菌株是克隆相关的并且每一个菌株都藏匿有一个 150 kb 的接合型质粒，它携带一个 1 类整合子，后者含有编码 GES-2 的一个基因盒。当然，该整合子还含有两个其他的基因盒，它们分别编码 OXA-5 和一个氨基糖苷修饰酶 AAC（3）I-样酶。这样的铜绿假单胞菌在一所医院的传播无疑会对感染患者造成严重的，有时是致命的威胁。当然，严格意义上说，GES-2 属于 A 类碳青霉烯酶。

在 2004 年，6 个产 ESBL 肺炎克雷伯菌临床分离株在韩国一所医院的几个科室中被收集。所有分离株都对青霉素类、头孢他啶、头孢噻肟、氨曲南、妥布霉素、庆大霉素和 SMZ-TMP 耐药，对头孢吡肟敏感，并且对亚胺培南表现出减少的敏感性。研究证实，所有分离株以及它们的转移接合子对亚胺培南敏感性的降低都是由于 GES-5 的产生，它展现出可检测到的碳青霉烯酶活性。

总体来说，描述 GES 型 ESBL 所致感染暴发的报告并不多见，但这些酶的编码基因常常位于各种可移动遗传元件中，它们散播的潜力不容忽视。

第五节　其他更少见的 ESBL 家族

当然，自从 TEM/SHV 型 ESBL 被发现以来，已经有众多的 ESBL 家族被陆续鉴定出来。有些 ESBL 家族一经问世就显得不同寻常，并最终在全世界广泛散播，如 TEM 型、SHV 型以及 CTX-M 型；有些 ESBL 家族在被发现之后一直显得"中规中矩"，只是在一些国家和地区散播，还没有形成大流行的局面，如 OXA 型、VEB 型、PER 型和 GES 型；还有一些 ESBL 家族就更加少见，自从它们被鉴定出来之后，基本局限在被发现的国家和地区，临床影响也十分有限。

一、SFO 型 ESBL

SFO-1 是于 1988 年在来自日本的一个单一的阴沟肠杆菌分离株 8009 中被发现，它非常有效地水解头孢噻肟，弱水解头孢他啶以及不损害头霉素类和碳青霉烯类，其水解活性被克拉维酸和亚胺培南抑制。编码基因克隆和测序证实，该酶被推断出的氨基酸序列与居泉沙雷菌染色体酶的 AmpA 序列具有高度同源性（96%）。据此，该酶被命名为居泉沙雷菌酶（Serratia fonticola，SFO-1）。分析提示，SFO-1 是一种全新的 Ambler A 类 ESBL。从 20 世纪 90 年代发现到现在，SFO-1 并没有发生任何进化，也根本没有新的突变体衍生物被鉴定出。近来，SFO-1 在西班牙被鉴定出，它造成了一次感染暴发。

bla_{SFO-1} 基因也被称作 $ampA$，它与一个转录调节子有关联。这个特征导致这个 ESBL 基因表达的可诱导性。bla_{SFO-1} 基因的遗传环境被确定，并且围绕着 $ampR$ 和 $ampA$ 的 IS26 的两个拷贝被发现，它们显示出完整的右侧反向重复（IRR）和左侧重复（IRL）特征。bla_{SFO-1} 基因位于一个可自身转移的质粒上，该质粒也携带有 $ampR$ 调节基因，预示着 SFO-1 具有可诱导产生这一特性。亚胺培南就可诱导 SFO-1 的高水平产生。

二、TLA 型 ESBL

1991 年，一个大肠埃希菌临床分离株 R170 从墨西哥城的一个住院患者的尿液中被分离获得。多年以后，Silva 等报告了该菌株的相关研究成果。大肠埃希菌 R170 对广谱头孢菌素类、氨曲南、环丙沙星和氧氟沙星耐药，但却对阿米卡星、头孢替坦以及亚胺培南敏感。介导上述耐药的是一种全新的 Ambler A 类 ESBL，它被命名为 TLA-1（the Tlahuicas Indians，特拉胡卡斯印第安人）。TLA-1 被他唑巴坦强力抑制，并且在一个更小的程度上被克拉维酸和舒巴坦抑制。如同其他 ESBL 那样，TLA-1 几乎不损害碳青霉烯类和头霉素类。基因测序揭示出一个 906 bp 的开放阅读框，它对应的是 301 个氨基酸残基，其中包含了 A 类 β-内酰胺酶的共有基序：[70]SXXK、[130]SDN 和 [234]KTG。两年以后，TLA-1 从墨西哥的肺炎克雷伯菌一个流行克隆中被检测到。TLA-1 酶似乎在墨西哥医院的肠道细菌分离株中广泛分布。产生 TLA-1 的肺炎克雷伯菌所致的菌血症和尿道感染已经在墨西哥被报告。携带 bla_{TLA-1} 基因的质粒也同时携带有 bla_{SHV-5} 基因。不过，直到 2012 年，这个 ESBL 还没有在其他国家被发现。

bla_{TLA-1} 基因被发现被一个大的接合型质粒携带，这个质粒大小约 150 kb。该质粒的部分测序揭示出遗传学来龙去脉。bla_{TLA-1} 基因的下游是一个未知功能的酶蛋白，上游被鉴定出是一个 ISCR 样插入序列。这个插入序列被称作 ISCR20，并且被发现负责 bla_{TLA-1} 基因的表达。启动子序列由一个 -35 盒（TTGACA）和一个 -10 盒（TTAAAG）构成，它是在 ISCR20 元件的 $oriIS$ 内被鉴定出。

bla_{TLA-2} 基因是在 pRSB101 质粒的测序过程中被鉴定出，该质粒来自废水处理厂的未培养的细菌，大小 47kb，是从一个尚未鉴定的菌株中被分离获得。2008 年在德国，这个菌株从一个废水处理厂的淤泥储藏间被获得。TLA-2 与来自大肠埃希菌的 TLA-1 只是分享 51% 的氨基酸同一性。

TLA-2 针对大多数头孢菌素类具有良好的催化效力，但不水解青霉素类，并且它缺乏对 β-内酰胺抑制剂的敏感性。尽管尚无证据表明 TAL-2 扩散进入到临床环境中，但这个酶能够降解拓展谱的头孢菌素类以及被能被动员的一个质粒所编码这样的事实或许提示将来的临床相关性。bla_{TLA-2} 基因非常特殊，因为这个基因在一个 1 类整合子内被鉴定出，但令人吃惊的是，它不是作为一个基因盒被鉴定出。

三、BES 型 ESBL

1996 年，在巴西里约热内卢的一所医院中分离获得一个黏质沙雷菌 RIO-5，它展现出对氨曲南的高水平耐药（MIC 512μg/mL），以及针对头孢噻肟的耐药水平（MIC 64μg/mL）要明显高于针对头孢他啶的耐药水平（MIC 8μg/mL）。这个菌株产生一种质粒编码的 ESBL，其 pI 为 7.5，编码该酶的基因与其他质粒介导的 A 类 ESBL 的基因不相关。克拉维酸可明显地抑制这种酶的水解活性。克隆和测序揭示一个 bla 基因，它编码一种全新的 A 类 β-内酰胺酶，属于功能性 2be 组，被称为巴西超广谱 β-内酰胺酶 BES-1（Brazil extended-spectrum β-lactamase，BES-1）。该酶与 CTX-M 型 β-内酰胺酶具有 47%～48% 的同一性，后者是与之最密切相关的 ESBL，BES-1 的耐药轮廓也与 CTX-M 型 ESBL 相类似，况且，某些 CTX-M 酶的结构特征如苯丙氨酸 160、丝氨酸 237 和精氨酸 276 也在 BES-1 中被观察到。

bla_{BES-1} 基因被 IS26 的两个拷贝包夹，这如同以前在 SHV 型 β-内酰胺酶基因被发现的情况。然而，那些结构没有被靶位位点重复包夹，后者通常是转座事件的一个标志。因此，IS26-bla_{BES-1}-IS26 结构的动员可能源自一个同源重组事件。IS26 和 IS26 样插入序列为 bla_{BES-1} 基因的转录提供启动子序列，构成一个杂交启动子。尽管藏匿这个 ESBL 编码基因的质粒 pRIO5 是广宿主范围质粒，但这个质粒只是含有解离和复制基因，缺乏参与到接合和动员中的大多数辅助基因。因此，这种情况可以解释如下的事实，即 bla_{BES-1} 基因不在革兰阴性菌中传播，这与其他一些位于"成功的"质粒上的 ESBL 基因形成鲜明的对比。BES 型 ESBL 也只有一个成员，BES-1 也只是被鉴定出一次。

四、BEL 型 ESBL

bla_{BEL-1} 基因首先是于 2004 年在来自比利时的一个铜绿假单胞菌中被发现，然后在比利时的其他更多的铜绿假单胞菌分离株中被陆续鉴定出。该基因编码的这种 β-内酰胺酶是一种 A 类 ESBL，被称

作比利时超广谱 β-内酰胺酶（Belgium extended β-lactamase，BEL-1）。BEL-1 与其他 ESBL 具有弱的氨基酸同一性，但却具有相似的生化特性。BEL-1 明显地水解大多数拓展谱的头孢菌素类和氨曲南，其水解轮廓与 CTX-M 型酶相似，对头孢噻肟的水解效力高于对水解头孢他啶的水解效力。此外，BEL-1 也被克拉维酸有效地抑制，而 BEL-1 对于他唑巴坦的 IC_{50} 要高出 20 倍，这就提示他唑巴坦是 BEL-1 活性的一种差抑制剂。在 BES-1 之后，BEL-1 是表现出对他唑巴坦选择性耐药的一种 ESBL 的第二个例子。这种特性可能与在 276 位上一个丙氨酸残基取代了在 A 类 β-内酰胺酶的那个位置上通常的精氨酸残基有关。

bla_{BEL-1} 基因是一个基因盒结构的一部分，并且有一个 63bp 的 59-be 元件。bla_{BEL-1} 基因盒与三个其他的耐药基因盒一起构成了 1 类整合子 In120 的一部分，后者本身又是一个 Tn402 衍生物的一部分，一个 ISPa7 位于其 5′-末端。Poirel 等于 2005 年报告了一个铜绿假单胞菌分离株产生 BEL-1，其编码基因位于染色体上并且被镶嵌在一个含有 3 个其他基因盒的 1 类整合子中。此外，这个整合子像括号那样被夹在中间，其右端是 Tn1404 转座子序列，其左端是铜绿假单胞菌特异性的序列。有趣的是，这个整体结构的分析提示，耐药基因的获得可能通过连续的步骤已经发生过。可能的是，最初的 Tn1404 转座子结构借助 In120 的插入已经被截去末端，然后，由于一个 ISPa7 元件存在于 In120 左端（像对其他整合子已经观察到的那样）的事实，这后面的插入序列是在一个整合过程的起点，这个整合过程涉及位于其左端的序列。这个 In120-Tn1404 结构可能是质粒来源而进入这种细菌的，并且它的靶位是这种铜绿假单胞菌受体菌株的染色体。因此，获得的总机制可能与一个质粒被复合整合到染色体上相符合。仍然需要评价的是，bla_{BEL-1} 基因是否像 bla_{VEB} 和 bla_{GES} 观察到的那样，已经在革兰阴性菌特别是肠杆菌科细菌中散播。这个报告强调了在铜绿假单胞菌中 ESBL 基因的多样性，其中大多数由整合子编码，并且所有这些基因仍然来自未知的储池。我们相信，在许多情况下，环境来源的铜绿假单胞菌菌种在与肠杆菌科细菌交换那些基因前，可能从其他环境菌种捕获抗菌药物耐药基因。

一个称作 BEL-2 的变异体与 BEL-1 只是相差一个单一的氨基酸置换亮氨酸 162→苯丙氨酸。迄今为止，还没有 BEL-1 或 BEL-2 的流行病学资料，也没有感染暴发的报告。

五、PME 型 ESBL

PME-1（*P. aeruginosa* ESBL 1）是新近被鉴

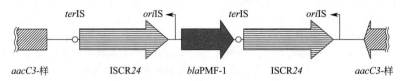

图 22-8 bla~PME-1~ 基因的遗传环境示意

（引自 Tian G B，Adams-Haduch J M，Bogdanovich T，et al. Antimicrob Agents Chemother，2011，55：2710-2713）

定出的 ESBL，并且是于 2008 年在宾夕法尼亚医院的一个铜绿假单胞菌临床分离株中被鉴定出。这个酶与关系最密切的 ESBL CTX-M-9 分享 43％的氨基酸同一性。PME-1 赋予对青霉素类、头孢他啶、氨曲南高水平耐药，在一个更低的程度上对头孢噻肟耐药，但不损害头孢吡肟和碳青霉烯类。bla~PME-1~ 基因被发现位于一个大约 9 kb 质粒上。bla~PME-1~ 基因的遗传学来龙去脉被确定，并且显示这个基因在两端被串联的和完全一样的 ISCR3/5 样元件包夹，后者称作 ISCR24（图 22-8）。

第六节 结语

绝大多数 ESBL 家族都是获得性酶，它们大多由质粒介导，然而，绝大多数 ESBL 的起源仍不清楚，CTX-M 型酶可能是个例外。很多染色体编码的 ESBL 已经在全世界被描述，并且可能的情况是，还有更多的染色体酶在将来会被发现。这些酶或许代表着潜在的威胁，因为基因捕获单位或许动员它们到质粒上，并且可能促进它们的表达和散播。一些这样的基因已经被动员，CTX-M 型酶的动员就非常成功。其他一些酶家族如 SFO-1、BES-1、BEL-1、TLA-1 和 TLA-2 还是非常罕见的并且也是在地理上是被局限的。GES 型、PER 型和 VEB 型酶家族属于"中规中矩"的酶，它们已经在一些大陆上被描述。在许多情况下，全面的流行病学普查还没有开展，并且精确的分布尚不清楚。分布的鉴定和文献报告的多寡或许更可能反映出研究团队的兴趣，而不是真正的流行情况。就 ESBL 而言，"我们只是发现了我们正在寻找的东西"大概是一种非常合适或实事求是的说法。

另一个令人担忧的方面是，一些这样的酶或许延展它们的水解谱以便包括针对碳青霉烯类的水解活性，而且这只是通过简单的点突变就可以实现，GES-2 就是这样鲜活的例子。进而，GES 变异体的点突变体衍生物的数量和它们的地理上的传播标志着在这个酶家族的一个令人担忧的持续不断的进化。

与 TEM、SHV 和 CTX-M 型酶的基因不同，大多数较次要的 ESBL 的基因被整合子携带，并且

与其他耐药基因有关（主要是氨基糖苷耐药基因），因此确保了一个多重耐药表型的复合耐药、复合表达和复合选择。进而，如 bla~VEB-1~ 基因所显示的那样，与质粒编码的利福平和喹诺酮耐药基因的一个常见的关联性或许被观察到。尽管一些较次要的 ESBL 目前非常罕见并且在地理上被限定，但它们也可以快速成为较大的担忧，特别是地区上的出现或许快速通过耐药基因的跨越大陆的转移而被放大。

参考文献

[1] Bradford P A. Extended-spectrum β-lactamases in the 21st century：characterization，epidemiology，and detection of their important resistance threat [J]. Clin Microbiol Rev，2001，14：933-951.

[2] Sturenburg E，Mack D. Extended-spectrum β-lactamases：implications for the clinical microbiology laboratory，therapy，and infection control [J]. J Infection，2003，47：273-295.

[3] Paterson D L，Bonomo R A. Extended-Spectrum β-lactamases：a Clinical Update [J]. Clin Microbiol Rev，2005，18：657-686.

[4] Naas T，Poirel L，Nordmann P. Minor extended-spectrum β-lactamases [J]. Clin Microbiol Infect，2008，14（Suppl 1）：42-52.

[5] Leonard D A，Bonomo R A，Powers R A. Class D β-lactamases：a reappraisal after five decades [J]. Acc Chem Res，2013，46：2407-2415.

[6] Gutkind G O，Di Conza J，Power P，et al. β-lactamase-mediated resistance：a biochemical，epidemiological and genetic overview [J]. Curr Pharm Des，2013，19（2）：164-208.

[7] Hujer K M，Hujer A M，Hulten E A，et al. Analysis of antibiotic resistance genes in multidrug-resistant Acinetobacter sp. Isolates from military and civilian patients treated at the Walter Army Medical Center [J]. Antimicrob Agents Chemother，2006，50：4114-4123.

[8] Lascols C，Peirano G，Hackel M，et al. Surveillance and molecular epidemiology of Klebsiella pneumoniae that produce carbapenemases：the first report of OXA-48-like enzymes in North America [J]. Antimicrob Agents Chemother，2013，57：130-136.

［9］ Fisher J F, Meroueh S O, Mobashery S. Bacterial resistance to β-lactam antibiotics: compelling opportunism, compelling opportunity ［J］. Chem Rev, 2005, 105: 395-424.

［10］ Santillana E, Beceiro A, Bou G, et al. Crystal structure of the carbapenemase OXA-24 reveals insights into the mechanism of carbapenem hydrolysis ［J］. Proc Natl Acad Sci USA, 2007, 104: 5354-5359.

［11］ Poirel L, Naas T, Nordmann P. Diversith, epidemiology, and genetics of class D β-lactamases ［J］. Antimicrob Agents Chemother, 2010, 54: 24-38.

［12］ Leonard D A, Hujer A M, Smith B A, et al. The role of OXA-1 β-lactamase Asp (66) in the stabilization of the active-site carbamate group and in substrate turnover ［J］. Biochem J, 2008, 410: 455-462.

［13］ Vercheval L, Bauvois C, di Paolo A, et al. Three factors that modulate the activity of class D β-lactamases and interfere with the post-translational carboxylation of Lys[70] ［J］. Biochem J, 2010, 432: 495-504.

［14］ Baurin S, Vercheval L, Bouellenne F, et al. Critical role of tryptophan 154 for the activity and stability of class D β-lactamases ［J］. Biochemistry, 2009, 48: 11252-11263.

［15］ Danel F, Hall L M C, Livermore D M, et al. Laboratory mutants of OXA-10 β-lactamase giving ceftazidime resistance in Pseudomonas aeruginosa ［J］. J Antimicrob Chemother, 1999, 43: 339-344.

［16］ Fournier D, Hocquet, D, Dehecq B, et al. Detection of a new extended-spectrum oxacillinase in Pseudomonas aeruginosa ［J］. J Antimicrob Chemother, 2010, 65: 364-365.

［17］ Philippon L N, Naas T, Bouthors A, et al. OXA-18, a class D clavulanic acid-inhibited extended-spectrum β-lactamase from Pesudomonas aeruginosa ［J］. Antimicrob Agents Chemother, 1997, 41: 2188-2195.

［18］ Toleman M A, Rolston K, Jones R N, et al. Molecular and biochemical characterization of OXA-45, an extended-spectrum class 2d′ β-lactamase in Pseudomonas aeruginosa ［J］. Antimicrob Agents chemother, 2003, 47: 2859-2863.

［19］ Danel F, Hall L M C, Gur D, et al. OXA-15, an extended-spectrum variant of OXA-2 β-lactamase, isolated from a Pseudomonas aeruginosa strain ［J］. Antimicrob Agents Chemother, 1997, 41: 785-790.

［20］ Danel F, Hall L M C, Gur D, et al. OXA-14, another extended-spectrum variant of OXA-10 (PSE-2) β-lactamase from Pseudomonas aeruginosa ［J］.

Antimicrob Agents Chemother, 1995, 39: 1881-1884.

［21］ Danel F, Hall L M C, Duke B, et al. OXA-17, a further extended-spectrum variant of OXA-10 β-lactamase, isolated from Pseudomonas aeruginosa ［J］. Antimicrob Agents Chemother, 1999, 43: 1362-1366.

［22］ Danel F, Hall L M C, Gur D, et al. OXA-16, a further extended-spectrum variant of OXA-10 β-lactamase, from two Pseudomonas aeruginosa isolates ［J］. Antimicrob Agents Chemother, 1998, 42: 3117-3122.

［23］ Hall L M C, Livermore D M, Gur D, et al. OXA-11, an extended-spectrum variant of OXA-10 (PSE-2) β-lactamase from Pseudomonas aeruginosa ［J］. Antimicrob Agents Chemother, 1993, 37: 1637-1644.

［24］ Mulvey M R, Boyd D A, Baker L, et al. Characterization of a Salmonella enterica serovar Agona strain harbouring a class 1 integron containing novel OXA-type β-lactamase (bla_{OXA-53}) and 6′-N-aminoglycoside acetyl-transferase genes ［aac (6′) - I30］ ［J］. J Antimicrob Chemother, 2004, 54: 345-349.

［25］ Naat T, Namdari F, Bogaerts P, et al. Genetic structure associated with bla_{OXA-18} gene, encoding a clavulanic acid-inhibited extended-spectrum oxacillinase ［J］. Antimicrob Agents Chemother, 2008, 52: 3898-3904.

［26］ Poirel L, Gerome P, De Champs C, et al. Integron-located oxa-32 gene cassette encoding an extended-spectrum variant of OXA-2 β-lactamase from Pseudomonas aeruginosa ［J］. Antimicrob Agents Chemother, 2002, 46: 566-569.

［27］ Poirel L, Girlich D, Naat T, et al. OXA-28, an extended-spectrum variant of OXA-10 β-lactamase from Pseudomonas aeroginosa and its plasmid- and integron-located gene ［J］. Antimicrob Agents Chemother, 2001, 45: 447-453.

［28］ Poirel L, Cabanne L, Vahaboglu H, et al. Genetic environment and expression of the extended-spectrum β-lactamase bla_{PER-1} gene in Gram-negative bacteria ［J］. Antimicrob Agents Chemother, 2005, 49: 1708-1713.

［29］ Nordmann P, Ronco E, Naas T, et al. Characterization of a novel extended-spectrum β-lactamase from Pseudomonas aeruginosa ［J］. Antimicrob Agents Chemother, 1993, 37: 962-969.

［30］ Bauernfeind A, Stemplinger I, Jungwirth R, et al. Characterization of β-lactamase gene bla_{PER-2}, which encodes an extended-spectrum class A β-lactamase ［J］. Antimicrob Agents Chemother,

1996, 40: 616-620.

[31] Poirel L, Naas T, Guibert M, et al. Molecular and biochemical characterization of VEB-1, a novel class A extended-spectrum β-lactamase encoded by an *Escherichia coli* integron gene [J]. Antimicrob Agents Chemother, 1999, 43: 573-581.

[32] Matsumoto Y, Inoue M. Characterization of SFO-1, a plasmid-mediated inducible class A β-lactamase from *Enterobacter cloacae* [J]. Antimicrob Agents Chemother, 1999, 43: 307-313.

[33] Poirel L, Le Thomas I, Naas T, et al. Biochemical sequence analyses of GES-1, a novel class A extended-spectrum β-lactamase, and the class 1 integron In*52* from *Klebsiella pneumoniae* [J]. Antimicrob Agents Chemother, 2000, 44: 622-632.

[34] Silva J, Aguilar C, Ayala G, et al. TLA-1, a new plasmid-mediated extended-spectrum β-lactamase from *Escherichia coli* [J]. Antimicrob Agents Chemother, 2000, 44: 997-1003.

[35] Girlich D, Naas T, Leelaporn A, et al. Nosocomial spread of the integron-located *veb-1*-like cassette encoding an extended-spectrum β-lactamase in *Pseudonmonas aeruginosa* in Thailand [J]. Clin Infect Dis, 2002, 34: 175-182.

[36] Bonnet R, Sampaio J L, Chanal C, et al. A novel class A extended-spectrum β-lactamase (BES-1) in *Serratia marcescens* isolated in Brazil [J]. Antimicrob Agents Chemother, 2002, 44: 3061-3068.

[37] Aubert D, Girlich D, Naas T, et al. Functional and structural characterization of the genetic environment of an extended-spectrum β-lactamase *bla* VEB gene from a *Psedonmonas aeruginosa* isolate obtained in India [J]. Antimicrob Agents Chemother, 2004, 48: 3284-3290.

[38] Poirel L, Brinas L, Verlinde A, et al. BEL-1, a novel clavulanic acid-inhibited extended-spectrum β-lactamase, and the class 1 integron In*120* in *Pseudomonas aeruginosa* [J]. Antimicrob Agents Chemother, 2005, 49: 3743-3748.

[39] Jiang X, Ni Y, Jiang Y, et al. Outbreak of infection caused by *Enterobacter cloacae* producing the novel VEB-3 β-lactamase in China [J]. J Clin Microbiol, 2005, 43: 826-831.

[40] Naas T, Aubert D, Lambert T, et al. Complex genetic structures with repeated elements, a *sul*-type class 1 integron, and the *bla* VEB extended-spectrum β-lactamase gene [J]. Antimicrob Agents Chemother, 2006, 50: 1745-1752.

[41] Gniadkowski M. Evolution of extended-spectrum β-lactamases by mutation [J]. Clin Microbiol Infect, 2008, 14 (Suppl. 1): 11-32.

[42] Akinci E, Vahaboglu H. Minor extended-spectrum beta-lactamases [J]. Exp Rev Antiinfect Ther, 2010, 8: 1251-1258.

[43] Wachino J, Doi Y, Yamane K, et al. Nosocomial spread of ceftazidime-resistant *Klebsiella pneumoniae* strains producing a novel class a β-lactamase, GES-3, in a neonatal intensive care unit in Japan [J]. Antimicrob Agents Chemother, 2004, 48: 1960-1967.

[44] Girlich D, Poirel L, Nordmann P. PER-6, an extended-spectrum β-lactamase from *Aeromonas allosaccharophila* [J]. Antimicrob Agents Chemother, 2010, 54 (4): 1619-1622.

[45] Lee S H, Jeong S H. Nomenclature of GES-type extended-spectrum β-lactamases [J]. Antimicrob Agents Chemother, 2005, 49: 2148-2150.

[46] Mavroidi A, Tzelepi E, Tsakris A, et al. An integron-associated β-lactamase (IBC-2) from *Pesudomonas aeruginosa* is a variant of the extended-spectrum β-lactamase IBC-1 [J]. J Antimicrob Chemother, 2001, 48: 627-630.

[47] Poirel L, Karim A, Mercat A, et al. Extended-spectrum β-lactamase-producing strain of *Acinetobacter baumannii* isolated from a patient in France [J]. J Antimicrob Chemother, 1999, 43: 157-158.

[48] Llanes C, Neuwirth C, El Garch F, et al. Genetic analysis of a multiresistant strain of *Pseudomonas aeruginosa* producing PER-1 β-lactamase [J]. Clin Microbiol Infect, 2006, 12: 270-278.

[49] Pagani L, Mantengoli E, Migliavacca R, et al. Multifocal detection of multiresistant*Pseudomonas aeruginosa* producing the PER-1 extended-spectrum β-lactamase in northern Italy [J]. J Clin Microbiol, 2004, 42: 2523-2529.

[50] Pagani L, Migliavacca R, Pallecchi L, et al. Emerging extended-spctrum β-lactamases in *Proteus mirabilis* [J]. J Clin Microbiol, 2002, 40: 1549-1552.

[51] Pereira M, Perilli M, Mantengoli E, et al. PER-1 extended-spectrum β-lactamase production in an *Alcaligenes faecalis* clinical isolate resistant to expanded-spectrum cephalosporins and monobactams from a hospital in Northern Italy [J]. Microb Drug Resis, 2000, 6: 85-90.

[52] Lee S, Park Y J, Kim M, et al. Prevalence of Ambler A and D β-lactamases among clinical isolates of *Pseudomonas aeruginosa* in Korea [J]. J Antimicrob Chemother, 2005, 56: 122-127.

[53] Nordmann P, Naas T. Sequence analysis of PER-1 extended-spectrum beta-lactamase from *Pseudomonas aeruginosa* and comparison with class A β-lactamases [J]. Antimicrob Agents Chemother,

1994，38：104-114.

[54] Tranier S, Bouthors A T, Maveyraud L, et al. The high resolution crystal structure for class A β-lactamase PER-1 reveals the bases for its increase in breadth of activity [J] . J Biol Chem, 2000, 275: 28075-28082.

[55] Kolayli F, Gacar G, Karadenizli A, et al. PER-1 is still widespread in Turkish hospitals among *Pseudomonas aeruginosa* and *Acinetobacter* spp [J] . FEMS Microbiol Lett, 2005, 249: 241-245.

[56] Aktas Z, Poirel L, Salcioglu M, et al. PER-1 and OXA-10-like β-lactamases in ceftazidime-resistant *Pseudomonas aeruginosa* isolates from intensive care unit patients in Istanbul, Turkey [J] . Clin Microbiol Infect, 2005, 11: 193-198.

[57] Miro E, Mirelis B, Navarro F, et al. Surveillance of extended-spectrum β-lactamases from clinica samples and faecal carriers in Barcelona, Spain [J]. J Antimicrob Chemother, 2005, 56: 85-90.

[58] Naas T, Bogaerts P, Bauraing C, et al. Emergence of PER and VEB extended-spectrum β-lactamases in *Acinetobacter baumannii* in Belgium [J] . J Antimicrob Chemother, 2006, 58: 178-182.

[59] Yamano Y, Nishikawa T, Fujimura T, et al. Occurrence of PER-1 producing clinical isolates of *Pseudomonas aeruginosa* in Japan and their susceptibility to doripenem [J] . J Antibiot, 2006, 59: 791-796.

[60] Lartigue M F, Foutineau N, Nordmann P. Spread of novel expanded-spectrum β-lactamases in *Enterobacteriaceae* in a university hospital in the Paris aera, France [J] . Clin Microbiol Infect, 2005, 11: 588-591.

[61] Yong D, Shin J H, Kim S, et al. High prevalence of PER-1 extended-spectrum β-lactamase-pruducing *Acinetobacter* spp. in Korea [J] . Antimicrob Agents Chemother, 2003, 47: 1749-1751.

[62] Pasteran F, Rapoport M, Petroni A, et al. Emergence of PER-2 and VEB-1a in *Acinetobacter baumannii* strains in the Americas [J] . Antimicrob Agents Chemother, 2006, 50: 3222-3224.

[63] Cao V, Lambert T, Nhu D Q, et al. Distribution of extended-spectrum β-lactamase in clinical isolates of *Enterobacteriaceae* in Vietnam [J] . Antimicrob Agents Chemother, 2002, 46: 3739-3743.

[64] Naas T, Coignard B, Carbonne A, et al. VEB-1 extended-spectrum β-lactamase-producing *Acinetobacter baumannii*, France [J] . Emerg Infect Dis, 2006, 12: 1737-1739.

[65] Kim J Y, Par Y J, Kim S I, et al. Nosocomial outbreak by *Proteus mirabilis* producing extended-spectrum β-lactamase VEB-1 in a Korean university hospital [J] . J Antimicrob Chemother, 2004, 54: 1144-1147.

[66] Poirel L, Van De Loo M, Mammeri H, et al. Association of plasmid-mediated quinolone resistance with extended-spectrum β-lactamase VEB-1 [J] . Antimicrob Agents Chemother, 2005, 49: 3091-3094.

[67] Giakkoupi P, Tzouvelekis L S, Tsakris A, et al. IBC-1, a novel integron-associated class A β-lactamase with extended-spectrum properties produced by an *Enterobacter cloacae* clinical strain [J] . Antimicrob Agents Chemother, 2000, 44: 2247-2253.

[68] da Fonseca E L, Vieira V V, Cipriano R, et al. Emergence of *bla*GES-5 in clinical colistin-only-sensitive (COS) Pseudomonas aeruginosa strain in Brazil [J] . J Antimicrob Chemother, 2007, 59: 576-577.

[69] Wachino J, Doi Y, Yamane K, et al. Molecular characterization of a cephamycin-hydrolyzing and inhibitor-resistant class A β-lactamase, GES-4, possessing a single G170S substitution in the omega-loop [J] . Antimicrob Agents Chemother, 2004, 48 (8) : 2905-2910.

[70] Poirel P, Brinas L, Fortineau N, et al. Integron-encoded GES-type extended-spectrum β-lactamase with increased activity toward aztreonam in *Pseudomonas aeruginosa* [J] . Antimicrob Agents Chemother, 2005, 49: 3593-3597.

[71] Poirel L, Wehdhagen G F, De Champs C, et al. A nosocomial outbreak of *Pseudomonas aeruginosa* isolates expressing the extended-spectrum β-lactamase GES-2 in South Africa [J] . J Antimicrob Chemother, 2002, 49: 561-565.

[72] Jeong S H, Bae I K, Kim D, et al. First outbreak of *Klebsiella pneumoniae* clinical isolates producing GES-5 and SHV-12 extended-spectrum β-lactamases in Korea [J] . Antimicrob Agents Chemother, 2005, 49: 4809-4810.

[73] Kartali G, Tzelepi E, Pournaras S, et al. Outbreak of infections caused by *Enterobacter cloacae* producing the integron-associated β-lactamase IBC-1 in a neonatal intensive care unit of a Greek hospital [J]. Antimicrob Agents Chemother, 2002, 46: 1577-1580.

[74] Vourli S, Giakkoupi P, Miriagou V, et al. Novel GES/IBC extended-spectrum β-lactamase variants with carbapenemas activity in clinical enterobacteria [J] . FEMS Microbiol Lett, 2004, 234: 209-213.

[75] Moubareck C, Bremont S, Conroy M C, et al. GES-11, a novel integron-associated GES variant in *Acinetobacter baumannii* [J] . Antimicrob Agents Chemother, 2009, 53: 3579-3581.

［76］ Tian G B，Adams-Haduch J M，Bogdanovich T，et al. PME-1，an extended-spectrum β-lactamase identified in *Pseudomonas aeruginosa*. Antimicrob Agents Chemother，2011，55：2710-2713.

［77］ Woodford N，Zhang J，Kaufmann M E，et al. Detection of *Pseudomonas aeruginosa* isolates producing VEB-type extended-spectrum β-lactamases in the United Kingdom ［J］. J Antimicrob Chemother，2008，62：1265-1268.

［78］ Bonnin R A，Potron A，Poirel L，et al. PER-7，an extended-spectrun β-lactamase with increased activity toward broad-spectrum cephalosporins in *Acinetobacter baumannii* ［J］. Antimicrob Agents Chemother，2011，55：2424-2427.

第二十三章

AmpC β-内酰胺酶概述

谈到 AmpC β-内酰胺酶，首先就要明确的是它和 Ambler C 类 β-内酰胺酶的关系，因为很多学者也将 AmpC β-内酰胺酶习惯地称作 Ambler C 类 β-内酰胺酶。事实上，有些人对 C 类 β-内酰胺酶名称的出处非常清楚，但也许并不十分清楚 AmpC 这一名称的由来。目前，学术界公认的 β-内酰胺酶分类体系有两种，一是 Ambler 分子学分类体系，二是 Bush-Jacoby-Medeiros 的功能性分类系统。1980 年，Ambler 成功地创立了一个 β-内酰胺酶分类系统，它主要是根据 β-内酰胺酶氨基酸序列的差异对当时已有的 β-内酰胺酶进行了分子学分类。Ambler 首先鉴定出的 β-内酰胺酶分子学类别是 A 类丝氨酸 β-内酰胺酶和 B 类金属 β-内酰胺酶。尽管他也提出了 C 类酶的概念，但当时还没有明确界定哪种酶属于 C 类 β-内酰胺酶。到了 1981 年，Jaurin 和 Grundstrom 在大肠埃希菌 K-12 确定了一个 1536 个核苷酸长的序列，它携带有大肠埃希菌 K-12 染色体的 ampC 基因。这个基因编码一种由 377 个氨基酸组成的酶蛋白，其中前 19 个氨基酸构成一个信号肽。这个成熟酶的分子量被确定是 39600。有趣的是，来自大肠埃希菌 K-12 的 ampC DNA 探针能杂交到许多革兰阴性肠道细菌染色体同样大小片段上，这就显示在出肠杆菌科细菌中有许多菌种在染色体上编码一种 β-内酰胺酶，这些酶具有广泛的序列同源性。因此，作者认为这些新鉴定出的酶构成了 β-内酰胺酶分子学分类中的第三类别。因为前面已经有了 A 类和 B 类酶，所以，这一新类别的 β-内酰胺酶就按照先后顺序被称作 C 类 β-内酰胺酶。尽管 C 类和 A 类都是丝氨酸酶，但 Ambler C 类与 A 类 β-内酰胺酶在氨基酸序列有

明显的区别，这种区别已经大到不可能将其归类于 A 类。C 类 β-内酰胺酶可能具有与 A 类的丝氨酸青霉素酶不同的一种进化起源。1995 年，Bush 等将 C 类 β-内酰胺酶或 AmpC β-内酰胺酶分派在功能 1 组。

从时间顺序上看，AmpC 酶的概念的提出要比 Ambler C 类酶早了大约 10 年。尽管 AmpC 酶中的 "C" 与 Ambler C 类酶中的 "C" 都是指的英文字母的排序，但这两个 "C" 的含义并不相同。在 1965 年，瑞典的研究人员 Burman 等开始对大肠埃希菌的青霉素耐药进行一项系统的研究。研究结果显示，表现出逐步增强耐药的突变被称之为 ampA 和 ampB。在一个 ampA 菌株中导致减少耐药的一个突变被命名为 ampC。ampA 菌株过度产生 β-内酰胺酶，从而建议对于 ampA 基因的一个调节作用。ampB 最终被证明不是一个单一的基因座，并且那样的菌株被发现具有一个改变了的细胞被膜。ampC 菌株制造很少的 β-内酰胺酶，这就建议 ampC 是编码这种酶的结构基因。随着时间的推移，ampA 和 ampB 的名称已经被逐渐废弃，但 ampC 却一直沿用至今，由它编码的酶自然而然就被称为 AmpC β-内酰胺酶。早在 1940 年，英国的两位学者阿伯拉汗和钱恩（后者和弗莱明一起获得诺贝尔奖）就曾通过实验研究证实，由大肠埃希菌细胞悬液所制备的提取物中含有一种物质，它能破坏青霉素抑制细菌生长的特性。当时作者将这种活性物质称为 "青霉素酶"。实际上，阿伯拉汗和钱恩，Jaurin 和 Grundstrom 以及 Burman 等这三个研究小组所研究的大肠埃希菌的 β-内酰胺酶应该是同一种酶，它们均由大肠埃希菌染色体编码。不

过，阿伯拉汗和钱恩当时将这种酶称作青霉素酶，这是受到了历史局限性的影响，现在改称为C类头孢菌素酶或AmpC β-内酰胺酶。目前，AmpC β-内酰胺酶这一名称更常用。

为了应对由β-内酰胺酶介导的细菌耐药这种挑战，包括各种头孢菌素类、碳青霉烯类和单环β-内酰胺类在内的，具有更大β-内酰胺酶稳定性的β-内酰胺类抗生素在20世纪80年代相继被引入临床使用，其中的一些头孢菌素也称为氧亚氨基头孢菌素类。除了A类、B类和D类β-内酰胺酶介导的耐药之外，由AmpC β-内酰胺酶介导的耐药也相继出现。耐药最初是在像阴沟肠杆菌、弗氏柠檬酸杆菌、黏质沙雷菌和铜绿假单胞菌那样的细菌中出现，这些细菌能借助突变而过度产生染色体AmpC β-内酰胺酶（也称为C类酶或1组酶），因此既对氧亚氨基和7-α-甲氧基头孢菌素类也对单环β-内酰胺类抗生素耐药。与ESBL不同的是，β-内酰胺酶抑制剂如克拉维酸、舒巴坦和他唑巴坦并不能抑制C类β-内酰胺酶的水解作用。客观地说，由染色体编码的，菌种特异性AmpC β-内酰胺酶介导的耐药还没有构成特别严重的威胁，原因在于这些酶不仅需要正性调节从而形成超高产才能赋予细菌真正的临床耐药，而且更重要的是，有些在临床上意义重要的病原菌先天就缺乏编码AmpC β-内酰胺酶的基因，如克雷伯菌属中的各个菌种，沙雷菌属中的各个菌种，以及表达量不足的大肠埃希菌等。

随着7-α-甲氧基头孢菌素类（如头孢西丁和头孢替坦）的继续使用，编码C类β-内酰胺酶的各种质粒出现了。质粒介导的AmpC β-内酰胺酶出现在AmpC β-内酰胺酶的进化中是一个重要的节点，是一个分水岭。自此以后，AmpC β-内酰胺酶的散播更加广泛，同时这些酶也对抗感染治疗更具危害性。重要的是，质粒编码的AmpC β-内酰胺酶已经在大肠埃希菌、肺炎克雷伯菌和沙门菌种中出现，而肺炎克雷伯菌和沙门菌种本身不产生染色体编码的AmpC β-内酰胺酶，因为在它们的染色体上根本就缺乏编码AmpC β-内酰胺酶的基因。大肠埃希菌虽然具有编码AmpC β-内酰胺酶基因，但却缺乏调节基因，使得这种基因的表达始终处在低水平状态上，不足以造成临床耐药。如同它们在染色体上的对等物一样，质粒介导AmpC酶也赋予比ESBL更广的耐药谱，并且也不被作为商品供应的β-内酰胺酶抑制剂所阻断。非常让人不安的是，这些酶的出现率在肺炎克雷伯菌和大肠埃希菌是最高的，而这些细菌无论是在医院抑或是在社区都是常见的重要病原菌，这两种病原菌已经进化成为在临床上最成问题的致病菌。进而，在一种伴随着外膜通透性降低的菌株上，那些质粒介导的AmpC β-内酰胺

酶也能赋予对碳青霉烯类耐药，这样的菌株已经被观察到，如在纽约的一次暴发流行的肺炎克雷伯菌临床分离株，在UK的大肠埃希菌的单个分离株以及在瑞典的肺炎克雷伯菌分离株上。

众所周知，Ambler A类ESBL是一个非常大的家族，变异体成员众多，临床危害大。AmpC β-内酰胺酶与Ambler A类β-内酰胺酶中的ESBL既有相似之处，也具有明显不同。这两大类β-内酰胺酶都是丝氨酸酶，耐药谱也有较大的重叠，产酶的临床细菌菌株多为肠杆菌科细菌和不发酵糖菌如铜绿假单胞菌和鲍曼不动杆菌。然而，产AmpC β-内酰胺酶的细菌分布更广，但也并非无处不在。很多染色体编码的AmpC β-内酰胺酶也具有重要的临床影响，当然，质粒介导的AmpC β-内酰胺酶也越来越多见，而A类β-内酰胺酶主要是以质粒介导的ESBL居主导地位。AmpC β-内酰胺酶具有区别于其他β-内酰胺酶（包括ESBL在内）的另外几个重要特征。首先，ampC的表达存在着可诱导性，很多种β-内酰胺类抗生素都是诱导剂，特别是头孢西丁和亚胺培南，而且这样的诱导常常出现在采用β-内酰胺类抗生素治疗期间，对临床抗感染治疗具有很大影响。AmpC β-内酰胺酶表达的可诱导性是特别重要的特征，它全面体现了β-内酰胺酶产生的调节。已如前述，耐药基因可以从无到有，也可以从弱到强。AmpC β-内酰胺酶表达的调节就是从弱到强的一个鲜活例子。当然除了这种调节之外，通过IS的插入也可为下游β-内酰胺酶基因提供强力启动子，这也是耐药基因表达由弱到强的一种形式，但无论如何，这后一种形式没有AmpC β-内酰胺酶产生正性调节那么普遍。只有深入理解了AmpC β-内酰胺酶可诱导表达的机理，我们也就看懂了一种现象，那就是编码AmpC β-内酰胺酶的基因自从远古以来就存在于各种肠杆菌科细菌的染色体上，但在抗生素年代之初，这些细菌一直对头孢菌素类敏感。正是在抗生素选择压力的大背景下，也正是由于AmpC β-内酰胺酶产生具有可诱导性，很多脱阻遏的超高产菌株才被陆续选择出来，并逐渐固化为优势菌株。值得提及的是，一些质粒介导的AmpC β-内酰胺酶表达也存在着可诱导性。其次，AmpC β-内酰胺酶既水解三代头孢菌素类，也水解头霉素类如头孢西丁，而ESBL通常不会水解头霉素类。最后，AmpC β-内酰胺酶耐受β-内酰胺酶抑制剂的抑制作用，反观ESBL，β-内酰胺酶抑制剂可以逆转ESBL介导的耐药，这也是ESBL检测的重要基础。从流行病学上看，这两类酶在细菌临床分离株中最为流行，都是拓展谱头孢菌素类临床耐药的重要机制，但由于AmpC β-内酰胺酶检测手段并不完善，所以AmpC β-内酰胺酶的流行现

况可能被低估。重要的是，这两种酶常常同时由一种质粒携带，这种复合耐药作用使得产酶细菌对这些抗生素高度耐药。此外，携带 *ampC* 基因的质粒也常常携带针对其他抗菌药物耐药的决定子，这也使得复合耐药的范围更广，对临床抗感染的影响也就更加显著。

另一个让人意想不到的进化是超广谱 AmpC β-内酰胺酶在临床分离株中的出现，这些酶变得可以高效水解那些具有庞大侧链的头孢菌素类，如头孢他啶、头孢吡肟、甚至也包括碳青霉烯类的亚胺培南。诚然，目前这样的超广谱 AmpC β-内酰胺酶并不多见，而且主要在法国和日本被鉴定出，但这是一个提示，随着这些抗生素更加广泛的应用，由此带来的选择压力必然会更多地选择出这些的超广谱 AmpC β-内酰胺酶。

参考文献

[1] Abraham E P, Chain E. An enzyme from bacteria able to destroy penicillin [letter] [J]. Nature, 1940, 146: 837.

[2] Burman L G, Park J T, Lindstrom E B, et al. Resistance of *Escherichia coli* to penicillins: identification of the structural gene for the chromosomal penicillinase [J]. J Bacteriol, 1973, 116: 123-130.

[3] Jaurin B, Grundstrom T. *ampC* cephalosporinase of *Escherichia coli* K-12 has a different evolutionary origin from that of beta-lactamases of the penicillinase type [J]. Proc Natl Acad Sci USA, 1981, 78: 4897-4901.

[4] Bauernfeind A, Chong Y, Schweighart S. Extended broad spectrum beta-lactamase in *Klebsiella pneumoniae* including resistance to cephamycins [J].

Infection, 1989, 17: 316-321.

[5] Barlow M, Hall B G. Origin and evolution of the AmpC β-lactamases of *Citrobacter freundii* [J]. Antimicrob Agents Chemother, 2002, 46: 1190-1198.

[6] Philippon A, Arlet G, Jacoby G A. Plasmid-determined AmpC β-lactamases [J]. Antimicrob Agents Chemother, 2002, 46: 1-11.

[7] Nordmann P, Mammeri H. Extended-spectrum cephalosporinases: structure, detection, and epidemiology [J]. Future Microbiol, 2007, 2: 297-307.

[8] Jacoby G A. AmpC β-lactamases [J]. Clin Microbiol Rev, 2009, 22: 161-182.

[9] Pitout J D. *Enterobacteriaceae* that produce extended-spectrum β-lactamases and AmpC β-lactamases in the community: the tip of the iceberg [J]? Curr Pharm Des. 2013; 19 (2): 257-263.

[10] Hanson N D, Sanders C C. Regulation of inducible AmpC β-lactamase expression among *Enterobacteriaceae* [J]. Curr Pharm Des, 1999, 5: 881-894.

[11] Mark B L, Vocadlo D J, Oliver A. Providing β-lactams a helping hand: targeting the AmpC β-lactamase induction pathway [J]. Future Microbiol. 2011; 6 (12): 1415-1427.

[12] Fisher J F, Meroueh S O, Mobashery S. Bacterial resistance to β-lactam antibiotics: compelling opportunism, compelling opportunity [J]. Chem Rev, 2005, 105: 395-424.

[13] Gutkind G O, Di Conza J, Power P, et al. β-lactamase-mediated resistance: a biochemical, epidemiological and genetic overview [J]. Curr Pharm Des, 2013, 19 (2): 164-208.

第二十四章

染色体编码的 AmpC β-内酰胺酶

第一节　染色体 AmpC β-内酰胺酶的起源和细菌分布

　　人们在 20 世纪 70 年代初就已经认识到，在大肠埃希菌中有一个结构基因被命名为 *ampC*，正是这一结构基因编码了 AmpC β-内酰胺酶。到了 1981 年，Jaurin 和 Grundstrom 在大肠埃希菌 K-12 确定了一个 1536 个核苷酸长的序列，它携带有大肠埃希菌 K-12 染色体的 *ampC* 基因。有趣的是，来自大肠埃希菌 K-12 的 *ampC* DNA 探针能杂交到许多革兰阴性肠道细菌染色体同样大小片段上，这就显示出在肠杆菌科细菌中有许多菌种在染色体上编码一种全新的 β-内酰胺酶，这些酶具有广泛的序列同源性。由此人们开始认识到 AmpC β-内酰胺酶在革兰阴性杆菌中的广泛存在。然而，在整个 80 年代，染色体编码 AmpC β-内酰胺酶介导的耐药似乎并未对临床抗感染构成大的威胁。在各种可天然产生染色体 AmpC β-内酰胺酶的细菌中，去阻遏的突变体高产菌株也只是零星出现。

　　AmpC β-内酰胺酶主要被认作是头孢菌素酶，它们介导对头孢菌素类、氧亚氨基头孢菌素类和氨曲南的耐药。为了应对 TEM/SHV 型广谱 β-内酰胺酶介导的耐药，各种氧亚氨基头孢菌素类陆续被研发出来并投入临床实践中，不过随之而来的是各种 A 类 ESBL 如影随形般的出现，β-内酰胺类抗生素的升级换代伴随着 β-内酰胺酶的升级换代，似乎一直是那样一种一致的模式，以至于人们在思考抗生素耐药的进化时将这种类型看作是前提，并且这种情况已经强烈地影响到公共健康的政策的制定。

　　然而，对于染色体编码 AmpC β-内酰胺酶而言，那样的现象并未被观察到。人们发现，来自两个 β-内酰胺类抗生素敏感的弗氏柠檬酸杆菌菌株（在 20 世纪 20 年代，即在抗生素临床使用之前被分离获得）的染色体 *ampC* 等位基因，在提供大肠埃希菌针对 β-内酰胺类抗生素耐药方面，与来自 β-内酰胺类耐药的临床分离株的质粒来源的等位基因一样有效。这些研究结果提示，除了对氨曲南和头孢呋辛耐药之外，AmpC β-内酰胺酶一直没有在表型上明显进化。由此不由得让人们想到了 2 个解释：第一，弗氏柠檬酸杆菌 AmpC β-内酰胺酶或许没有进化成新表型的潜力；第二，由于它们已经能够赋予对大多数 β-内酰胺类抗生素耐药，因此它们可能没有增加耐药的压力。第一个解释能够解释为什么各种 AmpC β-内酰胺酶还没有进化出赋予对亚胺培南或美罗培南耐药的能力。AmpC β-内酰胺酶或许真就缺乏进化出全新的水解碳青霉烯类活性的潜力。那种可能性与如下的观察是完全一致的，即人们不能在自然界发现任何能够水解碳青霉烯类抗生素的 AmpC β-内酰胺酶。或许在进化出全新活性的潜力与改善现有活性的潜力之间，确实存在这本质的区别。然而，染色体编码的 AmpC β-内酰胺酶基因没有出现分子内突变的原因确实是个谜。

　　当 Bush-Jacoby-Medeiros 功能分类体系在 1995 年被发表时，在肠杆菌科细菌中以及在一些其他细菌科中的染色体决定的 AmpC β-内酰胺酶是为人所知的。从那以后，被测序的细菌基因和基因组的数量获得了极大的增加。在基因文库（GenBank）中，*ampC* 基因被包括在 COG 1680 中，在此，COG 代表同源组别的簇。COG 1680 由其他青霉素结合蛋白以及 C 类 β-内酰胺酶构成，并且包括来自古细菌以及其他细菌的蛋白。序列本身不足以将 AmpC β-内酰胺酶与无处不在的并参与细胞壁生物合成的低分子量青霉素结合蛋白区分开来，如 DD-肽酶（D-丙氨酰基-D-丙氨酸羧肽酶/转肽酶）。两者都具有同样的一般结构并且分享着靠近一个活性位点丝氨酸的保守序列基序。大肠埃希菌甚至产生一种 β-内酰胺结合蛋白 AmpH，后者在结构上与 AmpC 相关，但缺乏 β-内酰胺酶活性。AmpC 这个名字不值得信任，因为一些在文献中标明是 AmpC β-内酰胺酶，实际上却属于 A 类 β-内酰胺酶；头孢菌素酶活性也不可靠，因为一些对头孢菌素类具有突出活性的 β-内酰胺酶也属于 A 类 β-内酰胺酶。据此，表 24-1 所包括的是具有必须结构的蛋白，它们来自已经被证实具有合适的 AmpC β-内酰胺酶活性的细菌。毫无疑问，这个表是不完全的。例如，还没有显示出产生一种功能性 AmpC β-内酰胺酶活性，但却具有已经被鉴定出 *ampC* 基因的细菌，它们包括根癌土壤杆菌、伯氏立克次氏体、嗜肺军团菌、猫立克次氏体和苜蓿中华根瘤菌。对于其他细菌，AmpC β-内酰胺酶存在的支持性证据是 MIC 或酶性的，但没有结构性资料是可供利用的，这些细菌包括阪崎氏肠杆菌、美洲爱文菌、雷氏普罗威登斯菌、沙雷菌以及耶尔森菌的一些菌种。变形菌门含有最大的数量，但至少一种耐酸的放线菌也产生 AmpC β-内酰胺酶（表 24-1）。

表 24-1　表达有染色体决定的 AmpC β-内酰胺酶细菌的分类学

门，纲和目	菌属和菌种	基因文库蛋白登记号
放线菌门	耻垢分枝杆菌	YP_888266
变形菌门		
α-变形菌纲	人苍白杆菌	CAC04522
	球形红细菌	YP_355256
	紫色色杆菌	NP_900980
β-变形菌纲		
奈瑟菌目	香港雷夫松氏杆菌	AAT46346
γ-变形菌纲		
气单胞菌目	豚鼠气单胞菌	AAM46773
	嗜水气单胞菌	YP_857635
	简氏气单胞菌（索比亚气单胞菌）	AAA83416
	杀鲑气单胞菌	ABO89301
	维罗纳气单胞菌索比亚生物变种	CAA56561
肠杆菌目	乡间布丘菌	AAN17791
	布氏柠檬酸杆菌	AAM11668
	弗氏柠檬酸杆菌	AAM93471
	穆氏柠檬酸杆菌	AAM11664
	杨氏柠檬酸杆菌	CAD32304
	魏氏柠檬酸杆菌	AAM11670
	迟钝爱德华菌	ABO48510
	产气肠杆菌	AAO16528
	阿阿肠杆菌	CAC85157
	生癌肠杆菌	AAM11666
	阴沟肠杆菌	P05364
	溶解肠杆菌	CAC85359
	霍氏肠杆菌	CAC85357
	中间肠杆菌（居中克吕沃尔菌）	CAC85358
	大黄欧文菌	AAP40275
	阿阿埃希菌	EDS93081
	弗氏埃希菌	AAM11671
	大肠埃希菌	NP_418574
	蜂房哈夫尼亚菌	AAF86691
	摩氏摩根菌	AAC68582
	斯氏普罗威登斯菌	CAA76739
	黏质沙雷菌	AAK64454
	鲍氏志贺菌	YP_410551
	痢疾志贺菌	YP_405772
	弗氏志贺菌	YP_691594
	宋氏志贺菌	YP_313059
	小肠结肠炎耶尔森菌	YP_001006653
	莫氏耶尔森菌	ZP_00826692
	鲁氏耶尔森菌	ABA70720
大洋螺菌目	色盐杆菌属	BAD16740
假单胞菌目	鲍曼不动杆菌	CAB77444
	贝氏不动杆菌	CAL25116
	铜绿假单胞菌	NP_252799
	荧光假单胞菌	YP_349452
	静止嗜冷杆菌	CAA58569
黄单胞菌目	*Lysobacter lactamgenus*	CAA39987

注：引自 Jacoby G A. Clin Microbiol Rev, 2009, 22：161-182。

在每一种类型内都会出现序列变异。例如，对于不动杆菌菌种，已经有超过 25 种 AmpC β-内酰胺酶被描述，它们分享≥94％的蛋白序列同一性，并且对于阴沟肠杆菌、铜绿假单胞菌和其他细菌来说，基因文库含有相似的多个列表。一些常遇到的肠杆菌科细菌因不存在而引人注目。例如，肺炎克雷伯菌、奥克西托克雷伯菌和沙门菌种缺乏一个染色体 bla_{AmpC} 基因。一般来说，人们并不认为奇异变形杆菌可以天然产生染色体 AmpC β-内酰胺酶。然而在1998年，Sirot 等报告了一个奇异变形杆菌的一个临床分离株（CF09），它展现出对阿莫西林（MIC>4096μg/mL）、替卡西林（4096μg/mL）、头孢西丁（64μg/mL）、头孢噻肟（256μg/mL）和头孢他啶（128μg/mL）耐药和一个增高的氨曲南 MIC（4μg/mL）。克拉维酸和头孢菌素类不具有协同作用。研究结果证实，这种耐药表型是由一种全新的 AmpC β-内酰胺酶介导，这种酶被命名为 CMY-3，其编码基因位于染色体上。这是染色体编码的 AmpC β-内酰胺酶被观察到源自奇异变形杆菌的第一个例子，但也许是源自其他革兰阳性杆菌的基因被整合进入到奇异变形杆菌染色体上。下列细菌也同样缺乏这个基因，如无丙二酸柠檬酸杆菌、法氏柠檬酸杆菌、吉氏柠檬酸杆菌、合适柠檬酸杆菌、腐蚀柠檬酸杆菌、塞氏柠檬酸杆菌、保科氏爱德华菌、鲶鱼爱德华菌、抗坏血栓克吕沃尔菌、栖冷克吕沃尔菌、类志贺邻单胞菌、彭氏变形菌、普通变形杆菌、水生拉恩菌、鼠疫耶尔森菌、假结核耶尔森菌，并且可能还包括赫氏埃希菌、图拉热弗朗西斯菌、海藻希瓦菌和嗜麦芽窄食单胞菌。究竟什么原因造成编码染色体 AmpC β-内酰胺酶基因在各个革兰阴性杆菌中明显的分布差异呢？这是一个值得研究的领域，因为这有可能揭示出编码 β-内酰胺酶基因的起源和水平基因转移机制。

第二节　AmpC β-内酰胺酶的结构和生化特性

一般来说，在 Ambler A~D 分子学类别之中，C 类 AmpC β-内酰胺酶分子量最大，典型的分子量为 32~41kDa，平均为 37.5Da，而典型的 A 类 β-内酰胺酶分子量为 22~35 kDa，平均为 28.9Da。绝大多数 AmpC β-内酰胺酶的 pI> 8.0，不过质粒介导的 FOX 酶的 pI 要更低一些，6.7~7.2，并且来自摩氏摩根菌的一种 AmpC β-内酰胺酶的 pI 仅为 6.6。

各种 AmpC β-内酰胺酶已知的三维结构非常相似。在分子一侧有一个 α 螺旋域，在另一侧有一个 α/β 域。活性位点位于酶的中心，在 5 股 β 折叠片的左边缘，在中心的 α 螺旋的氨基端有反应性丝氨酸残基。这个活性位点能被进一步分成一个 R1 位点和一个 R2 位点，前者容纳 β-内酰胺母核的 R1 侧链，后者容纳 R2 侧链。R1 位点被 Ω 环邻接，而 R2 位点被含有 H-10 和 H-11 螺旋的 R2 环所围

住。总之，AmpC β-内酰胺酶结构与 A 类 β-内酰胺酶（以及 DD-肽酶）相似，只是前者的结合位点更开放，这反映出了它们容纳头孢菌素类的更庞大侧链的更大能力（图 24-1 和图 24-2）。

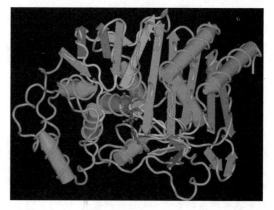

图 24-1　在 C7 位 R₁ 侧链和在 C3 位 R₂ 侧链的头孢他啶的图示（引自 Jacoby G A. Clin Microbiol Rev，2009，22：161-182）

图 24-2　大肠埃希菌 AmpC β-内酰胺酶图示（见文后彩图）（引自 Jacoby G A. Clin Microbiol Rev，2009，22：161-182）　中间部位显示的是被酰化的头孢他啶。R2 在分子顶部，保守残基丝氨酸 64、赖氨酸 67、酪氨酸 150、赖氨酸 315 和丙氨酸 318 被显示在黄色。β 链是金色，α 螺旋是绿色

与 A 类 β-内酰胺酶不同的是，C 类 AmpC β-内酰胺酶的活性位点丝氨酸并不位于 70 位置上，而是位于 64 位置上，只有 CMY-10 是个例外，它的活性位点丝氨酸位于位置 65 上。其他重要的催化残基包括赖氨酸 67、酪氨酸 150、天冬酰胺 315 和赖氨酸 318，在这些位置上的置换都会大幅度地降低酶活性。如图 24-3 所示，C 类头孢菌素酶显然比起 A 类青霉素酶更大一些。在 A 类 β-内酰胺酶 [图 24-3（a）]，结合到活性部位的头孢他啶庞大的侧链邻近腔底部的 Ω 环，而在 C 类 AmpC β-内酰胺酶 [图 24-3（b）]，结合腔底部的环远离头孢他啶侧链。在这两类 β-内酰胺酶中，4 个对应的重要催化残基分别是丝氨酸 64/70、赖氨酸 67/73、赖氨酸 315/234 以及酪氨酸 150/丝氨酸 130。在精氨酸 349/244 的位置和可及性上的显著区别可以解释克拉维酸型 β-内酰胺酶抑制剂不能有效抑制 C 类 β-内酰胺酶。在 A 类 β-内酰胺酶，脱酰化过程

中所需的谷氨酸 166 在 C 类酶中没有对等的残基。

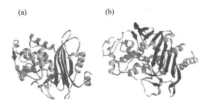

图 24-3　A 类和 C 类 β-内酰胺酶三级结构的带状图示
（引自 Medeiros A A. Clin Infect Dis，1997，24：S19-S45）
A—A 类 β-内酰胺酶；B—C 类 β-内酰胺酶。
头孢他啶位于结合部位

一般来说，在 A 类 β-内酰胺酶，所谓的 Ω 环是由 160～181 残基组成（文献报告中有差异），在 C 类 β-内酰胺酶是由 187～225 残基组成，在 DD-肽酶是由 197～242 残基组成。在 C 类酶和 DD-肽酶，Ω 环的一个扭曲彻底改变这个环的方向（图 24-4）。

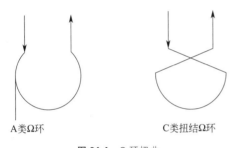

　　A类Ω环　　　　　　　　C类扭结Ω环

图 24-4　Ω 环扭曲
（引自 Knox J R，Moews P C，Frere J M.
Chem Biol，1996，3：937-947）

人们普遍认为，A 类青霉素酶和 C 类头孢菌素酶均是从 PBP 进化而来，只是遵循不同的进化途径。一般来说，C 类 β-内酰胺酶的结合位点要比 A 类 β-内酰胺酶的结合位点更开放些，能够容纳头孢菌素类的更庞大的侧链。总体三级结构折叠的比较显示，C 类头孢菌素酶而不是 A 类青霉素酶与祖先的 PBP 更加广泛相似。据此人们提出，C 类头孢菌素酶比起 A 类青霉素酶更加古老。因此，C 类头孢菌素酶要想进化成为 A 类青霉素酶，需要在活性部位的一个再折叠，而不是一个简单的点突变，这样的进化使得 A 类青霉素酶比起 C 类头孢菌素类拥有了改善的脱酰化能力。然而，很多学者认为，A 类青霉素酶并不是从 C 类头孢菌素酶进化而来。图 24-5 显示的是 3 种青霉素识别酶的三级结构。所有 3 种酶都拥有一个混合的 α＋β 基序，包括一个左边的 α 螺旋域和右边的一个 α/β 域。β-内酰胺结合部位都位于 5 个链组成的 β 片层的左边缘。活性部位丝氨酸位于一个中心 α 螺旋的氨基末

端。尽管结构相似，但彼此还是有区别的。

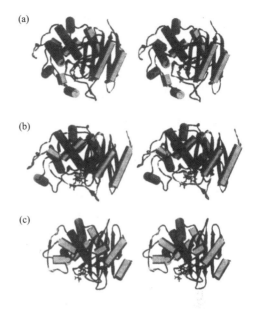

图 24-5　3 类青霉素识别酶的三级结构
（引自 Knox J R，Moews P C，Frere J M.
Chem Biol，1996，3：937-947）
（a）DD-羧肽酶/转肽酶 R61；
（b）C 类酶 P99；（c）A 类地衣芽孢杆菌青霉素酶

第三节　AmpC β-内酰胺酶的水解特征

C 类 AmpC β-内酰胺酶与 A 类 β-内酰胺酶分享一个相似的机制——活性部位酰化和水解性脱酰化，这个能力源自它们的祖先 PBP。与 A 类 β-内酰胺酶不同，在 C 类 AmpC β-内酰胺酶，丝氨酸 64 是作为亲核攻击体。在 A 类 β-内酰胺酶中的谷氨酸 166 在 C 类 AmpC β-内酰胺酶中没有对应的残基。C 类 AmpC β-内酰胺酶中参与酰化和脱酰化步骤的最重要残基包括丝氨酸 64、赖氨酸 67、酪氨酸 150 和赖氨酸 315。在催化水平上，A 类 β-内酰胺酶和 C 类 β-内酰胺酶在脱酰化上则有着明显的区别，C 类 AmpC β-内酰胺酶是脱酰化受限的酶。正如同被 Knox 及同僚首先记录到的那样，这两类酶采用酰基-酶物种的正相反的表面接近催化水。在 C 类 AmpC β-内酰胺酶，这个水是从 β-方向（β-direction）接近。这种根本区别否定了在两类酶之间的一种直接进化联系的任何可能性。实际上，C 类 AmpC β-内酰胺酶在进化上更接近低分子量 B 类 PBP。进而，在脱酰化过程中负责活化水解水的残基已经被提出是酪氨酸 150，这一活化过

程已经建议酰基-酶物种的酰胺所辅助，它曾是抗生素的 β-内酰胺氮。因此，C 类 AmpC β-内酰胺酶的脱酰化机制完全不同于 A 类 β-内酰胺酶的脱酰化机制。前者的脱酰化步骤一般来说比较缓慢，在底物饱和情况下常常是限速步骤，而后者的脱酰化（水解）是高效的，常常快得难以分离出酰基-酶中间产物。因此，脱酰化是 C 类 AmpC β-内酰胺酶的限速步骤。

C 类 AmpC β-内酰胺酶水解机制盛行的证据建议，通过增加丝氨酸 64 为酰化的亲核性，酪氨酸 150 作为一个广义碱而起作用。脱酰化机制的早期研究提示，酪氨酸 150 也起到催化碱的作用，从脱酰化水中接受一个质子。在 C 类 AmpC β-内酰胺酶中第二个保守元件的第一个残基位置上含有一个酪氨酸 150。定点诱变研究结果提示，酪氨酸 150 在 C 类 AmpC β-内酰胺酶的催化过程中起到关键的作用。酪氨酸 150 的酚阴离子通过与赖氨酸 315 的烷基铵连接而起到总碱的作用，负责在酰化步骤中活化活性部位丝氨酸 64，以及在相继的脱酰化过程中负责一个水分子的活化。图 24-6 中的结构 I 和 II 分别说明了酪氨酸 150 和赖氨酸 315 配对在酰化和脱酰化过程中的功能。

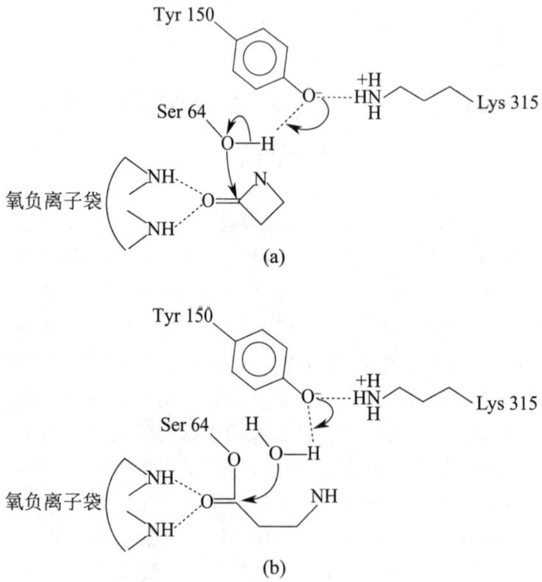

图 24-6　C 类 β-内酰胺酶酪氨酸 150 和
赖氨酸 315 配对的作用图示
（引自 Dubus A，Ledent P，Lamotte-Brasseur J，et al.
Proteins，1996，25：473-485）
（a）酰化过程；（b）脱酰化过程

C 类 AmpC β-内酰胺酶的第一个晶型结构也支持上述建议，即促进丝氨酸 64 酰化总碱的角色是由保守的酪氨酸 150 来承担的。重要的是人们注意

到，无论是赖氨酸 67 还是酪氨酸 150 的侧链功能都是与丝氨酸羟基形成氢键接触。在从丝氨酸接受了一个质子以便形成这四面体中间产物，然后这个酪氨酸贡献一个质子反馈到 β-内酰胺氮上，以便驱动这个四面体中间产物的坍缩。同一个酪氨酸 150 然后促进一个水分子来实现这个酰基-酶物种的脱酰化，从而完成这一催化周期。这一假设部分是依据 C 类 β-内酰胺酶活性部位具有糜蛋白酶的结构叠置。这个叠置中，β-内酰胺酶酪氨酸 150 占据这一个与在糜蛋白酶中的组氨酸总碱相似的位置。

然而，这一说法的可靠性被近来的核磁共振和定点诱变研究提出质疑。^{13}C NMR 评价显示，酪氨酸 150 的化学移动直到 pH11 情况下都是不变的，这就意味着在无底物的酶是一个中性的酪氨酸 150。对酪氨酸 150 作为总碱提出质疑的第二条证据来自定点诱变研究。稳态动力学在采用苯丙氨酸置换酪氨酸时不会被明显改变。这个结构与酪氨酸 150 作为总碱直接参与到周转事件中的一个作用是不一致的。酪氨酸 150 被建议间接贡献酰基过程，恐怕是作为一个质子反馈到 β-内酰胺环的氮上而发挥作用。近来的资料提示，去质子化的酪氨酸 150 作为总碱是在一个水分子的活化反应中的下半步起作用，也就是在脱酰化反应中起作用。这个提法已经被广泛接受。质子化的酪氨酸 150 不可能发挥这一功能。这些观察敦促人们想到，在 C 类 β-内酰胺酶，赖氨酸 67 作为一个自由基（freebase）参与酰化事件中活性部位丝氨酸的活化，或者赖氨酸可以从酪氨酸 150 提取一个质子，依次活化丝氨酸。Bulychev 等提出，来自打开了的 β-内酰胺环噻唑啉的氮会被理想地定位，以便促进水解水加入到酰基-酶复合物中从而完成脱酰化。这是底物促进催化的一个例子。

第四节　AmpC β-内酰胺酶的动力学参数

AmpC β-内酰胺酶对青霉素类具有水解活性，但对头孢菌素类水解活性更强，并且能够水解像头孢西丁和头孢替坦那样的头霉素类，像头孢他啶、头孢噻肟和头孢曲松那样的氧亚氨基头孢菌素类以及以小于水解青霉素速率 1％的速率来水解氨曲南。尽管对于那样底物的水解速率低（因缓慢的脱酰基），但酶亲和力却是高的（如同低的 K_m 数值所反映的那样）。对于头孢吡肟、头孢匹罗和碳青霉烯类的水解速率也非常低，并且据估计对头孢吡肟和头孢匹罗的 K_m 数值是高的，这就反映出更低的酶亲和力。A 类 β-内酰胺酶抑制剂如克拉维酸、舒巴坦和他唑巴坦对 AmpC β-内酰胺酶的影响要小得多，

不过一些酶被他唑巴坦或舒巴坦所抑制。对氯汞苯甲酸对 AmpC β-内酰胺酶抑制作用差，而 EDTA 则根本不对 AmpC β-内酰胺酶产生抑制。然而，氯唑西林、苯唑西林和氨曲南则是好的抑制剂。有些 AmpC β-内酰胺酶只是有限水解头孢菌素类底物，如阴沟肠杆菌 P99 β-内酰胺酶，它们的周转率是扩散受限的，而不是催化受限的，这就意味着 AmpC β-内酰胺酶已经进化到了最高效率水平。那样的资料也建议，AmpC β-内酰胺酶的进化是为了处置头孢菌素类，而不是为了一些其他的细胞功能。

早在 1988 年，比利时学者 Frere 等就报告一些 C 类 AmpC β-内酰胺酶的动力学参数，硝基酚、头孢拉定、头孢唑林、头孢噻吩和头孢氨苄是 C 类 AmpC β-内酰胺酶的良好底物，k_{cat} 值为 27～5000 s^{-1}，头孢呋辛、头孢噻肟和头孢西丁是差的底物，k_{cat} 值为 0.01～1.7 s^{-1}，同时也伴有低的 K_m 值，这就建议一个限速的脱酰化步骤。亚胺培南和氨曲南甚至是更差的底物，k_{cat} 值为 2×10^{-4}～3×10^{-2} s^{-1}。与 A 类 β-内酰胺酶相比，C 类 AmpC β-内酰胺酶的动力学表现更加异质性。C 类 β-内酰胺酶能够识别出各种各样的 β-内酰胺类抗生素，但这些酶通常被描述为头孢菌素酶。总的来说，这些酶对头孢菌素类具有强的亲和力（非常低的 K_m 值），但具有低的 k_{cat} 值，并且在脱酰化上不太有效率（$k_2 \gg k_3$），这是水解反应的限速步骤（表 24-2）。

表 24-2 选出的 AmpC β-内酰胺酶的动力学参数

菌种	青霉素			阿莫西林			头孢噻吩			头孢西丁*			头孢噻肟*			亚胺培南*					氨曲南
	k_{cat}/s^{-1}	K_m/($\mu mol/L$)	k_{cat}/K_m/[L/($\mu mol\cdot s$)]	k_{cat}/s^{-1}	K_m/($\mu mol/L$)	k_{cat}/K_m/[L/($\mu mol\cdot s$)]	k_{cat}/s^{-1}	K_m/($\mu mol/L$)	k_{cat}/K_m/[L/($\mu mol\cdot s$)]	k_{cat}/s^{-1}	K_m/($\mu mol/L$)	k_{cat}/K_m/[L/($\mu mol\cdot s$)]	k_{cat}/s^{-1}	K_m/($\mu mol/L$)	k_{cat}/K_m/[L/($\mu mol\cdot s$)]	k_{cat}/s^{-1}	K_m/($\mu mol/L$)	k_{cat}/K_m/[L/($\mu mol\cdot s$)]	k_2/K/[L/($\mu mol\cdot s$)]	$10^4\times(k_3)$/s^{-1}	K_m(calc)/(nmol/L)
染色体编码																					
大肠埃希菌 K12	45	4.4	10	4.2	3.5	1.2	300	42	7	0.2	0.65	0.3	0.17	1.7	0.1	0.01	0.8	0.012	0.135	1.6	1.2
阴沟肠杆菌 P99	14	0.6	23	0.74	0.4	1.8	200	9①	20	0.06	0.024	2.5	0.015	0.01	1.5	0.003	0.04	0.075	0.26	4.4	1.2
弗氏柠檬酸杆菌	31	0.4	75	6.5	0.2	30	210	13	16	0.32	0.25	1.3	0.017	0.005	3.4	0.016	0.085	0.19	0.18	3.2	1.4
黏质沙雷菌	75	1.7	44	0.46	0.01	46	1.1	67	16	0.014	0.3	0.04	1.7	0.14	0.001	0.06	0.017	0.012	7		58
摩氏摩根菌 M29	0.007	0.25	0.03	0.07	0.13	0.5	140	148	1	0.04	0.02	0.032	0.02	1.6	0.07	2	0.035	1	40		ND
蜂房哈夫尼亚菌 ACC-2	8.1	10	0.81	0.2②	<1②	>0.2	300	13	23	<0.01	ND	ND	0.02	19	0.001	<0.01	ND	ND	ND	ND	ND
铜绿假单胞菌	76	1.7	45	4.4	0.5	9	430	13	25	0.12	0.05	2.4	0.2	0.75	0.03	0.026	1.15	0.058	23		50
豚鼠气单胞菌 CAV-1	5	8.7	0.57	ND	ND	ND	540	500	1.08	0.5	0.4	1.25	0.2	0.1	2	ND	ND	ND	ND	ND	ND
质粒来源																					
ACT-1	55	2.1	26	1	1.7	0.6	460	38	12	0.37	0.5	0.74	0.05	0.07	0.7	0.011	0.37	0.03	0.024	21	12
MIR-1	14	0.4	35	0.55	0.16	3.4	160	2.1	76	0.64	0.75	0.7	2.7	4	0.67	0.012	0.15	0.08	0.22	16	8
CMY-1	13	1	13	0.45	2.2	0.2	480	30	16	0.05	0.06	0.9	0.01	0.015	0.67	0.002	0.05	0.04	0.36	<80	<20
CMY-2	14	0.4	35	0.55	0.16	3.4	160	2.1	76	0.23	0.07	3.3	0.004	0.0012	3.3	0.033	ND	ND	2	<60	<3
MOX-1	5	9.7	0.51	ND	ND	ND	250	78	3.2	35	300	0.12	0.05	ND	0.9	ND	ND	ND	ND	ND	ND
FOX-5	11	9.2	1.2	ND	ND	ND	870	71	12	0.7	0.85	0.82	0.08	ND	ND	ND	ND	ND	ND	ND	ND

注：引自 Gutkind G O, Di Conza J, Power P, et al. Curr Pharm Des, 2013, 19 (2)：164-208. 表观 K_m 被确定为 K_i 值。
①头孢拉定替代头孢噻吩使用。
②阿莫西林被采用。

第五节　AmpC β-内酰胺酶产生的调节

一、概述

C类 AmpC β-内酰胺酶与其他分子学类别 β-内酰胺酶的主要区别之一就是 AmpC β-内酰胺酶产生的可诱导性。在许多肠杆菌科细菌中，AmpC 表达水平低，但在暴露于 β-内酰胺类时，这种表达则是可诱导的，当然，这种可诱导性也可说成是 AmpC β-内酰胺酶产生的调节，尽管调节机制复杂，但重要的是这些细菌"与生俱来"就拥有一种调节因子 AmpR。诚然，一些突变也能改变 ESBL 的表达量，但这些突变并不常见，况且也基本不是在抗菌药物治疗期间产生的，而 AmpC 酶的调节在革兰阴性菌中则是一个比较普遍的现象，并且常常是在抗菌药物治疗期间发生的，其结果多为 AmpC 酶的过度产生或表达，从而造成产酶细菌针对 β-内酰胺类抗生素的临床耐药。当然，一些 β-内酰胺类抗生素已经被证实是 AmpC β-内酰胺酶产生的强诱导剂，如头孢西丁、克拉维酸和亚胺培南等。在革兰阴性菌中，AmpC β-内酰胺酶产生的可诱导性是非常普遍的现象。在一些肠道菌种中，包括弗氏柠檬酸杆菌、产气肠杆菌、阴沟肠杆菌、摩氏摩根菌、斯氏普罗维登斯菌、黏质沙雷菌、小肠结肠炎耶尔森菌和蜂房哈夫尼亚菌，一种天然出现的 AmpC β-内酰胺酶可诱导生物合成已经在表型上被报告。然而，当最初发现 AmpC β-内酰胺酶的这种可诱导性之时，人们均未将其看作是一个现实的临床问题，然而，随着时间的推移，越来越多因 AmpC β-内酰胺酶诱导而产生临床耐药的现象逐渐多了起来，特别是在阴沟肠杆菌、弗氏柠檬酸杆菌和铜绿假单胞菌。在一项阴沟肠杆菌感染的研究中，甚至在采用氨基糖苷和三代头孢菌素联合治疗的情况下，在被调查的所有患者中，除碳青霉烯以外对所有 β-内酰胺类耐药出现率将近 50%。这是染色体介导头孢菌素酶的一个特异性复杂调节的结果。β-内酰胺酶产生的调节之所以引起人们大的兴趣在于 $10^{-5} \sim 10^{-8}$ 这么高的突变率，这就意味着突变体能够很容易被选择出来并且能够导致 β-内酰胺酶的超高产。几乎所有的肠杆菌科细菌和铜绿假单胞菌菌株都产生一种染色体 AmpC β-内酰胺酶，在大多数情况下，它们能被 β-内酰胺类抗生素所诱导。

最早被确认参与 AmpC β-内酰胺酶产生调节的因子就是 AmpR，它是 ampC 基因表达的一个转录调节子，属于 LysR 家族，在 AmpC β-内酰胺酶生物合成的基线水平上作为一个阻遏剂起作用。一旦加入一些 β-内酰胺类抗生素，AmpR 就作为一个活化剂起作用。这些抗生素主要是碳青霉烯类、克拉维酸和头霉素类。缺乏这一转录调节子的细菌不具备 AmpC β-内酰胺酶产生的可诱导性。编码 AmpR 的基因 ampR 位于染色体上，它和 ampC 基因形成一个趋异的操纵子，具有重叠的启动子，AmpR 结合到这些启动子上并且调节两个基因的转录。然而，那些所谓的 AmpC β-内酰胺酶表达的强诱导剂如头孢西丁并不能进入细菌细胞的胞浆中，它们只是在周质间隙中与各种 PBP 相结合而发挥杀菌作用，换言之，这些强诱导剂无法与 AmpR 直接发生相互作用，这就提示还有一条途径将这两者联系在一起。研究证实，AmpC β-内酰胺酶产生的诱导或调解过程与肽聚糖（PG）再循环这一途径密切相关，而 PG 再循环是肠道细菌普遍存在的一个特征。人们陆续发现了一些参与 PG 再循环中的重要酶类，如 AmpG 通透酶、AmpD 酰胺酶等。在这些酶上出现的突变不可避免地会影响到 PG 再循环，进而影响到 AmpC β-内酰胺酶的诱导或调解。

从 AmpC β-内酰胺酶细菌分布上看，很多种细菌都在其染色体上携带 ampC 基因，这些细菌都在组成上产生 AmpC β-内酰胺酶，只是产酶水平基本处在基线水平上，这些产酶细菌并未表现出临床耐药表型。然而，染色体 ampC 基因在革兰阴性菌中也并非无处不在。很多革兰阴性菌并不产生染色体编码的 AmpC β-内酰胺酶，一些在临床上重要且常见的病原菌因不具有染色体 AmpC β-内酰胺酶而引人瞩目，如肺炎克雷伯菌、沙门菌种和奇异变形杆菌。在柠檬酸杆菌属中，也只有弗氏柠檬酸杆菌产生染色体编码的 AmpC β-内酰胺酶，其他柠檬酸杆菌菌种不产生染色体编码的 AmpC β-内酰胺酶。嗜麦芽窄食单胞菌也不产生染色体编码的 AmpC β-内酰胺酶。即便细菌在染色体上具备编码 AmpC β-内酰胺酶的 ampC 基因，也并不直接意味着这些 AmpC β-内酰胺酶的产生具有可诱导性。细菌若想实现 AmpC β-内酰胺酶产生的诱导或调解，必须要满足 3 个基本条件：首先，细菌要具有染色体 ampC 基因，缺乏这一基因的话调节也就无从谈起，如肺炎克雷伯菌、沙门菌种和奇异变形杆菌就缺乏这种基因。其次，细菌细胞还要同时具备 AmpC β-内酰胺酶表达的调节子 AmpR，若仅有 ampC 基因而缺乏 ampR 基因也不具备可诱导性，两者缺一不可，大肠埃希菌和鲍曼不动杆菌就是如此，它们拥有 ampC，但缺乏 ampR。最后，参与 PG 再循环中的很多重要的酶也直接影响到 AmpC β-内酰胺酶产生的可诱导性，所以，这些酶的变化也会影响到 AmpC β-内酰胺酶产生的调节。下面我们将逐一介绍这些调节子和酶。

二、AmpR

AmpC β-内酰胺酶的鉴定是在 20 世纪 80 年代初，而到了 80 年代中期人们就鉴定出 AmpR。早在 1986 年，Honore 等就报告，在阴沟肠杆菌的临床分离株中存在着头孢菌素酶的可诱导产生，而且这样的可诱导产生被一个调节基因 ampR 控制，这个基因座与 ampC 基因座连锁，ampR 和 ampC 的启动子明显重叠，并且 mRNA 分析显示，一旦诱导，来自 ampC 启动子的转录大大增加，而来自 ampR 启动子的转录则不增加。大肠埃希菌不具有这一调节子。在没有 β-内酰胺类抗生素存在的情况下，AmpR 蛋白阻遏 ampC 基因表达。

现已确证，AmpR 是 ampC 基因表达的一个转录调节子，属于细菌调节子 LysR 家族，该家族中至少已经被鉴定出有 9 个成员。AmpR 拥有两个调节特性：第一，在 β-内酰胺抗生素诱导剂存在条件下，AmpR 在生长的细胞中活化 ampC；第二，无论 β-内酰胺抗生素诱导剂存在与否，AmpR 都阻遏其自身基因的转录。ampC 基因从阴沟肠杆菌和弗氏柠檬酸杆菌的克隆揭示出，ampR 位于 ampC 和延胡索酸还原酶（frdD）操纵子之间。编码 AmpR 的基因紧邻着 ampC 基因的上游，ampR 和 ampC 的启动子重叠并且趋异地指导 RNA 转录。mRNA 转录的起始位点被定位在 162 位置上的一个鸟嘌呤，距 ATG 翻译起始位点 28 个碱基。ampR mRNA 表达不可诱导并且只是借助 S1 核酸酶定位勉强被检测到，这就建议组成上的 ampR 基因表达基本上是低水平的，或者说，这个 RNA 的半衰期非常短。已经被建议，AmpR 对 ampR/ampC 基因间结合部位的结合会发生，这与 ampC 诱导无关。AmpC 可诱导性已经被显示依赖于这个复合因子，在 DNA 结合时，它被结合到 AmpR 上。不管 ampC 表达是否被诱导，AmpR 对基因间结合位点的结合都阻遏它自身的表达。

AmpR 蛋白已经被纯化，并且其 DNA 结合特性被一些研究者检查。AmpR 是一个 32kD 蛋白，它与一个 38 bp 的区域发生相互作用，这个区域位于 ampC 启动子的上游。在 AmpR 上的一些特定突变导致不可诱导性的、高组成上的和超级诱导的 AmpC 表型。含有丝氨酸 35→苯丙氨酸置换的 AmpR 不能结合到 ampR/ampC 基因间区域。这个突变被定位在 AmpR 的螺旋-转角-螺旋基序上，并且或许直接影响到启动子序列与 AmpR 之间的

接触。一个酪氨酸 264→天冬酰胺突变也抑制 AmpR 结合到启动子上。对比而言，在缺乏 β-内酰胺类抗生素情况下，一个被克隆的 ampC 基因的高组成上表达是由于一个甘氨酸 102→谷氨酸突变所致。然而，这个 AmpR 突变体保留阻遏其自身启动子的能力。因此，在位置 102 上的甘氨酸残基被建议对于诱导的活化是重要的。无论是野生型 AmpR 还是甘氨酸 102→谷氨酸突变体都一直与 DNA 结合有关联。DNA 结合对于转录活化所需的蛋白-蛋白相互作用可能是重要的。甘氨酸 102→谷氨酸 AmpR 突变体结合 DNA 的能力或许导致这个蛋白在缺乏复合因子的情况下活化 ampC 启动子，从而造成一个高组成性 ampC 表型。在位置 102 上的氨基酸的进一步突变性分析证明了这个氨基酸在 ampC 表达的 AmpR 活化上的重要性。这些突变包括：甘氨酸 102→丙氨酸、甘氨酸 102→天冬酰胺和甘氨酸 102→赖氨酸。所有这些 AmpR 突变体蛋白都结合到 ampR/ampC 基因间区域上并且能够阻遏 ampR 表达，但是与甘氨酸 102→谷氨酸突变不同的是，上述的突变体不会造成 DNA 结合。与这些突变体有关联的 AmpC 表型彼此不同，也与甘氨酸 102→谷氨酸突变不同，这些表型或许反映出这些突变体 AmpR 蛋白结合 DNA 的无能。甘氨酸 102→丙氨酸置换造成的突变导致更高的基线水平的 AmpC 活性，这一活性仍然可用头孢西丁诱导，而甘氨酸 102→天冬酰胺和甘氨酸 102→赖氨酸突变导致更高的基线水平 AmpC 表达，这种表达在诱导剂存在情况下没有被明显地增加。这些资料建议，除了 AmpD 突变以外，AmpR 突变也可能造成在临床分离株中所描述的不同 AmpC 表型。

各种细胞壁前体肽被认为起到 ampC 转录 AmpR 活化的复合因子作用。从细胞提取物中恢复的 AmpR 被用来尝试着证实如下的影响，即可能的复合因子在 AmpR 对基因间启动子区域的结合上的影响，当然，上述的细胞提取物或是来自 ampD 突变体细胞，或是来自被暴露到诱导剂的野生型细胞。采用在上述两种不同的情况下分离获得的 AmpR 在结合到基因间 ampR/ampC 区域是相似的。然而，体外结合研究提示，AmpR 对 ampR/ampC 启动子区域的结合受到 UDP-MurNAc-五肽存在的影响。这就建议，这个粘肽前体结合到 AmpR 上或许改变 ampC 的转录活性。体外转录实验显示，纯化的 AmpR 是作为一种 AmpC β-内酰胺酶生物合成的活化剂而发挥作用。在体外，肽聚糖前体 UDP-MurNAc-五肽降低 AmpR 介导的转录活化。

三、AmpG

早在 1989 年，Korfmann 和 Sanders 等就首次提出，AmpG 在 AmpC β-内酰胺酶诱导上拥有不可或缺的作用，没有 *ampG*，AmpC β-内酰胺酶的诱导或高水平表达都不可能发生。在 *ampG* 突变体，*ampC* 表达不可诱导并且只是在低水平表达。*ampG* 基因是通过检查阴沟肠杆菌的一个突变体时被发现的，这个突变体在组成上表达低水平 β-内酰胺酶，该突变体表型借助那些已知参与到 *ampC* 调节的基因（如 *ampR* 或 *ampD*）不能被回复。相继研究证实，*ampG* 是 *ampD* 诱导途径中的一个正规"玩家"或参与者。与 *ampD* 形成对比的是，*ampG* 不显示一种基因剂量效应并且根本不显示对 AmpC 诱导上的正性或负性影响，其影响是"全或无"的。*ampG* 在大肠埃希菌中被克隆和测序并且被发现编码一种内膜结合蛋白 AmpG，它是一种通透酶并且能作为一种转运蛋白起到将胞壁肽从周质间隙转运到胞浆的作用。Park 等已经研究了 AmpG 这种通透酶的专一性，其独特的底物含有 PG 肽类，这些肽类被连接到 GlcNAc-无水 MurNAc 上。这些底物是在细菌细胞处于指数生长过程中被细胞壁的周转产生的。现已证实，来自被周转和再循环的几乎所有二氨基庚二酸（Dap）都是借助 AmpG 通过内膜被转运进入到胞浆。AmpG 对 GlcNAc-无水 MurNAc 二糖以及携带干肽的单糖具有特异性。AmpG 不转运无水 MurNAc-三肽。可能的情况是，AmpG 并非只是针对一种胞壁肽具有特异性。AmpG 可能也是从细胞壁上释放出的其他胞壁肽的通透酶。这些胞壁肽也可能被再循环。这与如下的事实是一致的，即 AmpD 对于许多胞壁肽来说都是一种酰胺酶。*ampG* 基因已经被克隆、测序以及在染色体上作图。推断的 AmpG 分子量是 53kDa，是一种跨膜转运蛋白，其转运过程依赖于质子动力。AmpG 是一种膜蛋白，推测有 10 个跨膜片段，另有 4 个疏水片段留在胞浆内。有学者提出，AmpG 作为一个信号转导器或通透酶在 β-内酰胺酶诱导系统中发挥作用。

在发现 PG 生物合成再循环之时，AmpG 并未被发现。当时，Goodell 及其同僚推测，再循环涉及 PG 裂解并释放三肽进入到周质间隙中，随后，经过寡肽通透酶（oligopeptide permease, Opp）再被摄入到细胞内。在再循环被发现 8 年之后，研究证实，编码 Opp 基因的缺失不会防止大肠埃希菌 PG 再循环。点突变已经在 *ampG* 的结构基因内被鉴定出，它造成一种不可诱导的表型，即便参与到 AmpC 诱导的其他基因仍然是野生型的。Park 的研究提示，另外一种通透酶系统被用于再循环途径。总之，这些资料提示，AmpG 是被用于转运寡肽的通透酶，这些寡肽参与细胞壁再循环并且 AmpG 对于 β-内酰胺酶的诱导是必不可少的。AmpG 的突变并不多见。

四、AmpD

早期研究提示，除了 *ampC* 和 *ampR* 以外，可诱导的 *ampC* 表达还需要其他基因。后来的研发发现，造成 *ampC* 过度表达的一个基因被定位在编码 *ampC* 和 *ampR* 基因区域以外的区域。这个基因被称作 *ampD*，它被克隆和定位在大肠埃希菌染色体的 *nadC-aroP* 区域上。这个 DNA 片段能够将 *ampC* 过度表达表型恢复成为野生型表达。在 *ampD* 上的各种突变所赋予的 AmpC 在组成上或半组成上的过度表达被发现是 AmpR 依赖的。基因分析证实，在 *ampD* 基因内的各种突变导致不同的 AmpC 诱导表型。这些突变体表型包括半组成上的、稳定脱阻遏的、超级诱导的和温度敏感的 AmpC 表达。*ampD* 基因在革兰阴性菌中是保守的，这与 AmpC 可诱导性无关。AmpD 是一个 20.5 kDa 胞浆蛋白，它作为一种 N-乙酰-无水胞壁酰-L-丙氨酸酰胺酶而发挥作用。早期研究建议，AmpD 不是一个 DNA 结合蛋白，它也不会结合到 AmpR 并影响 AmpR 结合。它似乎也不直接结合到 β-内酰胺类抗生素上，因此，它对 *ampC* 表达的影响一定是间接的。AmpD 被显示裂解位于无水胞壁酸的羧基和在无水胞壁肽的 α-氨基之间的酰胺键，这些胞壁肽包括无水 MurNAc-三肽、无水 MurNAc-四肽和无水 MurNAc-五肽。这些肽被显示作为一种被再循环的细胞壁产物存在于革兰阴性细胞中。这些细胞壁代谢产物的产生可能参与到 *ampC* 基因表达的诱导上。

来自一些细菌菌株的 *ampD* 基因已经被测序并且与野生型 *ampD* 进行了比较，这些菌株呈现出 AmpC 诱导的不同表型。来自阴沟肠杆菌、弗氏柠檬酸杆菌和大肠埃希菌的野生型 *ampD* 序列在核苷酸水平上具有一个 74%～83% 的同一性。趋异发生在羧基端。与大肠埃希菌的 *ampD* 序列相比，来自阴沟肠杆菌和弗氏柠檬酸杆菌的 *ampD* 序列有 4 个氨基酸加入。所有序列资料提示，对于可诱导的 AmpC 表型而言，该蛋白的羧基部分是重要的。与一个特定 AmpC 表型相关联的各种突变被显示在表 24-3。

表 24-3　各种 AmpD 突变体

表型	突变体	基因型	氨基酸置换
完全脱阻遏	ampD029M（大肠埃希菌）	在 275 碱基对删除	在位置 133 被截断
	ampD04（大肠埃希菌）		16 羧基端残基被删除
	ampD11（大肠埃希菌）	T→G 颠换	苏氨酸 7→甘氨酸
	ampD02（阴沟肠杆菌）	串联重复	在密码子 98 后移码
	CBN1（弗氏柠檬酸杆菌）	T98→G 颠换	缬氨酸 33→甘氨酸
	31A12（弗氏柠檬酸杆菌）	G284→A 转换	色氨酸 95 终止
	31F11（弗氏柠檬酸杆菌）	T492→G 颠换	天冬氨酸 164→谷氨酸
半组成脱阻遏	ampD2（大肠埃希菌）	IS1 插入	在密码子 121 后移码
超级可诱导	ampD05（阴沟肠杆菌）	A→G 转换	天冬氨酸 121→甘氨酸
	ampD1194E（阴沟肠杆菌）		天冬氨酸 127→甘氨酸
	GBN3（弗氏柠檬酸杆菌）	C473→A 颠换	丙氨酸 158→谷氨酸
	31E3（弗氏柠檬酸杆菌）	T283→A 颠换	色氨酸 95→精氨酸
	GBN2（弗氏柠檬酸杆菌）	T304→G 颠换	酪氨酸 102→天冬氨酸
	ampD1（大肠埃希菌）	52-碱基移码	在密码子 23 后删除
温度敏感	025-5（阴沟肠杆菌）		色氨酸 171→半胱氨酸

注：引自 Hanson N D, Sanders C C. Curr Pharm Des，1999，5：881-894）。

缺乏 AmpD 的大肠埃希菌在胞浆中含有大量的无水 MurNAc-三肽，这就建议无水 MurNAc 或许是 AmpD 的底物。已经证实，AmpD 可以裂解无水 MurNAc-L-丙氨酸键。有趣的是，AmpD 被证明对于无水 MurNAc-L-丙氨酸键具有高度专一性。MurNAc-肽类和 UDP-MurNAc-五肽的裂解速率是无水 MurNAc-三肽的裂解速率的 $\frac{1}{10000}$。因此，在胞浆中，AmpD 的功能是裂解无水 MurNAc-肽类，同时不破坏 UDP-MurNAc-五肽，后者是 PG 生物合成的前体化合物。

在没有 β-内酰胺类存在的情况下，胞浆内 1，6-无水-MurNAc-肽类的浓度被 AmpD 的活性所控制，后者是一个 N-乙酰基-胞壁酰-L-丙氨酸酰胺酶，它从 1，6-无水-MurNAc 糖中移出短柄肽。在这种情况下，UDP-MurNAc-五肽占据主导地位并且结合 AmpR，以此来加强 ampC 转录的阻遏。然而，暴露到 β-内酰胺类增加 PG 片段化，这就允许 1，6-无水-MurNAc-肽类蓄积，十分可能蓄积的或是三肽或是五肽，它们从 AmpR 上替换 UDP-MurNAc-五肽并且促进 ampC 的转录性活化。高

产的 AmpC 酶灭活相应的 β-内酰胺类抗生素，从而再建立合适的 PG 稳态，又依次将 AmpC 产生带回到基线水平。

在铜绿假单胞菌，ampC 表达被 3 个 AmpD 同源物协同阻遏，包括以前被描述的蛋白 AmpD 和其他 2 个蛋白，被称作 AmpDh2 和 AmpDh3，它们来自完全被测序的 PAO1 菌株。这 3 种 AmpD 同源物负责一个逐步的 ampC 正性调节机制，最终导致染色体头孢菌素酶在组成上超级表达并且针对抗假单胞菌 β-内酰胺类抗生素的高水平耐药。一种三步逐步升级机制可赋予 4 种相关的表达状态：①基线可诱导表达（野生型）；②适度水平超诱导表达，表现出增加的针对抗假单胞菌的 β-内酰胺类耐药（ampD 突变体）；③高水平超级诱导表达，表现出高水平 β-内酰胺类耐药（ampD-amp-Dh3 双突变体）；④非常高水平（与野生型相比超过 1000 倍）脱阻遏表达（三突变体）。尽管一步可诱导脱阻遏表达模型在天然耐药机制中是常见的，但这种逐步升级机制是第一个被鉴定出的例子，在此，一个耐药基因的表达通过多步脱阻遏而能被序贯扩增（表 24-4）。

表 24-4　可诱导的和稳定脱阻遏的临床分离株的敏感性

抗菌药物	集合平均 MIC/(μg/mL)				
	阴沟肠杆菌		铜绿假单胞菌		
	可诱导	完全脱阻遏	可诱导	部分脱阻遏	完全脱阻遏
头孢噻肟	0.31	215	19.5	132	＞323
头孢他啶	0.23	64	1.3	3.3	25.4
头孢曲松	0.44	430	313	313	＞323
氨曲南	0.06	38	5.6	5.6	50.8
头孢西丁	256	304			
亚胺培南	0.56	0.71	2.5	2.5	2.5

注：引自 Jacoby G A. Clin Microbiol Rev，2009，22：161-182。

五、NagZ

因为 AmpG 通透酶只是转运含有 GlcNAc-无水 MurNAc 的化合物，无水 MurNAc-三肽而不是 GlcNAc-无水 MurNAc-三肽在 *ampD* 细胞中蓄积，所以，显而易见的是，GlcNAc 必须从进入胞浆中的二糖中裂解下来。已经证实，发挥这一作用的并不是 AmpD，而是一种 β-N-乙酰氨基葡糖苷酶，即 NagZ。NagZ 可作用于含有各种肽聚糖的 N-乙酰葡糖胺-β-1,4(1,6)-无水胞壁酸上，是参与到 PG 氨基糖再循环的酶。NagZ 在二糖转换成单糖的过程中是不可或缺的。细胞内 1,6-无水单糖肽类的形成对于 AmpC 型可诱导的 β-内酰胺酶的表达控制是重要的。缺乏 NagZ 活性的一个突变体不能建立 AmpC 介导的 β-内酰胺类抗生素耐药。

六、PG 生物合成的再循环途径

已如前述，AmpC β-内酰胺酶表达的诱导不仅需要细菌拥有特殊的调节因子如 AmpR，而且还要有一个 PG 生物合成再循环途径存在。对于 AmpC 诱导而言，目前的运行模型需要细菌细胞暴露到 β-内酰胺类药物或其他刺激物，并且被联系到细胞壁再循环途径上。众所周知，很多 β-内酰胺类抗生素和一些化学刺激物都是 AmpC β-内酰胺酶表达的诱导剂，如头孢西丁、亚胺培南和克拉维酸等。然而，这些诱导剂并不会直接作用于 AmpR 上，也不会直接活化 AmpR 的转录。这些细菌对 β-内酰胺类的暴露导致 AmpC 酶表达的诱导，这一过程天然地被革兰阴性病原菌 PG 再循环途径的一些代谢产物所控制。毫无疑问，PG 再循环途径在革兰阴性菌中是高度保守的，不具有 AmpR 调节子的细菌也同样存在 PG 再循环途径，如大肠埃希菌和肺炎克雷伯菌。有些学者提出，革兰阴性菌 PG 生物合成再循环途径调节 AmpC β-内酰胺酶诱导，而另一些学者认为 PG 生物合成再循环途径只是参与其中，换言之，是细菌利用 PG 生物合成再循环途径来调节 AmpC 酶的产生。不管怎么说，PG 再循环中的一些蛋白和代谢产物参与到了 AmpC β-内酰

胺酶表达的诱导。众所周知，PG 是构成细菌细胞壁的主要成分，无论是革兰阳性菌还是革兰阴性菌都是如此。PG 生物合成再循环途径在细菌中是普遍存在的，但在革兰阴性菌，AmpC 酶产生的诱导性并非无所不在，换言之，尽管有些细菌染色体拥有 *ampC* 基因，但也不具有 AmpC 酶产生的可诱导性，因为细菌缺乏参与到诱导过程中的遗传调节子，如大肠埃希菌。当然，还有一些细菌如肺炎克雷伯菌、奇异变形杆菌和沙门菌种根本就不具备染色体 *ampC* 基因，也就无从谈起 AmpC 产生的调节，但这些细菌还是存在着 PG 生物合成再循环途径。从这个角度上说，PG 生物合成再循环只是参与了 AmpC 酶产生的诱导，而不是掌控这一诱导过程。

PG 再循环现象是在 1985 年被 Goodell 和 Schwarz 研究细胞壁周转过程时偶然发现的。他们发现，大肠埃希菌 W7 细胞释放 3 种肽聚糖进入培养基中：四肽（L-丙氨酸-D-谷氨酸-内消旋-二氨基庚二酸-D-丙氨酸），三肽（L-丙氨酸-D-谷氨酸-内消旋-二氨基庚二酸）以及一种当时尚未被描述的二肽（内消旋-二氨基庚二酸-D-丙氨酸）。从这三种肽释放率看，在囊中肽聚糖的 6%～8% 在每一代中丧失。革兰阴性杆菌的细胞壁在其生长过程中必须被重构。大肠埃希菌（可能也包括阴沟肠杆菌）在每一代中都降解 40%～50% 的细胞壁肽聚糖，并且降解产物的 90% 参与再循环。我们现在清楚的是，在实验室条件下，再循环并不是必需的。缺乏 *ampG* 的大肠埃希菌在基本培养基中生长很好。对于细菌细胞的存活，正常生长率，正常形态或正常 PG 成分，上述这些基因似乎并非不可或缺。所有这些酶都是在指数生长过程中被产生和有活性的。事实上，PG 再循环的过程非常复杂，有 9 种酶，再加上 1 个通透酶和 1 个周质结合蛋白参与其中（表 24-5）。研究提示，大肠埃希菌和很多其他的肠道细菌可能具有 3 种不同的再循环途径。较主要的 1 个途径是依赖于 Mpl 直接利用 PG 三肽。一些细菌可能只是具有其中的 1 个或 2 个途径（图 24-7）。

表 24-5 PG 再循环所需的酶

基因	活性	位置
ampG	GlcNAc-anhMurNAc 通透酶	内膜
ampD	anhMurNAc-L-Ala 酰胺酶	胞浆
mpl（*yjfG*）	UDP-MurNAc：L-Ala-γ-D-Glu-Dap 连接酶	胞浆
ldcA（f304 基因）	LD-羧肽酶	胞浆
mpaA（*ycjI*）	γ-D-Glu-Dap 连接酶	胞浆
ycjG	L-Ala-D/L-Glu 表异构酶	胞浆

续表

基因	活性	位置
nagZ（*ycfO*）	β-*N*-乙酰氨基葡糖苷酶	胞浆
nagA	GlcNAc-6-P 脱乙酰酶	胞浆
nagK（*ycfX*）	GlcNAc 激酶	胞浆
anmK（*ydhH*）	anhMurNAc 激酶	胞浆
murQ（*yfeU*）	MurNAc-6-P 乙醚酶	胞浆
amiD（*ybjR*）	anhMurNAc-L-Ala 酰胺酶	外模
mppA	肽聚糖肽结合蛋白	周质

注：引自 ParK J T，Uehara T. Microbiol Mol Biol Rev，2008，72（2）：211-227。

上述各种酶有些是参与到各种 PG 氨基酸再循环，有些是参与到各种 PG 氨基酸再循环。肽类在 AmpD 酰胺酶作用下从无水肽聚糖中被释放出。LdcA 羧肽酶从四肽中裂解下 D-丙氨酸。三肽被 Mpl 连接酶高效利用，形成 UDP-MurNAc-三肽，后者是 PG 生物合成途径中的正常中间产物。UDP-MurNAc-三肽在 MurF 作用下再加上两个丙氨酸，形成 UDP-MurNAc-五肽。涉及 AmpC β-内酰胺酶诱导中研究最多的酶是 AmpG 通透酶和 AmpD 酰胺酶，以及在更小程度上也包括 Mpl 连接酶和 NagZ 乙酰氨基葡糖苷酶。

由于大肠埃希菌能够再循环来自 PG 的氨基酸，人们自然而然就会问道：是否这些细胞也能再利用氨基糖呢？研究证实源于 PG 的无论是 GlcNAc 还是无水 MurNAc 都能被转换成 GlcNAc-6-P，可供再次利用。有 5 种酶参与到 PG 氨基糖的再循环（图 24-8）。

根据 Ambler 的分子学分类方法，AmpC β-内酰胺酶即为 C 类酶，这样的界定是在 20 世纪 80 年代早期做出的。因此，AmpC β-内酰胺酶表达诱导的研究大约是在 90 年代早期开始的。人们首先是观察到一些肠杆菌科细菌临床分离株在采用 β-内酰胺类抗生素治疗期间出现了 AmpC β-内酰胺酶过度产生，这显然涉及 AmpC β-内酰胺酶表达的诱导性。人们首先发现的是 AmpC 表达的调节子 AmpR，后来陆续认识到仅有这一调节子是不够的，还需要一些其他酶参与其中，这些酶都是 PG 生物合成再循环中不可或缺的生物因子，如 AmpG 和 AmpD 等。当然，PG 再循环产生的各种组分很多，它们各自在 PG 再循环中和 AmpC β-内酰胺酶诱导上起着相关的作用（表 24-6）。

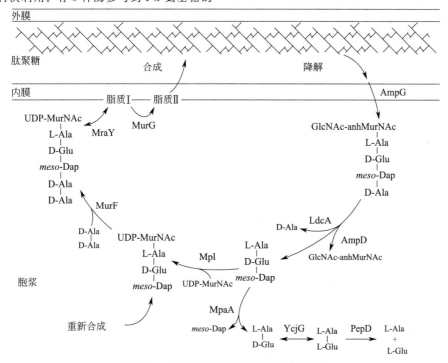

图 24-7　再循环 PG 三肽和各种氨基酸的途径

［引自 ParK J T，Uehara T. Microbiol Mol Biol Rev，2008，72（2）：211-227］

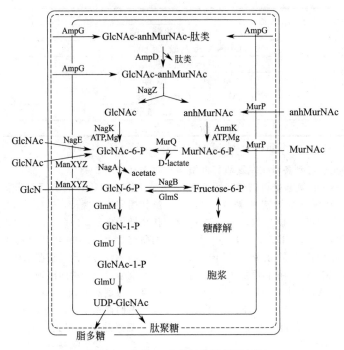

图 24-8 各种 PG 氨基糖的再循环途径

[引自 ParK J T，Uehara T. Microbiol Mol Biol Rev，2008，72（2）：211-227]

表 24-6 细胞壁组成部分

组成部分	缩写	位置
N-acetylglucosamine，*N*-乙酰葡糖胺	GlcNAc	细胞质
N-acetylmuramic acid，*N*-乙酰胞壁酸	MurNAc	细胞质
meso-diaminopimelic acid，内消旋-二氨基庚二酸	m-A2-pm	细胞质/周质间隙
L-Ala-D-Glu-m-A₂-pm，三肽	tripeptide	细胞质/周质间隙
L-Ala-D-Glu-m-A₂-pm-D-Ala，四肽	tetrapeptide	细胞质
L-Ala-D-Glu-m-A₂-pm-D-Ala-D-Ala，五肽	pentapeptide	细胞质
N-acetylglucosamine-1，6-anhydro-*N*-acetyl muramic acid，*N*-乙酰葡糖胺-1,6-*N*-乙酰胞壁酸	GlcNAc-anhMurNAc	细胞质/周质间隙
	GlcNAc-anhMurNAc-tripeptide	细胞质/周质间隙
	GlcNAc-anhMurNAc-tetrapeptide	细胞质/周质间隙
	GlcNAc-anhMurNAc-pentapeptide	细胞质/周质间隙
1，6-anhydro-*N*-acetylmuramic acid，1，6-无水-*N*-乙酰胞壁酸	anhydro-MurNAc	细胞质
1，6-anhydro-*N*-acetylmuramyltripeptide，1，6-无水-*N*-乙酰胞壁酰三肽	anhMurNAc-tripeptide	细胞质
1，6-anhydro-*N*-acetylmuramyltetrapeptide，1，6-无水-*N*-乙酰胞壁酰四肽	anhMurNAc-tetrapeptide	细胞质
1，6-anhydro-*N*-acetylmuramylpentapeptide，1，6-无水-*N*-乙酰胞壁酰五肽	anhMurNAc-pentapeptide	细胞质
uridine-diphosphate-*N*-acetylmuramic acid，鸟苷二磷酸-*N*-乙酰胞壁酸	UDP-MurNAc	细胞质
	UDP-MurNAc-pentapeptidee	细胞质

注：引自 Hanson ND，Sanders C C. Curr Pharm Des，1999，5：881-894。

　　大体上说，PG 再循环要经历如下的过程。首先是 PG 的裂解，释放出 GlcNAc-无水 MurNAc-三肽（二糖-三肽或 D-三肽），GlcNAc-无水 MurNAc-四肽（二糖-四肽或 D-四肽）进入到周质间隙中。三肽是丙氨酸-谷氨酸-二氨基庚二酸，四肽是丙氨酸-谷氨酸-二氨基庚二酸-丙氨酸，以及五肽则是丙氨酸-谷氨酸-二氨基庚二酸-丙氨酸-丙氨酸。这些二糖-肽是借助 AmpG 通透酶的作用进入胞浆中，因此，AmpG 是 PG 再循环途径中第一个重要的酶。这些二糖-肽类在进入胞浆后，借助乙酰氨基葡糖苷酶 NagZ 的作用下，GlcNAc 被切除掉，从而形成相对应的各种无水 MurNAC-肽类（有学者称作单糖-肽或 M-肽），这些无水 MurNAc-肽类可以被 AmpD 酰胺酶进一步降解，将糖和肽分离开，它们各自进

入 PG 再循环的后续环节中。被降解出的三肽和五肽与 UDP-MurNAc 形成 UDP-MurNAc-三肽和五肽，其间要借助肽聚糖连接酶 Mpl 和肽聚糖合成酶 MurF 的活性。UDP-MurNAc-五肽既是 PG 生物合成的前体，也是 AmpR 复合阻遏剂。在正常情况下，革兰阴性菌都是在低水平上表达 *ampC*，这就提示 *ampC* 的表达是处于阻遏状态之下。已经证实，UDP-MurNAc-五肽就是一种复合阻遏剂，它结合到 AmpR 的结合区中，阻遏 *ampC* 的过度表达。近来，在文献中出现了争论，即参与这个诱导过程的究竟是哪几种前体胞壁肽。Jacobs 等已经提出，AmpR 活化中所需的无水胞壁肽是无水胞壁酰-三肽，而不是无水胞壁酰-五肽（图 24-9）。

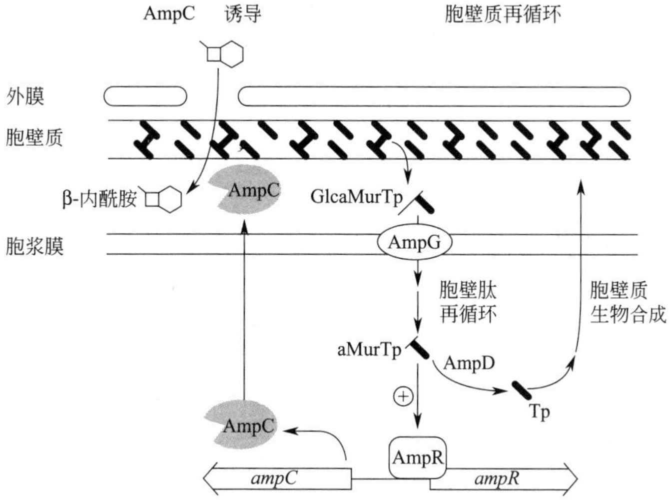

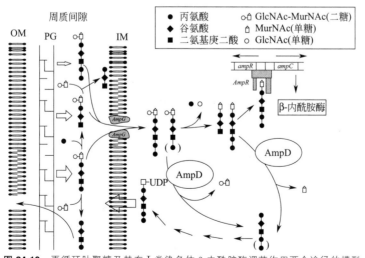

图 24-9　AmpC β-内酰胺酶诱导和胞壁质再循环的互联途径
（引自 Jacobs C，Frere J M，Mormark S. Cell，1997，88：823-832）

图 24-10　再循环肽聚糖及其在 I 类染色体 β-内酰胺酶调节作用两个途径的模型
［引自 Wiedemann B，Dietz H，Pfeifle D. Clin Infect Dis，1998，27（Suppl. 1）：S42-S47］
OM—外膜；PG—肽聚糖；IM—内膜

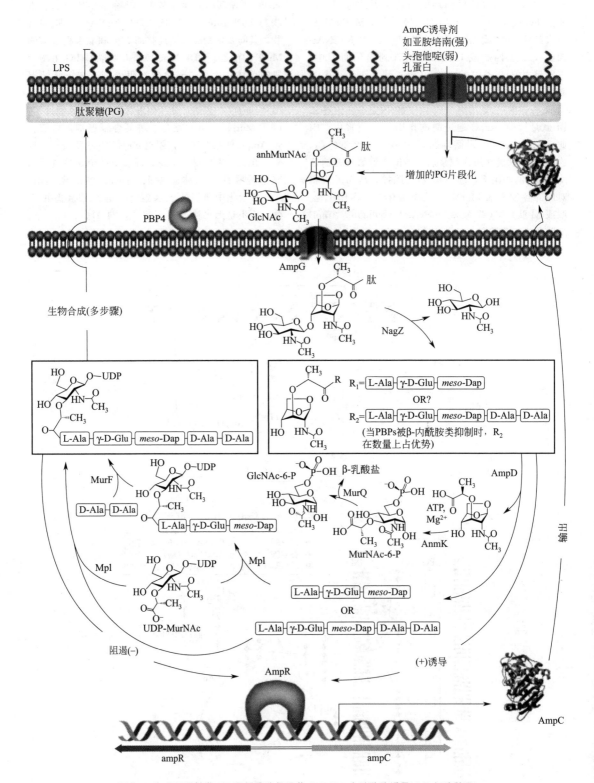

图 24-11　革兰阴性菌 PG 再循环途径调节 AmpC β-内酰胺酶诱导（见文后彩图）

[引自 Mark B L，Vocadlo D J，Oliver A．Future Microbiol，2011，6（12）：1415-1427]

对比而言，Dietz 等争论说，无水胞壁酰-五肽一定负责 AmpC 诱导。Dietz 等采用阴沟肠杆菌对 AmpC 诱导机理进行了研究，结果显示，细菌细胞在采用 β-内酰胺类抗生素（头孢噻肟、头孢西丁、亚胺培南、美罗培南、哌拉西林、舒巴坦）处理后，他们检测到无水二糖-三肽、无水二糖-四肽和无水二糖-五肽在细菌周质间隙中的增加。只有无水二糖-五肽的蓄积与 β-内酰胺类抗生素的 β-内酰胺酶诱导能力有关联。采用亚胺培南处理时，只有无水单糖-五肽数量增加。这些发现提示，无水二糖-五肽是主要的周质肽聚糖，它被转化成 β-内酰胺酶诱导的胞浆信号分子，即无水 MurNAc-五肽。实际上，无论是无水 MurNAc-三肽还是无水 Mur-NAc-五肽都是 AmpD 的底物，它们都是在 AmpD 作用下被降解成为糖和肽。试想，如果细胞缺乏或完全缺乏 AmpD，那么，胞浆中就会大量堆积无水 MurNAc-三肽和无水 MurNAc-五肽，它们就会强力结合到 AmpR 结合区中，使得 AmpC 的表达表现出超高水平。这些胞壁肽能够作为 AmpC 产生的 AmpR-介导的转录诱导的一个内源性信号效应器而起作用。到目前为止，支持这两种诱导模型的证据都存在。为此，Wiedemann 等提出了 AmpC 产生调节的两个途径的模型（图 24-10）。当然，在诱导剂存在的情况下，在所有 3 种二糖胞壁酰肽的一个增加被观察到，这就建议所有 3 种无水 Mur-NAc-肽都能参与到 *ampC* 表达的诱导上。在评价这些资料中遇到的一个问题是，这些实验代表着位于周质间隙中各种胞壁酰肽的数量，而不是位于胞浆中各种胞壁酰肽的数量。

已如前述，在整个 PG 再循环期间，一共有十几种酶的参与，研究得比较多的是 AmpG、AmpD、NagZ 和 Mpl 等。图 24-11 清晰地展示出上述各种酶在 PG 再循环途径中所起的作用。

七、β-内酰胺类抗生素的诱导机理和诱导强度

众所周知，就 AmpC β-内酰胺酶诱导而言，并非所有 β-内酰胺类抗生素都具有同等程度的诱导能力，彼此差异很大。青霉素、氨苄西林、阿莫西林和头孢菌素类如头孢唑啉和头孢噻吩都是强的诱导剂和良好的底物。头孢西丁和亚胺培南也是强的诱导剂，但对这种酶的水解作用要稳定得多。头孢噻肟、头孢曲松、头孢他啶、头孢吡肟、头孢呋辛、哌拉西林和氨曲南都是弱的诱导剂和弱的底物。β-内酰胺酶抑制剂也是诱导剂，特别是克拉维酸，它对 AmpC β-内酰胺酶活性几乎没有抑制作用，但在一个可诱导细菌中似乎却能反常地增加 AmpC 介导的耐药。克拉维酸的这种诱导效应对于

铜绿假单胞菌来说特别重要，在这种细菌中，克拉维酸的临床可获得的浓度就可以通过诱导 AmpC 表达已经被显示可拮抗替卡西林的抗菌活性。根据 AmpC β-内酰胺酶诱导的原理看，β-内酰胺类抗生素及其代谢产物并未和 AmpR 有直接的接触，并且绝大多数 β-内酰胺类抗生素并不跨过内膜进入细菌细胞内，因此，这些 β-内酰胺类抗生素根本不可能在胞浆中作为 AmpR 转录的活化剂而起作用。众所周知，β-内酰胺类抗生素是在周质间隙中通过结合到 PBP 上发挥抗菌作用。那么人们不禁要问：各种 β-内酰胺类抗生素在 AmpC β-内酰胺酶诱导上的强弱之分的本质又是什么呢？尽管 AmpC β-内酰胺酶诱导上的各种级联机制已经研究得比较充分，但对于诱导剂强弱方面的研究几乎还处于空白。

AmpC β-内酰胺酶诱导的总括调节概念能被扩展到将 PBP 包含在内。不管刺激是什么，在细胞壁生物合成和再循环途径上的微扰都似乎是在细胞内各个途径之间常见的联系，这些细胞内途径是诱导 *ampC* 表达所需要的。PBP 被假设是参与到 AmpC 诱导上的最初信号，不过，在特定的 β-内酰胺类化合物的 PBP 结合上，细胞壁前体肽的再循环和 *ampC* 表达的诱导之间的关系尚未被全部阐明。已经被清楚地证明，各种 β-内酰胺类药物在诱导剂潜力上彼此此不同。这些观察可能反映出 β-内酰胺药物结合到特定 PBP 和抑制它们的生理学功能的能力。在 β-内酰胺结合到 PBP 和 AmpC 诱导之间关联性的直接证据并不存在。

第六节　染色体编码的 AmpC β-内酰胺酶的流行病学

已如前述，在正常情况上下，位于革兰阴性杆菌染色体上编码 AmpC β-内酰胺酶的基因都处于低水平表达状态，这也是在抗生素年代之初，这些携带编码 AmpC β-内酰胺酶基因的细菌都表现出对各种头孢菌素敏感的主要原因。后来，各种原因造成的超高产菌株才表现出对大多数 β-内酰胺类抗生素耐药。就位于染色体上的编码基因而言，可诱导的 *ampC* 基因的过度表达至少在 2 种不同的情况下会出现：①*ampC* 基因在诱导性 β-内酰胺类抗生素存在情况下，同时这些菌株要具备合适的 AmpR 调节子；②在缺乏 β-内酰胺类抗生素的情况下诱导途径的扰动。与 AmpR 和 AmpD 有关联的突变能够导致 AmpC 过度产生，这种现象被称作脱阻遏，分为部分脱阻遏和完全脱阻遏，程度不同。

在肠道机会性病原菌和铜绿假单胞菌，染色体介导的 β-内酰胺耐药提供了一个在相关细菌种属之间显著不同突变频率的例子。在像阴沟肠杆菌和弗

氏柠檬酸杆菌那样的细菌，对 β-内酰胺类抗生素的染色体耐药在高的突变频率上发生，而对于像大肠埃希菌那样的细菌而言，耐药频率就低得多。在阴沟肠杆菌和弗氏柠檬酸杆菌中，染色体 AmpC β-内酰胺酶也在一个低水平上表达，但可被 β-内酰胺类抗生素诱导高水平产生。在这些可诱导的细菌中，产生高水平 AmpC β-内酰胺酶的突变株以非常高的频率上发生着（$10^{-6} \sim 10^{-7}$）。例如，已经有研究报告，高达 50% 的阴沟肠杆菌、弗氏柠檬酸杆菌、黏质沙雷菌和铜绿假单胞菌分离株是脱阻遏的，并且在第一次分离出时就是氧亚氨基头孢菌素耐药。

肠杆菌科细菌中的一些成员（如阴沟肠杆菌和黏质沙雷菌）针对超广谱头孢菌素类的耐药主要是由于染色体 *ampC* 基因在组成上过度表达所致。此外已有报告显示，AmpR 依赖的 AmpC 的组成上过度表达在 AmpD 缺陷菌株中是以 10^{-6} 频次发生。有报告显示，21 个头孢他啶耐药（MIC≥16 μg/mL）阴沟肠杆菌临床分离株被鉴定了特征。所有分离株都展现出因 AmpD 突变造成的 AmpC 过度产生。此外，在这些分离株中有 2 个 AmpR 突变体。这是首次报告在阴沟肠杆菌的临床分离株中出现染色体 *ampR* 突变。在临床分离株中，AmpC 过度表达的最常见原因是 *ampD* 的突变，它导致 AmpC 超级诱导性或构成上的超级产生。AmpR 突变更不常见，但也能导致高的组成上或超级可诱导表型。最不常见的是在 AmpG 上的突变，这种突变造成组成上的低水平表达。AmpG 是一个内膜通透酶，它转运那些寡肽，而后者参与细胞壁再循环和 AmpC 调节。与脱阻遏相关联的 AmpD 突变包括点突变、截短和大的插入，主要是破坏这一蛋白的羧基末端。

对于那些具有通过突变而高水平产生 AmpC β-内酰胺酶的肠道细菌而言，在应对治疗时耐药的发展是一件让人担忧的事情。在一项由 129 名因肠杆菌菌种所致的菌血症患者参加的具有里程碑式的研究中，Chow 等采用广谱头孢菌素治疗了 31 名患者，其中有 6 名患者被发现发展出降低的敏感性（治疗后头孢菌素 MIC＞16μg/mL），并且在采用头孢噻肟、头孢他啶或头孢曲松治疗后出现了增加 β-内酰胺酶产生的现象，这种状况出现的频率要比对氨基糖苷类或其他 β-内酰胺类耐药出现的频率大得多。相继的一项研究由 447 名患者参加，他们的感染是由最初敏感的肠杆菌菌种所致，这个研究也发现，在接受广谱头孢菌素类治疗的患者中，有 19% 发展出了耐药的肠杆菌分离株，并且如果最初的分离株来自血液的话，耐药就更可能出现。一项近来的研究评价了 732 名患者，他们的感染是由肠杆菌菌种、黏质沙雷菌、弗氏柠檬酸杆菌或摩氏摩

根菌所致。在采用广谱头孢菌素类治疗的 218 名中有 11 名出现了耐药，这种现象在肠杆菌菌种比弗氏柠檬酸杆菌更常见，前者是 10/121，或是 8.3%，而后者是 1/39，或是 2.6%。在由黏质沙雷菌所致的 37 名感染患者以及由摩氏摩根菌所致的 21 名感染患者中，根本没有发展出耐药。联合用药不能阻止耐药出现。产 AmpC β-内酰胺酶的阴沟肠杆菌菌株的克隆传播到其他患者的现象已经在一些医疗中心中被观察到，并且这似乎不是一种普遍存在的现象。然而，一旦被选择出来，超高产现象则是稳定存在的，以至于目前在英国来自住院患者的 30%～40% 的阴沟肠杆菌分离株以及在北美的 15%～25% 的分离株具有这种 β-内酰胺类耐药的机制。

铜绿假单胞菌在治疗期间由于在某些染色体基因突变所介导的耐药发展是一个常见的问题，具有较大的临床影响，特别是当影响到在 ICU 的重症患者，或者在慢性定植的患者，在上述两种情况下，这个问题显得尤为突出，这是因为超级突变菌株的高度流行。针对抗假单胞菌青霉素类（如替卡西林或哌拉西林）和头孢菌素类（如头孢他啶或头孢吡肟）耐药发展的最相关机制就是各种突变的选择，这就导致染色体头孢菌素酶 AmpC 的超高产。染色体 AmpC β-内酰胺酶介导的耐药是很普遍的现象，这是因为在很多革兰阴性病原菌大的染色体上都携带着 *ampC* 基因，只是并不是所有编码基因都处在高水平表达状态。鉴于 AmpC β-内酰胺酶的检测上的难度，这种耐药机制的流行很可能被低估。

第七节　结语

AmpC β-内酰胺酶是临床上重要的头孢菌素酶，它们在许多肠杆菌科细菌和一些其他细菌的染色体上被编码，在这些细菌中，它们介导对头孢噻吩、头孢唑啉、头孢西丁、大多数青霉素类和 β-内酰胺/β-内酰胺抑制剂复方制剂耐药。在许多细菌，AmpC β-内酰胺酶是可诱导的，并且能通过突变而高水平表达。过度表达赋予对广谱头孢菌素类耐药，包括头孢噻肟、头孢他啶和头孢曲松，并且在临床治疗期间出现耐药是一个让人担忧的问题，特别是在因阴沟肠杆菌和产气肠杆菌所致的感染中更是如此。这些细菌中，最初对这些制剂敏感的一个分离株可能在治疗期间变得对这些制剂耐药。可传播的质粒已经获得编码 AmpC 酶的基因，这些酶现在能出现在原本缺乏或差表达一个染色体 *bla* $_{AmpC}$ 基因的细菌中，如大肠埃希菌、肺炎克雷伯菌和奇异变形杆菌。因质粒介导的 AmpC 酶所

致的耐药比起在世界上大多数地区的 ESBL 的产生来说更不常见，但或许更加难以检测和耐药谱更广。被染色体和质粒基因编码的 AmpC β-内酰胺酶也正在进化成为能更加有效地水解广谱头孢菌素类的酶。鉴定产 AmpC β-内酰胺酶分离株的技术是现成的，但仍然需要不断地改进并且对于临床实验室来说还没有达到最佳化，这可能造成目前低估这种耐药机制。碳青霉烯类能通常用于治疗因产 AmpC 细菌所致的感染，但通过突变，碳青霉烯耐药能出现在一些细菌中，这些突变减少流入（外膜孔蛋白丧失）或增加外排（外排泵活化）。

参考文献

［1］　Burman L G，Park J T，Lindstrom E B，et al. Resistance of *Escherichia coli* to penicillins：identification of the structural gene for the chromosomal penicillinase ［J］. J Bacteriol，1973，116：123-130.

［2］　Jaurin B，Grundstrom T. AmpC cephalosporinase of *Escherichia coli* K-12 has a different evolutionary origin from that of β-lactamases of the penicillinase type ［J］. Proc Natl Acad Sci USA，1981，78：4897-4901.

［3］　Bauernfeind A，Chong Y，Schweighart S. Extended broad spectrum beta-lactamase in *Klebsiella pneumoniae* including resistance to cephamycins ［J］. Infection，1989，17：316-321.

［4］　Bre L，Chanal-Claris C，Sirot D，et al. Chromosomally encoded AmpC-type β-lactamase in a clinical isolate of *Proteus mirabilis* ［J］. Antimicrob Agents Chemother，1998，42：1110-1114.

［5］　Morosini M I，Negri M C，Shoichet B，et al. An extended-spectrum AmpC-type β-lactamase obtained by in vitro antibiotic selection ［J］. FEMS Microbiol Lett，1998，165：85-90.

［6］　Wiedemann B，Dietz H，Pfeifle D. Induction of β-lactamase in *Enterobacter cloacae* ［J］. Clin Infect Dis，1998，27（Suppl. 1）：S42-S47.

［7］　Barlow M，Hall B G. Origin and evolution of the AmpC β-lactamases of *Citrobacter freundii* ［J］. Antimicrob Agents Chemother，2002，46：1190-1198.

［8］　Normark B H，Normark S. Evolution and spread of antibiotic resistance ［J］. J Intern Med，2002，252：91-106.

［9］　Whichard J M，Joyce K，Fey P D，et al. β-lactam resistance and *Enterobacteriaceae*，United States ［J］. Emerg Infect Dis，2005，11：1464-1466.

［10］　Jacoby G A. AmpC β-lactamases ［J］. Clin Microbiol Rev，2009，22：161-182.

［11］　Hawkey P M，Jones A M. The changing epidemiology of resistance ［J］. J Antimicrob Chemother，2009，64（Suppl1）：i3-i10.

［12］　Pitout J D. *Enterobacteriaceae* that produce extended-spectrum β-lactamases and AmpC β-lactamases in the community：the tip of the iceberg ［J］? Curr Pharm Des，2013，19（2）：257-263.

［13］　Hanson N D，Sanders C C. Regulation of inducible AmpC β-lactamase expression among *Enterobacteriaceae* ［J］. Curr Pharm Des，1999，5：881-894.

［14］　Deshpande L M，Jones R N，Fritsche T R，et al. Occurrence of plasmidic AmpC β-lactamase-mediated resistance in *Escherichia coli*：report from the SENTRY Antimicrobial Surveillance Program（North America，2004）［J］. Int J Antimicrob Agents，2006，28：578-581.

［15］　Doi Y，Paterson D L. Detection of plasmid-mediated class C β-lactamases ［J］. Int J Infect Dis，2007，11：191-197.

［16］　Heritier C，Poirel L，Nordmann P. Cephalosporinase over-expression resulting from insertion of IS*Aba*1 in *Acinetobacter baumannii* ［J］. Clin Microbiol Infect，2006，12：123-130.

［17］　Gacoby G A，Mills D M，Chow N. Role of β-lactamases and porins in resistance to ertapenem and other β-lactams in *Klebsiella pneumoniae* ［J］. Antimicrob Agents Chemother，2004，48：3203-3206.

［18］　Juan C，Moya B，Perez L，et al. Stepwise upregulation of the *Pseudomonas aeruginosa* chromosomal cephalosporinase conferring high-level β-lactam resistance involves three AmpD honologues ［J］. Antimicrob Agents Chemother，2006，50：1780-1787.

［19］　Kaneko K，Okamoto R，Nakano R，et al. Gene mutations responsible for overexpression of AmpC β-lactamase in some clinical isolates of *Enterobacter cloacae* ［J］. J Clin Microbiol，2005，43：2955-2958.

［20］　Chen Y，Minasov G，Roth T A，et al. The deacylation mechanism of AmpC β-lactamase at ultrahigh resolution ［J］. J Am Chem Soc，2006，128：2970-2976.

［21］　Power P，Galleni M，Ayala J A，et al. Biochemical and molecular characterization of three new variants of AmpC β-lactamases from *Morganella morganii* ［J］. Antimicrob Agents Chemother，2006，50：962-967.

［22］　Powers R A，Caselli E，Focia P J，et al. Structure of ceftazidime and its transition-state analogue in complex with AmpC β-lactamase：Implications for resistance mutations and inhibitor design ［J］. Biochemistry，2001，40：9207.

［23］　Nukaga M，Kumar S，Nukaga K，et al. Hydrolysis

of third-generation cephalosporins by class C β-lactamases [J]. J Bio Chem, 2004, 279: 9344.

[24] Mark B L, Vocadlo D J, Oliver A. Providing β-lactams a helping hand: targeting the AmpC β-lactamase induction pathway [J]. Future Microbiol, 2011, 6 (12): 1415-1427.

[25] Fisher J F, Meroueh S O, Mobashery S. Bacterial resistance to β-lactam antibiotics: compelling opportunism, compelling opportunity [J]. Chem Rev, 2005, 105: 395-424.

[26] Gutkind G O, Di Conza J, Power P, et al. β-lactamase-mediated resistance: a biochemical, epidemiological and genetic overview [J]. Curr Pharm Des, 2013, 19 (2): 164-208.

[27] Dubus A, Ledent P, Lamotte-Brasseur J, et al. The roles of residues Tyr150, Glu272, and His314 in class C β-lactamases [J]. Proteins, 1996, 25: 473-485.

[28] Schmidtke A J, Hanson N D. Model system to evaluate the effect of *ampD* mutations on AmpC-mediated β-lactam resistance [J]. Antimicrob Agents Chemother, 2006, 50: 2030-2037.

[29] Schmidtke A J, Hanson N D. Role of *ampD* homologs in overproduction of AmpC in clinical isolates of *Pseudomonas aeruginosa* [J]. Antimicrob Agents Chemother, 2008, 52: 3922-3927.

[30] Palasubraminiam S, Karunakaran R, Gin G G, et al. Imipenem-resistance in *Klebsiella pneumoniae* in Malaysia due to loss of OmpK36 outer membrane protein coupled with AmpC Hyperproduction [J]. Int J Infect Dis, 2007, 11: 472-474.

[31] Hanson N D, Moland E S, Hong S G, et al. Surveillance of community-based reservoirs reveals the presence of CTX-M, imported AmpC, and OXA-30 β-lactamases in urine isolates of *Klebsiella pneumoniae* and *Escherichia coli* in a US community [J]. Antimicrob Agents Chemother, 2008, 52: 3814-3816.

[32] Dietz H, Pfeifle D, Wiedemann B. The signal molecule for β-lactamase induction in *Eenterobacter cloacae* is the anhydromuramyl-pentapeptide [J]. Antimicrob Agents Chemother, 1997, 41: 2113-2120.

[33] Lindquist S, Galleni M, Lindberg F, et al. Signalling proteins in enterobacterial AmpC β-lactamase regulation [J]. Mol Microbiol, 1989, 3: 1091-1102.

[34] Korfmann G, Sanders C C. *AmpG* is essential for high-level expression of AmpC β-lactamase in *Enterobacter cloacae* [J]. Antimicrob Agents Chemother, 1989, 33: 1946-1951.

[35] Lindquist S, Weston-Hafer K, Schmidt H, et al. AmpG, a signal transducer in chromosomal β-lactamase induction [J]. Mol Microbiol, 1993, 9:

703-715.

[36] ParK J T, Uehara T. How bacteria consume their own exoskeletons (turnover and recycling of cell wall peptidoglycan) [J]. Microbiol Mol Biol Rev, 2008, 72 (2): 211-227.

[37] Jacobs C, Frere J M, Mormark S. Cytosolic intermediates for cell wall biosynthesis and degradation control inducible β-lactam resistance in Gram-negative bacteria [J]. Cell, 1997, 88 (6): 823-832.

[38] Cheng Q, Park J T. Substrate specificity of the AmpG permease required for recycling of cell wall anhydro-muropeptides [J]. J Bacteriol, 2002, 184 (23): 6434-6436.

[39] Votsch W, Templin M F. Characterization of a β-N-acetylglucosaminidase of *Escherichia coli* and elucidation of its role in muropeptide recycling and β-lactamase induction [J]. J Biol Chem, 2000, 275 (50): 39032-39038.

[40] Honore N, Nicolas M H, Cole S T. Inducible cephalosporinase production in clinical isolates of *Enterobacter cloacae* is controlled by a regulatory gene that has been deleted from *Escherichia coli* [J]. EMBO J, 1986, 5: 3709-3714.

[41] Lindberg F, Lindquist S, Normark S. Inactivation of *ampD* causes semiconstitutive overproduction of the inducible *Citrobacter freundii* β-lactamase [J]. J Bacteriol, 1987, 169: 1923-1928.

[42] Henikoff S, Haughn G W, Calvo J M, et al. A large family of bacterial activator proteins [J]. Proc Natl Acad Sci, USA, 1988, 85: 6602-6606.

[43] Goodell E W, Schwarz U. Release of cell wall peptides into culture medium by eexponentially growing Escherichia coli [J]. J Bacteriol, 1985, 162: 391-397.

[44] Barnaud G, Benzerara Y, Gravisse J, et al. Selection during cefepime treatment of a new cephalosporinase variant with extended-spectrum resistance to cefepime in an *Enterobacter aerogenes* clinical isolate [J]. Antimicrob Agents chemother, 2004, 48: 1040-1042.

[45] Hidri N, Barnaud G, Decre D, et al. Resistance to ceftazidime is associated with a S220Y substitution in the omega loop of the AmpC β-lactamase of a *Serratia marcescens* clinical isolate [J]. J Antimicrob Chemother, 2005, 55: 496-499.

[46] Mammeri H, Nazic H, Naas T, et al. AmpC β-lactamase in an *Escherichcia coli* clinical isolate confers resistance to expanded-spectrum cephalosporins [J]. Antimicrob Agents Chemother, 2004, 48: 4050-4053.

[47] Matsumura N, Minami S, Mitsuhashi S. Sequences of homologous β-lactamases from clinical isolates of

Serratia marcescens with different substrate specificities ［J］. Antimicrob Agents Chemother, 1998, 42: 176-179.

［48］ Yatsuyanagi J, Saito S, Konno T, et al. Nosocomial outbreak of ceftazidime-resistant *Serratia marcescens* strains that produce a chromosomal AmpC variant with N235K substitution ［J］. Jpn J Infect Dis, 2004, 59: 153-159.

［49］ Nukaga M, Haruta S, Tanimoto K, et al. Molecular evolution of a class C β-lactamase extending its substrate specificity ［J］. J Biol Chem, 1995, 270 (11): 5729-5735.

［50］ Doi Y, Wachino J I, Ishiguro M, et al. Inhibitor-sensitive AmpC β-lactamase variant produced by an *Escherichi coli* clinical isolate resistant to oxyimino-cephalosporins and cephamycins ［J］. Antimicrob Agents Chemother, 2004, 48 (7): 2652-2658.

［51］ Lobkovsky E, Moews P C, Liu H, et al. Evolution of an enzyme activity: crystallographic structure at 2-Å rsolution of cephalosporinase from the *ampC* gene of *Enterobacter cloacae* P99 and comparison with a class A penicillinase ［J］. Proc Nant Acad Sci USA, 1993, 254: 11257-11261.

［52］ Galleni M, Amieosante G, Frere J M. A survey of the kinetic parameters of class C β-lactamase. Cephalosporins and other β-lactam compounds ［J］. Biochem J, 1988, 255: 123-129.

［53］ Knox J R, Moews P C, Frere J M. Molecular evolution of bacterial β-lactam resistance ［J］. Chem Biol, 1996, 3: 937-947.

［54］ Fernandez L, Breidenstein E B, Hancock R E. Creeping baselines and adaptive resistance to antibiotics ［J］. Drug Resist Updat. 2011, 14: 1-21.

［55］ Bulychev A, Maassova I, Miyashita K, et al. Nuances of mechanisms and their implications for evolution of the versatile β-lactamase activity: from biosynthetc enzymes to drug resistance factors. J Am Chem Soc, 1997, 119: 7619-7625.

第二十五章

质粒介导的 AmpC β-内酰胺酶

第一节　概述

　　染色体编码的 AmpC β-内酰胺酶基因是在 20 世纪 80 年代早期被鉴定出，后来证实，很多肠杆菌科细菌和铜绿假单胞菌都在染色体上具有编码 AmpC β-内酰胺酶的基因。然而，在临床上一些重要的肠杆菌科细菌如肺炎克雷伯菌、沙门菌种和奇异变形杆菌却不产生染色体编码的 AmpC β-内酰胺酶，它们缺乏编码 AmpC β-内酰胺酶的基因。此外，最初在一些革兰阴性病原菌中鉴定出的编码 AmpC β-内酰胺酶基因都处于低水平表达状态，不能赋予那些病原菌产生临床意义的耐药。因此，在整个 20 世纪 80 年代，很少有染色体 AmpC β-内酰胺酶介导临床耐药的报告。正当人们为此感到庆幸时，在 80 年代晚期，人们发现编码染色体 AmpC β-内酰胺酶的基因变得被动员和出现在质粒上。对于 AmpC β-内酰胺酶介导的耐药而言，编码基因从染色体水平转移到质粒上是一个大事件，也是一个重要的分水岭。这样的标志性事件至少在两个方面对抗感染的治疗产生冲击。第一，质粒获得编码 AmpC β-内酰胺酶基因标志着 AmpC β-内酰胺酶介导耐药的发展不仅仅只有耐药细菌的克隆传播，质粒的散播也会更多地促进耐药的升级。众所周知，耐药基因一旦位于质粒上，它们就拥有了在细菌中传播的潜力，编码 AmpC β-内酰胺酶的基因也是如此。第二，人们无法忽略一个引人注目的事实，那就是获得 AmpC β-内酰胺酶基因的质粒主要出现在一些临床上重要的菌种中，特别是肺炎克雷伯菌。绝大多数质粒介导的 AmpC β-内酰胺酶家族都是首先在肺炎克雷伯菌中被发现，而这种细菌恰恰以擅长招募各种耐药决定子而"臭名昭著"。已经有人建议，携带 C 类 β-内酰胺酶质粒的发现被耽搁了，因为在过去，对头霉素的耐药一般来说都被归因于染色体 β-内酰胺酶如 AmpC 的正向调节。CMY-2 和 BIL-1 具有相同的核苷酸序列的发现支持这个建议。CMY-2 和 BIL-1 都是在一年之内被报告。CMY-2 被发现存在于在希腊收集的一个肺炎克雷伯菌分离株，而 BIL-1 被发现存在于源自巴基斯坦的一个大肠埃希菌分离株。尽管我们根本无法估计在这个发现之前的多长时间这个弗氏柠檬酸杆菌的 *ampC* 基因被动员，但 CMY-2 或 BIL-1 在两个细菌菌种、两个不同的地点，但却在大致相同的时间被发现的这个事实就意味着，这个 *ampC* 基因被动员的时间要比它被发现的时间早一些。

　　质粒介导的 AmpC β-内酰胺酶代表了一个新的威胁，因为它们赋予对 7-α-甲氧-头孢菌素类如头孢西丁和头孢替坦耐药，并且不受商品供应的 β-内酰胺酶抑制剂的抑制，在丧失了外膜孔蛋白的菌株，它们能赋予对碳青霉烯类耐药。这个耐药机制已经在全球被发现，能引起院内感染暴发，在流行程度上似乎在增加，有时已经超过 ESBL 介导的耐药。此外，一些质粒介导的 AmpC β-内酰胺酶的产生也存在诱导性。

第二节　各种质粒介导的 AmpC β-内酰胺酶家族的发现

　　随着时间的推移，越来越多全新的质粒编码

357

AmpC β-内酰胺酶被陆续鉴定出来，这些新的质粒介导的 AmpC β-内酰胺酶在氨基酸同一性上彼此相差很大，据此可以分成不同的酶家族。此外，分子内氨基酸置换也已经创造出一些新的家族成员。

究竟哪一个质粒介导 AmpC β-内酰胺酶家族首先被发现，这在文献中还存在着不一样的表述。如果依据文献发表的时间顺序，显然是 Bauernfeind 等于 1989 年报告 CMY-1（cephamycinase，CMY-1）排在前面；如果按照细菌菌株分离获得的时间看，Papanicolaou、Medeiros 和 Jacoby 报告的 MIR-1 是最早的质粒编码 AmpC β-内酰胺酶。实际上，在 Bauernfeind 等报告发现 CMY-1 之前，也有一些报告描述了一些质粒介导的酶，这些酶与

AmpC 酶难以区分，只是相关的质粒和菌株都丢失了，没有进一步确证。1983 年，Knothe 等报告了头孢西丁耐药从黏质沙雷菌向变形杆菌种或沙门菌种的转移，但一旦转移到大肠埃希菌时，耐药就出现基因分离，并且根本没有做生物化学和分子学的研究。不过，从理论上讲，这些早期的发现也确有可能是真实的。Philippon 在 2002 年发表了一篇关于质粒编码 AmpC β-内酰胺酶的重要综述，这篇早期的综述提到，染色体 *ampC* 基因被动员到质粒上的第一个证据来自 MIR-2 的相关研究。早期发现的一些质粒介导的 AmpC β-内酰胺酶的相关信息被总结在表 25-1。

表 25-1　质粒编码的 AmpC β-内酰胺酶的发现年代顺序[①]

酶的名字	国家或地区[②]	年代[③]	细菌菌种	pI
MIR-1	美国	1988	肺炎克雷伯菌	8.4
CMY-1	韩国	1988	肺炎克雷伯菌	8.0
BIL-1	英国（巴基斯坦）	1989	大肠埃希菌	8.8
FOX-1	阿根廷	1989	肺炎克雷伯菌	6.8-7.2
CMY-2	希腊	1990	肺炎克雷伯菌	9.0
	法国	1994	*Senftenberg* 沙门菌	9.0
MOX-1	日本	1991	肺炎克雷伯菌	8.9
DHA-1	沙特阿拉伯	1992	肠炎沙门菌	7.8
	法国	1998	肺炎克雷伯菌	7.8
DHA-2	法国	1992	肺炎克雷伯菌	7.8
FOX-2	德国（危地马拉）	1993	肺炎克雷伯菌	6.7
LAT-1	希腊	1993	肺炎克雷伯菌	9.4
FOX-3	意大利	1994	奥克西托克雷伯杆菌，肺炎克雷伯菌	7.25
LAT-2	希腊	1994	肺炎克雷伯菌，大肠埃希菌，产气肠杆菌	9.1
ACT-1	美国	1994	肺炎克雷伯菌，大肠埃希菌	9.0
MOX-2	法国（希腊）	1995	肺炎克雷伯菌	9.2
CMY-4	突尼斯	1996	奇异变形杆菌	9.2
	英国	1999(P)	大肠埃希菌	＞8.5
	瑞典（印度）	1998	肺炎克雷伯菌	9.0
ACC-1	德国	1997	肺炎克雷伯菌	7.7
	法国（突尼斯）	1998	肺炎克雷伯菌	7.8
	突尼斯	1997—2000	肺炎克雷伯菌，奇异变形杆菌，沙门菌种	7.8
	法国（突尼斯）	2000	奇异变形杆菌，大肠埃希菌	7.7
CMY-3	法国	1998(P)	奇异变形杆菌	9.0
LAT-3	希腊	1998(P)	大肠埃希菌	8.9
LAT-4	希腊	1998(P)	大肠埃希菌	9.4
CMY-8	中国台湾地区	1998	肺炎克雷伯菌	8.25
CMY-5	瑞典	1999(P)	奥克西托克雷伯杆菌	8.4
FOX-4	西班牙	2000(P)	大肠埃希菌	6.4

①其他质粒介导的 AmpC β-内酰胺酶已经在基因银行被描述，但没有发表，包括 CMY-6、CMY-7、CMY-9、CMY-10、CMY-11 以及 FOX-5；②产酶菌株被分离出的国家或地区，括号内的是该菌株可能的来源地；③分离出的年代，P 表示文献发表的年代。

注：引自 Philippon A，Arlet G，Jacoby G A. Antimicrob Agents Chemother，2002，46：1-11。

从 1989 年到 2004 年，已经有近 10 种质粒编码 AmpC β-内酰胺酶家族或簇陆续在肠杆菌科细菌主要是肺炎克雷伯菌临床分离株中被鉴定出：CMY-1、MIR-1、LAT-1（latamoxef）、FOX-1、ACT-1、DHA-1、CMY-2（BIL-1，BIL-1 甚至是以提供第一个样本的患者的名字来命名的）、MOX-1（moxalactam）、ACC-1 和 CFE-1。当然，每个家族或簇还包括数量不等的成员。截至 2009 年，根据 Jacoby 的报告，已经有 43 个 CMY 等位基因被认知，并且在基因文库中，7 种 FOX，4 种 ACC，LAT 和 MIR，3 种 CAT 和 MOX 以及 2 种 DHA 的序列资料能被发现。下面我们按照年代顺序分别介绍每一个酶家族的发现情况。

一、CMY-1

Bauernfeind 等于 1989 年报告，一种全新的 β-内酰胺酶在肺炎克雷伯菌临床分离株 CHO 中被鉴定出，该分离株来自韩国首尔的一名切口感染患者。通过凝胶电泳，一个大约有 9.6×10^7 Da 的可转移质粒（pMVP-1）被证实存在于肺炎克雷伯菌 CHO 中，该质粒编码一种全新的 β-内酰胺酶。该 β-内酰胺酶 pI 为 8.0，赋予广谱耐药，包括青霉素类、头孢菌素类（非经肠的和新的口服制剂）、氨曲南、四环素、氯霉素、磺胺类以及氨基糖苷类。最重要的是，这种全新的 β-内酰胺酶可高效水解头霉素类。因此，作者将其称作头霉素酶（cephamycinase，CMY-1）。正是由于这种全新的头霉素酶具有非常广谱的耐药谱，所以作者当时也将其称作超级超广谱（super extended broad spectrum，SEBS）β-内酰胺酶，不过这个名字后来已基本不用。在多数联合用药中，CMY-1 被舒巴坦更有效地抑制（与克拉维酸或他唑巴坦相比）。CMY-1 可能源自嗜水气单胞菌，它与嗜水气单胞菌染色体编码的 AmpC β-内酰胺酶的氨基酸相似性为 82%。

需要特别强调的是，虽然 CMY-2 与 CMY-1 名称相同，但两者却有着本质的不同。CMY-1 首先是在韩国被报告，它可能起源自嗜水气单胞菌，彼此氨基酸同一性只有 80%。但基本可以肯定的是，CMY-2 起源于弗氏柠檬酸杆菌，氨基酸同一性达到 96%，而且 CMY-2 首先是在希腊被鉴定出，是目前全世界最流行的一种质粒介导的 AmpC β-内酰胺酶。

二、MIR-1

有些学者在谈到质粒介导 AmpC β-内酰胺酶发现一事时，都是提到 Papanicolaou、Medeiros 和 Jacoby 报告的 MIR-1。他们在 1990 年报告，来自美国罗德岛米丽安医院中的 11 名患者的肺炎克雷伯菌临床分离株，被鉴定为对头孢西丁、头孢布坦以及对氨曲南、头孢噻肟和头孢他啶耐药，即赋予对氧亚氨基和 α-甲氧基 β-内酰胺类耐药。这些菌株是于 1988 年 9 月 6 日到 1989 年 5 月 30 日之间被收集的，这也是学者们认定 MIR-1 是第一个质粒编码 AmpC β-内酰胺酶的主要原因。这些肺炎克雷伯菌分离株的耐药能借质粒 DNA 的接合和转化被转移到大肠埃希菌中，并且研究证实，这种耐药是由于一种全新的 β-内酰胺酶产生，该 β-内酰胺酶的等电点为 8.4，它被命名为 MIR-1〔因在罗德岛的米丽安（Miriam）医院被发现〕。头孢西丁和亚胺培南不诱导 MIR-1 产生，这说明在质粒上不具有 ampR 基因。1999 年，Jacoby 等确认了质粒介导的 MIR-1 β-内酰胺酶基因的完整的核苷酸序列，并证实了它与位于阴沟肠杆菌染色体的 ampC 基因的关系，两者之间的氨基酸同一性高达 96%。bla $_{MIR-1}$ 不是一个典型的基因盒的一部分，但它确实靠近一个元件，后者可能参与了 bla $_{MIR-1}$ 在一个质粒上的捕获。

三、LAT-1

1993 年在希腊，Tzouvelekis 等报告了一个肺炎克雷伯菌临床分离株，它对各种 β-内酰胺类耐药，包括三代头孢菌素类、氨曲南和头霉素类以及 β-内酰胺类/克拉维酸和舒巴坦复方制剂。研究发现，这种耐药可转移到大肠埃希菌受体，这个质粒编码一个不同寻常的 β-内酰胺酶，产量大。这种 β-内酰胺酶被命名为 LAT-1（latamoxef，可能是因为对拉氧头孢 latamoxef 明显耐药），等电点为 9.0，碱性。编码 LAT-1 的质粒不是可自身转移的，而是被一个接合型 R-质粒轻易地带动转移，后一种质粒藏匿在同样的肺炎克雷伯菌菌株中。编码 LAT-1 基因的核苷酸序列被确定，这个序列与弗氏柠檬酸杆菌 OS60 的 ampC 结构基因分享高度同源性（95.3% 同一性和 96.1% 相似性），这就建议 LAT-1 最初可能源自弗氏柠檬酸杆菌。

四、FOX-1

1989 年，肺炎克雷伯菌临床分离株 BA32 从阿根廷首都布宜诺斯艾利斯被分离出，这一菌株被发现产生一个质粒编码的 β-内酰胺酶，称作头孢西丁酶 FOX-1（Active on cefoxitin），它赋予对广谱头孢菌素类和头霉素类耐药。耐药能通过接合或转化进入大肠埃希菌 K-12 中，后者产生两个 FOX-1 分子学变异体，pI 分别为 6.8 和 7.2，分子量分别是 37kDa 和 35kDa。动力学研究揭示，两个变异体具有相似的底物和抑制剂轮廓。推定的 FOX-1 的 382 个氨基酸序列展示出与一些染色体编码的

AmpC β-内酰胺酶具有高度的相似性（同一性为 43%～55%），这些 AmpC 酶分别产自铜绿假单胞菌、黏质沙雷菌、阴沟肠杆菌、大肠埃希菌和弗氏柠檬酸杆菌（这就说明 FOX-1 不是源自上述细菌）。这些发现建议，FOX-1 是一个质粒介导的 AmpC β-内酰胺酶，它被一个单一基因编码并且有两个分子学变异体。

豚鼠气单胞菌 CIP 74.32 对阿莫西林、替卡西林和头孢噻吩耐药，并且对头孢西丁、头孢噻肟、头孢他啶、氨曲南和亚胺培南敏感。这个菌株产生一种头孢菌素酶（pI 7.2）和一种苯唑西林酶（pI 8.5）。头孢菌素酶基因 cav-1 被克隆和被测序。与豚鼠气单胞菌供体不同的是，产 CAV-1 β-内酰胺酶的大肠埃希菌 pNCE50 转化子对头孢西丁耐药。推断的蛋白序列 CAV-1 含有 382 个氨基酸，并且与 FOX-1～FOX-5 头孢菌素酶分享大于 96% 的同源性。与 FOX-1 相比，CAV-1 只有两个氨基酸置换，苏氨酸 270→丝氨酸和精氨酸 271→丙氨酸。CAV-1 是 FOX 家族的染色体推定的祖先，这一家族的质粒介导的头孢菌素酶通过接合型质粒在肺炎克雷伯菌和大肠埃希菌的临床分离株中传播。

五、MOX-1

肺炎克雷伯菌 NU2936 于 1991 年在日本从一名膀胱癌和尿道感染患者分离出，并且被发现产生一种质粒编码的 AmpC β-内酰胺酶（MOX-1，可能是因为对拉氧头孢 moxalactam 明显耐药）。MOX-1 赋予对广谱头孢菌素类耐药，包括拉氧头孢、头孢克肟、头孢噻肟和头孢他啶。拉氧头孢的 MIC $>512\mu g/mL$。耐药能通过接合从肺炎克雷伯菌 NU2936 转移到大肠埃希菌 CSH2。MOX-1 分子量为 38kDa，pI 为 8.9，碱性蛋白。bla_{MOX-1} 被发现在一个大的质粒（pRMOX-1，180kb）上携带。通过氨基酸测序证实，在 MOX-1 的 N 末端的 33 个氨基酸中，有 18 个氨基酸与铜绿假单胞菌 N 末端的氨基酸完全一样，不过，bla_{MOX-1} 探针不能杂交到铜绿假单胞菌 PAO1 染色体 ampC 基因上。据推测，在 bla_{MOX-1} 和铜绿假单胞菌 PAO1 的 ampC 基因之间的 DNA 同源性低于 60%。后来，人们发现 MOX-1 更可能来自噬水气单胞菌，两者的同源性可达到 80%。

六、ACT-1

Bradford 等于 1997 年报告，来自单一医院的 6 个大肠埃希菌和 12 个肺炎克雷伯菌分离株表达有一个共同的 β-内酰胺酶（pI 大约为 9.0）并且对头孢西丁和头孢替坦耐药（MIC 范围分别是 64～>128mg/L 和 16～>128mg/L）。这个酶被称为命名

为 ACT-1（AmpC type）。在 18 个菌株中有 17 个菌株产生多种 β-内酰胺酶。十分有意义的是，3 个肺炎克雷伯菌菌株也对亚胺培南耐药（MIC，8～32mg/L）。采用纯化的酶进行的分光光度计 β-内酰胺酶分析提示，除了头孢拉定和青霉素的水解外，还有头霉素的水解。编码 ACT-1 基因的克隆测序揭示出一个 ampC 基因，它源自阴沟肠杆菌并且与 P99 β-内酰胺酶具有 86% 的序列同源性以及与 MIR-1 的部分序列有 94% 的同源性。ACT-1 也是源自肠杆菌属的第一个质粒介导的 AmpC β-内酰胺酶。来自阿氏肠杆菌的 ampC 显示出与 bla_{ACT-1} 具有 96.5% 的同一性，后者编码一种质粒介导的头孢菌素酶，它曾被认为源自阴沟肠杆菌。ACT-1 的祖先再分配给阿氏肠杆菌也被 bla_{ACT-1} 的 ampR 上游与来自阿氏肠杆菌的 ampR 之间的 95.5% 同一性所证实。这说明质粒介导的 AmpC 酶的起源也可能不是某个菌属，而是菌属内的某个菌种，这与 CTX-M 型酶的起源相似，不同 CTX-M 型酶源自克吕沃尔菌属中的不同菌种。2009 年，一个全新的变异体 ACT-3 在中国被报告。

七、DHA-1

Barnaud 等在 1998 年报告，一个质粒介导的头孢菌素酶 DHA-1（Discovered at Dhahran, Saudi Arabia：在沙特阿拉伯宰赫兰被发现的 β-内酰胺酶）来自一个单一的肠炎沙门菌临床分离株，它赋予对氧亚氨基孢菌素类（头孢噻肟和头孢他啶）以及头霉素类（头孢西丁和拉氧头孢）耐药，并且这种耐药可转移到大肠埃希菌 HB101。一种拮抗作用在头孢西丁和氨曲南之间被观察到。通过测序我们证实，DHA-1 的序列与摩氏摩根菌的染色体介导的头孢菌素酶的序列非常相似，两者之间相似性为 98%。不像其他质粒介导的 AmpC β-内酰胺酶，携带 bla_{DHA-1} 基因的质粒也同时携带 ampR 基因，这说明 DHA-1 是可诱导的。此外，编码 DHA-1 的基因盒对应的 ampR 基因的遗传结构被 PCR 作图所确定。这些基因已经从摩氏摩根菌染色体被动员并且已经被插入一个复杂的 sul1 型整合子中，该整合子与 In6 和 In7 相似。然而，这些基因本身并不是基因盒。这个整合子可能包括一个特异性的重组位点，允许多样性耐药基因的动员，像在 bla_{CMY-1} 和 bla_{MOX-1} 中被观察到的那样。

Nordmann 等报告，在 1992 年，对头孢西丁和氧亚氨基头孢菌素类耐药的一个肺炎克雷伯菌菌株从一个在法国巴黎住院的儿童上被培养出。这个分离株藏匿着一个 β-内酰胺酶基因，它位于一个大约 200kb 非自身转移质粒上。被鉴定出的 β-内酰胺酶 DHA-2 与摩氏摩根菌的 AmpC 酶分享 99% 氨

基酸同一性。DHA-2 是 DHA-1 的点突变衍生物。同 DHA-1 一样，DHA-2 表达也是可诱导的，这是一个 *ampR* 调节基因的缘故。DHA-1 是在肠炎沙门菌临床分离株中被鉴定出，而 DHA-2 是在肺炎克雷伯菌临床分离株中被发现。

八、ACC-1

在 1997 年，一个肺炎克雷伯菌临床分离株 KUS 从一名院内肺炎患者的呼吸道分泌物中被培养出，该患者来自德国。这个分离株藏匿着一个 *bla* 耐药基因，它位于可转移的质粒上。一个大肠埃希菌转移结合子产生出一种全新的 β-内酰胺酶，pI 为 7.7，耐药表型带有 AmpC β-内酰胺酶的特征。这个 *bla* 基因被克隆和测序，它编码一个由 386 个氨基酸组成的蛋白，活性部位丝氨酸在位置 64，第一个基序是丝氨酸 64-X-X-赖氨酸，这是 C 类酶的一个特征。肺炎克雷伯菌 KUS 产生的这种 β-内酰胺酶代表了一种全新的 AmpC 型酶，命名为 ACC-1（Ambler class C-1）。ACC-1 最不同寻常的特征就是针对头霉素类的低 MIC。产生 CMY-1、CMY-2、FOX-2 和 ACT-1 的转移结合子针对头孢西丁的 MIC 要比产 ACC-1 的转移结合子针对头孢西丁的 MIC 高出 64～128 倍。

相关实验结果显示，这个 ACC-1 β-内酰胺酶源自蜂房哈夫尼亚菌的染色体编码的 AmpC β-内酰胺酶，两者之间的相似性为 99%。蜂房哈夫尼亚菌是肠杆菌科细菌中的一个成员，它既可造成人的零星腹泻病例，也可造成医院获得性全身感染。在蜂房哈夫尼亚菌中，头孢菌素酶的存在或许可以解释其对氨基青霉素类和早期头孢菌素类的耐药表型。如同其他产头孢菌素酶的肠杆菌科细菌，蜂房哈夫尼亚菌分离株或许被分成两个 β-内酰胺酶表达表型：一是低水平可诱导头孢菌素酶产生和氧亚氨基头孢菌素敏感；二是高水平组成上头孢菌素酶产生和氧亚氨基头孢菌素类耐药。有趣的是，这些表型没有一个赋予对头孢西丁耐药，而所有其他质粒介导 AmpC β-内酰胺酶都针对头霉素类和氧亚氨基头孢菌素类有水解活性。

一个天然出现的 AmpC β-内酰胺酶（头孢菌素酶）基因从蜂房哈夫尼亚菌一个临床分离株中被克隆并且在大肠埃希菌中被表达。推定的 AmpC β-内酰胺酶（ACC-2）pI 为 8.0，分子量为 37kDa。这两种天然发生的可诱导的和获得性的高水平组成上头孢菌素酶表达的表型已经在弗氏柠檬酸杆菌、阴沟肠杆菌和摩氏摩根菌中被详细研究过。一个 *ampR* 基因（也在斯氏普罗维登斯菌和小肠结肠炎耶尔森菌中被鉴定出）位于 *ampC* 基因的上游并且从 *ampC* 基因反转录。ACC-2 与近期被描述的质粒来源的头孢菌素酶 ACC-1 具有 94% 的氨基酸同一性，而 ACC-1 是产自肺炎克雷伯菌，如此高的氨基酸同一性就建议 ACC-1 的染色体起源。

九、CFE-1

Nakano 等于 2004 年报告，一个大肠埃希菌临床分离株 KU6400 源自日本，它被发现产生一种全新的质粒介导的 β-内酰胺酶 CFE-1（源自 *Citrobacter freundii* 的酶），该 β-内酰胺酶的底物和抑制剂轮廓类似于 AmpC β-内酰胺酶的底物和抑制剂轮廓。*bla*CFE-1 与来自弗氏柠檬酸杆菌 GC3 的 *ampC* 基因的 DNA 序列有 99.8% 的同一性。DNA 序列分析也在 *bla*CFE-1 上游鉴定出一个基因，其序列与来自弗氏柠檬酸杆菌 GC3 的 *ampR* 具有 99% 的同一性，说明 CFE-1 也是可诱导的质粒编码的 AmpC β-内酰胺酶。

当然，随着时间的推移，一定还会有一些新的质粒介导的 AmpC β-内酰胺酶家族被发现。在 2009 年，Jacoby 对当时已有的质粒介导的 AmpC β-内酰胺酶出现的年代学和同源性进行了归纳（表 25-2）。

表 25-2　质粒介导的 AmpC β-内酰胺酶的年代学和同源性

AmpC β-内酰胺酶	起源的国家	发表年份	第一个分离株的菌种	AmpC 基因的可能起源	相似性/%
CMY-1	韩国	1989	肺炎克雷伯菌	嗜水气单胞菌	82
CMY-2	希腊	1996	肺炎克雷伯菌	弗氏柠檬酸杆菌	96
MIR-1	美国	1990	肺炎克雷伯菌	阴沟肠杆菌	99
MOX-1	日本	1993	肺炎克雷伯菌	嗜水气单胞菌	80
LAT-1	希腊	1993	肺炎克雷伯菌	弗氏柠檬酸杆菌	95
FOX-1	阿根廷	1994	肺炎克雷伯菌	豚鼠气单胞菌	99
DHA-1	沙特	1997	肠炎沙门菌	摩氏摩根菌	99
ACT-1	美国	1997	肺炎克雷伯菌	阿氏肠杆菌	98
ACC-1	德国	1999	肺炎克雷伯菌	蜂房哈夫尼亚菌	99
CFE-1	日本	2004	大肠埃希菌	弗氏柠檬酸杆菌	99

注：引自 Jacoby GA. Clin Microbiol Rev, 2009，22：161-182。

尽管质粒介导的 AmpC β-内酰胺酶目前已经在各种革兰阴性杆菌分离株中被鉴定出，但这些 β-内酰胺酶家族几乎都是首先在肺炎克雷伯菌中被发现，只有 DHA-1 和 CFE-1 是个例外，它们分别在肠炎沙门菌和大肠埃希菌首先被鉴定出。然而，编码质粒介导的 AmpC β-内酰胺酶基因却来自很多菌种，如嗜水气单胞菌、弗氏柠檬酸杆菌、阴沟肠杆菌、豚鼠气单胞菌、摩氏摩根菌、阿氏肠杆菌、蜂房哈夫尼亚菌。这些细菌或为院内常见病原菌，或为环境细菌。为什么位于这些菌种染色体上的编码 AmpC β-内酰胺酶基因统一水平转移到位于肺炎克雷伯菌的质粒上呢？这一现象确实令人迷惑不解。众所周知，肺炎克雷伯菌确实以擅长招募各种耐药决定子而声名远播，但仅凭这一特点似乎也不足以解释这种现象。此外，除了 CFE-1 之外，其他所有的质粒介导的 AmpC β-内酰胺酶都是在 10 年之内被集中发现，1989—1999 年，这显然有一种重要的驱动力来驱使耐药基因从染色体到质粒上的水平转移，也许是在这个时间段中，各种拓展谱的头孢菌素类在全球的高强度使用形成了巨大的驱动力。

第三节 质粒介导的 AmpC β-内酰胺酶的种系发生和分簇

质粒介导的 *ampC* 基因能够根据它们的基因组起源被分成 6 个不同簇。显然，这样的分类只是从种系发生的角度上有意义，从临床治疗的角度上看意义不大，因为不同家族的质粒介导 AmpC β-内酰胺酶在赋予细菌耐药上并无显著区别，除了 ACC 以外。染色体和质粒编码的 AmpC 酶的一个树状图证实染色体 AmpC 酶基因的多样性，以及一些质粒介导的酶与特殊细菌的染色体酶的密切关系（图 25-1）。

2013 年，阿根廷学者 Gutkind 等更形象地描绘了在质粒编码的和染色体编码的 AmpC β-内酰胺酶之间的种系发生关系（图 25-2）。

按照质粒介导的 AmpC β-内酰胺酶的菌种起源，它们能被分成 5 个簇（cluster）：

● 弗氏柠檬酸杆菌组——LAT 型酶和某些 CMY 型酶；

● 肠杆菌属——MIR-1 型酶和 ACT-1 型；

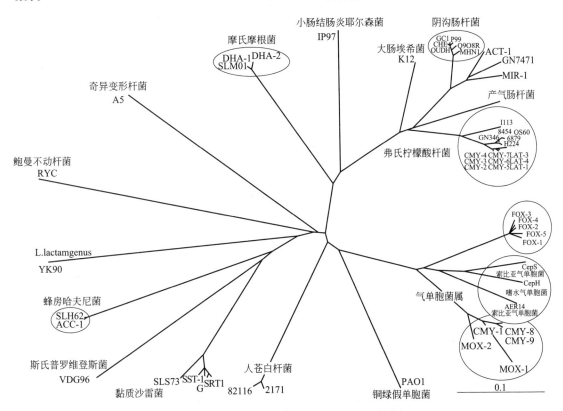

图 25-1 染色体和质粒编码的 AmpC β-内酰胺酶的树状图

（引自 Philippon A，Arlet G，Jacoby G A. Antimicrob Agents Chemother，2002，46：1-11）

分枝长度与氨基酸改变的数量成比例

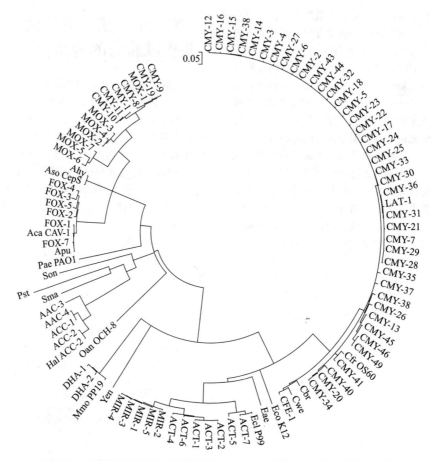

图 25-2 在质粒编码的和染色体编码的 AmpC β-内酰胺酶之间的种系发生关系

[引自 Gutkind G O, Di Conza J, Power P, et al. Curr Pharm Des, 2013, 19 (2): 164-208]

● 摩氏摩根菌组——DHA-1 和 DHA-2 酶；

● 蜂房哈夫尼亚菌组——以 ACC-1 为代表；

● 气单胞菌组——MOX-，FOX-，以及其他 CMY 型酶。

有些学者也将质粒介导的酶分成 6 个簇：

● 弗氏柠檬酸杆菌组——LAT 型和某些 CMY 型；

● 肠杆菌组——MIR-1 和 ACT-1；

● 摩氏摩根菌组——DHA-1 和 DHA-2；

● 蜂房哈夫尼亚菌组——以 ACC-1 为代表；

● 气单胞菌组——FOX 型酶；

● 未知起源组——包括 MOX 型和其他 CMY 型酶。

质粒介导的 AmpC β-内酰胺酶的命名有些混淆，因为有两个截然不同的组却具有同样的名字 CMY。通过核苷酸序列分析，多数 CMY 酶属于 CMY-2 簇，包括 CMY-2-7、CMY-12-18、CMY-20-41、CMY-43-46、CMY-49 和 CFE-1。这些质粒编码的基因源自弗氏柠檬酸杆菌的密切相关的染色体编码的 AmpC。此外，CMY-34、CMY-35、CMY-37、CMY-39、CMY-41、CMY-45、CMY-46 和 CMY-49 是在弗氏柠檬酸杆菌中被发现的染色体编码的 β-内酰胺酶。随着测序方法学的改进，一些 CMY-2 组的成员已经被发现具有同样的序列并且重复的名字能在 the Lahey 网页上被发现。CMY-2 是在全世界最流行的质粒编码的 AmpC 酶。其他 CMY 家族似乎主要源自气单胞菌属（嗜水气单胞菌、索比亚气单胞菌），包括 CMY-1、CMY-8-11、CMY-19 和 MOX β-内酰胺酶，不过 MOX-4 在河流弧菌（Vibrofluvialis）的染色体中被发现。肠杆菌基因组的衍生物包括 ACT 和 MIR β-内酰胺酶；ACT-1 来自阿氏肠杆菌，MIR-1 来自阴沟肠杆菌，而 MIR-2 和 MIR-3 实际上是来自气单胞菌属的染色体酶。DHA-1 和 DHA-2 从摩氏摩根菌的染色体基因中被招募；这两种酶都是可诱导的，因为结构基因和诱导所需的 ampR 基因一起被动员。同样可诱导的表型已经在产 ACT-1 和

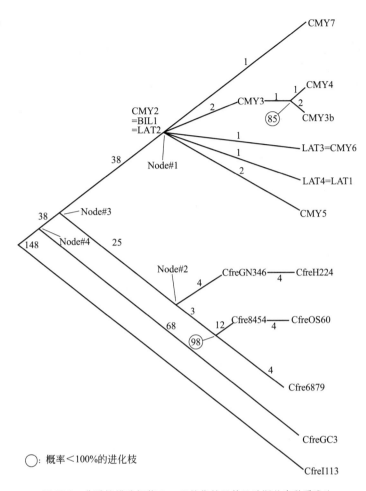

图 25-3　弗氏柠檬酸杆菌 AmpC 等位基因的贝叶斯共有种系发生

（引自 Barlow M，Hall B G. Antimicrob Agents Chemother，2002，46：1190-1198）

小于 100％进化枝概率被显示出。沿着每一个分枝已经发生的核苷酸改变的数字的贝叶斯估计也被显示出。

编码 Cfre6879、Cfre8454、CfreGC3、CfreGN346、CfreH224、CfreI113 和 CfreOS60 的基因位于弗氏柠檬

酸杆菌的染色体上；编码 CMY-3b 的基因位于奇异变形杆菌的染色体上；以及编码余下 AmpC 酶的基因均位于质粒上

CMY-13 的细菌中被描述。ACC 酶源自蜂房哈夫尼亚，而 FOX 酶与豚鼠气单胞菌 CAV-1 的染色体基因密切相关。质粒编码的 AmpC 产生细菌如 ACC-1、CMY-2 和 DHA 都已经造成过院内暴发。

　　编码 AmpC β-内酰胺酶基因从染色体水平转移到质粒上对于这种酶的进化是一个大事件。目前，人们并不清楚这样的水平转移究竟是如何发生的，以及在什么背景下发生的。但有一点应该是可以肯定的，这样的水平转移应该是近期的事情。Barlow和 Hall 曾通过种系发生方法专门研究了弗氏柠檬酸杆菌 AmpC β-内酰胺酶的起源和进化（图 25-3）。这样的研究虽然只是采用弗氏柠檬酸杆菌，但其研究结果对于编码 AmpCβ-内酰胺酶基因从革兰阴性杆菌的染色体向质粒动员和转移具有普遍意义。

第四节　质粒介导 AmpC β-内酰胺酶的基本生化特性

　　质粒介导的 AmpC β-内酰胺酶的等电点（pI）在 6.4～9.4。一些 FOX 型酶显示出多个卫星带（satellite band）。成熟的质粒介导的 AmpC β-内酰胺酶的外观分子大小从 38 到 42 kDa 不等，具有 378、381、382 或 386 个氨基酸残基。如同 1 组头孢菌素酶的典型特征那样，质粒介导的 AmpC 酶被低浓度的氨曲南、头孢西丁或氯唑西林抑制，但仅仅被高浓度的克拉维酸抑制。

　　这些酶的氨基酸序列揭示出，在这种成熟蛋白从位置 64 到 67 残基的基序丝氨酸-X-X-赖氨酸（其中 X 可以是任何氨基酸）上有活性位点的丝氨

酸。一种赖氨酸-丝氨酸/苏氨酸-甘氨酸的基序已经在位置 315 到 317 残基上被发现，并且在形成活性位点的三级结构上起到了一个必不可少的作用。在 150 位置上的酪氨酸残基形成 C 类酶典型的基序酪氨酸 150-X-天冬酰胺，并且对于 β-内酰胺水解的催化也是重要的（但似乎并非必需的）。

质粒介导的 AmpC β-内酰胺酶与染色体编码的 AmpC β-内酰胺酶在水解活性上似乎没有明显区别，因为这些质粒来源的酶只是从染色体被动员到质粒上。4 种质粒介导的 C 类 β-内酰胺酶 ACT-1、MIR-1、CMY-2 和 CMY-1 被做动力学特征鉴定。这些酶与已知的染色体编码的 AmpC β-内酰胺酶非常相似，它们的动力学参数没有显示出与对应的染色体酶的动力学参数有明显区别。耐药的主要原因不在于这些酶是质粒介导的还是染色体编码，关键在于在细菌周质间隙中的过度产生。早期的一些作者认为，这些质粒介导的 β-内酰胺酶与染色体编码的 β-内酰胺酶的动力学特性有明显不同，从染色体动员到质粒上并没有连同催化效能一起改善。如同染色体编码的 AmpC β-内酰胺酶那样，质粒介导的酶也赋予对广谱的 β-内酰胺类抗生素的耐药，包括青霉素类、氧亚氨基头孢菌素类、头霉素类和（变化的）氨曲南。对头孢吡肟、头孢匹罗和碳青霉烯类的敏感性几乎不被影响。然而，如果产生质粒介导的 AmpC β-内酰胺酶的细菌同时存在孔蛋白表达缺陷时就会出现碳青霉烯类耐药。人们注意到，ACC-1 在不赋予对头霉素类的耐药上是个例外，并且它实际上是头孢西丁抑制的。编码 ACT-1、DHA-1、DHA-2 和 CMY-13 的基因被连锁到 am-pR 基因上，是可诱导的，而其他质粒介导的 AmpC 基因则不是，包括其他 CMY 等位基因。尽管如此，可诱导的 ACT 1 和不可诱导的 MIR-1 的表达水平，比起阴沟肠杆菌的染色体决定的 AmpC 基因的表达水平要高出 33～95 倍，这是因为质粒决定的酶具有一个更高的基因拷贝数量（bla_{ACT-1} 是 2 个拷贝，bla_{MIR-1} 是 12 个拷贝），以及质粒基因的更大的启动子强度。

有一点需要明确的是，携带编码 AmpC β-内酰胺酶基因的质粒也常常携带多个其他耐药决定子，包括编码对氨基糖苷类、氯霉素、喹诺酮类、磺胺、四环素和甲氧苄啶耐药的决定子，以及携带编码其他 β-内酰胺酶如 TEM-1、PSE-1、CTX-M-3、SHV 变异体以及 VIM-1 的基因。有些 AmpC 基因是一个整合子的部分，但没有被整合到具有一个附属的 59-be 元件的基因盒内。人们注意到，同样的 bla_{AmpC} 基因能被整合进入不同质粒上的不同主链上。

第五节 质粒介导的 AmpC β-内酰胺酶的遗传学支持

编码 AmpC 酶的基因已经位于质粒上，这些质粒的大小从 7～180kb 不等。一些这样的质粒还不是可自身传播的，但可通过转化或带动转移。各种 bla 基因或许存在于不同的质粒上，但常的情况是，它们复合存在于同一个的质粒上。例如，编码 ACT-1 的基因被发现存在于一些临床分离株上，而这些分离株同时具有一种 pI 为 5.6 和 pI 为 7.6 的酶，前者与 TEM-10 或 TEM-26 一致，后者与 SHV-1 一致，并且在克隆时，ACT-1 基因被发现在一个 15kb 的基因座上，在这个基因座上还发现有编码一种 pI 为 5.4，推测是 TEM-1 β-内酰胺酶的编码基因，以及一种 pI 为 7.0，可能是另一种 SHV 型酶的编码基因。进而，一种 ACT-1 探针杂交到这些临床菌株的染色体 DNA 上，这就意味着在一个转座子上携带的基因的可移动性。间接的证据建议，CMY-3 和 CMY-4 也能是转座子介导的。弗氏柠檬酸杆菌 bla_{CMY-5} 基因已经在质粒 pTKH11 上被作图，该基因邻接 blc 和 sugE 基因，这些基因被发现存在于弗氏柠檬酸杆菌染色体的 ampC 基因的下游。编码弗氏柠檬酸杆菌型 AmpC 酶的其他质粒具有一个相似的结构（图 25-4），这就建议直接从弗氏柠檬酸杆菌染色体衍生而来，借助在 ampC 基因的相继的突变蓄积而产生现在的 CMY 型和 LAT 型酶系列，这个结论也被 Barlow 和 Hall 所做的种系发生分析所支持。

许多耐药基因包括编码 Ambler 分类中的 A 类、B 类和 D 类 β-内酰胺酶的一些基因都位于一个基因盒内，它具有一个下游的 59 碱基元件，这个元件对于掺入整合子内起到一个特异性重组位点的作用。对已发表序列的分析提示，在质粒上被发现的各种 AmpC 基因没有被连接到 59 碱基元件上。然而，在质粒 pSAL-1 上的 DHA-1 的结构和调节基因出现在一个整合子内，后者包括一个位点特异性的整合酶、$qacE\Delta1sul1$ 的两个拷贝、一个和其下游的 59 碱基元件一起的编码氨基糖苷类耐药的 aadA2 基因以及 ORF341，后者是一种推测的重组酶（图 25-5）。这个整合子的遗传结构与被发现在质粒 p^{Sa} 和 p^{DGO100} 上的 In6 和 In7 相似，后者缺乏 bla 基因。由此看来，来自摩式摩根菌的染色体的 ampC 和 ampR 基因似乎已经插入一个复杂的 sul1 型整合子中。由于根本没有下游的 59 碱基元件，那么它或是被删除，或是这样的整合牵扯到其他机制。

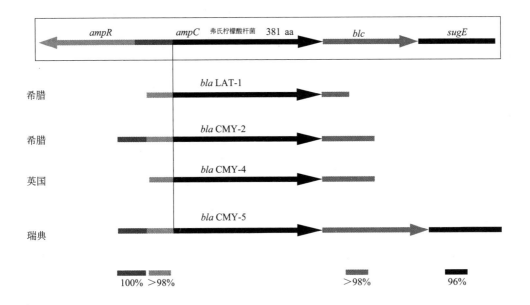

图 25-4　与弗氏柠檬酸杆菌染色体 β-内酰胺酶基因相关的质粒编码的 *ampC* 基因的可比较遗传结构

（引自 Philippon A，Arlet G，Jacoby G A. Antimicrob Agents Chemother，2002，46：1-11）

插入序列元件 IS*Ecp*1（或其截短的变体）与许多 CMY 等位基因有关联，包括 CMY-2、CMY-4、CMY-5、CMY-7、CMY-12、CMY-14、CMY-15、CMY-16、CMY-21、CMY-31 和 CMY-36，以及 β-内酰胺酶 ACC-1 和 ACC-4。IS*Ecp*1 起着双重作用。它参与了邻接基因的转座，并且已经显示出能够动员一个染色体基因到一个质粒上，并且它也能为临近基因的高水平表达供应一个高效率的启动子。至少 CMY-7 的转录已经被显示在 IS*Ecp*1 元件内开始的，并且在一种比在弗氏柠檬酸杆菌中对应的 AmpC 基因表达要高得多的水平发生。其他

bla~AmpC~ 基因被发现邻接一个 ISCR*1* 元件，后者参与基因动员进入（典型情况下）复杂的 1 类整合子。编码一些 CMY 变异体（CMY-1、CMY-8、CMY-9、CMY-10、CMY-11 和 CMY-19），DHA-1 和 MOX-1 的基因都是那样连锁的。另一方面，编码 CMY-13 的基因及其伴随的 *ampR* 基因被直接重复的 IS*26* 元件所邻接，这个元件由一个具有反向末端重复片段为侧翼的转座酶基因（*tnpA*）构成。其他元件与捕获编码 FOX-5、MIR-1 和 MOX-2 的基因有关联并且参与了这些基因的捕获（图 25-6）。

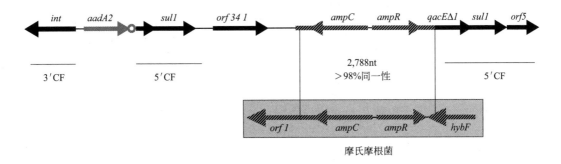

图 25-5　在 pSAL-1 质粒上编码 DHA-1 β-内酰胺酶的整合子结构及其与在摩氏摩根菌染色体上基因的关系

（引自 Philippon A，Arlet G，Jacoby G A. Antimicrob Agents Chemother，2002，46：1-11）

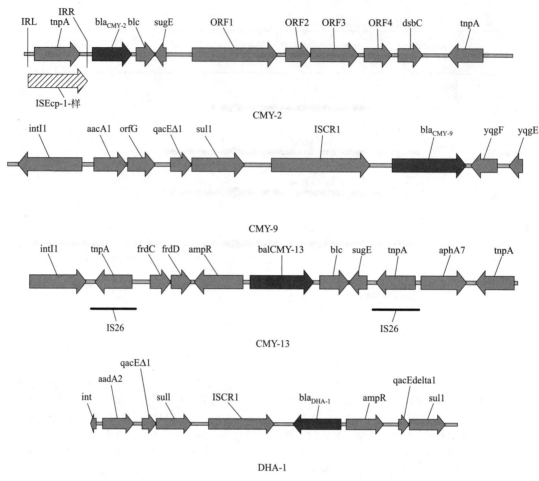

图 25-6　代表性 AmpC 基因 CMY-3、CMY-9、CMY-13 和 DHA-1 的遗传学环境

（引自 Jacoby G A. Clin Microbiol Rev, 2009，22：161-182）

第六节　质粒介导的 AmpC β-内酰胺酶的流行病学

质粒介导的 AmpC β-内酰胺酶已经在全世界被发现而且越来越流行。与其他各种 β-内酰胺酶家族一样，并非所有质粒介导 AmpC β-内酰胺酶都在全世界均匀地检出，每个国家和地区似乎都有一些特异性的酶家族在流行，并且全球各地的流行程度也参差不齐。2009 年，Jacoby 将质粒介导的 AmpC β-内酰胺酶在全球各地的流行情况编辑成一个表，比较全面地介绍了这方面的情况（表 25-3）。

表 25-3　质粒介导的 AmpC β-内酰胺酶的种群研究

样本	收集期/年	地点	质粒介导 AmpC 酶的出现频率	AmpC 类型
在 2133 个被筛选的菌株中有 63 个头孢西丁耐药的大肠埃希菌菌株	1996—	在希腊的 10 所医院	55 个菌株（头孢西丁耐药菌株的 87%）或者总菌株的 2.6%	LAT-3 （CMY-6），LAT-4（LAT-1）
4093 个沙门菌种分离株	1996—1998	17 个美国州和社区卫生部门	13 个菌株（0.32%）	CMY-2
408 个对头孢菌素类或碳青霉烯耐药的肺炎克雷伯菌院内分离株	1996—2000	在美国 18 个州的 24 所医院	54 个菌株（13.2%）	ACT-1，DHA-1，FOX-5，CMY-2

续表

样本	收集期/年	地点	质粒介导 AmpC 酶的出现频率	AmpC 类型
190 个肺炎克雷伯菌血源分离株	1995—1999	在美国 23 个州的 30 所医院	5 个菌株(2.6%)	ACT-1,FOX-5
752 个头孢菌素耐药的肺炎克雷伯菌、奥克西托克雷伯菌和大肠埃希菌菌株	1992—2000	在 25 个美国州和哥伦比亚特区的 70 个地点	肺炎克雷伯菌为 8.5%；奥克西托克雷伯菌为 6.9%；大肠埃希菌为 4%	ACT-1, FOX-5, CMY-2, DHA-1
在被筛选的总共 29323 个大肠埃希菌菌株中有 232 个头孢西丁耐药菌株	1999—2000	12 所加拿大医院	25 个头孢西丁耐药菌株(10.8%)或总数的 0.09%	CMY-2
389 个肺炎克雷伯菌血液培养分离株	1998—2002	韩国首尔国立大学医院	65 个分离株产生 ESBL 或 AmpC 型酶；在 61 个被鉴定过的分离株中有 28 个产生 AmpC 型酶，占总数的 7.2%	DHA-1,CMY-1 样酶
99 个头孢西丁和广谱头孢菌素耐药肺炎克雷伯菌分离株	1999—2002	在中国台湾地区的一所教学医院	77 个分离株具有 AmpC 型酶(在 35 个菌株中是与 ESBL 一起产生)	DHA-1,CMY-2,CMY-21
在 103 个被筛选的头孢菌素耐药大肠埃希菌菌株中有 37 个头孢西丁耐药菌株	1995—2003	英国伦敦的 HAP	25 个头孢西丁耐药菌株(68%)或总数的 24%	CMY-2,CMY-7,CMY-21
116 个头孢西丁耐药大肠埃希菌和 122 个头孢西丁耐药肺炎克雷伯菌菌株	2003	在韩国的 16 所医院	33% 的大肠埃希菌菌株产生 CMY-2 样酶，以及 76% 的肺炎克雷伯菌菌株产生 DHA-1	DHA-1,CMY-2 样酶,CMY-10 样酶,CMY-18
CLSI 筛选试验-阳性大肠埃希菌分离株(291 个)和肺炎克雷伯菌分离株(282 个)	2003	在中国台湾地区的 7 所医疗中心	44% 大肠埃希菌和 15% 肺炎克雷伯菌分离株具有 AmpC 样酶	在大肠埃希菌是 CMY-2 样酶；在肺炎克雷伯菌是 DHA-1 和 CMY-2 样酶
作为检测计划的一部分所收集的 1429 个大肠埃希菌分离株	2004	30 所北美医疗中心	65 个分离株 ESBL 筛选试验阳性；26 个分离株是 AmpC 筛选试验阴性	13 个 CMY-2,3 个 FOX-5,1 个 DHA-1
1122 个头孢菌素耐药肠杆菌科细菌	2004	在伦敦和东南部英格兰的 16 所医院	502 个 CTX-M 型 ESBL 产生菌株，149 个其他 ESBL 产生菌株以及 190 (16.9%) 高水平 AmpC β-内酰胺酶产生菌株	肠杆菌菌种和大肠埃希菌大多过度产生其染色体 AmpC 型酶，更少的质粒介导的 AmpC 来自柠檬酸杆菌
在被评价的 6421 个革兰阴性菌分离株中有 746 个筛选试验阳性分离株	2000—2002	在美国的 422 个 ICU 和 21 个非 ICU 病房	ESBL 被发现存在于 4.9% 肠杆菌科细菌中，和可转移的 AmpC 存在于 3.3% 的肺炎克雷伯菌以及 61% 的分离株是与 ESBL 一起产生；AmpC 也被发现存在于 3.6% 的奥克西托克雷伯菌和 1.4% 奇异变形杆菌分离株中	FOX-5,DHA-样,ACT-1 样
在一个总数为 78275 个大肠埃希菌菌株中有 359 个头孢西丁耐药菌株	2000—2003	加拿大卡尔加里	125 个头孢西丁耐药菌株(35%)或总数的 0.16%	CMY-2

续表

样本	收集期/年	地点	质粒介导 AmpC 酶的出现频率	AmpC 类型
来自 112 名住院患者的 123 个肠道细菌分离株	2001	巴西的一所大学医院	35 个分离株产生 ESBL；5 个大肠埃希菌分离株也过度产生 AmpC，根本没有菌株产生质粒介导的 AmpC 型酶	无
在被连续收集的 1203 个大肠埃希菌和 732 个克雷伯菌菌种分离株中有 327 个头孢西丁耐药分离株	2003—2005	中国上海的医院	54 个头孢西丁耐药菌株（17%）或总数的 2.8%	41 个 DHA-1，13 个 CMY-2
135 个大肠埃希菌和 38 个克雷伯菌菌种分离株被怀疑存在着 AmpC 介导的耐药	2004—2006	英国伦敦的健康保健局（HPA）	大肠埃希菌为 49%；肺炎克雷伯菌为 55%	包括 CMY-23 在内的 60 个 CIT 型，14 个 ACC 型，11 个 FOX 型，3 个 DHA 型
在正常情况下缺乏可诱导的染色体 ampC 基因的 3217 个肠杆菌科细菌中有 124 个头孢西丁耐药菌株	2006—2007	瑞士巴塞尔的一所大学医院	在 103 个头孢西丁耐药大肠埃希菌分离株中有 5 个产质粒介导的 AmpC，在 3 个奥克西托克雷伯菌和 18 个肺炎克雷伯菌分离株中的头孢西丁耐药的原因没有被鉴定	没有特指
来自住院患者的 2388 个肠杆菌科细菌分离株	2003—2004	在波兰的 13 所医院	质粒介导的 AmpC 只是在 71 个奇异变形杆菌分离株中被鉴定出（占所有奇异变形杆菌总数的 20.5%）；在所有菌株中有 11.1% 被鉴定出产生 ESBL	在 71 个中有 21 个被测序；19 个 CMY-15，4 个 CMY-12，1 个 CMY-38
在 1647 个经试验对头孢西丁和头孢泊肟酯不敏感的菌株中有 75 个大肠埃希菌和 14 个克雷伯菌属分离株	2005	在美国的 30 个老年公寓，各种门诊诊所以及克雷顿大学医疗中心	9 个大肠埃希菌分离株和 1 个肺炎克雷伯菌分离株	都是 CMY-2
在正常缺乏或差表达染色体 ampC 基因的 8048 个肠杆菌科细菌菌株中有 86 个筛选试验阳性菌株	1999—2007	华盛顿州西雅图儿童医院和地区医疗中心	36 个具有 AmpC 型酶，包括 4 个也同时产 A 类 β-内酰胺酶；47 个只具有 A 类 ESBL，和 3 个具有碳青霉烯酶	29 个 CMY-2 样和 6 个 DHA 型，以及 1 个未被鉴定特性
637 个肺炎克雷伯菌和 494 个大肠埃希菌分离株	2005—2006	在中国的 5 所儿童医院	207 个是头孢西丁敏感的，128 个是 AmpC 阳性（采用 3-氨基苯硼酸试验）以及 74 个是 AmpC 阳性（multiplex PCR），在肺炎克雷伯菌的出现率是 10.1% 以及在大肠埃希菌的出现率是 2.0%	69 个 DHA-1，4 个 CMY-2，1 个新 CMY

注：引自 Jacoby GA. Clin Microbiol Rev, 2009, 22：161-182。

在此，我们也介绍一些有代表性的流行病学研究。

Coudron 等对 1995 年到 1997 年之间在单一一所荣军医疗中心中收集到的 1286 个连续的、非重复的分离株进行了研究，结果显示，大约有 1.6% 大肠埃希菌分离株，1.1% 肺炎克雷伯菌分离株和 0.4% 奇异变形杆菌分离株是头孢西丁耐药的 AmpC β-内酰胺酶产酶菌株，大多数是经可转移的质粒介导。这是在美国开展的一项早年的流行病学研究，在这家荣军医院中，当时质粒介导的 AmpC β-内酰胺酶的流行程度还是比较低。Jacoby 等于 2004 年报告，一共有 752 个耐药的肺炎克雷伯菌、奥克西托克雷伯菌和大肠埃希菌菌株在 1992 到 2000 年在美国被收集，这些菌株来自美国的 25 个州和哥伦比亚特区的 70 个地点（医院）。这些菌株被试验对头孢他啶耐药的可转移性。59% 的肺炎克雷伯菌，24% 的奥克西托克雷伯菌和 44% 的大肠埃希菌可转移对头孢他啶的耐药。质粒编码的 AmpC β-内酰胺酶在 8.5% 的肺炎克雷伯菌，6.9% 的奥克西托克雷伯菌以及 4% 的大肠埃希菌被发现，这些细菌来自 70 个地点中的 20 个地点和 25 个州中的 10 个州。ATC-1 β-内酰胺酶在 8 个地点被发现，其中 4 个地点靠近纽约市，ATC-1 是在纽约市最先被发现。ATC-1 β-内酰胺酶也在马萨诸塞州、宾夕法尼亚州和弗吉尼亚州被发现。FOX-5 β-内酰胺酶也在 8 个地点被发现，主要是在东南部各州，但也在纽约市被发现。2 个大肠埃希菌菌株产 CMY-2 和 1 个肺炎克雷伯菌菌株产 DHA-1 β-内酰胺酶。PFGE 和质粒分析建议，AmpC 介导的耐药传播既通过菌株也借助质粒散播而发生。所有产 AmpC β-内酰胺酶的分离株都对头孢西丁耐药。质粒介导的 AmpC β-内酰胺酶造成了克雷伯菌菌种和大肠埃希菌临床分离株的相当部分耐药，这样的分离株在整个美国散播，并且不易于和其他介导对氧亚氨基头孢菌素类耐药的酶相区分。各种 AmpC β-内酰胺酶和 ESBL 的复合存在是常见的现象。这项研究说明，在 20 世纪 90 年代后期，质粒介导的 AmpC 酶就在全美国开始散播。在 2004 年，SEN-TRY 抗菌药物监测计划在北美 30 个医疗中心一共收集到 1429 个大肠埃希菌分离株。其中，65 个（4.5%）分离株 ESBL 阳性。在具有一个阴性的 ESBL 确证试验的菌株中（26 个），CMY 酶在 12 个分离株中被检测到，FOX-5 在 3 个分离株中被检测到以及 DHA-1 在 1 个分离株中被检测到。这些产 AmpC 的大肠埃希菌对头霉素（头孢西丁）耐药，但对头孢吡肟敏感。

2007 年，Woodford 和 Livermore 等报告，他们确定了在 173 个大肠埃希菌和肺炎克雷伯菌分离株中获得性 AmpC β-内酰胺酶的分布，这些分离株来自英国和爱尔兰。研究结果显示，编码获得性 AmpC 酶的基因在 67 个大肠埃希菌（49%）和 21 个肺炎克雷伯菌（55%）中被检测到。60 个分离株产生 CIT 型酶，14 个分离株产生 ACC 型酶，11 个分离株产生 FOX 型酶以及 3 个分离株产生 DHA 型酶。上述结果提示，在英国和爱尔兰，多样性的质粒介导的 AmpC β-内酰胺酶出现在大肠埃希菌和肺炎克雷伯菌分离株中。

在我国，也有一些高质量的相关研究报告，其中一项研究来自上海交通大学附属六院。这项研究主要是调查质粒介导的 AmpC β-内酰胺酶在大肠埃希菌和克雷伯菌属的分离株中的流行情况。总共有 1935 个连续的、非重复大肠埃希菌、肺炎克雷伯菌和奥克西托克雷伯菌的临床分离株在 2003 年 1 月到 2005 年 7 月在这家医院被收集。具有头孢西丁区直径小于 18mm（筛选阳性）的分离株被选择出来做 bla_{AmpC} 的 PCR 和测序。54 个分离株（2.79%）藏匿有质粒介导的 AmpC β-内酰胺酶，如同 PCR 和等电聚焦所证实的那样。序列分析揭示出 bla_{DHA-1} 和 bla_{CMY-2} 基因的存在。根据菌种，质粒介导的 AmpC β-内酰胺酶（PABL）在 4.2% 肺炎克雷伯菌（DHA-1，29 个分离株；CMY-2，1 个分离株），1.91% 大肠埃希菌（DHA-1，12 个分离株；CMY-2，12 个分离株）和 3.03% 奥克西托克雷伯菌分离株中（DHA-1，1 个分离株）被检测到。与研究者预期不一样的是，产 DHA-1 肺炎克雷伯菌的发生率明显下降（$P<0.01$），从 2003 年的 7.54% 下降到 2004 年的 2.72%。总之，DHA-1 在这次中国的一个三甲医院的收集中是最流行的获得性 AmpC β-内酰胺酶，并且产 DHA-1 肺炎克雷伯菌是藏匿着一种 PABL 的最流行的细菌。这也是 CMY-2 在中国大陆的第一次报告。还有一项研究是王辉等调查质粒介导的 AmpC β-内酰胺酶在中国 5 所儿童医院中大肠埃希菌和肺炎克雷伯菌中的流行情况。总共 494 个大肠埃希菌和 637 个肺炎克雷伯菌分离株在中国 5 所儿童医院被收集，收集时间是 2005 年 1 月到 2006 年 12 月。结果显示，质粒介导的 AmpC β-内酰胺酶在 10.1% 的肺炎克雷伯菌（64/637）以及 2.0% 的大肠埃希菌菌株中（10/494）被发现。产质粒介导的 AmpC β-内酰胺酶菌株的比例从 2005 年（2.6%）到 2006 年（9.3%）明显增高（$P<0.001$）。产 DHA-1 分离株最流行（93.2%，69/74）。产 CMY-2 的分离株共有 5 个（6.8%）。在 74 个产 AmpC β-内酰胺酶的肺炎克雷伯菌和大肠埃希菌中，有 18 个分离株复合产生一种 ESBL。该项研究已经证实，质粒介导的 AmpC β-内酰胺酶在来自中国儿童患者的大肠

埃希菌和肺炎克雷伯菌的出现，并且 DHA 型 AmpC 酶有着最高的流行率。本研究也首次报告了 CMY-2 出现在中国的儿童医院。

Pitout 于 2013 年报告，具有质粒介导的 AmpC β-内酰胺酶的肠杆菌科细菌所致的社区相关的获得和感染是一种相当近来的现象，并且已经在加拿大和美国被描述，在美国，感染的细菌是肠炎沙门菌新港血清型，它们产生 CMY-2。由产 CMY-2 肠炎沙门菌新港血清型所致的感染已经与未煮熟的肉的消费以及宠物治疗的处置有关联。一项近来的来自加拿大卡尔加里的基于群体的研究已经在 369 名具有社区相关感染的患者中有 225 名患者鉴定出产 AmpC 酶大肠埃希菌，这些感染是由头霉素耐药分离株所致，并且该项研究发现，对于发展一个感染来说，女性具有 5 倍高的危险。PCR 显示，34%（125）是 bla_{CMY} 基因阳性并且测序鉴定出这些酶是 CMY-2。该项研究得出的结论是，在这个大型卡尔加里地区，产 AmpC 大肠埃希菌在社区是一个新近出现的病原菌，它常常在老年女性中引起 UTI。接下来的两个报告分别来自美国的华盛顿州和内布拉斯加州，它们显示产 CMY、ACC 和 DHA 型 AmpC β-内酰胺酶的肠杆菌科细菌存在于美国的门诊患者中。

总之，AmpC β-内酰胺酶已经在全世界广泛流行。由于 AmpC β-内酰胺酶的检测并不像 ESBL 检测那样易于开展，所以，目前关于 AmpC β-内酰胺酶流行病学的报告也可能只是冰山一角，实际情况要远比报告严重得多。

第七节 结语

与染色体 AmpC β-内酰胺酶相比，质粒编码的 C 类 β-内酰胺酶更成问题，因为它们可转移到其他细菌菌种中，特别是肺炎克雷伯菌，并且常常被大量地表达。在革兰阴性菌中，对扩展谱的头孢菌素类耐药的出现已经是一个主要的担忧，这种耐药最初出现在有限数量的菌种中（阴沟肠杆菌、弗氏柠檬酸杆菌、黏质沙雷菌和铜绿假单胞菌），它们能通过突变而超高产它们的染色体 C 类 β-内酰胺酶。几年之后，耐药出现在并不天然产生 AmpC β-内酰胺酶的细菌中（肺炎克雷伯菌、沙门菌种和奇异变形杆菌）。如果这些产生质粒介导的 AmpC β-内酰胺酶的细菌再伴随着外膜通透性的改变，这些细菌也可能对碳青霉烯类抗生素耐药。

参考文献

[1] Jaurin B, Grundstrom T. *AmpC* cephalosporinase of *Escherichia coli* K-12 has a different evolutionary origin from that of β-lactamases of the penicillinase type [J]. Proc Natl Acad Sci USA, 1981, 78: 4897-4901.

[2] Bauernfeind A, Chong Y, Schweighart S. Extended broad spectrum β-lactamase in *Klebsiella pneumoniae* including resistance to cephamycins [J]. Infection, 1989, 17: 316-321.

[3] Papanicolaou G A, Medeiros A A, Jacoby G A. Novel plasmid-mediated β-lactamase (MIR-1) conferring resistance to oxyimino- and α-methoxy β-lactams in clinical isolates of *Klebsiella pneumoniae* [J]. Antimicrob Agents Chemother, 1990, 34: 2200-2209.

[4] Bradford P A, Urban C, Mariano N, et al. Imipenem resistance in *Klebsiella pneumoniae* is associated with the combination of ACT-1, a plasmid-mediated AmpC β-lactamase, and loss of an outer membrane protein [J]. Antimicrob Agents Chemother, 1997, 41: 563-569.

[5] Bre L, Chanal-Claris C, Sirot D, et al. Chromosomally encoded AmpC-type β-lactamase in a clinical isolate of *Proteus mirabilis* [J]. Antimicrob Agents Chemother, 1998, 42: 1110-1114.

[6] Stapleton P D, Shannon K P, French G L. Carbapenem resistance in *Escherichia coli* associated with plasmid-determined CMY-4 β-lactamase production and loss of an outer membrane protein [J]. Antimicrob Agents Chemother, 1999, 43: 1206-1210.

[7] Barlow M, Hall B G. Origin and evolution of the AmpC β-lactamases of *Citrobacter freundii* [J]. Antimicrob Agents Chemother, 2002, 46: 1190-1198.

[8] Philippon A, Arlet G, Jacoby G A. Plasmid-determined AmpC β-lactamases [J]. Antimicrob Agents Chemother, 2002, 46: 1-11.

[9] Normark B H, Normark S. Evolution and spread of antibiotic resistance [J]. J Intern Med, 2002, 252: 91-106.

[10] Whichard J M, Joyce K, Fey P D, et al. β-lactam resistance and *Enterobacteriaceae*, United States [J]. Emerg Infect Dis, 2005, 11: 1464-1466.

[11] Jacoby G A. AmpC β-lactamases [J]. Clin Microbiol Rev, 2009, 22: 161-182.

[12] Hawkey P M, Jones A M. The changing epidemiology of resistance [J]. J Antimicrob Chemother, 2009, 64 (suppl1): i3-i10.

[13] Pitout J D. *Enterobacteriaceae* that produce extended-spectrum β-lactamases and AmpC β-lactamases in the community: the tip of the iceberg? [J] Curr Pharm Des, 2013, 19 (2): 257-263.

[14] Deshpande L M, Jones R N, Fritsche T R, et al.

Occurrence of plasmidic AmpC β-lactamase-mediated resistance in *Escherichia coli*: report from the SENTRY Antimicrobial Surveillance Program (North America, 2004) [J]. Int J Antimicrob Agents, 2006, 28: 578-581.

[15] Ding H, Yang Q, Liu Y, et al. The prevalence of plasmid-mediated AmpC β-lactamases among clinical isolates of *Escherichia coli* and *Klebsiella pneumoniae* from five children's hospitals in China [J]. Eur J Clin Microbiol Infect Dis, 2008, 27: 915-921.

[16] Doi Y, Paterson D L. Detection of plasmid-mediated class C β-lactamases [J]. Int J Infect Dis, 2007, 11: 191-197.

[17] Heritier C, Poirel L, Nordmann P. Cephalosporinase over-expression resulting from insertion of IS*Aba*l in *Acinetobacter baumannii* [J]. Clin Microbiol Infect, 2006, 12: 123-130.

[18] Gacoby G A, Mills D M, Chow N. Role of β-lactamases and porins in resistance to ertapenem and other β-lactams in *Klebsiella pneumoniae* [J]. Antimicrob Agents Chemother, 2004, 48: 3203-3206.

[19] Li Y, Li Q, Du Y, et al. Prevalence of plasmid-mediated AmpC β-lactamases in a Chinese university hospital from 2003 to 2005: first report of CMY-2-type AmpC β-lactamase resistance in China [J]. J Clin Microbiol, 46: 1317-1321.

[20] lee K, Yong D, Choi Y S, et al. Reduced imipenem susceptibility in *Klebsiella pneumoniae* clinical isolates with plasmid-mediated CMY-2 and DHA-1 β-lactamases co-mediated by porin loss [J]. Int J Antimicrob Agents, 2007, 29: 201-206.

[21] Bauernfeind A, Stemplinger I, Jungwirth R, et al. Characterization of the plasmidic β-lactamase CMY-2, which is responsible for cephamycin resistance [J]. Antimicrob Agents Chemother, 1996, 40: 221-224.

[22] Horii T, Arakawa Y, Ohta M, et al. Plasmid-mediated AmpC-type β-lactamase isolated from *Klebsiella pneumoniae* confers resistance to broad-spectrum β-lactams, including moxalactam [J]. Antimicrob Agents Chemother, 37: 984-900.

[23] Tzouvelekis L S, Tzelepi E, Mentis A F, et al. Identification of a novel plasmid-mediated β-lactamase with chromosomal cephalosporinase characteristics from *Klebsiella pneumoniae* [J]. J Antimicrob Chemother, 1993, 31: 645-654.

[24] Gonzalez Leiza M, Perez-Diaz J C, Ayala J, et al. Gene sequence and biochemical characterization of FOX-1 from *Klebsiella pneumoniae*, a new AmpC-type plasmid-mediated β-lactamase with two molecular variants [J]. Antimicrob Agents Chemother,

1994, 38: 2150-2157.

[25] Gailot O, Clement C, Simonet M, et al. Novel transferable β-lactam resistance with cephalosporinase characteristics in *Salmonella enteritidis* [J]. J Antimicrob Chemother, 1997, 39: 85-87.

[26] Bauernfeind A, Schneider I, Jungwirth R, et al. A novel type of AmpC β-lactamase, ACC, produced by a *Klebsiella pneumoniae* strain causing nosocomial pneumonia [J]. Antimicrob Agents Chemother, 1999, 43: 1924-1931.

[27] Nakano R, Okamoto R, Nakano Y, et al. CFE-1, a novel plasmid-encoded AmpC β-lactamase with an *ampR* gene originating from *Citrobacter freundii* [J]. Antimicrob Agents Chemother, 2004, 48: 1151-1158.

[28] Alvarez M, Tran J H, Chow N, et al. Epidemiology of conjugative plasmid-mediated AmpC β-lactamases in the United States [J]. Antimicrob Agents Chemother, 2004, 48: 533-537.

[29] Moland E S, Black J A, Ourada J, et al. Occurrence of newer β-lactamases in *Klebsiella pneumoniae* isolates from 24 U. S. hospitals [J]. Antimicrob Agents Chemother, 2002, 46: 3837-3842.

[30] Nadjar D, Rouveau M, Verdet C, et al. Outbreak of *Klebsiella pneumoniae* producing transferable AmpC-type β-lactamase (ACC-1) originating from *Hafnia alvei* [J]. FEMS Microbiol Lett, 2000, 178: 35-40.

[31] Girlich D, Naas T, Bellais S, et al. Biochemical-genetic characterization and regulation of expression of an ACC-1-like chromosome-borne cephalosporinase from *Hafnia alvei* [J]. Antimicrob Agents Chemother, 2000, 44: 1470-1478.

[32] Chen Y, Cheng J, Wang Q, et al. ACT-3, a novel plasmid-encoded class C β-lactamase in a *Klebsiella pneumoniae* isolate from China [J]. Int J Antimicrob Agents, 2009, 33: 95-96.

[33] Reisbig M D, Hanson N D. The ACT-1 plasmid-encoded AmpC β-lactamase is inducible: detection in a complex β-lactamase background [J]. J Antimicrob Chemother, 2002, 49: 557-560.

[34] Shimizu-Ibuka A, Bauvois C, Sakai H, et al. Structure of the plasmid-mediated class C β-lactamase ACT-1 [J]. Acta Crystallogr Sect F Struct Biol CrystCommun, 2008, 64: 334-337.

[35] Rottman M, Benzerara Y, Hanau-Bercot B, et al. Chromosomal *ampC* genes in *Enterobacter* species other than *Enterobacter cloacae*, and ancestral association of the ACT-1 plasmid-encoded cephalosporinase to *Enterobater asburiae* [J]. FEMS Microbiol Lett, 2002, 210: 87-92.

[36] Bauvois C, Ibuka A S, Celso A, et al. Kinetic

properties of four plasmid-mediated AmpC β-lactamases [J]. Antimicrob Agents chemother, 2005, 49: 4240-4246.

[37] Miriagou V, Tzouvelekis L S, Villa L, et al. CMY-13, a novel inducible cephalosporinase encoded by an *Escherichia coli* plasmid [J]. Antimicrob Agents Chemother, 2004, 48: 3172-3174.

[38] Huang I F, Chiu C H, Wang M H, et al. Outbreak of dysentery associated with ceftriaxone-resistant *Shigella sonnei*: first report of plasmid-mediated CMY-2-type AmpC β-lactamase resistance in *S. Sonnei* [J]. J Clin Microbiol, 2005, 43: 2608-2612.

[39] Barnaud G, Arlet G, Verdet C, et al. *Samonella entertidis*: AmpC plasmid-mediated inducible β-lactamase (DHA-1) with an *ampR* gene from *Morganella morganii* [J]. Antimicrob Agents Chemother, 1998, 42: 2352-2358.

[40] Fortineau N, Poirel L, Nordmann P. Plasmid-mediated and inducible cephalosporinase DHA-2 from *Klebsiella pneumoniae* [J]. J Antimicrob Chemother, 2001, 47: 207-210.

[41] Verdet C, Arlet G, Barnaud G, et al. A novel integron in *Salmonella enterica* Serovar Enteritidis, carrying the *bla*_DHA-1_ gene and its regulator gene *ampR* originated from *Morganella morganii* [J]. Antimicrob Agents Chemother, 2000, 44: 222-225.

[42] Fosse T, Giraud-Morin C, Madinier I, et al. Sequence analysis and biochemical characterisation of chromosomal CAV-1 (*Aeromonas caviae*), the parental cephalosporinase of plasmid-mediated AmpC 'FOX' cluster [J]. FEMS Microbiol Lett, 2003, 222: 93-98.

[43] Tzouvelekis L S, Tzelepi E, Mentis A F. Nuclcotide sequence of a plasmid mediated cephalosporinase gene (*bla*_LAT-1_) found in *Klebsiella pneumoniae* [J]. Antimicrob Agents Chemother, 1994, 38: 2207-2209.

[44] Jacoby G A, Tran J. Sequence of the MIR-1 β-lactamase gene [J]. Antimicrob Agents Chemother, 1999, 43: 1759-1760.

[45] Power P, Galleni M, Ayala J A, et al. Biochemical and molecular characterization of three new variants of AmpC β-lactamases from *Morganella morganii* [J]. Antimicrob Agents Chemother, 2006, 50: 962-967.

[46] Nukaga M, Kumar S, Nukaga K, et al. Hydrolysis of third-generation cephalosporins by class C β-lactamases [J]. J Bio Chem, 2004, 279: 9344.

[47] Fisher J F, Meroueh S O, Mobashery S. Bacterial resistance to β-lactam antibiotics: compelling opportunism, compelling opportunity [J]. Chem Rev, 2005, 105: 395-424.

[48] Gutkind G O, Di Conza J, Power P, et al. β-lactamase-mediated resistance: a biochemical, epidemiological and genetic overview [J]. Curr Pharm Des, 2013, 19 (2): 164-208.

[49] Dubus A, Ledent P, Lamotte-Brasseur J, et al. The roles of residues Tyr150, Glu272, and His314 in class C β-lactamases [J]. Proteins, 1996, 25: 473-485.

[50] Woodford N, Reddy S, Fagan E J, et al. Wide geographic spread of diverse acquired AmpC β-lactamases among *Escherichia coli* and *Klebsiella* spp. In the UK and Ireland [J]. J Antimicrob Chemother, 2007, 59: 102-105.

[51] Wachino J, Kurokawa H, Suzuki S, et al. Horizontal transfer of *bla*_CMY_-bearing plasmids among clinical *Escherichia coli* and *Klebsiella pneumoniae* isolates and emergence of cefepime-hydrolyzing CMY-19 [J]. Antimicrob Agents Chemother, 2006, 50: 534-541.

[52] Tan T Y, Ng Y, Teo L, et al. Detection of plasmid-mediated AmpC in *Escherichia coli*, *Klebsiella pneumoniae* and *Proteus mirabilis* [J]. J Clin Pathol, 2008, 61: 642-644.

[53] Palasubraminiam S, Karunakaran R, Gin G G, et al. Imipenem-resistance in *Klebsiella pneumoniae* in Malaysia due to loss of OmpK36 outer membrane protein coupled with AmpC Hyperproduction [J]. Int J Infect Dis, 2007, 11: 472-474.

[54] Hanson N D, Moland E S, Hong S G, et al. Surveillance of community-based reservoirs reveals the presence of CTX-M, imported AmpC, and OXA-30 β-lactamases in urine isolates of *Klebsiella pneumoniae* and *Escherichia coli* in a US community [J]. Antimicrob Agents Chemother, 2008, 52: 3814-3816.

[55] Ahmed A M, Shimamoto T. Emergence of a cefepime- and cefpirome-resistant *Citrobacter freundii* clinical isolate harbouring a novel charomosomally encoded AmpC β-lactamase, CMY-37 [J]. Int J Antimicrob Agents, 2008, 32: 256-261.

[56] Barnaud G, Benzerara Y, Gravisse J, et al. Selection during cefepime treatment of a new cephalosporinase variant with extended-spectrum resistance to cefepime in an *Enterobacter aerogenes* clinical isolate [J]. Antimicrob Agents chemother, 2004, 48: 1040-1042.

[57] Barnaud G, Labia R, Raskine L, et al. Extension of resistance to cefepime and cefpirome associated to a six amino acid deletion in the H-10 helix of the cephalosporinase of *Enterobacter cloacae* clinical i-

solate [J]. FEMS Microbiol Lett, 2001, 195: 185-190.

[58] Hidri N, Barnaud G, Decre D, et al. Resistance to ceftazidime is associated with a S220Y substitution in the omega loop of the AmpC β-lactamase of a *Serratia marcescens* clinical isolate [J]. J Antimicrob Chemother, 2005, 55: 496-499.

[59] Mammeri H, Eb F, Berkani A, et al. Molecular characterization of AmpC-producing *Escherichia coli* clinical isolates recovered in an French hospital [J]. J Antimicrob chemother, 2008, 61: 498-503.

[60] Matsumura N, Minami S, Mitsuhashi S. Sequences of homologous β-lactamases from clinical isolates of *Serratia marcescens* with different substrate specificities [J]. Antimicrob Agents Chemother, 1998, 42: 176-179.

[61] Yatsuyanagi J, Saito S, Konno T, et al. Nosocomial outbreak of ceftazidime-resistant *Serratia marcescens* strains that produce a chromosomal AmpC variant with N235K substitution [J]. Jpn J Infect Dis, 2004, 59: 153-159.

[62] Nukaga M, Haruta S, Tanimoto K, et al. Molecular evolution of a class C β-lactamase extending its substrate specificity [J]. J Biol Chem, 1995, 270 (11): 5729-5735.

[63] Doi Y, Wachino J I, Ishiguro M, et al. Inhibitor-sensitive AmpC β-lactamase variant produced by an *Escherichi coli* clinical isolate resistant to oxyimino-cephalosporins and cephamycins [J]. Antimicrob Agents Chemother, 2004, 48 (7): 2652-2658.

[64] Lee J H, Jung H I, Jung J H, et al. Dissemination of transferable AmpC-type β-lactamase in a Korean hospital [J]. Miccrob Drug Resist, 2004, 10 (3): 224-230.

[65] Lobkovsky E, Moews P C, Liu H, et al. Evolution of an enzyme activity: crystallographic structure at 2-Å rsolution of cephalosporinase from the *ampC* gene of *Enterobacter cloacae* P99 and comparison with a class A penicillinase [J]. Proc Nant Acad Sci USA, 1993, 254: 11257-11261.

[66] Galleni M, Amieosante G, Frere J M. A survey of the kinetic parameters of class C β-lactamase. Cephalosporins and other β-lactam compounds [J]. Biochem J, 1988, 255: 123-129.

[67] Knox J R, Moews P C, Frere J M. Molecular evolution of bacterial β-lactam resistance [J]. Chem Biol, 1996, 3: 937-947.

[68] Fernandez L, Breidenstein E B, Hancock R E. Creeping baselines and adaptive resistance to antibiotics [J]. Drug Resist Updat, 2011, 14: 1-21.

第二十六章

超广谱 AmpC β-内酰胺酶

第一节 概述

TEM 型和 SHV 型 ESBL 都是借助氨基酸置换从广谱 β-内酰胺酶突变成为超广谱 β-内酰胺酶，这些置换导致活性部位的结构发生改变，从而扩大了底物谱，而质粒介导的 AmpC β-内酰胺酶则与这类 ESBL 不同，它们一经问世似乎具有非常广的底物谱。通过活性部位重塑来扩大它们的底物谱或改善它们水解活性似乎并无必要。早在 2002 年，Barlow 和 Hall 曾认为，由抗生素年代前的 *ampC* 等位基因所赋予的耐药水平，与那些被发现在质粒上的并且从临床耐药菌株分离出的 *ampC* 等位基因所赋予的耐药水平基本相同。当时，人们并没有在自然界发现任何能够水解碳青霉烯类抗生素的 AmpC β-内酰胺酶，或许它们真就缺乏进化出全新的水解碳青霉烯类活性的潜力。低的选择压力能够解释源自 CMY-2 的等位基因赋予针对大多数 β-内酰胺类抗生素耐药增加的缺乏。由于大多数 β-内酰胺类抗生素被引入临床应用之前，弗氏柠檬酸杆菌 *ampC* 等位基因就能赋予针对那些抗生素的高水平耐药，因此可能一直没有一种增加针对它们活性的需要。另一种可能的说法是，改善针对大多数 β-内酰胺类抗生素而不是碳青霉烯类抗生素活性的潜力或许也存在着物理上的限制。Bulychev 和 Mobashery 已经显示，来自阴沟肠杆菌的针对其优先的底物头孢噻啶和头孢菌素 C 的 AmpC β-内酰胺酶活性是扩散限制的，并且因此不易于进一步的改善。抗生素年代前的染色体等位基因和质粒来源的等位基因，都编码针对所有受试药物的明显活性的酶，只是碳青霉烯类抗生素和头孢吡肟除外。可能的是，这些酶是处于或接近扩散的限制。

这种观念在 20 世纪 90 年代中期被打破了。日本学者在 1995 年报告，阴沟肠杆菌 GC1 被发现产生一种染色体编码的 C 类 AmpC β-内酰胺酶（GC1），这种酶针对氧亚氨基 β-内酰胺类抗生素的底物专一性被扩展了，高效水解头孢他啶是这种酶的一个突出特性，这明显不同于已知的阴沟肠杆菌 β-内酰胺酶如 P99。这种被拓展了水解谱的 AmpC β-内酰胺酶被称为超广谱 AmpC（extended-spectrum AmpC，ESAC）β-内酰胺酶。原以为 GC1 不过是 AmpC β-内酰胺酶中一个极特殊的个例，但随后又有多个 ESAC β-内酰胺酶被鉴定出。截至 2009 年为止，已经有几十种 ESAC β-内酰胺酶被发现，这些 ESAC β-内酰胺酶的共同特点是高效水解头孢他啶，多为染色体编码。质粒介导的 ESAC β-内酰胺酶也已经出现，如 CMY-19 和 CMY-10，这两种酶甚至可以在很高程度上水解亚胺培南。尽管 ESAC β-内酰胺酶还不多见，但这显然是革兰阴性病原菌耐药进化的一个全新途径。随着各种拓展了抗菌谱的头孢菌素类和碳青霉烯类抗生素更加广泛地使用，这些 ESAC β-内酰胺酶也许会更多地被选择出来，它们在临床分离株中的出现再一次印证了细菌在 β-内酰胺酶进化上的无所不能。试想，一旦细菌进化出能够高效水解碳青霉烯类的 ESAC β-内酰胺酶，并且编码这些的基因转移到能在肠杆菌科细菌中高效传播的质粒上，必然会进一步限制各种 β-内酰胺类抗生素的使用，这对于本就严峻的抗感染治疗局面无异于雪上加霜。无论是由染色体编码的还是由质粒介导的肠杆菌科细菌的超广谱 AmpC β-内酰胺酶，与其祖先相比都在其活性位点附近具有结构改变，这是由于不同的遗传改变所致，包括缺失、插入和置换。针对广谱 β-内酰胺类，它们展示出增加的催化效力，如头孢他啶、头孢噻肟、头孢吡肟、头孢匹罗以及在一些情况下也包括亚胺培南。例如，在质粒编码的 AmpC 中，与阴沟肠杆菌 P99 相比，CMY-10 在 R2 环展示出一个 3-氨基酸缺失，这种改变增加了针对头孢他啶和亚胺培南的 k_{cat} 和 k_{cat}/K_m 参数（尽管 K_m 本身也增加）。一般来说，对于 ESAC β-内酰胺酶的改变或是位于 Ω 环或是在 R2 环上，从而导致活性部位的再分布，这就改善了具有更庞大 R1 侧链的底物的可及性。

大多数 ESAC β-内酰胺酶都是在染色体上被编码的。反复尝试着将来自临床分离株的 bla_{AmpC} 基因采用接合或转化实验转移到大肠埃希菌菌株中都失败了。通常，在 bla_{AmpC} 基因的启动子区域的突变会导致在大肠埃希菌中的超广谱头孢菌素酶的过度表达。近来，编码质粒介导的超广谱头孢菌素酶的两个基因已经被鉴定了特性，它们是在接合型质粒 pCMXRI 上的 bla_{CMY-19} 以及 bla_{CMY-10}。bla_{CMY-19} 和 bla_{CMY-10} 基因都通过点突变而源自 bla_{CMY-1} 基因，它们都位于一个 $sul1$ 型整合子上，后者包括了含 $orf513$ 的 2.1kb 的所谓的共同区。

第二节　超广谱 AmpC β-内酰胺酶的出现

1992 年，一个阴沟肠杆菌临床分离株 GC1 在日本被分离获得。1995 年，日本学者报告 GC1 产生一种 ESAC β-内酰胺酶（GC1），这是 ESAC β-内酰胺酶的第一次报告。GC1 β-内酰胺酶的氨基酸序列与已知的阴沟肠杆菌 P99 β-内酰胺酶的那些氨基酸序列的比较揭示出，在成熟蛋白的位置 208～213 上存在着 3 个氨基酸的重复，即丙氨酸 208-缬氨酸-精氨酸-丙氨酸-缬氨酸-精氨酸 213。这种重复被归因为一个 9-核苷酸序列的串联重复。研究证实，这种被扩展了的底物专一性完全是由于这种 3 个氨基酸串联插入所致。在 GC1 酶中，位于从位置 211 到 213 的丙氨酸-缬氨酸-精氨酸是新插入的残基。在此后的 2004 年和 2005 年，又有一些代表性的 ESAC β-内酰胺酶在法国和日本被鉴定出，它们均来自临床分离株，并且这些酶都是染色体编码的。例如，AmpC Ear2 来自产气肠杆菌，和野生型 AmpC 酶相比，这个 ESAC β-内酰胺酶具有一个氨基酸置换即亮氨酸 293→脯氨酸，这一置换导致对头孢吡肟的 MIC 从 $0.5\mu g/mL$ 增高到 $32\mu g/mL$。AmpC HD 是从一个多药耐药黏质沙雷菌临床分离株被鉴定出。测序分析揭示出，来自黏质沙雷菌 HD 的 bla_{AmpC} 基因有一个 12 核苷酸缺失，对应的是位于这一 ESAC β-内酰胺酶的 H-10 螺旋上的 4 氨基酸缺失，这一缺失位于 H-10 螺旋上。动力学分析显示，这个 ESAC β-内酰胺酶能够明显地水解头孢他啶、头孢吡肟和头孢匹罗。AmpC KL 源自一个大肠埃希菌临床分离株，它可显著地水解头孢他啶和头孢吡肟。与大肠埃希菌的一个参考 AmpC 头孢菌素酶相比，AmpC KL 具有 14 氨基酸置换。大肠埃希菌 HKY28 是在日本被分离获得的一个临床分离株，对头孢他啶耐药，它产生一种 ESAC β-内酰胺酶，称作 AmpC D。与大肠埃希菌野生型 AmpC 酶相比，该变异体酶含有一些氨基酸置换和一个三肽缺失（甘氨酸 286-丝氨酸 287-天冬氨酸 288）。分子学建模研究提示，三肽缺失发生在 H-10 螺旋上。AmpC D 与其他 ESAC β-内酰胺酶最大的区别在于它对 β-内酰胺酶抑制剂敏感，如克拉维酸、舒巴坦和他唑巴坦。AmpC ES46 来自对头孢他啶耐药的黏质沙雷菌临床分离株。序列分析提示，与头孢他啶敏感的 AmpC 酶相比，AmpC ES46 在第三个基序中的第三个氨基酸出现了谷氨酸 235→赖氨酸置换，并且定点诱变实验证实，这个置换参与到头孢他啶耐药表型。AmpC Ser^R 产自一个头孢他啶耐药的黏质沙雷菌 SMSA。这个全新的 ESAC β-内酰胺酶显示出谷氨酸 57→谷氨酰胺，谷氨酰胺 129→赖氨酸和丝氨酸 220→酪氨酸置换。后一个置换位于 Ω 环中。定点诱变研究证实，这一置换赋予头孢他啶耐药，并且针对头孢他啶的催化效能（k_{cat}/K_m）增高了 100 倍。

2006 年，Mammeri 等报告了多个产自大肠埃希菌临床分离株的 ESAC β-内酰胺酶，如 AmpC EC14、AmpC EC15、AmpC EC16 和 AmpC EC18 等。上述这些 ESAC β-内酰胺酶存在多样性，有多个氨基酸置换出现，如丝氨酸 287→谷氨酰胺、丝氨酸 287→半胱氨酸、组氨酸 296→脯氨酸、缬氨酸 298→亮氨酸和缬氨酸 350→苯丙氨酸置换都参与水解谱的拓展，以此来包括头孢他啶和头孢吡肟。在这些置换中，有些置换比起其他一些置换造成更高的耐药水平和 β-内酰胺酶的水解活性。含有残基 287、296 和 298 的区域位于螺旋 H-10 内或靠近螺旋 H-10。这个区域可能是一个氨基酸置换热点。大肠埃希菌临床分离株 BER 来自在法国住院的一名 52 岁女性肾移植患者，它产生一种全新的 ESAC β-内酰胺酶，成为 AmpC BER。与大肠埃希菌野性菌株的 $ampC$ 基因相比，大肠埃希菌 BER 含有的编码基因含有一个 6bp 插入，导致在位置 294 和 295 上两个丙氨酸的一个串联重复。位置 294 和 295 位于 H-10 螺旋中，这样的结构改变也会导致 AmpC 水解谱的拓展。

2008 年，来自巴勒斯坦的一个弗氏柠檬酸杆菌临床分离株被报告产生一种全新的 ESAC β-内酰胺酶 CMY-37。CMY-37 是弗氏柠檬酸杆菌染色体 AmpC 酶的一个变异体，至少有 7 个氨基酸置换，其中一个置换亮氨酸316→异亮氨酸位于 R2 环内，它被认为是负责 C 类 β-内酰胺酶的超广谱的热点区域。

Lee 等于 2003 年报告，一个产气肠杆菌 K9911729 从入住一所韩国釜山大学医院的肺炎患者中被分离获得，该菌株产生一种全新的 CMY 型酶变异体，CMY-10，它赋予对头孢西丁和头孢替坦以及对青霉素类和头孢菌素类耐药。CMY-10 是第一个质粒编码的 ESAC β-内酰胺酶。2006 年，Wachino 等报告了第二个质粒编码的 ESAC β-内酰胺酶 CMY-19，它产自肺炎克雷伯菌。CMY-19 是通过氨基酸突变从 CMY-9 进化而来。在 CMY-9 和 CMY-19 之间，邻接 H-10 螺旋区域的一个单一氨基酸置换异亮氨酸292→丝氨酸被观察到。这个置换被建议负责针对一些广谱头孢菌素类的水解活性的拓展。在 CMY-19 中被发现的针对头孢吡肟的水解活性的拓展是一个十分突出的特性，因为一般来说头孢吡肟对 AmpC β-内酰胺酶是稳定的。

截至 2008 年，所有被发现的 ESAC β-内酰胺酶，无论是染色体编码的还是质粒介导的，都是从肠杆菌科细菌中被鉴定出，如阴沟肠杆菌、产气肠杆菌、黏质沙雷菌、大肠埃希菌、肺炎克雷伯菌和弗氏柠檬酸杆菌。2009 年，Rodriguez-Martinez、Poirel 和 Nordmann 报告在铜绿假单胞菌中鉴定出 ESAC β-内酰胺酶。他们一共收集到 32 个铜绿假单胞菌临床分离株，它们对亚胺培南和头孢他啶中介敏感或耐药。克隆和测序鉴定出 10 个 AmpC β-内酰胺酶变异体，最常见的 AmpC 型变异体是 PDC-2 （*Pseudomonas*-derived cephalosporinase，PDC-2），它含有置换甘氨酸 27→天冬氨酸、丙氨酸 97→缬氨酸、苏氨酸 105→丙氨酸和缬氨酸 205→亮氨酸。只有具有苏氨酸 105→丙氨酸置换的变异体针对氧亚氨基头孢菌素类和亚胺培南的催化效能 （k_{cat}/K_m）增加。事实上，残基 105 位于 H-2 螺旋之内，后者邻接活性丝氨酸 64 并且通过氢键与 Ω 环相互作用。在这个区域内的置换以前就已经与水解谱的扩展联系起来，这种扩展促进了对像头孢他啶那样的化合物的攻击。此外，在 PDC-4 中被鉴定出的赖氨酸 108→谷氨酸置换或许在赋予对头孢吡肟的耐药上也起作用。

令人印象深刻的是，几乎所有的 ESAC β-内酰胺酶都是在日本和法国被发现，只有 CMY-10 和 CMY-37 分别在韩国和巴勒斯坦被鉴定出。ESAC β-内酰胺酶和相应的野生型 AmpC β-内酰胺酶的主要区别就是水解谱的拓展，而且是以高效水解头孢他啶为最主要特征。如果是头孢他啶的临床应用造成的选择压力促使野生型 AmpC β-内酰胺酶发生了变异，那么，头孢他啶是氧亚氨基中最重要的 β-内酰胺类抗生素之一，在全球均有广泛的应用。有人认为，日本和法国的研究人员偏爱研究 ESAC β-内酰胺酶，显然，这种说法没有说服力。然而，在全世界，日本和法国是两个对 ESAC β-内酰胺酶进行监测的国家，这可能是 ESAC β-内酰胺酶在这两个国家更多地被发现的原因（表 26-1）。

表 26-1 代表性 ESAC β-内酰胺酶的出现

酶的名称	产酶细菌	发表时间/年份	发现的国家
AmpC GC1	阴沟肠杆菌 GC1	1995	日本
AmpC SRT-1	黏质沙雷菌 GN16694	1995	日本
AmpC CHE	阴沟肠杆菌 CHE	2001	法国
CMY-10	产气肠杆菌 K1199729	2003	韩国
AmpC ES46	黏质沙雷菌	2004	日本
AmpC Ear2	产气肠杆菌 Ear1	2004	法国
AmpC HD	黏质沙雷菌 HD	2004	法国
AmpC KL	大肠埃希菌 KL	2004	法国
AmpC D	大肠埃希菌 HKY28	2004	日本
AmpC Ser^R	黏质沙雷菌 SMSA	2005	法国
CMY-19	肺炎克雷伯菌	2006	日本
AmpC EC14	大肠埃希菌	2006	法国
AmpC EC15	大肠埃希菌	2006	法国
AmpC EC16	大肠埃希菌	2006	法国
AmpC EC18	大肠埃希菌	2006	法国
AmpC BER	大肠埃希菌	2007	法国
CMY-37	弗氏柠檬酸杆菌 4306	2008	巴勒斯坦
AmpC PCD-2	铜绿假单胞菌	2009	法国

第三节 超广谱 AmpC β-内酰胺酶的结构-功能关系

在详述 ESAC 结构-功能关系之前，有必要介绍一下广谱头孢菌素类的结构。为了逃逸被 β-内酰胺酶灭活，三代头孢菌素类抗生素如头孢他啶和头孢噻肟已经被研发出来。这类抗生素主要以庞大的氧亚氨基为特征，如在 β-内酰胺母核 C7 位置上的 2-(2-氨基噻唑-4-yl)-2-氧亚氨基取代基。这些头孢菌素类被认为可共价抑制非超广谱 AmpC β-内酰胺酶，这是因为它们庞大的 C7 侧链迫使它们本身在酰基-酶中间产物中采取一种被拉紧的构象，从而阻止脱酰化步骤。尽管这些头孢菌素类在分子大小、静电电荷和侧链立体化学上彼此不同，但头孢他啶是与头孢吡肟十分相似的 β-内酰胺类抗生素。头孢他啶在那些于 20 世纪 80 年代被引入的氧亚氨基头孢菌素类中是个例外，它甚至在针对阴沟肠杆菌和大肠埃希菌头孢菌素酶都具有相当低的亲和力。这可能部分是在 β-内酰胺核 C3 位的吡啶取代基（R2）的存在之故，头孢吡肟和头孢匹罗也具有类似的特征（图 26-1）。

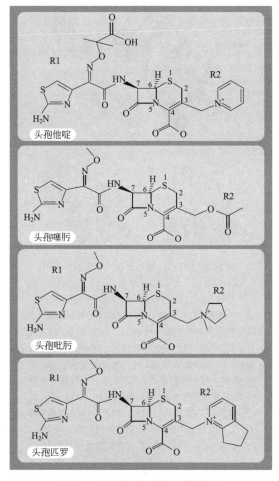

图 26-1 部分氧亚氨基头孢菌素结构
（引自 Nordmann P，Mammeri H. Future
Microbiol，2007，2：297-307）

两性离子头孢菌素类（头孢吡肟和头孢匹罗）以及碳青霉烯类（亚胺培南、厄他培南和美罗培南）都能非常有效地穿透革兰阴性菌的外膜，并且无论 AmpC β-内酰胺酶的产生水平多高，它们都是这些酶差的底物，因此，这些制剂在针对高产头孢菌素酶的革兰阴性菌仍然具有体外活性。头孢他啶及其过渡态模拟物与 AmpC 形成复合物的结构建议，这些抗生素对 C 类 β-内酰胺酶的水解作用是稳定的，这是因为它们庞大的侧链使得它们不适于和这种酶相互作用。突变的 C 类 β-内酰胺酶 GC1 似乎通过增加活性部位的大小来获得针对这些头孢菌素类的活性，特别是缬氨酸 211 和酪氨酸 221 的改变，从而缓解高能量的相互作用以及允许 β-内

酰胺类如头孢他啶松弛成为一种在催化上感受态的构象。

此外，我们再描述一下头孢菌素酶的结构特征。所有已知头孢菌素酶的 3D 结构都十分相似。这些 β-内酰胺酶是一种混合的 α-β 结构，在左侧有一个全螺旋域，在右侧有一个混合的 α/β 域。根据在染色体 C 类 β-内酰胺酶与抑制剂 β-内酰胺类抗生素之间的络合结构，头孢菌素酶的活性部位能被分成 2 个亚部位：R1 和 R2 部位。R1 部位涉及的区域可容纳在 β-内酰胺类抗生素的 β-内酰胺核的 C7 上的 R1 侧链，以及 R2 部位代表着全然不同的区域，后者与 β-内酰胺环的右部分相互作用，包括在 C3 上的 R2 侧链。如图 26-2 所示，R1 部位被 Ω 环包围，而 R2 部位被 R2 环包围，后者含有螺旋 H-10 和螺旋 H-11。Ω 环位于从残基 178 到残基 226 的区域，它通过氢结合与螺旋 H-2 相互作用，这接近活性丝氨酸 64。R2 环和螺旋 H-11 分别位于从残基 289 到残基 307，和从残基 346 到 C 末端。在位置 346 和 349 的氨基酸与 β-内酰胺类的 C4 上的羧酸盐基团相互作用。

在 ESAC β-内酰胺酶的各种构象改变已经在临床分离株中被描述，这样的改变位于这些蛋白的三个特定位置或邻近这三个特定位置，即 Ω 环、螺旋 H-10 和螺旋 H-11，当然有的学者说还包括羧基末端。此外，在螺旋 H-2 的结构改变也在一个 ES-AC β-内酰胺酶上被报告，这个酶由一个实验室获

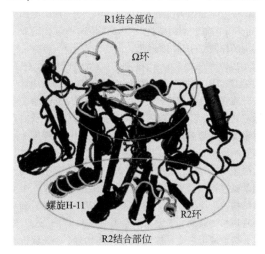

图 26-2 结合头孢他啶的大肠埃希菌 K-12 β-内酰
胺酶晶型结构的功能区（见文后彩图）
（引自 Nordmann P，Mammeri H.
Future Microbiol，2007，2：297-307）
头孢他啶位于活性部位内，以红色表示。残基
289～307 的 R2 环、螺旋 H-11 和 Ω 环用
黄色表示。橘黄色椭圆形代表 R1，
绿色椭圆形代表 R2

得的突变体菌株产生。

在 GC1 酶中，位于从位置 211 到 213 的丙氨酸-缬氨酸-精氨酸是新插入的残基，这一插入位置位于 Ω 环中。Knox 及其同僚近期确定了 GC1 的 X 射线晶型结构。结果显示，这个插入增加 Ω 环的柔性并且将结合部位拓宽 1.4Å。在 GC1/抑制剂复合物结构中，一个活性部位酪氨酸 221 被位移 6Å，这就将活性部位拓展得更开。有人提出，这些改变或许允许更大的取代基进入活性部位中，使得酰基-酶中间产物能被更好地定位，以便被脱酰化水分子攻击，或者允许被水解的产物更容易脱离开。ESAC β-内酰胺酶 SRT-1 来自黏质沙雷菌，它与来自黏质沙雷菌的野生型 AmpC β-内酰胺酶 SST1 的区别只是一个氨基酸置换，谷氨酸 213→赖氨酸，而残基 213 也是位于 Ω 环中，正是这一置换造就了一种 ESAC β-内酰胺酶。Ω 环的延伸导致一个更宽的活性部位，从而允许具有庞大的 C7 侧链的三代头孢菌素类抗生素在酰基-酶中间产物中保持在催化上合适的构象。AmpC CHE 产自阴沟肠杆菌临床菌株 CHE。该菌株超高产头孢菌素酶，并且对头孢吡肟和头孢匹罗高度耐药（MIC≥128μg/mL）。*ampC* 基因测序显示，有 18 个核苷酸已经缺失，对应的是 6 个氨基酸缺失，丝氨酸-赖氨酸-缬氨酸-丙氨酸-亮氨酸-丙氨酸（SKVALA，位置是残基 289～294）。根据 P99 β-内酰胺酶的晶型结构，这一缺失位于 H-10 螺旋中。阴沟肠杆菌 CHE 之所以对头孢吡肟高度耐药，一方面是因为脱阻遏而超高产，另一方面是因为 AmpC β-内酰胺酶的结构改变，正是这种组合造成了阴沟肠杆菌 CHE 高度耐药。

Lee 等于 2003 年报告，一个产气肠杆菌 K9911729 从入住一所韩国釜山大学医院的肺炎患者中被分离获得，该菌株产生一种全新的 CMY 型酶变异体 CMY-10，它赋予对头孢西丁和头孢替坦以及对青霉素类和头孢菌素类耐药，并且也能在相当程度上水解亚胺培南。CMY-10 是第一个质粒编码的 ESAC β-内酰胺酶。之后，Kim 等对 CMY-10 底物谱拓展的结构基础进行了深入细致的研究。CMY-10 采取一个双域结构，它由一个小的螺旋域（残基 83～170）和一个密切相关联的 α/β 域（残基 1～82 和 171～359）构成。螺旋域由三个 α 螺旋和各种环构建。α/β 域折叠成一个 8 链的反平行的 β 折叠片，它具有 8 个 α 螺旋和 3 个 β 链（β3、β4 和 β7）被包装在该折叠片的两个表面，并且 2 个 β 链（β5 和 β6）在一个边缘上。中心折叠片由一个扁平的、长的部分（由 5 个长链构成）和一个弯曲的、短的部分（由 3 个短链构成）组成。活性部位位于中心折叠片的弯曲的、短的部分中。R2 环（残基 289～307）、Ω 环的柔性部分（残基 212～226）、α11、β11、酪氨酸 151 环（残基 149～152）和

谷氨酰胺 121 环（残基 118～128）界定活性部位的边缘（图 26-3）。

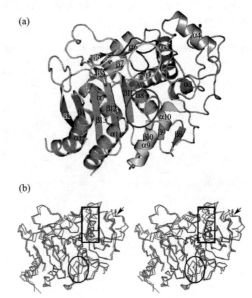

图 26-3　CMY-10 整体结构（见文后彩图）
［引自 Kim J Y, Jung H I, An Y J, et al.
Mol Microbiol, 2006, 60 (4): 907-916］

(a) CMY-10 二级结构丝带图。螺旋域和 α/β 域分别用粉红色和灰色标识。残基 289～307 的 R2 环为黄色，Ω 环为红色。绿色和青绿色分别提示的是谷氨酰胺 121 环和酪氨酸 151 环。青绿色的椭圆形代表 R1 部位，红色椭圆形代表 R2 部位。亲核体丝氨酸 65 的位置用一个红色环形提示。(b) CMY-10（红色），P99 β-内酰胺酶（绿色）以及 GC1 β-内酰胺酶（蓝色）的叠置的立体观。箭头指向是由残基 83～106 组成的环。圆环内区域和方框内区域分别由 α9-α10 和谷氨酰胺 121 环组成

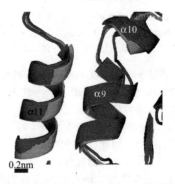

图 26-4　在 CMY-10 中 α9 和 α10 的位移
［引自 Kim J Y, Jung H I, An Y J, et al.
Mol Microbiol, 2006, 60 (4): 907-916］
图 26-3(b) 圆环内的放大丝带图

研究表明，CMY-10 活性部位能被分成两个亚位点：R1 位点和 R2 位点。R1 位点涉及容纳

β-内酰胺类抗生素的 β-内酰胺母核中 C7 位置上的 R1 侧链区域，R2 位点代表着正对面的区域，它与包括在 C3 位置上的 R2 侧链在内的 β-内酰胺环的右侧部分相互作用。R1 位点被 Ω 环、酪氨酸 151 环、在 R2-环上的 α10 以及 α11 所包围（图 26-4）。

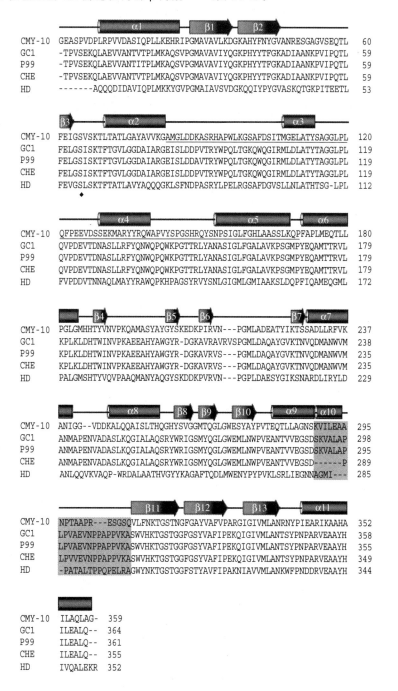

图 26-5　CMY-10 与 P99、GC1、HD 和 CHE β-内酰胺酶的序列比对

[引自 Kim J Y, Jung H I, An Y J, et al. Mol Microbiol, 2006, 60（4）: 907-916]

序列比对的顶部提示 CMY-10 的二级结构注释。亲核体（CMY-10 是丝氨酸 65，而 GC1、HD 和 CHE β-内酰胺酶的亲核体是丝氨酸 64）被采用钻石符号提示。螺旋域和 R2 环分别带下划线和涂黑。CMY-10 与 GC1、P99、CHE 和 HD 的总体序列同一性分别是 42.34%、42.90%、41.78% 以及 46.24%

CMY-10 和 P99 以及 GC1 β-内酰胺酶的序列比对揭示出在 CMY-10 的 R2 环上有一个三氨基酸缺失。由于这个缺失，R2 环呈现出令人瞩目的结构改变：R2 环的残基 304～306 变得更加柔性，并且在 α10 和 β11 的连接环的缩短途径诱导在 CMY-10 的 α9 和 α10 相对于邻近的螺旋 α11 有大约 2.5Å 的位移，当然这是与 P99 和 GC1 β-内酰胺酶相比的结果，从而打开了在 α9-α10 和 α11 之间的裂隙。根据晶型结构分析，这个缺失明显地拓宽了 R2 活性部位，如此就可容纳 β-内酰胺类抗生素的 R2 侧链。R2 位点以这种方式被明显变宽，它是 CMY-10 的独特结构特征（图 26-4 和图 26-5）。因此，考虑到结构改变的程度，R2 位点而不是 R1 位点似乎是 CMY-10 超广谱活性的最主要贡献因素。脱酰化过程是像头孢他啶那样的差底物被 C 类 β-内酰胺酶水解的一个限速步骤，并且 k_{cat} 值与水解速率密切相关。因此，在具有大的 R2 位点的缺失突变体，k_{cat} 值的增加要超过增加的 K_m 值的代偿作用，这最终增高催化效率。亚胺培南被非 ESAC β-内酰胺酶的水解迟滞在脱酰化步骤，这是因为酰基-酶复合物拉紧的构象。CMY-10 含有一个宽的、打开的 R2 位点，亚胺培南的长 R2 侧链恰好适配这样的 R2 位点。如同预期的那样，CMY-10 快速地水解亚胺培南，与 P99 β-内酰胺酶相比，CMY-10 的 k_{cat} 值增高 533 倍，这就清晰地显示出增高的针对亚胺培南的水解活性。与 P99 β-内酰胺酶相比，CMY-10 也展示出针对头孢他啶的 828 倍高的 k_{cat} 值。因为 k_{cat} 值反映出脱酰化速率。

2006 年，Wachino 等报告了第二个质粒编码的 ESAC β-内酰胺酶 CMY-19，它产自肺炎克雷伯菌。CMY-19 是通过氨基酸突变从 CMY-9 进化而来。在 CMY-9 和 CMY-19 之间，邻接 H-10 螺旋区域的一个单一氨基酸置换异亮氨酸 292→丝氨酸被观察到。这个置换被建议负责针对一些广谱头孢菌素类的水解活性的拓展。在 CMY-19 中被发现的针对头孢吡肟的水解活性的拓展是一个十分突出的特性，因为一般来说头孢吡肟对 AmpC β-内酰胺酶是稳定的。人们也观察到其他一些 ESAC β-内酰胺酶也在靠近 H-10 螺旋或位于 H-10 螺旋内有氨基酸缺失和置换，并且这些 ESAC β-内酰胺酶也都表现出针对头孢吡肟和头孢匹罗水解活性的增加（图 26-6）。

与它们的亲代 β-内酰胺酶相比，AmpC KL 和 CMY-10 分别具有缬氨酸 350→苯丙氨酸和天冬酰胺 346→异亮氨酸置换，这就使得它们更有效地水解广谱头孢菌素类。在螺旋 H-11 上的这些结构改变或许影响到在高度保守的残基天冬酰胺 346 和精氨酸 349 之间与头孢菌素类的 C4 羧酸盐的相互作用。由实验室获得的突变体黏质沙雷菌 520R 所产生的 ESAC 上的苏氨酸 70→异亮氨酸取代，是水解谱拓展的原因。文章作者推测，这样的改变破坏具有谷氨酰胺 219 的主链羰基氧的氢结合的结构，从而使得邻近活性部位丝氨酸的螺旋 H-2 更具有可移动性。对于 AmpC β-内酰胺酶来说，氨基酸插入、缺失和置换也已经被描述可加强针对氧亚氨基 β-内酰胺类底物的催化效率。那样的改变在质粒决定的和染色体介导 AmpC 酶中都已经被描述。如表 26-2 所示，这些改变或是出现在 Ω 环上，或是在或接近 R2 环上，前一种改变使得这种酶更加易于接近具有庞大 R1 侧链的底物，后两种改变可拓宽 R2 结合位点。在这两个位置上，氨基酸改变对酶动力学能有相反的效应。

```
                                                         292
CMY-19(肺炎克雷伯菌 HKY466)    YPVTEQTLLAGNSAKVS LEANPTAA---PRESGSQVLFNKTGSTNGFGAYVAFVPARGIG
CMY-9(肺炎克雷伯菌 HKY209)     YPVTEQTLLAGNSAKVI LEANPTAA---PRESGSQVLFNKTGSTNGFGAYVAFVPARGIG
CMY-11(大肠埃希菌 K983802)    YPVTEQTLLAGNSAKVS LEANPTAA---PRESGSQVLFNKTGSTNGFGAYVAFVPARGIG
FOX-1(肺炎克雷伯菌 BA32)      YPLTEQALLAGNSPAVS FQANPVTRFAVPKAMGEQRLYNKTGSTGGFGAYVAFVPARGIA
AmpC(产气肠杆菌 Ear1)        WPVSPEVLINGSDNKVALAATPVTAVKPPAPPVKASWVHKTGSTGGFGSYVAFIPQQDLG
AmpC(产气肠杆菌 Ear1)        WPVSPEVLINGSDNKVAP AATPVTAVKPPAPPVKASWVHKTGSTGGFGSYVAFIPQQDLG
AmpC(阴沟肠杆菌 P99)         LDAQANTVVEGSDSKVALAPLPVAEVNPPAPPVKASWVHKTGSTGGFGSYVAFIPEKQIG
AmpC(阴沟肠杆菌 CHE)         LDAQANTVVEGSD-----PLPVVEVNPPAPPVKASWVHKTGSTGGFGSYVAFIPEKQIG
AmpC(大肠埃希菌 K-12)        WPVNPDSIINGSDNKIALAARPVKAITPPTPAVRASWVHKTGATGFGSYVAFIPEKELG
AmpC(大肠埃希菌 HKY28)       WPVNPDIIIN---NKIALAARPVKPITPPTPAVRASWVHKTGATGGFGSYVAFIPEKELG
AmpC(黏质沙雷菌 S3)         LDAELSRLIEGNNAGMIMNGTPATAITPPQPELRAGWYNKTGSTGGFSTYAVFIPAKNIA
AmpC(黏质沙雷菌 HD)         LDAELSRLIEGNNAGMI----PATAITPPQPELRAGWYNKTGSTGGFSTYAVFIPAKNIA
                                      H-10螺旋
```

图 26-6 邻接 H-10 螺旋的氨基酸比对

（引自 Wachino J，Kurokawa H，Suzuki S，et al. Antimicrob Agents Chemother，2006，50：534-541）
多种 AmpC 酶的氨基酸序列比对。方框显示的是被预料会影响到头孢吡肟的水解活性的氨基酸置换或缺失。保守的基序 KTG 带下划线。破折线提示的是氨基酸残基的缺失。氨基酸计数采纳 Bauernfeind 等报告的成熟的 CMY-1 的计数

表 26-2　超广谱头孢菌素酶的特性

细菌	改变	动力学影响						MIC 影响
		CAZ		FEP		IMP		
		k_{cat}	K_m	k_{cat}	K_m	k_{cat}	K_m	
阴沟肠杆菌 GC1	在 Ω 环的 3 个氨基酸插入	↑	↑					↑CAZ，↑ATM
黏质沙雷菌 SRT-1	在 Ω 环的谷氨酸 219 赖氨酸置换		↑	↑				↑CAZ
黏质沙雷菌 ES46	在 Ω 环的谷氨酸 219 赖氨酸置换							↑CAZ
黏质沙雷菌 SMSA	在 Ω 环的丝氨酸 220 酪氨酸置换	↑	↑	↑				↑CAZ
大肠埃希菌 HKY28	在 H-9 螺旋的 3 个氨基酸缺失	↓	↓	↑	↓			↑CAZ，↑FEP
大肠埃希菌 ECB33	在 H-9 螺旋的 1 个氨基酸插入							↑CAZ
大肠埃希菌 EC16	在 R2 环的丝氨酸 287 半胱氨酸置换							↑CAZ
大肠埃希菌 EC18	在 R2 环的丝氨酸 287 天冬酰胺置换							↑CAZ，↑FEP，↑ATM
产气肠杆菌 Ear2	在 R2 环亮氨酸 293 脯氨酸置换		↓	NC	↓			↑CAZ，↑FEP
大肠埃希菌 EC15	在 R2 环组氨酸 29 脯氨酸置换							↑CAZ
大肠埃希菌 EC14	在 R2 环缬氨酸 298 亮氨酸置换							↑CAZ，↑FEP
大肠埃希菌 KL	14 个氨基酸置换	NC	↓	NC	↓			↑CAZ
大肠埃希菌 BER	在 R2 环的 2 个氨基酸插入	↓	↓		↓	↓	↓	↑CAZ，↑FEP
阴沟肠杆菌 CHE	在 R2 环的 6 个氨基酸缺失		↓	↑	↓			↑CAZ，↑FEP
黏质沙雷菌 HD	在 R2 环的 4 个氨基酸缺失	↑	↓	NC	↓	NC		↑CAZ，↑FEP
CMY-10	在 R2 环的 3 个氨基酸缺失					↑	↑	↑CAZ，↑ATM
CMY-19	在 R2 环的异亮氨酸 292 丝氨酸置换		↓		↓			↑CAZ
CMY-37	在 R2 环的亮氨酸 316 异亮氨酸置换							↑CAZ，↑FEP

注：1. 引自 Jacoby G A. Clin Microbiol Rev，2009，22：161-182。

2. NC—未改变；CAZ—头孢他啶；FEP—头孢吡肟；IMP—亚胺培南；ATM—氨曲南。

第四节　超广谱 AmpC β-内酰胺酶的生化特性

一般来说，这些 ESAC β-内酰胺酶针对头孢他啶的催化常数与 K_m 一起增加，或者 K_m 降低（反映出更大的亲和力），但 k_{cat} 也降低。在这两种情况下，与野生型酶相比，针对头孢他啶及其相关底物的 k_{cat}/K_m 或催化效能都能增加，携带 ESAC β-内酰胺酶的一个菌株针对头孢他啶的 MIC 都处在耐药范围内（MIC≥32μg/mL），而针对头孢噻肟和头孢吡肟的 MIC 通常并不被显著影响，只是表现出降低的敏感性，如来自阴沟肠杆菌 CHE 和产气肠杆菌 Ear2 的大肠埃希菌针对头孢吡肟的 MIC 为 8μg/mL。然而，来自黏质沙雷菌 HD 的 ESAC β-内酰胺酶在大肠埃希菌被表达后，赋予头孢吡肟的 MIC 为 512μg/mL。来自大肠埃希菌 EC14、EC18 和 BER 的 ESAC β-内酰胺酶与头孢吡肟的 MIC 为 16μg/mL 有关联。针对氨曲南和亚胺培南的 MIC 通常很少受到影响，CMY-10 除外，它赋予氨曲南 MIC 为 128μg/mL，并且快速水解亚胺培南，与野生型 AmpC β-内酰胺酶 P99 相比，CMY-10 的 k_{cat} 值高出 533 倍（表 26-3）。让人感兴趣的是，来自大肠埃希菌 HKY28 的 ESAC β-内酰胺酶对克拉维酸、舒巴坦和他唑巴坦的抑制变得更加敏感，这是一个奇怪的表型，类似于 ESBL。

表 26-3　CMY-10 和 P99 相关动力学参数的比较

AmpC 酶	青霉素		头孢他啶		亚胺培南	
	k_{cat} $/\mathrm{s}^{-1}$	k_{cat}/K_m $/[\mathrm{L}/(\mu\mathrm{mol \cdot s})]$	k_{cat} $/\mathrm{s}^{-1}$	k_{cat}/K_m $/[\mathrm{L}/(\mu\mathrm{mol \cdot s})]$	k_{cat} $/\mathrm{s}^{-1}$	k_{cat}/K_m $/[\mathrm{L}/(\mu\mathrm{mol \cdot s})]$
CMY-10	3.06	0.14	5.0	0.15	1.6	0.14
P99	8.3	1.49	0.0061	0.00032	0.003	0.06

注：引自 Kim J Y，Jung H I，An Y J，et al. Mol Microbiol，2006，60（4）：907-916。

表 26-4　代表性 ESAC β-内酰胺酶与在结构上相关的野生型头孢菌素酶的动力学数据比较

	头孢他啶		头孢吡肟		亚胺培南	
	k_{cat}/s^{-1}	$K_m/(\mu\mathrm{mol/L})$	k_{cat}/s^{-1}	$K_m/(\mu\mathrm{mol/L})$	k_{cat}/s^{-1}	$K_m/(\mu\mathrm{mol/L})$
AmpC CHE	<1	1	2	3.0	ND	ND
AmpC 99	<1	20	1	15	0.003	0.04
AmpC D	0.084	5.7	1	49	ND	ND
AmpC KL	0.05	1	0.2	5	ND	ND
AmpC S4	0.02	90	0.2	<1000	ND	ND
AmpCSer^R	520	570	330	1000	ND	ND
AmpC Ser^s	<0.5	50	<0.5	100	ND	ND
CMY-9	1.8	560	NH	950	ND	ND
CMY-19	0.085	3.7	1.8	630	ND	ND
CMY-10	5	34	Nd	Nd	1.6	11.4

注：1. 引自 Nordmann P，Mammeri H. Future Microbiol，2007，2：297-307。

2. ESAC 型 β-内酰胺酶以黑体字表示。

大多数 ESAC β-内酰胺酶都已经被纯化并开展了更详细的生化分析。关于这些被修改了的头孢菌素酶的催化效力和相对水解速率的一项研究提示，与亲代 β-内酰胺酶相比，它们具有明显不同的水解轮廓。ESAC β-内酰胺酶显示出一种更高水平的对超广谱头孢菌素类的水解，如头孢他啶、头孢噻肟、头孢吡肟和头孢匹罗，而在结构上相关的头孢菌素酶则在相当弱的程度上水解这些化合物（表 26-4）。

ESAC β-内酰胺酶针对青霉素类的动力学参数没有明显被改变，并且氨曲南弱的水解率没有被显著增加，这些都是与亲代 β-内酰胺酶相比的结果。两个 ESAC β-内酰胺酶 CMY-10 和 AmpC BER 的催化效力与野生型 AmpC β-内酰胺酶相比，朝着亚胺培南的方向被增加，但人们还尚不清楚 ESAC β-内酰胺酶针对碳青霉烯类水解活性的真实程度。然而，由于在螺旋 H-10 的大多数结构改变都导致一个被拓宽的 R2 结合部位，那么可能的情况是，具有那样改变的 ESAC β-内酰胺酶或许更好地容纳亚胺培南的长的 R2 取代基，这就导致这个化合物更好水解。

在 ESAC β-内酰胺酶的结构改变可能会在一个化学水平上改变对 β-内酰胺酶抑制剂的敏感性。超广谱 AmpC^D 由临床大肠埃希菌 HKY28 产生，它呈现出对于克拉维酸和他唑巴坦的更低的 IC$_{50}$

数值和竞争性抑制常数（K_i）数值。然而，这些生化改变根本没有表型的影响。实际上，由大肠埃希菌 HKY28 所表现出的对头孢他啶的降低的敏感性通过加入他唑巴坦或克拉维酸没有被明显恢复。

第五节　超广谱 AmpC β-内酰胺酶的流行病学

迄今为止已知的所有产 ESAC β-内酰胺酶临床分离株都是在肠杆菌科细菌中被报告，只有铜绿假单胞菌 TUH1529 是个例外，它是于 2001 年在日本东京的 Toho 大学 Omori 医院从一名患者的尿样本中被分离出。

第一个 ESAC β-内酰胺酶是在一个阴沟肠杆菌临床分离株 GC1 中被描述，它是于 1992 年在日本被分离出。此后，ESAC β-内酰胺酶在 6 个产气肠杆菌分离株，3 个黏质沙雷菌分离株，24 个大肠埃希菌分离株和 3 个肺炎克雷伯菌分离株中被发现。临床研究提示，产 ESAC β-内酰胺酶分离株能对一些感染负责，或者已经被认为是定植细菌，对于肠道细菌分离株来说，这种情况是一个现实。产 ESAC β-内酰胺酶分离株已经被报告是尿道感染、肺炎和外科切口感染的致病菌。质粒介导的 ESAC β-内酰胺酶 CMY-10 和 CMY-19 在来自韩国的临床分离株中被鉴定。基因分型分析揭示，CMY-10 的散播是由于一个耐药菌株的克隆暴发和质粒耐药的菌株间传播。bla_{CMY-19} 和 bla_{CMY-10} 在可移动遗传元件上的定位已经被声称是它们快速散播的原因，这些可移动遗传元件被插入接合型质粒上。

显而易见，从全球范围来讲，ESAC β-内酰胺酶对感染性疾病的治疗并未造成大的威胁，究其原因有以下几点：首先，已经鉴定出的 ESAC β-内酰胺酶绝大多数都是染色体编码的，只有 CMY-10 和 CMY-19 是质粒介导的 ESAC β-内酰胺酶，这就对这些酶的散播形成一个很大的限制；其次，这些 ESAC β-内酰胺酶只是在为数不多的国家中被鉴定出，如日本、法国、韩国和巴勒斯坦，而且，在这些国家也没有发现这种耐药机制处于地方流行状态。最后，检测手段的缺乏很可能造成这些酶的流行被低估，没有报告发现 ESAC β-内酰胺酶并不意味着其他国家和地区没有这种 ESAC β-内酰胺酶。尽管流行程度有限，但还是有一些报告建议这些 ESAC β-内酰胺酶存在着流行的可能。例如，就在 CMY-10 发现的第二年，韩国的同一组学者就报告，他们在为期一年的时间里，一共收集 51 个临床分离株，其中有 6 个对头霉素类耐药，3 个大肠埃希菌，2 个产气肠杆菌以及 1 个肺炎克雷伯菌。所有这 6 个分离株都产生 CMY-10。这些结果说明了可转移的 AmpC β-内酰胺酶 CMY-10 在一所医院的散播。Mammeri 等报告，在 2006 年，2800 个大肠埃希菌分离株在一所法国医院被收集，其中有 34 个分离株被选出进行相关研究。在 34 个分离株中，16 个分离株过度表达其染色体野生型头孢菌素酶，这是因为启动子区域的突变。这 16 个分离株对超广谱头孢菌素敏感。余下的 18 个分离株针对超广谱头孢菌素类的敏感性下降，这是由于染色体 ESAC β-内酰胺酶的产生，或者质粒介导的头孢菌素酶产生（CMY-2 和 ACC-1），或者这两种机制兼而有之。序列分析显示，ESAC β-内酰胺酶在 R2 结合位点上有氨基酸改变。这项工作显示出 ESAC β-内酰胺酶在大肠埃希菌的传播。研究结果证实，ESAC β-内酰胺酶产生这种耐药机制可能会与质粒介导的头孢菌素酶这种机制一样常见（分别为 0.21％ 和 0.28％），并且 ESAC β-内酰胺酶产生这种耐药机制不能通过表型试验做出鉴定。

已经证实，一些 ESAC β-内酰胺酶能够明显地水解亚胺培南，但仅仅依赖这些 ESAC β-内酰胺酶还不至于造成产酶细菌针对碳青霉烯类的临床耐药。然而，Mammeri 和 Nordmann 等曾报告，在大肠埃希菌，与 OmpC 和 OmpF 两种孔蛋白都丢失相关联的 ESAC β-内酰胺酶赋予对厄他培南的一个高水平耐药并且对亚胺培南减少的敏感性。正相反，在单独 OmpC 缺乏或单独 OmpF 缺乏的大肠埃希菌菌株中被表达的 ESAC β-内酰胺酶，或者在以上两种孔蛋白都缺乏的大肠埃希菌菌株中被表达的窄谱头孢菌素酶，所有这些都不会赋予对任何碳青霉烯类减少的敏感性。

如表 26-5 所示，产 ESAC 的大肠埃希菌 HB4 转化体对厄他培南耐药（MIC≥32mg/L）并且对亚胺培南表现出减少的敏感性，而大肠埃希菌 HB4（pEC2）则是产生一种窄谱头孢菌素酶，它仍然对碳青霉烯类敏感。在起促进作用大肠埃希菌背景下 ESAC β-内酰胺酶的产生或许代表了对厄他培南耐药的一种额外的机制。

表 26-5 大肠埃希菌菌株及其转化体针对各种 β-内酰胺类的 MIC

β-内酰胺酶	MIC/(μg/mL)								
	JF703 pEC2	JF703 pEC14	JF703	JF701 pEC2	JF701 pEC14	JF701	HB4 pEC2	HB4 pEC14	HB4
提卡西林	128	32	4	32	8	1	256	64	4
哌拉西林	32	64	4	32	16	1	64	128	4
头孢西丁	256	128	4	128	32	1	＞256	＞256	＞256
头孢他啶	8	256	0.5	1	64	0.064	16	＞256	4
头孢噻肟	2	4	0.125	0.125	2	0.032	4	＞128	4
头孢吡肟	0.125	4	0.06	0.064	1	0.008	1	128	1
氨曲南	4	8	0.125	0.03	1	0.016	4	32	4
亚胺培南	0.125	0.25	0.125	0.125	0.25	0.125	0.5	2	0.25
厄他培南	0.064	0.125	0.006	0.004	0.006	0.004	2	32	1
美罗培南	0.032	0.032	0.032	0.032	0.032	0.032	0.032	0.032	0.032

注：1. 引自 Mammeri H，Nordmann P，Berkani A，et al. FEMS Microbiol. Lett，2008，282：238-240。

2. 大肠埃希菌 JF703、JF701 和 HB4 是受体菌株，它们分别缺乏孔蛋白 OmpF、OmpC 和 OmpF＋OmpC。重组质粒 pEC2 和 pEC14 分别编码窄谱头孢菌素酶和 ESAC β-内酰胺酶。

第六节　结语

　　ESAC β-内酰胺酶是于 20 世纪 90 年代从一些肠道细菌临床分离株中被报告。尽管在过去几年中，它曾被认为是一件奇闻轶事，但现在它似乎渐渐流行起来，这是因为它们可能已经被漏检和被低估。ESAC β-内酰胺酶多由染色体编码，少数是由质粒介导的。近来的流行病学研究已经揭示，染色体来源的和质粒介导的 ESAC β-内酰胺酶正在与临床有重大相关的肠道细菌分离株中传播。ESAC β-内酰胺酶的结构改变增加了朝向超广谱头孢菌素类和亚胺培南的水解效力，这种改变或许造成治疗上的严重挑战。近来的一些调研似乎提示，在大肠埃希菌，这个全新的耐药机制的流行要高于质粒介导的头孢菌素酶如 CMY-2 或 ACC-1 的流行。况且，质粒介导的 ESAC β-内酰胺酶如 CMY-10 或 CMY-19 在韩国近来的描述或许提示它进一步传播的潜力。

　　尽管只是赋予对亚胺培南的低水平耐药，但一些 ESAC β-内酰胺酶如 CMY-10 展现出明显增高的针对这种化合物的催化效力。以前的研究显示，碳青霉烯耐药或许由染色体或质粒介导的头孢菌素酶的大量产生，再结合一种药物通过外膜的通透性缺陷所致，这种缺陷是由于一些孔蛋白的丧失。展现出针对亚胺培南的增加的水解活性的 ESAC β-内酰胺酶的产生或许增加碳青霉烯耐药分离株的选择风险，这些分离株处于那些具有一个更弱的膜不通透性的菌株之中。此外，可能的情况是，ESAC β-内酰胺酶应该在其他产 AmpC 酶的革兰阴性菌种如鲍曼不动杆菌和假单胞菌菌种中被鉴定。

参考文献

[1] Bauernfeind A, Chong Y, Schweighart S. Extended broad spectrum beta-lactamase in *Klebsiella pneumoniae* including resistance to cephamycins [J]. Infection, 1989, 17: 316-321.

[2] Morosini M I, Negri M C, Shoichet B, et al. An extended-spectrum AmpC-type β-lactamase obtained by in vitro antibiotic selection [J]. FEMS Microbiol Lett, 1998, 165: 85-90.

[3] Kim J Y, Jung H I, An Y J, et al. Structural basis for the extended substrate spectrum of CMY-10, a plasmid-encoded class C β-lactamase [J]. Mol Microbiol, 2006, 60 (4): 907-916.

[4] Mammeri H, Poirel L, Fortineau N, et al. Naturally occurring extended-spectrum cephalosporinases in *Escherichia coli* [J]. Antimicrob Agents Chemother, 2006, 50 (7): 2573-2576.

[5] Nordmann P, Mammeri H. Extended-spectrum cephalosporinases: structure, detection, and epidemiology [J]. Future Microbiol, 2007, 2: 297-307.

[6] Mammeri H, Nordmann P, Berkani A, et al. Contribution of extended-spectrum AmpC (ESAC) β-lactamases to carbapenem resistance in *Escherichia coli* [J]. FEMS Microbiol, Lett, 2008, 282: 238-240.

[7] Rodriguez-Martinez J M, Poirel L, Nordmann P. Extended-spectrum cephalosporinases in *Pseudomonas aeruginosa* [J]. Antimicrob Agents Chemother, 2009, 53: 1766-1771.

[8] Jacoby G A. AmpC β-lactamases [J]. Clin Microbiol Rev, 2009, 22: 161-182.

[9] Crichlow G V, Kuzin A P, Nukaga M, et al. Structure of the extended-spectrum class C β-lactamase of *Enterobacter cloacae* GC1, a natural mutant with a tandem tripeptide insertion [J]. Biochemistry, 1999, 38: 10256-10261.

[10] Gutkind G O, Di Conza J, Power P, et al. β-lactamase-mediated resistance: a biochemical, epidemiological and genetic overview [J]. Curr Pharm Des, 2013, 19 (2): 164-208.

[11] Mammeri H, Poirel L, Nordmann P. Extension of the hydrolysis spectrum of AmpC β-lactamase of *Escherichia coli* due to amino acid insertion in the H-10 helix [J]. J Antimicrob Chemother, 2007, 60: 490-494.

[12] Ahmed A M, Shimamoto T. Emergence of a cefepime-and cefpirome-resistant *Citrobacter freundii* clinical isolate harbouring a novel chromosomally encoded AmpC β-lactamase, CMY-37 [J]. Int J Antimicrob Agents, 2008, 32: 256-261.

[13] Barnaud G, Benzerara Y, Gravisse J, et al. Selection during cefepime treatment of a new cephalosporinase variant with extended-spectrum resistance to cefepime in an *Enterobacter aerogenes* clinical isolate [J]. Antimicrob Agents chemother, 2004, 48: 1040-1042.

[14] Barnaud G, Labia R, Raskine L, et al. Extension of resistance to cefepime and cefpirome associated to a six amino acid deletion in the H-10 helix of the cephalosporinase of *Enterobacter cloacae* clinical isolate [J]. FEMS Microbiol Lett, 2001, 195: 185-190.

[15] Hidri N, Barnaud G, Decre D, et al. Resistance to ceftazidime is associated with a S220Y substitution in the omega loop of the AmpC β-lactamase of a *Serratia marcescens* clinical isolate [J]. J Antimicrob Chemother, 2005, 55: 496-499.

[16] Mammeri H, Eb F, Berkani A, et al. Molecular

characterization of AmpC-producing *Escherichia coli* clinical isolates recovered in an French hospital [J]. J Antimicrob chemother, 2008, 61: 498-503.

[17] Mammeri H, Nazic H, Naas T, et al. AmpC β-lactamase in an *Escherichcia coli* clinical isolate confers resistance to expanded-spectrum cephalosporins [J]. Antimicrob Agents Chemother, 2004, 48: 4050-4053.

[18] Mammeri H, Poirel L, Bemer P, et al. Resistance to cefepime and cefpirome due to a 4-amino-acid deletion in the chromosome-encoded AmpC β-lactamase of a *Serratia marcescens* clinical isolate [J]. Antimicrob Agents Chemother, 2004, 48: 716-720.

[19] Matsumura N, Minami S, Mitsuhashi S. Sequences of homologous β-lactamases from clinical isolates of *Serratia marcescens* with different substrate specificities [J]. Antimicrob Agents Chemother, 1998, 42: 176-179.

[20] Yatsuyanagi J, Saito S, Konno T, et al. Nosocomial outbreak of ceftazidime-resistant *Serratia marcescens* strains that produce a chromosomal AmpC variant with N235K substitution [J]. Jpn J Infect Dis, 2004, 59: 153-159.

[21] Nukaga M, Haruta S, Tanimoto K, et al. Molecular evolution of a class C β-lactamase extending its substrate specificity [J]. J Biol Chem, 1995, 270 (11): 5729-5735.

[22] Doi Y, Wachino J I, Ishiguro M, et al. Inhibitor-sensitive AmpC β-lactamase variant produced by an *Escherichi coli* clinical isolate resistant to oxyimino-cephalosporins and cephamycins [J]. Antimicrob Agents Chemother, 2004, 48 (7): 2652-2658.

[23] Lee S H, Jeong S H, Park Y M. Characterization of *bla* CMY-10 a novel, plasmid-encoded AmpC-type β-lactamase gene in a clinical isolate of *Enterobacter aerogenes* [J]. J Appl Microb, 2003, 95 (4): 744-752.

[24] Lee J H, Jung H I, Jung J H, et al. Dissemination of transferable AmpC-type β-lactamase in a Korean hospital [J]. Miccrob Drug Resist, 2004, 10 (3): 224-230.

第二十七章

碳青霉烯酶概述

第一节　碳青霉烯酶的多样性

碳青霉烯类抗生素的设计灵感来自天然产物噻烯霉素，它是由土壤细菌（*Streptomyces cattleya*）产生。碳青霉烯类抗生素的研发还经历了一些曲折的过程，到了20世纪80年代初，碳青霉烯类抗生素才正式被批准用于临床实践。因此，在此之前是没有碳青霉烯酶这一称谓的。事实上，碳青霉烯类属于活性最强的天然存在的β-内酰胺类抗生素，产生碳青霉烯类抗生素的细菌在土壤中普遍存在，土壤中似乎不乏碳青霉烯类分子。那么，根据我们对细菌产酶特性的了解，仅仅符合逻辑的推测就是，能够降解碳青霉烯类抗生素的β-内酰胺酶会被环境细菌产生，如蜡样芽孢杆菌和炭疽杆菌，这些细菌具有充分鉴定特征的金属β-内酰胺酶，它们能够水解碳青霉烯类抗生素，这就为这些环境细菌菌种的生长提供一种选择性的优势。碳青霉烯酶的概念带有一定的误导性。乍听起来，碳青霉烯酶只是水解碳青霉烯类抗生素。实际上，大多数碳青霉烯酶都具有非常广的底物谱，涵盖了几乎所有的β-内酰胺类抗生素，碳青霉烯类抗生素只是被包含在其底物谱之中而已，这些酶更准确的称呼应该是水解碳青霉烯类的β-内酰胺酶。这些酶包括A类、B类和D类碳青霉烯酶。然而，确有一些碳青霉烯酶主要水解碳青霉烯类抗生素，它们属于严格意义上的碳青霉烯酶，一般来说，这些酶属于B类碳青霉烯酶。

尽管人们对碳青霉烯酶的认知较晚，但这并不意味着它们以前并不存在。事实上，有些染色体编码的A类碳青霉烯酶肯定在很久之前就存在于细菌中，只是我们不清楚具体的起源时间而已。第一个碳青霉烯酶早在20世纪60年代中期就被发现，它就是源自蜡样芽孢杆菌的大名鼎鼎的BCⅡ。但是，当时这种酶并没有被称作碳青霉烯酶，只是认为是一种水解活性依赖于金属离子的头孢菌素酶。现在已经非常清楚，BCⅡ是一种分子学B类金属碳青霉烯酶，它除了水解碳青霉烯类抗生素以外，还水解绝大多数的β-内酰胺类抗生素，只有氨曲南是个例外。后来发现，很多机会性病原菌和环境细菌都产生B类金属碳青霉烯酶，它们基本上是在染色体上被编码，如炭疽杆菌和嗜麦芽窄食单胞菌等。由于这些细菌并不属于常见的病原菌，所以这些细菌产生的碳青霉烯酶的临床影响力十分有限。然而，不幸的是，经过30多年的临床应用，各种能够水解碳青霉烯类抗生素的β-内酰胺酶也已经被陆续鉴定出，包括染色体或质粒编码的A类碳青霉烯酶，典型的质粒介导的B类碳青霉烯酶以及D类碳青霉烯酶。在这些酶中，有些酶只是轻度地水解碳青霉烯类，造成产酶细菌对这类抗生素的敏感性降低，而有些酶可高效地水解碳青霉烯类抗生素，致使产酶细菌对这类抗生素耐药，从而已经严重地威胁到这一大类抗生素的有效性或有用性。

尽管第一个B类染色体编码的碳青霉烯酶BCⅡ在20世纪60年代被发现，但很多目前在临床上具有重要影响力的碳青霉烯酶是在90年代被发现的，如A类染色体编码的碳青霉烯酶SME-1，质粒介导的金属碳青霉烯酶IMP和VIM系列酶以及D类碳青霉烯酶OXA-23。甚至连产生临床意义重大的KPC型酶肺炎克雷伯菌菌株也是在1996年被分离获得（在 2001 年报告）。NDM-1 是在进入 2000 年后被鉴定出，它是具有全球影响力的金属碳青霉烯酶。截至目前，只有 C 类酶没有进化出碳青霉烯型酶。个别超广谱 AmpC 型酶也只是略微降低了针对碳青霉烯类的敏感性，还构不成真正具有临床意义的碳青霉烯酶。如果将自 BC II 发现以来的所有碳青霉烯酶加起来，估计也有近百种碳青霉烯酶，其中有些是染色体编码，有些酶是质粒携带，而且临床影响力也不尽相同。总体来说，A 类酶中的 KPC，B 类酶中的 IMP、VIM 和 NDM 以及 D 类酶中的 OXA-48 酶传播最广，它们已经严重危害全球的抗感染治疗。

第二节　碳青霉烯酶的起源和散播

β-内酰胺酶的溯源是一项极其艰巨的工作，难度甚至超过一些病毒的溯源。截至目前，绝大多数 β-内酰胺酶的起源都不清楚，碳青霉烯酶也是如此。已如前述，很多环境细菌和机会性病原菌都在染色体上携带编码金属碳青霉烯酶的基因，如第一个被发现的 BC II。然而，我们现在能说清楚的只是我们在蜡样芽孢杆菌中鉴定出了 BC II，我们也可以说 BC II 是蜡样芽孢杆菌"固有的"酶，但我们仍然不能确定其编码基因的第一宿主是否就是蜡样芽孢杆菌，嗜麦芽窄食单胞菌产生的 L1 碳青霉烯酶的情况也是如此。换言之，尽管编码这些金属碳青霉烯酶的基因都位于这些细菌的染色体上，但我们也不敢断定它们就是在这些细菌中起源的。质粒编码碳青霉烯酶肯定是有外部起源，它们不可能是最初鉴定出这些碳青霉烯酶的病原菌"固有的"酶。KPC 型酶属于 A 类碳青霉烯酶，但它与已经鉴定出的 A 类 β-内酰胺酶具有非常低的氨基酸同一性，换言之，KPC 型酶不可能是从现有的 A 类 β-内酰胺酶突变进化而来，一定另有出处，但源自哪里不得而知。众多质粒编码的金属碳青霉烯酶家族如 IMP、VIM、SPM 和 NDM 等也都起源不详。令人不解的是，已经证实一些环境细菌确实拥有金属碳青霉烯酶，但上述质粒编码的金属碳青霉烯酶家族都不是"就近"源自这些环境细菌的染色体酶，而是起源自可能距离更"远"的环境细菌，这些质粒介导的金属碳青霉烯酶的起源表现出了"舍近求远"的倾向。

关于 β-内酰胺酶的起源和散播研究有一个盲区，那就是传播到全世界的各种 β-内酰胺酶是单一起源还是多点起源问题。例如，自从在 1965 年发现 TEM-1 以来，它早已传遍全世界，只要有人居住的大陆和岛屿大概都有 TEM-1。那么，全世界被鉴定出的 TEM-1 都是从一个点散播出去，还是分别有各自的起源呢？NDM-1 的一些传播似乎有迹可循，源自两个"集散地"，第一个是印度次大陆，是主要的；第二个是巴尔干半岛，是次要的。那么，全世界被鉴定出的 NDM-1 都是源自这两个"热点"地区吗？在我国，NDM-1 首先是在不动杆菌中被鉴定出，而其他国家和地区常常是在肠杆菌科细菌中被发现。那么，我国的 NDM-1 源自哪里呢？携带产酶菌株的患者根本没有印度次大陆和巴尔干半岛的旅行史。在我国发现的 NDM-1 是独立起源的吗？IMP-1 首先在日本被发现，第二个发现 IMP-1 的国家是意大利，IMP-2 也是在意大利被发现。在我国，最早发现的是 IMP-4。人们把 IMP-4 看作是 IMP-1 的变异体，那么，为什么很长时间在我国没有发现 IMP-1 呢？没有 IMP-1 的话，IMP-4 是在哪里突变的呢？IMP-4 有可能是在我国独立起源的吗？众所周知，KPC 型碳青霉烯酶首先是在美国被发现，在法国、以色列和加拿大最先被鉴定出的 KPC 酶都与美国有着明确的流行病学联系，但在我国鉴定出的第一个 KPC 型酶与美国并没有清晰可辨的流行病学联系。如果各种 β-内酰胺酶存在着独立起源，那么，这种独立起源的内在原因是什么呢？如果不存在独立起源的话，那么，为什么从一个起源地向不同国家的散播又区别那么大呢？例如，KPC 首先产自美国，而与美国人员联系最多的国家应该是加拿大，但 KPC 型碳青霉烯酶至今在加拿大没有流行，反而是在以色列、希腊和中国流行起来。SPM 源自巴西，20 多年来这种金属碳青霉烯酶一直局限在巴西和阿根廷，并没有传播到葡萄牙和西班牙，这两个欧洲国家与南美诸国有着千丝万缕的人员往来。类似的例子数不胜数。因此，β-内酰胺酶的起源和散播至今是个很大的谜团。但是，这种散播的动力学却是了解 β-内酰胺酶介导的细菌耐药在全世界升级的一个重要途径。如果绝大多数 β-内酰胺酶都是环境细菌起源，我们不管这些环境细菌是什么，但编码 IMP-1、VIM-1、NDM-1 和 KPC-2 的环境细菌不可能只是存在于日本、意大利、印度和美国。既然其他国家也存在着这些环境细菌，那么，这些环境细菌也可能通过水平转移方式将编码基因转移到病原菌中，这就能造成这些酶的多点起源。

第三节　产碳青霉烯酶细菌的复合耐药和治疗困境

染色体编码的碳青霉烯酶不是临床的主要问题，除了个别鲍曼不动杆菌携带的 D 类碳青霉烯酶以外，各种质粒介导的碳青霉烯酶才是临床抗感染的主要担忧。各种质粒介导的碳青霉烯酶发现得要稍晚于各种 ESBL，而且各种质粒介导的碳青霉烯酶主要分布在铜绿假单胞菌、鲍曼不动杆菌和一些肠杆菌科细菌中。质粒介导的碳青霉烯酶出现之时，这些细菌已经携带了各种耐药基因，特别是编码 ESBL 和质粒介导的 AmpC β-内酰胺酶、氨基糖苷类钝化酶和 16S rRNA 甲基转移酶以及 qnr 的基因。毫不夸张地说，这样的复合耐药绝对是"新常态"，而不是个例。因此，产碳青霉烯酶细菌的治疗基本上将氨基糖苷类和氟喹诺酮类抗菌药物排除在外。各种 OXA 型 β-内酰胺酶和 AmpC β-内酰胺酶的同时存在也使得采用传统的 β-内酰胺酶抑制剂复方制剂的方案不再有效。当然幸运的是，新型 β-内酰胺酶抑制剂阿维巴坦可以抑制 KPC 型酶的活性。

产生各种质粒编码的碳青霉烯酶细菌所致感染的治疗越来越棘手，抗菌药物选择日益受限，而且抗感染的治疗越来越需要精细化和个体化，特别是重症感染患者的治疗，因为这些重症感染患者的死亡率常常在 50% 以上。然而，重症感染精细化和个体化治疗需要临床医生具备深厚的学术背景知识。目前在全世界，针对产碳青霉烯酶细菌所致感染的治疗，可推荐的抗菌药物少之又少，这些产碳青霉烯酶细菌常常只是对黏菌素和替加环素敏感。然而，这两种抗菌药物各自也都存在着问题。黏菌素的毒性大，且耐药菌株也越来越多见。在希腊，产 KPC 肺炎克雷伯菌针对黏菌素的耐药率可达到 20% 左右。替加环素本身有一些 PK/PD 不足，主要是血药浓度低，不适于治疗血性感染。另外，替加环素不能用于治疗铜绿假单胞菌感染。在有些情况下，黏菌素也不适合应用于治疗。例如，最初鉴定产生 SPM-1 的铜绿假单胞菌来自一名女婴，而 SMP-1 只是对黏菌素敏感，但黏菌素又不适合用于治疗这样的患者，最后，该女婴死于这次感染。此外，尽管感染细菌产生碳青霉烯酶，碳青霉烯类抗生素也常常被用于联合用药方案中，但碳青霉烯类抗生素的使用也要非常符合 PK/PD 参数要求，特别是 T>MIC。很多医生采用连续输注方式给予美罗培南和多立培南，每次滴注时间为 3～4h，q8h 静脉给药，目的就是改善这些碳青霉烯类抗生素最重要的 PK/PD 参数 T>MIC，以期更有效地治疗一些难治性铜绿假单胞菌感染，因为这样的给药方式更符合治疗一些具有较高 MIC 的铜绿假单胞菌感染。总之，产质粒介导碳青霉烯酶细菌所致感染的治疗让临床医生非常担忧，非常纠结。如果耐药继续发展和升级，最终会导致临床医生陷入无药可用的境地。

第四节　碳青霉烯酶的进化趋势

NDM 型碳青霉烯酶会是最后一种质粒介导的碳青霉烯酶家族吗？答案应该是否定的。只要碳青霉烯类抗生素还在继续使用，只要选择压力持续存在，那就一定还会有更多的碳青霉烯酶家族涌现出来。近 10 多年来，在全球范围内，碳青霉烯类抗生素的使用一直在增加，甚至已经开始在社区治疗那些产 CTX-M-15 的大肠埃希菌感染。既然碳青霉烯类抗生素属于细菌天然产生的抗生素，在环境细菌中就有可能广泛存在着编码碳青霉烯酶的基因，它们在合适的条件下就可能不断地被动员并向病原菌中转移。因此，更多的碳青霉烯酶家族出现在临床环境中绝对是大概率事件。人们无法预测新出现的碳青霉烯酶比现有的酶更容易对付还是更难对付，但有一点是清楚的，随着更多的碳青霉烯酶家族的出现，革兰阴性杆菌携带碳青霉烯酶的比例也会越来越高，临床抗感染治疗就会越来越艰难。人类面临的困境恰恰是，我们明知这样的局面会出现，却基本无力去扭转或遏制。

接下来的几章内容都是分别描述各种碳青霉烯酶，所以更多的内容留在下面的章节中叙述。

参考文献

[1] Sabath L D, Abraham E P. Zinc as a cofactor for cephalosporinase from Bacillus cereus 569 [J]. Biochem J, 1966, 98: 11C-13C.

[2] Yang Y, Wu P, Livermore D M. Biochemical Characterization of a β-lactamase that hydrolyzes penems and carbapenems from two Serratia marcescens isolates [J]. Antimicrob Agents Chemother, 1990, 34: 755-758.

[3] Watanabe M, Iyobe S, Inoue M, et al. Transferable imipenem resistance in Pseudomonas aeruginosa [J]. Antimicrob Agents Chemother, 1991, 35: 147-151.

[4] Rasmussen B A, Bush K, Keeney D, et al. Characterization of IMI-1 β-lactamase, a class A carbapenem-hydrolyzing enzyme from Enterobacter cloacae [J]. Antimicrob Agents Chemother, 1996, 40: 2080-2086.

[5] Rasmussen B A, Bush K. Carbapenem-hydrolyzing β-lactamases [J]. Antimicrob Agents Chemother, 1997, 41: 223-232.

[6] Cornaglia G, Riccio M L, Mazzariol A, et al. Appearance of IMP-1 metallo-enzymes in Europe [J]. Lancet, 1999, 353: 899-900.

[7] Livermore D M, Woodford N. Carbapenemases: a

problem in waiting? [J] Curr Opin Microbiol, 2000, 3: 489-495.

[8] Donald H M, Scarfe W, Amyes S G B, et al. Sequence analysis of ARI-1, a novel OXA β-lactamase, responsible for imipenem resistance in *Acinetobacter baumannii* 6B92 [J]. Antimicrob Agents Chemother, 2000, 44: 196-199.

[9] Yigit H, Queenan A M, Anderson G J, et al. Novel carbapenem-hydrolyzing β-lactamase, KPC-1, from a carbapenem-resistant strain of *Klebsiella pneumoniae* [J]. Antimicrob Agents Chemother, 2001, 45: 1151-1161.

[10] Brown S, Young H K, Amyes S G B. Characterisation of OXA-51, a novel class D carbapenemase found in genetically unrelated clinical strains of *Acinetobacter baumannii* form Argentina [J]. Clin Microbiol Infect, 2005, 11: 11-15.

[11] Poirel L, Marque S, Heritier C, et al. OXA-58, a novel class D β-lactamase involved in resistance to carbapenems in *Acinetobacter baumannii* [J]. Antimicrob Agents Chemother, 2005, 49: 202-208.

[12] Walsh T R, Toleman M A, Poirel L, et al. Metallo-β-lactamases: the quiet before the storm? [J] Clin Microbiol Rev, 2005, 18: 306-325.

[13] Leavitt A, Navon-Venezia S, Chmelnitsky I, et al. Emergence of KPC-2 and KPC-3 in carbapenem-resistant *Klebsiella pneumoniae* stranins in an Israeli hospital [J]. Antimicrob Agents Chemother, 2007, 51: 3026-3029.

[14] Wei Z Q, D X X, Yu Y S, et al. Plasmid-mediated KPC-2 in a *Klebsiella pneumoniae* isolate from China [J]. Antimicrob Agents Chemother, 2007, 51: 763-765.

[15] Queenan A M, Bush K. Carbapenemases: the versatile β-lactamases [J]. Clin Microbiol Rev, 2007, 20: 440-458.

[16] Nordmann P, Cuzon G, Taas T. The real threat of *Klebsiella pneumoniae* carbapenemase-producing bacteria [J]. Lancet Infect Dis, 2009, 9: 228-236.

[17] Yong D, Toleman M A, Giske C G, et al. Characterization of a new metallo-β-lactamase gene, bla_{NDM-1}, and a novel erythromycin esterase gene carried on a unique genetic structure in *Klebsiella pneumoniae* sequence type 14 from India [J]. Antimicrob Agents Chemother, 2009, 53 (12): 5046-5054.

[18] Kumarasamy K K, Toleman M A, Walsh T R, et al. Emergence of a new antibiotic resistance mechanism in India, Pakistan, and the UK: a molecular, biological, and epidemiological study [J]. Lancet Infect Dis, 2010, 10: 597-602.

[19] Chen Y, Zhou Z, Jiang Y, et al. Emergence of NDM-1-producing *Acinetobacter baumannii* in China [J]. J Antimicrob Chemother, 2011, 66: 1255-1259.

[20] Chen Z, Qlu S, Wang Y, et al. Coexistence of bla_{NDM-1} with the prevalent bla_{OXA-23} and bla_{IMP} in pan-drug resistant *Acinetobacter baumannii* isolates in China [J]. Clin Infect Dis, 2011, 52: 692-693.

[21] Patel G, Bonomo R A. Status report on carbapenemases: challenges and prospects [J]. Exp Rev Antiinfect Ther, 2011, 9: 555-570.

[22] Livermore D M, Walsh T R, Toleman M, et al. Balkan NDM-1: escape or transplant [J]? Lancet Infect Dis, 2011, 11: 164.

[23] Cornaglia G, Giamarellou H, Rossolini G M. Metallo-beta-lactamases: a last frontier for beta-lactams? [J] Lancet Infect Dis, 2011, 11: 381-393.

[24] Tzouvelekis L S, Markogiannakis A, Psichogiou M, et al. Carbapenemases in *Klebsiella pneumoniae* and other *Enterobacteriaceae*: an evolving crisis of global dimensions [J]. Crit Rev Microbiol, 2012, 25: 682-707.

[25] Poirel L, Potron A, Nordmann P. OXA-48-like carbapenemases: the phantom menace [J]. J Antimicrob Chemother, 2012, 67: 1597-1606.

[26] Nordmann P, Dortet L, Poirel L. Carbapenem resistance in *Enterobacteriaceae*: here is the storm! [J] Trends Mol Med, 2012, 18: 263-272.

[27] Munoz-Price L S, Poirel L, Bonomo R A, et al. Clinical epidemiology of the global expansion of *Klebsiella pneumoniae* carbapenemases [J]. Lancet Infect Dis, 2013, 13: 785-796.

第二十八章

A 类碳青霉烯酶

第一节　概述

第一个 A 类丝氨酸碳青霉烯酶 SME-1 是在 20 世纪 90 年由 Livermore 等首先报告。在 Bush-Jaco-by-Medeiros 于 1995 年提出的分类体系中，A 类碳青霉烯酶被归于 2f 亚组。当时，归入到这一亚组的 β-内酰胺酶只有 SME 和 NMC-A 这两种 A 类碳青霉烯酶。目前，在 2f 亚组 A 类碳青霉烯酶的家族成员已有多种，如 SME、NMC-A、IMI、SHV-38、SFC、GES 和 KPC，其中 SME、NMC-A 和 IMI 型碳青霉烯酶都是染色体编码的酶。事实上，尽管 NMC-A 和 IMI-1 分别在法国和美国被首次鉴定出，但它们在分子水平上密切相关，彼此分享超过 95％的序列同源性，同时也分享非常相似的水解轮廓。而 SME-1 与它们之间的序列同源性则低于 70％。IMI-1 和 NMC-A 的 pH 分别为 7.05 和 6.9，而 SME-1 的 pI 则为 9.7。因此，人们习惯地将 IMI-1 和 NMC-A 列为一组，以 IMI-1/NMC-A 来表示。NMC-A 和 IMI-1 均来自阴沟肠杆菌分离株，而 SME-1 则来自黏质沙雷菌分离株。A 类碳青霉烯酶家族还包含了一些突变体成员，特别是 KPC 酶已经包含有 10 多种突变体酶。在 KPC 型酶于 2001 年被首次报告之前，A 类碳青霉烯酶的出现并未引起人们足够的重视，研究报告也不多，究其原因主要是一些早期发现的 A 类碳青霉烯酶多为染色体编码，而且也几乎固定在几种肠杆菌科细菌中，产酶菌株几乎没引起过感染暴发，很多产酶菌株仍然对广谱头孢菌素类完全敏感，而且 β-内酰胺酶抑制剂也能部分地恢复相应抗生素的敏感

性。此外，产染色体 A 类碳青霉烯酶细菌在全球的分布也十分有限，像 SME-1、NMC-A 和 IMI-1 只是在黏质沙雷菌和肠杆菌菌种中被发现，而且这些产酶菌株也只是在为数不多的国家中被报告，如英国、美国、阿根廷、瑞士、中国和加拿大。这些染色体 A 类碳青霉烯引起的耐药继续是医院中一个不常见和零星出现的问题，并且采用碳青霉烯治疗不是它们出现的前提条件。所有这些因素可能是这些菌株还没有变成一种广泛的临床问题的一个原因。

GES 型碳青霉烯酶与上述 3 种染色体 A 类碳青霉烯酶不同，其间最大的区别是 GES 型碳青霉烯酶是由质粒介导。已如前述，GES 型酶也属于 A 类 β-内酰胺酶，其原型酶 GES-1 是一种质粒介导的 ESBL。整个 GES 型酶的突变体成员已有 10 多个，重要的是，其中的一些突变体成员已经进化成为碳青霉烯酶，包括 GES-2、GES-4、GES-5 和 GES-6 等。当然，原有的 IBC 型酶已经被归入 GES 酶系列。既然 GES 型碳青霉烯酶是质粒介导，它们的散播一定要强于染色体编码的碳青霉烯酶，不过这些酶对于碳青霉烯类抗生素的水解活性没有那么高效。值得提及的是，GES-2 是在铜绿假单胞菌中被鉴定出，其他一些 GES 型碳青霉烯酶也频繁在肠杆菌科细菌如肺炎克雷伯菌和大肠埃希菌中被鉴定出，因此，GES 型碳青霉烯酶对临床抗感染的影响一定胜过染色体 A 类碳青霉烯酶。

毫无疑问，KPC 型碳青霉烯酶的出现是一个重要的分水岭，从此人们才开始对 A 类碳青霉烯酶"刮目相看"。与以往 A 类碳青霉烯酶相比，

KPC 型碳青霉烯酶最与众不同之处在于它一经出现就和严重感染以及高死亡率联系起来，有些严重感染的死亡率甚至高达 50%。此外，产 KPC 型碳青霉烯酶病原菌所致感染的治疗十分棘手，医生常常不得不使用那些原已废弃的、肾毒性很强的药物如多黏菌素类抗生素。况且，KPC 型碳青霉烯酶散播迅速，几年之内就在全球的一些国家和地区处于地方流行状态，如美国、以色列和希腊，并且已经在全球频频引发大的感染暴发，甚至在有些国家造成过全国性的感染暴发，如以色列。因此，人们自然而然对 KPC 型 A 类碳青霉烯酶投入更多的关注，心生畏惧，研究文献极多，内容涉及 β-内酰胺酶的各个方面，包括生化特性、水解谱、遗传学支持、突变体、细菌分布、流行病学以及治疗方案等。

此外，在 2003 年，Poirel 等报告了一种由肺炎克雷伯菌分离株染色体编码的 SHV 型酶——SHV-38。纯化的 SHV-38 和 SHV-1 的动力学参数显示，SHV-38 的水解谱只是包括头孢他啶和亚胺培南，根本没有针对头孢西丁、拉氧头孢和美罗培南的水解活性被观察到。克拉维酸、他唑巴坦和舒巴坦展示出对 SHV-1 和 SHV-38 相似的抑制活性。与 SHV-1 相比，SHV-38 具有一个丙氨酸 146→缬氨酸置换。这个报告是一个 SHV 型 β-内酰胺酶能够水解亚胺培南的第一个例子。根据各种动力学参数，SHV-38 属于 2be 亚组，是一种 ESBL。在 GES 系列中，点突变可以将 ESBL 转变成能水解碳青霉烯类的 A 类碳青霉烯酶，或许，SHV-38 也类似于这种情况。SHV-38 也仅有这一次报告。

第二节　染色体 A 类碳青霉烯酶

一、染色体 A 类碳青霉烯酶出现的年代

1990 年，Livermore 等对两个全新的 β-内酰胺酶进行了生化鉴定，这两个 β-内酰胺酶是由两个黏质沙雷菌分离株 S6 和 S8 产生，不过这两个黏质沙雷菌菌株早在 1982 年就在英国伦敦被分离获得。其中黏质沙雷菌 S6 产生两种酶，pI 分别为 8.2 和 9.7，前者是黏质沙雷菌固有的染色体 AmpC β-内酰胺酶，后者是一种全新的 β-内酰胺酶。黏质沙雷菌 S8 除了产生上述两种酶以外，还产生一种 pI 为 5.4 的 TEM-1 广谱酶。经鉴定，pI 为 9.7 的酶水解表霉烯类和碳青霉烯类。关键的是，这两个菌株对亚胺培南耐药（MIC，16μg/mL），并且也已经轻度减低了针对美罗培南的敏

感性（MIC，0.12μg/mL），而亚胺培南和美罗培南对典型的黏质沙雷菌分离株的 MIC 分别是 0.25～0.5μg/mL 和 0.03μg/mL。研究人员将这种酶命名为黏质沙雷菌酶（Serratia marcescens enzyme，SME-1）。SME-1 的表达与任何质粒均无关联，并且 SME-1 的产生也不能转移到大肠埃希菌 K-12 受体中。

Bush 等在 2000 年报告，在美国，一共有 3 组碳青霉烯耐药黏质沙雷菌分离株被鉴定出来：第 1 组包括 1 个分离株，它是于 1985 年在明尼苏达州被鉴定出（这是在碳青霉烯类在美国被批准临床应用之前）；第 2 组包括 5 个分离株，它们是于 1992 年在加州大学洛杉矶分校（UCLA）被鉴定出；第 3 组是在 1994 年到 1999 年期间在波士顿被鉴定出的 19 个分离株（5 年时间一共鉴定出 19 个产 SME 酶的分离株）。所有这些受试的分离株都产生 2 种 β-内酰胺酶，一种是 AmpC β-内酰胺酶，pI 值从 8.6 到 9.0 不等，还有一种酶 pI 值大约为 9.5。后一种酶都水解碳青霉烯类并且不被 EDTA 抑制，这与来自伦敦的黏质沙雷菌菌株 S6 的 A 类 SME-1 β-内酰胺酶相似。编码水解碳青霉烯酶的基因被克隆和测序。来自明尼苏达州的酶的氨基酸序列与 SME-1 完全一样。来自 UCLA 和波士顿的分离株都产生一种 SME-1 的突变体即 SME-2，它与 SME-1 只是相差一个氨基酸置换，即缬氨酸 207→谷氨酸。来自伦敦的 SME-1 和来自美国的这些 SME 型酶的水解轮廓彼此相似。2006 年，Quinn 等报告，在相隔 2 周的时间，他们从一名肺移植患者的痰和胸水中分离出亚胺培南耐药的黏质沙雷菌分离株。在第一次分离出亚胺培南耐药分离株的前一天，他们也分离出了一个亚胺培南敏感的分离株。经鉴定，两个亚胺培南耐药的黏质沙雷菌分离株都产生 SME-3，它与 SME-1 只是相差一个氨基酸置换，即酪氨酸 105→组氨酸，但其水解谱与 SME-1 相似。这一氨基酸置换不改变总体的水解谱，但在一些底物结合亲和力上的改变被观察到。所有美国分离出的产 SME 型酶的黏质沙雷菌分离株的编码基因也都位于染色体上，根本没有和任何可移动遗传元件有关联的证据。

在 2006 年 5 月，一个碳青霉烯耐药的黏质沙雷菌分离株 AW 在瑞士洛桑大学医院被分离获得，它对青霉素类和亚胺培南耐药。亚胺培南、美罗培南和厄他培南 MIC 分别为 32μg/mL、8μg/mL 和 4μg/mL。该菌株也对头孢西丁和氨曲南耐药，但仍保留着体外对广谱头孢菌素类敏感性。该菌株产生了一种碳青霉烯酶，其活性被克拉维酸抑制。PCR 和测序鉴定出一个基因，它编码 SME-2。在同一时期，没有其他任何相似的分离株在这所医院

中被恢复。该患者没有国外旅行史和住院史。分离株 AW 和来自伦敦的分离株 S6 之间的克隆关系采用脉冲场凝胶电泳进行评价，结果显示分离株 AW 与分离株 S6 没有克隆相关性。通过分析 $rpoB$ 基因的序列时发现，从分离株 AW 和分离株 S6 获得的序列和来自随机选出的两个碳青霉烯敏感并且 bla_{SME} 阴性的黏质沙雷菌分离株的序列是完全一样的，这一结果可能排除了 SME 产生菌株是某一亚种的可能身份。接合、电转化和质粒分析均未能鉴定出 bla_{SME-2} 基因的一个质粒来源位置，这就建议该基因是染色体编码。Poirel 和 Pitout 等于 2008 年报告，在 2004 年，一个碳青霉烯耐药的黏质沙雷菌菌株 CHE4 在加拿大卡尔加里被分离获得，它针对亚胺培南、美罗培南和厄他培南的 MIC 分别是 $32\mu g/mL$、$1\mu g/mL$ 和 $0.5\mu g/mL$。令人吃惊的是，菌株 CHE4 仍然保留着对广谱头孢菌素类和氨曲南的完全敏感性。PCR 和测序鉴定出该菌株携带着一个 bla_{SME-2} 基因，它编码一种 A 类碳青霉烯酶 SME-2。基于 PFGE 的比较提示，来自瑞士和加拿大的黏质沙雷菌分离株 AW 和 CHE4 是克隆相关的，提示这两个菌株存在着一定的流行病学联系。

1993 年，Nordmann 等报告了对阴沟肠杆菌的一个临床分离株 NOR-1 的研究成果，该菌株呈现出对亚胺培南耐药并且仍然对广谱头孢菌素类敏感，克拉维酸可部分地恢复这个菌株对亚胺培南的敏感表型。该菌株是于 1991 年从住在法国巴黎一家医院 ICU 的患者中分离获得，而该患者已经接受了亚胺培南静脉推注（500mg）的治疗。经鉴定，NOR-1 产生两种 β-内酰胺酶，pI 分别为 6.9 和＞9.2，后者所对应的是阴沟肠杆菌固有的 AmpC β-内酰胺酶，前者应该是一种全新的、能水解碳青霉烯类的 β-内酰胺酶。质粒 DNA 未被检测到，并且亚胺培南耐药不能被转移到大肠埃希菌 JM109。一个重组的质粒 pPTN1 藏匿着来自阴沟肠杆菌 NOR-1 的一个 5.3kb Sau3A 片段，该质粒表达水解碳青霉烯的酶。该酶水解氨苄西林和头孢噻吩，并且水解亚胺培南比起水解美罗培南和氨曲南更有效，但是，该酶只是弱水解广谱头孢菌素类，不水解头孢西丁。部分水解活性被克拉维酸、舒巴坦和他唑巴坦抑制，对螯合剂如 EDTA 和 1,10-o-二氮杂菲不敏感，也不依赖于 $ZnCl_2$ 的存在。该酶的相对分子量为 30 kDa。诱导实验证实，这一水解碳青霉烯酶的生物合成可被头孢西丁和亚胺培南诱导。正是因为当时发现的绝大多数碳青霉烯酶都是 B 类金属 β-内酰胺酶，所以作者将新鉴定出的这种酶命名为非金属型碳青霉烯酶（Not metallo-enzyme carbapenemase，NMC-A），主要是和其他一些细菌产生的金属型碳青霉烯酶加以区分，如嗜麦芽窄食单胞菌、嗜水气单胞菌、索比亚气单胞菌、戈尔曼尼军团菌、芳香味黄杆菌和蜡样芽孢杆菌，这些细菌都产生一种染色体编码的金属碳青霉烯酶。

显而易见，NMC-A 不同于 SME-1，前者 pI 为 6.9，后者 pI 则是 9.7，两者的氨基酸同一性为 70%，这两个蛋白序列的比较建议一些特异性残基在碳青霉烯水解中的作用（图 28-1）。

Pottumarthy 等于 2003 年报告，一个碳青霉烯耐药的阴沟肠杆菌菌株从美国西雅图被分离获得，它产生了 A 类碳青霉烯酶 NMC-A，这是 NMC-A 在北美的第一次报告。该菌株也是从接受亚胺培南治疗的患者中被分离获得。Rasmussen 和 Bush 等在 1996 年报告，在 1984 年的 5 月和 11 月，也就是在美国批准亚胺培南在美国临床使用的前一年，两个阴沟肠杆菌临床分离株从入住在一所加利福尼亚医院中的两名患者中获得。其中一个菌株 1413B 来自患者的创口，另一个菌株 1415B 来自患者的胆汁。这两个菌株都产生 3 种酶：一种显然是 TEM-1 型 β-内酰胺酶；一种水解亚胺培南的 β-内酰胺酶，其 pI 为 7.05 以及一种可诱导的 β-内酰胺酶，其 pI 为 8.1，后者是一种典型的阴沟肠杆菌的 AmpC β-内酰胺酶。由于在 1995 年 Bush 等已经建立了 β-内酰胺酶功能性分类体系，所以作者将两个菌株产生的水解亚胺培南的 β-内酰胺酶归类为 2f 组的 A 类水解碳青霉烯的酶，并将其命名为水解亚胺培南的 β-内酰胺酶（Imipenem-hydrolyzing β-lactamase，IMI-1）。编码 IMI-1 的 β-内酰胺酶基因 $imiA1$ 从阴沟肠杆菌 1413B 被克隆。序列分析鉴定这个 $imiA1$ 基因编码一种 A 类的丝氨酸 β-内酰胺酶。$imiA1$ DNA 和编码的氨基酸序列都与 $nmcA$ 基因和其编码的蛋白质分享大于 95% 的同一性。DNA 序列分析也鉴定出在 $imiA1$ 上游的一个基因，它与 $nmcR$ 分享大于 95% 的同一性，并且它可能编码一种调节蛋白，意味着这种酶产生的可诱导性。

上述研究表明，染色体编码的 A 类碳青霉烯酶通常与其他 β-内酰胺酶复合产生。A 类碳青霉烯酶 IMI-1 与 AmpC β-内酰胺酶和 TEM-1 酶一起产生；SME-1 与一个染色体 AmpC β-内酰胺酶复合产生，菌株 NOR-1 也产生两种酶，即 NOR-1 和一种 AmpC β-内酰胺酶，pI＞9.0。上述 3 种 A 类碳青霉烯酶都是由染色体编码的 β-内酰胺酶，但相应的产酶菌株都不是单独只产生一种酶，而是同时产生 2～3 种 β-内酰胺酶（表 28-1）。

从 1982 年到 2000 年，几种 A 类碳青霉烯酶的出现（表 28-2）。

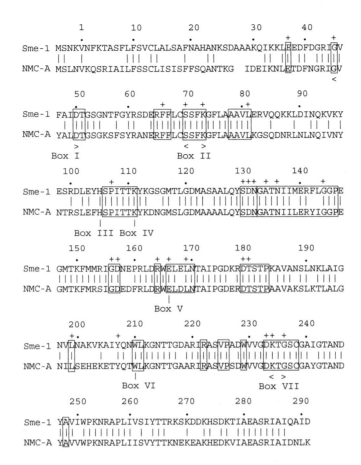

图 28-1 SME-1 和 NMC-A 碳青霉烯酶氨基酸序列比对

[引自 Naas T，Vandel L，Sougakoff W，et al. Antimicrob Agents chemother，1994，38（6）：1262-1270]

"＋"提示的 25 个残基在所有 A 类 β-内酰胺酶中是高度保守的。方框中的区域代表相对保守的区域。垂直线提示在 SME-1 和 NMC-A 之间的氨基酸同一性

表 28-1 染色体 A 类碳青霉烯酶与其他 β-内酰胺酶的复合产生

染色体 A 类碳青霉烯酶	细菌及菌株	来源国家	产生的酶	pI	功能分组
丝氨酸酶	阴沟肠杆菌 1413B	美国	TEM-1 型	5.4	2b
			IMI-1	**7.1**	**2f**
			（AmpC 型）	8.1	1
丝氨酸酶	阴沟肠杆菌 NOR-1	法国	**NmcA**	**6.9**	**2f**
			（AmpC）	＞9.2	（1）
丝氨酸酶	黏质沙雷菌 S6	英国	（AmpC）	8.2	1
			Sme-1	**9.7**	**2f**
丝氨酸酶	黏质沙雷菌 S8	英国	TEM-1 型	5.4	2b
			（AmpC）	8.2	1
			Sme-1	**9.7**	**2f**

注：1. 引自 Rasmussen B A，Bush K. Antimicrob Agents Chemother，1997，41：223-232。

2. 水解碳青霉烯的酶（2f 组）的数据采用黑体表示。括号中的分类是根据推测的分派。另一个菌株 1415B 产生与 1413B 一样的酶。

表 28-2　部分 A 类碳青霉烯酶的出现

酶	年份	地点	细菌	基因位置
SME-1	1982	英国伦敦	黏质沙雷菌	染色体
	1985	美国明尼苏达	黏质沙雷菌	染色体
	1999	美国伊利诺伊	黏质沙雷菌	未报告
SME-2	1992	美国加利福尼亚	黏质沙雷菌	染色体
	1994—1999	美国马萨诸塞	黏质沙雷菌	染色体
SME-3	2003	美国伊利诺伊	黏质沙雷菌	染色体
IMI-1	1984	美国加利福尼亚	阴沟肠杆菌	染色体
IMI-2	1999	美国	阿氏肠杆菌	质粒
	2001	中国杭州	阴沟肠杆菌	质粒
NMC-A	1990	法国巴黎	阴沟肠杆菌	染色体
	2000	阿根廷布宜诺斯艾利斯	阴沟肠杆菌	未报告
	2003	美国西雅图	阴沟肠杆菌	未报告

注：引自 Queenan A M，Bush K. Clin Microbiol Rev，2007，20：440-458。

二、染色体 A 类碳青霉烯酶的水解活性

截至 2000 年，只有 3 种独特的、在功能分组上属于 2f 组的丝氨酸酶已经从全世界的 6 个临床分离株中被鉴定出。Livermore 已经将这种 2f 组丝氨酸酶描述成为"次级 β-内酰胺酶（secondary）"，这是对一个细菌正常染色体 β-内酰胺酶的补充。2f 组丝氨酸酶是利用一个具有催化活性丝氨酸来水解碳青霉烯类抗生素。尽管由于根据 EDTA 那种不确定的研究，SME-1 型 β-内酰胺酶最初被认为是一种金属 β-内酰胺酶，但后来的生物化学和分子学研究认定这种酶是一种丝氨酸 β-内酰胺酶。

值得注意的是，在氨基酸序列同源性和等电点上的差异并没有掩盖它们彼此之间具有的一些相似性，如接近的分子量（大约 30kDa）、针对碳青霉烯类相似的水解谱、克拉维酸抑制活性的大体相当以及缺乏对锌离子的依赖。总体来说，NMC-A 水解氨苄西林、头孢噻吩和亚胺培南比它水解美罗培南和氨曲南更加迅速，但它只是弱水解广谱头孢菌素类，并且不水解头孢西丁。产生 IMI-1 的这两个菌株阴沟肠杆菌 1413B 和 1415B 对亚胺培南、青霉素以及抑制剂的复方制剂耐药，也对早期的头孢菌素类如头孢噻吩、头孢孟多和头孢西丁以及头孢哌酮耐药。然而，它们对头孢噻肟、头孢曲松、头孢他啶和拉氧头孢敏感（MIC<4μg/mL）。产生 SME-1 的两个黏质沙雷菌分离株除了对亚胺培南（MIC，16μg/mL）耐药，也已经轻度降低了针对美罗培南的敏感性（MIC，0.12μg/mL）。此外，它们也对广谱头孢菌素类高度敏感。表达这些酶的细菌是以降低对亚胺培南的敏感性为特征，但 MIC 的范围很宽泛，从轻度增高（如亚胺培南 MIC≤4μg/mL）到完全耐药。因此，在采用常规敏感性试验时，这些 β-内酰胺酶或许是不可识别的。

这三种 A 类水解碳青霉烯的酶似乎主要还是头孢菌素酶，同时具有更低但却有效的水解青霉素类和亚胺培南的能力。根据最大水解速率（V_{max}）值，所有 2f 组酶倾向于显示出对氨苄西林和头孢噻啶比对亚胺培南更高的水解速率。但更完整的动力学数据则提示，根据 k_{cat}/K_m 数值来判断，SME-1 是效率差的头孢菌素酶。IMI-1 具有更加平衡的底物轮廓，即对亚胺培南和青霉素具有几乎同样的水解效率。这三种酶也水解单环 β-内酰胺类如氨曲南，这是有别于金属 β-内酰胺酶的一个显著特征。IMI-1 和 NMC-A 之间在水解谱上也有一些较大的差异，NMC-A 似乎水解头孢噻肟和头孢他啶比 IMI-1 更有效。对于 IMI-1 和 SME-1 酶而言，亚胺培南的水解作用要快于对更新型的碳青霉烯类如美罗培南和比阿培南的水解速率，这就导致产这些酶的细菌针对亚胺培南更高的 MIC。总之，表达染色体 2f 组碳青霉烯酶菌株的抗生素耐药谱是有特色的：碳青霉烯类耐药加上对广谱头孢菌素类的敏感性。

这三种酶对抑制剂的反应是不同的。这些酶中根本没有一种被舒巴坦充分地抑制，50% 抑制浓度（IC_{50}）>1μmol/L。来自阴沟肠杆菌的两个酶被低于 1μmol/L 的克拉维酸所抑制，而 SME-1 酶几乎不被克拉维酸抑制。当在同样条件下被试验时，IMI-1 酶似乎比 SME-1 酶更好地被他唑巴坦所抑制。然而，产 IMI-1 的细菌并没有对哌拉西林-他唑巴坦复方制剂产生良好的应答，这是一种 TEM 型和一种 AmpC 型酶在同一分离株中产生之故。在美国西雅图鉴定出的 NMC-A 如同其他 A 类碳青霉烯酶一样，其活性也被克拉维酸抑制。

三、染色体 A 类碳青霉烯酶的生化特性和结构特征

这三种酶都含有 A 类 β-内酰胺酶保守的活性

部位基序 S-X-X-K、S-D-N 和 K-T-G。目前的证据建议，这三种 A 类碳青霉烯酶的水解特性依赖于活性部位的一个重塑。与 A 类 ESBL（活性部位被扩大，或 B3 β-链的增加的移动性）不同，A 类碳青霉烯酶如 KPC-1、NMC-A 和 SME-1 的活性部位揭示，在催化残基的空间位置上有多种改变。人们初步认为，与其他 A 类 β-内酰胺酶相比，这样的重塑允许增强的碳青霉烯酶活性的出现。

在染色体 A 类碳青霉烯酶中，结构研究最多的是 SME-1，而研究最早的酶是 NMC-A。NMC-A 的晶型结构已经在 1.6Å 分辨率上被解析，相关研究揭示出底物结合部位拓扑学的一些改变。尽管维持着必需催化残基的几何形状，但与其他 A 类 β-内酰胺酶相比，NMC-A 活性部位呈现出在半胱氨酸 69 和半胱氨酸 238 之间的一个二硫桥和某些其他的结构差异。这就意味着这些结构因素应该与这种酶非常广谱的底物专一性有关。结构比较研究提示，NMC-A 的底物结合部位在两域之间的交界面。第一个域是 β-域（残基 26～60 和 221～291），它包括一个 5-链反向平行 β 折叠片（1 链～5 链，S1～S5）和螺旋 1、螺旋 10 和螺旋 11。第二个域是螺旋域（残基 69～212），它由 8 个螺旋构成（H2～H9）。这个蛋白的总体折叠与其他 A 类 β-内酰胺酶相似，但也确实有一些结构差异被观察到，特别是在底物结合部位。序列比对显示，A 类碳青霉烯酶 NMC-A、SME-1 和 IMI 的一个独特特征是在位置 69 和 238 上半胱氨酸残基的存在（图 28-2）。

在 NMC-A 结构中，这些半胱氨酸形成一个左手二硫桥。这一共价键将螺旋 H2 的 N 末端（含有催化残基丝氨酸 70）连接到 S3 链上（230～237），这样的连接限定了底物结合部位的一个侧面。

由这两个半胱氨酸形成的这个二硫桥有一些重要性。首先，这一共价键以及其他一些相互作用被预料可大大地降低在这一结合区域的结构柔性。其次，残基 70 和 238 的主链氮原子之间的距离限定了氧负离子洞，这一距离比其他 β-内酰胺酶的平均距离（4.7Å）短了 0.3Å。这将导致或多或少更强一些的水分子的氢键合，在缺乏底物情况下，这些水分子典型在那个位置上被发现。最后，残基 238 采纳一种构象，其羧基从对应的位置上翻转 180°。如此一来，S3 链从丝氨酸 237 上裂解下来，被插入位置 239 上的不常见的甘氨酸从 Ω 环移开。

来自黏质沙雷菌的 A 类 β-内酰胺酶 SME-1 是以针对亚胺培南具有明显的水解活性为特征，其结构已经在 2.13Å 分辨率上被确定。SME-1 整体结构与其他 A 类 β-内酰胺酶相似。在 SME-1 活性部位腔中被发现的大多数残基在 A 类 β-内酰胺酶中都是保守的，在位置 104、105 和 237 上的残基除外，在这些位置上，一个酪氨酸、一个组氨酸和一个丝氨酸被发现。此外，如同 NMC-A，一个半胱氨酸残基占据着位置 238，它与位于位置 69 上的另一个半胱氨酸残基形成二硫桥。在 SME-1，这个二硫桥所起的关键作用被半胱氨酸 69→丙氨酸定点诱变证实，这样置换产生的一个突变体不能赋

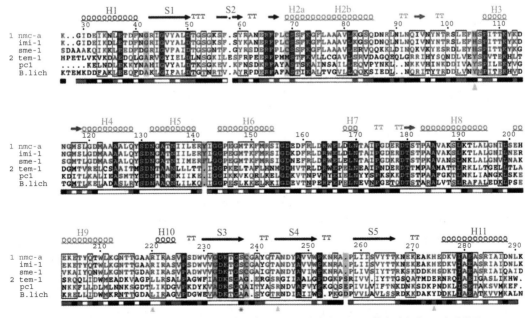

图 28-2　三种 A 类碳青霉烯酶（1 组）和典型的 A 类 β-内酰胺酶（2 组）的序列比对（见文后彩图）

（引自 Swaren P，Maveyraud L，Raquet X，et al. J Bio Chem，1998，273：26714-26721）

表 28-3 SME-1 和突变体酶水解各种 β-内酰胺类的动力学参数

底物	K_m/ (μmol/L)		k_{cat}/s^{-1}		k_{cat}/K_m/[L/(mmol·s)]	
	Sme-1	S237A	Sme-1	S237A	Sme-1	S237A
青霉素	15 ± 1	14 ± 0.1	12 ± 0.2	13 ± 0.02	800 ± 45	930 ± 6
替卡西林	100 ± 6	120 ± 18	7 ± 0.15	8 ± 0.6	70 ± 2.5	70 ± 6
头孢噻吩	65 ± 9	80 ± 6	50 ± 2.5	13 ± 0.3	780 ± 80	160 ± 8
头孢拉定	390 ± 17	1500 ± 160	230 ± 5	290 ± 22	600 ± 15	190 ± 6
氨曲南	290 ± 31	190 ± 17	80 ± 4	70 ± 3	280 ± 18	360 ± 20
亚胺培南	230 ± 7	100 ± 9	100 ± 1.5	20 ± 0.6	440 ± 1	200 ± 10
头孢西丁	3000 ± 370	2700 ± 480	3 ± 0.3	0.5 ± 0.1	1 ± 0.02	0.2 ± 0.01

注：1. 引自 Sougakoff W，Naas T，Nordmann P，et al. BiochimBiophys Acta，1999，1433：153-158。

2. S237A，丝氨酸237→丙氨酸置换。

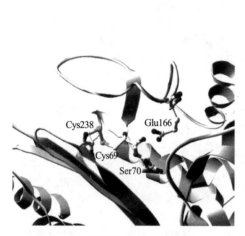

图 28-3 SME-1 β-内酰胺酶的结构

（引自 Majiduddin F K，Palzkill T. Antimicrob

Agents Chemother，2003，47：1062-1067）

位置 69、70、166 和 238 被强调。在位置 69 和

238 之间的二硫键也被显示

图 28-4 A 类 β-内酰胺酶 SME-1 的结构

（引自 Majiduddin F K，Palzkill T. Antimicrob

Agents Chemother，2005，49：3421-3427）

图中特意提示了催化氨基酸丝氨酸 70 和

其他一些重要的氨基酸残基

予针对亚胺培南和其他受试的 β-内酰胺类抗生素耐药。这个结果建议，这个二硫键或许是 SME-1 酶独特的底物专一性不可缺少的（图 28-3 和表 28-3）。

进一步研究的目的就是确定这些位置如 104、105、132、167、237 和 241 是否对于亚胺培南水解是重要的，并且比较一下亚胺培南水解和其他底物水解的氨基酸序列需求。研究发现，在位置105、132、237 和 241 上残基的同一性对于亚胺培南水解至关重要。然而，这些位置也贡献氨苄西林和头孢噻吩的水解。因此，在 SME-1 活性部位上，只是提供亚胺培南水解的单一残基尚未被鉴定出来。相反，水解碳青霉烯类的能力似乎是活性部位袋形状的一个更普遍的特性，这一形状需要许多残基协同相互作用而决定。总之，这些结果建议，被整合到 SME-1 活性部位的单一氨基酸残基并不会只是负责亚胺培南水解。取而代之的是，这些结果与如下的假设是一致的，即多个残基位置协同影响活性部位的结构，从而影响底物专一性（图 28-4）。

四、染色体 A 类碳青霉烯酶的遗传学支持

已经证实，SME-1 和 NMC-A 的表达均与任何质粒无关，编码基因都位于染色体上。质粒 DNA在产酶菌株中没有被检测到，并且亚胺培南耐药不能被转移进入大肠埃希菌 JM109。早期研究表明，IMI 型碳青霉烯酶也已经被证实是染色体介导的酶，其编码基因与可移动遗传元件无关，不过，后续的一些研究显示情况并非如此。在 2005 年的一项研究报告显示，30 个亚胺培南耐药的革兰阴性杆菌分离株被分离获得，这些分离株来自 16 条美国河流中的 7 条，取样时间是 1999—2001 年。亚胺培南水解在 22 个被鉴定为阿氏肠杆菌的分离株中检测到。随机扩增多态性 DNA 分析显示，这些

图 28-5 包括来自这个阴沟肠杆菌质粒的 bla_{IMI-2}-bla_{IMI-2} 基因复合物的结构图示

（引自 Yu Y S, Du X X, Zhou Z H, et al. Antimicrob Agents Chemother, 2006, 50: 1610-1611）

bla_{IMI-2}- bla_{IMI-2} 基因的两侧是反向重复序列。"Tn*903* 样"下游

是一个不完全的开放阅读框，它是"Tn*903* 样"上游的一部分

阿氏肠杆菌分离株在遗传学上是不可区分的。从每一个分离株中都有一个完全一样的克拉维酸抑制的 β-内酰胺酶 IMI-2 被鉴定出，它们分别与来自阴沟肠杆菌临床分离株的染色体编码的 IMI-1 和 NMC-A 分享 99% 和 97% 的氨基酸同一性。让人感到不安的是，bla_{IMI-2} 基因位于一个可自身转移的 66kb 质粒上。在 bla_{IMI-2} 基因的上游被鉴定出一个 LysR 型调节子基因，这就解释了 IMI-2 表达的可诱导性。令人吃惊的是，从 5 条不同的河流中被恢复的不同的 IMI-2 阳性的阿氏肠杆菌被显示出是克隆相关的。因此，那样的碳青霉烯酶基因的一个环境的储池（起源）曾被认同。

此外，我国的俞云松和李兰娟团队于 2006 年报告，一个亚胺培南耐药的阴沟肠杆菌临床分离株从在 2001 年 8 月入住到浙江大学第一附属医院的一名患者的血液中被分离获得。该阴沟肠杆菌分离株产生 IMI-2。接合转移试验证实，转移接合子（大肠埃希菌 C600E8）对碳青霉烯类耐药，但对广谱头孢菌素类不耐药。在 bla_{IMI-2}-bla_{IMI-2} 基因两侧翼的区域包括一些序列，它们与 Tn*903* 和 IS*2* 相关，这种结构类似于一种复合转座子（图 28-5）。

IMI-2 在质粒上的存在打破了人们曾认为这些 A 类碳青霉烯酶都是在染色体上编码的想法。毫无疑问，各种 β-内酰胺酶基因一旦被动员到可移动遗传元件质粒上，那就意味着这些基因增加了流动性，更可能在菌种内和菌种间散播。尽管到目前为止，我们没有观察到质粒介导的 IMI-2 的更多报告，但也许产 IMI-2 的质粒正在暗中进行着传播和蓄积，一旦到达某一阈值就可能会暴发。还有一个问题就是：IMI-1 和 IMI-2 谁最先出现的？是质粒上的基因被整合进入到染色体上，还是染色体上的基因被带动转移到质粒上，这确实是个问题。

产生这 3 种酶的菌种无外乎阴沟肠杆菌、阿氏肠杆菌和黏质沙雷菌，而且这些酶都不是菌种特异性的，换言之，上述菌种并非普遍产生这些 A 类丝氨酸碳青霉烯酶，只是个别菌株产酶而已。既然这些 β-内酰胺酶并非菌种特异性和固有的染色体酶，那么这些 β-内酰胺酶也都应该属于获得性酶。由此人们不禁要问，这些 β-内酰胺酶竟源自哪里呢？事实上，如同大多数获得性 β-内酰胺酶一样，

人们根本不清楚编码这些碳青霉烯酶基因的来龙去脉，也不清楚编码这些酶基因是如何被整合到相应细菌菌株的染色体上。不过，人们对全球产 SME 样酶的黏质沙雷菌分离株的基因组比较后发现，一种截然不同的黏质沙雷菌亚型在全世界散播，SME 样酶也可能是这个亚型菌种特异性酶。可能的情况是，具有 bla_{SME} 基因的黏质沙雷菌分离株是黏质沙雷菌亚种，它们天然编码这个耐药决定子。

这 3 种 A 类碳青霉烯酶的一个重要特征就是这些酶的表达是可诱导的。已经证实，一个 LysR 型调节基因位于 bla_{NMC-A} 基因之前，与天然编码头孢菌素酶（AmpC 型）基因上游的调节基因相似。这个被称为 NMC-R 的 LysR 型调节子在基础状态下增加这个酶的生物合成，并且当 β-内酰胺类介导的诱导发生时，它进一步增加这个酶的生物合成。此外，Naas 等证实，NMC-R 作为一个正性调节子在碳青霉烯酶生物合成过程中发挥作用，即便是缺乏一个诱导剂时也是如此。这一点与 AmpR 不同，在 AmpC-AmpR 系统中，AmpR 是 AmpC β-内酰胺酶生物合成的一个负性调节子，是一种阻遏剂。NMC-R 的缺失导致在碳青霉烯 MIC 上的一个急剧下降和 β-内酰胺酶可诱导性的丧失。一项近来的研究已经显示来自阴沟肠杆菌 NOR-1 的 AmpD 参与 NMC-A 和 AmpC 这两种酶表达的调节。这些发现建议，不同的结构基因或许处在同样调节系统的控制之下，并且在阴沟肠杆菌，在 AmpD 的核苷酸置换能导致 NMC-A 和 AmpC 的一起过度产生的稳定复合表达。

像 NMC-A 一样，SME-1 也受到一个 LysR 型调节基因的调节，但却是在较次要的程度上。IMI-1 在各方面都与 NMC-A 非常相似，在编码 IMI-1 基因的上游也存在着一个 LysR 型调节基因，因此也是可诱导的。所有美国的和法国的阴沟肠杆菌菌株都具有可被头孢西丁和亚胺培南诱导的 β-内酰胺酶活性。轻度的可诱导性在 SME-1 β-内酰胺酶中被观察到。在两组菌株中，头孢菌素酶以及水解亚胺培南的活性是可诱导的，这就建议在这个菌株内的两种酶都被同样的调节元件调控。然而，在产 IMI-1 的菌株中，只有头孢菌素酶活性可被头孢西

丁所诱导，但无论是头孢菌素酶活性还是碳青霉烯酶活性都被亚胺培南所诱导。

五、染色体 A 类碳青霉烯酶的分布和流行

SME-1 首先是在英国伦敦被发现，后来在美国的明尼苏达州和伊利诺伊州也有零星报告。SME-2 和 SMEE-3 分别在美国的加利福尼亚州、马萨诸塞州以及伊利诺伊州被鉴定出。全世界所遇到的具有产 SME 样酶的黏质沙雷菌分离株的基因组比较建议，一种截然不同的黏质沙雷菌亚型在全世界散播。IMI-1 首先在美国加利福尼亚州的两个阴沟肠杆菌临床分离株中被鉴定出，而 IMI-2 则分别在美国的一些阿氏肠杆菌和中国杭州的一个阴沟肠杆菌中被发现，前者来自美国的 7 条河流，属于环境分离株；后者则是来自住院患者的一个临床分离株，尽管 IMI-2 在可移动遗传元件上编码，但人们还是习惯地将 IMI-2 和 IMI-1 一起称作染色体 A 类碳青霉烯酶。NMC-A 首先在法国巴黎被发现，后来也在阿根廷的布宜诺斯艾利斯以及美国的华盛顿被鉴定出，它们都是源自阴沟肠杆菌。由此不难看出，这 3 种 A 类碳青霉烯酶分布十分有限，也根本没有造成大的临床困扰，几乎没有产酶细菌引起感染暴发的报告。然而，令人担忧的是，编码 IMI-2 的基因已经在质粒上被发现，这就有可能造成耐药基因在更大范围内散播。总之，多种染色体可诱导的 β-内酰胺酶由肠杆菌科细菌的单个菌株产生是新近出现的威胁。尽管这些酶的产生是少见的，但显而易见的是，这些分离株以前就存在环境之中，并且当被合适的抗菌药物挑战时就能被选择出来。随着碳青霉烯类更加频繁地被使用，更大数量的这类酶能被期待会出现的耐药菌群见表 28-4。

表 28-4　染色体 A 类碳青霉烯酶的分布

酶	分离或描述的年份	细菌	起源和分布国家	基因位置
NMC-A	1990	阴沟肠杆菌	法国，阿根廷，美国	染色体
IMI-1	1984	阴沟肠杆菌	美国	染色体
IMI-2	2001	阴沟肠杆菌	中国	质粒
IMI-2	1999	阿氏肠杆菌	美国	质粒
SME-1	1982	黏质沙雷菌	英国，美国	染色体
SME-2	1992	黏质沙雷菌	美国，加拿大，瑞士	染色体
SME-3	2003	黏质沙雷菌	美国	染色体

注：引自 Patel G, Bonomo R A. Exp Rev Anti infect Ther, 2011, 9：555-570。

在 2008 年报告的 SENTRY 抗菌药物监测计划结果显示，一共有 104 个产碳青霉烯酶肠杆菌科细菌菌株被收集，包括 A 类丝氨酸碳青霉烯酶和 B

类金属碳青霉烯酶，收集时间是 2000 年到 2005 年，收集国家包括美国、希腊、土耳其、西班牙和意大利。最常见的碳青霉烯酶是 KPC-2 或 KPC-3（73 个菌株），接下来是 VIM-1（14 个菌株）、IMP-1（11 个菌株），SME-2（5 个菌株）以及 NMC-A（1 个菌株）。所有 A 类碳青霉烯酶都是在美国被检测到。

第三节　质粒介导的 GES 型碳青霉烯酶

一、GES 型碳青霉烯酶的出现和特点

已如前述，GES-1 是一种典型的质粒介导的 ESBL，产 GES-1 的肺炎克雷伯菌分离株最早是从法属圭亚那卡宴市的一名患者中分离获得。经过了 20 多年的分子内进化，GES β-内酰胺酶家族已经拥有了 10 多个成员。该家族最与众不同之处就是其中的一些成员已经进化成为质粒介导的 GES 型碳青霉烯酶。这样的分子内进化所涉及的不过是一两个氨基酸置换，这种现象在其他 β-内酰胺酶家族中极为少见。

Poirel 等在 2001 年报告，源自一个铜绿假单胞菌分离株的一种 A 类 β-内酰胺酶 GES-2 增加了对亚胺培南的水解。该铜绿假单胞菌 GW-1 是在 2000 年 5 月在南非的一所医院中从一名 38 岁的津巴布韦女性难民中被分离获得。该分离株藏匿着一个可自身转移的、大约 100kb 的质粒，它赋予广谱头孢菌素耐药谱廓，后者与对亚胺培南的一个中介敏感性有关联。GES-2 的 pI 为 5.8，它水解广谱头孢菌素类，并且与以前在肺炎克雷伯菌中被鉴定出的 GES-1 相比，其底物轮廓被拓展到包括亚胺培南。比起 GES-1，GES-2 活性不太受到克拉维酸、他唑巴坦和亚胺培南的抑制。GES-2 氨基酸序列与 GES-1 的氨基酸序列不同，具有一个甘氨酸 170→天冬酰胺置换，而位置 170 位于 A 类酶的 Ω 环上。这个氨基酸改变解释了质粒编码的 β-内酰胺酶 GES-2 的底物轮廓的扩展。如同 GES-1，GES-2 在位置 69 和 238 具有半胱氨酸残基，后者可以构成一个二硫键和盐桥，并且可以解释结合亚胺培南的特性。这一特征已经在多种染色体编码的 A 类碳青霉烯酶如 SME 和 NMC/IMI 家族中出现过。动力学分析显示，GES-2 对亚胺培南的催化效率高出 GES-1 的催化效率 100 倍。然而，GES-2 针对碳青霉烯类的活性仍然比 SME-1 和 NMC-A 活性低 99.9%。GES-2 鉴定显示，A 类 ESBL 通过单一氨基酸置换可以成为弱碳青霉烯酶。如同 bla_{KPC-1} 一样，bla_{GES-2} 基因位于一个大的质粒和一个 1 类

整合子上。

GES-4 是在日本首先被鉴定出，与 GES-2 一样，GES-4 也是一种 A 类 GES 型碳青霉烯酶。GES-4 产生于肺炎克雷伯菌株 78-01。在 GES-4，在位置 104 上是一个赖氨酸残基。有学者推测，由于位置 170 位于 Ω 环上，所以在这一位置上的氨基酸置换会造成酶的结构改变，这些改变最佳化碳青霉烯类的羟乙基部分的"接驳"。看来，在位置 170 上，无论是天冬酰胺还是丝氨酸都能起到这样的作用。GES-5、GES-6 和 GES-8（IBC-2）都是 GES 型碳青霉烯酶，它们都是在 20 世纪 90 年代末期在希腊被鉴定出，产酶细菌分别是阴沟肠杆菌和铜绿假单胞菌。Bonnin 等于 2011 年报告，鲍曼不动杆菌分离株 AP 从一名在法国巴黎住院患者的支气管灌洗液中被分离出，它对包括碳青霉烯在内的所有 β-内酰胺类抗生素耐药，并且产生了 GES-14。GES-14 和 GES-1 相差两个氨基酸置换甘氨酸 170→丝氨酸和甘氨酸 243→丙氨酸，与 GES-11 彼此只是相差一个单一氨基酸置换甘氨酸 170→丝氨

酸。纯化的 GES-14 的碳青霉烯酶活性被动力学研究证实，提示 GES-14 也是一种 A 类 GES 型碳青霉烯酶。

二、GES 型碳青霉烯酶的突变和水解特性

与 TEM 家族、SHV 家族和 CTX-M 家族相比，GES 酶家族成员要少得多，目前只有十几个成员，其中只有一部分成员属于 GES 型碳青霉烯酶。从 GES 型 ESBL 突变成为 GES 型碳青霉烯酶也牵涉到较少的氨基酸位置，如位置 62、104、126、170 和 243。突变发生频次最高的位置为 170。在 GES-1 的位置 170 上是甘氨酸，而在 GES-2 的这个位置上是天冬酰胺，在 GES-4、GES-5 和 GES-6 的这个位置上都是丝氨酸。此外，GES-14 也是一种 GES 型碳青霉烯酶，它和 GES-1 相差两个氨基酸置换，即甘氨酸 170→丝氨酸和甘氨酸 243→丙氨酸。当然，在位置 104 上的突变也会加强碳青霉烯酶的活性（表 28-5 和表 28-6）。

表 28-5　与 GES 变异体的水解谱相关的关键氨基酸置换

GES 变异体	位置（Amber 计数）					水解轮廓				抑制
	62	104	126	170	243	CAZ	FOX	ATM	IPM	Ac clav
GES-1	Met	Glu	Ala	Gly	Gly	+	—	—	—	S
GES-2				Asn		+	—	—	+	P
GES-3	Thr	Lys				+	—	—	—	S
GES-4	Thr	Lys		Ser		+	+	—	+	P
GES-5				Ser		+	+	—	+	P
GES-6		Lys		Ser		+	+	—	+	P
GES-7(IBC-1)		Lys				+	—	—	—	S
GES-8(IBC-2)			Leu			+	—	—	+	S
GES-9					Ser	+	—	+	—	S

注：1. 引自 Naas T，Poirel L，Nordmann P. Clin Microbiol Infect，2008，14（Suppl 1）：42-52。

2. ＋和一分别表示有水解和没有水解；P—抑制效果差；S—与 GES-1 相比被相似地抑制；Met—甲硫氨酸；Glu—谷氨酸；Ala—丙氨酸；Gly—甘氨酸；Asn—天冬酰胺；Thr—苏氨酸；Lys—赖氨酸；Ser—丝氨酸；Leu—亮氨酸；CAZ—头孢他啶；FOX—头孢西丁；ATM—氨曲南；IPM—亚胺培南；Ac clav—阿莫西林-克拉维酸。

表 28-6　一些 GES β-内酰胺酶针对 β-内酰胺类化合物水解的催化效率

底物	催化效率，k_{cat}/K_m [L/(mmol·s)]			
	GES-1	GES-2	GES-3	GES-4
PEN	70	96	450	780
AMP/AMX	65	26	190	310
LOR	16	65	120	230
CTX	15	2.5	110	24
CAZ	188	ND	23	1.7
FOX	33	NH	NH	110
IMP	0.07	9	NH	81

注：1. 引自 Gniadkowski M. Clin Microbiol Infect，2008，14（Suppl. 1）：11-32。

2. ND—未确定；NH—未被水解；FOX—头孢西丁；IMP—亚胺培南。通过甘氨酸 170→谷氨酰胺置换由 GES-1 进化为 GES-2；通过甘氨酸 170→丝氨酸置换由 GES-3 进化为 GES-4。

三、GES 型碳青霉烯酶的分布和流行病学

总的来说，GES 型 β-内酰胺酶成员不多，多为单一病例报告，GES 型碳青霉烯酶在全球的分布和流行就更加有限。在 GES 型碳青霉烯酶的各个成员中，GES-2 和 GES-5 似乎更加多见一些。

8 个铜绿假单胞菌临床菌株在 2000 年 3 月到 7 月从南非的住院患者中被分离获得。这些菌株是克隆相关的并且每一个菌株都藏匿有一个 150kb 的接合型质粒，它携带一个 1 类整合子，后者含有编码 GES-2 的一个基因盒。当然，该整合子还含有两个其他的基因盒，它们分别编码 OXA-5 和一个氨基糖苷修饰酶 AAC(3) I 样酶。这样的铜绿假单胞菌在一所医院的传播无疑会对感染患者造成严重的，有时是致命的威胁。在 2004 年，6 个产 ESBL 肺炎克雷伯菌临床分离株在韩国一所医院的几个科室中被收集。所有分离株都对青霉素类、头孢他啶、头孢噻肟、氨曲南、妥布霉素、庆大霉素和 SMZ-TMP 耐药，对头孢吡肟敏感，并且对亚胺培南表现出减少的敏感性。研究证实，所有分离株以及它们的转移接合子对亚胺培南敏感性的降低都是由于 GES-5 的产生，它展现出可检测到的碳青霉烯酶活性。在我国也有产 GES-5 铜绿假单胞菌临床分离株的报告。在 2004 年，一个铜绿假单胞菌临床分离株在北京解放军 304 医院被分离获得，它对亚胺培南和美罗培南中介耐药，MIC 均为 $8\mu g/mL$。在全世界，这是 GES-5 产自铜绿假单胞菌的第一个报告。在 2008 年 1 月到 2009 年 12 月期间，在比利时，9 个 GES 阳性鲍曼不动杆菌分离株在 6 所医院中被检测到。bla_{GES} 基因的 DNA 测序鉴定出 GES-11、GES-12 和一个全新的 GES-14，后者也是一种 GES 型碳青霉烯酶。

第四节 质粒介导的 KPC 型碳青霉烯酶

一、概述

碳青霉烯类抗生素于 20 世纪 80 年代陆续在全球投入临床使用，这类抗生素以其强大的抗菌活性和广的抗菌谱被认为是抗菌药物武器库中的终极武器，在治疗严重感染特别是革兰阴性病原菌感染时曾经无往而不胜。在 20 世纪 60 年代中期，人们就发现了金属 β-内酰胺酶，如产自蜡样芽孢杆菌的依赖锌离子的 BC II。当时，人们并不清楚这种酶能够水解碳青霉烯类抗生素，因为当时碳青霉烯类抗生素尚未投入临床使用。后来证实，BC II 属于染色体编码的 Ambler B 类金属碳青霉烯酶。随着

时间的推移，又有多种 B 类金属碳青霉烯酶从各种细菌中被鉴定出，绝大多数都是染色体酶，产酶细菌也多为环境细菌，当然，产生 L1 金属碳青霉烯酶的嗜麦芽窄食单胞菌是个例外。有一点是显而易见的，编码碳青霉烯酶的基因早就存在于一些细菌的染色体中，并不是碳青霉烯类抗生素的临床使用"创造"出这些编码基因。随着碳青霉烯类抗生素如亚胺培南和美罗培南越来越多地在临床上使用，由此带来的选择压力也传递给了各种致病菌。从 20 世纪 90 年代初，人们开始陆续鉴定出一些全新的碳青霉烯酶，这些碳青霉烯酶也是 Ambler B 类酶，但却是质粒介导的 β-内酰胺酶，如 IMP 型和 VIM 型金属碳青霉烯酶。这些质粒编码的 B 类金属 β-内酰胺酶一经问世就开始迅速传播，几年后就从它们的"诞生地"几乎散播到全世界。

差不多和这些质粒介导的金属 β-内酰胺酶被发现的时间一致，人们也陆续发现了一些 Ambler A 类丝氨酸酶具有水解碳青霉烯类抗生素的能力，统称为 A 类碳青霉烯酶，不过这些酶只是在为数不多的国家中被鉴定出且非常少见，产酶细菌也并非临床上最常见的那些致病菌，再加上这些酶多为染色体编码，其传播自然就受到很大的限制。因此，尽管这些酶自 20 世纪 90 年代初被发现，但它们基本上没有对全球的抗感染治疗造成大的威胁。当然，人们也不禁会问，这些位于染色体上的 bla 基因会不会也被整合到各种可移动遗传元件上呢？CTX-M 型 ESBL 就是由位于克吕沃尔菌属染色体的酶转移到肠杆菌科细菌质粒上的。实际上，bla_{IMI-2} 也已经分别在美国和中国在质粒上被鉴定出，但 10 多年过去了，这些位于质粒上的 bla_{IMI-2} 似乎也没有进一步散播，原因不清楚。GES 型碳青霉烯酶虽然也是质粒介导的酶，有些也确实具有碳青霉烯酶活性，但事实上，这些酶的碳青霉烯酶活性不高，比起 SME-1 都要低 99.9%。此外，GES 型碳青霉烯酶流行程度也很有限，至今还都是零星的报告，还没有产 GES 型碳青霉烯酶引起大型感染暴发的报告。由此看来，并非 bla 基因只要位于质粒上就意味着会广泛散播，bla 基因的快速散播显然还受制于一些其他"要素"，可能包括菌种特点、质粒特征、选择压力以及环境因素等，只是我们不清楚具体的影响因素而已。

进入 2000 年后，在 β-内酰胺酶介导细菌耐药的领域中第一个重大事件就是质粒介导的肺炎克雷伯菌碳青霉烯酶（*Klebsiella pneumoniae* carbapenemase，KPC）的闪亮登场。尽管 KPC 型碳青霉烯酶也是 A 类丝氨酸 β-内酰胺酶，但它们的出现和散播给临床抗感染治疗带来的冲击却是灾难性的。bla_{KPC} 基因就是从发现到快速散播的一

个非常鲜活的实例，短短十几年时间它们就已经散播到几个大洲的很多国家，在有些国家已经是流行最广的碳青霉烯酶，甚至在以色列已造成了全国性的大流行。4个特征将KPC与其他2f功能组的A类碳青霉烯酶区分开来。第一，KPC酶被发现在可转移的质粒上；第二，它们的底物水解谱包括氨基噻唑肟那样的头孢菌素类如头孢噻肟，对各种β-内酰胺酶抑制剂的抑制作用也不敏感；第三，KPC酶十分常见地被发现在肺炎克雷伯菌中，这是一种臭名昭著的院内病原菌，因为它具有蓄积耐药决定子的超强能力；第四，很多 bla_{KPC} 基因都是由肺炎克雷伯菌血清型 ST 258 菌株携带。以上几点决定了KPC酶既具备了非常强的传播能力，而且产生KPC酶的细菌常常是多药耐药细菌，可供选择的治疗制剂也非常有限，常常是只对黏菌素、替加环素和氨基糖苷类敏感，这就造成了高死亡率，有些严重感染的死亡率甚至超过50％。此外，在一些"疫情"时被观察到的克隆传播指出了针对这种细菌的感染控制措施的难度。

让人更加担忧的是，产KPC肺炎克雷伯菌不仅引起各种院内感染，而且也开始"光顾"社区各种医疗机构，并且造成感染暴发。一些研究已经在佛罗里达州南部的一所长期急诊医院（long-term acute care hospital, LTACH）鉴定出了产KPC碳青霉烯酶，并且这些细菌与一次感染暴发有关联。7个产KPC肺炎克雷伯菌（KPC-Kp）分离株从不同的患者中被分离出，这些患者入住在同一所LTACH中，另外还有3个分离株从入住在其他医院的一名患者中被恢复。所有的KPC-Kp分离株都是遗传相关的并且分享 PFGE 类型，与已知的ST258菌株簇集。这些菌株对碳青霉烯类高度耐药（MIC≥32mg/L），耐药的机制是KPC表达水平的增加和外膜蛋白的丧失。在所有的具有 KPC-Kp分离株的 LTACH 患者都被记录到了直肠定植。治疗失败是常见的（死亡率约为69％）。主动监测和加强感染控制终止了这次 KPC-Kp 感染暴发。KPC-Kp 在一个 LTACH 被检测到代表了在一个新的医疗环境中一个严重的感染控制挑战。KPC-Kp在我们的医疗体系中正在传播的速度敦促我们必须立即行动起来。让人非常担忧的是，一些携带 bla_{KPC} 基因的质粒包括赋予对氟喹诺酮类和氨基糖苷类耐药的基因，由此可严重地损害目前可用来治疗因产KPC病原菌所致的感染的两大类抗菌药物。

自从KPC-1于2001年在美国被报告以来，直到2005年，这些酶在肠杆菌科细菌（包括肺炎克雷伯菌）中的地理分布被限定在美国的东部各州。在KPC类碳青霉烯酶沿着美国东海岸快速扩张之后，世界范围内的报告开始出现。在2005年，来自法国的一个报告记录了KPC-2在一个肺炎克雷伯菌菌株中的出现，这个菌株来自曾在纽约接受治疗的一名患者。在美国以外，产KPC肺炎克雷伯菌的第一次暴发在以色列。KPC碳青霉烯酶近来已经在苏格兰（KPC-4）、哥伦比亚、以色列和中国被检测到。KPC-2在铜绿假单胞菌的一个质粒上首次检测到已经被报告，这代表了在这些碳青霉烯酶的传播上的一个令人不安的发展。2005年之后，在全世界，这些"多才多艺"的β-内酰胺酶已经在革兰阴性菌中传播，特别是在肺炎克雷伯菌中，不过它们详细的流行病学在不同的国家和地区却具有多样性的表现。对于KPC阳性菌所致感染而言，抗菌药物的选择非常有限。采用黏菌素、替加环素和亚胺培南三药联合近来已经显示与菌血症患者改善的存活率有关联。

KPC酶具有A类β-内酰胺酶的保守的活性位点的基序——S-X-X-K、S-D-N以及K-T-G，并且具有与SME碳青霉烯酶最密切的氨基酸同一性（大约也只有45％）。此外，这些β-内酰胺酶具有保守的半胱氨酸（C69）和半胱氨酸238（C238）残基，它们形成了一个二硫键，这在SME和NMC/IMI酶中已经被描述过。在与SME-1和NMC-A碳青霉烯酶以及TEM-1和SHV-1非碳青霉烯酶比较后，KPC-2型β-内酰胺的结构揭示出在碳青霉烯酶中被保留的特征。KPC-2与其他碳青霉烯酶一样，在水袋的大小上有一个减小，并且在活性位点裂隙的一个更隐蔽的位置上具有催化的丝氨酸。KPC碳青霉烯酶水解所有类别的β-内酰胺类抗生素，被观察到的最有效力的水解是针对硝基酚、头孢噻吩、头孢拉定、青霉素、氨苄西林和哌拉西林的。亚胺培南和美罗培南，以及头孢噻肟和氨曲南被水解的效力要比水解青霉素类和早期的头孢菌素类低90％。弱的但却是测量得到的水解作用在针对头孢西丁和头孢他啶中被观察到，这就支持了KPC家族的广谱底物特性，包括大多数β-内酰胺类抗生素。

就如同研究其他类型β-内酰胺酶一样，人们自然而然想知道 bla_{KPC} 基因来自哪里。显而易见，bla_{KPC} 基因并不是肺炎克雷伯菌与生俱来的，KPC型碳青霉烯酶也不是肺炎克雷伯菌固有的酶，属于获得性酶。然而，这些 bla_{KPC} 基因究竟来自哪里一直在困扰着全球的微生物学家和抗感染专家。不过有一点是清楚的，那就是这些耐药基因肯定来自其他细菌，十分可能是来自环境细菌。然而，究竟什么机缘让这些耐药基因被动员到肺炎克雷伯菌的质粒上还是个谜。

二、KPC 型碳青霉烯酶的出现和细菌分布

（一）KPC 型碳青霉烯酶的出现

第一个被鉴定出产 KPC 型碳青霉烯酶的细菌菌株是肺炎克雷伯菌 1534，它在 1996 年在美国北卡罗来纳州的一所医院被收集，由于该医院参加了美国重症监护抗菌药物耐药流行病学监测（Intensive Care Antimicrobial Resistance Epidemiology，ICARE）项目，所以该菌株被提交到美国疾控中心（CDC）。随后，美国疾控中心的一些专家 Yigit 等和 Bush 一起对该菌株进行了全面的研究，并于 2001 年对一些研究结果做了报告。该分离株对亚胺培南和美罗培南耐药，MIC 均为 16mg/L。针对亚胺培南和美罗培南的活性被克拉维酸抑制。等电聚焦研究证实该菌株产生 3 种 β-内酰胺酶，分别是 SHV-29、TEM-1 和一种 pI 为 6.7 的全新

β-内酰胺酶，研究者将其命名为肺炎克雷伯菌碳青霉烯酶 KPC-1。采用大肠埃希菌进行的转化和接合研究显示，编码 KPC-1 的基因位于一个大约 50kb 的非接合型质粒上，其表达不可诱导。含有克隆的 bla_{KPC-1} 基因的大肠埃希菌以及携带 bla_{KPC-1} 基因的大肠埃希菌转化子都显示出对氨苄西林、阿莫西林-克拉维酸、哌拉西林-他唑巴坦、亚胺培南、美罗培南、超广谱头孢菌素类（如头孢他啶和头孢噻肟）以及氨曲南耐药。KPC-1 对美罗培南具有最高的亲和力。与染色体编码的碳青霉烯酶相比，KPC-1 活性更多地受到克拉维酸和他唑巴坦抑制。动力学研究也揭示出，克拉维酸和他唑巴坦抑制 KPC-1，但克拉维酸的抑制作用明显低于他唑巴坦。由于它们对亚胺培南的高水解速率，KPC 不需要额外的机制（如外排或不通透）就能赋予高水平耐药。需要注意的是，传统的 β-内酰胺酶抑制剂针对 KPC 酶不是那么有效力（实际上，

```
                                                   69 70 73
                                                   *  *  *
Sme-1  MSNKVNFKTA SFLFSVCLAL SAFNAHANKS DAAAKQIKKL EEDFDGRIGV
Nmc-A  ---------- ---------- ------NTK GID--EIKNL ETDFNGRIGV
IMI-1  MSLNVKPSRI AILFSSCLVS ISFFSQANTK GID--EIKDL ETDFNGRIGV
KPC-1  MSL---YRRL VLLSCLSWPL AGF-SATALT NLVAEPFAKL EQDFGGSIGV

Sme-1  FAIDTGSGNT FGYRSDERFP LCSSFKGFLA AAVLERVQQK KLDINQKVKY
Nmc-A  YALDTGSGKS FSYRANERFP LCSSFKGFLA AAVLKGSQDN RLNLNQIVNY
IMI-1  YALDTGSGKS FSYKANERFP LCSSFKGFLA AAVLKGSQDN QLNLNQIVNY
KPC-1  YAMDTGSGAT YSYRAEERFP LCSSFKGFLA AAVLARSQQQ AGLLDTPIRY

                        catalytic serine locus
            105                              130
             *                                *
Sme-1  ESRDLEYHSP ITTKYKGSGM TLGDMASAAL QYSDNGATNI IMERFLGGPE
Nmc-A  NTRSLEFHSP ITTKYKDNGM SLGDMAAAAL QYSDNGATNI ILERYIGGPE
IMI-1  NTRSLEFHSP ITTKYKDNGM SLGDMAAAAL QYSDNGATNI ILERYIGGPE
KPC-1  GKNALVPWSP ISEKYKTTGM TVAELSAAAV QYSDNAAANI LLKE-LGGPA

            164 166    170          179
             *   *      *            *
Sme-1  GMTKFMRSIG DNEFRLDRWE LELNTAIPGD KRDTSTPKAV ANSLNKLALG
Nmc-A  GMTKFMRSIG DEDFRLDRWE LDLNTAIPGD KRDTSTPAAV ANSLKTLALG
IMI-1  GMTKFMRSIG DKDFRLDRWE LDLNTAIPGD ERDTSTPAAV AKSLKTLALG
KPC-1  GLTAFMRSIG DTTFRLDRWE LELNSAIPSD ARDTSSPRAV TESLOKLTLG

                   Ω loop locus
                                    234    238
                                     *      *
Sme-1  NVLNAKVKAI YQNWLKGNTT GDARIRASVP ADWVVGDKTG SCGAIGTAND
Nmc-A  NILSEHEKET YQTWLKGNTT GAARIRASVP SDWVVGDKTG SCGAYGTAND
IMI-1  NILNEREKET YQTWLKGNTT GAARIRASVP SDWVVGDKTG SCGAYGTAND
KPC-1  SALAAPQRQQ FVDWLKGNTT GNHRIRAAVP ADWAVGDKTG TCGVYGTAND

            *              Lys234 locus
           220                          237
Sme-1  YAVIWPKNRA PLIVSIYTTR KSKDDKHSDK TIAEASRIAI QAI-----D.
Nmc-A  YAVVWPKNRA PLIISVYTTK NEKEAKHEDK VIAEASRIAI QNL-----K.
IMI-1  YAVVWPKNRA PLIISVYTTK NEKEAKHEDK VIAEASRIAI QNL-----K.
KPC-1  YAVVWPTGRA PIVLAVYTRA PNKDDKHSEA VIAAAARLAL EGLGVNGQ*.
```

图 28-6 KPC 与其他 3 种染色体 A 类碳青霉烯酶的氨基酸序列比对

（引自 Yigit H，Queenan A M，Anderson G J，et al. Antimicrob Agents Chemother，2001，45：1151-1161）
虚线提示缺口。A 类 β-内酰胺酶的保守域带下划线。在碳青霉烯酶活性中起到关键作用的残基用型号标记并带下划线。斜体字母提示的是 KPC-1 与其他保守残基（位置 105 和 237）的趋异

这种情况能大大地增加这些酶检测的难度），因此，人们能够推测，在 β-内酰胺酶和抑制剂之间的关联不能被可靠地用于 KPC 产生菌株的检测。研究者同时也将 KPC-1 与其他 3 种染色体编码的 A 类碳青霉烯酶的氨基酸序列进行了比较，具有弱的氨基酸相似性，如 SME-1 为 45%，NMC-A 为 44% 和 IMI-1 为 43%。KPC-1 含有 A 类丝氨酸 β-内酰胺酶特有的基序 SSFK 和 KTG（图 28-6）。

　　KPC-2 首先在 2003 年被鉴定出，最初认为它是 KPC-1 的一个点突变衍生物，后来认为这两种酶完全一样，是同一种酶。在 2000 年开启后的几年里，在美国的东海岸地区又陆续报告了一些肠杆菌科细菌分离株产生 KPC-2。例如，Miriagou 等在 2003 年报告，在 1998 年，在马里兰地区，一个肠炎沙门菌古巴血清型临床分离株从一个 4 岁大男孩大便样本中被分离获得。回归性分析发现该分离株也产生 KPC-2，编码 KPC-2 的基因位于一个接合型质粒上。KPC-2 在纽约地区的报告开始在 2004 年出现。由于纽约已经出现了大型的产 ESBL 克雷伯菌属的暴发，碳青霉烯类被认为是为数不多的几个治疗选择之一，所以这种情况特别让人不安。

　　与增加的 KPC-2 报告同步的是，一个 KPC-2 的单一氨基酸突变体 KPC-3 从 2000 年到 2001 年在纽约的肺炎克雷伯菌的一次暴发中被报告，它与 KPC-2 只是相差一个氨基酸置换，即组氨酸 272→酪氨酸。KPC-3 已经在肠杆菌菌种中被检测到，在这些分离株中，对亚胺培南的 MIC 也不总是处在耐药范围中。KPC-3 酶的动力学分析揭示，其水解谱与 KPC-2 相似，只是在水解头孢他啶的活性略有增加。至此，KPC-2 和 KPC-3 都是在美国被发现，说明 KPC 碳青霉烯酶已经在美国东海岸处于广泛散播和地方流行状态。此后，KPC 型碳青霉烯酶家族中的新成员陆续在美国以及其他一些国家中被鉴定出。

　　KPC-5 的出现值得单独描述。Wolter 和 Woodford 等于 2009 年报告了 KPC-5 的发现，它是由来自波多黎各的一个铜绿假单胞菌分离株产生。与其他 KPC 酶的氨基酸比较揭示出，KPC-5 是介于 KPC-2 和 KPC-4 之间的中间体，与 KPC-2 只有一个氨基酸置换（脯氨酸 103→精氨酸），而 KPC-4 也含有一个脯氨酸 103→精氨酸置换，此外再加上一个缬氨酸 239→甘氨酸置换。为了评价 bla_{KPC} 变异体的遗传和进化关系，一个最小的生成树被构建出来，它显示出 bla_{KPC-2} 是一个祖先序列，而作为单核苷酸多态性（single-nucleotide polymorphim，SNP）的结果，bla_{KPC-3}、bla_{KPC-5} 和 bla_{KPC-6} 形成 3 个彼此分开的分枝。bla_{KPC-5} 和 bla_{KPC-6} 起到 bla_{KPC-4} 选择中间体的作用（2 个 SNP），它通过这两种突进都可以进化出来（图 28-7）。

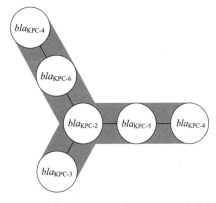

图 28-7　描述 bla_{KPC} 基因中相互关系的最小发生树（引自 Wolter D J，Kurpiel PM，Woodford N，et al. Antimicrob Agents Chemother，2009，53：557-562）
每条线都代表着在变异体之间的一个 SNP

　　在 2009 年 1 月到 5 月，在波多黎各全岛 17 所不同的医院中，一共有 274 个多药耐药乙酸钙-鲍曼不动杆菌复合物分离株被收集，其中 10 个分离株（3.4%）被鉴定为 KPC 阳性。bla_{KPC} 基因的 DNA 测序鉴定出 KPC-2、KPC-3 和一个全新的变异体 KPC-10。这是 KPC 型 β-内酰胺酶在不动杆菌菌种第一次被鉴定出。到了 2010 年，KPC-13 已经在泰国被发现，它是由阴沟肠杆菌产生（表 28-7）。1998 年，在纽约市，一个碳青霉烯耐药的奥科西托克雷伯菌菌株通过 ICARE（Intensive Care Antimicrobial Resistance Epidemiology）计划被获得，它来自一名住院患者的尿液样本。该菌株产生 KPC-2。当与 KPC-1 比较时，KPC-2 的氨基酸序列显示单一的氨基酸差异，即丝氨酸 174→甘氨酸置换，这是第一次报告 KPC-2 和 KPC-1 的氨基酸序列差异点。然而多年之后，Patel 等重新对来自肺炎克雷伯菌 1534 产生的 KPC-1 进行了测序，结果发现，在 KPC-1 的氨基酸 175（采用 Ambler 计数系统）应该是甘氨酸，而不是丝氨酸。2008 年，Yigit 等原班作者专门在 Antimicrob Agents Chemother 对他们最初的失误进行了更正，bla_{KPC-1} 与 bla_{KPC-2} 完全一样，KPC-1 与 KPC-2 完全一样。由于 KPC 碳青霉烯酶被发现后的前几年，很多由各种细菌产生的 KPC 酶都被称为 KPC-2，人们已经习惯于称呼 KPC-2，所以，KPC-1 的称谓已经基本废止了。表 28-7 描述的是 KPC 型碳青霉烯酶的起源和年代。

　　就如同在其他一些酶系列中观察到的那样，某一酶家族或系列的众多成员出现的频次并非一样，总有一些成员居于主导地位，如在 SHV 型酶中的

SHV-5 和 SHV-12，CTX-M 型酶中的 CTX-M-15 和 CTX-M-14。在 KPC 酶系列中也是如此。如表 28-8 所示，KPC-2 和 KPC-3 被高频次分离出，而其他的 KPC 变异体则总是零星出现，有的变异体十分罕见。实际上，人们对这些"表现突出"的变异体的本质并不清楚。众所周知，在 KPC-1 被发现的几年后，产 KPC 型碳青霉烯酶肺炎克雷伯菌先后在美国纽约市造成了多次感染暴发，这些肺炎克雷伯菌都产生 KPC-2。从全球范围内来讲，截至目前，最流行的 KPC 型碳青霉烯酶也是 KPC-2 和 KPC-3（表 28-8）。

表 28-7　KPC 型碳青霉烯酶的起源和年代

酶	分离或描述的年份	细菌	起源和分布国家/地区	基因位置
KPC-1[①]	1996	肺炎克雷伯菌	美国	质粒
KPC-2	1998	肠杆菌科细菌,铜绿假单胞菌,不动杆菌菌种	世界各国	质粒
KPC-3	2000	肠杆菌科细菌,不动杆菌菌种	世界各国	质粒
KPC-4	2003	生癌肠杆菌,肺炎克雷伯菌,不动杆菌菌种	苏格兰,波多黎各	质粒
KPC-5	2006	铜绿假单胞菌	波多黎各	质粒
KPC-6	2003	肺炎克雷伯菌	波多黎各	质粒
KPC-7	2007	肺炎克雷伯菌	美国	质粒
KPC-8	2008	肺炎克雷伯菌	波多黎各	质粒
KPC-9	2009	大肠埃希菌	以色列	质粒
KPC-10	2009	不动杆菌菌种	波多黎各	质粒
KPC-11	2010	肺炎克雷伯菌		
KPC-12	2010	肺炎克雷伯菌,大肠埃希菌,阴沟肠杆菌	中国,泰国	
KPC-13	2010	阴沟肠杆菌	泰国	

① KPC-1 后来被发现与 KPC-2 是一样的。

注：引自 Patel G, Bonomo R A. Exp Rev Anti infect Ther，2011，9：555-570。

表 28-8　KPC-2 和 KPC-3 的高度流行

酶	年代	地点	菌种	基因位置
KPC-1	1996	美国北卡罗来纳	肺炎克雷伯菌	质粒
KPC-2	1998—1999	美国马里兰	肺炎克雷伯菌	质粒
	1998	美国马里兰	肠炎沙门菌古巴血清型	质粒
	1998	美国纽约	奥克西托克雷伯菌	质粒
	1997—2001	美国纽约	肺炎克雷伯菌	未报告
		美国纽约	奥克西托克雷伯菌	未报告
	2001	美国马萨诸塞	肠杆菌菌种	质粒
	2001—2003	美国纽约	阴沟肠杆菌	未报告
			产气肠杆菌	未报告
	2002—2003	美国纽约	肺炎克雷伯菌	未报告
	2003—2004	美国纽约	肺炎克雷伯菌	未报告
	2004	美国纽约	肺炎克雷伯菌	未报告
	2004	中国浙江	肺炎克雷伯菌	质粒
	2005	法国巴黎	肺炎克雷伯菌	质粒
	2005	哥伦比亚麦德林	肺炎克雷伯菌	质粒
	2005	美国纽约	肺炎克雷伯菌	未报告
	2005	以色列	大肠埃希菌	质粒
	2006	哥伦比亚麦德林	铜绿假单胞菌	质粒/染色体
	2006	哥伦比亚麦德林	弗氏柠檬酸杆菌	质粒
KPC-3	2000—2001	美国纽约	肺炎克雷伯菌	质粒
	2003	美国纽约	阴沟肠杆菌	未报告
	2004	美国纽约	肺炎克雷伯菌	未报告

注：引自 Queenan A，M Bush K. Clin Microbiol Rev，2007，20：440-458。

（二）KPC型碳青霉烯酶的细菌分布

客观地说，β-内酰胺酶的命名确实带有一些随意性和历史局限性。例如，PSE型β-内酰胺酶意指假单胞菌特异性酶，但这种酶后来却在很多肠杆菌科细菌中被发现。OXA β-内酰胺酶指的是水解苯唑西林的酶，但随着这个家族中更多成员的相继发现，有些酶并不明显水解苯唑西林。KPC这个名字也是如此。从英文上讲，KPC指的是肺炎克雷伯菌碳青霉烯酶，但显而易见，这样的命名并不准确，这是因为KPC型碳青霉烯酶已经在其他细菌菌种中被鉴定出，也就是说，产生KPC型碳青霉烯酶的细菌不限于肺炎克雷伯菌，KPC酶并不是肺炎克雷伯菌菌种特异性的，它在革兰阴性菌中分布非常广泛，特别是肠杆菌科细菌，当然也包括非发酵细菌如铜绿假单胞菌和不动杆菌菌种。已经被发现产生KPC型酶的细菌临床分离株包括：肺炎克雷伯菌、奥克西托克雷伯菌、肠炎沙门菌古巴血清型、阴沟肠杆菌、产气肠杆菌、弗氏柠檬酸杆菌、黏质沙雷菌、大肠埃希菌、奇异变形杆菌、铜绿假单胞菌、臭鼻假单胞菌和乙酸钙-鲍曼不动杆菌复合物。上述所有细菌都已经被发现可产生KPC-2或KPC-3，包括乙酸钙-鲍曼不动杆菌复合物。尽管这么多细菌菌种都产生KPC型碳青霉烯酶，但迄今为止，在全世界发现的各种KPC型碳青霉烯酶产生细菌中，肺炎克雷伯菌还是占据着绝对主导地位。造成美国东海岸各州的很多感染暴发都是因产KPC-2和KPC-3肺炎克雷伯菌所致。在我国也是如此，第一个KPC酶就是在肺炎克雷伯菌中被鉴定出。在2006年3月到2007年12月的一年多时间里，在我国华东地区的三个省或直辖市（浙江、江苏和上海）的6座城市的8家医院中，一共收集到39个产KPC-2的肠杆菌科细菌分离株，除了3个分离株分别是弗氏柠檬酸杆菌、奥克西托克雷伯菌和阴沟肠杆菌外，其余36个分离株都是肺炎克雷伯菌，由此可见，无论是美国东海岸广大地区，还是在中国华东地区，肺炎克雷伯菌都是最主要的产KPC型碳青霉烯酶细菌。众所周知，肺炎克雷伯菌本身具有蓄积各种耐药决定子的"恶习"，而且在多数情况下都表达不止一种β-内酰胺酶，KPC的加入无疑使得肺炎克雷伯菌当之无愧地成了超级细菌"ESKAPE"中的重要一员。

三、KPC型碳青霉烯酶的结构-功能关系

为了调研KPC型碳青霉烯酶活性的分子学基础，Ke等已经在1.85Å分辨率上确定了KPC-2的结构，而KPC-2也是最常被鉴定出的KPC型碳青霉烯酶。如同预料的那样，KPC-2的结构含有两个亚域，它们之间有一个裂隙，这样一种总体折叠类似于其他A类β-内酰胺酶（图28-8）。亚域之一主要是α螺旋，另一个亚域含有一个5链β折叠片，两翼是α螺旋。KPC-2的活性部位就藏匿在这两个亚域之间的裂隙之中，活性部位含有催化的丝氨酸70残基，也藏匿着脱酰化水，后者与谷氨酸167和天冬酰胺170以及丝氨酸70发生相互作用。

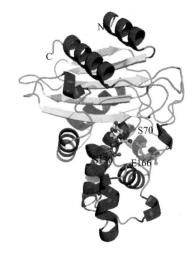

图28-8　KPC-2 β-内酰胺酶的结构（见文后彩图）
（引自Ke W，Bethel C R，Thomson J M，et al.
Biochemistry，2007，46：5723-5740）
各种二级结构元件采用不同颜色表示，β链为黄色，α螺旋为红色，螺旋圈为绿色。为提示活性部位的位置，催化残基丝氨酸70（紫红色），丝氨酸130（橘黄色）和谷氨酸166（绿色）用彩色标记。N-2（羟乙基）甘氨酸用原子型色彩编码，碳原子为蓝色

KPC型碳青霉烯酶也属于A类β-内酰胺酶，它们与同属于A类碳青霉烯酶的NMC-A以及SME-1有很多相似之处，因此，人们最好将这些A类碳青霉烯酶的结构特征以及水解效力合在一起加以理解。实际上，NMC-A和SME-1水解碳青霉烯类的结构-功能特性也一直没有被精确地定义过。在A类碳青霉烯酶结构中，半胱氨酸69和半胱氨酸238都形成了二硫键，这在TEM-1和SHV-1是不存在的。在TEM-1，对于亚胺培南水解的k_{cat}/K_m值只有2.4L/（mmol·s），在SHV-1检测不到。然而，在KPC-2、SME-1、KPC-3和NMC-A，k_{cat}/K_m值则分别为300L/（mmol·s）、400L/（mmol·s）、1900L/（mmol·s）和11300L/（mmol·s）。

四、KPC型碳青霉烯酶的水解特性

到目前为止，KPC-2和KPC-3是最常被鉴定出的KPC型碳青霉烯酶。人们通常认为，KPC-3

通过分子内突变源自KPC-2，而且只有一个氨基酸置换，即组氨酸272→酪氨酸，显然这一氨基酸置换具有一些功能性影响。在2005年，Ishii等报告了对一个产自大肠埃希菌的KPC-3的动力学研究结果，并且将KPC-3的动力学参数与Yigit等此前报告的KPC-2的动力学参数进行了比较，如k_{cat}、K_m（K_i）以及k_{cat}/K_m值。研究结果显示，在所有受试的底物中，KPC-3最高的水解效力表现在对硝基酚和头孢噻吩的水解，k_{cat}/K_m值分别为2.6L/(μmol·s)和3.5L/(μmol·s)。KPC-3和KPC-2底物轮廓总体相似，不过KPC-3针对一些底物的水解效力要高一些，包括针对氧亚氨基头孢菌素类和碳青霉烯类。例如，美罗培南和亚胺培南被KPC-3高效水解，k_{cat}/K_m值分别为1.4L/(μmol·s)和1.9L/(μmol·s)，远高于KPC-2的0.3L/(μmol·s)。KPC-3针对头孢他啶的催化活性要比KPC-2高出30倍，k_{cat}值分别是3.0s^{-1}和0.1s^{-1}。KPC-2显示出针对头孢噻肟更低的亲和力。

需要特别强调的是，仅仅依靠敏感性试验对产KPC细菌的检测并非易事，这是因为细菌对β-内酰胺类的耐药的异质性表达（表28-9）。一些产KPC细菌已经被报告对碳青霉烯敏感。为了彻底地表达碳青霉烯耐药性状，第二个机制如一种外膜不通透性缺陷可能被需要。无论采用什么样的技术，产KPC细菌的敏感性的检测仍然困难。采用自动系统对碳青霉烯耐药的检测也存在着各种问题，因为这些系统报告了少至7%、多至87%的产KPC肺炎克雷伯菌对亚胺培南或美罗培南敏感，部分原因是表达各种碳青霉烯耐药水平的菌株所固有的。

五、KPC型碳青霉烯酶的遗传学支持

bla_{KPC-1}基因的发现代表了β-内酰胺酶介导的细菌耐药进化方面的一个额外威胁。KPC型碳青霉烯酶是质粒介导的β-内酰胺酶。随着越来越多KPC型碳青霉烯酶被鉴定出，人们发现携带bla_{KPC}基因的质粒也呈现出高度多样性，大小不一，有些质粒是接合型质粒，有些质粒并不是可转移的质粒。编码第一个KPC型碳青霉烯酶的质粒是50kb，是非接合型质粒，编码在法国被发现的

表28-9   产KPC细菌针对β-内酰胺类的MIC范围　　　　　　单位：mg/L

制剂	肺炎克雷伯菌	大肠埃希菌	其他肠道细菌分离株[①]	铜绿假单胞菌
阿莫西林	≥256	≥256	≥256	≥256
阿莫西林+CLA	32～≥256	8～32	64～256	≥256
替卡西林	≥256	128～≥256	32～128	≥256
替卡西林+CLA	≥256	128～≥256	128～≥256	≥256
哌拉西林	≥256	128～≥256	128～≥256	≥256
哌拉西林+TZB	32～≥256	16～≥256	128～≥256	≥256
头孢噻吩	≥256	≥256	ND	≥256
头孢西丁	4～≥32	2～≥32	8～≥32	≥32
头孢噻肟	64～≥32	3～≥32	16～≥32	≥32
头孢噻肟+CLA	16～≥32	0.25～2	≥32	≥32
头孢他啶	4～≥256	4～≥256	8～256	≥256
头孢他啶+CLA	32～256	0.5～8	4～256	48～256
氨曲南	≥256	16～256	64～256	≥256
氨曲南+CLA	64～256	0.32～8	≥32	≥256
头孢吡肟	16～≥32	1～≥32	8～≥32	≥32
亚胺培南[②]	2～≥32	1～≥32	4～≥32	≥32
亚胺培南+CLA	0.5～≥32	0.25～≥32	2～4	2～≥32
美罗培南[②]	1～≥32	0.25～≥32	2～32	≥32
美罗培南+CLA	1～≥32	0.094～0.38	4	3～≥32
厄他培南[②]	8～≥32	1～≥32	4～16	≥32
厄他培南+CLA	2～≥32	0.25～4	ND	2～≥32

①弗氏柠檬酸杆菌，阴沟肠杆菌，产气肠杆菌，黏质沙雷菌，奥克西托克雷伯菌和古巴沙门菌。

②根据临床和实验室标准化委员会指导原则，亚胺培南和美罗培南的临界值（cut-off values）是≤4mg/L（敏感），≥16mg/L（耐药）；并且厄他培南的临界值是≤2mg/L（敏感），≥8mg/L（耐药）。

注：1. 引自Nordmann P，Cuzon G，Taas T. Lancet Infect Dis，2009，9；228-236。

2. CLA—在一个固定浓度2mg/L的克拉维酸；TZB—在一个固定浓度4mg/L的他唑巴坦；ND—未确定。

第一个 KPC 型碳青霉烯酶的质粒为 80kb，尽管这个肺炎克雷伯菌分离株也来自美国。此外，在哥伦比亚的铜绿假单胞菌中编码 KPC 型碳青霉烯酶的质粒大小只有 45kb；在我国，第一个产 KPC 型碳青霉烯酶的肺炎克雷伯菌在浙江被分离出，它产生 KPC-2，编码 bla_{KPC-2} 基因则位于一个 60kb 的质粒上。在希腊，编码 KPC-2 的质粒只有 35kb。当然，这些质粒属于不同的不相容组别。

2008 年，Naas 和 Nordmann 等报告了他们对 bla_{KPC} 基因周围的遗传学结构的详细研究结果。携带着 bla_{KPC} 基因的细菌有来自法国（美国起源）的肺炎克雷伯菌 YC 和来自希腊的肺炎克雷伯菌 GR，也有来自哥伦比亚的铜绿假单胞菌。在所有这几种情况下，这些 bla_{KPC} 基因都与转座子相关的结构相关联。在来自美国的肺炎克雷伯菌 YC 分离株中，β-内酰胺酶 bla_{KPC-2} 基因位于一个全新的、基于 Tn3 的转座子 Tn4401 上。Tn4401 大小 10kb，其边界被两个 39bp 不完全一样的反向重复序列限定。除了这个 β-内酰胺酶 bla_{KPC-2} 基因以外，Tn4401 还藏匿着一个转座酶基因、一个解离酶基因和两个全新的插入序列，ISKpn6 和 ISKpn7。Tn4401 已经在上述所有分离株中被鉴定出。在所有受试的分离株中，Tn4401 的两侧翼都是一个 5bp 靶位位点重复，这是一个近期转座事件的标志，并且在位于质粒上的不同开放阅读框中被

插入，这些质粒在大小和性质上彼此不同。总之，对来自不同地域的肺炎克雷伯菌和铜绿假单胞菌的分析揭示出一个完全一样的遗传结构 Tn4401，它支撑着 bla_{KPC} 基因的获得，可能是这个新近出现的耐药基因全世界散播的起源。

ISKpn6 和 ISKpn7 可能已经为 Tn4401 的遗传发生（genesis）做出了贡献。事实上，如图 28-9 所示，这个转座子的遗传发生可能负责 bla_{KPC} 基因的动员（带动转移）。在 ISKpn7 插入的两个侧翼序列的详细分析揭示出存在着第二个 39bp IR（称作 IRR1），它已经被 ISKpn7 插入截断。IRR1 的序列与 IRL 序列具有 80% 同一性，并且 IRR 和 IRL 序列有 80% 同一性。因此我们推测，由 tnpA 和 tnpR 构成的转座子或许已经被插入 bla_{KPC} 基因的上游。相继，ISKpn6 和 ISKpn7 已经分别被插入 bla_{KPC} 基因的下游和上游。ISKpn7 插入已经造成这一转座子的 IRR（IRR1）的破坏，因此，迫使转座酶识别第二个 IRR，后者位于 bla_{KPC} 基因的更下游。如此形成的全新转座子或许能够从最初的位置上移动 bla_{KPC} 基因到各种质粒位置上。一个相似的策略已经在 ISEcp1 和 bla_{CTX-M} 基因动员上得到证明。Tn4401 可能是水解碳青霉烯的 β-内酰胺酶 KPC 动员到质粒上的媒介，并且也进一步插入到各种大小质粒上，而这些质粒在非克隆相关的肺炎克雷伯菌和铜绿假单胞菌分离株中被鉴定出。

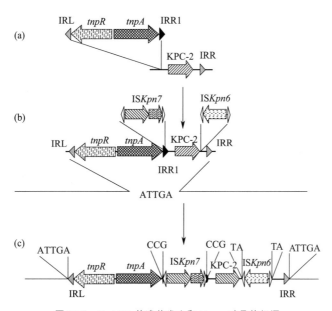

图 28-9　Tn4401 的遗传发生和 bla_{KPC} 动员的起源

（引自 Naas T，Cuzon G，Villegas M V，et al. Antimicrob Agents Chemother，2008，52：1257-1263）

Tn4401 的遗传发生或许需要 3 步。（a）一个基于 Tn3 的转座子被插入到 bla_{KPC} 的上游，

这个转座子被 IRL 和 IRR1 限定了边界；（b）ISKpn6 和 ISKpn7 的插入，后者破坏了 IRR1；

（c）位于 bla_{KPC} 基因下游的另一个 IRR 被转座酶识别，导致 Tn4401 切除，它随后能插入一个全新的靶位序列中

在 Cuzon 等开展的一项转座-接合分析中，Tn*4401* 能够在每个受体细胞上以 4.4×10^{-6} 的频次动员 bla$_{KPC-2}$ 基因。因此，Tn*4401* 是一个有活性的转座子，它能够在高频次上动员 bla$_{KPC}$ 基因。最初，人们发现 Tn*4401* 有两个同种异型，即 Tn*4401a* 和 Tn*4401b*，前者在来自美国的肺炎克雷伯菌 YC 和来自希腊的肺炎克雷伯菌 GR 上被发现，后者在来自哥伦比亚的铜绿假单胞菌分离株中被发现。Tn*4401a* 和 Tn*4401b* 彼此相差 100bp 缺失，就位于这个 bla$_{KPC-2}$ 基因的上游。后来，人们又发现

了第三个 Tn*4401* 同种异型 Tn*4401c*（图 28-10）。有一项研究调查了 16 个藏匿着 bla$_{KPC-2}$ 基因的肺炎克雷伯菌分离株，它们来自美国、希腊、哥伦比亚、巴西和以色列。这些分离株都是多药耐药的，都具有 bla$_{KPC-2}$ 基因，不同的是它们还各自拥有其他 β-内酰胺酶，如 SHV-1、SHV-11、OKP-A/B、TEM-1、CTX-M-2、CTX-M-12、CTX-M-15 和 OXA-9。这些 bla$_{KPC-2}$ 基因总是与三种 Tn*4401* 同种异型中的一种有关联。

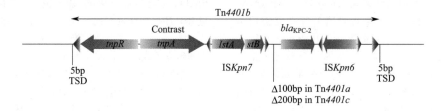

图 28-10 在天然出现的质粒上被鉴定出的 Tn*4401* 的图示

（引自 Nordmann P，Cuzon G，Taas T，et al. Lancet Infect Dis，2009，9：228-236）

水平箭头提示的是基因及其对应的转录方向。Tn*4401* 被两个反向重复序列（两端的大三角形）划定边界。小三角形代表着两个不相关的插入序列 IS*Kpn6* 和 IS*Kpn7* 的反向重复。Tn*4401* 的 5bp 的靶位位点重复（target site duplication，TSD）被提示。Tn*4401a* 是从两个肺炎克雷伯菌菌株中被鉴定出的第一个转座子，这两个菌株是直接从入住到希腊和纽约市医院的患者中分离出来。Tn*4401b* 最初从来自哥伦比亚的两个肺炎克雷伯菌分离株和铜绿假单胞菌分离株中被鉴定出，它倾向于是在美国被遇到的最常见的结构。Tn*4401a* 和 Tn*4401b* 不同，就在这个 β-内酰胺酶基因的上游处，它们彼此相差 100bp 缺失。Tn*4401c* 在来自希腊的一个大肠埃希菌菌株中被鉴定出，它和 Tn*4401b* 在同样的区域中彼此相差 200bp

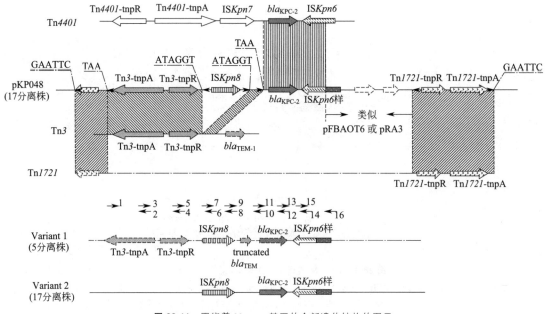

图 28-11 围绕着 bla$_{KPC-2}$ 基因的全新遗传结构的图示

（引自 Shen P，et al. Antimicrob Agents Chemother，2009，53：4333-8）

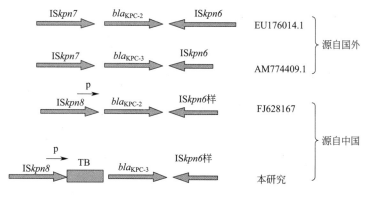

P：启动子
TB：截短的 β-内酰胺酶

图 28-12　围绕 *bla*KPC-3 基因的全新遗传结构图示

（引自 Li G，Wei Q，Wang Y，et al. Eur J Clin Microbiol Infect Dis，2011，30：575-580）
产 KPC-3 弗氏柠檬酸杆菌和大肠埃希菌分离株来自中国上海。本研究中的 ORF 顺序：
ISKpn8，截短的 β-内酰胺酶，*bla*KPC-3 基因和 ISKpn6 样元件

在我国，一个或多或少不同的遗传环境在 36 个产 KPC 肺炎克雷伯菌分离株中被报告，这些分离株来自华东地区 3 个省份 6 所城市的 8 家医院。在这些分离株中，一个 Tn4401 的部分序列与 Tn3 的一些元件一起被观察到。通过接合，大多数分离株的耐药质粒成功地被转移，质粒大小为 40～180kb 不等。来自质粒 pKP048 的围绕 *bla*KPC 的一个 20.2kb 的核苷酸序列被获得，并且含有一个基于 Tn3 的转座子和部分 Tn4401 片段的整合结构，其基因顺序是：Tn3 转座酶、Tn3 解离酶、ISKpn8、*bla*KPC-2 基因和 ISKpn6 样元件。若干转座子相关联元件的这个嵌合体提示，在来自中国的分离株中，*bla*KPC 基因具有一个全新的遗传环境。在上述研究中，一些分离株也呈现出在这一遗传结构上的多样性，例如，17 个分离株没有 Tn3 转座酶和解离酶，5 个分离株有被截短的 *bla*TEM 基因片段，而这个片段属于 Tn3 转座子的代表性结构，这一片段也提示插入片段可以有各种各样的长度（图 28-11）。

2011 年，来自我国华山医院的另一项研究显示，在弗氏柠檬酸杆菌和大肠埃希菌中鉴定出了 KPC-3。在这两个菌株中，这个 *bla*KPC-3 基因被发现位于同样的质粒上。双向引物步移法测序显示，围绕着这个 3.8kb 的 *bla*KPC-3 基因的核苷酸序列含有一个 671bp 大的插入，它位于启动子和 *bla*KPC-3 基因编码区之间。本研究也进一步证实了 Naas 的提议，该元件的这个区域是不稳定的，并且建议 Tn4401 的其他同源异构体确实存在（图 28-12）。

六、KPC 型碳青霉烯酶的流行病学

截至目前，已经有很多个 β-内酰胺酶家族被鉴定出，这些酶家族成员多寡不一，对临床抗感染治疗造成的危害也不尽相同。有些酶家族一经问世就快速传播，如 A 类超广谱 β-内酰胺酶中的 TEM 家族、SHV 家族和 CTX-M 家族，以及 B 类金属碳青霉烯酶中的 IMP 家族、VIM 家族和 NDM 家族。然而，有些酶家族在被鉴定多年后还一直局限在出生地域，如 A 类超广谱 β-内酰胺酶中的 BES 家族、BEL 家族和 TLA 家族，以及 B 类金属酶中的 GIM 家族、SIM 家族和 DIM 家族等。KPC 家族显然也不属于传播最快的酶家族，远不如 CTX-M 型 ESBL 传播得迅速和广泛，但它的临床危害性绝对不可小觑，重症感染常常出现高的死亡率。

KPC 型碳青霉烯酶最初是在美国被鉴定出。在 21 世纪之前，KPC 型碳青霉烯酶主要在美国的东海岸各州流行，引发了多次感染暴发。在 2004 年，一个产 KPC 型酶的肺炎克雷伯菌临床分离株从中国浙江省被分离出，这个分离株没有被发现与美国有任何流行病学联系。在 2005 年，一个产 KPC 型酶的肺炎克雷伯菌临床分离株在法国被分离出，感染患者曾在美国纽约接受过住院治疗。在南美的哥伦比亚，产 KPC 型碳青霉烯酶的铜绿假单胞菌被分离获得。自那以后，产 KPC 型碳青霉烯酶特别是 KPC-2 和 KPC-3 的临床分离株陆续在其他国家被发现。尽管 KPC 型碳青霉烯酶已经在全世界的很多国家和地区被发现，但从全球流行病学的角度上看，KPC 的流行还是在地域上有着非常鲜明的特点，表现出国家和地区之间相当大的多样性。自从它们首次被描述以来，KPC 型碳青霉烯酶真正流行的国家并不算多，还称不上大流行。Normann 等在 2009 年报告，KPC 型碳青霉烯酶只

是在美国东部、中国浙江、以色列和希腊处在地方流行状态。然而，到了 2013 年，KPC 显然扩大了它在全球的流行范围，南美的哥伦比亚、巴西和阿根廷、欧洲的波兰、意大利和希腊加入到 KPC 地方流行国家的阵营。与美国联系非常密切的加拿大和欧洲大多数国家，亚洲的日本，韩国和印度以及东南亚的国家却只是有偶发的病例报告，KPC 型碳青霉烯酶根本没有在这些国家形成广泛传播。

尽管很多细菌都已经被发现产生 KPC 型碳青霉烯酶，但占据绝对主导地位的细菌还是肺炎克雷伯菌。已经证实，在肺炎克雷伯菌中有很多脉冲场凝胶电泳（PFGE）类型，人们常常以 ST（sequence type，ST）加以称呼。美国 CDC 对从 1996—2008 年被提交到它们参考实验室的分离株开展了 PFGE 和多基因座序列分型（MLST），一个占据主导地位的 PFGE 类型被观察到并且被注意到是一个全新的 MLST 类型，即 ST258。第二个序列类型 ST14 被发现在中西部的各个医疗机构中占据主导地位。还有些研究证实，ST258 在很多国家和地区都是最常见的肺炎克雷伯菌克隆，它造成产 KPC 肺炎克雷伯菌的全世界传播，这个克隆已经在波兰、挪威、瑞典、希腊、以色列、芬兰、意大利、德国、丹麦、匈牙利以及特别是在美国被鉴定出。当然，ST258 克隆也并非在全世界各个国家和地区中都占据主导地位，例如在我国，最常见的产 KPC 酶的肺炎克雷伯菌克隆是 ST11，它与 ST258 密切相关。

此外，在介绍 KPC 在全世界的流行病学知识，我们也不可能面面俱到，而是选择出几个有代表性的国家或地区加以介绍，例如北美中的美国、中东的以色列、欧洲的希腊及我国。

1. 美国

众所周知，第一个产 KPC 型碳青霉烯酶的肺炎克雷伯菌是在 1996 年在美国北卡罗来纳州被分离获得。在此后的大约 10 年时间里，产 KPC 型碳青霉烯酶细菌的流行一直局限在美国，特别是美国的东海岸地区。在纽约市，很多医院都发生过产 KPC 型碳青霉烯酶细菌所致的感染暴发，造成了很高的死亡率。在一所纽约市医院的一项病例对照的研究中，被碳青霉烯耐药的肺炎克雷伯菌所致感染的患者具有 48% 的住院死亡率和 38% 的感染特异性死亡率。这些死亡率明显高于碳青霉烯敏感的肺炎克雷伯菌所致感染的患者的死亡率（分别为 20% 和 12%；$P < 0.01$）。更近来，一次引起公众高度注意的 KPC 阳性肺炎克雷伯菌的暴发具有 33% 的死亡率，这是通过全基因组测序追踪的鉴定结果。在 2004 年在纽约布鲁克林所开展的一项监测研究显示，根本没有大肠埃希菌和肠杆菌菌种携带有一种 bla_{KPC} 基因，而 257 个肺炎克雷伯分离株中的 62 个是 KPC 阳性。与 KPC-2 增加的报告同步的是，KPC-3 在纽约布鲁克林从一个肺炎克雷伯菌和肠杆菌菌种感染暴发中被报告。目前，在纽约市各个医院中被鉴定出的 997 个肺炎克雷伯菌分离株中有 378 个是 KPC 阳性。尽管 KPC 主要从肺炎克雷伯菌中被鉴定出，但 KPC 酶现在也已经从大肠埃希菌、古巴沙门菌（Salmonella cubana）、阴沟肠杆菌、奇异变形杆菌和奥克西托克雷伯菌中被报告，这些报告来自美国高达 20 个州以及波多黎各。在美国，KPC-2 和 KPC-3 分布广泛并且是在肠杆菌科细菌中最常被鉴定出的碳青霉烯酶。从 2000 到 2005 年，产 KPC 细菌在美国的流行被估计是 0.15%。全新的 KPC 变异体已经在波多黎各的肠杆菌科细菌和铜绿假单胞菌中以及在得克萨斯州的臭鼻假单胞菌中被发现。一项研究分析了 42 个产 KPC 肺炎克雷伯菌分离株，它们是于 2006—2007 年在美国东海岸地区的 5 所医疗中心被恢复。遗传学分析揭示，在这些分离株中，有 59.5% 的分离株携带 bla_{KPC-2}，40.5% 的分离株携带 bla_{KPC-3}，由此可见产 KPC-2 和 KPC-3 的肺炎克雷伯菌在美国东海岸高度流行。此外有证据表明，来自美国东部地区 5 个医疗中心的产 KPC 肺炎克雷伯菌分离株是克隆相关的，这就提示这些肺炎克雷伯菌克隆的高度散播。到 2007 年，在所有被报告到国家医疗保健安全网的肺炎克雷伯菌的所有分离株中，碳青霉烯耐药分离株的比例是 10%，并且在一些地方，这个比例高达 30%。这些暴发一直都与产质粒编码的 KPC 酶关联起来。Patel 等在 2010 年报告，在美国，肠杆菌科细菌中最流行的碳青霉烯耐药机制就是 KPC 酶产生。产 KPC 分离株常常展示出针对碳青霉烯类的各种各样的 MIC。为了更好地理解贡献给总体碳青霉烯耐药的各种因素，他们分析了 27 个产 KPC 肺炎克雷伯菌分离株，这些分离株是从全美国被收集到的，它们具有不同水平的碳青霉烯耐药，其中 11 个分离株具有低水平碳青霉烯耐药（如亚胺培南或美罗培南 MIC ≤ 4μg/mL）。2 个分离株具有中介水平碳青霉烯耐药（如亚胺培南或美罗培南 MIC = 8μg/mL），以及 14 个分离株具有高水平碳青霉烯耐药（如亚胺培南或美罗培南 MIC ≥ 16μg/mL）。在 14 个呈现出高水平碳青霉烯耐药的分离株中，蛋白质印迹法（Western blot）分析提示，有 10 个分离株产生增高数量的 KPC。这些分离株或是含有一个增高的 bla_{KPC} 基因拷贝数量（$n = 3$），或是在 bla_{KPC} 基因的上游具有各种缺失（$n = 7$）。还有 4 个分离株缺乏升高的 KPC 产生，但却具有高水平碳青霉烯耐

药。孔蛋白测序分析鉴定出 22 个分离株，它们潜在地缺乏一种功能性 OmpK35，并且 3 个分离株潜在地缺乏一个功能性 OmpK36。最高的碳青霉烯 MIC 被发现存在于 2 个分离株中，这 2 个分离株既缺乏这两种功能性孔蛋白，同时又产生出增高数量的 KPC。具有低水平碳青霉烯耐药的 11 个分离株既不含有一个上游缺失，也不具有增高的 bla_{KPC} 基因拷贝数量。这些结果建议，bla_{KPC} 拷贝数量和在上游遗传环境的缺失都影响 KPC 产生的水平并且可能在产 KPC 肺炎克雷伯菌中贡献高水碳青霉烯耐药，特别是在那些伴有孔蛋白 OmpK35 和 OmpK36 丧失的菌株中。

在美国，产 KPC 型碳青霉烯酶的细菌在社区的出现令人担忧。在 2004—2007 年，9 个碳青霉烯耐药大肠埃希菌分离株被鉴定出，它们都产生 KPC-2 或 KPC-3 碳青霉烯酶，并且它们来自 7 所截然不同的长期护理设施。在这 9 个分离株中，有 3 个分离株也产生 CTX-M 型 ESBL，有 2 个分离株已经明确是 CTX-M-15。这些产 KPC 型碳青霉烯酶在居住在长期护理设施的患者中被鉴定出，让所有医疗保障机构都产生很大的担忧。一旦在长期护理设施中被建立起来，这些产 KPC 型碳青霉烯酶的病原菌就能够引起感染暴发。在社区，不论是感染治疗还是感染控制都是非常棘手的事情。在入住在美国中西部宾夕法尼亚的一个社区医院的女性患者中，一个产 KPC-2 的多药耐药肺炎克雷伯菌分离株被鉴定出，这一病例充分说明了多药耐药革兰阴性病原菌在大医院以外散播的潜力。

2. 以色列

在谈及产 KPC 型碳青霉烯酶细菌流行病学时，我们必须要提到以色列。在这个国家，产 KPC-2 和 KPC-3 革兰阴性杆菌广泛散播，在全国处于地方流行状态。重要的是，KPC "从无到有" 的发展轨迹记载得非常清晰，并且以色列也是唯一一个出现过 KPC 碳青霉烯酶全国大流行的国家。2004～2006 年，在以色列的特拉维夫医疗中心，具有 KPC 的碳青霉烯耐药的肺炎克雷伯菌菌株有一个急剧增加。这些分离株中有 60% 属于一个单一的克隆，它们只对庆大霉素和黏菌素敏感，并且携带有 bla_{KPC-3} 基因，而所有其他的克隆都携带有 bla_{KPC-2} 基因。

在 2005 年，一个产 KPC-3 的肺炎克雷伯菌克隆 ST258 从美国输入以色列，这一 ST258 克隆对以色列的影响是前所未有的，它造成了一次以色列全国性感染暴发，而且这次大感染暴发前后持续了近 3 年时间。这次感染暴发始于 2006 年初，全国主要的 27 家大型医院都被累及。一些地方性或医院层面的干预措施没能遏制住这次感染暴发，到了 2007 年早期，新病例在这些医院每月的发生人数达到高峰值，按照 100000 患者-天计数的话是 41.9 名患者。菌血症患者死亡率是 50%。在 2007 年，以色列卫生部发起了一个全国范围的干预，从而快速地阻止了在发生率上早期的增高。在 2008 年中期，暴发已经在全国范围内被遏制，与前一年的峰值时相比，发生率下降了 79%（图 28-13）。

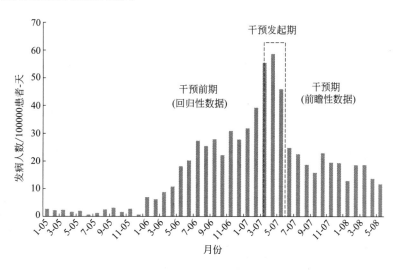

图 28-13　通过临床培养检测到的碳青霉烯耐药肠杆菌科细菌的每月发病率
（引自 Schwaber MJ，et al. Clin Infect Dis，2011，52：848-855）
发病人数以每 100000 患者-天计，覆盖时间是 2005 年 1 月到 2008 年 5 月。干预措施在全国范围内从 2007 年 3 月到 5 月逐步贯彻执行。干预导致每月发病率从一个干预前即 2007 年 3 月的峰值每 100000 患者-天的 55.5 例下降到 2008 年 5 月的每 100000 患者-天的 11.7 例（$P<0.001$）

以下因素导致这次全国干预的成功：①一个中央政府协调的感染-控制干预措施的贯彻；②发布强制性指导原则：③通过特别工作组在所有医院对指导原则所有方面的依从程度进行每日监视；④将每所医院遏制的责任指派给医院管理者；⑤如有必要，即刻将执行情况及时反馈到医院管理者；⑥特别工作组定期访问每一所医院，至少每年一次；⑦医生、护士、管理者和实验室工作人员全身心投入到感染控制工作中。尽管这次大流行最终得到了控制，但产 KPC 型碳青霉烯酶的革兰阴性杆菌已经在以色列广泛存在，处于地方高度流行状态。

3. 希腊

在希腊，产 KPC 型碳青霉烯酶细菌最早出现的时间是 2007 年 7 月。当时，从一名入住在希腊伊拉克利翁医院 ICU 的女性患者分离出肺炎克雷伯菌 GR，它对除了庆大霉素以外的所有受试的抗菌药物耐药，其中水解碳青霉烯类抗生素的活性是由 KPC-2 介导。PCR 证实，围绕着这一 bla_{KPC-2} 周围的 2.8kb 序列被发现与来自纽约的一个肺炎克雷伯菌分离株的这一序列完全一样。

始于 2007 年五月，因产 KPC-2 肺炎克雷伯菌所致感染暴发持续不断出现在希腊克里特岛的一家三甲医院中，这次暴发共涉及 22 名患者，其中没有一名患者曾旅行到那样的分离株高度流行的国家，产 KPC 肺炎克雷伯菌菌株主要来自入住在 ICU、处于机械通气、长期住院、长疗程抗菌药物治疗和长疗程碳青霉烯治疗的患者。16 名患者具有完整的治疗资料可供参考，其中有 14 名患者（87.5%）采用黏菌素和/或替加环素和/或庆大霉素治疗。18 名患者被评价了临床结果，其中临床失败率为 22.2%；8 名患者评价了微生物学结果，其中 87.5% 患者出现了微生物学失败率。总之，这次产 KPC 肺炎克雷伯菌所致的感染暴发明显与高发病率和高死亡率有关联。22 个病例出现在内科、外科和 ICU。根本没有在感染获得和患者在科室间转移的流行病学关联性被揭示出。这些资料提示，暴发主要被限定在 ICU，并且致病菌对入住在其他科室患者的传播通过医护人员的手实现。

此后的两年中，KPC 阳性肺炎克雷伯菌已经散播到在希腊的大多数急诊医疗机构中，包括所有的三甲医院。目前，KPC 阳性肺炎克雷伯菌是居主导地位的多重耐药病原菌，它们影响到的不仅是在 ICU 中的患者，而且也累及到内科病房和外科病房中的患者；40% 的感染发生在 ICU 之外。在一个 LTCF，KPC 阳性的大肠埃希菌的一次暴发已经在近来被描述。然而，根据被动的监测信息，根

本没有证据表明已经散播到社区。在希腊，在被产 KPC 酶的细菌感染的患者中，全原因的 28 天的死亡率是 34%。尽管有人声称 KPC 阳性肺炎克雷伯菌是从以色列被引入到希腊，但在一些情况下，来自希腊的 KPC 阳性肺炎克雷伯菌通过定植患者的国际传播已经被证实。

近来的一项监测研究涵盖了 40 家希腊的医院，所有的 378 个 KPC 阳性分离株具有 KPC-2，以及 5% 也具有 VIM-1 或 VIM-4 碳青霉烯酶。在希腊，除了属于 ST258 的产 KPC-2 肺炎克雷伯菌流行以外，bla_{KPC-2} 基因对至少 10 个额外的 ST 的扩散已经发生。引人注目的是，来自 ST（147、323 和 383）的菌株被发现携带 bla_{KPC} 和 bla_{VIM}。在另一项覆盖 2 家三甲医院的监测研究中，338 个肺炎克雷伯菌的连续的血液分离株中的 38% 产生 KPC 酶，12% 产生 VIM，10% 产生 KPC 和 VIM，以及 40% 不产生任何碳青霉烯酶。在流行的开始阶段，大多数 KPC 阳性分离株在遗传上与 ST258 菌株有关并属于 ST258 菌株。现在，它仍然是占据主导地位的菌株，但一些其他的谱系也出现在几乎携带 KPC 酶的 40% 的肺炎克雷伯菌中。根据来自希腊抗菌药物耐药监测的数据，KPC 产生菌株代表了调研期间肺炎克雷伯菌分离株的大约 40%。更高的分离频率（高达 65%）在雅典和帕特雷的大型教学医院中被观察到。需要注意的是，在其他大陆城市和在所有岛上（克里特岛除外）各个医院的分离率突然增加。尽管 KPC-2 产生菌株的检出率实际上没有变化，但自从 2007 年以来恒定的检出提示这些产酶细菌已经在克里特岛上稳定建立起来。

4. 其他欧洲国家

在欧洲，尽管法国是第一个发现产 KPC 细菌的欧洲国家，但流行程度一直不高，且病例多为输入性，多来自美国、希腊和以色列。在意大利，第一个 KPC 阳性肺炎克雷伯菌在 2008 年被分离出，它来自一名在佛罗伦萨的具有并发症的腹腔内感染患者。这个分离株具有 KPC-3 酶并且属于 ST258 克隆。最初的流行病学类型是 KPC-3 阳性的肺炎克雷伯菌 ST258 和 KPC-2 阳性的肺炎克雷伯菌 ST14 的散播。后来在意大利，KPC 阳性肺炎克雷伯菌已经快速且广泛地传播，根据 EARS-网监测系统的报告，在意大利，来自菌血症的 KPC 阳性分离株有一个急剧增加，从 2006—2009 年的 1%~2% 增加到 2011 年的 30%。在波兰，Baraniak 和 Gniadkowski 等于 2009 年报告，产 KPC-2 肺炎克雷伯菌 ST258 于 2008 年被鉴定出。到了 2008 年末，国家参考实验室已经在 5 所华沙的医院中鉴定出 32 个其他的病例，2009—2012 年，几乎有

500多个病例被证实。肺炎克雷伯菌ST258占据大多数这样的分离株，尿道和大便是最常见的来源。在波兰，KPC酶被认为是在肠杆菌科细菌中最流行的碳青霉烯酶类型。在英国，Woodford和Livermore也是于2008年报告了两个产KPC-3的肺炎克雷伯菌临床分离株，一个来自苏格兰，一个来自伦敦。总体来说，产KPC型碳青霉烯酶细菌在2010年之前在英国只是零星出现。此后，这样的流行病学类型突然发生了改变。在2010年有231个KPC阳性分离株被提交（216个克雷伯菌菌种，10个大肠埃希菌和5个肠杆菌菌种），在2011年有368个KPC阳性分离株被提交（286个克雷伯菌菌种，41个大肠埃希菌，30个肠杆菌菌种和11个其他肠杆菌科细菌）以及在2012年的1～2月，有293个KPC阳性分离株被提交（251个克雷伯菌菌种，24个大肠埃希菌，15个肠杆菌菌种和3个其他肠杆菌科细菌）。在2009年之后的892个分离株中，有833个（93％）个分离株从大曼彻斯特地区被获得。这个持续不断的暴发主要是IncFIIK质粒水平传播的结果，而不是产酶菌株的克隆传播所致。控制这个质粒暴发的努力一直不成功。虽然ST258继续被输入，但它还没有在英国引起任何大的感染暴发。

5. 中国

在我国，第一个被记录到的KPC阳性肺炎克雷伯菌分离株于2004年在浙江省的一名75岁的ICU患者中被鉴定出，该患者后来死于这次感染。在2006年6月，一个亚胺培南耐药的弗氏柠檬酸杆菌临床分离株ZJ163从一名入住在中国浙江大学第二附属医院的一名患者中分离获得。等点聚焦（IFE）证实该分离株产生3种β-内酰胺酶：TEM-1（pI 5.4）、KPC-2（pI 6.7）和CTX-M-14（pI 7.9）。外膜蛋白的相关分析揭示出，在ZJ163分离株，41kDa和38kDa孔蛋白的水平下降。显而易见，KPC-2的产生再结合孔蛋白减少的表达一起贡献了ZJ163的高水平碳青霉烯耐药。此后不久，各种KPC阳性的肠杆菌科细菌在中国的东部被报告。在2011年，一项研究报告了95个碳青霉烯耐药肺炎克雷伯菌分离株的分析结果，这些分离株来自13所医院，这些医院分布在中国5个省份的9座城市。其中仅在杭州的5所医院就有44个分离株，宁波的1所医院就有26个分离株以及在南京的1所医院有9个分离株，而在其他城市如上海、武汉、合肥和郑州的医院分离株均很少。PCR测序、多基因座序列分型（MLST）和脉冲场凝胶电泳（PFGE）分析结果证实，所有的分离株都藏匿有bla_{KPC-2}基因。7个序列类型（ST）被获得，占

优势的克隆是ST11（61/95），这个克隆在来自浙江省、江苏省和安徽省的分离株中被鉴定出。具有ST11的分离株在PFGE类型上拥有＞80％相似性。在我国，产KPC肺炎克雷伯菌的占优势克隆是ST11，它与ST258密切相关，后者已经在全世界被报告。在国外，bla_{KPC-3}基因常常在肺炎克雷伯菌和阴沟肠杆菌中被发现，但在我国上海，bla_{KPC-3}基因已经只是在一个大肠埃希菌和一个弗氏柠檬酸杆菌中被报告。在全世界，第一个产KPC铜绿假单胞菌分离株在哥伦比亚被鉴定出。在2011年，一项研究也分离出3个产KPC-2的铜绿假单胞菌临床分离株，它们是从入住在浙江大学第一附属医院的三名患者中被分离获得。从每一个铜绿假单胞菌分离株中，bla_{PER}、$aac(3')-\mathrm{II}$和$rmtB$被复合鉴定出。根本没有金属β-内酰胺酶基因被检测到。本项研究发现，第一个铜绿假单胞菌分离株是在患者入院筛选时被恢复的，这就意味着这名患者可能在入院前就已经被定植。当第一名和第二名患者出院时，他们是产KPC铜绿假单胞菌携带者。吕晓菊等在2012年报告，有15个弗氏柠檬酸杆菌和阴沟肠杆菌分离株从四川成都华西医院的污水中被收集获得，这些分离株含有bla_{KPC-2}基因并且属于弗氏柠檬酸杆菌和阴沟肠杆菌的多个克隆。bla_{KPC-2}基因常常被具有不同EcoRI限制类型的可自身转移的质粒所携带。这15个分离株中没有一个含有任何其他的碳青霉烯酶基因，只有一个弗氏柠檬酸杆菌分离株是个例外，它被鉴定出携带有bla_{IMP-4}基因。然而，让人觉得有些不解的是，携带bla_{KPC}基因的肠杆菌科细菌并不常在华西医院的临床样本中恢复。在同期收集的一共12589个肠杆菌科细菌的临床分离株中，只有4个分离株（3个奥克西托克雷伯菌和1个阴沟肠杆菌）已经被发现藏匿着bla_{KPC}基因。由此可见，加强对医院污水的监测很有必要，这里应该是耐药基因的一个储池，也是耐药基因水平转移的一个热点。在中国，大多数分离株来自下呼吸道和尿道感染。迄今为止，除一名患者外，所有被鉴定出的患者都是本土的中国人。KPC-2阳性分离株所致的社区感染也已经被描述。

七、产KPC型碳青霉烯酶细菌所致感染的治疗

产KPC型碳青霉烯酶细菌所致严重感染的死亡率非常高，甚至可高达50％左右。为什么这样的感染死亡率如此之高呢，究其原因无外乎有以下几种：①KPC型碳青霉烯酶本身就具有非常广的底物谱，几乎所有β-内酰胺类抗生素都处于其水解范畴之中。②产KPC型碳青霉烯酶的病原菌主要

为肺炎克雷伯菌，这种细菌本身就常常是多药耐药细菌，大多数分离株对氟喹诺酮类、氨基糖苷类和CO-TMZ耐药。③产KPC型碳青霉烯酶的肺炎克雷伯菌也常常伴有外膜孔蛋白表达的减少或缺失，这就进一步增加了针对很多β-内酰胺类抗生素的耐药水平。事实上，第一个产KPC-1的肺炎克雷伯菌株就缺失OmpK35和OmpK37，仅仅表达OmpK36。在哥伦比亚，三个铜绿假单胞菌被鉴定出产KPC-2，同时这三个分离株还伴有外膜孔蛋白OprD的丧失。在OprD表达上的改变影响到亚胺培南和美罗培南的敏感性。④大多数产KPC细菌都产生其他针对抑制剂耐药的β-内酰胺酶，如苯唑西林酶或头孢菌素酶。这就将β-内酰胺类与克拉维酸或他唑巴坦联合用于治疗全身性感染方案排除在外，只有近些年上市的由阿维巴坦和头孢菌素类组成的复方制剂显示出可有效治疗这类感染。因此，可用于治疗产KPC型碳青霉烯酶细菌所致感染的抗菌药物非常有限。

有限的研究结果提示，一些分离株仍然对阿米卡星或庆大霉素敏感，并且大多数分离株仍然对黏菌素和替加环素敏感，不过替加环素在临床试验研究中成功率不尽相同。替加环素是一种甘氨酰环素类，属于四环素大类，它针对许多肠杆菌科细菌都拥有拓展了的抗菌活性，包括那些产ESBL或KPC的细菌。一项研究已经报告，在体外，替加环素针对产KPC肠杆菌科细菌具有100%的抗菌活性。然而，治疗失败已经被报告，并且有的病例在治疗期间诱导出针对替加环素的耐药。还有一点需要注意，替加环素的血药峰浓度低，所以当采用

这个制剂治疗菌血症感染时，其低血清浓度有理由让人采取谨慎态度。进而，由于该制剂在尿液中浓度低，所以它不应该被推荐用于治疗尿道感染。如此一来，多黏菌素类（黏菌素）就成了唯一的治疗选择。然而，多黏菌素类抗生素的神经毒性和肾毒性也限制了更广泛的使用。此外，采用多黏菌素类抗生素治疗产其他类型碳青霉烯酶如VIM和IMP细菌的感染已经积累了一些临床经验，但就治疗KPC感染的体内资料非常有限。根据一些体外资料，联合用药或许是一个有吸引力的选择，但支持那样推荐的临床资料也是缺乏的。一项研究已经报告，在体外，在多黏菌素B和利福平之间具有协同抗产KPC-2肺炎克雷伯菌的作用。尽管肺炎克雷伯菌ST258谱系的成员常常只是对黏菌素、替加环素和庆大霉素敏感，这些抗生素的各种组合用药已经被用于治疗，但没有一种组合对于经验治疗来说是理想的。进一步的研究需要确定如何治疗因产KPC细菌所致的尿道感染。口服治疗如磷霉素和呋喃妥因应该被评价。此外，β-内酰胺和β-内酰胺酶抑制剂联合用药（碳青霉烯或头孢菌素类和克拉维酸、舒巴坦或他唑巴坦）应该至少在尿道感染动物模型上被评价。

总的来说，被KPC阳性细菌所致感染的治疗的大多数报告都是病例报告，或者是小样本的临床试验研究，而且感染类型不尽一致（表28-10）。然而，三个回归性研究已经检查了关于针对菌血症感染的抗菌药物治疗的死亡率。Tumbarello及其同僚评价了125例KPC阳性分离株所致的血行感染，并且报告了一个大概30天的死亡率是42%。这些

表 28-10　由产 KPC 肺炎克雷伯菌所致感染的患者的临床研究、抗菌药物治疗和结果

国家/地区 （研究发表年份）	研究 设计	患者人数（感染类型）	β-内酰胺酶 的类型（分离 株数量）	采用有活性 药物的治疗 （患者的人数）	结果（成 功数/失 败数）
哥伦比亚（2006）				碳青霉烯（4）	3/1
美国（2006）				黏菌素（3）	2/1
中国（2007）				替加环素（1）	0/1
美国（2007）				氨基糖苷（2）	1/1
美国（2008）				替加环素-黏菌素（2）	1/1
中国（2008）				替加环素-氨基糖苷（1）	1/0
美国（2008）	病例 报告	23（10例BSI，10例肺炎，1例心 内膜炎，1例肝脓肿，1例脓胸）	KPC-2（19）	黏菌素-氨基糖苷（1）	1/0
美国（2009）				氨基糖苷-氟喹诺酮（1）	1/0
以色列（2009）				碳青霉烯-氨基糖苷（1）	1/0
美国（2009）				无活性制剂（7）	1/6
美国（2009）					
美国（2010）					
巴西（2011）					
中国台湾地区（2011）					
瑞士（2011）					

续表

国家/地区 (研究发表年份)	研究 设计	患者人数(感染类型)	β-内酰胺酶 的类型(分离 株数量)	采用有活性 药物的治疗 (患者的人数)	结果(成 功数/失 败数)
美国(2004)	病例 系列	4(1例BSI,2例UTI,1例肺炎)	KPC-2(4)	碳青霉烯(1)	1/0
				碳青霉烯-黏菌素(1)	1/0
				碳青霉烯-氨基糖苷(1)	1/0
				黏菌素(1)	0/1
美国(2009)	病例 系列	21(5例肺炎,5例BSI,4例支气管炎,5例UTI,1例脑膜炎,1例SSI)	KPC-3(21)	碳青霉烯(4)	2/2
				替加环素(5)	4/1
				氨基糖苷(3)	3/0
				碳青霉烯-替加环素(1)	0/1
				替加环素-氨基糖苷(1)	1/0
				无活性制剂(7)	3/4
希腊(2009)	病例 系列	13(9例肺炎,4例BSI)	KPC-2(13)	氨基糖苷(2)	2/0
				替加环素-黏菌素(8)	6/2
				黏菌素-氨基糖苷(3)	3/0
美国(2009)	病例 系列	7(3例BSI,1例UTI,3例尿道定植)	KPC-2(1) KPC-3(6)	黏菌素(1)	0/1
				黏菌素-氨基糖苷(2)	0/2
				无活性制剂(4)	0/4
美国(2009)	病例 系列	3例BSI	KPC-2(3)	替加环素-氨基糖苷(1)	1/0
				黏菌素(3)	1/2
希腊(2010)	病例 系列	17(11例BSI,2例SSI,1例UTI,2例肺炎,1例胆管炎)	KPC-2(17)	黏菌素(11)	6/5
				替加环素(1)	1/0
				氨基糖苷(1)	1/0
				黏菌素-氨基糖苷(2)	1/1
				替加环素-黏菌素-氨基糖苷(1)	1/0
				无活性制剂(1)	1/0
希腊(2010)	病例 对照 研究	19例BSI	KPC-2(19)	黏菌素(10)	2/8
				黏菌素-氨基糖苷(9)	4/5
希腊(2011)	病例 对照 研究	53例BSI	KPC-2(53)	碳青霉烯(1)	0/1
				黏菌素(7)	3/4
				替加环素(5)	3/2
				氨基糖苷(2)	2/0
				黏菌素-氨基糖苷(2)	2/0
				碳青霉烯-氨基糖苷(1)	1/0
				替加环素-黏菌素(9)	9/0
				替加环素-氨基糖苷(4)	4/0
				碳青霉烯-替加环素(1)	1/0
				碳青霉烯-替加环素-黏菌素(2)	2/0
				替加环素-黏菌素-氨基糖苷(1)	1/0
				无活性制剂(18)	7/11

注：1. 引自 Tzouvelekis L S，Markogiannakis A，Psichogiou M，et al. Crit Rev Microbiol，2012，25：682-707。

2. BSI—血行感染；UTI—尿道感染；SSI—外科切口感染。

调研者评价了单一药物、两种药物和三种药物的联合治疗，并且只有三种药物的联合治疗（黏菌素、替加环素和美罗培南）与增加的存活率有关联（odds ratio 0.27，95% CI 0.07～1.01；$p = 0.009$）。与此相似，Zarkotou 等也描述了53例被 KPC 阳性的肺炎克雷伯菌所致的菌血行感染，一个大概30天的死亡率是53%，并且一个由感染所致的死亡率是34%。被合理的联合用药所治疗的所有患者都存活了，而采用单药治疗（包括黏菌素治疗在内）都经历一个高的感染造成的死亡率（47%）。在第三个研究中，Qureshi 及其同僚报告，采用联合用药和单药治疗的患者，大概的28天死亡率分别是 13% 和 58%。根据这些发现，联合治疗似乎是对于菌血症患者最佳的治疗方法。然而，对于其它类型的感染来说，资料仍然是有限的，如通气相关性肺炎，并且特别是对于吸入性粘菌素的任何作用仍不清楚。

随着黏菌素使用的逐渐增多，产 KPC 型碳青霉烯的肺炎克雷伯菌针对黏菌素的耐药已经开始出现，并且在一些国家或地区已经演化成现实的威胁，这让人非常担忧。在希腊的两所医院，产 KPC-2 并且对黏菌素耐药的肺炎克雷伯菌造成了小规模的感染暴发，其中 5 名罹患菌血症的患者死亡，这些肺炎克雷伯菌分离株也对替加环素中介耐药（MIC 3mg/L）。在意大利的两家西西里医院，产 KPC-3 并且对黏菌素耐药的肺炎克雷伯菌 ST258 克隆也造成小型感染暴发。黏菌素耐药的 KPC 阳性菌株的选择可能由于黏菌素大量和增加的使用，包括在 KPC 阳性肺炎克雷伯菌已经散播的地区的经验治疗。即便不是正式地被鉴定出，在强力的选择压力和耐药出现之间的关联性是可能的。临床医生必须知晓大流行的耐药菌株选择的可能性。近些年出现的一种可移动黏菌素耐药机制应当受到密切关注，毕竟这种耐药是由质粒介导，一旦这样的耐药机制传播到临床重要的革兰阴性病原菌如肺炎克雷伯菌中，那对于这些产酶细菌感染的治疗可能真的就陷入无药可用的危险局面之中了。

在治疗上的棘手迫使人们不得不强化感染控制措施，毕竟这样的干预措施已经在以色列取得了成功。但是，感染控制措施必须是综合性的，没有单一一项措施被证明是有效的。早期监测发现携带者也非常关键。进而，在纽约市的一项近来的研究比较了在 9 所邻近医院的感染控制实践，并且发现，那些采用主动监测培养的医院在降低 KPC 阳性细菌的获得率上十分成功。将来的研究被需要来鉴定单个的干预措施在控制 KPC 酶传播上的作用。我们必须清醒地认识到，针对这些多重耐药，甚至是泛耐药的产 KPC 细菌的全新抗菌药物不可能在不远的将来问世。抗菌药物的谨慎性和保护性使用，再结合良好的和强制性的感染控制是缺一不可的。根据美国和以色列的经验，严格的感染控制措施不得不被贯彻，以便防止产 KPC 细菌的进一步传播。

第五节 结语

A 类碳青霉烯酶的出现是 20 世纪 90 年代初的事情。由于那些早期的 A 类碳青霉烯酶都是在染色体编码，并且这些酶似乎并非菌种特异性的酶，只是在一些菌株中存在，所以，这些酶的出现并未对临床抗感染的治疗带来大的冲击。尽管也有一些质粒介导的 A 类碳青霉烯酶如 GES-2 被发现，但这些酶本身的水解活性毕竟有限，加之它们的流行程度也不高，人们对它们的关注也更多地体现在研究领域。进入 21 世纪以来，KPC 可谓"横空出世"。尽管在 KPC 被发现后的几年中，它们主要在美国东海岸地区高度流行，但近 10 多年来，KPC 已经向非洲大陆以外的广大地域散播，甚至在有些国家如以色列已经造成全国大流行的局面。产 KPC 肺炎克雷伯菌之所以令人生畏，就是这些致病菌致感染的高死亡率。正是由于产生 KPC 的肺炎克雷伯菌几乎是多药耐药菌株，所以治疗起来极为棘手，抗菌药物选择非常有限，人们不得不经常采用联合用药的方法来治疗感染，但成功的也多是病例报告或小样本的临床试验。总之，产 KPC 型碳青霉烯酶的出现对于很多国家和医疗机构均是不小的挑战，特别是产 KPC 革兰阳性杆菌在社区的出现和潜在的散播更令人担忧。目前看来，仅仅依靠治疗远不能有效控制 KPC 的传播，感染控制措施必须被整合进入整体遏制战略中。早期正确无误地识别出携带 KPC 酶菌株的患者是非常关键的第一步。这些患者被贯彻恰当的监测措施而被鉴定出来，如采用选择培养基对具有近期旅行史的患者的筛选，或借助生化和分子学技术对碳青霉烯酶的鉴定。一旦具有 KPC 酶的细菌被鉴定出，合理的感染控制综合干预措施应该贯彻执行，以便防止传播。只有高效的和积极主动的监测再加上区域性干预措施才能控制和防止这些令人生畏的细菌的传播。

参考文献

[1] Yang Y, Wu P, Livermore D M. Biochemical Characterization of a β-lactamase that hydrolyzes penems and carbapenems from two *Serratia marcescens* isolates [J]. Antimicrob Agents Chemother, 1990, 34: 755-758.

[2] Nordmann P, Mariotte S, Naas T, et al. Biochemical properties of a carbapenem-hydrolyzing β-lactamase from *Enterobacter cloacae* and cloning of the gene into *Escherichia coli* [J]. Antimicrob Agents Chemother, 1993, 37: 939-946.

[3] Rasmussen B A, Bush K, Keeney D, et al. Characterization of IMI-1 β-lactamase, a class A carbapenem-hydrolyzing enzyme from *Enterobacter cloacae* [J]. Antimicrob Agents Chemother, 1996, 40: 2080-2086.

[4] Rasmussen B A, Bush K. Carbapenem-hydrolyzing β-lactamases [J]. Antimicrob Agents Chemother,

1997, 41: 223-232.

[5] Queenan A M, Torres-Viera C, Gold H S, et al. SME-type carbapenem-hydrolyzing class A β-lactamases from geographically diverse *Serratia marcescens* strains [J]. Antimicrob Agents Chemother, 2000, 44: 3035-3039.

[6] Swaren P, Maveyraud L, Raquet X, et al. X-ray analysis of the NMC-A β-lactamase at 1.64 A resolution, a class A carbapenemase with broad substrate specificity [J]. J Bio Chem, 1998, 273: 26714-26721.

[7] Sougakoff W, L' Hermite G, Pernot L, et al. Structure of the imipenem-hydrolyzing class Aβ-lactamase SME-1 from *Serratia marcescens* [J]. Acta Crystallogr, 2002, D58: 267-274.

[8] Majiduddin F K, Palzkill T. Amino acid sequence requirements at residues 69 and 238 for the SME-1 β-lactamase to confer resistance to β-lactam antibiotics [J]. Antimicrob Agents Chemother, 2003, 47: 1062-1067.

[9] Majiduddin F K, Palzkill T. Amino acid residues that contribute to substrate specificity of class A β-lactamase SME-1 [J]. Antimicrob Agents Chemother, 2005, 49: 3421-3427.

[10] Sougakoff W, Naas T, Nordmann P, et al. Role of ser-237 in the substrate specificity of the carbapenem-hydrolyzing class A β-lactamase Sme-1 [J]. BiochimBiophys Acta, 1999, 1433: 153-158.

[11] Henriques I, Moura A, Alves A, et al. Molecular characterization of carbapenem-hydrolyzing class Aβ-lactamase, SFC-1, from *Serratia fonticola* UTAD54 [J]. Antimicrob Agents Chemother, 2004, 48: 2321-2324.

[12] Aubron C, Poirel L, Ash R J, et al. Carbapenemase-producing *Enterobacteriacece*, U. S. rivers [J]. Emerg Infect Dis, 2005, 11: 260-264.

[13] Queenan A M, Shang W, Schreckenberger P, et al. SME-3, a novel member of *Serritia marcescens* SME family of carbapenem-hydrolyzing β-lactamases [J]. Antimicrob Agents Chemother, 2006, 50: 3485-3487.

[14] Yu Y S, Du X X, Zhou Z H, et al. First isolation of *bla*IMI-2 in an *Enterobacter cloacae* clinical isolate from China [J]. Antimicrob Agents Chemother, 2006, 50: 1610-1611.

[15] Patel G, Bonomo R A. Status report on carbapenemases: challenges and prospects [J]. Exp Rev Anti infect Ther, 2011, 9: 555-570.

[16] Pottumarthy S, Moland E S, Juretschko S, et al. NmcA carbapenem-hydrolyzing enzyme in *Enterobacter cloacae* in North America [J]. Emerg Infect Dis, 2003, 9 (8): 999-1002.

[17] Castanheira M, Sader H S, Deshpande L M, et al. Antimicrobial activities of tigecycline and other broad-spectrum antimicrobials tested against serine carbapenemase-and metallo-β-lactamase-producing *Enterobacteriaceae*: report from the SENTRY Antimicrobial Surveillancer Program [J]. Antimicrob Agents Chemother, 2008, 52 (2): 570-573.

[18] Naas T, Vandel L, Sougakoff W, et al. Cloning and sequence analysis of the gene for a carbapenem-hydrolyzing class A β-lactamase, Sme-1, from *Serratia marcescens* S6 [J]. Antimicrob Agents chemother, 1994, 38 (6): 1262-1270.

[19] Poirel L, Wenger A, Bille J, et al. SME-2-producing *Serratia marcescens* isolate from Switzerland [J]. Antimicrob Agents Chemother, 2007, 51 (6): 2282-2283.

[20] Carrer A, Poirel L, Pitout J D, et al. Occurrence of an SME-2-producing Serratia marcescens isolate in Canada [J]. Int J Antimicrob Agents, 2008, 31 (2): 181-182.

[21] Naas T, Massuard S, Garnier F, et al. AmpD is required for regulation of expression of NmcA, a carbapenem-hydrolyzing beta-lactamase of *Enterobacter cloacae* [J]. Antimicrob Agents Chemother, 2001, 45: 2908-2915.

[22] Vourli S, Giakkoupi P, Miriagon V, et al. Novel GES/BIC extended-spectrum β-lactamase variants with carbapenemase activity in clinical Enterobacteria [J]. FEMS Microbiol Lett, 2004, 234: 209-213.

[23] da Fonseca E L, Vieira V V, Cipriano R, et al. Emergence of *bla*GES-5 in clinical colistin-only-sensitive (COS) *Pseudomonas aeruginosa* strain in Brazil [J]. J Antimicrob Chemother, 2007, 59 (3): 576-577.

[24] Jeong S H, Bae I K, Kim D, et al. First outbreak of *Klebsiella pneumoniae* clinical isolates producing GES-5 and SHV-12 extended-spectrum β-lactamases in Korea [J]. Antimicrob Agents Chemother, 2005, 49 (11): 4809-4810.

[25] Wachino J C, Doi Y, Yamane K, et al. Molecular characterization of a cephamycin-hydrolyzing and inhibitor-resistant class A β-lactamase, GES-4, possessing a single G170S substitution in the Ω-Loop [J]. Antimicrob Agents Chemother, 2004, 48 (8): 2905-2910.

[26] Girlich D, Poirel L, Normann P. Novel ambler class A carbapenem-hydrolyzing β-lactamase from a *Pseudomonas fluorescens* isolate from the Seine River, Paris, France [J]. Antimicrob Agents Chemother, 2010, 54 (1): 328-332.

[27] Poirel L, Heritier C, Podglajen I, et al. Emer-

gence in *Klebsiella pneumoniae* of a chromosome-encoded SHV β-lactamase that compromises the efficacy of imipenem [J]. Antimicrob Agents Chemother, 2003, 47: 755-758.

[28] Poirel L, Weldhagen G F, Naas T, et al. GES-2, a class A β-lactamase from *Pseudomonas aeruginosa* with increased hydrolysis of imipenem [J]. Antimicrob Agents Chemother, 2001, 45: 2598-2603.

[29] Wang C, Cai P, Chang D, et al. A *Pseudomonas aeruginosa* isolate producing the GES-5 extended-spectrum β-lactamase [J]. J Antimicrob Chemother, 2006, 57: 1261-1262.

[30] Yigit H, Queenan A M, Anderson G J, et al. Novel carbapenem-hydrolyzing β-lactamase, KPC-1, from a carbapenem-resistant strain of *Klebsiella pneumoniae* [J]. Antimicrob Agents Chemother, 2001, 45: 1151-1161.

[31] Nordmann P, Poirel L. Emerging carbapenemases in Gram-negative Aerobes [J]. Clin Microbiol Infect, 2002, 8: 321-331.

[32] Miriagou V, Tzouvelekis L S, Rossiter S, et al. Imipenem resistance in a *Salmonella* clinical strain due to plasmid-mediated class A carbapeneemase KPC-2 [J]. Antimicrob Agents Chemother, 2003, 47: 1297-1300.

[33] Villegas M V, Lolans K, Correa A, et al. First identification of *Pseudomonas aeruginosa* isolates producing a KPC-type carbapenem-hydrolyzing β-lactamase [J]. Antimicrob Agents Chemother, 2007, 51: 1553-1555.

[34] Wei Z Q, D X X, Yu Y S, et al. Plasmid-mediated KPC-2 in a *Klebsiella pneumoniae* isolate from China [J]. Antimicrob Agents Chemother, 2007, 51: 763-765.

[35] Poirel L, Pitout J D, Nordmann P. Carbapenemases: molecular diversity and clinical consequences [J]. Future Microbiol, 2007, 2 (5): 501-512.

[36] Queenan A M, Bush K. Carbapenemases: the versatile β-lactamases [J]. Clin Microbiol Rev, 2007, 20: 440-458.

[37] Shen P, Wei Z, Jiang Y, et al. Novel genetic environment of the carbapenem-hydrolyzingβ-lactamase KPC-2 among *Enterobacteriaceae* in China [J]. Antimicrob Agents Chemother, 2009, 53: 4333-4338.

[38] Hawkey P M, Jones A M. The changing epidemiology of resistance [J]. J Antimicrob Chemother, 2009, 64 (Suppl 1): i3-i10.

[39] Nordmann P, Cuzon G, Taas T. The real threat of *Klebsiella pneumoniae* carbapenemase-producing bacteria [J]. Lancet Infect Dis, 2009, 9: 228-236.

[40] Endimiani A, De Pasquale J M, Federico S, et al. Emergence of *bla*KPC-containing *Klebsiella pneumoniae* in a long-term acute care hospital: a new challenge to our healthcare system [J]. J Antimicrob Chemother, 2010, 64: 1102-1110.

[41] Curial T, Morosini MI, Ruiz-Garbajosa P, et al. Emergence of *bla*KPC-3-Tn*4401a* associated with a pKPN3/4-like plasmid within ST384 and ST388 *Klebsiella pneumoniae* clones in Spain [J]. J Antimicrob Chemother, 2010, 65: 1608-1614.

[42] Drawz S M, Bonomo R A. Three decades of β-lactamase inhibitors [J]. Clin Microbiol Rev, 2010, 23: 160-201.

[43] Cuzon G, Naas T, Truong H, et al. Worldwide diversity of *Klebsiella pneumoniae* that produce β-lactamase *bla*KPC-2 gene [J]. Emerg Infect Dis, 2010, 16 (9): 1349-1356.

[44] Kitchel B, Rasheed J K, Endimiani A, et al. Genetic factors associated with elevated carbapenem resistance in KPC-producing *Klebsiella pneumoniae* [J]. Antimicrob Agents Chemother, 2010, 54 (10): 4201-4207.

[45] Schwaber M J, Lev B, Israeli A, et al. Containment of country-wide outbreaks of carbapenem-resistant *Klebsiella pneumoniae* in Israeli hospitals via a nationally implemented intervention [J]. Clin Infect Dis, 2011, 52: 848-855.

[46] Li G, Wei Q, Wang Y, et al. Novel genetic environment of the plasmid-mediated KPC-3 gene detected in *Escherichia coli* and *Citrobacter freundii*isolates form China [J]. Eur J Clin Microbiol Infect Dis, 2011, 30: 575-580.

[47] Qi Y, Wei Z, Ji S, et al. ST11, the dominant clone of KPC-producing *Klebsiella pneumoniae* isolate from China [J]. J Antimicrob Chemother, 2011, 66: 307-312.

[48] Ge C, Wei Z, Jiang Y, et al. Identification of KPC-2-producing *Pseuddomonas aeruginosa* isolates in China [J]. J Antimicrob Chemother, 2011, 66: 1184-1186.

[49] Zhang X, Lu X, Zong Z. *Enterobacteriaceae* producing the KPC-2 carbapenemase form hospital sewage [J]. Diang Microbiol Infect Dis, 2012, 73: 204-206.

[50] Munoz-Price L S, Poirel L, Bonomo R A, et al. Clinical epidemiology of the global expansion of *Klebsiella pneumoniae*carbapenemases [J]. Lancet Infect Dis, 2013, 13: 785-796.

[51] Woodford N, Tierno P M Jr, Young K, et al. Outbreak of *Klebsiella pneumoniae* producing a new carbapenem-hydrolyzing class A β-lactamase,

KPC-3, in a New York Medical Center [J]. Antimicrob Agents Chemother, 2004, 48 (12): 4793-4799.

[52] Robledo I E, Aquino E E, Sante M I, et al. Detection of KPC in *Acinetobacter* spp. in Puerto Rico [J]. Antimicrob Agents Chemother, 2010, 54 (3): 1354-1357.

[53] Moland E S, Hanson N D, Herrera V L, et al. Plasmid-mediated, carbapenem-hydrolyzing β-lactamase, KPC-2, in *Klebsiella pneumoniae* isolates [J]. J AntimicrobChemother, 2003, 51: 711-714.

[54] Bratu S, Landman D, Haag R, et al. Rapid spread of carbapenem-resistant *Klebsiella pneumoniae* in New York City: a new threat to our antibiotic armamentarium [J]. Arch Intern Med, 2005, 165: 1430-1435.

[55] Bradford P A, Bratu S, Urban C, et al. Emergence of carbapenem resistant *Klebsiella* species possessing the class A carbapenem-hydrolyzing KPC-2 and inhibitor-resistant TEM-30 β-lactamases in New York City [J]. Clin Infect Dis, 2004, 39: 55-60.

[56] Yigit H A, Queenan M, Rasheed K, et al. Carbapenem-resistant strain of *Klebsiella oxytoca* harboring carbapenem-hydrolyzing β-lactamase KPC-2 [J]. Antimicrob Agents Chemother, 2003, 47: 3881-3889.

[57] Peleg A Y, Hooper D C. Hospital-acquired infections due to Gram-negative bacteria [J]. N Engl J Med, 2010, 362: 1804-1813.

[58] Chen S D, Hu F P, Xu X G, et al. High prevalence of KPC-2-type carbapenemase coupled with CTX-M-type extended-spectrum β-lactamases in carbapenem-resistant *Klebsiella pneumoniae* in a teaching hospital in China [J]. Antimicrob Agents Chemother, 55: 2493-2494.

[59] Maltezou H C, Giakkoupi P, Maragos A, et al. Outbreak of infections due to KPC-2-producing *Klebsiella pneumoniae* in a hospital in Crete (Greece) [J]. J Infect, 2009, 58: 213-219.

[60] Daikos G L, Markogiannakis A. Carbapenemas-producing *Klebsiella pneumoniae*: (when) might we still consider treating with carbapenems? [J] Clin Microbiol Infect, 2011, 17: 1135-1141.

[61] Naas T, Cuzon G, Villegas M V, et al. Genetic structures at the origin of acquisition of the β-lactamase *bla*$_{KPC}$ gene [J]. Antimicrob Agents Chemother, 2008, 52: 1257-1263.

[62] Ke W, Bethel C R, Thomson J M, et al. Crystal structure of KPC-2: insight into carbapenemase activity in class A β-lactamase [J]. Biochemistry, 2007, 46: 5723-5740.

[63] Wolter D J, Kurpiel P M, Woodford N, et al. Phenotypic and enzymatic comparative analysis of the novel KPC variant KPC-5 and its evolutionary variants, KPC2 and KPC-4 [J]. Antimicrob Agents Chemother, 2009, 53: 557-562.

[64] Endimiani A, Hujer A M, Perez F, et al. Characterization of *bla*$_{KPC}$-containing *Klebsiella pneumoniae* isolates detected in different institutions in the Eastern USA [J]. J Antimicrob Chemother, 2009, 63: 427-437.

[65] Akpaka P E, Swanston W H, Ihemere H N, et al. Emergence of KPC-producing *Pseudomonas aeruginosa* in Trinidad and Tobago [J]. J Clin Microbiol, 2009, 47: 2670-2671.

[66] Baraniak A, Izdebski R, Herda M, et al. Emergence of *Klebsiella pneumoniae* ST258 with KPC-2 inPoland [J]. Antimicrob Agents Chemother, 2009, 53: 4565-4567.

[67] Cuzon G, Naas T, Demachy M C, et al. Plasmid-mediated carbapenem-hydrolyzing β-lactamase KPC-2 in *Klebsiella pneumoniae* isolate from Greece [J]. Antimicrob Agents Chemother, 2008, 52: 796-787.

[68] Giani T, D'Andrea M M, pecile P, et al. Emergence in Italy of *Klebsiella pneumoniae* sequence type 258 producing KPC-3 carbapenemase [J]. J Clin Microbiol, 2009, 47: 3793-3794.

[69] Goldfarb D, Harvey S B, Jessamine K, et al. Detection of plasmid-mediated KPC-producing *Klebsiella pneumoniae* in Ottawa, Canada: evidence of intrahospital transmission [J]. J Clin Microbiol, 2009, 47: 1920-1922.

[70] Woodford N, Zhang J, Warner M, et al. Arrival of *Klebsiella pneumoniae* producing KPC carbapenemase in the United Kingdom [J]. J Antimicrob Chemother, 2008, 62: 1261-1264.

[71] Bennett J W, Herrera M L, Lewis J S, et al. KPC-2-producing *Enterobacter cloacae* and *pseudomonas putida* coinfection in a liver transplant recipient [J]. Antimicrob Agents Chemother, 2009, 53: 292-294.

[72] Hossain A, Ferraro M J, Pino R M, et al. Plasmid-mediated carbapennem-hydrolyzing enzyme KPC-2 in an *Enterobacter* sp [J]. Antimicrob Agents Chemother, 2004, 48: 4438-4440.

[73] Tibbetts R, Prye J G, Marschall J, et al. Detection of KPC-2 in a clinical isolate of *Proteus mirabilis* and first reported description of carbapenemase resistance caused by a KPC β-lactamase in *P. mirabilis* [J]. J Clin Microbiol, 2008, 46: 3080-3083.

[74] Zhang R, Yang L, Cai J C, et al. High-level carbapenem resistance in a *Citrobacter freundii* clinical isolate is due to a combination of KPC-2 production and decreased porin expression [J]. J Med Microbiol, 2008, 57: 332-337.

[75] Zhang R, Zhou H W, Cai J C, et al. Plasmid-mediated carb apenem-hydrolyzing β-lactamase KPC-2 in carbapenem resistant *Serratia marcescens* isolates from Hangzhou, China [J]. J Antimicrobchemother, 2007, 59: 574-576.

[76] Yigit H, Queenan A M, Anderson G J, et al. Autho's correction. Antimicrob Agents Chemother, 2008, 52: 809.

[77] Alba J, Ishii Y, Thomson K, et al. Kinetics study of KPC-3, a plasmid-encoded class A carbapenem-hydrolyzing β-lactamase [J]. Antimicrob Agents Chemother, 2005, 49: 4760-4762.

[78] Potron A, Poirel L, Verdavaine D, et al. Importation of KPC-2-producing *Escherichia coli* from India [J]. J Antimicrob Chemother, 2012, 67: 242-243.

[79] Giakkoupi P, Papagiannitsis C C, Tofteland S, et al. An update of the evolving epidemic of bla_{KPC-2}-carrying *Klebsiella pneumoniae* in Greece (2009-10) [J]. J Antimicrob Chemother, 2011, 66: 1510-1513.

[80] Pournaras S, Protonotariou E, Voulgari E, et al. Clone spread of KPC-2 carbapenemase-producing *Klebsiella pneumoniae* strains in Greece [J]. J Antimicrob Chemother, 2009, 64: 348-352.

[81] Kontopoulou K, Protonotariou E, Vasilakos K, et al. Hospital outbreak caused by *Klebsiella pneumoniae* producing KPC-2 β-lactamse resistant to colistin [J]. J Hosp Infect, 2010, 76: 70-73.

[82] Navon-Venezia S, Chmelnitsky I, LeavittA, et al. Plasmid-mediated imipenem-hydrolyzing enzyme KPC-2 among multiple carbapenem-resistant *Escherichia coli* clones in Israel [J]. Antimicrob Agents Chemother, 2006, 50: 3098-3101.

[83] Marchaim D, Navon-Venezia S, Schwaber M J, et al. Isolation of imipenem-resistant *Enterobacter* species: emergence of KPC-2 carbapenemase, molecular characterization, epidemiology, and outcomes [J]. Antimicrob Agents Chemother, 2008, 52: 1413-1418.

[84] Leavitt A, Navon-Venezia S, Chmelnitsky I, et al. Emergence of KPC-2 and KPC-3 in carbapenem-resistant *Klebsiella pneumoniae* strains in an Israeli hospital [J]. Antimicrob Agents Chemother, 2007, 51: 3026-3029.

[85] Mezzatesta M L, Gona F, Caio C, et al. Outbreak of KPC-3-producing, and colistin-resistant, *Klebsiella pneumoniae* infections in two Sicilian hospital [J]. Clin Microbiol Infect, 2011, 17: 1444-1447.

[86] Naas T, Cuzon G, Gaillot O, et al. When carbapenem-hydrolyzing β-lactamase KPC meets *Echerichia coli* ST131 in France [J]. Antimicrob Agents Chemother, 2011, 55: 4933-4934.

[87] Hrabak J, Niemezykova J, Chudackova E, et al. KPC-2-producing *Klebsiella pneumoniae* isolated fom a Czech patient previous hospitalized in Greece and in vivo selection of colistin resistance [J]. Folia Microbiol, 2011, 56: 361-365.

[88] Daly M W, Riddle D J, Ledeboer N A, et al. Tigecycline for treatment of pneumonia and empyema caused by carbapenemase-producing *Klebsiella pneumoniae* [J]. Pharmacother, 2007, 27: 1052-1057.

[89] Pope J, Adams J, Doi Y, et al. KPC type β-lactamase, rural Pennsylvania [J]. Emerg Infect Dis, 2006, 12: 1613-1614.

[90] Urban C, Bradford P A, Tuckman M, et al. Carbapenem-resistant *Escherichia coli* harboring *Klebsiella pneumoniae* carbapenemase β-lactamases associated with long-term care facilities [J]. Clin Infect Dis, 2008, 46: e127-e130.

[91] Cuzon G, Naas T, Nordmann P. Functional characterization of Tn*4401*, a Tn3-based transposon involved in bla_{KPC} gene mobilization [J]. Antimicrob Agents Chemother, 2011, 55: 5370-5373.

[92] Poirel L, Potron A, Nordmann P. OXA-48-like carbapenemases: the phantom menace [J]. J Antimicrob Chemother, 2012, 67: 1597-1606.

[93] Tumbarello M, Viale P, Viscoli C, et al. Predictors of mortality in bloodstream infections caused by *Klebsiella pneumoniae* carbapenemase-producing *K pneumoniae*: importance of combination therapy [J]. Clin Infect Dis, 2012, 55: 943-950.

[94] Zarkotou O, pournaras S, Tselioti P, et al. Predictors of mortality in patients with bloodstream infections caused by KPC-producing *Klebsiella penumoniae* and impact of appropriate antimicrobial treatment [J]. Clin Microbiol Infect, 2011, 17: 1798-1803.

[95] Qureshi Z A, Paterson D L, Potoski B A, et al. Treatment outcome of bacteremia due to KPC-producing *Klebsiella pneumoniae*: superiority of combination antimicrobial regimens [J]. Antimicrob Agents Chemother, 2012, 56: 2108-2113.

第二十九章

D 类碳青霉烯酶

第一节　概述

提到 D 类碳青霉烯酶就不能不提及不动杆菌菌属，特别是鲍曼不动杆菌。固有性和获得性耐药决定子的出色拥有能力衬托出了不动杆菌属的临床重要性。属于 16 个家族的超过 210 种 β-内酰胺酶都已经在这个菌属中被鉴定出，大多数为鲍曼不动杆菌临床分离株（表 29-1 和表 29-2）。近年来，不动杆菌属已经被看作是对公共健康的一个普遍而严重的威胁。特别要提出的是，多重耐药鲍曼不动杆菌已经变成最让人担忧的院内病原菌之一。

不动杆菌属是一组革兰阴性菌，严格需氧、非发酵、非难养、非运动，过氧化氢酶阳性和氧化酶阴性的球杆菌，属于莫拉菌科。不动杆菌属是一个

重要的环境细菌，能够在医院环境的各类表面存活。不动杆菌属在免疫功能不全患者中是造成感染的一个重要原因。乙酸钙不动杆菌、鲍曼不动杆菌、培特氏不动杆菌和医院不动杆菌（基因组菌种13TU）常常被称为乙酸钙不动杆菌-鲍曼不动杆菌复合体，它们彼此高度相关并且通过常规表型方法难以区分。在这个复合体中，鲍曼不动杆菌是主要与人类感染有关联的菌种，培特氏不动杆菌和医院不动杆菌在人类也具有致病性，而乙酸钙不动杆菌是一个环境菌种。

现已证实，不动杆菌菌种产生极其多样性的 β-内酰胺酶。在不动杆菌菌种中，C 类 AmpC 酶的称谓有所不同。不动杆菌特异性的并且是染色体编码的 AmpC 头孢菌素酶被定义为源自不动杆菌的头孢菌素酶（*Acinetobacter*-derived cephalosporinase，ADC）。

表 29-1　在鲍曼不动杆菌菌种中被检测到的 β-内酰胺酶

分子类别	类型	名称（其他名称）
A 类	青霉素酶	TEM-1、SHV-1b、SHV-56、SHV-71、SCO-1
	ESBL	TEM-92、TEM-116、TEM-128、TEM-150、SHV-2、SHV-5、SHV-12、SHV-18、CTX-M-2、CTX-M-5、CTX-M-15（UOE-1）、CTX-M-43、PER-1、PER-2、PER-7、VEB-1、VEB-1a、VEB-3、GES-1、GES-11、GES-12
	羧苄西林酶	CARB-2（PSEE-1）、CARB-4、CARB-5（RTG-2）、CARB-8（RTG-3）
	超广谱羧苄西林酶	CARB-10（RTG-4）
	碳青霉烯酶	GES-14、KPC-2、KPC-3、KPC-4、KPC-10
B 类	MBL	IMP-1、IMP-2、IMP-4、IMP-5、IMP-6、IMP-8、IMP-11、IMP-14、IMP-19、VIM-1、VIM-2、VIM-3、VIM-4、VIM-6、VIM-11、SIM-1、SPM-1、NDM-1、NDM-2
C 类	超广谱头孢菌素酶	ADC-1、ADC-7、ADC-26、ADC-30b、ADC-33b、ADC-51、ADC-53、ADC-56
	头孢菌素酶	ADC-2（ABA-1）、ADC-3（ABAC-1）、ADC-4（ABAC-2）、ADC-6、ADC-7、ADC-10、ADC-11、ADC-25、ADC-26、ADC-29、ADC-33a、ADC-38、ADC-39、ADC-50、ADC-52、ADC-54、ADC-55

续表

分子类别	类型	名称(其他名称)
D类	苯唑西林酶	OXA-2、OXA-10(PSE-2)、OXA-20、OXA-21、OXA-37
	CHDL	OXA-23(ARI-1)、OXA-24/33/40、OXA-25、OXA-26、OXA-27、OXA-49、OXA-51、OXA-58、OXA-64、OXA-65、OXA-66、OXA-67、OXA-68、OXA-69、OXA-70、OXA-71、OXA-72、OXA-75、OXA-76、OXA-77、OXA-78、OXA-79、OXA-80、OXA-82、OXA-83、OXA-84、OXA-86、OXA-87、OXA-88、OXA-89、OXA-90、OXA-91、OXA-92、OXA-94、OXA-95、OXA-96、OXA-97、OXA-98、OXA-99、OXA-104、OXA-106、OXA-107、OXA-108、OXA-109、OXA-110、OXA-111、OXA-112、OXA-113、OXA-115、OXA-116、OXA-117、OXA-128、OXA-130、OXA-131、OXA-132、OXA-139、OXA-143、OXA-144、OXA-146、OXA-148、OXA-149、OXA-150、OXA-160、OXA-164、OXA-165、OXA-166、OXA-167、OXA-168、OXA-169、OXA-170、OXA-171、OXA-172、OXA-173、OXA-174、OXA-175、OXA-176、OXA-177、OXA-179、OXA-180、OXA-182、OXA-200、OXA-201、OXA-202、OXA-203、OXA-208

注：引自 Zhao W H, Hu Z Q. Crit Rev Microbiol, 2012, 38：30-51。

表 29-2　在其他不动杆菌菌种中被检测到的 β-内酰胺酶

分子类别	名称(其他名称)	类型	细菌宿主
A类	TEM-1	青霉素酶	乙酸钙不动杆菌,培特氏不动杆菌,医院不动杆菌,贝雷占氏不动杆菌/吉洛氏不动杆菌
	TEM-2	青霉素酶	乙酸钙不动杆菌
	SCO-1	青霉素酶	*A. baylyi*、约氏不动杆菌、琼氏不动杆菌、不动杆菌基因组种 15TU
	PER-1	ESBL	培特氏不动杆菌,医院不动杆菌,贝雷占氏不动杆菌/吉洛氏不动杆菌
	PER-2	ESBL	拜尔利氏不动杆菌,琼氏不动杆菌,不动杆菌基因组种 15TU,不动杆菌基因组种 13BJ
	VEB-3	ESBL	培特氏不动杆菌
	KPC-2	碳青霉烯酶	乙酸钙不动杆菌-鲍曼不动杆菌复合体
	KPC-3	碳青霉烯酶	乙酸钙不动杆菌-鲍曼不动杆菌复合体
	KPC-4	碳青霉烯酶	乙酸钙不动杆菌-鲍曼不动杆菌复合体
	KPC-10	碳青霉烯酶	乙酸钙不动杆菌-鲍曼不动杆菌复合体
B类	IMP-1	MBL	贝雷占氏不动杆菌,培特氏不动杆菌,医院不动杆菌
	IMP-2	MBL	鲁氏不动杆菌,约氏不动杆菌
	IMP-4	MBL	培特氏不动杆菌,医院不动杆菌,乙酸钙不动杆菌,琼氏不动杆菌
	IMP-8	MBL	培特氏不动杆菌
	IMP-19		培特氏不动杆菌,约氏不动杆菌,琼氏不动杆菌
	VIM-2	MBL	贝雷占氏不动杆菌,乙酸钙不动杆菌,培特氏不动杆菌
	VIM-4	MBL	不动杆菌基因组种 16
	VIM-11	MBL	溶血不动杆菌
	SIM-1	MBL	贝雷占氏不动杆菌,培特氏不动杆菌
C类	ADC-5	头孢菌素酶	培特氏不动杆菌
	ADC-8	头孢菌素酶	拜尔利氏不动杆菌
	ADC-12	头孢菌素酶	培特氏不动杆菌
	ADC-13	头孢菌素酶	培特氏不动杆菌
	ADC-14	头孢菌素酶	培特氏不动杆菌
	ADC-15	头孢菌素酶	培特氏不动杆菌
	ADC-16	头孢菌素酶	培特氏不动杆菌
	ADC-17	头孢菌素酶	培特氏不动杆菌
	ADC-18	头孢菌素酶	培特氏不动杆菌
	ADC-19a	头孢菌素酶	培特氏不动杆菌
	ADC-19b	头孢菌素酶	培特氏不动杆菌

续表

分子类别	名称(其他名称)	类型	细菌宿主
C类	ADC-20	头孢菌素酶	培特氏不动杆菌
	ADC-21	头孢菌素酶	培特氏不动杆菌
	ADC-22	头孢菌素酶	培特氏不动杆菌
	ADC-23	头孢菌素酶	培特氏不动杆菌
	ADC-41	头孢菌素酶	培特氏不动杆菌
	ADC-42	头孢菌素酶	培特氏不动杆菌
	ADC-43	头孢菌素酶	培特氏不动杆菌
	ADC-44	头孢菌素酶	培特氏不动杆菌
D类	OXA-2b	苯唑西林酶	贝雷占氏不动杆菌
	OXA-21	苯唑西林酶	培特氏不动杆菌,约氏不动杆菌,琼氏不动杆菌
	OXA-23(ARI-1)	CHDL	抗辐射不动杆菌,约氏不动杆菌,琼氏不动杆菌,培特氏不动杆菌,医院不动杆菌,贝雷占氏不动杆菌/吉洛氏不动杆菌
	OXA-58	CHDL	乙酸钙不动杆菌,琼氏不动杆菌,鲁氏不动杆菌,贝雷占氏不动杆菌,培特氏不动杆菌
	OXA-66	CHDL	培特氏不动杆菌
	OXA-72	CHDL	培特氏不动杆菌,拜尔利氏不动杆菌
	OXA-102	CHDL	抗辐射不动杆菌
	OXA-103	CHDL	抗辐射不动杆菌
	OXA-105	CHDL	抗辐射不动杆菌
	OXA-133	CHDL	抗辐射不动杆菌
	OXA-134	CHDL	鲁氏不动杆菌
	OXA-138	CHDL	医院不动杆菌
	OXA-146	CHDL	乙酸钙不动杆菌
	OXA-186	CHDL	鲁氏不动杆菌
	OXA-187	CHDL	鲁氏不动杆菌
	OXA-188	CHDL	鲁氏不动杆菌
	OXA-189	CHDL	鲁氏不动杆菌
	OXA-190	CHDL	鲁氏不动杆菌
	OXA-191	CHDL	鲁氏不动杆菌
	OXA-194	CHDL	医院不动杆菌
	OXA-195	CHDL	医院不动杆菌
	OXA-196	CHDL	医院不动杆菌
	OXA-197	CHDL	医院不动杆菌

注：引自 Zhao W H, Hu Z Q. Crit Rev Microbiol, 2012, 38: 30-51。

实际上，不动杆菌菌种并不是与生俱来的重要院内病原菌，它们原本是"谦卑"的环境菌属，一直与人类和谐相处。从 20 世纪 70 年代早期开始，不动杆菌特别是鲍曼不动杆菌开始变得面目狰狞起来，逐渐演化成为令人生畏的院内病原菌，特别是在 ICU 环境中。究其原因，可能至少部分是由于广谱抗生素在医院内应用得越来越多的结果。时至今日，关于不动杆菌菌种仍然有许多错误认知常常出现在科学和医学文献中，代表性误解包括：①鲍曼不动杆菌在自然界中无处不在或高度流行；②鲍曼不动杆菌能轻易地从土壤、水和动物中被恢复；③它常常是人类皮肤和咽喉部的共生菌。事实上，鲍曼不动杆菌及其近亲并非无处不在，除了医院以外，鲍曼不动杆菌根本没有已知的天然栖息地，并且它也非常罕见地从水、土壤和其他环境样本中被分离出。实际上，在非暴发期间，鲍曼不动杆菌极少在医院内被分离出。

近些年来，多重耐药鲍曼不动杆菌针对碳青霉烯耐药的菌株正越来越多地被报告。鲍曼不动杆菌已经被认定为可引起院内肺炎特别是呼吸机肺炎(ventilator-associated pneumonia，VAP)、中心静脉血行感染、尿道感染、外科切口感染和其他类型创口感染的一种重要院内病原菌。尽管不动杆菌菌属中的许多成员被认为在自然界中无处不在，但对鲍曼不动杆菌则并非如此。除鲍曼不动杆菌以外的其他菌种已经从在社区中的人皮肤和黏膜中被分离出，然而，鲍曼不动杆菌在皮肤和在粪便中的携带率一直可以忽略不计。

由表 29-1 和表 29-2 不难看出，不动杆菌菌种表达的 β-内酰胺酶多得让人眼花缭乱，而且随着时间的推移，一定会有更多的 β-内酰胺酶被发现。特别重要的是，所有具有临床重要性的各种类型碳青霉烯酶都已经在不动杆菌菌种中被发现，特别是鲍曼不动杆菌，如 A 类碳青霉烯酶中的 KPC 家族、B 类碳青霉烯酶中的 IMP 家族、VIM 家族、NDM 家族、SIM 家族和 SPM 家族。在鲍曼不动杆菌中，最广泛出现的且具有碳青霉烯酶活性的 β-内酰胺酶就是水解碳青霉烯的 D 类 β-内酰胺酶（CHDL），这些酶在很大程度上是这个菌种特异性的，并且它们耐受克拉维酸的抑制作用。这些 CHDL 以 OXA-23、OXA-24 和 OXA-58 为代表，它们或是质粒编码的，或是染色体来源的。鲍曼不动杆菌也拥有一种固有的水解碳青霉烯苯唑西林酶，OXA-51 亚组，其表达可能差别大，或许在碳青霉烯耐药上起作用。除了 β-内酰胺酶之外，在鲍曼不动杆菌的碳青霉烯耐药也会由孔蛋白或 PBP 改变造成。包括 33kDa CarO 在内的一些孔蛋白为碳青霉烯类的流入提供一个孔蛋白通道，它们或许参与到碳青霉烯耐药。2002 年，Limansky 等证实，在鲍曼不动杆菌临床分离株中，亚胺培南耐药与一种 29kDa OMP 的丧失有关，在这个分离株中，没有碳青霉烯酶活性已经被检测到。特别要强调的是，OXA-51 亚组应该是鲍曼不动杆菌固有的染色体酶，一旦各种各样插入序列与 bla_{OXA-51} 样基因整合在一起并为此提供启动子序列，那么，相应的 CHDL 就会高水平产生，从而造成碳青霉烯不敏感和/或耐药。毫无疑问，D 类碳青霉烯酶即水解碳青霉烯的 D 类 β-内酰胺酶（CHDL）是介导不动杆菌针对碳青霉烯耐药的重要手段之一。众所周知，也有若干种 D 类酶属于超广谱酶，它们水解广谱头孢菌素类，但这些酶从未出现在鲍曼不动杆菌中。这些具有广谱活性的酶通常是一些窄谱酶的点突变衍生物。对比而言，碳青霉烯酶活性或许是一些苯唑西林酶的固有特性，不是已知酶的点突变衍生物。CHDL 针对碳青霉烯类的水解效力比起金属 β-内酰胺酶的水解效力低 99%～99.9%，这种特性使得 CHDL 的识别变得复杂起来。

正当人们高度关注各种 CHDL 在不动杆菌菌种中纷纷被鉴定出这一现象之时，一个额外的、让人意想不到的发展就是 OXA-48 在肺炎克雷伯菌临床分离株中的出现，这种 D 类碳青霉烯酶是质粒编码的。在肺炎克雷伯菌中发现任何新酶都令人担忧，一是这种细菌本身就因其能够蓄积各种耐药决定子而"臭名昭著"，再加上质粒介导本身就意味着耐药基因的广泛散播。因此，自从首次发现肺炎克雷伯菌产生 OXA-48 碳青霉烯酶以来，人们高度关注这种酶的传播和由此带来的危害。肺炎克雷伯菌和 OXA-48 真的没有"让人失望"，短短的十几年时间，除了自身又衍生出一些变异体外，产 OXA-48 的肺炎克雷伯菌就已经在一些中东、北非和南欧国家"崭露头角"，甚至和 KPC 以及一些 B 类碳青霉烯酶的出现频率不相上下。此外，编码 bla_{OXA-48} 的基因也已经在很多肠杆菌科细菌中鉴定出，如大肠埃希菌、弗氏柠檬酸杆菌、阴沟肠杆菌、黏质沙雷菌、普通变形杆菌、奥克西托克雷伯菌等。

D 类碳青霉烯酶的出现使得 OXA 型酶的进化变得非常圆满，这个酶家族从普通的广谱 β-内酰胺酶到超广谱 β-内酰胺酶再到最后的碳青霉烯酶一应俱全，甚至有人说，OXA 型酶本身就能造成 β-内酰胺类抗生素的全谱系耐药，此言绝对不虚。不动杆菌菌种和肠杆菌科细菌均是目前临床上最棘手的一些致病菌，特别是鲍曼不动杆菌和肺炎克雷伯菌。不难想象，这些 CHDL 在这些细菌中的出现以及介导对碳青霉烯类的耐药将会极大地限制现有抗菌药物的治疗选择，对临床抗感染的治疗带来的危害是现实和深远的。

这些水解碳青霉烯的苯唑西林酶经常在不动杆菌菌种中被鉴定出。碳青霉烯水解效力（k_{cat}/K_m 值）低于包括 MBL 在内的其他碳青霉烯酶的水解效力，并且在拥有更高水平碳青霉烯耐药的细菌中常常有额外耐药机制的表达，它们包括在孔蛋白的改变（如 CarO），在 PBP 上的改变，由插入序列（IS）元件插入导致启动子活性增强而介导的转录增加，增加的基因拷贝数量以及放大的药物外排。

第二节 D 类碳青霉烯酶的出现和分类

一、不动杆菌菌种中的 D 类碳青霉烯酶

1985 年，一个鲍曼不动杆菌临床分离株 6B92 在一名在爱丁堡皇家医院住院患者的血液培养中被分离获得。1993 年，Paton 等报告了对该分离株的一些研究结果。该菌株对亚胺培南、青霉素类和所有的头孢菌素类耐药。等点聚焦揭示出一个全新的 β-内酰胺酶，被命名为 ARI-1（*Acinetobacter resistance to imipenem*，ARI-1），pI 为 6.65。当时，在这一菌株中并没有质粒被发现并且转移耐药的所有尝试都失败了。两年以后，这种亚胺培南耐药被证实只是通过接合被转移到琼氏不动杆菌受体中，而且转移的条件是 25℃，携带 bla_{ARI-1} 的质粒大小为 45kb。不过，人们当时并没有意识到这种

亚胺培南耐药是由 D 类苯唑西林酶介导。这个酶的发现在当时曾引起一定的担忧，不过最终被认为是一个孤立的事件。

Labia 等于 1997 年报告，在 1989 年，一个鲍曼不动杆菌菌株 A148 在一所法国医院的 91 岁男性患者尿液中被分离获得，它产生两种 β-内酰胺酶，pI 分别为 6.3 和＞9.2，前者除了水解青霉素类和头孢菌素类，也水解亚胺培南，并且这种水解活性受到氯离子抑制。尽管没有进行测序研究，但据推测这种酶是一种水解苯唑西林的 2d 亚组酶。这是第一次将鲍曼不动杆菌针对碳青霉烯耐药与 D 类酶关联起来。Donald 等于 2000 年报告，他们对来自鲍曼不动杆菌 6B92 的 bla_{ARI-1} 基因进行了序列分析，该基因编码一个 273 个氨基酸的蛋白，与 OXA 型 D 类 β-内酰胺酶十分同源，此外，保守的 STFK 和 KTG 基序在 ARI-1 蛋白序列中被鉴定出，因此，ARI-1 被重新命名为 OXA-23。自此，人们将陆续发现的能够水解碳青霉烯的 D 类酶都纳入 OXA 命名系列。最初的这些研究和发现似乎并未引起人们的关注，多数人都认为是一种偶发事件。从 1993 年到 2000 年这段时间，基本没有新 D 类碳青霉烯酶的报告出现。

2000 年，西班牙学者报告，在 1997 年，在西班牙马德里的一家医院中，一个为期 10 个月长的感染暴发牵涉到 29 名患者，其中 27 名患者都是被一个亚胺培南和美罗培南耐药的鲍曼不动杆菌 RYC 52763/97 临床分离株感染。该分离株针对所有受试的 β-内酰胺类抗生素耐药，包括亚胺培南和美罗培南，其 MIC 分别是 $128\mu g/mL$ 和 $256\mu g/mL$。这一菌株产生 3 种 β-内酰胺酶，分别是 TEM-1，一种染色体编码的 AmpC 型酶，还有一种推测是全新的、染色体编码的 D 类酶，称作 OXA-24，其 pI 为 9.4，明显高于 OXA-23 的 pI 6.65。克隆和测序证实，OXA-24 氨基酸序列含有在丝氨酸 β-内酰胺酶中被发现的 STFK 基序，但典型的 D 类酶的三联体 KTG 被 KSG 取代，苏氨酸被丝氨酸置换；YGN 基序被 FGN 取代，酪氨酸被苯丙氨酸置换。OXA-24 水解青霉素和头孢拉定，但缺乏水解苯唑西林、氯唑西林和甲氧西林的活性。酶活性被氯离子抑制，β-内酰胺酶抑制剂也在一定程度上抑制 OXA-24 活性，他唑巴坦抑制作用最强，比舒巴坦和克拉维酸高 100 倍。尽管没有进行序列比对，但 OXA-24 显然与 OXA-23 不同，它代表着一个新的亚组。OXA-24 是第一次在感染暴发中鉴定出的一种全新的 OXA 型碳青霉烯酶。然而，仅仅依靠 OXA-24 对亚胺培南和美罗培南的水解不足以造成这一鲍曼不动杆菌菌株针对碳青霉烯的高水平耐药。这一亚胺培南耐药鲍曼不动杆菌株的外模轮廓显示出 2 个孔蛋白（22kDa 和 33kDa）表达的减少，但根本没有外排机制被发现

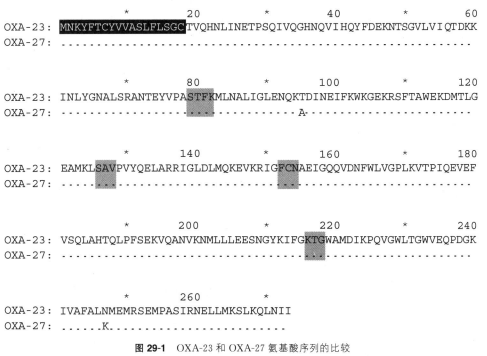

图 29-1　OXA-23 和 OXA-27 氨基酸序列的比较

（引自 Afzal-Shah M，Woodford N，Livermore D M. Antimicrob Agents Chemother，2001，45：583-588）

在 D 类酶中正常保守的基序被涂成灰色，信号肽被涂成黑色

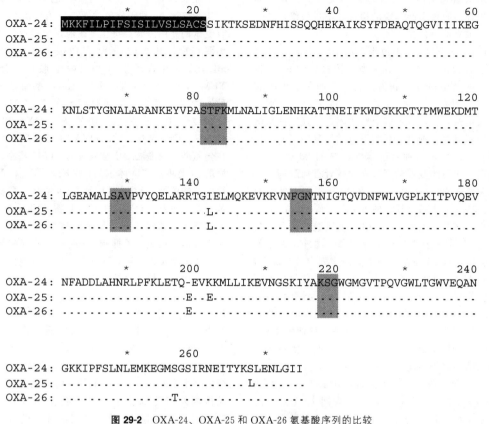

图 29-2 OXA-24、OXA-25 和 OXA-26 氨基酸序列的比较

(引自 Afzal-Shah M, Woodford N, Livermore D M. Antimicrob Agents Chemother, 2001, 45: 583-588)

在 D 类酶中正常保守的基序被涂成灰色，信号肽被涂成黑色

参与耐药。总之，尽管青霉素结合蛋白的改变不能被排除，但两个孔蛋白表达的减少和 OXA-24 的出现参与到这一流行性院内鲍曼不动杆菌菌株的碳青霉烯耐药。

到了 2001 年，Livermore 等又对三个 D 类 β-内酰胺酶 OXA-25、OXA-26 和 OXA-27 鉴定了特性，它们是由来自比利时、科威特、新加坡和西班牙鲍曼不动杆菌临床分离株产生，这些酶针对碳青霉烯具有水解活性。OXA-25 和 OXA-26 彼此之间以及与 OXA-24 之间具有＞98％的氨基酸同一性。来自新加坡的分离株也具有一个全新的 D 类酶，称作 OXA-27，它与 OXA-24、OXA-25 和 OXA-26 只分享 60％氨基酸同一性，但与 OXA-23（ARI-1）却享有 99％氨基酸同一性（图 29-1 和图 29-2）。OXA-49 在来自中国的耐药菌株中被发现。显然，这些酶被能被分成两个亚组，分别以 OXA-23 和 OXA-24 为代表。

OXA-23～OXA-27 都还保留着 D 类酶典型的 STFK 和 SXV 基序，但 YGN 基序被进化成 FGN。KTG 基序被 OXA-23 和 OXA-27 保持，但在 OXA-24、OXA-25 和 OXA-26，KTG 被置换成 KSG。尽管 OXA-25 和 OXA-26 彼此之间以及与 OXA-24 之间具有＞98％的氨基酸同一性，但 OXA-25 和 OXA-26 高效水解苯唑西林，而 OXA-24 则不水解苯唑西林和氯唑西林。不同寻常的是，OXA-27 只具有弱水解活性。然而，这些新酶中没有一个可以转移到大肠埃希菌受体上。

OXA-40 也是首先在西班牙毕尔巴鄂被首先鉴定出，多个鲍曼不动杆菌临床分离株产生 OXA-40，它是 OXA-24-OXA-25-OXA-26 簇的一个变异体，并且与 OXA-24 和 OXA-25 相差 2 个氨基酸置换，而与 OXA-26 只是相差 1 个氨基酸置换（图 29-3）。

相继，由鲍曼不动杆菌 CLA-1 菌株产生的 OXA-40 的相关特性被进一步研究，它是由染色体编码。OXA-40 具有一个窄谱水解轮廓，但其水解谱中却包含了头孢他啶和亚胺培南。其活性不被克拉维酸、舒巴坦和他唑巴坦抑制，同时，如同大多数水解碳青霉烯的苯唑西林酶一样，其水解活性也不被氯化钠抑制。OXA-40 在位置 144 到 146 有一

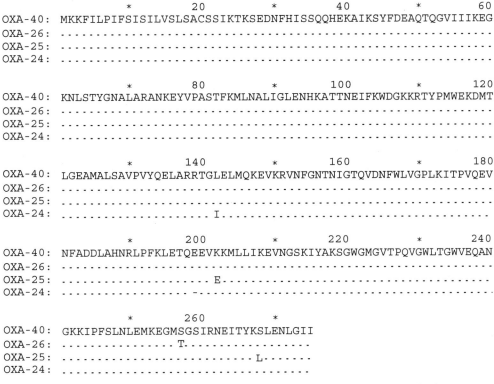

图 29-3 来自毕尔巴鄂的 OXA-40 与 OXA-24、OXA-25 和 OXA-26 氨基酸序列的比较

（引自 Lopez-Otsoa F，Gallego L，Towner K J，et al. J Clin Microbiol，2002，40：4741-4743）

序列差异之处被提示

个 FGN 三联体，它取代了一个 YGN 基序。定点诱变研究证实，在 FGN 基序中的苯丙氨酸残基本身与水解碳青霉烯活性无关，但取而代之的是，这一残基与弱的总体水解活性有关。最后，在 OXA-40 的这个苯丙氨酸残基解释了对氯化钠抑制作用的耐受，而在 YGN 基序中的酪氨酸残基与氯化钠抑制作用敏感有关。实际上，这些酶的一个共同特征就是它们的窄谱轮廓，以及与金属碳青霉烯酶相比的相对弱的针对碳青霉烯类的水解活性，不过表达它们的菌株的 MIC 值却不尽相同（典型的情况是从 16~256mg/L），这就提示额外耐药机制的存在，特别引人关注的是减少的通透性。

Nordmann 等通过计算机模拟分析建议，一个苯唑西林酶基因 bla_{OXA-50} 在铜绿假单胞菌 PAO1 的基因组中被鉴定出。OXA-50 分子量为 25kDa，pI 为 8.6。OXA-50 是一种窄谱苯唑西林酶，罕见地水解亚胺培南，不过是在一种低水平上水解。此外，来自法国、南非、西班牙、泰国和印度的铜绿假单胞菌临床分离株都被鉴定出存在着相似的苯唑西林酶基因。本研究提示，铜绿假单胞菌藏匿着两个天然编码的 β-内酰胺酶，一个是可诱导 AmpC 型酶，另一个是在组成上表达的苯唑西林酶。

Bauernfeind 等在来自德国的囊性纤维化患者中分离出一个驻肺潘多菌分离株，它产生一个全新水解碳青霉烯的苯唑西林酶 OXA-62。OXA-62 与其他 D 类 β-内酰胺酶分享弱的氨基酸同一性，与 OXA-50 的相似性最高，也仅为 43%。相关的 bla_{OXA-62} 基因已经在其他驻肺潘多拉菌分离株中被鉴定出，但根本没有在其他潘多拉菌种中被鉴定出。Amyes 等于 2005 年描述了一个全新的碳青霉烯酶 OXA-51，它出现在遗传学上截然不同的碳青霉烯耐药鲍曼不动杆菌菌株中，这些菌株于 1993 年 10 月到 1994 年 11 月从阿根廷布宜诺斯艾利斯的三甲医院分离获得。OXA-51 被发现与 OXA-23 亚组和 OXA-24 亚组碳青霉烯酶分享低于 63% 的氨基酸同一性。酶动力学研究证实，OXA-51 展示出针对亚胺培南最高的亲和力。基因的序列分析显示，与第一亚组和第二亚组相比，在 OXA-51 的保守 D 类酶的基序内存在着截然不同的差异。在 KTG 基序中，OXA-51 具有一个苏氨酸→丝氨酸置换。在 SXV 基序中，OXA-51 有一个独特的缬氨酸→异亮氨酸置换，这在其他已经被测序的 D 类碳青霉烯酶中不存在。重要的是，OXA-51 也保留着 TGN 基序（DBL 144~146），而在第一亚组和第二亚组酶中，这个基序中的苏氨酸被苯丙氨酸置换。如此一来，OXA-51 是第一个在不动杆菌中被发现的缺乏这种置换的 D 类碳青霉烯酶。这一发现与通识有矛盾，因为有学者认为，正是苏氨酸被苯丙氨酸置换才赋予这些酶水解碳青霉烯酶类。以前，人们也采用 OXA-40 的定点诱变实验证实，这个残基并不是像最初想象的那样是赋予水解碳青霉烯活性的唯一因素，而是赋予总体上弱水解活性的因素。显然，OXA-51 是一个新的亚组。接合转移实验未证实质粒编码这种碳青霉烯酶。研究者当时并未意识到，这是一个重要的新亚组 D 类碳青霉烯酶，而且是鲍曼不动杆菌固有的一组碳青霉烯酶，以后进化出了众多成员，形成了最大的一个亚组。到 2008 年时有 37 个成员，到 2013 年报告有 68 个成员（图 29-4）。它们的氨基酸同一性从 94.2% 到 99.6% 不等，彼此相差 1～16 个氨基酸。由于 bla_{OXA-51} 样基因在鲍曼不动杆菌是无处不在的和特有的，所以有人提出，仅仅依据一种 OXA-51 样酶的检测就能鉴定这个菌种。人们最初认为，ISAba1 在 bla_{OXA-51} 样基因上游的插入是非常普遍的特性，可能提供一个启动子，促进基因表达，从

而明显地贡献增加水平的碳青霉烯耐药。然而，在一项来自世界各地的 60 个多样性鲍曼不动杆菌临床分离株的相关研究中，ISAba1 仅仅在 10 个分离株的 bla_{OXA-51} 样基因上游被检测到，其中 9 个分离株至少对一种碳青霉烯耐药或处于中介状态，由此不难看出，这一特征并不负责大多数分离株对碳青霉烯耐药。这个亚组酶的一个共同特征就是在位置 144～146 上保留着 D 类 YGN 基序，这与第一和第二亚组 OXA 型碳青霉烯酶形成了对比，后者具有一个苯丙氨酸-144。然而，这个苯丙氨酸改变不被认为与水解碳青霉烯活性有关联。

在 2005 年，又一个重要的水解碳青霉烯 D 类亚组酶 OXA-58 被 Poirel 等报告。在 2003 年，一个碳青霉烯耐药的鲍曼不动杆菌临床菌株在法国图卢兹一家医院被分离获得。克隆以及在大肠埃希菌的表达鉴定出水解碳青霉烯的 β-内酰胺酶 OXA-58，OXA-58 与其他苯唑西林酶相比分享＜58% 的氨基酸同一性，并且保留着 YGN 基序。OXA-58 水解青霉素类、苯唑西林和亚胺培南，但不水解广谱头孢菌素类。bla_{OXA-58} 基因位于一个 30kb 非自身转移质粒上，并且它被两个全新的 ISAba3 样插

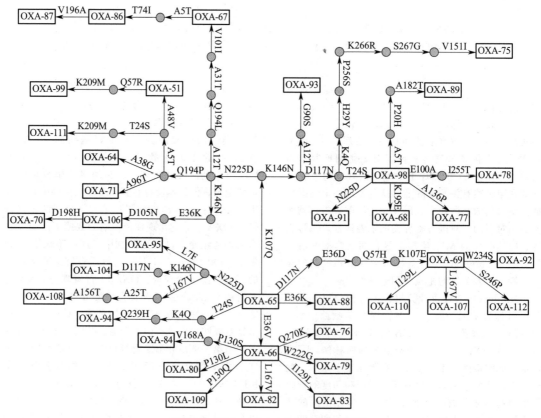

图 29-4　OXA-51 样 β-内酰胺酶的酶连锁图
（引自 Evans B A，Hamouda A，Towner K J，et al. Clin Microbiol Infect，2008，14：268-275）
OXA-65 作为一个起始点，氨基酸置换被标记

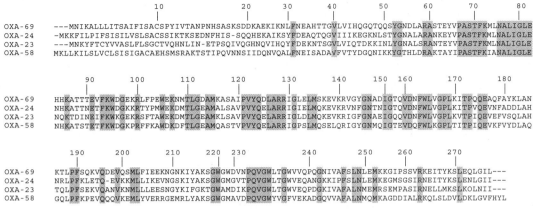

图 29-5　4 种 CHDL 的氨基酸序列比对

[引自 Poirel L，Nordmann P. Clin Microbiol Infect，2006，12（9）：826-836]

OXA-23、OXA-24 和 OXA-58 是三组获得性 CHDL 的代表，OXA-69 是天然出现
CHDL 的代表。阴影处是苯唑西林酶的保守残疾。采用 DBL 计数

入序列包夹，以复合转座子的形式存在。2003 年到 2004 年，在同一所医院，6 个碳青霉烯耐药鲍曼不动杆菌分离株被分离获得，它们来自 6 名烧伤科的患者。这 6 个多药耐药分离株具有一个相似的 30kb 质粒，编码 bla_{OXA-58} 基因是质粒来源的，但不是位于整合子上。这些分离株是克隆相关。

至此，在鲍曼不动杆菌中已经发现了 4 个亚组的 CHDL，第一个亚组以 OXA-23 为代表，它是在鲍曼不动杆菌中最早被鉴定出的 CHDL。第二亚组以 OXA-24/40 为代表，并且与 OXA-51/69 和 OXA-23 分别分享 63% 和 60% 的氨基酸同一性。OXA-24/40 是在美国被记录到的第一个水解碳青霉烯的 D 类 β-内酰胺酶，它在多个城市的医院中引起暴发。第三亚组以 OXA-58 为代表，并且与 OXA-51/69 分享 59% 的氨基酸同一性，与其他 CHDL 分享低于 50% 的氨基酸同一性。第四亚组是 OXA-51/69，它们是鲍曼不动杆菌固有的 CHDL（图 29-5）。

二、质粒介导的 D 类碳青霉烯酶 OXA-48 的出现

2004 年，Poirel 等报告了肺炎克雷伯菌产生一种全新的 D 类碳青霉烯酶 OXA-48，对于 D 类碳青霉烯酶而言，这是一个很重要的节点。在此之前，D 类碳青霉烯酶几乎都是在不动杆菌菌种中被发现，只是 D 类碳青霉烯酶 OXA-23 已经在奇异变形杆菌中被报告，这算是个例外，至少从目前看来，OXA-23 在奇异变形杆菌中的出现还是一个相对孤立的事件，毕竟 bla_{OXA-23} 基因位于奇异变形杆菌的染色体上，而且这些细菌也没有形成更多的传播。然而，OXA-48 则完全不同，它不仅出现在

本已令人畏惧的肺炎克雷伯菌中，而且这种酶还是由质粒介导。所以，自从这个报告发表以来，人们就担心 OXA-48 会造成大的耐药麻烦。事实上，OXA-48 已经在欧洲一些国家、北非和地中海沿岸国家造成了不小的影响，它绝不是一种虚幻的恐吓。

肺炎克雷伯菌菌株 11978 是于 2001 年在土耳其伊斯坦布尔的一所医院中被分离获得，并且它被发现对包括碳青霉烯类在内的所有 β-内酰胺类抗生素耐药。实际上，大名鼎鼎的 ESBL PER-1 就"诞生"在土耳其的这座城市。编码 OXA-48 基因的克隆和在大肠埃希菌的表达鉴定出 5 种 β-内酰胺酶，包括 2 个全新的苯唑西林酶 OXA-47 和 OXA-48。OXA-48 在一种高水平上水解亚胺培南，也水解青霉素类，但不水解广谱头孢菌素类。OXA-48 针对亚胺培南的催化活性（k_{cat}/K_m）分别比 OXA-40 和 KPC-1/2 高出 10 倍和 3 倍。OXA-48 与其他苯唑西林酶远相关，氨基酸同一性低于 46%。OXA-48 虽由质粒编码，但与整合子无关。存在于肺炎克雷伯菌菌株 11978 的另一个质粒编码的第二种苯唑西林酶是 OXA-47。OXA-47 是一种窄谱 OXA 型酶，不水解头孢他啶和亚胺培南，其编码基因 bla_{OXA-47} 位于整合子内。IS1999 被发现位于 bla_{OXA-48} 基因的上游，这一插入序列元件也在来自泰国铜绿假单胞菌分离株的 A 类 ESBL bla_{VEB-1} 基因的上游被发现。IS1999 元件位于 bla_{OXA-48} 基因起始密码子的 26bp 上游处，很可能为 bla_{OXA-48} 基因的表达提供启动子序列。外膜蛋白分析证实，肺炎克雷伯菌菌株 11978 缺乏一种 36kDa 孔蛋白。因此，这个临床分离株针对 β-内酰胺类的高水平耐药是由于特殊的 β-内酰胺酶产生和孔蛋白缺乏联合

所致。

OXA-48 系列水解碳青霉烯的 D 类 β-内酰胺酶越来越多地在肠道细菌中被报告。迄今为止，6 种 OXA-48 样变异体已经被鉴定出，包括 OXA-162、OXA-163 和 OXA181，OXA-48 则是最广泛存在的。这些变异体彼此因几个氨基酸置换或缺失（1 到 5 个氨基酸缺失）而不同。这些酶在高水平上水解青霉素类并且在低水平上水解碳青霉烯类，不伤害广谱头孢菌素类，并且对 β-内酰胺酶抑制剂不敏感。OXA-162 变异体（与 OXA-48 只是相差一个氨基酸置换）也是在土耳其从肺炎克雷伯菌分离株中被鉴定出。近来，OXA-162 已经在德国的各种菌株中被鉴定出，包括大肠埃希菌、弗氏柠檬酸杆菌和解鸟氨酸劳特菌（*Raoultella ornithinolytica*）。然后是 OXA-163 变异体，它展现出非常特异性的酶特征，是从源自阿根廷的分离株中被鉴定出。OXA-163 是一个例外，它水解广谱头孢菌素类，但在低水平上水解碳青霉烯类，并且对 β-内酰胺酶抑制剂敏感。在 2011 年，来自 SENTRY 抗菌药物监测计划（2006—2007）的报告显示，一共有 1443 个肠杆菌科细菌分离株从印度的 14 所医院被收集。在 39 个碳青霉烯耐药的肠杆菌科细菌中（占 1443 个分离株总数的 2.7%）包含大肠埃希菌、阴沟肠杆菌和肺炎克雷伯菌，其中有 15 个菌株携带 bla_{NDM-1} 和 10 个菌株产生 OXA-48 的一个变异体 OXA-181，它和 OXA-48 彼此相差 4 个氨基酸置换，即苏氨酸 104→丙氨酸、天冬酰胺 110→天冬氨酸、谷氨酸 168→谷氨酰胺和丝氨酸 171→丙氨酸。有趣的是，OXA-181 已经被发现与其他碳青霉烯酶基因有关联，特别是在那些能被追踪

到与印度次大陆有联系的分离株中的 bla_{NDM-1} 和 bla_{VIM-5} 基因。$bla_{OXA-181}$ 基因已经在印度多个克隆不相关的肺炎克雷伯菌分离株中被鉴定出，同时也在荷兰、新西兰和阿曼苏丹的肺炎克雷伯菌，在法国的弗氏柠檬酸杆菌和普通变形杆菌以及印度的一个大肠埃希菌中被鉴定出。OXA-181 与 OXA-48 分享同样的水解活性。由于产 OXA-181 细菌的主要储池似乎是印度次大陆，我们相信，它们在全世界的传播会类似于产 NDM-1 细菌在全世界的传播。OXA-204 是近来从一系列肺炎克雷伯菌分离株中被鉴定出，这些分离株来自与阿尔及利亚或突尼斯有联系的患者。与 OXA-48 相比，OXA-204 展现出 2 个氨基酸置换，并且预实验资料提示其底物轮廓与 OXA-48 的底物轮廓非常相似。OXA-232 已经在近来从法国的肺炎克雷伯菌分离株中被鉴定出，这些分离株来自已经从毛里求斯或印度转院回国的患者。与 OXA-48 相比，OXA-232 展现出 5 个氨基酸置换，但却只是 OXA-181 的一个点突变衍生物。预实验的结果再一次提示一个非常相似的水解谱。

即便是广泛存在的 bla_{KPC}、bla_{IMP}、bla_{VIM} 和 bla_{NDM} 碳青霉烯酶基因的前体仍不清楚，但一些 CHDL 的起源已经被鉴定出来。奥内达希瓦菌 MR-1 是从一个湖泊沉积物中被分离获得，它确实具有一个固有的 bla_{OXA-54} 基因，该基因编码的一种 β-内酰胺酶与 OXA-48 分享 92% 的氨基酸同一性（图 29-6）。近来，厦门希瓦菌（*Shewanella xiamenensis*）作为 $bla_{OXA-181}$ 基因的前体被鉴定出，在这个水生菌种的染色体上，完全同样的序列被鉴定出。更具有普遍性的是，希瓦菌菌种构成

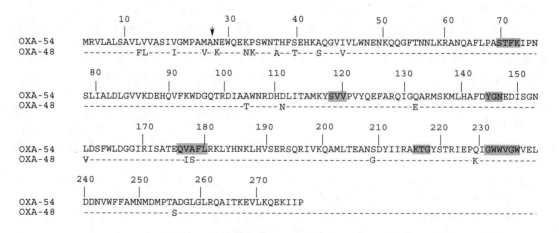

图 29-6　OXA-54 与 OXA-48 氨基酸序列的比较

（引自 Poirel L，Heritier C，Nordmann P. Antimicrob Agents Chemother，2004，48：348-351）

OXA-54 来自奥内达希瓦菌 MR-1，OXA-48 来自肺炎克雷伯菌临床分离株 11978。阴影氨基酸残基是苯唑西林酶家族的保守区域。计数采用 DBL 计数。垂直箭头提示成熟 β-内酰胺酶前导肽的裂解位点

了编码 CHDL 基因的储池。如果被动员到可移动元件上，它们或许导致在肠杆菌科细菌中碳青霉烯耐药的获得。因此，考虑到水生环境和非人致病菌的希瓦菌菌种是 bla_{OXA-48} 样基因的前体，人们或许推测，那些基因已经在环境中被动员了。

bla_{OXA-48} 型基因总是质粒来源的，并且已经被鉴定与参与它们获得和表达的插入序列有关联。bla_{OXA-48} 型基因目前的传播大多与一个单一的 IncL/M 型可自身转移质粒的散播有联系，该质粒大小为 62kb，并且不携带任何额外的耐药基因。OXA-48 型碳青霉烯酶已经从主要的北非国家、中东、土耳其和印度被鉴定出，那些国家和地区构成了最重要的储池。然而，产 OXA-48 细菌在欧洲国家的出现目前已经被很好地记录到，已经有一些感染暴发的报告。由于 OXA-48 样产生细菌不展现出对广谱头孢菌素类耐药，或仅仅表现出减少的对碳青霉烯的敏感性，因此它们的识别和检测是一个挑战。合理的筛选和检测方法因此被用来防止和控制它们的散播。事实上，OXA-48 非常差地水解头孢噻肟，但不会明显地水解头孢他啶和头孢吡肟。有趣的是，对于亚胺培南来说，OXA-48 是具有最高的已知催化效率的 D 类 β-内酰胺酶（k_{cat} 值为 $2s^{-1}$）。

三、D类碳青霉烯酶的分组

2006 年，鉴于具有水解碳青霉烯类特性的 D 类 β-内酰胺酶数量越来越多，所以 D 类碳青霉烯酶被分成 8 个组别或簇，并且它们与其他 D 类 β-内酰胺酶只是远相关，但在每一亚组成员之间的序列同一性≥92.5%，而属于不同簇酶之间的同一性相差 40%～70%。

第一亚组以 OXA-23 为代表，其成员包括 OXA-27 和 OXA-49 等。Walther-Rasmussen 提出，抗辐射不动杆菌被鉴定为获得性编码 CHDL 基因 bla_{OXA-23} 的祖先。在 1996 年到 1999 年，10 个非重复的奇异变形杆菌分离株在法国的一所教学医院被收集，它们均产生 OXA-23。这些分离株针对亚胺培南的 MIC 为 $0.25～0.5\mu g/mL$。分子学分型揭示出，这 10 个奇异变形杆菌分离株源自同样的克隆菌株。编码 OXA-23 的 bla_{OXA-23} 基因被发现位于染色体上。据推测，奇异变形杆菌最初一定是获得了一个编码 OXA-23 的质粒，但这个质粒在奇异变形杆菌中不能复制。bla_{OXA-23} 基因要想在奇异变形杆菌中保持，它一定要通过各种方式被插入染色体中。第二亚组以 OXA-24 为代表，成员包括 OXA-25、OXA-26、OXA-40 和 OXA-72 等。第三组由 OXA-51 家族酶构成，它们在 OXA 型碳青霉烯酶中组成了一个全新的门，并且这个簇也包括从

OXA-64 到 OXA-66、从 OXA-68 到 OXA-71 以及从 OXA-75 到 OXA-78。这些酶或许在鲍曼不动杆菌中是天然出现的。鲍曼不动杆菌完整基因组的测序分析揭示出一个染色体基因，它编码 OXA-69 酶。该酶与 OXA-40 和 OXA-23 分别分享 62% 和 56% 的氨基酸同一性，并且与 OXA-51 分享 97% 的同一性。因此，人们也习惯于将这个亚组称为 OXA-51/69 亚组。编码 OXA-51/69 衍生物的基因在从广泛分布的地理区域中恢复的鲍曼不动杆菌分离株的不同收集中被鉴定出。一些这样的变异体也已经在全世界广泛散播的碳青霉烯耐药鲍曼不动杆菌分离株中被鉴定出。多达 45 个 OXA-51/69 变异体目前被发现。由于非常多的和日益增加数量的 OXA-51/69 变异体被鉴定出，人们在此提出对于鲍曼不动杆菌所特有的这些 D 类 β-内酰胺酶来说另外一种命名法，这种命名法或许包括 OXA-AB（OXA-AB 中的 AB 是鲍曼不动杆菌的缩写），接着是一个数字，以及这个命名法或许以 OXA-51 被相继命名为 OXA-ab1 开始，接下来的酶被称为 OXA-ab2 等。OXA-58 代表着第四亚组，这个组只有一个成员。目前，这个决定子构成了最广泛传播的 CHDL，并且已经只是在不动杆菌菌种中被报告。bla_{OXA-58} 基因在鲍曼不动杆菌 MAD，以及在全世界被报告的大多数产 OXA-58 的鲍曼不动杆菌分离株中被发现是质粒来源的，包括那些在欧洲、阿根廷、澳大利亚和美国的分离株。OXA-58 常常与医院暴发有关联，并且已经参与到在法国、比利时、意大利、土耳其、希腊和美国的感染暴发。随着受伤的文职和军人开始从第二次中东战争返回医治以及在阿富汗的军队部署，人们注意到从皮肤和软组织感染中鲍曼不动杆菌的增加恢复。耐药与 OXA-23 和 OXA-58 这两种酶的表达有关联。OXA-97 和 OXA-98 都是 OXA-58 的一个点突变衍生物，它们分别是在突尼斯和新加坡的鲍曼不动杆菌中被鉴定出。编码 OXA-97 的基因是由质粒携带。第五亚组是以染色体编码的酶 OXA-55 和来自海藻希瓦菌的 OXA-SHE 为代表。来自肺炎克雷伯菌的质粒介导的 OXA-48 与来自奥内达希瓦菌的染色体介导的 OXA-54 构成第六亚组。在希瓦菌 SAR-2（从马尾藻海中收集到一种环境细菌）的一个完整基因组鸟枪法（whole genome shotgun，WGS）序列中，一个推定的 bla_{OXA} 和位于下游的 lysR 基因已经被鉴定出。这种 OXA-SAR2 酶与 OXA-48 的偏离程度只是在位于成熟酶的 N 末端部分的一个单一的氨基酸置换，这就意味着 OXA-SAR2 可能具有碳青霉烯酶活性。第七亚组和第八亚组分别以来自铜绿假单胞菌的 OXA-50 酶以及来自皮氏拉斯通菌的 OXA-60 酶为代表。

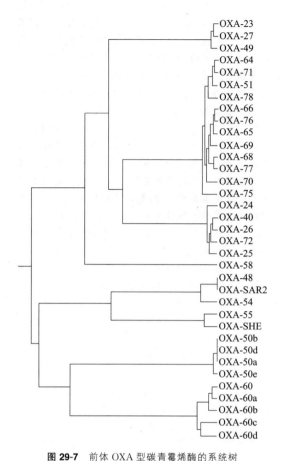

图 29-7　前体 OXA 型碳青霉烯酶的系统树

（引自 Walther-Rasmussen J，Hoiby N.

J Antimicrob Chemother，2006，57：373-383）

OXA-50（也被称为 PoxB）在一个低水平上水解β-内酰胺类，并且在铜绿假单胞菌中对 β-内酰胺类

天然耐药的表型上起不大的作用。OXA-50 衍生物已经在从不同地理区域内恢复的各种铜绿假单胞菌临床分离株中被鉴定出（图 29-7）。

在 2007 年，Queenan 和 Bush 将 OXA 碳青霉烯酶分成 9 个大的亚组，这是根据氨基酸同源性而分组的。新增的亚组 9 的 OXA-62 作为一种菌种特异性的苯唑西林酶被鉴定，它来自肺炎潘多拉菌（表 29-3）。

D 类碳青霉烯酶是快速发展的一类 β-内酰胺酶。在 2006 年，已经鉴定出 45 个 OXA 型酶呈现出水解碳青霉烯的活性，这与其他 D 类 β-内酰胺酶形成对比。到了 2010 年，60 多个 CHDL 已经被鉴定出。到了 2013 年，仅仅 OXA-51 亚组酶就已经超过几十个。OXA-134 组酶也是属于天然出现的 CHDL。OXA-134 组是一个全新组别的 CHDL，具有 7 个成员。它们的氨基酸同一性从 92.4% 到 99.3% 不等，彼此相差 2～21 个氨基酸。非常近来，全新的 CHDL OXA-143 在一个临床的鲍曼不动杆菌分离株中被鉴定出，该分离株已经在巴西被恢复。它与 OXA-40 分享 88% 氨基酸同一性，与 OXA-23 分享 63% 氨基酸同一性以及与 OXA-58 分享 52% 氨基酸同一性。因此，它或许类似于在鲍曼不动杆菌中被遇到的 CHDL 的一个新亚组，并且参与在那个菌种的碳青霉烯耐药。其底物轮廓与其他 CHDL 的底物轮廓相似，并且对应的基因不是整合子或转座子携带的，但可能被一个同源重组过程所获得。

在 2010 年，Poirel 等系统地介绍了各种 D 类 β-内酰胺酶，包括广谱 β-内酰胺酶，超广谱 β-内酰胺酶以及 CHDL（表 29-4）。

表 29-3　β-内酰胺酶的 OXA 家族的碳青霉烯酶亚组

簇	酶亚家族	其他 OXA 成员
1	OXA-23(ARI-1)	OXA-27,OXA-49
2	OXA-24	OXA-25,OXA-26,OXA-40,OXA-72
3	OXA-51	OXA-64 到 OXA-71,OXA-75 到 OXA-78,OXA-84,OXA-86 到 OXA-89,OXA-91,OXA-92,OXA-94,OXA-95
4	OXA-58	无
5	OXA-55	OXA-SHE
6	OXA-48	OXA-54,OXA-SAR2,OXA-181
7	OXA-50	OXA-50a 到 OXA-50d,PoxB
8	OXA-60	OXA-60a 到 OXA-60d
9	OXA-62	无

注：引自 Queenan A M，Bush K. Clin Microbiol Rev，2007，20：440-458。

表 29-4　CHDL 的特征

名字[①]	别名	类型	最初宿主	A 或 N[②]	相关联的可移动元件	
					Tn 或 IS	In[③]
OXA-23		CHDL	鲍曼不动杆菌	A	Tn*2006* / Tn*2007*	—
OXA-24	OXA-40	CHDL	鲍曼不动杆菌	A		—
OXA-25		CHDL	鲍曼不动杆菌	A		—
OXA-26		CHDL	鲍曼不动杆菌	A		—
OXA-27		CHDL	鲍曼不动杆菌	A		—
OXA-33	OXA-40	CHDL	鲍曼不动杆菌	A		—
OXA-40		CHDL	鲍曼不动杆菌	A		—
OXA-48		CHDL	肺炎克雷伯菌	A	Tn*1999*	—
OXA-49		CHDL	鲍曼不动杆菌	A		—
OXA-50		CHDL	铜绿假单胞菌	N		—
OXA-51	OXA-ab1	CHDL	鲍曼不动杆菌	A		—
OXA-54		CHDL	奥内达希瓦菌	N		—
OXA-55		CHDL	海藻希瓦菌	N		—
OXA-58		CHDL	鲍曼不动杆菌	N		—
OXA-62		CHDL	驻肺潘多拉菌	N		—
OXA-64	OXA-ab2	CHDL	鲍曼不动杆菌	N		—
OXA-65	OXA-ab3	CHDL	鲍曼不动杆菌	N		—
OXA-66	OXA-ab4	CHDL	鲍曼不动杆菌	N		—
OXA-67	OXA-ab5	CHDL	鲍曼不动杆菌	N		—
OXA-68	OXA-ab6	CHDL	鲍曼不动杆菌	N		—
OXA-69	OXA-ab7	CHDL	鲍曼不动杆菌	N		—
OXA-70	OXA-ab8	CHDL	鲍曼不动杆菌	N		—
OXA-71	OXA-ab9	CHDL	鲍曼不动杆菌	N		—
OXA-72		CHDL	鲍曼不动杆菌	A		—
OXA-73		CHDL	肺炎克雷伯菌	A		—
OXA-75	OXA-ab10	CHDL	鲍曼不动杆菌	N		—
OXA-76	OXA-ab11	CHDL	鲍曼不动杆菌	N		—
OXA-77	OXA-ab12	CHDL	鲍曼不动杆菌	N		—
OXA-78	OXA-ab13	CHDL	鲍曼不动杆菌	N		—
OXA-79	OXA-ab14	CHDL	鲍曼不动杆菌	N		—
OXA-80	OXA-ab15	CHDL	鲍曼不动杆菌	N		—
OXA-82	OXA-ab16	CHDL	鲍曼不动杆菌	N		—
OXA-83	OXA-ab17	CHDL	鲍曼不动杆菌	N		—
OXA-84	OXA-ab-18	CHDL	鲍曼不动杆菌	N		—
OXA-86	OXA-ab19	CHDL	鲍曼不动杆菌	N		—
OXA-87	OXA-ab20	CHDL	鲍曼不动杆菌	N		—
OXA-88	OXA-ab21	CHDL	鲍曼不动杆菌	N		—
OXA-89	OXA-ab22	CHDL	鲍曼不动杆菌	N		—
0XA-90	OXA-ab23	CHDL	鲍曼不动杆菌	N		—
OXA-91	OXA-ab24	CHDL	鲍曼不动杆菌	N		—
OXA-92	OXA-ab25	CHDL	鲍曼不动杆菌	N		—
OXA-93	OXA-ab26	CHDL	鲍曼不动杆菌	N		—
OXA-94	OXA-ab27	CHDL	鲍曼不动杆菌	N		—
OXA-95	OXA-ab28	CHDL	鲍曼不动杆菌	N		—
OXA-96		CHDL	鲍曼不动杆菌	A		—
OXA-97		CHDL	鲍曼不动杆菌	A		—
OXA-98	OXA-ab29	CHDL	鲍曼不动杆菌	N		—
OXA-99	OXA-ab30	CHDL	鲍曼不动杆菌	N		—

续表

名字①	别名	类型	最初宿主	A 或 N②	相关联的可移动元件	
					Tn 或 IS	In③
OXA-102		CHDL	抗辐射不动杆菌	N		—
OXA-103		CHDL	抗辐射不动杆菌	N		—
OXA-104	OXA-ab31	CHDL	鲍曼不动杆菌	N		—
OXA-105		CHDL	抗辐射不动杆菌	N		—
OXA-106	OXA-ab32	CHDL	鲍曼不动杆菌	N		—
OXA-107	OXA-ab33	CHDL	鲍曼不动杆菌	N		—
OXA-108	OXA-ab34	CHDL	鲍曼不动杆菌	N		—
OXA-109	OXA-ab35	CHDL	鲍曼不动杆菌	N		—
OXA-110	OXA-ab36	CHDL	鲍曼不动杆菌	N		—
OXA-111	OXA-ab37	CHDL	鲍曼不动杆菌	N		—
OXA-112	OXA-ab38	CHDL	鲍曼不动杆菌	N		—
OXA-113	OXA-ab39	CHDL	鲍曼不动杆菌	N		—
OXA-115	OXA-ab40	CHDL	鲍曼不动杆菌	N		—
OXA-128		CHDL	鲍曼不动杆菌	N		+
OXA-133		CHDL	抗辐射不动杆菌	N		—
OXA-134		CHDL	鲁氏不动杆菌	N		
OXA-143		CHDL	鲍曼不动杆菌	A		

①这个命名与 G. Jacoby 在 the Lahey website 上提供的命名是一致的。②A—获得性；N—天然的。③＋表示苯唑西林酶基因被发现与一个整合子来源的基因盒有关联，－表示这个基因与一个整合子来源的基因盒无关联。

注：引自 Poirel L，Naas T，Nordmann P. Antimicrob Agents Chemother，2010，54：24-38。

第三节　D 类碳青霉烯酶的底物特征

与金属 β-内酰胺酶相比，CHDL 提供的碳青霉烯耐药水平要低得多。特别要提出的是，这些酶对美罗培南的水解不总是能检测到。将 bla_{OXA-23} 和 bla_{OXA-58} 基因的天然质粒分别转化到一个碳青霉烯敏感的鲍曼不动杆菌参考菌株中，这一过程证实了 OXA-23 和 OXA-58 产生对亚胺培南耐药具有影响，亚胺培南 MIC 增高。bla_{OXA-24} 基因的破坏恢复对亚胺培南和美罗培南的敏感性。Queenan 和 Bush 曾报告，碳青霉烯类被 CHLD 水解的水平仍然是低的，这是由于这些酶差的周转。一般来说，亚胺培南的水解即便是低的，但也快于对美罗培南的水解。通常，对于亚胺培南的 K_m 值是低的，这就提示 CHDL 对那种底物具有非常高的表观（apparent）亲和力。由于这些特殊的性质，这些酶对于表型耐药精确的贡献一直存在着争议。然而，近来采用基因敲除或互补作用实验已经证实，获得性 CHDL 如在鲍曼不动杆菌中被鉴定出的 OXA-23、OXA-40 和 OXA-58 明显地贡献碳青霉烯耐药。不过，各种 CHDL 对鲍曼不动杆菌临床分离株的碳青霉烯耐药的确切贡献还存在着一些

争议，争议不是影响的有无，而是影响程度的高低。当然，一些研究也证实了鲍曼不动杆菌天然表达的外排系统（如 AdeABC）也参与针对碳青霉烯的耐药。

这些 CHDL 的水解轮廓彼此非常相似，除了青霉素类以外，它们还水解亚胺培南和美罗培南，不过活性较弱。例如，OXA-23 具有弱的碳青霉烯酶活性（相对 V_{max} 相当于针对青霉素的 1％～3％）。需要特别强调的是，这些 CHDL 均不能明显地水解超广谱头孢菌素类和氨曲南，这就提示目前已知的 D 类 β-内酰胺酶不能够将水解超广谱和水解碳青霉烯特性结合起来。如果其他碳青霉烯耐药机制如不通透性和外排泵存在的话，这些酶可以导致碳青霉烯类耐药。已经有那样的苯唑西林酶参与院内感染暴发的报道。CHDL 的活性被克拉维酸差地抑制，这对于苯唑西林酶来说是一种不常见的性质，但 OXA-23 除外，OXA-23 对克拉维酸耐药。但在体外被氯化钠不同水平低抑制。OXA-24 和 OXA-27 水解青霉素和头孢噻啶，而对苯唑西林和氯唑西林的水解则不能检测到。

OXA-48 算是 CHDL 中的一个另类，它产自肺炎克雷伯菌，质粒介导。OXA-48 同样也水解青霉素类，也是在一个低水平上水解亚胺培南，但不具有针对拓展谱的头孢菌素类的水解活性。不过，

在所有 CHDL 中，OXA-48 具有针对亚胺培南最高的已知催化效率（k_{cat} 值为 $2s^{-1}$）。

第四节　D类碳青霉烯酶的结构特征和水解机制

D类 β-内酰胺酶家族的成员已经超过 250 个，包括 OXA-1 和 OXA10 那样的广谱酶，OXA-11 和 OXA-18 那样的 ESBL 以及 OXA-24、OXA-51、OXA-58 和 OXA-48 那样的 CHDL。整体而言，D类 β-内酰胺酶在序列上具有高度的多样性，并且展示出与 A 类和 C 类酶非常低水平的同源性。尽管如此，晶型结构揭示出，在这三个类别中，拓扑折叠是保守的，并且在 D 类酶内拓扑折叠也是高度保守的。这种折叠由两个域构成：一个是相当扁平的中心性 β 折叠片，它被 α 螺旋所围绕，另一个是全螺旋域。活性部位在两个域的分界面的深部被发现，它主要由一个短的 3_{10} 螺旋和 β 链 β5 所形成，这个短的 3_{10} 螺旋是在 α 螺旋的 α4 和 α5 之间的一个环。这些活性部位的一个壁在 A 类和 C 类 β-内酰胺酶中也能被观察到，它由长度不等的一个环构成，通常被称为 "Ω 环"。并不令人吃惊的是，那些在 D 类酶中高度保守的残基（如，丝氨酸67、赖氨酸70、丝氨酸115、缬氨酸117、色氨酸154、亮氨酸155、赖氨酸205 和甘氨酸207）以及在所有的 A 类、C 类和 D 类酶中无处不在的残基都在这些结构元件中被发现。

A 类和 C 类酶均是单聚体 β-内酰胺酶。与此形成对比的是，D 类酶既能是单聚体的，也能是二聚体的。二聚体酶如 OXA-10、OXA-46 和 OXA-48 的广泛结构分析显示出二聚体形成的一个相似的模式，它是被 α9 和 β4 所介导。OXA-1 和 OXA-24/40 在 D 类组别中是截然不同的亚家族成员，它们被显示是单聚体的。

D 类 β-内酰胺酶的疏水性质对于促进一个不同寻常的翻译后修饰的形成必不可少：一个活性部位赖氨酸的羧基化形成了一个氨基甲酸酯功能基团。氨基甲酸酯被认为可结合和定向金属离子，但在极少情况下，它们参与到底物结合上（丙氨酸消旋酶），或者直接参与到催化上（核酮糖-5-磷酸羧化酶）。赖氨酸羧基化首先是在 OXA-10 的晶型结构中被观察到，并且此后已经在 OXA-1、OXA-24/40、OXA-46 和 OXA-48 中被观察到。OXA-24 也是 CHDL 中的一个代表酶，Santillana 等已经在 2.5Å 分辨率上确定了它的晶型结构。OXA-24 大约维度是 58Å×46Å×38Å，并且在结构上，它涉及一个 α/β 折叠，其中各种螺旋被暴露到中心 β-片层核心的周围溶媒中。OXA-24 分子能被分成两个域，一个螺旋域和一个 α/β 结构，它含有一个中心 6 链反向平行的 β-片层。N 和 C 末端螺旋（α1 和 α9）能被发现在这个 β-片层的一端，有一个单一的 3_{10} 螺旋（α3）在另一端。活性部位总体上带有正电荷，位于 β-片层和螺旋亚域之间的交界面上（图 29-8）。

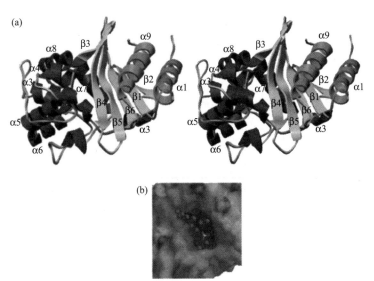

图 29-8　水解碳青霉烯的 D 类苯唑西林酶 OXA-24 的结构（见文后彩图）

（引自 Santillana E，Beceiro A，Bou G，et al. Proc Natl Acad Sci USA，2007，104：5354-5359）

（a）显示 OXA-24 总体折叠的立体示图，不同颜色代表着两个不同的结构域：α 螺旋域显示为深蓝色，在混合的 α/β 域，β 折叠片显示为蓝绿色以及 α 螺旋显示为橘黄色；（b）隧道样活性部位入口的表面电势，其中蓝色为正电荷，红色为负电荷，硫酸离子和水分子被显示为球-杆模型

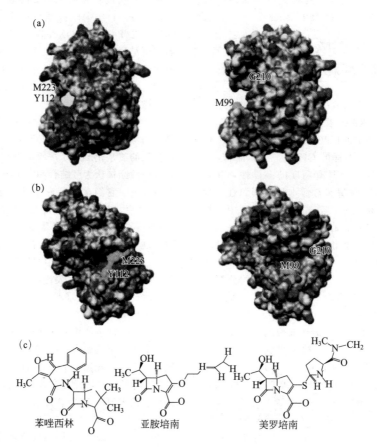

图 29-9 OXA-24 的碳青霉烯专一性的获得（见文后彩图）

（引自 Santillana E，Beceiro A，Bou G，et al. Proc Natl Acad Sci USA，2007，104：5354-5359）

（a）和（b）OXA-24（左侧）和 OXA-10（右侧）在两个不同方向的表面电势，正电荷为蓝色，负电荷为
红色。残基酪氨酸 112 和甲硫氨酸 223 以及在 OXA-10 上的同等残基甲硫氨酸 99 和甘氨酸 210 被显示为绿色。
在 OXA-24（左侧），这两个关键残基的相对方向特定地限定了催化结合部位入口的边界，
而在 OXA-10，裂隙是完全开放的。（c）相关抗生素的结构

表 29-5 野生型 OXA-24 和精选出各种突变体针对抗生素的 MIC 　　　　　单位：μg/mL

抗生素	野生型 OXA-24	Y112A	M223A	双突变体	pAT-RA
氨苄西林	＞256	＞256	＞256	＞256	＞256
亚胺培南	32	4	16	4	0.5
美罗培南	64	1	16	0.5	0.25

注：1. 引自 Santillana E，Beceiro A，Bou G，et al. Proc Natl Acad Sci USA，2007，104：5354-5359。

2. 野生型 OXA-24 为鲍曼不动杆菌转化体产生的酶。

3. 双突变体是指 Y112A＋M223A。

4. pAT-RA 为阴性对照。

　　尽管 OXA-24 具有相当温和的针对碳青霉烯类的 k_{cat} 值（＜1s^{-1}），但极其低的 K_m 值（＜20nmol/L）同样会导致临床相关的耐药水平。根据 OXA-24 的晶型结构，碳青霉烯结合专一性的一个令人信服的模型已经被提出。在这个模型中，一对氨基酸残基（酪氨酸 112 和甲硫氨酸 223）凸现出来，它们直接与碳青霉烯耐药相关并且赋予碳青霉烯酶独特的结构特征。这两个关键残基的相对方向限定了催化结合位点的进入，强调了达到最佳识别中抗生素合适定位的重要性。进而，朝向活性部位裂隙更底部的 β4-β5 环在构象上的一个改变部分地阻断通道的底部，起到一个翻盖的作用，这就创

造出一个疏水核（图29-9）。

最后，为了证实这个结构模型有效并且为了阐明酪氨酸112和甲硫氨酸223残基如何参与到碳青霉烯专一性，结构突变体被构建。结构和诱发突变研究证实，酪氨酸112和甲硫氨酸223对于OXA-24的碳青霉烯酶活性是重要的。就碳青霉烯类抗生素而言，当野生型OXA-24在鲍曼不动杆菌中被表达时，清晰无误的亚胺培南和美罗培南耐药被观察到。尽管甲硫氨酸223→丙氨酸置换轻度降低碳青霉烯的MIC值，但酪氨酸112→丙氨酸突变体显著降低亚胺培南和美罗培南的MIC值。当这两个氨基酸改变一起被引入野生型OXA-24时，亚胺培南MIC降至4μg/mL，而美罗培南MIC实际上降至基线水平（表29-5）。

OXA-24底物专一性的决定因素被其他亚组CHDL所分享，后面这些CHDL主要在鲍曼不动杆菌中被表达，并且以OXA-23、OXA-51和OXA-58为代表，它们或是质粒来源，或是染色体编码。实际上，所有CHDL都具有一个芳香族氨基酸残基（酪氨酸或苯丙氨酸），它们所处的位置等同于在OXA-24序列的酪氨酸112的位置。第二个关键残基在位置223上，在OXA-24是甲硫氨酸，这个位置上的氨基酸残基可以容纳或是甲硫氨酸，或是色氨酸。在CHDL，在这两个关键残基的氨基酸相似性足够高，以至于人们建议它们对于隧道样活性部位的构建极为关键，而这样的活性部位能够特异性地容纳碳青霉烯类的6-α-羟乙基侧链，而不能容纳在β-内酰胺环的位置6上具有更庞大基团的抗生素，如苯唑西林、氯唑西林和甲氧西林。

2009年，Docquier报告了OXA-48的一个高分辨率的晶型结构。令人吃惊的是，在与OXA-24对比后发现，OXA-48的结构与OXA-10相似，但后者缺乏碳青霉烯酶活性，由此说明这些碳青霉烯类化合物的水解可以依赖于活性部位区域的轻度改变。况且，OXA-48的活性部位沟槽无论在形状、维度还是电荷分布上都与OXA-24不同。OXA-48活性部位位于一个窄的裂隙中，该裂隙大小大约为5Å×10Å×20Å（宽度、深度和长度），位于两个域之间，一端靠近精氨酸214（β5-β6环），另一端靠近异亮氨酸102（α3-α4环）。分子学动力学指出，一些位于或靠近β5-β6环的残基与OXA-48的功能具有关联性，并且允许人们提出OXA-48水解碳青霉烯的一种机制。尽管具有突出的序列趋异（25%～48%同一性残基），OXA-48三级结构还是与已知晶型结构的其他D类β-内酰胺酶的三级结构非常相似。小的差别主要位于连接二级结构的环上，它们在长度上和方向上各不相同。OXA-48的一个突出特征是β5-β6环采取的一个特殊构象，它延伸到活性部位裂隙的外部，改变其电荷分布，缩短其宽度到5.5Å，而在OXA-10这个宽度是8.2Å。这一构象或许被精氨酸214和Ω环上的天冬氨酸159残基相互作用而强化。如此一来，β5-β6环限定了一个相当疏水的腔，在那里，一些结晶水分子被发现，它们靠近底物结合部位，并且能够达到酰基-酶键，以便执行导致脱酰化步骤的亲核攻击。

第五节　D类碳青霉烯酶的遗传学支持

源自抗辐射不动杆菌染色体的bla_{OXA-23}基因或许被动员到质粒上，通过不同的遗传结构扩散进入鲍曼不动杆菌中，如被两个IS$Aba1$元件所形成的复合转座子Tn2006。一些分析和观察已经提示，属于IS4家族的IS$Aba1$元件常常在bla_{OXA-23}基因的上游被鉴定出，不管这些分离株来自哪个国家或地区。此外，另一个属于IS982家族的插入序列元件IS$Aba4$近来在来自法国和阿尔及利亚的鲍曼不动杆菌临床分离株中被鉴定出。这些IS元件在bla_{OXA-23}基因上游的存在提示，它们或许通过提供启动子序列而促进bla_{OXA-23}基因表达，并且恐怕它们也在基因获得过程中起作用。另一个可能的情况是，IS$Aba4$被发现以一个单一的拷贝存在于bla_{OXA-23}基因的上游。已经有研究报告建议，OXA-23（ARI-1）产生的接合型转移曾有报告，但其他型的转移还没有被获得，这或是因为它们的基因位于非接合型元件上，或是因为采用了不合适的受体。尽管bla_{OXA-23}在一个典型的整合子上没有被发现，但一个与已知的59-be相似的有缺陷的逆向重复序列，以及在这个基因的5'-和3'-末端的2个GTTA序列重组位点，在其位于3'-的下游区域被鉴定出，这就建议bla_{OXA-23}是基因盒的一种形态。

bla_{OXA-40}样基因似乎常常是染色体编码的，但这些基因的遗传环境仍不清楚。近来业已证实，bla_{OXA-40}基因在不动杆菌菌种中及假单胞菌菌种中是质粒来源的，这就会提示这些基因在不相关的革兰阴性菌菌种中被传播的潜力。在一些分离株中，围绕着bla_{OXA-40}基因各种序列的鉴定特性还没有提供可动员元件的证据，如插入序列、转座子和整合子，这与在铜绿假单胞菌中被鉴定出的大多数苯唑西林酶基因形成对比，后者常常是整合子来源的。

许多携带有bla_{OXA-58}基因的分离株同时携带有插入序列（IS$Aba1$、IS$Aba2$和IS$Aba3$），后者与增加的碳青霉烯酶产生有关联，并且因而证实了更高水平的碳青霉烯耐药。在一份报告中，增加的基因拷贝数量也与一个更高水平的碳青霉烯产生以及增加的表型碳青霉烯耐药有关联。只是在不动杆菌菌种分离株中已经被鉴定出的 bla_{OXA-58} 基因一直与各种不同的遗传结构有关联。通过分析一系列 OXA-58 阳性的鲍曼不动杆菌分离株（在不同的国家被恢复，如法国、西班牙、罗马尼亚、希腊和土耳其），11 个截然不同的结构被鉴定出。尽管如此，它们总还是有共同的特征，因为 bla_{OXA-58} 基因总是被两个 ISAba3 元件夹括起来。bla_{OXA-58} 基因上游的这个 ISAba3 拷贝，以及其他插入序列如 IS18、ISAba1 和 ISAba2 或许提供启动子序列，它们在 bla_{OXA-58} 基因的表达上起作用。研究证实，对于鲍曼不动杆菌分离株 MAD（一直是在一所法国的医院中暴发的起源）来说，包含 ISAba2-bla_{OXA-58}-ISAba3 片段的完整的结构非常可能已经通过一个重组过程被整合进入这个质粒骨架中。在 2006 年，Poirel 和 Nordmann 报告了在一系列 OXA-58 阳性鲍曼不动杆菌中围绕着 bla_{OXA-58} 基因的遗传结构的鉴定结果。结果显示，在大多数情况下，含有 bla_{OXA-58} 基因整体结构（包括插入序列元件）的获得可能是重组事件的结果。在鲍曼不动杆菌菌株 MAD，围绕着 bla_{OXA-58} 基因的遗传结构被两个 27bp 重复序列包夹。一个克隆相关的，OXA-58 阴性的鲍曼不动杆菌分离株而被分离出来，它具有如同鲍曼不动杆菌 MAD 的质粒骨架，但缺乏这个 bla_{OXA-58} 基因结构，这就提示 bla_{OXA-58} 基因获得的机制可能是可逆的。在鲍曼不动杆菌 MAD 鉴定出的一些结构部分在其他来自各个欧洲国家的 bla_{OXA-58} 基因阳性分离株中是保守的（图 29-10）。引物延伸实验显示，bla_{OXA-58} 基因表达与不同插入序列元件带来的启动子序列有关，如一个 ISAba3 样元件 ISAba1、ISAba2 和 IS18。

在鲍曼不动杆菌中，在一些天然发生的 OXA-51/69 样苯唑西林酶的产生与碳青霉烯耐药之间存在着一种关联性。尽管这些酶水解碳青霉烯类的能力相对较弱，但已经被显示，这些苯唑西林酶有时被过度表达，导致针对碳青霉烯类降低的敏感性水平。这个观察与 ISAba1 元件在 $bla_{OXA-51/69}$ 样基因上游的存在有关联。ISAba1 在英国的鲍曼不动杆菌的所有的广泛流行的克隆中都被发现。在一项研究中，所有被研究的分离株都具有一个 bla_{OXA-51} 样碳青霉烯酶基因；一些分离株也具有 bla_{OXA-23} 样和/或 bla_{OXA-58} 样基因。在具有 bla_{OXA-51} 样作为唯一的碳青霉烯酶基因的分离株中，只有那些具有邻接 bla_{OXA-51} 样的 ISAba1 的分离株对碳青霉烯耐药。在 bla_{OXA-51} 样序列上的轻微差别在耐药和敏感的分离株中被观察到。此外，具有 bla_{OXA-23} 样的分离株总是对碳青霉烯类耐药；在所有这些分离

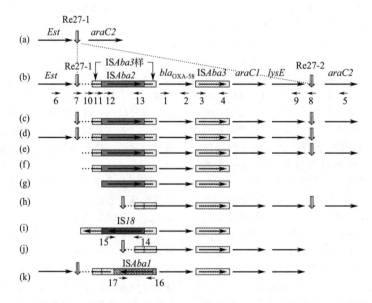

图 29-10　在各个鲍曼不动杆菌分离株中鉴定出的 bla_{OXA-58} 阳性结构的示意图

（引自 Poirel L，Nordmann P. Antimicrob Agents chemother，2006，50：1442-1448）

（a）在两个 bla_{OXA-58} 阴性分离株中鉴定出的结构；（b）来自鲍曼不动杆菌 MAD 的结构；（c）～（k）在其他分离株中作图的结构。水平箭头提示基因及其对应的转录方向。水平点线提示将被截短的 ISAba3 元件和 Re27-1 重复序列分隔开的序列。两个不同的转录调节子基因（araC1 和 araC2），苏氨酸外排蛋白基因（LysE）以及酯酶基因（Est）也被提示。已经被获得或丢失的整个基因结构采用圆点线提示

株中，ISAba1 都位于 bla_{OXA-23} 样基因的上游，但与 bla_{OXA-51} 样基因没有关联。这些结果建议，ISAba1 正为 bla_{OXA-51} 样基因并且可能也为 bla_{OXA-23} 样基因提供启动子。人们还不清楚为什么在缺乏额外的碳青霉烯酶的情况下，一些分离株对碳青霉烯敏感，而另一些分离株对碳青霉烯耐药。一个令人信服的解释或许是被插入序列的调节，这些插入序列编码转座酶（致使它们可移动）并且已经被发现影响到邻接基因的表达。一个潜在的"候选者"就是 ISAba1，它属于 IS4 家族，并且已经被发现存在于不动杆菌菌种的 $ampC$、bla_{OXA-23}、bla_{OXA-27} 和 $sulII$ 抗生素耐药基因的上游。

bla_{OXA-48} 基因是质粒编码的并且与一个整合子不相关，这与大多数苯唑西林酶基因形成了对比。一个插入序列 IS1999 被发现邻接 bla_{OXA-48} 基因的上游。bla_{OXA-48} 基因已经被鉴定出与在肺炎克雷伯菌的插入序列 IS1999 有关联。这个 bla_{OXA-48} 基因是复合转座子 Tn1999 的一部分，由两个 IS1999 的拷贝构成。位于 bla_{OXA-48} 基因上游的拷贝为 bla_{OXA-48} 基因的表达提供启动子。后来，转座子 Tn1999.2 从伊斯坦布尔的肺炎克雷伯菌中被鉴定出，两者的不同在于 IS1R 的插入。事实上，IS1R 已经定位于 bla_{OXA-48} 基因上游的区域，因此通过提供强启动子序列而促进表达。有趣的是，与那些具有 Tn1999 的分离株相比，藏匿该 Tn1999.2 结构的分离株展现出更高的碳青霉烯类的 MIC。近来，Tn1999 的第三个同源体在一个来自意大利的大肠埃希菌分离株中被鉴定出，具有 IS1R 的第二个拷贝位于 bla_{OXA-48} 基因的上游。到目前为止，bla_{OXA-48} 样基因的获得只是在肠杆菌科细菌中被鉴定出，但还从未在其他革兰阴性菌中被发现，如鲍曼不动杆菌和铜绿假单胞菌，即便其他 CHDL 编码基因在那些菌种中被鉴定出。这种转移到非肠道细菌中能力的缺乏或许被携带 bla_{OXA-48} 样基因质粒的窄宿主范围解释。一些研究最初报告，bla_{OXA-48} 基因位于大约 70kb 的质粒上，这些质粒可自身转移并且不携带任何其他的耐药决定子。近年来，人们对携带 bla_{OXA-48} 基因的质粒 pOXA-48a 进行完全测序，这个质粒是于 2001 年在土耳其的伊斯坦布尔的一个肺炎克雷伯菌分离株中被恢复的。序列分析揭示出，该质粒是一个 62.3kb 的 IncL/M 型质粒主链，Tn1999 复合转座子已经插入这个质粒上。IncL/M 质粒在肠杆菌科细菌中是常见的，并且已经参与各种抗生素耐药基因的获得。IncL/M 质粒属于广宿主范围质粒，在欧文菌菌种、罗尔斯通菌菌种以及假单胞菌菌种中被鉴定出。质粒 pOXA-48a 在肠道细菌中的接合率相当高，为 3.3×10^{-5}。分子学研究显示，质粒 pOXA-48a 在所有的产 OXA-48 分离株中被鉴定出，这些分离株从许多国家中被恢复。这个观察是值得注意的，因为它提示，OXA-48 产生细菌目前的传播与不同的肠道细菌分离株中的一个单一质粒的传播相关。

Potron 等于 2011 年报告了 OXA-48 亚组中一个重要成员 OXA-181 的特性鉴定结果。$bla_{OXA-181}$ 基因位于一个 7.6kb 的 ColE 型质粒上。插入序列 ISEcp1 在 $bla_{OXA-181}$ 基因的上游被鉴定出。有趣的是，$bla_{OXA-181}$ 基因的获得被联系到 ISEcp1 上，后者是传播 ESBL 以及质粒介导的 AmpC β-内酰胺酶的一个非常高效的遗传媒介，如 bla_{CTX-M}、bla_{CMY} 和 bla_{ACC} 基因。$bla_{OXA-181}$ 基因是一个全新的 3139bp 潜在转座子 Tn2013 的一部分，侧翼是一个靶位位点的 5bp 重复（ATATA），这是转座事件的一个标志（图 29-11）。这个 ISEcp1 介导的 $bla_{OXA-181}$ 的终于一端（one-ended）转座也被证实。

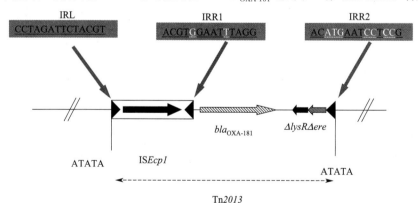

图 29-11　转座子 Tn2013 结构示意图

（引自 Potron A，Nordmann P，Lafeuille E，et al. Antimicrob Agents Chemother，2011，55：4896-4899）

ORF 被显示为箭头或方框，内有箭头提示编码序列的方向。IRL、IRR1 和
IRR2 基序被提示（黑色碱基对完全一样，白色碱基对不同）

环境细菌或许携带有赋予对抗生素耐药的染色体基因，这是免受产抗生素土壤细菌攻击的一种保护措施。亚胺培南是噻烯霉素的一种 N-亚胺甲基衍生物，噻烯霉素则是土壤细菌牲畜链霉菌或卡特利链霉菌（*Streptomyces cattleya*）的一种天然产物。因此，拥有水解碳青霉烯的酶对于细菌来说是有益的。因为这种天然选择压力的存在，细菌可能最初已经进化出具有碳青霉烯酶活性的酶，或者它们可能已经从其他细菌中通过作为媒介如质粒而获得了这些基因。这些基因或是已经保留在质粒上，或者已经相继通过重组、复合整合或转座而被插入染色体上。这些发现强烈建议，亚胺培南的临床使用不是造成 A 类和 D 类碳青霉烯酶进化的原因，这些酶可能在亚胺培南使用之前很久就存在于细菌之中。

第六节　D 类碳青霉烯酶的流行病学

一、OXA-48 以外 D 类碳青霉烯酶的流行病学

尽管产 OXA-23 的鲍曼不动杆菌在 1985 年就被分离获得，但绝大多数 OXA 型碳青霉烯酶还是在 20 世纪 90 年代后期被陆续鉴定出来，其中流行程度较高的 OXA-48 是在进入 21 世纪之后才被发现。总的来说，在各种碳青霉烯酶中，D 类碳青霉烯酶的流行程度还不是很高，迄今为止还鲜有大规模感染暴发的报告。

早在 1999 年，多个碳青霉烯耐药的鲍曼不动杆菌临床分离株就从 8 名患者被获得，这些患者来自巴西库里提巴的两家医院，这些分离株表现出多药耐药，属于一个单一的菌株，并且产生 OXA-23 碳青霉烯酶。这一鲍曼不动杆菌菌株造成了 5 名患者死亡，这也是产 OXA 型碳青霉烯酶在巴西的第一次报告。在 2003 年，王辉等报告了北京协和医院鲍曼不动杆菌对亚胺培南耐药性变迁及其耐药机制的研究成果。结果显示，在 1999 年到 2001 年期间，鲍曼不动杆菌对亚胺培南的耐药率分别为 8.5%、1.8% 和 3.9%。在被研究的 9 个分离株均不含有质粒，也不产生任何 IMP 和 VIM 型金属酶，但这些分离株却产生 OXA-23。在当时，产 OXA-23 型酶是该院鲍曼不动杆菌对碳青霉烯耐药的主要机制之一。俞云松等于 2004 年报告，从 2000 年 10 月到 2002 年 9 月，一共有 45 个碳青霉烯（包括亚胺培南和美罗培南）耐药的乙酸钙-鲍曼不动杆菌复合物分离株从浙江大学第一附属医院被分离获得。其中，只有一个分离株产生 OXA-

23，所有分离株都不产生金属 β-内酰胺酶。Poirel 等开展的一项研究包括了 48 个非重复分离株，有 46 个鲍曼不动杆菌分离株、2 个琼氏不动杆菌分离株，选择的标准是对碳青霉烯类不敏感（MIC ≥ 8 μg/mL）。这些分离株是从 1997 年 2 月到 2004 年 3 月从住院患者中收集到的，这些患者来自 6 个欧洲国家，如法国、希腊、意大利、罗马尼亚、西班牙和土耳其。在 42 个表现出水解亚胺培南的鲍曼不动杆菌分离株中有 22 个分离株携带有 $bla_{\text{OXA-58}}$ 基因，其中来自罗马尼亚的 15 个分离株中有 11 个分离株携带有 $bla_{\text{OXA-58}}$ 基因。来自西班牙的 17 个水解亚胺培南的鲍曼不动杆菌分离株中有 9 个分离株携带有 $bla_{\text{OXA-40}}$ 基因，来自罗马尼亚的 3 个分离株携带有 $bla_{\text{OXA-23}}$ 基因。本研究显示，OXA-58 在来自南欧、土耳其中部和巴尔干地区不动杆菌菌种中广泛分布，是最常见的 OXA 型碳青霉烯酶。在 2003 年 1 月到 8 月期间，在韩国釜山的一所大学医院暴发了一次产 OXA-23 鲍曼不动杆菌所致感染，涉及 36 个感染病例。本研究一共检测了 52 个亚胺培南耐药的鲍曼不动杆菌分离株，其中有 36 个鲍曼不动杆菌菌株均产生 OXA-23，它们都是单一的 PFGE 克隆。余下的不产 OXA-23 的分离株或许是由于其他的耐药机制所致，如减少的通透性、PBP 改变和/或 OXA-58 的参与。几乎在同一时期，在韩国的一所大学医院的内科 ICU 和外科 ICU 中出现了一次亚胺培南耐药鲍曼不动杆菌（IRAB）感染暴发，有 77 名患者受累。这些 IRAB 的碳青霉烯酶活性与 $bla_{\text{OXA-51}}$ 样基因上游存在着 IS*Abal* 插入有关联。显然，这些插入序列为 OXA-51 的产生提供了一个强力启动子，从而造成 OXA-51 过度产生，可能导致碳青霉烯耐药。PCR 证实，这些分离株均不含有编码其他碳青霉烯酶的基因。在贯彻一种感染控制措施后，IRAB 感染率稳步下降。

Naas 等报告，在 2004 年 3 月到 5 月期间，在南太平洋的法属波利尼西亚塔西提岛的一家医院从 24 名患者中收集了 24 个碳青霉烯耐药鲍曼不动杆菌分离株。这些分离株表现出多药耐药，产生 OXA-23，且属于单一克隆。这些结果建议，产 OXA-23 鲍曼不动杆菌已经处于地方流行状态，也说明这种耐药机制传播的广泛性。鲍曼不动杆菌临床分离株 FER、CLA-1 和 MAD 分别在 2004 年、2001 年和 2003 年在法国的两所医院中被分离获得。这三个分离株分别产生 OXA-23、OXA40 和 OXA-58，它们作为三个水解碳青霉烯 D 类碳青霉烯的三个亚组的代表。这也说明 OXA 型碳青霉烯酶在法国已经较广泛存在。OXA-40 也是在美国被报告的第一个水解碳青霉烯的苯唑西林酶。具有

OXA-23 和 OXA-58 的不动杆菌菌株在一些特定人群中引起多次感染。恐怕，OXA-58 之所以引人注目最公认的原因就是 bla_{OXA-58} 基因在来自美国军人的鲍曼不动杆菌中被鉴定出，这些军人具有战场创伤，他们在伊拉克或从伊拉克以及阿富汗返回。插入元件（ISAba1、ISAba2 和 ISAba3）也已经在藏匿 bla_{OXA-58} 基因的分离株的上游被分离出，这就建议这些插入序列在这些酶的表达上具有相似的作用。

SENTRY 监测计划报告，在 2006 年到 2007 年期间，在亚太地区的 10 个国家的 41 个医疗中心中，一共收集到 554 个不动杆菌菌种分离株。99.1% 的分离株对多黏菌素敏感，98.9% 的分离株对替加环素敏感。在所有这些分离株中，230 个（42.3%）分离株对亚胺培南和美罗培南不敏感，其中 D 类碳青霉烯酶或金属 β-内酰胺酶在 162 个分离株（70.4%）被检测到。bla_{OXA-23} 基因在来自 6 个国家和地区的分离株中被发现，如中国内地、中国香港地区、新加坡、韩国、泰国和印度，$bla_{OXA-24/40}$ 基因在中国台湾地区、泰国和印度尼西亚被鉴定出，以及 bla_{OXA-58} 基因在中国、印度和泰国被发现。克隆散播在各个医疗中心内被注意到。然而，遗传关联性也在从不同国家恢复的产 D 类碳青霉烯酶鲍曼不动杆菌分离株中被观察到，这种现象以前在欧洲的许多地区被注意到，由此强调了这些细菌的流行性潜力。王辉等在 2007 年报告，一共有 221 个非重复性亚胺培南耐药不动杆菌菌种临床分离株在 1999 到 2005 年在我国 11 所教学医院中被收集。97.7% 的分离株被发现藏匿 bla_{OXA-23} 基因。对 60 个代表性分离株的测序证实了 bla_{OXA-23} 碳青霉烯酶基因的存在。187 个鲍曼不动杆菌分离株都携带 bla_{OXA-51} 样苯唑西林酶基因，其他不动杆菌菌种则缺乏这一基因。测序提示 18 个代表性分离株携带着 bla_{OXA-66} 基因。这一研究结果也支持如下的提法，即 bla_{OXA-51} 样基因在鲍曼不动杆菌中是无处不在的。这些发现提示，亚胺培南耐药不动杆菌菌种的克隆传播以及 OXA-23 碳青霉烯酶在中国的广泛散播。

在 2008—2009 年期间，一共有 65 个碳青霉烯不敏感鲍曼不动杆菌临床分离株从美国的纽约州、宾夕法尼亚州、佛罗里达州、密苏里州、内华达州和加利福尼亚州被收集，每个州有一所医院参与。研究证实，大多数分离株都携带碳青霉烯酶编码基因 bla_{OXA-23} 和/或 ISAba1/bla_{OXA-51} 样复合物。这些发现建议，在美国医院中被发现的碳青霉烯不敏感鲍曼不动杆菌分离株构成了全球流行病学的一部分。这些鲍曼不动杆菌临床分离株通过患者在医院之间的转移而传播。近些年，有一项研究一共收集到 305 个不动杆菌菌种的非重复性临床分离株，它们来自全日本 176 个医疗中心。其中，有 55 个分离株具有亚胺培南 MIC≥4mg/L。在上述 55 个分离株中有 52 个分离株检测到 OXA-51 样碳青霉烯酶基因。在 OXA-51 基因簇中，43 个分离株产生 OXA-66，5 个分离株产生 OXA-80，2 个分离株产生 OXA-83，1 个分离株产生 OXA-51 以及 1 个分离株产生 OXA-70。此外，只有一个分离株既产生 OXA-66 也产生 OXA-23，这个分离株不具有 ISAba1/bla_{OXA-51} 样复合物，但具有 ISAba1/bla_{OXA-23} 样复合物。这是 MIC≥4mg/L 的鲍曼不动杆菌分子流行病学在日本的第一次报告。OXA-66 和 ST92 在这些分离株中居主导地位。Chen 等于 2011 年报告，在北京的一家医院收集到的 122 个鲍曼不动杆菌临床分离株中，他们成功地检测到一个 bla_{NDM-1} 阳性菌株。与此同时，有 115 个分离株（94.2%）是 OXA-23 阳性以及 66 个分离株（54.0%）是 IMP 阳性。有趣的是，这个 NDM-1 阳性分离株也是 OXA-23 和 IMP 阳性。这个 NDM-1 阳性菌株比起藏匿着 OXA-23 和 IMP 这两种 β-内酰胺酶的菌株更加耐药。

二、OXA-48 碳青霉烯酶的流行病学

已如前述，OXA-48 在很多方面不同于其他 D 类碳青霉烯酶，它是质粒编码，而且主要是在肺炎克雷伯菌中被鉴定出，这就意味 OXA-48 的散播会更加快速和广泛。在土耳其，自从在 2004 年 OXA-48 的第一个描述以来，一系列的感染病例已经在此后的 8 年中被报告，包括散发病例和感染暴发。从 2006 年 5 月到 2007 年 1 月，产 OXA-48 肺炎克雷伯菌分离株的一次暴发在土耳其的伊斯坦布尔的一家医院发生，引起感染暴发的是两个截然不同的克隆，它们也都产生不同的 ESBL 决定子（分别是 SHV-12 和 CTX-M-15）。此外，bla_{OXA-48} 基因已经在大肠埃希菌和弗氏柠檬酸杆菌中被鉴定出，而且同样还是在土耳其被首先鉴定出。在 OXA-48 被发现后的几年时间里，几乎所有的 OXA-48 产生细菌的报告大多来自土耳其住院的患者，或是与土耳其有联系的患者。

更近来，bla_{OXA-48} 基因的鉴定已经在许多国家中被报告。产 OXA-48 细菌似乎已经在土耳其、中东和北非国家中传播。已经有产 OXA-48 分离株在黎巴嫩、阿曼苏丹、沙特阿拉伯和科威特被报告。在非洲，大多数资料是来自北非国家（摩洛哥、突尼斯、埃及和利比亚），并且产 OXA-48 细菌也已经在塞内加尔和南非被报告。目前，这些国家都能被认为是产 OXA-48 细菌的重要储池。在摩洛哥，产 OXA-48 肺炎克雷伯菌和阴沟肠杆菌的一

表 29-6　产 OXA-48 肠道菌种及其分离出的国家（不含其他变异体）

分离国家/地区	菌种	分离国家/地区	菌种
土耳其	肺炎克雷伯菌,大肠埃希菌,弗氏柠檬酸杆菌,阴沟肠杆菌,黏质沙雷菌,普通变形杆菌	摩洛哥	肺炎克雷伯菌,黏质沙雷菌,阴沟肠杆菌,奥克西托克雷伯菌
塞内加尔	肺炎克雷伯菌,大肠埃希菌,阴沟肠杆菌,阪崎氏肠杆菌	法国	肺炎克雷伯菌,阴沟肠杆菌,大肠埃希菌
比利时	肺炎克雷伯菌,大肠埃希菌,阴沟肠杆菌	荷兰	肺炎克雷伯菌
意大利	大肠埃希菌	黎巴嫩	肺炎克雷伯菌,大肠埃希菌
德国	肺炎克雷伯菌。大肠埃希菌,阴沟肠杆菌	埃及	肺炎克雷伯菌
利比亚	肺炎克雷伯菌	突尼斯	肺炎克雷伯菌
南非	肺炎克雷伯菌	以色列	大肠埃希菌,肺炎克雷伯菌,奥克西托克雷伯菌
阿曼苏丹	肺炎克雷伯菌	沙特阿拉伯	肺炎克雷伯菌
爱尔兰	肺炎克雷伯菌	西班牙	肺炎克雷伯菌,大肠埃希菌,阴沟肠杆菌
英国	肺炎克雷伯菌,大肠埃希菌,阴沟肠杆菌	俄罗斯	肺炎克雷伯菌
斯洛文尼亚	肺炎克雷伯菌	印度	肺炎克雷伯菌,阴沟肠杆菌
瑞士	肺炎克雷伯菌,大肠埃希菌		

注：引自 Poirel L，Potron A，Nordmann P. J Antimicrob Chemother，2012，67：1597-1606。

个院内散播已经被报告。值得注意的是，一些产 OXA-48 阴沟肠杆菌分离株在法国的出现被证实是源自摩洛哥。在突尼斯，产 OXA-48 肺炎克雷伯菌分离株已经在不同的城市中的不同医院被报告。根本没有发表的资料来自阿尔及利亚，但研究人员对从那个国家转院回国的患者的观察强烈建议，阿尔及利亚可能也是产 OXA-48 细菌形成地方流行的一个国家。此外，产 OXA-48 细菌已经零星地在一些欧洲国家中被鉴定出，包括法国、德国、荷兰、意大利、比利时、英国、爱尔兰、斯洛文尼亚、瑞士和西班牙。在诸如法国、德国、英国和比利时那样的国家，近来的研究揭示出产 OXA-48 肠道分离株的一个出现，至少在医院内是如此。然而，bla_{OXA-48} 基因的传播或许比想象的要重要得多。事实上，产 OXA-48 样细菌的检测是困难的，这是因为对碳青霉烯的获得性耐药可能仍然是相当低的（表 29-6）。

有趣的是，与产 OXA-48 肺炎克雷伯菌相关的感染暴发的出现目前被观察到，而暴发涉及的菌株都呈现出多重耐药类型，对碳青霉烯耐药程度特别高。这种现象不再只是在土耳其出现，因为医院暴发已经在法国、比利时、以色列、俄罗斯和荷兰被报告。实际上，同样的产 OXA-48 肺炎克雷伯菌序列型 ST395 在摩洛哥、法国和阿姆斯特丹被鉴定出，这就提示一个克隆性的散播。让人们产生主要的担忧之一就是产 OXA-48 细菌在社区的出现，这是由于从地方流行的国家输入的结果，但不是系统地输入。在北非，由于这些国家可能正在面临着地方流行局面，所以产 OXA-48 细菌有可能已经在社区中传播。在摩洛哥报告的一些病例就属于这种情况。在欧洲，这种情况在法国和比利时可能特别属实，并且在德国也可能是这种情况，在这些国家

中，产 OXA-48 细菌分离株已经被建立起来。值得注意的是，近来被鉴定的产 OXA-48 细菌在以色列的出现被证实与医疗旅游有联系，涉及的患者已经被从格鲁吉亚或约旦被转院回国。

在此，我们介绍一些典型的流行病学报告。

2008—2009 年 SMART 全球监测计划共收集 110 个肺炎克雷伯菌的非重复分离株，它们都产生各种类型的碳青霉烯酶，并且其中一些分离株也产生各种 ESBL（SHV-2、SHV-5、SHV-12、SHV-31、CTX-M-3、CTX-M-14 和 CTX-M-15）以及质粒介导的 AmpC β-内酰胺酶（CMY-2 和 DHA-1）。在 110 个肺炎克雷伯菌分离株中，一共有 13 个分离株产生 OXA-48 样 D 类碳青霉烯酶，分离株的具体分布为：产 OXA-48 的有 3 个国家，分别是土耳其（$n=3$），阿根廷（$n=1$）和美国（$n=2$）。产 OXA-163 的只有阿根廷一个国家（$n=2$）以及产 OXA-181 也只有印度一个国家（$n=5$）。正是通过这次监测发现 OXA-48 也在美国出现了。这也是 OXA-48 样酶来自北美大陆的第一次描述。来自美国的这两个分离株在 2009 年被获得，它们产生 OXA-48 和 CTX-M-15；分别属于 ST15 和 ST336，是 $aac(6')$-Ib-cr+$qnrB$ 阳性。

Canton 等在 2012 年报告，在欧洲，在肠杆菌科细菌中，质粒获得的碳青霉烯酶首先是在 20 世纪 90 年代被发现，现在却以令人惊醒的速率在增长。尽管这些碳青霉烯酶的水解谱彼此差异大，但它们都会水解包括碳青霉烯类在内的大多数 β-内酰胺类抗生素。这些碳青霉烯酶主要是 KPC、VIM、NDM 和 OXA-48。从 2007 年到 2010 年，各国产各种碳青霉烯酶的肠杆菌科细菌处于缓慢增长态势，在 2011 年，局面有所改变，来自不同国家报

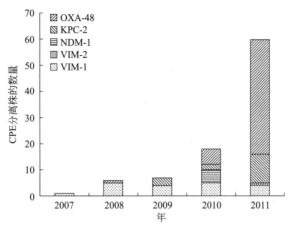

图 29-12　碳青霉烯不敏感肠杆菌科细菌在欧洲情况

（引自 Canton R，Akova M，Carmeli Y，et al. Clin Microbiol Infect，2012，18：413-431）

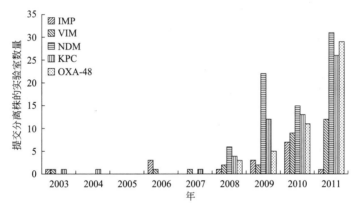

图 29-13　提交产碳青霉烯酶肠杆菌科细菌（CPE）分离株的英国实验室的数量

（引自 Canton R，Akova M，Carmeli Y，et al. Clin Microbiol Infect，2012，18：413-431）

每个实验室至少一个分离株到抗生素耐药监测和参考实验室 ARMRL（隶属于英国健康保护局，HPA）

告的数量急剧增加。图 29-12 显示出 2012 年 1 月欧洲的情况。

由图 29-12 不难看出，在 2011 年，增长最迅猛的碳青霉烯酶就是 OXA-48 和 KPC-2。如今，在比利时，在肠杆菌科细菌中最流行的碳青霉烯酶是 OXA-48。尽管大多数产 OXA-48 分离株已经被发现在老年患者尿道中的无症状定植，但确有一些菌血症和全身感染的病例已经在 ICU 患者中被报告，并且独立的地方暴发至少已经在 2010 年和 2011 年在三甲医院中被报告。

在英国，从 2008 年开始，产 OXA-48 的肠杆菌科细菌逐年增加，到 2011 年，全国各个实验室提交到 ARMRL 的菌株已经和产 NDM 以及 KPC 的菌株的数量不相上下（图 29-13）。

在肠杆菌科细菌中的碳青霉烯酶多为质粒编码，这就在很大程度上解释了它们与其他耐药决定子频繁的关联性以及它们的多药耐药类型。产碳青霉烯酶的肠杆菌科细菌（CPE）的流行在整个欧洲差异不小，在希腊、意大利、土耳其和以色列能被发现处于高流行，而在环北极国家、瑞士、德国和捷克共和国却仍处在低流行状态。CPE 的类型依国家的不同而不同，并且可能与高流行国家的历史/文化关系以及人员往来有关联。患者的跨国界转院、旅行、医学旅游和难民可能也会对耐药细菌的散播起到推波助澜的作用。这一点对于 OXA-48 而言确实如此，例如，OXA-48 从北非传播到法国和比利时以及从土耳其传播到德国。OXA-48 产生细菌的出现是由于抗生素选择压力以及特别是碳青霉烯类的过度或滥用造成的吗？这是一个难以推断的事情。$bla_{\text{OXA-48}}$ 基因目前的传播主要的一个单一的流行质粒的传播结果，该质粒不携带其他的耐药决定子。在这个质粒上其他耐药决定子的缺乏建议，其他抗生素家族可能在复合选择上不起作用，这与其他许多碳青霉烯酶的情况形成了对比，而其他碳青霉烯酶基因常常在物理层面上与其他耐药基因有关联，并且特别是与编码氨基糖苷类耐药的基因相关联。

第七节 结语

　　D类碳青霉烯酶是一组重要的β-内酰胺酶，其重要性特别体现在它们主要产自不动杆菌菌种特别是鲍曼不动杆菌，这种病原菌本已经因固有的多重耐药而令人生畏，各种OXA型碳青霉烯酶在不动杆菌菌种中陆续出现并且高水平表达可以说是"助纣为虐"，进一步恶化了这些病原菌所致感染的治疗。能够肯定的是，在鲍曼不动杆菌中的碳青霉烯耐药正在变得更加流行，并且耐药菌株正从那些直到现在已经设法避免这个问题的地区涌现。许多编码OXA-型碳青霉烯酶基因位于染色体上，这肯定已经贡献了这些基因缓慢地散播。通过不合理的碳青霉烯使用，质粒编码的基因可能会传播，这是由于增加的选择压力。可移动的水解碳青霉烯的OXA型β-内酰胺酶的祖先仍不清楚。目前，在鲍曼不动杆菌中的CHDL，在铜绿假单胞菌中的ES-OXA以及在肠杆菌科细菌中的OXA-48都代表了对于许多β-内酰胺类的临床失败的缘由。检测方法的缺乏或许促进它们在临床分离株中的隐藏和快速的传播。D类β-内酰胺酶已经超过250个成员，这组酶具有高度异质性，成员之间氨基酸同一性可以低至20%以下，此外，各个成员之间的水解谱也差异很大。D类碳青霉烯酶成员之间也是如此。对于控制产D类β-内酰胺酶菌株来说，根本没有表型试验能检测出D类β-内酰胺酶产生细菌，并且特别是CHDL产生细菌。大多数D类碳青霉烯酶都是低水平上水解碳青霉烯类。

　　对于产OXA-48的细菌而言，需要注意的是，非常不同的β-内酰胺耐药类型能够被观察到，一些分离株仍然对广谱头孢菌素类敏感，但却对碳青霉烯类耐药，并且一些对广谱头孢菌素类和碳青霉烯类耐药。那就意味着OXA-48产生的怀疑是非常富于挑战的。与OXA-48型产生细菌的传播相关的临床结果或许相当重要，因为根据EUCAST或CLSI指导原则，许多那样的产生细菌被分类为对碳青霉烯敏感的。同样，由于一个明显比例的OXA-48的产生并不复合表达ESBL，因此，被观察到的针对广谱头孢菌素类的敏感性不会帮助人们对这些酶的识别，甚至是怀疑。

　　关于产OXA型碳青霉烯酶细菌感染治疗方面的报告很少。由于OXA型碳青霉烯酶水解谱的高度异质性，所以很多涉及治疗方面的报告也常常是自相矛盾。有学者报告可以采用碳青霉烯类抗生素成功治疗产OXA-48细菌的菌血症，但失败的报告也不乏存在。有些产OXA-48细菌常常不同时携带各种ESBL，所以，也有采用广谱头孢菌素类成功治疗的报告，同样，失败的报告也并不少见。黏菌素和替加环素在体外针对产OXA-48细菌十分可能具有抗菌活性，但对这些药物的耐药已经在产OXA-48分离株中被报告。磷霉素活性对最后的选择可能是有用的。考虑到OXA-48产生细菌展现出各种耐药轮廓，合理治疗的选择应该是根据个体化的情况来做出。有趣的是，通过比较ESBL阳性和阴性的产OXA-48细菌，我们观察到，ESBL阴性的产OXA-48细菌明显对氨基糖苷类和氟喹诺酮类更加敏感，这是与ESBL阳性的产OXA-48细菌比较的结果。已经证实，阿维巴坦可以有效抑制OXA-48，因此，采用由阿维巴坦组成的复方制剂应该是治疗这类感染的不错选择。

参考文献

[1] Paton R, Miles R S, Hood J, et al. ARI-1：β-lactamase-mediated imipenem resistance in *Acinetobacter baumannii* [J]. Int J Antimicrob Agents, 1993, 2：81-88.

[2] Sccaife W, Young H K, Paton R H, et al. Transferable imipenem-resistance in *Acinetobacter* species from a clinical source [J]. J Antimicrob Chemother, 1995, 36：585-587.

[3] Hornstein M, Sautjear-Rostoker C, Peduzzi J, et al. Oxacillin-hydrolyzing β-lactamase involved in resistance to imipenem in *Acinetobacter baumannii* [J]. FEFMS Microbiol Lett, 1997, 153：333-339.

[4] Bou G, Oliver A, Martinez-Beltran J. OXA-24, a novel class D β-lactamase with carbapenemase activity in an *Acinetobacter baumannii* clinical strain [J]. Antimicrob Agents Chemother, 2000, 44：1556-1661.

[5] Afzal-Shah M, Woodford N, Livermore D M. Characterization of OXA-25, OXA-26, and OXA-27, molecular class D β-lactamases associated with carbapenem resistance in clinical isolates of *Acinetobacter baumannii* [J]. Antimicrob Agents Chemother, 2001, 45：583-588.

[6] Lopez-Otsoa F, Gallego L, Towner K J, et al. Endemic carbapenem resistance associated with OXA-40 carbapenemase among *Acinetobacter baumannii* isolates from a hospital in Northern Spain [J]. J Clin Microbiol, 2002, 40：4741-4743.

[7] Heritier C, Poirel L, Aubert D, et al. Genetic and functional analysis of the chromosome-encoded car-

bapenem-hydrolyzing oxacillinase OXA-40 of *Acinetobacter baumannii* [J]. Antimicrob Agents Chemother, 2003, 47: 268-273.

[8] Bou G, Cervero G, Angeles Dominguez M, et al. Characterization of a nosocomial outbreak caused by a multiresistant *Acinetobacter baumannii* strain with a carbapenem-hydrolyzing enzyme: high-level carbapenem resistance in *A. baumannii* is not due solely to the presence of β-lactamases [J]. J Clin Microbiol, 2000, 38: 3299-3305.

[9] Brown S, Amyes S G B. The sequence of seven class D β-lactamases isolated from carbapenem-resistant *Acinetobacter baumannii* from four continents [J]. Clin Microbiol Infect, 2005, 11: 326-329.

[10] Heritier C, Dubouix A, Poirel L, et al. A nosocomial outbreak of *Acinetobacter baumannii* isolates expressing the carbapenem-hydrolyzing oxacillinase OXA-58 [J]. J Antimicrob Chemother, 2005, 55: 115-118.

[11] Poirel L, Heritier C, Nordmann P. Chromosome-encoded Ambler class D β-lactamase of *Shewanella oneidensis* as a progenitor of carbapenem-hydrolyzing oxacillinase [J]. Antimicrob Agents Chemother, 2004, 48: 348-351.

[12] Heritier C, Poirel L, Nordmann P. Genetic and biochemical characterization of a chromosome-encoded carbapenem-hydrolyzing Ambler class D β-lactamase from *Shewanella algae* [J]. Antimicrob Agents Chemother, 2004, 48: 1670-1675.

[13] Marque S, Poirel L, Heritier C, et al. Regional occurrence of plasmid-mediated carbapenem-hydrolyzing oxacillinase OXA-58 in *Acinetobacter* spp. in Europe [J]. J Clin Microbiol, 2005, 43: 4885-4888.

[14] Dalla-Costa L M, Coelho J M, Souza H A, et al. Outbreak of carbapenem-resistant *Acinetobacter baumannii* producing hte OXA-23 enzyme in Curitiba, Brazil [J]. J Clin Microbiol, 2003, 41: 3403-3406.

[15] Yu Y S, Yang Q, Xu X W, et al. Typing and characterization of acrbapenem-resistant *Acinetobacter calcoaceticus-baumannii* complex in a Chinese hospital [J]. J Med Microbiol, 2004, 53: 653-656.

[16] Wang H, Liu Y M, Chen M J, et al. Mechanism of carbapenems resistance in Acinetobacter baumannii. [Article in Chinese] [J]. Zhongguo Yi XueKeXue Yuan Xue Bao, 2003, 25: 567-572.

[17] Jeon B C, Jeong S H, Bae I K, et al. Investigation of a nosocomial outbreak of imipenem-resistant *Acinetobacter baumannii* producing the OXA-23 β-lactamase in Korea [J]. J Clin Microbiol, 2005,

43: 2241-2245.

[18] Naas T, levy M, Hirschauer C, et al. Outbreak of carbapenem-resistant *Acinetobacter baumannii* producing the carbapenemase OXA-23 in a tertiary care hospital of Papeete, French Plynesia [J]. J Clin Microbiol, 2005, 43: 4826-4829.

[19] Girlich D, Naas T, Nordmann P. Biochemical characterization of the naturally occurring oxacillinase OXA-50 of *Pseudomonas aeruginosa* [J]. Antimicrob Agents Chemother, 2004, 48: 2043-2048.

[20] Girlich D, Naas T, Nordmman P. OXA-60, a charomosomal, inducible, and imipenem-hydrolyzing class D β-lactamase from *Rastonia pichettii* [J]. Antimicrob Agents Chemother, 2004, 48: 4217-4225.

[21] Livermore D M, Woodford N. Carbapenemases: a problem in waiting? [J] Curr Opin Microbiol, 2000, 3: 489-495.

[22] Donald H M, Scarfe W, Amyes S G B, et al. Sequence analysis of ARI-1, a novel OXA β-lactamase, responsible for imipenem resistance in *Acinetobacter baumannii* 6B92 [J]. Antimicrob Agents Chemother, 2000, 44: 196-199.

[23] Bonnet R, Marchandin H, Chanal C, et al. Chromosome-encoded class D β-lactamase OXA-23 in *Proteus mirabilis*. Antimicrob Agents Chemother, 2002, 46: 2004-2006.

[24] Nordmann P, Poirel L. Emerging carbapenemases in Gram-negative Aerobes [J]. Clin Microbiol Infect, 2002, 8: 321-331.

[25] Brown S, Young H K, Amyes S G B. Characterisation of OXA-51, a novel class D carbapenemase found in genetically unrelated clinical strains of *Acinetobacter baumannii* form Argentina [J]. Clin Microbiol Infect, 2005, 11: 11-15.

[26] Poirel L, Marque S, Heritier C, et al. OXA-58, a novel class D β-lactamase involved in resistance to carbapenems in *Acinetobacter baumannii* [J]. Antimicrob Agents Chemother, 2005, 49: 202-208.

[27] Heritier C, Poirel L, Naas T, et al. Contribution of acquired carbapenem-hydrolyzing oxacillinases to carbapenem resistance in *Acinetobacteer baumannii* [J]. Antimicrob Agents Chemother, 2005, 49: 3198-3202.

[28] Poirel L, Nordmann P. Genetic structures at the origin of acquisition and expression of the carbapenem-hydrolyzing oxacillinase gene bla_{OXA-58} in *Acinetobacter baumannii* [J]. Antimicrob Agents chemother, 2006, 50: 1442-1448.

[29] Walther-Rasmussen J, Hoiby N. OXA-type carbapenemases [J]. J Antimicrob Chemother,

2006, 57: 373-383.

[30] Brown S, Amyes S. OXA (β)-lactamases in *Acinetobacter*: the story so far [J]. J Antimicrob Chemother, 2006, 57: 1-3.

[31] Schneider I, Queenan A M, Bauernfeind A. Novel carbapenem-hydrolyzing oxacillinase OXA-62 from *Pandoraea pnomenusa* [J]. Antimicrob Agents Chemother, 2006, 50: 1330-1335.

[32] Turton J F, Ward M E, Woodford N, et al. The role of IS*Aba1* in expression of OXA carbapenemase genes in *Acinetobacter baumannii* [J]. EMS Microbiol Lett, 2006, 258: 72-77.

[33] Poirel L, Pitout J D, Nordmann P. Carbapenemases: molecular diversity and clinical consequences [J]. Future Microbiol, 2007, 2 (5): 501-512.

[34] Queenan A M, Bush K. Carbapenemases: the versatile β-lactamases [J]. Clin Microbiol Rev, 2007, 20: 440-458.

[35] Poirel L, Naas T, Nordmann P. Deversity, Epidemiology, and Genetics of Class D β-lactamases [J]. Antimicrob Agents Chemother, 2010, 54: 24-38.

[36] Castanheira M, Deshpande L M, Mathai D, et al. Early dissemination of NDM-1- and OXA-181-pruducing *Enterobacteriaceae* in Indian hospitals: report from the SENTRY Antimicrobial Surveillance Program, 2006-2007 [J]. Antimicrob Agents Chemother, 2011, 55: 1274-1278.

[37] Potron A, Nordmann P, Lafeuille E, et al. Characterization of OXA-181, a carbapenem-hydrolyzing class D β-lactamase from *Klebsiella pneumoniae* [J]. Antimicrob Agents Chemother, 2011, 55: 4896-4899.

[38] Patel G, Bonomo R A. Status report on carbapenemases: challenges and prospects [J]. Exp Rev Antiinfect Ther, 2011, 9: 555-570.

[39] Poirel L, Potron A, Nordmann P. OXA-48-like carbapenemases: the phantom menace [J]. J Antimicrob Chemother, 2012, 67: 1597-1606.

[40] Lascols C, Peirano G, Hackel M, et al. Surveillance and molecular epidemiology of *Klebsiella pneumonae* that produce carbapenamases: the first report of OXA-48-like enzymes in North America [J]. Antimicrob Agents Chemother, 2013, 57: 130-136.

[41] Leonard D A, Bonomo R A, Powers R A. Class D β-lactamases: a reappraisal after five decades [J]. Acc Chem Res, 2013, 46: 2407-2415.

[42] Poirel L, Heritier C, Tolun V, et al. Emergence of oxacillinase-mediated resistance to imipenem in *Klebsiella pneumoniae* [J]. Antimicrob Agents Chemother, 2004, 48: 15-22.

[43] Docquier J D, Calderone V, Luca F D, et al. Crystal structure of OXA-48 β-lactamase reveals mechanistic diversity among class D carbapenemases [J]. Chem Biol, 2009, 16: 540-547.

[44] Carrer A, Poirel L, Eraksoy H, et al. Spread of OXA-48-positive-carbapenem-resistant *Klebsiella pneumoniae* isolates in Istanbul, Turkey [J]. Antimicrob Agents Chemother, 2008, 52: 2950-2954.

[45] Carrer A, Poirel L, Yilmaz M, et al. Spread of OXA-48-encoding plasmid in Turkey and beyong [J]. Antimicrob Agents Chemother, 2010, 54: 1369-1373.

[46] Santillana E, Beceiro A, Bou G, et al. Crystal structure of the carbapenemase OXA-24 reveals insights into the mechanism of carbapenem hydrolysis [J]. Proc Natl Acad Sci USA, 2007, 104: 5354-5359.

[47] Golemi D, Maveyraud L, Vakulenko S, et al. Critical involvement of a carbamylated lysine in catalytic function of class D β-lactamase [J]. Proc Natl Acad Sci USA, 2001, 98: 14280-14285.

[48] Poirel L, Nordmann P. Carbapenem resistance in *Acinetobacter baumannii*: mechanisms and epidemiology [J]. Clin Microbiol Infect, 2006, 12 (9): 826-836.

[49] Chaulagain B P, Jang S J, Ahn G Y, et al. Molecular epidemiology of an outbreak of imipenem-resistant *Acinetobacter baumannii* carrying the IS*Aba1-bla* (OXA-51-like) genes in a Korean hospital [J]. Jpn J Infect Dis, 2012, 65 (2): 162-166.

[50] Karthikeyan K, Thirunarayan M A, Krishnan P. Coexitence of bla_{OXA-23} with bla_{NDM-1} and *armA* in clinical isolates of *Acinetobacter baumannii* from India [J]. J Antimicrob chemother, 2010, 65 (10): 2253-2254.

[51] Adams-Haduch J M, Onuoha E O, Castanheira M, et al. Molecular epidemiology of carbapenem-nonsusceptible *Acinetobacter baumannii* in the United States [J]. J Clin Microbiol, 2011, 49 (11): 3849-3854.

[52] Mendes R E, Bell J M, Turnidge J D, et al. Emergence and widespread dissemination of OXA-23, -24/40 and -58 carbapenemases among *Acinetobacter* spp. In Asia-Pacific nations: report from the SENTRY Surveillance Program [J]. J Antimicrob Chemother, 2009, 63 (1): 55-59.

[53] Endo S, Yano H, Hirakata Y, et al. Molecular epidemiology of carbapenem-non-susceptible *Acinetobacter baumannii* in Japan [J]. J Antimicrob Chemother, 2012, 67 (7): 1623-1626.

[54] Zhao W H, Hu Z Q. Acinetobacter: a potential reservoir and dispenser for β-lactamases [J]. Crit Rev Microbiol, 2012, 38: 30-51.

[55] Pogue J M, Mann T, Barber K E, et al. Carbapenem-resistant *Acinetobacter baumannii*: epidemiology, surveillance and management [J]. Expert Rev Anti Infect Ther, 2013, 11 (4): 383-393.

[56] Abbott I, Cerqueira G M, Bhuiyan S, et al. Carbapenem resistance in *Acinetobacter baumannii*: laboratory challenges, mechanistic insights and therapeutic strategies [J]. Expert Rev Anti Infect Ther, 2013, 11 (4): 395-409.

[57] Canton R, Akova M, Carmeli Y, et al. Rapid evolution and spread of carbapenemases among *Enterobacteriaceae* in Europe [J]. Clin Microbiol Infect, 2012, 18: 413-431.

[58] Levast M, Poirel L, Carrer A, et al. Transfer of OXA-48-positive carbapenem-resistant *Klebsiella pneumoniae* from Turkey to France [J]. J Antimicrob Chemother, 2011, 66: 944-945.

[59] Pitart C, Sole M, Roca I, et al. First outbreak of a plasmid-mediated carbapenem-hydrolyzing OXA-48 β-lactamase in *Klebsiella pneumoniae* in Spain [J]. Antimicrob Agents Chemother, 2011, 55: 4398-4401.

[60] Potron A, Kalpoe J, Poirel L, et al. European dissemination of a single OXA-48-producing *Klebsiella pneumoniae* clone [J]. Clin Microbiol Infect, 2011, 17: E24-E26.

[61] Goic-Barisic I, Towner K J, Kovacic A, et al. Outbreak in Croatia caused by a new carbapenem-resistant clone of *Acinetobacter baumannii* producing OXA-72 carbapenemase [J]. J Hosp Infect, 2011, 77: 368-369.

[62] Towner K J. *Acinetobacter*: an old friend, but a new enemy [J]. J Hosp Infect, 2009, 73: 355-363.

[63] Evans B A, Hamouda A, Towner K J, et al. OXA-51-like β-lactamases and their association with particular epidemic lineages of *Acinetobacter baumannii* [J]. Clin Microbiol Infect, 2008, 14: 268-275.

[64] Wang H, Guo P, Sun H, et al. Molecular epidemiology of clinical isolates of carbapenem-resistant *Acinetobacter* spp from Chinese hospitals [J]. Antimicrob Agents Chemother, 2007, 51: 4022-4028.

[65] Lu P L, Doumith M, Livermore D M, et al. Diversity of carbapenem resistance mechanisms in *Acinetobacter baumannii* from Taiwan hospital: spread of plasmid-borne OXA-72 carbapenemase [J]. J Antimicrob Chemother, 2009, 63: 641-647.

[66] Limansky A S, Mussi M A, Viale A M. Loss of a 29-kilodalton outer membrane protein in *Acinetobacter baumannii* is associated with imipenem resistance [J]. J Clin Microbiol, 2002, 40: 4776-4778.

[67] Hornstein M, Sautijeau-Rouzigues G, Peduzzi J, et al. Oxacillin-hydrolyzing β-lactamase involved in resistance to imipenem in *Acinetobacter baumannii* [J]. FEMS Microbiol Lett, 1997, 153: 333-339.

[68] Brown S, Amyes S G B. The sequence of seven class D β-lactamases isolated from carbapenem-reesistant *Acinetobacter baumannii* from four continents [J]. Clin Microbiol Infect, 2005, 11: 326-329.

[69] Chen Z, Qlu S, Wang Y, et al. Coexistence of bla_{NDM-1} with the prevalent bla_{OXA-23} and bla_{IMP} in pan-drug resistant *Acinetobacter baumannii* isolates in China [J]. Clin Infect Dis, 2011, 52: 692-693.

第三十章

B 类碳青霉烯酶

第一节　概述

　　由于碳青霉烯类抗生素具有非常广的抗菌谱和非常强的抗菌效力，所以这类抗生素也被称作抗菌药物武器库中的终极武器，常常是应对多药耐药革兰阴性杆菌感染的最后一道防线。毫无疑问，能够水解碳青霉烯类抗生素的各种类型碳青霉烯酶的纷纷出现，特别是产各种 B 类金属碳青霉烯酶细菌的广泛散播，严重地破坏了全球临床抗感染治疗的基石，威胁是非常现实和迫在眉睫的。

　　截至 2013 年，已经鉴定出的 β-内酰胺酶已经超过 1400 种。根据 Ambler 分子学分类，它们被分成为 A、B、C 和 D 4 个分子学类别，其中 A 类、C 类和 D 类都是活性部位丝氨酸酶，而 B 类却是依赖于金属离子才能实现其水解活性的酶，主要是二价锌离子 Zn^{2+}，因此 B 类碳青霉烯酶又称为金属 β-内酰胺酶（metallo-β-lactamase，MBL 或 MβL）或金属碳青霉烯酶。第一个金属 β-内酰胺酶是在第一个丝氨酸 β-内酰胺酶发现 25 年后，也就是在 20 世纪 60 年代中期被发现的，它就是大名鼎鼎的 BCⅡ，是从蜡样芽孢杆菌中被发现。在 1980 年，Ambler 主要描述了若干 A 类 β-内酰胺酶的氨基酸序列。除了那些 A 类 β-内酰胺酶之外，当时唯一一个已知氨基酸序列的 β-内酰胺酶就是 BCⅡ，它和那些 A 类 β-内酰胺酶在氨基酸序列上的差异如此之大，已经不可能将 BCⅡ 也归属于 A 类 β-内酰胺酶，因此，Ambler 按照排序将 BCⅡ 认定为第一个 B 类 β-内酰胺酶。但是，Ambler 当时并没有将 BCⅡ 称为 B 类碳青霉烯酶，因为在当时还没有

任何一种碳青霉烯类抗生素问世。众所周知，第一个碳青霉烯类抗生素亚胺培南是在 80 年代中期才在全球陆续上市销售，可让人意想不到的是，人们在 20 世纪的 60 年代就在细菌中鉴定出能够水解碳青霉烯类抗生素的金属 β-内酰胺酶 BCⅡ。显而易见，至少碳青霉烯类抗生素的临床应用不是这种金属碳青霉烯酶起源的始动因素。随着时间的推移，人们又陆续在各种细菌中鉴定出一些金属碳青霉烯酶。然而，这些碳青霉烯酶的出现并未引起人们多大的关注，一是因为编码这些金属碳青霉烯酶的基因位于细菌染色体上，基本没有发现它们的传播；二是这些细菌或是环境细菌，不属于人的致病菌，或是机会性病原菌。当然，产生金属碳青霉烯酶 L1 的嗜麦芽窄食单胞菌是个例外。

　　真正让人担忧的金属碳青霉烯酶是那些质粒介导的 B 类碳青霉烯酶，如在日本被发现的 IMP 家族，在意大利被鉴定出的 VIM 家族以及起源于印度的 NDM 家族等。当然，其他局限在某一地理区域的 MBL 还包括 SPM-1，它一直与在巴西的医院暴发有关联；GIM-1，在德国在碳青霉烯耐药的铜绿假单胞菌分离株中被分离出；SIM-1，从在韩国的鲍曼不动杆菌分离株中被分离出；KHM-1，从在日本的一个弗氏柠檬酸杆菌分离株中被分离出；AIM-1，从在澳大利亚在铜绿假单胞菌中被分离出；以及 DIM-1 从在荷兰的一个临床施氏假单胞菌分离株中被分离出。从分子学结构上，这些金属碳青霉烯酶被分成 3 个亚类，即 B1、B2 和 B3；在水解功能上，它们又被分成 3 个亚组，即 3a、3b 和 3c。

　　早在 2000 年，在细菌耐药研究领域里的两位

大家 Livermore 和 Woodford 就曾提出这样的问题："碳青霉烯酶：是一个行将出现的问题吗？"当时在全世界，碳青霉烯酶介导的细菌耐药并不是一个普遍存在的问题。在日本，一种被称为 IMP-1 的获得性金属 β-内酰胺酶开始出现在铜绿假单胞菌和肠杆菌科细菌的分离株中，并且也已经被发现存在于来自新加坡的分离株中。进而，产生 IMP-1 不动杆菌菌种已经在意大利和中国香港被鉴定出。一种第二组获得性金属碳青霉烯酶 VIM 型也首先在意大利被发现，并且已经在来自 5 个欧亚大陆国家的铜绿假单胞菌被记录。属于分子学分类 D 类的弱碳青霉烯酶正在全球的鲍曼不动杆菌中出现。一些属于分子学 A 类的获得性碳青霉烯酶也已经被报道。然而，至少 KPC 型碳青霉烯酶还没有被报道。到了 2005 年，同样是在 β-内酰胺酶研究领域久负盛名的 4 位来自欧洲的大专家 Walsh、Toleman、Poirel 和 Nordmann 也曾联名写下一个非常精彩的综述："金属 β-内酰胺酶：暴风雨之前的平静？"因为 ESBL 如 TEM、SHV 和 CTX-M 型 β-内酰胺酶的传播应该提供了一个有益的教训，因此，人们自然要借鉴一些经验同 MBL 的传播进行战斗。然而在当时，即便是采用最万能的感染控制政策，这个 MBL 基因储池可能已经在一些国家被稳固地建立起来。例如，在一些国家，具有 MBL 的铜绿假单胞菌以及不动杆菌菌种的数量如此之高，以至于曾经是铲除这些细菌的基石性的抗生素治疗方案不再被依赖。7 年之后，Nordmann 等在谈及肠杆菌科细菌针对碳青霉烯类抗生素耐药的广泛传播时回答道："暴风雨确实来了！"这时，不仅 IMP 型和 VIM 型碳青霉烯酶已经在全世界很多国家和地区中处于地方流行状态，NDM 型碳青霉烯酶也已经问世并且比其他金属碳青霉烯酶的散播速度更快。

已如前述，金属 β-内酰胺酶属于 B 类酶，它与 A 类、C 类和 D 类 β-内酰胺酶在结构上截然不同，活性部位和水解机制也差异大，这就为广谱的 β-内酰胺酶抑制剂的研发带来巨大的障碍。迄今为止，尽管一些金属 β-内酰胺酶抑制剂已经处于临床前研究阶段，但至今也没有一种抑制剂呈现出临床应用前景。新近上市的阿维巴坦抑制剂复方制剂也同样对各种金属 β-内酰胺酶没有任何抑制作用。因此，在可以预见的未来，产金属碳青霉烯酶细菌所致感染的治疗不会有可靠的治疗方案和药物，人们常常采用包含碳青霉烯类抗生素在内的联合用药方案。考虑到 MBL 实际上会水解所有 β-内酰胺类并且我们一直没有可供临床治疗的抑制剂，这些金属酶的继续传播会是一种临床的灾难。正是这些碳青霉烯酶的出现，才将临床医生逼入困境，他们才不得不重新使用像多黏菌素这样毒性强的老抗生素，尽管这类抗生素具有比较严重的肾毒性和神经毒性。在全球范围内重新启用这类抗生素实属是无奈之举，不过是两害相权取其轻而已。

第二节　金属 β-内酰胺酶的出现和进化

毫无疑问，金属 β-内酰胺酶肯定与活性部位丝氨酸酶具有一个不同的起源。第一个金属 β-内酰胺酶 BC Ⅱ 是从蜡样芽孢杆菌中被鉴定出。Ambler 在首次提出 β-内酰胺酶分子学分类体系时就将金属 β-内酰胺酶 BC Ⅱ 与 A 类 β-内酰胺酶进行过一些比较。通过 SDS 凝胶电泳，估计这种酶的分子量大约是 23kDa，比 A 类 β-内酰胺酶要小一些。BC Ⅱ 与 A 类 β-内酰胺酶最大的差别是 BC Ⅱ 需要一个金属复合因子才能发挥水解作用，通常是 Zn^{2+}，不过一些其他的离子也能发挥替代作用。

在 1966 年，阿伯拉汗（Abraham）等发表了一篇种子性文章，第一次报告了金属 β-内酰胺酶的出现，它来自蜡样芽孢杆菌 569。阿伯拉汗也是在 1940 年在大肠杆菌中发现第一个 β-内酰胺酶（当时称作青霉素酶）的科学家。研究发现，来自蜡样芽孢杆菌 569 的 β-内酰胺酶粗制品在纯化过程中头孢菌素酶活性选择性丧失，但青霉素酶活性则可被保持住。经过 EDTA 处理也造成头孢菌素酶活性丧失得更明显。加入锌离子可产生头孢菌素酶活性的增加。研究结果显示，没有锌离子存在，来自蜡样芽孢杆菌 569 的粗制品酶几乎没有任何潜在的头孢菌素酶活性。对比而言，对来自这种细菌的青霉素酶活性而言，根本不需要锌离子的存在。尽管作者们不确定锌离子活化对于来自蜡样芽孢杆菌 569 的头孢菌素酶是否是特异性的，但他们知道这似乎并非头孢菌素酶的一个共性，因为来自铜绿假单胞菌的粗制品酶并不被 EDTA 抑制。当然，作者们在当时无论如何也不会意识到来自蜡样芽孢杆菌 569 的这种所谓的头孢菌素酶应该是我们现在称呼的 B 类金属 β-内酰胺酶，也称为 B 类碳青霉烯酶，这种酶不仅水解碳青霉烯类，也水解头孢菌素类和青霉素类。而碳青霉烯类在 20 世纪 80 年代中期才投入市场。另一种所谓不受 EDTA 影响的青霉素酶应该是这个菌种产生的 BC Ⅰ。

BC Ⅱ 最初肯定是不会被人关注的，因为 BC Ⅱ 最主要的水解特征是将碳青霉烯类抗生素包含在内，不过当时根本没有任何碳青霉烯类抗生素问世。尽管如此，人们在后来还是在一些环境细菌以及机会性病原菌中发现了一些染色体编码的金属 β-内酰胺酶。不过，很多这样的天然细菌分离株也复

合产生其他类别的 β-内酰胺酶。在此，拟杆菌菌属需要特别提及。在这个菌种中，最早被鉴定出的金属 β-内酰胺酶 CcrA 来自美国的脆弱拟杆菌 TAL3636，它是染色体编码的，不可转移。然而在日本，脆弱拟杆菌临床分离株 10-73 是从伤口感染样本中分离获得，它对亚胺培南、四环素、青霉素类、头孢菌素类、头霉素类和拉氧头孢耐药。研究表明，亚胺培南耐药可以从脆弱拟杆菌 10-73 转移到脆弱拟杆菌菌株 TM4000。研究证实，产自日本和产自美国的脆弱拟杆菌金属 β-内酰胺酶的序列完全一样，这就意味着染色体基因被动员到了质粒上。已经证实，牙龈拟杆菌也产生金属 β-内酰胺酶 CfiA。$cfiA$ 基因首先是在 1990 年在遗传学上被鉴定了特性，并且是最彻底研究了催化机制和结构-功能特性的 MBL 基因之一，常常为相似的酶提供了一个范例。$cfiA$ 常常是沉默的，并且需要一个

替代（surrogate）序列来提供一个合适的启动子，从而加强这个结构基因的表达。插入序列如 IS942、IS1186 和 IS4351 已经被显示嵌入核糖体结合位点的邻近上游，从而提供对于 $cfiA$ 的增强的转录能力。研究已经显示，在大多数国家，沉默的 $cfiA$ 基因存在于大约 2%～4% 的牙龈拟杆菌菌株中。表 30-1 记录了早期在细菌染色体上编码的金属 β-内酰胺酶，重要的是，这些细菌也同时产生其他分子学类别的 β-内酰胺酶。

2005 年，Walsh 等也将这些染色体编码的金属 β-内酰胺酶按照分子学亚类（B1、B2 和 B3）进行了归纳。一般来说，来自一个特殊菌种或菌属的染色体 MBL 彼此间差异不大。最引人瞩目的例外就是来自脑膜脓毒性金黄杆菌的 MBL，它们的 BlaB 和 GOB 型酶差异大（只有 11% 的同一性），并且据此已经被分成各自的亚类（表 30-2）。

表 30-1 产生染色体碳青霉烯酶的细菌

细菌中水解碳青霉烯的 β-内酰胺酶	细菌及菌株	来源的国家/地区	产生的酶	pI	功能分组
金属 β-内酰胺酶	嗜水气单胞菌 19	美国	A1h	7.0	1
			A2h	**8.0**	**3**
金属 β-内酰胺酶	嗜水气单胞菌 A036	意大利	NN	6.6	NC
			NN	7.0	NC
			CphA	**8.0**	**3**
金属 β-内酰胺酶	嗜水气单胞菌 G19	苏格兰	ACE	7.0	1
			APE	8.0	2
			ACP	**ca. 8.2**	**3**
金属 β-内酰胺酶	简氏气单胞菌 14	美国	AsbA1	6.7	1
			AsbB1 = OXA-12	8.6	2d
			AsbM1	**9.1**	**3**
金属 β-内酰胺酶	杀鲑气单胞菌 ASA111	苏格兰	**ASA-1**	**ND**	**3**
			ASA-2	6.0	1
			ASA-3	7.9	2(b)
金属 β-内酰胺酶	索比亚气单胞菌 163a	英格兰	CepS	7.0	1
			AmpS	7.9	2(c?)
			ImiS	**9.3**	**3**
金属 β-内酰胺酶	蜡样芽孢杆菌 569	未知	Ⅰ	8.6	2a
			Ⅱ	**8.3**	**3**
金属 β-内酰胺酶	脆弱拟杆菌 TAL3636	美国	**CcrA**	**5.2**	**3**
			(Cephase)	NC	(1)
金属 β-内酰胺酶	嗜麦芽窄食单胞菌 GN12873	日本	**L1**	**6.9**	**3**
			L2	8.4	2e
金属 β-内酰胺酶	嗜麦芽窄食单胞菌 5B105	苏格兰	**XM-A**	**6.8**	**3**
			XM-B	5.2-6.6	2be

注：1. 引自 Rasmussen B A，Bush K. Antimicrob Agents Chemother，1997，41：223-232。

2. 黑体字为碳青霉烯酶；"?" 表示没有确定是否属于 2(c) 功能亚组。

表 30-2　在染色体上编码的 MBL

亚组	细菌	酶名称
B1	蜡样芽孢杆菌	BCⅡ-5/B/6
		BCⅡ-569/H
	炭疽杆菌	Bla2
	嗜碱杆菌菌种	Bce170
	产吲哚金黄杆菌	IND-1
		IND-2,2a,3,4
	脑膜脓毒性金黄杆菌	BlaB
		BlaB2,BlaB3
		BlaB4-8
	黏金黄杆菌	CGB-1
	香味类香味菌	TUS-1
	拟香味类香味菌	MUS-1
	约氏黄杆菌	JOHN-1
B2	嗜水气单胞菌	CphA
	维罗纳气单胞菌	ImiS
		AsbM1
	居泉沙雷菌	SFH-1
B3	新月柄杆菌	Mb11B
		CAU-1
	深蓝紫色杆菌	THIN-B
	戈尔曼尼军团菌	FEZ-1
	脑膜脓毒性金黄杆菌	GOB-1-7
	嗜麦芽窄食单胞菌	L1a
		L1-BlaS
		L1c,L1d,L1e

注：引自 Walsh T R, Toleman M A, Poirel L, et al. Clin Microbiol Rev，2005，18：306-325。

一些细菌特别是来自各种环境栖息地的细菌普遍都携带有 MBL，不过对于为什么会出现这样的情况还存在着大量的争论。一种论点认为，经过了漫长的时间，这些细菌已经被暴露到 β-内酰胺类或 β-内酰胺型化合物，并且这些细菌已经被召回来获得和维持这些基因及其产物。另一种论点认为，这些酶发挥这一种正常的细胞功能，而这种细胞功能还没有被完全阐明。不管这些观点是否正确，这些 MBL 基因中有许多是可诱导的，并且携带这些基因的大多数细菌对 β-内酰胺类高度耐药，或者能变得对 β-内酰胺类高度耐药。幸运的是，这些细菌是机会性病原菌，它们很少引起严重的感染，当然嗜麦芽窄食单胞菌和炭疽杆菌属于例外，它们的致病性还存在着争议。总的来说，染色体编码的金属 β-内酰胺酶大多不具备临床相关性。让人不解的是，后来出现的很多质粒编码的金属 β-内酰胺酶家族的起源与这些染色体酶并无任何关系。真正对全球抗感染构成严重威胁的还是那些出现在临床上常见的革兰阴性病原菌中的金属 β-内酰胺酶家族，这些酶家族常常是质粒编码的，广泛散播，而且编码这些金属 β-内酰胺酶的病原菌也常常是多药耐药细菌，如铜绿假单胞菌、鲍曼不动杆菌以及肠杆菌科细菌。

1991 年，Watanabe 等报告了一个于 1988 年在日本收集的铜绿假单胞菌菌株，该菌株最突出的特征就是产生一种可转移的 B 类金属 β-内酰胺酶，因为以前报告的铜绿假单胞菌针对亚胺培南耐药主要是由于外膜通透性障碍所致。这种 β-内酰胺酶由质粒 pMS350 编码，后者属于不相容组（incompatibility group）P-9。这个质粒通过接合可转移到铜绿假单胞菌，但不能转移到大肠埃希菌。据估计，纯化酶的分子量是 28 kDa，等电点为 9.0。这种酶显示出广的底物谱，水解亚胺培南、氧亚氨基头孢菌素类、7-甲氧基头孢菌素类和青霉素类抗生素。这种酶的活性被 EDTA、碘剂和 PCMB 抑制，但不被克拉维酸和舒巴坦抑制。不过在当时，这种酶没有被测序和命名。后来，这种酶从在 1991 年在日本收集的一个黏质沙雷菌分离株上被正式地测序，并且命名为亚胺培南酶 IMP-1（active on imipenem 或 Imipenemase，IMP-1）。已经有人建议，IMP 型基因的选择首先发生在日本是因为在这个国家大量使用碳青霉烯类的结果，但这种说法缺乏明确的证据支持。IMP-2 在欧洲被发现，它产自意大利的一个鲍曼不动杆菌分离株中。从那以后，IMP 家族已经在全世界被发现，并且其家族成员不断发展壮大。

表 30-3 金属 β-内酰胺酶在肠杆菌科细菌中的全球性出现

国家/地区	分离年份	发表年份	细菌	酶
澳大利亚	2002	2004	肺炎克雷伯菌	IMP-4
			大肠埃希菌	IMP-4
	未提供	2005	肺炎克雷伯菌	IMP-4
			阴沟肠杆菌	IMP-4
			无丙二酸柠檬酸杆菌	IMP-4
巴西	2003	2005	肺炎克雷伯菌	IMP-1
中国	未提供	2001	杨氏柠檬酸杆菌	IMP-4
希腊	2001	2003	大肠埃希菌	VIM-1
	2001	2004	大肠埃希菌	VIM-1
	2002	2003	肺炎克雷伯菌	VIM-1
	2003	2005	阴沟肠杆菌	VIM-1
	2003—2005	2006	肺炎克雷伯菌	VIM-1
	2004—2005	2005	肺炎克雷伯菌	VIM-1
法国	2003—2004	2006	肺炎克雷伯菌	VIM-1
意大利	2002	2004	肺炎克雷伯菌	VIM-4
			阴沟肠杆菌	VIM-4
日本	1993	1995	黏质沙雷菌	IMP-1 样
	1994—1995	1996	肺炎克雷伯菌	IMP-1 样
			黏质沙雷菌	IMP-1 样
	未提供	1998	弗氏沙雷菌	IMP-3
	1991—1996	1998	黏质沙雷菌	IMP-1 样
			弗氏柠檬酸杆菌	IMP-1 样
	1996	2001	黏质沙雷菌	IMP-6
	1998—2000	2003	黏质沙雷菌	IMP-1
			弗氏柠檬酸杆菌	IMP-1
			普通变形杆菌	IMP-1
	2001—2002	2003	黏质沙雷菌	IMP-1 样
			肺炎克雷伯菌	IMP-1 样
			大肠埃希菌	IMP-1 样
			阴沟肠杆菌	IMP-1 样
			弗氏柠檬酸杆菌	IMP-1 样
			奥克西托克雷伯菌	IMP-1 样
			雷极变形杆菌	IMP-1 样
			摩氏摩根菌	IMP-1 样
			产气肠杆菌	IMP-1 样
葡萄牙	未提供	2005	奥克西托克雷伯菌	VIM-2
新加坡	1996	1999	肺炎克雷伯菌	IMP-1
韩国	2000	2003	阴沟肠杆菌	VIM-2
	2000	2002	黏质沙雷菌	VIM-2
	2003—2004	2006	肺炎克雷伯菌	VIM-2 样
			阴沟肠杆菌	VIM-2 样
			黏质沙雷菌	VIM-2 样
西班牙	2003	2005	肺炎克雷伯菌	VIM-1
			大肠埃希菌	VIM-1
中国台湾地区	1998	2001	肺炎克雷伯菌	IMP-8
	1999—2000	2002	阴沟肠杆菌	IMP-8
			弗氏柠檬酸杆菌	VIM-2
突尼斯	2005	2006	肺炎克雷伯菌	VIM-4
土耳其	早于 2002 年	2005	阴沟肠杆菌	VIM-5

注：引自 Queenan A M，Bush K Clin Microbiol Rev，2007，20：440-458。

在 1999 年，获得性金属 β-内酰胺酶的第二个家族在意大利的维罗纳被报告。铜绿假单胞菌 VR-143/97 是来自外科切口的一个临床分离株。该分离株在 1997 年 2 月从入住在维罗纳大学医院 ICU 的一名意大利患者中被分离获得。该菌株也产生一种全新的金属 β-内酰胺酶，命名为维罗纳整合子编码的金属 β-内酰胺酶 VIM-1（Verona integron-encoded metallo-β-lactamase, VIM-1）。与 bla_{IMP-1} 相似，bla_{VIM-1} 也被发现被一个基因盒携带，该基因盒被插入一个 1 类整合子中。但是，含有 bla_{VIM} 基因的整合子位于铜绿假单胞菌 VR-143/97 的染色体上，并且 bla_{VIM-1} 基因未能通过接合被转移到大肠埃希菌中。不久之后，VIM 的第二个变异体 VIM-2 被描述，它来自 1996 年在法国分离获得的单一铜绿假单胞菌分离株。VIM-2 也被一个基因盒编码，后者是在 1 类整合子 In56 中被鉴定出的唯一一个耐药基因。bla_{VIM-2} 位于一个能够从铜绿假单胞菌转移到铜绿假单胞菌的一个质粒上。目前，VIM-2 是这个家族中最流行的成员。

上述两种金属 β-内酰胺酶最初都是在铜绿假单胞菌中被发现，但很快就散播到肠杆菌科细菌中，而且也是在全世界流行最广的 B 类碳青霉烯酶。Queenan 和 Bush 于 2007 年撰写了一篇非常精彩的综述——"碳青霉烯酶：多才多艺的 β-内酰胺酶"，特别强调了产生这两种金属 β-内酰胺酶的肠杆菌科细菌在全球的出现（表 30-3）。

在 1997 年，来自巴西圣保罗的一个临床铜绿假单胞菌分离株作为 SENTRY 监测计划的一部分被分析。该菌株（48-1997A）是一个血源分离株，它来自一名 4 岁的白血病女孩，她最后死于这次感染。这个分离株被显示对所有标准的抗革兰阴性抗菌药物耐药，只有黏菌素例外。分析结果证实，该菌株产生一种全新的金属 β-内酰胺酶，被命名为圣保罗金属 β-内酰胺酶 SPM-1（Sao Paulo metallo-β-lactamase, SPM-1）。bla_{SPM-1} 的遗传环境是独特的，它直接与 ISCR 元件有关联，而与转座子和整合子没有关联。SPM-1 在巴西广为流行。

在 2009 年，Yong、Toleman 和 Giske 等系统地报告了一种全新的金属 β-内酰胺酶，这种酶被发现起源自印度。一名印度裔瑞典籍患者曾旅行到了印度的新德里，并且罹患了一次尿道感染，这次感染是由一个对碳青霉烯耐药的肺炎克雷伯菌 05-506（ST14）所致，该菌株产生一种金属 β-内酰胺酶，它被命名为新德里金属 β-内酰胺酶 NDM-1（New Dehli metallo-β-lactamase, NDM-1）。NDM-1 与其他 MBL 分享极少的同一性，与其最相似的 MBL 是 VIM-1/VIM-2，不过其同一性也只有 32.4%。除了肺炎克雷伯菌 05-506 以外，bla_{NDM-1} 也在一个大肠埃希菌菌株的一个 140kb 质粒上被发现，这个分离株来自同样患者的粪便，这就让人推测存在体内质粒接合转移的可能性。NDM 型碳青霉烯酶具有高度散播的潜力，自从 NDM-1 被首次鉴定以来，这种类型的碳青霉烯酶已经散播到几乎所有大陆，在很多国家和地区都引起过感染暴发。

上述提到的 4 个金属 β-内酰胺酶家族都具有全球影响力。虽然 SPM 家族没有在全球散播，但它在巴西本身以及在南美一些国家也已经给公共健康安全造成了不小的威胁。这些年来，除了上述 4 个较大的金属 β-内酰胺酶家族以外，还有一些金属 β-内酰胺酶也被陆续发现，只是这些金属 β-内酰胺酶的影响力还只是局限在一个国家，并且即便是在一个国家内部也没有大规模流行起来。第一个那样的金属 β-内酰胺酶是 KHM-1。KHM-1 是一种质粒介导的金属 β-内酰胺酶，是从日本东京的一个弗氏柠檬酸杆菌临床分离株 KHM243 中被鉴定出。该酶虽然在 2008 年被报告，但这个弗氏柠檬酸杆菌分离株在 1997 年就被分离获得。德国亚胺培南酶 GIM-1（German Imipenemase, GIM-1）在德国多塞尔多夫被发现，它产自在 2002 年被分离获得的 5 个多重耐药铜绿假单胞菌临床分离株。GIM-1 由 250 个氨基酸组成，pI 为 5.4，它在一级序列上与被描述的 IMP、VIM 和 SPM-1 酶的一级序列不同，分别相差 39%～43%、28%～31% 和 28%。bla_{GIM-1} 基因的遗传背景很有特征，它被镶嵌在一个 6kb 的 1 类整合子 In77 的第一个位置上，具有截然不同的特征，包括在 MBL 基因下游的一个 aacA4 基因盒，它似乎被采用 bla_{GIM-1} 基因截短。aacA4 基因盒接着是一个 aadA1 基因盒，它被 IS1394 的一个拷贝打断。这个整合子在 3'-CS 之前也携带一个苯唑西林酶基因 bla_{OXA-2}。GIM-1 似乎是一个独特的 MBL，它位于一个截然不同的整合子结构中。在韩国首尔的一家三甲医院中，在总共收集的 1234 个非重复碳青霉烯耐药假单胞菌菌种和不动杆菌菌种的临床分离株中，211 个（17%）是金属 β-内酰胺酶阳性。其中 204 个（96%）或是具有 bla_{IMP-1} 或是具有 bla_{VIM-2} 等位基因。此外，7 个鲍曼不动杆菌分离株被发现具有一种全新的 MBL 基因，称作 bla_{SIM-1}，它编码首尔亚胺培南酶 SIM-1（Seoul Imipenemase, SIM-1），后者是 B1 亚类金属 β-内酰胺酶的一个新成员，与 IMP 型 MBL 具有 64%～69% 的同一性。bla_{SIM-1} 基因在一个基因盒中被携带，该基因盒被插入一个 1 类整合子中，它包括 3 个额外的基因盒（arr-3、catB3 和 aadA1）。荷兰亚胺培南酶 DIM-1（Dutch imipenemase, DIM-1）和澳大利亚亚胺培南酶 AIM-1（Australia Imipenemase, AIM-1）分别在荷兰和澳大利亚被发现，前者产自施氏假单胞菌临床分离株，整合子编码，后者产自铜绿假单胞菌分离株。邻接 bla_{AIM-1} 基因的 ISCR10 存在提示，如同 bla_{SPM-1}，ISCR 元件参与这个基因的移动。

2011 年，Patel 等提出，IMP 系列、VIM 系列以及 NDM 系列碳青霉烯酶已经散播到全世界，其他一些金属 β-内酰胺酶家族的散播还是基本局限在它们被发现的国家，其中 SPM 的散播已经超出了巴西，在南美的其他国家陆续出现（表 30-4）。

Cornaglia 等也于 2011 年提出，这些获得性金属 β-内酰胺酶已经在肠杆菌科细菌、铜绿假单胞菌、鲍曼不动杆菌和其他革兰阴性非发酵细菌的菌株中被检测到（表 30-5）。需要强调指出的是，这些获得性金属 β-内酰胺酶的起源均不清楚。

表 30-4　金属 β-内酰胺酶

酶	首次分离时间/年	细菌	分布	基因位置
IMP-1-26	1988	肠杆菌科细菌，假单胞菌菌种，不动杆菌菌种	全世界	P/C
VIM-1-23	1997	肠杆菌科细菌，假单胞菌菌种，不动杆菌菌种	全世界	P/C
SPM-1	2001	铜绿假单胞菌	巴西	C
GIM-1	2002	铜绿假单胞菌	德国	P
SIM-1	2003—2004	鲍曼不动杆菌	韩国	P
NDM-1	2006	不动杆菌菌种，肠杆菌科细菌	全世界	P
NDM-2	2011	不动杆菌菌种	埃及	C
AIM-1	2007	铜绿假单胞菌	澳大利亚	
KHM-1	1997	弗氏柠檬酸杆菌	日本	P
DIM-1	2007	施氏假单胞菌	荷兰	P

注：1. 引自 Patel G, Bonomo R A. Exp Rev Antiinfect Ther, 2011, 9：555-570。

2. P—质粒；C—染色体。

表 30-5　获得性金属 β-内酰胺酶在不同细菌中的最早报告

金属酶/国家或地区	细菌	金属酶/国家或地区	细菌
IMP-1		**IMP-2**	
日本	铜绿假单胞菌	意大利	鲍曼不动杆菌
	肠杆菌科细菌	日本	铜绿假单胞菌
	鲍曼不动杆菌	**IMP-4**	
	木糖氧化不动杆菌	中国	鲍曼不动杆菌
IMP-3		中国	肠杆菌科细菌
日本	肠杆菌科细菌	**IMP-6**	
IMP-5		日本	肠杆菌科细菌
葡萄牙	鲍曼不动杆菌	日本	铜绿假单胞菌
IMP-7		**IMP-8**	
加拿大	铜绿假单胞菌	中国台湾地区	肠杆菌科细菌
IMP-9		中国大陆	鲍曼不动杆菌
中国	铜绿假单胞菌	葡萄牙	门多萨假单胞菌
IMP-11		**IMP-10**	
日本	肠杆菌科细菌	日本	铜绿假单胞菌
日本	铜绿假单胞菌	日本	木糖氧化产碱杆菌
IMP-13		日本	鲍曼不动杆菌
意大利	铜绿假单胞菌	**IMP-12**	
IMP-15		意大利	恶臭假单胞菌
墨西哥	铜绿假单胞菌	**IMP-14**	
IMP-18		泰国	铜绿假单胞菌
美国	铜绿假单胞菌	**IMP-16**	
IMP-20		巴西	铜绿假单胞菌
日本	铜绿假单胞菌	**IMP-19**	
IMP-22		法国	豚鼠气单胞菌
澳大利亚	铜绿假单胞菌	**IMP-21**	
IMP-25		日本	铜绿假单胞菌
中国	铜绿假单胞菌		

续表

金属酶/国家或地区	细菌	金属酶/国家或地区	细菌
VIM-1		**IMP-24**	
意大利	铜绿假单胞菌	中国台湾地区	肠杆菌科细菌
法国	肠杆菌科细菌	**IMP-26**	
希腊	鲍曼不动杆菌	新加坡	铜绿假单胞菌
VIM-3		**VIM-2**	
中国台湾地区	铜绿假单胞菌	法国	铜绿假单胞菌
中国台湾地区	鲍曼不动杆菌	韩国	鲍曼不动杆菌
中国台湾地区	肠杆菌科细菌	中国台湾地区	肠杆菌科细菌
VIM-5		希腊	木糖氧化产碱杆菌
土耳其	肠杆菌科细菌	**VIM-4**	
土耳其	铜绿假单胞菌	希腊	铜绿假单胞菌
VIM-7		意大利	肠杆菌科细菌
美国	铜绿假单胞菌	匈牙利	嗜水气单胞菌
VIM-9		希腊	鲍曼不动杆菌
英国	铜绿假单胞菌	**VIM-6**	
VIM-11		新加坡	恶臭假单胞菌
阿根廷	铜绿假单胞菌	**VIM-8**	
中国台湾地区	鲍曼不动杆菌	哥伦比亚	铜绿假单胞菌
中国台湾地区	肠杆菌科细菌		
VIM-13		**VIM-10**	
西班牙	铜绿假单胞菌	英国	铜绿假单胞菌
VIM-13		**VIM-12**	
西班牙	铜绿假单胞菌	希腊	肠杆菌科细菌
VIM-15		**VIM-14**	
比利时	铜绿假单胞菌	意大利	铜绿假单胞菌
VIM-17		**VIM-16**	
希腊	绿假单胞菌	德国	铜绿假单胞菌
VIM-19		**VIM-18**	
阿尔及利亚	肠杆菌科细菌	印度	铜绿假单胞菌
VIM-23		**VIM-20**	
墨西哥	肠杆菌科细菌	西班牙	铜绿假单胞菌
VIM-25		**VIM-24**	
印度	肠杆菌科细菌	哥伦比亚	肠杆菌科细菌
SPM-1		**GIM-1**	
巴西	铜绿假单胞菌	德国	铜绿假单胞菌
SIM-1		德国	肠杆菌科细菌
韩国	鲍曼不动杆菌	**AIM-1**	
印度	肠杆菌科细菌	澳大利亚	铜绿假单胞菌
KHM-1		**NDM-1**	
日本	肠杆菌科细菌	印度	肠杆菌科细菌
DIM-1		印度	鲍曼不动杆菌
荷兰	施氏假单胞菌		

注：引自 Cornaglia G，Giamarellou H，Rossolini G M. Lancet Infect Dis, 2011, 11：381-393。

截至 2011 年，至少 9 种不同类型的金属 β-内酰胺酶已经被描述。对于流行性散播和临床相关性而言，最重要的类型是 IMP 型、VIM 型、SPM 型和 NDM 型酶，而 IMP 型和 VIM 型拥有最多的变异体成员（图 30-1）。

与典型的 KPC 型碳青霉烯酶相比，各种质粒来源的金属碳青霉烯酶针对亚胺培南和美罗培南以及其他 β-内酰胺类抗生素的水解活性彼此差异很大（表 30-6）。

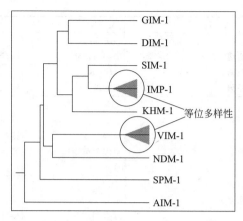

图 30-1 在不同类型金属 β-内酰胺酶上的多样性

（引自 Cornaglia G，Giamarellou H，Rossolini G M. Lancet Infect Dis，2011，11：381-393）
树状图显示出在金属 β-内酰胺酶的不同类型之间的多样性和结构关系。与 IMP 型和 VIM 型
谱系重叠的阴影部分提示在这些谱系内一些等位基因变异体的存在

表 30-6 代表性碳青霉烯酶变异体针对各种 β-内酰胺底物的水解效力

β-内酰胺酶	水解效力 $(k_{cat}/K_m)/[L/(\mu mol \cdot s)]$[1]							
	亚安培南	美罗培南	头孢他啶	头孢噻肟	氨曲南	头孢西丁	头孢噻吩	青霉素
KPC-2	0.29	0.27	ND	0.10	0.08	0.002	0.84	1.90
KPC-3	1.90	1.40	0.03	0.50	ND	0.50	3.50	ND
VIM-1	0.13	0.26	0.08	0.68	—	0.20	5.10	0.04
VIM-2	3.80	2.50	0.05	5.80	—	1.20	11.8	4.0
VIM-4	23.0	0.90	ND	ND	—	ND	36.0	3.10
VIM-5	0.29	0.05	0.001	0.09	—	ND	ND	0.26
VIM-19	6.0	2.0	0.02	30.0	—	0.50	ND	5.0
VIM-27	0.26	ND	ND	0.82	—	0.03	8.30	ND
IMP-1	1.20	0.12	0.18	0.35	—	2.0	2.40	0.62
IMP-4	0.35	0.18	0.07	0.14	—	ND	0.43	0.08
NDM-1	0.21	0.25	0.03	0.58	—	0.02	0.40	0.68
NDM-4	0.46	0.31	0.06	1.20	—		0.50	ND
OXA-48	0.14	<0.001	0.001	0.50	—	ND	0.15	6.10

注：1. 引自 Tzouvelekis L S，Markogiannakis A，Psichogiou M，et al. Crit Rev Microbiol，2012，25：682-707。
2. ND—未确定；——未检测到水解。

第三节 金属 β-内酰胺酶的分类和分组

已如前述，B 类金属 β-内酰胺酶家族众多，获得 B 类金属 β-内酰胺酶至少就有 9 个家族，再加上还有很多种在环境细菌或机会性病原菌中发现的染色体编码的 B 类金属 β-内酰胺酶。尽管存在着一个共同的折叠和有限的序列同源性，B 类金属 β-内酰胺酶已经被分成为 3 个不同的分子学亚类（B1、B2 和 B3 亚类）（表 30-7）。在亚类之间具有相对低的序列同一性（<20%），这会在整个亚类中产生不可靠的序列比对。在同一亚类内，序列同一性是更高的，并且这与在 B1、B2 和 B3 亚类酶活性部位内的截然不同的结构特征一起是这些亚类建立的基础。B1 亚类最大并且含有研究最充分的 MBL，如 BCⅡ、IMP、VIM、NDM 和 SPM-1。它们的编码基因既可以位于染色体上也可以在可移动遗传元件上被编码，这些可移动遗传元件使得这些 MBL 在泛耐药革兰阴性病原菌如铜绿假单胞菌和肠杆菌科细菌中散播。在 B1 亚类金属 β-内酰胺酶的晶型结构中，2 个锌原子 Zn1 和 Zn2 被检测到。Zn1 结合位点也被称作 3H 结合位点，意指它含有 3 个组氨酸（组氨酸 116、组氨酸 118 和组氨酸 196），而 Zn2 或 DCH（天冬氨酸/半胱氨酸/组氨酸）位点的配基包括天冬氨酸 120、半胱氨酸 221

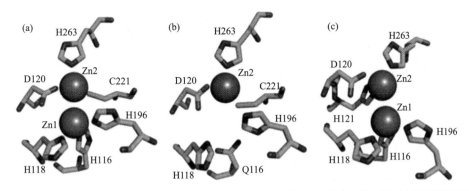

图 30-2　在 B1、B2 和 B3 亚类金属 β-内酰胺酶的活性部位上起着锌离子结合剂作用的氨基酸残基的图示
（引自 Palzkill T. Ann N Y Acad Sci，2013，1277：91-104）
（a）脆弱拟杆菌 B1 亚类 CcrA 酶的活性部位锌离子螯合残基；（b）B2 亚类的嗜水气单胞菌单锌离子酶的活性
部位锌离子结合残基；（c）B3 亚类的嗜麦芽窄食单胞菌 L1 酶的活性部位锌离子结合残基

表 30-7　B1、B2 和 B3 亚类的金属 β-内酰胺酶

亚类	酶[①]	细菌[②]
B1	BcⅡ	蜡样芽孢杆菌
	IMP-1	黏质沙雷菌,铜绿假单胞菌
	VIM-4	铜绿假单胞菌,鲍曼不动杆菌
	BlaB	脑膜炎脓毒黄杆菌
	NDM-1	肺炎克雷伯菌,大肠埃希菌
	GIM-1	铜绿假单胞菌
	DIM-1	施氏假单胞菌
	Bla2	炭疽杆菌
	CcrA	脆弱拟杆菌
	VIM-2	铜绿假单胞菌,鲍曼不动杆菌
	VIM-7	铜绿假单胞菌,鲍曼不动杆菌
	SPM-1	铜绿假单胞菌
	VIM-1	铜绿假单胞菌,鲍曼不动杆菌
	SIM-1	鲍曼不动杆菌
	TMB-1	无色杆菌菌种
	KHM-1	弗氏柠檬酸杆菌
B2	CphA	嗜水气单胞菌
	ImiS	维罗纳气单胞菌
	Sfh-1	居泉沙雷菌
B3	L1	嗜麦芽窄食单胞菌
	BJP-1	日本慢生根瘤菌
	THIN-B	深蓝紫色杆菌
	CAU-1	新月柄杆菌
	SMB-1	黏质沙雷菌
	CRB11	未培养的细菌
	FEZ-1	戈尔曼军团菌
	AIM-1	铜绿假单胞菌
	GOB-1	脑膜炎脓毒黄杆菌
	CAR-1	胡萝卜软腐坚固杆菌
	POM-1	耳炎假单胞菌

①酶变异体未包括在此表中,除非变异体的 X 射线结构可供利用；②列出的菌株是该酶被最初鉴定出的菌株。
注：引自 Palzkill T. Ann N Y Acad Sci，2013，1277：91-104。

和组氨酸 263。在 3H 和 DCH 这两个位点上的锌离子配基残基在 B1 酶中是严格保守的。围绕着活性部位的这些锌离子结合基序能够区分出 MBL 亚类为 B1（在组氨酸 116-组氨酸 118-组氨酸 196 以及天冬氨酸 120-半胱氨酸 221-组氨酸 263 上的锌离子配基），B2（天冬酰胺 116-组氨酸 118-组氨酸-196 以及天冬氨酸 120-半胱氨酸 221-组氨酸 263）或 B3（组氨酸/甘氨酸 116-组氨酸 118-组氨酸 196 以及天冬氨酸 120-半胱氨酸 221-组氨酸 263）（图 30-2）。这些亚类趋异的氨基酸序列在酶的或多或少不同的催化特性上被反映出来。例如，B1 和 B3 酶活性强，有两个锌离子（Zn1 和 Zn2）被结合到活性部位上，而在 B2 酶的第二个锌离子的结合则抑制催化作用。B1 和 B3 亚类具有广谱的底物轮廓，包括青霉素类、头孢菌素类和碳青霉烯类，而 B2 亚类酶展现出一个包括碳青霉烯类的窄谱的底物轮廓。

在 B1 亚类酶中，无论是 3H 结合位点还是 DCH 结合位点都是保守的，因此这些结合位点可用来将 B1 亚类的金属 β-内酰胺酶与其他类别的酶区别开来。此外，在 B1 组的酶中，只要有一个锌离子在其活性部位，这些酶就是有活性的，第二个锌离子结合会增强活性。而在 B2 组的那些酶中，只有一个单一锌离子在活性部位，这些酶才有活性，第二个锌离子的结合会抑制这些酶的周转（turnover）。在 B3 亚类的酶中，只有两个锌离子在活性部位被配位时才能进行水解。属于 B1 和 B3 亚类的金属 β-内酰胺酶是广谱酶，它们水解包括碳青霉烯类在内的大多数 β-内酰胺类抗生素。只有单环 β-内酰胺类既不被这些酶水解，也不被这些酶识别。传统的丝氨酸 β-内酰胺酶抑制剂不能抑制这些酶的活性。这些丝氨酸 β-内酰胺酶抑制剂实际上表现得如同差的底物。B2 亚类酶是严格意义上的碳青霉烯酶。它们只是高效水解碳青霉烯类，并且在针对青霉素类和头孢菌素类时，它们显示出即便有的话也是非常弱的水解活性。从进化的角度上看，

B1 亚类和 B3 亚类进化自一个共同的祖先，并且实际上形成一个单一的类别，在这个组别内，各种序列展示出明显的相似性，B1 和 B2 亚类形成两个截然不同的进化枝。B3 亚类与 B1/B2 亚类分享结构相似性，但不是序列相似性。几乎所有的获得性金属 β-内酰胺酶类型都属于 B1 亚类，这就提示这个亚类中的成员更易于被可移动遗传元件捕获和传播，这要比 B2 和 B3 亚类的成员具有一个总体上更高的捕获和传播倾向。

早在 1989 年，Bush 就根据功能特性将 MBL 进一步分成了一个独立的组别（3 组）。这个体系主要根据底物轮廓（特别是亚胺培南水解作用），它们对 EDTA 的敏感性和被丝氨酸 β-内酰胺酶抑制剂的抑制作用的缺乏来建立的。这个体系在 1995 年被更新和完善，形成了著名的 Bush-Jacoby-Medeiros 功能性分类体系。随着越来越多的 3 组金属 β-内酰胺酶的出现，人们发现，尽管所有的 MBL 都水解亚胺培南，但其水解的能力彼此差异大。根据对亚胺培南和其他 β-内酰胺类的水解，Rasmussen 和 Bush 提出将 MBL 分成 3 个功能亚组（3a、3b 和 3c 亚组）。3a 亚组包括具有广谱水解活性的金属 β-内酰胺酶，它们至少以水解亚胺培南速率的 60% 来水解青霉素类，或是水解头孢菌素类。这些酶也倾向于需要加入 Zn^{2+} 来达到最大的活性，或者被这个二价阳离子所活化，从而建议对 Zn^{2+} 低亲和力的结合。3b 亚组由那些优先水解碳青霉烯类的金属 β-内酰胺酶构成，属于严格意义上的碳青霉烯酶。迄今为止，这个亚组的酶都来自气单胞菌菌种、芳香味黄杆菌和洋葱假单胞菌。最后的亚组——3c 亚组只包括一种来自戈尔曼军团菌的酶，它对氨苄西林并且特别是对头孢噻啶呈现出极快的水解作用。然而，这些酶具有被 EDTA 以及其他二价阳离子螯合剂普遍抑制的特征性标志，这是与 MBL 的机械功能关联起来的一个典型特征（表 30-8）。

表 30-8 B 类金属 β-内酰胺酶的更新分类和分组

功能亚组	水解谱	分子亚类	例子	蛋白结合配基 Zn 1 位点	蛋白结合配基 Zn 2 位点	锌结合影响
3a	广谱	B1	BⅡ，IMP-1，CcrA，VIM，GIM，SPM-1	3 个组氨酸	天冬酰胺-半胱氨酸-组氨酸	最佳水解活性需要 2 个 Zn 原子结合
3b	水解碳青霉烯类的高度专一性	B2	CphA，Sfh-1	2 个组氨酸、1 个天冬酰胺	天冬酰胺-半胱氨酸-组氨酸	第二个 Zn 原子的结合呈现抑制作用
3c	水解头孢菌素类的高度专一性	B3	L1，FEZ-1，GOB-1，CAU-1	3 个组氨酸	天冬酰胺-组氨酸-组氨酸	最佳水解活性需要 2 个 Zn 原子结合

注：引自 Gupta V. Expert Opin Investig Drugs，2008，17：131-143。

并非所有三组的酶都已经被检查它们水解碳青霉烯类而不仅仅是亚胺培南的能力。因此，这些酶在水解作为一个类别的碳青霉烯类的能力是难以被评价的。对于美罗培南水解数据已经被报告的那些酶而言，一般来说，与观察到的亚胺培南的 V_{max} 值要高于对于更新型的碳青霉烯的 V_{max} 值。但是，有两个例外，即 3a 亚组的 BCⅡ 和 3b 亚组的 AsbM1 酶，前者水解美罗培南的程度要高于水解亚胺培南的程度，后者对美罗培南的水解大约比对亚胺培南的水解高 3 倍。3 组酶中根本没有酶能明显水解氨曲南。这组酶几乎不受作为商品供应的 β-内酰胺酶抑制剂所抑制，如克拉维酸、舒巴坦和他唑巴坦。

第四节　金属 β-内酰胺酶的一般性结构特征

在 β-内酰胺酶的 4 个分子学类别中，只有 B 类 β-内酰胺酶属于金属酶，其水解活性需要金属离子如锌离子的直接参与，而其他的 A 类、C 类和 D 类 β-内酰胺酶都是活性部位丝氨酸酶。因此，B 类金属 β-内酰胺酶在结构上与其他三类 β-内酰胺酶具有显著的区别，由此带来的水解机制自然也明显不同。众所周知，锌离子在 β-内酰胺结合上起着一个重要的作用，而一个被恰当折叠的 BCⅡ 脱辅基酶（apoenzyme）则不能结合底物。此外，B 类金属 β-内酰胺酶还依据氨基酸同源性的差异被进一步分成三个亚类，亚类之间氨基酸序列同一性可低至 20% 以下，特别是在配位锌离子的氨基酸上，所以，每一个亚类的金属 β-内酰胺酶也都有其各自的结构特征。不过，尽管亚类之间氨基酸同一性低，但这些金属 β-内酰胺酶的总体折叠是相似的。早在 1999 年，Wang 等就对 8 个代表性金属 β-内酰胺酶的一级序列进行了比对。尽管它们分享一些保守的基序，但还是显示出相当的序列多样性。早年的一个 BCⅡ 晶体结构显示，BCⅡ 被折叠成一个紧凑的 αββα 三明治结构，大约三维是 32Å×30Å×28Å，在每一个外表面都有螺旋。多肽链被分成两个域。一个大体上内部分子对称被发现，建议一个可能的基因复制。活性部位位于 αββα 三明治的边缘，靠近一个螺旋的 N 末端。不久之后，产自机会性病原菌嗜麦芽窄食单胞菌的 L1 金属 β-内酰胺酶的结构已经在 1.7Å 分辨率上被确定。L1 在所有已知的 β-内酰胺酶中是独一无二的，它是作为一个四聚体而存在。L1 展现出只是在金属 β-内酰胺酶中被发现的 αββα 折叠，并且具有一些在其他金属 β-内酰胺酶中未被观察到的独特特征。图 30-3 描绘的是 L1 分子的四级结构，包含有 4 个亚基（subunit）。

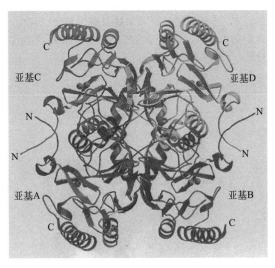

图 30-3　L1 四聚体的结构丝带图（见文后彩图）
（引自 Ullah J H，Walsh T R，Taylor I A，et al.
J Mol Biol，1998，284：125-136）
锌离子被显示为灰色球形

在 1999 年，Wang 等对来自脆弱拟杆菌、蜡样芽孢杆菌和嗜麦芽窄食单胞的 3 种金属 β-内酰胺酶的结构进行了比较。结果显示，尽管这 3 种酶具有低的序列同源性，但它们的整体折叠是非常相似的。它们都具有 αββα 三明治结构，它是由在核心的 2 个 β 折叠片和在外部表面的 5 个 α 螺旋组成。分子的 N 末端一半和 C 末端一半各自含有 1 个 β 折叠片和 2 个 α 螺旋，这两半能被围绕着一个中心轴的一个二重转动大体叠置，这就建议它们或许源自一个基因复制事件。脆弱拟杆菌酶的结构与蜡样芽孢杆菌酶的结构几乎一样，只是在环上有一些小的差别，但是嗜麦芽窄食单胞菌 L1 结构则有一些截然不同的特征。

B1 和 B3 亚类酶的双核 Zn（Ⅱ）中心都位于两个 β 折叠片之间的一个宽的浅沟的底部。由于这种可及性好的排列，它们活性部位都能容纳各种各样的 β-内酰胺分子，为这些酶宽的底物专一性提供结构基础。在 B1 亚类酶，一个锌离子具有一个四面体配位层（配位圈）并且被组氨酸 116、组氨酸 118、组氨酸 196 和一个水分子或 OH⁻ 离子配位。其他金属离子有一个三方锥配位圈，它涉及天冬氨酸 120、半胱氨酸 221、组氨酸 263 和两个水分子。Zn1 和 Zn2 两者之间被一个水/氢氧化物离子桥连接。在 B3 酶，"组氨酸"部位与在 B1 酶中被发现的"组氨酸"部位是一样的。半胱氨酸 221 被一个丝氨酸取代，并且第二个锌离子被天冬氨酸 120、组氨酸 121、组氨酸 263 和亲核的水分子配位，这个水分子在两个金属离子之间形成桥连接。B2 亚类 CphA 主要以单锌形式存在，其晶型结构也显示，第一个锌离子位于"半胱氨酸"部位。目前，人们仍然未能成功地获得 CphA 双锌形式的晶体（图 30-4～图 30-6）。

随着研究的深入，越来越多金属 β-内酰胺酶的晶型结构被获得，如 IMP、VIM、SPM 和 NDM，这些晶型结构在后面的相关章节中再加以介绍。

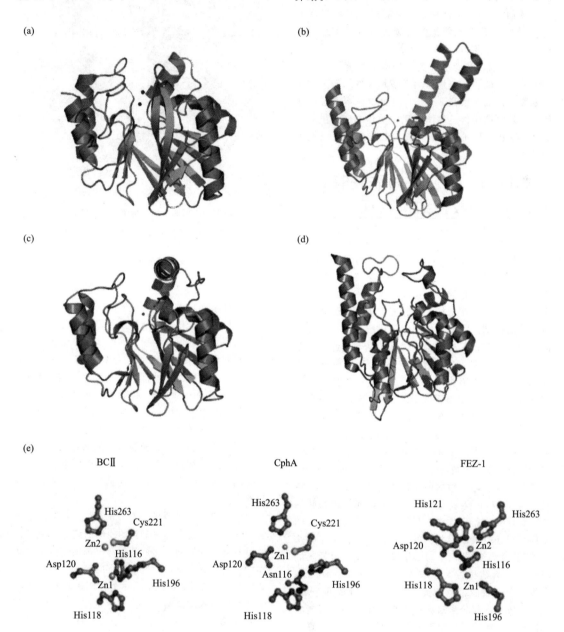

图 30-4 金属 β-内酰胺酶总体结构（见文后彩图）

（引自 Bebrone C. BiochemPharmacol，2007，74：1686-1701）

α 螺旋为蓝色，β 链为绿色以及环为灰色。（a）B1 亚类 BCⅡ酶，可移动的 61～65 环用紫红色表示。

（b）B1 亚类 SPM-1 酶，残基 61～65 为紫红色并且延展的 α3-α4 区域为橘色。

（c）B2 亚类 CphA 酶，拉长的 α3 螺旋为橘色。（d）B3 亚类 FEZ-1 酶，151～166 环为红色。

（e）B1（BCⅡ）、B2（CphA）和 B3 亚类（FEZ-1）β-内酰胺酶的锌结合部位的展示

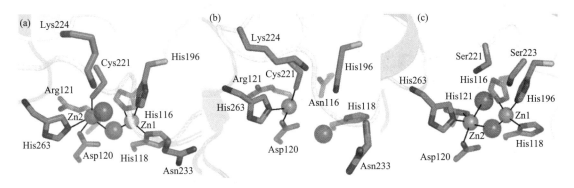

图 30-5　金属 β-内酰胺酶活性部位

（引自 Crowder M W，Spencer J，Vila A J. Acc Chem Res，2006，39；721-728）

（a）脆弱拟杆菌 B1 亚类酶 CcrA；（b）嗜水气单胞菌 B2 亚类酶 CphA；（c）嗜麦芽窄食单胞菌
B3 亚类酶 L1。较小的球形是锌离子，较大的球形是水分子；配位键以实线显示

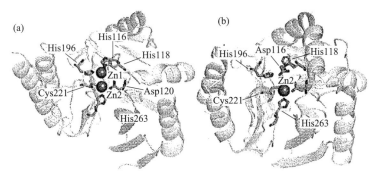

图 30-6　金属 β-内酰胺酶锌离子结合部位的近观

（引自 Wang J F，Chou K C. Curr Top Med Chem，2013，13；1242-1253）

（a）一对锌离子；（b）单个锌离子

第五节　金属 β-内酰胺酶的水解机制

显而易见，B 类金属 β-内酰胺酶的结构与 A 类、C 类和 D 类丝氨酸酶的结构有着显著的差异，主要体现在活性部位上。2006 年，Murphy 等在研究圣保罗金属 β-内酰胺酶 SPM-1 的结构特征时，将各种 BI 亚类金属碳青霉烯酶放在一起进行了比较，突出显示了各种 B1 亚类金属碳青霉烯酶的活性部位特征。这样的活性部位特征也就预示着它们与活性部位丝氨酸 β-内酰胺酶拥有截然不同的水解机制，而且这种水解机制与金属离子密切相关。在 A 类、C 类和 D 类 β-内酰胺酶，不管活性部位丝氨酸的位置有何区别，但它们都是作为酰化阶段的亲核体发起亲核攻击。然而，在 B 类金属 β-内酰胺酶，这一活性部位丝氨酸并不存在，取而代之的是金属锌离子发挥亲核攻击体的作用。需要提及的是，尽管这四类 β-内酰胺酶在结构和作用机制上明

显不同，但它们最终也还都是水解酶，只是酰化和水解的机制不尽相同而已。此外，在 B1 和 B3 亚类的酶能够利用两个锌离子来水解 β-内酰胺类抗生素，一个是四面体上配位的锌离子，另一个是三角双锥体上配位的锌离子，而在 B2 亚组的酶只是具有一个单一的锌离子被活化。这些特征给予我们一个提示，即应该有两种催化机制。

一、双锌离子酶的水解机制

Crowder 等于 2006 年提出一个双核 MBL 的反应机制（图 30-7）。在底物对酶的一个快速平衡结合后，随着 β-内酰胺羰基与 Zn1 相互作用，这个桥连接氢氧化物变成终末端（terminal）。Zn1 和其他残基极化这个 β-内酰胺羰基，从而赋予它对亲核攻击敏感。去质子化的天冬氨酸 120 朝着这个氢氧化物定向，以便攻击 β-内酰胺羰基碳，由此产生一个四面体物种，与丝氨酸 β-内酰胺酶催化的反应形成对比的是，这个物种似乎不蓄积。

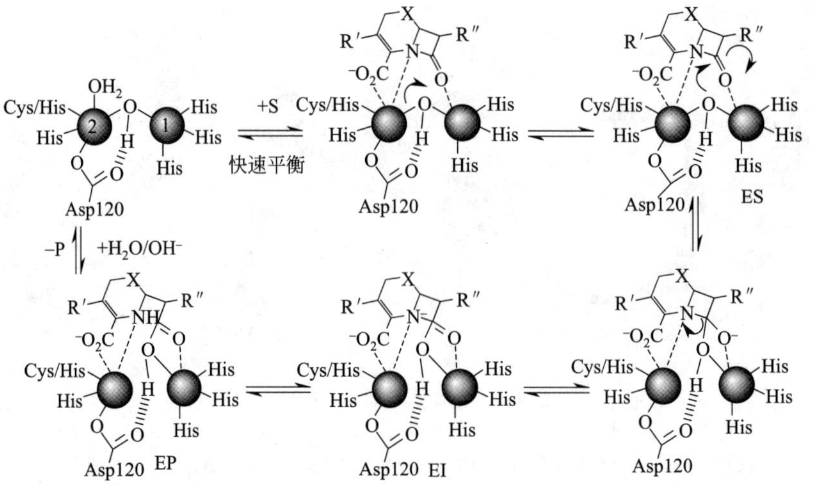

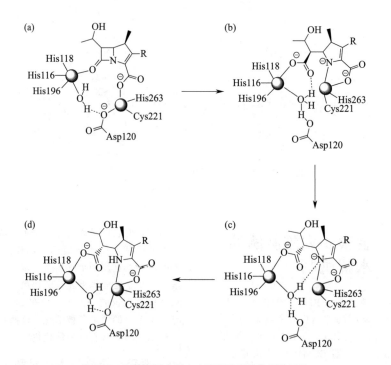

图 30-7 对双 Zn^{2+} B1 β-内酰胺酶的头孢菌素水解提出的机制

（引自 Crowder M W，Spencer J，Vila A J. Acc Chem Res，2006，39：721-728）

图 30-8 双锌离子金属 β-内酰胺酶催化机制的图示

（引自 Wang J F，Chou K C. Curr Top Med Chem，2013，13：1242-1253）

桥连接水分子作为亲核体来攻击底物的内酰胺环上的羰基碳。在 C—N 键裂解后，中间产物结构被锌离子
所稳定，该产物将转换成为一个阴离子氮中间产物，然后带有被裂解的功能性内酰胺环的产物被释放

Drawz 在总结金属 β-内酰胺酶的水解机制时也提到，MBL 采用被 Zn^{2+} 配位的源自一个水分子的 —OH 基团来水解一个 β-内酰胺的酰胺键。对于包括 B1 和 B3 亚类酶的双锌离子金属 β-内酰胺酶而言，连接在一起的水分子在金属 β-内酰胺酶对 β-内酰胺类的水解中起到一个反应亲核体的作用。被连接在一起的水分子能够对底物（带有被连接到 Zn1 上的一个羰基氧原子）的羰基碳和被结合到 Zn2 上的底物的五元环上的羧酸盐发起一个攻击［图 30-8(a)］。那样的结构被这两个锌原子和在金属离子之间的残基所稳定。相继，对羰基碳的亲核攻击开始，这就导致一个四面体的中间产物形成［图

30-8(b)]。这个四面体中间产物借助氮质子化会转换成为一个负离子氮中间产物［图 30-8(c)］。最后，β-内酰胺类底物的功能性 β-内酰胺环会被裂解［图 30-8(d)]。

Palzkill 提出，就 B1 和 B3 亚类酶双锌离子 MBL 而言，水解被认为通过裂解 β-内酰胺环的酰胺键而发生的，这是经一个氢氧离子对羰基碳的攻击开始的。酶催化随着 β-内酰胺在金属中心与和 Zn1 发生相互作用的羰基氧以及在被结合到 Zn2 的五或六元环的融合环上的羧基基团的结合而启动。氢氧离子被 Zn1 和 Zn2 所稳定并且在金属离子之间以一种位置存在，以便攻击这个羰基碳。氢氧离子对羰基碳的亲核攻击导致一个四面体中间产物的形成。四面体中间产物的分解和 C—N 键的裂解存在着两种可能性：①键裂解可能与氮的质子化是重合的；②裂解可能在不伴有氮质子化的情况下发生，导致了一个阴离子氮中间产物的蓄积（图 30-9）。

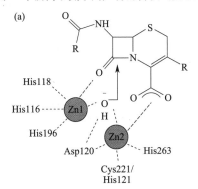

(a)

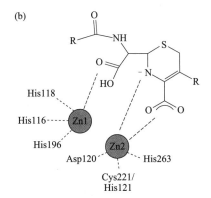

(b)

图 30-9　结合到双锌金属 β-内酰胺酶（B1 和 B3 亚类）活性部位的头孢菌素的图示说明
（引自 Palzkill T. Ann N Y Acad Sci，2013，1277：91-104）

虚线表示的是相互作用。(a) 被结合到活性部位的头孢菌素分别通过羰基氧和羧基基团与 Zn1 和 Zn2 发生相互作用。被结合的氢氧化物被定位以便攻击底物的羰基碳。(b) 通过稳定被 Zn2 提供的相互作用而在活性部位被结合的阴离子中间产物

二、单锌离子酶的水解机制

B2 亚类 β-内酰胺酶不同于 B1 和 B3 亚类，它们在活性部位含有一个锌离子并且展现出一个窄的底物谱，几乎只是水解碳青霉烯类。此外，B2 MBL 只是一个锌离子形式上才具有水解活性，这个锌离子在 Zn2 位点上被结合。具有两个锌离子结合的 CphA 的抑制形式的结构也已经被解析并且提示抑制性锌存在于 Zn1 位点上，组氨酸 118 和组氨酸 196 的组氨酸位点起到金属配基的作用。直到近来，人们还普遍认为，在被 B2 亚类 β-内酰胺酶催化的水解反应中的亲核体是一个结合了金属的氢氧化物。这个假设被 B1 和 B3 亚类 β-内酰胺酶的一些 X 射线结构支持。然而，Garau 等提出，来自嗜水气单胞菌的 CphA 这个 B2 亚类 β-内酰胺酶的一个近期的原子分辨率结构却意指一个非金属结合的水作为一个亲核体起作用，并且研究者根据 CphA 的一些结构特征提出了一个水解机制。底物结合促进 β-内酰胺环羰基氧原子被组氨酸 196 极化。天冬酰胺 116 侧链氮原子和苏氨酸 197 羟基与组氨酸 196 侧链氮原子形成氢键。这个氢键允许组氨酸 196 部分地将其氢原子供给 β-内酰胺环羰基氧原子。被组氨酸 118 活化的一个水分子攻击羰基碳原子并且裂解 β-内酰胺键。如此一来，碳青霉烯的 N4 键合这个锌离子。这个 Zn^{2+} 也在水解过程中帮助正确地定向 β-内酰胺环。

B2 MBL 缺乏 Zn1，它应该遵循一个不同的机制。尽管缺乏对 B2 亚类酶的机械研究，CphA 与被水解的比阿培南构成复合物的晶型结构已经使人感悟到一种催化机制，在此机制中，攻击亲核体是被组氨酸 118 和天冬氨酸 120 所活化的一个水分子，而不是一个结合金属的水/氢氧基（图 30-10）。在 Zn2 位点上的 Zn^{2+} 会借助与桥连接氮原子的配位而促进 C—N 键裂解。天冬氨酸 120 和一个水分子已经被提出是去催化过程中的质子供体，但诱变研究和机械研究被需要来证实这些假设。

Drawz 等也提出，就嗜水气单胞菌的 CphA B2 MBL 而言，第二个被结合上的 Zn^{2+} 具有抑制作用。被提出的机制包括或是被组氨酸 118 或是被天冬氨酸 120 活化的一个水分子，而不是一个结合了 Zn^{2+} 的—OH 基团。Wang 等也认为，这个单一的 Zn^{2+} 似乎有助于为 β-内酰胺氮形成配基。对于包含 B2 亚类酶的单锌离子金属 β-内酰胺酶而言，一个非锌离子结合水分子被发现起着亲核体的作用。在最初的亲核加入步骤中，这个水分子能够借助天冬氨酸 120 的帮助来进攻 β-内酰胺类底物的羰基碳［图 30-11(a)］，从而导致在 β-内酰胺环上的 C—N 键的裂解［图 30-11(b)]。底物的负离子氮部分然

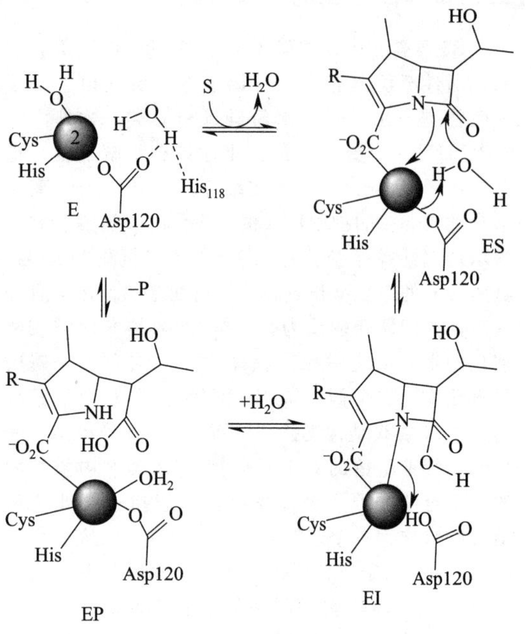

后在锌离子所稳定，以便形成一个酶中间产物复合物，残基组氨酸 118 的羰基部分以及非锌离子结合水一起形成了四面体的结构 [图 30-11(b)]。这个四面体结构会被裂解而释放一个水分子，这能进一步质子化这个负离子氮 [图 30-11(c)]，并且 β-内酰胺类底物的 β-内酰胺环最终会被裂解 [图 30-11(d)]。

此外，CphA 结构已经与在活性部位上被水解的比阿培南一起被解析。B2 亚类 MBL 酶反应机制已经根据结构被提出（图 30-12）。提出的机制有一些不同，但共同的特征是一个在 Zn2 和保守的赖氨酸 244 残基与碳青霉烯的 β-内酰胺 C3 羧基之间的相互作用。此外，一个水分子被组氨酸 118 和天冬氨酸 120 的相互作用所保持住，并且其中的一个氨基酸能起到一个总碱的作用来活化水来统计底物的 C7 位上的羰基碳（图 30-12）。根据 Sfh-I 结构已经有人提出，组氨酸 118 起到总碱的作用。

三、活性部位柔性环在底物结合和催化上的作用

近来的研究已经指出，在 B1 和 B3 亚类酶中，靠近活性部位有一个柔性环（L3），它由残基 60～66 构成并且对于底物和抑制剂在活性部位的紧密结合可能是一个主要的决定因素。这个环是 B1 亚类酶的一个典型特征，但在这个环上的所有残基均不是完全保守的。尽管如此，IMP-1 和 CcrA β-内酰胺酶分享

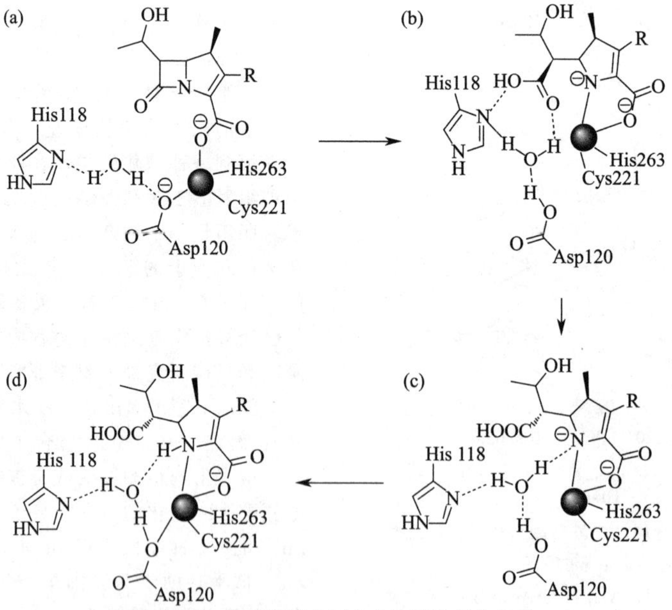

图 30-10 被单 Zn^{2+} B2 β-内酰胺酶的碳青霉烯水解机制示意
（引自 Crowder M W, Spencer J, Vila A J. Acc Chem Res, 2006, 39: 721-728）

图 30-11 单锌离子金属 β-内酰胺酶催化机制
（引自 Wang J F, Chou K C. Curr Top Med Chem, 2013, 13: 1242-1253）
借助天冬氨酸 120 的帮助，非锌离子结合的水作为亲核体攻击底物的内酰胺环上的羰基碳。在 C—N 键裂解后，底物的阴离子氮部分被这个锌离子稳定，从而形成一个酶-中间产物复合物，该复合物将被一个水分子进一步质子化。然后，底物的功能性内酰胺环被裂解

一个共同的氨基酸残基色氨酸 64（W64）。一旦结合到抑制剂上，它的位置和柔性被大大地改变。这个色氨酸侧链起作为一个诱饵起作用，从而招募疏水性底物，击发这个环的一个大的移动，最终会将底物捕获进入活性部位中。在 CcrA，这个环的缺失被显示造成催化活性的严重丧失。根据在 IMP-1 背景下获得的动力学资料，色氨酸 64 似乎解释大约 50% 的环影响，这在色氨酸 64 丙氨酸突变体中的 K_m 和 k_{cat}/K_m 值上可以观察到。根据 MBL 在活性部位伴有和不伴有抑制剂的结构，L3 环被认为经历一个构象改变并且遮蔽被结合的底物。此外，对 B1 亚类的脆弱拟杆菌 CcrA 酶的核磁共振研究揭示出，一旦抑制剂结合，L3 环残基就出现明显的位移，这与该环对底物/抑制剂结合上的一个作用是一致的。关于嗜麦芽窄食单胞菌 L1 酶（B3 亚类）的研究也支持这个柔性环在底物结合和催化上的一个作用。特别要指出的是，当抑制剂被结合时，在 L3 环顶端的一个色氨酸残基（色氨酸 64）展示出降低的运动，这就建议这个色氨酸残基在招募和稳定在活性部位的配基上起着一个作用。

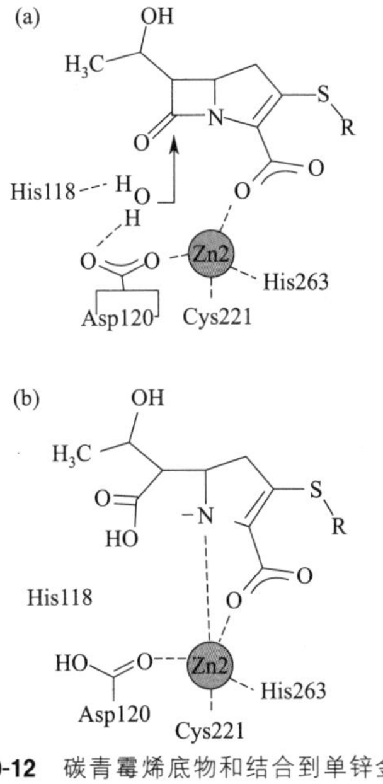

图 30-12　碳青霉烯底物和结合到单锌金属 β-内酰胺酶活性部位上的阴离子中间产物（B2 亚类）（引自：Palzkill T. Ann N Y Acad Sci，2013，1277：91-104）(a) 结合到单锌酶活性部位的碳青霉烯。一个活性部位水与天冬氨酸 120 和组氨酸 118 键合并且被活化来攻击碳青霉烯上的羰基碳。(b) 阴离子中间产物被显示在活性部位被与 Zn2 离子的相互作用所稳定

第六节　金属 β-内酰胺酶抑制剂

阿莫西林-克拉维酸在 20 世纪 80 年代的引入，

为在一种 β-内酰胺类抗生素（氨苄西林）和一种 β-内酰胺酶抑制剂之间的治疗潜力建立了一个范例。深受阿莫西林-克拉维酸成功的鼓舞，其他与 A 类 β-内酰胺酶抑制剂一起组成的复方制剂也都获得了成功。从理论上讲，所有的 β-内酰胺酶都能采用一种相似的方法加以抑制，然而，就 MBL 而言，还有其他的障碍需要绕过。第一，MBL 在它们的活性位点构造上具有细微但却有意义的变异，以至于难以设计出针对可转移的 MBL 有抑制效果的单一抑制剂。况且，许多筛选抑制剂的研究还没有包括更具有临床重要性的酶，如 IMP、VIM 和 SPM，而是采用更老的、更易被鉴定特性的酶作为模型，这可能合理也可能不合理。第二，克拉维酸直接与 A 类酶相互作用并且形成一个稳定的共价中间产物，MBL 与此不同，它们不形成高度稳定的反应中间产物。因此，考虑到它们非常广的活性谱，采用 β-内酰胺样的衍生物来试图抑制 MBL 可能不会取得同样的成功。第三，尽管许多研究已经采用一系列化合物在动力学水平来抑制这些酶，但很少有研究已经检查了这些化合物与有效力的 β-内酰胺类一起在对含有 MBL 基因的铜绿假单胞菌的强化效力。确定这些抑制剂对酶的合适的亲和力并不必然与一种抗假单胞菌的 β-内酰胺类存在的情况下更低的 MIC 相关联。第四，克拉维酸成功的部分是由于如下的事实，即没有同源性的哺乳动物靶位，也就是说它具有相对低的毒性。不幸的是，MBL 所具有的活性位点基序与哺乳动物酶对应的活性位点基序相似，这些基序对于细胞功能来说是高度典型的。例如，人乙二醛酶Ⅱ具有一个相似的蛋白折叠，并且分享 MBL 的关键的锌结合残基的大部分，并因而具有一个相似的活性位点构造。因此，设计出抑制 IMP、VIM 和 SPM 却又不与人乙二醛酶Ⅱ相互作用的化合物可能是极其困难的。关于 MBL 抑制剂的研究还没有包括人乙二醛酶Ⅱ，或者其他哺乳动物双核酶。迄今为止，已经有各种结构各异的化合物作为 MBL 抑制剂被研究，然而，至今还没有一个 MBL 的抑制剂进入临床试验研究阶段。据估计，大概在 10 年之内，也不会有这样的抑制剂投入到临床使用中。

第七节　IMP 家族

一、IMP 家族的出现

在 1991 年，Watanabe 等报告了一个于 1988 年在日本收集的铜绿假单胞菌菌株 GN17203，该菌株产生一种可转移的 B 类金属 β-内酰胺酶。这个菌株具有一个亚胺培南的 MIC 为 $50\mu g/mL$，以及对广谱

头孢菌素类耐药，如头孢他啶的 MIC＞400μg/mL。这个耐药等位基因被发现在一个可转移的接合质粒上，它能被轻易地动员到其他假单胞菌菌株中。3年之后，一个黏质沙雷菌临床分离株 TN9106 也被报告产生了一种金属 β-内酰胺酶，该菌株从日本的爱知医院一个尿道感染患者中分离出。在本次研究中，这种金属 β-内酰胺酶被测序并且正式命名为亚胺培南酶 IMP-1。人们几乎可以肯定的是，前述铜绿假单胞菌菌株 GN17203 产生的可转移的金属 β-内酰胺酶就是 IMP-1。IMP-1 显示出广的底物谱，水解亚胺培南、氧亚氨基头孢菌素类、7-甲氧基头孢菌素类和青霉素类抗生素，并且其活性被 EDTA、碘剂和 PCMB 所抑制，但不被克拉维酸和舒巴坦所抑制。然而，氨曲南针对 IMP-1 相对稳定。一项杂交研究证实，bla_{IMP} 基因在黏质沙雷菌 TN9106 的染色体上被编码。通过核苷酸测序分析，bla_{IMP} 被发现编码一种由 246 个氨基酸残基组成的蛋白，并且被显示与蜡样芽孢杆菌、脆弱拟杆菌和嗜水气单胞菌的金属 β-内酰胺酶基因具有相当的同源性。bla_{IMP} 基因的 G＋C 含量是 39.4%。4 个共有氨基酸残基，组氨酸 95、组氨酸 97、半胱氨酸 176 和组氨酸 215 在推断出的 IMP-1 的氨基酸序列中是保守的，这四个氨基酸残基形成了推定的锌离子配基。在当时，针对亚胺培南耐药的铜绿假单胞菌临床分离株已经被发现，但这些分离株并不是由于产生 B 类金属碳青霉烯酶，而是因为缺乏一种分子量为 45000～49000Da 的外膜蛋白。这种蛋白被显示出与铜绿假单胞菌 PAO1 的 D2 一致，并且这种耐药被揭示出是由于减少了 D2 造成的亚胺培南通透性下降。当然，这种蛋白后来被统一命名为 OprD 孔蛋白。在我国，王辉等也曾证实，铜绿假单胞菌临床分离株针对亚胺培南最流行的耐药机制也是孔蛋白 OprD 缺失。

1993 年，对来自一些日本综合医院的一项研究鉴定出 4 个携带有 bla_{IMP-1} 的黏质沙雷菌株。一项进一步的研究是采用 bla_{IMP-1} 探针对从全日本收集到的 3700 个铜绿假单胞菌分离株进行杂交研究，这些分离株是 1992—1994 年期间从 17 所综合医院中收集到的。来自不同地理位置的 5 所医院的 15 个菌株被证实 bla_{IMP-1} 阳性。有趣的是，当 bla_{IMP-1} 阳性分离株被试验亚胺培南 MIC 时，它们之间的差异非常大，MIC 从 2mg/L 到 128mg/L 不等，这就建议 MBL 单独的获得不会普遍地赋予对表霉烯类耐药。还有一项研究分析了 54 个对头孢他啶耐药（MIC＞128mg/L）的分离株，它们来自在日本的 18 所医院，又有 22 个 bla_{IMP-1} 阳性的分离株通过 PCR 被检测到。产酶细菌包括黏质沙雷菌、木糖氧化产碱菌、恶臭假单胞菌和肺炎克雷伯

菌。这些报告意味着 MBL 基因在日本广泛的散播。

可移动的 IMP 基因不过是日本的一个不是迫在眉睫的问题这种幻想，随着 IMP-1 以及全新的 IMP-2 分别在 1999 年和 2000 年在意大利被报告而被击碎。在 1997 年，一个多重耐药并且也显示出对亚胺培南异常高水平耐药（MIC 为 256μg/mL）的鲍曼不动杆菌菌株（AC-54/97）在意大利被分离获得，携带该菌株的患者没有近期国外旅行史。该菌株只对多黏菌素 B 敏感，并且对如下抗菌药物耐药：氟喹诺酮类、阿米卡星、妥布霉素、庆大霉素、磷霉素、TMP-SMX、哌拉西林、哌拉西林-他唑巴坦、替卡西林-克拉维酸、氨曲南、头孢他啶、头孢吡肟、亚胺培南和美罗培南。后经鉴定，负责水解亚胺培南和美罗培南的是一种金属碳青霉烯酶，即 IMP-1。在欧洲，这是 IMP-1 的首次报告。然而在日本，IMP-1 还从未被报告存在于不动杆菌菌种中。一个相似的发现强烈建议这个 bla_{IMP} 基因阳性的鲍曼不动杆菌的一个本地起源，这种细菌从人们尚不清楚的环境来源中已经独立地获得了这个 β-内酰胺酶编码基因。所有这些发现都意味着 bla_{IMP} 等位基因的环境储池可能比最初想象得更为广大，原来的建议认为产 IMP-1 临床分离株的地理分布是有限的。与日本远隔千山万水的意大利似乎与 IMP 型金属 β-内酰胺酶颇有缘分。除了上述的 IMP-1 之外，IMP-2 也在 2000 年在意大利被首次报告，它产自鲍曼不动杆菌临床分离株 AC-54/97。有一点需要强调的是，与 TEM 型和 SHV 型 ESBL 的氨基酸置换不同，在这些 ESBL 变异体之间，一般来说氨基酸置换的数量不多，常常不超过 5 个氨基酸置换。在 IMP 家族中，bla_{IMP} 基因的一些等位基因似乎是单一点突变体或双点突变体，例如，bla_{IMP-10} 基因与 bla_{IMP-1} 基因只是相差一个单一的碱基，这就导致一个氨基酸的置换，即缬氨酸 149→苯丙氨酸，而一些等位基因彼此间相当趋异，例如，IMP-9 和 IMP-18 是最远的 IMP 变异体，彼此相差 53 个氨基酸残基。IMP-2 和 IMP-1 之间彼此相差 36 个氨基酸置换。在 21 世纪初，在日本，在一项对 MBL 存在情况的调查过程中，IMP-1 的 2 个变异体在日本被鉴定出，IMP-3（以前称为 MET-1）和 IMP-10。IMP-3 与 IMP-1 比起来有两个氨基酸改变，并且是在一个弗氏志贺菌分离株中被鉴定出。遗传学和动力学研究确定，在位置 196 上由甘氨酸置换丝氨酸引起针对青霉素活性的下降。这种同样的氨基酸改变在 IMP-6 上被观察到，这种改变不仅展示出下降的针对青霉素和哌拉西林的活性，而且表现出针对美罗培南的活性要高出针对亚胺培南的活性，而在 IMP-1，针对这两

种碳青霉烯类的活性正好相反。有学者推测，IMP-3是IMP-1的祖先，而不是它的变异体。在弗氏志贺菌中鉴定出IMP-3是一种警示性信号，标志着金属碳青霉烯酶在社区获得性病原菌中的传播处在不断进展之中。IMP-10是在铜绿假单胞菌和木糖氧化产碱菌中被发现，这两个菌株彼此并不相关，它们分别是在1995年到2001年期间被收集。研究证实，bla_{IMP-10}基因位于这两个菌株的染色体上，不过后来bla_{IMP-10}基因被发现在一个铜绿假单胞菌分离株中是被质粒介导的。bla_{IMP-10}基因与bla_{IMP-1}只有单一一个碱基改变，即苯丙氨酸49→缬氨酸。这个氨基酸改变引起水解青霉素类活性的一个明显下降，但不同于负责IMP-3和IMP-6的改变，这种氨基酸改变不引起碳青霉烯水解特性的变化。第一个IMP-4是在我国香港威尔士王子医院中首次被鉴定出，产酶细菌是鲍曼不动杆菌，在1994到1998年之间被收集到。IMP-4与IMP-1相差10个氨基酸，并且与IMP-2相差37个氨基酸。bla_{IMP-4}被藏匿在质粒和整合子上，与3个其他的耐药基因（qacG2、aacA4和catB3）一起在整合子上被编码。相继，bla_{IMP-4}在中国广州的杨氏柠檬酸杆菌和铜绿假单胞菌分离株中被发现，广州是比邻香港的城市，这就建议这个IMP等位基因的地方性传播。IMP-4也是在中国发现的第一个可转移的B类金属碳青霉烯酶。IMP-4基因目前在澳大利亚的大肠埃希菌、肺炎克雷伯菌以及铜绿假单胞菌中被发现，可能是从东南亚输入的。IMP-5首先是在葡萄牙被鉴定出，它产自一个鲍曼不动杆菌临床分离株。IMP-5相对于IMP-1来说则有17个氨基酸改变，并且bla_{IMP-5}基因的遗传背景有些特殊。尽管bla_{IMP-5}基因也位于整合子上，但它是整合子中唯一的基因盒。至此，在欧洲的IMP和来自东南亚IMP之间的各种差异不能符合来自日本的IMP等位基因的全球性散播。更可能的是，这些等位基因代表了一种地方性的出现。IMP-6首先是在巴西的一家教学医院中被鉴定出，这是在巴西发现的第一个IMP变异体。然而在同一时期，产SPM-1铜绿假单胞菌已经在巴西多个地区处于地方流行状态。在2002年，Livermore和Woodford等报告了一次碳青霉烯耐药铜绿假单胞菌在加拿大引起的感染暴发，在引起感染暴发的菌株中鉴定出了一个全新的IMP型变异体IMP-7。这也是在北美鉴定出的第一个IMP型碳青霉烯酶。在2002年，在中国台湾的一所大学医院中报告了全新的IMP-8，它产自一个阴沟肠杆菌临床分离株。与此同时，在这所医院的一个弗氏柠檬酸杆菌中也首次报告了VIM-2。有趣的是，IMP-8与IMP-2比与IMP-1更相似（两者只是相差2个氨基酸），

这就建议与日本的产IMP分离株并没有明确的联系。相继，IMP-9和IMP-11分别在中国大陆和日本被报告。IMP-12和IMP-13在意大利被报告。IMP-12被一个恶臭假单胞菌临床分离株所产生，它来自意大利米兰。bla_{IMP-12}位于一个50kb非转移的质粒上。IMP-12与IMP-1高度趋异，具有36个不同的氨基酸置换，并且呈现出差的针对青霉素的活性。bla_{IMP-13}从一个铜绿假单胞菌样本中被克隆出来，这个样本在罗马被分离出，并且和IMP-1具有19个氨基酸差别以及在染色体上被编码。bla_{IMP-13}等位基因相继已经被发现在一个质粒上，并且已经与意大利南部的一所医院的小范围流行关联起来。在美国第一个被报告的IMP型金属碳青霉烯酶是IMP-18。在1991年，第一个IMP-1在日本被报告，在此后的十几年时间里，各种IMP型变异体已经陆续在很多国家被报告，在地理分布上包括亚洲、欧洲、南美和北美。在各种变异体中，IMP-1和IMP-4似乎更为流行一些（表30-9）。

表30-9　IMP型MBL的起源和细菌宿主

IMP型MBL	细菌宿主	起源国家/地区
IMP-1	铜绿假单胞菌	日本，巴西，韩国
	恶臭假单胞菌	日本，新加坡
	黏质沙雷菌	日本
	鲍曼不动杆菌	韩国，日本，英格兰?[①]
	荧光假单胞菌	新加坡，日本
	施氏假单胞菌	日本
	肺炎克雷伯菌	日本
	奥克西托克雷伯菌	日本
	木糖氧化产碱菌	日本
	粪产碱菌	日本
	弗氏柠檬酸杆菌	日本
	产气肠杆菌	日本
	阴沟肠杆菌	日本
	大肠埃希菌	日本
	普通变形杆菌	日本
	雷氏普罗维登斯菌	日本
	不动杆菌菌种	英格兰
IMP-2	鲍曼不动杆菌	意大利，日本
	鲁氏不动杆菌	日本
	铜绿假单胞菌	日本
IMP-3	弗氏志贺菌	日本
IMP-4	鲍曼不动杆菌	中国香港地区
	弗氏柠檬酸杆菌	澳大利亚
	铜绿假单胞菌	中国，澳大利亚
IMP-5	鲍曼不动杆菌	葡萄牙
IMP-6	鲍曼不动杆菌	巴西
	黏质沙雷菌	日本

续表

IMP 型 MBL	细菌宿主	起源国家/地区
IMP-7	铜绿假单胞菌	加拿大,马来西亚
IMP-8	阴沟肠杆菌	中国台湾地区
	肺炎克雷伯菌	中国台湾地区
IMP-9	铜绿假单胞菌	中国
IMP-10	铜绿假单胞菌	日本
	木糖氧化产碱菌	日本
IMP-11	铜绿假单胞菌	日本
	鲍曼不动杆菌	日本
IMP-12	恶臭假单胞菌	意大利
IMP-13	铜绿假单胞菌	意大利
IMP-14	?	?
IMP-15	?	?
IMP-16	铜绿假单胞菌	巴西
IMP-17	?	?
IMP-18	铜绿假单胞菌	美国

① "?"表示不确定是否起源自英格兰。

注:引自 Walsh T R, Toleman M A, Poirel L, et al. Clin Microbiol Rev, 2005, 18: 306-325。

二、IMP 型碳青霉烯酶的种系发生

截至 2011 年,已经有 29 个 IMP 型金属碳青霉烯酶变异体被鉴定出,但其中的 IMP-17、IMP-23 以及 IMP-27～IMP-29 根本没有任何序列信息和发表的文献可供参考。众多等位变异体的出现也意味着 IMP 型金属碳青霉烯酶体现出多样性(图 30-13)。

赵维华和胡志清曾构建了一个 IMP 的种系发生树。根据这个种系发生树以及在氨基酸序列上不同残基的数量,IMP 可以被分成 6 个亚组(图 30-14)。亚组 1 包括 10 个成员,IMP-1、IMP-3 到

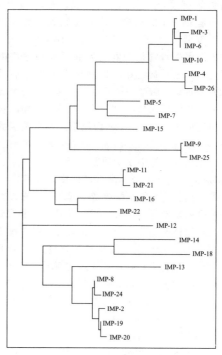

图 30-13 在 IMP 型酶的等位变异体中的多样性
(引自 Cornaglia G, Giamarellou H, Rossolini G M. Lancet Infect Dis, 2011, 11: 381-393)
树状图显示出在 IMP 型金属 β-内酰胺酶的等位变异体之间的多样性和结构关系

IMP-7、IMP-10、IMP-15、IMP-25 和 IMP-26,它们分享 99.6% 到 88.6% 的同一性,彼此相差 1～28 个氨基酸残基。亚组 2 包括 6 个成员,IMP-2、IMP-8、IMP-13、IMP-19、IMP-20 和 IMP-24,它们分享 99.6% 到 92.3% 同一性,彼此相差 1～19

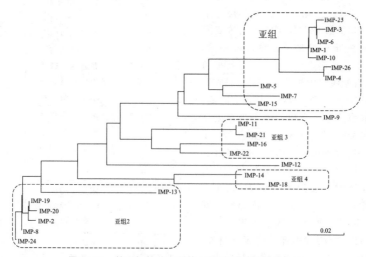

图 30-14 基于氨基酸序列的 IMP 家族的种系发生树
(引自 Zhao W H, Hu Z Q. Crit Rev Microbiol, 2011, 37: 214-226)
水平分枝的长度按照标尺画出并且与不同氨基酸残基的数量是成比例的。沿着纵轴的距离无意义

个氨基酸残基。亚组 3 包括 4 个成员，IMP-11、IMP-16、IMP-21 和 IMP-22，它们分享 99.6% 到 90.2% 同一性，彼此相差 1~24 个氨基酸残基。亚组 4 包括 2 个成员，IMP-14 和 IMP-18，它们分享 91.5% 同一性，彼此相差 21 个氨基酸残基。亚组 5 和亚组 6 都只是包括一个成员，分别是 IMP-9 和 IMP-12。随着变异体被再命名或新近被鉴定出，对于每个亚组来说，成员的增加都能被预料到。

26 个在临床上重要的革兰阴性杆菌的菌种中被鉴定出，这些细菌来自超过 24 个国家/地区，这就意味着 IMP 型碳青霉烯酶的广泛散播。现在，bla_{IMP-1} 基因已经在至少 19 个革兰阴性杆菌的菌种中被检测到，并且这些菌种来自超过 11 个国家/地区（表 30-10）。

必须被注意的是，产 IMP 革兰阴性杆菌的流行要比起表 30-10 所总结的资料意涵的严重得多。

三、IMP 家族的细菌分布

29 个 IMP 型 β-内酰胺酶（IMP）已经在至少

表 30-10　藏匿有 bla_{IMP} 基因的细菌宿主以及它们在全世界的分布

bla	细菌宿主	分布
bla_{IMP-1}	铜绿假单胞菌	日本,新加坡,中国,朝鲜,巴西,泰国
	黏质沙雷菌	日本
	不动杆菌菌种	日本,意大利,英国,朝鲜,巴西,中国台湾地区
	木糖氧化产碱菌	日本
	海水盐单胞菌	日本
	洋葱伯克霍尔德菌	日本
	弗氏柠檬酸杆菌	日本
	大肠埃希菌	日本
	产气肠杆菌	日本
	阴沟肠杆菌	日本,土耳其,中国
	肺炎克雷伯菌	日本,新加坡,巴西,黎巴嫩
	奥克西托克雷伯菌	日本
	普通变形杆菌	日本
	雷氏变形杆菌	日本,巴西
	荧光假单胞菌	日本,巴西,新加坡
	恶臭假单胞菌	日本,新加坡,巴西
	施氏假单胞菌	日本
	摩氏摩根菌	日本
bla_{IMP-2}	鲍曼不动杆菌	意大利,日本
	铜绿假单胞菌	日本
	鲁氏不动杆菌	日本
	约氏不动杆菌	日本
	黏质沙雷菌	日本
bla_{IMP-3}	弗氏志贺菌	日本
bla_{IMP-4}	不动杆菌菌种	中国香港地区,澳大利亚,新加坡,马来西亚
	黏质沙雷菌	澳大利亚
	铜绿假单胞菌	澳大利亚,马来西亚
	肺炎克雷伯菌	澳大利亚,中国
	奥克西托克雷伯菌	澳大利亚
	弗氏柠檬酸杆菌	中国
	合适柠檬酸杆菌	澳大利亚
	杨氏柠檬酸杆菌	中国
	大肠埃希菌	澳大利亚
	阴沟肠杆菌	澳大利亚,中国
bla_{IMP-5}	鲍曼不动杆菌	葡萄牙
	铜绿假单胞菌	葡萄牙
bla_{IMP-6}	黏质沙雷菌	日本
	铜绿假单胞菌	朝鲜
	鲍曼不动杆菌	巴西

续表

bla	细菌宿主	分布
*bla*_{IMP-7}	铜绿假单胞菌	加拿大,马来西亚,新加坡,斯洛伐克,日本,捷克
*bla*_{IMP-8}	肺炎克雷伯菌	中国台湾地区
	阴沟肠杆菌	中国台湾地区
	大肠埃希菌	中国台湾地区
	鲍曼不动杆菌	中国台湾地区
	黏质沙雷菌	中国台湾地区
*bla*_{IMP-9}	铜绿假单胞菌	中国,马来西亚
*bla*_{IMP-10}	铜绿假单胞菌	日本
	木糖氧化产碱菌	日本
	黏质沙雷菌	日本
*bla*_{IMP-11}	鲍曼不动杆菌	日本
	铜绿假单胞菌	日本
	黏质沙雷菌	日本
	大肠埃希菌	日本
	肺炎克雷伯菌	日本
*bla*_{IMP-12}	恶臭假单胞菌	意大利
*bla*_{IMP-13}	铜绿假单胞菌	意大利,澳大利亚,阿根廷
	肠道沙门菌	哥伦比亚
*bla*_{IMP-14}	铜绿假单胞菌	泰国
*bla*_{IMP-15}	铜绿假单胞菌	泰国,墨西哥
*bla*_{IMP-16}	铜绿假单胞菌	巴西
*bla*_{IMP-17}	NA[①]	NA(已经被指派)
*bla*_{IMP-18}	铜绿假单胞菌	美国,墨西哥
*bla*_{IMP-19}	豚鼠气单胞菌	法国
	鲍曼不动杆菌	日本
	木糖氧化产碱菌	日本
	阴沟肠杆菌	日本
	恶臭假单胞菌	日本
	铜绿假单胞菌	日本
*bla*_{IMP-20}	铜绿假单胞菌	日本
*bla*_{IMP-21}	铜绿假单胞菌	日本
*bla*_{IMP-22}	荧光假单胞菌	意大利
	铜绿假单胞菌	意大利,澳大利亚
*bla*_{IMP-23}	NA	NA(已经被指派)
*bla*_{IMP-24}	黏质沙雷菌	中国台湾地区
*bla*_{IMP-25}	铜绿假单胞菌	朝鲜
*bla*_{IMP-26}	铜绿假单胞菌	新加坡
*bla*_{IMP-27}	NA	NA(已经被指派)
*bla*_{IMP-28}	NA	NA(已经被指派)
*bla*_{IMP-29}	NA	NA(已经被指派)

注:① NA,无序列和文献资料可供参考。

引自 Zhao W H,Hu Z Q. Crit Rev Microbiol,2011,37:214-226。

四、IMP-1 的晶型结构

已如前述,IMP 型碳青霉烯酶属于分子学 B1 亚类,系双核金属 β-内酰胺酶,拥有两个 Zn(II) 离子。Concha 等于 2000 年报告了产自铜绿假单胞菌的天然 IMP-1 金属 β-内酰胺酶的晶型结构。IMP-1 金属 β-内酰胺酶的二级结构拓扑学以一个中心 β-三明治,在每一侧各有一个 α 螺旋,以及一个双核金属中心位于这个三明治的一个边缘上为特征(图 30-15)。

五、IMP 家族的遗传学支持

在可移动获得性金属 β-内酰胺酶被发现之前,很少有编码 β-内酰胺酶基因位于整合子上,尽管它们也

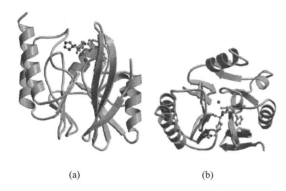

图 30-15　IMP-1 金属 β-内酰胺酶的
二级结构元件（见文后彩图）

（引自 Concha N O，Janson C A，Rowling P，et al.
Biochemistry，2000，39：4288-4298）

IMP-1 来自铜绿假单胞菌，并且与一种巯基羧酸盐抑制剂形成复合物。β 链被显示为绿色，α 螺旋为金色。抑制剂以球-杆模型表示（氮—蓝色；碳—灰色；氧—红色以及硫—黄色）。锌离子以紫红色球形表示。（a）巯基羧酸盐抑制剂被结合到位于中心 β-三明治的一个边缘上。（b）以水平轴转动 90°后的图示

都是由质粒介导，如 TEM 型、SHV 型、CTX-M 型、KPC 型等。尽管有些质粒介导的 AmpC β-内酰胺酶被发现与一些整合子有关联，但这些整合子也都是不典型的整合子。严格意义上说，这些编码 AmpC β-内酰胺酶基因是与 ISCR 有关联。只有一些编码 OXA 型 β-内酰胺酶的基因以基因盒的形式位于整合子上。整合子本身就是集招募、整合和散播抗菌药物耐药基因的本领于一身的一个遗传平台，整合子能够藏匿在转座子、质粒和染色体中，并且被认为是细菌进化的媒介。但是，那么多种 β-内酰胺酶编码基因都与整合子无关这件事本身就令人称奇。随着 IMP-1 被发现与 1 类整合子有关联之后，很多编码 IMP 型金属 β-内酰胺酶变异体的基因都被发现位于整合子上。这时我们才意识到，在对各种编码 β-内酰胺酶基因的遗传学支持上，整合子并未缺席。

（一）各种 *bla*~IMP~ 基因与整合子具有系统性关联

对 *bla*~IMP-1~ 基因遗传学支持的分析揭示出 1 类整合子相当系统的典型特征，特别是被称作核心位点和反向核心位点的盒边界，这些盒边界可定义基因盒。*bla*~IMP~ 基因的遗传环境的分析已经证实，大多数 *bla*~IMP~ 基因被 1 类整合子所携带。藏匿有各种 IMP 基因盒的 59 个不同的 1 类整合子已经在革兰阴性杆菌中被鉴定出。还有一项调研揭示出整合子与金属 β-内酰胺酶的普遍关联性。在一个总共 19753 个被调查的革兰阴性杆菌中，有 0.5% 的分离株产生 MBL 并且所有 MBL 阳性的菌株都藏匿着 1 类整合酶基因。

（二）大多数 *bla*~IMP~ 基因在整合子中被高效表达

众所周知，在整合子中组成基因盒阵列的各个基因盒的表达效率并不一致，越是靠近启动子的基因盒表达越高效。*bla*~IMP~ 基因通常与其他耐药基因复合存在，如 *aacA*、*catB* 和 *bla*~OXA~，从而导致多重耐药的出现。与其他基因盒相比，76.3% 的 *bla*~IMP~ 基因盒位于邻接这些 1 类整合子的 Pc 启动子，这就提示 *bla*~IMP~ 基因在大多数细菌宿主中易于被表达（表 30-11）。

（三）携带 *bla*~IMP~ 基因盒的整合子处在活跃变异之中

在 IMP 家族中，IMP-1 是散播最广的变异体成员，在全世界，很多细菌都会产生 IMP-1。然而，尽管这些 *bla*~IMP-1~ 基因几乎都位于 1 类整合子中，但这些 1 类整合子并不完全相同。Arakawa 等研究了另一个来自日本的同样产生这种酶的黏质沙雷菌分离株。他们发现了一个携带 *bla*~IMP-1~ 基因盒的整合子样的元件。然而，这种整合酶基因和通常被发现位于 *bla*~IMP~ 下游典型的 59-be 却明显不同。假定的整合酶与一个典型的 1 类整合子的整合酶相比，仅仅有 61% 的氨基酸相似性。这是对一个 3 类整合子的第一次描述，在这个整合子中，*bla*~IMP~ 与一个编码氨基糖苷类耐药的 *aac*（6′）-*Ib* 基因盒有关。在那种情况下，含有 *bla*~IMP~ 的整合子位于一个大的质粒上。IMP-2 在 1997 年也被发现来自一个意大利的鲍曼不动杆菌分离株。*bla*~IMP-2~ 是整合子来源的，但其 59-be 与 *bla*~IMP-1~ 的 59-be 不相关，提示一个不同来源的基因盒编码这两个 β-内酰胺酶变异体。同样是，表 30-11 已经列出源自不同产生 IMP-1 细菌的 12 种 1 类整合子，这些整合子都拥有 *bla*~IMP-1~ 基因盒。但是，这些 1 类整合子同时也还拥有其他的基因盒，如 *aac*A4、*aac*A5、*aad*B、*bla*~OXA-2~ 等，其中 *aac*A4 占据着主导地位，在整合子中的存在率是 37.3%（22/59）。关键的是，包括 *bla*~IMP-1~ 基因盒在内的所有基因盒的相对位置并不完全一样，而且基因盒的多寡也不相同。严格地说，它们属于彼此各异的整合子。在这 12 个整合子中，*bla*~IMP-1~ 基因盒在 8 个整合子中是排在基因盒阵列中的第一个位置，紧邻着启动子。现已证实，整合子并不是可移动的遗传元件，但基因盒却是可移动的，它既可以随时整合进入整合子中，也可以随时从整合子中切除。所有的整合都是从第一个基因盒进行。换言之，排在第一位的基因盒就是最近被整合的基因盒。如此众多彼此不同的整合子的出现意味着这些整合子一直处在变异之中，或者，这些携带 *bla*~IMP-1~ 基因盒的不同整合子的出现是否意味着它们独立地进化或动员呢？究其原因仍不得而知。

(四) bla_{IMP} 基因的动员和转移

各种 bla_{IMP} 基因不仅位于 1 类整合子中，而且也可由 3 类整合子携带（如来自黏质沙雷菌的整合子）；这些携带了各种 bla_{IMP} 基因的整合子不仅位于质粒上，质粒大小和类型也彼此不同，而且也已经在染色体上被发现。无论是在质粒上被发现还是在染色体上被鉴定出，这些 IMP 型金属 β-内酰胺酶都是获得性酶，这些细菌都不是它们的起源之处。如同大多数 β-内酰胺酶那样，各种 bla_{IMP} 基因起源仍然是个谜，但是，这些基因是如何被动员到各种革兰阴性杆菌中的呢？既然大多数 bla_{IMP} 基因都是以基因盒的形式存在于整合子中，那么，各种 bla_{IMP} 基因是以整合子形式还是基因盒形式被动员的呢？众所周知，接合型质粒或接合型转座子是细菌细胞之间 DNA 转移的主要媒介，整合子可以存在于转座子上被带动转移，但基因盒本身只能插入整合子中，或从整合子中被剪切下来，它们不能直接插入转座子或质粒中。

表 30-11 与 IMP 型 MBL 有关联的整合子

IMP	整合子结构	细菌宿主
IMP-1	$intI1$-bla_{IMP-1}-$aacA4$-$aadA5$-$qacE\Delta1$	木糖氧化产碱菌
	$intI3$-bla_{IMP-1}-$aacA4$-$parA$ 样	黏质沙雷菌
	$intI3$-bla_{IMP-1}-$aacA4$-$parA$-bla_{TEM-1}	黏质沙雷菌
	$intI1$-bla_{IMP-1}-$aacA4$-$catB6$-$orfN$-$qacG$-$qacE\Delta1/sul1$	铜绿假单胞菌
	$intI1$-bla_{IMP-1}-$aac(6')$-Iae-$aadA1$-$qacE\Delta1/sul1$	铜绿假单胞菌
	$intI1$-bla_{IMP-1}-$aac6$-II-$aadA4$	不动杆菌基因组 3
	$intI1$-bla_{IMP-1}-$aac(6')$-IIc-$qacE\Delta1/sul1$	奥克西托克雷伯菌
	$intI1$-bla_{IMP-1}-$aac(6')$-31-$aadA1$-$qacE\Delta1$	鲍曼不动杆菌
	$intI1$-$aacA4$-bla_{IMP-1}-bla_{OXA-2}-$qacE\Delta1$	琼氏不动杆菌
	$intI1$-$aac(6')$-Iaf-bla_{IMP-1}-$qacE\Delta1/sul1$	铜绿假单胞菌
	$intI1$-$aadB$-bla_{IMP-1} 样-$cmlA7$-bla_{OXA-21}-$qacE\Delta1$	铜绿假单胞菌
	$intI1$-$orf1$-bla_{IMP-1}-$qacE\Delta1/sul1$	铜绿假单胞菌
IMP-2	$intI1$-bla_{IMP-2}-$aacA4$-$aadA1$	鲍曼不动杆菌
IMP-4	$intI1$-bla_{IMP-4}-$qacG$-$aacA4$-$catB3$-$qacE\Delta1/sul1$	鲍曼不动杆菌
	$intI1$-bla_{IMP-4}-$qacG$-$aacA4$-$aphA15$-$tniR$-$tniQ$-$tniB$-$tniA$	杨氏柠檬酸杆菌
	$intI1$-bla_{IMP-4}-$qacG2$-$aacA4$-$catB3$	鲍曼不动杆菌
	$intI1$-bla_{IMP-4}-$orfII$-$qacE\Delta1/sul1$	肺炎克雷伯菌
IMP-5	$intI1$-bla_{IMP-5}-$qacE\Delta1$	鲍曼不动杆菌
IMP-6	$intI1$-bla_{IMP-6}-$aacA4$-$aadA1$-bla_{OXA-2}-$qacE\Delta1/sul1$	铜绿假单胞菌
	$intI1$-bla_{IMP-6}-qac-$aacA4$-bla_{OXA-1}-$aadA1$-$qacE\Delta1/sul1$	铜绿假单胞菌
IMP-7	$intI1$-bla_{IMP-7}-$aacA4$	铜绿假单胞菌
	$intI1$-bla_{IMP-7}-$aacC1$	铜绿假单胞菌
	$intI1$-bla_{IMP-7}-$aacC4$-$aadA2$-$qacE\Delta1/sul1$	铜绿假单胞菌
	$intI1$-bla_{IMP-7}-$aadA6$-$orfD$-$qacE\Delta1/sul1$	铜绿假单胞菌
	$intI1$-$aacC4$-bla_{IMP-7}-$aacC1$-$qacE\Delta1/sul1$	铜绿假单胞菌
IMP-8	$intI1\Delta$-bla_{IMP-8}-$aacA4$-$catB4$-$qacE\Delta1/sul1$	肺炎克雷伯菌
	$intI1$-bla_{IMP-8}-$aacA4$	鲍曼不动杆菌
	$intI1$-bla_{IMP-8}-$aacA4$-$aadA1$-$tnpA$-$qacE\Delta1$	门多萨假单胞菌
	$intI1$-bla_{IMP-8}-$aac(6')$-II-$aadA4$	鲍曼不动杆菌
	$intI1$-bla_{IMP-8}-$aadB$-$cmlA$	黏质沙雷菌
IMP-9	$intI1$-bla_{IMP-9}-$aacA4$-bla_{OXA-10}	铜绿假单胞菌
	$intI1$-bla_{IMP-9}-$aacA4$-bla_{OXA-10}-$aadA2$	铜绿假单胞菌
	$intI1$-bla_{IMP-9}-$aacA4$-bla_{OXA-17}-$aadA2$	铜绿假单胞菌
	$intI1$-$aacA4$-bla_{IMP-9}-$aacA4$-$tniR$……$merR$	铜绿假单胞菌
	$intI1$-$aacA4$-bla_{IMP-9}-$catB8$-bla_{OXA-10}	铜绿假单胞菌
IMP-10	$intI1$-bla_{IMP-10}-$qacE\Delta1/sul1$	铜绿假单胞菌
	$intI1$-bla_{IMP-10}-$aac(6')$-Iae-$qacE\Delta1$	铜绿假单胞菌
	$intI1$-bla_{IMP-10}-$aac(6')$-Iae-$aadA1$-$qacE\Delta1/sul1$	铜绿假单胞菌
	$intI1$-bla_{IMP-10}-$aac(6')$-II-$qacE\Delta1/sul1$	铜绿假单胞菌
	$intI1$-bla_{IMP-10}-$aac(6')$-IIc-$qacE\Delta1/sul1$	黏质沙雷菌

续表

IMP	整合子结构	细菌宿主
IMP-11	$intI1$-bla_{IMP-11}-$aacA1$-$orfG$-$qacE\Delta1/sul1$	肺炎克雷伯菌
IMP-12	$intI1$-bla_{IMP-12}-$aacA4$-$qacE\Delta1/sul1$	恶臭假单胞菌
IMP-13	$intI1$-bla_{IMP-13}-$qacE\Delta1$	铜绿假单胞菌
	$intI1$-bla_{IMP-13}-$aacA4$-$qacE\Delta1/sul1$	铜绿假单胞菌
	$intI1$-bla_{IMP-13}-$dfr7$-$blr1088$-$aac8$-bla_{OXA-2}-$qacE\Delta1/sul1$	肠道沙门菌
	$intI1$-$orf1$-bla_{IMP-13}-$aacA4$-$qacE\Delta1$	铜绿假单胞菌
IMP-14	$intI1$-bla_{IMP-14}-$aadB$-$qacE\Delta1$	铜绿假单胞菌
	$intI1$-bla_{IMP-14}-$aac(6')$	铜绿假单胞菌
IMP-15	$intI1$-bla_{IMP-15}-$aadA6$-$orfD$-$qacE\Delta1$	铜绿假单胞菌
	$intI1$-bla_{IMP-15}-$dhfr$-$aac(6')$	铜绿假单胞菌
	$intI1$-bla_{IMP-15}-$qacH$-$qacE\Delta1$	铜绿假单胞菌
	$intI1$-$aacA7$-bla_{IMP-15}-$aadA1$-bla_{OXA-2}-$aadA1$-$qacE\Delta1$	铜绿假单胞菌
	$intI1$-$aacA7$-bla_{IMP-15}-$qacH$-$aacA4$-$aadA1$-bla_{OXA-2}-$aadA1$-$qacE\Delta1$	铜绿假单胞菌
	$intI1$-$aacA7$-bla_{IMP-15}-$qacH$-$aadA1$-$orfD$-$aadA1$-$qacE\Delta1$	铜绿假单胞菌
	$intI1$-$aacA7bla_{IMP-15}$-$qacH$-$aadA1$-bla_{OXA-2}-$aadA1$-$qacE\Delta1$	铜绿假单胞菌
IMP-16	$intI1$-bla_{IMP-16}-$aac(6')$-$30/aac(6')$-Ib-$aadA1$-$qacE\Delta1/sul1$	铜绿假单胞菌
IMP-18	$intI1$-bla_{IMP-18}-$aacA1$-$qacE\Delta1$	铜绿假单胞菌
	$intI1$-bla_{IMP-18}-$aadA1$-bla_{OXA-2}-$aadA1$-$qacE\Delta1$	铜绿假单胞菌
	$intI1$-$aacA7$-$qacF$样-bla_{IMP-18}-$aadA1$-$qacE\Delta1/sul1$	铜绿假单胞菌
IMP-19	$intI1$-$ISAeca1$-$aacA4$-bla_{IMP-19}-$qacE\Delta1/sul1$	豚鼠气单胞菌
IMP-22	$intI1$-bla_{IMP-22}-$orfX$	荧光假单胞菌

注：引自 Zhao W H, Hu Z Q. Crit Rev Microbiol，2011，37：214-226。

第八节　VIM 家族

一、VIM 型碳青霉烯酶的出现

　　获得性 B 类 β-内酰胺酶的第二个家族——VIM 家族——首先在 1999 年被报告。产酶的铜绿假单胞菌菌株 VR-143/97 是来自外科切口感染的一个临床分离株。它在 1997 年 2 月从入住在维罗纳大学医院 ICU 的一名意大利患者分离获得。该患者未报告任何近期的国外旅行史和住院史。研究者对铜绿假单胞菌菌株 VR-143/97 培养物的一个粗提取物进行了生物化学分析，结果显示出一种水解碳青霉烯的活性，这种活性可被 EDTA 抑制并且一旦加入 Zn^{2+} 后就恢复活性。这些观察强烈地建议一种金属 β-内酰胺酶的产生。该 β-内酰胺酶基因被克隆，并且被推断的氨基酸序列揭示出一个 266 个氨基酸的前蛋白原，pI 为 5.3。因编码基因位于整合子上，所以该酶被命名为维罗纳整合子编码的金属 β-内酰胺酶 VIM-1 (Verona integron-encoded metallo-β-lactamase 或 Veronese imipenemase，VIM-1)。在序列水平上，VIM-1 与其他 B 类 β-内酰胺酶相当趋异 (同一性仅为 16.4% ~ 38.7%)，总的来说与 B1 亚类成员更相似，包括蜡样芽孢杆菌 BCⅡ、脆弱拟杆菌的 CcrA、脑膜脓毒

性金黄杆菌 BlaB 和基因盒编码的 IMP-1 酶。其中，VIM-1 显示与 BCⅡ具有最高程度的相似性，但也只是分享了 39% 的氨基酸同一性。尽管 VIM-1 与 IMP-1 仅仅分享 30% 的氨基酸同一性，但它们具有同样的广谱轮廓，包括氨苄西林、羧苄西林、哌拉西林、美西林、头孢噻肟、头孢西丁、头孢他啶、头孢哌酮、头孢吡肟和碳青霉烯类，只有氨曲南是个例外，从而揭示出 VIM-1 酶的广谱底物专一性。最初，铜绿假单胞菌 VR-143/97 也对氨曲南耐药，后来证实，这个铜绿假单胞菌分离株对氨曲南的耐药可能是由于像外排泵和头孢菌素酶高产这样的耐药机制的过度存在。

　　如同 bla_{IMP} 基因，bla_{VIM-1} 基因也是作为一个基因盒被整合到一个 1 类整合子内。该整合子携带有一个 1 类整合子典型的整合酶基因，以及除了这个 bla_{VIM-1} 基因以外，它还携带有一个编码对氨基糖苷类耐药的 $aacA4$ 基因盒。含有 bla_{VIM} 基因的整合子位于铜绿假单胞菌 VR-143/97 的染色体上，并且编码这个金属 β-内酰胺酶决定子未能通过接合被转移到大肠埃希菌中。研究者当时就强调，考虑到 bla_{IMP} 基因的情况，bla_{VIM} 基因在质粒上被发现也并非是不可预料的事情，因为基因盒的可移动性质。果不其然，一个 bla_{VIM-1} 基因相继被发现在意大利维罗纳的同一所医院的木糖氧化产碱菌中。这个分离株呈现出对所有的 β-内酰胺类抗生素的耐药，包括碳青霉烯类，并且

藏匿有一个 30kb 的非接合型质粒，它携带有一个 1 类整合子 In70。In70 含有 4 个基因盒和 3 个不同的氨基糖苷耐药基因（aacA、4aphA15 和 aacA1），它们位于 bla_{VIM-1} 基因盒的下游。如同在携带有 bla_{IMP-1} 基因盒的 In31 中所观察的那样，In70 侧翼排列的是反向重复，并且一个被截短的 tni 模块在其 3′ 部分被检测到。因此，In70 也被认为是 1 类整合子组别中的一个成员，这个组别与源自 Tn402 样元件的有缺陷的转座子衍生物有关联。此外，在意大利，VIM-1 已经在 3 个克隆上相关的恶臭假单胞菌分离株中被检测到，这些分离株是造成院内感染的一个来源，这就强调了环境分离株或是 MBL 的来源，或至少是 MBL 的媒介。这些分离株是在意大利米兰附近的同一所医院被分离获得，它们针对亚胺培南和美罗培南的 MIC＞32μg/mL。这些分离株藏匿有一个编码 VIM-1 决定子的大约 52kb 的质粒。

有了 IMP 型金属碳青霉烯酶的认知经验，人们自然而然就想到 VIM-2 是否不久就会出现。2000 年，Poirel 和 Nordmann 等报告了 VIM-2 的出现，产生 VIM-2 的是一个铜绿假单胞菌分离株，在 1996 年，它来自在法国马赛住院的一个中性粒细胞缺乏症患者的血液培养物。已如前述，产 VIM-1 的铜绿假单胞菌分离株 VR-143/97 是在 1997 年被分离获得，在时间上要晚于产生 VIM-2 铜绿假单胞菌分离株获得的时间（1996 年）。此外，在法国马赛一所医院的一项回归性流行病学研究揭示，1995—1999 年，又有 10 个产 VIM-2 的铜绿假单胞菌菌株在不同科室的住院患者中被鉴定出，这所医院也是第一个产 VIM-2 的铜绿假单胞菌株被分离出的医院。再者，自从 1996 年以来，在希腊的塞萨洛尼基，一次由具有一种未测序的 bla_{VIM} 变异体的一个血清型 O：12 铜绿假单胞菌菌株引起的暴发流行一直在发展中。超过 200 个这样的产酶分离株被获得，在 1998 年在亚胺培南消费量下降后这些菌株的流行程度开始下降。据推测，这些变异体酶很可能也是 VIM-2。因此，目前人们普遍认为，第一个 bla_{VIM} 基因应该是 bla_{VIM-2} 而不是 bla_{VIM-1}，并且该先导病例可能在 1995 年出现在葡萄牙。

在法国马赛鉴定出的产 VIM-2 铜绿假单胞菌对大多数 β-内酰胺类抗生素耐药，包括头孢他啶、头孢吡肟和亚胺培南，但对氨曲南仍然敏感。VIM-2 与 VIM-1 密切相关，氨基酸同一性为 90％，在活性部位上或靠近活性部位处具有同样的氨基酸残基，序列异质性主要在 VIM-1 和 VIM-2 的 NH_2-和羧基端区域被观察到。重要的是，VIM-2 也是被 1 类整合子 In56 的基因盒所编码，而且它是该 1 类整合子唯一一个基因盒。该 1 类整合子位于一个非接合型的，大约为 45kb 质粒上，并且后者可转移到铜绿假单胞菌。在同一时期内，在意大利和希腊的两所大学医院暴发的来源中，产 VIM-2 的铜绿假单胞菌分离株被发现。产 VIM-2 的铜绿假单胞菌菌株也已经从其他国家被报告，如日本、韩国、葡萄牙、西班牙、波兰、克罗地亚、智利、委内瑞拉、阿根廷、比利时和近来在美国的大部分地区。美国"暴发"涉及 4 名在 ICU 的患者，并且藏匿有 VIM-2 的铜绿假单胞菌只对氨曲南敏感。来自其他地区的产 VIM-2 铜绿假单胞菌分离株常常参与严重的感染，如败血症和肺炎，并且它们呈现出对亚胺培南的高水平耐药。此外，VIM-2 已经在中国台湾地区的弗氏柠檬酸杆菌、在韩国的黏质沙雷菌和阴沟肠杆菌中被检测到。在最后的这个菌株中，亚胺培南和美罗培南的 MIC 都是 4μg/mL。

在 2001 年，VIM-2 及其一个全新变异体 VIM-3 在中国台湾地区被报告，它们也同时产自铜绿假单胞菌临床分离株。VIM-3 的氨基酸序列不同于 VIM-2 的氨基酸序列，彼此相差 2 个氨基酸置换。bla_{VIM-3} 精确的遗传环境仍不清楚，或许位于染色体上。中国台湾地区似乎比较多产金属碳青霉烯酶，包括 IMP 型和 VIM 型。2002 年，VIM-2 又在一所大学医院中被鉴定出，产酶细菌则是弗氏柠檬酸杆菌。在 2002 年，VIM-4 从来自希腊的一个铜绿假单胞菌分离株中被报告。这个菌株在 2001 年从一名已经接受了亚胺培南的患者中分离获得，它对几乎所有的 β-内酰胺类抗生素耐药，但只是对氨曲南保留有限的敏感性（MIC 为 16μg/mL）。VIM-4 和 VIM-3 彼此只是相差 1 个氨基酸置换（丝氨酸 175→精氨酸）。就在不久前，Luzzaro 等在来自意大利米兰的肺炎克雷伯菌以及阴沟肠杆菌分离株中鉴定出了 bla_{VIM-4} 基因，这是在发现 VIM 型金属碳青霉烯酶早期鉴定出的为数不多的肠杆菌科细菌临床分离株，它们是在 2002 年 5 月从单一一名住院的患者中被鉴定出的。这名患者已经接受的含有碳青霉烯治疗方案的治疗，这可能是造成这些产酶细菌的选择。对于这个肺炎克雷伯菌分离株，亚胺培南和美罗培南的 MIC 分别是 2μg/mL 和 0.5μg/mL；而对于阴沟肠杆菌临床分离株，亚胺培南和美罗培南的 MIC 则分别是 0.25μg/mL 和 0.12μg/mL，后者具有异常低的碳青霉烯 MIC。因此，bla_{VIM-4} 被证实在两个分离株中是被同样的质粒所编码。在土耳其，VIM-5 先是在肺炎克雷伯菌中被发现，相继又在铜绿假单胞菌中被鉴定出。VIM-5 与 VIM-1 彼此相差 5 个氨基酸。携带 bla_{VIM-5} 的铜绿假单胞菌分离株对包括氨曲南在内的所有 β-内酰胺类抗生素耐药。当然，针对氨曲南的耐药显然是由其他耐药机制介导。2004 年，在新加坡报告了一个全新的 VIM 变异体

VIM-6，它和 IMP-1 同时产自荧光假单胞菌分离株。VIM-6 与 VIM-2 彼此相差 2 个氨基酸置换，谷氨酰胺 59→精氨酸和天冬酰胺 165→丝氨酸置换。VIM-6 与 VIM-3 彼此只相差 1 个氨基酸。同样是在 2004 年，VIM-7 在美国得克萨斯州休斯敦市被报告，它产自一个碳青霉烯耐药的铜绿假单胞菌分离株。VIM-7 与 VIM-1 分享 77％同一性，与 VIM-2 分享 74％同一性。bla_{VIM-7} 基因位于一个大约 24kb 的质粒上并且可能是整合子来源。再后来，VIM-8 在哥伦比亚被报告，以及 VIM-9 和 VIM-10 在英国被报告。在 VIM-1 被发现的 5 年后，VIM-2 到 VIM-10 都陆续在全球被报告，包括欧洲、亚洲、北美以及中东地区。截至 2013 年，一共有 27 个 VIM 家族成员已经从不同的国家被鉴定出。其中，VIM-19 值得单独描述。在 2008 年 5 月，一个肺炎克雷伯菌菌株 KP1935 从一个尿道感染的患者中被恢复，该患者为一名 64 岁的女性，在希腊的塞雷斯总医院住院。该分离株针对亚胺培南、美罗培南和厄他培南的 MIC 分别是 32mg/L、16mg/L 和 64mg/L。研究证实，该肺炎克雷伯菌分离株产生了一种全新的 VIM 变异体酶 VIM-19，与 VIM-1 相比，后者表现出增强的碳青霉烯酶活性。以前的研究已经反复证明，肺炎克雷伯菌拥有蓄积各种耐药决定子特别是编码各种 β-内酰胺酶基因的偏好。本项研究再一次验证了肺炎克雷伯菌的这种超级能力。肺炎克雷伯菌菌株 KP1935 不仅产生 VIM-19，还同时产生 TEM-1、KPC-2、CMY-2 和 CTX-M-15 β-内酰胺酶。携带 bla_{VIM-19} 基因盒的 1 类整合子还具有 aacA6、dfrA1 和 aadA1 基因盒。考虑到一个强力的 VIM 变异体与 CMY-2、KPC-2 和 CTX-M-15 的组合灭活所有在临床上可用的 β-内酰胺类抗生素，再加上拥有针对各种氨基糖苷类抗生素的基因盒，这样的菌株或质粒的进一步散播将会对治疗院内感染造成极为严重的后果。Walsh 等总结了 2005 年时各种 VIM 家族成员的出现和相关信息（表 30-12）。

表 30-12 VIM 型 MBL 的起源和细菌宿主

VIM-型 MBL	细菌宿主	起源的国家/地区
VIM-1	铜绿假单胞菌	意大利
	木糖氧化产碱菌	意大利
	恶臭假单胞菌	意大利
	大肠埃希菌	希腊,法国
	肺炎克雷伯菌	希腊
VIM-2	铜绿假单胞菌	法国,希腊,意大利,日本,韩国,葡萄牙,西班牙,克罗地亚,波兰,智利,委内瑞拉,阿根廷,美国
	鲍曼不动杆菌	韩国
	阴沟肠杆菌	韩国
	黏质沙雷菌	韩国
	恶臭假单胞菌	韩国,日本
	荧光假单胞菌	智利
	施氏假单胞菌	中国台湾地区
	Acinetobacter genomosp. 3	韩国
	木糖氧化产碱菌	日本
	弗氏柠檬酸杆菌	中国台湾地区
VIM-3	铜绿假单胞菌	中国台湾地区
VIM-4	铜绿假单胞菌	希腊,瑞典,波兰
	阴沟肠杆菌	意大利
	肺炎克雷伯菌	意大利
VIM-5	肺炎克雷伯菌	土耳其
	铜绿假单胞菌	土耳其
VIM-6	恶臭假单胞菌	新加坡
VIM-7	铜绿假单胞菌	美国
VIM-8	铜绿假单胞菌	哥伦比亚
VIM-9	铜绿假单胞菌	英国
VIM-10	铜绿假单胞菌	英国
VIM-11a	铜绿假单胞菌	阿根廷
VIM-11b	铜绿假单胞菌	意大利

注：引自 Walsh T R，Toleman M A，Poirel L，et al. Clin Microbiol Rev，2005，18：306-325。

与其他 β-内酰胺酶家族的流行非常相似,并非所有 VIM 家族成员都具有同等程度的流行,有些仅在一个国家中被发现,有些在很多国家中造成感染暴发。在所有的 VIM 家族成员中,VIM-1、VIM-2 和 VIM-4 比较流行,其中 VIM-2 分布最广,它也是所有 B 类获得性金属碳青霉烯酶家族成员中流行最广的酶。铜绿假单胞菌是 VIM 型金属碳青霉烯酶最重要的已知储池。Lagatolla 等在意大利的一所大学医院中评价了编码 MBL 基因在铜绿假单胞菌的发生率时发现,20% 的铜绿假单胞菌分离株和 70% 的碳青霉烯耐药的铜绿假单胞菌分离株产生 VIM-1 和 VIM-2 酶。Hawkey 等于 2009 年报告,VIM-2 是铜绿假单胞菌中最常见的 MBL,并且造成了最大的临床威胁。VIM-2 已经在遍布 5 个大陆的 37 个国家中被报告。

二、VIM 型碳青霉烯酶的种系发生

截至 2011 年,20 多种不同的 VIM 同种异型被认识到(图 30-16)。如同 IMP 型酶那样,VIM 变异体具有一个限定的地理分布。然而,VIM-1 和 VIM-2 具有比 IMP 型酶更广的分布,这就强调了它们所具有的突出传播倾向。

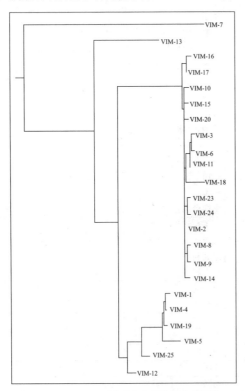

图 30-16 在 VIM 型酶等位变异体的多样性
(引自 Cornaglia G,Giamarellou H,Rossolini G M.
Lancet Infect Dis,2011,11:381-393)
树状图显示出在 VIM 型金属 β-内酰胺酶的等位变异体的多样性

成熟的 VIM 由 266 个氨基酸残基构成,VIM-7 和 VIM-18 属于例外。VIM-7 有 265 个氨基酸残基,在位置 7 上有一个氨基酸缺失。VIM-18 具有 262 个氨基酸残基,与其他 VIM 变异体相比,它从位置 145 开始有 4 个氨基酸缺失。VIM 变异体的氨基酸同一性从 72.9% 到 99.6% 不等,彼此相差 1~72 个氨基酸残基。根据种系发生树和不同的氨基酸残基的数量,VIM 或许被分成 3 个亚组或谱系(图 30-17)。亚组 1 包括 8 个成员,如 VIM-1、VIM-4、VIM-5、VIM-13、VIM-19、VIM-25 和 VIM-26 等,它们分享 91.4%~99.6% 的氨基酸同一性,并且具有 1~23 个不同的氨基酸残基。亚组 2 包括 15 个成员,如 VIM-2、VIM-3、VIM-6、VIM-8、VIM-11、VIM-14、VIM-18、VIM-20、VIM-23 和 VIM-24 等,它们分享 97.4%~99.6% 氨基酸同一性并且具有 1~7 个不同的氨基酸残基。亚组 3 只有一个成员,那就是 VIM-7。当与其他 VIM 相比时,它只是分享 72.9%~77% 的氨基酸同一性,具有 61~72 个不同的氨基酸残基。

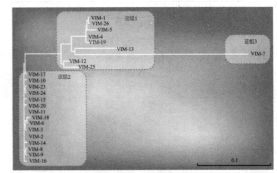

图 30-17 根据氨基酸序列的 VIM 家族的种系发生树
(引自 Zhao W H,Hu Z Q. Future Microbiol,2011,6:317-333)

三、VIM 家族的细菌分布

在已知的 MBL 中,VIM 是最常见的家族之一,有 27 个变异体,在至少 23 个革兰阴性杆菌的菌种中被检测到,这些菌种来自 40 多个国家/地区。VIM-1 是从铜绿假单胞菌的一个临床菌株中被发现,该菌株在 1997 年在意大利的维罗纳被分离获得。目前 *bla*VIM-1 也已经在 5 个欧洲国家的如下细菌中被检测到:恶臭假单胞菌、大肠埃希菌、肺炎克雷伯菌、奥克西托克雷伯菌、阴沟肠杆菌、鲍曼不动杆菌、奇异变形杆菌、产气肠杆菌、摩氏摩根菌、弗氏柠檬酸杆菌和斯氏普罗威登斯菌,这 5 个国家包括意大利、希腊、法国、西班牙和德国(表 30-13)。来自希腊监测系统的一份报告显示出产 VIM-1 肺炎克雷伯菌在希腊的快速传播。亚胺培南耐药肺炎克雷伯菌分离株的比例从 2001 年的不足

1%在 2006 年增加到 20%（医院的普通病房）和 50%（在 ICU）。耐药菌株在 2002 年从只有 3 所医院中被分离出，而这些分离株在 2007 年参加监测系统的 40 所医院中的 25 所医院中被分离出。在本次监测研究中，bla_{VIM-1} 被证实被检测的细菌所藏匿的居主导地位的耐药决定子。

VIM-2 的地域分布更加广泛，而且产生 VIM-2 的细菌菌种也非常多，涵盖了在临床上重要的革兰阴性病原菌，如假单胞菌属细菌、不动杆菌菌属细菌以及各种肠杆菌科细菌。总体来说，VIM 型碳青霉烯酶最偏爱的菌种还是铜绿假单胞菌。

表 30-13　VIM 型金属 β-内酰胺酶的细菌宿主和分布

VIM	细菌宿主	分布
VIM-1	铜绿假单胞菌	意大利,希腊,法国,西班牙
	木糖氧化产碱菌	意大利
	恶臭假单胞菌	意大利
	大肠埃希菌	希腊,西班牙
	肺炎克雷伯菌	希腊,法国,西班牙
	奥克西托克雷伯菌	西班牙
	阴沟肠杆菌	希腊,西班牙
	鲍曼不动杆菌	希腊
	奇异变形杆菌	希腊
	产气肠杆菌	希腊
	摩氏摩根菌	希腊
	弗氏柠檬酸杆菌	德国
	斯氏普罗威登斯菌	希腊,法国
VIM-2	铜绿假单胞菌	法国,澳大利亚,比利时,加拿大,中国,哥伦比亚,克罗地亚,德国,希腊,匈牙利,印度,意大利,日本,肯尼亚,韩国,马来西亚,葡萄牙,波兰,俄罗斯,沙特阿拉伯,塞尔维亚,新加坡,西班牙,泰国,突尼斯,土耳其,美国,委内瑞拉
	恶臭假单胞菌	中国台湾地区,韩国,日本,法国,阿根廷,比利时,西班牙
	荧光假单胞菌	智利
	施氏假单胞菌	中国台湾地区
	类产碱假单胞菌	葡萄牙
	黏质沙雷菌	韩国
	鲍曼不动杆菌	韩国,西班牙,中国台湾地区
	不动杆菌基因组种 3	韩国
	不动杆菌基因组种 10	韩国
	不动杆菌基因组种 13TU	韩国
	弗氏柠檬酸杆菌	中国台湾地区,韩国
	阴沟肠杆菌	韩国,日本,墨西哥
	大肠埃希菌	希腊
	肺炎克雷伯菌	韩国
	奥克西托克雷伯菌	墨西哥,葡萄牙
	木糖氧化产碱菌	韩国,希腊
	普通变形杆菌	韩国
	斯氏普罗威登斯菌	韩国
VIM-3	铜绿假单胞菌	中国台湾地区
	鲍曼不动杆菌	中国台湾地区
	恶臭假单胞菌	中国台湾地区
	阴沟肠杆菌	中国台湾地区
VIM-4	铜绿假单胞菌	希腊,瑞典,波兰,匈牙利,澳大利亚,挪威
	肺炎克雷伯菌	意大利,突尼斯,匈牙利
	奥克西托克雷伯菌	匈牙
	阴沟肠杆菌	意大利,希腊
	不动杆菌菌种	希腊
	恶臭假单胞菌	比利时
	嗜水气单胞菌	匈牙利

续表

VIM	细菌宿主	分布
VIM-5	铜绿假单胞菌 阴沟肠杆菌 恶臭假单胞菌	土耳其 印度,土耳其 土耳其
VIM-6	恶臭假单胞菌 铜绿假单胞菌 鲍曼不动杆菌	新加坡 韩国,菲律宾,印度尼西亚,印度,新加坡 印度
VIM-7	铜绿假单胞菌	美国
VIM-8	铜绿假单胞菌	哥伦比亚
VIM-9	铜绿假单胞菌	英国
VIM-10	铜绿假单胞菌	英国
VIM-11	铜绿假单胞菌 鲍曼不动杆菌 溶血不动杆菌 黏质沙雷菌 洋葱假单胞菌 施氏假单胞菌	阿根廷,中国台湾地区,印度,马来西亚 中国台湾地区 中国台湾地区 中国台湾地区 中国台湾地区 印度
VIM-12	肺炎克雷伯菌 大肠埃希菌 肺炎克雷伯菌 阴沟肠杆菌	希腊 希腊 希腊 希腊
VIM-13	铜绿假单胞菌	西班牙
VIM-14	铜绿假单胞菌	西班牙,意大利
VIM-15	铜绿假单胞菌	保加利亚
VIM-16	铜绿假单胞菌	德国
VIM-17	铜绿假单胞菌	希腊
VIM-18	铜绿假单胞菌	印度
VIM-19	大肠埃希菌 肺炎克雷伯菌 斯氏普罗威登斯菌	阿尔及利亚 阿尔及利亚,希腊 阿尔及利亚
VIM-20	铜绿假单胞菌	西班牙
VIM-21	NA	
VIM-22	NA	
VIM-23	阴沟肠杆菌	墨西哥
VIM-24	肺炎克雷伯菌	哥伦比亚
VIM-25	奇异变形杆菌	印度
VIM-26	肺炎克雷伯菌	挪威
VIM-27	NA	

注：1. 引自 Zhao W H, Hu Z Q. Future Microbiol, 2011, 6: 317-333.

2. NA, 未提供；VIM-21, VIM-22 和 VIM-27 已经在 the Lahey Clinic 上被指派, 但根本没有序列和出版物可供参考。

四、VIM-2 的晶型结构

VIM-2 是全世界最流行的金属碳青霉烯酶。VIM-2 属于 B1 亚类，与其他 B1 亚类酶分享 αββα 三明治特征，它是由 β 折叠片作为核心并被 α 螺旋包围所组成。令人吃惊的是，位于金属结合部位位置 221 的半胱氨酸是一个催化的半胱氨酸，它有一个高的被强氧化的趋势，在被氧化的结构中，半胱氨酸 221 变成磺酸基半胱氨酸残基（cysteinesulfonic residue）。VIM-2 酶是一个单聚体，分子量大

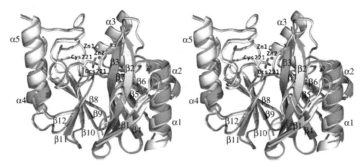

图 30-18 两种形式 VIM-2 的结构叠置（见文后彩图）

（引自 Garcia Saez I，Docquier J D，Rossolini G M，et al. J Mol Biol，2008，375：604-611）

活性部位的半胱氨酸 221 被显示。天然形式 VIM-2 为橘色，氧化形式 VIM-2 为黄色。

锌原子也分别被显示为橘色和黄色

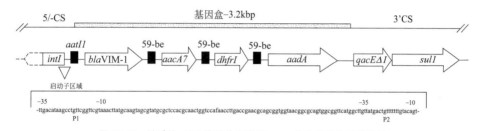

图 30-19 被质粒 p541 携带的含有 *bla*_{VIM-1} 的 1 类整合子的图示

（引自 Miriagou V，Tzelepi E，Gianneli D，et al. Antimicrob Agents Chemother，2003，47：395-397）

启动子区域的序列也被显示

约为 25.5 kDa，成熟形式的 VIM-2 拥有 240 个残基。在碳青霉烯类中，VIM-2 更好地水解美罗培南，优于水解亚胺培南。还原形式的 VIM-2 的活性部位呈现出两个金属离子结合部位（图 30-18），即组氨酸部位和半胱氨酸部位以及两个锌原子（Zn1 和 Zn2）。在氧化形式的 VIM-2，只有 Zn1 出现在组氨酸部位。如同在 B1 亚类金属 β-内酰胺酶中描述的那样，这两个锌原子彼此分开 4.2 Å。

五、VIM 型碳青霉烯酶的遗传学支持

与 IMP 型金属碳青霉烯酶一样，分析已经揭示出，大多数 *bla*_{VIM} 基因被 1 类整合子所携带，这些整合子通常被镶嵌在转座子内，并且依次被容纳在质粒或染色体上。Miriagou 等于 2003 年报告了一个产 VIM-1 的大肠埃希菌临床分离株 V541，它是在 2001 年 11 月从一名患者的尿液样本中分离获得，这名患者在希腊的一所医院中住院。*bla*_{VIM-1} 作为一个基因盒被包括在一个全新的 1 类整合子内，该整合子同时包括 *aacA7*、*dhfrI* 和 *aadA*（图 30-19）。

需要注意的是，*bla*_{VIM-2} 基因已经在法国在一个独一无二的遗传环境中从恶臭假单胞菌中被鉴定出。这个 *bla*_{VIM-2} 基因不是位于整合子上，而是由一个复合转座子携带：*tnpA-tnpR-ISPpu17-aacA4- bla*_{VIM-2}*-aadA1- bla*_{OXA-9}*-tnpR- bla*_{TEM-1}*-ISPpu18*。截至 2011 年，在革兰阴性杆菌中已经有 110 个不同的整合子结构与 VIM 基因的获得和传播有关联。在大多数情况下，各种 *bla*_{VIM-2} 基因与一个或多个氨基糖苷耐药基因复合存在，如 *aacA4*、*aacA7*、*aadA1*、*aadA2*、*aadB* 和 *aacC1*，其中，*aacA4* 占据着主导地位，在 110 个整合子结构中大约有 50% 复合存在。此外，各种 *bla*_{VIM-2} 基因也与其他 β-内酰胺酶基因复合存在，如 *bla*_{OXA}s 和 *bla*_{PSE-1}，其中 *bla*_{OXA}s 占据主导地位。*bla*_{OXA-2} 编码的 OXA-2 是窄谱苯唑西林酶之一，通常赋予对氨基青霉素和酰脲类青霉素耐药并且具有针对氯唑西林、苯唑西林和甲氧西林高水平的水解活性。与各种 *bla*_{IMP} 基因盒一样，大多数 *bla*_{VIM} 基因盒也都是位于 1 类整合子基因盒阵列中的第一个位置，紧邻着启动子序列，可高效表达。1 类整合子结构的多样性建议 MBL 决定子不同的起源和获得事件。当然，也有一些 1 类整合子只有一个 *bla*_{VIM} 基因盒，如 *bla*_{VIM-1} 基因、*bla*_{VIM-2} 基因、*bla*_{VIM-11} 基因、*bla*_{VIM-15} 基因以及 *bla*_{VIM-18} 基因（表 30-14）。

表 30-14 与 1 类整合子有关的 VIM 型金属 β-内酰胺酶的遗传环境

VIM	在 5′-CS 和 3′-CS 之间的基因盒	位置	细菌宿主
VIM-1	bla_{VIM-1}	C	鲍曼不动杆菌
	bla_{VIM-1}-$aacA4$-$aacA4$-bla_{OXA-46}	T/C	铜绿假单胞菌
	bla_{VIM-1}-$aacA4$-$aacA1$	U	铜绿假单胞菌
	bla_{VIM-1}-$aacA4$-$aph15$	T	阴沟肠杆菌
	bla_{VIM-1}-$aacA4$-$aph15$-$aadA1$	T	铜绿假单胞菌
	bla_{VIM-1}-$aacA4$-$aphA15$-$aadA1$	C	铜绿假单胞菌
	bla_{VIM-1}-$aacA4$-bla_{PSE-1}	U	铜绿假单胞菌
	bla_{VIM-1}-$aacA4$-$dfrB1$-$aadA1$-$catB2$	T/P	肺炎克雷伯菌
	bla_{VIM-1}-$aacA4$-$orfPa85$-bla_{PSE-1}-$aadA2$	T	铜绿假单胞菌
	bla_{VIM-1}-$aacA7$-$dhfrA1$-$aadA1$[①]	U	肺炎克雷伯菌
	bla_{VIM-1}-$aacA7$-$dhfrA1$-$sat1$-$aadA1$	T/C	摩氏摩根菌
	bla_{VIM-1}-$aacA7$-$dhfrl$-$aadA1$	T/P	肺炎克雷伯菌
	bla_{VIM-1}-$aac(6')$-IIc	T/C	阴沟肠杆菌
	bla_{VIM-1}-$aadA1$	T/P	铜绿假单胞菌
	bla_{VIM-1}-$aadB$-$tniC$	T/P	铜绿假单胞菌
	bla_{VIM-1}-$catB3$-$orfPa105$	T	铜绿假单胞菌
	bla_{VIM-1}-$dhfrl$-$aadA1$[①]	P	大肠埃希菌
	bla_{VIM-1}-smr-2-$orf1$-$aacA4$-bla_{PSE-1}	C	铜绿假单胞菌
	$aacA4$-bla_{VIM-1}	P	大肠埃希菌
	$Orf11$-$aacA4$-bla_{VIM-1}	C	鲍曼不动杆菌
VIM-2	bla_{VIM-2}	P	铜绿假单胞菌
	bla_{VIM-2}-$aacA4$	T/C	铜绿假单胞菌
	bla_{VIM-2}-$aacA4$-$aacC1$[①]	U	铜绿假单胞菌
	bla_{VIM-2}-$aacA4$-$aac(6')$-IIa-bla_{OXA-2}[①]	U	铜绿假单胞菌
	bla_{VIM-2}-$aacA4$-$aadA1$-bla_{OXA-2}-$orfD$	U	铜绿假单胞菌
	bla_{VIM-2}-$aacA4$-$aadA1$-$orfII$-$orfIII$	U	不动杆菌基因组种 3
	bla_{VIM-2}-$aacA4$-$aadA1$-$ISpa34$-bla_{VIM-2}	T	铜绿假单胞菌
	bla_{VIM-2}-$aacA4$-$aadA2$	U	铜绿假单胞菌
	bla_{VIM-2}-$aacA4$-bla_{PSE-1}-$aadA2$	T/C	铜绿假单胞菌
	bla_{VIM-2}-$aacA4$-orf/DNA 整合酶基因-$ereA$	U	铜绿假单胞菌
	bla_{VIM-2}-$aacA4$-$tniC$	U	铜绿假单胞菌
	bla_{VIM-2}-$aacA4$-$tniC$-$tniQ$-$tniB$-$tnAi$	T/P	恶臭假单胞菌
	bla_{VIM-2}-$aacA7$	U	奥克西托克雷伯菌
	bla_{VIM-2}-$aacA7$-$aacA4$	T/C	铜绿假单胞菌
	bla_{VIM-2}-$aacA7$-$aadA1$	U	铜绿假单胞菌
	bla_{VIM-2}-$aac(3)$-Ic-$cmlA7$	T	铜绿假单胞菌
	bla_{VIM-2}-$aacC1$[①]	U	铜绿假单胞菌
	bla_{VIM-2}-$aadA1$	U	铜绿假单胞菌
	bla_{VIM-2}-$aadB$-$arr6$	T/C	铜绿假单胞菌
	bla_{VIM-2}-$aadB$-$sul1$-$orf5$-$tnpA$-$strB$-$strA$	T	铜绿假单胞菌
	bla_{VIM-2}-$aadB$-$ISPa21$ 样-bla_{OXA-2}	T	铜绿假单胞菌
	bla_{VIM-2}-$arr6$	T/C	铜绿假单胞菌
	bla_{VIM-2}-bla_{OXA-2}-$aacA4$-$aadB$-$qacG$-$tniC$	T/C	铜绿假单胞菌
	bla_{VIM-2}-bla_{OXA-10}-$aacA4$	T	铜绿假单胞菌
	bla_{VIM-2}-$catB8$-$aacA4$-$aadA2$	T	铜绿假单胞菌
	bla_{VIM-2}-qac-$orfII$-$orIIIl$	U	黏质沙雷菌
	bla_{VIM-2}-qac-$aaacA4$-$catB3$-bla_{OXA-1}-$aadA1$	U	铜绿假单胞菌
	bla_{VIM-2}-$qacF$-$aacA4$-$catB3$-bla_{OXA-30}-$aadA1$	P	铜绿假单胞菌
	bla_{VIM-2}-orf-1-$tniC$	T	恶臭假单胞菌
	$aacA4$-bla_{VIM-2}[①]	T/P	铜绿假单胞菌

续表

VIM	在 5′-CS 和 3′-CS 之间的基因盒	位置	细菌宿主
VIM-2	*aacA4-* bla_{VIM-2}-*aacA4-aadA1*	U	铜绿假单胞菌
	aacA4- bla_{VIM-2}-*aacA4-cmlA-ant（3″）Ib*	U	铜绿假单胞菌
	aacA4- bla_{VIM-2}-*aadB*	U	铜绿假单胞菌
	aacA4- bla_{VIM-2}-*orfI-aadA1-orfII-orfIII*	T	铜绿假单胞菌
	aacA4- bla_{VIM-2}*orfI-orfII-orfIII*	U	恶臭假单胞菌
	aacA4- bla_{VIM-2}*orfII-orfIII*	U	肺炎克雷伯菌
	aacA4- bla_{VIM-2}-Δ*aac（6′）IIc-IS1382-*Δ*aac（6′）IIc*	T	恶臭假单胞菌
	aacA4- bla_{VIM-2}-*tniR-tniQ-tniB-tniA*	T/P	恶臭假单胞菌
	aacA4-aacA4- bla_{VIM-2}*aacA4*	U	木糖氧化产碱菌
	aacA4-fosC-orfvi- bla_{VIM-2}-*qacF-* bla_{VIM-2}-* bla_{OXA-2}-*aacA4-orf/intI1-ereA*	U	木糖氧化产碱菌
	aacA4-orfv- bla_{VIM-2}-*aacA4-orfv-orfvi-* bla_{OXA-2}-*qac*	U	恶臭假单胞菌
	aacA7- bla_{VIM-2}①	P	铜绿假单胞菌
	aacA7- bla_{VIM-2}-*aacA4*	U	铜绿假单胞菌
	aacA7- bla_{VIM-2}-*aacC1-aacA4*	T/C	铜绿假单胞菌
	aacA7- bla_{VIM-2}-*dhfrB5-aacC-A5-tniC*	T/C	铜绿假单胞菌
	aacA7- bla_{VIM-2}-*dhfr-aacC-A5-tniC*	T	铜绿假单胞菌
	aacA7- bla_{VIM-2}-*dhfr-aacA7-ISpa21-tniC*	T/P	铜绿假单胞菌
	aacA29a- bla_{VIM-2}-*aacA29b*	T/C	铜绿假单胞菌
	aacA29b- bla_{VIM-2}-*aacA29b*	C	铜绿假单胞菌
	aacA4- bla_{VIM-2}	P	恶臭假单胞菌
	aac3-1-aacA7- bla_{VIM-2}-*aadA1-orfII-orfIII*	U	铜绿假单胞菌
	aac（6′）-Ib12- bla_{VIM-2}	U	雷氏变形杆菌
	aac（6′）-32- bla_{VIM-2}*tnpA*	T/P.	铜绿假单胞菌
	aadB- bla_{VIM-2}	T	铜绿假单胞菌
	aadB- bla_{VIM-2}*aacA4*	U	铜绿假单胞菌
	dhfr2-aacA4-aacC1- bla_{VIM-2}	T	铜绿假单胞菌
	orf1- bla_{VIM-2}-*aacA4*	T	铜绿假单胞菌
	orf11-aacA4-aacC1- bla_{VIM-2}	T	铜绿假单胞菌
	bla_{VIM-2}-*qacF-aacA4-catB3-* bla_{OXA-30}-*aadA1*	P	铜绿假单胞菌
VIM-3	bla_{VIM-3}-*orf2-aacA4*	C	铜绿假单胞菌
	bla_{VIM-3}-*orf2-aacA4-aacA4-aadB-aacA4*	U	铜绿假单胞菌
	bla_{VIM-3}-*orf2-aacA4-aadB-aacA4*	C	铜绿假单胞菌
	bla_{VIM-3}-磷霉素耐药基因-*aacA4-aadB*①	U	铜绿假单胞菌
VIM-4	bla_{VIM-4}-*aacA4*①	T	铜绿假单胞菌
	bla_{VIM-4}-*aacA4-* bla_{BEL-1}-*smr2-aadA5*①	T	铜绿假单胞菌
	bla_{VIM-4}-*aacA4-* bla_{OXA-2}-*orfD*	C	恶臭假单胞菌
	bla_{VIM-4}*aacA4-* bla_{OXA-35}	U	铜绿假单胞菌
	bla_{VIM-4}-*aacA7*①	U	铜绿假单胞菌
	bla_{VIM-4}-*aacA7-dhfrI-aadA1*①	P	肺炎克雷伯菌
	bla_{VIM-4}-*aacA7-dhfrA1-aadA1*①	P	阴沟肠杆菌
	bla_{VIM-4}-*aacA7-dhfrI-*Δ*aadA1-smr-ISPa21-rasRD ABC-tnpR-tnpA-*Δ*sul1-qacE*Δ*1-cmlA7-orf416-orfE-aadB-intI1*	T/P	肺炎克雷伯菌
	bla_{VIM-4}-*aacA8-* bla_{OXA-2}-*aacA7-orfD*	U	铜绿假单胞菌
	bla_{VIM-4}-*aadA6-orfD*	U	铜绿假单胞菌
	bla_{VIM-4}*aadB-* bla_{OXA-2}-*orf4-orfD*	C	恶臭假单胞菌
	bla_{VIM-4}-*arr7-aacA4-* bla_{PSE-1}	C	铜绿假单胞菌
	bla_{VIM-4}-* bla_{PES-1}	T/C	铜绿假单胞菌
	*aacA4-*bla_{VIM-4}	P	肺炎克雷伯菌
	bla_{OXA}-*aacA4-* bla_{VIM-4}	C	铜绿假单胞菌

续表

VIM	在 5′-CS 和 3′-CS 之间的基因盒	位置	细菌宿主
VIM-5	bla_{VIM-5}-$orfD$	P	阴沟肠杆菌
VIM-6	bla_{VIM-6}-bla_{OXA-10}-$aacA4$	P	铜绿假单胞菌
	bla_{VIM-6}-bla_{OXA-10}-$aacA4$-$aadA1$	P	恶臭假单胞菌
VIM-7	bla_{VIM-7}-$tnpA15$	T/P	铜绿假单胞菌
VIM-11	bla_{VIM-11}	U	鲍曼不动杆菌
VIM-12	$aacA7$-bla_{VIM-12}-$aacA7$	T/P	肺炎克雷伯菌
VIM-13	bla_{VIM-13}-$aacA4$	C	铜绿假单胞菌
VIM-14	$aacA7$-bla_{VIM-14}-bla_{OXA-20}-$aacA4$	U	铜绿假单胞菌
VIM-15	bla_{VIM-15}	C	铜绿假单胞菌
VIM-16	$aacA4$-bla_{VIM-16}-$aacA4$	C	铜绿假单胞菌
VIM-17	$aacA29a$-bla_{VIM-17}-$aacA29b$	C	铜绿假单胞菌
VIM-18	bla_{VIM-18}	T	铜绿假单胞菌
VIM-19	bla_{VIM-19}①	P	大肠埃希菌
VIM-25	bla_{VIM-25}-$aacA7$-$Tnic$-样	P	雷氏变形杆菌
VIM-26	bla_{VIM-26}-$aacA7$-$dhfrI$-$aadA1$	U	肺炎克雷伯菌

① 3′保守片段序列在数据库中没有被提供。

注：1. 引自 Zhao W H，Hu Z Q. Future Microbiol，2011，6：317-333。

2.C—染色体；P—质粒；T—转座子；U—未知。

第九节 NDM 家族

一、NDM-1 出现的来龙去脉

说到 NDM-1 出现的背景就不得不谈及一个肺炎克雷伯菌临床分离株 05-506。该分离株来自一名 59 岁的印度裔瑞典籍男性患者，他已经在瑞典生活多年并常常返回印度。在 2007 年 11 月，他去印度旅行并且在 12 月 5 日因一个大的臀部脓肿在旁遮普邦的卢迪亚纳市住院治疗，后来他又转入新德里继续住院治疗。在新德里，他接受手术并且发展出褥疮溃疡。在 2008 年 1 月 8 日，他被转院回瑞典继续治疗。在新德里住院期间，他接受过阿莫西林-克拉维酸、甲硝唑、阿米卡星和加替沙星治疗，并且所有药物都是非经肠给药。在 2008 年 1 月 9 日，对碳青霉烯耐药的临床分离株肺炎克雷伯菌 05-506 从一次尿培养中被获得，不过，当时该患者并没有明显的尿道感染症状。在 2008 年 3 月 6 日，该患者出院并入住私人疗养院。在 4 月 1 日，一个新的尿样本培养被进行，另一个产 ESBL 肺炎克雷伯菌分离株被发现，但肺炎克雷伯菌 05-506 还从未在该患者任何其他样本培养中被发现。此外，在其入住私人疗养院期间，该名患者的粪便样本被收集，目的是鉴定 05-506 分离株的来源。然而，尽管 05-506 分离株没能在粪便样本中被鉴定出，但一个 MBL 阳性大肠埃希菌分离株被鉴定出。由于肺炎克雷伯菌 05-506 针对碳青霉烯耐药并且 MBL E-试验阳性，它被进一步研究。研究结果证实，该分离株产生一种金属碳青霉烯酶，但却对以前所有已知的 MBL 基因检测呈现出阴性。遗传学分析揭示出该分离株产生一种全新的金属碳青霉烯酶，被命名为新德里金属 β-内酰胺酶 NDM-1（New Delhi metallo-β-lactamase，NDM-1）。NDM-1 属于质粒介导的 B1 亚类金属碳青霉烯酶，与其他 MBL 分享极低的同一性，与其最相似的 MBL 是 VIM-1/VIM-2，不过其同一性也只有 32.4%。NDM-1 分子量为 28 kDa，单聚体，能水解除氨曲南以外的所有 β-内酰胺类抗生素。除了肺炎克雷伯菌 05-506 以外，bla_{NDM-1} 也在一个大肠埃希菌菌株 NF-NDM-1 中被发现，这个分离株来自同样患者的粪便。在两个不同的菌属中相同的全新耐药基因的出现建议，这个基因是可转移的，并且接合实验再结合分子学研究证实，bla_{NDM-1} 基因位于可转移的质粒上，在肺炎克雷伯菌和大肠埃希菌分离株中，这两个质粒分别是 180kb 和 140kb。

目前，NDM 家族的成员并不多，截至 2013 年，一共有 6 个 NDM 家族成员被鉴定出，除了 NDM-1 之外，其他变异体成员基本没有形成任何流行。NDM-2 是在埃及被发现，它来自一个鲍曼不动杆菌分离株。该分离株没有检测到质粒的存在。bla_{NDM-2} 被两个 ISAba125 包夹，形成了一个复合转座子样结构。NDM-4 和 NDM-5 都是在大肠埃希菌中被发现。没有任何文献描述 NDM-3 和 NDM-6。

二、NDM-1 结构特征和催化机制

在 2011 年，Wang 和 Chou 发表了他们对

NDM-1 的 3D 结构的研究成果。NDM-1 属于 B1 亚类金属 β-内酰胺酶。如同大多数 B1 亚类金属 β-内酰胺酶一样，NDM-1 属于 α/β 结构类别，有 3 个螺旋和 7 个 β 链。3 个螺旋被暴露到溶剂中。NDM-1 的 N 末端和 C 末端区域能被围绕着一个中心轴 180°转动而叠置，这就提示完整的结构或许源自一个基因的复制，这也类似于其他 B1 亚类金属 β-内酰胺酶的情况（图 30-20）。

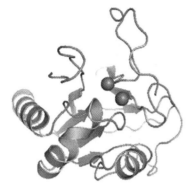

图 30-20 NDM-1 结构图示
（引自 Wang J F, Chou K C. PloS ONE, 2011, 6：e18414）
计算出的 NDM-1 的 3D 结构，含有 3 个螺旋和 7 个 β 链

与其他金属 β-内酰胺酶相似，NDM-1 的活性部位呈现出两个金属离子结合部位：组氨酸部位和半胱氨酸部位。两个锌离子彼此相距 4.20Å。图 30-21 显示的是 NDM-1 的活性部位。

根据这些结构发现和以前的一些理论研究，Wang 等也描绘了一个 NDM-1 的催化机制模型。在此模型中，结合金属的天冬氨酸 60 起到一个总碱的作用，后者活化水分子亲核体，同时，天冬氨酸 60 的质子化导致其与金属离子的氢键断裂（图 30-22）。

三、*bla*~NDM~ 基因的遗传学支持和可能起源

（一）携带 *bla*~NDM~ 基因质粒的高度多样性

bla~NDM-1~ 基因首先是在一名印度裔瑞典籍男性患者中被发现，而且在同一名患者身上获得了肺炎克雷伯菌和大肠埃希菌，它们都产生质粒介导的 NDM-1，不过在这两种病原菌中，编码 *bla*~NDM-1~ 基因的质粒并不相同，大小分别为 180kb 和 140kb。相继，相似大小的 IncA/C 质粒被发现存在于大约 30％的来自印度的产 NDM-1 肠道细菌中。IncA/C 质粒在澳大利亚和丹麦的产 NDM-1 肺炎克雷伯菌临床分离株中也被发现。有些携带 *bla*~NDM-1~ 基因的质粒的测序已经揭示，它们含有高达 14 个抗菌药物耐药基因，以至于受体细菌对除了替加环素和黏菌素以外的所有抗菌药物耐药——这与其他可移动的碳青霉烯酶耐药基因明显

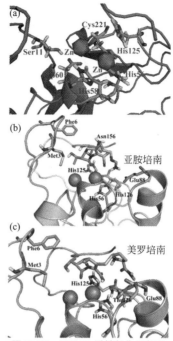

图 30-21 NDM-1 活性部位局部观
（引自 Wang J F, Chou K C. PloS ONE, 2011, 6：e18414）

（a）锌离子配位；（b）NDM-1/亚胺培南的结合袋；（c）NDM-1/美罗培南的结合袋。这个结合袋被那些残基形成，它们至少有一个重原子，后者与亚胺培南/美罗培南距离在 5 Å 之内

不同。这些质粒含有多个 ISCR 元件，它们解释了在一些菌株中，*bla*~NDM-1~ 为什么能在染色体上被看到，并且为什么在同一菌株中的多个不同的质粒上被携带。在我国，最早被鉴定出的产 NDM-1 细菌主要是不动杆菌菌种，第一次比较大规模的筛查鉴定出 4 个鲍曼不动杆菌菌株，它们携带的质粒各不相同（30～50kb）。第二次大规模筛查发现了 9 个非鲍曼不动杆菌的不动杆菌菌种分离株含有 *bla*~NDM-1~ 基因，它们分属于 7 个不同的不动杆菌菌种，如培特氏不动杆菌、鲁氏不动杆菌、约氏不动杆菌、不动杆菌基因种 10、溶血不动杆菌、琼氏不动杆菌和不动杆菌基因种 15TU。这些 *bla*~NDM-1~ 基因位于能够通过接合而被转移到大肠埃希菌 J53，并且通过电转化而被转移到拜尔利氏不动杆菌中的质粒上。9 个菌株中有 7 个分享一个共同的遗传结构，在这个结构中，*bla*~NDM-1~ 的两个侧翼是 IS*Aba*125 的两个拷贝。在我国，在解放军总医院外科 ICU 共收集到 27 个 NDM-1 阳性培特氏不动杆菌菌株，编码 *bla*~NDM-1~ 基因都位于一个 45kb 质粒上。这个质粒能被转移到培特氏不动杆菌和鲍曼不动杆菌受体，但不能被转移到大肠埃希菌 J53 中。该质粒不能被归类于任何已知的质粒不相容组

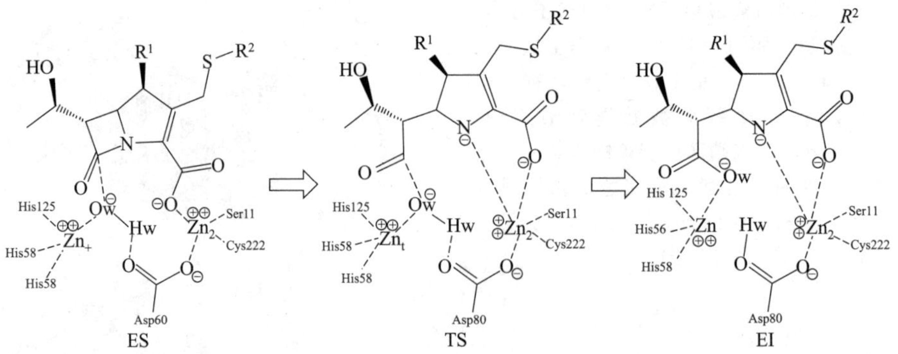

图 30-22　NDM-1 裂解酰胺键的机制

（引自 Wang J F，Chou K C. PloS ONE，2011，6：e18414）

ES、TS 和 EI 分别代表酶-底物、过渡态和酶中间产物

别中。在这个质粒的 bla_{NDM-1} 基因区域的两翼是两个序列插入元件，即 ISAba125 和 ISAba11，并且根本没有其他碳青霉烯酶基因存在于这类 NDM-1 阳性培特氏不动杆菌分离株中。bla_{NDM-1} 基因并不与特定的质粒主链有关联，而相反，它在不同的质粒类型中被鉴定出。携带 bla_{NDM-1} 基因的质粒在它们的大小、不相容组别以及关联的耐药基因上都是多种多样的。bla_{NDM-1} 基因被广宿主范围的质粒所携带，包括 IncA/C、IncF 和 IncL/M 型质粒。在一些情况下，质粒被发现是不可分型的。近来的资料建议，至少一些这样的质粒可能具有一个植物起源。此外，业已鉴定出染色体携带的 bla_{NDM-1} 基因，一些在鲍曼不动杆菌中发现的 bla_{NDM-1} 基因位于染色体上。在德国，第一个鉴定出的产 NDM-1 的细菌是大肠埃希菌 RKI，它藏匿着 bla_{NDM-1}、$bla_{CTX-M-15}$、bla_{TEM-1}、bla_{OXA-1} 和 bla_{OXA-2} 基因。bla_{NDM-1} 通过接合或电转化方式被试图转移到一个叠氮钠耐药的大肠埃希菌 J53 菌株中，但这个努力并未成功。S1 核酸酶脉冲场凝胶电泳解释出在大肠埃希菌 RKI 有两个质粒，分别是 70kb 和 120kb，这些质粒没有杂交到一个 bla_{NDM-1} 特异性的探针上。通过 PCR 作图对 bla_{NDM-1} 的遗传环境的研究揭示出，在大肠埃希菌 RKI 的 bla_{NDM-1} 的遗传环境与以前被鉴定出的遗传环境是不同的，这就进一步强调 bla_{NDM-1} 目前的散播与一个单一特异性的遗传结构没有关联。NDM-1 与其他 β-内酰胺酶耐药基因复合存在的例子已经在印度被报告，例如，bla_{OXA-23} 基因和 bla_{NDM-1} 以及 armA 在鲍曼不动杆菌的临床分离株中复合存在。许多研究都已经提示，NDM-1 产生细菌也藏匿着其他耐药决定子，如 $bla_{CTX-M-15}$ 基因和 bla_{CMY} 基因、氟喹诺酮耐药决定子和 16S rRNA 甲基转移酶基因，如 armA、rmtA 和 rmtC，它们赋予对氨基糖苷类耐药。

已经有一项体外研究报告，携带 bla_{NDM-1} 基因的质粒具有接合转移的一种高潜力，包括接合到社区获得的菌种（大肠埃希菌、奇异变形杆菌和鼠伤寒沙门菌）和院内肠道细菌菌种（大肠埃希菌和肺炎克雷伯菌）。进而，NDM-1 产生细菌的深度遗传学分析证实，插入序列（ISAba125）在 bla_{NDM-1} 基因的上游被鉴定出，而在 bla_{NDM-1} 基因的下游是一个推定的编码对博来霉素耐药的基因，它在大多数受试的分离株中被鉴定出。据此人们推测，这个插入序列或许在 bla_{NDM-1} 基因的动员上起作用，并且博来霉素类似物（可能在环境中散播）或许贡献这个基因的复合选择。分子学调研涉及 NDM 阳性细菌分离株的特征鉴定和含有 bla_{NDM} 基因的质粒特征鉴定，这样的分子学调研显示一种高度复杂的画卷。首先，bla_{NDM} 基因既在各种革兰阴性菌的菌种和菌属中被发现，而且也在单个菌种内的各种克隆和菌株中被发现。例如，迄今为止，bla_{NDM} 基因已经至少在大肠埃希菌和肺炎克雷伯菌 11 个不同的 ST 上被报告，这就提示一种高水平的谱系之间和菌种之间的基因转移。编码 NDM 的质粒在分子大小、不相容类型和连锁的抗生素耐药基因上也都似乎是高度异质性的（表 30-15）。

（二）bla_{NDM-1} 的构建和可能起源

bla_{NDM-1} 基因一经出现就快速散播，但究竟有哪些因素促进这一进程尚无定论，可能与携带 bla_{NDM-1} 基因的质粒以及其他相关的遗传环境有关。在 2012 年，Toleman 等在分析 8 个菌株中 bla_{NDM-1} 基因遗传学环境后提出，ISAba125 序列确实在所有 bla_{NDM-1} 基因的 100bp 间隔的上游被发现。这些序列包括：完整的 ISAba125 的三个例子，包含或 IS1 或是 ISEc33 的内部插入的完整的 ISAba125 的两个例子以及一些 5′ 末端被截短的版本，它们的长度从 157 到 179 个核苷酸不等（图 30-23）。

表 30-15　被报告的质粒编码 NDM 的例子

菌种	国家/地区[1]	ST	质粒大小/kb	Inc组	复合耐药
大肠埃希菌	澳大利亚	101	50	未分型	NR
	加拿大	101	75	未分型	NR
	加拿大	405	129	A/C	bla_{CMY-6}
	加拿大	1193	130	A/C	bla_{CMY-6};$rmtC$
	中国	744	50	未分型	无
	丹麦	101	—	A/C	bla_{CMY-4};$armA$
	法国	405	120	F	$bla_{CTX-M-15}$;bla_{OXA-1};$aacA4$
	法国	10	150	F	bla_{OXA-1};bla_{CMY-16}
	法国	131	110	F	氨基糖苷,甲氧苄啶,磺胺类(被特指的基因)
	中国香港地区	—	88.8	L/M	bla_{TEM-1};bla_{DHA-1};$aacC2$;$armA$;$sul1$;mel;$mph2$
	印度	648	120	F	$armA$
	印度	131	87	FII	bla_{OXA-1};$accC2$;$accC4$;$aadA2$;$dfrA12$
	日本	38	196	A/C	bla_{TEM-1};bla_{CMY-4};$aadA^2$;$armA$;$sul1$;mel;$mph2$;$dfrA12$;$rmtC$
	新西兰	101	>100	未分型	NR
	新西兰	361	>100	未分型	NR
	西班牙	2488	>100	未分型	bla_{TEM-1};$bla_{CTX-M-15}$;bla_{DHA-1};$armA$
	瑞士	156	300	HII	bla_{TEM-1};$armA$
	英国		130	F	$aadA5$;$dfrA17$;$rmtB$
	澳大利亚	648	>100	F	bla_{CMY-6};aac-$6'$-Ib;$rmtC$
	加拿大	147	70		bla_{CMY-6}
肺炎克雷伯菌	加拿大	16	102	A/C	未报告
	加拿大	340	120	FII	bla_{SHV-12};$armA$
	加拿大	147	150	A/C	bla_{CMY-6};$rmtC$
	中国大陆	231	130	A/C	无
	中国大陆	483	50	未分型	无
	克罗地亚	—	50	未分型	$bla_{CTX-M-15}$;bla_{CMY-16};$qnrA6$
	法国	25	—	A/C	$rmtC$
	法国	14	150	未分型	$bla_{CTX-M-15}$;bla_{OXA-1};$aac(6')$-Ib 样;$armA$;$qnrB1$
	法国	15	270/300[2]	未分型	NR
	危地马拉	147	100	未分型	bla_{SHV-12}
	印度	17	—	未分型	NR
	印度		160	A/C	aar-2;$ereC$;$aadA1$;$cmlA7$
	肯尼亚	14	180	未分型	$rmtC$
	毛里求斯	14	120	A/C_2	bla_{CMY-6};$rmtC$
	摩洛哥	231	120	A/C	$bla_{CTX-M-15}$;bla_{OXA-1}
	荷兰	15	250	未分型	NR
	新西兰	15	70	II	NR
	阿曼	11	>100	未分型	$armA$
	阿曼	14	170	L/M	$armA$
	韩国	340	170	未分型	NR
	西班牙	340	50,60,70,100	N	NR
	瑞士	231	120	F1b	$rmtA$
	瑞士	147	150	A/C	bla_{OXA-10};bla_{CMY-16};$qnrA6$
	土耳其	25	150	A/C	$rmtB$
	中国台湾地区	38	80	FIb	$armA$;$aacC2$
奥克西托克雷伯菌	法国	—	—	未分型	NR
弗氏柠檬酸杆菌	中国大陆	—	65	未分型	$AphA6$
鲁氏不动杆菌	中国大陆	—	270	—	$AphA6$;ble_{MBL}
培特氏不动杆菌	瑞士	—	45		bla_{OXA-10};bla_{CMY-16};$armA$
奇异变形杆菌	阿富汗	—	150	A/C	
斯氏普罗威登斯菌		—	178	A/C	bla_{OXA-10};$armA$;$sul1$;$qnrA1$;$aac(6')$;$cmlA7$

① 分离株获得的国家/地区。

② 从同一名患者中获得两个分离株,它们携带大小不同的质粒。

注:引自 Johnson A P,Woodford N.J Med Microbiol,2013,62:499-513。

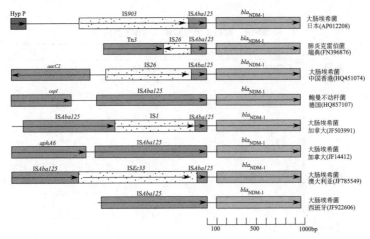

图 30-23 从不同地理区域中被分离出的各种细菌菌种中 bla_{NDM-1} 的上游被发现的序列信息

（引自 Toleman M A，Spencer J，Jones L，et al. Antimicrob Agents Chemother，2012，56：2773-2776）

箭头提示转录的方向和编码区的长度

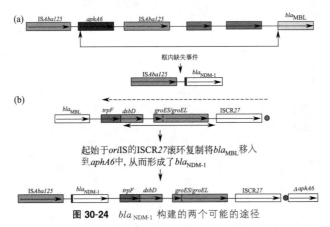

图 30-24 bla_{NDM-1} 构建的两个可能的途径

（引自 Toleman M A，Spencer J，Jones L，et al. Antimicrob Agents Chemother，2012，56：2773-2776）

（a）bla_{NDM-1} 可能已经被一个缺失事件所构建，该缺失事件在一个上游的 $aphA6$-IS$Aba125$ 复合转座子和一个
MBL bla_{MBL} 基因之间发生。这将会移出在箭头之间的所有序列，包括 $aphA6$ 的大部分和 bla_{MBL} 的上游的所有序列。

（b）一个滚环复制事件涉及开始在 oriIS 位点的 ISCR27 元件，这个时间能动员包括 bla_{MBL} 在内的上游 DNA 进入
$aphA6$ 复合转座子中，从而造成进入 $aphA6$ 基因的一个插入和产生 bla_{NDM-1} 的一个融合

Toleman 等同时也提出，bla_{NDM-1} 基因是一个嵌合体，它已经通过早先存在的 MBL 基因与氨基糖苷耐药基因 $aphA6$ 的框内融合而出现。一系列证据表明，这一融合事件可能发生在鲍曼不动杆菌中。一个 bla_{NDM-1} 基因对氨基糖苷耐药基因 $aphA6$ 的融合形成一个嵌合体，这一融合过程能够通过两个途径实现。在一个上游 $aphA6$ 复合转座子和 bla_{NDM-1} 基因之间的一个框内删除事件会移除那个插入的 IS$Aba125$、大部分 $aphA6$ 以及在祖先 MBL 基因的上游被发现的所有序列 ［图 30-24（a）］。另外一种途径是，一个 ISCR 元件可能通过一个滚环复制机制已经蓄积了这些基因。ISCR27 在起始点的滚环复制移动 bla_{MBL} 进入 $aphA6$ 中，从而形成 bla_{NDM-1} ［图 30-24（b）］。

在鲍曼不动杆菌和肠杆菌科细菌分离株 bla_{NDM} 基因邻接的遗传环境的进一步调研揭示出一个全新的博来霉素耐药基因的存在，该基因被称为 ble_{MBL} 基因（ble_{MBL} 基因与金属 β-内酰胺酶基因 NDM 有关联）。ble_{MBL} 基因和 bla_{NDM} 基因被复合表达，是处在同样的启动子的控制之下，这个启动子位于 IS$Aba125$ 末端的 bla_{NDM} 基因的上游。博来霉素具有抗菌活性，但它也被用于癌症的化疗。人们已经在环境污水中发现了博来霉素活性分子。就 NDM 在人病原菌的最初出现而言，人们已经假设，bla_{NDM}-ble_{MBL} 对或许已经从一个未知的环境菌种中首先被整合进入鲍曼不动杆菌的染色体中，在那里，它变得与 IS$Aba125$ 元件有关联，然后被转座到能够复制和在肠杆菌科细菌中接合转移的

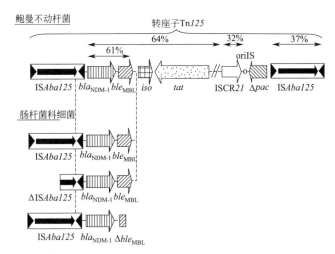

图 30-25　bla_{NDM} 基因在鲍曼不动杆菌和肠杆菌科细菌中的遗传环境

（引自 Nordmann P，Dortet L，Poirel L. Trends Mol Med，2012，18：263-272）

bla_{NDM-1} 基因已经被鉴定是复合转座子 Tn125 的一部分，该转座子由 ISAba125
的两个拷贝构成。这个转座子的部分只是在肠杆菌科细菌中被鉴定出。对于一些 DNA
片段，鸟嘌呤 + 胞嘧啶核苷含量（以％表示）被提示

质粒上。值得注意的是，在我国，编码 bla_{NDM} 基因和 ble_{MBL} 基因的质粒也已经在近来在培特氏不动杆菌的一些分离株中被报告，在这种情况下，bla_{NDM} 基因的侧翼是两个插入序列，它们被称为 ISAba125 和 ISAba11，后者与在鲍曼不动杆菌 ATCC17978 中被发现的一个插入序列具有 99％ 的同一性。新近出现的碳青霉烯耐药机制 NDM-1 或许也被博来霉素样分子所选择，这样的分子在可能性非常小的情况下被环境菌种如链霉菌种所产生。产生博来霉素耐药蛋白的菌株（以及相继的 NDM 产生菌株）或许更倾向于在环境中长期存留，这是被天然产生的博来霉素相关的分子所选择之故（图 30-25）。

第十节　其他较次要的金属 β-内酰胺酶家族

如同各个 ESBL 家族一样，在金属 β-内酰胺酶的各个家族中，也存在着所谓的"主次之分"，这完全是根据这些金属 β-内酰胺酶家族的临床影响力和散播程度进行的区分。目前，大约有 9 个金属 β-内酰胺酶家族已经被发现，其中主要的金属 β-内酰胺酶家族有 IMP 型、VIM 型和 NDM 型。这三大金属 β-内酰胺酶家族已经基本实现了全球分布，已经在很多国家引发了多次感染暴发，并且给全球的公共健康造成严重威胁。除了三大金属 β-内酰胺酶家族之外，还有一些金属 β-内酰胺酶家族业已在全世界陆续被发现。然而，这些酶或是还没有在全世界形成广泛传播，或是对临床抗感染的威胁很有限。然而，SPM-1 在巴西却是最流行的金属 β-内酰胺酶，产酶细菌所致感染的治疗十分棘手。此外，SPM-1 在近些年来也溢出到附近其他的国家和地区，但毕竟还是局限在南美。因此，我们将后面的这些金属 β-内酰胺酶称作较次要的家族。当然，所谓的"主次之分"也不是绝对和一成不变的。这些所谓的较次要的金属 β-内酰胺酶家族之所以未能实现广泛传播，一定有着某些制约因素，包括质粒类型、菌种特性和外部环境等。或许某一天这些制约因素去除之后，它们就可能活跃起来形成广泛的传播。下面我们将简要地介绍这些较次要的金属 β-内酰胺酶家族。

2002 年，Toleman 等报告，在 1997 年，SENTRY 监测计划在巴西圣保罗获得了一个临床铜绿假单胞菌分离株 48-1997A，它来自一名 4 岁的白血病女孩的血液培养。分析证实该分离株产生一种全新的金属 β-内酰胺酶，被命名为圣保罗金属 β-内酰胺酶 SPM-1（Sao Paulo metallo-β-lactamase，SPM-1）。SPM-1 的鉴定确定了一个新的家族，它与 IMP-1 具有 35.5％ 的氨基酸同一性。给人留下突出印象的是，该分离株被显示对所有标准的抗革兰阴性抗菌药物耐药，只有黏菌素例外。然而，由于该患儿不适于采用黏菌素治疗，后来她死于这次感染。bla_{SPM-1} 的遗传环境是独特的，与转座子和整合子没有关联，而在其上游发现了一个 ISCR4 元件。ISCR4 是一个 IS91 样插入序列，十分可能是通过一个滚环复制机制而被转座，因此，ISCR4

很可能参与了 bla_{SPM-1} 的动员和散播。自从这个第一次报告以来，含有 SPM-1 的铜绿假单胞菌的单一克隆已经在巴西引起多次院内感染暴发，特别是巴西南部一所大学医院中的一次较大型的暴发，伴有高的死亡率。一项相继的筛查计划证实，产 SPM-1 菌株在碳青霉烯耐药铜绿假单胞菌中占很大比例，因此，SPM-1 也属于具有现实临床相关性的金属酶。研究表明，SPM-1 也属于典型的 B1 亚类金属 β-内酰胺酶。

2004 年，Walsh 等报告，在 2002 年，5 个铜绿假单胞菌分离株从德国的多塞尔多夫（Dusseldorf）的一个医疗中心的不同患者中被分离获得，并且被显示产生一种全新家族的 B 类金属 β-内酰胺酶，被称之为德国亚胺培南酶 GIM-1（German imipenemase，GIM-1）。GIM 与 VIM 大约具有 30% 的同源性，与 IMP 具有 43% 的同源性以及与 SPM 具有 29% 的同源性。与大多数 MBL 基因相似，bla_{GIM} 被发现在一个 1 类整合子上，该整合子被携带在相对小的质粒上（45kb）。这个整合子也藏匿有 3 个其他的耐药基因，2 个氨基糖苷耐药基因 aacA4 和 accA1，以及 1 个 β-内酰胺酶基因 bla_{OXA-2}。不寻常的是，这个 bla_{GIM-1} 和 aacA4 基因似乎被容纳在一个单一的基因盒内。基因融合也已经在 bla_{VIM} 和 aacA4 中被看到。这种卷绕的遗传排列意味着氨基糖苷治疗或 β-内酰胺类治疗都会选择出 bla_{GIM-1}。

Lee 等在 2005 年报告，从 2003 年到 2004 年，1234 个非重复性假单胞菌属和不动杆菌属的分离株在韩国首都首尔的一家三甲医院中被收集，这是一次大型筛查。211 个（17%）分离株被证实金属 β-内酰胺酶阳性。其中，204 个（96%）分离株或是产 IMP 型或是产 VIM 型金属 β-内酰胺酶。此外，余下的 7 个鲍曼不动杆菌分离株产生金属 β-内酰胺酶的一个全新家族，称作首尔亚胺培南酶 SIM-1（Seoul imipenemase，SIM-1）。bla_{SIM-1} 以基因盒形式被一个 1 类整合子携带，后者还携带有额外的 3 个基因盒：arr-3、catB3 和 aadA1。该 1 类整合子十分可能位于染色体上。需要提出的是，这 7 个鲍曼不动杆菌分离株分属于两个克隆谱系，分别为 4 个菌株和 3 个菌株，它们都携带着完全一样的 1 类整合子，这就提示 bla_{SIM-1} 可能已经发生水平转移。

自从 2008 年以后，又有几个金属 β-内酰胺酶的全新家族在全球一些国家被报告，KHM-1 来自日本，产生菌株为弗氏柠檬酸杆菌 KHM243。澳大利亚亚胺培南酶 AIM-1（Australia imipenamase，AIM-1）已经从一个澳大利亚男性土著免疫缺陷患者被报告，产酶细菌为铜绿假单胞菌。该名患者罹患有铜绿假单胞菌感染。这个 MBL 结构基因长 915bp，编码一个由 305 个氨基酸组成的蛋白。该蛋白展示出一个单锌的金属 β-内酰胺酶活性位点氨基酸配位 HXHXD，它与 B3 谱系的金属 β-内酰胺酶具有相当高的同一性，但与其他临床相关的 B1 亚类金属 β-内酰胺酶具有一个非常低的同一性，如 IMP、VIM、SPM-1 和 GIM-1。ISCR10 被发现邻接 bla_{AIM-1} 基因，这类似于邻接 bla_{SPM-1} 的 ISCR4，提示 ISCR10 元件或许参与这个基因的移动。在 2010 年，Poirel 等报告了来自荷兰的荷兰亚胺培南酶 DIM-1（Dutch imipenamase，DIM-1）。产酶细菌是一个施氏假单胞菌临床分离株。bla_{DIM-1} 基因被镶嵌在一个 1 类整合子内，该整合子含有另一个基因盒，编码对氨基糖苷类和消毒剂的耐药，该整合子位于一个 70kb 的质粒上。

在上述较次要的金属 β-内酰胺酶家族中，只有 SPM-1 的临床意义较大，它是在巴西最流行的金属 β-内酰胺酶。产 SPM-1 的铜绿假单胞菌已经在巴西造成多次规模不等的感染暴发。近些年，SPM-1 也已经溢出到其他的一些南美国家，如阿根廷。其他的金属 β-内酰胺酶家族自从发现以来，它们都还没有散播到其他国家，并且在其诞生的国家也没有造成有意义的临床困扰。

第十一节　金属 β-内酰胺酶的流行病学

截至 20 世纪 80 年代末，所有被鉴定出的金属 β-内酰胺酶都是染色体编码的酶，它们主要是在环境细菌或机会性病原菌中被发现，因此，这些金属 β-内酰胺酶几乎没有对临床抗感染治疗造成大的冲击，自然也谈不上广泛流行。在 1991 年，IMP-1 在日本被发现可以被看作是一个重要的分水岭，这标志着质粒介导的各种金属 β-内酰胺酶会在临床重要的病原菌中出现，这些病原菌包括铜绿假单胞菌、鲍曼不动杆菌和各种肠杆菌科细菌。IMP 系列金属 β-内酰胺酶不仅广泛散播，而且分子内进化也"有声有色"，目前已经有近 30 个成员。VIM 型酶是第二个可移动的金属 β-内酰胺酶，它最初在意大利的维罗纳被发现。与 IMP 系列金属 β-内酰胺酶一样，VIM 系列金属 β-内酰胺酶也是一个大家族，也有近 30 个突变体成员，并且在全世界最流行的单一金属 β-内酰胺酶非 VIM-2 莫属。从全球分布上看，VIM 系列应该是散播最广的金属 β-内酰胺酶，IMP 系列次之，因为在非洲 IMP 型金属 β-内酰胺酶还很少出现。SPM-1 虽然还没有在全世界流行，但它已经在巴西和南美部分国家形成了地方流行。例如，产 SPM-1 的铜绿假单胞菌和鲍曼不动杆菌在巴西流行程度非常之高，以至于曾经是铲除这些细菌的基石性的抗生素治疗方案不再被依赖。事实上，第一个被鉴定了特性的具有 bla_{SPM-1} 的铜绿假单胞菌分离株对除了黏菌素以外的所有抗菌药物完全耐药，而黏菌素被认为对该幼儿患者并不适用，后来这名患儿死于这次感染。这样的病例现在在巴西的各个医院中都有出现，以至于现在排除任何 β-内酰胺类或氨基糖苷类参与治疗的考虑。与各种 ESBL 在全世界的流行状况一样，金属 β-内酰胺酶的流行也存在着明显的地域差别。IMP 系列和 VIM 系列最流行的地区主要是亚洲的东亚和东南亚国家以及欧洲国家。金属 β-内酰胺酶在美国流行程度低。在美国，最流行的碳青霉烯酶是 KPC 型的 KPC-2 和 KPC-3。NDM 型金属 β-内酰胺酶是后起之秀，但大有奋起直追的气势。在发现后的 10 年时间里，NDM 型金属 β-内酰胺酶就几乎遍布全球。一般来说，金属 β-内酰胺酶产生的当今流行病学符合日益增加的发生率的形式，但其具体的表现则是国家特异性的。推测起来，这是由于多种因素所致，包括抗生素使用、给药方案以及与携带多重耐药病原菌患者的隔离等有关的地方医院实践。

在金属 β-内酰胺酶上增加的兴趣并没有伴随着出现健全的流行病学资料，因为金属 β-内酰胺酶的分子学鉴定在大规模的研究中还没有被经常开展，并且由于在做流行病学分析时分母数据常常缺失，所以流行病学信息是不可靠的。因此，我们在此只是简要地介绍金属 β-内酰胺酶在全球的流行概况。在有些国家，产生金属 β-内酰胺酶的各种革兰阴性杆菌不断地引起感染暴发，规模或大或小；在另一些国家，只是一些零星的产生金属 β-内酰胺酶分离株被鉴定出。重要的是，各个金属 β-内酰胺酶家族中的各个变异体成员在不同国家的分布极不均匀，造成这种差异的深层次原因还不得而知。

一、亚洲

在 IMP-1 被发现后的几年时间里，它主要还是在日本本土散播，IMP 金属 β-内酰胺酶持续存在，无论是在地方水平还是国家层面上都是如此，不过流行程度也不高。早年的一项调查显示，在来自 13 个临床实验室的将近 20000 个革兰阴性细菌临床分离株中，金属 β-内酰胺酶的总的检出率是 0.5%。在这些报告中，在亚胺培南耐药的铜绿假单胞菌中，金属 β-内酰胺酶的检出率可达 2.6%。在日本，黏质沙雷菌具有最高的 IMP 基因的检出率为 3%。在一项在日本所开展的 SENTRY 研究中，1.1% 的铜绿假单胞菌菌株表达金属 β-内酰胺酶，其中，IMP 等位基因是唯一被检测到的金属

β-内酰胺酶。后来，IMP-2 也在不动杆菌菌种中被发现，并且 IMP-7 在铜绿假单胞菌中被发现。一些新的 IMP 变异体也陆续被发现，如 IMP-3、IMP-6、IMP-10 和 IMP-11。VIM 型酶如 VIM-2 后来也被鉴定出，比起 IMP 型酶，它具有一个明显低得多的流行程度。一个新的金属 β-内酰胺酶 KHM-1 已经在弗氏柠檬酸杆菌的一个临床分离株中被发现。Senda 等研究了总共 3700 个铜绿假单胞菌分离株，这些分离株是从 1992 年到 1994 年在日本 17 所大学教学医院中收集获得，其中 132 个碳青霉烯耐药的铜绿假单胞菌分离株携带有 bla_{IMP} 样基因。这些基因的获得不总是伴随着对碳青霉烯类高水平耐药的表达。bla_{IMP} 样基因常常位于大的可转移到肠杆菌科细菌的质粒上。在一项从 1996 到 1997 年的日本的调查中，产 IMP-1 分离株分别占黏质沙雷菌和铜绿假单胞菌分离株的 1.3% 和 4.4%。同样的研究人员也在大肠埃希菌和弗氏柠檬酸杆菌分离株中检测到 bla_{IMP-1} 基因。

同时期在韩国，VIM 型金属 β-内酰胺酶的检出率似乎要高于 IMP-1 的检出率。近来报告的在韩国的局面就是一个令人烦恼并意想不到的事情，在韩国，11.4% 的亚胺培南耐药的铜绿假单胞菌和 14.2% 的亚胺培南耐药的鲍曼不动杆菌分离株产生 MBL。况且，这个调查包含了 28 家医院，并且产生 MBL 分离株在 60.7% 的韩国医院中被发现。在近来的一项来自韩国的调查中，一共收集了 15960 个革兰阴性临床分离株，其中对亚胺培南耐药的 581 个分离株中，有 36 个分离株被发现产生金属 β-内酰胺酶。在铜绿假单胞菌中，VIM-2 样的酶在这个样本中是占据多数的金属 β-内酰胺酶。然而，两个菌株通过 PCR 试验是 IMP-1 样酶阳性。对于不动杆菌菌种，26.5%（136/513）的亚胺培南耐药的菌株携带金属 β-内酰胺酶；64% 是 VIM-1 样的，29% 是 IMP-1 样的以及 7% 是 SIM 样的。在肠杆菌科细菌中，对亚胺培南的耐药情况如下：肺炎克雷伯菌 2%，阴沟肠杆菌和黏质沙雷菌 <1%。VIM-2 是在韩国第一个被发现的金属 β-内酰胺酶，并且在假单胞菌菌种、肠杆菌科细菌和不动杆菌菌种中快速传播。一个全新的基因 bla_{SIM-1} 在鲍曼不动杆菌中被发现，并且也被发现与 bla_{IMP-1} 和 bla_{VIM-2} 复合存在，并且也在不动杆菌基因组菌种 10 中被发现。表达 IMP 型酶（在两种细菌中表达 IMP-1，在后一个菌种中表达 IMP-6）的不动杆菌的菌种和铜绿假单胞菌此后已经在整个韩国出现。

在 IMP-1 首次被报告的 10 年后，也就是在 2001 年，IMP-4 首先在中国广州被鉴定出，它被发现存在于杨氏柠檬酸杆菌中，后来也在铜绿假单胞菌、不动杆菌菌种和肺炎克雷伯菌中被发现。

IMP 样金属 β-内酰胺酶在中国台湾和中国香港要出现得早一些。在中国台湾，采用杂交研究对 140 个多重耐药的肺炎克雷伯菌分离株检查了 IMP 和 VIM 基因，有 40 个分离株是 IMP 阳性，但在这 40 个分离株中只有 5 个分离株对碳青霉烯耐药。近来，IMP-8 和 IMP-9 已经分别在不动杆菌菌种和铜绿假单胞菌中被报告。IMP-9 基因都存在于同样的整合子上。通过接合实验，一个非常大的质粒（大约 450kb）被显示携带 IMP-9 基因，这就建议含有 IMP 的整合子是通过水平转移而实现传播的。俞云松等于 2006 年报告，总共有 140 个亚胺培南耐药的、非重复性铜绿假单胞菌菌株从 5 家中国医院中被分离出。14 个分离株被证实含有 VIM-2 金属 β-内酰胺酶基因。12 个分离株藏匿着两种 1 类整合子，它们既含有 VIM-2 也含有氨基糖苷耐药基因，其中，7 个铜绿假单胞菌分离株的整合子含有 2 个基因盒，即 $aacA4$ 和 bla_{VIM-2}，另 5 个铜绿假单胞菌分离株的整合子含有 3 个基因盒，即 $aacA4$、bla_{VVIM-2} 和 $aadB$。产 IMP-1 的铜绿假单胞菌分离株也曾出现在其中的一家医院。在这一点上，这些酶出现的途径是不清楚的。在中国台湾，IMP-1、VIM-2 及其变异体 IMP-3 都是在金属 β-内酰胺酶的第一次普查中在假单胞菌菌种被发现。VIM-2 和 VIM-3 也已经在其他非发酵细菌中被报告，VIM-3 也已经在阴沟肠杆菌中被发现。VIM-11 已经在肠杆菌科细菌和非发酵细菌中被发现。IMP-1 已经在临床上重要的不动杆菌菌种中不断地被报告。IMP-2 变异体 IMP-8 已经在肠杆菌科细菌的一些分离株和在鲍曼不动杆菌中被发现。IMP-24 已经在黏质沙雷菌中被描述。

在东南亚的很多国家，IMP 型金属 β-内酰胺酶普遍存在，VIM 型金属 β-内酰胺酶也不时地被检出。在澳大利亚，IMP-4 是第一个被发现的金属 β-内酰胺酶，产 IMP-4 细菌也曾引起感染暴发。AIM-1 是澳大利亚"土生土长"的金属 β-内酰胺酶。对于 NDM 型金属 β-内酰胺酶，南亚次大陆的印度、巴基斯坦和孟加拉国不仅是全球的一个重要发源地，而且也普遍处于高度地方流行状态，这方面在印度表现得尤为突出，很多国家出现 NDM 型金属 β-内酰胺酶都与印度有着千丝万缕的流行病学联系。此外，一些 VIM 型酶（VIM-2、VIM-5、VIM-6、VIM-11 和全新的 VIM-18）在假单胞菌菌种中高度流行。IMP 似乎是在肠杆菌科细菌和鲍曼不动杆菌中最常见的金属 β-内酰胺酶。

二、欧洲

毫无疑问，欧洲是全球金属 β-内酰胺酶起源和流行的一个中心。继 IMP-1 之后，另一个全新的金属 β-内酰胺酶 VIM-1 就起源于意大利的维罗纳，而且 IMP-2 也首先在意大利被检测到。VIM-2 是在临床实践中最重要和流行最广的金属 β-内酰胺酶，它首先是于 1996 年在法国马赛的铜绿假单胞菌的一个临床分离株中被鉴定出。从那以后，bla_{VIM-2} 阳性的铜绿假单胞菌已经在法国、意大利、希腊、西班牙、波兰、克罗地亚、德国和比利时出现，并且已经占据了欧洲 MBL 的主导位置。意大利可以说是获得性金属 β-内酰胺酶起源和流行的欧洲中心。除了 VIM-1 之外，IMP-2、IMP-12、IMP-13 和 VIM-14 首先出现在意大利。自那以后，从小型到大型的感染暴发都已经在整个国家的各个地区被报告，VIM-1、VIM-2 和 IMP-13 是最常见的酶。产 NDM-1 大肠埃希菌的病例也已经被报告。在意大利，早年的 SENTRY 研究（2001 到 2002 年度）发现，来自 3 个医疗中心的 383 个铜绿假单胞菌分离株中的 25 个（6.5%）携带金属 β-内酰胺酶。多数金属 β-内酰胺酶被鉴定是 VIM-1，但 IMP-13 也被检测到。在另一项由 Pagani 等开展的研究中，IMP-13 造成了一次大的克隆暴发，至少 86 个产金属 β-内酰胺酶的铜绿假单胞菌菌株参与了在意大利南部的这次暴发。另一项监测研究包括了来自伦巴第瓦雷泽的单一——所医院的 506 个铜绿假单胞菌分离株，其中 4 个菌株携带金属 β-内酰胺酶（VIM-1 和 VIM-2），这也进一步证实，即便是在一个国家内，金属 β-内酰胺酶的检出率因不同的地区，甚至不同的医院而异。

希腊是金属 β-内酰胺酶流行的另一个欧洲中心。VIM 型酶在希腊是居主导地位的，在这个国家，VIM-1、VIM-2 和 VIM-14 在肠杆菌科细菌、铜绿假单胞菌和其他非发酵细菌中快速传播。VIM-19、VIM-12 和 VIM-17 也已被报告。早在 2000 年，Woodford 等就报告了产 VIM-1 碳青霉烯酶的铜绿假单胞菌引起感染的暴发流行。在 1996 年和 1998 年期间，在希腊的一所大学的教学医院一共收集了 1276 个铜绿假单胞菌临床分离株，其中对亚胺培南和美罗培南的耐药在 211 个分离株中被观察到（16.5%）。在整个这段时间被选择出来的 6 个分离株中，高水平的碳青霉烯耐药（MIC≥128mg/L）被与 B 类 β-内酰胺酶 VIM-1 的产生联系起来。携带 bla_{VIM} 基因的分离株属于 O：12 血清型，并且通过脉冲场凝胶电泳（PFGE）难以进行区分。在 2002 年，17 个肺炎克雷伯菌临床分离株在希腊雅典的 3 所医院的 ICU 中被收集，它们都携带着 bla_{VIM-1} 金属 β-内酰胺酶基因，这标志着产 VIM 型碳青霉烯酶的肠杆菌科细菌也已经开始在希腊医院中流行。需要指出的是，无论是 KPC 型碳青霉烯酶还是金属碳青霉烯酶，希腊都是一个全球重要的流行中心。

在英国，第一个报告的获得性金属β-内酰胺酶是IMP型酶，它产自鲍曼不动杆菌的一个输入性分离株。在英国抗菌药物化学治疗学会的监测计划中收集的一个铜绿假单胞菌携带有VIM-2。两个新酶——VIM-9和VIM-10在被提交到国家参考实验室的分离株中被发现。大肠埃希菌和肺炎克雷伯菌的37个分离株被提交到那个同样的实验室，这些分离株已经被证明是NDM-1阳性的，许多近期旅行到印度或巴基斯坦的患者，或者是或多或少与这些国家有联系的患者。产NDM-1鲍曼不动杆菌所致的感染也已经被报告。毫无疑问，英国是NDM酶家族流行的一个中心。

在欧洲，几乎所有国家都被检出过金属β-内酰胺酶，甚至我们很难找出没有报告过金属β-内酰胺酶出现的国家。在法国，产VIM菌株近来已经在一系列的铜绿假单胞菌中被报告，这些铜绿假单胞菌散播在整个法国。最初被发现的金属β-内酰胺酶是在铜绿假单胞菌中的VIM-2，该分离株是从马赛被分离出。第一个IMP的报告是全新的酶IMP-19，它也是在豚鼠气单胞菌中鉴定出的第一个IMP酶。VIM-1是第一个在肺炎克雷伯菌中发现的金属β-内酰胺酶，并且IMP-1在产气肠杆菌的分离株中流行。NDM-1和VIM-14已经在一个弗氏柠檬酸杆菌分离株中被鉴定出，该分离株来自从印度转院回国的一名患者。有些国家还出现了本土的获得性金属β-内酰胺酶，如德国的GIM-1和荷兰的DIM-1。不过，如同其他大洲一样，金属β-内酰胺酶在欧洲各个国家中流行程度差异大，而且种类和各个酶家族成员也不尽相同。总体来说，南欧的流行程度最高。

三、南美洲

在南美洲，金属β-内酰胺酶暴发是以SPM和VIM家族占据主导地位。在一项近来的共有183个铜绿假单胞菌分离株的SENTRY研究中，有44.8%对亚胺培南耐药，在这些耐药的菌株中，有36个分离株是金属β-内酰胺酶阳性。PCR证实，大多数的分离株是SPM-1样基因阳性（55.6%），接下来是VIM-2型基因（30.6%）以及IMP-1样基因存在于3个分离株中（8.3%）。在巴西，SPM-1是主要的金属β-内酰胺酶，但IMP-1（在肠杆菌科细菌和非发酵细菌）、IMP-16和VIM-2（后两种酶都在铜绿假单胞菌中）也已经被鉴定出。SPM-1首先是在铜绿假单胞菌的一个菌株中被发现，它是从圣保罗被分离获得，相继在这个国家全面散播，但在不同地理位置上彼此明显不同。来自巴西以外的唯一的SPM-1在来自瑞士的一名患者

的铜绿假单胞菌的一个分离株中被报告，这名患者曾在巴西接受了初诊。鉴于在南美大陆上高的碳青霉烯耐药率，来自南美其他地方的报告少得令人吃惊。IMP-1（在不动杆菌菌种）、IMP-13和VIM-11（后两者都是在铜绿假单胞菌中）已经在阿根廷被发现。VIM-2在智利（铜绿假单胞菌）和委内瑞拉（铜绿假单胞菌）被检测到。在哥伦比亚，碳青霉烯耐药的铜绿假单胞菌的一个暴发产生了VIM-8的第一个报告，并且VIM-2也在来自哥伦比亚的一些城市的铜绿假单胞菌分离株中被检测到。

四、北美地区

金属β-内酰胺酶介导的碳青霉烯耐药已经传播到美国和加拿大，两种金属β-内酰胺酶VIM和IMP都被报告存在于铜绿假单胞菌中。一项扩展的北美调研从1999年到2002年被开展，一共研究了来自23个医疗中心的1111个铜绿假单胞菌和236个鲍曼不动杆菌菌株，并且只发现了一个单一的VIM阳性分离株，这个VIM被称为VIM-7，不过其序列与其他VIM的序列大不相同，并且它可能源自不同的祖先。这是美国报告的第一个金属碳青霉烯酶。更近来，VIM-2也已经在得克萨斯州被检测到。VIM-2也被发现存在于伊利诺伊州的芝加哥，这是在克隆的铜绿假单胞菌引起暴发的一所医院中被发现的，这次暴发涉及从2002到2004年住院的17名患者，在这所医院中，这种金属β-内酰胺酶出现在一个整合子上。在加拿大，金属β-内酰胺酶也已经作为产VIM-2和IMP-7的铜绿假单胞菌暴发而出现，并且金属β-内酰胺酶也已经在一个来自美国西南部的单一的铜绿假单胞菌分离株中出现，这个分离株产生IMP-18。涉及VIM-2的第一次院内暴发以及在美国IMP型金属β-内酰胺酶的第一次出现也在铜绿假单胞菌中被报告。在2010年早期，NDM-1和VIM在肠杆菌科细菌中被报告。在加拿大，被报告的第一个金属β-内酰胺酶是IMP-7，它是在铜绿假单胞菌中被发现的一个全新的酶。然而，在所有的亚胺培南不敏感的铜绿假单胞菌中，这些分离株是在2002—2004年从卡尔加里被分离出，43%产生VIM-2和只有2%产生IMP-7。一个产NDM-1大肠埃希菌已经在一名患者中被分离出，该患者已经在近期赴印度旅行。

在2011年，Cornaglia等形象地绘制了各种金属β-内酰胺酶在全世界的分布图。VIM希腊似乎散播最广，在全世界各个大陆都有分布。IMP系列在非洲极为少见。NDM系列尽管问世较晚，但

业已在全球广泛分布。

El Salabi 和 Walsh 等在 2013 年对各种金属碳青霉烯酶在全球的总体流行情况进行了描述。

五、NDM-1 的流行病学

NDM 型酶在众多金属 β-内酰胺酶家族中算作是一颗新星，它被发现的时间较晚，而且一经发现就快速散播。NDM 型碳青霉烯酶的全球流行病学具有独特的表现，值得单独描述。

NDM-1 首先是在肺炎克雷伯菌和大肠埃希菌中被鉴定出，后来也转移到铜绿假单胞菌和不动杆菌菌种中。目前，NDM 型金属 β-内酰胺酶已经在几乎所有临床重要的肠杆菌科细菌中被发现，如肺炎克雷伯菌、大肠埃希菌、肠杆菌菌种、奥克西托克雷伯菌、弗氏柠檬酸杆菌、摩氏摩根菌、普罗威登斯菌菌种和沙门菌种等。

(一) 印度及印度次大陆

毫无疑问，印度是 NDM-1 的一个最重要的发源地，而且也是 NDM-1 全球最流行的国家。尽管产 NDM-1 肺炎克雷伯菌和大肠埃希菌在 2008 年被分离获得，但回归性研究发现，早在 2006 年，各种各样的产 NDM-1 细菌已经在印度处于地方流行状态。在全世界，最早报告 NDM-1 流行病学研究的是在 2010 年发表在《柳叶刀·感染病》杂志上的一篇重量级文章，参与该项研究的作者众多，他们来自印度、巴基斯坦、英国、瑞典和澳大利亚。他们报告了在印度、巴基斯坦和英国的由 NDM-1 介导的一种全新耐药机制及其流行病学。在本项研究中，在印度南部的清奈和印度北部的哈里亚纳邦、英国和在印度以及巴基斯坦的其他地方，分别有 44 个、26 个、37 个和 73 个分离株被鉴定出。NDM-1 主要在大肠埃希菌 (36) 和肺炎克雷伯菌 (111) 中被发现，它们针对替加环素和黏菌素以外的所有抗生素高度耐药。来自哈里亚纳邦的肺炎克雷伯菌分离株是克隆性的，但来自英国和印度清奈的产 NDM-1 菌株则是克隆多样性的。大多数分离株在质粒上携带 NDM-1；来自英国和印度清奈的质粒易于转移，而来自哈里亚纳邦的质粒则不是接合型的。许多英国的 NDM-1 阳性的患者在过去一年内已经去过印度或巴基斯坦旅行，或者与这些国家有联系。除了在清奈和哈里亚纳邦收集的分离株以外，在来自印度、巴基斯坦和孟加拉国的其他地方，人们借助 PCR 也证实了碳青霉烯耐药的肠杆菌科细菌中编码 NDM-1 基因的存在，表明 NDM-1 已经在印度次大陆广泛传播。

更让人不安的是，大多数印度清奈和哈里亚纳邦分离株都是来自社区获得性感染，这就建议 bla_{NDM-1} 在环境中是广泛存在的。就在同一时期即 2010 年 4 月，3 个碳青霉烯不敏感的鲍曼不动杆菌从印度清奈的一所三甲医院 ICU 的患者中被分离获得。让人非常担忧的是，这三个鲍曼不动杆菌菌株都同时产生几种重要的碳青霉烯酶如 OXA-23、OXA-51 和 NDM-1，此外，这 3 个分离株还产生 16S rRNA 甲基转移酶 AmrA。bla_{OXA-23} 和 bla_{NDM-1} 基因的测序显示出与以前报告的基因具有 100% 的同一性。在所有的 3 个分离株中，bla_{OXA-23} 基因与插入元件 ISAba1 邻接，后者提供连锁基因表达所需的启动子；bla_{OXA-51} 样基因也在所有 3 个分离株中被发现，但它们没有被 ISAba1 所活化。采用大肠埃希菌 J53 作为受体细胞的接合实验没有成功。通过基于 PCR 的复制子分型，肠杆菌科细菌的质粒在鲍曼不动杆菌中没有被检测到。在印度，这是基因 bla_{OXA-23}、bla_{NDM-1} 以及 armA 在鲍曼不动杆菌临床分离株中复合存在的第一个报告。SENTRY 监测计划 (2006—2007) 一共在印度医院中收集到 1443 个肠杆菌科细菌分离株。对这些分离株的回归性分析结果显示，编码 NDM-1 的基因在大肠埃希菌 (6 个菌株)、肺炎克雷伯菌 (6 个菌株) 和阴沟肠杆菌 (3 个菌株) 中被检测到。这些研究结果提示，早在 2006 年，产 NDM-1 的分离株就在印度的各种医疗机构中散播。

2012 年，Khan 和 Nordmann 详尽地描述了产 NDM-1 细菌在印度传播的局面。在报告 bla_{NDM-1} 基因在整个印度次大陆和英国广泛分布的 6 个月后，bla_{NDM-1} 基因在新德里的环境中被广泛地鉴定出，如自来水和污水。这个基因的环境传播在许多非肠道细菌中被证明，如弧菌属、气单胞菌属、窄食单胞菌属和单胞菌菌种。该研究显示，在 171 个渗液样本 (在街道的水池或小溪) 中有 51 个以及在 50 个饮用水中的 2 个具有 bla_{NDM-1} 基因 (直接 PCR)。2 个饮用水样本和 171 个渗液样本中的 12 个长出了各种 bla_{NDM-1} 基因阳性的细菌，包括大肠埃希菌、肺炎克雷伯菌、弗氏柠檬酸杆菌、鲍氏志贺菌、霍乱弧菌和豚鼠气单胞菌。从而第一次清楚地显示，NDM-1 的问题没有被限定在医院，而是在印度社区环境中广泛存在着，从而突出说明了改善卫生条件作为一个关键的公共健康干预的需要。此外，在整个印度，产 NDM-1 的各种病原菌在各个医院中普遍存在 (表 30-16)。

表 30-16　NDM-产生细菌在印度的较大城市的检测

城市	总数 患者/分离株/样本	检测地点	检测年份	NDM-1产生细菌菌种(分离株的数量)
孟买	24 名患者	ICU，PICU，病房	2009	肺炎克雷伯菌(10),大肠埃希菌(9),阴沟肠杆菌(1),产气肠杆菌(1),摩氏摩根菌(1)
哈里亚纳	198 个分离株	ICU,病房	2009	肺炎克雷伯菌(26)
清奈	3521 个分离株	ICU,病房	2009	大肠埃希菌(19),肺炎克雷伯菌(14),阴沟肠杆菌(7),变形杆菌菌种(2),弗氏柠檬酸杆菌(1),奥克西托克雷伯菌(1)。
印度东北	>3000 名患者	外科	2009	大肠埃希菌(2),肺炎克雷伯菌(1),阴沟肠杆菌(1)
瓦拉纳西	780 个样本	病房和门诊科室	2010	大肠埃希菌(30),柠檬酸杆菌菌种(12),肺炎克雷伯菌(12)
清奈	未确定	ICU	2010	鲍曼不动杆菌(3)
新德里①	1443 名患者	ICU,病房	2010	大肠埃希菌(4),阴沟肠杆菌(2),肺炎克雷伯菌(3)
孟买①	1443 名患者	ICU	2010	大肠埃希菌(1),肺炎克雷伯菌(2)
蒲那①	1443 名患者	ICU	2010	大肠埃希菌(1),肺炎克雷伯菌(1),阴沟肠杆菌(1)
新德里	171 样本/50 样本	渗水/自来水	2010	弗氏柠檬酸杆菌,大肠埃希菌,肺炎克雷伯菌,鲍氏志贺菌,霍乱弧菌,豚鼠气单胞菌,铜绿假单胞菌,类产碱假单胞菌,栖稻假单胞菌,产吲哚萨顿菌,嗜麦芽窄食单胞菌,无色杆菌菌种,脱硝金氏菌
加尔各答	2 名患者	NICU	2011	肺炎克雷伯菌(2)

① SENTRY（2006—2007）。

注：引自 Khan A U，Nordmann P. Scand J Infect Dis，2012，44（7）：531-535。

印度及其次大陆也是全世界 ESBL 流行程度最高的地区之一。特别要提出的是，bla_{CTX-M} 型（$bla_{CTX-M-15}$ 和 $bla_{CTX-M-3}$）现在构成了全世界最广泛存在的 ESBL，并且它们首先是从来自印度的分离株中被鉴定出。CTX-M 产生细菌的这种高度流行或许一直是一个大的碳青霉烯类的消费以及 NDM-1 产生细菌的选择的一个驱动力。

（二）英国

2008 年和 2009 年，在英国碳青霉烯耐药分离株都在增加。产生 NDM-1 酶的分离株首先是在 2008 年被检测到，而在 2009 年，这些分离株变成占据主导地位的产碳青霉烯酶肠杆菌科细菌，在 73 个产碳青霉烯酶菌株中占了 32 个（44%）。2008—2009 年，具有 NDM-1 酶的肠杆菌科细菌分离株从遍布英格兰的 25 个实验室提交上来，从苏格兰和北爱尔兰各有一个代表。在这 37 个分离株中，肺炎克雷伯菌分离株为 21 个，大肠埃希菌为 7 个，肠杆菌菌种为 5 个，弗氏柠檬酸杆菌为 2 个，摩氏摩根菌为 1 个以及普罗威登斯菌种为 1 个。2003~2009 年，由一些英国的实验室提交到英国保健局国家参考实验室的碳青霉烯耐药肠杆菌科细菌菌株的产酶情况不难看出，在 2007 年之前，产碳青霉烯酶肠杆菌科细菌数量一直处于低水

平状态，从 2008 年开始，产酶菌株数量快速增长，其中产 NDM-1 细菌菌株做出大的贡献。NDM-1 也是 2008 年在英国首次被检测到。下图反映的就是从 2003 年到 2009 年，一些英国的实验室提交到英国健康保健局国家参考实验室分离株产生碳青霉烯酶的趋势（图 30-26）。

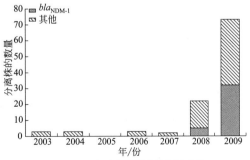

图 30-26　产碳青霉烯酶的肠杆菌科细菌分离株的数量及其发展趋势

（引自 Kumarasamy K K，Toleman M A，Walsh T R，et al. Lancet Infect Dis，2010，10：597-602）

（三）NDM-1 从印度次大陆向全球传播

目前，产 NDM-1 细菌正变得在全世界非常流行，甚至让 KPC 型碳青霉烯酶都显得有些黯然失色。

表 30-17　NDM 阳性细菌来自那些与印度次大陆有流行病学联系的患者的报告

国家/地区	年份	菌种	临床来源	旅行和医疗史
澳大利亚	未提	大肠埃希菌	尿液	从在孟加拉国的一所医院转院
	2010	肺炎克雷伯菌	尿液	没有住院史,但患者在返回澳大利亚前的 3 个月内曾在印度的社区(旁遮普)接受过未知的静脉抗生素给药
奥地利	2009	肺炎克雷伯菌	骶部褥疮和大便	具有在巴基斯坦和印度住院史
	2010	大肠埃希菌	伤口	具有赴印度旅行史
比利时	2010	大肠埃希菌	脓	从在巴基斯坦的一所医院转院回国
加拿大	2010	肺炎克雷伯菌	尿液	1 个月前曾在印度孟买住院
	2010	大肠埃希菌	尿液	从在印度 Mysore 一所医院转院回国
	2010	肺炎克雷伯菌和大肠埃希菌	尿液(肺炎克雷伯菌)和直肠周围拭子(肺炎克雷伯菌和大肠埃希菌)	从印度北部的一所医院转院回国
	2010	普通变形杆菌	尿液	有在印度新德里的住院史
	2011	肺炎克雷伯菌	尿液	2 个月前在印度新德里的住院史
丹麦	NR	大肠埃希菌	大便	有在巴基斯坦的住院史
芬兰	2010	肺炎克雷伯菌	粪便筛选	有在印度的住院史
	2011	大肠埃希菌	尿液	具有赴印度旅行史
法国	2009	大肠埃希菌	乳房肿瘤表面	患者来自印度的大吉岭,但无住院史
	2010	弗氏柠檬酸杆菌	尿液	从在印度本地治理的一所医院转院回国
	2011	大肠埃希菌	大便	10 天前从印度返回,但无健康问题或住院史
德国	2009	大肠埃希菌	气管分泌物	3 个月前在曾在印度住院
爱尔兰	2011	肺炎克雷伯菌	尿液	该患者(6 个月大的孩子)出生在印度并且在 4 个月大时搬迁至爱尔兰
意大利	2011	大肠埃希菌	尿液	具有在印度新德里的住院史
中国香港地区	2009	大肠埃希菌	尿液	在当年早期具有赴印度旅行史(无住院史)
	2010	大肠埃希菌	直肠拭子	具有在印度旁遮普的住院史
日本	2009	大肠埃希菌	血液	1 个月前具有在印度的住院史
科威特	2010	肺炎克雷伯菌	骶部伤口拭子	刚从印度回国
荷兰	2009	肺炎克雷伯菌	直肠拭子	具有赴印度旅行史,但根本没有任何医疗接触
新西兰	2009	大肠埃希菌	尿液	2 个月前具有在印度住院史
	2010	大肠埃希菌和奇异变形杆菌	直肠拭子	1 个月具有在印度新德里的住院史
	2010	大肠埃希菌	直肠拭子	1 个月前走访了印度旁遮普的初级医疗设施
	2010	肺炎克雷伯菌	直肠拭子	2 个月前具有在印度孟买的住院史
挪威	2010	大肠埃希菌	尿液和血液	8 个月前具有在印度的住院史
	2010	肺炎克雷伯菌	导尿管	具有在印度的住院史,其间曾被插导尿管
阿曼	2009	肺炎克雷伯菌	尿液	具有在印度的住院史
	2010	肺炎克雷伯菌	血液和尿液	具有赴印度的旅行史
			伤口	具有赴印度的旅行史
	2011	肺炎克雷伯菌	腹部	具有赴印度的旅行史
留尼汪岛	2011	肺炎克雷伯菌	尿液	患者从在印度清奈的一所医院转院回国
新加坡	2012	肠道沙门菌	血液	从在孟加拉国达卡的一所医院转院回国
	2010	大肠埃希菌	尿液	近期在印度的医疗接触史(支架)
	2010	大肠埃希菌	尿液	具有在孟加拉国 4 个月的住院史
西班牙	NR	肺炎克雷伯菌	大便	6 天前在印度的血便
	2010	大肠埃希菌	腹腔脓肿	前 9 天具有在印度的住院史
瑞士	未提	肺炎克雷伯菌	尿液	具有在印度的住院史
	未提	奇异变形杆菌	直肠拭子	患者系巴基斯坦人
中国台湾地区	未提	肺炎克雷伯菌	大便和直肠拭子	从在孟加拉国的一所医院转院
英国	未提	大肠埃希菌	常规筛选拭子(会阴和咽喉)	从在印度果阿的一个医疗中心转院回国
	未提	大肠埃希菌	血液	18 个月前具有在印度的住院史
美国	2010	大肠埃希菌,肺炎克雷伯菌,阴沟肠杆菌	未提	患者具有近期在印度的医疗史
	2011	肺炎克雷伯菌,沙门菌种	痰	1 个月前具有在印度的住院史
	未提	肺炎克雷伯菌	鼻洗液,痰	4 个月前具有在巴基斯坦的住院史

注：1. 引自 Johnson A P, Woodford N. J Med Microbiol, 2013，62：499-513。

2. NR—未报告。

几乎在全世界的所有地方（南美洲和中美洲除外）都已经报告了 bla_{NDM-1} 的病例。感染患者的旅行史和住院史分析显示，在许多情况下，传染源能被追溯到印度次大陆或巴尔干半岛地区。那样的报告已经来自全球地理多样性的地区，包括澳大利亚、美国、加拿大、中国和在欧洲的许多国家。尽管许多患者具有在印度、巴基斯坦或孟加拉国的住院史，其他一些人则仅仅是在这个地区旅行而已（表30-17），这就提示 NDM 阳性细菌通过环境如污染水的饮用而获得，随后就是肠道的携带。

（四）NDM-1 从巴尔干地区向全球传播

尽管关于 NDM 的许多工作都聚焦在印度次大陆，但现在有许多记录到的国际传播病例却涉及被感染或被定值的患者从在世界上其他地区的国家向外散播。特别值得提出的是，巴尔干半岛国家已经作为 NDM 传播的一个可能的次级储池被突出强调，这是根据相当数量的患者被分离出 NDM 阳性的细菌，而这些患者是从这个地理区域国家中被转院回国的（表30-18）。NDM 型碳青霉烯酶在巴尔干半岛国家之间的传播也已经被记录到。2010 年，在贝尔格莱德军队医院中被分离出的产碳青霉烯酶的革兰阴性菌的常规分析鉴定出了 7 个铜绿假单胞菌分离株，它们是 bla_{NDM-1} 基因阳性的。有趣的是，这些患者中没有一名具有赴印度次大陆或欧洲的旅行史，这就提出了如下的可能性，即那样的 NDM 阳性的菌株或许在塞尔维亚处于地方流行状态。然而，评价 NDM 型碳青霉烯酶在巴尔干半岛国家可能的流行病学的其他调研人员注意到了一篇发表的报告，该报告提及一些来自巴尔干半岛国家的患者旅行到巴基斯坦进行商业的肾移植，并且在这个患者组的感染并非不常见，这就使得这些作者推测，那样一种医疗旅游可能已经将 NDM 引入巴尔干半岛国家。这件事情仍然是具有争论性的，但毫无疑问，对于当下的局面人们能说的就是，不管这些感染来自哪里，NDM 阳性细菌无论是对于印度次大陆还是巴尔干半岛国家都施加了一个明显的公共健康威胁，那样的菌株正在不断地散播到全球的各个地区。在 2011 年，Livermore 等专门撰文谈及产 NDM-1 细菌与巴尔干半岛的流行病学联系。确实有一些国家的先证病例并没有与印度次大陆的联系，但却已经在巴尔干半岛国家住过院，包括波斯尼亚、科索沃、黑山和塞尔维亚。他们提出两个假设来试图解释 bla_{NDM-1} 的巴尔干半岛关联性。一种解释是 bla_{NDM-1} 从某一环境细菌脱逸并独立起源。另一种解释是，NDM-1 酶实际上在 2006 年就已经在印度处于循环状态（对比而言，第一个巴尔干半岛的病例是在 2007 年）。因此，NDM-1

酶已经从印度次大陆输入巴尔干半岛国家。

NDM 型碳青霉烯酶的传播具有一种复杂的流行病学特征，这涉及各种 NDM 阳性的细菌菌种的传播以及各种含有 bla_{NDM} 的多样性质粒在菌株间、菌种间和菌属间的传播。尽管目前已经涉及菌株传播和基因传播，但迄今为止后一种传播形式似乎一直占据主导地位。然而，可能的情况是，NDM 型碳青霉烯酶的流行病学或许会改变，因为 bla_{NDM} 基因已经在属于具有已知流行的或大流行潜力谱系的细菌菌株中被发现。例如，这些包括大肠埃希菌 ST101，它已经在西班牙广泛传播，以及 ST131，它已经在全世界广泛传播，这两个谱系都与被 CTX-M 型 ESBL 所介导的头孢菌素耐药的传播有关联。况且，值得注意的是，另一个类型的被称为 KPC 的碳青霉烯酶已经广泛传播，这种传播主要是由于肺炎克雷伯菌 ST258 的一个特殊克隆的散播。因此，人们有理由担忧，NDM 型碳青霉烯酶或许越来越多地采取一种相似的散播模式。然而，菌株传播和被影响的患者群的流行病学或许会改变，这取决于 bla_{NDM} 基因被发现所存在的菌种和菌株。例如，NDM 阳性的鲍曼不动杆菌或许更可能感染住院的患者，特别是处在重症监护的那些患者，因为这些患者通常属于被不动杆菌属感染或定植的最高危的患者组。对比而言，NDM 阳性大肠埃希菌菌株，特别是那些引起肠道定植的菌株可能是一个下尿道感染的病原菌，这在社区还是在医院都是如此。显然，持续不断的监测在监视 NDM 传播的将来趋势上是至关重要的。然而，情况或许是这样的，即监测将需要从监视在人的感染和定植扩大到包括动物在内，因为一个近来的报告已经记录到 NDM 阳性大肠埃希菌从在美国的食用动物中被分离获得。

（五）NDM-1 在我国的流行

在我国，在 2011 年，Chen 等报告了第一个产 NDM-1 的鲍曼不动杆菌临床分离株，该分离株不仅产生 NDM-1，同时还产 OXA-23 和 IMP。同样是在 2011 年，俞云松等报告了一项全国性现况调查结果。从 2009 年 1 月到 2010 年 9 月，一共有 11298 个临床革兰阴性杆菌被收集来进行基于 PCR 的 bla_{NDM-1} 基因检测。这次收集来自全国 18 个省份的 57 家医院，覆盖了大肠埃希菌、肺炎克雷伯菌、鲍曼不动杆菌和铜绿假单胞菌。监测结果显示，有 4 个鲍曼不动杆菌分离株产生 NDM-1，它们分别来自新疆维吾尔自治区、陕西省、吉林省和湖北省。根本没有肺炎克雷伯菌、大肠埃希菌和铜绿假单胞菌被发现产生 NDM-1。这 4 个 bla_{NDM-1} 基因在 4 个各不相同的质粒上携带。俞云松等在 2012 年报告，同样是在 2009 年 1 月到 2010 年 9 月，

表 30-18　来自世界上除了印度次大陆以外部分具有流行病学联系的患者的 NDM 阳性细菌报告

地理区域[①]	国家/地区[②]	分离年份	菌种（来源）	医疗保健史
巴尔干半岛国家				
科索沃	奥地利	2010	肺炎克雷伯菌（伤口）	患者从在科索沃的医院转院回国
黑山	比利时	未提	肺炎克雷伯菌（痰）	从在波德戈里察的医院转院回国
塞尔维亚/科索沃	比利时	未提	肺炎克雷伯菌（痰），大肠埃希菌（粪便拭子）	从在科索沃的医院转院，不过以前在塞尔维亚住过院
波斯尼亚和黑塞哥维那	克罗地亚	2009	肺炎克雷伯菌（血液）	从在波斯尼亚和黑塞哥维那的医院转院回国
	丹麦	2010	肺炎克雷伯菌（尿液）	从在波斯尼亚和黑塞哥维那的一所医院转院回国
塞尔维亚	法国	2012	铜绿假单胞菌（尿液）	前 3 个月具有在塞尔维亚的住院史
	德国	2007	鲍曼不动杆菌（多个部位）	从在塞尔维亚的一所医院转院回国
	荷兰	2008	肺炎克雷伯菌（多个部位）	患者从在塞尔维亚贝尔格莱德的一所医院转院
	瑞士	未提	大肠埃希菌（直肠拭子），肺炎克雷伯菌（尿液），鲍曼不动杆菌（直肠拭子）	患者被转院
伊拉克	法国	2010	肺炎克雷伯菌（直肠拭子）	患者从在伊拉克巴格达的一所医院转院回国
	黎巴嫩	2010	肺炎克雷伯菌（血液）	患者从伊拉克被转院回国
	黎巴嫩	2010	肺炎克雷伯菌（尿液）	患者从伊拉克被转院回国
埃及	土耳其	2011	肺炎克雷伯菌（血液）	患者从在伊拉克巴格达的一所医院转院回国
	捷克共和国	2011	鲍曼不动杆菌（支气管肺泡灌洗液，口腔拭子）	患者从在埃及的一所医院转院回国
	德国	未提	鲍曼不动杆菌（中心静脉插管）	患者从在埃及一所医院的 ICU 转院回国
	阿联酋	2009	鲍曼不动杆菌（尿液）	1 年前在埃及进行外科手术，但相继的反复发作的尿道感染被采用头孢曲松或美罗培南治疗
阿尔及利亚	比利时	2011	鲍曼不动杆菌（直肠拭子）	患者从在阿尔及利亚一所医院的 ICU 转院回国
奥兰	法国	2011	鲍曼不动杆菌（直肠拭子，血液插管）	患者从在阿尔及利亚一所医院的 ICU 转院回国
喀麦隆	法国	未提	大肠埃希菌（直肠拭子）	患者从在杜阿拉的一所医院转院回国
利比亚	丹麦	2011	鲍曼不动杆菌（定植菌株）	患者经突尼斯从利比亚转院回国
留尼汪岛	法国	2011	肺炎克雷伯菌（直肠拭子）	患者从在留尼汪岛的一所医院转院回国，但以前在毛里求斯有住院史
中国大陆	中国台湾地区	2010	奥克西托克雷伯菌（盆腔脓肿）	患者从中国江西省南昌市的一所医院转院

①患者曾滞留的地理区域；②分离株被获得的国家/地区。

注：引自 Johnson A P, Woodford N. J Med Microbiol, 2013, 62：499-513。

　　在我国的 28 个省份共收集了非鲍曼不动杆菌的不动杆菌菌种分离株 726 个，这些分离株都是 bla_{OXA-51} 样基因阴性。在这些非鲍曼不动杆菌菌种分离株中，有 9 个分离株含有 bla_{NDM-1} 基因，这些分离株分别来自浙江省、海南省、山东省、安徽省和广东省，它们分属于 7 个不同的不动杆菌菌种，如培特氏不动杆菌、鲁氏不动杆菌、约氏不动杆菌、不动杆菌基因种 10、溶血不动杆菌、琼氏不动杆菌和不动杆菌基因种 15TU。没有一个分离株直接造成患者感染，或被证实具有从国外输入的流行病史。这些 bla_{NDM-1} 基因位于能够通过接合而被转移到大肠埃希菌 J53 中和通过电转化而被转移到拜尔利氏不动杆菌中的质粒上。9 个菌株中有 7 个分享一个共同的遗传结构，在这个结构中，

bla_{NDM-1} 的两个侧翼是 ISAba125 的两个拷贝，显然这是一个典型的复合转座子结构。2012 年，Yang 等报告了在解放军 301 医院外科 ICU 的产 NDM-1 的培特氏不动杆菌的流行状况。培特氏不动杆菌以前被称作不动杆菌基因种 3，它在生态上是多样性的并且被发现存在于食物、土壤、临床患者以及健康的个体中。本项研究一共鉴定 27 个产 NDM-1 培特氏不动杆菌株，序列类型是 ST63。bla_{NDM-1} 基因都位于一个 45kb 质粒上。这个质粒能被转移到培特氏不动杆菌和鲍曼不动杆菌接受体，但不能被转移到大肠埃希菌 J53 中。这个质粒不能被归类于任何已知的质粒不相容组别中。在这个质粒的 bla_{NDM-1} 基因区域的两翼分别是两个序列插入元件，即 ISAba125 和 ISAba11。

在中国，不动杆菌菌种属于一些最流行的革兰阴性菌，特别是在 ICU，并且它们分享高度流行的广泛耐药。产 NDM-1 最初的细菌是肺炎克雷伯菌和大肠埃希菌。在我国，早期鉴定出的产 NDM-1 细菌几乎都是不动杆菌菌种，而在同期的肠杆菌科细菌收集中根本没有鉴定出 NDM-1 的产生。

第十二节　产金属 β-内酰胺酶细菌所致感染的治疗

我们在介绍其他 β-内酰胺酶时基本没有谈及产酶细菌所致感染的治疗，如 ESBL 和 AmpC β-内酰胺酶，甚至在描述 OXA 型碳青霉烯酶时也没有介绍相关的治疗。因为在现实的临床实践中，这些产酶细菌所致感染的治疗还有一定的选择空间，尽管选择余地越来越小。然而，就产碳青霉烯酶细菌特别是产 KPC 型和各种获得性金属 β-内酰胺酶细菌所致感染而言，治疗的选择日益枯竭，真正将临床医生逼入绝境的就是这些感染。B 类金属碳青霉烯酶超广范围的水解谱本身就意味着选用 β-内酰胺类抗生素治疗的不合理性。常用的抗菌药物中只有氨基糖苷类和氟喹诺酮类可供选择。此外，在许多情况下，编码 KPC 型碳青霉烯酶或金属 β-内酰胺酶基因或许位于具有编码其他类别抗菌药物耐药决定子的质粒上，如氨基糖苷耐药基因。这些 MBL 阳性的菌株通常对 β-内酰胺类、氨基糖苷类和氟喹诺酮类耐药。正是由于产这些碳青霉烯酶的菌株常常对上述两大类抗菌药物复合耐药，这就使得采用这两大类抗菌药物治疗这类感染的前景黯然失色，在现实的临床实践中并不是可靠的治疗选择。令人稍感安慰的是，新型 β-内酰胺酶抑制剂阿维巴坦已经展现出对 KPC 型碳青霉烯酶良好的抑制作用，这对于在临床上处置产 KPC 碳青霉烯酶细菌所致感染带来了希望。但是，截至目前，还没有一种可

供临床使用的金属 β-内酰胺酶抑制剂问世，所以，针对产获得性金属 β-内酰胺酶细菌所致感染的治疗仍然是极为棘手的事情。获得性金属 β-内酰胺酶所带来的问题是它们无可比拟的广谱耐药特性。对那些因 MBL 阳性的分离株所致的各种感染根本没有开展延长的调研以便确定最佳的治疗方案，因此，治疗那些感染的合适疗法仍不清楚。如果这些产金属 β-内酰胺酶的革兰阴性菌分离株频繁在社区出现无疑就是一场灾难，因为这不仅涉及治疗的问题，而且对感染控制也会造成极大的负担。众所周知，金属 β-内酰胺酶并不水解氨曲南。采用一个 VIM-2 阳性的铜绿假单胞菌分离株所做的一种肺炎的动物模型，氨曲南被显示出在大剂量条件下可减少细菌负荷，但其 MIC 值是低的（0.25mg/L）。然而，该模型的精确性受到质疑，因为采用其他的 β-内酰胺类也能观察到一个相似的效应，但产酶细菌针对这些 β-内酰胺类抗生素的 MIC 值却是高的。尽管如此，氨曲南不能有效地改善被 IMP 阳性铜绿假单胞菌感染的中性粒细胞缺乏小鼠的存活率。此外，由于产各种获得性碳青霉烯酶的革兰阴性杆菌常常携带有编码各种 ESBL 的基因，主要是 SHV 和 CTX-M 型，所以氨曲南在临床实践中的有效性值得怀疑。目前，在临床上还能展现出一定抗菌活性的抗生素包括多黏菌素类（如黏菌素 E）、替加环素和磷霉素等，当然，碳青霉烯类抗生素也是一种选择，特别是产酶菌株处于低 MIC 范畴时。然而，在没有对照的比较性试验的情况下，一个总体上关键的抗菌药物治疗方案的评价不可避免地不得不依据各种病例报告、病例系列、回归性研究和观察性研究。况且，这些研究聚焦在肺炎克雷伯菌，因为对于其他 CPE 的临床经验是相当有限的。下面我们将逐一介绍上述几大类抗菌药物。

一、多黏菌素类抗生素（如黏菌素 E）

很多产碳青霉烯酶的细菌仍然对多黏菌素类抗生素敏感，最早发现的 SPM-1 只对黏菌素敏感。尽管黏菌素与有意义的不良反应（主要是肾毒性、神经肌肉阻滞和神经毒性）有关联，但它针对大多数多重耐药铜绿假单胞菌分离株都具有抗菌活性，并且已经被成功地用于治疗被这些细菌所致的感染上。在当今的研究中，人们观察到黏菌素耐受性很好，甚至超过 4 周的治疗都没有伴随出现任何肾毒性。在当今黏菌素制剂更低的肾毒性的原因是，新制剂比过去的老制剂纯度更高。总之，静脉给予黏菌素似乎是对于因多重耐药革兰阴性菌所致严重感染的一种安全的治疗方式。在一项研究中，采用黏菌素来治疗被证实了的产金属 β-内酰胺酶所致的感染，而且疗效比较

理想。在 22 名主要是院内获得性和通气相关性肺炎患者中，有 15 名患者（67%）产生了较好的应答。对于肠杆菌科细菌，被产 VIM-1 分离株（主要是非克隆的）所引起的 12 例或是菌血症或是通气相关性肺炎患者，都被采用黏菌素单药或是与一种碳青霉烯或是一种有活性的氨基糖苷成功地进行了治疗。因此而造成的死亡率是 18.8%。在上述两项研究中，至少有一种有活性的抗菌药物的同时给药使得黏菌素实际疗效的任何可靠评价都变得困难起来。然而，一项回归性分析显示，对于黏菌素联合美罗培南来说，治疗效果不具有协同性甚至不具有相加性。此后的研究已经报告对一名中性粒细胞缺乏症患者的上颌窦炎、眼眶蜂窝织炎和肺炎的成功的黏菌素治疗，当然这些炎症是由产金属 β-内酰胺酶的铜绿假单胞菌所引起，此外，采用黏菌素也成功地治疗了一名肝移植患者，这名患者罹患了由产一种 *bla*_{VIM-1} 金属 β-内酰胺酶的阴沟肠杆菌散播的感染。此外，多黏菌素类和亚胺培南的联合作用似乎主要是针对一些细菌菌株，而在这些菌株中，一种通透性屏障负责相对低水平的亚胺培南耐药，这些通透性屏障是由于一个有效的外膜孔蛋白通道的缺失所创造出来的。多黏菌素增加细菌膜通透性，这似乎可以解释它可增加亚胺培南的抗菌活性。

相当令人失望的结果也在采用黏菌素单药治疗中被观察到，因为在 72 名采用黏菌素治疗的患者中有 34 名（47.2%）具有差的结果。黏菌素单药治疗 CPE 感染的不佳表现以前也已经被注意到。尽管如此，当黏菌素与替加环素或氨基糖苷联合应用时，失败率下降到 32%（17/53）。更令人印象深刻的是，当与一种碳青霉烯联合使用时，失败率下降到 5%（1/17）。黏菌素单药治疗的这种差的疗效或许与这个药物的最佳给药方案有关，当然也还有其他影响因素。一项回归性研究评价了具有多重耐药革兰阴性菌感染的患者，他们接受一段时间的黏菌素治疗。在这个研究中，存活数据的多变量分析显示，静脉黏菌素的一个更低的每日总量与增加的死亡率有关联。因此，对那些重症患者给予合理的每日总量是至关重要的，特别是针对那些处于肾移植治疗的患者。可能对患者的结果有害的另一个的因素是在采用标准的黏菌素给药方案时获得一个有效力的药物浓度的耽搁。这能通过给予一个负荷剂量加以克服。

尽管黏菌素已经广泛地被用于治疗因多重耐药革兰阴性菌所致的重症感染，但其最佳的给药方案仍然需要进一步界定。动物感染模型已经显示，游离药物的 AUC/MIC 是与抗菌药物疗效强烈关联的 PK/PD 参数，这就提示获得合适的时间暴露到

黏菌素的重要性。然而，对比而言，黏菌素的一些特征如延长的半衰期、其浓度依赖的杀菌和还没有被恰当评价的被称作"适应性耐药"的现象，这些都有助于每天一次的给药方案，但实施这一方案之前一定要证实其不具有更高的肾毒性。因此，对黏菌素复杂的 PK/PD 特征的一个更好了解在设计出针对 CPE 感染上改善疗效的给药方案是必不可少的。

二、替加环素

替加环素是一个新类别（苷氨酰环素类）抗生素中的第一个成员，大的类别还是属于四环素类，全称叔丁基甘氨酰氨基米诺环素。它针对革兰阳性菌、革兰阴性菌和厌氧菌具有广泛的抗菌活性。特别要提到的是，替加环素证实具有抗多重耐药鲍曼不动杆菌的活性，但它不具有临床意义的抗铜绿假单胞菌的活性。在一所曼谷医院中，替加环素被发现在 97.3% 的多重耐药鲍曼不动杆菌分离株中是有效的。该产品被 FDA 批准用于治疗有并发症的腹腔内感染和有并发症的皮肤感染，不过它也被发现可用于治疗多重耐药鲍曼不动杆菌所致的 VAP。替加环素在肺泡细胞中所能获得的浓度是血清浓度的 77.5 倍。因此，替加环素是治疗 MDR 鲍曼不动杆菌感染上一种可供选择的抗菌药物。需要特别提出的是，黏菌素和替加环素根本没有针对变形杆菌族的抗菌活性。基于这个原因，金属 β-内酰胺酶在奇异变形杆菌以及这组细菌中的其他成员中的出现非常让人担忧。

人们已经获得了极少的关于替加环素治疗因产金属 β-内酰胺酶的肠杆菌科细菌所致感染的经验。在 6 名罹患有院内肺炎和菌血症的患者中，有 2 名患者存活下来，他们被采用替加环素加上多黏菌素 B 和多黏菌素 E 来治疗，并且其他 4 名患者的疗效不理想或不确定。在一项回归性观察性研究中，有 13 名患者被产金属 β-内酰胺酶细菌感染，其中有 9 名患者被替加环素成功治疗。在希腊的病例系列中，包括了 14 名菌血症患者和 3 例通气相关性肺炎患者在内，这些感染是由产 VIM-1 肠道细菌所引起，替加环素在针对所有的分离株都具有活性。替加环素也成功地被用于治疗一名长期菌血症的患者，这种感染是由产 VIM-1 和 SHV-12 的肺炎克雷伯菌所引起。然而，替加环素的低血清浓度建议，在使用这种药物治疗血行感染之前，需要谨慎和仔细地评价 MIC 值。被现有的分析揭示出的替加环素的有限的疗效与近来 FDA 发出的警示是一致的，后者呼吁在治疗严重的感染时要谨慎使用。FDA 在对 13 个临床试验的混合分析中发现，与其他治疗各种严重感染的制剂相比，替加环素的

使用与一个增加的死亡率危险有关联。一个更高的死亡率十分清晰地被看到，这些通气相关肺炎和菌血症患者采用替加环素和其他阳性对照治疗，前者的死亡率是 50%（8/19），后者的死亡率是 7.7%（1/13）。在这些试验中死亡病例过多的原因十分可能与感染的进展有关联。与此相似，在一个近期的包含了 15 个随机的临床试验的梅塔分析中，采用替加环素治疗的患者的总的死亡率要高于那些采用其他制剂治疗患者的总的死亡率，后者包括采用左氧氟沙星、碳青霉烯类、头孢曲松和氨苄西林-舒巴坦。替加环素在严重感染中降低的有效性可能被部分地归因于这个药物的 PK/PD 轮廓。替加环素主要证实的是针对革兰阴性菌的抑菌活性，并且在一些解剖部位的可获得的药物浓度是亚最佳水平的。采用标准的给药方案（50mg/bid）所获得的峰血清浓度是 0.6~0.9μg/mL，而在尿液中和上皮组织中可获得的药物浓度要低。通过这样的给药方案所获得的药物浓度，再结合这个药物针对目前的 CPE 的 MIC 轮廓，就一起赋予采用替加环素不太可能在那些解剖部位治愈 CPE 感染，在这些解剖部位药物浓度是亚最佳水平的。因此，这个药物在针对 CPE 感染时应该被谨慎地使用，要优先与另一个具有抗菌活性的制剂联合使用，之后要适当地考虑这个药物在感染的解剖部位的可获得浓度以及针对感染细菌的 MIC。

三、磷霉素

来自一项梅塔（宏）分析的发现建议，一种几乎被人忘记的抗生素——磷霉素或许是多重耐药铜绿假单胞菌和肠杆菌科细菌所致感染的一种可选的治疗药物，包括产金属 β-内酰胺酶的菌株。只有一个发表的病例报告了采用磷霉素加上氨曲南成功地治疗一名患者的前列腺炎，它是由产 VIM-2 铜绿假单胞菌所致。对于肠杆菌科细菌，一项前瞻性研究已经描述了在 ICU 的 11 名成年人，他们被碳青霉烯耐药的肺炎克雷伯菌感染，并且接受静脉给药的磷霉素（2~4g，q6h）加上其他抗生素。所有患者都有良好的细菌学和临床结果。可供参考的稀少的临床经验和磷霉素的安全轮廓使得额外的研究是有必要的。合理的辅助抗生素的选择也应该仔细地被调研，这是考虑到在磷霉素单药治疗期间耐药的快速出现。考虑到磷霉素针对大多数 CPE 展示出好的体外抗菌活性，这个制剂能被选出在一些治疗选择非常有限的局面下作为抢救性治疗。尽管磷霉素的主要适应证仍然是治疗下尿道感染，一些研究者已经包括这个药物在各种联合用药的方案中，以此来治疗被 CPE 所引起的全身性感染。然而，现有的资料实在是太有限了以至于不

允许对其疗效做出一个成熟的假设。同样的，磷霉素在治疗期间快速选择耐药突变体的潜力也是需要考虑的一件事。

四、碳青霉烯类

乍听起来，采用碳青霉烯类抗生素治疗产碳青霉烯酶病原菌所致感染似乎有些矛盾。然而，有些产酶细菌针对碳青霉烯的 MIC 数值或许仍然低于这些药物的敏感折点（特别是针对肠杆菌科细菌），尽管要高于同样菌种的野生型分离株的 MIC 数值。尽管 CLSI 和 EUCAST 已经声称，关于针对碳青霉烯的 MIC 的信息不足以支持临床处置，关于碳青霉烯是否能被用于治疗产金属 β-内酰胺酶的细菌，其 MIC 仍然处于敏感范围之内的感染的担忧仍然存在。既然治疗的选择十分有限，所以每一种药物的有效性都不能被轻易忽视。在一个由产 VIM-1 的肺炎克雷伯菌（具有不同的碳青霉烯 MIC）所致的小鼠股感染模型中被获得的临床前资料显示，在针对具有低的 MIC 的产金属 β-内酰胺酶的菌株上，亚胺培南是有效的。然而，来自随机试验的资料是缺乏的。因此，采用一种碳青霉烯的单药治疗是否会有效地治疗被那样细菌引起的感染还是未知数，比起如何处置在敏感性试验报告中的分离株也是不清楚的。

在 MEDLINE 中现有的出版文献中，能够鉴定出 15 个研究，这些研究报告了 50 名被碳青霉烯酶阳性的肺炎克雷伯菌所致的感染患者，他们都曾接受了碳青霉烯单药治疗（美罗培南或亚胺培南）。相对应的分离株中有 29 个展示出碳青霉烯 MIC $\leqslant 2\mu g/mL$。在 7 个和 6 个分离株，MIC 分别是 $4\mu g/mL$ 和 $8\mu g/mL$。余下的 8 个分离株被体外 $> 8\mu g/mL$ 的碳青霉烯浓度所抑制。需要注意的是，如同这些患者被报告的结果所提示的那样，碳青霉烯的疗效针对 MIC 为 $> 8\mu g/mL$ 的分离株是 25%，针对 MIC 是 $8\mu g/mL$ 的分离株是 66.7%，针对 MIC 是 $4\mu g/mL$ 的分离株是 71.4% 以及针对 MIC 是 $\leqslant 2\mu g/mL$ 的分离株是 72.4%（表 30-19）。采用碳青霉烯单药治疗的临床经验确实是有限的。然而，我们或许考虑到上述的数据而提示，碳青霉烯类在针对由产碳青霉烯酶肺炎克雷伯菌所致感染上能够有一些治疗上的好处，针对那些碳青霉烯中介敏感性的菌株也是如此。在此应该被指出的是，这些观察与上面讨论的实验性感染模型的发现或者人 PK/PD 研究的发现不矛盾。碳青霉烯类展示出时间依赖的杀菌活性，要求游离药物浓度超过致病菌 MIC，并且超过的时间为给药间隔时间的 40%~50%。如果采用传统的给药方案（例如，

表 30-19　在 50 名被感染的患者的碳青霉烯单药治疗的结果（15 个研究）

碳青霉烯 MIC/(μg/mL)	患者人数	成功人数	失败人数	失败率/%
≤1	17	12	5	29.4
2	12	9	3	25.0
4	7	5	2	28.6
8	6	4	2	33.3
小计	42	30	12	28.6[①]
>8	8	2	6	75.0
总计	50	32	18	36

① $P=0.02$；$OR=7.5$ 以及 95% 可信限度 $=1.32\sim42.52$。

注：引自 Tzouvelekis L S，Markogiannakis A，Psichogiou M，et al. Crit Rev Microbiol，2012，25：682-707。

美罗培南 1g，30 分钟输注，q8h），对于一个 MIC 为 4μg/mL 的一个分离株而言，保持住 T>MIC 为 50% 这个目标的可能性是 69%，如采用高剂量/延长给药期的方案，其可能性增加到 100%。对于 MIC 为 8μg/mL 的一个分离株，只有高剂量/延长给药期的方案展示出相对高的杀菌目标保持的可能性。

在 β-内酰胺类中，最有效的化合物似乎是碳青霉烯类，虽然听起来矛盾，但临床实践的结果也显示一定的合理性。然而，CLSI 和 EUCAST 规定的不同的碳青霉烯敏感折点的应用必须被考虑在内。在 2012 年，Tzouvelekis 和 Daikos 等希腊学者对治疗产碳青霉烯酶病原菌所致感染治疗的相关文献进行了分析和总结。他们一共编辑了 34 个研究，这些研究含有评估不同的抗菌药物的效力的必要信息（表 30-20 和表 28-10）。总共有 301 名患者被鉴定出，包括 161 个被产 KPC 肺炎克雷伯菌的感染和 140 个产 MβL 肺炎克雷伯菌所致的感染。绝大多数这样的患者具有严重的感染，如血行感染、肺炎等。

表 30-20　由产 MBL 肺炎克雷伯菌所致感染的患者的临床研究（抗菌药物治疗和结果）

国家/地区（研究发表年份）	研究设计	患者人数（感染类型）	MβL 的类型（分离株数量）	治疗（患者的人数）	结果（成功数/失败数）
希腊（2008）	病例报告	4(2 例 BSI,1 例纵隔炎,1 例骨感染)	VIM-1(4)	黏菌素(1)	1/0
希腊（2008）				替加环素(1)	1/0
西班牙（2008）				替加环素-黏菌素(2)	1/1
中国台湾地区（2001）	病例系列	3 例 BSI	IMP-8(3)	碳青霉烯(3)	1/2
中国台湾地区（2004）	病例系列	3(2 例肺炎,2 例 BSI)	IMP 型酶(3)	碳青霉烯(1) 碳青霉烯-氨基糖苷(2)	1/0 2/0
希腊（2008）	病例系列	17(14 例 BSI,3 例肺炎)	VIM-1(17)	黏菌素(8) 替加环素(1) 黏菌素-氨基糖苷(2) 黏菌素-多西环素(1) 碳青霉烯-黏菌素(6) 碳青霉烯-氨基糖苷-多西环素(1)	6/0 0/1 2/0 0/1 5/1 1/0
希腊（2010）	病例对照研究	18 例 BSI	VIM-1(17) VIM 型酶(1)	黏菌素(10) 黏菌素-氨基糖苷(8)	6/4 4/4
希腊（2007）	回归研究	28 例 BSI	VIM-1(28)	碳青霉烯(8) 黏菌素(4) 氨基糖苷(3) 碳青霉烯-氨基糖苷(6) 碳青霉烯-黏菌素(1) 氨曲南-氨基糖苷(2) 无活性制剂(4)	7/1 0/4 2/1 6/0 1/0 1/1 2/2
希腊（2009）	前瞻性观察性研究	67BSI	VIM-1(67)	碳青霉烯(14) 碳青霉烯-黏菌素(8) 碳青霉烯-氨基糖苷(4) 黏菌素(15) 氨基糖苷(8) 无活性制剂(180)	11/3 8/0 3/1 11/4 5/3 13/5

注：1. 引用 Tzouvelekis L S，Markogiannakis A，Psichogiou M，et al. Crit Rev Microbiol，2012，25：682-707

2. BSI—血行感染；UTI—尿道感染，SSI—外科切口感染。

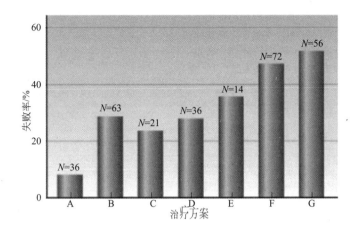

图 30-27　采用各个方案治疗被产碳青霉烯酶肺克雷伯菌所致感染的结果

（引自 Tzouvelekis L S，Markogiannakis A，Psichogiou M，et al. Crit Rev Microbiol，2012，25：682-707）

方案 A 优于方案 B、E、F 和 G（A 与 B、E、F 及 G 相比，P 值分别是 0.02、0.03、＜0.0001 和＜0.0001）。方案 B、C 和 D 优于方案 G（B 与 G 相比，P 值＝0.014；C 与 G 相比，P 值＝0.04 以及 D 与 G 相比，P 值＝0.03）

五、联合用药

以上介绍的各种制剂都在一定程度上具有治疗产碳青霉烯酶病原菌所致感染的效力。然而，在现实的临床实践中，这些制剂很少单独使用，多是两种或多种药物联合应用。需要强调的是，这些药物的活性也都在快速下降，耐药也在逐渐发展。

2012 年，Tzouvelekis 等介绍了一些联合用药的方案，为了帮助比较，根据治疗方案将患者分成 7 个组，具体为：方案 A，采用≥2 种具有抗菌活性的药物进行联合治疗，其中有一种是碳青霉烯；方案 B，采用≥2 种具有抗菌活性的药物进行联合治疗，其中不含有一种碳青霉烯；方案 C，采用一种氨基糖苷类的单药治疗；方案 D，采用一种碳青霉烯类的单药治疗；方案 E，采用替加环素的单药治疗；方案 F，采用黏菌素的单药治疗；方案 G，不合理的治疗（图 30-27）。

由图 30-27 不难看出，接受方案 A 也就是包含着一种碳青霉烯在内的方案 A 拥有最低的失败率（8.3%）。方案 C 是采用一种氨基糖苷类单药治疗，尽管这个方案的失败率也较低，但在目前可用的氨基糖苷类中，只有庆大霉素迄今还是保留着针对 KPC 的产生菌株以及 VIM 型的获得性 MβL 的良好的抗菌活性。然而，大多数 NDM 产生菌株因复合产生 16S rRNA 甲基转移酶而对所有临床上使用氨基糖苷类耐药。值得注意的是，采用替加环素和黏菌素作为单药的治疗导致的失败率相当于接受不合理治疗的失败率。这些观察提出了关于采用替加环素或黏菌素作为单药治疗产碳青霉烯酶肺炎克雷伯菌感染上的担忧并且支持联合用药优先的改变，当敏感性数据允许时，要在方案中包含一种碳青霉烯。

第十三节　结语

产金属 β-内酰胺酶分离株的流行及其从致命感染中的分离正在全世界以一种令人警醒的速率在增加。这种快速的传播正提供给科学界大量的关于金属 β-内酰胺酶的分子流行病学及其基因背景方面的信息。具有一种 MBL 的细菌的临床意义最终是要依靠它们在体内赋予对 β-内酰胺类耐药的能力来加以判断，并且最终的判断是，是否这名患者不应答 β-内酰胺类治疗方案（治疗失败）。许多具有可转移的 MBL 基因的分离株，特别是不动杆菌菌种和肠杆菌科细菌，都对碳青霉烯类敏感，并且关于它们在体内耐药方面的怀疑已经被提出来。据此，进一步的体内研究需要被开展，以便评价 MBL 基因的意义。然而，几乎没人怀疑，这些酶明显地造成对 β-内酰胺类的耐药，即便不是单独造成这种耐药。然而，关于如何处置在临床实践中的问题，根本没有合适的信息可供参照。产金属 β-内酰胺酶细菌传播的遏制基本上依赖于严格的感染控制措施的贯彻，由此来确保在临床微生物学实验室迅速和精准地检测。金属 β-内酰胺酶作为一个对公共卫生的大的威胁的出现应该促使医疗行政当局构想出一个准备计划，并且这个计划应该易于在国家和超国家层面上被贯彻执行，应该上升到全人类生物安全的高度加以应对。进而，在那些金属 β-内酰胺酶

已经变得流行的地区和国家的最大限度的遏制应
该具有一个优先性。金属 β-内酰胺酶的传播提出了
一个较大的挑战，这无论是对于个体患者的治疗还
是对于感染控制政策都是如此，同时这样的传播也
暴露出国家公共卫生结构在面对这种情况出现上
明显准备不足。

参考文献

[1] Sabath L D, Abraham E P. Zinc as a cofactor for cephalosporinase from *Bactllus cereus* 569 [J]. Biochem J, 1966, 98: 11C-13C.

[2] Ambler R P. The structure of β-lactamases [J]. Philos Trans R Soc Lond (Bio.), 1980, 289: 321-331.

[3] Watanabe M, Iyobe S, Inoue M, et al. Transferable imipenem resistance in *Pseudomonas aeruginosa* [J]. Antimicrob Agents Chemother, 1991, 35: 147-151.

[4] Osano E, Arakawa Y, Wacharotayankun R, et al. Molecular characterization of an enterobacterial metallo β-lactamase found in a clinical isolate of *Serratia marcescens* that shows imipenem resistance [J]. Antimicrob Agents Chemother, 1994, 38: 71-78.

[5] Rasmussen B A, Bush K. Carbapenem-hydrolyzing β-lactamases [J]. Antimicrob Agents Chemother, 1997, 41: 223-232.

[6] Cornaglia G, Riccio M L, Mazzariol A, et al. Appearance of IMP-1 metallo-enzymes in Europe [J]. Lancet, 1999, 353: 899-900.

[7] Lauretti L, Riccio M L, Mazzariol A, et al. Cloning and characterization of *bla*VIM, a new integron-borne metallo-β-lactamase gene from a *Pseudomonas aeruginosa* clinical isolate [J]. Antimicrob Agents Chemother, 1999, 43: 1584-1590.

[8] Livermore D M, Woodford N. Carbapenemases: a problem in waiting? [J] Curr Opin Microbiol, 2000, 3: 489-495.

[9] Taskris A, Pournaras S, Woodford N, et al. Outbreak of infections caused by *Pseudomonas aeruginosa* producing VIM-1 carbapenemase in Greece [J]. J Clin Microbiol, 2000, 38: 1290-1292.

[10] Nordmann P, Poirel L. Emerging carbapenemases in Gram-negative Aerobes [J]. Clin Microbiol Infect, 2002, 8: 321-331.

[11] Saavedra M J, Peixe L, Sousa J C, et al. Sfh-1, a subclass B2 metallo-β-lactamase from a *Serratia fonticola* environmental isolate [J]. Antimicrob Agents Chemother, 2003, 47: 2330-2333.

[12] Miriagou V, Tzelepi E, Gianneli D, et al. *Escherichia coli* with a self-transferable, multiresistant plasmid coding for metallo-β-lactamase VIM-1 [J]. Antimicrob A-

gents Chemother, 2003, 47: 395-397.

[13] Giakkoupi P, Xanthaki A, Kanelopoulou M, et al. VIM-1 metallo-β-lactamase-producing *Klebsiella pneumoniae* strains in Greek hospitals [J]. J Clin Microbiol, 2003, 41: 3893-3896.

[14] Castanheira M, Toleman M A, Jones R N, et al. Molecular characterization of a β-lactamase gene, *bla*GIM-1, encoding a new subclass of metallo-β-lactamase [J]. Antimicrob Agents Chemother, 2004, 48: 4654-4661.

[15] Lee K, Lim J B, Yong D, et al. Novel acquired metallo-β-lactamase gene, *bla*SIM-1, in a class 1 integron from *Acinetobacter baumannii* clinical isolates from Korea [J]. Antimicrob Agents Chemother, 2005, 49: 4485-4491.

[16] Walsh T R, Toleman M A, Poirel L, et al. Metallo-β-lactamases: the quiet before the storm [J]? Clin Microbiol Rev, 2005, 18: 306-325.

[17] Crowder M W, Spencer J, Vila A J. Metallo-β-lactamases: novel weaponry for antibiotic resistance in bacteria [J]. Acc Chem Res, 2006, 39: 721-728.

[18] Yu YS, Qu T T, Zhou J Y, et al. Integrons containing the VIM-2 metallo-beta-lactamase gene among imipenem-resistant *Pseudomonas aeruginosa* strains from different Chinese hospitals [J]. J Clin Microbiol, 2006, 44: 4242-4245.

[19] Poirel L, Pitout J D, Nordmann P. Carbapenemases: molecular diversity and clinical consequences [J]. Future Microbiol, 2007, 2 (5): 501-512.

[20] Queenan A M, Bush K. Carbapenemases: the versatile β-lactamases [J]. Clin Microbiol Rev, 2007, 20: 440-458.

[21] Sekiguchi J, Morita K, Kitao T, et al. KHM-1, a novel plasmid-mediated metallo-β-lactamase from a *Citrobacter freundii* clinical isolate [J]. Antimicrob Agents Chemother, 2008, 52: 4194-4197.

[22] Gupta V. Metallo β-lactamases in *Pseudomonas aeruginosa* and *Acinetobacter* species [J]. Expert OpinInvestig Drugs, 2008, 17: 131-143.

[23] Hawkey P M, Jones A M. The changing epidemiology of resistance [J]. J Antimicrob Chemother, 2009, 64 (Suppl1): i3-i10.

[24] Yong D, Toleman M A, Giske C G, et al. Characterization of a new metallo-β-lactamase gene, *bla*NDM-1, and a novel erythromycin esterase gene carried on a unique genetic structure in *Klebsiella pneumoniae* sequence type 14 from India [J]. Antimicrob Agents Chemother, 2009, 53 (12): 5046-5054.

[25] Drawz S M, Bonomo R A. Three decades of beta-lactamase inhibitors [J]. Clin Microbiol Rev, 2010, 23: 160-201.

[26] Fu Y, Du X, Ji J, et al. Epidemiological characteristics and genetic structure of bla_{NDM-1} in non-*baumannii Acinetobacter* spp. in China [J]. J Antimicrob Chemother, 2012, 67: 2114-2122.

[27] Pournaras S, Poulou A, Voulgari E, et al. Detection of the new metallo-β-lactamase VIM-19 along with KPC-2, CMY-2 and CTX-M-15 in *Klebsiella pneumoniae* [J]. J Antimicrob Chemother, 2010, 65: 1604-1607.

[28] Kumarasamy K K, Toleman M A, Walsh T R, et al. Emergence of a new antibiotic resistance mechanism in India, Pakistan, and the UK: a molecular, biological, and epidemiological study [J]. Lancet Infect Dis, 2010, 10: 597-602.

[29] Karthikeyan K, Thirunarayan M A, Krishnan P. Coexistence of bla_{OXA-23} with bla_{NDM-1} and *armA* in clinical isolates of *Acinetobacter baumannii* from India [J]. J Antimicrob Chemother, 2010, 65: 2253-2254.

[30] Hammerum A M, Toleman M A, Hansen F, et al. Global spread of New Delhi metallo-β-lactamase 1 [J]. Lancet Infect Dis, 2010, 10: 829-830.

[31] Muir A, Weinbren M J. New Delhi metallo-β-lactamase: a cautionary tale [J]. J Hosp infect, 2010, 75: 239-240.

[32] Poirel L, Rodriguez-Martinez J M, Al Naiemi N, et al. Characterization of DIM-1, an integron-encoded metallo-β-lactamase from a *Pseudomonas stutzeri* clinical isolate in the Netherlands [J]. Antimicrob Agents Chemother, 2010, 54: 2420-2424.

[33] Chen Y, Zhou Z, Jiang Y, et al. Emergence of NDM-1-producing *Acinetobacter baumannii* in China [J]. J Antimicrob Chemother, 2011, 66: 1255-1259.

[34] Castanheira M, Deshpande L M, Mathai D, et al. Early dissemination of NDM-1- and OXA-181-pruducing *Enterobacteriaceae* in Indian hospitals: report from the SENTRY Antimicrobial Surveillance Program, 2006-2007 [J]. Antimicrob Agents Chemother, 2011, 55: 1274-1278.

[35] Patel G, Bonomo R A. Status report on carbapenemases: challenges and prospects [J]. Exp Rev Antiinfect Ther, 2011, 9: 555-570.

[36] Pfeifer Y, Witte W, Holfelder M, et al. NDM-1-producing *Escherichia coli* in Germany [J]. Antimicrob Agents Chemother, 2011, 55: 1318-1319.

[37] Zhao W H, Hu Z Q. Epidemiology and genetics of VIM-type metallo-β-lactamase in Gram-negative bacilli [J]. Future Microbiol, 2011, 6: 317-333.

[38] Zhao W H, Hu Z Q. IMP-type metallo-β-lactamases in Gram-negative bacilli: distribution, phylogeny, and association with integrons [J]. Crit Rev Microbiol, 2011, 37: 214-226.

[39] Livermore D M, Walsh T R, Toleman M, et al. Balkan NDM-1: escape or transplant? [J] Lancet Infect Dis, 2011, 11: 164.

[40] Walsh T R, Toleman M A. The new medical challenge: why NDM-1? Why Indian? [J] Expert Rev Anti Infect Ther, 2011, 9: 137-141.

[41] Cornaglia G, Giamarellou H, Rossolini G M. Metallo-β-lactamases: a last frontier for β-lactams [J]? Lancet Infect Dis, 2011, 11: 381-393.

[42] Yang J, Chen Y, Jia X, et al. Dissemination and characterization of NDM-1-producing *Acinetobacter pittii* in an intensive care unit in China [J]. Clin Microbiol Infect, 2012, 18: E506-E513.

[43] Toleman M A, Spencer J, Jones L, et al. bla_{NDM-1} is a chimera, likely constructed in *Acinetobacter baumannii* [J]. Antimicrob Agents Chemother, 2012, 56: 2773-2776.

[44] Khan A U, Nordmann P. Spread of carbapenemase NDM-1 producers: the situation in India and what may be proposed [J]. Scand J Infect Dis, 2012, 44 (7): 531-535.

[45] Wang J F, Chou K C. Metallo-β-lactamases: structural features, antibiotic recognition, inhibition and inhibitor design [J]. Curr Top Med Chem, 2013, 13: 1242-1253.

[46] Johnson A P, Woodford N. Global spread of antibiotic resistance: the example of New Delhi metallo-β-lactamase (NDM) -mediated carbapenem resistance [J]. J Med Microbiol, 2013, 62: 499-513.

[47] Palzkill T. metallo-β-lactamase structure and function [J]. Ann N Y Acad Sci, 2013, 1277: 91-104.

[48] Bebrone C. Metallo-β-lactamase (classification, actibity, genetic organization, structure, zinc coordination) and their superfamily [J]. Biochem Pharmacol, 2007, 74: 1686-1701.

[49] Bandoh K, Watanabe K, Muto Y, et al. Conjugal transfer of imipenem resistance in *Bacteroides fragilis* [J]. J Antibiot, 1992, 45: 542-547.

[50] Bounaga S, Laws A P, Galleni M, et al. The mechanism of catalysis and the inhibition of the *Bacillus cereus* zinc-dependent β-lactamase [J]. Biochem J, 1998, 331: 703-711.

[51] Wang Z, Fast W, Benkovic S J. On the mechanism of the metallo-β-lactamase from *Bacteroides fragilis* [J]. Biochemistry, 1999, 38: 10013-10023.

[52] Fast W, Wang Z, Benkovic S J. Familial mutations and zinc stoichiometry determine the rate-limiting step of nitrocefin hydrolysis by metallo-beta-lactamse from *Bacteroides fragilis* [J]. Biochhemistry, 2001, 40:

1450-1463.

[53] Carfi A，Pares S，Duee E，et al. The 3-D structure of a zinc metallo-beta-lactamase from *Bacillus cereus* reveals a new type of protein fold [J] . Embo J，1995，14：4914-4921.

[54] Concha N O，Janson C A，Rowling P，et al. Crystal structure of the IMP-1 metallo-β-lactamase from *Pseudomonas aeruginosa* and its complex with a mercaptocarboxylate inhibitor：binding determinants of a potent，broad-spectrum inhibitor [J] . Biochemistry，2000，39：4288-4298.

[55] Murphy T A，Catto L E，Halford S E，et al. Crystal structure of *Pseudomonas aeroginosa* SPM-1 provides insights into variable zinc affinity of metallo-β-lactamases [J] . J Mol Biol，2006，357：890-903.

[56] Garau G，Bebrone C，Anne C，et al. A metallo-β-lactamase enzyme in action：crystal structure of the monozinc carbapenemase CphA and its complex with biapenem [J] . J Mol Biol，2005，345：785-795.

[57] Garcia-Saez I，Mercuri P S，papamicael C，et al. Three-dimentional structure of FEZ-1，a monomeric subclass B3 metallo-β-lactamase from *Fluoribactergormanii*，in native form and in complex with D-captopril [J] . J Mol Biol，2003，325：651-660.

[58] Moali C，Anne C，Lamotte-Brasseur J，et al. Analysis of the importance of the metallo-β-lactamase active site loop in substrate binding and catalysis [J] . Chem Biol，2003，10：319-329.

[59] Poeylaut-Palena A A，Tomatis P E，Karsisiotis A I，et al. A minimalistic approach to identify substrate binding features in B1 metallo-β-lactamases [J] . Bioorganic & Medicinal Chemistry Letters，2007，17：5171-5174.

[60] Docquier J D，Lamotte-Brasseur J，Galleni M，et al. On functional and structural heterogeneity of VIM-type metallo-β-lactamases [J] . J Antimicrob Chemother，2003，51：257-266.

[61] Felici A，Amicosante G，Oratore A，et al. An overview of the kinetic parameters of class B β-lactamases [J] . Biochem J，1993，291（Pt1），151-155.

[62] Massidda O，Rossolini G M，Satta G. The *Aeromonas hydrophila* cphA gene：molecular heterogeity among class B metallo-β-lactamases [J] . J Bacteriol，1991，173：4611-4617.

[63] Garcia Saez I，Docquier J D，Rossolini G M，et al. The three-dimentional structure of VIM-2，a Zn-β-lactamase from *Pesudomonas aeruginosa* in its reduced and oxidised form [J] . J Mol Biol，2008，375：604-611.

[64] Ullah J H，Walsh T R，Taylor I A，et al. The crystal structure of the L1 metallo-β-lactamase from *Stenotrophomonas maltophilia* at 1.7 Å resolution [J] . J Mol Biol，1998，284：125-136.

[65] Spencer J，Read J，Sessions R B，et al. Antibiotic recognition by binuclear metallo-β-lactamases revealed by X-ray crystallography [J] . J Am Chem Soc，2005，127：14439-14444.

[66] Wang J F，Chou K C. Insights from modeling the 3D structure of New Delhi metallo-β-lactamase and its binding interactions with antibiotic drugs [J] . PloS ONE，2011，6：e18414.

[67] Wang Z，Fast W，Valentine A M，et al. Metallo-β-lactamase：structure and mechanism [J] . Curr Opin Chem Biol，1999，3：614-622.

[68] Xu D，Xie D，Guo H. Catalytic mechanism of class B2 metallo-β-lactamase [J] . J Biol Chem，2006，281：8740-8747.

[69] Nordmann P，Dortet L，Poirel L. Carbapenem resistance in *Enterrobacteriaceae*：here is the storm [J] . Trends Mol Med，2012，18：263-272.

[70] Walsh T R. Carbapenemases：a global perspective [J] . Int J Antimicrob Agents，2010，36（Suppl 3）：S8-S14.

[71] Arakawa Y，Murakami M，Suzuki K，et al. A novel integron-like element carrying the metallo-β-lactamase gene *bla*IMP [J] . Antimicrob Agents Chemother，1995，39：1612-1615.

[72] Luzzaro F，Docquier J D，Colinon C，et al. Emergence in *Klebsiella pneumonia* and *Enterobacter clocae* clinical isolates of the VIM-4 metallo-β-lactamase encoded by a conjugative plasmid [J] . Antimicrob Agents Chemother，2004，48：648-650.

[73] Lagatolla C，Tonin E A，Monti-Bragadin C，et al. Epidemic carbapenem-resistant *Pseudomonas aeruginosa* with acquired metallo-β-lactamase determinants in European hospital [J] . Emerg Infect Dis，2004，10：535-538.

[74] Senda K，Arakawa K，Nakashima H，et al. Multifocal outbreaks of metallo-β-lactamase-producing *Pseudomonas aeruginosa* resistant to broad-spectrum β-lactams，including carbapenems [J] . Antimiccrob Agents Chemother，1996，40：349-353.

第三十一章

β-内酰胺酶抑制剂及其复方制剂

第一节 概述

在 20 世纪 40 年代后期，产自金黄色葡萄球菌的青霉素酶介导的耐药曾对一些发达国家抗感染上造成过一次危机，但甲氧西林的问世快速扑灭了这次危机。人们真正开始关注 β-内酰胺酶介导的耐药应该始于 1965 年之后的各种质粒编码的 β-内酰胺酶的出现，如 TEM 和 SHV 系列，因为这些酶不仅存在于各种可移动遗传元件上，而且水解谱也胜过早期由葡萄球菌属产生的青霉素酶。更重要的是，它们主要是介导革兰阴性病原菌的耐药，在 70 年代，革兰阴性院内病原菌也正在悄悄地篡夺革兰阳性病原菌的领导地位，而这些病原菌针对 β-内酰胺类抗生素最重要的耐药机制就是 β-内酰胺酶的产生，因此也就不难理解人们高度重视这些酶的原因。在当时，最广泛分布的 β-内酰胺酶就是以 TEM-1、TEM-2 和 SHV-1 为主的所谓广谱 β-内酰胺酶，当然还有一些 D 类酶和羧苄西林酶，亦可统称为青霉素酶。为了克服这些酶的出现、进化和散播带来的挑战，人们能够想到的无外乎是两个公认的策略：一是研制出能够耐受各种 β-内酰胺酶的全新一代抗生素，二是试图发现能够抑制这些酶活性的各种抑制剂或灭活剂。事实上，如果抛开细菌耐药进化这一因素不说，人们在这两条路线上都取得了巨大的成功。就第一条策略而言，人们先后研制出各种耐受广谱 β-内酰胺酶水解作用的抗生素，如耐酶青霉素类、头孢呋辛、头孢噻肟、头孢他啶、头孢曲松和氨曲南等氧亚氨基头孢菌素类，当然也包括各种碳青霉烯类抗生素。直到现在，这些抗生素也都是临床抗感染治疗武器库中的主要武器。谈及第二条策略，自从 1976 年以来，在全球的不同实验室已经陆续发现了很多种具有 β-内酰胺酶抑制剂潜力的化合物，并最终研制出 3 种 β-内酰胺类的 β-内酰胺酶抑制剂，它们能够作为 β-内酰胺酶的不可逆抑制剂而发挥作用，如克拉维酸、舒巴坦和他唑巴坦，它们也被称为自杀式底物或自杀式灭活剂，之所以有这样的称谓是因为它们也是作为一种底物被 β-内酰胺酶识别和结合。众所周知，按照 Ambler 分子学分类体系，β-内酰胺酶被分成 A、C、D 和 B 四大类，其中 A 类 β-内酰胺酶在数量上占据绝对多数，特别是 A 类超广谱 β-内酰胺酶（ESBL）。这三种 β-内酰胺酶抑制剂只是对 A 类 β-内酰胺酶具有抑制活性，而对其他类别的 β-内酰胺酶并无抑制作用或抑制作用弱，因此，它们的最大价值也正是在复方制剂中保护"伙伴"抗生素免受这些 A 类广谱 β-内酰胺酶和超广谱 β-内酰胺酶的水解，使得这些"伙伴"抗生素继续保持高效力的抗菌活性。

自从 20 世纪 70 年代后期以来，在全球范围内，由这 3 种 β-内酰胺酶抑制剂和各种 β-内酰胺类抗生素组成的复方制剂一经问世就在临床上获得了广泛应用，为抗感染治疗做出了重大贡献。例如，阿莫西林/克拉维酸口服制剂多年来一直是 β-内酰胺类抗生素中消费量最大的产品，头孢哌酮/舒巴坦至今仍然是我国大型三甲医院中消费量最大的 β-内酰胺类品种之一。哌拉西林/他唑巴坦也是全球用量较大的青霉素类产品，可用于治疗各种多药耐药的革兰阴性菌所致感染，甚至一度替代三代头孢菌素类的使用。事实上，这 3 种 β-内酰胺酶

抑制剂本身也属于 β-内酰胺类，具有同样的母核——β-内酰胺环，不过它们自身的抗菌活性非常弱，只是舒巴坦对像鲍曼不动杆菌那些非发酵细菌具有一定的抗菌活性。

　　按照人们原有的设想，在上述两大领域的成功就足以应对各种细菌性感染的治疗，不过人们显然对细菌耐药进化的本领严重估计不足。一方面，氧亚氨基头孢菌素类的问世无疑为治疗各种革兰阴性菌感染奠定了重要的基础，这些抗生素曾在 20 世纪 70～80 年代风靡全球，是临床上应用最广、疗效最可靠的一大类抗生素。然而不幸的是，到了 80 年代初，人们就鉴定出各种类型的超广谱 β-内酰胺酶（ESBL），如 TEM 型、SHV 型和 CTX-M 型等，而且这些 ESBL 在全世界的散播之势犹如燎原烈火，短短几年就传播到所有有人居住的大陆，使得全球抗感染专家和医学微生物学家自信心遭受到严重打击（图 31-1）。重要的是，这些 ESBL 就是为了克制氧亚氨基头孢菌素而生，它们能够通过催化水解而使得这些氧亚氨基头孢菌素类无效，对全球的抗感染治疗造成了严重威胁。另一方面，这 3 种 β-内酰胺酶抑制剂所针对的都是 A 类 β-内酰胺酶。然而，随着时间的推移，越来越多的病原菌被发现也产生其他 Ambler 分子学类别的 β-内酰胺酶，如各种 D 类酶（OXA 型酶），C 类 AmpC β-内酰胺酶和 B 类金属碳青霉烯酶。在新旧世纪交替之际，一种新型 A 类 β-内酰胺酶 KPC 型碳青霉烯酶崭露头角，尽管这种酶还没有形成全球大流行，但已经在一些国家处于地方流行状态，也包括我国。KPC 型酶的最突出特点之一就是不太受 β-内酰胺酶抑制剂的抑制。对于 β-内酰胺类抗生素和 β-内酰胺酶抑制剂的另一个挑战就是，一些菌株产生不止一种酶（例如，一种 A 类酶加上一种 D 类酶，一种 A 类酶加上一种 B 类酶，或一种 A 类加上一种 C 类酶）。由此不难看出，人们最初设想的两大策略确实在最近的二三十年中有效地应对了细菌的耐药，但人类研发新型抗菌药物的步伐最终还是落在了细菌耐药进化的后面。

　　更超出微生物学家想象的是，在 1993 年，也就是哌拉西林-他唑巴坦被美国 FDA 批准上市的这一年，一些能够耐受 β-内酰胺酶抑制剂的新型 β-内酰胺酶已经在临床分离株中被陆续鉴定出，特别是大肠埃希菌分离株。抑制剂耐药的 β-内酰胺酶显然是 β-内酰胺酶这一超家族中的一个小家族，迄今为止也不过有几十种天然的酶在全世界被鉴定出，而且检出地域高度集中在欧洲一些国家，如法国和西班牙。让人感到庆幸的是，尽管这些抑制剂耐药的 β-内酰胺酶的流行情况可能因检测方法不合理而被低估，但因为产这些酶的大多数细菌对广谱头孢菌

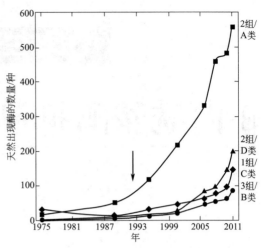

图 31-1　主要功能组别和分子学类别的天然 β-内酰胺酶的数量
（引自 Shlaes D M. Ann N Y Acad Sci，2013，1277：105-114）
箭头所示为哌拉西林-他唑巴坦批准上市的时间

素类敏感，这就为治疗选择留下了一些余地。然而，让人意想不到的是，一种既能水解氧亚氨基头孢菌素类，也能水解抑制剂的更新型复合突变体 β-内酰胺酶（CMT）在 1997 年首先被鉴定出来，相继有更多的 CMT 陆续被发现。人们原本以为将这两种活性"集于一身"似乎是彼此冲突的，所以 CMT 的出现让人对 β-内酰胺酶的多样性进化能力更加刮目相看。一般来说，产抑制剂耐药的 β-内酰胺酶在与前体相比都表现出对广谱头孢菌素水解活性的下降。当然在目前，抑制剂耐药的 β-内酰胺酶还有复合突变体酶还没有形成阵势和规模，而且也主要在欧洲被发现，没有全球散播，但人们绝不能轻视其发展进化潜力。由于缺乏治疗革兰阴性病原菌的全新抗菌药物的发现和研制，现有的各种 β-内酰胺类抗生素一直承担着全世界抗感染的重担，不可或缺。在 β-内酰胺类抗生素系列内，即便研发出新一代的产品，它们也难以逃脱原有各种 β-内酰胺酶的"魔爪"。例如，五代头孢菌素头孢洛扎（ceftolozane）拥有良好的抗铜绿假单胞菌的活性，但遗憾的是，它对各种 ESBL 的水解作用高度敏感。因此，细菌一旦进化出既对抑制剂高度耐药，也对广谱头孢菌素高度耐药的新型 β-内酰胺酶，并且在全球广泛散播，那将是全球抗感染治疗的灾难。不幸的是，这种可能性不能排除。

　　正是由于人们发现了对 β-内酰胺类的 β-内酰胺酶抑制剂耐药的 β-内酰胺酶，所以人们对研制后续的 β-内酰胺类的 β-内酰胺酶抑制剂的热情骤减。近些年来，人们高度关注非 β-内酰胺类-内酰胺酶抑制剂，研究最多和进展最快的是一种完全新型的 β-内酰胺酶抑制剂，它们不属于 β-内酰胺胺类，而是

二氮杂双环辛酮（diazabicyclooctane，DBO 或 DABCO）类化合物（图 31-2），已经被批准上市的代表性产品是阿维巴坦，后者已经与五代头孢菌素类头孢洛林和"老"的头孢菌素类头孢他啶组成复方制剂。MK-7655（relebactam）也已经与亚胺培南-西司他丁组成三组分制剂。

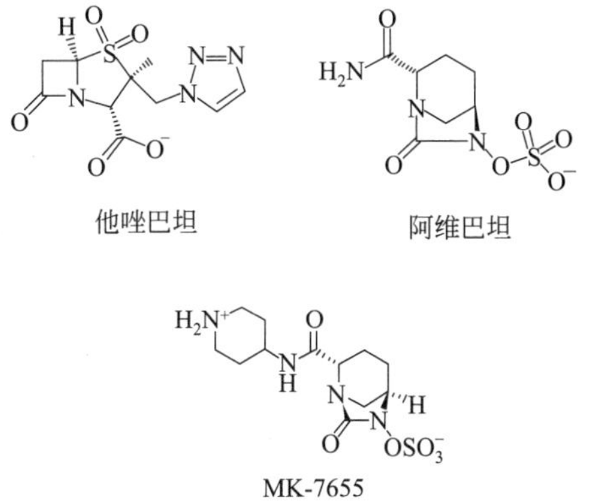

他唑巴坦　　阿维巴坦

MK-7655

图 31-2 3 种 β-内酰胺酶抑制剂的结构
（引自 Shlaes D M. Ann N Y Acad Sci, 2013, 1277: 105-114）

比起传统的 β-内酰胺类 β-内酰胺酶抑制剂如克拉维酸、舒巴坦和他唑巴坦，DBO 类非 β-内酰胺类 β-内酰胺酶抑制剂显然具有一些优势：一是它们的抑制谱广，包括了 A 类 β-内酰胺酶 \ C 类 β-内酰胺酶以及个别 D 类碳青霉烯酶（OXA-48），特别重要的是，阿维巴坦能够对 KPC 型酶起到抑制作用；二是那些抑制剂耐药的 β-内酰胺酶不会对阿维巴坦的抑制作用耐药；三是阿维巴坦不会诱导 β-内酰胺酶特别是 C 类 AmpC 酶的产生。不足之处在于阿维巴坦本身没有任何抗菌作用，而传统的 β-内酰胺类 β-内酰胺酶抑制剂特别是舒巴坦具有不错的抗不动杆菌种的活性。当然，本章介绍的主要内容是传统的 β-内酰胺酶抑制剂以及对其耐药的 β-内酰胺酶，非 β-内酰胺类的 β-内酰胺酶抑制剂的相关内容只是简要地介绍，读者有兴趣可参考其他相关文献和书籍。

欲理解对 β-内酰胺类的 β-内酰胺酶抑制剂耐药的机理，我们首先要介绍 β-内酰胺类的 β-内酰胺酶抑制剂的作用机理，接着我们会介绍对这些抑制剂耐药的 β-内酰胺酶的出现、进化、作用机理、检测和流行学等相关内容。

第二节　β-内酰胺酶抑制剂

一、β-内酰胺酶抑制剂概述

酶抑制剂并不是新概念，抑制本身分为可逆抑制和不可逆抑制，因此，抑制剂也自然分为可逆的

酶抑制剂和不可逆的酶抑制剂。可逆的抑制剂以如下方式结合到一种酶上，即这种酶活性能被恢复。不可逆抑制剂或许比起可逆抑制剂更有效，因为最终的结果是酶活性被破坏。β-内酰胺酶的抑制亦不例外，也分为可逆的抑制和不可逆的抑制。Bush 曾描绘过两种类别 β-内酰胺酶抑制剂（图 31-3）。

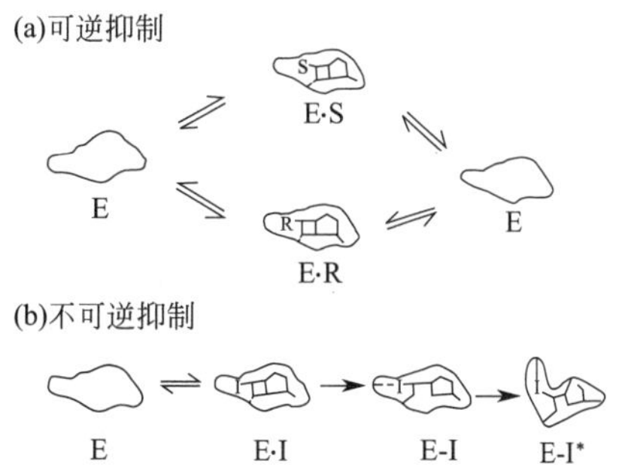

(a)可逆抑制

(b)不可逆抑制

E　　E·I　　E·I　　E·I*

图 31-3 β-内酰胺酶的可逆和不可逆抑制剂的图示
（引自 Bush K. Clin Microbiol Rev, 1988, 1: 109-123）
（a）可逆抑制，E · R 是酶与一种可逆的、竞争性的抑制剂形成的复合物。E · S 是可逆的酶-底物复合物。
（b）不可逆抑制。E · I 代表了一个不可逆的酶-抑制剂复合物。E · I 是一个共价的酶-底物复合物。E · I* 是不可逆灭活的酶

人们之所以如此关注 β-内酰胺酶抑制剂，正是因为研究和发展各种 β-内酰胺酶抑制剂已经成为人类应对细菌耐药威胁的重大策略之一。经过不懈努力，在 20 世纪 70 年代中后期，有 3 种 β-内酰胺酶抑制剂被陆续成功发展出来，即克拉维酸、舒巴坦和他唑巴坦，它们都是双环 β-内酰胺类衍生物，共同拥有的结构特征就是高度活性的四元 β-内酰胺环（图 31-4）。

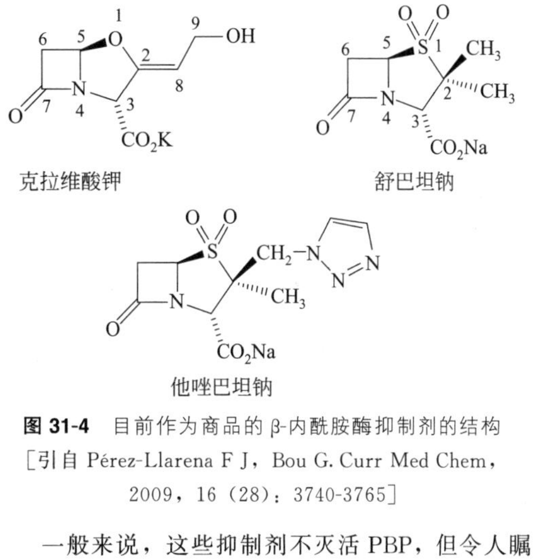

克拉维酸钾　　舒巴坦钠

他唑巴坦钠

图 31-4 目前作为商品的 β-内酰胺酶抑制剂的结构
［引自 Pérez-Llarena F J, Bou G. Curr Med Chem, 2009, 16（28）: 3740-3765］

一般来说，这些抑制剂不灭活 PBP，但令人瞩目的例外包括：①舒巴坦针对类杆菌菌种、不动杆菌菌种和淋病奈瑟菌的固有活性；②克拉维酸针对

流感嗜血杆菌和淋病奈瑟菌的作用；③在布氏疏螺旋体上的 PBP 的他唑巴坦抑制。由于这些抑制剂的抗菌作用相对弱，所有它们总是与 β-内酰胺类抗生素联合在临床上使用，舒巴坦是个例外，它已经作为单独制剂在欧盟和我国被批准上市。

　　事实上，在 20 世纪的 60～70 年代，在全世界范围内，给临床抗革兰阴性杆菌感染治疗带来麻烦主要是一些所谓的广谱 β-内酰胺酶或统称的青霉素酶，如 TEM-1、TEM-2 和 SHV-1。众所周知，TEM-1、TEM-2 和 SHV-1 都属于 Ambler 分子学分类中的 A 类酶，而这 3 种酶抑制剂也主要抑制 A 类 β-内酰胺酶的活性，对其他分子学类别的 β-内酰胺酶几乎无抑制作用。克拉维酸和舒巴坦分别是在 1976 年和 1978 年被研制出，他唑巴坦是在 1987 年被报告。然而，随着最初的 SHV/TEM 型 ESBL 出现以后，越来越多的 ESBL 相继被鉴定出，种类繁多，传播迅速，很快遍及全球。所谓的超广谱头孢菌素类是指那些能够耐受广谱酶的一些氧亚氨基头孢菌素类，如头孢呋辛、头孢他啶、头孢噻肟、头孢曲松和氨曲南等，这些氧亚氨基头孢菌素类恰恰是为了应对广谱 β-内酰胺酶而发展出来，可让人意想不到的是，能够水解这些氧亚氨基头孢菌素类的所谓超广谱酶首先就从这些广谱酶中进化而来。随着时间的推移，更多家族的 ESBL 也陆续被鉴定出来，如 CTX-M 家族、VEB 家族、PER 家族和 GES 家族等。当然，所有这些超广谱 β-内酰胺酶也都属于分子学 A 类，万幸的是，它们的活性也受到这 3 种酶抑制剂的抑制，否则，临床医生面临的抗感染局面将更加棘手。

　　一般来说，β-内酰胺酶抑制剂主要是和一些 β-内酰胺类抗生素组成复方制剂，如阿莫西林-克拉维酸钾（口服剂型和注射剂型），注射用氨苄西林钠-舒巴坦钠，注射用头孢哌酮钠-舒巴坦钠以及注射用哌拉西林钠-他唑巴坦钠，其中的 β-内酰胺酶抑制剂可以灭活 β-内酰胺酶，而组方中的 β-内酰胺类抗生素发挥抗菌作用。尽管这些酶抑制剂分子或许作为抑制剂起作用，但它们也能作为底物被水解。因此，许多可逆的抑制剂实际上是差的底物，它们以高亲和力被结合，但在低速率上被水解。因此，克拉维酸、舒巴坦和他唑巴坦都是基于机制的灭活剂，所谓基于机制就是指基于 β-内酰胺酶识别和水解底物的各种机制。对于赋予它们靶位失活的抑制剂的优先专门名词是"灭活剂"。一个特殊的亚类是自杀式灭活剂，这是一种分子，它必须最初结合到酶活性部位上，但通过催化酶本身的作用而被转化成为一种灭活剂，所以，克拉维酸、舒巴坦和他唑巴坦也被称作"自杀式灭活剂"。

二、传统 β-内酰胺酶抑制剂

　　所谓传统 β-内酰胺酶抑制剂是指 β-内酰胺类的 β-内酰胺酶抑制剂，也有学者称为一代 β-内酰胺酶抑制剂。早在 20 世纪的 70 年代，人们陆续发现了很多种具有 β-内酰胺酶抑制剂潜质的化合物，有些是从细菌发酵中分离出来，有些是属于半合成或合成的产物。随着青霉素酶耐药的大肠埃希菌的出现和对青霉素耐药的金黄色葡萄球菌的快速传播，对 β-内酰胺酶的抑制作为一个临床上重要的策略就显现出它的重要性。Reading 和 Cole 很快就发现了克拉维酸这个强效 β-内酰胺酶抑制剂。这个化合物是从带小棒链霉菌（*Streptomyces clavuligerus*）中被分离获得，它在针对金黄色葡萄球菌、肺炎克雷伯菌、淋病奈瑟菌、流感嗜血杆菌、卡他莫拉菌、脆弱拟杆菌和奇异变形杆菌时与阿莫西林具有协同作用。在辉瑞公司的一个相似的项目中，青霉烷砜——舒巴坦作为青霉烷酸的一个衍生物被研发出来，这个化合物快速地被引入到临床使用。接下来很快就是他唑巴坦的生物合成。他唑巴坦是一个三唑烷砜的衍生物，它被证明是如同克拉维酸一样具有活性的化合物。目前，克拉维酸、舒巴坦和他唑巴坦在针对 A 类 β-内酰胺酶上已经具有最广泛的临床使用。

（一）克拉维酸

1. 克拉维酸的基本特性

　　克拉维酸是被引入临床实践中的第一个传统的 β-内酰胺酶抑制剂，它是在 20 世纪 70 年代中期（1976 年）从带小棒链霉菌中分离获得。克拉维酸是一种新的双环 β-内酰胺衍生物，其化学结构由一个 β-内酰胺环被融合到一个噁唑烷酮部分上。最初，克拉维酸就被证实对来自肺炎克雷伯菌的广谱 β-内酰胺酶具有强力抑制活性。在防止 β-内酰胺酶对 β-内酰胺类抗生素底物的破坏上，克拉维酸相当有效，而那些免受 β-内酰胺酶水解的 β-内酰胺类抗生素依然能有效地水解青霉素类。克拉维酸对各种来源的头孢菌素酶的抑制要弱得多。尽管克拉维酸与这些 β-内酰胺酶的相互作用显示出酶灭活，但单个机制在不同的系统中或多或少有些不同。来自 Knowles 及其同僚的研究结果提供了最初的证据，即克拉维酸表现得像一种自杀式灭活剂。在与 TEM-2 β-内酰胺酶相互作用后，克拉维酸形成酰基-酶复合物。一旦酰基-酶复合物形成，这个复合物就有了可能的几种命运：①这个酰基-酶复合物能产生暂时被抑制的形式，它不是被永久地灭活。这种类型的抑制与可逆的抑制相似，即抑制能通过加入底物而被逆转，并且游离的酶能最终被恢复；

②这个酰基-酶复合物能简单地起到酶底物复合物的作用，克拉维酸最终还是被水解，这再一次导致游离酶的释放；③酶活性永久丧失，对于一种细菌酶抑制剂而言，这是一种理想的特性。因此，灭活发生的程度取决于在各种途径中的相互关系。既然克拉维酸也属于β-内酰胺类化合物，那么它具有一些抗菌活性也并不奇怪，只是它所拥有的抗菌活性非常弱，基本上不具有临床治疗意义。所以，克拉维酸均是与β-内酰胺类抗生素组成复方制剂。目前，已经作为抗生素"伙伴"与克拉维酸组成复方制剂的β-内酰胺类抗生素只有两种，一是阿莫西林，二是替卡西林。

2. 由克拉维酸组成的复方制剂

（1）阿莫西林-克拉维酸 阿莫西林-克拉维酸首先是于1981年在英国上市，几年后（1984年）被美国FDA批准上市，这个产品是第一个被引入临床实践的β-内酰胺-β-内酰胺酶抑制剂复方制剂，并且仍然是唯一可供口服的复方制剂。阿莫西林针对不具有一种β-内酰胺酶敏感细菌（如，链球菌属、肠球菌属、大肠埃希菌和李斯特菌属）的活性没有通过使用克拉维酸被改善。然而，克拉维酸的加入明显地扩大了阿莫西林的抗菌谱，从而包括了产青霉素酶的金黄色葡萄球菌、流感嗜血杆菌、卡他莫拉菌、类杆菌菌种、淋病奈瑟菌、大肠埃希菌、克雷伯菌属和奇异变形杆菌。但当与阿莫西林联合时，克拉维酸显著地降低针对金黄色葡萄球菌、肺炎克雷伯菌、奇异变形杆菌和大肠埃希菌的MIC。阿莫西林-克拉维酸的口服可利用性使得它很适合于门诊患者的用药，并且这个β-内酰胺-β-内酰胺酶抑制剂复方制剂在社区呼吸道感染的治疗上发挥了最大的价值。目前，已经有阿莫西林-克拉维酸的缓释剂型在全球上市销售。

此外，阿莫西林-克拉维酸的静脉处方在欧洲上市，我国业已仿制该产品，其主要适应证是治疗产ESBL大肠埃希菌所致的菌血症。Livermore等曾提出，克拉维酸可以与头孢吡肟或头孢匹罗组成复方注射剂，一方面，克拉维酸具有强力抑制各种ESBL的活性，可以保护作为"伙伴"的头孢吡肟和头孢匹罗免受这些ESBL的水解。另一方面，尽管克拉维酸不能抑制AmpC β-内酰胺酶的活性，但头孢吡肟和头孢匹罗却不能被C类AmpC β-内酰胺酶水解，同时也不必担心克拉维酸对AmpC β-内酰胺酶的诱导。这样的处方具有相当的合理性，相得益彰。目前，将这些制剂联合应用具有重要的障碍（例如，所有这些制剂都处于专利保护的末期，并且这些处方所需要的试验研究非常昂贵），但鉴于临床研究能被开展，这些组合或许是采用碳青霉烯类治疗产ESBL细菌的另一个吸引人的替换方法。然而，考虑到上述提及的各种制约，西方国家的各个大型制药企业大概不会研制这种产品。

（2）替卡西林-克拉维酸 替卡西林-克拉维酸于1985年被批准投入市场，它是第一个可非经肠给药的β-内酰胺-β-内酰胺酶抑制剂复方制剂。与阿莫西林的情况相似，克拉维酸的加入不增加针对那些替卡西林本身就有效的病原菌的活性，如非产β-内酰胺酶的嗜血杆菌菌种、大肠埃希菌、肠杆菌菌种、摩根菌菌种、普罗威登斯菌菌种和铜绿假单胞菌。然而，替卡西林-克拉维酸的这个复方制剂确实增加针对产β-内酰胺酶的病原菌的活性，如葡萄球菌属、大肠埃希菌、流感嗜血杆菌、克雷伯菌菌种、变形杆菌菌种、假单胞菌菌种、普罗威登斯菌菌种、淋病奈瑟菌、卡他莫拉菌和类杆菌菌种。令人吃惊的是，替卡西林-克拉维酸展示出针对多重耐药的、非乳糖发酵的嗜麦芽窄食单胞菌的抗菌活性，并且除了其他抗菌药物（如，氨曲南和TMP-SMZ）之外，这个复方制剂的使用导致协同的杀菌作用。这个现象或许代表着一个非常有趣的机会，人们可借此来研究替卡西林-克拉维酸针对嗜麦芽窄食单胞菌的活性。

在肠杆菌科细菌中，克拉维酸诱导染色体介导的AmpC β-内酰胺酶的表达并且能够拮抗替卡西林作为一个伙伴β-内酰胺的抗菌活性。这种替卡西林的拮抗作用在采用阴沟肠杆菌和摩氏摩根菌株进行的实验室棋盘式研究中被观察到。然而，在临床上β-内酰胺酶的诱导的影响非常难以被计量（量化）。当在临床前或临床试验中试验或评价抗生素时，β-内酰胺酶诱导或许作为效力的一个最终的预测剂而具有重要性。有学者认为，β-内酰胺酶抑制剂诱导头孢菌素酶产生的能力应该在临床试验研究开展之前被仔细地检查。不管怎么说，克拉维酸对AmpC β-内酰胺酶的诱导还是令人不安，因为替卡西林-克拉维酸覆盖的病原菌菌种与阿莫西林-克拉维酸明显不同，前者覆盖的细菌中有多重细菌产生AmpC β-内酰胺酶，而阿莫西林-克拉维酸则主要用于呼吸道感染，而造成感染的致病菌多为流感嗜血杆菌、肺炎链球菌和卡他莫拉菌等，这些细菌通常并不产生AmpC β-内酰胺酶。

（二）舒巴坦

1. 舒巴坦的基本特性

舒巴坦是一种青霉烷砜类（penicillinate sulfones）化合物，它是由辉瑞实验室于1978年成功合成出来。舒巴坦口服吸收不佳，但静脉给药耐受良好。舒巴坦代表着与克拉维酸的一个重要差别，前者是通过半合成方法获得，后者是从带小棒链霉菌中分离获得。舒巴坦显示出非常好的β-内酰胺酶抑制活性，主要针对的是根据 Ambler 分类中的 A 类β-内酰胺酶。然而，与克拉维酸和他唑巴坦相比，舒巴坦却是对这类酶的抑制活性较差的抑制剂，特别是针对 SHV-1。针对 C 类β-内酰胺酶，舒巴坦活性要较克拉维酸强，而针对 D 类β-内酰胺酶的活性要比针对 A 类β-内酰胺酶的活性差。与此相似，OXA-型酶不被舒巴坦和其他临床使用的抑制剂所抑制。

一般来说，β-内酰胺酶抑制剂本身的抗菌活性可以忽略不计，然而，舒巴坦却是一个例外，它针对不动杆菌菌种和脆弱拟杆菌具有固有的抗菌活性。对这些细菌的 PBP2 的高亲和力结合赋予了舒巴坦的这种抗菌活性。舒巴坦是唯一一个本身作为注射剂用于临床抗感染治疗，而克拉维酸和他唑巴坦均是作为复方制剂的一个组方而用于临床治疗。让人感到矛盾的是，β-内酰胺酶抑制剂特别是克拉维酸或许在一些革兰阴性菌中诱导β-内酰胺酶的产生，引起它们的伙伴抗生素的拮抗作用，不过舒巴坦并无对 AmpC β-内酰胺酶的诱导作用。

2. 由舒巴坦组成的代表性复方制剂

（1）氨苄西林-舒巴坦　氨苄西林-舒巴坦（处方比例 2：1）于 1987 年被批准上市。在该产品上市之时，氨苄西林显示出针对不表达β-内酰胺酶的大多数链球菌属、肠球菌属、李斯特菌属和金黄色葡萄球菌、流感嗜血杆菌、大肠埃希菌、奇异变形杆菌、沙门菌种和志贺菌种的抗菌活性（一个重要的例外是流感嗜血杆菌对氨苄西林耐药的菌株，它们不含有一种β-内酰胺酶，并且常常在 PBP 序列上有置换）。在与舒巴坦组合复方制剂上，氨苄西林的活性拓展到含有β-内酰胺酶的金黄色葡萄球菌、流感嗜血杆菌、卡他莫拉菌、大肠埃希菌、变形杆菌菌种、克雷伯菌菌种和厌氧菌。氨苄西林-舒巴坦的广谱活性使得其成为治疗混合感染的理想制剂，如腹部感染、妇科手术感染、吸入性肺炎、牙源性脓肿和糖尿病足感染。这个复方制剂的早期的成功（以及许多病原菌对氨苄西林-舒巴坦和替卡西林-克拉维酸的敏感性）确立了人们在β-内酰胺-β-内酰胺酶抑制剂治疗上的信心。不幸的是，在大肠埃希菌的临床分离株中对氨苄西林-舒巴坦的耐药已经出现并一直在增加。

（2）头孢哌酮-舒巴坦　头孢哌酮-舒巴坦一直没有在美国上市，而是在欧洲和我国上市销售。在我国，这一复方制剂是大多数大型三级甲等医院中使用量最大的β-内酰胺类制剂之一。然而，这一产品的组方还是存在着一定的问题，当然属于历史问题，问题的关键就是头孢哌酮和舒巴坦的代谢存在

着明显的差异。舒巴坦主要经肾脏排泄，在给药后的 8～12h，舒巴坦给药量的 75% 在尿液中被收集到，因此，肾功能衰竭患者舒巴坦的清除明显下降。然而，头孢哌酮的主要排泄途径则是胆道（或胆汁排泄）。因此，在肌酐清除率<30mL/min 的患者，如果头孢哌酮/舒巴坦复方制剂中的舒巴坦每日给药一次的话，额外还需要每 12 小时单独给予头孢哌酮，否则，头孢哌酮的剂量不够。这一点在注射用头孢哌酮钠舒巴坦钠说明书中并未明确加以说明。

（三）他唑巴坦

1. 他唑巴坦的基本特性

他唑巴坦也是青霉烷砜类（penicillinate sulfones），也称作β-内酰胺磺酸盐，早在 1980 年就作为合成的化合物被发展出来。半合成的他唑巴坦的各项性能在 1987 年被系统报告。这种抑制剂具有对大多数 A 类和一些 D 类β-内酰胺酶的良好亲和力，并且对 C 类β-内酰胺酶具有轻度的亲和力，特别是在摩根菌中的那些 C 类β-内酰胺酶。像舒巴坦一样，他唑巴坦也是采用合成方法从 6-β-氨基青霉烷酸中制备出来的。在针对 CTX-M 型β-内酰胺酶，它的抑制活性比起克拉维酸几乎大 10 倍。总体来说，他唑巴坦对各种β-内酰胺酶的抑制作用要强于克拉维酸和舒巴坦。

2. 由他唑巴坦组成的代表性复方制剂

（1）哌拉西林-他唑巴坦　哌拉西林-他唑巴坦于 1993 年在美国被批准上市，为注射剂。哌拉西林本身是一种广谱青霉素，它针对许多革兰阳性和革兰阴性需氧菌和厌氧菌都具有杀菌活性。作为单药，哌拉西林证实了针对铜绿假单胞菌、肺炎球菌、链球菌属、厌氧菌和粪肠球菌的抗菌活性，并且这个活性在与他唑巴坦组成复方制剂时被保留着。临床医生必须记住，他唑巴坦的加入不总是增加铜绿假单胞菌和表达 AmpC β-内酰胺酶的其他革兰阴性杆菌的敏感性。然而，他唑巴坦确实拓展了哌拉西林针对肠杆菌科细菌、流感嗜血杆菌、淋病奈瑟菌和卡他莫拉菌的大多数产β-内酰胺酶的菌株的活性，并且具有降低针对表达有 ESBL 的这些菌株的 MIC 的潜力。CMY 型β-内酰胺酶被他唑巴坦的体外抑制被报告，但这个表型的临床相关性仍不清楚。

当他唑巴坦与哌拉西林组成复方制剂被引入临床实践之时，耐药局面显然与现在的耐药局面明显不同。当时，大多数已知的质粒编码的β-内酰胺酶都类似于 TEM-1 和 SHV-1。并且，尽管 ESBL（包括肠杆菌属和沙雷菌属的 AmpC 酶）已经被发现，以及耐药快速出现，但在 20 世纪 90 年代的

ESBL 大多属于 A 类酶，几乎都被他唑巴坦抑制。A 类碳青霉烯酶在重要的临床病原菌中非常少见。一般来说，哌拉西林对 β-内酰胺酶的水解，甚至是早期的 β-内酰胺酶的水解都非常敏感，因此保护起来并非易事。但是，如同在人药代动力学显示的那样，他唑巴坦抑制哌拉西林的肾分泌，这会增加哌拉西林的血药浓度。因此，除了其他因素之外，采用非常高的剂量（每天高达 24g 哌拉西林加上 3g 他唑巴坦）使得这个复方制剂能成功地用于临床实践。有一段时间人们甚至认为，采用哌拉西林-他唑巴坦替换头孢菌素类能延缓医院内 ESBL 的出现。

然而，时至今日，我们正观察到越来越多的革兰阴性病原菌对哌拉西林-他唑巴坦耐药。这与更老的 β-内酰胺酶如 TEM-1 和 SHV-1 增加的表达有关，与同步表达多种 β-内酰胺酶病原菌增加的数量有关，也与已经蓄积多种突变的 β-内酰胺酶有关，总之多个突变降低传统抑制剂的抑制作用的敏感性。一个有趣的观察是，他唑巴坦比起克拉维酸在针对特异性的抑制剂耐药 β-内酰胺酶（IRT）上仍然拥有 10~25 倍更高的活性。在体外，哌拉西林-他唑巴坦仍然是一些突变体菌株的强力抗生素。这可能是由于如下的事实，即许多这样的突变衍生出一种酶，它对抑制剂的抑制作用更加耐药，但这种突变体酶的催化能力也遭受到损害。

（2）头孢洛扎-他唑巴坦　这是一个"新"的抗生素与"老"的酶抑制剂组成的全新复方制剂。值得提及的是，头孢洛扎（Ceftolozane）是一个新近研发的五代头孢菌素，一经研发成功就和他唑巴坦组成复方制剂，它是他唑巴坦的一个"新伙伴"。这是一个新抗生素与传统的 β-内酰胺酶抑制剂组成复方制剂的第一个例子。

头孢洛扎最初是在 2004 年被日本藤泽制药发现（最初被称为 FR264205）。这些年来，头孢洛扎的所有权几易其主，最后由其组成的复方制剂头孢洛扎-他唑巴坦归属默克公司所有。早期研究提示，头孢洛扎抗临床铜绿假单胞菌活性优于头孢他啶，而且 MexAB-OprM 过度表达和 OprD 缺失几乎不影响头孢洛扎活性，但头孢洛扎对 ESBL 产生敏感。正是基于这个缘故它与他唑巴坦配对组成复方制剂。在 2014 年，默沙东收购的 Cubist，同时将头孢洛扎-他唑巴坦收入囊中。目前美国 FDA 已经批准了该复方制剂的三个适应证，复杂的腹腔内感染、复杂的尿道感染以及社区获得性肺炎。

不过，不幸的是，针对一些病原菌如产 ESBL 大肠埃希菌和肺炎克雷伯菌，对碳青霉烯不敏感的肺炎克雷伯菌以及对头孢他啶耐药的阴沟肠杆菌，头孢洛扎的 $MIC_{90} > 32\mu g/mL$，而头孢洛扎-他唑巴坦的 $MIC_{90} \geqslant 16\mu g/mL$。由此可见，他唑巴坦不足以保护头孢洛扎免受各种酶的水解作用。

当然，国内也有一些 β-内酰胺类与各种 β-内酰胺酶抑制剂组成的复方制剂已经被批准上市，但由于这些产品并非传统和经典的制剂，甚至有些产品的处方研究并不充分，合理性也不尽人意，所以不在这里描述。

三、全新一代 β-内酰胺酶抑制剂

众所周知，传统的 β-内酰胺类的 β-内酰胺酶抑制剂一共就开发出 3 种，克拉维酸、舒巴坦和他唑巴坦，最后一个他唑巴坦也早在 20 世纪 80 年代初就被合成出来，第一个由他唑巴坦组成的复方制剂哌拉西林-他唑巴坦也已于 1993 年被美国 FDA 批准上市。自从哌拉西林-他唑巴坦被批准上市以来，在革兰阴性菌中 β-内酰胺酶介导耐药的错综复杂性已经显著增加。编码有更高水平 β-内酰胺酶，多种 β-内酰胺酶，抑制剂耐药 β-内酰胺酶以及属于不被这三种传统 β-内酰胺类的 β-内酰胺酶抑制剂抑制的 C 类酶的革兰阴性菌的数量急剧增加。多少有些令人不解的是，几十年过去了，再没有其他的 β-内酰胺类的 β-内酰胺酶抑制剂被开发出来。回顾克拉维酸、舒巴坦和他唑巴坦研制的年代顺序不难发现，在这些传统的 β-内酰胺类的 β-内酰胺酶抑制剂问世的时间段中，在全球介导细菌耐药的 β-内酰胺酶主要是一些广谱 β-内酰胺酶和超广谱 β-内酰胺酶，C 类 AmpC β-内酰胺酶和 B 类金属 β-内酰胺酶还没有广泛流行起来，产这些酶的病原菌带来的挑战也并非迫在眉睫，已经上市的 3 种 β-内酰胺酶抑制剂足以应对这些产酶细菌带来的挑战，换言之，研发更多 β-内酰胺酶抑制剂的客观需求并不强烈。另一方面，也就在哌拉西林-他唑巴坦投放市场的同一年，一种能够对传统的 β-内酰胺类的 β-内酰胺酶抑制剂耐药的全新一组 β-内酰胺酶在大肠埃希菌临床分离株中被鉴定出，相继有几十种这样的 β-内酰胺酶在大肠埃希菌、肺炎克雷伯菌、奇异变形杆菌和奥克西多克雷伯菌临床分离株中被发现。这些酶的出现对于各种 β-内酰胺/β-内酰胺酶抑制剂复方制剂的临床有效性构成威胁，更有可能的是，这直接扑灭了人们研发更多传统的 β-内酰胺类的 β-内酰胺酶抑制剂的热情。制药公司理所当然会觉得这样的投资缺乏可靠的回报。

近十多年来，在全世界，全新一代 β-内酰胺酶抑制剂的研发正在掀起一个高潮。应对这种耐药危机的一种策略就是再一次转向 β-内酰胺类抗生素和 β-内酰胺酶抑制剂组成的复方制剂。所谓全新一代系指这些 β-内酰胺酶抑制剂本身并不是 β-内酰胺类，而是具有其他的化学结构。当然，也有学者称

它们为二代 β-内酰胺酶抑制剂。在这些二代 β-内酰胺酶抑制剂中，有些产品针对 C 类酶，有些产品针对 B 类酶以及还有一些产品针对 D 类酶，毫无疑问，最具代表性的产品非阿维巴坦莫属。

（一）阿维巴坦

1. 阿维巴坦的基本特性

阿维巴坦（avibatam）本身不是 β-内酰胺类分子，而是二氮杂双环辛烷（diazabicyclooctane，DBO 或 DABCO）类酶抑制剂。DBO 类的代表性化合物有阿维巴坦和 MK7655（relebactam）。早在 20 世纪 90 年代中期，德国制药公司 Hoechst Marion Roussel（HMR）的化学家就设想出这类化合物是潜在的 β-内酰胺类似物。早期研究提示，这类化合物不具有抗菌活性，这不难理解，因为它们不是 β-内酰胺分子，但能抑制 A 类和 C 类 β-内酰胺酶。阿维巴坦的所有权也是几易其主。研究初期，阿维巴坦称为 AVE1330A，在 2004 年，法国一家私人控股的、专门从事抗感染研究的公司获得了这个产品，改称 NXL104 并开始进行系统的非临床试验研究。在 2010 年阿斯利康收购 Novexel 之后，这个产品最终被称作阿维巴坦。

阿维巴坦抑制活性谱极其广，包括 A 类和 C 类丝氨酸酶，甚至也涵盖了 A 类碳青霉烯酶如 KPC。重要的是，阿维巴坦还抑制 OXA-48，这是 D 类碳青霉烯酶的一种，但显然对其他来自鲍曼不动杆菌的 OXA-51 和 OXA-58 无抑制作用。从机械原理上讲，阿维巴坦是一种共价的，但却缓慢可逆的、非 β-内酰胺类的 β-内酰胺酶抑制剂（表 31-1）。

表 31-1 几种 β-内酰胺酶抑制剂的活性（IC_{50}）

单位：$\mu mol/L$

β-内酰胺酶	他唑巴坦	阿维巴坦	MK7655
TEM-1	0.01	0.01	0.03
KPC-2	43.00	0.17	0.21
SHV-1	0.07	NR	0.03
SHV-4	0.06	0.003	NR
SHV-5	0.01	NR	0.36
CTX-M-15	0.01	0.01	NR
AmpC（铜绿假单胞菌）	1.49	0.13	0.47
P99	12.00	0.13	0.13
OXA（鲍曼不动杆菌）	58	NR	>50

注：1. 引自 Shlaes D M. Ann N Y Acad Sci，2013，1277：105-114。

2. NR—无报告。

2. 由阿维巴坦组成的代表性复方制剂

理论上讲，阿维巴坦可以与多种 β-内酰胺类抗生素组成复方制剂，包括头孢他啶、头孢噻肟、哌拉西林、氨曲南、亚胺培南和头孢洛林等。最早开展系统性研究的相关复方制剂就是头孢他啶-阿维巴坦和头孢洛林-阿维巴坦。美国森林实验室开始研制头孢他啶-阿维巴坦（处方比例 4∶1）与抗 MRSA 的五代头孢菌素头孢洛林-阿维巴坦（处方比例 2∶1）这两个复方制剂。头孢洛林是新近批准的五代头孢菌素，具有抗 MRSA 的活性，但没有抗铜绿假单胞菌的活性。有趣的是，DBO 类抑制剂似乎强化头孢他啶和亚胺培南针对头孢他啶耐药或亚胺培南耐药铜绿假单胞菌的抗菌活性。其耐药的原因大概是通过减少的孔蛋白表达，造成减少的通透性、增强的外排，或亚胺培南通过 OprD 通道扩散的改变，所有这些与染色体假单胞菌 AmpC β-内酰胺酶增加的表达一起升高 MIC。AmpC β-内酰胺酶被 DBO 类抑制剂的抑制消除了这种酶的水解作用，因此，降低作为"伙伴"的 β-内酰胺类抗生素的 MIC。由于头孢洛林几乎没有抗假单胞菌活性，阿维巴坦的加入也并未增加这方面的活性。PK/PD 研究证实，对于阿维巴坦的活性而言，关键的 PK 参数是超过一些关键浓度的时间，这个关键浓度是 $0.3\mu g/mL$。此外，头孢他啶-阿维巴坦和头孢洛林-阿维巴坦的用法均是 q8h 静脉给药。

阿维巴坦与头孢他啶联合组合一个复方制剂，处方比例是 4∶1（头孢他啶为 $4\mu g/mL$ 和阿维巴坦为 $1\mu g/mL$）。与头孢他啶单药相比，阿维巴坦降低一系列肠杆菌科细菌的 MIC 至少 7/8，针对大肠埃希菌、肺炎克雷伯菌、合适柠檬酸杆菌和奇异变形杆菌菌株的 MIC≤$4\mu g/mL$ 以及针对阴沟肠菌和黏质沙雷菌的 MIC 为 $2\mu g/mL$。针对 A 类 β-内酰胺酶产生菌株（主要是 TEM 和 SHV 型酶），头孢他啶-阿维巴坦复方制剂相当于头孢他啶-克拉维酸，但优于阿莫西林-克拉维酸和哌拉西林-他唑巴坦。头孢他啶-阿维巴坦在针对产 C 类酶的肠杆菌科细菌比哌拉西林-他唑巴坦抗菌活性更强，包括对头孢他啶耐药及敏感的弗氏柠檬酸杆菌和阴沟肠杆菌的菌株。对于铜绿假单胞菌的临床分离株的收集，阿维巴坦（浓度为 $4\mu g/mL$）恢复 MIC 到敏感的范围（21% 对头孢他啶不敏感 vs.6% 对头孢他啶-阿维巴坦不敏感）。在体内小鼠研究中，包括产生 CTX-M 肠杆菌科细菌的败血症模型，产 AmpC 和 SHV-11 肺炎克雷伯菌肺炎模型以及产 KPC-2、TEM-1 和 SHV-11 肺炎克雷伯菌的股感染和败血症模型，头孢他啶-阿维巴坦复方制剂已经证实了有前途的疗效。

（二）MK-7655（relebactam）

在阿维巴坦发现后，默沙东相继研制出另一个

DBO 类化合物 MK-7655 并为此申报了专利, 保护这个化合物的制备。MK-7655 与亚胺培南组成的复方制剂展示出对 KPC-2 极佳的活性。目前, MK-7655 已经与亚胺培南组成复方制剂。亚胺培南-西司他丁-MK-7655 (处方比例 2∶2∶1 或 4∶4∶1), 这是全球第一个抗菌药物中的三组分制剂。FDA 已经于 2019 年批准这一产品上市。

与传统的 β-内酰胺类的 β-内酰胺酶抑制剂相比, 二代 DBO 类 β-内酰胺酶抑制剂的优点之一就是不受到抑制剂耐药 β-内酰胺酶的影响, 至少目前在临床上还没有发现对阿维巴坦耐药的菌株。然而, Livermore 等已经显示, 选择出对头孢洛扎-阿维巴坦耐药的 CTX-M-15 和 AmpC β-内酰胺酶突变体是有可能的。在 CTX-M-15, 分离出的一个点突变 (赖氨酸 237→谷氨酰胺) 突变体对头孢洛扎-阿维巴坦或阿维巴坦耐药, 但似乎在催化头孢洛扎上受到损害。如携带有 CTX-M-15 亲代酶的大肠埃希菌针对头孢洛扎和头孢洛扎-阿维巴坦的 MIC 分别为 $> 64\mu g/mL$ 和 $0.25\mu g/mL$, 但突变体酶的 MIC 则分别为 $32\mu g/mL$ 和 $32\mu g/mL$。在 AmpC β-内酰胺酶, 突变实际上是在 Ω 环上的一些氨基酸的缺失, 这保留住了对三代头孢素类耐药。必须要牢记的是, 细菌发展和进化出耐药的本领无与伦比, 我们决不能轻视细菌的这种超凡能力。理论上讲, 细菌一定会进化出针对全新一代 β-内酰胺酶抑制剂耐药的机制, 甚至可能不仅一种机制, 只是我们现在还不能妄自猜测。作为 β-内酰胺酶抑制剂的前提条件就是这些抑制剂必须要结合到酶上, 经过各种各样的机制使得酶失活。任何一种酶都能通过突变进化, 说不准哪一类突变会影响到这些抑制剂对酶的亲和力, 如此就会影响到酶的结合, 降低酶的抑制效力。任何 β-内酰胺酶抑制剂也必须要穿过细菌外膜进入周质间隙中才能发挥作用, 一旦外膜蛋白变异而造成通透性改变, 也可能会影响到酶抑制剂的效力, 造成对这些抑制剂的表型耐药, 凡此种种。细菌耐药的进化和发展已经超过了人类研究全新抗菌药物的步伐, 我们决不能因为发现了一种有效的制剂或手段就忘乎所以, 不再去做坚持不懈的努力。

(三) C 类酶抑制剂

在过去的 10 年中, 很多小分子的 C 类酶抑制剂已经被发现, 不过没有一个进展到中后期研发阶段。原因是复杂的, 但可能包括如下的一个或多个因素: ①被 β-内酰胺酶的快速周转; ②差的外膜通透性; ③诱导 β-内酰胺酶的能力; ④化学的不稳定性; ⑤在人体的短半衰期。

事实上, C 类 β-内酰胺酶是在 1981 年才被鉴定出, 而且人们很早就知道硼酸盐可以抑制 C 类 AmpC β-内酰胺酶并将这种特性用于 AmpC β-内酰胺酶的检测之中。然而, 基于硼酸的 β-内酰胺酶抑制剂早在 1978 年就有报告。在 2007 年, 一些硼酸盐 β-内酰胺酶抑制剂被申请了专利。Rempex 是一家位于美国加利福尼亚州的生物技术公司, 它近期提呈了关于广谱 β-内酰胺酶抑制剂 RPX7009 (一种全新的硼酸盐化合物) 的复方制剂。RPX7009 针对 A 类酶包括 KPC 酶以及 C 类酶具有活性, 并且它正与比阿培南组成复方制剂。这个复方制剂在活性上似乎与亚胺培南-西司他丁-MK7655 的活性相似。

(四) 其他

人类面临的最严峻挑战是金属 β-内酰胺酶介导的耐药。目前, 已经有一些 MBL 抑制剂处于研发的各个阶段, 它们显示出一些针对 IMP 型和 VIM 型金属 β-内酰胺酶的抑制活性。然而, 截至目前, 所有被鉴定出的金属 β-内酰胺酶抑制剂在针对 NDM-1 时都是相对无效的。这方面的工作任重道远。

四、研发各类酶抑制剂复方制剂的一些考量

事实上, 并非每个 β-内酰胺类抗生素都适合与这些 β-内酰胺酶抑制剂组成复方制剂。因此, 自从 3 个 β-内酰胺酶抑制剂如克拉维酸、舒巴坦和他唑巴坦问世以来, 在全球比较流行的 β-内酰胺/β-内酰胺酶抑制复方制剂的品种不过几种, 如阿莫西林-克拉维酸 (口服剂型和注射剂)、替卡西林-克拉维酸 (注射剂)、氨苄西林-舒巴坦 (注射剂)、头孢哌酮-舒巴坦以及哌拉西林-他唑巴坦 (注射剂), 其中阿莫西林-克拉维酸 (注射) 和头孢哌酮-舒巴坦并不是全球通用。已如上述, 头孢哌酮-舒巴坦的组方也有不尽合理之处。此外, 随着 C 类 β-内酰胺酶越来越广泛散播, 替卡西林-克拉维酸的弊端也逐渐显现出来, 因为克拉维酸可以诱导 C 类酶的产生, 而替卡西林则并不能耐受 C 类酶的水解作用, 因此, 出现了拮抗作用。

若想研制出一种这样的复方制剂, 必须考虑如下各种因素: 两种组分的半衰期、排泄途径、绝对剂量和处方比例、给药次数、抗菌谱中各种细菌的产酶特点、产酶的种类、产酶细菌的比例、细菌针对各个组分的敏感折点以及复方制剂的安全性等。由此可见, 研制出一种全新的 β-内酰胺/β-内酰胺酶抑制复方制剂并非易事, 是一个非常复杂的过程, 需要全方位和综合考虑问题, 这可能也是这类复方制剂为数不多的原因之一。然而, 可能也是受

因于难以研发出全新化学结构的抗菌药物的缘故，阿维巴坦一经问世，很多厂家就开始研制各种相关的复方制剂，如头孢他啶-阿维巴坦、氨曲南-阿维巴坦、头孢洛林-阿维巴坦和亚胺培南-西司他丁-MK7655 等。此外，默克公司已经推出全新的复方制剂头孢洛扎-他唑巴坦。然而，从细菌耐药的角度上讲，这些全新复方制剂也同样难以幸免。已经证实，头孢他啶-阿维巴坦会受到一些 KPC 型突变体酶的攻击，这些突变体酶表现出对头孢他啶增加的亲和力。那样的突变体酶易于在体外被选择出，重要的是，在匹兹堡，在现实的临床实践中，这样的突变体酶在采用头孢他啶-阿维巴坦治疗的 3/31 名患者中被选择出。对于头孢洛扎-他唑巴坦而言，已经有铜绿假单胞菌耐药突变体的报告，这些突变体在 AmpC 酶中发生了序列突变，赋予对头孢洛扎-他唑巴坦和头孢他啶-阿维巴坦耐药。

五、β-内酰胺酶抑制剂的作用机制

（一）传统 β-内酰胺类 β-内酰胺酶抑制剂作用机制

如上所述，传统的 3 种 β-内酰胺酶抑制剂本身就是 β-内酰胺类分子，它们的灭活机制也是通过结合到酶的活性部位而起作用，而且这 3 种 β-内酰胺酶抑制剂也主要抑制各种 A 类广谱 β-内酰胺酶和超广谱 β-内酰胺酶。如同 β-内酰胺类抗生素所起的作用那样，β-内酰胺酶抑制剂以一种复杂的两步反应永久地酰化 β-内酰胺酶。简言之，β-内酰胺酶抑制剂作为一个 β-内酰胺类底物而被 β-内酰胺酶识别。这个识别导致米-门（Michaelis-Menten）复合物的形成，酶被酰化。A 类 β-内酰胺酶的灭活要经历复杂的反应体系，在酰基-酶形成后有多种命运：①经历一个可逆的改变，这种改变产生出一个被一过性抑制的酶，一个互变异构体（E－T）；②作为一个共价的酰基-酶物种（E－I*）导致永久的灭活；③通过水解而重新生成具有活性的酶（E＋P）。酶的功能性抑制被这些途径中的每一个途径的相对速率（k_3、k_4、k_{-4} 和 k_5）以及特别是被 E－I* 物种的形成所决定。

$$
\begin{array}{c}
\text{E－T} \\
k_4 \Big\Updownarrow k_{-4} \\
\text{E－I} \xrightarrow{k_5} \text{E＋P} \\
\Big\downarrow k_3 \\
\text{E－I}^*
\end{array}
$$

一般来说，50％抑制浓度（IC_{50}）剂量被需要来降低酶活性到其未被抑制的速度的 50％的抑制剂的数量。尽管一个 IC_{50} 能反映出一个抑制剂的亲和力或 k_{cat}/k_{inact} 比率，这些参数不总是合适的，例如，一个抑制剂能够具有一个差的亲和力并且缓慢地酰化这个酶，但仍然产生出低的 IC_{50}，这是因为非常低的脱酰化速率。一个抑制剂的活性也能被周转数（turnover number，TN）来评价。TN 也等于分配比率（k_{cat}/k_{inact}），它被定义为一个酶分子被不可逆地灭活之前每个单位时间被水解的抑制剂分子的数量。例如，金黄色葡萄球菌 PC1 需要一个克拉维酸分子来灭活一个 β-内酰胺酶，而 TEM-1 则需要 160 个克拉维酸分子，SHV-1 需要 60 个克拉维酸分子以及蜡样芽孢杆菌 I 需要超过 16000 个克拉维酸分子。比较来看，对于 TEM-1 和 SHV-1，舒巴坦 TN 分别是 10000 和 13000。

克拉维酸对 A 类 β-内酰胺酶的抑制化学非常复杂并且在整个反应途径中涉及中间步骤和化合物。这一过程起始于一个酰基介导物种的形成，接着是一系列重排反应，这就导致一种亚胺离子中间产物的形成，后者是伴随着噁唑环的打开而出现的。从这一中间产物开始，接下来的反应分裂成：①一部分通过诱捕丝氨酸 130 而导致酶的不可逆灭活，由此形成了新化合物；②另一部分导致一个烯胺物种的形成，这一物种经历羧基化，从而产生出物种 14（图 31-5）。

TEM-1 被舒巴坦抑制的化学机制也同样复杂，与克拉维酸的抑制过程相似。由图 31-6 可以看出，丝氨酸 70（亲核体）攻击舒巴坦的 β-内酰胺羰基，从而形成四面体中间产物 A，然后，四氢噻唑环打开产生 B。如果这个酰基-酶 B 遵循政策的脱酰化过程，亚胺 C 被形成并且自动水解，从而产生出提示的化合物。中间产物 B 能够经历另一种反应，这导致一过性酶抑制，从而产生出烯胺 D。这一中间产物也可以导致不可逆灭活的酶，即结构 E。

他唑巴坦在结构上与舒巴坦相关，唯一的结构差别是以一个三唑基团加入到 C2 甲基上。这一化学修饰改善针对一些 β-内酰胺酶的活性。他唑巴坦经历了与 β-内酰胺酶的总体反应中首先是酶的酰化。在导致不可逆抑制的反应中，他唑巴坦经历活性改变并且通常被碎片化（图 31-7）。事实上，Michaelis 复合物的形成或许也会接着借助水解而发生脱酰化。水解导致酶的再生以及被水解后的因而无活性的他唑巴坦的产生。但是，动力学上缓慢的水解实际上促成不可逆抑制。例如，这导致针对 TEM-1 的周转率是 140。换言之，每一次造成不可逆抑制就有 140 个他唑巴坦分子被水解。他唑巴坦抑制机制与克拉维酸以及舒巴坦的抑制机制相似，既可以不可逆地抑制，也可以一过性抑制。

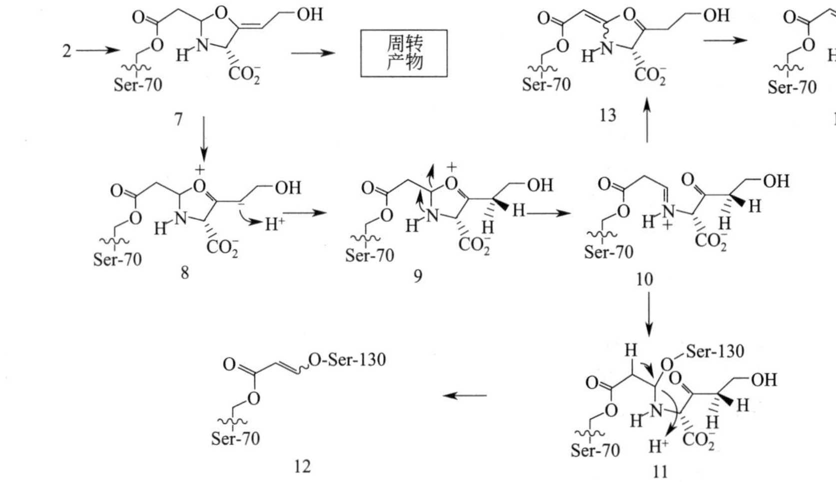

图 31-5　A 类 β-内酰胺酶被克拉维酸抑制的过程

［引自 Pérez-Llarena F J，Bou G. Curr Med Chem，2009，16（28）：3740-3765］

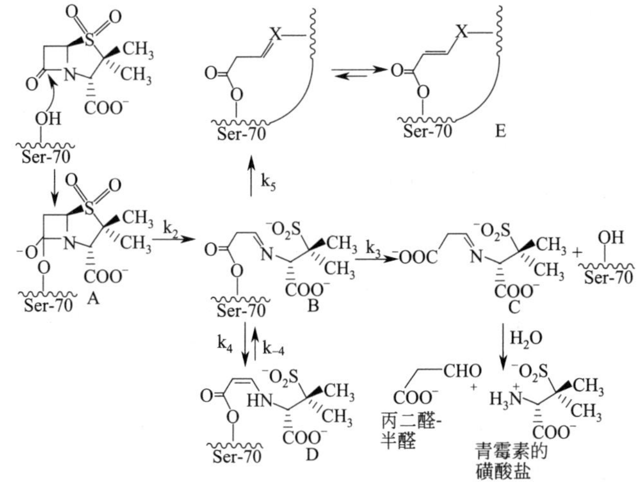

图 31-6　TEM-1 被舒巴坦抑制的机制

［引自 Pérez-Llarena F J，Bou G. Curr Med Chem，2009，16（28）：3740-3765］

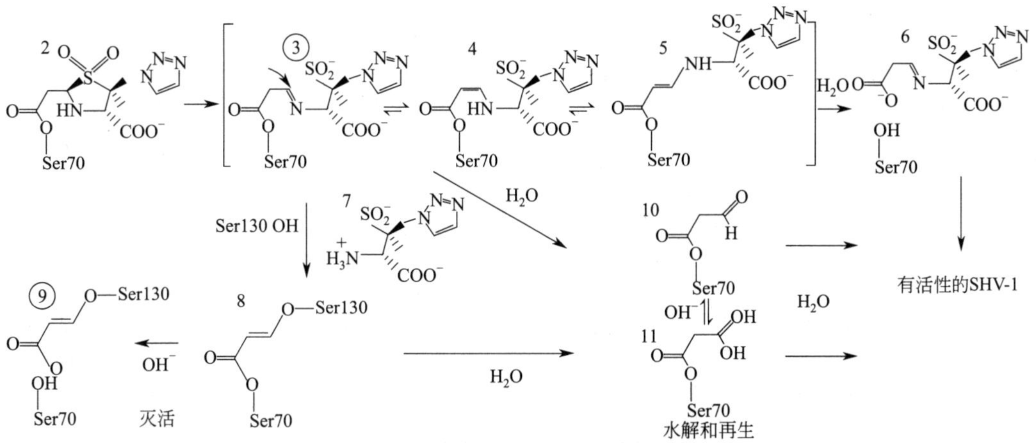

图 31-7　他唑巴坦与 SHV-1 反应图示

（引自 Shlaes D M. Ann N Y Acad Sci，2013，1277：105-114）

被圈上的中间产物存在已经在晶型结构中被证实

（二）DBO 类 β-内酰胺酶抑制剂作用机制

　　阿维巴坦和 MK-7655 这些新型抑制剂的作用机制与其他一些传统的抑制剂不同，不过 DBO 类抑制剂以一种与他唑巴坦相似的方式酰化 β-内酰胺酶，具有相似的亲和力。与他唑巴坦形成对比的是，DBO 抑制剂阿维巴坦不会经历活性转化以形成一个不可逆的复合物，取而代之的是，酶脱酰化非常缓慢——被酰化的酶是被抑制的形式。在任何情况下，缓慢的脱酰化导致极其低的周转率，以至于大约一个分子酶被单一一个分子阿维巴坦灭活。快速的酰化速率加上一个相对缓慢的脱酰化速率以及如下的事实即脱酰化再生出能够再结合和抑制酶的诱惑性的抑制剂，这些加在一起贡献 DBO 抑制剂改善的抑制活性。DBO 抑制剂也有一个更广的抑制谱，包括了 AmpC 型酶的 A 类碳青霉烯酶如 KPC 型酶。阿维巴坦的一个突出特性是延长的脱酰化速率。50% 的酶恢复时间针对 TEM-1 和 P99 是 7d（对比而言，TEM-1 和克拉维酸是 7min，P99 和他唑巴坦是 290min），这就建议一个非常稳定和长寿的中间产物的存在。一个共价复合物的形成已经被相关的研究结果支持。具体说，β-内酰胺酶丝氨酸亲核攻击阿维巴坦酰胺键，开环形成共价结合物，得到酶-抑制剂复合体，为酶抑制形成，且不发生水解，再经环合形成内酰胺环，又得阿维巴坦。亲核进攻导致开环的速率远远大于环合，致使 β-内酰胺酶基本处于抑制状态。在此过程中，阿维巴坦自身结构可逆反应恢复，因而具有长效的抑酶作用。阿维巴坦则与经典 β-内酰胺酶抑制剂的作用机制有着本质的区别。经典的酶抑制剂对 C 类酶不具有或具有微弱抑制作用，但阿维巴坦抑制 C 类酶的作用明显，抑制谱更广。此外，阿维巴坦不会诱导 β-内酰胺酶的产生。

参考文献

[1]　Knowles J R. Penicillin resistance：the chemistry of beta-lactamase inhibition [J]. Acc Chem Res，1985，18：97-105.

[2]　Pérez-Llarena F J，Bou G. β-lactamase inhibitors：the story so far [J]. Curr Med Chem，2009，16（28）：3740-3765.

[3]　Shahid M，Sobia F，Singh A，et al. β-lactams and β-lactamase-inhibitors in current- or potential-clinical practice：a comprehensive update [J]. Crit Rev Microbiol，2009，35：81-108.

[4]　Drawz S M，Ronomo R A. Three decades of β-lactamase inhibitors [J]. Clin Microbiol Rev，2010，23：160-201.

[5]　Endimiani A，Hujer K M，Hujer A M，et al. Evaluation of ceftazidime and NXL 104 in two murine models of infection due to a KPC-producing *Klebsiella pneumoniae* [J]. Antimicrob Agents Chemother，2011，55：82-85.

[6]　Buynak J D. Understanding the longevity of the β-lactam antibiotics and of antibiotic/β-lactamase inhibitor combinations [J]. BiochemPharmacol，2006，71：930-940.

[7]　Bonomo R A，Rudin S A，Shlaes D M. Tazobactam is potent inactivator of selected inhibitor-resistant class A β-lactamases [J]. FEMS Microbiol Lett，1997，148：59-62.

[8]　Akova M. Sulbactam-containing β-lactamase inhibitor combinations [J]. Clin Microbiol Infect，2008，14（Suppl 1）：185-188.

[9]　Atanasov B P，Mustafi D，Makinen M W. Protonation of the β-lactam nitrogen is the trigger event in the catalytic action of class A β-lactamases [J]. Proc Natl Acad Sci USA，2000，97：3160-3165.

[10]　Williams J D. β-lactamase inhibition and in vitro activity of sulbactam and sulbactam/cefoperazone [J]. Clin Infect Dis，1997，24：494-497.

[11]　Yang Y，Rasmussen B A，Shlaes D M. Class A β-lactamase-enzyme-inhibitor interactions and resistance [J]. Pharmacol Ther，1999，83：141-151.

[12]　Imtiaz U，Billings E M，Knox J R，et al. Inactivation of class A β-lactamases by clavulanic acid：the role of arginine-244 in a nonconcerted sequence of events [J]. J Am Chem Soc，1993，115：4435-4442.

[13]　Imtiaz U，Billings E M，Knox J R，et al. A structure-based analysis of the inhibition of class A β-lactamases by sulbactam [J]. Biochemistry，1994，33：5728-5738.

[14]　Imtiaz U，Manavathu E K，Mobashery S，et al. Reversal of clavulanate resistance conferred by a Ser-244 mutant of TEM-1 β-lactamase as a result of a second mutation（Arg to Ser at position 164）that enhances activity against ceftazidime [J]. Antimicrob Agents Chemother，1994，38：1134-1139.

[15]　Shlaes D M. New β-lactam-β-lactamase inhibitor combinations in clinical development [J]. Ann N Y Acad Sci，2013，1277：105-114.

[16]　Livermore D M，Mushtaq S，Barker K，et al. Characterization of β-lactamase and porin mutants of *Enterobacteriaceae* selected with caftaroline + avibactam（NXL 104）[J]. J Antimicrob Chemother，2012，67：1354-1358.

[17]　Kuck N K，Jacobus N V，Petersen P J，et al. Comparative in vitro and in vivo activities of piperacillin combined weith the β-lactamase inhibitors tazobactam，klavulanic acid，and sulbactam

〔J〕. Antimicrob Agents Chemother, 1989, 33：1964-1969.

[18] Lister P D, Prevan A M, Sanders C C. Importance of β-lactamase inhibitor pharmacokinetics and the pharmocodyanamics of inhibitor-drug combinations: studies with piperacillin-tazobactam and peperacillin-sulbactam 〔J〕. Antimicrob Agents Chemother, 1997, 41：721-727.

[19] Bush K, Macalintal C, Rasmussen B A, et al. Kinetic Interactions of Tazobactam with β-lactamases from All Major Structural Classes 〔J〕. Antimicrob Agents Chemother, 1993, 37：851-858.

[20] English A R, Retsema J A, Girard A E, et al. CP46, 899, a β-Lactamase Inhibitor That Extends the Antibacteriial Spectrum of β-Lactams: Initial Bacteriological Characterization 〔J〕. Antimicrob Agents Chemother, 1978, 14：414-419.

[21] Brown A G, Butterworth D, Cole M, et al. Narurally occurring β-lactamase inhibitors with antibacterial activity 〔J〕. J Antibiot, 1976, 29：668-669.

[22] Livermore D M, Warner M, Jamrozy D, et al. *In vitro* selection of ceftazidime/avibactam resistance in *Enterobacteriaceae* with KPC-3 carbapenemase 〔J〕. Antimicrob Agents Chemother, 2015, 59：5324-5330.

[23] Shields R K, Potoski B A, Haidar G, et al. Clinical outcomes, drug toxicity, and emergence of ceftazidime/avibactam resistance among patients treated for carbapenem-resistant *Enterobacteriaceae* infections 〔J〕. Clin Infect Dis, 2016, 63：1615-1618.

[24] MacVane S H, Pandey R, Steed L L, et al. Emergence of ceftolozane/tazobactam-resistant *Pseudomonas aeruginosa* during treatment is mediated by a single AmpC structural mutation 〔J〕. Antimicrob Agents Chemother, 2017, 61：e01183.

[25] Fraile-Ribot P A, Cabot G, Mulet X, et al. Mechanisms leading to *in vivo* ceftolozane/tazobactam resistance development during the treatment of infections caused by MDR *Pseudomonas aeruginosa* 〔J〕. J Antimicrob Chemother, 2018, 73：658-663.

[26] Tsubakishita S, Kuwahara-Arai K, Sasaki T, et al. Origin and molecular evolution of the determinant of methicillin resistance in *Staphylococci* 〔J〕. Antimicrob Agents Chemother, 2010, 54：4352-4359.

[27] Reading C, Cole M. Clavulanic acid: a β-lactamase-inhibiting β-lactam from *Streptomyces clavuligerus* 〔J〕. Antimicrob Agents Chemother, 1977, 11：852-857.

第三十二章

针对传统 β-内酰胺酶抑制剂耐药的 β-内酰胺酶

第一节　概述

回顾细菌耐药的进化历程不难看出，细菌总是以出人意料的方式进化出新的耐药机制，手段多样，机制繁多，令人眼花缭乱，防不胜防。细菌发展出针对传统 β-内酰胺酶抑制剂耐药的 β-内酰胺酶就是一个鲜明的例子。这种酶在功能上被归为 2br 亚组。针对酶抑制剂耐药的全新 β-内酰胺酶的特别之处在于其代表了细菌的一种新适应能力，从而特异地克服了 β-内酰胺酶抑制剂的活性。当然，针对不同 β-内酰胺酶抑制剂耐药的 β 内酰胺酶也分为多种。例如，传统的 β-内酰胺酶抑制剂如克拉维酸、舒巴坦和他唑巴坦也都只是针对 A 类 β-内酰胺酶具有抑制活性，而对其他 Ambler 分子学类别的 β-内酰胺酶并无抑制作用，或至少没有临床意义上的抑制作用，如针对 C 类酶、D 类酶和 B 类金属酶。原以为这些传统的 β-内酰胺酶抑制剂至少可以保证对大多数 A 类 β-内酰胺酶的抑制，然而，针对这些抑制剂耐药的 β-内酰胺酶的出现打破了人们的幻想，这大概也是人们再次投入人力、物力和财力来研发非传统 β-内酰胺酶抑制剂的主要原因。

在真正对传统 β-内酰胺酶抑制剂耐药的 β-内酰胺酶问世以前，人们就多次发现了一些产生普通的 TEM 型广谱酶的细菌对这些传统的 β-内酰胺酶抑制剂耐药，但这样的耐药多是由于这些酶的超高产所致，酶的本质或水解谱并没有发生改变。然而，对传统 β-内酰胺酶抑制剂如克拉维酸、舒巴坦和他唑巴坦耐药的 β-内酰胺酶则与此不同，这些 β-内酰胺酶主要是通过氨基酸置换这样的点突变造成对这些酶抑制剂耐药，亲代酶多为 TEM-1 和 TEM-2。当然，后来人们也陆续发现一些这样的酶是来自其他 A 类的 β-内酰胺酶，特别是通过点突变进化自 SHV 型酶，最早被鉴定出的酶是 SHV-10，其他一些 SHV 型的抑制剂耐药的 β-内酰胺酶也被陆续鉴定出。目前，描述非 TEM、非 SHV 家族的、针对抑制剂耐药的 β-内酰胺酶的耐药报告正变得更加常见，特别引人注目的是 A 类 KPC 型 β-内酰胺酶。目前的研究提示，KPC-2 β-内酰胺酶不被克拉维酸、舒巴坦和他唑巴坦灭活，针对这三种抑制剂的高 MIC 以及转换数分别是 2500、1000 和 500 就充分说明了这一点。KPC-2 规避被目前可用的抑制剂的灭活能力或许代表着抑制剂耐药 A 类酶的一个全新的亚类。藏匿着这些碳青霉烯酶的肠杆菌科细菌的快速出现是一个明显的公共健康担忧。

除此之外，人们普遍不认同对传统 β-内酰胺酶抑制剂耐药的 β-内酰胺酶是源自 CTX-M 家族。然而有趣的是，一些 CTX-M 衍生物如 CTX-M-3 和 CTX-M-18/19 显示出，当被表达在宿主大肠埃希菌时，它们对克拉维酸的耐药水平增加，从而证实一些 CTX-M 型 ESBL 或许变得能抵抗克拉维酸的抑制作用，具有未知的临床结果。2002 年，一个肺炎克雷伯菌 KG502 从日本的一家医院的住院患者的痰中被分离出，该分离株产生 GES-4，它是通过氨基酸置换（甘氨酸 170→丝氨酸）由 GES-3 进化而来。位置 170 位于 Ambler A 类 β-内酰胺酶 Ω 环内。GES-4 与 GES-3 主要有两个主要区别：一是 GES-4 针对头霉素类的耐药水平要高于 GES-3；二是 GES-4 显示出对传统的 β-内酰胺酶抑制剂如克拉维酸、舒巴坦和他唑巴坦耐药。除了 TEM 型和 SHV 型的针对抑制剂耐药 β-内酰胺酶以外，源自其他 β-内酰胺酶家族的抑制剂耐药 β-内酰胺酶的出现应该不是普遍现象，其临床意义尚不清楚。

1997 年，一个全新的 β-内酰胺酶在法国被鉴定出，它既针对传统的 β-内酰胺酶抑制剂耐药，也对拓展谱的头孢菌素类耐药，称作复合突变体酶。传统上认为，这两种耐药表型具有"不相容性"，不过，β-内酰胺酶进化的无所不能特性再一次得到印证，这两种表型居然能"集于一身"。目前，也已经有多种这样的复合突变体酶陆续被发现。

一般来说，各种 β-内酰胺酶的出现主要是细菌应对抗生素应用带来的选择压力的结果。早期的青霉素的应用导致细菌选择出青霉素酶，广谱头孢菌素类广泛应用造成细菌普遍产生超广谱 β-内酰胺酶。所以，让人觉得奇怪的是，传统 β-内酰胺酶抑制剂如克拉维酸、舒巴坦和他唑巴坦组成的各种复方制剂在全球的应用均非常普遍，几乎不存在应用上的差异，同质性很强，但针对这些传统的 β-内酰胺酶抑制剂耐药的 β-内酰胺酶则主要在欧洲被发现，在其他大陆的报告都是零星的。即便是在欧洲也主要集中在法国和西班牙，在其他国家也鲜有报告。另外，阿莫西林-克拉维酸主要用于治疗一些呼吸道感染，而产生这些抑制剂耐药 β-内酰胺酶的细菌绝大多数为大肠埃希菌，像承受着巨大选择压力的流感嗜血杆菌这样的细菌却未被发现产生这类 β-内酰胺酶。由于这些对抑制剂耐药的 β-内酰胺酶源自一些广谱 β-内酰胺酶如 TEM-1、TEM-2 和 SHV-1，所以这些 β-内酰胺酶的编码基因自然而然也存在于各种质粒和可移动元件上，但它们的散播似乎也没有像它们的亲代酶那样广泛。当然，已经有学者提出，对传统 β-内酰胺酶抑制剂耐药的 β-内酰胺酶的检测还不规范，缺乏检测也可能严重低估了抑制剂耐药 β-内酰胺酶的流行。总之，人们需要重点监视抑制剂耐药 β-内酰胺酶发展和散播趋势，特别是复合突变体酶的进化和散播，同时人们也需要密切关注全新一代酶抑制剂是否会出现临床耐药以及耐药的机制。

第二节　IRT 的出现

考虑到临床上大量应用 β-内酰胺类抗生素/抑制剂复方制剂，以及细菌的高繁殖率和突变频次，并不令人吃惊的是，β-内酰胺酶抑制剂耐药已经发展出来。当时，"抑制剂耐药"这一说法通常是指针对阿莫西林/克拉维酸耐药，不一定意味着对其他抑制剂耐药。即便在机械学上相关，但青霉烷砜类被观察到所具有的耐药轮廓与克拉维酸的耐药轮廓有所不同。那样的耐药或许通过未被改变的酶的超高产，或被外膜蛋白的改变所造成。还有一种途径就是通过 β-内酰胺酶的一个突变体形式的产生。鉴于传统的 β-内酰胺酶抑制剂针对的是在临床上流行的、质粒介导的 A 类 β-内酰胺酶，所以 β-内酰胺酶抑制剂耐药的 β-内酰胺酶也是 A 类 β-内酰胺酶，这样的提法是符合逻辑的，特别是抑制剂耐药的 TEM 型 β-内酰胺酶 (IRT)，以及 TEM 的结构近亲 SHV 型 β-内酰胺酶 (IRS)，它们都属于 Ambler 分子学分类中的 A 类 β-内酰胺酶。

1989 年，大肠埃希菌两个不同临床菌株从在法国巴黎一所医院的患者中被分离出，分别称为 SAL 和 GUER，前者从一名新生儿血液中被分离，后者在一名门诊患者的精液中被获得。在 1991 年末的一次国际性大型学术大会上，Belaaouaj 等第一次通报了这两个临床菌株产生一种对来自自杀式抑制剂耐药的 TEM 型 β-内酰胺酶。1992 年，Vedel、Belaaouaj 和 Philippon 等再次发表了对这两个菌株的研究成果。这两个临床菌株之所以引人关注是它们展现出不同寻常的耐药类型。这两个分离株显示出对阿莫西林、酰脲类青霉素的低水平耐药，但对头孢菌素类、氨曲南和亚胺培南敏感。β-内酰胺酶抑制剂仅仅在一个有限程度上加强这些 β-内酰胺酶的活性，换言之，不像 TEM-1，这些酶不太受到 β-内酰胺酶抑制剂的抑制。研究证实，这样的耐药特征被一种全新的 β-内酰胺酶介导，该酶的 pI 为 5.20，相对分子量是 24000Da。两个菌株的耐药特征都能通过接合转移到大肠埃希菌 K-12，说明这种酶是质粒编码的。研究结果证明，被这两个大肠埃希菌分离株所产生的这些全新的质粒编码的酶似乎是同样的，并且都是源自 TEM 型酶。根据推测出的种系发生和生物学特性，这两种酶被命名为 TRI (TEM Resistant to β-lactamase inhibitor，TRI)。

实际上，早在这两个大肠埃希菌临床分离株被鉴定之前，人们已经观察到对克拉维酸不敏感或耐药的情况。在 1987 年，Martinez 等曾报告，在马德里医院中，对阿莫西林耐药的大肠埃希菌临床分离株中，有 20%~30% 的分离株对阿莫西林-克拉维酸耐药。质粒编码 TEM-1 β-内酰胺酶的超高产就能导致产酶细菌对阿莫西林-克拉维酸耐药。在同一时期，这样的耐药在英格兰和美国均已被证实。在相继的一项对 10 个阿莫西林-克拉维酸耐药的大肠埃希菌分离株的研究中，TEM-1 是唯一被

发现的 β-内酰胺酶，但耐药菌株的产酶量比起对照菌株产酶量高出 3～60 倍。研究证实，小型的多拷贝质粒参与到了大肠埃希菌针对阿莫西林-克拉维酸耐药。然而，这些耐药菌株在阿莫西林-克拉维酸引入临床实践前早就存在着。其他研究也提示，强启动子的存在也可能是 TEM-1 超高产的原因。当然，除了正常敏感的 TEM 型或 SHV 型 β-内酰胺酶的超高产造成对 β-内酰胺酶抑制剂耐药之外，其他一些原因也被发现导致酶抑制剂耐药：①孔蛋白的改变致使 β-内酰胺酶抑制剂不能穿过细菌外膜，从而减少 β-内酰胺酶抑制剂进入周质间隙中。在大肠埃希菌，对抑制剂复方制剂的耐药或许在如下的情况下出现，即敏感的酶与涉及 OmpF 和/或 OmpC 孔蛋白的通透性缺陷的联合作用。一种或两种这样的孔蛋白的缺乏不会明显地影响对 β-内酰胺单药或复方制剂的敏感性，然而，当一种 β-内酰胺酶的存在对于这两者是相关的，那么这样孔蛋白的缺乏就变得有关联了。②组成上的 AmpC 头孢菌素酶的过度产生。③OXA 型 β-内酰胺-酶的存在。

TRI 的出现是第一次报告对 β-内酰胺酶抑制剂不敏感或耐药是由另一种不同寻常的 β-内酰胺酶介导，它构成了 β-内酰胺酶的一个新家族，也预示着采用 β-内酰胺/β-内酰胺酶抑制剂复方制剂治疗产广谱 β-内酰胺酶和超广谱 β-内酰胺酶所致感染不再"理所应当"和"心安理得"。事实上，早在 1989 年，Oliphant 和 Struhl 就曾证实，TEM 型 β-内酰胺酶通过突变可进化出对自杀式抑制剂克拉维酸和舒巴坦耐药的突变体，并且这样的突变体具有甲硫氨酸 69 被置换成为亮氨酸、异亮氨酸和缬氨酸那样的点突变。这样的研究结果也被 Delaire 和 Labia 等通过定点诱变实验加以证实，同时也发现了在精氨酸 244 上的各种氨基酸置换也与 β-内酰胺酶抑制剂耐药密切相关。通过诱变大肠埃希菌的 TEM-1，Manavanthu 等能够分离出克拉维酸耐药的突变体。那样的突变体在精氨酸 244 上具有一个半胱氨酸或一个丝氨酸。这样的突变导致突变体酶与 β-内酰胺酶抑制剂的亲和力降低。这些研究均是在实验室诱导的突变体菌株，而且亲代酶也均是 TEM 型 β-内酰胺酶。这些研究之所以未受到足够多的重视，主要原因是在有些情况下，实验室诱变似乎并不直接意味着这些点突变会在临床分离株中被选择出来，毕竟在临床分离株中突变体酶的出现是在综合以及复杂的压力下选择出来，不像实验室的选择条件那么单一。

同样是在 1992 年，Bonomo 等报告他们在实验室筛选出 OHIO-1 自发突变体（M4），这是通过采用氨苄西林-克拉维酸多步选择而获得。OHIO-1

β-内酰胺酶本身是一个 2b 功能亚组酶，首先是在 1986 年被描述，质粒编码。测序证实，OHIO-1 与 SHV-1 分享 97% 的氨基酸同源性和 95% 的 DNA 序列同一性，因此它被定义为 SHV 家族的一个成员。与其他质粒决定的 β-内酰胺酶一样，OHIO-1 也对以机制为基础的灭活剂的抑制作用敏感。然而，$100\mu g/mL$ 的氨苄西林 + $32\mu g/mL$ 的克拉维酸才能抑制这个耐药突变体（M4），对比而言，$\leqslant 2\mu g/mL$ 的克拉维酸就能抑制亲代菌株（O-HIO-1）。部分核苷酸测序揭示，这个突变体酶具有一个可预测到的甲硫氨酸 69→异亮氨酸置换，它是造成底物专一性改变的直接原因。

相继在西班牙，Canton 和 Baquero 等分离出一个大肠埃希菌临床分离株并对其进行全面特性鉴定。该菌株对阿莫西林-克拉维酸、氨苄西林-舒巴坦以及哌拉西林-他唑巴坦高度耐药。耐药被一种全新的 β-内酰胺酶介导，质粒编码，pI 为 5.4，被作者命名为 IRT-3（Inhibitor-resistant TEM β-lactamase，IRT）。克隆和测序结果揭示出与编码 TEM-1 型 β-内酰胺酶的基因几乎一样，只是有两个氨基酸置换，一是甲硫氨酸 69→异亮氨酸，二是甲硫氨酸 180→苏氨酸。相关研究进一步证实，只有在位置 69 上的甲硫氨酸突变才与针对这些自杀式抑制剂的耐药有关。克拉维酸、舒巴坦和他唑巴坦针对 TEM-1 的 IC_{50} 数值分别为 $0.08\mu mol/L$、$10\mu mol/L$ 和 $0.16\mu mol/L$，而针对 IRT-3 的 IC_{50} 数值则分别为 $12\mu mol/L$、$60\mu mol/L$ 和 $5\mu mol/L$，这显示出 IRT-3 对 3 种 β-内酰胺酶抑制剂抑制作用的耐药。在这项研究中有两点需要说明。一是关于这些新酶的命名问题。以前发表的对抑制剂耐药的 TEM 型 β-内酰胺酶被命名为 TRI 酶。相继有人声称，TRI 名称以前被用来描述过 OHIO-1 型 β-内酰胺酶的突变体，它们能赋予对头孢曲松耐药。在本报告中，作者提出 TEM-型抑制剂耐药的 β-内酰胺酶被命名为 IRT，并因而将以前描述过的 β-内酰胺酶称作 IRT-1 和 IRT-2，本研究中描述的这个新酶被称作 IRT-3。二是 A 类 β-内酰胺酶的氨基酸位置计数问题。在 IRT 酶的早期研究中，在引起酶专一性发生改变的氨基酸位置计数上出现了一些混乱，比如有些文献中提到甲硫氨酸 67 和精氨酸 241 的置换造成 IRT 的出现，而有些文献中则表明是甲硫氨酸 69 和精氨酸 244。目前这一计数问题已经统一，按照 ABL 系统表述，即都是按照甲硫氨酸 69 和精氨酸 244 进行计数。在 IR TEM 型酶中十分常见被置换的单个氨基酸残基是精氨酸 244、附近的天冬酰胺 276 和精氨酸 275、甲硫氨酸 69 以及活性部位的丝氨酸 130。与引起 ESBL 突变的氨基酸置换的位置相比，只有有限数量的氨基酸位置的置换可衍生出 IRT，或至少与出现抑制剂耐药表型有关联（图 32-1）。IRT 型 β-内酰胺酶与亲代酶 TEM-1 或 TEM-2 不同，它们在不同的位置上彼此相差 1～3 个氨基酸置换。

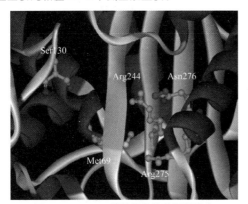

图 32-1 TEM-1 活性部位的分子学描绘

（引自 Drawz S M，Ronomo R A．Clin Microbiol Rev，2010，23：160-201）

该图显示出十分经常参与到抑制剂耐药 TEM 型酶发展的各个残基

Belaaouaj 等相继证实，编码 IRT-1 β-内酰胺酶的基因与 bla_{TEM-1B} 基因相似，并且编码 IRT-2 的基因与 bla_{TEM-2} 基因相似。此外人们应该注意到，IRT β-内酰胺酶能被在其启动子基因的水平上的突变而过度产生。自从 20 世纪 90 年代早期以来，在临床上被鉴定出的 IRT 的数量已经扩大，截至 2010 年，它们包括 35 种以上的独特的酶（表 32-1）。准确地说，抑制剂耐药涉及对阿莫西林-克拉维酸的耐药，并且可能包括，也可能不包括对舒巴坦和他唑巴坦的耐药。况且，我们强调，这是一种"相对的耐药"；只要有足够的克拉维酸浓度，这些 IR 酶能被灭活。

早期研究已经充分证实，产生 β-内酰胺酶抑制剂耐药的新型 β-内酰胺酶主要在大肠埃希菌中被发现。在 1995 年，Sirot 等报告了两个肺炎克雷伯菌临床分离株，TP01 和 TP02，它们是从法国图卢兹的某所医院的住院患者中被分离获得。肺炎克雷伯菌 TP01 和 TP02 的耐药类型是以阿莫西林-克拉维酸的高 MIC 为特征，两个菌株的 MIC 则分别为 $256\mu g/mL$ 和 $512\mu g/mL$，而产 TEM-1 的肺炎克雷伯菌菌株 CF014 针对阿莫西林-克拉维酸的 MIC 则仅为 $32\mu g/mL$。研究证实，这两个分离株均产生两种酶，即 SHV-1 和一种 TEM 型酶，后一种酶的 pI 为 5.2。以前描述的在 IRT-1 和 IRT-2 上的氨基酸置换精氨酸 244→半胱氨酸和精氨酸 244→丝氨酸，也在来自 TP01 和 TP02 菌株的 TEM 酶中分别被发现。显然，这两个肺炎克雷伯菌临床分离株分别产生 IRT-1 和 IRT-2，编码基因位于质粒上。这是

IRT 型 β-内酰胺酶在来自肠杆菌科细菌中的非大肠埃希菌的菌种中的第一次报告。另一方面，根本没有源自 SHV-1 的 IRT β-内酰胺酶在肺炎克雷伯菌中已经被描述过，不过这种质粒介导的 β-内酰胺酶是这个菌种中最常见的。然而，那样一种出现是能被预期的，这是因为抑制剂耐药的 SHV 型酶已经在实验室菌株中被获得。IRT 出现在肺炎克雷伯菌临床分离株中令人不安，因为这种细菌以蓄积多种 β-内酰胺酶的能力而"臭名昭著"，使得本已难治的这种所谓的"超级细菌"又多了一项对付人类抗感染治疗的本领。

在 1996 年，10 个奇异变形杆菌的临床分离株被发现产生一种抑制剂耐药的 TEM 型 β-内酰胺酶。需要强调的是，这个 IRT 酶并非源自 TEM-1，而是产自 TEM-2。事实上，在奇异变形杆菌中，TEM-2 也确实比起 TEM-1 更常被遇到。bla_{IRT} 基因与 bla_{TEM-2} 基因只相差一个点突变，这个点突变导致在位置 244 上的氨基酸置换精氨酸→丝氨酸，这种情况在大肠埃希菌中被报告的最初的 IRT-2 来自 TEM-1 时也被观察到。这是一个 IRT 源自 TEM-2 的第一个报告。

在 1998 年和 1999 年，展示出一个 β-内酰胺酶抑制剂耐药表型的两个奥克西托克雷伯菌分离株被描述。第一个分离株产生一个 OXY-2 β-内酰胺酶，具有丝氨酸 130→甘氨酸置换，对 IR 表型负责。第二个分离株藏匿着一个质粒介导的 TEM-2 衍生物（TEM-59，IRT-17），它也显示出丝氨酸 130→甘氨酸置换。在 2002 年，又有一个奥克西托克雷伯菌分离株（SG 81）被报告展示出 IR 表型。研究证实，该分离株产生一种 TEM-30（IRT-2）β-内酰胺酶。这是在奥克西托克雷伯菌中 TEM-30 的第一次描述。

IRT 最初是在大肠埃希菌中被发现，目前也已经在克雷伯菌菌种、阴沟肠杆菌、奇异变形杆菌、弗氏柠檬酸杆菌和宋氏志贺菌中被报告，当然，这些细菌有些是人临床分离株，有些则是动物来源的分离株。尽管阿莫西林-克拉维酸被广泛地处方来治疗由常见的流感嗜血杆菌所致的耳中感染，但 IRT 型 β-内酰胺酶还从未在这个菌种中被观察到，这可能是由于青霉素类针对那样的菌株的高固有活性，或者是由于在天然的人储池（咽部）的细菌的不适当数量，在这个储池中的细菌允许这个质粒介导的 TEM 基因的自发性点突变。截至目前，IRT 在铜绿假单胞菌或其他非发酵细菌中的存在还没有被报告。在这些菌属中一种未能检测到的 IRT 表型的出现不能被完全排除，这样的出现可能被归因于一种被附加上的耐药机制的存在，而这样的耐药机制使得 IRT 酶不易被觉察。

表 32-1　临床鉴定的抑制剂耐药 TEM（IRT）β-内酰胺酶

β-内酰胺酶	在特定位置上的氨基酸														
	21	39	69	104	127	130	165	182	221	238	244	261	265	275	276
TEM-1	L	Q	M	E	I	S	W	M	L	G	R	V	T	R	N
TEM-30(IRT-2)											S				
TEM-31(IRT-1)											C				
TEM-32(IRT-3)			I				T								
TEM-33(IRT-5)			L												
TEM-34(IRT-6)			V												
TEM-35(IRT-4)			L												D
TEM-36(IRT-7)			V												D
TEM-37(IRT-8)			I												D
TEM-38(IRT-9)			V											L	
TEM-39(IRT-10)			L				R								D
TEM-40(IRT-11)			I											Q	
TEM-44(IRT-13)		K									S				
TEM-45(IRT-14)			L												
TEM-51(IRT-15)											H				
TEM-54											L				
TEM-58											S	I			
TEM-59(IRT-17)		K				G									
TEM-65(IRT-16)		K									C				
TEM-67	I	K									C				
TEM-73(IRT-18)		F									C		M		
TEM-73(IRT-19)		F									S		M		
TEM-76(IRT-20)						G									
TEM-77(IRT-21)		L									S				
TEM-78(IRT-22)		V					R								D
TEM-79											G				
TEM-80(IRT-24)		L			V										D
TEM-81			L		V										
TEM-82			V												
TEM-83			L				C							Q	
TEM-84														Q	D
TEM-103(IRT-28)															
TEM-122														L	
TEM-145								M			H			Q	
TEM-159	F		I												
TEM-160		K	V				T								

注：1. 引自 Drawz S M, Ronomo R A Clin Microbiol Rev，2010，23：160-201。

2. 氨基酸简写符号参见附录。

第三节　IRS 的出现

在最早的 IRT 被发现后的几年中，所有被鉴定出的 β-内酰胺酶抑制剂耐药的 β-内酰胺酶都是源自 TEM-1 和 TEM-2。直到 1997 年，一个 β-内酰胺酶抑制剂耐药的 SHV 型 β-内酰胺酶才被报告，它就是 SHV-10，人们也将源于 SHV 酶的抑制剂耐药酶称作 IRS（Inhibitor-resistant SHV β-lactamase，IRS）。SHV-10 也是产自大肠埃希菌临床分离株，从 SHV-5 的一个变异体 SHV-9 进化而来。该分离株从一名因罹患有尿道感染的住院的糖尿病患者的尿液中被分离获得，它对青霉素类和青霉素/抑制剂的复方制剂耐药，但对头孢菌素类敏感。在接合后，同样的 β-内酰胺耐药类型被转移到大肠埃希菌 14R525。亲代的菌株和转移接合子都藏匿有一个 60kb 质粒，被称之为 pAMC1 并且表达有一种 β-内酰胺酶即 SHV-10，其 pI 为 8.2。这个酶与 SHV-9 比起来显示出降低的针对 β-内酰胺类的水解活性。在 K_m 值上的改变比起在 V_{max} 值的改

表 32-2　临床鉴定的抑制剂耐药 SHV 型 β-内酰胺酶

β-内酰胺酶	在特定位置上的氨基酸										
	35	69	130	140	146	187	192	193	234	238	240
SHV-1	L	M			A	A	K	L	K	G	E
SHV-10							N	V		S	K
SHV-26			S	A		T					
SHV-49		I	G	R							
SHV-56	Q								R		
SHV-72					V				R		

注 1. 引自 Drawz S M, Ronomo R A. Clin Microbiol Rev, 2010, 23：160-201。
2. 氨基酸简写符号参见附录。

变更明显。该酶被 400 倍和 30 倍的克拉维酸和他唑巴坦的浓度所抑制，这是与抑制 SHV-9 所需要的两种抑制剂的浓度相比。测序结果提示，与 SHV-9 相比，SHV-10 存在着一个丝氨酸 130→甘氨酸置换。在 A 类酶中，保守的丝氨酸 130 残基在 β-内酰胺类结合和水解过程中的作用已经被认识到：①丝氨酸 130 通过将其氢结合到赖氨酸 234 上而参与活性位点几何形状的维持；②丝氨酸 130 侧链参与到底物识别，与青霉素类、头孢菌素类和 β-内酰胺酶抑制剂的羧酸盐的相互作用上；③丝氨酸 130 或是通过与丝氨酸 70 酰化过程中的受体胺形成一个氢键而参与四面体中间产物的塌陷，或是借助赖氨酸 73 的帮助而促进来自丝氨酸 70 的一个质子转移到 β-内酰胺的基团上。

IRS 的第一个例子是 SHV-10。第二个例子是 SHV-49，它来自对阿莫西林-克拉维酸耐药的一个肺炎克雷伯菌分离株，并且该分离株来自一名被采用这个复方制剂治疗超过了 50 天的患者。这两个分离株都对广谱头孢菌素类敏感，尽管在这两种酶的突变都会影响到这些 β-内酰胺类抗生素。截至 2010 年，已经有 5 个 SHV 变异体被发现（表 32-2）。

第四节　CMT 的出现

1997 年，又一种令人意想不到的全新 β-内酰胺酶被报告。这种 β-内酰胺酶是源自 TEM-1 的一种复合突变体酶，所谓的复合就是指这种独特的 β-内酰胺酶将造成 IRT-4 的突变和导致 ESBL TEM-15 的突变"集于一身"，进而呈现出复杂的耐药表型：既对传统的 β-内酰胺酶抑制剂耐药，也对拓展谱头孢菌素类耐药。因此，研究者将这种酶命名为复合突变体 TEM 型 β-内酰胺酶（complex mutant TEM β-lactamase，CMT）。事实上，这样的两种表型突变常常是不相容的，一般来说，携带有 β-内酰胺酶抑制剂耐药的 IRT 的细菌，常常表现出对光谱头孢菌素类敏感。这样一种矛盾的统一体的出

现再一次让人领教了细菌 β-内酰胺酶进化的无所不能。第一个复合突变体酶 CMT-1 也被称作 TEM-50，pI 为 5.6。

CMT-1 产自一个大肠埃希菌临床分离株 GR102，它是从法国的一名白血病患者分离获得。它针对阿莫西林或替卡西林加克拉维酸以及针对各种受试的头孢菌素类表达出不同水平的耐药。双平板协同试验是弱阳性。测序结果提示，CMT-1 与 TEM-1 彼此相差 4 个氨基酸置换：甲硫氨酸 69→亮氨酸、谷氨酸 104→赖氨酸、甘氨酸 238→丝氨酸和天冬酰胺 276→天冬氨酸。其中，甲硫氨酸 69→亮氨酸和天冬酰胺 276→天冬氨酸负责对抑制剂的耐药，是 IRT-4 典型的氨基酸置换，而谷氨酸 104→赖氨酸和甘氨酸 238→丝氨酸则负责对广谱头孢菌素类耐药，是 ESBL TEM-15 典型的氨基酸置换。此外，CMT-1 针对头孢他啶的 MIC（1μg/mL）低于大肠埃希菌 TEM-15 的 MIC（16μg/mL），并且高于大肠埃希菌 IRT-4 或 TEM-1 的 MIC（0.06μg/mL）。总之，CTM-1 在非常低水平上赋予针对抑制剂的耐药，并且在低水平上赋予针对超广谱头孢菌素类耐药。

有学者提出，对于一个大肠埃希菌株而言，同时产生两个不同的 TEM 突变体（一个超广谱突变体和一个抑制剂耐药突变体）比产生一种双突变体可能更有益处。如果每一个突变体赋予各自的耐药表型，那么针对克拉维酸复方制剂和广谱头孢菌素类的高水平耐药能被期待出现。然而，处于临床环境中细菌所面对的选择压力似乎比想象得更复杂、更现实，毕竟第一个复合突变体酶出现了在大肠埃希菌临床分离株中，而且这样的复合突变体酶并不是个例，其他一些这样的复合突变体酶也被陆续鉴定出来。

CTM 型复合突变体酶 TEM-125 是另一个鲜活的例子。TEM-125 同样是产自在法国被分离获得临床分离株大肠埃希菌 TO779，它对青霉素-克拉维酸复方制剂以及头孢他啶耐药，TEM-125 造成了这个耐药表型。TEM-125 藏匿着一些突变的一

表 32-3　复合突变体 TEM（CMT）β-内酰胺酶

名称	最初被描述的分离株	突变		pI
		ESBL	IRT	
CMT-1（TEM-50）	大肠埃希菌	TEM-15	TEM-35（IRT-4）	5.6
CMT-2（TEM-68）	肺炎克雷伯菌	TEM-47	TEM-38，TEM-45（IRT-9，IRT-14）	5.7
CMT-3[①]（TEM-89）	奇异变形杆菌	TEM-3	TEM-59（IRT-17）	6.28
CMT-4（TEM-121）	产气肠杆菌	TEM-24	TEM-30（RIT-2）	6.3
CMT-5（TEM-109）	大肠埃希菌	TEM-6	TEM-33（IRT-5）	5.9
TEM-125	大肠埃希菌	TEM-12	TEM-39（IRT-10）	5.3
TEM-151	大肠埃希菌	TEM-29	TEM-36（IRT-7）	5.3
TEM-152	大肠埃希菌	TEM-28	TEM-36（IRT-7）	5.7

① 与 IRT 酶相似的表型。

注：引自 Canton R，Morosini M I，Martin O，et al. Clin Microbiol Infect，2008，14（Suppl. 1）：53-62。

表 32-4　复合突变体 TEM（CMT）β-内酰胺酶

名称	国家/年份	来源	表型（MICs）/mg/L			
			AMC	CEF	CAZ	CTX
CMT-1（TEM-50）	法国（1997[②]）	粪便	64[①]	8	1	1
CMT-2（TEM-68）	波兰（1996）	各种	ND	ND	64	8
CMT-3（TEM-89）	法国（2001[②]）	尿液	R	8	0.25	0.06
CMT-4（TEM-121）	法国（2002）	尿液	32[①]	16	256	≤0.06
CMT-5（TEM-109）	法国（2001）	粪便	512[①]	8	256	0.5
TEM-125	法国（2006[②]）	尿液	>1024[①]	4	32	0.06
TEM-151	法国（2004）	粪便	1024[①]	8	8	0.06
TEM-152	法国（2004）	血液	1024[①]	16	512	0.25

① 固定的克拉维素浓度 2mg/L；② 报告的年份。

注：1. 引自 Canton R，Morosini M I，Martin O，et al. Clin Microbiol Infect，2008，14（Suppl. 1）：53-62。

2. AMC—阿莫西林-克拉维素；CEF—头孢噻吩；CAZ—头孢他啶；CTX—头孢噻肟。

个复杂的关系，这些突变以前在 ESBL TEM-12 以及在抑制剂耐药的 β-内酰胺酶 TEM-39 中被描述过。TEM-125 展现出针对头孢他啶高效水解活性（k_{cat} 3.7s^{-1}，MIC16mg/L），再加上针对克拉维酸的高水平耐药（IC$_{50}$ 13.6μmol/L，阿莫西林-克拉维酸 MIC 为 1024mg/L）。这个表型与被最新被描述的 CMT 酶 TEM-151 和 TEM-152 所赋予的耐药表型相似。目前，CTM 已经在不同的肠杆菌科细菌中被鉴定出，包括大肠埃希菌、肺炎克雷伯菌、奇异变形杆菌和产气肠杆菌。它们程度不一地影响着氧亚氨基头孢菌素和 β-内酰胺酶抑制剂的抑制活性。CMT β-内酰胺酶表达并不是均质的，并且能够在不同的程度上影响不同的头孢菌素类和青霉素-β-内酰胺酶抑制剂复方制剂（表 32-3 和表 32-4）。

如同它们的突变事件一样，CMT β-内酰胺酶的变异体出现或许代表了在一个选择室内的选择过程。大多数 IRT 酶以及 CMT 酶都已经从尿分离株中被恢复，而在尿液中，阿莫西林-克拉维酸和其他青霉素-β-内酰胺酶抑制剂复方制剂都能达到高的浓度。产生菌株的潜在的选择也可能在肠道中发生，在那里，这些抗生素随着时间的变化产生不同的选择浓度，并且

实际上，一些新的 CMT 变异体已经在从粪便中恢复的分离株中被鉴定了特征。此外，具有阿莫西林-克拉维酸耐药的革兰阴性杆菌的粪便携带的一个更高的流行在一些患者中被证实，包括具有 IRT 酶的大肠埃希菌分离株，这些患者是采用这种复力制剂治疗的。相比而言，采用三代头孢菌素类或氟喹诺酮类治疗的患者就没有那么高的流行率。在 CMT 变异体中，赋予氧亚氨基头孢菌素和克拉维酸耐药的突变出现也算是推测的事情。我们能够假定，ESBL 突变的选择首先发生，它们不会影响到克拉维酸，然后 IRT 突变的选择发生；然而，相反的顺序也不能被排除。况且，尽管其频次应该是更低的，两个变异体在同样的环境背景下同时的选择不能被排除。其他研究已经显示，在这两个耐药表型之间常有不相容性，这或许可解释 CMT 酶与 IRT 或 ESBL 型酶相比的低的流行率。

第五节　造成 IRT 表型的各种氨基酸置换

显而易见，造成 IRT 表型的点突变位置远远

表 32-5　临床鉴定复合突变体 TEM（CMT）β-内酰胺酶

β-内酰胺酶	在特定位置上的氨基酸												
	39	69	104	130	164	237	238	240	244	265	275	276	284
TEM-1	Q	M	E	S	R	A	G	E	R	T	R	N	A
TEM-50(CMT-1)		L	K				S					D	
TEM-68							S	K		M	L		
TEM-89(CMT-3)	K		K	G			S						
TEM-109(CMT-5)		L	K		H				C				
TEM-121(CMT-4)	K		K		S	T		K	S				
TEM-151		V			H							D	G
TEM-152		V			H			K				D	
TEM-154		L			S							D	
TEM-158(CMT-9)		L			S							D	

注：1. 引自 Drawz S M，Ronomo RA. Clin Microbiol Rev，2010，23：160-201。

2. 氨基酸简写符号参见附录。

少于导致 ESBL 表型的点突变位置，至少到目前为止是这样，这可能也是 IRT 数量远远少于 ESBL 数量的缘故，至于原因却不得而知。图 32-2 显示的是一种 A 类 TEM 型 β-内酰胺酶三维结构的带状图，图 32-2 中标示出了点突变的位置。所有的 IRT 变异体都是源自编码 *bla*~TEM-1~ 或 *bla*~TEM-2~ 基因的点突变，一般来说包括 1～3 个氨基酸置换。迄今为止，至少 5 个氨基酸位置的置换与 IRT 表型有密切关联：残基 69、残基 244、残基 276、残基 275 和残基 130，其中残基 244 和残基 69 的置换最常见。

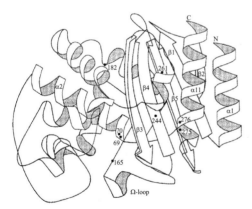

图 32-2　A 类 TEM 型 β-内酰胺酶的带状图
（引自 Chaibi E B，Sirot D，Paul G，et al. J Antimicrob Chemother，1999，43：447-458）

　　根据天然的大肠埃希菌 TEM-1 的晶型结构所做的研究表明，抑制活性的丧失能以 3 种不同的方式获得。第一，通过用具有一个更短的不带电荷的侧链的氨基酸残基置换位置 244 上的精氨酸，如半胱氨酸（IRT-1）、丝氨酸（IRT-2）或苏氨酸（IRT-11），在正常情况下与位置 244 上的精氨酸的长侧链接触的水分子不能再被达到。第二，天冬酰胺 276 被天冬氨酸置换（IRT-4、IRT-7、IRT-8、IRT-10），或者精氨酸 244 被亮氨酸置换（IRT-9），这些置换都似乎改变精氨酸 244 的定位。第三，甲硫氨酸 69 的侧链形成了酶结合部位的"后壁"，它被脂肪族氨基酸异亮氨酸（IRT-3、IRT-8）、亮氨酸（IRT-4、IRT-5、IRT-10）或缬氨酸（IRT-6、IRT-7）置换时，较小的改变被诱导出，或者空间排列的超负荷被产生，从而导致催化过程中所需要的水分子的一种误排列（misalignment）。这些置换单独或组合可导致 β-内酰胺酶抑制剂的抑制活性的丧失，而不伴有 TEM-1 β-内酰胺酶的底物轮廓的其他根本性的改变。实际上，这些突变体酶在针对一些青霉素类（羧基青霉素类）和一代头孢菌素类还会表现出活性轻微的增强。如同 TEM 型 ESBL 的氨基酸置换一样，有些氨基酸置换不会增加抑制剂耐药 β-内酰胺酶的活性，但却可以增加一些突变体酶的稳定性。例如，Huang 和 Palzkill 近来已经证实，在 TEM-1 变异体甲硫氨酸 69→异亮氨酸上再加上一个甲硫氨酸 182→苏氨酸置换可增加甲硫氨酸 69→异亮氨酸酶的稳定性。

　　在 TEM 和 SHV β-内酰胺酶中，赋予一种 IR 表型的置换有时被发现与其他氨基酸改变成对地形成组合，而后面的氨基酸改变也增加这种酶水解氧亚氨基头孢菌素类的活性，这些变异体被称作复合突变体 TEM（CMT）并且可能预示着具有甚至更广的水解和耐药轮廓的多才多艺的 β-内酰胺酶的一个新类别的出现，它们的氨基酸置换位置可以参考表 32-5。

第六节　IRT 的动力学特性

　　作为一个组别，抑制剂耐药的 β-内酰胺酶比起野生型的对等物是效力更差的酶。一般来说，K_m

值遵循着像 MIC 同样的趋势。对于青霉素类来说，K_m 被增加（这些底物具有减少的亲和力）以及 MIC 更低。周转次数也被减少（每秒钟有更少的 β-内酰胺类被水解）。被 β-内酰胺酶抑制剂的抑制的剂量都显示对克拉维酸和舒巴坦在 K_i 值或 IC_{50} 值的一个增加。对于他唑巴坦来说，K_i 值和 IC_{50} 值也增加，但这种增加更不明显。在选出的例子中，保留的对哌拉西林/他唑巴坦的敏感性或许被哌拉西林更强力的活性以及他唑巴坦作为一种灭活剂的相对保留所解释。表 32-6～表 32-8 总结了代表性的 A 类 IR 酶与克拉维酸、舒巴坦和他唑巴坦相互作用的动力学特性，这些酶已经在临床上被鉴定出或在实验室被产生。

表 32-6   代表性 A 类抑制剂耐药和野生型酶的动力学特性[①]

β-内酰胺酶	克拉维酸		
	$K_I/(\mu mol/L)$	k_{inact}/s^{-1}	TN
TEM-1	0.1	0.02	160
TEM Met69Leu	1.65	0.002	2800
TEM Sert130Gly	105	0.003	1600
TEM Arg244Ser	33		
TEM Asn276Asp	15.6	0.01	250
TEM Met69Ler,Asn276Asp	27		
SHV-1	1	0.04	60
SHV Arg244Ser	63	0.09	50
SHV Ser130Gly	47	0.03	40
OHIO-1	0.4	0.01	80
OHIO Met69Ile	10	0.002	2000

① 由于采用的方法学不同，各个实验室的 K_I 定义可能不尽相同。

注：引自：Drawz S M, Ronomo R A. Clin Microbiol Rev, 2010, 23: 160-201。

表 32-7   代表性 A 类抑制剂耐药和野生型酶的动力学特性[①]

β-内酰胺酶	舒巴坦		
	$K_I/(\mu mol/L)$	k_{inact}/s^{-1}	TN
TEM-1	1.6	0.002	10000
TEM Met69Leu	22	0.0009	7000
TEM Sert130Gly	220	0.03	1900
TEM Arg244Ser	44	0.00001	7800
TEM Asn276Asp			
TEM Met69Ler,Asn276Asp	49		
SHV-1	8.6	0.056	13000
SHV Arg244Ser	240	0.13	100
SHV Ser130Gly			
OHIO-1	17	0.001	40000
OHIO Met69Ile	68	0.0004	200000

① 由于采用的方法学不同，各个实验室的 K_I 定义可能不尽相同。

注：引自 Drawz S M, Ronomo R A Clin Microbiol Rev, 2010, 23: 160-201。

表 32-8   代表性 A 类抑制剂耐药和野生型酶的动力学特性[①]

β-内酰胺酶	他唑巴坦		
	$K_I(\mu mol/L)$	k_{inact}/s^{-1}	TN
TEM-1	0.01	＞0.02	140
TEM Met69Leu	0.20	0.004	2900
TEM Sert130Gly	95	0.04	630
TEM Arg244Ser			
TEM Asn276Asp			
TEM Met69Ler,Asn276Asp	0.6		
SHV-1	0.07	0.1	5
SHV Arg244Ser			
SHV Ser130Gly	4.2	0.06	5
OHIO-1	0.30	0.01	400
OHIO Met69Ile	18	0.0016	2000

① 由于采用的方法不同，各个实验室的 K_I 定义可能不尽相同。

注：引自 Drawz S M, Ronomo R A. Clin Microbiol Rev, 2010, 23: 160-201。

第七节　IRT 的流行病学

针对 β-内酰胺-β-内酰胺酶抑制剂复方制剂的耐药挑战人们成功地治疗尿道感染、呼吸道感染和血行感染的能力。表达针对抑制剂耐药的 β-内酰胺酶产生细菌的流行在全球差异很大。早在 1993 年，一个法国的研究包括了来自尿道感染的 2972 个大肠埃希菌分离株，该研究发现，分别有 25％ 和 10％ 的院内分离株和社区分离株显示出阿莫西林-克拉维酸的 MIC 是 $>16/2\mu g/mL$。这些分离株的特征鉴定（包括 MIC 轮廓［阿莫西林-克拉维酸 $MIC_{90}>1024\mu g/mL$ 和头孢菌素 $MIC<32\mu g/mL$］，等电聚焦和 DNA-DNA 杂交）建议，分别有 27.5％ 和 45％ 的院内和社区分离株是源自 TEM-1 的，并且具有以前描述过的氨基酸位置上的置换，这些置换赋予了 IRT 表型。在这个普查中，来自尿道感染的 4.9％ 的大肠埃希菌分离株产生 IRT。在 1998 年，一所法国医院的老年病科报告了一次阿莫西林-克拉维酸耐药的分离株所致感染的暴发，这些分离株都产生同样的 IR TEM β-内酰胺酶，TEM-30（精氨酸 244→丝氨酸）。在一项在 2000 年发表的研究中，Leflon-Guibout 等确定了在大肠埃希菌分离株的阿莫西林-克拉维酸耐药（被定义为 MIC 是 $>16/2\mu g/mL$）的分子学机制，这些分离株来自从 1996 年到 1998 年的三所法国的医院。总的耐药率是 5％ 并且多数耐药细菌来自呼吸道感染的患者。IRT 的产生参与在这段时间的 30％～40％ 的分离株的耐药，这比起染色体 AmpC 酶的超高产只略微少一些。两项独立的西班牙研究报告，在 5.4％ 和 9.5％ 的阿莫西林-克拉维酸耐药的大肠埃希菌分离株产生 IRT。

在美国，第一个被鉴定的 IRT 直到 2004 年才被报告，这是在一个为期 14 个月的大肠埃希菌分离株的普查中，这些分离株来自美国东北部三级医院的微生物学实验室。Kaye 等发现，283 个分离株通过圆盘扩散和 MIC 试验被证实为氨苄西林-舒巴坦耐药，其中有 24％ 的分离株也对阿莫西林-克拉维酸耐药。在阿莫西林-克拉维酸耐药的分离株中，有 83％ 来自社区获得的感染。这 69 个分离株中有许多是从门诊患者的尿道感染中被恢复的，并且两个表达 IR TEM-34 以及一个表达 TEM-122（精氨酸 275→谷氨酰胺）酶。顺便说一下，2004 年，在来自纽约市的一个产 KPC-2 肺炎克雷伯菌分离株也被报告含有 IRT-2。

与在美国相比，产 IRT 的分离株更经常在欧洲被报告。对于这种不一致的解释还不清楚，并且可能反映出环境的、微生物学的和临床实践等各项因素的一个组合。这个现象似乎与在 β-内酰胺-β-内酰胺酶抑制剂复方制剂在使用上的大的差别有关，因为这些制剂在美国和欧洲都被广泛地使用，并且可能对细菌产生相似的选择压力。Miro 等于 2002 年报告，在为期三年的时间中，一共有 7252 个非重复大肠埃希菌临床分离株在西班牙的一所医院被收集，其中有 7％ 的分离株显示对阿莫西林-克拉维酸减少的敏感性，有 27 个分离株产生各种 IRT，如 TEM-30、TEM-31、TEM-33、TEM-34、TEM-37、TEM-40、TEM-51 和 TEM-54。当然，造成这些临床分离株对阿莫西林-克拉维酸不敏感的原因也包括其他 β-内酰胺酶的产生，包括 TEM-1 和 SHV-1 过度表达，C 类 β-内酰胺酶过度产生，OXA-30 和 PSE-1 的存在。Henquell 等曾只是研究了尿道大肠埃希菌分离株对阿莫西林-克拉维酸耐药的机制，他们发现，对于来自住院患者的大肠埃希菌分离株而言，TEM 产生（48％）是排在第一位的机制，并且 IRT 产生（27.5％）是排在第二位的机制，以及对于从法国的克莱蒙费朗的私人实验室所收集的大肠埃希菌分离株而言，上述两种机制的比例出现了反转，即 TEM 产生占 34％，而 IRT 产生占 45％。

总之，产 IRT 细菌的流行主要集中在欧洲国家，特别是法国和西班牙，当然，在美国也有一些报告。至于这些产酶细菌为什么集中在法国等国的原因至今还是个谜。

第八节　结语

IRT 酶经过广谱 β-内酰胺酶的突变而出现，主要源自 TEM-1 酶。关于这些酶的大多数信息都起源于 20 世纪 90 年代，并且相继的研究数量并不多，包括对这方面知识进行更新或对这些酶的调研。产这些酶的分离株的菌群结构分析还没有被开展，并且 IRT 酶与特异性的大肠埃希菌克隆复合物或毒力性状有关联的潜在的克隆传播还没有被研究。况且，关于在 IRT 酶的进化中的天然的或一过性的突变体的作用上，根本没有信息可供参考。同样，关于 bla_{IRT} 基因的动员及其与质粒的关联性方面的研究还没有被开展，而 ESBL 和碳青霉烯酶基因的相关研究已经广泛地被开展。从一个流行病学和临床的观点上看，有必要出台检测产生这些酶的分离株的更好推荐，并且也有必要加强患者的危险因素方面的相关知识。

参考文献

[1]　Pérez-Llarena F J，Bou G. β-lactamase inhibitors：the story so far [J] . Curr Med Chem，2009，16

(28)：3740-3765.

[2] Drawz S M, Ronomo R A. Three decades of β-lactamase inhibitors [J]. Clin Microbiol Rev, 2010, 23：160-201.

[3] Vedel G, Belaaouaj A L, Gilly R, et al. Clinical isolates of *Escherichia coli* producing TRI β-lactamases: novel TEM-enzymes conferring resistance to beta-lactamase inhibitors [J]. J Antimicrob chemother, 1992, 30：449-462.

[4] Bonomo R A, Currie-McDumber C, Shlaes D M. OHIO-1 β-lactamase resistant to mechanism-based inactivators [J]. FEMS Microbiol lett, 1992, 71：79-82.

[5] Belaaouaj A, Lapoumeroulie C, Canica M M, et al. Nucleotide sequences of the genes coding for the TEM-like β-lactamases IRT-1 and IRT-2 (formerly called TRI-1 and TRI-2) [J]. FEMS Microbiol Lett, 1994, 120：75-80.

[6] Knox J R. Extended-spectrum and inhibitor-resistant TEM-type β-lactamases: mutations, specificity, and three-dimensional structure [J]. Antimicrob Agents Chemother, 1995, 39：2593-2601.

[7] Lemozy J, Sirot D, Chanal C, et al. First characterization of inhibitor-resistant TEM (IRT) β-lactamases in *Klebsiella pneumoniae* strain [J]. Antimicrob Agents Chemother, 1995, 33：2580-2582.

[8] Bret L, Chanel C, Sirot D, et al. Characterization of an inhibitor-resistant enzyme IRT-2 derived from TEM-2 β-lactamase produced by *Proteus mirabilis* strain [J]. J Antimicrob Chemother, 1996, 38：183-191.

[9] Prinarakis E E, MiriagouV, Tzelepi E, et al. Emergence of an inhibitor-resistant β-lactamase (SHV-10) derived from an SHV-5 variant [J]. Antimicrob Agents Chemother, 1997, 41：838-840.

[10] Nicolas-Chanoine M H. Inhibitor-resistant β-lactamases [J]. J Antimicrob Chemother, 1997, 40：1-3.

[11] Sirot D, Recule C, Chaibi E B, et al. A complex mutant of TEM-1 β-lactamase with mutations encountered in both IRT-4 and extended-spectrum TEM-15, produced by an *Escherichia coli* clinical isolate [J]. J Antimicrob Chemother, 1997, 41：1322-1325.

[12] Bonomo R A, Rice L B. Inhibitor resistant class A β-lactamases [J]. Front Biosci, 1999, 4：e34-e41.

[13] Chaibi E B, Sirot D, Paul G, et al. Inhibitor-resistant TEM β-lactamases: phenotypic, genetic and biochemical characteristics [J]. J Antimicrob Chemother, 1999, 43：447-458.

[14] Leflon-Guibout V, Speldooren V, Heym B, et al. Epidemiological survey of amoxicillin-clavulanate resistance and corresponding molecular mechanisms in *Escherichia coli* isolates in France: new genetic features of bla_{TEM} genes [J]. Antimicrob Agents Chemother, 2000, 44：2709-2714.

[15] Robin F, Delmas J, Archambaud M, et al. CMT-type β-lactamase TEM-125, an emerging problem for extended-spectrum β-lactamase detection [J]. Antimicrob Agents Chemother, 2006, 50：2403-2408.

[16] Canton R, Morosini M I, Martin O, et al. IRT and CMT beta-lactamases and inhibitor resistance [J]. Clin Microbiol Infect, 2008, 14 (Suppl. 1)：53-62.

[17] Bush K. β-lactamase inhibitors from laboratory to clinic [J]. Clin Microbiol Rev, 1988, 1：109-123.

[18] Kaye K S, Gold H S, Schwaber M J, et al. Variety of β-lactamases produced by amoxicillin-clavulanate-resistant *Escherichia coli* isolated in the Northeastern United States [J]. Antimicrob Agents Chemother, 2004, 48：1520-1525.

[19] Girlich D, Karim A, Poirel L, et al. Molecular epidemiology of an outbreat due to IRT-2 β-lactamase-producing strains of *Klebsiella pneumoniae* in a geriatri department [J]. J Antimicrob Chemother, 2000, 45：467-473.

[20] Granier S A, Nguyen Van J C, Kitzis M D, et al. First description of a TEM-30 (IRT-2) -producing *Klebsiella oxytoca* isolate [J]. Antimicrob Agents Chemother, 2002, 46：1158-1159.

[21] Atanasov B P, Mustafi D, Makinen M W. Protonation of the β-lactam nitrogen is the trigger event in the catalytic action of class A β-lactamases [J]. Proc Natl Acad Sci USA, 2000, 97：3160-3165.

[22] Chaibi E B, Peduzzi J, Farzaneh S, et al. Clinical inhibitor-resistant mutants of the β-lactamase TEM-1 at amino-acid position 69. Kinetic analysis and moleculare modelling [J]. Bio-chimBiophys Acta, 1998, 1382：38-46.

[23] Tranier S, Bouthors A T, Maveyraud L, et al. The high resolution crystal structure for class A β-lactamase PER-1 reveals the basis for its increase in breadth of activity [J]. J Bio Chem, 2000, 275：28075-28082.

[24] Williams J D. β-lactamase inhibition and in vitro activity of sulbactam and sulbactam/cefoperazone [J]. Clin Infect Dis, 1997, 24：494-497.

[25] Henquell C, Sirot D, Chanal C, et al. Frequency of inhibitor-resistant TEM β-lactamases in *Escherichia coli* isolates from uninary tract infections in

France [J] . J Antimicrob Chemother，1994，34：707-714.

[26] Miro E，Navarro F，Mirelis B，et al. Prevalence of clinical isolates of *Escherichia coli* hospital in Barcelona， Spain， over a 3-year period [J] . Antimicrob Agents Chemother，2002，46：3991-3994.

[27] Imtiaz U，Manavathu E K，Mobashery S，et al. Reversal of clavulanate resistance conferred by a Ser-244 mutant of TEM-1 β-lactamase as a result of a second mutation （Arg to Ser at position 164） that enhances activity against ceftazidime [J] . Antimicrob Agents Chemother，1994，38：1134-1139.

[28] Martinez J L，Cercenado E，Rodriguez-Creixems M， et al. Resistance to β-lactam/clavulanate [J] . Lancet，1987，2：1473.

[29] Martinez J L，Vicente M F，Delgado-Iribarren A，et al. Small plasmids are involved in amoxicillin-clavulanate resistance in *Escherichia coli* [J] . Antimicrob Agents Chemother，1989，33：595.

[30] Delaire M，Labia R，Samama J P，et al. Site-directed mutagenesis at the active site of *Escherichia coli* TEM-1 β-lactamase [J] . J Biol Chem，1992，29：20600-20606.

[31] Shlaes D M. New β-lactam-β-lactamase inhibitor combinations in clinical development [J] . Ann N Y Acad Sci，2013，1277：105-114.

[32] English A R，Retsema J A，Girard A E，et al. CP46，899，a β-Lactamase inhibitor that extends the antibacteriial spectrum of β-lactams：initial bacteriological characterization [J] . Antimicrob Agents Chemother，1978，14：414-419.

[33] Oliphant A R，Struhl K. An efficient method for generating proteins with altered enzymatic properties：application to β-lactamase [J] . Proc Natl Acad Sci U. S. A. ，1989，86：9094-9098.

[34] Manavathu E K，Lerner S A，Fekete T，et al. Characterization of a mutant TEM American Socicty for Microbiology β-lactamase that confers resistance to ampicillin plus clavulanic acid，abstr. In：Program and abstracts of the 30th Interscience Conference on Antimicrob Agents and Chemothephy. Washington，D. C. 1990. 131.

第 四 篇

全球细菌耐药的现况、发展趋势和应对措施

第三十三章

全球细菌耐药现况和发展趋势

第一节 各种"超级细菌"
纷纷涌现

美国 CDC 的 Cohen 博士在多年前创造出了一个短语——"后抗生素年代",这个短语意指社区和院内感染主要是由多重耐药病原菌引起,而且对于这些感染几乎或根本没有有效的抗菌药物可供选择。"后抗生素年代"体现出两个鲜明特征,一是细菌耐药的大幅度升级和广泛传播,二是缺乏能够治疗耐药细菌特别是多药耐药革兰阴性菌的全新抗菌药物。毫无疑问,两个因素的叠加凸显出全球细菌耐药危机的严重性。根据全球细菌耐药的现况调查结果人们不难判断,"后抗生素年代"确实已经到来,无论是发达国家还是发展中国家都是如此。"后抗生素年代"到来的一个重要标志就是各种所谓的"超级细菌"纷纷出现,它们已经不限于革兰阳性菌中的耐甲氧西林金黄色葡萄球菌(MRSA)和耐万古霉素肠球菌(VRE),而且也涵盖了一些临床上重要的革兰阴性病原菌。"ESKAPE"就是这些"超级细菌"中的典型代表。大约 10 多年前,根据对临床常见病原菌耐药状况和治疗情况的总结,Rice 和 Boucher 等先后将 6 种病原菌列为在临床上最成问题的致病菌,并将它们称作 'ESKAPE',它是一个首字母缩略词,是由 6 种耐药细菌英文首字母组成。

E:*E. faecium*,耐万古霉素肠球菌(VRE),一般特指屎肠球菌。在全世界,VRE 所致院内血行感染越来越常见,治疗非常棘手,并且针对利奈唑胺、达托霉素和替加环素耐药的 VRE 菌株已经在全世界陆续被检测到。

S:*S. aureus*,耐甲氧西林金黄色葡萄球菌(MRSA),MRSA 可谓臭名昭著。有学者甚至提出,MRSA 的出现可以看作是"后抗生素年代"的前夜。尽管近些年来已经有一些新上市的抗菌药物能够用于治疗 MRSA 感染,但无论是 HA-MRSA 还是 CA-MRSA 感染,治疗都是一件非常棘手的事情。

K:常常是特指产 ESBL 和/或碳青霉烯酶的肺炎克雷伯菌(*K. pneumoniae*),当然,有些学者也将其他一些克雷伯菌菌种如奥克西托克雷伯君包含在内。各种产 ESBL、KPC 以及其他碳青霉烯酶的肺炎克雷伯菌已经在全球造成很多严重感染,死亡率高,是革兰阴性病原菌中典型的"超级细菌"。

A:*A. baumannii*,目前在全世界,多药耐药鲍曼不动杆菌已经常常在 ICU 中引起严重感染,死亡率高。在我国,鲍曼不动杆菌感染更是常见的院内感染。

P:*P. aeruginosa*,多药耐药或泛耐药铜绿假单胞菌感染率继续在全球增高。这些铜绿假单胞菌不仅对氟喹诺酮类和碳青霉烯类耐药,而且也对氨基糖苷类耐药,甚至对多黏菌素类耐药的菌株也不时被报告。目前在全世界,这种病原菌已经成为患者和临床医生的梦魇。

E:*Enterbacter* species,多药耐药肠杆菌种主要包括阴沟肠杆菌和产气肠杆菌。这些肠杆菌菌种正引起越来越多的院内感染,并且对多种抗菌药物的耐药率一直在攀升。多药耐药肠杆菌菌种在治疗期间的出现一直是令人担忧的事情。

上述 6 种病原菌均是临床常见的难治性病原菌，其中的每一种病原菌都会造成严重感染和感染暴发，如血行感染和肺炎，很多严重感染都造成非常高的死亡率，令人担忧的是，能够治疗这些多药耐药病原菌的抗菌药物越来越少，有些甚至已经发展成为无药可治的病原菌。当然，所谓的成问题的病原菌远不止上述 6 种，它们只是众多耐药致病菌的典型代表，还有其他一些病原菌也不可轻视，如耐青霉素肺炎链球菌、多药耐药大肠埃希菌、艰难梭菌、志贺菌属和沙雷菌属菌种等，当然，更需要特别提出的就是多药耐药结核分枝杆菌。令人不安的是，有些多药耐药病原菌已经侵入社区医疗机构中，而社区医疗机构的感染控制能力和治疗能力非常薄弱，根本无法应对这些多药耐药病原菌的大规模冲击。

第二节　多药耐药已经成为"新常态"

经过了几十年的积累，目前在全世界，在临床常见的各种病原菌中，很少有病原菌只是针对一种抗菌药物耐药，很多病原菌都是集多种耐药机制于一身。很多革兰阴性病原菌不仅拥有染色体编码的耐药决定子，而且更多是依赖于各种遗传元件携带耐药基因，如质粒、转座子和整合子，使得这些革兰阴性病原菌同时针对多种抗菌药物耐药，包括 β-内酰胺类、氟喹诺酮类和氨基糖苷类耐药，甚至也开始针对替加环素和多黏菌素耐药。最初，人们将这些拥有多种耐药机制的各种病原菌一律称作多药或多重耐药（multidrug resistance，MDR）细菌。后来，很多专家已经陆陆续续提出了一些术语来有区别地定义这些多药耐药病原菌，比如多药耐药、复合耐药（co-resistance）、交叉耐药（cross-resistance）、泛耐药（pandrug resistance，PDR）、极端耐药（extensive，extensively 或 extremely drug resistant，XDR）和多效性耐药（pleiotropic resistance）等（表 33-1）。

表 33-1　多药耐药不同术语的定义

术语	定义[①]	注释
多药耐药（MDR）	至少对三种或更多种抗菌药物类别中的一个药物品种不敏感	对多种抗菌药物(一般来说三种或更多种)，抗菌药物类别或亚类耐药。这是最普通的术语，它包括下面定义的大多数局面(XDR、PDR 等)。最初，这一术语被创造出来是为了描述结核分枝杆菌、肺炎链球菌和金黄色葡萄球菌，后来，这个术语被用来描述引起院内感染的革兰阴性病原菌。这一术语是基于体外敏感性试验结果，之所以有此称谓是警示抗感染临床医生，当然也用于感染控制目的
广泛耐药（XDR）	除了两种或更少的抗菌药物类别以外，至少对所有其他的抗菌药物类别中的一个药物品种不敏感	对所有的或几乎所有被批准的抗菌药物耐药。最初，这一术语被创造出来只是为了描述结核分枝杆菌。后来，这一术语被用来描述引起院内感染的革兰阴性病原菌。它适用于只对一种或两种抗菌药物类别敏感的细菌
泛耐药（PDR）	对所有抗菌药物类别中的所有抗菌药物品种不敏感	在文献中，已经有不同的定义被采用，包括对几乎所有作为商品供应的抗菌药物耐药的细菌、对所有常规被试验的抗菌药物耐药的细菌以及对所有可供经验治疗的抗菌药物耐药的细菌。从实践观点看，根本没有受试药物对那种细菌敏感
复合耐药	存在着有突变的或获得的耐药基因编码的不同耐药机制	影响到不同抗菌药物类别复杂的多药耐药表型
交叉耐药	突变的或获得的耐药基因的存在影响到同一抗菌药物类别中的各种抗菌药物品种	影响到来自同一范畴中不同抗菌药物的耐药机制
多效性耐药	由于突变或一个耐药基因获得这种同样的遗传事件，影响到若干抗菌药物类别的一种耐药机制的存在	影响到来自不同类别中若干抗菌药物的耐药机制

[①] 治疗范畴（例如，氨基糖苷类、氟喹诺酮类、头孢菌素类和碳青霉烯类等）。

注：引自 Canton R，Ruiz-Garbajosa P. Curr Opin Pharmacol，2011，11：477-485。

细分起来，这些术语蕴含的内容和意思还是有些区别的，并且在文献中使用的频次也并不相同，使用最多的还是多药耐药（MDR）这一术语，这也是因为这一种耐药表型在临床上最为常见。多药耐药也意味着细菌耐药的复合选择。除了参与耐药基因转移以外，可移动遗传元件也为多药耐药的选择奠定基础，很多种耐药基因都可以蓄积在同一个可移动遗传元件上。针对不同类别抗菌药物的耐药基因能够蓄积在同一个质粒上，还有的细菌耐药岛可以同时携带几十种耐药基因，一个整合子也可以将各种不同的基因盒进行整合，形成基因盒阵列。这些都是多药耐药的重要遗传学基础，并且多药耐药的选择也是如此。在一个敏感细菌菌群内，总会有一个耐药亚群在抗菌药物暴露情况下能被选择出来，不过选择的频次则不尽相同。有人杜撰出"遗传资本主义"这一术语来描述这一概念，即耐药细菌倾向于变得更加耐药。如图33-1所示，耐药基因可以序贯获得（突变或基因转移），序贯暴露到不同的抗菌药物可能会在细菌中蓄积耐药基因。由于不同耐药基因的存在，不同抗菌药物的应用或许选择不同类型的复合耐药细菌。最后，暴露到单一一种抗菌药物的选择效应与暴露到不同抗

菌药物的选择效应（复合选择）是一样的。目前，多药耐药分离株增加的流行被复合选择过程以及它们的持续存留所驱动，即便是在没有抗菌药物选择压力存在时也是如此。复合选择给细菌和耐药基因创造出一个机会。

第三节　全球化背景下的耐药细菌散播——如虎添翼

毫无疑问，全球化对于当今细菌耐药的升级和广泛散播起到了巨大的推动作用，可谓如虎添翼。耐药细菌在全世界的散播也得益于全世界各个国家深度融合的全球化。当今世界发达的交通工具可以在数小时或一天之内将人们带到任何一个大陆或国家，人体携带的各种耐药细菌也毫不费力地到达了这些地点。全球化促进了人类便利的旅行，也为耐药细菌的传播提供了便捷的交通工具。耐药细菌一旦落地生根，就会感染或定植当地的人群。因此，在全球化这个大背景下控制耐药细菌在国与国之间的传播极为艰难，各个国家必须通力协作，不能各自为战，否则难以独善其身，因为正常的人员交往根本无法被进行入境限制。实际上，即便是一个国家内部，患者的转院和人员的增加流动也同样可以促进耐药细菌或耐药基因的散播。已经有很多研究显示，国际旅行和旅游是抗菌药物耐药肠杆菌科细菌获得和传播的重要途径。国外旅行已经被建议是获得产 ESBL 肠杆菌科细菌的一个危险因素，Tangden 等开展了一项前瞻性研究对此加以证实。在北欧国家中有 100 人在旅行离开北欧前没有携带产 ESBL 大肠埃希菌，其中有 24 人在旅行后被产 ESBL 大肠埃希菌定植。所有的菌株都产 CTX-M 酶，主要是 CTX M 15 并且一些菌株复合产生 TEM 或 SHV 酶。这些菌株对一些抗生素亚类复合耐药是常见的。旅行到印度与最高的获得 ESBL 的危险相关（88%；$n=7$），即一共有 8 人赴印度旅行，但 7 人在旅行后携带产 CTX-M-15 的大肠埃希菌。有 21 人完成了为期 6 个月的随访，其中有 5 人持续存在着产 ESBL 细菌的定植（表 33-2）。

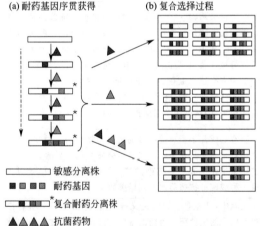

(a)耐药基因序贯获得　　(b)复合选择过程

□ 敏感分离株
■■ ■■ ■■ 耐药基因
□■■■* 复合耐药分离株
▲▲▲▲ 抗菌药物

图 33-1　多药耐药的出现和选择（见文后彩图）

（引自 Canton R，Ruiz-Garbajosa P. Curr Opin Pharmacol，2011，11：477-485）

表 33-2　在国外旅行后从直肠拭子中分离出的 24 个大肠埃希菌菌株中被检测到的 CTX-M 基因的分布

大陆或地区	分离株的数量				
	CTX-M-1	CTX-M-15	CTX-M-9	CTX-M-14	CTX-M-27
非洲		1			
亚洲(印度除外)		2	1	5	2
印度		7			
南欧	1	1			
中东		2	2		
合计	1	13	3	5	2

注：引自 Tangden T，Cars O，Melhus A，et al. Antimicrob Agents Chemother，2010，54：3564-3568。

一个人无论去哪里，他/她都携带着 100 万亿细菌，旅行的结果是传播这些细菌——最终，我们成了多重耐药细菌的运载工具。然而，地球是人类共同的家园，各个国家也不可能重新回到"老死不相往来"的境况中。鉴于此，如何在全球化的大背景下遏制细菌耐药绝对是全球各个国家都必须面对的一个全新课题。

第四节　抗菌药物应用和细菌耐药发展趋势的关联性

毫无疑问，只要导致细菌发生、发展以及散播的因素持续存在，细菌耐药就不会消除。众所周知，抗菌药物在人感染治疗上的大量使用应该是造成细菌耐药发生和发展最主要的原始驱动力。换言之，只要抗菌药物还在人类社会继续使用，细菌耐药也必然会持续存在。然而，细菌耐药和抗菌药物使用或消费究竟是一种什么关系呢？有人认为，抗菌药物和细菌耐药犹如一对情侣，有时密不可分，有时又若即若离。说它密不可分，是因为抗菌药物的消费可以促进细菌耐

药率的增高，这种关联性显而易见；说它若即若离，是因为抗菌药物消费与细菌耐药的发生似乎又没有直接的关联，抗菌药物本身并不是细菌耐药的诱变剂，也不参与耐药基因的水平转移，它们的应用就是将耐药菌株选择出来，即富集耐药细菌。现已证实，抗菌药物消费的增加与细菌耐药率的增加之间存在正向关联性，这样的关联性无论是个体水平、科室水平、医院水平、城市水平、国家水平甚至大陆水平都得到过确证。Goossens 等于 2005 年报告一项研究成果，他们利用欧洲国家间交叉的数据，揭示出在欧洲门诊抗菌药物的使用与耐药的相关性。结果显示，在欧洲各国门诊抗菌药物使用情况彼此差异很大，最高的是法国，为 32.2 DID，而最低的是荷兰，为 10.0 DID，彼此相差 3.2 倍。他们注意到了欧洲各国间抗菌药物用量的差异，表现为欧洲北部最低，东部居中，而南部最高。对所有抗菌药物使用量和耐药率的组合中都显示出明确的相关性，这个相关性提示随着抗菌药物消费的增加细菌耐药率也随之增加（表 33-3 和图 33-2）。

表 33-3　抗生素使用和耐药之间的关联性（菌种和分离年份）

细菌和分离年份	抗生素耐药	抗生素使用 ATC 组（数据年份）	国家数量	关联系数（95% CI）	P 值
肺炎链球菌 1999/2000	红霉素	大环内酯类，J01FA（1998）	16	0.83（0.67～0.94）	0.0008
肺炎链球菌 2001	青霉素	青霉素类，J01C（2000）	19	0.84（0.62～0.94）	＜0.0001
肺炎链球菌 2001	青霉素	头孢菌素类，J01DA（2000）	19	0.68（0.33～0.87）	0.0014
化脓性链球菌 1999/2000	红霉素	大环内酯类，J01FA 和林可酰胺类，J01FF（1998）	21	0.65（0.25～0.86）	0.0015
大肠埃希菌 2000	环丙沙星	喹诺酮类，J01M（1999）	14	0.74（0.35～0.91）	0.0023
大肠埃希菌 2000	SMZ-TMP	SMZ-TMP，J01EE01（1999）	14	0.71（0.29～0.90）	0.0048

注：引自 Goossens H，Ferech M，Stichele R V，et al. Lancet，2005，365：579-587。

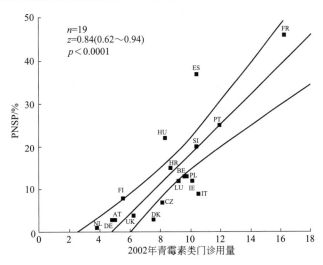

图 33-2　在青霉素使用和 PNSP 之间的关联性

（引自 Goossens H，Ferech M，Stichele R V，et al. Lancet，2005，365：579-587）

AT—奥地利；BE—比利时；HR—克罗地亚；CZ—捷克共和国；DK—丹麦；FI—芬兰；FR—法国；DE—德国；HU—匈牙利；IE—爱尔兰；IT—意大利；LU—卢森堡；NL—荷兰；PL—波兰；PT—葡萄牙；SI—斯洛文尼亚；ES—西班牙；UK—只包括英格兰

然而，抗菌药物消费量下降是否会伴随着耐药率的降低呢？这方面的证据并不多见。Livermore等于2001年报告，在英国，直到20世纪70年代，磺胺一直是被单独使用。在整个70和80年代，磺胺甲基异噁唑与甲氧苄啶联合组成的复方制剂广泛被使用。然而，随后的一些临床试验显示，在治疗尿道感染时，甲氧苄啶与复方制剂相比同样有效，并且人们也对由磺胺甲基异噁唑引起的超敏反应表示出担忧，这些事情在1995年最终导致将复方制剂从英国市场上撤出。多年之后，来自社区诊所的患者、门诊患者和住院患者的大肠埃希菌分离株，对磺胺的耐药率同样高（40%~50%）。也就是说，磺胺使用在持续和大幅度减少后，来自伦敦东部地区大肠埃希菌磺胺耐药的流行依然没有下降。显然这一结果有些出人意料，但代偿性进化、无代价突变和耐药标记物的复合选择都对这种差的逆转提供可能的解释（图33-3）。人们已经观察到，在那些几乎没有抗菌药物暴露的地区也维持着低水平的抗菌药物耐药。

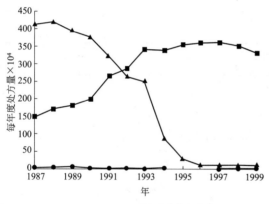

图33-3 在英国的磺胺类药处方趋势

（引自 Livermore D. Nature Rev Microbiol, 2004, 2: 73-78）

▲代表 SMZ-TMP，■代表 TMP 以及●代表磺胺类药本身（1995—1996年数据缺失）。尽管磺胺类药使用大幅度下滑，但在1991年和1999年，磺胺耐药率仍在40%~50%

显而易见，人类无法停止抗菌药物的临床应用，因此，我们预测细菌耐药进化趋势时必须以此作为一个前提。即便抗菌药物使用的合理性为100%，人类仍然会面对耐药问题。那么，在今后可以预见的未来细菌耐药究竟会如何进化呢？这样的问题似乎没有人能给出准确答案，因为人类确实无法精准预知微生物的进化轨迹，但符合逻辑的推测无非会出现以下两种情况：耐药局面相对不变或耐药局面继续恶化。

第一，耐药会彻底逆转吗？答案是否定的。细菌耐药局面不会从根本上得到改善，但随着合理应用抗菌药物的比例大幅度增加以及感染控制措施的普遍实施，再加上抗菌药物在现代农业中的滥用逐渐减少或停止，细菌耐药的局面或许会有些改善，某些细菌针对一些抗菌药物的耐药率会出现一定程度的下降。例如在我国，近些年青霉素耐药肺炎链球菌检出率有所下降。但人类必须清醒地认识到，这样的改善一定不是全面和显著的，在某些局部改善的同时也可能还伴有其他一些局部的恶化。由于老龄化现象的加重以及免疫功能不全的患者逐年增加，感染病例也在增加，由此造成抗菌药物消费的数量也会增加，至少不会明显减少。比如，近些年来，全球碳青霉烯类抗生素的消费量一直在持续增加。但是，如果各类抗菌药物在各个领域的总体用量不再明显增加，细菌耐药也许相对固化在某个水平上不再发展。但是，我们无法判断这样的平衡是短暂的表面现象还是可持续的稳定。各种耐药细菌也许一直在微生态环境中蓄积力量，一旦到达某个阈值，细菌耐药可能就会出现突破性发展。

第二，尽管人们在不断完善和强化遏制细菌发展的各种措施，但细菌耐药的局面还会持续不断恶化。从全球范围内看，抗菌药物滥用的现象还是触目惊心的，而且国际化又造成耐药细菌轻而易举就在全世界散播。实际上，我国抗菌药物滥用和临床上不合理用药的现象也不容乐观。因此，促进耐药升级和散播的因素还持续存在。虽然细菌耐药进展不快，但始终还是处于匍匐式增长的态势，很容易被人忽略。虽然耐药的局面越来越严重，但在大多数情况下，现有的抗菌药物还能勉强应对，局势不至于完全失控。人们并不确定这个缓慢的发展过程究竟能维持多长时间。幸运的话，人类研发成功一两个全新的抗菌药物，它们又能让这种严峻的局面得到些许缓解，一段时间后，这些全新的抗菌药物又逐渐失去效力，局面又朝着坏的方向发展。即便再有全新抗菌药物问世，这种恶性循环的局面不会从根本上逆转。除非人类在科学技术上出现了重大突破，否则难以打破这种恶性循环并逆转细菌耐药。细菌耐药的这种缓慢发展一旦到了一个临界点，即无论是在医院还是在社区，患者和临床医生遭遇到的大多数细菌感染都是由"超级细菌"所致，那局面就彻底失控了。届时，人类确实回到了抗生素年代之前的黑暗之中。原本不太严重的感染也同样会夺去患者的生命。不仅ICU的患者身处险境，就连普通手术以及整形和移植手术的患者都面临着生命危险，一旦感染，患者完全就是依靠支持疗法和自身的免疫功能进行对抗。人类不得不和这些"超级细菌"长期共存。这种局面的出现也是最坏的结果，但并非没有可能。人类还应该充分认识到，各种致病菌就存活在我们的环境中，很多细菌就在人体上定植，我们不可能像隔离病毒那样隔离细菌，至多在医院隔离一些被"超级细菌"感染的患者。此外，人们谈论更多的是细菌耐药的变异，而一旦病原菌的毒力发生变异，并且毒力更强和人更加易感的多药耐药菌株普遍出现的话，那将是人类的一场灾难。

参考文献

[1] Baquero F. Resistance to Quinolones in Gram-Negative Microorganisms：Mechanisms and Prevention [J]．Eur Urol，1990，17（Suppl 1）：3-12.

[2] Gootz T D. The global problem of antibiotic resistance [J]．Crit Rev Immunol，2010，30（1）：79-93.

[3] Paterson D L，Doi Y. A step closer to extreme drug resistance（XDR）in Gram-negative bacilli [J]．Clin Infect Dis，2007，45：1179-1181.

[4] Andersson D I，Hughes D. Antibiotic resistance and its cost：is it possible to reverse resistance? [J] Nat Rev Microbiol，2010，8：260-271.

[5] Coque T M，Baquero F，Canton R. Increasing prevalence of ESBL-producing *Enterobacteriaceae* in Europe [J]．Eurdosurveillance，2008，13：1-11.

[6] Canton R，Ruiz-Garbajosa P. Co-resistance：an opportunity for the bacteria and resistance genes [J]．Curr Opin Pharmacol，2011，11：477-485.

[7] Alvarez M，Tran J H，Chow N，et al. Epidemiology of conjugative plasmid-mediated AmpC β-lactamases in the United States [J]．Antimicrob Agents Chemother，2004，48：533-537.

[8] Boucher H W，Talbot G H，Bradley J S，et al. Bad bugs，no drugs：no ESKAPE! An update from the infectious Diseases Society of America [J]．Clin Infect Dis，2009，48：1-12.

[9] Rice L B. Federal funding for the study of antimicrobial resistance in nosocomial pathogens：no ESKAPE [J]．J Infect Dis，2008，197：1079-1081.

[10] Mouton R P，Glerum J H，van Loenen A C. Relationship between antibiotic consumption and frequency of antibiotic resistance of four pathogens— a seven-year survey.[J] J Antimicrob Chemother，1976，2：9-19.

[11] McGowan J E Jr. Antibiotic resistance in hospital organisms and its relation to antibiotic use [J]．Rev Infect Dis，1983，5：1033-1048.

[12] Baquero F，Martinez-Beltran，Loza E. A review of antibiotic resistance patterns of *Streptococcus pneumoniae* in Europe [J]．J Antimicrob Chemother，1991，28（Suppl C）：31-38.

[13] Seppala H，Klaukka T，Lehtonen R，et al. Outpatient use of erythromycin：link to increased erythromycin resistance in group A streptococci [J]．Clin Infect Dis，1995，21：1378-1385.

[14] Kristinsson K G. Effect of antimicrobial use and other risk factors on antimicrobial resistance in pneumococci [J]．Microb Drug Resist，1997，3：117-123.

[15] Seppala H，Klaukka T，Vuopio-Varkila J，et al. The effect of changes in the consumption of macrolide antibiotics on erythromycin resistance in group A streptococci in Finland. Finnish Study Group for Antimicrobial Resistance [J]．N Engl J Med，1997，337：441-446.

[16] Guillemot D，Carbon C，Balkau B，et al. Low dosage and long treatment duration of β-lactam：risk factors for carriage of penicillin-resistant *Streptococcus pneumoniae* [J]．JAMA，1998，279：365-370.

[17] Austin D J，Kristinsson K G，Anderson R M. The relationship between the volume of antimicrobial consumption in human communities and the frequency of resistance [J]．Proc Natl Acad Sci USA，1999，96：1152-1156.

[18] Chen D K，McGeer A，de Azavedo J C，et al. Decreased susceptibility of *Streptococcus pneumoniae* to fluoroquinolones in Canada. Canadian Bacterial Surveillance Network [J]．N Engl J Med，1999，341：233-239.

[19] Dougherty T J，Pucci M J，Bronson J J，et al. Antimicrobial resistance-why do we have it and what can we do about it? [J] Exp Opin Invest Drugs，2000，9（8）：1707-1709.

[20] Lipsitch M，Bergstrom C T，Levin B R. The epidemiology of antibiotic resistance in hospitals：paradoxes and prescriptions [J]．Proc natl Acad Sci USA，2000，97：1938-1943.

[21] Lipsitch M. Measuring and interpreting associations between antibiotic use and penicillin resistance in *Streptococccus pneumoniae* [J]．Clin Infect Dis，2001，32：1044-1054.

[22] Enne V I，Livermore D M，Stephens P，et al. Persistence of sulphonamide resistance in *Escherichia coli* in the UK despite national prescribing restriction [J]．Lancet，2001，357：1325-1328.

[23] Harbarth S，Harris A D，Carmeli Y，et al. Parallel analysis of individual and aggregated data on antibiotic exposure and resistance in Gram-negative bacilli [J]．Clin Infect Dis，2001，33：1462-1468.

[24] Lopez-Lozano J M，Monnet D L，Yague A，et al. Modelling and forecasting antimicrobial resistance and its dynamic relationship to antimicrobial use：a time series analysis [J]．Int J Antimicrob Agents，2000，14：21-31.

[25] Guilemot D, Courvalin P. Any impact of bacterial resistance on antibiotic use in the community [J]? Int J Med Microbiol, 2002, 292: 1-2.

[26] Arason V A, Gunnlaugsson A, Sigurdsson J A, et al. Clonal spread of resistant pneumococci despite diminished antimicrobial use [J] . Microb Drug Resist, 2002, 8: 187-192.

[27] Guillemot D, Cremieux A C, Courvalin P. Evolution of antimicrobial resistance: impact on antibiotic use [J] . Semin Respir Crit Care Med, 2002, 23 (5): 449-456.

[28] Lepper P M, Grusa E, Reichl H, et al. Consumption of imipenem correlates with β-lactam resistance in *Pseudomonas aeruginosa* [J] . Antimicrob Agents Chemother, 2002, 46: 2920-2925.

[29] Ball P, Baquero F, Cars O, et al. Antibiotic therapy of community respiratory tract infections: strategies for optimal outcomes andminimized resistance emergence [J] . J Antimicrob Chemother, 2002, 49: 31-40.

[30] Bronzwaer S L, Cars O, Buchholz U, et al. A European study on the relationship between antimicrobial use and antimicrobial resistance [J] . Emerg Infect Dis, 2002, 8: 278-282.

[31] Waterer G W, Buckingham S C, Kessler L A, et al. Decreasing β-Lactam Resistance in Pneumococci From the Memphis Region [J] . CHEST, 2003, 124: 519-525.

[32] Muller A A, Mauny F, Bertin M, et al. Relationship between spread of methicillin-resistant *Staphylococcus aureus* and antimicrobial use in a French University hospital [J] . Clin Infect Dis, 2003, 36: 971-978.

[33] Dean N C. Encouraging news from the antibiotic resistance front [J] . Chest, 2003, 124 (2): 519-525.

[34] Monnet D L, MacKenzie F M, Lopez-Pozano J M, et al. Antimicrobial drug use and methicillin-resistant *Staphylococcus aureus*, Aberdeen, 1996—2000 [J] . Emerg Infect Dis, 2004, 10: 1432-1441.

[35] Livermore D. Can better prescribing turn the tide of resistance? [J] Nature Rev Microbiol, 2004, 2: 73-78.

[36] Muller A, Lopez-Lozano J M, Bertrand X, et al. Relationship between ceftriaxone use and resistance to third-generation cephalosporins among clinical strains of *Enterobacter cloacae* [J] . J Antimicrob Chemother, 2004, 54: 173-177.

[37] Patrick D M, Marra F, Hutchinson J, et al. Per Capita Antibiotic Consumption: How Does a North American Jurisdiction Compare with Europe Per Capita Antibiotic consumption? [J] CID, 2004,

39: 11-17.

[38] Howell-Jones R S, Wilson M J, Hill K E, et al. A review of the microbiology, antibiotic usage and resistance in chronic skin wounds [J] . J Antimicrob Chemother, 2005, 55: 143-149.

[39] Kugelberg E, Lofmark S, Wretlind B, et al. Reduction of the fitness burden of quinolone resistance in *Pseudomonas aeruginasa* [J] . J Antimicrob Chemother, 2005, 55: 22-30.

[40] Zinner S H. Overview of antibiotic use and resistance: setting the stage for tigecycline [J] . Clin Infect Dis, 2005, 41: S289-S292.

[41] Guillemot D, Varon E, Bernede C, et al. Reduction of antibiotic use in the community reduces the rate of colonization with penicillin G-non-susceptible *Streptococcus pneumoniae* [J] . Clin Infect Dis, 2005, 41: 930-938.

[42] Goossens H, Ferech M, Stichele R V, et al. Outpatient antibiotic use in Europe and association with resistance: a cross-national database study [J] . Lancet, 2005, 365: 579-587.

[43] Turnidge J, Christiansen K. Antibiotic use and resistance-proving the obvious [J] . Lancet, 2005, 365: 548-549.

[44] Neuwen J L. Controlling antibiotic use and resistance [J] . Clin Infect Dis, 2006, 42: 776-777.

[45] Marshall D A, McGeer A, Gough J, et al. Impact of antibiotic administrative restrictions on trends in antibiotic resistance [J] . Can J Public Health, 2006, 97 (2): 126-131.

[46] MacAdam H, Zaoutis T E, Gasink L B, et al. Investigating the association between antibiotic use and antibiotic resistance: impact of different methods of categorizing prio antibiotic use [J] . Int J Antimicrob Agents, 2006, 28: 325-332.

[47] Garcia-Rey C. Martin-Herrero J E, Baquero F. Antibiotic consumption and generation of resistance in *Streptococcus pneumoniae*: the paradoxical impact of quinolones in a complex selective landscape [J] . Clin Microbiol Infect, 2006, 12 (Suppl 3): 55-66.

[48] Andersson D I. The biological cost of mutational antibiotic resistance: any practical conclusions [J]? Curr Opin Microbiol, 2006, 9: 461-465.

[49] Pallecchi L, Bartoloni A, Paradisi F, et al. Antibiotic resistance in the absence of antimicrobial use: mechanisms and implications [J] . Expert Rev Anti Infect Ther, 2008, 6 (5): 725-732.

[50] Scheetz M H, Knechtel S A, Malczynski M, et al. Increasing incidence of linezolin-intermediate or -resistant, vancomycin-resistant *Enterococcus faecium* strains parallels increasing linezolid consumption

[J] . Antimicrob Agents Chemother, 2008, 52: 2256-2259.

[51] Costelloe C, Metcalfe C, Lovering A, et al. Effect of antibiotic prescribing in primary care on antimicrobial resistance in individual patients: systematic review and meta-analysis [J] . BMJ, 2010, 340: c2096.

[52] 国家卫生健康委员会. 中国抗菌药物管理和细菌耐药现状报告 [M] . 中国协和医科大学出版社, 2018.

[53] McConnell J. Giving identity to the faceless threat of antibiotic resistance [J] . Lancet Infect Dis, 2004, 4 (6): 325.

[54] Hamilton-Miller J M T. Antibiotic resistance from two perspectives: man and microbe [J] . Int J Antimicrob Agents, 2004, 23: 209-212.

[55] Gilmore M S. The molecular basis of antibiotic resistance: where Newton meets Darwin [J] . Int J Med Microbiol, 2002, 292 (2): 65.

[56] Hamdy R C. Antibiotic resistance: have we become the dinosaurs? [J] South Med J, 2003, 96 (11): 1120.

[57] Sheldon A T Jr. Antibiotic resistance: who is winning the war? Introductory remarks [J] . Int J Toxical, 2003, 22 (2): 129-130.

[58] Rogers B A, Aminzadeh Z, Hayashi Y, et al. Country-to-country transfer of patients and the risk of multi-resistant bacterial infection [J] . Clin Infect Dis, 2011, 53 (1): 49-56.

[59] van der Bij A K, Pitout J D. The role of international travel in the worldwide spread of multiresistant *Enterobacteriaceae* [J] . J Antimicrob Chemother, 2012, 67 (9): 2090-2100.

[60] Tangden T, Cars O, Melhus A, et al. Foreign travel is a major risk factor for colonization with *Escherichia coli* producing CTX-M-type extended-spectrum β-lactamases: a prospective study with Swedish volunteers [J] . Antimicrob Agents Chemother, 2010, 54: 3564-3568.

[61] Cornagia G, Lonnroth A, Struelens M, et al. Report from European Conference on the role of research in combating antibiotic resistance, 2003 [J] . Clin Microbiol Infect, 2004, 10: 473-497.

第三十四章

细菌耐药的全球应对

WHO早已发出号召，呼吁全球共同应对细菌耐药的进化和升级。在前一章，我们已经详细阐述了造成细菌耐药发生和发展的各种影响因素。首先，既然抗菌药物应用是细菌耐药进化和升级的最主要驱动力，且人类又不可能完全废除抗菌药物在临床上抗感染治疗的使用，那么，符合逻辑的措施就是尽可能合理应用抗菌药物，减少滥用。然而，抗菌药物合理应用绝对是一件知易行难的事情，但无论如何，合理应用抗菌药物也是全球抗感染专家和相关机构共同倡导的应对细菌耐药的重要举措之一。其次，在所有应对措施中，最重要的应对措施还是加强全新抗菌药物的研发。目前人类面临的局面是：一方面细菌耐药不断升级，另一方面是可供治疗的抗菌药物越来越少，这就使得细菌耐药的危机愈发严重。如果全新的并能够治疗耐药细菌的抗菌药物能够源源不断涌现出来，人们似乎也就没必要更多地担心细菌耐药问题。然而，抗菌药物特别针对革兰阴性病原菌的全新抗菌药物的研发同样处于危机之中，甚至这条供应线面临着"断流"的风险。全球各国政府和相关机构必须对这种危机给予足够的重视，否则临床医生就会不得不面对越来越多无药可治的感染。最后，人类确实无法完全杜绝抗菌药物在临床抗感染治疗上的应用，但我们真的可以逐渐减少或废除抗菌药物在现代农业和食用动物养殖上的大量应用。当然，在医院和社区医疗机构强化感染控制措施也是必不可少的环节。根据以往的经验，上述各种遏制细菌耐药升级和散播的措施都并非轻而易举之事，人类必须付出极大的努力才有可能真正做到行之有效。

第一节 合理应用抗菌药物
——知易行难

在遏制细菌耐药发展的各项预措施中，合理应用抗菌药物一直占据着核心地位。全球主要国家均已不断地颁布各种抗菌药物的指导原则，试图规范抗菌药物的临床应用和合理化应用。人们之所以如此强调合理应用抗菌药物其意义主要体现在两个方面。一是更有效地治疗感染患者，减少感染死亡率，使患者尽早康复；二是减少耐药菌株的选择和散播，因为亚最佳药物剂量最容易选择出耐药菌株。很多人以为，要终止抗菌药物促进细菌耐药非常困难，但要做到在临床上合理应用抗菌药物并非难事。然而事实恰恰相反。临床上合理应用抗菌药物是一件知易行难的事情。在我国，抗菌药物分级管理政策已经实施多年，但临床上合理应用抗菌药物的现况却远不能让人乐观。2018年版《中国抗菌药物管理和细菌耐药现状报告》明确提出，在2017年，在全国近200家大型三甲医院中一共抽查了1461个抗菌药物处方，患者均为非手术病例，其中抗菌药物无适应证用药占抽查病例的17.1%。在有适应证用药病例中，药物选择不合理（选择起点高）的占28.2%，每日给药次数不符合规定的占26.6%，单次剂量不合理（主要是过大）的占9.9%，不适宜联合用药的占9.9%；此外，还有治疗用药疗程过长、无依据频繁换药等。如此计算下来，合理应用抗菌药物的处方大概不超过20%，简直让人难以置信！试想，大型三甲医院尚且如此，那么二甲医院或基层医院合理应用抗菌药物的现况就更令人担忧了。由此可见，真正做到合理应用抗菌药物绝对是任重道远的。

那么，合理应用抗菌药物究竟难在哪里呢？抗菌药物临床用药根本无法采取法规或法律的形式强制管理，而只能采取指导原则的形式加以约束，因为合理应用抗菌药物本身就是一个宽泛的概念，不是定义，如何做到合理应用抗菌药物也存在着见仁见智的科学争论。况且，感染患者的境况又千差万别，耐药细菌种属和抗生素敏感性试验结果又无法及时获得，所以很多感染需要经验治疗和早期治疗，否则会影响到感染患者的预后。既然是经验治疗失误就在所难免。在所有不合理应用抗菌药物表现形式中，无适应证用药很常见。人们可能会想，无适应证用药这种不合理应用抗菌药物现象应该很容易消除，这种问题通过教育和制度约束能轻而易举地加以解决。但是，在上述三甲医院的处方统计中，无适应证用药就占了 17.1%。读者可能会问，为什么患者没有细菌感染还被处方抗菌药物呢？事实上，在临床实践中，有时判断患者是否患有细菌感染也并非易事，有时会涉及复杂的鉴别诊断。例如，确实有些呼吸道病毒感染会同时并发细菌感染，患者术后发热是吸收热还是感染所致有时也难以准确判断等。尽管无适应证用药这种错误似乎很"低级"，但绝大多数并非医生有意为之。总的来说，通过强化教育，无适应证用药这种现象还是会逐渐减少的。

其他抗菌药物不合理应用的表现都比较难以纠正。首先，抗菌药物选择起点高这种不合理用药现象就暗含两个方面的问题。一方面是高或低的标准不明确。抗菌药物分级管理的原则是轻症感染要优先使用级别低一些的抗菌药物，例如，一些肠杆菌科细菌所致的轻症感染可从一代头孢菌素或二代头孢菌素用起，不要一上来就处方三代头孢菌素或四代头孢菌素。如果这些病原菌完全对头孢菌素类敏感，采用一代或二代头孢菌素类是没问题的，感染也能得到很好的治疗。但是，如果这些病原菌产生 TEM-1 后 SHV-1 那样的广谱酶的话，显然采用一代或二代头孢菌素类不能得到有效治疗，因为这些酶能够水解一代或二代头孢菌素类。在这种情况下，采用三代头孢菌素类抗生素就存在合理性，因为氧亚氨基头孢菌类能耐受这些广谱酶的水解。大肠埃希菌是引起尿道感染的常见致病菌，有些菌株不产生超广谱 β-内酰胺酶，有些菌株则产生像 CTX-M-15 那样的超广谱 β-内酰胺酶。一般来说，我国现行的指导原则不主张采用碳青霉烯类治疗大肠埃希菌所致感染，然而，在国外，采用碳青霉烯类治疗大肠埃希菌所致尿道感染的方案在逐渐增多。如果细菌敏感，临床医生完全可以采用氧亚

氨基头孢菌素类或其他类别抗菌药物进行治疗；如果细菌确实产生超广谱 β-内酰胺酶并且是多药耐药的菌株，选择碳青霉烯类治疗就有其合理性。问题的关键是临床医生在进行经验治疗时无法判断这些病原菌是敏感抑或是耐药，也无法判断这些病原菌是否产酶或产生哪种 β-内酰胺酶，而且轻症感染的患者也几乎不进行抗菌药物敏感性试验，仅凭借经验判断是无法保证绝对合理用药的。另外就是医生的心理。每个医生都希望尽早治好患者的感染，所以医生倾向于采用更强力的抗菌药物。例如，在 2014 年 Livermore 就报告，在英国，尽管 80% 以上淋球菌对青霉素敏感，但临床医生还是倾向于采用头孢曲松 + 阿奇霉素来治疗淋球菌感染。如果这样的选择没有超越相应的规定，医生通常是不太会考虑这样的选择对细菌耐药将会产生什么直接的或潜在的影响。

每日给药次数不符合规定也是最常见不合理应用抗菌药物的现象之一，而且几乎都是给药次数过少。在临床上，最需要关注给药次数的抗菌药物主要是 β-内酰胺类抗生素，它们属于时间依赖性抗生素，除了头孢曲松之外，绝大多数 β-内酰胺类抗生素的消除半衰期都很短，均需要每日多次给药，大多数 β-内酰胺类抗生素需要 q8h 静脉给药，一些 β-内酰胺类抗生素需要 q6h 静脉给药，有的甚至规定每日给药 6 次。一般来说，为获得良好疗效，这类抗生素血药浓度超过致病菌 MIC 的时间（$T>$MIC）应不低于给药间隔时间的 50%，因此，$T>$MIC 是时间依赖抗生素最重要的 PK/PD 参数。然而，随着致病菌针对这类抗生素的 MIC 数值的逐渐提高，在常规用药剂量的情况下，临床上要实现 $T>$MIC 不低于 50% 的目标越来越困难。例如，急性上呼吸道感染最常见的致病菌为肺炎链球菌。然而，肺炎链球菌针对青霉素的敏感折点已经从过去的 0.06mg/L 升至现在的 2mg/L，与此同时，青霉素的每日用药总量也随之增高。在美国，青霉素每日用量为 1200～2400 万单位，每日用量低于 1200 万单位就被认为是不合理用药。青霉素给药次数要求为每 4～6 小时给药 1 次。在我国，青霉素说明书中的"用法用量"规定，每日总量为 200～2000 万单位，分 2～4 次给药。换句话说，在有些情况下，即便按照我国青霉素说明书给药都无法做到合理用药。CLSI 提出头孢西丁的敏感折点为：针对革兰阳性病原菌为 2mg/L，针对革兰阴性病原菌为 8mg/L。然而，如果是治疗革兰阴性病原菌感染，即便是每次给药 2g，q6h 静脉给药也无法满足在现行 CLSI 敏感折点下 50% $T>$MIC 的要求，换言之，即便按照头孢西丁说明书最大用量给药都属于亚最佳剂量。很多呼吸科专家建议首

选青霉素治疗急性扁桃体炎，但需要每次320万单位，q6h静脉给药。这样的给药方案完全符合分级管理中从低级别抗菌药物用起的原则，也高度契合给药次数的PK/PD要求，但是，哪位临床医生会给患者推荐这样的治疗方案，又有哪位上呼吸道感染患者能接受在半夜或凌晨来医院静脉点滴呢？如此差的依从性使得这样的方案根本无法实施。不仅青霉素存在这样的问题，像头孢西丁、哌拉西林、阿洛西林、美洛西林以及哌拉西林/他唑巴坦等产品都面临着同样的问题。无奈之下，最常见的妥协办法就是减少给药次数。有些基层医院常常将800～1000万单位青霉素一次性静脉点滴。在这种给药方案中，每24小时的大多数时间青霉素血药浓度都处于检测不到的水平，疗效就可想而知了。然而，给药次数少这种不合理应用抗菌药物现象很难通过教育来纠正，因为这样的问题或矛盾是结构性的，是β-内酰胺类抗生素固有特性带来的。在抗生素年代早期，很多病原菌都是高度敏感的，敏感折点的MIC数值很低。在那种情况下，即便减少1～2次给药也不至于严重影响到疗效。然而，细菌耐药促使病原菌敏感折点不断提高。给药次数的减少根本无法满足PK/PD的基本要求，因此，细菌耐药的发展凸显了很多β-内酰胺类抗生素半衰期短这一固有缺陷。

单次给药过大也和给药次数减少息息相关。医生希望通过增加单次给药剂量来弥补减少给药次数带来的不利影响。对于其他类别的抗生素，单次给药剂量过大也同样是担心给药量不足造成血药浓度过低，不足以覆盖不敏感或中介敏感性细菌的治疗。此外，在细菌耐药如此严重的大背景下，做到合理的抗菌药物联合用药绝非易事，需要技术性和知识性的支撑。哪些感染需要联合用药，哪些抗菌药物加入联合用药，是两种药物联合还是多种药物，所有这些都需要反复权衡才能做到合理用药。况且，在治疗一些多药耐药所致的严重感染时，一些联合用药方案本身都缺乏临床试验研究证据的支持，根本没有所谓的标准方案。所以，什么方案是适宜的，什么方案是不合理的，不具备相当的专业知识是很难判断的。

综上所述，真正做到合理应用抗菌药物绝非易事。抗菌药物临床应用指导原则只是笼统地要求合理应用抗菌药物，但每每遇到具体细菌感染治疗时，临床医生常常陷入进退维谷之中。究竟如何应用抗菌药物才算合理也一直困扰着很多身处一线的临床医生。临床医生每日都在为如何有效地治疗各种耐药细菌感染而感到纠结，然而，合理应用抗菌药物已经变得比以往任何时候都重要，因为这常常不仅关乎患者的生死，也影响到细菌耐药的发展。此外，人们常说，抗菌药物的研发远远赶不上细菌耐药的发展。实际上，临床医生对细菌耐药在发展过程中派生出来的一些新知识的掌握也远远落后于细菌耐药发展的脚步。理想的情况是，每个处方抗菌药物的临床医生都能具备细菌感染个体化治疗的能力，但是，没有这些相关知识的武装，没有系统地培训和学习，要想真正做到合理应用抗菌药物是不可能的。加强培训和再教育势在必行。

第二节　全新抗菌药物产品供应线面临断流的风险

在全世界，每年耐药细菌所致严重感染患者死亡的人数很多，只是并未引起人们的足够重视而已。事实上，很多人特别是普通公众可能并不清楚，医学界对全新抗菌药物极其渴望。试想，如果没有抗多药耐药革兰阴性病原菌的全新抗菌药物出现，如果细菌耐药局面再进一步恶化，如多药耐药革兰阴性病原菌再对多黏菌素类和替加环素普遍耐药的话，我们真就陷入无药可用的悲惨局面，临床医生同样会眼睁睁地看着患者死于细菌感染而束手无策。这绝不是危言耸听，这种局面不是能否发生的问题，而是什么时候发生的问题。由此可见，人们对抗革兰阴性病原菌全新的抗菌药物的渴求即便用望眼欲穿来形容也不过分。然而，全新抗菌药物特别是针对革兰阴性病原菌的全新抗菌药物产品供应线已接近处于"断流"的状态。更令人们不安的是，各大制药企业、医药相关管理部门、各级政府领导以及普通大众都似乎没有或至少没有足够的紧迫意识。应对如此大的危机，没有政府的高度参与，没有各个利益攸关方的通力合作，仅仅依靠一些专家和医生的呼吁是远远不够的。

全新抗菌药物的研发究竟难在哪里呢？细究起来，原因还是多方面的，既有客观原因，也有主观因素。一是在细菌中可供选择的全新抗菌药物靶位可谓寥若晨星。要想寻找到既安全又高效而且又不易发生耐药突变的全新细菌靶点真的是难于上青天。找不到新的靶位就意味着回到对原有产品改良的老路上，但这条路已经被证明不能从根本上解决耐药的问题，新的衍生物很容易被细菌现有的耐药机制覆盖。令人遗憾的是，原以为人类会从细菌基因组学中收获到丰饶的成果，结果却是全球各大制药企业在投入了巨额的资金之后均以失败告终，至今没有一个通过这种策略发现的全新抗菌药物被批准投放到临床应用。并且许多大型制药公司也从此放弃了全新抗菌药物发现计划。二是低投资回报率遏制了企业的投资冲动。全新抗菌药物研发投资额度大，周期长，但回报率却不高，特别是与一些治疗慢性病的药物相比。用专业术语讲就是投资这类产品研发的净现值（net present value，NPV）低。一般来说，NPV 低于 100 的药物投资价值低，几乎无利可图，投资风险大。很多治疗慢性病的药物净现值都很高，可达 300 左右。不幸的是，抗菌药物的净现值约为 100，处在临界点上。由此可见，大型制药企业不会有大的动力来投资全新抗菌药物研发这个领域（表 34-1）。

表 34-1 各种药物类别的 NPV

项目药物类别	风险调整后的 NPV/百万美元	项目药物类别	风险调整后的 NPV/百万美元
骨骼肌肉类	1150	注射用抗菌药物（革兰阳性菌）	100
神经科学类	720	MS-银屑病	60
肿瘤类	300	肝脏移植	20
疫苗类	160	口服避孕药	10

注：引自 Projan S J. Curr Opin Microbiol，2003，6（5）：427-430。

究竟什么原因造成抗菌药物产品的净现值不高呢？归纳起来大体有如下几个原因：①细菌耐药导致抗菌药物使用价值很快下降；②抗菌药物限制政策是把双刃剑；③研发全新抗菌药物的各种风险和壁垒越来越高。这些因素交织在一起形成了一种恶性循环的局面（图 34-1）。

图 34-1 抗菌药物限制导致在抗菌药物 R&D 的减少的创新和投资
[引自 Power E. Clin Microbiol Infect，2006，12（Suppl5）：25-34]

如何破解全新抗菌药物产品供应线"断流"的局面需要全世界共同面对，这不是一个国家、一个制药企业或一个研究结构单独可以完成的课题，更不是仅仅依靠国家政府行政机构就可以完成的任务，因为没有一个抗菌药物是政府机构研发的。有一点是可以肯定的，那就是破解这道难题绝非易事，所有利益攸关方必须全力以赴才行。制药企业肯定是研发全新抗菌药物的主体，是任务的承担者。我们不能一味指责大型制药企业不去研发全新

的抗菌药物，缺少社会责任，没有直面困难的魄力。须知，任何企业的行为都不可能仅仅是为了社会责任，企业经营必须在商言商，任何投资都需要回报，需要规避风险。我们不能寄希望于制药企业独自承担失败的风险，只要在政策上有足够的刺激，只让企业看到希望，一定会有大型制药企业重新回归到全新抗菌药物研发的这一领域。至于要采取哪些激励政策，很多专家提出了一些建议。第一，政府管理部门提高紧迫意识是前提条件。Livermore 在 2018 年加勒德讲堂中明确提出，随着时间的推移，肯定会有更多的耐药基因脱逸出来，他将这种未知的危险称作是细菌耐药的"黑天鹅"事件，意味着全新耐药出现的巨大不确定性。因此，政府相关行政管理部门要充分认识到研发全新抗菌药物的重大意义。有认知才会有行动。政府的工作不仅仅是提升对研发全新抗菌药物的支持力度，它也能协调各个利益攸关方参与到这项工作中来。唯如此，我们才能看到希望。第二，必须采取一些平衡激励措施，如延长抗菌药物的专利期，或者在企业获得新药生产许可时再计算专利期。此外也可以减少临床试验研究规模。Baquero 等提出，根据 Ⅱ 期临床试验研究数据（有效性和基本安全性的证实）授予有限的市场销售权限，并且在这个药物已经在临床使用的情况下进行 Ⅲ 期临床试验研究。第三，缩短审评时间，开放绿色通道。第四，一旦产品进入市场，政府可以考虑减免企业的税收等。

总之，所有这些激励措施的目的只有一个，那就是鼓励更多的企业和研究机构从事全新抗菌药物的研发。在激励新抗菌药物研发上，政府应该有大手笔，四平八稳的刺激政策已经不足以唤起人们研发新抗菌药物的热情。在全新抗菌药物研发领域，我们和西方主要发达国家还有很大的差距，所以，我们不应该总是跟在后面亦步亦趋。我们国家完全可以制定自己的激励政策，胆子再大一些，要有突破性的思路。否则的话，一旦重大的细菌感染疫情出现，我们肯定会陷入十分被动的局面之中。事实上，考虑到研发全新抗菌药物的极端困难性，即便政府出台了很多激励性政策，都不能保证在不远的将来会有多大的突破性进展，但只要更多的企业和研究机构投身到这一领域中来，只要坚持不懈的努力，最终总会有所收获。

第三节 遏制抗菌药物在现代农业领域的应用势在必行

谈到大量应用抗菌药物施加给细菌的选择压力，我们不得不特别强调抗菌药物在现代农业中的滥用。抗菌药物用于人类感染性疾病的治疗和预防并不是抗菌药物的唯一用途，更多的抗菌药物用于

现代农业和畜牧养殖业。全球每年究竟有多大量的抗菌药物用于这一领域没有确切的数据，众说纷纭，但可以肯定数量惊人。相关报告提示，2013年左右在包括我国在内的一些国家中，人用抗菌药物的数量要低于兽用抗菌药物的数量（表34-2）。

表34-2　中国、英国和美国每年抗菌药物用量的比较

单位：t

中国 （2013 年）		英国 （2013 年）		美国 （2011—2012 年）	
人用	兽用	人用	兽用	人用	兽用
77760	84240	6410	4200	3290	14600

注：千人每天用量：中国157t，英国27t和美国28t。总量：中国162000t，英国10610t，美国179t。

已经有大量的试验研究证实，抗菌药物作为生长促进剂用于现代农业在细菌耐药的产生、发展和传播上起到了推波助澜的作用，并对细菌微生态学的影响是持久而深远的。在早期细菌耐药研究中，人们更多的是研究某种具体的耐药细菌及其耐药机制，很少在大的微生态环境背景下研究耐药的发生、发展以及散播。随着时间的推移人们逐渐认识到，细菌耐药的出现不仅仅与病原菌有关，而且与环境细菌或共生菌密切关联，很多耐药基因都可能源自环境中的非致病菌，如土壤中细菌和水生细菌。细菌耐药是一个非常独特而又极其复杂的问题。事实上，慎用抗菌药物联盟（The Alliance for the Prudent Use of Antibiotics，APUA）主席 Levy 教授已经建议："必须将整个'细菌世界'综合起来考虑才有意义……因为在一个如此巨大的多细胞微生物种群中，细胞能够非常容易地相互交换它们的基因"。抗菌药物被大量用于动物养殖业不仅在动物中选择出耐药细菌，这些耐药细菌可以通过食物链的各个环节传播到人，而且动物体内的抗菌药物并没有随着动物死亡而失去活性，它们相继会以各种形式被释放到环境中，从而对环境细菌产生巨大而持久的选择压力（图34-2）。

既然抗菌药物在现代动物养殖业中大量应用对人类健康造成危害，那么，人们为什么要将大量的抗菌药物用于养殖业呢？在 20 世纪 50 年代，人们无意间发现，即采用小剂量的抗菌药物饲养动物不仅抑制疾病的发生，而且也能促进动物生长，提高动物出栏率 20%，这无疑是一块巨大的边际效益。这个发现引发了一场农业革命，一些农场主特别是那些采用集约化养殖动物的农场主，则越来越依赖亚剂量的抗菌药物来促进家畜的快速生长。抗菌药物大量用于动物会给环境带来一系列的影响，已经被报告，在一些情况下，高达 80% 的口服给予牲畜的抗菌药物以没有改变的原型通过动物而

进入富集细菌的废弃物氧化池，然后作为一种肥料的来源而被施肥到农田上。因此，抗菌药物残基、抗菌药物耐药细菌和 R-质粒或许通过沥滤和溢流而易于转运进入地表水和地下水中。图 34-3 总体描绘了残留抗菌药物的散播和最终结局，抗菌药物耐药决定子及它们的宿主在环境中的存留状态、移动性和转移性。

目前在全世界，只有欧盟中的一些国家已经严禁在动物饲料中添加抗菌药物。而在全世界的大多数国家中，饲料中添加抗菌药物还是一个司空见惯的事情，包括美国等一些发达国家。在我国，动物饲料中添加抗菌药物也处于疏于监管的状态，每每也只是听到专家在呼吁。总之，如此大量的抗菌药物使用势必会给环境中的各种细菌施加难以想象的选择压力，彻底打乱微生态平衡，使得很多位于环境细菌中处于"沉默"的耐药基因活跃起来，继而被动员和转移到人和动物的病原菌中，进一步促进细菌耐药的进化和散播。我们深知，遏制抗菌药物在现代农业和畜牧养殖业中的滥用牵涉到各个利益方的博弈，难度很大。如果全面地限制抗菌药物在动物养殖业中的使用，食用动物的生产成本就会增加，最终会传导到各种肉类产品的零售价，物价就会上涨，政府就会承受压力。由此可见，遏制这样滥用的道理容易讲，但执行起来难度不小。然而，如果我们不重视微生态环境的问题，任由这样的抗菌药物滥用继续下去，那下一次危机就有可能是由耐药的"超级细菌"引发。人无远虑必有近忧。因此，即便是基于"谨慎性原则"，政府也应该出台相应的管理规定来终止抗菌药物作为动物生长促进剂的使用，或至少给出一个时限逐渐停止这样的使用。如果继续听之任之的话，最终必定会付出沉重的代价。

细菌耐药的快速进化和散播已经严重地威胁到全人类的健康福祉，多药耐药细菌造成的严重感染每年都会夺去很多人的生命，细菌耐药已经是一种全球性的现实危机，理所当然需要全球各个国家共同应对。耐药细菌同样不承认国界，而且全球化也大大地促进细菌耐药的散播。耐药细菌凭借其携带者的一张机票可以在一天之内从一个国家散播到任何一个国家。人们并不确定现有抗菌药物的有效性究竟还能维持多长时间，但全新抗菌药物还没有出现在地平线上，在可以预见的未来这些全新抗菌药物不大可能问世。在没有全新的抗菌药物上市的情况下，我们只能寄希望于其他干预手段，然而，人类在应对这种细菌耐药危机局面的有效工具却并不多。遏制细菌耐药已经是迫在眉睫的事情，也是 WHO 和全球抗感染专家的共识。全球各国应该通力合作来遏制细菌耐药，同时也必须采取综合措施加以应对，包括细菌耐药监测、合理应用抗菌

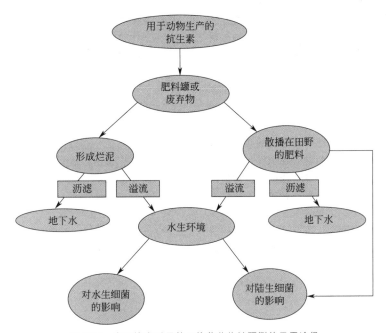

图 34-2 在环境中对于兽用抗菌药物被预测的暴露途径

（引自 Sarmah A K，Meyer M T，Boxall A B. Chemosphere，2006，65：725-759）

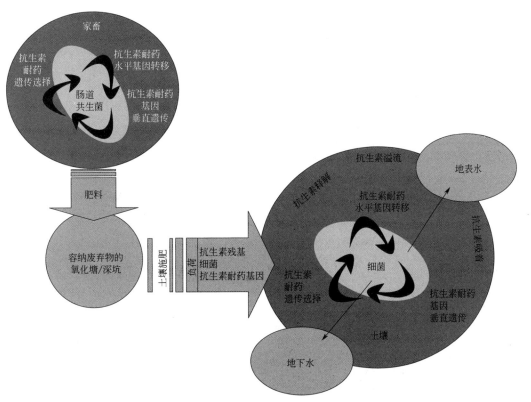

图 34-3 显示抗菌药物残基的可能的最终结局和细菌的抗菌药物耐药基因获得和散播的机制的概念性图示

（引自 Chee-Sanford J C，Mackie R，Koike S，et al. Environ Qual，2009，38：1086-1108）

以动物粪便施肥于土地作为药物，细菌和耐药基因进入土壤环境的来源为起始点

药物和加强感染控制措施等。遏制细菌耐药是全球性的任务，但遏制细菌耐药的手段一定是地方性的，甚至是基于医院层面的具体行动。因为细菌耐药的流行病学特征显示出在全球的极度不均衡，有些耐药细菌和耐药机制在一个国家盛行，但在其他国家却几乎不存在，所以不可能有"放之四海而皆准"的指导原则。我们必须清醒地认识到，尽管WHO已经开始呼吁全球要行动起来，共同遏制细菌耐药的发展，然而，在很多方面全球的共识并未形成，没有共识何来行动。目前，各个国家仍然是在各自为战，要想真正实现全球合作的大目标仍需做出艰苦的努力。遏制全球抗菌药物耐药的危机不能光喊口号，需要各个国家投入大量人力、物力和财力。由于各个国家耐药现况不同，经济发达程度不一，医疗设施和水平同样差异很大，如何均衡地协调一致绝不是一蹴而就的事情。WHO和G20必须参与其中才有可能实现协调一致的共同行动。

参考文献

[1] Woodford N. Novel agents for the treatment of resistant Gram-positive infections [J]. Expert Opin Investig Drugs, 2003, 12 (2): 117-137.

[2] Alekshun M N. New advances in antibiotic development and discovery [J]. Expert Opin Investig Drugs, 2005, 14 (2): 117-134.

[3] Yoneyama H, Katsumata R. Antibiotic resistance in bacteria and its future [J] for novel antibiotic development [J]. Biosci Biotechnol Biochem, 2006, 70 (5): 1060-1075.

[4] Spellberg B, Powers J H, Brass E P, et al. Trends in antimicrobial drug development: implications for the future [J]. Clin Infect Dis, 2004, 38 (9): 1279-1286.

[5] Wenzel R P. The antibiotic pipeline—challenges, costs, and values [J]. N Eng J Med, 2004, 351 (6): 523-526.

[6] Projan S J. Why is big Pharma getting out of antibacterial drug discovery [J]? Curr Opin Microbiol, 2003, 6 (5): 427-430.

[7] Power E. Impact of antibiotic restrictions: the pharmaceutical perspective [J]. Clin Microbiol Infect, 2006, 12 (Suppl5): 25-34.

[8] Brotze-Oesterhelt H, Brunner N A. How many modes of action should an antibiotic have [J]? Curr Opin Pharmacol, 2008, 8: 564-573.

[9] Demain A L, Sanches S. Microbial drug discovery: 80 years of progress [J]. J Antibiot, 2009 (Tokyo), 62: 5-16.

[10] Horowitz J B, Moehring H B. How property rights and patents affect antibiotic resistance [J]. Health Econ, 13: 575-583.

[11] Walsh C. Where will new antibiotic come from? [J] Nature Rev/Microbiol, 2002, 1: 65-70.

[12] Bouchillon S K, Hoban D J, Johnson B M, et al. In vitro evaluation of tigecycline and comparative agents in 3049 clinical isolates: 2001 to 2002 [J]. Diagnostic Microbiol Infect Dis, 2005, 51: 291-295.

[13] Livermore D M. Discovery research: the scientific challenge of finding new antibiotics [J]. J Antimicrob Chemother, 2011, 66: 1941-1944.

[14] Dougherty T J, Pucci M J, Bronson J J, et al. Antimicrobial resistance-why do we have it and what can we do about it? [J] Exp Opin Invest Drugs, 2000, 9 (8): 1707-1709.

[15] Livermore D M, Mushtaq S, Warner M, et al. Activity of aminoglycosides, including ACHN-490, against carbapenem-resistant *Enterobacteriaceae* isolates [J]. J Antimicrob Chemother, 2011, 66: 48-53.

[16] Livermore D M. The 2018 Garrod Lecture: Preparing for the Black Swans of resistance [J]. J Antimicrob Chemother, 2018, 73: 2907-2915.

[17] 刘建华，陈杖榴. 食品动物源细菌耐药性与公共卫生 [J]. 中兽医医药杂志，2008，27 (1): 23-24.

[18] Mellon M, Benbrook C, Benbrook K L. Hogging it! Estimates of Antimicrobial Abuse in Livestock [J]. Washington, DC: Union of Concerned Scientists, 2001.

[19] Singer R S, Finch R, Wegener H C, et al. Antibiotic resistance—the interplay between antibiotic use in animals and human beings [J]. Lancet Infect Dis, 2003, 3 (1): 47-51.

[20] Falkow S, Kennedy D. Antibiotics, animals, and people—again [J]! Science, 2001, 291: 397.

[21] Khachatourians G G. Agricultural use of antibiotics and the evolution and transfer of antibiotic-resistant bacteria [J]. CMAJ, 1998, 159: 1129-1136.

[22] Smith D L, Harris A D, Johnson J A, et al. Animal antibiotic use has an early but important impact on the emergence of antibiotic resistance in human commensal bacteria [J]. Proc Natl Acad Sci USA, 2002, 99: 6434-6439.

[23] McGeer A J. Agricultural antibiotics and resistance in human pathogens: villain or scapegoat [J]? CMAJ, 1998, 159: 1119-1120.

[24] Smith D L, Dushoff J, Morris J G. Agricultural antibiotics and human heath [J]. PloS Med, 2005, 2 (8): e232.

[25] Lipsitch M, Singer R S, Levin B R. Antibiotics in agriculture: when is it time to close the barn door? [J] Proc Natl Acad Sci USA, 2002, 99:

5752-5754.

[26] Sarmah A K, Meyer M T, Boxall A B. A global perspective on the use, sales, exposure pathways, occurrence, fate and effects of veterinary antibiotics (VAs) in the environments [J]. Chemosphere, 2006, 65: 725-759.

[27] Teuber M. Veterinary use and antibiotic resistance [J]. Curr Opin Microbiol, 2001, 4: 493-499.

[28] Aarestrup F M, Seyfarth A M, Emborg H-D, et al. Effect of abolishment of the use of antimicrobial agents for growth promotion on occurrence of antimicrobial resistance in fecal enterococci from food animals in Denmark [J]. Antimicrob Agents Chemother, 2001, 45: 2054-2059.

[29] Fey P D, Safranek T J, Rupp M E, et al. Ceftriaxone-resistant *Salmonella* infection acquired by a child from cattle [J]. New Engl J Med, 2000, 342: 1242-1249.

[30] Chee-Sanford J C, Mackie R, Koike S, et al. Fate and transport of antibiotic residues and antibiotic resistance genes following land application of manure waste [J]. J Environ Qual, 2009, 38: 1086-1108.

[31] Hansen L H, Johannesen E, Burmolle M, et al. Plasmid-encoded multidrug efflux pump conferring resistance to olaquindox in *Escherichia coli* [J]. Antimicrob Agents Chemother, 2004, 48: 3332-3337.

[32] Shea K M. Antibiotic Resistance: what is the impact of agricultural uses of antibiotics on children's health? [J] Pediatrics, 2003, 112 (1 Pt 2): 253-258.

[33] 国家卫生健康委. 中国抗菌药物管理和细菌耐药现况报告 [M]. 中国协和医科大学出版社, 2018.

[34] Livermore D M. Of stewardship, motherhood and apple pie [J]. Int J Antimicrob Agents, 2014, 43: 319-322.

附 录

氨基酸简写符号

名称	三字母符号	单字母符号	名称	三字母符号	单字母符号
丙氨酸	Ala	A	亮氨酸	Leu	L
精氨酸	Arg	R	赖氨酸	Lys	K
天冬酰胺	Asn	N	甲硫氨酸	Met	M
天冬氨酸	Asp	D	苯丙氨酸	Phe	F
半胱氨酸	Cys	C	脯氨酸	Pro	P
谷氨酰胺	Gln	Q	丝氨酸	Ser	S
谷氨酸	Glu	E	苏氨酸	Thr	T
甘氨酸	Gly	G	色氨酸	Trp	W
组氨酸	His	H	酪氨酸	Tyr	Y
异亮氨酸	Ile	I	缬氨酸	Val	V

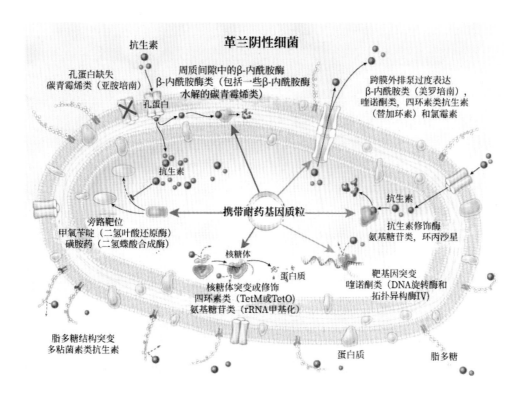

图3-1 革兰阴性菌耐药机制以及受到影响的抗生素

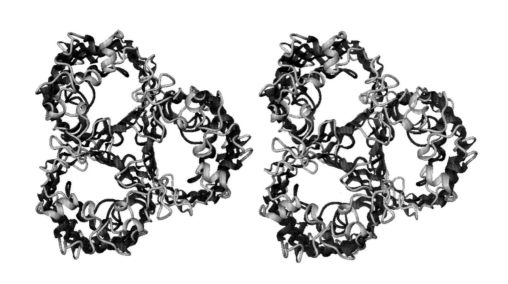

图6-3 OmpC三聚体从细胞外观看的立体示意

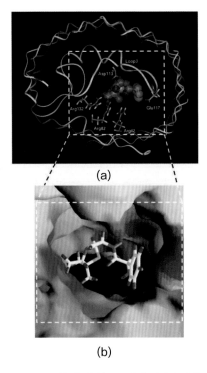

图6-4 抗生素接驳到孔蛋白通道

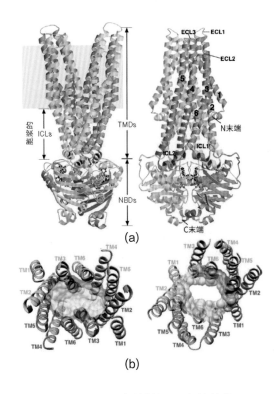

图7-4 ABC多药转运蛋白的结构

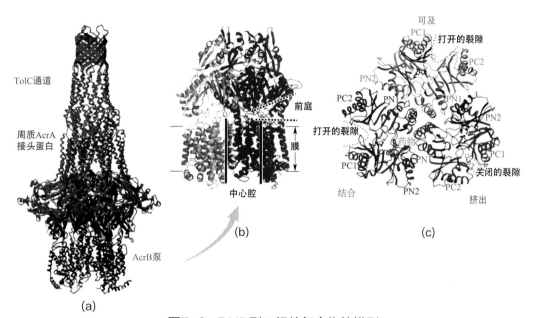

图7-6 RND型三组件复合物的模型

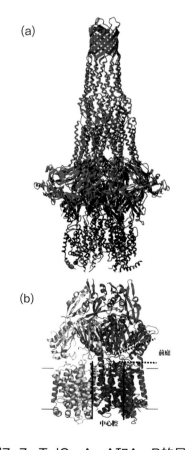

图7-7 TolC、AcrA和AcrB的晶型结构

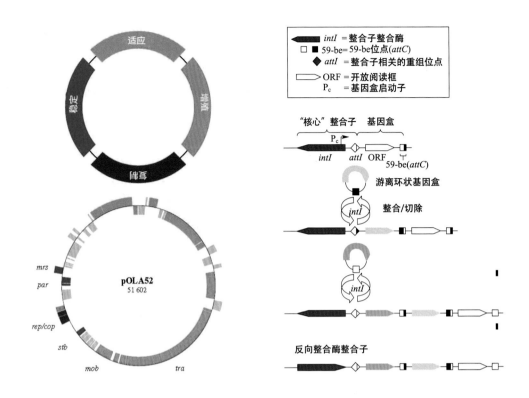

图10-2 由4个基因模块组成的一个
原型的接合型质粒之概观

图13-3 整合子和基因盒位点
特异性重组系统

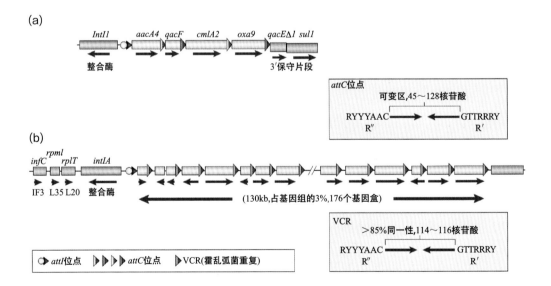

图13-4 可移动整合子和超级整合子

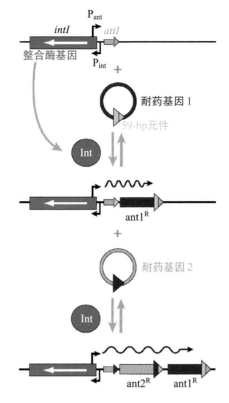

图13-8 整合子捕获耐药基因的机制

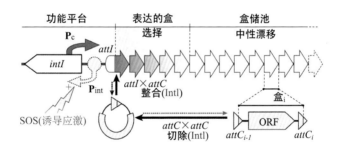

图13-11 整合子的图示结构

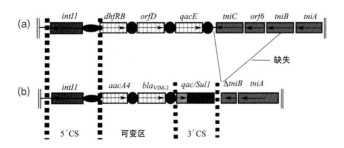

图13-15 携带1类整合子的2种形式转座子的比较

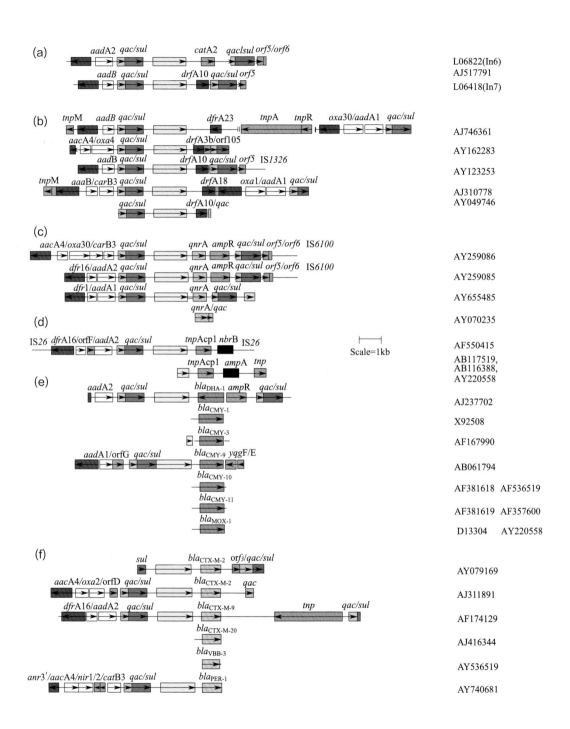

图14-4 ISCR1 的遗传环境

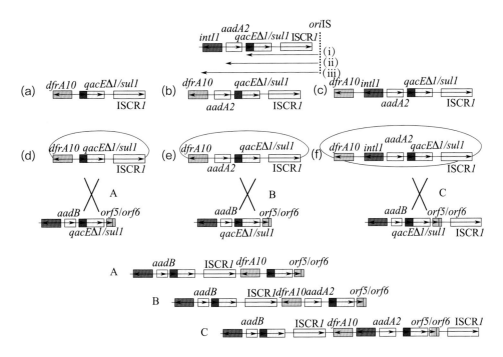

图14-6 ISCR1介导的复杂1类整合子构建的模型

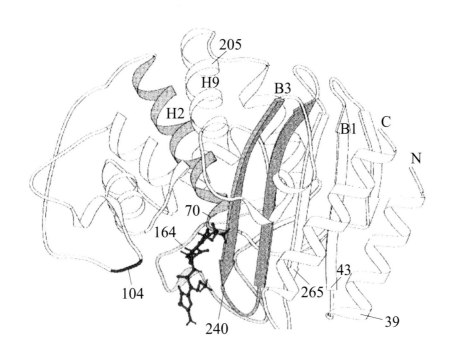

图19-3 TEM型β-内酰胺酶的三维结构

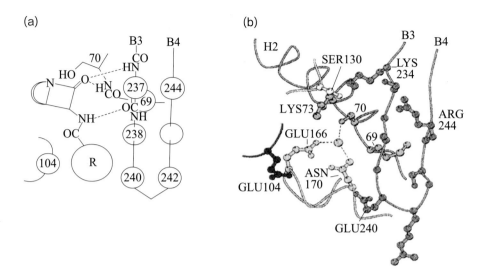

图19-4　TEM 型 β-内酰胺酶的三维结构

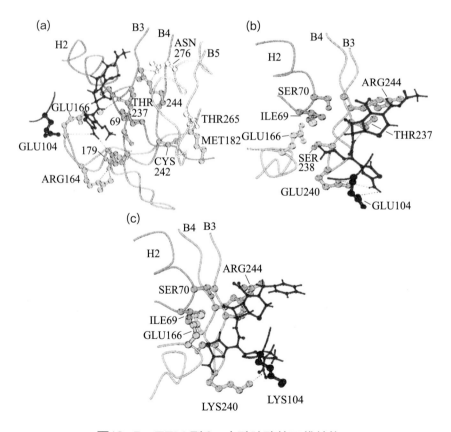

图19-5　TEM 型 β-内酰胺酶的三维结构

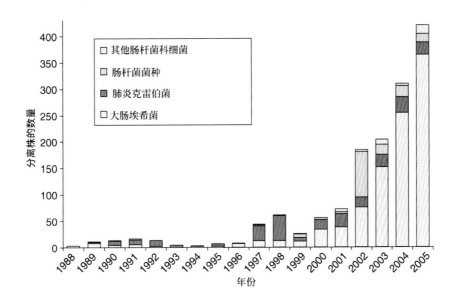

图21-14 自从1989年最初检测到ESBL以来，
产ESBL细菌在西班牙马德里的Ramony Cajal大学医院中分离情况图解

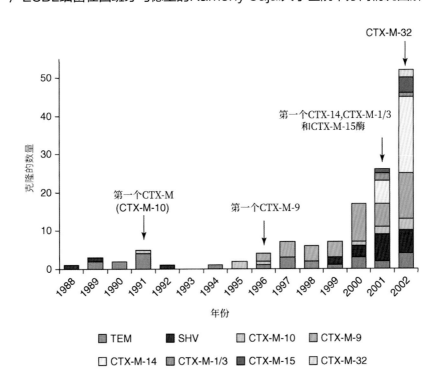

图21-15 在马德里Ramony Cajal大学医院中从
1988到2002年不同的产ESBL大肠埃希菌分离株的变化(shifting)流行病学

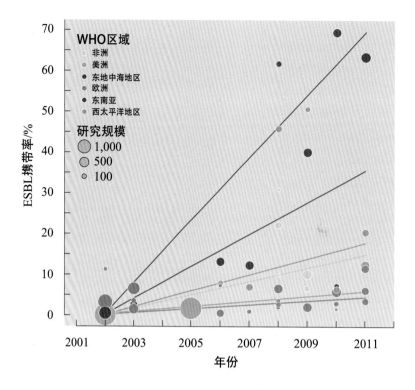

图21-16　社区的ESBL携带率

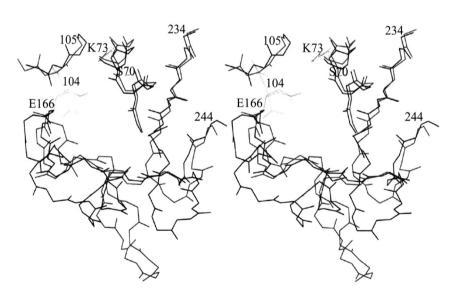

图22-4　在PER-1(黑色)和TEM (红色) 的活性部位
的叠置显示出在PER-1的底物结合腔明显扩大

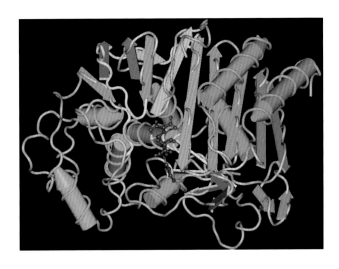

图24-2 大肠埃希菌AmpC β-内酰胺酶图示

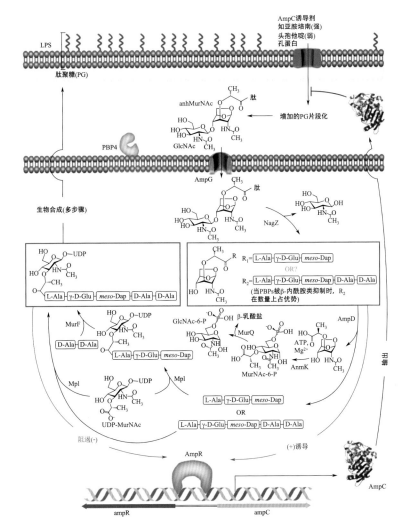

图24-11 革兰阴性菌PG再循环途径调节AmpC β-内酰胺酶诱导

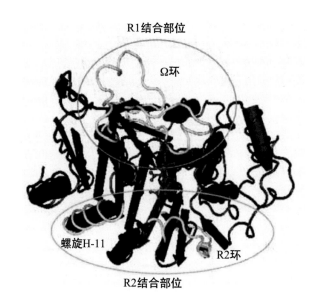

图26-2 结合头孢他啶的大肠埃希菌K-12 β-内酰
胺酶晶型结构的功能区

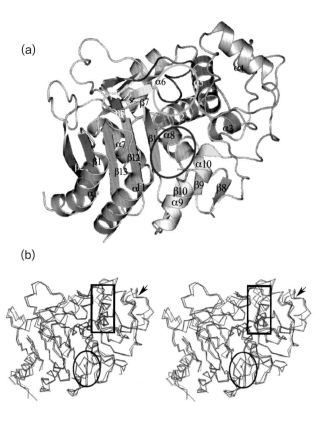

图26-3 CMY-10整体结构

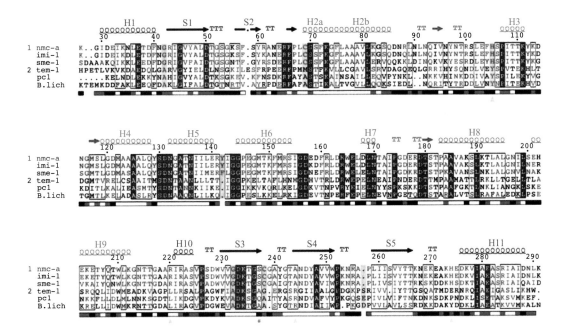

图28-2　三种A类碳青霉烯酶(1组)和典型的A类β-内酰胺酶(2组)的序列比对

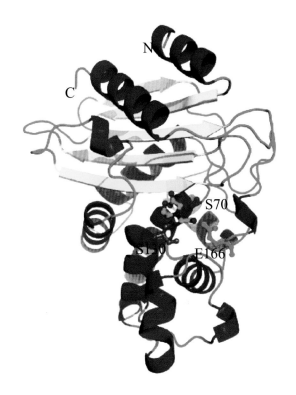

图28-8　KPC-2 β-内酰胺酶的结构

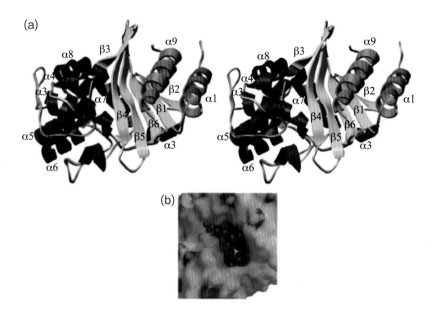

图29-8　水解碳青霉烯的D类苯唑西林酶OXA-24的结构

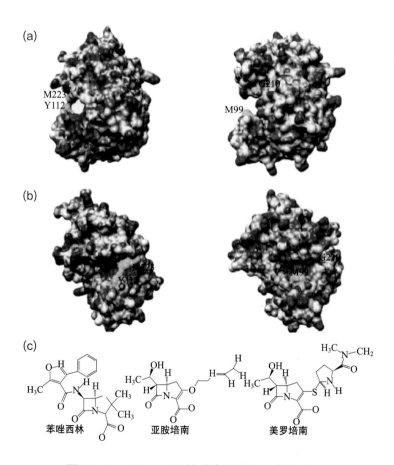

图29-9　OXA-24的碳青霉烯专一性的获得

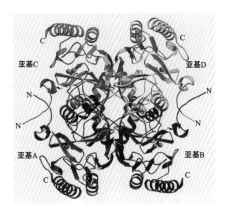

图30-3　L1四聚体的结构丝带图

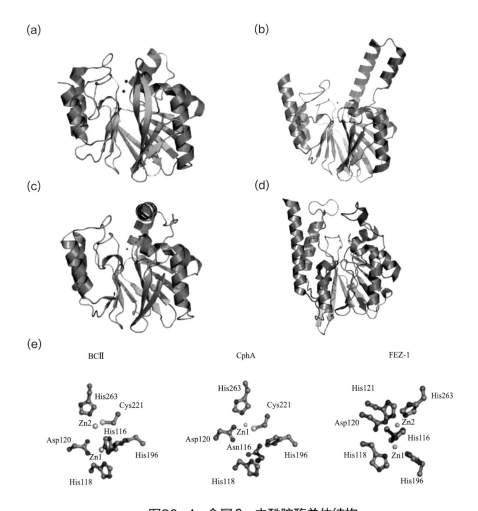

图30-4　金属β-内酰胺酶总体结构

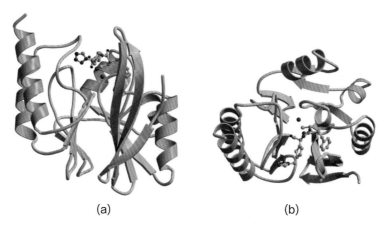

图30-15　IMP-1金属β-内酰胺酶的二级结构元件

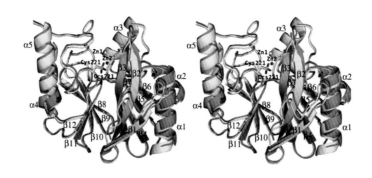

图30-18　两种形式VIM-2的结构叠置

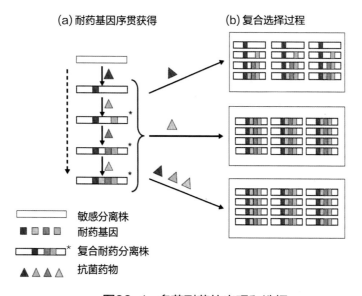

图33-1　多药耐药的出现和选择